信息、控制与系统技术丛书

微系统设计与制造 第2版

王喆垚　编著

清华大学出版社
北京

内 容 简 介

本书结合微系统(MEMS)技术的基础理论、典型器件和发展趋势，介绍微系统的力学、电学和物理学基本理论，针对典型器件的分析设计方法和制造技术，以及多个前沿应用领域，力争成为具有一定深度和广度的 MEMS 领域的教材和实用参考书。主要内容包括：微系统基本理论、制造技术、微型传感器、微型执行器、RF MEMS、光学 MEMS、BioMEMS，以及微流体和芯片实验室。本书强调设计与制造相结合、基础与前沿相结合，在基础理论和制造技术的基础上，深入介绍多种典型和量产 MEMS 器件的设计和制造方法，以及重点和前沿应用研究领域的发展。本书可供高等院校电子、微电子、微机电系统、测控技术与仪器、精密仪器、机械工程、控制工程等专业的高年级本科生、研究生和教师使用，也可供相关领域的工程技术人员参考。

图书在版编目(CIP)数据

微系统设计与制造/王喆垚编著.--2 版.--北京：清华大学出版社，2015 (2025.1重印)
信息、控制与系统技术丛书
ISBN 978-7-302-39167-8

Ⅰ.①微… Ⅱ.①王… Ⅲ.①微电子技术－设计 ②微电子技术－制造 Ⅳ.①TN40

中国版本图书馆 CIP 数据核字(2015)第 017993 号

责任编辑：文 怡
封面设计：李召霞
责任校对：白 蕾
责任印制：宋 林

出版发行：清华大学出版社
网 址：https://www.tup.com.cn，https://www.wqxuetang.com
地 址：北京清华大学学研大厦 A 座 **邮 编**：100084
社 总 机：010-83470000 **邮 购**：010-62786544
投稿与读者服务：010-62776969，c-service@tup.tsinghua.edu.cn
质量反馈：010-62772015，zhiliang@tup.tsinghua.edu.cn
课件下载：https://www.tup.com.cn，010-62795954
印 装 者：三河市人民印务有限公司
经 销：全国新华书店
开 本：185mm×260mm **印 张**：47.25 **字 数**：1180 千字
版 次：2008 年 2 月第 1 版 2015 年10月第 2 版 **印 次**：2025 年 1 月第10次印刷
定 价：168.00元

产品编号：055169-02

第2版前言

Preface

本书自2008年出版以来，正值MEMS历史上发展最快的时期。以智能手机和汽车为代表的应用领域拉动MEMS高速发展，全球MEMS产品的产值从2008年的55亿美元迅速增长到2013年的124亿美元，预计到2018年全球MEMS芯片供货将超过235亿颗，产值将达到225亿美元。作为智能手机和平板电脑等产品的主要制造国，国内消耗了全球25%以上的MEMS产品，巨大的市场和技术进步也推动国内MEMS产业开始初现端倪。传统MEMS器件日趋成熟，多种MEMS产品先后推向市场，学术研究向纳米、生物和多学科融合的方向发展，而产业界向集成、低成本、小体积和多功能的方向发展。

本书第二版仍定位为具有一定深度和广度的微系统专业教材，着重提取基础、重点和共性知识，强调基础理论和制造方法在不同领域的应用，并紧密结合前沿的学术研究和工业界的产品发展动态。本书第二版仍旧保持了第一版的结构，并且进一步强调设计与制造相结合、前沿与基础相结合，在补充和增强实际MEMS产品的同时，尝试提取共性知识作为基本学习内容，并且增强了结构设计、制造工艺、圆片级真空封装、噪声等MEMS器件开发过程中的主要环节。

针对本书的定位和MEMS领域的发展趋势，第二版做出以下的修订和调整：①补充更多产品分析实例。考虑到量产产品在结构、制造和可靠性方面的优点，补充了部分量产压力传感器、加速度传感器、陀螺、麦克风、谐振器等产品作为MEMS器件的举例，有助于全面和深入理解MEMS的技术特征和发展状况，并使本书的实例和前沿内容更加丰富。②增添了新技术内容。根据近年MEMS产品和技术的发展趋势，第二版中增加了微悬臂梁传感器、圆片级真空封装、键合、三维集成以及深刻蚀等内容，并增加了传感器噪声等重要的基础内容。③增加了习题。在主要章节增加了习题，使本书更适合作为教材使用。④大幅删减了基础内容。由于篇幅的限制，第二版删除了第一版关于基础力学和半导体工艺的内容，并删除了一些举例。⑤修订第一版的一些错误。

本书第一版出版以来，有幸被近十所院校采用为MEMS课程的教材，部分授课教师对本书提出了一些建议,一些热心的读者和清华大学的学生相继指出了第一版中存在的一些错误,作者在此深表谢意。正是这些读者的支持,使编者有动力花费大量的时间去完善出版本书的第二版。编者还要感谢清华大学微电子所的领导和同事、国内 MEMS 领域的同仁,以及清华大学出版社的文怡编辑,他们对本书的出版给予了大力的支持。

由于编者的水平、知识背景和研究方向的限制,书中难免存在错误和遗漏之处,恳请各位读者、专家和 MEMS 领域的研究人员不吝指正。

王喆垚

2015 年 6 月于清华大学

电子邮件:z.wang@tsinghua.edu.cn

第 1 版前言

Preface

微型化是当今科学技术的重要发展方向。实现微型化和利用微型化的重要途径之一是利用微系统技术。微系统(也称微电子机械系统,MEMS)起源于集成电路制造技术,通过在芯片上集成制造微机械、微结构、微传感器、微执行器、信号控制处理电路等功能器件和单元,实现测量、驱动、能量转换等多种功能。微系统的出现使芯片远远超越了以处理电信号为目的的集成电路,将其功能拓展到机、光、热、电、化学和生物等领域。广义地讲,集成电路是电子线路系统的微型化,而其他领域的微型化都可以划分在微系统的范畴。

微系统具有微型化、集成化、智能化等特点,与宏观系统相比,能够大批量生产,成本低、性能高,甚至能够实现宏观系统所无法实现的功能,符合并促进了科学技术的发展方向,因此已经广泛应用于仪器测量、无线和光通信、能源环境、生物医学、军事国防、航空航天、汽车电子以及消费电子等多个领域,已经并将继续对人类的科学技术和工业生产产生深远的影响。

微系统是一门多学科高度交叉的前沿学科领域,其设计、制造和应用广泛涉及物理学、化学、力学、电子学、光学、生物医学和控制工程等多个学科。由于微系统涉及内容广泛,大量借用了相关学科的基础理论,因此微系统本身的理论体系不够系统。尽管微系统已经发展出自己相对独立的设计和制造方法,但是从严格意义上讲,微系统领域纷繁复杂以至于它本身不是一个真正独立的学科,而是一个开放式的系统。这些特点为学习、研究和应用微系统带来了困难。尽管如此,微系统仍旧具有一些重要的共性基础知识,通过掌握这些基础知识,可以逐渐深入地掌握微系统的内容。

本书的目的是尝试提供一本具有一定深度和广度的微系统专业教材,探索高度交叉学科领域的人才培养方式。针对微系统领域的特点,本书着重提取基础的、重点的和共性的问题,强调基础理论和制造方法在不同领域的应用。通过基础知识和重要、前沿发展方向的多种典型器件的介绍,掌握微系统的相关基础理论、分析设计方法和制造技术,并了解微系统在多个领域的应用。本书共分为 9 章,主要内容概括如下。

第 1 章 微系统概述。介绍微系统的概念、历史、特点,微系统与集成电路的关系,微系统的设计和制造方法概论等内容。

第 2 章 微系统力学基础。主要介绍微系统设计中常用的弹性力学、动力学、流体力学等基本知识,以及多种常用结构的力学分析方法。

第3章 微系统制造技术。介绍用于微系统制造的集成电路工艺基础、表面微加工技术、体微加工技术,以及特殊微加工技术,并介绍制造过程中的基本物理、化学、力学等问题。

第4章 微型传感器。介绍物理传感器的主要敏感原理、分析设计和制造方法,以及如何利用力学、电学等基础理论与敏感机理相结合来分析、设计微型物理传感器。

第5章 微型执行器。主要介绍静电、电磁、压电、电热等执行器的基本原理、结构和制造方法,重点介绍微型执行器的分析、设计方法。

第6章 射频微系统(RF MEMS)。介绍微系统在无线通信领域的应用,包括开关、谐振器、可调电容、三维电感等器件和滤波器、压控振荡器等电路,以及设计和IC集成制造方法,重点是将电学、力学和动力学应用于RF MEMS器件的分析设计。

第7章 光学微系统(MOEMS)。介绍微系统在光通信和显示器件领域的应用,包括微镜和二维、三维光开关等,重点阐述微镜的分析、设计与制造,以及力学、电学和光学在MOEMS中的应用。

第8章 生物医学微系统(BioMEMS)。介绍微系统在药物释放、组织工程、临床诊断和治疗、神经探针等生物医学领域的应用,结合流体力学和静力学分析设计药物释放微针等。

第9章 微流体与芯片实验室。介绍微流体器件的软光刻制造工艺,阐述生化分析中驱动、混合、分离、检测等功能的芯片实现方法,介绍芯片实验室在DNA、细胞和蛋白分析中的应用。

本书强调两个方面的结合。一是设计与制造相结合。微系统的设计强烈依赖于制造工艺,在对制造工艺深入了解和实践以前,任何一个简单的器件都难以设计、优化并通过制造实现。因此本书在以基础理论为重点的同时,深入介绍微系统制造工艺和典型器件的制造方法。二是前沿与基础相结合。共性的基础理论和制造技术是微系统的基础,将设计和制造等基础应用于实际问题是最终目的,因此全书贯穿多个典型实例的分析、设计和制造方法。微系统仍处于高速发展阶段,本书较为全面地介绍微系统的重点和前沿领域,力争展示微系统的全貌。

本书可供高等院校电子、微电子、微机电系统、测控技术与仪器、精密仪器、机械工程、控制工程等专业的高年级本科生、研究生和教师使用,也可供相关领域的工程技术人员参考。本书曾在清华大学微纳电子学系和电子工程系作为本科生高年级课程“微系统设计与制造”的讲义,在出版时作了适当的删节和修改。由于本书内容较多,建议教师选择部分内容讲授,剩余内容可以作为学生的课外阅读材料。

本书的出版得到了很多人的帮助,清华大学微电子所李志坚院士、刘理天教授、伍晓明博士、方华军博士,清华大学精密仪器系董永贵教授等为本书提出了很多建设性的意见。作者还要感谢试用本书的学生和我的研究生,特别是庄志伟和周有铮,他们为本书的插图做了大量的工作,并提出了很多修改意见。作者还要感谢清华大学出版社的田志明和王一玲为本书出版所做出的努力。

由于作者的水平、知识背景和研究方向的限制,书中错误和遗漏之处,恳请各位读者、专家和MEMS领域的研究人员不吝指正。

王喆垚

2007年8月于清华大学

电子邮件:z.wang@tsinghua.edu.cn

目录

Contents

第1章 微系统概述

微系统(Microsystems)也称微电子机械系统(Microelectromechanical Systems,MEMS)或微机械(Micromachines),是利用集成电路(Integrated Circuits,IC)制造技术和微加工技术(Micromachining 或 Microfabrication)把微结构、微传感器、微执行器、控制处理电路,甚至接口电路、通信电路和电源等制造在一块或多块芯片上的微型集成系统。微系统的出现使芯片的概念远远超越了以处理电信号为目的的集成电路,其功能拓展到机、光、热、电、化学、生物等领域。广义地讲,集成电路是电子线路系统的微型化,而其他领域的微型化都可以划分在微系统的范畴。

微系统具有微型化、集成化、智能化、成本低、性能高、可以大批量生产等优点,已经广泛应用于仪器测量、无线通信、能源环境、生物医学、军事国防、航空航天、汽车电子以及消费电子等多个领域,并将继续对人类的科学技术、工业生产、军事国防、能源化工等领域产生深远的影响。

1.1 微系统的概念

微系统包括了微(机械)结构、微型传感器、微型执行器和控制处理电路等功能单元,可以实现外界信号的测量、对外执行输出、不同能量域的转换和信息的处理决策等功能,构成一个智能系统。图1-1所示为典型微系统的功能构成,传感器感知外界信息将其转变为电信号并传递给信号控制处理电路,电信号经过信号转换、处理、分析、决策等功能后,将指令传递给执行器,执行器根据该指令信号做出响应、操作、显示或者通信。这样,控制电路通过传感器、执行器和通信模块与外界联系起来,形成具有感知、思考、决策、通信和反应控制能力的智能集成系统。因此,微传感器、控制处理电路和微执行器的功能可以分别比作人的感官系统、大脑和手。

微系统的概念通常指一个较为全面的功能集成体,包括上述的多种功能。但是由于制造能力的限制,目前多数微系统只包括微机械结构、微传感器、微执行器中的一种或几种,只有个别的微系统组成了功能完善的系统。这种情况下更多地用 MEMS 来代替微系统。MEMS 这一名词已经被世界各国广泛接受并大量出现在文献中,本书主要使用 MEMS 一词。目前 MEMS 不仅仅局限于系统的概念,根据不同的场合,可以指微系统这种

"产品",也可以指设计这种"产品"的方法学或制造它的技术手段。

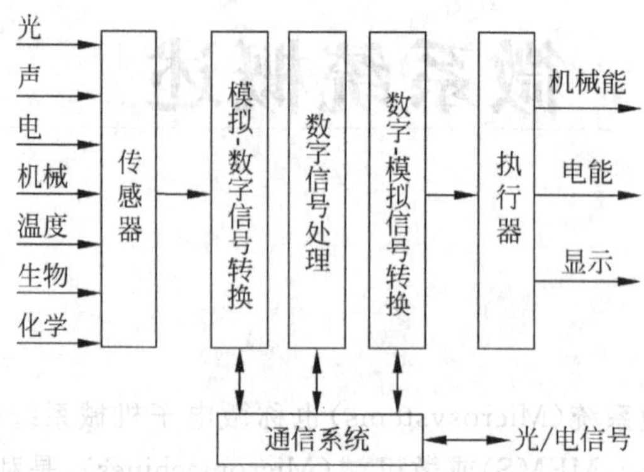

图1-1　典型微系统的功能组成

微系统技术几乎与集成电路技术同期出现,并且其制造方法也大量地依赖于集成电路的制造技术,二者既有紧密的关系,也有明显的区别。如图1-2所示,集成电路中单个晶体管的特征尺寸已经进入到$2x$ nm的水平,大芯片的尺寸达到了厘米量级,而微系统的特征尺寸一般在微米量级,芯片尺寸通常在毫米或厘米的量级。从组成来看,集成电路仅包括一层晶体管和多层互连,而微系统中既包括了信号处理电路,更主要的是由各种三维微结构构成的功能单元。在功能方面,集成电路提供了电路的功能,主要是电信号的处理,而微系统的功能还包括信息的感知和执行功能,因此功能广泛得多。在制造方面,集成电路的制造技术尽管包括CMOS、Bipolar和BiCMOS等种类,但是每种制造技术基本是标准的,不同的公司在主要工艺流程上差异不大,而微系统的制造既利用了集成电路的制造工艺,更主要的是依靠与集成电路制造技术不同的微加工技术实现复杂的三维结构。

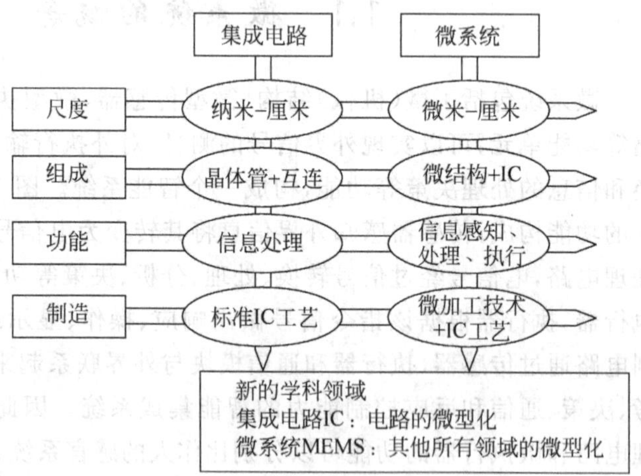

图1-2　微系统与集成电路的对照

微系统或MEMS包括多个功能单元,涉及学科和应用领域十分广泛,对其做一个系统的分类是比较困难的。根据组成单元的功能不同,MEMS大体可以分为微传感器、微执行器、微结构,以及包括多个单元的集成系统;根据应用领域不同,将MEMS应用于无线通信、光学、生物医学、能源等领域,就分别产生了RF MEMS、Optical MEMS、BioMEMS、Power MEMS

等。实际上，多个领域的微型化或应用都会产生对应的 MEMS 分支方向。

微传感器是感知和测量物理或化学信息的器件，是历史最长、产业化最早、产值最高的 MEMS 器件。图 1-3 所示为 Analog Devices 公司（ADI）制造的单片双轴微加速度传感器 ADXL202，图 1-3(a)～(d)分别为封装照片、加速度敏感结构静止状态、测量状态和芯片照片。测量加速度的传感器机械结构位于芯片中心位置，是利用表面微加工技术制造的悬空多晶硅梳状叉指电容，BiMOS 工艺制造的信号处理电路分布在测量结构的周围。当有加速度作用时，作用在质量块上的惯性力改变了可动叉指与固定叉指之间的距离，引起叉指电容的变化，通过集成的电路测量电容的变化得到加速度信号。

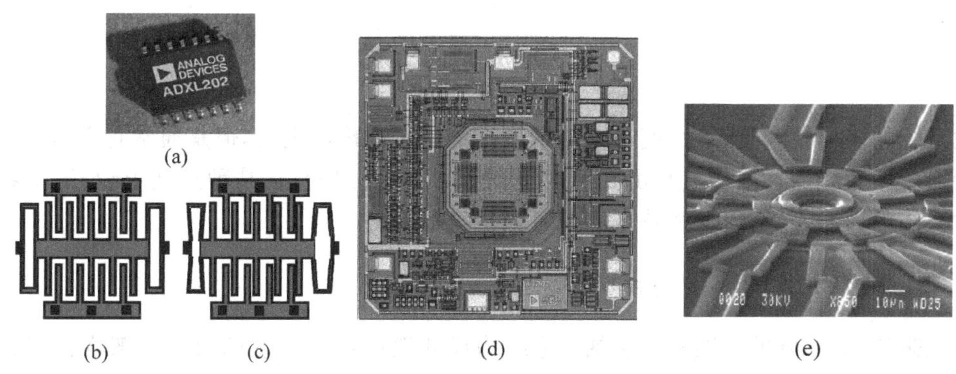

图 1-3 ADXL202 微加速度传感器和静电马达

微执行器是用来驱动 MEMS 内部微器件或者对外输出动作的器件，是 MEMS 的另一个重要组成部分。图 1-3(e)所示为加州大学 Berkeley 分校（UCB）在 20 世纪 80 年代后期研制的直径为 100 μm 左右的微静电马达，通过静电控制输出旋转运动。微执行器除了单独使用外，还是很多 MEMS 应用器件的核心组成部分，例如应用于光通信的微镜利用微执行器的动作反射光线。

将 MEMS 应用于无线通信系统的 RF MEMS 是 MEMS 的重要方向之一，它通过实现高性能的集成无源器件，如开关、谐振器、可调电容和可调电感等，使无线通信系统能够像 CMOS 集成电路使用三极管一样大量使用无源器件，从而提高无线通信系统的性能、降低成本、减小体积，具有广阔的应用前景。例如安华高（Avago）公司开发的薄膜体声波谐振器，工作时在两个电极之间的 AlN 压电薄膜上产生驻波，尺寸比石英谐振器小 20 倍，频率高达 20 GHz[1]。

MEMS 在光通信和显示领域得到了广泛的应用。例如德州仪器公司（TI）利用表面微加工技术制造的用于高清晰电视和投影机的数字微镜（DMD）。DMD 的电路首先对光信号进行数字处理，静电执行器根据该信号控制微镜转动，数字式地控制和调整反射光的方向，实现高质量的图像。利用 MEMS 工艺制造的光开关具有插入损耗小、开关时间短、体积小、调整容易、功耗低等优点，能够实现光通信中的光-光转换，是光通信领域研究的热点，如日本 NTT 和美国的朗讯公司等都有产品应用。近年来自适应光学的快速发展，将光学微镜带入到了一个高速发展时期，如 AOA Xinetics 和 Iris AO 等公司都有集成了上百个微镜的阵列产品[2,3]。

生物微系统（BioMEMS）和芯片实验室（Lab on a Chip，LOC）是 MEMS 的另一个研究热点，包括药物释放、临床诊断、微创外科手术、微型生物化学分析系统等。LOC 可以把生化样品输运、分离、混合、纯化、反应、识别检测等多种功能集成在芯片上，具有所需样品量少、效率高、速度快、自动化等优点。BioMEMS 和 LOC 在疾病诊断、外科治疗和生化分析等领域有广泛的应用。

尺度的缩小将 MEMS 向纳米尺度延伸,产生了纳电子机械系统(NEMS);但很多 NEMS 又不完全是 MEMS 的缩小,而是利用纳米尺度出现的量子效应,大幅度提高灵敏度、减小体积、降低功耗。例如有些 NEMS 传感器可将灵敏度提高 10^6 倍,功耗减小 10^2 倍。采用多壁纳米碳管研制的纳米谐振器,通过谐振频率的变化可测量 3×10^{-14} g 的质量,能够作为检测分子或细菌质量的分子秤;而尺度为 100 nm 的 SiC-NEMS 谐振器,频率高达 GHz,Q 值高达数万以上,而驱动功率只有 10^{-12} W。

1.2 微系统的特点

微系统的多样性和复杂性,使得很难给微系统一个准确的定义,但是通常它们具有一些共同的特点。微系统的这些特点是由其尺度、功能和结构决定的,从某种意义上说,这些特点构成了微系统的内涵,甚至由这些特点界定了微系统的范畴。

1.2.1 MEMS 的典型特点

一般来说,微系统的共同特点包括:①结构尺寸微小:MEMS 的尺寸一般在微米到毫米量级,例如 ADXL202 加速度传感器和微马达的结构尺寸在一百至几百微米,而单分子操作器件的局部尺寸仅在微米甚至纳米水平。尽管 MEMS 器件的绝对尺寸很小,但一般说来其相对尺寸误差和间隙却比较大,例如传统宏观机械的相对尺寸精度高达 1∶200 000,而 MEMS 的相对尺寸精度只有 1∶100 左右。②多能量域系统:能量与信息的交换和控制是 MEMS 的主要功能。由于集成了传感器、微结构、微执行器和信息处理电路,MEMS 具有了感知和控制能力,能实现微观尺度下电、机械、热、磁、光、生化等领域的测量和控制。例如加速度传感器是将机械能转换为电信号;打印机喷头将电能转换为机械能;生化传感器可以将化学和生物反应能量转换为电能或机械能。③基于微加工技术制造:MEMS 起源于 IC 制造技术,大量利用 IC 制造方法,力求与 IC 制造技术兼容。但是,由于 MEMS 的多样性和三维结构的特点,其制造过程引入了多种新的微加工方法,使 MEMS 制造与 IC 制造的差别很大。然而,近年来 IC 领域三维集成技术又借用了 MEMS 领域的深刻蚀和键合技术,使二者共性进一步增加。④MEMS 不完全是宏观对象的按比例缩小:尽管多种不同领域的微型化都可以发展和应用自己的微系统,但是 MEMS 并不是宏观系统的简单缩小,而是包含着新原理和新功能,这是由比例效应决定的。例如微马达不仅结构与传统宏观马达不同,其利用静电驱动的工作原理也与传统宏观马达的磁力驱动明显不同。⑤在 MEMS 范畴内,经典物理学规律仍然有效,但影响因素更加复杂和多样:物理化学场互相耦合、器件的表面积与体积比急剧增大,使宏观状态下忽略的与表面积和距离有关的因素,例如表面张力和静电力,跃升为 MEMS 范畴的主要影响因素。进入纳米尺度后,器件的量子效应、界面效应和纳米尺度效应等新效应更加突出。目前人们还没有能够像掌握宏观世界一样掌握微尺度下的规律。

集成电路技术的发展依赖于特征尺寸的不断缩小,使集成电路的集成度、功能、性能以及性价比不断提高;而 MEMS 的性能取决于精细的微机械结构,这些结构制造复杂、难以缩小,因此 MEMS 的性价比取决于微机械结构。一般地,微系统中晶体管的数量基本标志着系统处理信息的能力，微机械结构的数量基本标志着感知和控制能力。图 1-4 为典型的 MEMS 中集成的晶体管与微机械结构数量曲线。ADXL 系列加速度传感器和 DMD 分别是晶体管和微机械结构高度集成的代表，这两个器件所在的位置也代表了集成测量、驱动和信号处理功能的 MEMS 的发展方向。

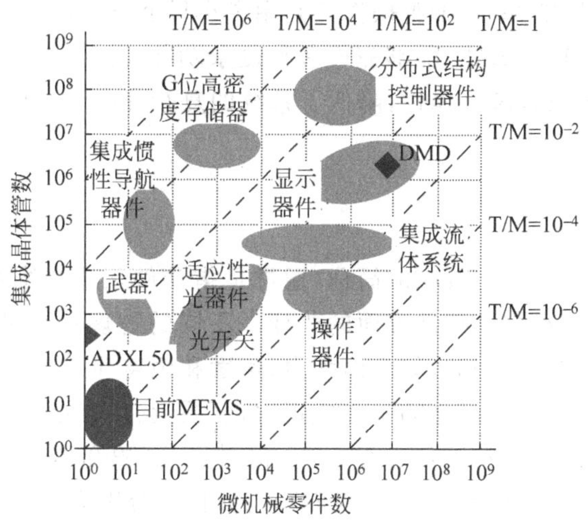

图 1-4　微系统的微机械结构与晶体管数量

微系统的优点是其特点的外延，是由微系统的尺寸特征、功能和结构组成以及制造方法共同决定的，即是由微型化、微加工技术和微型系统功能决定的。如图 1-5 所示，①由于微系统采用了微加工和集成电路制造技术，因此微系统可以像集成电路一样大批量并行制造，能够与

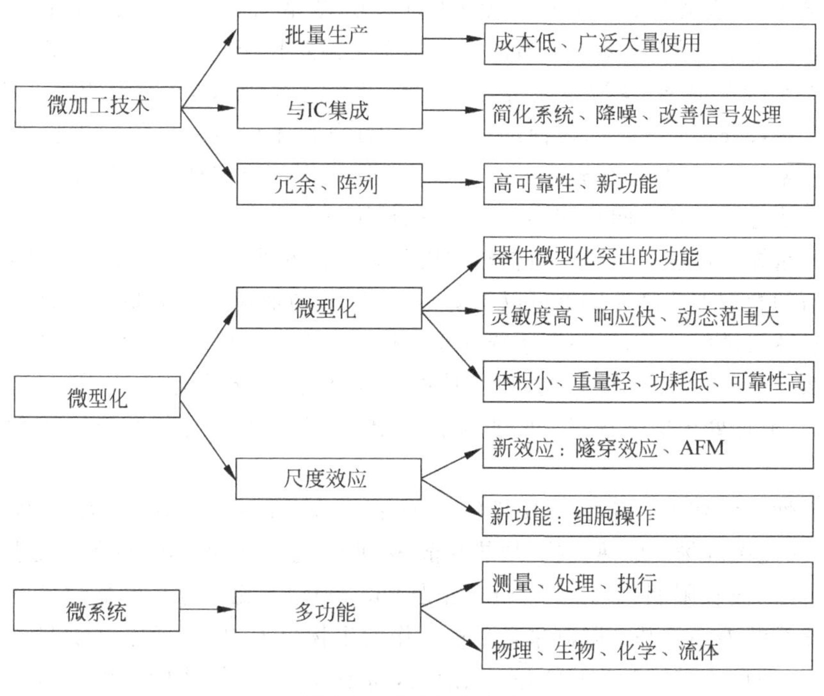

图 1-5　微系统的优点

集成电路集成，并且易于实现阵列结构和冗余结构，这对于降低制造成本、减小噪声和干扰、提高信号处理能力和可靠性具有重要作用。②微小的尺寸结构，使得MEMS具有宏观对象所不具有的高性能和新效应，例如通常MEMS都具有尺寸小、重量轻以及功耗低的特点，并且器件的响应速度更快，灵敏度和分辨率更高，动态范围更大，而原子力显微镜、纳米传感器和隧穿式传感器等都利用了小尺度的特性，细胞操作等利用了小尺度下精确、灵活的特性。③多种器件组成的复杂集成系统，使得MEMS能够完成多种复杂功能，并且多能量域之间的近距离或者直接转换，提高了系统的效率和可靠性，降低了系统的复杂程度。这种多功能是微系统发展的重要驱动力之一。

1.2.2 尺寸效应

尺寸效应是尺寸等比例缩小效应的简称，通常是指器件在3个维度上的尺寸按照相同的比例减小时所带来的物理和化学特性方面的改变。不同的物理量与尺寸(长度)、尺寸的平方(面积)和尺寸的3次方(体积)相关，如表面张力、速度和距离都是与尺寸成正比，强度、热流密度、摩擦力、静电力、压电力等与尺寸的平方成正比，而质量、热容量、磁力、扭矩、功率等与尺寸的3次方成正比。因此当器件特征尺寸缩小10倍时，表面积和体积分别缩小100倍和1000倍，如特征长度是1 m和1 μm的结构，其表面积与体积比分别为1 m^{-1}和10^6 m^{-1}，对应的物理量也有数量级的差异。

在MEMS的尺度范围内，常规的宏观物理定律和规律仍旧适用，但是尺寸的缩小使MEMS的控制因素发生了变化。在宏观状态下，很多性能受到与体积和质量相关的特性控制；在微尺度下，与体积相关的质量已经不是主要控制因素，而与表面积相关的性质(如表面力和分子间作用力)开始上升为主要控制因素。宏观情况下，两固体间的摩擦力正比于正压力而与接触面积无关，这是由于相对于宏观物体的重力，范德瓦尔斯力可以忽略；在MEMS中，分子间作用力变得很重要，摩擦力与器件的质量无关而正比于它的表面积。类似的方面包括表面张力和毛细现象显著、微流体显著的压强差、气泡形成与破灭、粘附造成破坏和失效等。从这种意义上说，MEMS是研究表面的科学。表面力和体积力分界的临界长度在1 mm左右。将器件或系统微型化，必须充分考虑尺寸效应所带来的物理现象的变化。

当物体的线性尺寸各方向都缩小s倍时，机械强度只降低了s倍，远远小于质量的缩小。这种强度和质量缩小速度的差异使微机械结构可以承受相当大的加速度而不会被破坏，例如用于炮弹引信的微型加速度传感器可以承受100 000 g的加速度。但是惯性力缩小过快也使得加速度传感器灵敏度较低，对检测系统的要求很高。在微尺度下，流体系统的特性与宏观情况下差别很大。宏观情况下惯性力控制流体的行为，流体处于湍流状态；微观情况下粘性力控制流体行为，流体处于层流状态。尺度越小，层流效应越明显，这给微流体的混合带来了很大的困难。

物体以线性比例缩小s倍时，热质量(等于热容量乘以体积)下降的速度s^3大于热传导下降的速度s^2，因此微观物体的热交换(加热和散热)非常迅速，使得热时间常数极小。光学系统中，由于可见光的波长限制(蓝光475 nm，红光650 nm)，等比例缩小时器件尺度不能小于这个尺寸。生化系统缩小的基本限制来自于被操作的生物分子的尺度和检测灵敏度。对于细胞操作应用，器件的尺寸需要在5～20 μm范围内，而涉及DNA操作的器件可以更小。当器件尺寸缩小时，被检测的样品数量随之减少，因此需要更高的检测灵敏度。显然，当生物分子数减小到1个时，器件尺寸达到了极限。

多数 MEMS 传感器的性能基本决定于热噪声。温度的波动和分子的随机振动引起微机械结构以平均动能 10^{-15} J 量级的随机振动，在宏观尺度下，该振动造成的影响完全可以忽略，但是微米和纳米器件对该振动非常敏感，因此热噪声显著。例如对于 MEMS 加速度传感器，微结构的热运动和空气分子随机热运动对质量块产生的冲击使质量块产生布朗运动，只有加速度振幅超过布朗运动幅度才能够测量。所有的 MEMS 器件都有微型化的最低限度，以使器件具有足够高的质量或者刚度来抵抗特定环境产生的影响。

1.3 MEMS 的实现

MEMS 是一个多领域、多能量场的耦合系统，其设计、制造和测试涉及多个科学和技术领域，如微电子、电子、机械、物理、化学、生物、材料、力学、控制等。MEMS 的应用领域更加广泛，很多学科领域都可以应用和发展自己的微系统。多学科领域的高度交叉，特别是在制造和封装能力的限制下，使每个 MEMS 器件的实现都是比较困难的。MEMS 技术的主要内容涉及基础理论、设计、仿真、材料、制造、封装、测量与测试、可靠性以及系统集成技术等。

1.3.1 MEMS 设计

MEMS 设计过程包括系统级设计、器件级(结构)设计、物理级(模型)设计、工艺设计，以及版图设计等几个不同的阶段，如图 1-6 所示。早期 MEMS 设计的重点是工艺设计，并经过了向器件设计转移的阶段，目前 MEMS 设计更重视系统级的设计。MEMS 的设计一般采用“自上而下”(Top-down)的设计方法，即从系统设计开始，然后进行器件和工艺设计，最后完成版图设计。系统设计从分析应用和性能指标开始，设计能够实现性能指标的结构和器件，经过结构仿真模拟，然后进行工艺和版图设计，再经过工艺模拟，最后完成制造和测试。经过多次重复这一过程，达到满意的结果。

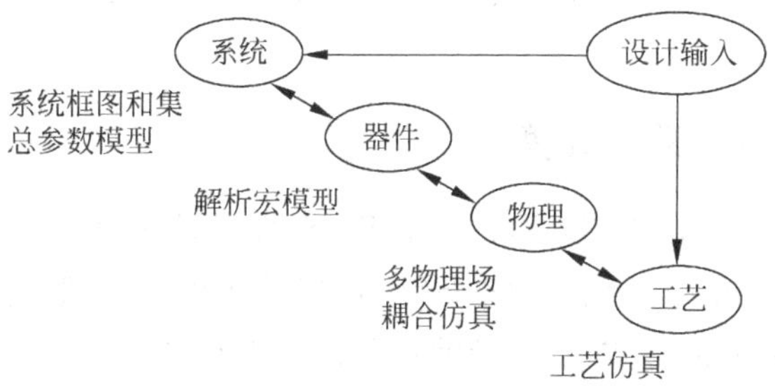

图 1-6 MEMS 设计流程

MEMS 的设计与器件结构和制造工艺紧密相关。为了实现所需要的功能，通常设计工作都是以器件为核心展开的，如图 1-7 所示为 MEMS 的设计和制造过程中的关键环节。其中，器件的结构、功能和原理性设计是所有设计工作的核心内容，由器件的结构决定了分析方法、制造方法以及测试和可靠性等，同时外围的内容既由器件结构所决定，又对器件结构产生一定的约束和限制作用，例如制造方法的可行性、性能是否达到需要的目标等。实际上，由于制造能力的限制,很多情况下器件的结构是在设计和制造之间做出的折中选择,即理想的器件结构难以通过制造实现的时候,不得不使器件结构让步于制造方法。也可以说,设计过程是在制造方法的约束下的功能最大化的过程。

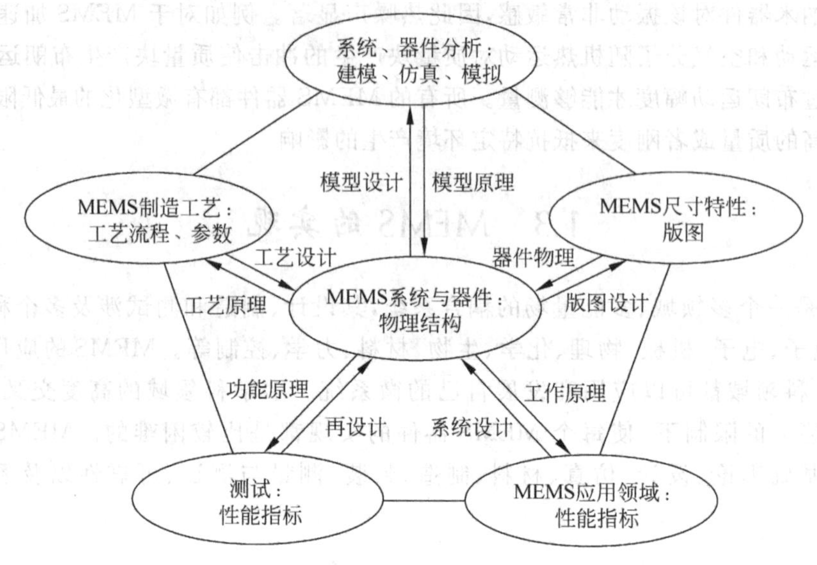

图 1-7 MEMS 的设计和制造过程

MEMS 的设计、制造和封装有很强的相互依赖性,设计很大程度上受限于制造工艺,不同器件所使用的 MEMS 工艺差别很大,即使最普通的 MEMS 器件也需要设计一个合适的加工工艺才能实现。因此掌握 MEMS 制造工艺对设计非常重要。由于 MEMS 的复杂性和多样性,设计制造等各个环节还没有发展成熟,没有固定的设计方法,MEMS 的设计自动化工具发展较慢,高层次的系统级综合工具也相对缺乏。MEMS 首先需要标准工艺,然后才能得到标准的设计准则和设计工具。尽管目前 MEMS 代工厂提供一些标准工艺,但是这些工艺的局限性很大,许多 MEMS 器件难以用标准工艺实现。随着代工服务的发展,MEMS 设计工作的重点是如何适应工艺技术。

1.3.2 建模、模拟与数值计算

根据 MEMS 设计所包括的内容,可以将 MEMS 的模型分为系统级、器件级、物理级和工艺级[4]。系统级模型描述整个系统的动态行为,可以采用框图法或者集总参数形式的电路模型描述,表示为常微分方程的形式,然后借助各种模拟工具如 Matlab、Pspice 等进行模拟。物理级模型描述实际的器件在三维连续空间的行为,用偏微分方程表示。由于 MEMS 多领域交叉的特点,往往多个物理场和化学场同时甚至相互作用,形成多场耦合,即使一个简单的传感器也涉及力学、物理和电学等多种参量。这使得通常的理论分析难以得到能够描述耦合系统的方程;即使能够得到这些方程,也会因为边界条件和器件结构过于复杂而难以获得解析解。因此,MEMS 建模和分析过程中更多地借助于数值计算软件进行多场耦合分析,然后确定优化的设计结果,例如有限单元法、边界元法、有限差分、时域有限差分法等。有限元法和边界元法能够获得较为精确的物理级分析计算结果,利用综合法可以获得结构在每个能量域内行为

的精确描述。但是这种方法不适合系统级的分析计算，也不能同时考虑电路和结构器件。实现这些分析需要减少系统参数，即降阶模型。

解决多场耦合问题的模型包括非耦合模型、顺序耦合模型、集总或降阶模型，以及分布式耦合场模型。非耦合模型是早期分析MEMS器件常采用的方法，单独分析每种物理场对器件的作用而不考虑各种场之间的相互作用。非耦合模型在分析梳状叉指电容和谐振器方面被广泛应用[5]，分析过程忽略静电场边缘效应，通过简化静电模型计算电场、电容以及电极间的作用力，最后计算静电力引起的机械结构变形。如果多物理场(如机电)耦合系统可以简化、解耦，并能够计算耦合参数(如静电力)，该系统可以用非耦合模型方便地描述。对于强耦合情况，例如扭转微镜等，由于机电耦合程度很高，非耦合法计算结果误差较大。随着商用有限元软件(如ANSYS)和边界元软件(如Coventor)的发展，非耦合模型逐渐被更精确、更复杂的数值计算所取代。

顺序耦合也称为弱耦合或负载矢量耦合，是将不同场的建模、模拟相结合来解决耦合场的问题。分析过程每次分析只针对某一物理场，将前一个分析结果作为下一个分析过程的边界或者初始条件完成耦合。例如，用顺序耦合法分析机电耦合时，顺序求解静电和结构问题的解，并通过负载矢量(作用在机械结构边界上的静电力)将机电域的相互作用(耦合)联系起来。通过这一步，电场对机械结构的耦合作用表现出来，在得到机械结构的解以后，再将其代入静电场求解过程，实现机械结构与静电场的耦合。即电场会改变机械结构的初始形状，而结构的变形又会影响到电场分布和静电力的大小。经过多次迭代后，两次解的差别收敛在一个允许区间内，完成耦合求解过程。这种方法的核心问题是收敛与否以及收敛速度，对于电容的下拉效应等突变现象难以求解。

利用顺序耦合的商用软件包括CFD-ACE+，MEMSCAD、ANSYS等。在计算机电耦合过程中，使用有限元法离散化机械结构，使用边界元法离散化电场，对所有未变形的机械结构计算初始电场力，然后利用电场力作为载荷计算结构的变形和位移。结构的形变导致了电场的变化，形成了新的电场力载荷，再利用电场力对第一次变形的结构进行计算。例如，静电驱动扭转微镜与另一个极板构成电容，施加驱动电压后静电力使支承微镜的梁扭转变形，微镜平衡时静电力的扭矩与扭转梁的扭矩相等。在FEM计算时，静电力与扭矩是互相反馈的。初始静电力的大小由微镜的面积、极板距离、驱动电压等因素决定，而扭矩由梁的尺寸和材料决定，当静电力使微镜扭转后，微镜构成的电容的极板平均间距发生了变化，静电力和所产生的扭矩都发生了变化，因此精确的计算需要多次迭代。

集总参数模型是强耦合模型，具有求解(或收敛)速度快的优点，应用范围非常广，从降阶MEMS模型到使用集总换能器的分布式机械系统。第一个强耦合模型是ANSYS 5.6版本引入的(EMTGEN宏)，用来克服顺序耦合的缺点。通过把换能器的电容表示为器件单元的自由度的函数来描述静电力和机械力之间的耦合，器件单元通过将静电能转换为机械能存储静电能，反之亦然。单元具有集总参数单元的形式，电压和结构化自由度作为跨变量，电流和力作为通变量。单元的输入包括电容自由度关系，该关系可以从静电场中求解。于是单元可以表示任意一点的3个独立的平移自由度来模拟3自由度的耦合，不再需要静电域的网格划分，而是被一组换能单元代替，这些单元关联机械和电域模型，提供静电-结构耦合系统的降阶模型。

强耦合分布式模型是目前解决耦合场最好的方法。在这种方法中，静电域和结构域都用分布式单元建模,通过平衡机电控制方程进行耦合。第一个二维强耦合分布式单元模型是ANSYS 6.0引入的,基础是虚功原理和能量守恒。

MEMS制造过程时间长、成本高,不得不借助于工艺仿真而不是频繁的试验来优化设计,以降低成本提高效率。尽管目前很多工艺仿真软件,如TSuprem、Intellisuite、Coventer、AnisE等,能够提供硅各向异性刻蚀、压阻传感器灵敏度计算等经常涉及的内容,为实际制造提供预仿真优化;但是,由于对工艺机理的理解不够深入、工艺影响因素众多,很多工艺的仿真仍旧与实际有较大差别。随着MEMS专用设计工具的发展,主要的设计软件能够提供MEMS特有工艺库,如标准MEMS代工厂的模块,并提供湿法和干法深刻蚀等;在分析方面,提供力、电、磁、光、流体等多种物理化学场耦合计算能力;在界面和使用方面向着机械CAD的特点发展,即操作和显示的灵活性、多角度立体视图、工艺和网格生成直接相连,并提供网格生成工具。

1.3.3 MEMS制造

MEMS是以微加工技术和半导体制造技术为依托,实现多种结构形式的梁、板、槽等结构,结合压阻、磁、压电等功能器件,共同组成具有测量或执行功能的MEMS器件;进一步与集成电路相结合,构成了具有感知、信息处理和执行功能的微系统,如图1-8所示。

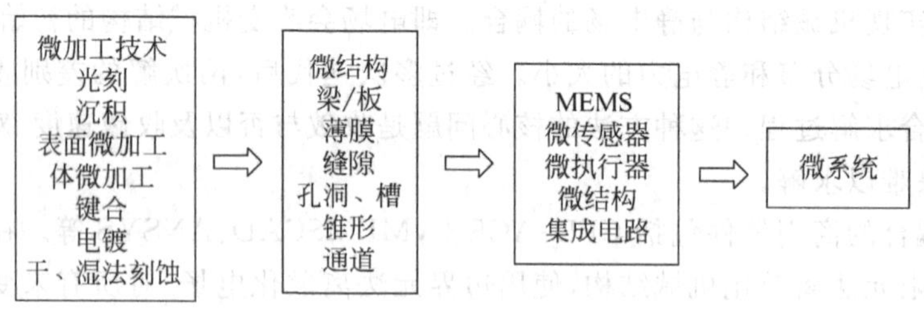

图1-8 MEMS器件的实现过程

微加工技术(Microfabrication)是制造MEMS的主要手段。微加工技术包括IC制造技术、微机械加工技术(Micromachining)和特殊微加工技术。目前MEMS制造的主要方法也是"自上而下"(Top-down)的微型化过程,即采用光刻和刻蚀等微加工方法,将大的材料制造为小的结构和器件,并与电路集成,实现系统微型化。这种途径易于实现批量化和系统集成。电子束光刻已经能够实现几纳米的线宽,可以将器件拓展到NEMS领域。另外,可以采用单个分子或原子进行组装的"自下而上"(Bottom-up)方法,即把具有特定理化性质的功能分子或原子,借助分子、原子间的作用力精细地组成纳米尺度的结构,再由纳米结构与功能单元集成为系统。这种方法目前最常见的是分子自组装,适应面较窄。

IC制造的主要工艺过程包括薄膜沉积、光刻转移图形、扩散注入、选择性刻蚀薄膜等,并通过多次重复这些步骤实现复杂的IC。由于IC的制造已经成熟,因此MEMS制造中的主要问题是微机械结构的制造以及与IC的集成。MEMS起源于IC制造,大量借用了包括光刻、薄膜沉积、注入扩散、干法和湿法刻蚀等在内的传统的IC制造技术。除此之外,MEMS制造还需要大量与IC制造不同的制造技术,例如牺牲层技术、湿法各向异性刻蚀、反应离子深刻蚀(DRIE)、双面光刻以及键合技术等,这些非IC技术统称为微机械加工技术(以后简称为微加工技术)。过去,微加工技术以表面微加工技术、湿法深刻蚀、DRIE和键合作为主要的代表，是微加工技术与IC制造技术的主要差别。然而，近年来三维集成技术的发展，使IC制造工艺引入了MEMS领域广泛使用的DRIE和键合技术，并且在大型半导体设备商和材料供应商的努力下，这些技术有了更大的进步，使IC制造技术有融合微加工技术的趋势。

MEMS制造过程比IC制造过程更加复杂，这是由MEMS的特点决定的。IC器件是静态的二维平面器件，组成元件仅包括晶体管和互连，结构单一；MEMS中绝大多数器件为三维器件，沿厚度方向的尺寸是决定器件性能的重要参数。另外，MEMS结构在工作过程中往往需要运动，因此要求这些结构为悬空结构。微加工技术主要是为了解决两个问题，一是传统IC制造不能加工高深宽比和可动结构的问题；二是新材料的制造问题。例如主要的微加工工艺都是为了制造三维或可动结构：表面微加工工艺主要解决悬空的可动结构；体加工工艺的湿法和干法深刻蚀主要制造高深宽比的三维结构和可动结构；键合解决内腔体加工和器件悬空的问题；LIGA技术可以制造大深宽比的结构。可以说，微加工技术是为了解决三维和可动结构而发展起来的。

从理论上讲，将电路与微机械集成在同一芯片上可以提高系统的性能、效率和可靠性，并降低制造和封装成本。微机械与CMOS集成是MEMS发展中最困难的问题之一，因为无论是IC还是MEMS器件都非常脆弱，并且很多工艺互相影响，如何安排IC及MEMS的工艺顺序是工艺设计中非常重要的问题。多数MEMS的微机械部分和IC部分是分开制造在不同芯片上的，通过引线键合将二者连接起来。因此，尽管MEMS器件可以与电路集成，但是对目前的多数情况，行之有效的方法是在封装级集成IC和MEMS模块，而不是芯片级集成。近年来三维集成技术的快速发展，使基于不同制造工艺的MEMS和IC在垂直方向的集成成为可能，为实现广义的微系统提供了一个切实可行的解决途径。

微加工技术在逐渐多样化发展的同时，逐步向几个工艺平台统一的方向发展，特别是在传统应用领域。例如，MUMPs的最终目标是实现像集成电路一样在设计、制造和测试等各方面都有统一的标准。然而，集成电路基于结构相同的晶体管和互连，通过大量的晶体管及不同组合方式实现不同的电路功能，因此集成电路有标准的设计技术、工艺技术和封装技术，设计与制造分离，有独立的设计公司和专门的代工厂。MEMS包含机械结构的特点决定了MEMS有明显的特异性和多样性，因此，MEMS目前尚没有像集成电路那样的通用设计和制造标准，设计和制造还无法分离，这使得MEMS难以重复集成电路的发展历程。迄今为止，大多数MEMS生产商都花费了至少10年时间和大量的资金建立专有的制造工艺，并采用特定设计方法以适应这些工艺，其产量也是逐步扩大的。尽管世界范围内包括Cronos、TSMC、ST、Silex和X-Fab等在内的MEMS代工厂多达几十家，必须看到，MEMS本质上是种类繁多的专用微机械和微结构器件，而代工厂生产的是大批量的标准器件，针对多样性的MEMS器件建立普遍的代工业务是困难的，MEMS标准制造仍旧发展缓慢。

与CMOS的主要技术难点在于不断缩小特征尺寸不同，MEMS的主要难点和挑战在于多物理场耦合的能量传递、三维结构的制造与释放、残余应力控制、器件噪声与抑制，以及微弱信号放大与处理等，而对于信号处理电路集成度的要求则较低。表1-1所列为MEMS的主要特点、难点和技术挑战。

表 1-1　MEMS 的主要特点、难点和技术挑战

特殊工艺和设备	HF 气体刻蚀	XeF_2 刻蚀	DRIE 刻蚀	键合
三维结构及封装	高深宽比	悬空	KOH	真空
多物理场耦合	多场耦合	多尺度	耦合模型	微尺度热传导
残余应力可靠性	结构残余应力	封装应力	结构失效	应力集中
物理及化学测试	物理及力学量测试		生物化学量测试	

1.4　微系统的历史、发展与产业状况

微系统的历史是以 1954 年贝尔实验室发现硅和锗的压阻效应开始的。随着硅的各向异性湿法刻蚀、深刻蚀、键合等技术的引入，微系统既对微电子有很大程度上的依存，又相对独立地发展。

1.4.1 历史

MEMS是在20世纪50年代随着半导体技术的发展而出现的。这一时期是MEMS的起源时期,主要研究半导体材料的物理现象及其在传感器中的应用。1954年贝尔实验室的Smith发现了半导体硅和锗的压阻效应并制造出硅应变器件[6],贝尔实验室发现并研究了碱金属溶液对硅的刻蚀技术。1959年,美国著名物理学家R. Feynman在美国物理学年会上发表题为"There is plenty of room at the bottom"[7]的具有划时代意义演讲,提出了微计算机、微机械和微器件等设想,并预言了研究中将会遇到的理论问题、表面加工工艺和单原子操作等。这一演讲不但为MEMS的发展指引了方向,还吸引很多后来对MEMS领域有着杰出贡献的研究人员开始从事MEMS的研究,对MEMS的发展产生了巨大的影响。

20世纪60年代的主要研究内容是硅微型传感器和各向异性刻蚀技术。Waggener等在1967年进一步完善KOH和EDP的各向异性刻蚀技术,使微压力传感器的承载硅膜片得以实现,与压阻效应结合,出现了硅微压力传感器。1961年Kulite公司通过KOH刻蚀硅膜片和压阻制造技术,实现了世界上首个压阻式硅压力传感器,并于1970年开发出世界上首个加速度传感器。20世纪60年代末Wallis和Pomerantz提出了电场辅助的硅玻璃键合方法[8],标志着硅玻璃阳极键合技术的出现,Nova Sensors公司用硅玻璃键合制造压力传感器。20世纪60年代后期,Honeywell和Philips向市场推出了基于各向异性刻蚀的压阻压力传感器。1967年美国西屋公司的Nathanson用表面工艺制造了静电力驱动的SiO_2悬臂梁结构的谐振FET[9]和光反射镜,标志着表面工艺开始出现。尽管这些表面微加工器件由于不够完善而没有商品化,但是这些工作构成了硅微加工技术早期成果的一部分。

20世纪70年代是MEMS发展的加速时期。尽管在MEMS产品方面只出现了压力传感器、加速度传感器和喷墨打印机喷头,并且真正大量生产的只有压力传感器和打印机喷头,但是多种MEMS器件的原型在这一时期就已经开始出现,如光学和微流体器件。1976年Michigan大学实现了第一个电路集成的压力传感器,斯坦福大学于1977年和1979年研制出电容压力传感器和加速度传感器,并开始了神经探针和硅气相色谱器件等生物医学方面的研究[10]。在光学器件方面,Bell实验室在1977年发表了用于光纤连接的硅器件[11],IBM在1977年和1980年分别报道了光调制器件和硅扭转微镜[12,13]。为了降低汽车尾气排放和避免医疗设备交叉感染,20世纪70年代开始,汽车用传感器和医用压力传感器成为MEMS研究的重点,促进了硅传感器和各向异性刻蚀[14]、阳极键合等微加工技术的发展。1974年美国国家半导体公司推出批量生产的压力传感器,Honeywell和Motorola等也于20世纪70年代末期推出了批量生产的压力和加速度传感器。这些传感器不仅广泛应用于汽车和医学领域,在传感器模型、制造、噪声、电路等方面的认知和实践都已相当深入[16,17]。IBM[18]和HP[19]分别于1977年和1979年利用MEMS技术实现了喷墨打印机喷头。目前墨滴体积已经缩小到10 pL,打印分辨率超过1000 dpi[20],仍旧是MEMS领域重要的产品。这些产品的出现,标志着MEMS开始走向应用。

20世纪80年代是MEMS的快速发展时期,世界各国相继开始MEMS领域的研究,制造技术不断涌现和完善,应用领域不断拓展,新器件不断出现,基础理论和设计方法学的研究不断深入。在制造技术方面,1985年加州大学Berkeley分校(UCB)的Howe等人实现了与MOS电路集成的多晶硅谐振梁,证明了多晶硅结构与IC工艺的兼容性。随后,UCB、MIT和

Wisconsin 大学等完善了牺牲层微加工技术,成功制作了复杂的 MEMS 系统[21],奠定了表面微加工以及 MEMS 与 CMOS 集成的基础,并由 HP 的 Barth 于 1985 年将这种技术命名为表面微加工。UCB 采用多晶硅和二氧化硅作为结构层材料和牺牲层材料,而 MIT 采用铝和聚酰亚胺作为结构层和牺牲层材料。表面微加工的发展也促进了微传感器的发展,相继出现了基于表面微加工技术制造的压力和加速度传感器。1984 年 Michigan 大学发明了基于硅玻璃键合和浓硼阻挡 KOH 刻蚀的溶硅技术,1985 年德国发明能够批量制造高深宽比三维结构的 LIGA 技术,1986 年 Shimbo 极大地改进了硅-硅键合技术[22],使其量产成为可能。1987 年,IEEE 召开了第一届 MEMS 学术会议,1989 年在盐湖城召开的一次会议上,UCB 的 Howe 建议用 MEMS 作为这一领域的名称。

在新器件和新应用方面,1980 年 IBM 的 Petersen 研制成功第一个扭转微镜; Michigan 大学先后实现了第一个非制冷红外探测器和实用的神经探针[23,24]。1982 年 Honywell 公司推出一次性血压传感器,1986 年 IBM 的 Binnig 等发明了基于 MEMS 技术的扫描探针,随后于 1989 年获得了诺贝尔奖。UCB 的 Muller 等用表面微加工技术分别于 1984 年、1989 年和 1991 年制作出悬臂梁、梳状驱动器和铰链[25],并与 MIT 的 Senturia 和 Schimdt 等分别于 1987 年和 1988 年研制出微静电马达[26,27]。尽管到目前为止微马达仍旧没有获得应用,但在当时对全世界 MEMS 的大规模兴起起到了极大的促进作用。瑞典 KTH 的 Stemme 于 1986 年报道了单片气流传感器[28],与荷兰 Delft 大学的 Middelhoek 和日本东北大学 Esashi 成为美国以外其他国家较早开始 MEMS 研究的人员。

在基础研究领域,1982 年 IBM 的 Petersen 发表了题为"*Silicon as a mechanical material*"[29]的论文,详细给出了硅的力学性能和刻蚀数据,促进了硅成为 MEMS 领域的主流材料。1983 年,Feynman 在加利福尼亚的喷气推进实验室进行了一次题为"*Infinitesimal machinery*"[30]的演讲。Feynman 回顾了上次演讲的预言,详细阐述了如何制造微机器、如何利用微机器、静电力驱动、微型机器人,用低精度工具制造高精度产品、摩擦和粘连等问题,并预言到原子计算、电子计算和量子计算等。这次演讲除了指引 MEMS 的应用和发展,更大胆地把 MEMS 拓展到纳米领域。到 20 世纪 80 年代后期,包括微加工、结构设计、微动力学、材料科学、控制理论、测量等多个领域在内的 MEMS 的研究全面展开。

从 20 世纪 80 年代中后期和 90 年代初期开始,国内清华大学、东南大学和复旦大学开始进入 MEMS 研究领域,北京大学、中科院微系统所和中科院电子所也开始了 MEMS 的研究。清华大学在 20 世纪 80 年代末期和 90 年代初期,先后实现了电路集成的压力传感器、加速度传感器和触觉传感器,并于 1992 年发表了转速可测的硅微静电马达。复旦大学在压力传感器等力学传感器方面开展了研究,东南大学在键合技术和模型及模拟方法方面开展了研究。

20 世纪 90 年代开始,MEMS 在全世界范围内进入高速发展时期,世界各国对 MEMS 研究投入了大量的资金,对 MEMS 相关原理、材料、加工、设计、仿真以及集成等方向的研究更加深入,MEMS 在国防、生物医学、汽车、通信、航空航天等领域的应用全面开展,并有大量 MEMS 产品推向市场。ADI 公司于 1993 年推出了基于表面微加工技术的微型加速度传感器 ADXL50,并在随后的 10 年推出了系列加速度传感器,广泛应用于汽车电子领域。经过 10 年的研究完善,1996 年德州仪器公司推出了 DMD[31],Stanford 大学的 Solgaard 在 1992 年研制成衍射光栅,10 年后才由 Sony 公司成功地应用在高清晰度电视上。1994 年 Michigan 大学实现了第一个电路集成的微陀螺。由于这些 MEMS 器件更加复杂、集成度更高,从实验室初期原型到产品都经历了 10 年左右的不断发展和完善。

这期间微加工技术在持续发展。为了降低 MEMS 的制造成本，1993 年美国北卡罗来纳州微电子中心（MCNC）开始为 MEMS 提供加工支持的 MUMPs（Multi-User MEMS Processes），它采用 Berkeley 的表面微加工技术，能够制造 3 层多晶硅结构，有利地推动了 MEMS 研究在大学和科研机构的广泛开展。美国 Sandia 国家实验室开发的 Summit V 表面微加工工艺可以制造 5 层多晶硅微机械结构，并相继实现了复杂的谐振器、马达、齿轮、可调微镜等器件，代表着微加工的世界最高水平。Harvard 大学的 Whitesides 发展的软光刻技术能够制造高分子聚合物微流体器件，成本和周期大大降低，极大地促进了微流体和芯片实验室的发展。在体微加工方面，1994 年 XeF_2 干法刻蚀技术应用于 MEMS，同年，德国博世公司发明了时分复用单晶硅干法深刻蚀技术，随后日立公司开发成功低温硅深刻蚀技术。由于干法刻蚀具有刻蚀速度快、兼容性好、能够实现垂直的高深宽比结构，基于这两种刻蚀原理的干法深刻蚀设备在 20 世纪 90 年代后期迅速得到了应用，成为现在 MEMS 领域最重要的刻蚀方法。

在应用领域方面，1990 年 Manz 提出了芯片实验室的概念，Michigan 大学在 1998 年实现了集成的连续流 PCR 芯片系统，目前生化和流体应用已成为 MEMS 领域最大的分支之一。20 世纪 90 年代初，美国 Hughes 公司和 Rockwell 公司等在美国国防高级研究计划署（DARPA）的资助下开始 MEMS 通信器件的研究，并陆续发表了 MEMS 开关等研究成果，这些成果与 UCB 的硅微谐振器一起，促进了 RF MEMS 领域的诞生，RF MEMS 的优势和巨大的市场需求使其成为 20 世纪 90 年代后期的研究热点。20 世纪 90 年代中期，光学 MEMS 器件开始出现并快速发展，包括光开关等器件应用于光纤通信领域。20 世纪 90 年代后期出现了 NEMS，其特征尺寸在几纳米至几百纳米[32]，质量约 10^{-18} g，以纳米尺度和纳米结构的新效应为特征。制造纳米尺度器件需要分辨率相当的光刻和加工技术，尽管电子束光刻可以实现小于 10 nm 的器件，扫描隧道显微镜和原子力显微镜可以作为制造手段移动和装配原子、分子、构造纳米结构，但是 NEMS 的发展仍面临着较大的困难。第一，如何利用纳器件以及纳器件与宏观世界之间的信号传输仍是难题，例如以碳纳米管作为敏感器件时的信号传输。第二，纳米尺度下热传导具有量子效应，MEMS 器件的行为由表面特性决定，这意味着小器件的能量可以通过随机振动发生耗散，需要抑制能量耗散以获得高 Q 值。第三，纳米结构要求用单晶或超高纯度的异质材料制造，材料必须具有极低的缺陷，这对材料提出了极高的要求。第四，目前还没有可重复和低成本的纳米器件批量制造方法，纳米器件几乎不具有重复性，而可批量重复的纳米加工技术是 MEMS 发展的先决条件[33]。

21 世纪，MEMS 的研究领域不断扩展，逐渐形成纳米器件、生物医学、光学、能源、海量数据存储、信息等新方向，并从单一的 MEMS 器件和功能向着系统功能集成的方向发展，与之相关的纳米科学、生化分析、微流体理论等迅速发展。特别是近 5 年来智能手机、平板电脑、消费电子、可穿戴电子和汽车电子的高速发展，极大地促进了压力传感器、惯性传感器（加速度传感器和陀螺）、磁传感器和微型麦克风等产品的大量应用，也推动了 MEMS 持续发展，使过去 5 年成为 MEMS 历史上产业发展最快的时期。

近年来，国内的 MEMS 产业也有了一定的发展，经历了一个从无到有的艰难发展过程。国内的电子制造产业消耗了全球近 25％的 MEMS 产品，但是主要的 MEMS 产品几乎都依赖于进口。目前以长三角、珠三角、京津地区和西安等地，先后成立了多家与 MEMS 产品有关的企业，主要从事压力传感器、硅微麦克风、陀螺等产品的生产，以及外购芯片后的封装和测试。

总体上，国内的MEMS产业在设备、工艺、设计、封装以及人才和创新能力等方面与国际领先水平差距较大。相信随着需求的牵引和技术水平的进步，国内的MEMS产业会进入到一个高速发展阶段。

总结微系统技术在过去近60年的发展可以发现，制造技术的发展是微系统发展的基础，每一次制造技术的进步都促进了新器件的诞生和性能的提高；同时提高器件性能和实现新器件的需要又成为推动制造技术不断发展的重要因素；更重要的是，新应用领域的不断拓宽成为拉动MEMS发展的源动力。Feynman在半个多世纪前高瞻远瞩的预言和设想，为人类打开了认识、利用和改造微观世界的大门，推动着MEMS领域的发展。

1.4.2 产业状况

经过近40年的发展，MEMS商品化已经取得了巨大成功，包括压力、加速度、陀螺、磁、麦克风和IMU等微传感器，以及打印机喷嘴、微镜、MEMS谐振器、开关、滤波器等微执行器都已经大批量生产，而微光学器件、BioMEMS和微流体芯片等也显示出巨大的市场潜力。1995年，全球MEMS产品的销售额只有10亿美元，2005年攀升到25亿美元，而2013年已超过120亿美元，预计2018年将达到225亿美元。MEMS的产业发展是市场拉动和技术推动共同作用的结果，需求的不断扩展和MEMS领域技术的持续进步，共同促进了MEMS市场和应用的高速发展。

MEMS产业呈波浪式发展。第一轮商业化浪潮始于20世纪70年代末，为了降低汽车油耗和排放，以及为了避免医疗器械造成的交叉感染，用体加工技术制造的膜片式压力传感器开始应用于汽车和医疗领域，包括Honeywell、Nova Sensor、Motorola、Philips等开始大批量生产压力传感器。MEMS的第二轮商业化出现于20世纪90年代，主要围绕着计算机和信息技术以及汽车工业的巨大需求，如TI公司的数字微镜、HP和IBM等公司的喷墨打印头，以及ADI、Motorola、Denso和Bosch等公司的加速度传感器和陀螺。第三轮商业化出现于20世纪末，主要是以RF MEMS和光学MEMS器件为主，包括MEMS谐振器、微机械开关、光开关和微镜等。这一轮的MEMS产品，特别是光通信产品，带有强烈的资本驱动的背景，初创公司大量出现，随后迅速倒闭或被收购。第四轮MEMS商业化主要围绕BioMEMS和芯片实验室等生化分析和生物医学应用，这一阶段的产业化也受到资本市场的强力推动。尽管由于技术和市场等原因，这些光学和生物MEMS产品没有出现预期中的强劲增长，但也为长期发展奠定了基础。在这些新兴的市场处于暂时沉寂的时候，智能手机、消费电子、汽车电子和智能家庭等领域的高速发展，使已经产品化的加速度传感器、陀螺和麦克风等成为支撑近5年来MEMS市场高速发展的主角。

按照MEMS产品的种类划分，2011年销售额最大的依次是陀螺、加速度传感器、压力传感器、喷墨打印机头、微流体器件和光学MEMS器件，合计占据了MEMS产品82%的销售额，随后的磁传感器、麦克风和RF MEMS器件占据了12%的销售额，如图1-9所示。这些MEMS产品从概念到批量生产都经历了15～20年漫长的发展才进入成熟期，这与MEMS复杂的结构、工艺、封装和可靠性有关。

压力传感器是最早成功量产的MEMS传感器，目前压力传感器的主要制造商包括Bosch、Honeywell、Murata、ST、Freescale等。多数MEMS压力传感器产品采用膜片式压阻结构，但是量程和温度方面的局限性使电容式和谐振式压力传感器近年来发展迅速。汽车、医疗和工业应用是压力传感器最主要的 3 个市场，其中汽车占有 70%以上的市场份额，医疗和工业各占 10%左右的市场，主要应用于手术导管（一次性应用）、个人血压计以及环境控制和过程控制。其他主要应用还包括航空航天、军事和消费电子。随着轮胎压力监控和多自由度（含压力测量的高度）惯性传感器系统的广泛普及，压力传感器仍会保持高速的发展态势，甚至重新回到最大 MEMS 产品的位置。

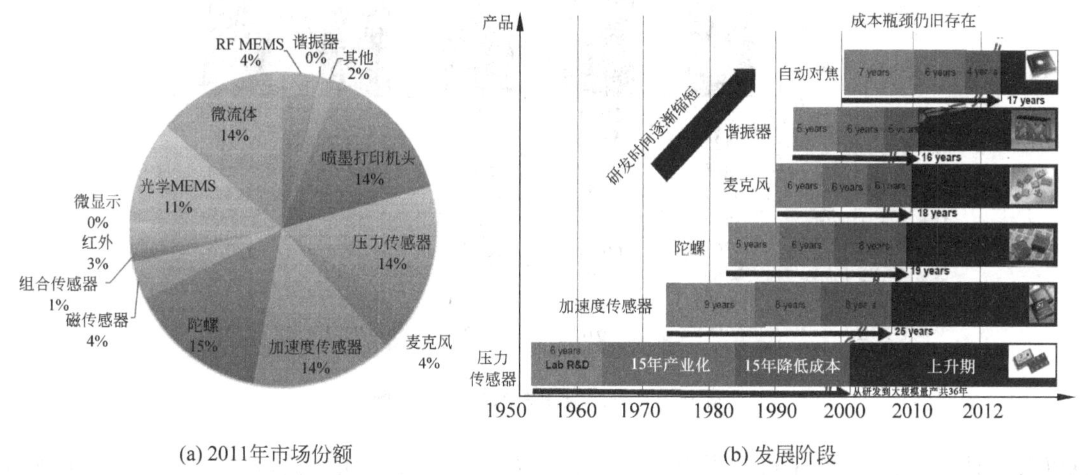

(a) 2011年市场份额 (b) 发展阶段

图 1-9 MEMS 主要产品

加速度传感器于 20 世纪 90 年代开始进入批量生产，主要应用于汽车、消费电子、军事国防等领域。加速度的主要传感器制造商包括 Bosch、ST、Kionix、Murata、Denso、Invensense、Panasonic、ADI 等。加速度传感器主要采用电容测量，也有少量产品采用压阻测量。近年来随着消费电子和汽车需求的扩展，陀螺处于高速发展阶段，主要制造商包括 ST、Invensense、Epson、Bosch、ADI 等。陀螺的技术比加速度传感器更加复杂，发展也没有加速度传感器成熟，同时成本也更高。近年来单封装 3 轴加速度成为加速度传感器的主要发展方向，并且与 3 轴陀螺和磁传感器集成为多轴惯性测量系统。2012 年 ST、Invensense 和 ADI 分别推出了包含 3 轴加速度传感器和 3 轴陀螺的 6 轴惯性测量系统。

硅麦克风具有成本低、尺寸小、可扩展性强和音质好的优点，近年来广泛应用在智能手机、耳机、笔记本电脑、摄像机和汽车等领域。特别是通过多麦克风可以消除背景噪音或实现定向麦克风波束等，大大促进了 MEMS 麦克风在移动电子产品中的广泛应用。2013 年全球硅麦克风市场超过 11 亿只，主要的制造商包括 Knowles、AAC、Goertek、ADI 等，Infineon 是全球最大的硅麦克风裸芯片供应商。

按照应用领域划分，MEMS 产品的主要市场依次是消费电子、通信、生物医学、汽车、工业、国防与航空，如图 1-10 所示。其中消费电子以 37.78 亿美元的市场应用遥遥领先于第二名通信的 23.7 亿美元和第三名生物医疗的 21.9 亿美元，主要的 MEMS 产品用户为智能手机和平板电脑的制造商三星、苹果、LG，以及游戏机制造商任天堂和索尼。通信领域过去 5 年增长了 4 倍，是增长最快的领域，而通信基础设备和生物医学增长了近 1.8 倍，国防、工业、消费电子和汽车电子分别增长了 77%、52%、38%和 25%，而航空仅增长了 9%。

消费电子是目前 MEMS 产品最大的市场，应用需求主要来自于智能手机、平板电脑、游戏

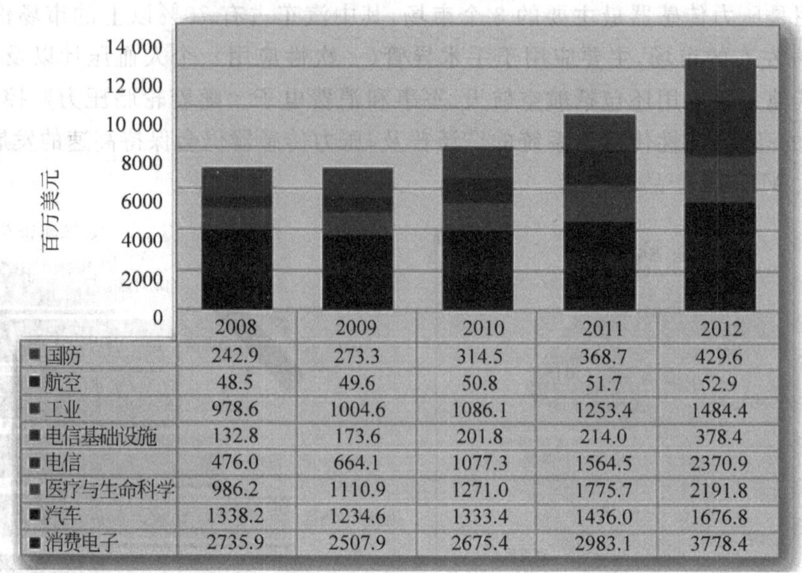

	2008	2009	2010	2011	2012
■国防	242.9	273.3	314.5	368.7	429.6
■航空	48.5	49.6	50.8	51.7	52.9
■工业	978.6	1004.6	1086.1	1253.4	1484.4
■电信基础设施	132.8	173.6	201.8	214.0	378.4
■电信	476.0	664.1	1077.3	1564.5	2370.9
■医疗与生命科学	986.2	1110.9	1271.0	1775.7	2191.8
■汽车	1338.2	1234.6	1333.4	1436.0	1676.8
■消费电子	2735.9	2507.9	2675.4	2983.1	3778.4

图 1-10　按照应用领域划分的市场

机以及玩具，特别是智能手机和平板电脑等市场从 2005 年以后的高速发展，使消费电子领域的需求增长迅猛。在目前的高端智能手机中，MEMS 器件的使用数量已经超过 10 个，并且随着功能的不断增加，MEMS 产品的使用数量会继续增加。图 1-11 所示为智能手机中 MEMS 传感器实现的人机交互和智能控制的功能（未包含通信系统的 MEMS 器件），其中带有横线的功能仍旧处于开发过程中。智能手机的高速发展是近年来推动 MEMS 市场快速增长的主要动力，其中苹果公司的产品成为 MEMS 产品最大的需求者和受益者。苹果公司具有突破性的 iPhone 4 产品应用了 5 个独立的 MEMS 器件，不仅首次使用了微陀螺和 3 轴加速度传感器实现姿态和动作的测量，还应用了 RF MEMS 发射模块，并采用 2 个硅微麦克消除噪音。近期 iPhone 5 所采用的 3 麦克风消噪技术，已经成为智能手机行业事实上的标准。

点击静音(触觉传感器)
虚拟鼠标(倾角传感器)
节能锁屏(MEMS开关)
硬盘保护(加速度传感器)
跌落振动(加速度传感器)
定向喇叭(微型麦克风）)
菜单导航(倾角传感器)
心率监控(压力传感器)
血压测量(压力传感器)
3D游戏控制(微惯性传感器单元)
天气预报(温度、气压、风力、湿度、太阳)
动作/声音拨号(加速度/麦克风)
环境监测(化学气体、颗粒)
相机防抖(加速度传感器)
电子罗盘(磁场传感器)
图像旋转(倾角传感器)
计步器(加速度传感器)
定向话筒(微型麦克风)

图 1-11　MEMS 产品在智能手机的应用

生物、医学及健康领域是目前 MEMS 第二大产品市场，并且是未来发展潜力最大的应用领域。生物医学和健康领域对 MEMS 产品的主要需求来自于诊断和个人医护产品，在满足分析检测应用所需要的复杂功能的同时，MEMS 产品正在通过小型化、低成本的特点向个人和家庭医护产品快速发展，这成为近年来生物医学领域发展的主要特征。目前 MEMS 已经广泛渗入到包括血压计、计步器、血糖检测等简单产品，到心电监测、脑电检测等可穿戴医疗器械，脑电和生物电记录和刺激、心脏起搏器、呼吸监控等治疗器械，以及微创手术器械、医学超声成像、重症监护设备和系统等众多医学领域。

汽车电子是压力和加速度传感器最早开始大量应用的市场，也是目前支撑 MEMS 产品应用的第三大市场。随着汽车领域对燃油经济性、安全性、舒适性等方面要求的不断提高，汽车电子领域强烈依赖于各种微型传感器实现信息的获取。如图 1-12 所示，目前中高级汽车所应用的传感器已经达到 50～100 个，其中 30%以上是 MEMS 传感器，安全气囊、车身稳定系统、碰撞预警、燃油控制、安全带检测等广泛应用了压力传感器、加速度传感器、陀螺等多种 MEMS 传感器。以压力传感器为例，即使不包括轮胎压力监测，从测量范围 1 大气压的进气歧管压力，到 10 大气压的自动变速箱压力，到 200 个大气压的气缸压力，直到 2000 大气压的共轨喷射系统的压力测量，每辆汽车需要 20 处甚至更多的压力测量。近几年以生产汽车传感器为主的 Bosch、Murata、Denso 和 Panasonic 等厂商年产值的排名在消费电子 MEMS 厂商高速发展的时期仍旧能够保持稳中有升，充分说明了汽车电子旺盛的需求。

图 1-12　MEMS 产品在汽车领域的应用

尽管目前 MEMS 领域的市场应用不断扩展，但是全球 MEMS 领域的年产值仍就仅相当于半导体工业年产值的 3%左右。这一方面是由于大量应用的 MEMS 产品只有压力传感器、惯性传感器、微麦克风、MEMS 谐振器和部分光学器件等有限的几种，无论其单芯片的价格还是市场容量，都无法与 CPU、存储器、通信芯片为代表的半导体产品相比；另一方面，近年来 MEMS 市场竞争的加剧，降低了 MEMS 产品的售价，导致产值的增长速度低于市场应用的增长速度。

目前全球大约有200家公司从事MEMS产品的研发和生产,主要集中在美国、欧洲和日本。表1-2为IHS统计的2013年全球独立MEMS制造商(IDM)和无工厂MEMS厂商(Fabless)的产值排名。Yole Development和IHS的统计结果在产值和排名上有所差异,但是总体差别不大。

表1-2 2011~2013年全球MEMS厂商产值排名(HIS数据,百万美元)

2013年排名	公司名称	2013/2012/2011年营业收入	主营业务
1	Robert Bosch	1001/793/735	惯性传感器、麦克风、压力传感器
2	ST	777/793/644	惯性传感器、麦克风、压力传感器
3	TI	713/751/776	数字微镜
4	HP	660/675/748	打印机喷墨头
5	Knowles	496/336/273	微麦克风、惯性传感器
6	Canon	368/377/369	打印机喷墨头
7	Avago	358/331/257	谐振器、滤波器、双工多工器
8	Freescale	283/262/245	惯性传感器、压力传感器
9	Triquint	265/181/91	MEMS体声波谐振器滤波器
10	ADI	260/290/257	惯性传感器、麦克风
11	InvenSense	246/187/144	惯性传感器
12	Denso	233/223/292	汽车惯性传感器、激光扫描微镜
13	Panasonic	220/288/308	汽车惯性传感器
14	Seiko Epson	214/237/246	打印机喷墨头
15	Sensata	210/200/190	汽车压力传感器
16	Murata	202/178/51	惯性传感器、磁传感器
17	Infineon	159/151/131	磁传感器、压力传感器
18	FormFactor	141/109/115	探针卡
19	GE Sensing	111/107/132	压力、流量
20	AAC	108/100/—	麦克风

2013年全球MEMS产品出货量约30亿片,MEMS行业的营业收入约为120亿美元,其中最大的20家供应商营收占整个行业的78%。在MEMS市场上,大型半导体制造商和应用产品制造商占据着市场和技术的主要地位,如Freescale、ADI、TI、ST、Panasonic等大多数公司有自己的MEMS生产线,占据着计算机、汽车、智能手机和消费电子等领域MEMS产品的主要市场。大型专业公司如生产汽车用MEMS传感器的Denso和Bosch都是世界著名的汽车零配件供应商,而HP、Epson和Lexmark等生产打印机喷头的都是打印机的世界巨头,生产硅微麦克风的Knowles为世界著名的声学产品制造商。过去曾经排名前十名的BEI和GE Novasensor等专业传感器生产商,现在已经难以进入前十名。小型MEMS公司依靠一项领先技术从事新兴领域的应用,如通信、生物、光学等。

2013年Bosch超越ST排名第一。Bosch是汽车MEMS传感器领域最大的供应商,占27%的市场份额,由于对苹果、Sony、HTC和三星智能手机传感器的出货量增加,Bosch在消费与移动领域MEMS传感器的市场也在不断成长。ST主要产品是惯性传感器和麦克风,占智能手机和平板电脑市场的32%,特别是苹果和三星的系列产品,其陀螺的产值高于加速度传感器。由于背投电视受到液晶的冲击、消费与移动市场的微型投影仪还尚未进入高速发展期，以数字微镜 DMD 为主的 TI 受到冲击，但是由于投影机市场需求旺盛，使 TI 的营业收入比 2012 年小幅下滑 5%。HP 的收入主要来自喷墨打印头，由于喷墨打印头方面的营业收入与 2011 年相比萎缩 10%，使其排名也低于 2011 年。作为迄今为止最成功的 MEMS 初创公司，InvenSense 的产品被任天堂 Wii Motion Plus 游戏杆采用，2012 年产值猛增 30%。InvenSense 依靠游戏业进入高速发展期，现已开始把手机与平板电脑作为更重要的市场目标，并成功打入 iPhone 6。排名 20～30 名的公司还包括 Asahi Kasei(磁)、Honywell(压力、化学、流量、惯性)、Lexmark(打印机喷墨头)、UTC Aerospace(惯性)、Sony(陀螺)、FLIR(非制冷红外)、Measurement Specialties(压力、流量)、Kionix(惯性)、Omron(压力、流量、开关)、ULIS(非制冷红外)以及 MEMSIC(加速度)。总结 MEMS 厂商的排名可以发现，凡是近几年名次有大幅度提高的都是苹果和三星智能手机的供应商。

根据 Yole Development 的统计，2012 年全球 MEMS 代工厂(MEMS Foundry)营业收入达到 6 亿美元，在前 20 名的 MEMS 代工厂中包括 7 家 IDM 和 13 家纯代工厂，如表 1-3 所示。尽管该统计数据与 IHS 的统计有些出入，但是去除作为 IDM 的 ST 和 Sony 后总体名次差别不大。陀螺是 MEMS 代工厂最大的收入来源，其次是加速度传感器和压力传感器。ST 和 Sony 是最大的两家 MEMS 代工厂，2012 年 ST 的 MEMS 代工收入与 2011 年相比下降了 20%，主要原因是 HP 的喷墨打印头需求减少，不过 ST 仍然占 MEMS 代工市场总额 6 亿美元的 1/3。由于 MEMS 麦克风市场需求的增加，为 Knowles 代工的 Sony 收入增长了 30%。排名第 3 的 Teledyne Dalsa 从 2011 年起为 JDSU 代工波长选择开关可重构光加/减复用器，2012 年收入 3900 万美元，光学 MEMS 是其收入的主要来源。

表 1-3 2011 年和 2012 年 MEMS 代工厂营业收入(Yole Development 数据，百万美元)

公司名称	公司类型	2012 年		2011 年	
		排名	营收	排名	营收
ST	IDM	1	203	1	244
Sony	IDM	2	65	2	19
TSMC	MEMS Foundry	3	42	7	23
Teledyne	IDM	4	39	4	37
Silex Microsystems	MEMS Foundry	5	34	3	47
Asia Pacific Microsystems	MEMS Foundry	6	25	5	26.3
XFab	MEMS Foundry	7	20	10	16
IMT	MEMS Foundry	8	19	6	24
Tronics Microsystems	MEMS Foundry	9	19	11	15.2
UTC	IDM	10	18	9	17.3
Micralyne	MEMS Foundry	11	16	12	15
Ti	IDM	12	14	8	20.1
Semefab	MEMS Foundry	13	12	14	11.8
Tower Jazz	MEMS Foundry	14	11	18	7
Advanced Micro Sensors	MEMS Foundry	15	8	17	7.5

在纯代工厂方面,全球最大的半导体代工厂TSMC(台积电)也是排名第1的MEMS代工厂,主要代工InvenSense的陀螺和加速传感器、ADI的微麦克风、MEMjet的喷墨打印头,以及压力传感器和片上实验室等。即使全球排名第一,对于TSMC来说MEMS代工收入与其半导体代工收入相比仍然微不足道(0.3%)。TSMC在半导体代工领域已经占据全球50%的市场,从2008年起TSMC开始进入增长较快MEMS领域。由于日本大地震后InvenSense将代工制造由Epson转至TSMC,另外ADI将iPad 2中的微麦克风由TSMC代工,使TSMC在2011年代工收入同比增长201%。排名第2的Silex Microsystems收入3400万美元,主要代工MEMS光学微镜、光开关、芯片实验室、陀螺、压力传感器,以及给药系统。Silex Microsystems是较早投入硅通孔(TSV)和三维集成技术的MEMS代工厂,目前其合同中约有50%与TSV工艺有关。第3~10名中,Micralyne曾为JDSU代工生产WSS ROADM器件,该产品曾占Micralyne的营业收入的50%。JDSU转投Teledyne导致Micralyne 2011年MEMS代工收入锐减46%,排名也从2010年的第2名下滑至第6名。Teledyne因为在汽车与医疗用压力传感器和芯片实验室代工市场而增长迅速,目前正在与IBM合作扩充在200 mm晶圆及TSV工艺方面的产能。为InvenSense代工的GlobalFoundries在2011年的MEMS代工收入增长了178%,仅次于台积电。

对比IDM和代工厂可以发现,单纯MEMS代工厂的营业收入远低于拥有核心技术和市场的IDM,而且MEMS代工厂的整体营业收入增幅并不明显,绝大部分消费电子和移动产品都由IDM掌控。如排名第1的代工厂TSMC的代工产值仅为ST非代工营业收入的5%左右,甚至也只有排名第20位的TriQuint公司的50%左右,这与在半导体领域作为代工厂的TSMC的产值(2012年170亿美元)仅次于作为IDM的Intel(494亿美元)和三星(304亿美元)有很大不同。这表明半导体工艺种类少、差别小,代工厂在解决了工艺、成品率和成本问题后,市场容易扩大;而MEMS产品的种类多、产量少、单价低,难以通过一个工艺占领多种MEMS产品的市场。目前多数代工厂仍使用150 mm晶圆生产,但是TI、Bosch、ST和Omron等IDM以及Dalsa Semiconductor、TSMC、Silex和tMt等代工厂已经完全转入200 mm晶圆。

1.4.3 发展趋势

从1958年平面集成电路出现以前每个晶体管平均单价5.52美元,发展到目前每个晶体管不足10^{-9}美元,集成电路在过去的近60年中遵循着摩尔定律高速发展,奠定了现代信息化社会的基础。这种高速发展是以市场需求推动着巨额投资不断进入半导体领域,通过技术的持续进步保持集成电路特征尺寸不断减小、集成度不断增加、性能不断提高,从而满足通信、消费电子、互联网等领域的不断增长的需求。然而,近10年的发展已经充分证明,由于物理定律、巨额投资和芯片复杂度的限制,上述模式将无法持续保持未来半导体工业的发展。

1. MEMS与半导体技术协同发展

通过超越摩尔定律的技术保持半导体工业的持续发展已经成为近年来国际上广泛认可的途径。国际半导体技术发展蓝图(ITRS)提出,在现有技术的基础上,通过集成纳米材料与器件、传感器与MEMS、生物芯片等功能单元,实现更多、更复杂的人机交互与信息获取功能,将成为未来半导体工艺的主要发展途径之一[34]。未来半导体的增长模式将以功能和集成替代尺度缩小,满足生物医学、工业控制、无线通信、消费电子等众多领域不断发展的需求。

MEMS技术与半导体有不同的特点和发展规律,但是二者之间的又是紧密相关的,特别是多功能集成的发展在很大程度上需要依赖于 MEMS 技术。对于延伸摩尔定律的发展模式，器件的特征尺寸不断减小，但是前后工艺代具有明显的继承性。即使器件的结构有不同程度的改变（如从平面 CMOS 结构发展为 FinFET 结构），但是器件基于场效应的基本工作原理没有变化。对于超越摩尔定律的发展模式，各种不同功能之间的依存关系较小，不同的器件之间没有时间的先后关系，而是各自独立、并行发展的。近年来三维集成技术为多功能集成提供了一个切实可行的解决方案，使多功能的异质集成成为可能。

尽管 MEMS 的应用领域不断扩大，MEMS 的产值增长速度较快，但是全球 MEMS 产值仍旧远远低于半导体工业的产值。随着半导体工业的驱动力从减小特征尺寸逐渐转向增加功能、提高集成度，MEMS 与半导体的相互依存度将不断增加。在半导体工业的带动下，MEMS 领域将持续发展。同时，以三维集成为代表的集成技术的发展，已经使传统 CMOS 的技术的范围扩展到过去所定义的微加工领域，即在三维集成技术的推动下，CMOS 技术与典型微加工技术逐渐融合，二者之间的差异正在不断减小，未来会有更多的半导体制造企业和产品扩展到 MEMS 领域，大大加快 MEMS 技术的发展。

2. 产品和技术的发展趋势

MEMS 产品的发展都会经历概念期、发展期、成熟期和衰退期。在经过以制造技术和可靠性为主的发展期后，MEMS 开始进入市场，并随着市场的扩大进入高速发展的成熟期。随着市场需求的减少或者替代技术的出现，一部分产品的市场开始显著下降，产品进入衰退期，如图 1-13 所示。实际上，迄今为止真正量产的 MEMS 器件中，只有打印机喷墨头从 2012 年开始进入到一个较为明显的衰退期，但是只要喷墨打印机的市场存在，喷墨头就不会消失。在个别 MEMS 产品进入衰退期的同时，包括化学和辐射传感器、扫描微镜及微投影、微流控芯片、RF MEMS 开关、触摸屏、适应性光学器件、能量收集器、微显示器、超声 MEMS 传感器、微型燃料电池等目前新兴的 MEMS 产品将相继进入到高速发展期，带动 MEMS 领域持续发展。

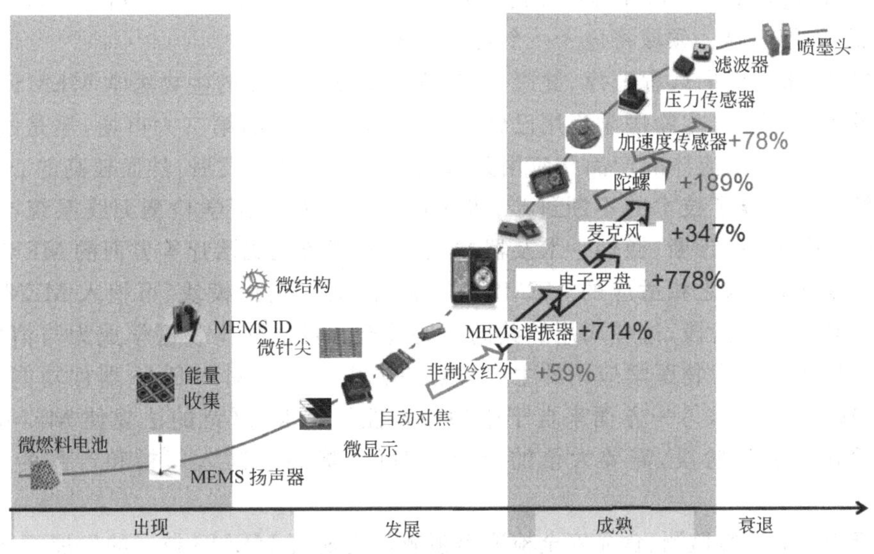

图 1-13 MEMS 产品的发展趋势

在可以预见的几年内,消费电子仍是MEMS产品的主要市场甚至最大市场。在消费电子的主要应用如智能手机和平板电脑等领域,MEMS的增长将依赖于现有功能的替换和新功能的引入。在现有功能的替换方面,包括扬声器、谐振器、时钟和开关等,都会在不久的将来实现MEMS化,从而不断扩大MEMS的市场。在新功能方面,多数新功能的引入都依赖于MEMS技术,如包括血压、脉搏、呼吸等人体生理参数的测量,包括微投影等信息的输出,以及包括温度、风力、颗粒物浓度、化学气体浓度等环境参数的检测,都依赖于MEMS传感器和执行器。这些新功能将又一次革命性地改变移动电子产品的功能。除此之外,笔记本电脑和超级本等将会跟随目前智能手机的发展路线,引入更多的MEMS传感器以实现智能化和网络化。近年来智能家居和可穿戴概念的快速发展,也会进一步带动MEMS传感器的应用和发展。

汽车电子仍将是MEMS最大的市场之一。未来面向夜视辅助成像、主动消噪、汽车网络、无人驾驶等应用的MEMS传感器将会大量进入到汽车领域,与目前已经广泛应用的防抱死系统、车身稳定系统、悬挂控制、斜坡启停辅助、轮胎压力监控等MEMS产品共同支撑汽车用MEMS的市场。未来以汽车舒适性、轮胎压力检测、碰撞预警、无线与光通信为主要应用方向的主动降噪麦克风和扬声器、室内空气监测传感器、轮胎压力传感器、RF MEMS器件和微波器件,以及光学MEMS器件等,将成为汽车电子领域新的发展需求。汽车电子应用对MEMS器件的可靠性方面提出了极高的要求,例如车内和车外应用的器件分别要满足−40~+85℃和−40~+125℃的工作温度范围,同时还要能够承受长期的冲击、震动等影响,在如此恶劣的条件下,器件的长期稳定性至少要达到10年以上。

无线通信和传感器网络的发展,也将推动RF MEMS的高速发展,如MEMS开关、FBAR谐振器、滤波器、多工器等。目前2G、3G和4G无线通信同时存在,产品频率和制式差异很大,滤波器和双工器等产品是这些多模无线通信系统的基础。未来MEMS开关和FBAR等产品将能够满足多模无线通信对体积、功耗和性能方面的要求,从而获得高速发展的机遇。实际上近几年Avago和TriQuint等厂商的快速发展已经见证了这一点。随着更多厂商的RF MEMS产品的成熟,这一领域将进入一个高速发展期。

除此之外,未来面向远程医疗、健康监护、疾病诊断与治疗的生物医学MEMS也将进入一个高速发展期。尽管生物医学应用已经成为MEMS产品的第二大市场,但是过去10年生物医学MEMS和微流体的产品和应用并未如预期一样高速发展,然而较高的心理预期和资本的持续投入支撑了技术的不断进步,未来应用于可穿戴医学检测无线系统、生理指标监测、生化分析和疾病诊断、微创手术及器械、心脑血管植入式治疗等方面的MEMS产品和应用将会不断出现,与之相适应的MEMS能源器件、无线通信模块、可植入MEMS传感器等将会进入高速发展阶段,这些应用的共同发展甚至有可能使生物医学成为与消费电子规模相当的应用市场。生物医学应用的主要难点一方面来自于对MEMS器件功能、体积、功耗、无线传输等的要求,另一方面来自于生物相容性的要求,严苛的法规使MEMS产品必须经过多个临床验证阶段,需要大量的资金和时间,提高了准入门槛和产品的成本及附加值。

与健康相关的环境监测、食品安全检测等领域也会随着MEMS技术的发展而不断发展,成为MEMS市场的有力补充。在智能电网、能源化工预警、建筑质量监测、工业设备控制系统和故障诊断等工业领域,MEMS产品的应用也将越来越广泛。MEMS技术的不断发展并结合无线传感器网络技术的应用，将会促进工业领域快速发展，从而带动相关领域以及 MEMS 产品的发展。

这些领域的持续发展支撑着 MEMS 产品的快速发展。Yole Development 预测，到 2018 年 MEMS 产品以 20.3%的年均复合增长率增长，芯片出货量将达到 235 亿片，销售额达到 225 亿美元，如图 1-14 所示。消费电子和通信领域市场规模的扩大和应用的 MEMS 数量的增加，使惯性测量单元(IMU)和 RF MEMS 器件将成为 MEMS 产品中增长最快的产品，前者的年均复合增长率将达到 43%，2018 年产值超过 20 亿美元，后者的年均复合增长率可能超过 50%，2018 年产值达到 10 亿美元。智能手机和平板电脑的持续发展也将促进微投影机用微镜阵列和光开关等为代表的光学 MEMS 进入高速增长期，到 2018 年市场将超过 20 亿美元。随着健康监护、远程医疗、可穿戴电子器件和环境监测等领域的发展，压力传感器和环境测量传感器将继续发展，特别是用于环境设备和人体血压监测的压力传感器将可能再次成为第一大单一 MEMS 产品，其销售额将第一个突破 20 亿美元。同样，微流体芯片也将继续高速发展，预计到 2018 年市场将超过 50 亿美元。

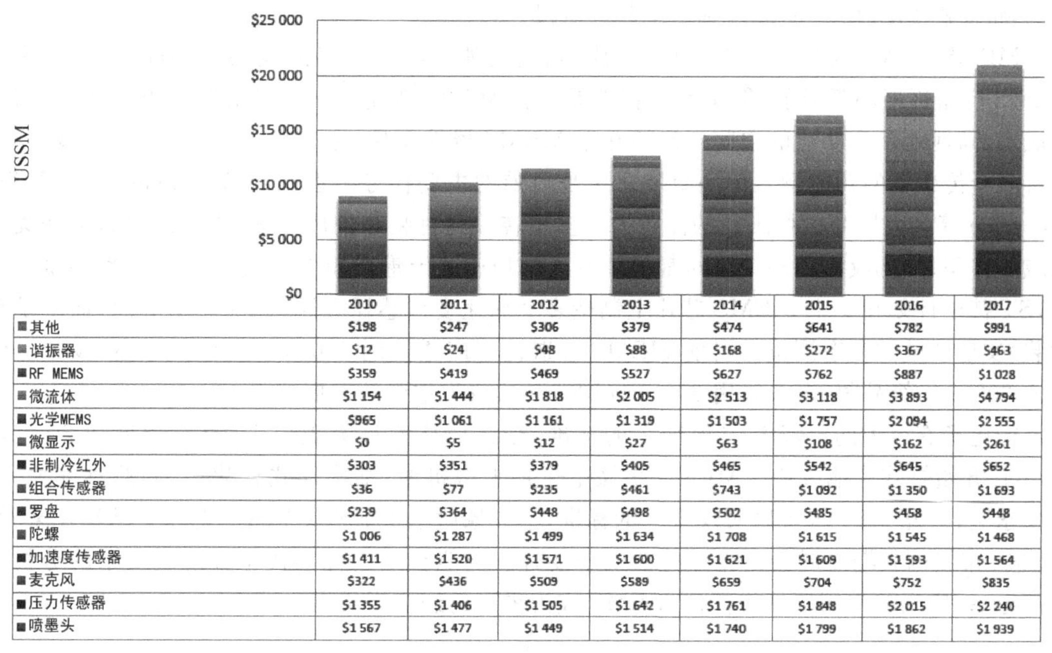

	2010	2011	2012	2013	2014	2015	2016	2017
■其他	$198	$247	$306	$379	$474	$641	$782	$991
■谐振器	$12	$24	$48	$88	$168	$272	$367	$463
■RF MEMS	$359	$419	$469	$527	$627	$762	$887	$1 028
■微流体	$1 154	$1 444	$1 818	$2 005	$2 513	$3 118	$3 893	$4 794
■光学MEMS	$965	$1 061	$1 161	$1 319	$1 503	$1 757	$2 094	$2 555
■微显示	$0	$5	$12	$27	$63	$108	$162	$261
■非制冷红外	$303	$351	$379	$405	$465	$542	$645	$652
■组合传感器	$36	$77	$235	$461	$743	$1 092	$1 350	$1 693
■罗盘	$239	$364	$448	$498	$502	$485	$458	$448
■陀螺	$1 006	$1 287	$1 499	$1 634	$1 708	$1 615	$1 545	$1 468
■加速度传感器	$1 411	$1 520	$1 571	$1 600	$1 621	$1 609	$1 593	$1 564
■麦克风	$322	$436	$509	$589	$659	$704	$752	$835
■压力传感器	$1 355	$1 406	$1 505	$1 642	$1 761	$1 848	$2 015	$2 240
■喷墨头	$1 567	$1 477	$1 449	$1 514	$1 740	$1 799	$1 862	$1 939

图 1-14 MEMS 产值预测

在 MEMS 产品不断发展的背后，市场需求起到了关键的拉动作用，同时制造技术的不断进步也是推动 MEMS 和微加工技术持续发展的动力。每一次制造技术的进步都直接推动了一次 MEMS 产品或成本的革命性变化。从早期的 KOH 和 TMAH 各向异性刻蚀开始，MEMS 制造技术先后引入了硅键合和阳极键合、DRIE 深刻蚀、XeF_2 各向同性刻蚀、DRIE 和键合实现腔体式 SOI、三维集成、薄膜封装、临时键合以及圆片级真空封装等新技术，还采用了步进投射式光刻机，而室温键合技术也将引入量产。这些制造技术直接导致了体硅刻蚀结构、悬空释放、圆片级真空封装、三维系统集成等方法的产生，促进了惯性传感器、RF MEMS、硅麦克风、光学 MEMS 和多功能集成系统的快速发展。例如 DRIE 由 Bosch 获得专利授权后，许可 STS 生产设备,目前包括加速度传感器、打印机喷墨头、压力传感器、陀螺、麦克风、执行器和 RF MEMS 等多种器件以及封装过程都采用 DRIE 工艺。近年来由于三维集成技术的发展,众多大型半导体设备制造商进入到 DRIE 设备制造领域,快速提高了 DRIE 的刻蚀速度、生产效率和均匀性,这也将对 MEMS 产品的发展起到积极的推动作用。

目前已经产业化的 MEMS 器件,几乎都是基于硅材料作为结构,利用压阻、电容、电热或电磁信号进行驱动或检测。导致这种状况的主要原因是,除了微流体领域的一些高分子材料,主要的功能性材料如压电材料和铁磁性材料还难以实现高质量、低成本的制造。以压电材料锆钛酸铅(PZT)为例,其压电换能系数是 AlN 材料的 10 倍以上,在能量收集、压电执行器、光学微镜、MEMS 开关和微泵等领域有极为广泛的应用。然而,采用溅射制造的 AlN 已经在 FBAR 中广泛应用,但是目前尚没有 PZT 薄膜的 MEMS 产品。主要原因是高性能的 PZT 材料都需要高温烧结的体材料,而 MOCVD 和溶胶凝胶等方法沉积的 PZT 薄膜的力学性能、压电转换系数、生产效率以及均匀性等方面都无法与体材料相比。近年来荷兰 SolMateS 公司利用激光脉冲沉积 PZT 取得了显著的进展,并已经向 Bosch 和 ST 提供试用设备。如果投入量产,将促进 MEMS 产品进入到一个新的阶段。

MEMS 产品的优势在于小型化、低成本、高性能。经过多年的发展,目前已经产业化的 MEMS 产品逐渐趋于成熟,但小型化仍然是当前面临的挑战之一。未来进一步实现小型化、低成本、高性能和多功能的空间已经不在于 MEMS 器件本身,更大程度上依赖于封装技术,如何将多个传感器的功能融入单一封装之中是目前的主要任务。近几年 ST、Invensense、VTI、Freescale 等各大厂商也将研发的注意力更多地转移到封装和集成方面,尝试通过封装和集成来减小体积、降低成本。多个公司都提供有 3 轴加速度传感器、3 轴陀螺或 6 轴惯性测量的产品,ST 甚至计划在 1 个 MEMS 芯片上制造多个加速度传感器和陀螺,通过单芯片(而不是单封装)实现 6 轴的姿态测量。目前 MEMS 制造仍旧广泛使用 150 mm 晶圆及设备,少量已经进入 200 mm 级晶圆,未来采用 300 mm 圆片必然成为重要的发展趋势。

微电子有巨大的市场需求和统一的标准,当标准技术被突破以后,整个领域从 20 世纪 60 年代开始爆炸式地成长。MEMS 是微电子加上微机械,结构形式变化多、制造难度大、封装要求高,因此 MEMS 难以实现统一的标准,不会像微电子那样突然成长起来。从这点来看,MEMS 市场的长期发展会比纯粹的微电子要好。当能够采用标准代工并解决复杂的分析设计问题后,广阔的应用领域将促使 MEMS 成为重要的经济增长点。

参考文献

[1] http://www.avagotech.cn/pages/en/rf_microwave/fbar_filters/

[2] Wirth A,et al. Deformable mirror technologies at AOA Xinetics,SPIE,8780(2013):87800M

[3] M A Helmbrecht,et al. High-actuator-count MEMS deformable mirrors,SPIE,8725(2013):87250V

[4] SD Senturia 著.微系统设计.刘泽文等译.北京:电子工业出版社,2004

[5] TCH Nguyen,et al. Laterally driven polysilicon resonant microstructures. Sens. Actuators A,1989,20:25-32

[6] CS Smith. Piezoresistance effect in germanium and silicon. Phy Review,1954(94):42-49

[7] RP Feynman. There's plenty of room at the bottom. J. MEMS,1992,1:60-66

[8] G. Wallis,et al. J. Appl. Phys.,40,3946,1969

[9] HC Nathanson, et al. The resonant gate transistor. IEEE Trans Electron Devices, 1967, 14: 117-133
[10] S C Terry, et al. A gas chromatograph air analyzer fabricated on a silicon wafer. IEEE Trans. Electron Dev. 1979, 26: 1880-1886
[11] C M Schroeder Accurate silicon spacer chips for an optical fiber cable connector. Bell. Syst. Tech. J. 1977, 57: 91-97
[12] K E Petersen Micromechanical light modulator array fabricated on silicon. Appl. Phys. Lett. 1977, 31: 521-523
[13] K E Petersen Silicon torsional scanning mirror. IBM J. Res. Dev., 1980, 24: 631-637
[14] K E Bean. Anisotropic etching of silicon. IEEE Trans Electron Devices. 1978, 25: 1185-1193
[15] E Bassous, et al. Ink jet printing nozzle arrays etched in silicon. Appl. Phys. Lett. 1977, 31: 135-137
[16] L M Roylance, et al. A batch fabricated silicon accelerometer, IEEE Trans. Electron Dev. 1979, 26: 1911-1917
[17] S K Clark, et al. Pressure sensitivity in anisotropically etched thin diaphragm pressure sensors. IEEE Trans. Electron Dev. 1979, 26: 1887-1896
[18] KE Petersen. Fabriaction of an integratd planar silicon ink-jet structure, IEEE Trans Electron Devices, 1979, 26: 1918-1920
[19] CA Boeller, et al. High-volume microassembly of color thermal inkjet printheads and cartridges, Hewlett-Package J, 1988, 39: 6-15
[20] JC Carter, et al. Recent developments in materials and processes for ink jet printing high resolution polymer OLED displays, SPIE, 2003, 4800: 34-46
[21] RT Howe, et al. Resonant-microbridge vapor sensor, IEEE Trans. Electron Devices, 1986, 33: 499-506
[22] M Shimbo, K furukawa, K Fukuda, K Tanzawa, J Appl. Phys., 60, 2987, 1986
[23] K Kimura. Microheater and microbolometer using microbridge of SiO_2 film on silicon. Elect. Lett. 1981, 17: 80-82
[24] K Najafi, et al. A high-yield IC-compatible multichannel recording array. IEEE Trans. Electron Dev. 1985, 32: 1206-1211
[25] K S Pister, et al. Microfabricated hinges. Sens. Actuators, 1992, A33: 249-256
[26] LS Fan, et al. IC-processed electrostatic micromotors. Sens. Actuators, 1989, A20: 41-47
[27] M. Mehregany, et al. Micromotor fabrication. IEEE Trans. Electron Devices, 1992, 39: 2060-2069
[28] G Stemme. A monolithic gas flow sensor with polyimide as thermal insulator. IEEE Trans. Electron Dev., 1986, 33: 1470-1464
[29] KE Petersen. Silicon as a mechanical material. Proc IEEE, 1982, 70: 420-457
[30] R Feynman, Infinitesimal machinery. J. MEMS, 1993, 2: 4-14
[31] P F Van Kessel, et al. A MEMS based projection display, Proc. IEEE, 1998, 86: 1687-1704
[32] M L Roukes. Nanoelectromechanical systems. Transducers'00, 2000
[33] A N Cleland, et al. A nanometre-scale mechanical electrometer. Nature 392 160, 1998
[34] http://www.itrs.org

本章习题

1. 什么是 MEMS，MEMS 有哪些主要的特点？

2. 阅读 Richard Feynman 的“*There is plenty of room at the bottom*”和“*Infinitesimal machinery*”两篇论文，并查找 Feynman 的哪些设想已经成为现实。

3. 查找过去 5 年全球 MEMS 生产商产值排名的前 10 名，分析哪些因素引起其排名的变化。

4. 查找目前国内的主要的MEMS相关的公司,简单介绍其背景和主营产品,并分析这些企业与国际领先企业之间的差异。

5. 设想一个本章没有提到的MEMS在智能手机方面的应用。

6. 对比MEMS器件与IC器件的差异,以及MEMS产业与IC发展特点的差异。

第2章 力学基础

MEMS是以微机械和微结构作为功能基础的器件，因此微机械的静力学特性和动力学特性是决定器件性能的根本。从压力传感器和加速度传感器的灵敏度、麦克风的频率响应特性，到MEMS谐振器的工作电压和工作频率、开关和光学微镜的动态特性，无不是由结构和材料的力学特性决定的。因此，微机械的力学结构分析和设计与制造技术和封装技术共同构成了MEMS实现的基础，掌握必要的力学知识是从事MEMS设计的基本要求。

2.1 材料的基本常数

2.1.1 硅的弹性模量

硅是各向异性材料，沿着不同的方向弹性模量是不同的，因此不同晶向的硅在相同的外力作用下变形也不同。各向异性材料的本构关系可以根据热力学定律从能量的角度得到，对于应变与应力成线性关系的理想弹性体，应力应变之间的关系是广义虎克定律

$$\sigma_i = C_{ij}\varepsilon_j \tag{2-1}$$

其中 C_{ij} 是弹性刚度系数(弹性常数)，单位为 Pa。完全各向异性弹性体的弹性刚度满足 $C_{ij}=C_{ji}$，独立的弹性刚度系数只有21个。硅为正交各向异性材料并具有立方晶体结构，只有3个独立的弹性刚度系数。在晶格坐标系下，刚度系数可以采用声波传输速度测量。不同的实测数据有细微的出入，目前公认的硅在25 ℃时的刚度和柔度系数为[1]：$C_{11}=C_{22}=C_{33}=1.656\times10^{11}$，$C_{12}=C_{21}=C_{13}=C_{31}=C_{23}=C_{32}=0.639\times10^{11}$，$C_{44}=C_{55}=C_{66}=0.795\times10^{11}$。

同样，应力应变关系还可以用柔性系数表示，即 $\varepsilon_i=S_{ij}\sigma_j$，其中 S_{ij} 表示柔性系数，单位为 Pa^{-1}，柔性系数矩阵是弹性刚度系数矩阵的逆矩阵。硅的柔性刚度系数矩阵也只有3个独立分量，$S_{11}=S_{22}=S_{33}=0.764\times10^{-11}$，$S_{12}=S_{21}=S_{13}=S_{31}=S_{23}=S_{32}=-0.214\times10^{-11}$，$S_{44}=S_{55}=S_{66}=1.256\times10^{-11}$。

单晶硅为各向异性材料，其不同方向的刚度系数各不相同。在任意转换坐标系下，单晶硅的应力张量 σ' 和应变张量 ε' 的关系为

$$\sigma' = T^{t}CT\varepsilon' \tag{2-2}$$

其中 T 为从晶格坐标变换到任意坐标时的坐标变换张量。

在已知单晶硅在晶格坐标系下的弹性和柔性系数后，可以利用式(2-2)计算在任意方向上单晶硅的弹性模量。令所有非计算方向上的应力分量为0，然后用式(2-2)计算σ'/ε'，就可以得到该方向的弹性模量，类似地，令其他方向的应力为0，计算$-\varepsilon_2'/\varepsilon_1'$就可以得到该方向的泊松比。图2-1为单晶硅的弹性模量和泊松比随晶向角度的变化关系[2]。

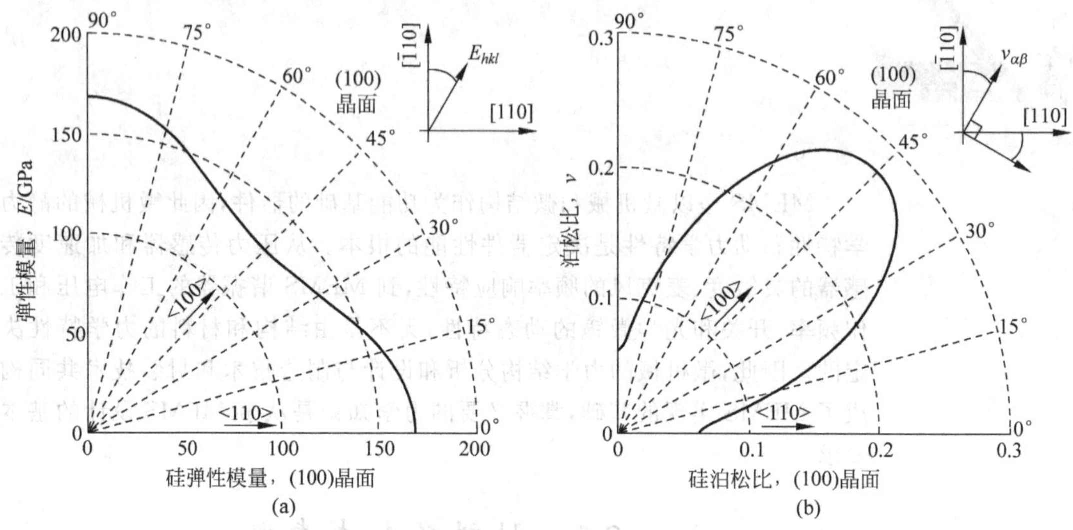

图2-1 单晶硅的弹性模量和泊松比随晶向的变化关系

单晶硅的柔性系数和弹性系数都是温度的函数，因此弹性模量也是温度的函数。不同温度下的弹性系数可以表示为参考温度下的弹性系数与弹性系数的高阶温度系数之和，即

$$C_{ij}=C_{ij}(T_0)\left[1+\sum_{k=1}^{n}\alpha_{ij}(C)_k(T-T_0)^k\right] \tag{2-3}$$

其中$\alpha_{ij}(C)_k$表示C_{ij}的k阶温度系数，T为热力学温度。表2-1为$-150\sim+150$ ℃范围内单晶硅的弹性模量及温度系数[2,3]。

表2-1 单晶硅的弹性模量随温度的变化

T/℃	[100]	[010]	[110]	[1$\bar{1}$0]:(001)	[1$\bar{1}$0]:(111)	[11$\bar{2}$]
−151.0	131.6	133.8	172.9	171.5	173.2	173.0
−133.4	131.4	133.3	172.4	171.1	173.0	172.9
−113.4	131.3	133.0	172.0	171.1	172.8	172.4
−93.2	131.2	132.7	171.5	170.8	171.9	172.3
−71.4	131.0	132.6	171.0	170.2	171.3	171.5
−48.2	130.8	132.2	170.6	169.9	171.1	170.9
−23.6	130.5	132.2	170.0	169.2	170.9	170.2
0.6	130.2	131.9	169.7	169.1	170.2	169.5
25.1	130.0	131.8	169.0	168.5	169.3	168.8
49.9	130.0	131.4	168.4	167.9	168.9	168.5
75.1	129.6	130.9	167.9	167.7	168.6	167.9
100.6	129.4	130.5	167.3	167.3	168.6	167.0
125.9	129.0	130.3	166.8	167.1	168.2	166.6
151.5	128.5	129.9	166.2	166.8	167.9	166.5
TC/10^{-6}/℃	−78.8	−97.8	−131	−92.2	−103	−127

2.1.2　热学参数

单晶硅的热导率 k、扩散系数 D、比热 C_p 和热膨胀系数 α 都是温度的函数。这些参数的温度系数难以理论获得，因此其温度系数都是通过实验测量得到的。不同的测量方法得到的结果有一定的分散性。表 2-2 为单晶硅的热导率、扩散系数、比热和热膨胀系数随着温度的变化关系[4]。室温下单晶硅的热辐射率为 0，温度为 1220 K 时，升高到 0.7[5]。通常当温度低于 700℃时忽略硅的热辐射。

表 2-2　单晶硅的热导率、扩散系数、比热和热膨胀系数随温度的关系

温　度	热导率/W/(cm·K)	扩散系数/cm²/s	比热/J/(g·K)	热膨胀系数/ppm
200	2.66		0.557	
300	1.56	0.86	0.713	2.616
400	1.05	0.52	0.785	3.253
500	0.80	0.37	0.832	3.614
600	0.64	0.29	0.849	3.842
700	0.52	0.24	0.866	4.016
800	0.43	0.19	0.883	4.151
900	0.36	0.16	0.899	4.185
1000	0.31	0.14	0.916	4.258
1100	0.28	0.13	0.933	4.323
1200	0.261	0.12	0.950	4.384
1300	0.248	0.12	0.967	4.442
1400	0.237	0.12	0.983	4.500
1500	0.227		1.000	4.556

热导率与温度关系的拟合表达式为[6]

$$k = k_0\left[1 - B\left(\frac{T - T_0}{T}\right)^A\right] \quad \begin{cases} T < 1000\ \text{K}:\ B = 1.093, A = 0.7895 \\ T > 1000\ \text{K}:\ B = 0.9375, A = 0.420 \end{cases} \tag{2-4}$$

在 120～1500 K 的范围内，单晶硅的热膨胀系数随热力学温度的变化关系为[7]

$$\alpha_{\text{Si}} = \{3.725 \times [1 - \mathrm{e}^{-5.88\times10^{-3}\times(T-125)}] + 5.548 \times 10^{-4} \times T\} \times 10^{-6} \tag{2-5}$$

2.2　弹　性　梁

MEMS 中常用到的结构包括悬臂梁、双端固支梁、四边固支板、圆板等。弹性梁是指一个尺度远大于另外两个尺度的结构。结构的力学特性，特别是变形特性随着施加载荷的不同而不同，经常用到的载荷形式包括集中载荷和分布载荷。悬臂梁的线性变形区域较小，当线性超过长度的 10%时，线性假设开始出现较大的误差。实际上，当变形较大以后，悬臂梁的弹性刚度系数增加，与线性关系相比变形减小。对于双端固支梁，线性区域更小。

2.2.1　梁的基本方程

为了分析简单，做以下假设：梁弯曲的最大变形远远小于梁的长度，即小变形假设；当只有弯矩作用时，梁的截面在变形过程中仍保持平面，即纯弯曲假设，因此剪应力相对正应力很小,可以忽略。考虑图 2-2(a)所示的悬臂梁,当末端作用外力 F 且悬臂梁处于平衡状态时,根据合力和合力矩为 0 的平衡条件可知,在支承端悬臂梁受到弯矩 M_r 和力 F_r 的作用

$$M_r = Fl, \quad F_r = F \tag{2-6}$$

将悬臂梁在任意位置 x 截断,则截面左右两部分都应该分别处于平衡状态。考虑截面右边的部分,由平衡状态合力和合力矩为 0,可以得到截面上的弯矩和剪力分别为

$$M_2 = F(l-x), \quad Q_2 = F \tag{2-7}$$

由于截面两侧的力和弯矩互为作用力和反作用力,有

$$M_1 = M_2, \quad Q_1 = Q_2 \tag{2-8}$$

考虑截面左边的部分,根据式(2-6)和式(2-8),可知该部分恰好满足合力和力矩均为 0 的平衡条件。

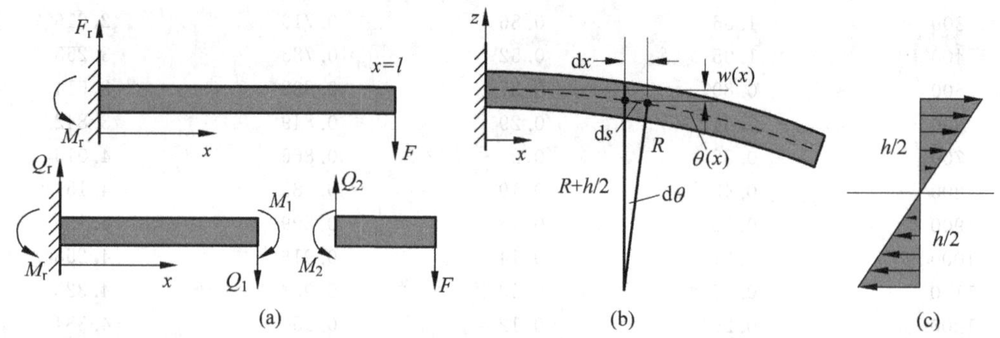

图 2-2 悬臂梁内力、变形和应力分布

考虑图 2-2(b)所示的梁的变形。梁的上表面在变形后被拉长,下表面被压缩,根据变形连续性,上下表面之间必定存在 1 个截面,其长度变化为 0,这个截面被称为中性面。对于一维的梁,也称为中性轴。实际上,当梁的截面上下对称时,中性轴就是梁的中心线。考虑梁的微单元 $\mathrm{d}\theta$,在变形前长度为 $\mathrm{d}l$,微单元内位于中性轴上方距离为 z 的线段,变形后其曲率半径为 $R+z$,变形后的长度为 $\mathrm{d}L=(R+z)\mathrm{d}\theta$。变形后中性轴上对应的长度为 $\mathrm{d}s=R\mathrm{d}\theta$。由于中性轴变形前后长度没有变化,即 $\mathrm{d}s=\mathrm{d}l$,有 $\mathrm{d}l=R\mathrm{d}\theta$。于是距离中性轴为 z 的一点的应变为 $\varepsilon_z=(\mathrm{d}L-\mathrm{d}l)/\mathrm{d}l=z/R$。根据应力应变关系,可以得到该点的应力为 $\sigma_z=zE/R$。截面处的弯矩是由于正应力 σ_z 产生的,使悬臂梁满足弯矩平衡条件,因此截面上由于内力引起的内部弯矩为

$$M = \int_{-h/2}^{h/2} (W\mathrm{d}z \cdot \sigma_z) z = EW\int_{-h/2}^{h/2} \frac{z^2}{R}\mathrm{d}z = \frac{Wh^3}{12}\frac{E}{R} \tag{2-9}$$

其中 W 是梁的宽度。定义 $I=Wh^3/12$ 为截面相对于中性轴的惯性矩,可见惯性矩随着高度的 3 次方增加。从式(2-9)得到

$$\frac{M}{EI} = \frac{1}{R} \tag{2-10}$$

由于弯矩 M 可以根据内力或者平衡条件得到,如果能够将曲率半径 R 表示为变形 w 的函数,就可以得到变形方程,从而进一步从变形方程求解变形函数 w。

如图 2-2(b)所示,$\mathrm{d}s$ 与水平分量 $\mathrm{d}x$ 之间的几何关系为 $\mathrm{d}s=\mathrm{d}x/\cos\theta$,而梁上任意点的斜率为 $\mathrm{d}w/\mathrm{d}x=\tan\theta$。当梁的变形为小角度时,一阶近似可以得到 $\mathrm{d}x\approx\mathrm{d}s$,$\theta\approx\mathrm{d}w/\mathrm{d}x$。由于

$ds = Rd\theta$，得到

$$\frac{d\theta}{dx} = \frac{d^2 w}{dx^2} \approx \frac{d\theta}{ds} = \frac{1}{R} \tag{2-11}$$

结合式(2-10)和式(2-11)可得

$$\frac{d^2 w}{dx^2} = \frac{M}{EI} \tag{2-12}$$

其中 M 为梁处于平衡状态时截面上的内部弯矩，M 是由梁的外部作用力和边界条件共同决定的。当梁的截面上的内部剪切合力为 Q，或者作用有集中力和均布力 q(N/m)时，式(2-12)变为

$$\frac{d^3 w}{dx^3} = -\frac{Q}{EI}, \quad \frac{d^4 w}{dx^4} = \frac{q}{EI} \tag{2-13}$$

2.2.2　悬臂梁

悬臂梁是一端固支、另一端自由的细长梁，一般梁的长度远远超过其宽度和厚度。固支的边界条件是支承端所有 6 个自由度都被限制，因此所有方向的位移均为零，并且在厚度方向对梁长度的导数(转角)也是零，但是力和力矩都不为零。

如图 2-2(b)所示的悬臂梁结构，由于固支为完全约束，因此支承端的位移和转角均为 0，即 $x=0$ 处的变形和变形的导数均为 0

$$w(0) = 0, \quad \left.\frac{dw}{dx}\right|_{x=0} = 0 \tag{2-14}$$

悬臂梁的变形挠度曲线可以利用式(2-12)计算。利用力的平衡可知，位于悬臂梁 x 处的截面上的弯矩为

$$M(x) = F(L - x) \tag{2-15}$$

在式(2-14)的边界条件下求解式(2-12)，将式(2-15)代入式(2-12)，并利用边界条件式(2-14)，可以得到集中力作用下变形随着梁长度的分布为

$$w(x) = \frac{F}{6EI}x^2(3L - x) \tag{2-16}$$

悬臂梁的最大变形发生在自由端，根据式(2-16)和 $x=L$ 可以得到最大变形为

$$w\big|_{x=L} = \frac{FL^3}{3EI} \tag{2-17}$$

将式(2-16)代入式(2-11)，可以得到任意位置 x 上随着梁的高度分布的正应力

$$\sigma_z = \frac{zE}{R} = \frac{F(L-x)}{I}z = \frac{M}{I}z \tag{2-18}$$

即梁上正应力随着高度呈线性分布，如图 2-2(c)所示。实际上，任意截面上必定存在剪应力，其合力与外力 F 平衡。剪力的大小为 $F/(Wh)$，除了中性轴附近以外，外力 F 产生的剪应力远小于弯矩产生的正应力，因此一般忽略剪应力。

悬臂梁的等效弹性刚度系数是描述给定外力作用下不同位置的变形的能力，类似于 $F=kx$。给定作用力，计算位移的大小即可获得弹簧的刚度系数，但是对于悬臂梁，需要指定是哪一个位置的弹性刚度系数，因为悬臂梁在给定力的作用下，不同位置的变形不同。用悬臂梁末端的等效弹性刚度系数为

$$k_c = \frac{F}{z\big|_{x=L}} = \frac{3EI}{L^3} = \frac{EWh^3}{4L^3} \tag{2-19}$$

如图2-3(a)所示,当悬臂梁上作用有均布应力 q 时,$M=q(l^2-x^2)/2$,用上面的方法可以得到变形函数为

$$w(x)=\frac{qx^2}{24EI}(x^2-4Lx+6L^2) \tag{2-20}$$

一般情况下,如果仅在从 a 到 l 的区域作用有均布力,如图2-3(b)所示,则弹性刚度系数为

$$k_c=2Ew\left(\frac{t}{l}\right)^3\frac{l^4-al^3}{3l^4-4a^2l^2+a^4} \tag{2-21}$$

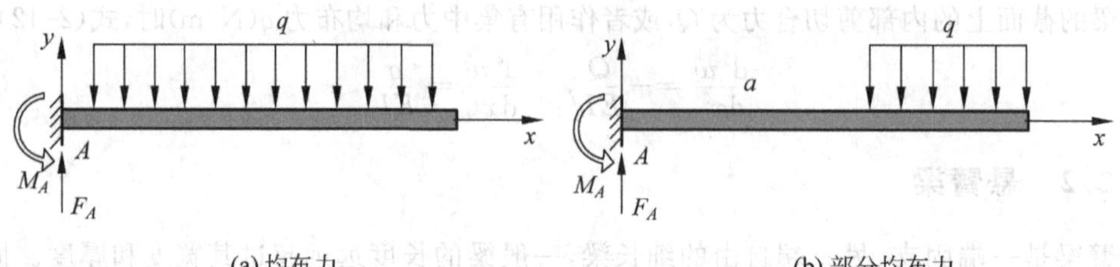

图2-3　不同作用力的悬臂梁结构

在MEMS应用中,很少只有单个集中力作用的情况,由于尺寸和驱动原理的限制,一般都是受到分布力作用。分布力既可以作用在梁的整个长度区域,也可以只作用于梁的一段区域,而分布力既有均匀分布的情况,也有非均匀分布的情况。计算分布力作用可以利用式(2-13)直接计算,也可以利用叠加原理。根据叠加原理,分布力的作用区域可以分解为多个无穷小的区域,每一个无穷小的区域内都可以看作集中力作用,因此可以利用式(2-16)计算每个小区域引起的变形。利用变形叠加原理,将无穷小的区域叠加后,就可以得到分布力的作用情况。叠加这些无穷小的区域的方法是积分。

普通弯矩的计算过程是在厚度方向上对应力进行积分,如式(2-9)所示。当悬臂梁内存在残余应力时,残余应力会引起悬臂梁的固有弯矩,即没有外力作用时,悬臂梁内仍旧存在弯矩。假设残余应力随着厚度方向 z 线性分布,即 $\sigma_{in}=\Gamma z$,这里 Γ 为残余应力梯度。于是固有弯矩为

$$M=EW\int_{-h/2}^{h/2}\Gamma z\cdot z\mathrm{d}z=E\frac{Wh^3}{12}\Gamma \tag{2-22}$$

由于固有弯矩的存在,即使没有外力作用,悬臂梁本身也会发生弯曲。将式(2-22)代入式(2-12)得到

$$E\frac{Wh^3}{12}\Gamma=EI\frac{\mathrm{d}^2z}{\mathrm{d}x^2} \tag{2-23}$$

于是

$$\Gamma=\frac{\mathrm{d}^2z}{\mathrm{d}x^2} \tag{2-24}$$

对式(2-24)积分,可以计算得到固有弯矩下悬臂梁末端($x=L$)的弯曲

$$z\big|_{x=L}=\Delta=\frac{1}{2}\Gamma L^2 \tag{2-25}$$

于是根据式(2-25),在悬臂梁末端弯曲大小已知的情况下,可以得到残余应力梯度为

$$\Gamma=2\frac{\Delta}{L^2} \tag{2-26}$$

在薄膜或者梁中通常存在与结构主平面垂直的应力梯度。应力梯度会造成双端固支结构的褶皱，或者悬臂结构的弯曲。应力梯度是由于多层薄膜沉积过程中的不同沉积条件、温度、不同材料的力学特性，以及不同温度膨胀系数等引起的。图 2-4 为不同的残余应力梯度引起的悬臂梁的变形情况。

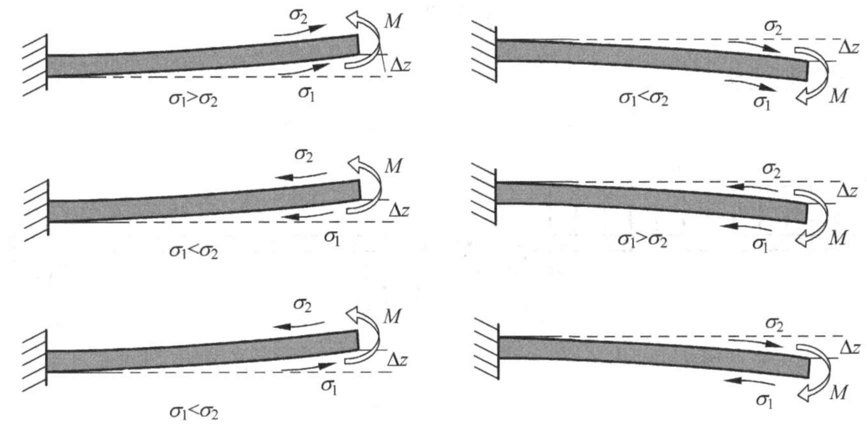

图 2-4　残余应力和变形

由应力梯度引起的等效弯矩可以表示为

$$M = \int_{-h/2}^{h/2} Wz\sigma(z)\mathrm{d}z \tag{2-27}$$

其中 z 是厚度方向到圆点的距离，$\sigma(z)$是残余应力随着厚度变化的函数。对于线性的应力梯度(应力随着厚度线性变化)，定义

$$\sigma(z) = E\Gamma z \tag{2-28}$$

其中 Γ 是线性应力梯度，于是根据式(2-27)可以得到

$$\Gamma = \frac{12M}{EWh^3} = \frac{M}{EI} \tag{2-29}$$

当长度为 l 的悬臂梁在悬臂端作用力矩 M 时，悬臂端的弯曲变形为

$$\Delta z = \frac{Ml^2}{2EI} = \frac{\Gamma l^2}{2} \tag{2-30}$$

对于双层梁，当两层材料相同时，设其厚度和残余应力分别为 t_1、σ_1 和 t_2、σ_2，于是根据上式可以计算悬臂梁在末端的弯曲为

$$\Delta z = \frac{3(\sigma_2 - \sigma_1)l^2}{4Eh}\left[1 - \frac{(t_2 - t_1)^2}{(t_2 + t_1)^2}\right] \tag{2-31}$$

当两层材料不同时，可以用等效弹性模量近似计算。例如氮化硅-金组成的双层复合梁的长度为 150 μm，厚度分别是 1.5 μm 和 0.5 μm，残余应力为线性，最大值为 $\Delta\sigma$=10 MPa，对应的尖端弯曲变形为 0.41 μm。这对多数应用是可以接受的，为了进一步减小弯曲，应该将残余应力控制在 5 MPa 以内。

2.2.3　双端支承梁

双端支承梁分为双端固支和双端简支，以及一端固支一端简支等情况。固支边界条件是支承端存在作用力和弯矩,但是两端的变形和变形导数均为0;简支的边界条件是作用力和变形的导数不为0,而位移和弯矩均为0。当载荷分布关于梁的中点对称时,由结构和载荷的对称性可知两个支承端产生的弯矩和力是相同的。如图2-5(a)所示作用均匀分布力q(N/m)的双端支承梁,其微分方程为式(2-13),可改写为

$$EI\frac{d^4w}{dx^4}=q \tag{2-32}$$

式(2-32)的通解形式为

$$w(x)=Ax^4+Bx^3+Cx^2+Dx+E \tag{2-33}$$

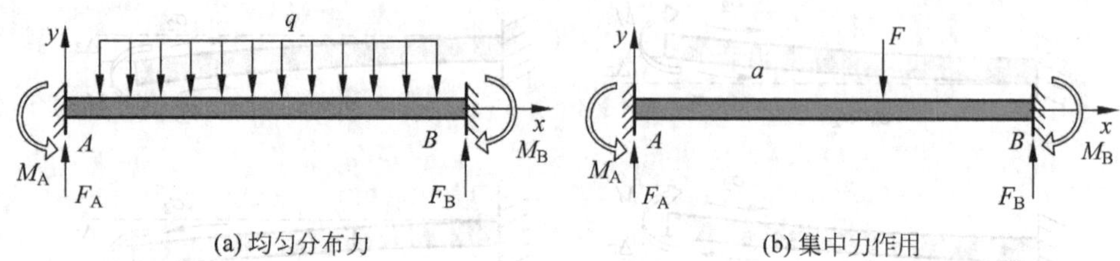

图2-5 双端固支梁

边界条件

$$\begin{gathered}w(0)=0,\quad w(L)=0\\ \left.\frac{dw}{dx}\right|_{x=0}=0,\quad \left.\frac{dw}{dx}\right|_{x=L}=0\end{gathered} \tag{2-34}$$

将式(2-33)代入边界条件式(2-34)和微分方程式(2-32),得到

$$w(x)=\frac{qx^2(L-x)^2}{24EI} \tag{2-35}$$

最大变形出现在梁的中间$x=L/2$,此时

$$w_{\max}=\frac{L^4q}{384EI} \tag{2-36}$$

对于图2-5(b)所示的双端固支梁施加集中载荷的情况,设固支端A和固支端B对梁作用的弯矩和垂直支承力分别为M_A和F_A以及M_B和F_B,则变形的微分方程可以表示为

$$\begin{gathered}EI\frac{d^2w_1}{dx^2}=M_A+F_Ax\quad (x\leqslant a)\\ EI\frac{d^2w_2}{dx^2}=M_B+F_B(l-x)\quad (x\geqslant a)\end{gathered} \tag{2-37}$$

其中w_1和w_2分别表示梁在集中力作用点两侧的变形挠度。梁在固支点的边界条件为

$$\begin{gathered}w_1(0)=0,\quad w_2(L)=0\\ \left.\frac{dw_1}{dx}\right|_{x=0}=0,\quad \left.\frac{dw_2}{dx}\right|_{x=L}=0\end{gathered} \tag{2-38}$$

尽管梁在集中力作用点两侧的变形微分方程不同,但是根据梁的连续性,梁在该点两侧的变形和转角满足连续性条件

$$w_1\big|_{x=a}=w_2\big|_{x=a},\quad \left.\frac{dw_1}{dx}\right|_{x=a}=\left.\frac{dw_2}{dx}\right|_{x=a} \tag{2-39}$$

另外,根据梁的平衡关系,可以得到力和弯矩的平衡条件为

$$F_A + F_B = F$$
$$M_A = F \cdot a + M_B - F_B \cdot l \tag{2-40}$$

对式(2-37)积分，并利用边界条件式(2-38)、连续性条件式(2-39)，以及力和弯矩的平衡条件式(2-40)，得到变形表达式为

$$w = \frac{F_A x^3}{6EI} + \frac{M_A x^2}{2EI} \quad (x \leqslant a) \tag{2-41}$$

支承点的作用力 F_A 和弯矩 M_A 分别为

$$F_A = \frac{F}{l^3}(l-a)^2(l+2a), \quad M_A = -\frac{F \cdot a}{l^2}(l-a)^2 \tag{2-42}$$

梁的弹性刚度定义为梁上的作用力(全部)与指定点的位移之比。由于梁的作用力相同，而不同位置的位移不同，因此梁上不同位置的弹性刚度系数不同。在开关、谐振器等多种应用中，一般考虑驱动点或者接触点位置的弹性刚度。梁的中点是最大变形的位置，该位置的弹性刚度为

$$k'_a = -\frac{P}{w} = -\frac{pl}{w(l/2)} = 32Eb\left(\frac{h}{l}\right)^3 \tag{2-43}$$

对于分布力仅均匀分布在中心两侧的对称区域，如图 2-6 所示，可以得到弹性常数为

$$k'_c = 32E \cdot t\left(\frac{b}{l}\right)^3 \frac{1}{8(a/l)^3 - 20(a/l)^2 + 14(a/l) - 1} \tag{2-44}$$

对于分布力分布在靠近支承端的两侧时，弹性常数为

$$k'_e = 4E \cdot t\left(\frac{h}{l}\right)^3 \frac{1}{(b/l)(1-b/l)^2} \tag{2-45}$$

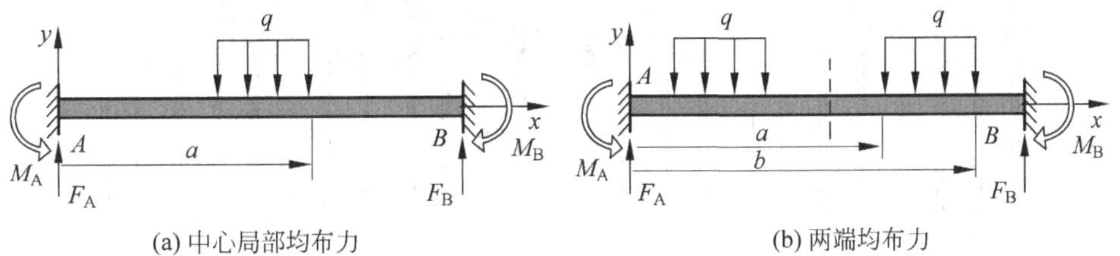

图 2-6 双端固支梁

2.2.4 折线弹性支承梁

在 MEMS 结构中经常会使用双端支承的折线弹性梁结构以获得稳定的支承和较小的弹性刚度。通常折线弹性梁结构可以视为由多根弹性梁连接而成。多根弹性梁的连接方式可以分为并联和串联。并联弹性梁在长度不变的情况下宽度或厚度增加，因此梁的弹性刚度系数增加；串联弹性梁在梁的宽度和厚度不变的情况下长度增加，因此弹性刚度系数下降。

串联后梁的长度增加，相当于多个弹簧串联，在相同载荷作用下每个悬臂梁的变形与单个悬臂梁相同，因此总变形增加，等效弹性刚度系数减小。图 2-7(a)所示的悬臂梁由 2 个长度为 L_c 的梁串联而成，

$$y\,|_{x=L} = \frac{F}{k} = 2y\,|_{x=L_c} = 2\frac{F}{k_c} = F\left(\frac{1}{k_c} + \frac{1}{k_c}\right)$$

当悬臂梁为并联关系时，如果与单个悬臂梁有相同的位移，则每个悬臂梁的外力都与单个

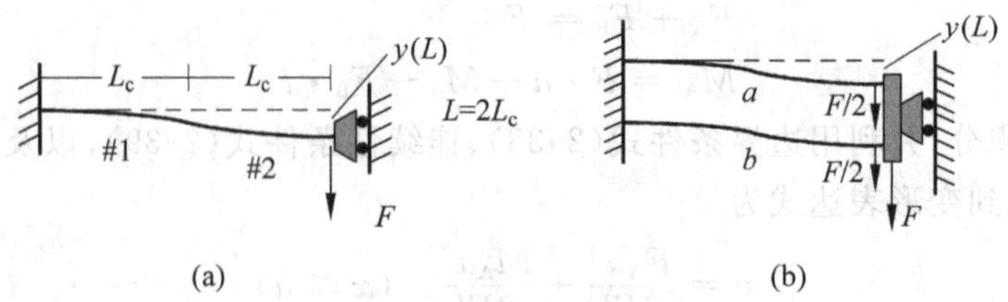

图 2-7 单根梁与并联梁

悬臂梁相同,因此等效弹性刚度系数增加。实际上,并联悬臂梁等于并联弹性刚度系数,如图 2-7(b)所示。

$$y\big|_{x=L}=\frac{F}{k}=\frac{F_a}{k_a}=\frac{F_b}{k_b}=\frac{F/2}{k_a}$$

$$k=2k_a$$

图 2-8 为比较复杂的珩架组成,在梳状谐振器和静电驱动器中应用很广泛。从左至右分别为:内部固定、连续珩架;内部固定,非连续珩架;外部固定、连续珩架;外部固定、非连续珩架;一端固定、连续珩架;间隔固定、连续珩架。下面以第一个作为例子,分析珩架系统的弹性刚度系数。

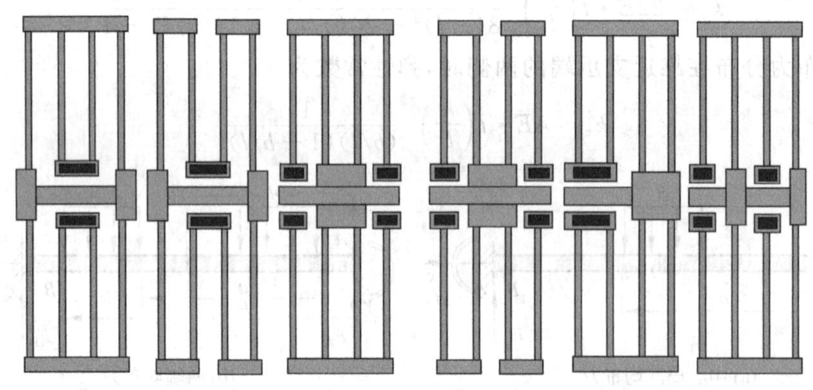

图 2-8 几种常用的珩架结构

图 2-9 为珩架的上半部分,由于珩架关于水平轴对称,因此可以只分析上半部分。假设作用在珩架上的力为 F,梁的最大位移为 x_0,并且水平的连接梁为完全刚性。4 个梁的关系为:左边的 2 个梁为串联关系,右侧的 2 个梁也为串联关系,左侧 2 个串联后的梁与右侧 2 个串联后的梁为并联关系,因此可知珩架的总体弹簧常数与单个梁的弹簧常数相同。实际上,由于 4 个梁具有相同的尺寸,可知每个梁在末端的作用力均为 $F/4$,因此固定梁的末端作用力为 $F/4$。根据变形叠加原理,固定梁的末端变形为 $x_0/2$。图中悬臂梁属于串联,串联后的柔度系数等于两个悬臂梁的柔度系数相加。于是有

$$y=\frac{F_{\text{pair}}}{k_{\text{pair}}}=\frac{F/4}{1/k_{\text{leg}}+1/k_{\text{leg}}}$$

而 $1/k_{\text{leg}}=1/k_c+1/k_c=2/k_c$。由于 2 个串联后的悬臂梁刚度相加,有

$$y=\frac{F/4}{2/k_c+2/k_c}=\frac{F}{k_c}$$

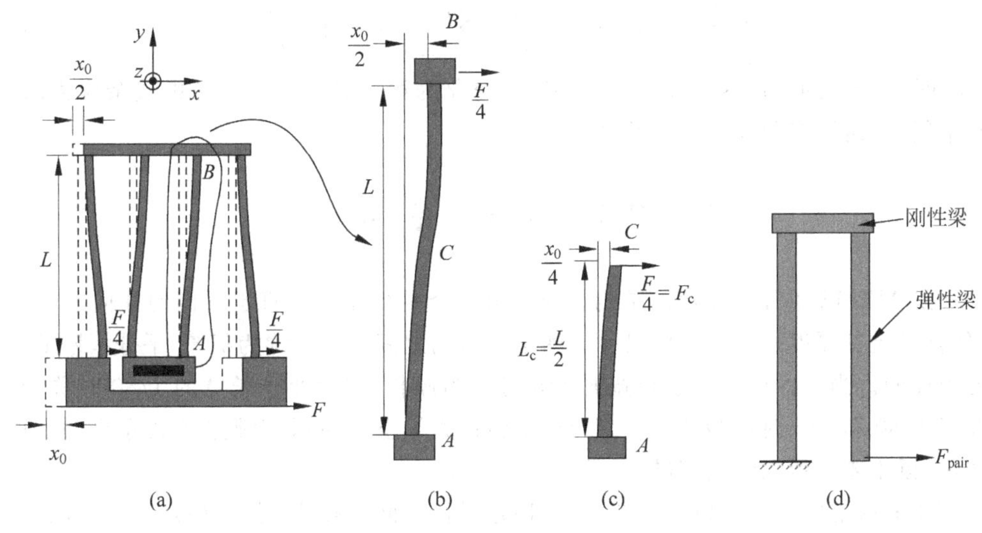

图 2-9　变形示意图

悬空珩架结构中，一般需要实现较大的刚度比，例如梳状驱动器的最大力是由横向不稳定性决定的，而不稳定性又与横向弹性刚度系数有关。在动力学方面，不需要的谐振模式的频率要非常高，以免出现在实际使用中，而谐振模式也是与弹性刚度系数直接相关的。折叠的柔性结构能够释放大部分的残余应力，并能够消除或减小应力梯度引起的弯曲变形。

根据前面的方法，可以得到这几种复杂形状的弹性常数。图 2-10 所示的 4 种结构的弹性常数可以分别依次表示为

$$k=4Ew\left(\frac{h}{l}\right)^3,\quad k=\frac{4Ew(h/l_c)^3}{1+(l_s/l_c)[(l_s/l_c)^2+12(1+\nu)/[1+(w/h)^2]]}\approx 4Ew\left(\frac{h}{l_s}\right)^2$$

$$k\approx 2Ew(h/l)^2,\quad k\approx\frac{48GJ}{l_a^2n^3(GJl_a/(EI_x)+l_b)},\quad n\gg\frac{3l_b}{GJl_a/(EI_x)+l_b} \tag{2-46}$$

其中 n 是折线的个数，$G=E/2(1+\nu)$ 是扭转模量，$I_x=wh^3/12$ 为惯性矩，扭转常数为

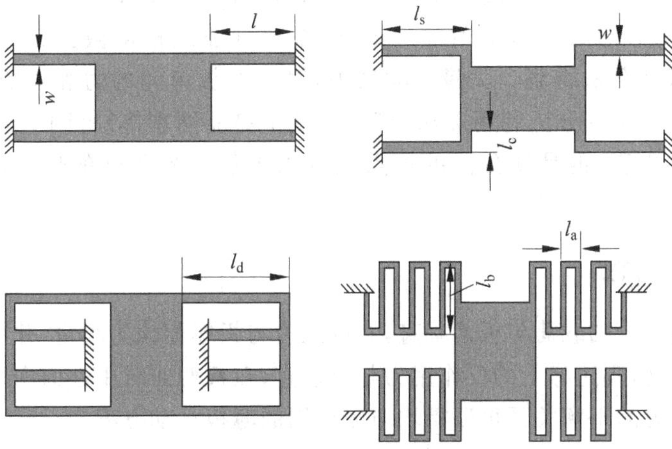

图 2-10　不同形状的折线弹性梁

$$J = \frac{wh^3}{3}\left[1 - \frac{192}{\pi^5}\frac{h}{w}\sum_{i=1,3,5,\cdots}^{\infty}\frac{1}{i^5}\tanh\left(\frac{i\pi w}{2h}\right)\right] \tag{2-47}$$

当 $l_a \gg l_b$ 时,上式近似为 $k \approx 4\ Ew(h/nl_a)^3$,即退化为第一种情况。当考虑残余应力时,计算变得异常复杂,需要有限元工具的帮助。

2.3 薄板结构

薄板是 MEMS 中经常使用的结构。板是由 2 个平行面和垂直于它们的柱面所围成的物体,几何特征是其厚度远小于平面尺寸。两个平行面之间的距离称为板厚,平分板厚的平面称为板的中性面。当板的厚度超过长宽的 1/5 时称为厚板,厚度小于长宽的 1/80 时称为膜板,厚度介于 1/80 和 1/5 时称为薄板。厚板属于弹性力学空间问题,而膜板只能承受膜平面内部的张力,薄板主要是板的弯曲问题。

作用在薄板上的载荷可以分为两种,一种是平行中面的载荷;另一种是垂直中面的载荷。平行中面的载荷如果不产生板的失稳问题时,属于平面应力问题,可以根据弹性力学的平面应力问题求解;垂直于中面的载荷将引起薄板的弯曲,是 MEMS 中常见的形式。垂直载荷作用时,薄板仍然有相当的弯曲刚度。薄板的中面在弯曲后变形成为曲面,称为弹性曲面,中面沿垂直方向(即横向)的位移称为挠度。挠度小于厚度的 1/5 属于小挠度问题;超过 1/5 属于大变形问题。

小挠度变形时,可以假设薄板的中性面没有变形;薄板原来在中性面法线上的各点在弯曲后仍在中性面的法线上(等价于忽略剪力对挠度的影响,但是在某些情况下,例如板中有孔,剪切的影响很重要);薄板的横向正应力可以忽略不计。用这些假设,所有的应力分量可以表示为挠度 w 的函数,而 w 是薄板主平面所在的两个坐标的函数,此函数是线性偏微分方程,连同边界条件,可以完全确定 w。经典薄板理论通过引入合理的假设,使小挠度弯曲问题简化,同时又保证足够的精度。经典薄板理论是指位移符合 Kirchhoff 假设的薄板:中面法线在薄板变形前后仍旧保持直线,并且长度不变;弹性曲面法线在薄板变形后没有伸长,即垂直法线是非扩展的;横向法线在薄板变形后发生旋转,并仍旧与中面保持垂直。大挠度变形时,如果变形后为可展开曲面,中性面没有变形的假设仍旧成立;否则,薄板变形伴有中性面内的应变,在推导微分方程时必须考虑附加应力,于是得到非线性偏微分方程。板的控制方程可以从矢量力学或变分法得到。矢量力学法中,对典型板单元的力和弯矩进行求和以获得平衡或者动态方程;而变分法利用虚功原理(或最小势能原理等)得到平衡方程。这两种方法可以获得相同的方程,但是变分法的优点是可以提供边界条件的信息,并且容易获得平衡方程的解。

2.3.1 矩形薄板

假设作用在薄板上的载荷与板面垂直,并设挠度与板厚相比为小量,并且边界上板的边缘可以在板内自由移动,则边缘上的反作用力与板垂直,在板弯曲时中性面内发生的任何应变可以忽略。于是根据力的平衡关系可以得均布力作用的薄板运动方程为

$$\frac{\partial^4 w}{\partial x^4} + 2\frac{\partial^4 w}{\partial^2 x \partial^2 y} + \frac{\partial^4 w}{\partial y^4} + \frac{h\rho}{D}\frac{\partial^2 w}{\partial t^2} = \frac{q}{D} \tag{2-48}$$

其中 q 是薄膜承受的应力，$D=Eh^3/[12(1-\nu)]$ 为板的弯曲刚度。该方程表示薄板在外力 q 的作用下随着时间的位移关系。如果是稳态情况，位移对时间的偏导消失；如果是自由振动，包含外力 q 的项消失。

1. 简支矩形薄板

对于弯矩薄板，弯矩为

$$M_x=-D\left(\frac{\partial^2 w}{\partial x^2}+\nu\frac{\partial^2 w}{\partial y^2}\right)\quad M_y=-D\left(\frac{\partial^2 w}{\partial y^2}+\nu\frac{\partial^2 w}{\partial x^2}\right)\quad M_{xy}=-M_{yx}=D(1-\nu)\frac{\partial^2 w}{\partial x\partial y} \tag{2-49}$$

对于承受正弦曲线形载荷的剪支矩形板，将坐标取在矩形板的一个角，设分布在薄板上的载荷为

$$q=q_0\sin\frac{\pi x}{a}\sin\frac{\pi y}{b} \tag{2-50}$$

其中 q_0 是板中心的载荷强度。于是式(2-48)微分方程变为

$$\frac{\partial^4 w}{\partial x^4}+2\frac{\partial^4 w}{\partial^2 x\partial^2 y}+\frac{\partial^4 w}{\partial y^4}=\frac{q_0}{D}\sin\frac{\pi x}{a}\sin\frac{\pi y}{b} \tag{2-51}$$

剪支的边界条件为 $x=0$ 和 a 时，$w=0$，$M_x=0$，当 $y=0$ 和 b 时，$w=0$，$M_y=0$。将此条件与式(2-49)相结合，可以得到 $x=0$ 和 a 时，$w=0$，$\partial^2 w/\partial y^2=0$；当 $y=0$ 和 b 时，$w=0$，$\partial^2 w/\partial x^2=0$。可以看出，如果将挠度的形式选取为

$$w=C\sin\frac{\pi x}{a}\sin\frac{\pi y}{b} \tag{2-52}$$

时，所有的边界条件都满足。将式(2-52)代入式(2-51)，可以得到

$$w=\frac{q_0}{\pi^4 D(1/a^2+1/b^2)^2}\sin\frac{\pi x}{a}\sin\frac{\pi y}{b} \tag{2-53}$$

将式(2-53)代入式(2-49)还可以将弯矩表示出来。显然，最大挠度和最大弯矩都发生在板的中心，将 $x=a/2$ 和 $y=b/2$ 代入到挠度和弯矩表达式，可以得到

$$w_{\max}=\frac{q_0}{\pi^4 D(1/a^2+1/b^2)^2} \tag{2-54}$$

任意载荷作用下的剪支矩形板的 Navier 解。正弦载荷可以扩展到任意载荷的形式。对于任意载荷 $q=f(x,y)$，可以将其展开为二重三角函数

$$f(x,y)=\sum_{m=1}^{\infty}\sum_{n=1}^{\infty}a_{mn}\sin\frac{m\pi x}{a}\sin\frac{n\pi y}{b} \tag{2-55}$$

利用三角函数的正交性，可以得到

$$a_{mn}=\frac{4}{ab}\int_0^a\int_0^b f(x,y)\sin\frac{m\pi x}{a}\sin\frac{n\pi y}{b}\mathrm{d}x\mathrm{d}y \tag{2-56}$$

这样利用式(2-56)对载荷函数 $q=f(x,y)$ 积分，可以得到式(2-55)形式的由多个正弦函数表示的载荷。根据式(2-53)，每一个正弦函数载荷的挠度已经获得，因此求和后即可得到 $q=f(x,y)$ 引起的挠度为

$$w=\frac{16q_0}{\pi^4 D}\sum_{m=1}^{\infty}\sum_{n=1}^{\infty}\frac{a_{mn}}{(m^2/a^2+n^2/b^2)^2}\sin\frac{m\pi x}{a}\sin\frac{n\pi y}{b} \tag{2-57}$$

例如对于均布载荷 $f(x,y)=q_0$，由式(2-56)可得系数序列为

$$a_{mn}=\frac{4q_0}{ab}\int_0^a\int_0^b\sin\frac{m\pi x}{a}\sin\frac{n\pi y}{b}\mathrm{d}x\mathrm{d}y=\frac{16q_0}{\pi^2 mn}$$

其中 m 和 n 均为奇数，代入式(2-57)，均布载荷下的挠度为

$$w=\frac{16q_0}{\pi^4 D}\sum_{m=1}^{\infty}\sum_{n=1}^{\infty}\sin\frac{m\pi x}{a}\sin\frac{n\pi y}{b}/(m^2/a^2+n^2/b^2)^2$$

取 $x=a/2$ 和 $y=b/2$，代入上式可以计算中心处的挠度为

$$w_{\max}=\frac{16q_0}{\pi^4 D}\sum_{m=1}^{\infty}\sum_{n=1}^{\infty}\frac{(-1)^{\frac{m+n}{2}-1}}{mn(m^2/a^2+n^2/b^2)^2}$$

这个级数收敛很快，只取第1项就可以得到满意的结果。例如对于正方形板，结果误差约为2.5%。如果两个板的厚度相同，长宽比也相同，则挠度随着边长的4次方增加。

从分布载荷可以进一步扩展到局部载荷和集中载荷的情况。例如载荷 P 作用在图2-11中阴影部分，阴影中心线与 x 轴和 y 轴的距离分别为 η 和 ξ，于是根据式(2-56)

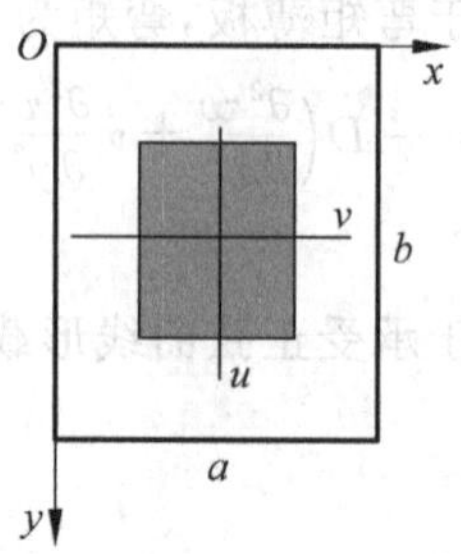

图2-11 部分区域作用载荷的薄板

$$a_{mn}=\frac{4P}{abuv}\int_{\xi-u/2}^{\xi+u/2}\int_{\eta-v/2}^{\eta+v/2}\sin\frac{m\pi x}{a}\sin\frac{n\pi y}{b}\mathrm{d}x\mathrm{d}y=\frac{16P}{\pi^2 mnuv}\sin\frac{m\pi\xi}{a}\sin\frac{n\pi\eta}{b}\sin\frac{m\pi u}{2a}\sin\frac{n\pi v}{2b}$$

在特殊情况下，当阴影部分面积与板的面积相同时，上式就蜕化为前面的情况。另外对于集中载荷，假设其作用位置为 $x=\xi$ 和 $y=\eta$(阴影的中心)，应用上式并令 u 和 v 趋向于0，可以得到

$$a_{mn}=\frac{4P}{ab}\sin\frac{m\pi\xi}{a}\sin\frac{n\pi\eta}{b}\tag{2-58}$$

而由式(2-57)可以得到集中载荷作用时挠度的表达式为

$$w=\frac{4P}{\pi^4 abD}\sum_{m=1}^{\infty}\sum_{n=1}^{\infty}\frac{\sin\frac{m\pi\xi}{a}\sin\frac{n\pi\eta}{b}}{(m^2/a^2+n^2/b^2)^2}\sin\frac{m\pi x}{a}\sin\frac{n\pi y}{b}\tag{2-59}$$

这个级数收敛得非常快，只要前几项就可以得到精确的解析解。当集中载荷作用在板的中心时，有

$$w=\frac{4P}{\pi^4 abD}\sum_{m=1}^{\infty}\sum_{n=1}^{\infty}1/(m^2/a^2+n^2/b^2)^2$$

2. 固支矩形薄板

对于正交各向异性矩形薄板，虚功和总势能为

$$\begin{aligned}0=&\int_0^b\int_0^a\Big[D_{11}\frac{\partial^2 w_0}{\partial x^2}\frac{\partial^2\delta w_0}{\partial x^2}+D_{12}\Big(\frac{\partial^2 w_0}{\partial y^2}\frac{\partial^2\delta w_0}{\partial x^2}+\frac{\partial^2 w_0}{\partial x^2}\frac{\partial^2\delta w_0}{\partial y^2}\Big)\\&+4D_{66}\frac{\partial^2 w_0}{\partial x\partial y}\frac{\partial^2\delta w_0}{\partial x\partial y}+D_{22}\frac{\partial^2 w_0}{\partial y^2}\frac{\partial^2\delta w_0}{\partial y^2}-q\delta w_0\Big]\mathrm{d}x\mathrm{d}y\\&-\int_\Gamma\Big(-\hat{M}_{nn}\frac{\partial\delta w_0}{\partial n}+V_n\delta w_0\Big)\mathrm{d}s\end{aligned}\tag{2-60}$$

尝试 n 参数的瑞利-李兹解法，假设解的形式如下

$$w_0(x,y)=\sum_{j=1}^{N}c_j\varphi_j(x,y)\tag{2-61}$$

将式(2-61)代入式(2-60)，可以得到

$$[R]\{c\}=\{F\} \tag{2-62}$$

其中

$$R_{ij}=\int_0^b\int_0^a\Big[D_{11}\frac{\partial^2\varphi_1}{\partial x^2}\frac{\partial^2\varphi_j}{\partial x^2}+D_{12}\Big(\frac{\partial^2\varphi_i}{\partial y^2}\frac{\partial^2\delta\varphi_j}{\partial x^2}+\frac{\partial^2\varphi_i}{\partial x^2}\frac{\partial^2\delta\varphi_j}{\partial y^2}\Big)+4D_{66}\frac{\partial^2\varphi_0}{\partial x\partial y}\frac{\partial^2\varphi_j}{\partial x\partial y}+D_{22}\frac{\partial^2 w_0}{\partial y^2}\frac{\partial^2\delta w_0}{\partial y^2}-q\delta w_0\Big]\mathrm{d}x\mathrm{d}y \tag{2-63}$$

$$F_i=\int_0^b\int_0^a q\varphi_i\mathrm{d}x\mathrm{d}y+\int_{\Gamma_\sigma}\Big(-\hat{M}_{nn}\frac{\partial\varphi_i}{\partial n}+\hat{V}_n\varphi_i\Big)\mathrm{d}s \tag{2-64}$$

对于矩形薄板，可以将瑞利-李兹法的近似函数表示为 2 个一维函数的乘积

$$w_0(x,y)\approx W_{mn}(x,y)=\sum_{i-1}^{m}\sum_{j=1}^{n}c_{ij}\varphi_{ij}(x,y)=\sum_{i-1}^{m}\sum_{j=1}^{n}c_{ij}X_i(x)Y_j(y) \tag{2-65}$$

在 MEMS 中，由于制造的限制，常用的薄板结构包括悬臂薄板、对边固支薄板（桥式结构）和四边固支薄板。对于悬臂薄板和四边固支薄板，其解如表 2-3 所列。

表 2-3　常用薄板结构的近似解法

边界形式	Rayleigh-Ritz 法的近似函数
(z, x, y, x)	代数多项式： $X_i(x)=(x/a)^{i+1},\quad X_j(y)=(y/b)^{j-1}$　(2-66) 特征多项式： $X_i(x)=\sin\lambda_i x-\sinh\lambda_i x+\alpha_i(\cosh\lambda_i x-\cos\lambda_i x)$ $Y_j(y)=\sin\mu_j y+\sinh\mu_j y-\beta_i(\cosh\mu_j y+\cos\mu_j y)$　(2-67) 其中 λ_i 和 μ_j 是下面特征方程的根 $\cos\lambda_i a\cdot\cosh\lambda_i a+1=0,\ \cos\mu_j b\cdot\cosh\mu_j b-1=0$　(2-68) α_i 和 β_j 定义为 $\alpha_i=\dfrac{\sinh\lambda_i a+\sin\lambda_i a}{\cosh\lambda_i a+\cos\lambda_i a},\ \beta_j=\dfrac{\sinh\mu_j b-\sin\mu_j b}{\cosh\mu_j b-\cos\mu_j b}$　(2-69)
(z, x, y, x)	代数多项式： $X_i(x)=(x/a)^{i+1}-2(x/a)^{i+2}+(x/a)^{i+3},$ $Y_j(y)=(y/b)^{j+1}-2(y/b)^{j+2}+(y/b)^{j+3}$　(2-70) 特征多项式： $X_i(x)=\sin\lambda_i x-\sinh\lambda_i x+\alpha_i(\cosh\lambda_i x-\cos\lambda_i x)$ $Y_j(y)=\sin\lambda_j y-\sinh\lambda_j y+\alpha_i(\cosh\lambda_j y-\cos\lambda_j y)$　(2-71) $\cos\lambda_i a\cdot\cosh\lambda_i a-1=0$　(2-72) $\alpha_i=\dfrac{\sinh\lambda_i a-\sin\lambda_i a}{\cosh\lambda_i a-\cos\lambda_i a}=\dfrac{\cosh\lambda_j b-\cos\lambda_j b}{\sinh\lambda_j b-\sin\lambda_j b}$　(2-73)

对于四周固支的矩形薄板，不能使用 Navier 或者 Levy 方法求解，需要使用瑞利-李兹法求近似解。近似方程采用式(2-70)的形式，将式(2-65)代入式(2-60)，得到能量的表达式。考虑当 $m=n=1$ 并且 $q=q_0$（强度为 q_0 的均匀分布载荷)，一阶瑞利-李兹法给出的单参数解为

$$w_{11}(x,y)=\frac{49}{8}\frac{q_0a^4[x/a-(x/a)^2]^2[y/b-(y/b)^2]^2}{7D_{11}+4(D_{12}+2D_{66})s^2+7D_{22}s^4} \tag{2-74}$$

其中 $s=a/b$ 表示板的长宽比。

2.3.2 圆形薄板

承受均布力作用的圆形薄板,在稳态情况下可以将薄板方程(2-48)转换为极坐标形式

$$\frac{1}{r}\frac{\mathrm{d}}{\mathrm{d}r}r\frac{\mathrm{d}}{\mathrm{d}r}\left[\frac{1}{r}\frac{\mathrm{d}}{\mathrm{d}r}r\frac{\mathrm{d}}{\mathrm{d}r}w(r)\right]=\frac{q}{D} \tag{2-75}$$

对于固支的圆形薄板,在周边 $R=a$ 上有边界条件 $w(a)=0$ 和 $w'(a)=0$;在中心位置,由于结构的对称性可知 $w'(0)=0$。将这些边界条件代入式(2-75),得到

$$w(r)=\frac{qa^4}{64D}\left(1-\frac{r^2}{a^2}\right)^2=w(0)\left(1-\frac{r^2}{a^2}\right)^2 \tag{2-76}$$

其中 $w(0)=qa^4/(64D)$ 是圆板中心位置的位移量。

根据应力和位移的关系式,径向应力 T_r 和切向应力 T_t 分别为

$$T_r=\frac{3a^2q}{8h^2}\left[(3+\nu)\frac{r^2}{a^2}-(1+\nu)\right],\quad T_t=\frac{3a^2q}{8h^2}\left[(1+3\nu)\frac{r^2}{a^2}-(1+\nu)\right] \tag{2-77}$$

圆形薄板的弹性刚度系数与双端固支梁或者悬臂梁的计算过程相同,但是由于圆形结构的复杂性,计算过程要复杂一些。对于整个薄膜分布均布力的情况,圆形薄膜的压强-变形关系和弹性常数分别为

$$\begin{aligned}p&=\frac{Eh^4}{(1-\nu^2)a^4}\left[5.33\frac{w}{h}+2.83\left(\frac{w}{h}\right)^3\right]+4\frac{h^2}{a^2}\frac{w}{h}\sigma\\k&=k'+k''=\frac{16\pi Eh^3}{3a^2(1-\nu^2)}+4\pi\sigma h\end{aligned} \tag{2-78}$$

其中 h 为薄板的厚度,σ 为残余应力。右边两项分别为薄板刚度和残余拉应力引起的弹性常数。周边固支的圆形薄板的弹性常数很大,例如对于 $a=150\ \mu\mathrm{m}$、$h=0.5\ \mu\mathrm{m}$、$\sigma=5\sim20$ MPa 的金薄膜,$k'=9$ N/m,$k''=32\sim126$ N/m。需要注意的是残余应力引起的弹性常数与半径无关,对于直径大于 200 μm 的薄板,残余应力引起的弹性常数是主要部分。为了实现弹性常数在 5~20 N/m 的薄板,需要薄板的厚度非常小,并且残余应力极低,这是非常困难的。

圆形薄板的临界压力为

$$\sigma_{\mathrm{cr}}=\frac{Et^2J_1^2}{12R^2(1-\nu^2)} \tag{2-79}$$

其中 $J_1=3.83$ 是一阶 Bessel 函数的零点。

2.3.3 动力学——瑞利法

瑞利法是一种基于能量方法的近似方法,首先对振动系统形态做一定的假设,然后从系统的能量守恒考虑求得振动的频率。如果形状函数选择准确,可以得到实际或非常近似的振动频率。一个很好的振动形状的选择,是自身重量静态作用所引起的挠度曲线。例如对于未加载的简支梁,设均布重量静态作用在整个梁上,于是挠度曲线可以表示为

$$y=y_m\frac{16}{5l^4}(x^4-2lx^3+l^3x)$$

其中 $y_m=5\,wl^4/(384\,EI)$ 是梁中心处的挠度。处于平衡位置时，梁的动能为

$$P_K=\int_0^l \frac{w}{2g}\dot{y}^2\mathrm{d}x=\frac{p^2}{2g}\int_0^l wy^2\mathrm{d}x \tag{2-80}$$

于是在平衡位置的梁的动能为 $P_K=0.252\,wlp^2y_m^2/g$。梁相对于平衡位置的最大势能可以根据下面的等量关系获得：均布重量静态作用所产生的外力的功等于梁的应变能。于是

$$P_P=\int_0^l \frac{1}{2}wy\,\mathrm{d}x \tag{2-81}$$

将挠度方程代入上式，最大势能为 $P_P=0.32\,wly_m=24.6\,EIy_m^2/l^3$。由最大势能与最大动能相等，可得

$$p=9.87\sqrt{\frac{EIg}{wl^4}}$$

将动能和势能的表达式(2-80)和式(2-81)代入能量表达式，一般表达式为

$$p^2=\frac{g\int_0^l wy\,\mathrm{d}x}{\int_0^l wy^2\mathrm{d}x} \tag{2-82}$$

瑞利法只需要知道位移和能量的表达式，利用能量守恒即可求解，用于分析复杂系统的谐振频率，例如由多个支撑梁和质量块共同构成的加速度传感器的固有频率。

2.4　流体力学

流体在 MEMS 领域是重要的基础科学和应用方向，包括弹性结构的阻尼、生物医学、流体传感器等都广泛应用流体力学和流体器件。流体（包括液体和气体）不能承受拉力，因此流体内部不存在能够抵抗拉伸变形的拉应力。流体在平衡状态下不能承受剪切力，任何剪切力都会导致流体连续变形、平衡破坏并产生流动。这些特点与固体不同，称为流体的易流动性。

2.4.1　流体力学基本概念

流体在平衡时不能抵抗剪切力，即平衡状态下流体内部没有剪切力存在；但是在运动情况下，流体内部有可能存在剪切力。剪切力的存在与流体的粘性有关，线性粘性流动可以用牛顿粘性定律描述，其物理意义是剪应力与速度梯度成正比。剪应力与速度梯度满足线性关系的流体称为牛顿流体，即动力粘度系数是常数，而将不满足正比关系的流体成为非牛顿流体。常见的牛顿流体包括水等，非牛顿流体包括奶油、蛋白、果浆、水泥浆，以及多数油类和润滑脂、高分子聚合物溶液、动物血液等。

流体通常处于湍流状态或处于层流状态。这两种状态的区别在于，湍流中流体混合主要依靠对流完成，而层流中流体混合主要依靠扩散完成。雷诺数是通道内流体惯性力和粘性力的比值，即流体动量与流体管道引起的摩擦力的比值。雷诺数定义为

$$Re=\frac{\rho uD_{\mathrm{H}}}{\mu} \tag{2-83}$$

其中 ρ 是流体的密度，u 是管道中流体的平均速度，μ 是流体的粘度，D_{H} 为流体管道的特征尺

寸。例如对于圆管 D_H 为水力直径,定义为"4倍管道截面积除以润湿周长",即

$$D_{\mathrm{H}}=\frac{4A}{S}=\begin{cases}d & \text{圆形管道直径}\\ 2/(1/h+1/w) & \text{矩形管道的高度和宽度}\\ 2h & \text{高宽比小于 0.1 的槽高度}\end{cases}$$

其中 A 为流体管道面积,S 为流体润湿的管道周长。对于圆形管道,$A=\pi d^2/4$,$S=\pi d$,其中 d 为管道直径;对于通常的矩形管道,$A=hw$,$S=2(h+w)$,其中 h 和 w 分别为管道的高和宽;当管道的宽度大于10倍的高度时,忽略宽度的影响。

雷诺数决定哪一种因素是流体的控制因素。在湍流情况下,雷诺数较大,即流体动量相对于粘性力为主导作用;而在层流情况下,流体动量相对于粘性力可以忽略。从层流到湍流过渡阶段发生在 $Re=2300$ 时[8]。当雷诺数比较小时($Re<2300$),流体受层流特性控制,流体流动过程中处于分层状态,即流体中的不同流束彼此平行向前流动,只通过对流和分子扩散。层流由粘性力控制,当边界条件不变时,整体流体任何位置的流速都不发生变化。因此对流引起的质量输运仅发生在流体流动方向上。当雷诺数较大时($Re>2300$),流体处于湍流状态,流体特性由惯性力控制,不同区域内的局部流体会同时产生时间和空间上的随机的运动,在流体的各个方向都会发生显著的对流引起的质量输运。

对于气体,可以定义气体分子的平均自由程,即分子做随机热运动时两次碰撞之间分子运动的平均距离。对于理想气体分子模型,分子平均自由程 λ 可以表示为

$$\lambda=\frac{1}{\sqrt{2}\,\pi n\sigma^2}=\frac{kT}{\sqrt{2}\,\pi p\sigma^2} \tag{2-84}$$

其中 n 是单位体积内的分子数量(即密度数),σ 是分子直径,k 是波耳兹曼常数(1.38×10^{-23} J/K),T 和 p 分别为气体的宏观温度和压强。对于常温、常压下多数气体的平均自由程为 0.07~0.09 μm。压力为 P_a 时的平均自由程为 $\lambda_a=P_0\lambda_0/P_a$,其中 λ_0 是压力为 P_0 时的平均自由程。当压力很低时,气体的平均自由程要大于绝大多数 MEMS 结构。

连续流体模型的适用范围是流体可以视为连续介质,连续介质的条件是分子平均自由程 λ 远小于流体的特征长度 L。定义努森数为

$$Kn=\frac{\lambda}{L}=\frac{RT}{\pi\sqrt{2}\,d^2 N_{\mathrm{A}}PL} \tag{2-85}$$

其中 λ 是流体分子的平均自由程,L 是区域的特征尺寸,d 是流体分子直径,P 和 T 为压力和温度,N_A 为阿佛加德罗常数。非常小的努森数表示流体碰撞非常多;当管道高度与平均自由程相仿时(大努森数),粒子与管道侧壁的碰撞成为主要作用因素,这种滑流现象使流体在流出管道以前的碰撞次数减小,从而降低了流体粘度和流阻。

努森数表示了流体的稀薄程度,不同的努森数是根据经验确定的,一般只适合于一些特定的流体形状。如图2-12所示,通常当 $Kn<0.1$,即分子平均自由程小于特征长度的0.1时,认为连续介质的假设成立。当 $Kn\to0(Re\to\infty)$ 时,连续动量和能量方程中的传输项可以忽略,因此 NS 方程简化为非粘性的欧拉方程;当努森数 $Kn<10^{-3}$ 时,边界条件为非滑移边界条件,固体表面的速度和与之接触的流体速度相同;当 $10^{-3}\leqslant Kn<10^{-1}$ 时 NS 方程仍旧适用,但是需要采用滑移边界条件,此时与固体接触的流体速度可能与固体表面速度不同,出现一定程度的滞后;$10^{-1}\leqslant Kn<10$ 为过渡区域,表示从连续流体力学向分子动力学过渡;在 $Kn\geqslant10$ 处于分子自由流动范畴,流体分子间几乎没有相互作用,平衡状态的分子速度分布符合麦克斯

韦-玻耳兹曼速度分布。

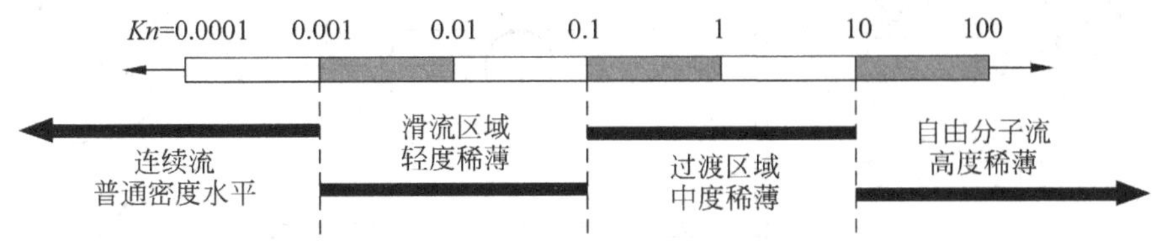

图 2-12　努森数与区域特性

对流体建模需要确定使用何种模型、何种边界条件以及如何求解。根据努森数不同，流体可以用连线流体模型描述或者用分子模型描述，如图 2-13 所示。当连续介质假设成立时，流体的建模可以使用连续流体模型，其中的核心是纳维-斯托克斯(Navier-Stokes，NS)方程。该方程忽略了流体的分子特性，只将其视为密度、速度、温度、压力等宏观特性随时间和空间变化的连续介质。

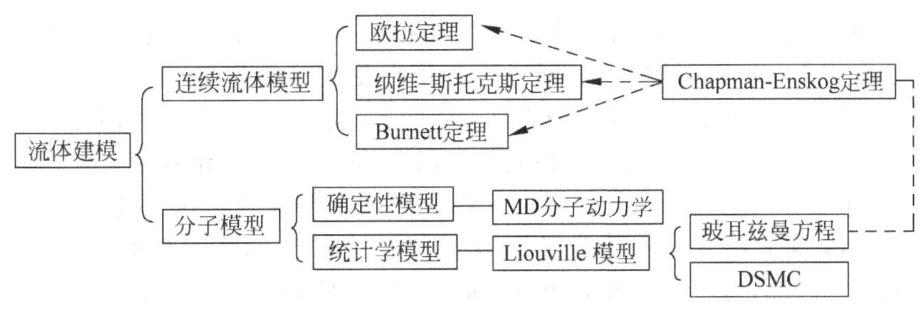

图 2-13　分子模型和连续流体模型

1. 表面张力与毛细现象

根据分子引力理论，分子间存在着作用力，并且作用力的大小与分子间距的平方成反比，当分子间距超过 R(约为 1 nm)时，引力忽略不计，称 R 为半径的空间球体为分子作用球。在液体内部的任意一个分子，如果分子作用球完全处于液面以下，如图 2-14(a)和(b)所示，则处于球心处的分子处于平衡状态，这是由于球心分子受到整个球体内所有分子的作用，合力为零。如果液体分子与液面的距离小于 R，则分子作用球的一部分会高于液面，如图 2-14(c)所示，此时球心处的分子受到球内液体和空气引力的共同作用。由于液体的引力大于空气引力，因此球心处的分子受到合力 F_n 的作用，方向指向垂直液面的液体内部。尽管分子会受到斥力的作用，但是由于斥力的作用距离远小于引力的作用距离，除了极表面层的分子外，大部分表面层的分子受到的净斥力为零。因此，距离液面 R 的薄层内的分子都受到这样指向液体内部的非平衡力的作用，薄层内的所有分子都向液体内部收缩。如果没有容器并忽略重力，则所有的液滴都会收缩为表面积最小、且力能够平衡的球形。将液体从中间截断，分析图 2-14(c)中所示的半个液滴。由于液滴表面的分子有向球心收缩的趋势，故剖面的周线上有张力 F_t 存在，它连续均匀地分布在周线上，与液体表面的球面相切。

液体的自由表面存在表面张力，表面张力是液体分子间吸引力的宏观表现。表面张力沿表面切向并与界线垂直。表面张力是由于表面层的不平衡引力 F_n 引起的，但是它与 F_t 并不相等，而是相互垂直。用 σ 来表示单位长度上的表面张力的大小，因此其单位为 N/m，水的 σ

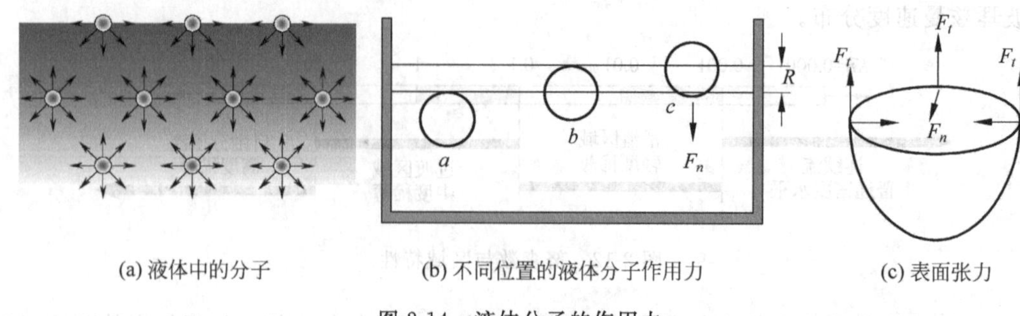

(a) 液体中的分子　(b) 不同位置的液体分子作用力　(c) 表面张力

图 2-14　液体分子的作用力

为 73×10^{-3} N/m。如果知道表面张力作用的周线长度 l 和 σ，可以得到该长度上表面张力的大小

$$J=\sigma l \tag{2-86}$$

表面张力不仅表现在液体与气体的界面，也表现在液体与固体的界面。例如当水装入玻璃容器中时，初始状态水表面为平面，在水与玻璃接触点位置的分子受到水的引力 F_{n1} 的作用，F_{n1} 指向与液面成 45°的液体内部；同时该分子也受到玻璃引力 F_{n2} 的作用(也称为附着力)，F_{n2} 垂直玻璃表面指向玻璃内部。因为 F_{n2} 大于 F_{n1}，最后的合力 F_n 指向液面以下的玻璃内部。由于表面张力 F_t 与 F_n 垂直，F_t 指向液面以上的玻璃内部，导致液面与 F_t 相切并被 F_t 向上拉动，使液体沿着玻璃表面向外扩展。F_t 与玻璃表面的夹角 θ 称为接触角，此时 $\theta<90°$，称为浸润。同样，如果是将汞装入玻璃容器，汞的分子引力 F_{n1} 大于玻璃的附着力 F_{n2}，合力指向液面以下的液体内部，此时表面张力 F_t 指向液面以下的玻璃内部，液面与 F_t 相切并被 F_t 向下拉动，使液体向内收缩。此时 $\theta>90°$，称为不浸润。

同一种液体，对一种固体是浸润的，对另一种固体可能是不浸润的。水能浸润玻璃，但不能浸润石蜡；水银不能浸润玻璃，但能浸润锌。在集成电路制造中，经常用浸润现象判断硅。由于二氧化硅对水溶液是浸润的，而硅是非浸润的，因此在使用 HF 刻蚀硅表面的二氧化硅薄膜时，根据表面是水薄膜还是极少的水滴，可以判断二氧化硅是否刻蚀完毕。

浸润液体在细管里升高的现象和不浸润液体在细管里降低的现象，叫做毛细现象。能够产生明显毛细现象的管叫做毛细管。由于表面张力很小，因此宏观情况下产生的毛细现象没有明显的影响；但是在微流体中，毛细现象非常显著，甚至成为控制流体特性的主要因素。

2. 流体阻力

流体在管道中流动时会遇到流体阻力。如果需要维持流体的持续流动，需要施加持续的压力。这类似于导体中电流的流动，电流会遇到电阻，因此持续的电流需要施加持续的电压。流体的流速可以表示为

$$Q=\frac{\Delta P}{R} \tag{2-87}$$

其中 Q 为流量表示的流速，ΔP 是流体管道的压力差，R 是流体阻力。对圆形和矩形管道，R 分别为

$$\begin{aligned}R_{\text{Round}}&=\frac{8\mu L}{\pi r^4}\\R_{\text{rectangular}}&=\frac{12\mu L}{wh^3}\left[1-\frac{h}{w}\left(\frac{192}{\pi^5}\sum_{n=1,3,5}^{\infty}\frac{1}{n^5}\tanh\left(\frac{n\pi w}{h}\right)\right)\right]^{-1}\end{aligned} \tag{2-88}$$

其中 μ 是流体粘度，L 是管道长度，r 是圆形管道直径，w 与 h 分别是矩形管道的宽度和高度。当矩形管道的宽度远远小于其高度(或者高度远远小于宽度)时，上式可简化为

$$R_{\text{rectangular}} = \frac{12\mu L}{wh^3} \tag{2-89}$$

在 KOH 刻蚀的微流体通道中，经常遇到底角为 54.74°的三角形截面管道，对于这种情况，流阻为

$$R_{\text{tri}} = \frac{17.4L\mu}{a^4} \tag{2-90}$$

其中 a 是底边长度的一半。对于更复杂截面的管道，流体阻力可以通过 NS 方程获得。

2.4.2　流体阻尼

流体由于粘度而产生的对运动物体的阻力称为流体阻尼。流体阻尼可以分为压膜阻尼和滑膜阻尼，分别与运动物体的主平面相垂直和相切，如图 2-15 所示。流体阻尼特性可以用 NS 方程描述。通常在 MEMS 尺度下，空气流体的雷诺数很小，可以视为低雷诺数的简化情况。例如对于 25 μm 厚的空气间隙，当结构的振动频率为 1 kHz 时，雷诺数为 0.25。当流体薄膜厚度降低到流体分子平均自由程量级的时候，流体不能再视为连续流体，而需要考虑非连续性。例如空气在室温、1 个大气压的情况下，分子平均自由程约为 0.09 μm，当平均自由程达到流体薄膜厚度的 1%，即如果空气薄膜的厚度小于 9 μm，需要考虑滑流产生的影响。

流体的可压缩性是 MEMS 中另一个需要考虑的因素。定义流体的挤压系数 σ 为

$$\sigma = \frac{12\mu\omega b^2}{h_0^2 P_a} \tag{2-91}$$

其中 μ 是流体粘度，ω 是结构的振动频率，b 是结构的特征长度，h_0 是流体薄膜的名义厚度，P_a 是周围环境的压力。当挤压系数 σ 较小时，流体可以视为不可压缩流体，对于细长结构，σ 小于 0.2 即可将流体视为不可压缩流体。当 σ 很大时，流体相当于机械弹簧，几乎不损耗能量。

由于结构的复杂性和流体的复杂性，很多情况下阻尼的计算需要借助于有限元法，计算流体动力学。

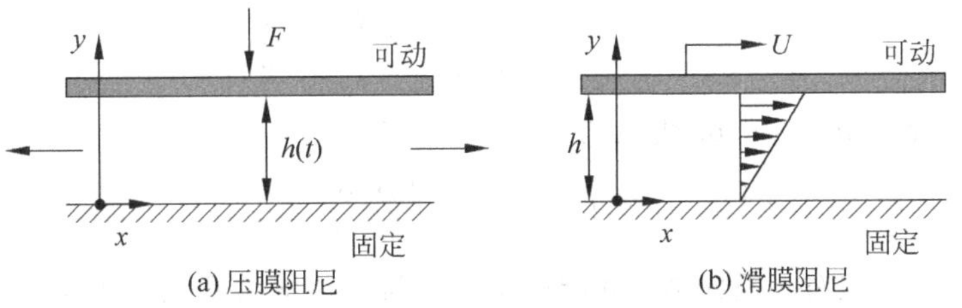

图 2-15　压膜阻尼和滑膜阻尼

1. 压膜阻尼

压膜阻尼(Squeezed-Film Damping)是由运动物体与静止物体(或另一个运动物体)之间的流体层(如空气)产生压力分布，阻止物体之间间距减小而形成的。这种作用于物体、反抗物体运动的压力被称为压膜阻尼[9]，压膜阻尼与结构的主平面相垂直，并且流体压力随着运动位置不同而变化。当物体间隙与物体间重叠的面积相比很小时，反抗力迅速增加，形成对相对运动巨大的阻力。压膜阻尼对结构谐振峰有强烈的抑制作用，并且依赖于横向尺寸和流体薄膜

厚度的比值。能够产生挤压作用的结构在空气或流体中运动时都会产生压膜阻尼,如扭转微镜[10]、三轴加速度传感器[11]等。

压膜阻尼可以用简化的纳维-斯托克斯方程描述,即雷诺方程,通过二维微分方程描述两个物体间的压力分布。MEMS领域最早的压膜阻尼分析出现在1990年[12],针对加速度传感器的动态过程进行分析。在假设低雷诺数的情况下得到简化的纳维-斯托克斯方程。这种雷诺型的压膜阻尼分析适用于2个间距较小的平板结构相对运动的情况,并出现了考虑损阻尼谐振和瞬态过程中损耗效应的修改模型[13,14]。这种方法可以利用泰勒级数展开和Arnoldi方法结合,简化为低阶方程[15]。降阶后的结构模型方程可以用微分或者代数方程描述,因此可以利用电路仿真工具进行系统级仿真和分析。另外,当产生压膜阻尼的气体比较稀薄时,利用改进的分子气体薄膜润滑方程可以对压膜阻尼建模[16]。这种情况下结构的表面粗糙度、气体的稀薄程度和结构的频率对阻尼影响很大。考虑压膜阻尼的非线性能够提高模型精度[17]。利用伽辽金法、Hebbian算法和神经网络,能够降低非线性压膜阻尼模型的阶数,这种方法对于测量数据量很大的情况较为适应[18]。很多微结构为了降低压膜阻尼都制造了阻尼孔,提高结构的谐振频率[19]。

压膜阻尼一般由流体的粘度和惯性决定。在MEMS领域经常遇到的情况中,流体缝隙很小,惯性可以忽略,只考虑粘度的作用。压膜阻尼力可以通过圆形结构和粘性薄膜理论计算。对于带有阻尼孔的结构,设单元半径和阻尼孔半径分别为a和b,于是在$b \leqslant r \leqslant a$的区域内有粘性流体作用,记圆柱形单元的径向和轴向坐标分别为r和η,于是流体遵循下述方程[20]

$$\frac{\partial p}{\partial r}=\mu\frac{\partial^2 u_r}{\partial \eta^2} \tag{2-92}$$

其中p是轴向压力,u_r是径向流速分量。当边界条件在$\eta=0$和$\eta=g$没有滑流时,经过两次积分,

$$u_r=\frac{1}{2u}\frac{\partial p}{\partial r}\eta(\eta-g) \tag{2-93}$$

对于不可压缩流体,满足下面的条件

$$\frac{1}{r}\frac{\partial}{\partial r}(ru_r)+\frac{\partial u_\eta}{\partial \eta}=0 \tag{2-94}$$

结合式(2-93)和式(2-94),对η积分,并应用$\eta=0$时的边界条件$u_\eta=0$,可以得到

$$u_\eta=-\frac{1}{2\mu r}\frac{\partial}{\partial r}\left(r\frac{\partial p}{\partial r}\right)\left(\frac{\eta^3}{3}-\frac{g\eta^2}{2}\right) \tag{2-95}$$

将$\eta=g$时的边界条件$u_\eta=\mathrm{d}z/\mathrm{d}t$代入式(2-95),可得

$$\frac{\partial}{\partial r}\left(r\frac{\partial p}{\partial r}\right)=\frac{12\mu r}{g^3}\frac{\mathrm{d}z}{\mathrm{d}t} \tag{2-96}$$

对于式(2-96),必须对r积分两次才能获得压力与半径的关系。由于流体在$r=a$时是静止的,因此$\partial p/\partial r=0$。另外,假设在阻尼孔的边界处$r=b$的压力为p_0,利用这些边界条件可以得到

$$p=p_0+\frac{6\mu a^2}{g^3}\left(\frac{\mathrm{d}z}{\mathrm{d}t}\right)\left[\frac{r^2-b^2}{2}-a^2\ln\frac{r}{b}\right] \tag{2-97}$$

于是挤压力可以表示为

$$F_{\mathrm{st}}=-2\pi\int_b^a(p-p_0)=-\frac{6\pi\mu a^4}{g^3}\left(\frac{\mathrm{d}z}{\mathrm{d}t}\right)\left[\frac{3}{4}-\frac{b^2}{a^2}-\frac{b^4}{4a^4}-\ln\frac{a}{b}\right] \tag{2-98}$$

为了降低压膜阻尼的影响,改善结构的动态性能,很多器件需要在较大的膜片结构上打通孔,作为泄漏流体(空气)的通道,例如麦克风、加速度传感器、RF开关等。这些通孔一方面作

为阻尼孔，另一方面作为表面微加工过程中释放结构时易于 HF 等进入的工艺孔。尽管阻尼孔可以降低大面积膜片结构的压膜阻尼，由于阻尼孔中气体流动时的流体阻力，因此需要考虑剩余面积的压膜阻尼和阻尼孔的流体阻力[22]、滑流等[23]。

在引入阻尼孔时，需要修改雷诺方程，考虑通过阻尼孔的流体泄漏、粘度的可变性和流体的可压缩性[24]。通过增加一项与阻尼孔流体阻尼相关的修正项，利用有效阻尼宽度的概念，可以得到多种不同形状结构的阻尼力[25]，对某些结构这种等效阻尼宽度的方法具有很高的精度。这种方法适用于不可压缩流体的雷诺方程，因此需要假设结构的振动幅度较小、振动频率较低。当结构平行于衬底运动，即流体薄膜厚度均匀时，雷诺方程可以简化为[9]

$$\frac{\partial^2 p}{\partial x^2}+\frac{\partial^2 p}{\partial y^2}=\frac{12\mu}{h^3}\frac{\partial h}{\partial t} \tag{2-99}$$

由于 MEMS 中压膜阻尼的情况符合雷诺方程的假设，因此利用雷诺方程可以较为精确地描述二维压膜阻尼。简化雷诺方程式(2-99)中只含有一个变量，即由流体薄膜厚度变化引起的压力 $p(x,y)$。当流体为稀薄气体时，粘度 μ 需要用有效粘度系数 μ_{eff} 代替[26]

$$\mu_{\text{eff}}=\frac{\mu}{1+9.638\,K_n^{\ 1.159}} \tag{2-100}$$

其中 K_n 为努森数。

阻尼孔总体面积大小的影响可以利用阻尼孔的流体阻力将阻尼孔的面积累积计算[27]。实际上，压膜阻尼是由于流体在运动结构下方的缝隙中横向运动形成的，增加阻尼孔以后，流体会沿着阻尼孔纵向运动，而流体流过阻尼孔时会产生流体阻力，而横向的压膜阻尼和纵向的流体阻力不是相互独立的，因此尽管增加阻尼孔使产生压膜阻尼的面积减小，但是纵向的流体阻力增加了。实际上，存在优化的阻尼孔数量，使整体阻尼最小[21]。为了适合多种情况的应用，下面的分析利用 NS 方程，不将其近似为线性方程而是按照二阶处理，为了适合于高频振动情况，NS 方程中包含速度的时间导数项保留，以保留 NS 方程中惯性项。为了适合稀薄气体情况，方程中还考虑一阶滑流速度。

对于图 2-16(a)所示的打孔板，绝热流体的连续性方程和 NS 方程分别为[28]

$$\frac{1}{\rho c^2}\left[\frac{\partial p}{\partial t}+(\boldsymbol{u}\cdot\nabla)p\right]+\nabla\cdot u=0 \tag{2-101}$$

$$\rho\left[\frac{\partial \boldsymbol{u}}{\partial t}+(\boldsymbol{u}\cdot\nabla)\boldsymbol{u}\right]=\rho g-\nabla p+\mu\,\nabla^2\boldsymbol{u}+(\mu+\lambda)\,\nabla(\nabla\cdot u) \tag{2-102}$$

其中 c 是绝热流体中的声速，p 和 $\boldsymbol{u}$ 是压力和速度微扰，μ 和 λ 是剪切粘度和体粘度，ρ 和 g 分别是密度和重力加速度。

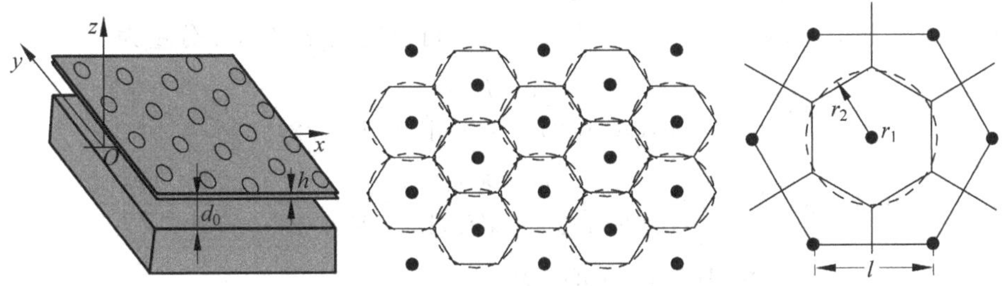

图 2-16　阻尼孔结构和模型

如果结构以 ω 的速度做简谐振动,可以有 $p=p_0\mathrm{e}^{-\mathrm{i}\omega t}$,$\boldsymbol{u}=\boldsymbol{u}_0\mathrm{e}^{-\mathrm{i}\omega t}$ 和 $\partial\boldsymbol{u}/\partial t=-\mathrm{i}\omega$,连续性方程(2-101)和 NS 方程式(2-102)变为

$$-\frac{\mathrm{i}\omega}{\rho c^2}p_0+\frac{\mathrm{i}\omega}{\rho c^2}(\boldsymbol{u}\cdot\nabla)p_0+\nabla\cdot u_0=0 \tag{2-103}$$

$$-\mathrm{i}\omega\rho\boldsymbol{u}_0+\rho(\boldsymbol{u}\cdot\nabla)\boldsymbol{u}_0=\rho g\mathrm{e}^{-\mathrm{i}\omega t}-\nabla p_0+\mu\nabla^2\boldsymbol{u}_0+(\mu+\lambda)\nabla(\nabla\cdot u_0) \tag{2-104}$$

将所有参数归一化处理

$$x=L_0x',\quad y=L_0y',\quad z=d_0z',\quad u_{0x}=U_0u'_x,\quad u_{0u}=U_0u'_y,$$
$$u_{0z}=\varepsilon V_0u'_z,\quad p_0-p_a\mathrm{e}^{\mathrm{i}\omega t}=P_0p',\quad \rho=\rho_0\rho',\quad c=c_0c'$$

其中 d_0 是平衡时流体缝隙厚度,L_0 是板的特征长度,$\varepsilon=d_0/L_0$ 为小量,其他参数的归一化参考标准为其特征值。后面的分析中用无量纲的参数,但是去掉参数的撇号。对低阶的 ε,有

$$\frac{\partial^2u_x}{\partial z^2}+iK^2u_x=\frac{\partial p}{\partial x},\quad \frac{\partial^2u_y}{\partial z^2}+iK^2u_y=\frac{\partial p}{\partial y} \tag{2-105}$$

$$\frac{\partial p}{\partial z}=0 \tag{2-106}$$

$$\nabla\cdot u-iK_1p=0 \tag{2-107}$$

其中

$$P_0=\frac{\mu V_0L_0}{d_0^2},\quad K=d_0\sqrt{\frac{\rho_0\omega}{\mu}},\quad K_1=\frac{\omega\mu L_0^2}{\rho_0c_0^2d_0^2}$$

当气体是稳流或者振动频率很低时,可以忽略方程中惯性项的影响。随着谐振频率的增加,气体的惯性对速度曲线有很大影响。式(2-105)~式(2-107)中带有 K 和 K_1 的项包括了与频率相关的项。

下面考虑边界条件。对于稀薄程度不是很高的情况,边界条件可以用一阶滑流速度条件代替非滑流条件,于是有[21,29]

$$u_x\left(x,y,\pm\frac{1}{2}\right)=\mp\lambda'\frac{\partial u_x}{\partial z}\left(x,y,\pm\frac{1}{2}\right),u_y\left(x,y,\pm\frac{1}{2}\right)=\mp\lambda'\frac{\partial u_y}{\partial z}\left(x,y,\pm\frac{1}{2}\right) \tag{2-108}$$

其中 λ' 是气体分子的平均自由程。另外在垂直平板的方向上有

$$u_z\left(x,y,-\frac{1}{2}\right)=0,\quad u_z\left(x,y,\frac{1}{2}\right)=w \tag{2-109}$$

其中 w 表示运动的表面在 Oz 方向的速度分量,如图 2-16(a)所示,作为已知量使用。

在阻尼孔的边缘,气体压力假设等于外部气压,即

$$p=0 \tag{2-110}$$

垂直于平面结构任意直线方向的压力梯度均为 0。

对式(2-105)积分,并利用边界条件式(2-108),可以得到水平速度分量为

$$\begin{aligned}u_x(x,y,z)&=\left[\frac{\cos(Kz\sqrt{\mathrm{i}})}{\cos(K\sqrt{\mathrm{i}}/2)-\lambda'K\sqrt{\mathrm{i}}\sin(K\sqrt{\mathrm{i}}/2)}-1\right]\frac{\mathrm{i}}{K^2}\frac{\partial p}{\partial x}\\ u_y(x,y,z)&=\left[\frac{\cos(Kz\sqrt{\mathrm{i}})}{\cos(K\sqrt{\mathrm{i}}/2)-\lambda'K\sqrt{\mathrm{i}}\sin(K\sqrt{\mathrm{i}}/2)}-1\right]\frac{\mathrm{i}}{K^2}\frac{\partial p}{\partial y}\end{aligned} \tag{2-111}$$

其中 $\sqrt{\mathrm{i}}=(1+\mathrm{i})/\sqrt{2}$。于是方程(2-107)可变为

注:本书速度用 u、U 表示。

$$\frac{\partial u_z}{\partial z}=\left[1-\frac{\cos(Kz\sqrt{\mathrm{i}})}{\cos(K\sqrt{\mathrm{i}}/2)-\lambda' K\sqrt{\mathrm{i}}\sin(K\sqrt{\mathrm{i}}/2)}\right]\frac{\mathrm{i}}{K^2}\left[\frac{\partial^2 p}{\partial x^2}+\frac{\partial^2 p}{\partial y^2}\right]+\mathrm{i}K_1 p \tag{2-112}$$

对式(2-112)积分，得到垂直的速度分量和压力方程

$$\frac{\partial^2 p}{\partial x^2}+\frac{\partial^2 p}{\partial y^2}+\alpha^2 p=12Mw \tag{2-113}$$

其中

$$\alpha^2=12\mathrm{i}MK_1,\quad M=\frac{\mathrm{i}K^2}{12}\left[\frac{\tan(K\sqrt{\mathrm{i}}/2)}{(K\sqrt{\mathrm{i}}/2)\left[1-\lambda' K\sqrt{\mathrm{i}}\tan(K\sqrt{\mathrm{i}}/2)\right]}\right] \tag{2-114}$$

方程式(2-113)是在气体可压缩、考虑惯性影响，以及考虑结构表面滑流的情况下求解压膜阻尼的雷诺方程。当气体可压缩程度较低时，$c_0\gg 1$，式(2-113)变成雷诺方程

$$\frac{\partial^2 p}{\partial x^2}+\frac{\partial^2 p}{\partial y^2}=12Mw \tag{2-115}$$

作用在结构上的压力可以利用下式的关系得到

$$p_p(x,y,t)=-12\frac{\mu L_0^2}{d_0^3}M\hat{p}\left(\frac{x}{L_0},\frac{y}{L_0}\right)w_p \tag{2-116}$$

其中 $w_p=\varepsilon U_0 w\mathrm{e}^{-\mathrm{i}\omega t}$，函数 $\hat{p}(x/L_0,y/L_0)$ 满足规范的边界值问题

$$\begin{aligned}&\frac{\partial^2 \hat{p}}{\partial x^2}+\frac{\partial^2 \hat{p}}{\partial y^2}+\alpha^2\hat{p}=1,\quad 在\ D'：\hat{p}\mid \partial D'_D=0\\&\left.\frac{\partial \hat{p}}{\partial n}\right|\partial D'_N=0\end{aligned} \tag{2-117}$$

规范区域 D' 是从基本区域 D 使用无量纲变量相似变换得到。

当气体附着在结构表面($\lambda'=0$)并且 K 较小时(低频缓慢振动结构)，式(2-114)可以展开为级数

$$M=1-\frac{\mathrm{i}K^2}{10}+O\left(\frac{K^4}{100}\right)$$

分析表明，当气体为空气并且结构振动频率在 100 Hz～50 kHz 之间时，$M=1$ 已经具有很好的精度。

定义区域 D' 的压力系数 C_p 为

$$C_p=-\iint_{D'}\hat{p}(x,y)\mathrm{d}x\mathrm{d}y \tag{2-118}$$

因此，由运动平板的一个单元产生的压膜阻尼力为

$$F^s=12\frac{\mu L_0^4}{d_0^3}MC_p w_p \tag{2-119}$$

对于特定结构的阻尼系数，可以通过对式(2-119)表示的所有单元的压膜阻尼力求和，然后再除以速度 w_p 得到。在小压力下，当分子平均自由程 λ' 与缝隙宽度相比不能忽略时，雷诺方程式(2-113)仍旧成立，但是需要将粘度系数 μ 用有效粘度系数代替

$$\mu_{\mathrm{eff}}=\frac{\mu}{1+f(K_n)} \tag{2-120}$$

其中 $K_n=\lambda'/d$ 是气体的努森数。关于 $f(K_n)$ 的详细内容参见文献[26]。

下面针对图 2-16(b)所示的矩形分布的阻尼孔结构计算压膜阻尼。将基本区域的外圈的

六边形用等效圆形替代，如图 2-16(c)所示。此时区域 D 是一个环形，半径 $r_1<r_2$。外圈圆形的半径 r_2 与间距 l 的关系为 $r_2=0.525l$。用圆形替代六边形的近似方法在内圈半径 r_1 与单元的线尺度相比较小的情况下有较好的近似精度。取参考长度 $L_0=r_2$，并且记 $r_0=r_1/r_2$，于是式(2-113)用极性坐标表示为

$$\frac{1}{r}\frac{\partial}{\partial r}\left(r\frac{\partial p}{\partial r}\right)+\alpha^2 p=12\,Mw\quad(r_0<r<1) \tag{2-121}$$

函数 $p(r)$ 的边界条件为

$$p(r_0)=0,\quad \frac{\partial p}{\partial r}(1)=0 \tag{2-122}$$

满足式(2-122)边界条件的式(2-121)方程的解为

$$p(r)=\frac{w}{\mathrm{i}K_1}\left[1-\frac{Y_1(\alpha)J_0(\alpha r)-Y_0(\alpha r)J_1(\alpha)}{Y_1(\alpha)J_0(\alpha r_0)-Y_0(\alpha r_0)J_1(\alpha)}\right] \tag{2-123}$$

其中 J_0 和 J_1 是 0 阶和 1 阶第一类贝塞尔函数，Y_0 和 Y_1 是 0 阶和 1 阶第二类贝塞尔函数。另外有

$$\iint_{D_1'}p(r)\mathrm{d}x\mathrm{d}y=-12\pi MC(\alpha,r_0)$$

$$C(\alpha,r_0)=\frac{1}{\alpha^2}\left[\frac{2r_0}{\alpha}\frac{J_1(\alpha)Y_1(\alpha r_0)-Y_1(\alpha)J_1(\alpha r_0)}{Y_1(\alpha)J_0(\alpha r_0)-Y_0(\alpha r_0)J_1(\alpha)}-1+r_0^2\right]$$

用幂函数展开括号中的项，

$$\frac{2r_0}{\alpha}\frac{J_1(\alpha)Y_1(\alpha r_0)-Y_1(\alpha)J_1(\alpha r_0)}{Y_1(\alpha)J_0(\alpha r_0)-Y_0(\alpha r_0)J_1(\alpha)}=1-r_0^2+c_0\alpha^2+c_1\alpha^4+O(\alpha^6)$$

$$c_0(r_0)=\frac{r_0^2}{2}-\frac{3}{8}-\frac{r_0^4}{8}-\frac{1}{2}\ln r_0$$

$$c_1(r_0)=\frac{11}{64}-\frac{5r_0^2}{16}+\frac{11r_0^4}{64}-\frac{r_0^6}{32}+\frac{3}{8}\ln r_0+\frac{1}{4}(\ln r_0)^2-\frac{r_0^2}{4}\ln r_0$$

因此有

$$C(\alpha,r_0)=c_0(r_0)+c_1(r_0)\alpha^2+O(\alpha^4) \tag{2-124}$$

图 2-17 给出了 $c_0(r_0)$ 和 $c_1(r_0)$ 曲线。式(2-124)中第一项对应不可压缩流体，第二项是由考虑了可压缩性和惯性项后引入的。最后，区域 D 上全部的压膜阻尼力为

$$F^s=12\,\frac{\mu\pi r_2^4}{d_0^3}MC(\alpha,r_0)w_p \tag{2-125}$$

从图 2-17 可以看出只有当 $r_0=r_1/r_2$ 很小时，可压缩性才对阻尼特性产生较大的影响。对于不可压缩流体 $\alpha=0$，式(2-125)简化为

$$F^s=12\,\frac{\mu\pi r_2^4}{d_0^3}M\left(\frac{r_0^2}{2}-\frac{r_0^4}{8}-\frac{1}{2}\ln r_0-\frac{3}{8}\right)w_p \tag{2-126}$$

由于流体流过阻尼孔产生的流体阻力为[21]

$$F^{\mathrm{h}}=\frac{8\mu hA^2}{\pi r_1^4}\left(1-\mathrm{i}\,\frac{\omega r_1^2}{4\nu}\right)w \tag{2-127}$$

其中 ν 为流体动力粘度，它是粘度系数与密度的比值。由于总阻尼是压膜阻尼与流体阻力之和，根据此可以得到最优的阻尼孔数量为

$$N_{\mathrm{opt}} = \sqrt{\frac{2C_p}{\pi h d_0^3}(AR)u^2} \tag{2-128}$$

对应的最小阻尼为

$$B_{\mathrm{opt}} = 16\sqrt{2\pi}\mu \frac{\sqrt{hC_p}}{(AR)\sqrt{d_0^3}} \tag{2-129}$$

其中 AR 为面积比，$AR=\frac{2\pi}{\sqrt{3}}\frac{r_1^2}{l^2}$。

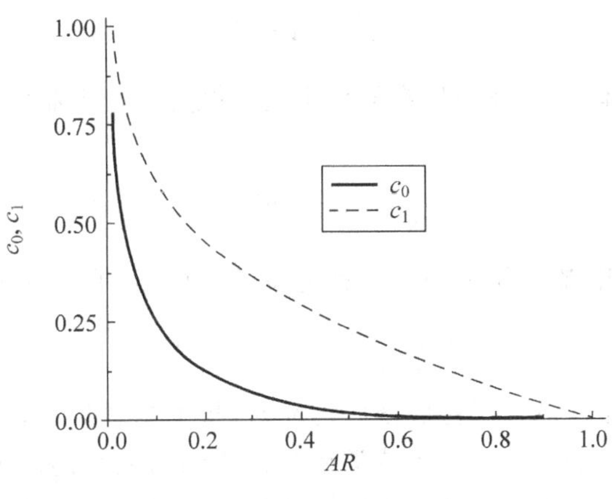

图 2-17 $c_0(AR)$和 $c_1(AR)$

尽管利用纳维-斯托克斯方程可以计算打孔板的阻尼，但是由于阻尼孔的数量多，系统模型的自由度非常大，导致计算过程非常复杂。利用等效模型，可以将多个阻尼孔等效为 1 个阻尼孔，然后对具有 1 个阻尼孔的系统进行分析可以大大简化打孔板阻尼计算过程[30]。利用混合模型建立的基于物理的打孔板压膜阻尼模型不需要限制结构的形状和振动幅度、频率等，适用范围更广[31]。利用求解泊松方程也可以获得压膜阻尼的模型，考虑压膜阻尼缝隙的深宽比和阻尼孔，能够得到简单的压膜阻尼模型[32]。

2. 滑膜阻尼

滑膜阻尼(Slide-Film Damping)是指物体运动时，物体周围的流体层产生的粘滞剪切力对物体切向运动产生的阻尼作用。滑膜阻尼与结构的主平面相切，与压膜阻尼不同的是运动物体表面作用的压力不变，阻尼引起的能量损耗只是粘性剪切力引起的。在尺度相近的情况下，滑膜阻尼的效果小于压膜阻尼。

对于图 2-15(b)所示的平板与衬底组成的缝隙，缝隙内的速度分布为

$$u_x = \frac{\Delta p}{2\mu l}(hy - y^2) + \frac{u_0 y}{h} \tag{2-130}$$

可见速度包括两个部分，第一项是由压强差造成的流动，u_x 与 y 成二次关系，这种流动称为压差流，也称为泊肃叶流；第二项是由平板运动造成的流动，u_x 与 y 成线性关系，这种流动称为剪切流，也称为库爱特流。

在频率较低的情况下，运动物体周围的流体速度分布近似为线性，属于库爱特流；随着频率增加，流体的惯性作用使粘滞层厚度迅速降低，流速分布偏离线性，流速梯度增加，属于斯托克斯流，此时阻尼系数与频率有关。由于表面微加工制造的悬空结构与衬底的间隙只有几微

米，对于高速往复运动的器件，如 RF MEMS 的谐振器或动态范围较大的加速度传感器，滑膜阻尼决定器件的能量损耗和动态范围。

假设运动器件的平面尺寸无穷大，浸没在不可压缩流体中，流体为非稀薄流体(分子自由程远小于结构尺寸)，并且流体密度远小于器件材料密度，忽略流体质量负载引起的振动频率和模式的变化。当器件以速度 $u_0\cos\omega t$ 做 x 方向的稳态谐振时，周围流体的速度随高度和时间的分布 $u(y,t)$ 满足纳维-斯托克斯方程。当振幅较小，并且没有总体压力梯度时，斯托克斯方程简化为一维扩散方程[33]

$$\frac{\partial u}{\partial t}=\nu\frac{\partial^2 u}{\partial^2 y} \tag{2-131}$$

如果流体为牛顿流体，由流体作用在器件上的摩擦力平行于器件的运动方向，并且正比于器件表面的速度梯度，即

$$\tau_0=-\mu\left.\frac{\mathrm{d}u}{\mathrm{d}y}\right|_{y=0} \tag{2-132}$$

由于流体阻力的作用，流体层相当于消耗能量的阻尼器，单位时间消耗的能量为

$$D=\frac{1}{\omega}\int_0^{2\pi}\tau_0(\omega t)u(\omega t)\mathrm{d}(\omega t) \tag{2-133}$$

如图 2-18 所示，当器件平行于衬底横向运动时，根据器件周围流体的运动情况可以将其分为库爱特类型和斯托克斯类型。库爱特类型假设流动为完全的库爱特流动，因此器件下方与衬底之间的缝隙中流体的流速与高度成线性关系，而器件上方与器件接触的流体速度与器件表面速度相同，即速度梯度为 0，流体速度为 0 的位置在 $y=\infty$，如图 2-18(a)所示。因此，器件上方的流体随着器件以相同的频率和相位运动，并不产生能量损耗；而器件下方的流体由于速度梯度的存在，会产生能量消耗

$$D_{cd}=\frac{\pi}{\omega}u_0^2\left(\frac{\mu}{d}\right) \tag{2-134}$$

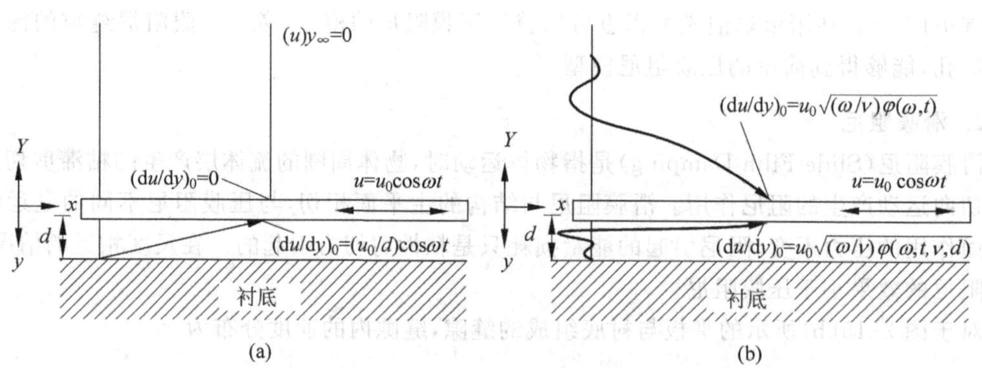

图 2-18 库爱特模型和斯托克斯模型的滑膜阻尼

对于图 2-18(b)所示的斯托克斯类型，器件上表面的流体稳态速度分布满足式(2-131)。对于强阻尼谐振，流体的运动速度随着所在高度的增加而指数衰减，与器件的相位差正比于距离 y 和 $\beta(=\sqrt{\omega/(2\nu)})$，如图 2-19 所示，其中 $\delta(=1/\beta)$ 表示流体速度衰减到 e^{-1} 所对应的高度。由于斯托克斯类型的流体在上下表面都存在速度梯度

$$D_{s\infty}=\frac{\pi}{\omega}u_0^2\mu\beta,\quad D_{sd}=\frac{\pi}{\omega}u_0^2\mu\beta\frac{\sinh(2\beta d)+\sin(2\beta d)}{\cosh(2\beta d)-\cos(2\beta d)} \tag{2-135}$$

因此上下表面都产生能量损耗，分别为

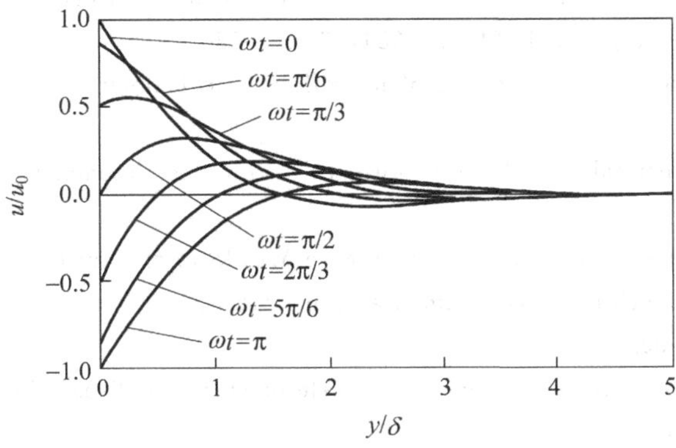

图 2-19　斯托克斯类型流体在器件上表面的速度随高度变化曲线

图 2-20 是流体为空气时，斯托克斯类型的上表面能量损耗 $D_{s\infty}$ 和下表面能量损耗 D_{sd} 与库爱特类型的下表面能量损耗 D_{cd} 的比值随着间距 d 和谐振频率 f 的变化关系。可以看出，当 d 或者 f 减小时，$D_{s\infty}$ 与 D_{cd} 相当，当 d 很小而频率很高时，D_{sd} 趋向于 D_{cd}。

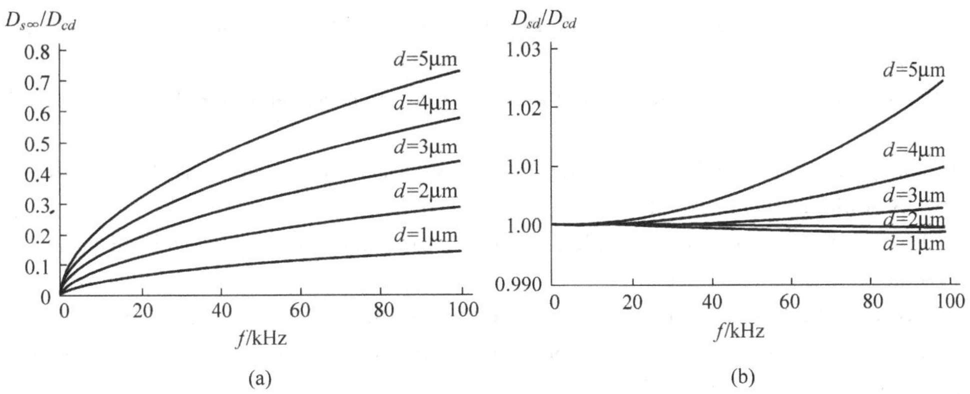

图 2-20　库爱特类型和斯托克斯类型的能量损耗

当阻尼气体满足稀薄条件时，情况更加复杂，这时需要考虑滑流的影响[34,35]。

参考文献

[1] J J Hall. Electronic effects in the constants of n-type silicon, Phys. Rev. ,1967,161: 756-761

[2] C-H Cho. Characterization of Young's modulus of silicon versus temperature using a beam deflection method with a four-point bending fixture, Current Applied Physics 2009,9: 538-545

[3] M Hopcroft, et al. What is the young's modulus of silicon? IEEE JMEMS, 2010, 19: 229-238

[4] H Watanabe, et al. Linear thermal expansion coefficient of silicon from 293 to 1000 K, Int. J. Thermophys. 2004, 25: 221-236

[5] A Masolin, et al. Thermo-mechanical and fracture properties in single-crystal silicon, J. Mat. Sci. ,2013,

48: 979-888

[6] C Prakash. Thermal conductivity variation of silicon with temperature, Microelectronics Reliability, 1978,18: 333

[7] Y Okada, et al. Precise determination of lattice parameter and thermal expansion coefficient of silicon between 300 and 1500 K, J. Appl. Phys., 1984,56: 314-320

[8] DJ Beebe, et al. Physics and applications of microfluidics in biology. Annu Rev Biomed Eng, 2002, 4: 261-86

[9] MH Bao. Micro mechanical transducers—pressure sensors, accelerometers, and gyroscopes. Elsevier, Amsterdam, 2000

[10] KM Chang, et al. Squeeze film damping effect on a MEMS torsion mirror. JMM, 2002,12: 556-561

[11] R Houlihan, et al. Modelling squeeze film effects in a MEMS accelerometer with a levitated proof mass. JMM, 2005,15: 893-902

[12] J Starr. Squeeze-film damping in solid-state accelerometers. In Proc. Solid-State Sensors Actuators Workshop 1990, 44-47

[13] J Mehner, et al. Simulation of gas damping in microstructures with nontrivial geometries. In MEMS'98: 172-177

[14] J Mehner, et al. Reduced order modeling of fluid structural interactions in MEMS based on modal projection techniques. In Transducers'03, 1840-1843

[15] JH Chen, et al. Reduced-order modeling of weakly nonlinear MEMS devices with Taylor-series expansion and Arnoldi approach. J MEMS, 2004,13: 441-451

[16] KM Chang, Lee SC, Li SH. Squeeze film dampingeffect on a MEMS torsion mirror. JMM, 2002, 12: 556-561

[17] C Bourgeois, et al. Analytical model of squeeze film damping in accelerometer. In Transducers'97, 1117-1120

[18] YC Liang, et al. A neural-network-based method of model reduction for the dynamic simulation of MEMS. JMM, 2001, 11: 226-233

[19] ES Kim, et al. Effect of holes and edges on the squeeze film damping of perforated micromechanical structures. In MEMS'99: 296-301

[20] T Corman, et al. Gas damping of electrically excited resonators. Sens Actuators A, 61: 249-255

[21] D Homentcovschi, et al. Viscous damping of perforated planar micromechanical structures. Sens Actuators A, 2005, 119: 544-552

[22] Veijola T, et al. Compact squeezed-film damping model for perforated surface. in Transducers'01, 1506-1509

[23] Steeneken PG, et al. Dynamics and squeeze film gas damping of a capacitive RF MEMS switch. JMM, 2005, 15: 176-184

[24] D Homentcovschi, RN Miles. Modeling of viscous damping of perforated planarmicrostructures: applications in acoustics. J Acoust Soc Am, 2004, 116: 2939-2947

[25] M Bao, et al. Squeeze-film air damping of thick hole-plate. Sens Actuators A, 2003, 108: 212-219

[26] T Veijola, et al. Equivalent-circuit model of the squeezed gas film in a silicon accelerometer. Sens Actuators A, 1995, 48: 239-248

[27] Veijola T, et al. A method for solving arbitrary MEMS perforation problems with rare gas effects. NSTI-Nanotech, 2005, 3: 561-564

[28] D Homentcovschi, et al. Viscous damping of perforated planar micromechanical structures. Sens Actuators A, 2005, 119: 544-552

[29] T Veijola. Acoustic impedance elements modeling gas flow in micro channels. In Proc MSM 2001,

2001,96-99

[30] G Schrag, et al. Accurate system-level damping model for highly perforated micromechanical devices. Sens Actuators A, 2004, 111: 222-228

[31] G Schrag, et al. Physically-based modeling of squeeze film damping by mixed level simulation. Sens Actuators A, 2002, 97-98: 193-200.

[32] D Yan, et al. The squeeze film damping effect of perforated microscanners: modeling and characterization. Smart Mater Struct, 2006, 15: 480-484

[33] YH Cho, et al. Viscous damping model for laterally oscillating microstructurs. J MEMS, 1994, 3(2): 81-87

[34] A Ongkodjojo, et al. Slide film damping and squeeze film damping models considering gas rarefaction effects for MEMS devices. Int J Comput Eng Sci, 2003, 4: 401-404

[35] T Veijola, et al. Compact damping models for laterally moving microstructures with gas-rarefaction effects. J MEMS, 2001, 10(3): 263-273

本章习题

1. 假设硅材料所有方向的泊松比均为 ν，当长宽高分别为 x、y、z 的长方体硅材料在 x 方向的应变为 ε 时，计算材料的体积变化量为多少？当时 $\nu=0.65$，材料的体积为初始体积的多少倍？

2. 计算长宽高分别为 a、b、c 的硅悬臂梁，在重力作用下所产生的自然弯曲。如果长宽高分别缩小 10 倍，比较缩小前后自然弯曲量变化了多少？

3. 计算长宽高分别为 a、b、c 的双端固定支撑硅梁，当从 $1/4a \sim 3/4a$ 范围内作用均布力为 q(N/m)时，梁中点的弹性系数。

4. 四周固支矩形薄板的边长与周围固支圆形薄板的直径相等，当二者都作用有均布压强时，谁的挠度最大？均为硅材料，假设二者各向同性，厚度相等，材料相同。

5. 分析图 2-21 所示的加速度传感器结构，在图中所示方向的加速度的作用下(大小为 a)，运动叉指与固定叉指之间的距离的变化量。假设所有材料为硅，运动部分的总质量为 m，每个锚点两侧的支撑梁的长宽高为 x、y 和 z。

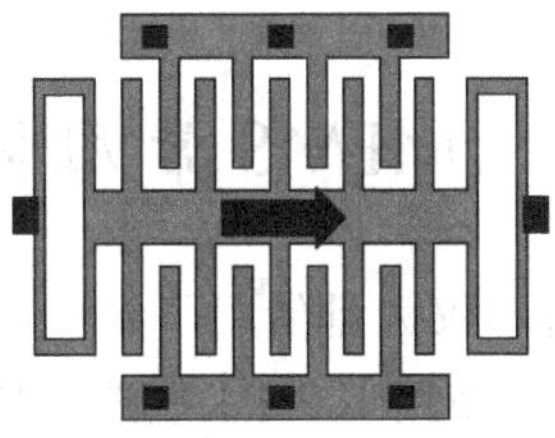

图 2-21　加速度传感器结构

6. 为什么人不能够站在水面上而有些昆虫却能够站在水面上？

第3章 微系统制造技术

集成电路的集成度遵循着 Moore 定律以每 18 个月翻一番的速度增长，目前主流工艺的线宽已经进入 $2x$ nm，能够在一个芯片上集成超过10亿个晶体管。集成电路的发展得益于以设计和制造为主的多个领域的发展和晶体管平面结构的特点。集成电路由大量结构单一的晶体管和金属互连构成，制造过程多次重复沉积、光刻、刻蚀、注入等工艺步骤，这些特点使集成电路具有通用的制造工艺和设计标准，制造、设计和封装相互分离。尽管集成度不断增加、特征尺寸不断减小，集成电路的制造技术相对已经非常成熟，其难点在于尺度缩小时带来的问题。

MEMS 是随着集成电路制造技术的发展而发展起来的，集成电路制造技术和微加工技术是 MEMS 的基础制造技术。与集成电路只利用平面晶体管和金属互连不同，MEMS 包括大量复杂的三维微结构和可动结构，其制造对材料、设计、工艺、封装、测试和可靠性等方面都提出了更大的挑战。从这个角度讲，MEMS 制造比 IC 制造更加复杂，其难点在于三维结构和多样性，没有一种制造方法可以实现所有的 MEMS 器件，因此 MEMS 制造没有像 CMOS 那样的通用标准工艺。

微加工技术包括表面微加工技术、体微加工技术和特殊微加工技术3种。本章主要介绍表面微加工技术、体微加工技术、典型微加工技术的应用、典型器件的制造方法，以及 MEMS 与 IC 的集成方法。

3.1 MEMS 常用材料及光刻技术

MEMS 制造不仅大量借用了集成电路制造技术，同时 MEMS 中的处理电路部分还需要使用 IC 技术制造。IC 制造的主要工艺过程包括薄膜沉积、光刻转移图形、扩散注入、选择性刻蚀薄膜等，并通过多次重复这些步骤实现复杂的 IC。MEMS 制造技术大量借用了包括光刻、薄膜沉积、注入扩散、干法和湿法刻蚀等在内的传统的 IC 制造技术。除此之外，MEMS 制造还需要大量与 IC 制造不同的制造技术，例如牺牲层技术、湿法各向异性刻蚀、反应离子深刻蚀(DRIE)、双面光刻以及键合技术等微加工技术。近年来三维集成技术的发展，使 IC 制造工艺开始引入了 MEMS 领域所广泛使用的 DRIE 和键合技术，导致 IC 制造技术与微加工技术进一步融合。

3.1.1　MEMS 常用材料

集成电路的主要材料是硅、硅的化合物和金属，例如单晶硅、SiO_2、氮化硅、多晶硅、铝、铜、钛和钨等。除了单晶硅外，MEMS 使用的材料多为薄膜材料，而薄膜材料的性质与对应的体材料差别很大，这主要是由薄膜材料与体材料的制造方法不同引起的。在宏观情况下，体材料的缺陷尺寸和密度很低，往往忽略缺陷的存在，而在薄膜材料中，缺陷与薄膜的尺度相比已经不能忽略。体材料会被假设为均匀的，但是在 MEMS 领域，很多情况下材料的均匀性的假设会造成相当大的误差。薄膜材料的批与批之间，甚至同一薄膜内，都会由于随机因素造成材料的分散性，对材料性能产生较大的影响。当器件的尺度缩小到与材料缺陷密度相当的水平时，器件内材料缺陷的数量很低，甚至可以实现零缺陷的器件，这是小尺寸简单器件比大尺寸器件可靠性高的原因。

图 3-1(a)所示，单晶体硅具有金刚石的正四面体晶体结构。图中每个圆点代表一个硅原子，每个原子与相邻的 4 个原子形成共价键连接。晶面常用密勒指数表示，即晶面与三个坐标轴交点倒数的最小整数倍，如图 3-1(b)中 ACH 晶面为(111)，$ABFE$ 晶面为(010)，$BCGF$ 表示为(100)，$ACGE$ 晶面表示为(110)。晶面族表示一系列位置对等的晶面，如 $ABFE$ 和 $BCGF$ 是{100}族晶面，同族的晶面具有相同的性质。晶面的法向向量定义为晶向，如 DA 为[100]，DF 为[111]，AH 为[101]。同样，<100>也表示一系列方向相同的晶向。图 3-1(c)依次为常用的 3 个晶面(111)、(100)和(110)的原子分布图。

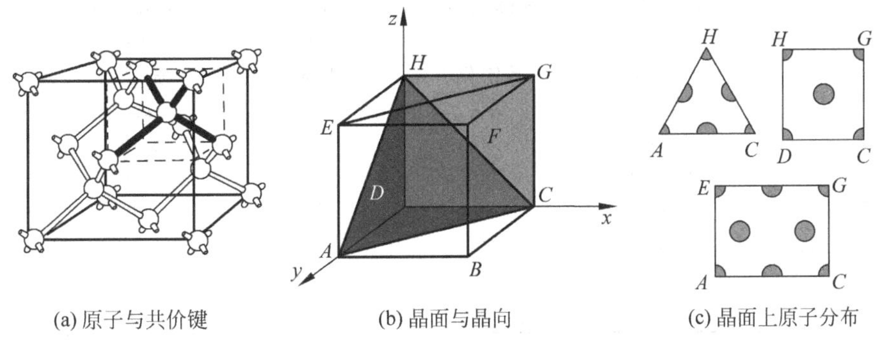

(a) 原子与共价键　(b) 晶面与晶向　(c) 晶面上原子分布

图 3-1　单晶硅的晶体结构示意图

MEMS 的主要材料是硅。这是因为 MEMS 起源于集成电路制造技术，同时硅具有一些适合 MEMS 需求的突出优点。硅的能带、半导体性、成本等因素使其适合集成电路特别是 CMOS 的特点，例如硅具有优秀的电学特性，其电阻率可以从掺杂的 0.5 Ω·cm 导体到本征的 230 000 Ω·cm 的绝缘体，能够满足大多数电子器件的要求；另外，硅在地球上储量丰富，提纯技术成熟，材料成本相对低廉。硅具有优良的机械性能和敏感特性，能够满足微传感器和微结构对材料力学特性的要求。硅近似于理想弹性，其屈服强度是钢的 3 倍，弹性模量与钢相当，而密度仅为钢的 1/3，强度重量比超过了几乎所有常用工程材料，硅具有压阻等敏感效应，对多种物理和化学量有敏感性。硅的加工方法较多，能够制造复杂的结构；另外，MEMS 可以利用 IC 设计和制造中已经积累的丰富知识，并可以与 IC 集成，形成复杂的微系统。

多晶硅是 MEMS 特别是表面微加工技术中常用的结构材料。尽管多晶硅具有较大的残余应力，但是多晶硅与单晶硅具有类似的力学性质，并且在制造过程中与 SiO_2 刻蚀的选择比很高,适合作为微结构的材料。多晶硅的沉积方法包括低压化学气相沉积(LPCVD)热解硅烷(SiH_4)生成硅和氢气,在硅衬底表面沉积形成多晶硅薄膜;或者用 SiH_2Cl_2 和氢气反应。在575℃以下,LPCVD沉积得到无定形硅,625℃以上为柱状晶粒结构的多晶硅,700℃以上可以将局部结构变为单晶。沉积速度随着温度升高而增加,625℃时为 10 nm/min 左右,700℃时为 70 nm/min。LPCVD 多晶硅沉积厚度从几十纳米到几个微米,一般与衬底结构共形的能力很好,可以得到满意的台阶覆盖性。多晶硅薄膜的应力很大(几百 MPa),会使多晶硅结构层在释放后卷曲。为了减小应力,可以在 900℃或者更高温度进行退火。等离子体增强化学气相沉积(PECVD)也可以沉积无定形结构的多晶硅。PECVD 硅烷分解只能沉积无定形硅。

沉积后的多晶硅可以进行氧化和掺杂,在沉积多晶硅的同时也可以进行掺杂。沉积时通入带有掺杂源物质的气体,例如砷化氢 AsH_3 和磷化氢 PH_3 可以分别提供 n 型掺杂的砷和磷,乙硼烷(B_2H_6)可以提供 p 型掺杂的硼。AsH_3 和 PH_3 会降低多晶硅的沉积速度,B_2H_6 会增加沉积速度。掺杂多晶硅薄膜的应力很大,超过 500 MPa,会使多晶硅 MEMS 结构在释放悬空后发生卷曲。多晶硅的应力较为复杂,在 600℃以下沉积时应力为拉应力,在 600℃以上时为压应力。为了减小应力,可以在 900℃或者更高温度下退火,能够将应力降低到 50 MPa 左右的水平。

表 3-1 不同方法制备的 SiO_2 的性能[1]

方 法	PECVD	SiH_4+O_2	TEOS	$SiCl_2H_2+O_2$	热生长
温度/℃	200	450	700	900	1100
成分	$SiO_{1.9}$(H)	SiO_2(H)	SiO_2	SiO_2(Cl)	SiO_2
台阶覆盖	变化	差	好	好	好
热稳定性	损失 H	致密化	稳定	损失 Cl	极好
密度/g/cm³	2.3	2.1	2.2	2.2	2.2
折射率	1.47	1.44	1.46	1.46	1.46
应力/MPa	−300～300	300	−100	−300	−300
介电强度/MV/cm	3～6	8	10	10	10
刻蚀速度/nm/min (水:HF=100:1)	40	6	3	3	约 3
应用	钝化层	钝化层	共形	共形	栅氧场氧

二氧化硅(SiO_2)是一种在 IC 和 MEMS 中都非常重要的薄膜材料,具有优异的绝缘性能和隔离性能,在 IC 中通常作为绝缘层或保护层使用,在 MEMS 中由于沉积的原因导致力学性质较差,一般只作为牺牲层材料而不作为结构材料使用。常用沉积 SiO_2 的方法如表 3-1 所示,主要包括:

(1) 热氧化:热氧化是重要的 SiO_2 沉积技术,可以得到满意的 SiO_2 质量。实际上单晶硅非常容易氧化,即使在室温下很快就会形成一层 2 nm 左右厚的自然 SiO_2 薄膜,由于这层膜的钝化作用,室温下不能再继续形成更厚的 SiO_2。在 800～1200℃的高温下,氧扩散透过 SiO_2 层,与硅发生反应生成 SiO_2。热氧化可以通入纯氧气进行干氧氧化或者通入水蒸气进行湿氧氧化。干氧氧化是在 900～1100℃的反应炉内直接通入氧气和氮气的混合气体。湿氧氧化可以将氮气通过加热的去离子水,携带水蒸气进入反应炉;或者将氧气、氮气和氢气的混合气体通入反应炉,称为热解反应法。干氧氧化温度高,速度慢,薄膜致密、质量好;湿氧氧化温度低、速度快,但是薄膜质量差,这是由于水蒸气使氧化层疏松,容易被其他物质扩散。SiO_2 的生长速度与硅的晶向、掺杂、氧气伴随气体的比例、温度、压力等有关系。由于氧必须扩散经过 SiO_2 层才能与硅反应，随着 SiO_2 越来越厚，氧扩散速度迅速下降，氧化速度变得非常缓慢。在 100 nm 以上，SiO_2 生长所需时间随厚度呈抛物线递增，因此一般热氧化的 SiO_2 薄膜的厚度小于 2 μm。

热氧化时，扩散的氧与硅衬底发生反应时消耗衬底的硅，这是热氧化与化学气相沉积(CVD)的不同之处。每生成一个单位厚度的 SiO_2，需要消耗 0.46 个单位厚度的硅。与 CVD 沉积的 SiO_2 薄膜相比，热氧化薄膜致密、质量好，而且台阶覆盖能力好；缺点是沉积温度高，速度慢。热氧化 SiO_2 可以作为绝缘层、刻蚀掩膜、牺牲层、结构层或者 Si_3N_4 的衬底使用。

(2) 采用次常压化学气相沉积(APCVD)或低压化学气相沉积(LPCVD)，用硅烷 SiH_4 和氧气在 500℃以下反应，或用 LPCVD 或 APCVD 在 650～750℃热解四乙氧基硅烷 $Si(OC_2H_5)_4$(TEOS)沉积，具有很好的均匀性和台阶覆盖性，但是温度比较高，不能在金属化铝后使用。非掺杂低温 LPCVD 沉积的 SiO_2(小于 450℃，简称 LTO)薄膜结构为无定形，是金属化电极很好的保护材料。掺杂磷的 LTO SiO_2 薄膜被称为磷硅玻璃(PSG)，同时掺杂磷和硼被称为硼磷硅玻璃(BPSG)，可作为牺牲层材料。

(3) 在 PECVD 中使用硅烷和一氧化二氮在氩气等离子体下反应，并且可以通过通入 PH_3 和 B_2H_6 实现磷和硼的掺杂。PECVD 沉积的 SiO_2 通常含有较高的氢含量，会降低 SiO_2 的击穿电压和绝缘性能。通过高温热处理使薄膜密度增加、厚度减小，被称为致密化，但不能改变结构特征。PECVD 是沉积 SiO_2 的常用方法，特别是金属层之间的绝缘和表面微加工中的牺牲层，但是 PECVD 沉积的 SiO_2 薄膜的电学特性不如热生长的好，并表现为压应力。高温热处理后(600～1000℃)，薄膜密度增加、厚度减小，称为致密化，但是不能改变结构特征。

CVD 的优点是沉积温度低，LPCVD 和 APCVD 的台阶覆盖能力较好，而 PECVD 台阶覆盖性比较差。高温退火时(850～1000℃)PSG 和 BPSG 表现出流动特性，可以增强台阶的覆盖性。SiO_2 薄膜在沉积和退火过程中产生较大的残余应力。由于 SiO_2 晶格大于硅晶格，并且热膨胀系数大于硅的热膨胀系数，使 SiO_2 层受到压应力的作用，而硅受到拉应力的作用。通常 CVD 沉积的 SiO_2 有 100～300 MPa 的压应力，PECVD 的薄膜应力可以小范围调整，其他方法都难以改变应力状态。SiO_2 拉应力的大小取决于 SiO_2 的厚度，可以达到几百 MPa。单面生长的 SiO_2 超过 1 μm 会引起硅片变形。另外，压应力也会导致生有 SiO_2 的自由薄膜和悬臂梁弯曲变形。

氮化硅(Si_3N_4)在 IC 中常用作隔离水汽和钠离子的保护层，在 MEMS 中还作为湿法刻蚀的掩膜材料或者结构材料，还可以作为绝缘层。通过应力控制，氮化硅薄膜的残余应力可以控制在较小的范围，可以作为结构材料使用。符合化学定量比的 Si_3N_4(Si∶N＝3∶4)的沉积方法包括：①在 APCVD 中 700～900℃通入硅烷(SiH_4)与氨气(NH_3)，②在 LPCVD 中 700～800℃通入二氯硅烷 $SiCl_2H_2$ 与 NH_3，③在 PECVD 中通入 SiH_4 和 NH_3 在 Ar_2 等离子体下反应。

前两种方法都产生 H_2 结合到氮化硅薄膜中。在 400℃以下使用 PECVD 沉积时，SiH_4 与 NH_3 反应生成非定量比的氮化硅 Si_xN_y，这种反应过程也伴随 H_2 产生，而且薄膜中 H_2 的含量高达 20%以上。LPCVD 沉积的 Si_3N_4 台阶覆盖能力较好，而 PECVD 的台阶覆盖能力一般。折射率测量是间接测量氮化硅薄膜组分和总体性能的方法，符合化学定量比的 LPCVD 氮化硅的折射率为 2.01，PECVD 氮化硅为 1.8～2.5，高折射率代表硅过量，低折射率代表氮过量。PECVD 的突出优点是可以控制沉积薄膜的应力水平。APCVD 和 LPCVD 沉积的

Si_3N_4 薄膜具有很大的拉应力。对于硅含量高于化学定量比的 Si_xN_y(富硅氮化硅),应力可以降低到100 MPa。利用13.56 MHz的PECVD沉积的氮化硅薄膜应力在400 MPa左右,而使用50 Hz频率沉积的只有200 MPa。通过选择不同的频率,可以得到接近零应力的氮化硅薄膜。

除了硅和衍生的化合物外,金属、玻璃、高分子、塑料、陶瓷(PZT、AlN、ZnO)等多种材料都在MEMS领域得到了广泛的应用。这些材料有各自的优点和局限性,可以应用在不同领域。金属是MEMS中除了硅及其化合物外使用最多的材料,如Al、Cu、Au、Pt、Ti、Cr、Ni等都是MEMS的常用材料。这些金属薄膜不仅可以作为电互连,还可以在光学MEMS器件中作为反射镜,在电化学传感器中作为电极,在电镀和金属溅射中作为种子层和粘附层等。通过对金属材料的改性以提高其抗疲劳能力,金属还可以作为可动的结构使用。例如TI的数字微镜(DMD)就是使用Al的化合物作为扭转梁,实现微镜的摆动;而在MEMS开关中,Au也是常用的开关结构层材料。

在生物医学领域,出于生物相容性、制造成本等因素的考虑,多用玻璃和高分子材料。高分子材料具有柔软易弯曲、透光、耐腐蚀、较好的生物相容性、易于改变性质等优点,特别是制造简单、成本低,在传感器、执行器、BioMEMS和微流体领域应用广泛,甚至已经超过了硅成为最主要的材料。常用的高分子材料包括聚甲基丙烯酸甲酯(PMMA)、聚碳酸酯(PC)、SU-8厚膜光刻胶、聚二甲基硅氧烷(PDMS)以及聚酰亚胺(PI)。

3.1.2 MEMS光刻

光刻是一种将掩模版的图形转移到衬底表面的图形复制技术,即利用光源选择性照射光刻胶层使其化学性质发生改变,然后显影去除相应的光刻胶。光刻得到的图形一般作为后续工艺的掩膜,进一步对光刻暴露的位置进行选择性刻蚀、注入或者沉积等。光刻胶是实现光刻图形转移的材料,由高分子聚合物、增感剂、溶剂以及其他添加剂组成的混合物,在一定波长的光照射下高分子聚合物的结构会发生改变。光刻胶分为正胶和负胶,正胶经过光照的部分高分子材料发生裂解,在显影液中溶解;负胶经过光照的部分发生交联,在显影液中不溶解。因此正胶曝光显影后得到的图形与掩模版上不透光的图形相同,而负胶曝光显影后的图形与掩模版上不透光的图形相反,即同样的掩模版,用正胶和负胶得到的光刻图形刚好相反,如图3-2所示。负胶感光速度高、粘附性好、抗蚀能力强,成本低,但分辨率较低;正胶分辨率高,但是粘附性差,成本高。目前一般光刻中已经很少使用负胶。光刻胶一般通过旋转匀胶的方式涂覆到硅衬底表面,即在高速旋转的硅片上滴入光刻胶,利用离心力将光刻胶涂覆均匀。

曝光可分为投影式曝光和投射式曝光。投影式曝光是将掩模版图形按照原尺寸直接曝光到光刻胶层,分为接触式和接近式,如图3-3所示。接触式曝光是在掩模版上作用一定的压力使其接触到光刻胶层,接近式是使掩模版与光刻胶层有一个微小的距离。根据衍射原理,投影式曝光的最小理论线宽为

$$b_{\min} = \frac{3}{2}\sqrt{\lambda(s+z/2)} \tag{3-1}$$

其中 $b_{\min}$ 是曝光能够实现的最小线宽,s 是掩模版与光刻胶层的距离,λ 是光的波长,z 是光刻胶层厚度。可见为了减小最小线宽,应该尽量减小掩模版与光刻胶之间的距离、光源波长和光刻胶厚度。光刻胶厚度对分辨率有很大影响,厚度越厚,分辨率越低。负胶的最大厚度一般不超过最小线宽的一半,正胶的最大厚度可以达到最小线宽。接触式曝光的 $s=0$,其好处是减

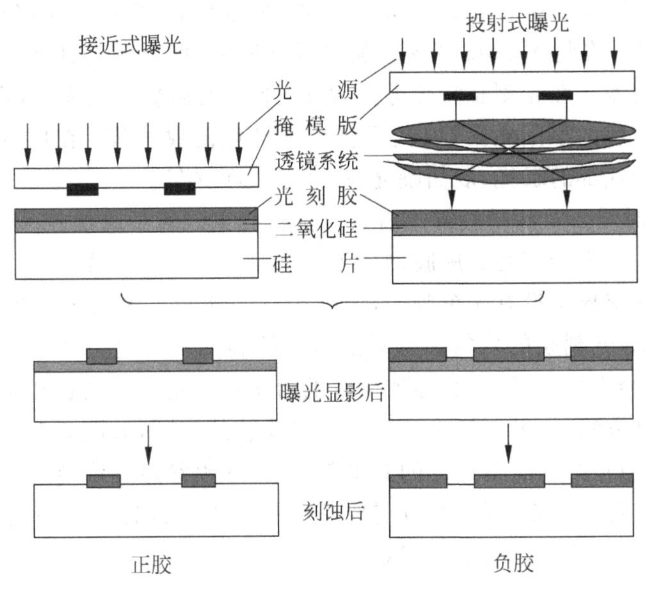

图 3-2 光刻原理示意图

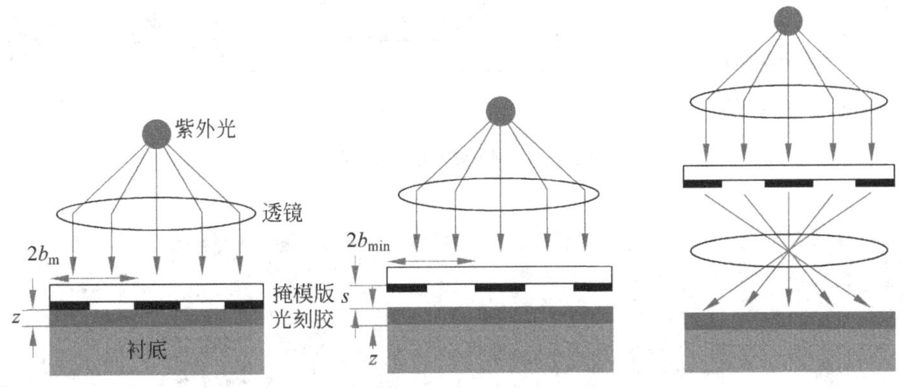

图 3-3 接触曝光、接近曝光和投射曝光

小了最小线宽,但是由于光刻胶与掩模版直接接触,会造成掩模版损伤和污染;接近式曝光的 $s\neq0$,没有损伤和污染的问题,但是分辨率下降。现在集成电路制造中广泛使用的是投射式曝光系统,利用透镜系统把掩模版上的图形按照一定比例投影到光刻胶层局部形成一个单元,然后重复该过程对整个硅片进行步进式曝光。

接近式和接触式曝光用光学系统将此部分图形以 1∶1 投射到硅片上,需要掩模版的尺寸与硅片相同,掩模版上的图形尺寸和位置也必须与实际情况完全一样,这使掩模版的制造非常困难。为了提高分辨率,目前 IC 制造广泛使用的是投射式步进重复曝光机,它利用光学系统把掩模版上的图形缩小 5 倍或者 10 倍投射到光刻胶层对 1 个单元曝光(一般是 1 个芯片),然后硅片移动到下一个曝光位置,重复该过程对整个硅片进行步进式曝光。对于 10 倍步进曝光机,芯片上 0.3 μm 的图形对应掩模版的图形为 3 μm,降低了掩模版制造的要求;另外,套准是对每个芯片单独进行的,由于芯片尺寸远小于硅片,因此降低了位置精度的要求。步进重复曝光机价格昂贵,并且曝光场较小(根据光刻机不同一般 2 cm 左右)。

MEMS结构的特征尺寸一般在1 μm以上，可以使用接近式和接触式曝光机。由于MEMS包含三维结构，因此MEMS光刻经常涉及台阶光刻、厚胶光刻，以及双面光刻等IC制造中所没有用到的技术。在光刻胶涂覆方面，MEMS需要解决起伏表面(即带有台阶)的均匀覆盖、厚胶涂覆、与衬底的牢固粘附，以及承受刻蚀环境的腐蚀等；在成像方面，MEMS需要进行台阶和深槽结构底部的曝光、双面曝光，以及厚胶曝光等。

MEMS结构有时需要对深槽底部或者台阶进行光刻。对于起伏较大的台阶，光刻胶的均匀覆盖是比较困难的。由于离心式甩胶造成深槽底部与侧壁相接处光刻胶淤积，而远离旋转中心的表面与侧壁的交界又没有光刻胶[2]，如图3-4(a)所示。不均匀的光刻胶涂覆会降低光刻质量，使线宽增加；光刻胶的均匀性也对能否抵抗腐蚀环境起关键作用。由于图形起伏的原因，相邻图形结构会产生相互干扰，导致涂胶的台阶覆盖情况与位置和相邻结构有关。采用喷涂或电镀光刻胶等方法[3]，可以解决台阶和深槽涂胶的问题，如图3-5所示。喷涂光刻胶适合于复杂结构表面，但是为了获得连续的光刻胶层，一般喷涂厚度都超过10 μm，影响分辨率。电镀光刻胶需要采用特殊的光刻胶，并且需要整个衬底表面首先沉积一层导电薄膜(如Au)，增加了工艺复杂性，对后续去除也带来困难。

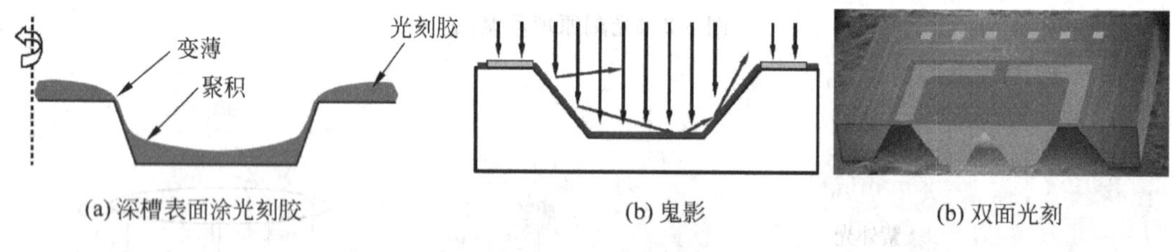

(a) 深槽表面涂光刻胶　(b) 鬼影　(b) 双面光刻

图3-4　MEMS光刻的难点

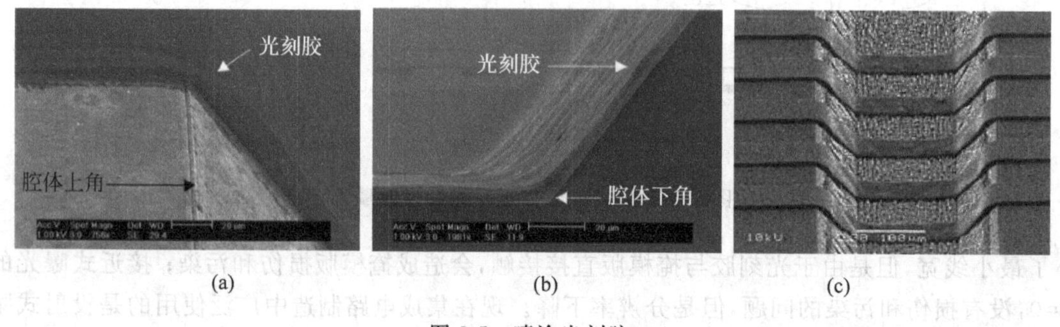

(a)　(b)　(c)

图3-5　喷涂光刻胶

尽管MEMS结构的特征线宽远大于目前IC的特征线宽，在带有台阶或深槽的衬底上曝光成像也存在一些困难。对台阶和深槽曝光时，掩模版与光刻胶层距离增加，根据式(3-1)可知，如果使用接触式或者接近式曝光，衍射造成的分辨率下降。如果需要对深槽表面和底部同时曝光，由于光刻机聚焦深度的限制，造成曝光图形失真。另外，当深槽倾斜侧壁非常光滑时，不能保证光刻胶对侧壁的覆盖完整性，可能会使入射光被多次反射，形成“鬼影”，严重影响光刻效果，如图3-4(b)所示。

MEMS制造中有时使用厚度达几十微米至几百微米，甚至毫米厚度的厚胶，例如在电镀和LIGA中。普通光刻胶单次旋涂的厚度一般在1 μm左右，即使多次旋涂也难以实现大厚度。厚胶需要使用特殊的光刻胶,如 AZ4620 或者 SU-8 等,这类光刻胶粘度较大,单次旋涂可以达到 10～50 μm 的厚度。由于光刻胶的厚度增加,厚胶光刻需要的曝光剂量也更大。当光刻胶厚度增加到一定程度后,由于已经曝光的厚度的影响,仅仅通过增加剂量(受光刻机功率的限制)和曝光时间不能将整个厚度上的光刻胶完全曝光。因此,需要采用 UV 紫外光或X 射线等合适的光源,以增加光线的穿透力。对于厚胶,当光线通过已经曝光交联的光刻胶层时折射和散射严重,使厚胶光刻失真严重。

MEMS 经常要在硅片的正反面都制造微结构,这需要正反面结构之间的相对位置关系,即把反面的图形与正面图形对准,如图 3-4(c)所示。实现正反面对准的技术称为双面光刻,目前常用的是德国 Suss 微系统公司的照相存储双面对准,其原理如图 3-6 所示[4]。首先将光刻掩模版装入光刻机,用显微镜和照相机将掩模版上的对准标记照相存储并显示到显示屏上,锁定掩模版的位置,如图 3-6(a)所示;将硅片插入掩模版与显微镜之间,用显微镜将硅片表面的对准标记也显示到屏幕上,如图 3-6(b)所示;由于掩模版的位置是固定的,通过平移和旋转硅片,可将掩模版的对准标记与硅片表面的标记套准,如图 3-6(c)所示。这种方法的双面对准精度为可达 1 μm。

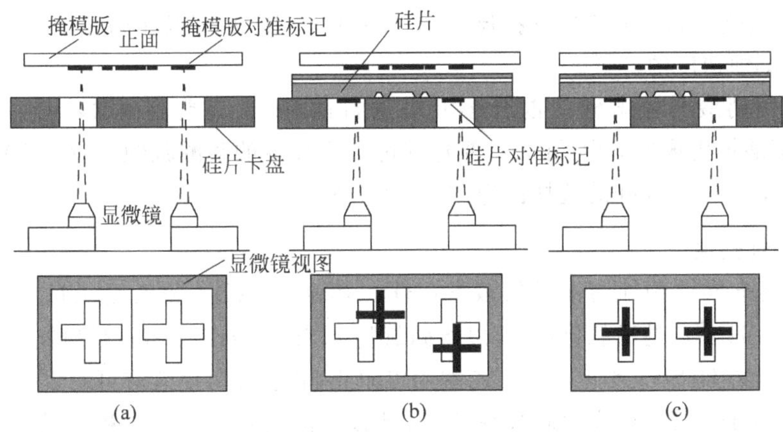

图 3-6 Suss 照相双面光刻对准原理

3.2 体微加工技术

MEMS 制造不仅依赖于 IC 工艺,更依赖于微加工技术。微加工技术包括硅的体微加工(Bulk Micromachining)技术、表面微加工(Surface Micromachining)技术和特殊微加工技术。体微加工技术是指沿着硅片厚度方向对硅片进行刻蚀的工艺,包括湿法刻蚀和干法刻蚀,是实现三维结构的重要方法。当刻蚀速度在各个方向都相同时,刻蚀为各向同性;否则为各向异性,如图 3-7 所示。为了获得需要的结构,刻蚀只在硅片的局部区域进行,非刻蚀区域必须沉积阻挡层保护,并首先对阻挡层选择性刻蚀,使需要进行刻蚀的硅片区域暴露出来。

3.2.1 湿法刻蚀

湿法刻蚀是一种化学加工方法,它利用刻蚀溶液与被刻蚀材料发生化学反应实现刻蚀。刻蚀只需要刻蚀溶液、添加剂、反应容器、控温装置和搅拌装置,是实现单晶硅刻蚀最简单的方法。常用的硅刻蚀的溶液包括:HF＋HNO_3、KOH、TMAH(四甲基氢氧化铵)、联氨的水溶液和 EDP(乙二胺 $NH_2(CH_2)_2NH_2$、临苯二酚 $C_6H_4(OH)_2$ 和水的混合溶液),其中第一种为酸性溶液,刻蚀为各向同性;后 4 种溶液是碱性溶液,刻蚀为各向异性。

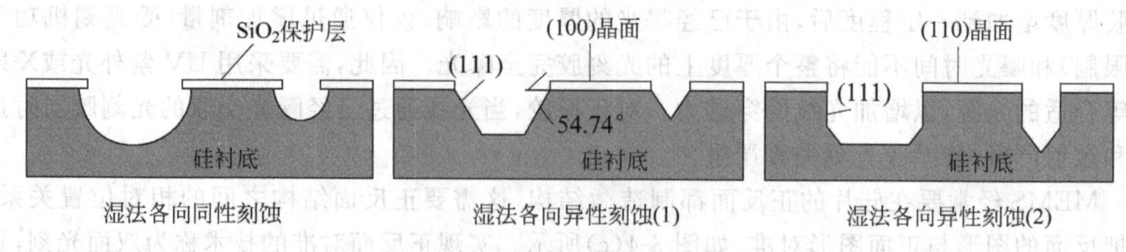

图 3-7 各向同性与各向异性刻蚀

湿法刻蚀在 IC 制造中常用来刻蚀 SiO_2,而在 MEMS 制造中,湿法刻蚀还经常用来刻蚀单晶硅和氮化硅。SiO_2 可以利用氢氟酸进行蚀刻,反应式为

$$SiO_2 + 6HF \rightarrow H_2 + SiF_6 + 2H_2O$$

反应生成的 SiF_6 可溶于水。缓冲氢氟酸(BHF)在 25℃时对 SiO_2 的刻蚀速度为 0.5~1 μm/min,与氮化硅和硅的刻蚀选择比为 200∶1∶0。40%浓度的 HF 在 25℃时对 SiO_2 的刻蚀速度为 20 μm/min,与氮化硅和硅的刻蚀选择比 100∶1∶0.1。BHF 可以在刻蚀过程中释放 H^+,保持溶液浓度和刻蚀速度的稳定。

硅可以使用硝酸与氢氟酸的混合溶液来进行蚀刻,原理是亚硝酸将表面的硅氧化成 SiO_2,然后氢氟酸把生成的 SiO_2 除去。氮化硅可以用加热的磷酸刻蚀,温度 180℃,刻蚀速度 5~10 nm/min,与 SiO_2 和硅的选择比为 10∶1∶0.3。

1. 各向同性刻蚀

常用的硅各向同性刻蚀溶液是氢氟酸(HF)、硝酸(HNO_3)和乙酸(CH_3COOH)的混合液,简称 HNA。HNO_3 是强氧化剂,可以将硅氧化为 SiO_2;HF 水解提供氟离子(F^-)将 SiO_2 变为可溶性化合物 H_2SiF_6 实现刻蚀。乙酸用以阻止硝酸分解,使溶液更稳定;水可以替代乙酸,但由于水的极性很强,溶液中硝酸易分解,导致溶液失效。反应过程比较复杂,总体反应式为

$$18HF + 4HNO_3 + 3Si \rightarrow 3H_2SiF_6 + 4NO + 8H_2O$$

刻蚀的速率依赖于溶液中 3 种成分的比例,并且和硅的掺杂浓度有关。图 3-8 给出了二倍的刻蚀速度与成分配比的 3 相图。从图中某一点出发画 3 条与边平行的直线,交点就是对应这个刻蚀速度的 3 种组分的百分比;相反,知道 3 种组分的含量,可以得到对应的刻蚀速度。图中实线和虚线分别是用乙酸和水作为稳定剂的刻蚀速度,可见相同比例时水稀释的刻蚀速度大。HNA 最高刻蚀速度高达近 500 μm/min,刻蚀速度越快,刻蚀表面越粗糙;但是在高 HF 或者高 HNO_3 比例的区域,即使刻蚀速度比较慢,表面也比较粗糙。HNA 刻蚀速度随着掺杂浓度的下降而下降,当掺杂浓度小于 $10^7/cm^3$ 时,刻蚀速度比重掺杂慢 150 倍。搅拌可以加快刻蚀速度,并使各向同性更加均匀。综合考虑刻蚀速度与表面质量,一般室温下刻蚀速度为 4~20 μm/min,常用的配比是氢氟酸∶硝酸∶乙酸=5∶10∶16。

氮化硅在 HNA 中的刻蚀速度非常慢,有很好的掩膜作用;热生长 SiO_2 的刻蚀速度比硅约慢 100 倍,可以在一定范围内作为掩膜使用。金的刻蚀速度也非常慢,可以作为掩膜或者各向异性刻蚀前金属化使用;但是铝的刻蚀速度很快,不能作为掩膜或者金属化材料使用。正

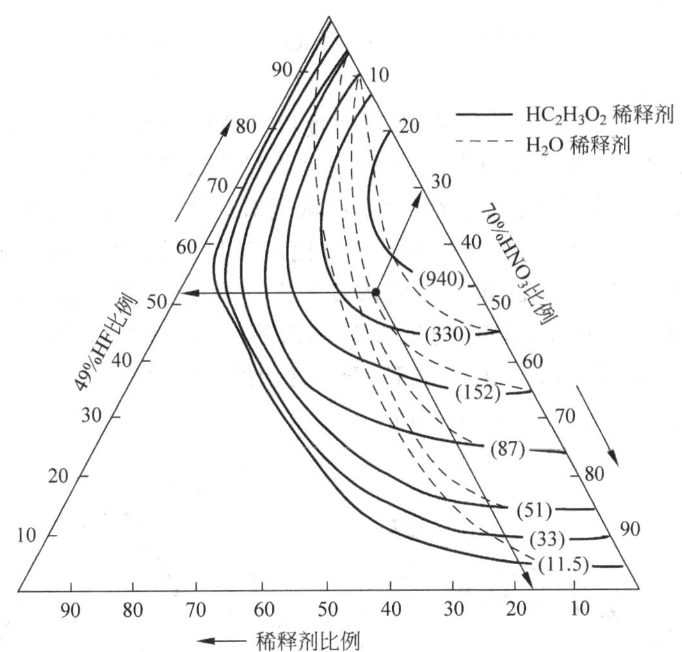

图 3-8 二倍刻蚀速度与 3 种溶液的配比相图（HF 和硝酸的浓度分别是 49%和 70%）

胶可以作为刻蚀掩膜。

各向同性刻蚀会造成阻挡层下面的硅的横向刻蚀，使刻蚀尺寸与掩膜尺寸不同。各向同性刻蚀多用来去除表面损伤、圆滑（各向异性刻蚀）尖角以减小应力、干法或者各向异性刻蚀后光洁表面，以及在表面微加工中释放悬浮结构，刻蚀平面、薄膜或者结构减薄等。

2. 各向异性刻蚀

碱金属的氢氧化物溶液、联氨的水溶液、EDP 以及 TMAH 等碱性溶液对硅的刻蚀速度与晶向有关，属于各向异性刻蚀[5]。联氨的水溶液有致癌物，并且高浓度时容易爆炸，尽管刻蚀效果很好，现在已经极少使用；EDP 刻蚀均匀稳定，可控性好，但是刻蚀速度较慢，EDP 有剧毒并容易造成呼吸道过敏，目前已经较少使用。碱金属的氢氧化物中研究最多的是 KOH 水溶液，它的优点是反应过程简单、易于控制、成本低，可以获得比较光滑的刻蚀表面以及规则的三维结构。TMAH 无毒、与 IC 兼容，但刻蚀速度较 KOH 刻蚀稍慢。在各向异性刻蚀中，需要重点考虑的问题包括：可操作性、溶液毒性、刻蚀速度、刻蚀底面的粗糙度、IC 兼容性、刻蚀停止方式、掩膜方法及选择比等。

碱性溶液能够进行各向异性刻蚀的原理目前还存在争议，比较流行的两种模型分别由 Elwenspoek[6]和 Seidel 建立[7]。Seidel 认为氢氧根离子和硅反应，硅被氧化生成络合物并释放出 4 个电子，同时水被还原生成氢气：

$$Si + 2OH^- \rightarrow Si(OH)_2^{2+} + 4e^-$$

$$4H_2O + 4e^- \rightarrow 4OH^- + 2H_2$$

络合物 $Si(OH)_2^{2+}$ 和氢氧根进一步反应生成可溶性络合物和水：

$$Si(OH)_2^{2+} + 4OH^- \rightarrow SiO_2(OH)_2^{2-} + 2H_2O$$

总反应式可以表示为

$$Si + 2OH^- + 2H_2O \rightarrow SiO_2(OH)_2^{2-} + 2H_2$$

1) 刻蚀溶液及特性

KOH 的刻蚀速率与衬底晶向、溶液温度、浓度以及搅拌条件等有关。刻蚀液的温度对刻蚀速度有明显的影响。随着温度的增加,刻蚀速度将呈指数规律增长,如图 3-9 所示,但是温度高于 80℃以后容易造成刻蚀表面粗糙。KOH 浓度对刻蚀速度的影响要稍微复杂一些。当 KOH 浓度比较低,如为 10%～20%时(重量百分比,下同),刻蚀速度随着 KOH 浓度的增加而增加,并在 22%时出现最大值;随着溶液浓度的进一步增加,刻蚀速度逐渐下降,如图 3-9 所示。使用低浓度溶液能够得到较高的刻蚀速度,但是刻蚀表面比较粗糙,并生成不溶性产物影响刻蚀,所以一般很少使用 20%以下的 KOH。常用的刻蚀浓度是 30%～50%,80～85℃时在[100]晶向的刻蚀速度为 1～1.4 μm/min。

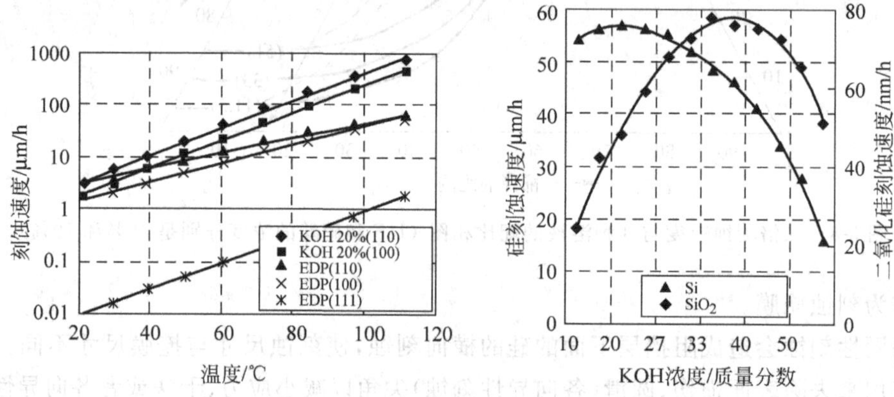

图 3-9 刻蚀速度与温度和浓度的关系

KOH 刻蚀会产生大量的氢气气泡,这些气泡停留在刻蚀表面会引起刻蚀速度不均匀、表面粗糙,甚至阻止刻蚀继续进行,因此在刻蚀过程中必须对溶液进行搅拌。搅拌能够去除气泡,加快反应物和反应产物的输运,使反应物浓度和温度稳定,提高刻蚀的稳定程度并降低刻蚀表面的粗糙度。常见的搅拌工具包括磁力搅拌棒、机械搅拌轮等,与无搅拌的刻蚀相比,搅拌可以降低表面粗糙度达一个数量级。超声可以促使气泡排除和爆裂、加速反应物和生成物的输运速度(空化作用),合适的超声搅拌可以显著提高刻蚀底面的光滑程度和刻蚀均匀性,并能在一定程度上提高刻蚀速度。

各向异性刻蚀的速度一般在 1～1.4 μm/min,因此刻蚀 300 μm 深的结构需要 4～5 h,另外刻蚀温度高、KOH 溶液腐蚀性强,所以可以作为阻挡层的材料比较少。常用的阻挡层是热氧化生长的 SiO_2 及 LPCVD 的 Si_3N_4。SiO_2 在 80℃和 33%的 KOH 中的刻蚀速度为 8～10 nm/min,与硅刻蚀速度的选择比约为 1∶150。由于热氧化 SiO_2 厚度一般不超过 2 μm,因此 SiO_2 保护时硅的最大刻蚀深度不超过 150～200 μm。LPCVD 生长的 SiO_2 的掩膜效果与热生长的效果基本相同。LPCVD 生长的 Si_3N_4(500～600℃)在 KOH 中的刻蚀速度约为 0.1 nm/min,与硅的选择比可达 1∶10 000,是 KOH 长时间刻蚀的最佳保护层。PECVD 生长的 Si_3N_4(300～400℃)有很多针孔,因此保护效果不如 LPCVD 好,但是 PECVD 可以在较低温度下沉积 Si_3N_4,能够满足金属铝沉积后的温度要求。KOH 刻蚀过程是:沉积 Si_3N_4

保护层并在 Si_3N_4 上涂胶和光刻，利用光刻胶作为 Si_3N_4 的保护层在等离子体中刻蚀 Si_3N_4 窗口（刻蚀 Si_3N_4 的等离子体刻蚀光刻胶很慢），去除光刻胶后进行 KOH 刻蚀，完毕后去除 Si_3N_4。

KOH 刻蚀的缺点是溶液中的 K^+ 离子和其他金属离子会造成 IC 污染，同时 KOH 会刻蚀金属互连铝。目前还没有发现一种掩膜材料能够在 IC 表面较好地沉积、干净地去除、不损坏 IC 器件，并能够抵抗高温 KOH 的腐蚀。因此 KOH 刻蚀带有 IC 器件的硅片非常困难。当 KOH 刻蚀与 IC 分别位于硅片的两面时，可用下面方法保护非刻蚀面的 IC：①使用特制的卡具保护带有 IC 的一面、仅在 KOH 中露出需要刻蚀的一面，缺点是需要特制的卡具，装夹复杂，容易泄漏和损坏硅片；②使用有机物（例如黑腊）保护 IC 或者把 IC 面和一个(111)晶片对粘起来保护电路，缺点是去除有机物比较困难，容易损坏器件；③在 KOH 溶液表面平放一个带有圆孔的特富龙板，把硅片要刻蚀的面朝下放在圆孔上方，因为液体表面张力的作用，KOH 溶液会接触到硅片对硅片下面进行刻蚀，但是上方不接触 KOH，这种方法的优点是操作非常简单，缺点是输运反应物和反应产物都比较困难，溶液表面温度低、难以准确控制，刻蚀速度较低、刻蚀均匀性较差。

为了解决 IC 兼容的问题，近年来研究和应用比较多的是 TMAH。TMAH 分子式是 $(CH_3)_4NOH$，为无色结晶（常含 3，5 等数目的结晶水），无毒无污染，极易吸潮，在空气中能迅速吸收二氧化碳，130℃时分解为甲醇和三甲胺。工艺中通常使用的是 10%和 25%的水溶液，无色。TMAH 不含危害电路的碱金属离子，对铝腐蚀较轻，在 TMAH 中溶解硅粉可以降低 pH 值，能够在铝表面形成不溶性的硅酸铝，可以进一步降低铝的腐蚀速度，目前应用越来越多。在 90℃、22%浓度下对(110)和(100)晶面的刻蚀速度分别达到 1.4 μm/min 和 1 μm/min，(100)晶面对(111)晶面的刻蚀速度比为(12～50)∶1。TMAH 的缺点是成本比 KOH 高，挥发性较强，易分解，使用温度不能太高。刻蚀一般使用 22%浓度的 TMAH，浓度太低容易导致表面粗糙，浓度太高时刻蚀速度和对(111)面的选择比较低。典型的配比是 250 ml 25%的 TMAH，375 ml 去离子水和 22g 硅。SiO_2 和氮化硅在 TMAH 中的刻蚀速度一般在 0.05～0.25 nm/min，作为保护层有很高的选择比。

2) 刻蚀结构与晶向的关系

硅的不同晶向在 KOH 中的刻蚀速度不同，常见的低指数面如(100)、(110)、(111)晶面在 KOH 中的刻蚀速度（即沿着垂直于晶面方向的刻蚀速度）依次为：(110)＞(100)＞(111)。图 3-10 为(100)和(110)硅片进行 KOH 刻蚀时（50%，78℃）不同晶向的刻蚀速度。从图中可以看出，KOH 对(111)面的刻蚀最慢，是(100)面刻蚀速度的 1/400。因此垂直(111)晶面的方向的刻蚀速度非常低，大多数情况下可以忽略不计，即认为(111)晶面是 KOH 刻蚀的阻挡面，刻蚀遇到(111)面就停止下来。在 KOH 中加入异丙醇(IPA)可以进一步增加(100)和(111)面的刻蚀选择比。

不同晶面刻蚀速度不同的原因尚未完全清楚，一般认为与晶面上的键密度有关。晶面上分子密度越高、分子间距越小，连接键的数量和强度就越大，键密度就越高，发生化学反应所需要的能量也越多，刻蚀速度越慢。图 3-11 为(100)硅片在 KOH 刻蚀时形成结构的示意图。图中每个圆点表示 1 个原子，实际原子多于图中所示的原子。掩膜窗口 AB 和 CD 边平行于[110]晶向方向，A、B、C、D 为掩膜窗口暴露出来的硅原子。当刻蚀沿着垂直于(100)的方向向硅片深度方向进行时，硅原子 A、B、C、D 首先被刻蚀，随后下一层硅原子 EF 暴露出来，所形成

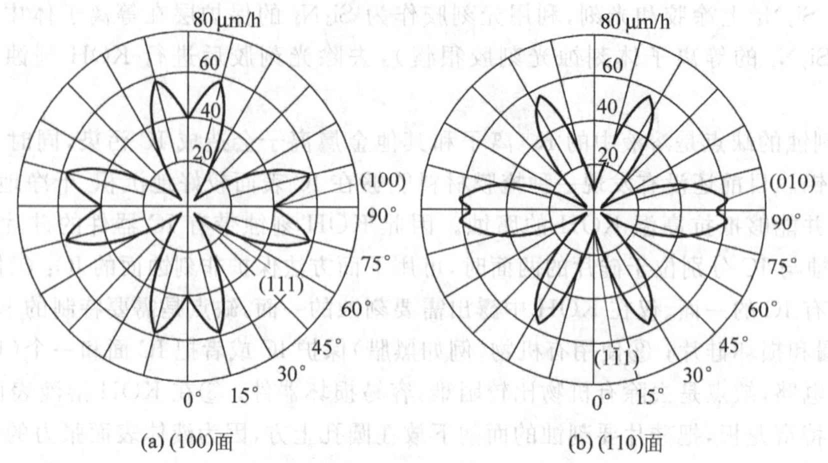

图 3-10 KOH 刻蚀速度与晶向的关系

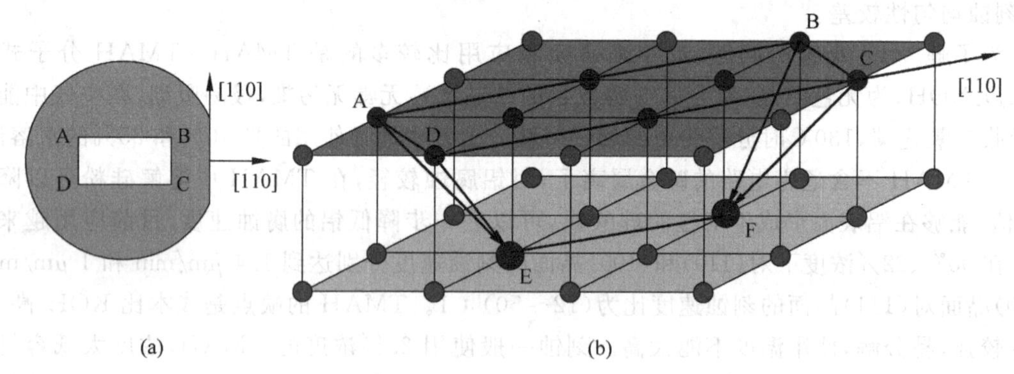

图 3-11 (100)晶面刻蚀形状示意图

的平面 ADE、BCF、ABFE 和 CDEF 都是(111)晶面。由于沿着垂直(111)晶面方向的刻蚀可以忽略，这 4 个平面阻挡 KOH 的横行刻蚀，刻蚀只能沿着垂直硅片的深度方向继续进行，形成三维的梯形结构。当这 4 个平面彼此相交后，所有的刻蚀方向都停止，形成了粗线围成的锥形。更严谨的解释和刻蚀仿真需要用到元胞自动机理论。

因为(100)硅片和(110)硅片中(111)晶面和表面的夹角不同，因此刻蚀得到的结构也不同。(100)硅片的(111)面和表面(100)面夹角为 54.74°，因此如果刻蚀窗口为矩形且平行于硅片的切边时，(100)面的刻蚀结构是由 4 个与表面呈 54.74°夹角的(111)面围成的立方梯形，硅片表面位置的尺寸大，随着深度下降而收缩，如图 3-12 所示。如果刻蚀时间足够长且硅片厚度足够，4 个倾斜的(111)面逐渐收缩且相交，最后形成倒置的正面体(长方形掩膜开口)或金字塔形状(正方形开口)。(110)硅片中的(111)面与表面(110)的夹角分别为 90°和 125.26°，因此(110)面的刻蚀结构是由 4 个与表面垂直的(111)面和另外 2 个与表面呈 125.26°的倾斜(111)面围成的结构，如图 3-12 所示。两个倾斜(111)面与表面的交线与垂直的(111)面与表面的交线的夹角为 109.5°和 70.5°。

在(100)硅片上，(111)面与表面相交的线是[110]方向，因此掩膜窗口应该与[110]方向平行，否则实际刻蚀结果与掩膜窗口的图形不一致。如果硅片足够厚并且刻蚀时间足够长，无论

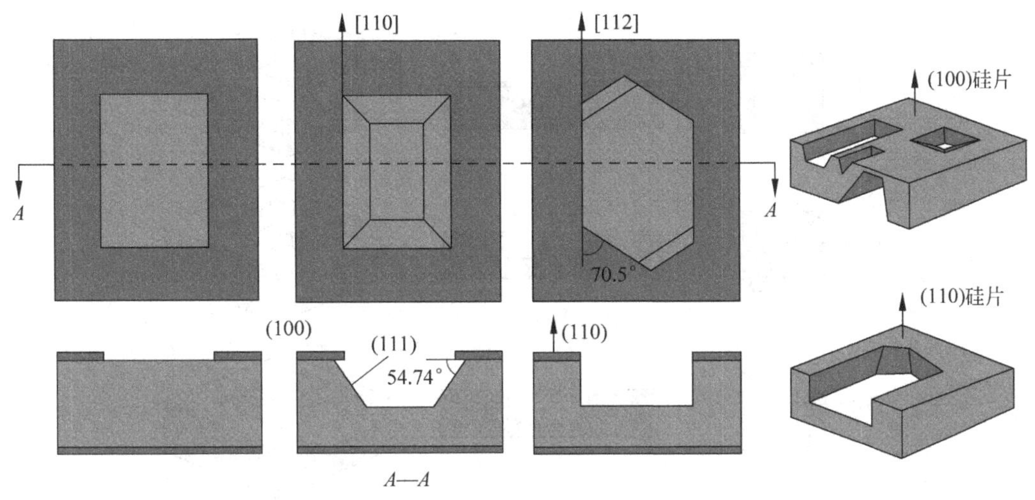

图 3-12 不同晶向硅片的刻蚀结果

掩膜为什么形状，最后的刻蚀结果都是由 4 个(111)面围成的四面体，这些(111)面与表面的交线与掩膜图形的最外端相切，如图 3-13 所示。同样，当掩膜图形的边与(100)硅片上[110]方向不平行时，最后刻蚀结果是 4 个包围掩膜最外端的 4 个(111)面组成的四面体。

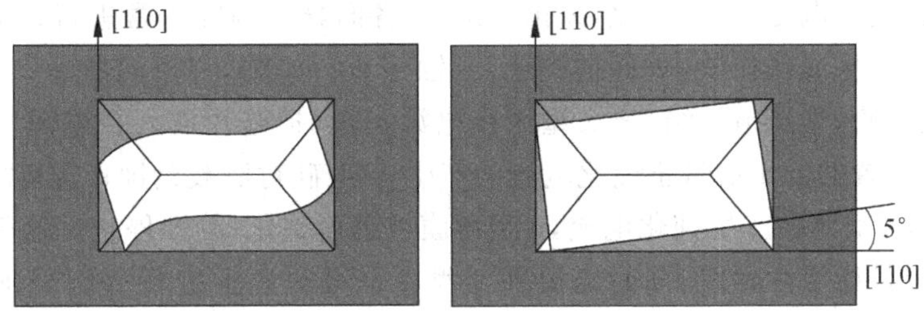

图 3-13 任意掩膜以及与[110]不平行的掩膜在(100)硅片上刻蚀结果（白色为掩膜窗口，浅色为刻蚀结果）

当两个(111)面相交形成内凹角时，刻蚀会停止；但是当夹角为外凸角时，刻蚀会在两个面相交处的某些高指数面发生，导致两个(111)面被刻蚀。利用这一特性和刻蚀形状与晶向的关系，可以得到不同的刻蚀结构。图 3-14 为刻蚀 SiO_2 悬臂梁结构的示意图。在硅表面沉积 SiO_2 层作为掩膜层，刻蚀窗口的形状如图所示。经过一段时间后，凡是(111)面内交成凹角的位置都不再刻蚀，例如刻蚀面遇到的悬臂梁根部的(111)面。在悬臂梁自由端，两个方向的(111)面相交为向外的凸角，刻蚀在这里的某些高指数面发生，例如(311)，导致(111)面被破坏，于是悬臂梁下面的硅从自由端开始向根部刻蚀。当遇到根部的(111)面后阻挡层下面的硅被刻蚀，阻挡层结构就成为悬臂梁。

3. 刻蚀停止

利用 KOH 或 TMAH 进行各向异性刻蚀时，需要在得到了特定的薄膜厚度时停止刻蚀，刻蚀结构的厚度和控制的准确程度决定了器件的性能。刻蚀停止技术包括电化学停止[8]、浓硼停止[9]、阻挡层停止、跌落停止[10]等自动停止方法，以及时间-测量等被动停止方法。随着 SOI 硅片的应用，用 SOI 中的埋层 SiO_2 作为 KOH 刻蚀的阻挡层，能够准确控制硅薄膜的厚

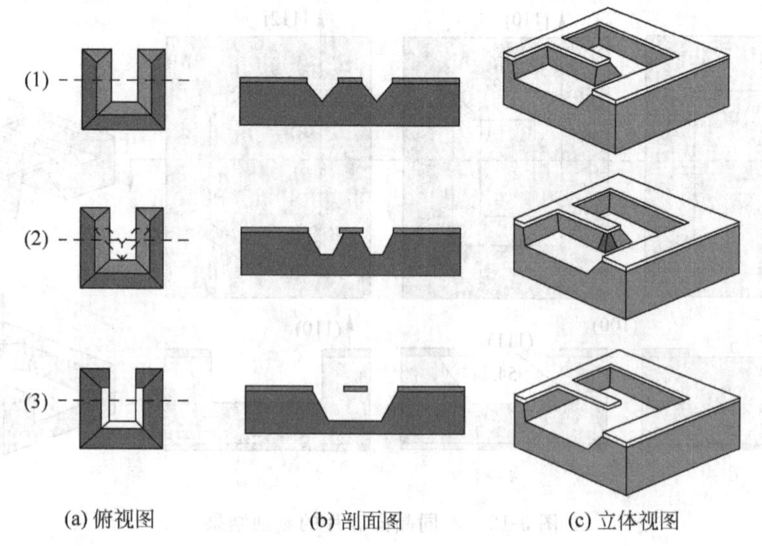

图 3-14　悬臂梁刻蚀过程示意图

度，操作简单[11]。

p-n 结在各向异性刻蚀液中存在一个钝化电位，电化学自停止利用了钝化电位。在 p-n 结上施加一个电压，当该电压低于 p-n 结钝化电位时，各向异性刻蚀正常进行；若高于这个钝化电位，则单晶硅表面生成氧化物，表面被钝化，刻蚀停止。如图 3-15(a)所示，在 p 型硅表面注入或者外延 n 型薄膜，形成 p-n 结，将 n 型区接电源正极，把硅片放入接电源负极的刻蚀溶液中。开始时反向偏置的 p-n 结阻止钝化电流的产生，p 型硅衬底被刻蚀；当刻蚀液到达 n 型薄膜时 p-n 结消失，n 型薄膜产生钝化电流，n 型薄膜被迅速钝化，刻蚀停止。这种方法可以精确控制薄膜厚度，但是稳定性稍差，同时需要在 p 型单晶硅衬底上进行 n 型外延或磷扩散形成 p-n 结，并需要逐片引出电极，工艺较复杂。

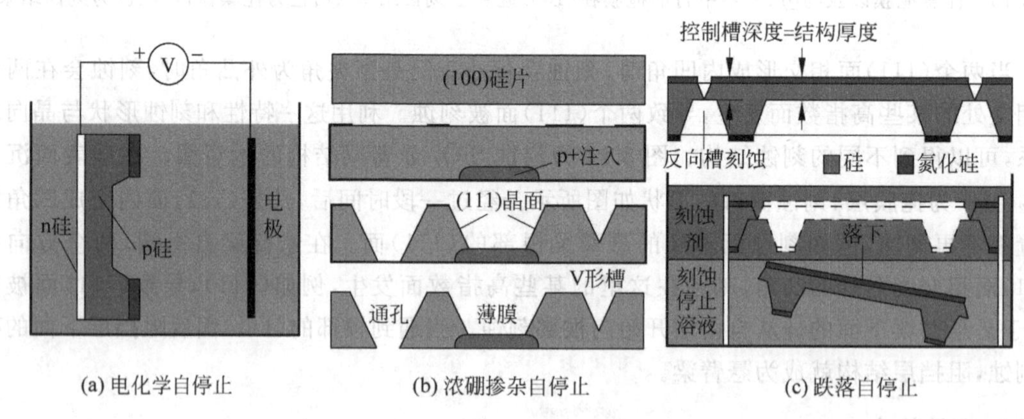

图 3-15　刻蚀自停止的三种方法

单晶硅中掺杂浓度超过 $2\times10^{19}/\mathrm{cm}$ 的硼原子时，KOH 刻蚀液与浓硼掺杂表面相遇生成钝化层而使刻蚀速度降低 50～100 倍，浓硼自停止利用了这一现象实现刻蚀停止，如图 3-15(b)所示。浓硼自停止得到刻蚀结构的厚度等于掺杂深度的硅结构。这种方法不需要引入偏压，工艺简单,结构厚度由注入和扩散控制,精度很高。浓硼掺杂具有以下缺点:高浓度硼原子使硅原子失配严重,硅的内应力很高,影响结构的力学性能,可以适当掺杂降低原子晶格失配的其他原子,以降低硅的内应力;高浓度硼区域的厚度都有限,一般最厚为 10～20 μm,厚度越大,掺杂难度越大;浓硼区域电阻率很低,接近了导电所需要的掺杂浓度,因此无法设置压阻器件,影响了它的应用范围;在硼掺杂并且高温退火后,容易产生复杂并且难以去除的化合物残留在硅表面,影响硅的表面质量,甚至影响后续的光刻过程。

阻挡层停止利用硅表面沉积的氮化硅等薄膜阻止刻蚀,当刻蚀液到达氮化硅薄膜时,刻蚀停止,得到氮化硅薄膜结构。由于氮化硅薄膜内应力较大,因此解决薄膜沉积时的内应力是这种方法的关键。随着 SOI 应用的广泛,利用 SOI 中埋层 SiO_2 作为阻挡层得到了广泛应用,这种方法的好处是刻蚀过程非常简单,结构厚度由 SOI 硅片的顶层器件层的硅决定,不仅厚度范围大,而且精度高。

图 3-15(c)为跌落停止方法示意图[10]。利用氮化硅作为保护层从正面刻蚀 V 形槽,槽的深度为需要的结构的厚度,利用正面的 V 形槽作为反面刻蚀停止的触发点。从背面刻蚀结构,当背面刻蚀的深槽与正面刻蚀的 V 形槽相遇时,结构脱落进入下层的非刻蚀溶液中。非刻蚀溶液需要满足:密度大于 KOH 或 TMAH,以便能够在刻蚀溶液的下方;KOH 和 TMAH 仍旧能够准确控制温度;非刻蚀溶液对硅、氮化硅以及 KOH 和 TMAH 都是惰性的。满足这些要求的溶液如 CH_2I_2。这种方法的优点是控制容易,并且正面刻蚀 V 形槽时间短,刻蚀不均匀性累积的误差较小,能够比较精确地控制刻蚀深度。

判据图形法是在硅片上预刻蚀判据图形,其深度等于结构的厚度。在刻蚀正式结构时,判据图形再次被刻蚀,当判据图形刻蚀前沿到达硅片正面时,立即终止刻蚀,这时硅结构的厚度等于判据图形预刻蚀深度。这种方法与跌落法类似,工艺简单,但主观性强、重复性差、刻蚀不均匀时误差较大,另外硅片上的通孔给后续工艺带来困难。KOH 各向异性刻蚀最常用的停止方法是时间-测量停止法,即通过测量刻蚀深度来决定刻蚀是否继续下去。通过多次刻蚀期间的测量,得到深度的同时得到刻蚀速度,然后根据刻蚀深度的目标和刻蚀速度计算出尚需刻蚀的时间。一般经过 3～4 次测量,基本可以控制刻蚀尺寸。这种方法使用简单,但是测量误差大,重复性差。

4. 各向异性刻蚀的应用

硅的湿法各向异性刻蚀是最早开发的微加工技术,是早期实现单晶硅结构的主要方法,已经在压力传感器、加速度传感器、喷嘴等商品,以及实验室中得到了非常广泛的应用。

图 3-16(a)为压阻式压力传感器[12]。压力引起膜片变形,导致膜片上压阻的电阻值改变,通过电桥测量电阻的改变得到压力大小。图 3-16(c)为加工流程示意图。在两个硅衬底分别外延 p 型掺杂层和热生长 SiO_2,如图 3-16 中(1)和(2)所示;按图中所示方向将两个硅衬底熔融键合,在背面沉积氮化硅作为保护层,用 KOH 刻蚀正面,除掺杂层外将被全部去除,如图中(3)所示;光刻并刻蚀 p 型层得到压阻,如图中(4)所示;沉积金,光刻并刻蚀金得到压阻间的连线,如图中(5)所示;背面沉积氮化硅掩膜,光刻并刻蚀开出 KOH 刻蚀窗口,如图中(6)所示;KOH 刻蚀硅衬底,形成承载压力的薄膜,刻蚀停止依靠时间控制,如图中(7)所示。因此硅片背面 KOH 掩膜窗口的光刻需要与正面对准。

图 3-16(b)是三层硅键合而成的电容加速度传感器。上下层相同,各带有一个电极,中间层为 KOH 刻蚀的悬臂质量块和支承弹性梁,质量块上下表面分别带有电极,与上下层电极构

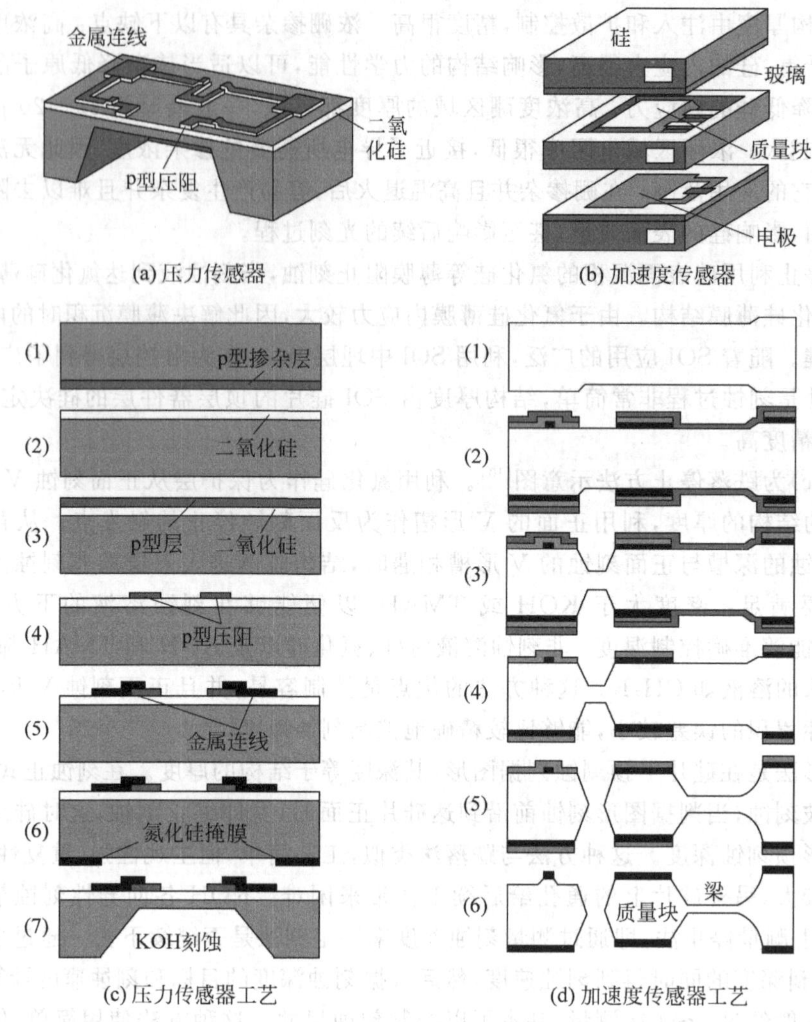

图 3-16　体微加工传感器

成差动电容。在加速度作用下,悬臂质量块发生位移,使电容极板间距发生变化,测量电容即可得到加速度。图 3-16(d)为中间层的加工流程示意图。首先将硅衬底用 KOH 刻蚀为图(1)所示的结构,再在衬底正反面分别沉积并刻蚀 3 层 KOH 刻蚀保护层,形成图(2)的结构,需要用到双面光刻;使用 KOH 刻蚀环绕质量块的空心区域,刻蚀到一定深度后停止,得到图(3)的结构;去掉第一层剩余的保护层,露出悬臂梁区域,如图中(4)所示;继续在 KOH 中刻蚀,到达一定深度停止,得到图(5)所示结构;去除第二层剩余的保护层,继续使用 KOH 刻蚀,直到悬臂梁厚度到达需要的尺寸。这种刻蚀使用了不同的保护层厚度来实现刻蚀结构的深度差,每次刻蚀停止时的深度是由结构设计决定的;另外,仔细设计不同保护层的开口位置,可得到类似圆角的结构,以减小脆性材料的应力集中。

3.2.2　干法深刻蚀

干法深刻蚀是指利用反应离子深刻蚀(Deep Reactive Ion Etching,DRIE)进行体硅各向异性刻蚀的加工技术。根据刻蚀过程的不同,DRIE 可以分为刻蚀与保护交替切换的时分复用技术(如 Bosch 方法[14])以及刻蚀和保护同时进行的非切换(稳态)刻蚀技术,其中非切换技术又可以分为低温刻蚀[15]和常温刻蚀[16]两种。时分复用刻蚀技术的基本原理是周期性通入刻蚀和保护气体,切换等离子体刻蚀和保护过程,通过多个周期性的各向同性刻蚀组成各向异性刻蚀。低温刻蚀的基本原理是同时通入刻蚀和保护气体,在二者之间形成一个精细的刻蚀与保护的平衡过程,依靠低温降低侧壁沉积保护层被刻蚀的速率,实现各向异性刻蚀和刻蚀选择比。常温非切换技术通过附加的电磁场获得高密度等离子体的分布和属性,完成常温下各向异性刻蚀。

DRIE 的刻蚀速度一般在 3～20 μm/min,刻蚀结构基本不受晶向的影响,可以刻蚀任意形状的垂直结构,深宽比大于 50∶1 甚至超过 100∶1(Tegal 200SE),能够穿透整个硅片;最小刻蚀结构宽度 11 nm,深度 87 nm[13];被刻蚀材料与掩膜材料的刻蚀选择比高,保护容易;设备自动化程度高、环境清洁、操作安全、CMOS 兼容性好,目前已成为 MEMS 主要的刻蚀方法。随着三维集成的发展,深刻蚀设备制造商也从最早的 STS、Alctel 和 Hitachi 等 3 家发展到包括 Applied Materials、Tegal、Lam Research、Aviza、PlasmaTherm、Oxford、SPTS、Hitachi、Panasonic、TEL、SPP、Ulvac、SAMCO 等多家。

1. 等离子体与 RIE 刻蚀

等离子体可以认为是一种特殊的物质存在状态,是由气体分子、原子、自由电子、带电离子和未电离的中性粒子(也称为游离基或中性基团)组成的气相物质。等离子体是依靠刻蚀设备提供的能量,将刻蚀气体在刻蚀腔内转变为等离子体状态。等离子体在宏观上呈电中性,但是由于带电粒子的存在,具有很高的导电性,与电磁场之间存在极强的耦合作用。

等离子体刻蚀的基础是将刻蚀设备提供的能量耦合到刻蚀气体产生等离子体。常用的耦合方法包括电容耦合等离子体(Charge Coupled Plasma,CCP)和电感耦合等离子体(Inductive Coupled Plasma,ICP)。图 3-17 为电容耦合等离子体产生原理及电势分布示意图,利用两个平板电极构成的电容所产生的电场实现外部电极输入能量与气体或等离子体之间的能量耦合。当在平板电极施加直流偏置电压并满足一定条件时,平板电极之间的气体形成等离子体,称为直流等离子体。

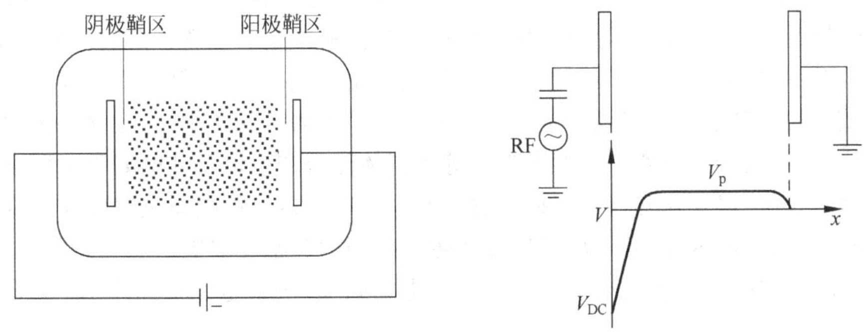

图 3-17 电容耦合等离子体发生装置和电势分布

对于 CCP 结构,在上下极板间施加直流偏置电压时,由于偶发因素产生的电子被加速,并与离子或气体分子发生碰撞,把能量转移给离子或气体分子。当转移的能量很低不足以激发分子时,所发生的碰撞是物理弹性碰撞,只有动能转移给气体分子,碰撞过程保持动能和动量守恒，气体分子保持原来的能量状态。当转移能量达到一定程度时，碰撞会引起分子的激发(电子、振动或者旋转)、离解和电离。在电子激发过程中，碰撞转移的能量使气体分子中原子的电子从低能级向高能级跃迁，当电子回到低能级时，能量以光子的形式释放出来，形成辉光放电。由于离子的质量很大，加速很慢，因此离子化主要依靠电子的碰撞。通过在阳极和射频电源之间加入一个电容，可以将负离子积累到阳极上，从而在等离子体和带有负离子的极板之间形成一个偏压，称为自偏压。由自偏压引起的电场驱动等离子体中带负点的离子向阳极运动，形成反应离子刻蚀。

当气体分子在碰撞中获得的能量超过气体分子电离所需要的能量时，会使气体分子发生电离，气体分子的电子被激发出来，形成带负电的电子和带正电的离子。电子和离子之间通过库仑力相互作用，效果远远超过带电粒子局部碰撞。等离子体中的带电粒子运动时，引起正电荷或负电荷的变化而产生电场。电场和磁场会影响其他带电粒子的运动，并伴随着极强的热辐射和热传导。电离是等离子体非常重要的过程，使等离子体成为导体。在气体解离过程中，气体分子分裂成类似原子的中性基团，称为游离基。游离基是电中性的，但是具有极强的化学活性，容易与被刻蚀的材料产生化学反应，生成挥发性气态物质而实现刻蚀。离子在电场的加速下通过轰击作用对衬底材料产生物理刻蚀，这种物理刻蚀不具有对材料的选择性，但具有很强的方向性。

等离子体稳定建立以后，辉光区域是电的良导体，其电势几乎是均匀的。由于阴极附近电场的排斥作用和电子极低的质量，电子无法达到阴极附近的区域，靠近阴极的区域被称为鞘区。鞘区内电子密度极低，等离子体产生的机会非常低，所以没有辉光产生，显现为暗区。由于鞘区内部不产生等离子体并且几乎没有电子，基本表现为绝缘体特性，所以鞘区的电压降基本等于施加在平板电极上的直流偏压，这是控制等离子体刻蚀的重要参数。离子在鞘区内被加速，以特定的方向轰击衬底，实现各向异性刻蚀。化学性质活跃但是电中性的游离基在鞘区内不被加速，因此鞘区是影响产生物理刻蚀的离子路线的最重要的区域。除了阴极表面以外，阳极前面以及所有在等离子体区域内的导体和绝缘体上表面都会产生鞘区。为了增强离子的轰击能量并减少对阳极的轰击，需要尽量增加阳极与阴极的面积比。

在等离子体中，电子被阳极捕获后，没有足够多的电子去激发更多的气体分子，将导致等离子体无法继续维持。实际上，等离子体中由电子碰撞所产生的正离子向阴极加速运动时，在阴极附近具有一定的能量，与气体碰撞能够持续激发出二次电子，于是这个过程保证了二次电子的供应，使等离子体能够稳定地产生。在电子碰撞产生离子的同时，已经被电离的正负离子在碰撞中复合为中性分子使离子密度下降。等离子体能否产生以及其电离程度取决于电离的速率、离子复合速率，以及在容器表面损失的速率。一般容器表面损失速率要大于复合速率而成为离子消失的主要因素，因此等离子体的产生以及强度和密度取决于反应腔的气体压强(决定粒子的密度)、气体种类(决定电离能的大小)、电场强度(决定电子的速率)以及等离子体区域的面积与体积比。

尽管电离产生的离子质量远大于电子质量，但是电子被电场加速后所具有的速度却远远大于离子速度，因而电子的平均能量比离子的平均能量高很多。由于气体的温度与分子的平均速度成正比，因此电子的温度通常比离子的温度高10～100倍。由于电子可以达到很高的能量，电子和分子碰撞过程能够发生高温时才能进行的化学反应。如果没有等离子体，产生同样的化学反应需要10^3～10^4℃的高温。

当在两个电极间施加交变射频源时(一般为 13.56 MHz)，如果电场变化的时间小于等离子体建立所需要的时间，等离子体的特性就会发生改变。电子在射频源产生的交变电场中处于振荡状态，从而获取能量激发气体电离，而不像直流电场中依赖电极产生的二次电子来激发持续电离。这使得射频等离子体可以使用比直流更高的腔体压力，从而获得更高的等离子体密度。当接电源的电极是正极的时候，电场会把质量小、速度高的电子加速吸引到这个电极上；当电极是负极时，同样会吸引离子加速向电极运动，但是由于离子质量大、速度慢，因此很少有离子能够在电极变化为正极以前到达负极。由于耦合电容的作用，电极吸收的电子不能流入射频源，使得该电极相对于接地电极成为自偏压的负极。当射频源连接非承载硅片的电极时，一般称作等离子体刻蚀模式；而当射频源接到承载硅片的电极时，称作反应离子刻蚀模式。这两者的主要差别是离子轰击的强度，前者以化学反应刻蚀为主，后者除化学反应外还包括很强的离子轰击刻蚀。

尽管等离子体在辉光区显示为导体特性，但实际上等离子体中的电离是很弱的，离子在等离子体中的数量远远少于中性基团的数量。通常电子密度为 $10^9\sim10^{12}/\mathrm{cm}^3$，离子的密度为 $10^8\sim10^{12}/\mathrm{cm}^3$，中性基团的密度为 $10^{15}\sim10^{16}/\mathrm{cm}^3$，而离子电流的密度为 $1\sim10\ \mathrm{mA/cm}^2$。形成等离子体需要一定的真空度，一般在 $10^{-5}\sim10^{-3}$ 大气压。过高的腔体压强使真空中电子经常与气体分子碰撞，使得电子在电场作用下的加速距离太短，不能积累足够高的能量激发电离；过低的腔体压强使电子与气体分子碰撞的几率太低，也无法形成等离子体。电极的间距也要满足一定的要求，太长的距离使离子运动过程中与气体分子发生过多的弹性碰撞而损失能量，太小的距离又使离子碰撞几率减小。

CCP 耦合产生的等离子体的密度通常较低，因此刻蚀速度较慢。CCP 在刻蚀时等离子体的产生和加速控制都依靠同一个电容电极实现，无法独立控制等离子体的产生和加速。为了获得更高密度的等离子体实现高速刻蚀，目前常用的方法是 ICP。ICP 也采用 13.56 MHz 的射频电源，通过 3～5 圈环绕在刻蚀腔体外部的电感线圈将电源的能量耦合到等离子体，同时还在腔体与硅片承载台之间施加偏置电压，形成电场对离子进行加速。外部线圈在腔体内产生变化的磁场，变化磁场再产生交变的电场，交变电场驱动等离子体在平行于腔体上下表面的平面内旋转。高频线圈产生的高频振荡将能量耦合到少量已经电离的电子上使其加速，通过撞击其他分子电离，最终形成雪崩效应而获得等离子体。ICP 的刻蚀腔体接地，等离子体中电子通过腔体形成一个静态电压，称为等离子体电压。

ICP 设备使用不同的电极分别用于等离子体的产生和对离子的加速，等离子体密度比 CCP 高 10～20 倍，能够大幅度提高刻蚀速度[18]。目前广泛使用的刻蚀设备是通过电感耦合产生等离子体，通过电容耦合对带电粒子加速，即等离子的产生和加速分离，有助于分别控制、获得更好的刻蚀效果。

等离子体刻蚀主要依靠两个方面：由电场加速的离子对被加工表面的轰击产生的物理刻蚀，以及化学性质活跃的反应基团与被刻蚀物质反应并生成挥发物质的化学刻蚀。物理刻蚀利用真空下高能离子入射到衬底表面并把能量转移给衬底的原子，使衬底原子脱离共价键的束缚而离开衬底表面。物理刻蚀的速度比较慢，一般每分钟几十纳米的水平，离子所具有的动能越高，刻蚀速度越快。刻蚀的方向性是由离子的方向决定的，刻蚀腔内压力越小、加速电场越强、离子方向性越好，刻蚀的方向性也越好。由于轰击的物理作用是没有选择性的，掩膜会和衬底同时被刻蚀。物理刻蚀容易在凸起结构边缘形成尖槽等形状，同时轰击过程会造成晶格损坏，后者可以通过退火等消除。化学刻蚀利用活性反应基团与被刻蚀衬底发生化学反应，刻蚀速度比较快，不产生物理刻蚀中的尖槽等现象，对掩膜材料也有较高的选择比。化学刻蚀可能是各向同性或者各向异性，依赖于等离子体的特性和工艺方法。

实际上多数干法刻蚀是物理化学相结合的过程，即反应离子刻蚀(Reactive Ion Etching, RIE)。RIE是物理化学刻蚀过程，依靠由电场加速的离子对被加工表面的轰击和溅射刻蚀，以及化学性质活跃的游离基与被刻蚀物质反应并生成挥发物质的反应离子刻蚀。图3-18所示为RIE设备及刻蚀原理图。由于离子的数量远少于中性基团，因此RIE中化学刻蚀占主导地位。离子促使衬底表面活性增强而加速化学反应速度，轰击清除表面反应沉淀物而加快反应活性物质的接触，提供反应所需要的部分能量，甚至直接参加化学反应。RIE刻蚀可能是各向同性或者各向异性，依赖于等离子体的特性和工艺方法。RIE刻蚀硅的速度在μm/min的水平，是离子束刻蚀的10～100倍，刻蚀深度一般为几微米。

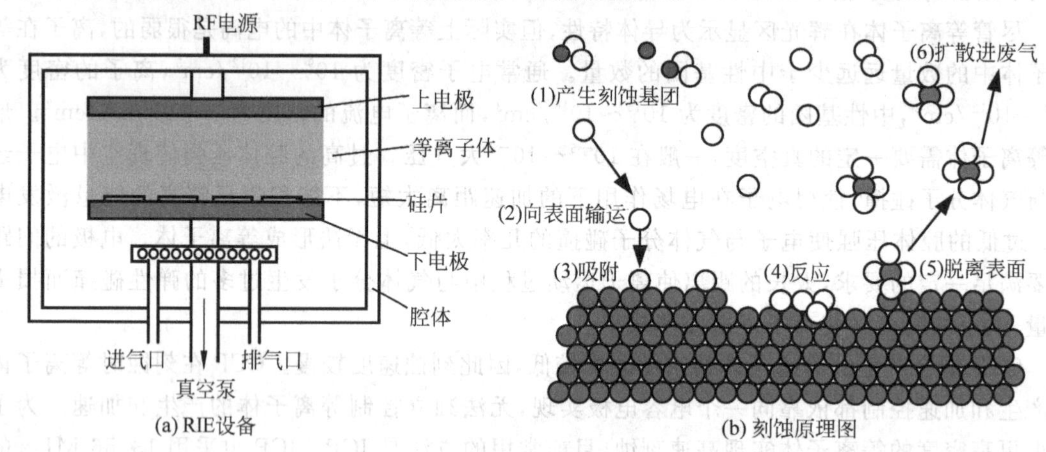

图3-18 等离子刻蚀设备与反应刻蚀原理

刻蚀可以是一种或者几种气体的组合，不同气体组合可以提供多种功能。在刻蚀气体中添加氧化剂，如氧气，可以增加刻蚀成分的浓度、抑制聚合物薄膜的产生；添加阻挡层形成剂可以促进侧壁阻挡层的形成，提高选择比等。对于硅的刻蚀，卤素化合物气体氟(F)、氯(Cl)、溴(Br)所产生的等离子体都具有良好的刻蚀能力。氯或溴的等离子体可以实现硅的垂直各向异性刻蚀，但是由于刻蚀速度很慢、产生大量的有毒废气，目前已经较少使用。基于氟基化合物SF_6产生的F等离子体的刻蚀具有速度快、环境污染小等优点，但是刻蚀是各向同性的，单靠F等离子体无法实现各向异性的深刻蚀。不同的刻蚀方法和设备都是针对如何解决各向异性深刻蚀而发展起来的。

2. 时分复用法

时分复用是一种基于电感耦合的反应离子深刻蚀技术。这种技术实现深刻蚀的核心思想是轮流通入刻蚀气体SF_6和保护气体C_4F_8进行各向同性刻蚀和产生侧壁保护，通过缩短各向同性刻蚀时间、增加刻蚀次数将各向同性刻蚀转换为各向异性刻蚀[19]。这种技术主要是针对MEMS和微传感器领域的深刻蚀发展起来的，目前已经成为MEMS领域最主要的DRIE深刻蚀方法。时分复用法的广泛普及源于1994年德国Bosch公司的发明专利，随后英国STS公司及法国Alcatel公司获得了该专利的授权，先后推出了DRIE深刻蚀设备，因此这种方法也称为Bosch工艺。实际上，早在1988年日立公司就报道了利用周期性侧壁保护方法实现深刻蚀的技术[20]。

1) 刻蚀原理

时分复用法是刻蚀和保护交替进行的过程。首先通入的 SF_6 气体产生等离子体,提供刻蚀所需要的氟中性基团 F^* 和离子,对硅进行各向同性的 RIE 刻蚀,产生 SiF_4 挥发性物质,如图 3-19(a)所示。刻蚀进行 8～12 s 后停止通入 SF_6 气体,改为通入 C_4F_8 保护气体 7～8 s。环状的 C_4F_8 在等离子体的作用下打开生成 CF_2 和链状基团,产生厚度为 50 nm 左右、类似特富龙的保护层沉积在所有刻蚀表面,防止硅被 F^* 刻蚀,如图 3-19(b)所示。下一个刻蚀循环停止通入 C_4F_8,继续通入 8～12 s 的 SF_6,刻蚀结构的底部保护层会在离子轰击的物理作用下被去除,而侧壁的保护层由于离子的方向性而去除缓慢;底部保护层消失后,F^* 继续对底部的硅进行各向同性刻蚀,而侧壁由于保护层的作用不再进行刻蚀,形成了 2 层各向同性刻蚀结构的叠加,如图 3-19(c)所示。通过多次循环刻蚀和保护过程,实现各向异性的深刻蚀结构。

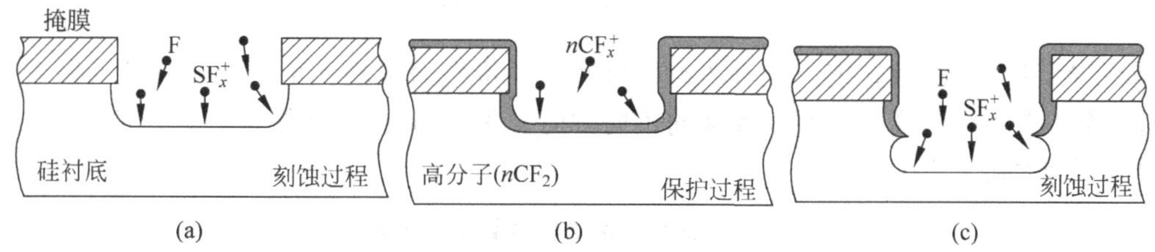

图 3-19　时分多用法各向异性刻蚀原理

各向同性刻蚀的化学反应原理如下:

$$\begin{aligned}&SF_6 + e^- \rightarrow S_xF_y^+ + S_xF_y^* + F^* + e^-\\&Si + F^* \rightarrow Si - nF\\&Si - nF \rightarrow SiF_{x(吸附)}\\&SiF_{x(吸附)} \rightarrow Si - F_{x(挥发)}\end{aligned} \tag{3-2}$$

时分复用法刻蚀需要 SF_6 和 C_4F_8 产生等离子体,同时需要对离子进行加速轰击底部,因此需要射频电感源提供能量产生高密度等离子体,并需要平板电极给离子加速提供能量。前者使用电感耦合等离子体发生设备,后者使用电容耦合等离子体装置。图 3-20(a)为时分复用法刻蚀设备示意图,射频电感线圈环绕在石英或铝质的圆形刻蚀腔体外面,由 13.56 MHz 的射频源产生高密度等离子体。硅片安装在由氮气冷却的温控电极上,通过平板电极施加偏置电压,加速离子向硅片表面运动。温控电极保持相对较低和稳定的温度,刻蚀温度在 40℃左右,提高掩膜效果和刻蚀均匀性。时分复用法刻蚀设备需要高效的快速进气切换装置,以便能够在短时间内切换 SF_6 和 C_4F_8。刻蚀周期和保护周期的长度可以根据需要进行调整,完全不通入 C_4F_8 而只通入 SF_6 所产生的是各向同性刻蚀。SF_6 和 C_4F_8 的切换过程中有短暂的时间二者同时进气,如图 3-20(b)所示,以提高刻蚀的均匀性、稳定性和重复性。

2) 刻蚀特点

描述深刻蚀特点的参数包括刻蚀速度、刻蚀选择比、各向异性以及刻蚀均匀性等,影响这些特点的主要因素包括气体流量、反应腔压力、电感功率、电容功率、气压、负载面积等,其中气体流量、反应腔压力和电容功率是最主要的影响因素。Bosch 深刻蚀是刻蚀与保护之间精细平衡的结果,通常工艺参数窗口较小。刻蚀是由物理溅射和离子增强化学反应引起的,其中后

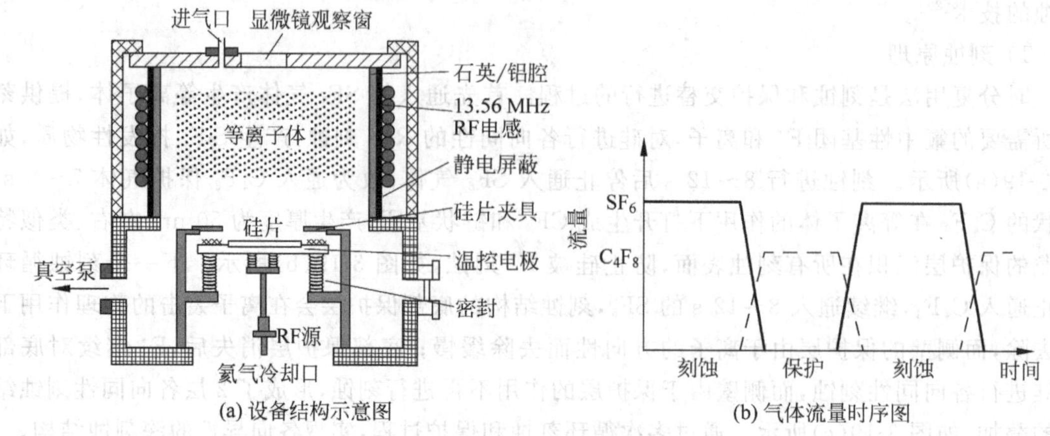

(a) 设备结构示意图 (b) 气体流量时序图

图 3-20 时分多用法刻蚀

者贡献最大,决定了刻蚀速度。表 3-2 为参数对刻蚀特性的影响。由于影响刻蚀的因素非常复杂,各个工艺参数的变化会引起性能向不同方向变化,因此在实际使用中应该通过预刻蚀优化选择工艺参数。

表 3-2 时分多用法刻蚀参数及影响

工艺参数	直接影响参数	影响刻蚀性能
反应腔压力	影响驻留时间、刻蚀 F 原子和 F^*、离子能量	增加压力:开始增加了 F 和 F^* 的密度,刻蚀速度增加,压力达到一定程度使离子轰击能量下降,刻蚀速度下降;掩膜刻蚀速度下降,选择比提高;保护层厚度增加,各向异性增强,当压力增加到一定水平,离子散射增强,导致侧壁保护层刻蚀,各向异性减弱;等离子体扩散率下降,刻蚀均匀性下降,RIE-lag 增加
刻蚀气体流速	反应产物输运及驻留时间	流速增加:驻留时间减少,反应物和产物输运加快,刻蚀速度增加;等离子体的扩散率和均匀性下降,导致刻蚀均匀性下降;RIE-lag 增加,当流速增加到一定程度后 RIE-lag 下降;各向异性变差
电感功率	等离子体密度	电感功率增加:等离子体密度增加,刻蚀速度增加;宽刻蚀槽内离子增加比窄槽增加快,导致 RIE-lag 显著增加;低压时刻蚀均匀性稍微下降,高压时稍微提高;对选择比几乎没有影响
电容功率	离子能量	电容功率增加:离子轰击能量和方向性增加,刻蚀各向异性增加;但是掩膜刻蚀加快,选择比下降;底部保护层的刻蚀加快,整体刻蚀速度上升;低流速时刻蚀速度取决于反应生成物输运速度,增加功率影响不明显
刻蚀时间	刻蚀总量	刻蚀时间增加:平均刻蚀速度大,但是侧壁起伏增加
保护时间	保护层厚度	保护时间增加:保护层厚度增加,刻蚀速度下降,但各向异性提高,选择比提高

时分复用法刻蚀深度可达 500 μm 以上,深宽比 50∶1,根据设备不同,典型刻蚀速度 3~20 μm/min。通常硅与光刻胶刻蚀选择比可以达到 50∶1~100∶1,与 SiO_2 刻蚀速度比为 100∶1~200∶1,因此这些材料可以作为刻蚀掩膜使用。最近 Dupont 公司报道了 MX5000 系列干膜光刻胶作为刻蚀掩膜,与旋涂固化光刻胶相比效率更高[21]。刻蚀速度受保护气体流速和电容功率的影响不大。只通入 SF_6 时产生各向同性刻蚀,与光刻胶的选择比为 150∶1,

横向刻蚀的速度约为纵向刻蚀速度的 70%[22]，常用来横向刻蚀实现单晶硅结构的释放。单独通入 C_4F_8 在衬底表面沉积一层类似特富龙的低表面能、无针孔的碳氟高分子材料，可用作定向液晶、防粘连固体润滑膜、疏水材料薄膜等。特别是对于刻蚀模具结构等应用，刻蚀完毕后单独通入 C_4F_8 沉积一定厚度的特氟龙薄膜，不但可以改善表面能，还可以抑制刻蚀产生的表面起伏，使脱模更加容易。

反应离子刻蚀决定了深刻蚀的刻蚀速率。由于掩膜主要是被加速离子轰击刻蚀的，因此减小平板电容的功率可以减小掩膜刻蚀速率，提高选择比，但是同时对底部保护层的刻蚀变慢，导致整体刻蚀速率下降。反应生成物的驻留时间影响到新鲜反应物的输运以及和硅的接触，因此驻留时间越长，刻蚀速率越慢。驻留时间正比于压力和反应器体积，反比于气体流速。电容功率影响离子加速，而速度越高轰击能量越大，掩膜刻蚀越快，选择比下降；压力大使离子方向性变差，侧壁保护层刻蚀越快，各向异性减弱。

刻蚀速率由刻蚀循环的参数决定，与保护循环的气体流量和偏置电压几乎无关。增加刻蚀气体的流量和电感线圈的功率可以提高等离子体密度，从而提高刻蚀速率，但是也会改变侧壁形状和选择比，需要调整很多工艺参数进行补偿，因此流量和电感功率不是优选调整参数。在低压力区，刻蚀速率随着反应腔压力的提高而增加，但是增加到一定程度后开始下降，主要是由于离子的能量和游离基的流量密度随着气压的增加而降低。增加阴极的温度可以提高刻蚀速率，但是横向刻蚀变得严重。在刻蚀气体中增加少量的 Ar 气，可以提高离子的密度，增强对底部的轰击效果，从而提高刻蚀速率和各向异性，但是同时降低了对掩膜的选择比。硅片的刻蚀负载(刻蚀面积占总面积的比例)越大，刻蚀速率越低。

刻蚀均匀性是另一个重要的参数。所有影响刻蚀速率的因素都可能影响刻蚀均匀性，提高腔体压力或刻蚀负载都会使刻蚀均匀性恶化，降低刻蚀气体的流量、提高保护气体流量、降低衬底温度都有助于提高刻蚀均匀性，但是同时会降低整体刻蚀速率。在刻蚀气体中参入少量的氧气，可以提高刻蚀均匀性，但是会降低刻蚀选择比。理论分析表明，提高衬底的温度分布均匀性可以提高刻蚀均匀性，但目前这方面还没有系统的研究结论。由于流量的分布形状和刻蚀气体在衬底表面的分布都会影响到反应游离基的密度，因此这也是影响刻蚀均匀性的两个重要因素。前者由设备决定，后者受刻蚀图形大小、密度和分布等因素的影响。另外，等离子体的密度是决定刻蚀速度的关键因素，在接近射频电极线圈的位置等离子体密度高，而远离线圈的位置密度低，因此硅片边缘刻蚀速度快，中间速度慢，造成 5%～15%的刻蚀不均匀性。从上述影响因素可以看出，优化设备是获得良好的刻蚀均匀性的最基本条件。

刻蚀速率依赖于刻蚀结构的深宽比，深宽比增加刻蚀速率下降，及所谓的 RIE-lag 现象，如图 3-21(a)所示[23]。不同结构的刻蚀速率不同，同一个结构刻蚀速率也随着深度的增加逐渐降低。这是由于 RIE 刻蚀过程中反应物如中性基团等是依靠扩散进入深结构的底部的，随着深度的增加或深宽比的增加，反应物向深孔内部扩散的速度下降，而反应产生向外的输运更加困难，使刻蚀速率下降。

反应物的输运过程遵循努森输运方程[24]。刻蚀速率对深宽比的依赖关系受反应腔压力和温度的影响，反应腔压力增加或衬底温度降低，刻蚀速度对深宽比的依赖关系下降。刻蚀速率对深宽比的依赖性可以用下面的公式描述

$$R_{ER} = \kappa R_0 \tag{3-3}$$

其中 R_{ER} 是刻蚀到结构底部时的刻蚀速率，R_0 是在表面的刻蚀速率，κ 为 Clausing 系数，只依

赖于结构特征。通过求解Clausing积分,得到

$$\kappa = \frac{1}{1+\zeta_0 t/d} \tag{3-4}$$

其中 t 和 d 分别为深刻蚀结构的高度和直径。ζ_0 是只与尺寸有关的参数,对于孔状结构为0.75,对于槽状结构为0.375。刻蚀速率随着深宽比的提高而下降,当深宽比超过临界值时,刻蚀速度降为零。

由于各向异性刻蚀是多次各向同性刻蚀叠加而成的,深刻蚀结构的侧壁不光滑,类似贝壳表面的起伏结构,如图3-21(b)所示。起伏的峰值一般在50~200 nm之间,周期在100~250 nm之间。侧壁起伏随着刻蚀速率的提高而增大。由于刻蚀速率随着深宽比的增加而减小,因此表面起伏在结构的开口附近大,随着深度的增加而逐渐减小。根据刻蚀机理,降低刻蚀循环的时间,可以降低侧壁起伏的程度,但是同时也影响刻蚀速率。平板电容的功率与反应腔压力的比值对表面起伏有显著的影响,比值越大,表面起伏越小。增加平板电容的功率可以提高各向异性的能力,因此有助于减小侧壁起伏;类似地,减小反应腔压力提高鞘区厚度有助于提高离子轰击的垂直度,从而减小表面起伏。但是这两种方法都会降低对掩膜材料的刻蚀选择比。

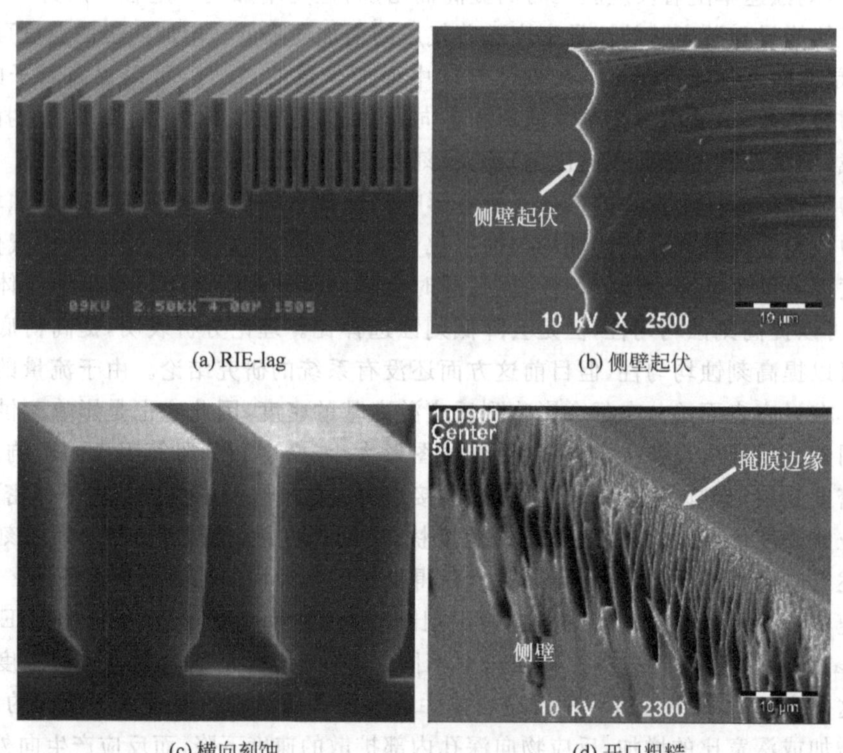

(a) RIE-lag (b) 侧壁起伏

(c) 横向刻蚀 (d) 开口粗糙

图3-21 时分多用法深刻蚀的缺点

在现有结构不变的情况下,减小侧壁起伏的主要方法是提高ICP电源的功率,并采用更快的气体切换技术[25]。增加射频电源的功率,可以提高刻蚀腔体内的等离子体密度。在刻蚀循环,提高刻蚀气体F的等离子体密度意味着更快的刻蚀速率,因此在更短的刻蚀时间内能够实现低等离子体密度时更长时间的刻蚀深度。例如将射频功率从1000 W提高到3000 W,

可以将刻蚀速度提高 50%。在保护循环内，更高的等离子体密度可以实现更好的聚合效果，使保护层更加高效，因此可以使用更短的保护循环。通过增加等离子体密度，能够采用更短的刻蚀循环和更短的保护循环获得基本不变的刻蚀速度，从而降低了侧壁起伏。采用 SF_6 + Ar 等离子体，也可以减小侧壁起伏[26]。

通过调整刻蚀参数，可以获得不同倾斜程度的刻蚀结构。例如，提高刻蚀循环的时间、减小保护循环的时间可以获得锥形的刻蚀结构，相反，减小刻蚀循环的时间、提高保护循环的时间可以获得倒锥形的刻蚀结构[27]。为此，需要使用尽量短的刻蚀时间，例如 3～5 s。快速地在刻蚀和保护周期之间切换，使二者驻留的气体混合越来越严重，导致在刻蚀与保护之间的切换无法产生明显的区别。因此，需要增加另外一步排空过程，使混合气体彻底排空后再进入下一个刻蚀和保护循环[28]。在刻蚀气体中加入少量氧气有助于提高刻蚀均匀性，但是会降低刻蚀选择比。刻蚀结构的倾斜程度会随着深宽比的变化而变化，即随着刻蚀深度而变化，一种有效的补偿方式是随着刻蚀深度的增加而提高偏置电压，例如 0～20 μm 采用 −70 V，20～30 μm 采用 −80 V，30～40 μm 采用 −90 V 等[28]。为了避免偏置电压改变带来的明显的结构上的变化，可以采用缓变的方式改变偏置电压。需要注意的是，控制刻蚀角度的优化参数与结构的尺寸有关，当某一结构可以获得理想的刻蚀倾斜角度时，尺寸更大的结构容易出现锥形刻蚀，而尺寸更小的结构容易出现倒锥形刻蚀，这一问题可以通过改变反应腔压力进行调整。

对于刻蚀结构下方存在 SiO_2 层时，由于深刻蚀底部对离子的反射作用，会在刻蚀结构底部出现横向凹槽，如图 3-21(c)所示。横向刻蚀的根本原因是电荷的聚集现象，即 SiO_2 表面聚集的电荷排斥后续的轰击离子，使离子在横向方向发生偏移。反应腔压力对横向刻蚀有影响，随着反应腔压力增加，离子轰击的方向性减弱，使横向刻蚀现象有所缓解。解决横向刻蚀的方法在于抑制 SiO_2 的电荷聚集，例如采用铝等 CMOS 兼容的金属作为刻蚀停止层，或者通过改进设备的方法解决。采用铝作为刻蚀停止层的基本原理是利用铝的导体性质，消除电荷的聚集和电势，避免横向溅射的发生。厚度 1～2 μm 的铝能够很好地抑制横向刻蚀的发生，并且由于铝的韧性较好，能够消除通孔刻蚀时以 SiO_2 作为停止层容易发生的液氮泄露的危险。然而，对于很多刻蚀深度只到衬底中间的情况，无法使用这种方法消除横向刻蚀；另外，铝容易产生杂质粒子沉积在刻蚀表面，影响刻蚀。改进设备是解决横向刻蚀的根本方法，例如对衬底施加偏压或采用脉冲等离子体源功率的方法。通过脉冲的方法，通过等离子体辉光放电消失时产生的阴离子对介质层进行中和，使介质层在没有偏压的期间放电，消除横向刻蚀现象。将消除横向刻蚀功能集成在刻蚀设备中，对促进深孔刻蚀具有重要的意义。

在深刻蚀结构开口处以下的一段距离内，侧壁表面较为粗糙，如图 3-21(d)所示。这段距离通常在 10 μm 以下。粗糙表面主要是由于刻蚀掩膜层的边缘粗糙所引起的。如果掩膜层的边缘不够光洁，深刻蚀过程中掩膜的边缘被复制到深刻蚀结构开口处，会造成深刻蚀结构的表面粗糙。因此，控制掩膜刻蚀时的边缘光洁度对于深刻蚀的开口光洁度有直接的益处。

3. 低温刻蚀法

与 Bosch 的刻蚀和保护周期性切换的刻蚀原理不同，低温刻蚀是利用在低温条件下刻蚀和保护同时进行实现深刻蚀的。这种低温深刻蚀法最早是由日立公司于 1988 年报道的[20]。

1) 刻蚀原理

低温刻蚀也是利用 SF_6 产生的等离子体进行刻蚀，与时分复用法不同的是在通入 SF_6 刻

蚀的同时通入氧气 O_2，尽管 SF_6 产生的 F^* 活性基团对硅的刻蚀是各向同性的，但是 SF_6 和氧气产生的等离子体在刻蚀结构内壁形成厚度为 10～20 nm 的 SiO_xF_y 阻挡层[29]。由于离子在加速电场作用下以很高的能量垂直轰击衬底表面和已经刻蚀结构的底部，结构底部形成的阻挡层被不断去除，而内壁阻挡层则由于离子的方向性而去除缓慢，于是在结构底部 F^* 对硅的刻蚀可以持续进行，从而实现各向异性刻蚀，如图 3-22 所示。低温使挥发性的反应产物 SF_4 的挥发性降低，有助于阻挡层的形成，使刻蚀只在离子轰击的方向上进行。低温还能够降低 F^* 与阻挡层反应的化学活性，使内壁阻挡层刻蚀缓慢。低温法与时分多用法的区别是保护气体不同，并且不再分别通入刻蚀和保护气体，而是二者同时通入，因此保护和刻蚀是同时进行的。F^* 对掩膜材料的刻蚀是对温度敏感的化学过程，低温可以显著降低掩膜的刻蚀速度。低温会对有机材料产生影响，如裂纹，特别是对厚光刻胶尤其严重。

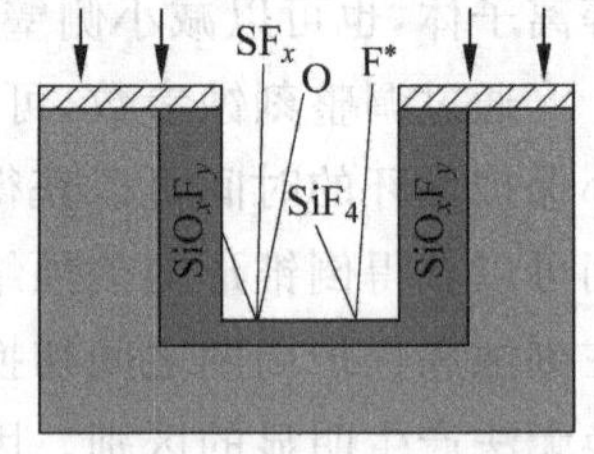

图 3-22 低温法刻蚀原理

刻蚀的化学反应过程可以分为等离子体产生、阻挡层形成和硅刻蚀。等离子体产生的反应原理为

$$\begin{aligned} &SF_6 + e^- \rightarrow S_xF_y^+ + S_xF_y^* + F^* + e^- \\ &O_2 + e^- \rightarrow O^+ + O^* + e^- \end{aligned} \tag{3-5}$$

其中 F^* 和 O^* 分别对硅和阻挡层进行刻蚀。阻挡层形成的化学原理为

$$\begin{aligned} &O^* + Si \rightarrow Si\text{-}nO \rightarrow SiO_n \\ &SiO_n + F^* \rightarrow SiO_n - F \\ &SiO_n - F \rightarrow SiF_x + SiO_xF_y \end{aligned} \tag{3-6}$$

与时分复用刻蚀形成的类似特氟龙材料相比，低温刻蚀形成的阻挡层稳定得多，因此需要很大的物理轰击能量才能去除，保证刻蚀没有横向分量发生。与时分复用法刻蚀原理相同，低温刻蚀法也产生挥发性的 SiF_4

$$\begin{aligned} &Si + F^* \rightarrow Si - nF \\ &Si - nF \rightarrow SiF_{x(\text{吸附})} \\ &SiF_{x(\text{吸附})} \rightarrow Si - F_{x(\text{挥发})} \end{aligned} \tag{3-7}$$

由于刻蚀和保护是同时进行的，因此阻挡层产生、底部阻挡层去除和硅刻蚀是一个精细的平衡过程，任何改变这个平衡的因素都会导致刻蚀形状的改变。如果阻挡层生成因素占主导地位，刻蚀剖面会形成倒锥形，并有可能导致刻蚀停止；如果刻蚀占主导地位，横向刻蚀将加重。因此，通过调整气体比例能够在一定程度上改变刻蚀形状[30]。利用低温刻蚀可以实现侧壁光滑的深刻蚀结构，通常深宽比可达 30∶1，超过 30∶1 的深宽比结构对于低温刻蚀较为困难[31]。

低温刻蚀设备的基本结构与时分多用设备类似，如图 3-23 所示。不同之处在于低温刻蚀需要液氦冷却平台，使温度降低到－100℃以下，另外低温刻蚀不需要轮流通入气体，因此不需要快速切换进气装置。低温平台利用氦气多点喷射硅片背面，以达到较好的热传导和温度控制效果，同时采用高效的装夹机构提高热传导和精确的温度控制。低温刻蚀的温度通常在－100～－140℃之间，高于－100℃时掩膜材料和侧壁阻挡层刻蚀过快，低于－140℃时由于 SF_6 的沉积(冻结)而没有持续的反应发生，并有可能出现刻蚀速度与晶向有关的现象。实际反应过程中，固定衬底的夹具与硅衬底之间的温度差异通常高于 10℃。由于刻蚀对氧气流量非常敏感，甚至于腔体被侵蚀所产生的微量氧都会影响刻蚀，因此需要能够对氧气进气量进行精确、低流量控制的设备，并且采用没有氧的材料制造刻蚀腔体，例如铝或陶瓷。由于刻蚀过程中的腐蚀作用，反应腔内壁材料会沉积在衬底表面形成类似陶瓷的物质，并且只在刻蚀结构的开口处聚集，通常深度不超过 3 μm，对深刻蚀结构开口处的形状和粗糙度都有影响[32]。

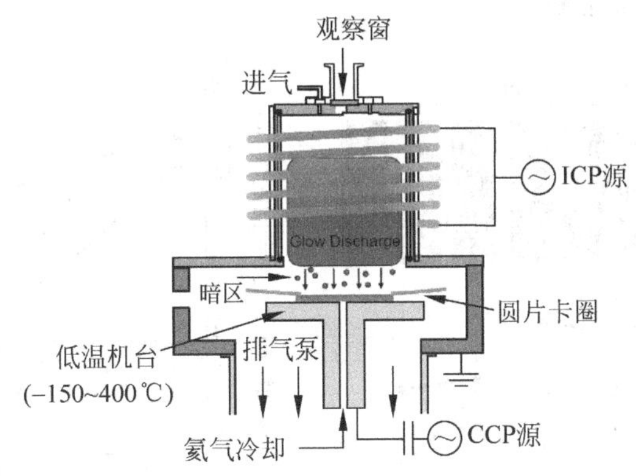

图 3-23　低温刻蚀设备结构示意图

2）刻蚀特点

影响刻蚀性能的主要工艺参数包括：SF_6 流量、氧气流量、电感功率、平板电容功率以及温度等。低温刻蚀的速率相对较低，一般在 0.5～7 μm/min。低温刻蚀内壁光滑，这对三维互连、反射镜、模具等应用非常有利。低温刻蚀也会出现时分多用法中的 RIE-lag 现象和横向刻蚀，通过提高刻蚀温度到 −100℃，可以减小横向刻蚀，但是难以彻底消除。

刻蚀气体 SF_6 的流量越大，刻蚀速率越快，刻蚀结构的截面呈现倒锥形，直到变为纯 SF_6 刻蚀时的各向同性刻蚀。电感线圈功率影响等离子体的密度，因此线圈功率越大，刻蚀速率越快。从图 3-24 可以看出，随着流量和线圈功率的增加，刻蚀速率增加；SF_6 对速度的影响还取决于线圈功率，在小流量的情况下刻蚀速率会达到饱和值。氧气流量是控制刻蚀形状的重要参数。平板电容的作用与时分多用法中平板电容的作用相同，因此电容功率影响趋势也相同，增加平板电极功率可以使离子获得更大的能量，提高刻蚀速率，但是可能降低选择比。

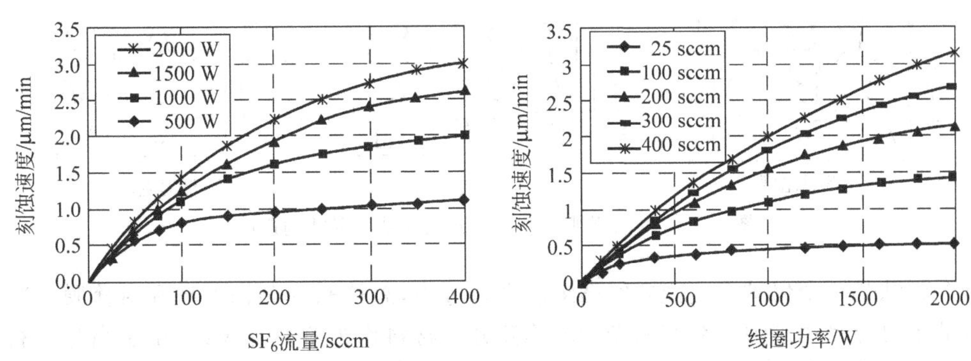

图 3-24　流量和线圈功率对刻蚀速度的影响

图 3-25 为低温刻蚀直径为 1 μm、3 μm 和 5 μm 的结构，刻蚀速率随着刻蚀时间的变化关系以及刻蚀结构开口处表面起伏与氧气流量的关系[33]。随着刻蚀时间的增加，结构的刻蚀深度和深宽比随着增加，但是刻蚀速率却开始明显下降。这种刻蚀速率对深宽比的依赖关系与 Bosch 方式基本相同。氧气含量的增加可以提高对侧壁的钝化效果，同时减小离子轰击对侧壁的影响，因此增加氧气含量减小了横向刻蚀的作用，降低了低温刻蚀结构开口处的表面起伏，但是同时也降低了刻蚀速率。

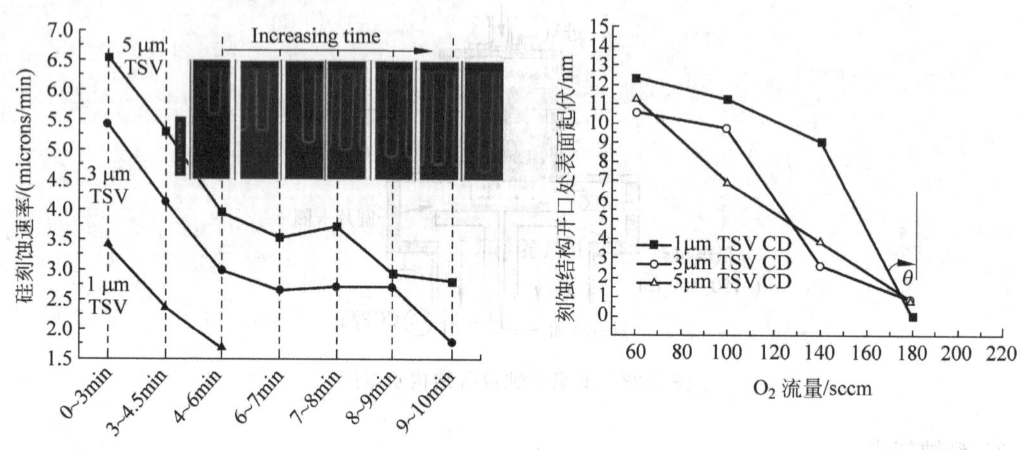

图 3-25 刻蚀深度(深宽比)对刻蚀速率的影响及氧气流量对开口表面起伏的影响

图 3-26 所示为不同参数对刻蚀形状的影响。腔体气压也有很大影响，通常刻蚀的反应腔压力为 1～10 mTorr。减小腔体气压可以提高反应离子的平均自由程，提高刻蚀结构的垂直度；增加反应腔压力可以获得更好的选择比。

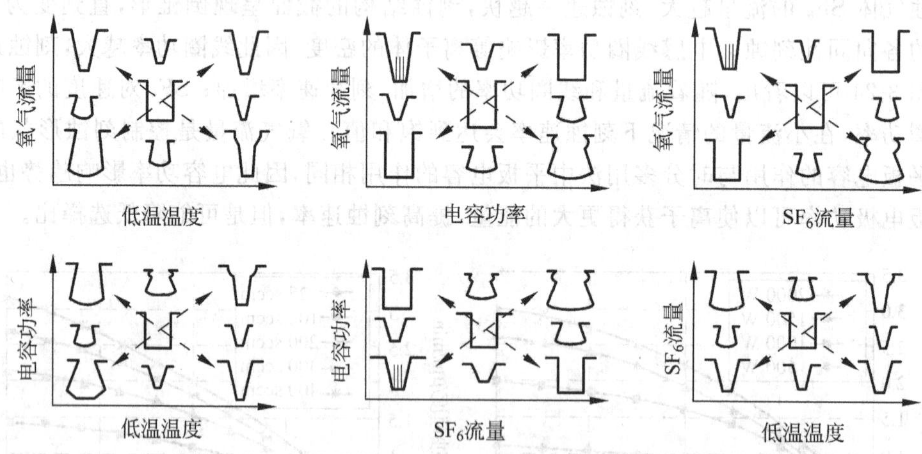

图 3-26 不同刻蚀参数对低温刻蚀结构形状的影响

低温刻蚀是一个保护与刻蚀之间精细的平衡过程，总体来说刻蚀速率和对掩膜材料的选择比都低于时分复用刻蚀。在使用光刻胶等高分子材料作为刻蚀掩膜时，由于高分子材料与硅之间较大的热膨胀系数差异，以及低温导致的硅片变形，使得低温下高分子薄膜容易出现开裂或剥离的问题。在高分子材料中，SU-8 由于胶联程度很高，可以作为掩膜使用，甚至厚度达到 60 μm 仍旧不发生剥离和开裂等问题。正胶与衬底之间较大的热膨胀系数差异，同时衬底液氦冷却会产生弯曲，都会影响正胶的完整性，导致正胶薄膜容易开裂，因此只能使用较小的厚度，加上选择比的问题，通常刻蚀深度有限。尽管离子的轰击能快速去除光刻胶，但是在低温环境下，光刻胶的刻蚀速率是非常慢的。通常正胶作为掩膜需要经过较高温度的后烘过程，以提高胶联程度。

低温刻蚀的掩膜一般选用 SiO_2，选择比高达 100∶1 甚至 750∶1[34]。与时分复用法直接采用光刻胶作为掩膜相比，SiO_2 掩膜的刻蚀和去除增加了批量制造的成本。以 SiO_2 作为掩膜时尽管选择比没有铝作为掩膜的选择比那样高，但是铝掩膜很容易出现由于颗粒沉积在刻蚀表面而产生的黑硅现象[29]，也称为长草现象或微掩膜现象。由于腔体腐蚀、自然氧化物、铝掩膜等杂质颗粒沉积在刻蚀结构底部，在一定工艺条件下这些杂质成为低温刻蚀的掩膜阻碍硅的刻蚀，形成刺状未被刻蚀的硅。由于从上面看上去呈现黑色，这种现象被称为黑硅。通过提高衬底的温度，可以在氧气流量不变的情况下减少黑硅现象和程度。由于铝的电导率非常高，不适合作为固定衬底的卡圈，否则在高等离子体密度的环境中铝卡圈容易发生极化，极化导致铝发生自溅射现象，使少量铝原子沉积在衬底表面，产生黑硅现象。采用绝缘性质的陶瓷作为卡圈，可以避免黑硅现象。

尽管 Bosch 时分复用法工艺和低温工艺是目前硅深刻蚀的主流技术，但是各自具有明显的缺点。表 3-3 比较了两种 DRIE 刻蚀的特点。低温刻蚀需要复杂的低温控制系统，设备复杂、昂贵，使用和维护成本高，对衬底升温和降温的过程也非常缓慢，刻蚀速率较低，因此低温刻蚀的普及程度没有时分复用方法广泛。Bosch 工艺不存在由于低温引起的问题，刻蚀速度快、设备也相对简单，但是结构侧壁起伏较大，不够光滑。另外，Bosch 工艺不合适小尺寸的结构，特别是直径小于 1 μm 的孔。

考虑到 SF_6/O_2 混合气体刻蚀的优点，如果能够在不使用低温环境的情况下解决刻蚀选择比的问题，将是一种理想的解决方案。根据等离子体刻蚀的原理，刻蚀腔体压力、射频电压、平板电容功率，以及 SF_6/O_2 混合气体的比例是决定刻蚀速率、选择性、刻蚀结构性质和各向异性的主要因素。因此，优化并精细调整这些参数，可以在非低温的情况下(例如 5℃)实现深刻蚀[16,35]。然而，最终的刻蚀结果往往是对多个限制条件的折中，无法实现高速、高选择比的深刻蚀。

表 3-3 干法刻蚀的比较

参 数	时分多用法	低温刻蚀法
侧壁保护	类似特富龙的氟化碳高分子膜	SiO_xF_y
侧壁粗糙度	粗糙，尤其是接近硅片表面处	光滑
电容偏压	50 V	15～20 V
掩膜选择比	光刻胶(50～100)∶1，SiO_2 100∶1	光刻胶 100∶1，SiO_2 200∶1
光刻胶处理	低温烘干，对种类和时间不敏感	高温烘干，厚度不能超过 1.5 μm
特殊设备	高效真空泵，高速气流控制器(切换开关)，腔体加热和真空设备，短混合进气设备	低温控制平台，小气流氧气控制器，高效低温硅片装卡设备
效率	高	低

4. 磁中性环路放电刻蚀

随着刻蚀设备制造商的不断努力，目前利用 SF_6/O_2 混合气体的非切换刻蚀技术进展显著，如 Ulvac 的 NLD600/800 和 TEL 的 Telius SPTM UD 等基于混合气体的刻蚀设备，能够很好地解决小尺寸深刻蚀的问题,不但侧壁光滑,刻蚀选择比也基本满足实际需求。Ulvac 采用磁中性环路放电(Magnetic Neutral Loop Discharge,NLD)技术产生高密度等离子体,属于 ICP 的一种。NLD 与 ICP 的区别在于,通过磁场的控制,NLD 能够更加高效地耦合射频电场中的能量,获得更高密度的等离子体。通过优化 NLD 设备,NLD 既可以工作在类似 Bosch 工艺的时分复用方式,也可以工作在常温混合气体刻蚀的模式。

1) 磁中性环路放电

磁中性环路放电是指沿着一个闭环的磁中性线(例如外部施加的静磁场消失的环路),施加射频电场产生等离子体的物理过程,最早由 Uchida 于 20 世纪 60 年代发现。如图 3-27(a)所示的结构[36],两个磁化线圈通以相同方向的电流,外加磁场在两个线圈中间的位置处为 0,即形成了磁中性环路。如果磁中性环路位于低压刻蚀腔体内,当腔体内通入一定气体并通过外部环路天线(线圈)在腔体内产生射频电场时,在围绕磁中性环路的圆环状区域内产生了等离子体。NLD 等离子体具有比 ICP 更高的等离子体密度,但是其电子温度却相对更低,并且能够在更低气体压力下产生等离子体[37]。等离子体中的电子在外加静磁场中受到洛仑兹力的作用,静磁场的电子回旋频率与射频电场的频率相同,在射频电场和磁场的共同作用下,电子穿过谐振磁场区时,能够高效地从射频电场获得动能。

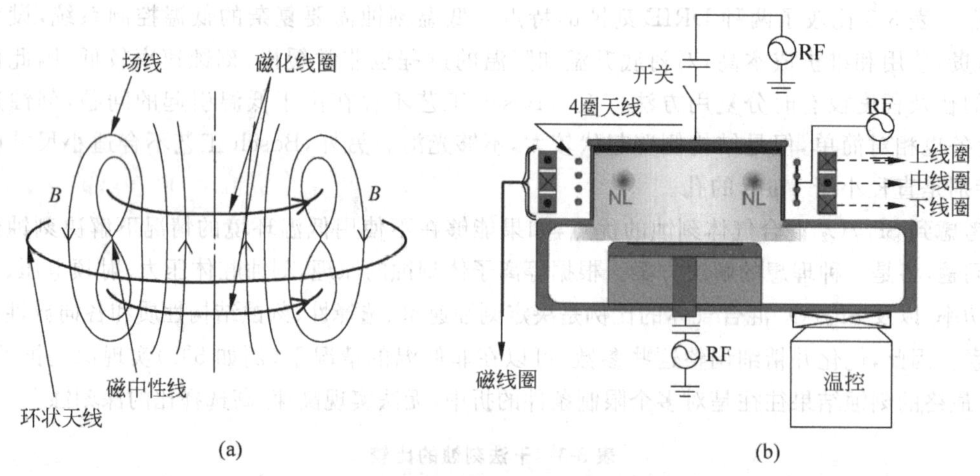

图 3-27 NLD 原理与设备结构示意图

图 3-27(b)为 NLD 刻蚀设备的结构示意图[38]。设备包括环绕在刻蚀腔体圆周上的磁线圈、电感耦合线圈和连接上下平板电极上的射频线圈。为了实现等离子体位置的控制,NLD 使用 3 个轴向对准的磁化线圈。当上边和下边的两个磁化线圈通以相同方向的电流时,二者中间位置就形成了一个环形的磁中性环路,如图 3-27(b)所示。当中间的线圈通以相反方向的电流时,磁中性环路的直径减小,使其进入刻蚀腔体内部。通过调整中间线圈中的电流大小,就可以改变磁中性环路的直径大小和其位置,获得优化的等离子体。当射频电场沿着磁方位角的方向时,磁中性环路产生了一个圆环形的 NLD 等离子体区。由于磁场在中性环路上为 0 并且随着远离中性环路而增大,离开中性环路后的磁场强度等于电子回旋谐振的磁场强度。当磁化线圈中没有电流时,NLD 设备就是一台 ICP 设备。

NLD 等离子体具有两个突出的优点:一是由于与外部电场的高效耦合和尖端磁场对电

子的良好限制作用，NLD 等离子体具有很高的离子化率，因此 NLD 系统能够在很低的气压(例如 0.1 Pa)的情况下仍旧产生高密度、低电子温度的等离子体；二是 NLD 具有对磁场良好的空间和时间的可控性，由此可以在工艺过程中对等离子体进行优化。

2) 时分复用刻蚀

NLD 刻蚀可以采用刻蚀与保护交替进行的时分复用刻蚀方法。与 Bosch 工艺一样，刻蚀都采用 SF_6 等离子体，与 Bosch 工艺的不同之处在于侧壁保护的方式。NLD 刻蚀设备在被刻蚀硅片相对的位置放置靶材，利用 Ar 等离子体溅射靶材沉积到硅片表面进行保护。靶材形成的薄膜沉积在刻蚀结构的侧壁，而刻蚀结构底部沉积的薄膜被离子轰击去除，实现各向异性刻蚀。溅射的靶材根据刻蚀图形的尺寸和掩膜材料的不同进行选择，以实现高选择比和对刻蚀结构的控制。靶材通常为有机树脂或金属，如聚四氟乙烯(PTFE)。选择不同的靶材可以获得不同的刻蚀选择比。

图 3-28 为利用 SiO_2 作为掩膜、PTFE 作为溅射靶材，在 0.4 Pa 腔体压力的条件下刻蚀 0.2 μm 线宽的硅衬底的情况。不采用靶材溅射保护时，刻蚀为 SF_6 刻蚀，是典型的各向同性刻蚀，因此停止靶材溅射保护后，刻蚀沿着横向展开。刻蚀和保护时间的长短对刻蚀结构的形状有很大影响，刻蚀时间长、保护时间长时容易形状横向刻蚀，刻蚀时间短、保护时间短时，能够获得较好的各向异性。图 3-29(a)为 NLD 刻蚀速度和选择比与刻蚀气体 SF_6 和刻蚀气体总流量(SF_6＋Ar)的比值的关系。磁中性环路刻蚀采用的是磁中性环路放电形成等离子体。图 3-29(b)为直径 0.5 μm 的深孔的刻蚀结果，掩膜为 1 μm 厚的 SiO_2。与 Bosch 或者低温刻蚀相比，NLD 方法刻的蚀速率较低，但是容易刻蚀亚微米尺度的深孔。

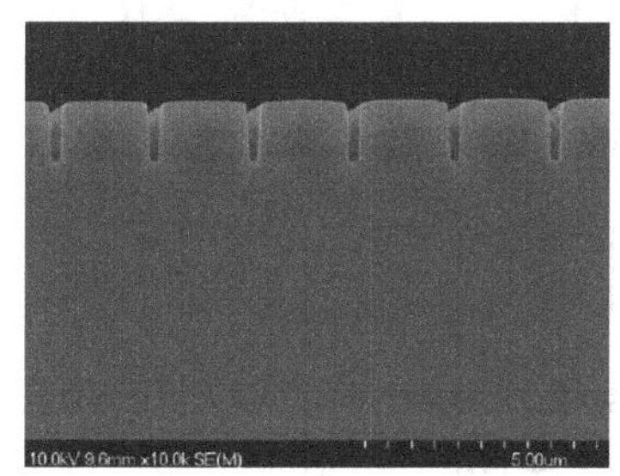

(a) 刻蚀4 s，保护4 s

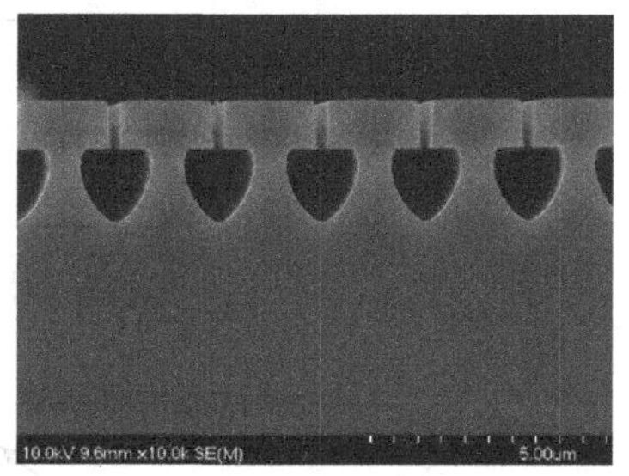

(b) 刻蚀盲孔后，无保护刻蚀

图 3-28　NLD 等离子体刻蚀溅射靶材的效果比较

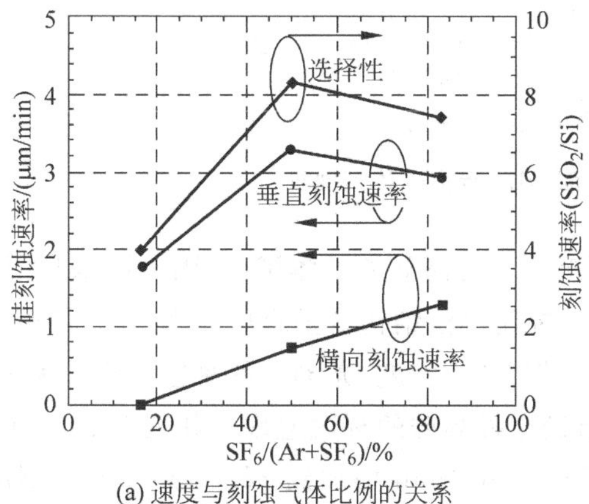

(a) 速度与刻蚀气体比例的关系

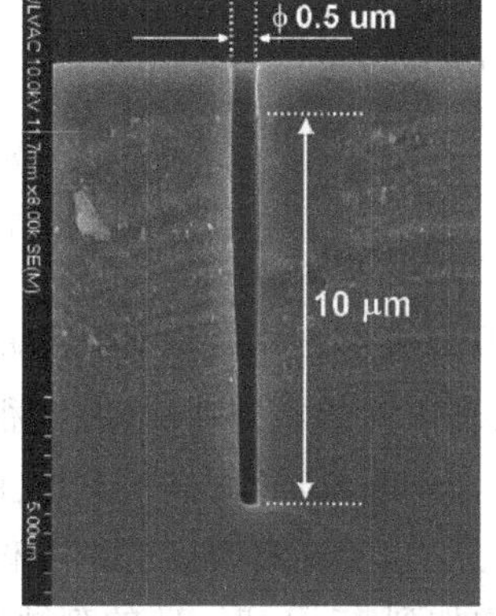

(b) 直径0.5 μm、深10 μm的盲孔

图 3-29　NLD 等离子体刻蚀

NLD是一种较好的SiO_2深刻蚀方法[39]。当用于SiO_2刻蚀时，磁线圈通以电流，在真空腔内产生磁中性环路，能够在1 Pa以下的低压情况下生成高密度等离子体。对于Bosch工艺，如果采用光刻胶作为掩膜刻蚀石英材料时，刻蚀的选择比只有2∶1～3∶1，而采用磁中性环路刻蚀，选择比可以高达20∶1。

3）稳态刻蚀

为了提高刻蚀速率，Ulvac公司推出了一种平面NLD结构的等离子体刻蚀机，结构如图3-30(a)所示[40]。这种刻蚀机不再采用单独保护的过程，而是采用刻蚀和保护同时进行的稳态刻蚀方式(非切换方式)。该设备采用3圈磁性线圈，在刻蚀腔体顶部设置射频线圈。平面NLD产生的等离子体密度超过ICP，另外与普通NLD相比，在10 Pa腔体压力时的等离子体密度可以提高3倍，并且随着腔体压力的增加等离子体密度的提高程度进一步增加，如图3-30(b)所示。

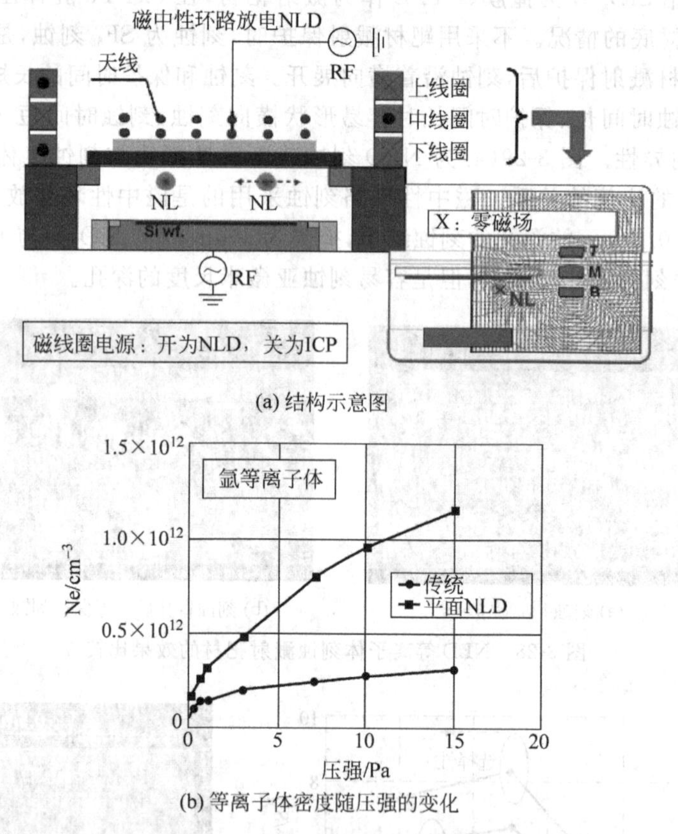

(a) 结构示意图

(b) 等离子体密度随压强的变化

图3-30　平面NLD等离子体刻蚀机

平面NLD能够在中等腔体压力的情况下获得高等离子体密度，因此可以利用SF_6/O_2的混合气体实现很高的刻蚀速率，并能很好地控制刻蚀结构的垂直度。由于F^*的密度随着腔体的压力增加而不断增加，而硅的刻蚀主要依靠F^*的密度，光刻胶的刻蚀主要是离子的轰击，因此提高腔体压力、实现高密度等离子体，有助于提高硅的刻蚀速率。如图3-31所示，当腔体压力从5 Pa增加到15 Pa时，硅的刻蚀速率从5 μm/min增加到22.5 μm/min。刻蚀速率的增加与压力的提高基本呈线性关系，但光刻胶的刻蚀速率增加很少，并且在10 Pa以后基本达到稳定值，不再随腔体压力的增加而增加。当压力达到 15 Pa 时，硅的刻蚀速率与光刻胶的刻蚀速率之比为 45∶1。

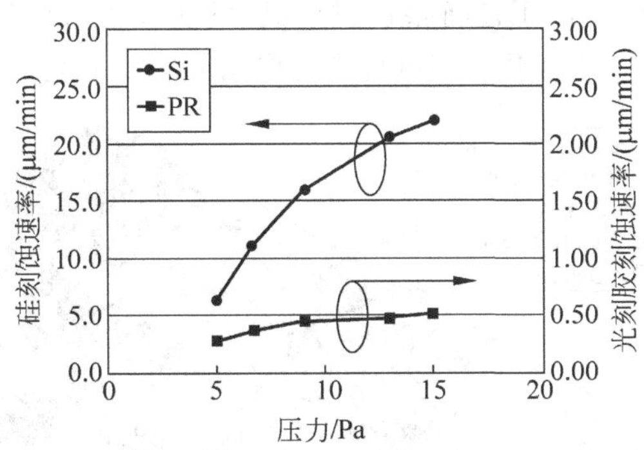

图 3-31　NLD 等离子体刻蚀硅和光刻胶速度与腔体压力的关系

平面型 NLD 在硅片表面产生的等离子体均匀性远好于传统的 ICP 产生的等离子体，因此平面 NLD 刻蚀的均匀性也比传统 ICP 刻蚀有大幅度提高。对于直径 200 mm 和 300 mm 的硅片，刻蚀深孔直径为 30 μm、刻蚀深度为 300 μm 时，整片的深度非均匀性小于 3%，对光刻胶的选择比可以达到 80∶1。采用平面 NLD，可以像低温刻蚀一样较为容易地刻蚀倒锥形深孔。图 3-32 为 Bosch 刻蚀的侧壁粗糙度与平面 NLD 刻蚀的侧壁粗糙度的比较[41]，可以看出平面 NLD 刻蚀结构的侧壁光滑。

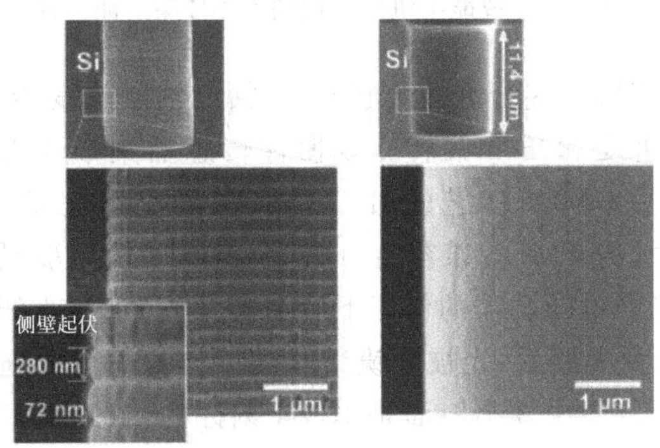

图 3-32　Bosch 刻蚀和平面 NLD 刻蚀的侧壁粗糙度对比

5. 深刻蚀的应用

DRIE 深刻蚀是硅的主要刻蚀方法，已经被广泛应用于传感器、执行器、微流体器件、微生物医学仪器、微能源器件等多个领域，取得了前所未有的效果。与键合工艺结合，可以加工出复杂的三维悬空结构。DRIE 不仅可以刻蚀单晶硅，采用不同的气体还可以刻蚀多晶硅、SiO_2、氮化硅、碳化硅、金属、有机物等多种材料，成为 MEMS 加工的有利工具。

DRIE 具有良好的 CMOS 兼容性，因此适合于与 CMOS 集成的 MEMS 器件的制造。由于表面微加工技术在温度、残余应力和器件性能等方面的问题，近年来基于 DRIE 刻蚀的体微加工技术快速发展为 MEMS 的主要制造技术。2011 年全球采用 DRIE 工艺的 200 mm 等效圆片为 540 万片，由于三维集成的高速发展和 MEMS 传感器的持续发展，预计到 2017 年

DRIE 刻蚀圆片将增长到 2700 万片。如图 3-33 所示,目前的智能手机中应用的 MEMS 器件已经应用了 10～12 步 DRIE 刻蚀工艺,主要包括加速度传感器和陀螺、微麦克风以及三维圆片级封装等。未来采用 DRIE 的工艺将很快发展到 25 步以上,除了已有的器件外,三维集成 DRAM、背照式相机和 MEMS 谐振器等也将广泛应用 DRIE 工艺。

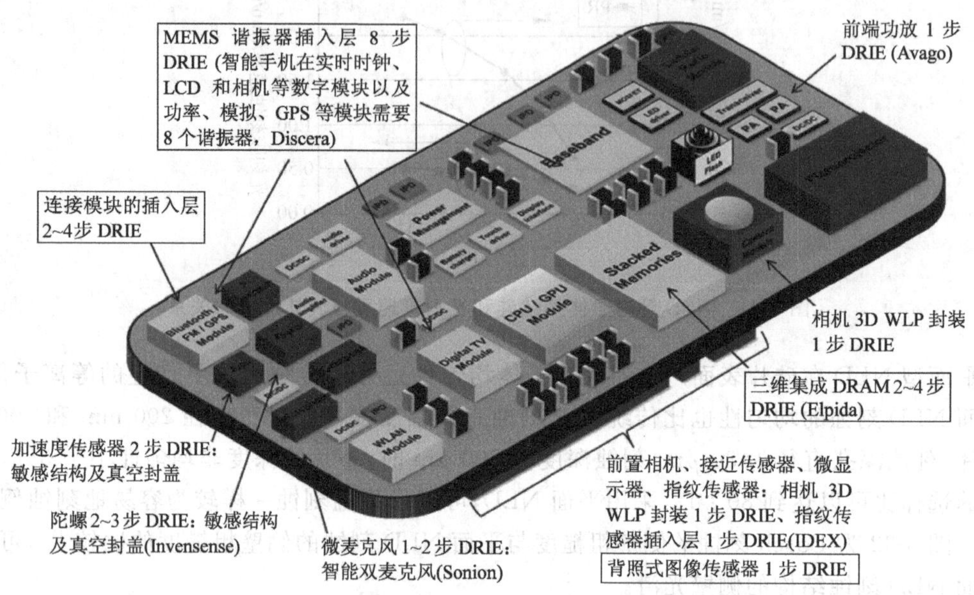

图 3-33　智能手机中应用的 DRIE 深刻蚀器件

图 3-34(a)为 6 自由度微型综合惯性传感器,包括三轴加速度传感器和三轴微陀螺,可以同时测量 3 个方向的加速度和角度偏转。该惯性传感器集成了微加速度传感器、陀螺和 CMOS 处理电路,采用了后 CMOS 工艺的加工方法,在 CMOS 完成后利用 DRIE 深刻蚀制造微结构,展示了深刻蚀技术的 CMOS 兼容性。图 3-34(b)是梳状驱动器驱动的伸缩型垂直微镜光开关。当垂直微镜在静电驱动器的作用下后退离开光路时,光线沿着一个通道进入与之相对的通道;当微镜进入到光路后,光被微镜反射,进入与之垂直的通道。图 3-34(c)为 DRIE 制造的穿透硅的空心微针。图中 3 个斜面是 KOH 刻蚀的(111)面,其中一个(111)面和针管相切形成了针尖。针管外圆和针孔都采用 Bosch 工艺刻蚀。

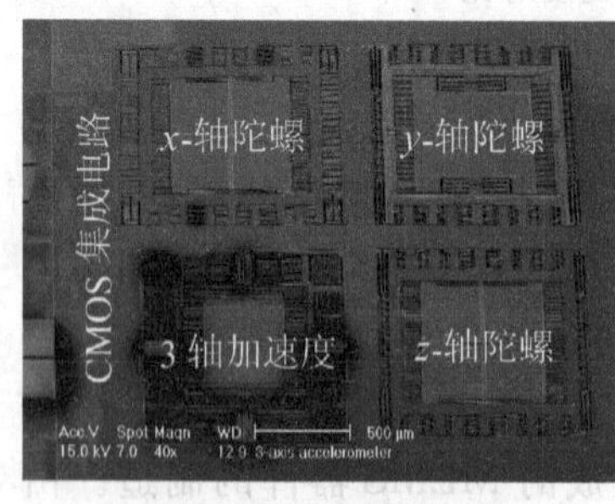

(a) 6自由度微型惯性传感器

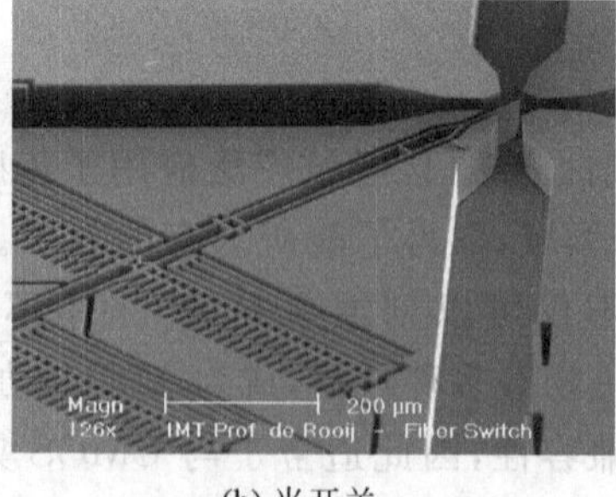

(b) 光开关

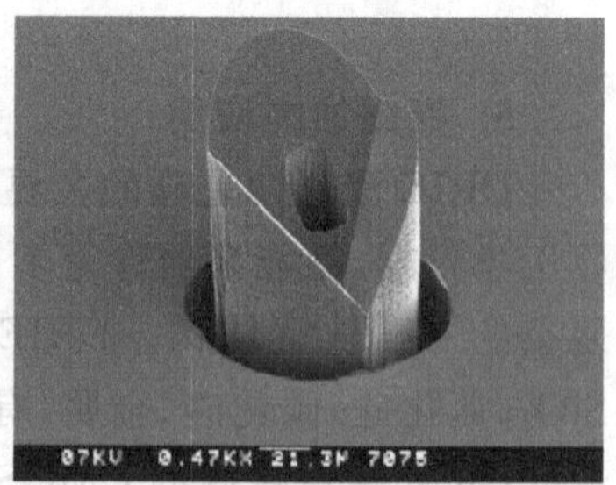

(c) 微针

图 3-34　DRIE 制造的 MEMS 器件

3.3　表面微加工技术

表面微加工是另一种重要的微加工技术，采用薄膜沉积、光刻以及刻蚀工艺，通过在牺牲层薄膜上沉积结构层薄膜，然后去除牺牲层释放结构层实现可动结构。表面微加工在硅衬底表面上建造微结构，并实现复杂的装配关系[42]。由于薄膜沉积的限制，通常情况下表面微加工结构的厚度小于 10 μm。表面微加工的优点是可以实现多层复杂的悬空结构，但是结构比较脆弱、材料性能没有体材料好，在制造过程中容易损坏，另外薄膜应力和粘连现象是需要重点解决的问题。

3.3.1　表面微加工

4. 表面微加工的基本过程

图 3-35 为表面微加工的过程，主要步骤包括：牺牲层沉积、牺牲层刻蚀、结构层沉积、结构层刻蚀、牺牲层去除(释放结构)等。首先沉积几微米厚的牺牲层 SiO_2 薄膜，如 LPCVD 沉积的磷硅玻璃 PSG，然后光刻并刻蚀牺牲层 PSG，形成结构层在衬底上的支承锚点，如图 3-35(a)和(b)所示。在沉积 SiO_2 牺牲层以前，往往需要沉积绝缘层，绝缘层在刻蚀牺牲层以后仍旧保留，作为多晶硅结构和衬底的电绝缘使用。绝缘层一般采用富硅氮化硅(Si∶N>3∶4)，与满足化学定量比的 Si_3N_4 相比，能够实现更低的薄膜拉应力，更好地粘附在衬底表面。接下来在牺牲层上沉积结构材料，如掺磷的多晶硅，如图 3-35(c)所示。掺磷使多晶硅具有导电性，因为实际使用中往往需要结构层导电。然后光刻并干法(RIE)刻蚀结构层多晶硅，得到需要的结构，并将下面的牺牲层暴露出来，如图 3-35(d)和(e)所示。用 HF 刻蚀牺牲层，干燥结构，得到悬浮在衬底上的微结构，如图 3-35(f)所示。由于多晶硅和氮化硅在 HF 中的刻蚀速度很低，所以释放过程不影响结构层；但是由于结构层和绝缘层很薄，释放过程的时间不能太长。为了提高释放速度，需要在不影响结构层性能的位置增加刻蚀窗口，以便增大 HF 与 PSG 的接触面积。根据需要，以上过程可以重复多次，制造多层复杂结构。从工艺过程可以看出，结构由多层薄膜组合而成，垂直尺寸一般在 10 μm 以下，因此表面加工结构的基本特点是平面沉积、立体组合。

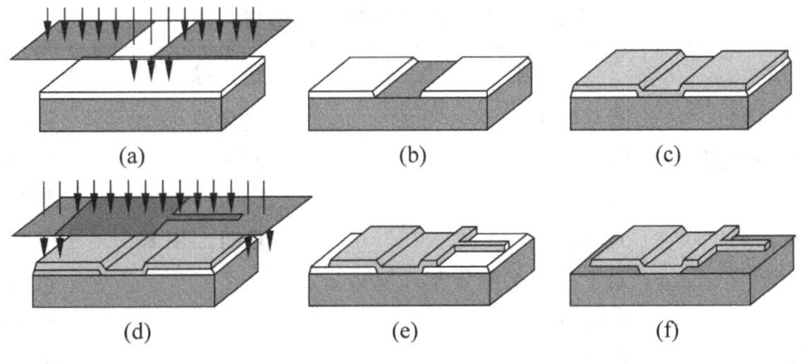

图 3-35　表面加工技术过程示意图

表面微加工使用 CMOS 制造的基本工艺，并且和 CMOS 制造一样只进行平面光刻，因此具有与 CMOS 工艺兼容的特点，有利于实现微机械结构与 CMOS 的集成。微结构的三维尺度都远超过 CMOS 器件,而且需要结构悬空和可动,对结构和力学性能要求较高,需要解决粘连、摩擦、驱动等问题。

2. 结构层与牺牲层

表面微加工结构由多层结构层组成,结构层的力学和化学性质与沉积方法、工艺参数、热处理,以及衬底种类和晶向等有关。尽管表面工艺加工的微结构很少承担大的负载,但是结构层一般承担运动、变形或者支承等任务,可动结构在运行中产生周期应力,这对结构层的强度以及与衬底的结合强度要求较高。因此,结构层薄膜应满足内应力小、机械性能好、针孔缺陷少等要求。结构层沉积需要覆盖牺牲层的台阶,因此覆盖台阶的均匀性也非常重要,否则会出现部分结构强度减弱或者断裂的问题。综合考虑薄膜性能和台阶覆盖能力的要求,结构层的沉积一般采用化学沉积的方法。

多晶硅是最常用的结构层材料,这是因为多晶硅具有与单晶硅相近的力学性能。多晶硅沉积常使用硅烷分解 LPCVD(25～150 Pa,600℃)方法,为了降低多晶硅的应力,往往需要 900～1050℃的高温退火[43]。这在先 CMOS 后 MEMS 工艺中会对 IC 产生很大的影响,因为超过 950℃时 p-n 结将发生扩散。为了消除高温的影响,采用长时间 600℃原位退火可以得到无定型的多晶硅[44],或者采用快速退火[45],以及溅射多晶硅[46]等。多晶硅、金属、氮化硅、高分子材料等都可以作为结构层,由于 SiO_2 的力学性能较差,一般不用作结构层材料。

选择牺牲层的首要问题是它与结构层必须有较高的刻蚀选择比,即刻蚀结构层时,牺牲层要保留完整;刻蚀牺牲层释放结构层时不能刻蚀到结构层。结构层材料确定以后,可以选择多种材料作为牺牲层材料。常用的牺牲层材料是 SiO_2,在沉积过程中掺杂磷得到磷硅玻璃(PSG)。磷硅玻璃在 HF 中的刻蚀速度较快,掺杂浓度越高,刻蚀速度越快。一般 PSG 在 HF 中的刻蚀速度不均匀,需要在沉积后进行热处理以使刻蚀速度均匀,通常是在 950℃湿氧的条件下退火 30～60 min。在刻蚀牺牲层后,通常需要对牺牲层的尖角做钝化处理,以提高结构层膜厚沉积的均匀程度。

除了多晶硅和 SiO_2 组合,有多种牺牲层和结构层的组合可以作为表面加工材料使用。表 3-4 给出了常用的结构层和牺牲层材料的组合。表 3-5 给出了常用材料的干法和湿法刻蚀的方法。

表 3-4 常用牺牲层与结构层材料

结构层	牺牲层	绝缘层	刻蚀方法
多晶硅/氮化硅/CVD 钨	磷硅玻璃	氮化硅	HF
PECVD 氮化硅/镍/聚酰亚氨	铝	SiO_2	磷酸醋酸硝酸 PAN
铝/金	聚酰亚氨	SiO_2	氧等离子体
聚对二甲苯 parylene	光刻胶	聚对二甲苯	丙酮
PECVD SiO_2/氮化硅	聚甲基丙烯酸甲酯 PMMA		氧等离子体
氮化硅/SiO_2	多晶硅		KOH/TMAH/EDP
PECVD 氮化硅/SiO_2	多孔硅		KOH/TMAH
钛	金	氮化硅	碘酸胺

表 3-5 常用材料的刻蚀

薄膜材料	湿法刻蚀	湿法速度/(nm/min)	干法刻蚀	干法速度/(nm/min)
多晶硅	TMAH/KOH	1000～1400	SF_6	1000
SiO_2	HF/HF+NH_4F	20～2000/100～500	CHF_3+O_2/CHF_3+CF_4	50～150
氮化硅	磷酸	5	SF_6/CHF_3+CF_4	150～250/100～150
碳化硅			SF_6+O_2	300～600
铝	磷酸+硝酸+醋酸/HF	660/5	Cl_2+SiCl_4/$CHCl_3+BCl_3$	100～150/200～600
钛	HF+H_2O_2	880	SF_6	100～150
有机薄膜	$H_2SO_4+H_2O_2$/丙酮	1000/4000	O_2	35～3500

对于难以刻蚀的金属，MEMS 常用剥离形成图形。图 3-36 为剥离与刻蚀过程的对比。由于光在光刻胶层内的衍射作用，正胶光刻后胶层截面在断开处为一个倒梯形，沉积的金属在没有光刻胶的区域会断开，利用丙酮去除光刻胶后，光刻胶层上面的金属也被去除，这个过程就是剥离。由于光刻胶厚度的限制和不能承受高温，剥离工艺使用受到一定限制。

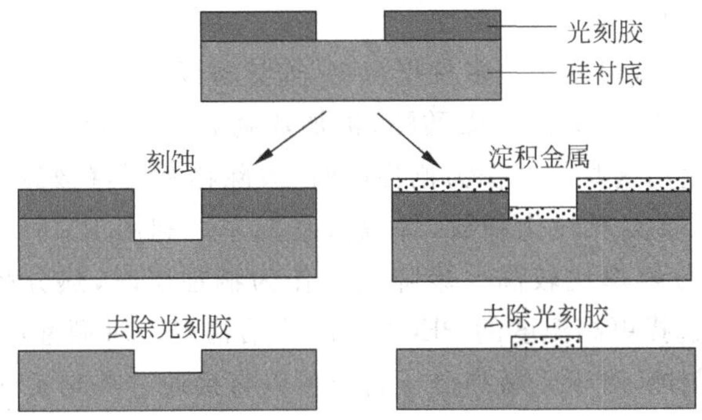

图 3-36 刻蚀与剥离形成的图形

牺牲层去除是表面微加工的重要步骤。对于多晶硅和 SiO_2 组合，一般采用 HF 刻蚀去除 SiO_2 牺牲层。HF 对 SiO_2 和多晶硅的刻蚀选择比非常高，基本不影响多晶硅结构。由于 HF 对 SiO_2 的刻蚀是各向同性的，所以牺牲层的各个方向都可以较好地刻蚀。因为牺牲层的厚度只有几个微米，如果 HF 只能从结构层的边缘通过扩散进入结构层与衬底之间的缝隙，过大的结构层薄膜对扩散输运反应物 F^+ 离子和产物不利，影响深处 SiO_2 的刻蚀。实验表明一般扩散输运的最大距离在 200 μm 左右，这基本超过了通常微结构的尺寸。对于封闭的结构，可以通过在结构层大平面上设置工艺孔的办法把 F^+ 从工艺孔输运到结构层与衬底之间的 SiO_2 界面，并把反应物再输运出来。

通常使用 HF 溶液刻蚀时，HF 溶液为体积比 1∶1 的 49%的 HF 与水的混合溶液，使用 BHF 时为体积比 7∶1 的 40%的 NH_4F 与 40%的 HF 的混合液。当需要加入异丙醇时，BHF 与异丙醇的体积比为 2∶1。表 3-6 为 HF(24.5%HF 含量)、带有异丙醇的 BHF(4%HF 含量)和气相 HF 对不同材料的刻蚀速度。在刻蚀牺牲层释放结构的过程中，HF 会损伤已经沉积好的铝金属互连，影响 IC 的性能和可靠性。最好的解决方法是首先刻蚀牺牲层，然后沉积金属铝，但是只适合铝不会沉积到下面结构的情况。在 HF 中添加约 20%的异丙醇可以增加释放过程对铝的刻蚀选择比[47]。

表 3-6 不同材料在 HF 和 BHF 中的刻蚀速度(单位:nm/min)

材料	退火 PSG/550℃沉积、750℃退火 30 min	TEOS/650℃ CVD	退火 TEOS/900℃ 30 min	热氧/975℃湿氧	PEDVD SiN/400℃	LPCVD SiN/770℃	Al-Cu	Ti	TiN
HF	3300±100	3110±80	1180+10	410±20	98±7	12.8±0.6	800±600	1200±600	0.4±0.2
BHF	198±7	247±4	159+2	66±1	7.6±0.3	0.72±0.02	0.4±0.1	60±30	0.06±0.05
气相 HF	290±20	220±40	100±10	15±1			0.03	0.19±0.02	0.06±0.02

除多晶硅外,有些领域需要特殊的材料作为结构层。例如高温和化学腐蚀严重的环境下可以使用碳化硅或金刚石,它们具有极高的机械强度,摩擦系数低、热导率高、化学性质稳定,是高温、辐射和腐蚀等恶劣环境下的首选材料。采用表面工艺、牺牲层技术的碳化硅和金刚石材料已经应用于高温压力传感器、大量程加速度传感器、高温气体传感器、温度传感器、微型航天器涡轮引擎等,广泛应用于汽车、航空、化学等领域。然而,这两种材料的沉积技术和刻蚀技术尚未成熟,制造中很多问题尚未充分解决,如低温 LPCVD 沉积碳化硅薄膜及原位掺杂、非金属掩膜的选择性干法刻蚀等。

除了 SiO_2 外,牺牲层材料还用到多种聚合物,如热解聚合的聚碳酸酯、聚降莰烷等。有些高分子材料(如聚乙烯碳酸酯、聚丙烯碳酸酯)被加热到 250~300℃以上时,会降解为单体而形成无毒的气体,因此使用这些材料作为牺牲层时,去除牺牲层释放结构的过程不需要刻蚀,仅通过加温或光照就可以实现气化释放,释放过程简单。利用 PMMA 也可以实现牺牲层,PMMA 的电子束刻蚀分辨率比较高。聚降莰烷作为牺牲层时,热分解温度较高,通常需要 425℃下保温 2 h,可以选择更高温度的 PECVD 制造结构层。对牺牲层图形化的方法可以采用 SiO_2 掩膜保护进行刻蚀,对于光敏高分子材料可以直接通过曝光实现。当向聚碳酸酯中加入光敏材料,如联苯碘或者磷化三苯硫的盐,聚碳酸酯会变成 UV 敏感材料,可以像光刻胶一样使用,未经过曝光的聚碳酸酯经过低温加热即可释放。

3. 粘连

粘连是指由于表面张力、静电引力以及范德华力等原因,在去除牺牲层过程中或在工作过程中,表面微加工制造的结构部分塌下来与衬底粘在一起的现象[48]。表面工艺的后几个工序通常是结构层释放、去离子水浸泡清洗、红外灯照射干燥。在这一过程中,牺牲层原来的空间被刻蚀液占据,在清洗时充满去离子水。当加热干燥去除液体时,刚度较小的结构在结构内应力或者水的表面张力作用下发生塌陷并粘在衬底上形成释放过程的粘连[49],如图 3-37 所示。塌陷后结构层和衬底之间由于分子间作用力、静电引力、氢键桥联等作用力,导致永久粘连。微观情况下表面积与体积比大,表面力控制了结构的行为,表面或者环境因素微小的变化都可能引起表面吸附力的巨大变化,因此容易出现粘连现象。即使释放过程中没有出现粘连,在使用的过程中仍有可能出现粘连。

粘连由多种可能的因素引起,但目前粘连的理论模型尚不能准确地描述粘连的特性和行为。有水存在的情况下,毛细作用力引起的表面互作用能是导致粘连的主要因素。两个相互靠近的理想平板表面,由毛细作用力引起的表面间的互作用能 $e_{cap}(z)$可以表示为间距 z 的函数

$$e_{cap}(z) = 2\gamma_1 \cos\theta \big|_{z\leqslant d_c} \tag{3-8}$$

其中 γ_1 是水的表面张力,θ 是水在表面上的接触角。当两个平板表面的间距小于特征尺寸 d_c

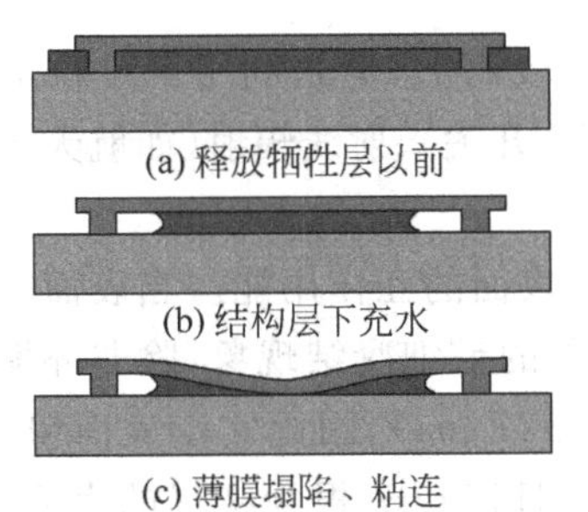

(a) 释放牺牲层以前

(b) 结构层下充水

(c) 薄膜塌陷、粘连

(d) 长度对粘连的影响

图 3-37 粘连现象

时，水产生的毛细凝结作用会导致两个表面的粘连。特征尺寸 d_c 为

$$d_c \approx \frac{2\gamma_1 v\cos\theta}{RT\log(RH)} \tag{3-9}$$

其中 v 是液体的摩尔体积，RH 是相对湿度，R 是气体常数，T 是绝对温度。从式(3-8)和式(3-9)可知，当表面间距大于特征距离时，表面互作用能为 0；当表面间距小于特征间距后，表面互作用能产生突变，并且不随着间距的变化而变化。另外，对于给定表面，其接触角几乎不变，而 γ_1 和 d_c 都是温度的函数，并且 d_c 还是相对饱和气压的函数，因此可以通过改变温度和环境气压改变表面互作用能。

在完全没有水的情况下，范德华分子作用力是引起粘连的主要因素。无水的情况包括释放过程没有水接触、环境为真空，或者使用疏水表面。对于接触表面为极度平整的情况（如键合时的表面），即使有水存在，范德华力也是主要作用力。范德华力引起的表面互作用能为

$$e_{\mathrm{vdw}}(z) = \begin{cases} 0 \;\Big|_{z>d_r \text{或} z<d_{co}} \\ \dfrac{A_{\mathrm{Ham}}}{24\pi z^2} \;\Big|_{d_{co}<z<d_r} \end{cases} \tag{3-10}$$

其中 A_{Ham} 是分子的 *Hamaker* 常数（对于非极性分子为(0.4～4)×10^{-19} *J*），d_r 表示延迟距离（大于 20 *nm*），不会产生明显的影响。当表面非常接近时，吸引性的范德华力会转变为排斥力，通用的截止距离为 d_{co}=1.65 *nm*，比原子间距稍小。

寄生电荷也能够引起表面的粘连现象。引起寄生电荷的原因包括接触电势差、摩擦起电以及氧化层的离子捕获等，带有电荷的表面存在电荷间的作用力和表面互作用能。静电力

$$F_{\mathrm{E}} = \frac{\varepsilon V^2}{2z^2} \tag{3-11}$$

其中 ε 是表面间隙填充材料的介电常数，V 是表面间的电势差。介电层吸附离子会产生静电引力，电荷分布可以表示为两个截面间距的函数。对于平整的表面，表面互作用能可以从式(3-11)得到

$$E_{\mathrm{E}}(z) = \frac{\varepsilon_0 V^2}{2z} \tag{3-12}$$

上式只适合平坦表面，对于粗糙表面，由于电荷会重新分布，上式不适用。

接触电势差很少会超过 0.5 *V*，因此其贡献非常有限。表面间的相互摩擦会产生电势差，当电势差足够大时，表面会产生由静电力引起的粘连。如果在粘连以前摩擦停止，两个没有绝缘层隔离的表面积累的电荷会逐渐释放，摩擦起电不会必然导致永久性粘连。如 *Sandia* 实

注：本书电势用 V 表示，电压用 v 表示。

验室的静电马达,由于电荷积累其转子会粘到下表面上,但是利用聚焦粒子束轰击中和电荷后,马达仍可继续工作。垂直冲击(如*RF MEMS*开关)、射线辐射(如航天器件)、摩擦起电等都会产生电荷积累,从而导致粘连的产生。

当结构表面覆盖*OH*键时,*H*键桥连会增加表面的互作用能。当表面的分子具有显著的*H*键桥连时,表面必然是亲水的,因此会产生显著的毛细凝结现象,除非环境的相对湿度非常低。由于*H*键桥连是短程作用力(*OH-O*键为0.27 *nm*),因此它受表面粗糙度的影响很大。由于表面粗糙,实际上*H*键桥连只出现在亲水并且以*OH*根为结尾的表面,并且由此引起的表面互作用能很低。

避免粘连的方法可以分为机械结构支承、改进释放方法、减小表面张力3种,表3-7给出了几种常用防止粘连的方法[50,51]。升华、二氧化碳临界释放、光刻胶支承释放、单层膜自组装、*HF*气体释放等可以避免释放后粘连,氢钝化、氢键氟化单层膜、等离子体沉积氟化碳薄膜、自组装单层膜(如二氯二甲基甲硅烷*DDS*等[52])等可以避免使用中粘连。由*DDS*自组装单层膜化学性质稳定、质量好、可靠性高,不仅避免粘连,还可以有效降低使用过程中引起粘连的吸附能,把动态摩擦系数从0.6~0.7降低到0.12。凹陷和表面粗糙化也可以避免使用中粘连,但是不能解决摩擦的问题。随着表面粗糙度减小、相对湿度增加以及温度降低,表面互作用能增加,发生粘连的可能性增加。

表3-7 防止粘连的方法

种类	方法	基本原理
机械结构支承	并列的支承凸点	沉积结构层前在牺牲层上刻蚀一些坑,沉积的结构层就会在坑处形成向下的突起,在干燥时支承结构
	侧壁月牙结构支承	防止悬臂梁变形
	临时增强被释放结构	增加刚度防止悬臂梁变形
改进释放方法	二氧化碳临界释放	将清洗液临界变为气体,防止出现液体-气体相变
	气体HF释放	HF气体腐蚀牺牲层,避免表面张力,但是释放速度很慢
	光刻胶支承释放	有机溶液置换清洗液,浸入光刻胶中,再用等离子刻蚀固化的光刻胶
	冷冻升华法	液体和结构同时冷冻,然后在真空中升华,防止出现液体-气体相变
减小表面张力	表面粗糙处理	等离子体轰击等方法使表面粗糙,减小实际接触面积
	表面厌水处理	用NH_4F溶液处理,得到氢基覆盖的厌水性表面,降低毛细现象
	表面镀膜处理	表面覆盖一层低表面能的厌水薄膜,降低毛细现象和表面张力

对于已经发生粘连的微结构,一般难以用机械和力学的方法恢复。这是因为恢复结构层所需要的力大到足以破坏结构层,并且能够向微结构施加外界恢复力的结构与发生粘连的结构尺度相近,而如此小的结构难以施加足够的外力将粘连结构分开。最近出现了激光和超声修复粘连悬臂梁的方法。微结构在发生粘连后几天时间内的恢复成功率较高,时间越长,成功率越低。一般认为激光恢复主要是利用激光的输出功率对短期粘连进行加热减小了表面张力和毛细现象而实现的。

4. 气相刻蚀

气相HF刻蚀SiO_2可以避免液体表面张力的出现,避免湿法刻蚀释放过程中出现的粘连现象,是刻蚀牺牲层释放结构的理想方法。特别是当刻蚀温度超过40℃时,几乎不会出现粘连现象。气相HF的扩散和穿透能力比液相更强,更适合释放深腔结构。气相HF与SiO_2之

间的反应是各向同性的刻蚀过程，其刻蚀原理为

$$SiO_2(s) + 2HF_2^-(ads) + 2AH^+(ads) \rightarrow SiF_4(ads) + 2H_2O(ads) + 2A(ads)$$

气相 HF 刻蚀 SiO_2 是各项同性的，沿着所有方向的刻蚀速度几乎相同，这为去除 SiO_2 薄膜提供了一个快速方法。利用气相 HF 刻蚀 SOI 的埋氧层释放 SOI 器件层的结构悬空已经成为 SOI 制造的标准方法，如图 3-38 所示。HF 气相刻蚀的优点是刻蚀速度快，没有残余，并且对多种材料的选择比很高[53]，如表 3-6 所示。HF 气相刻蚀对 SiO_2 和氮化硅的选择比超过 2000：1。

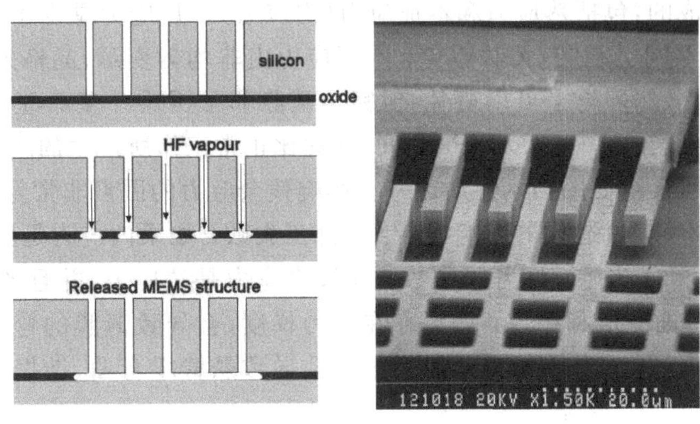

图 3-38　HF 气体释放 SOI 埋氧层制造悬空结构

对于体硅深刻蚀制造的高深宽比的结构，可以将结构侧壁保护起来，利用各向同性刻蚀实现高深宽比结构的释放悬空。各向同性刻蚀可以采用 XeF_2 刻蚀，也可以采用 SF_6 刻蚀。XeF_2 刻蚀是一种硅的各向同性刻蚀技术，其刻蚀原理可以表示为

$$2XeF_2 + Si \rightarrow 2Xe(g)\uparrow + SiF_4(g)\uparrow$$

XeF_2 常温下为固态，在环境压力降低到 4Torr 以后升华为气态，遇水气后形成少量 HF，遇乙醇和纸质材料易产生燃爆。将气相 XeF_2 与氮气载气通入反应腔中，可以对单晶硅进行刻蚀，增加 XeF_2 的蒸汽压可以提高刻蚀速度。由于气相反应较为容易，XeF_2 刻蚀时多采用脉冲式的气体馈入，通过调整刻蚀周期的长度、数量和氮气的流量控制刻蚀速度。

XeF_2 刻蚀温度为 35℃，对单晶硅的刻蚀速度约为 2 μm/min，横向刻蚀速度与纵向刻蚀速度比约为 0.75：1。XeF_2 对多种材料的选择比很高，例如对 SiO_2 的选择比超过 2000：1，对光刻胶的选择比更高，对氮化硅的选择比为(100～200)：1，并且随着硅的减少选择比有所提高。图 3-39 为利用 XeF_2 刻蚀释放的谐振器、悬臂梁和微镜结构。由于 XeF_2 可以释放单晶硅、刻蚀速度快、避免了粘连现象，已经广泛应用于多种量产产品的制造中。XeF_2 刻蚀的缺点是设备和使用成本高，刻蚀后硅的表面较为粗糙。

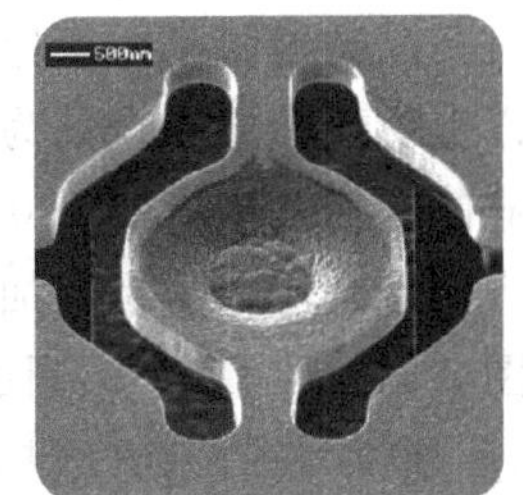

图 3-39　XeF_2 刻蚀单晶硅制造悬空结构

3.3.2 薄膜的残余应力

薄膜主要的力学性质，如弹性模量、残余应力、应力梯度、泊松比、断裂强度、疲劳强度、表面粗糙度等，对器件的性能有重要影响，如传感器的谐振频率、灵敏度和可靠性等[54]。由于薄膜沉积工艺的多样性，薄膜的力学性能分散性很大，不同工艺甚至相同工艺沉积的薄膜表现出不同的力学性能。在无任何负载的情况下薄膜内仍旧存在的应力被称为残余应力。残余应力是在薄膜沉积时形成的，包括热应力和本征应力(内应力)。热应力是由于薄膜高温沉积时与衬底的热膨胀系数不同引起的，无法避免；本征应力由非均匀变形、晶格失配等原因引起，与沉积工艺关系很大，虽然理论上可以避免，但完全消除非常困难。多晶硅、氮化硅、SiO_2 薄膜都存在残余应力，一般在10～5000 MPa之间，往往比正常工作所产生的应力大很多。

残余应力是薄膜最重要的力学性质之一。影响残余应力的因素非常复杂，例如温度、组分比例、热处理等。残余应力造成的影响包括：①加工失败：如果内应力是压应力，会造成薄膜弯曲和皱纹等，导致加工失败；②薄膜裂纹：如果内应力是拉应力，并且超过薄膜的强度，会导致薄膜裂纹；③弯曲变形和粘连：如果存在应力梯度，会导致薄膜的弯曲变形或者促使粘连现象发生；④不能正常工作和运转：薄膜应力会导致悬臂梁弯曲、谐振结构的频率等偏离设计。

1. 多晶硅薄膜

微观晶粒结构决定了残余应力的大小。在多晶硅表面利用1050℃的外延工艺沉积多晶硅时，沉积的多晶硅按照种子层多晶硅的结构生长，速度为0.5 μm/min。外延多晶硅的应力很低，经过高温退火后可以将外延多晶硅的残余应力控制在1 MPa以内，目前ADI、Bosch和ST等都采用外延的多晶硅制造加速度传感器和陀螺。

如果在 SiO_2 表面利用LPCVD沉积多晶硅，多晶硅的生长没有明显的诱导，此时多晶硅薄膜的微观结构受沉积温度和腔体压力的影响很大。LPCVD多晶硅在580℃以下形成的无定型的结构，580～610℃形成的是0.1 μm直径的椭圆形晶粒；在610～700℃之间形成的是柱状(110)结构，并且与衬底界面之间形成较好的成核层[55]。无定型和柱状晶粒的多晶硅表现为压应力，椭圆晶粒表现为拉应力，580℃以下沉积的多晶硅应力很低。尽管残余应力与晶粒结构的关系比较固定，拉应力可以解释为无定型多晶硅晶化后的体积缩小，但是压应力的原因至今尚不清楚。

如图3-40所示[56]，580℃下沉积多晶硅的表面粗糙度值(特别是峰值)很低，这表明该温度下多晶硅没有成核；随着温度的升高，特别是700℃以上的峰值表面粗糙度显著下降，表明多晶硅从非晶结构向多晶结构过度，但是RMS基本没有变化。经过1050℃退火后，粗糙度也没有明显的变化。随着温度的升高，LPCVD沉积的多晶硅的晶粒尺寸长大，特别是在850℃以上。多晶硅薄膜的残余应力的极性随沉积温度变化。605℃以下时残余应力为拉应力，而该温度以上时残余应力全部为压应力，并且残余应力随温度的升高而减小，特别是1050℃外延多晶硅的应力几乎下降为0。经过30 min的1000℃退火后，残余应力有明显的减小，特别是拉应力的残余应力减小更加显著。

图3-41(a)为多个不同的文献中报道的LPCVD多晶硅的残余应力随着沉积温度的变化关系，其趋势与图3-40(a)基本一致。尽管这些数据并不完全相同，但是对于同一台设备，残余应力随温度变化的重复性很好。由于残余应力过零点时变化速度很快，很难通过控制沉积温

度实现低残余应力的 LPCVD 多晶硅。图 3-41(b)为 620℃下沉积的柱状晶粒多晶硅在不同温度退火时残余应力的变化情况。高温退火可以明显改变多晶硅的残余应力状态。如果无定型薄膜在退火后发生了晶化，退火后的薄膜表现为拉应力。对于已经晶化的薄膜，1000℃以下的退火只能稍微改变应力，但是在惰性气体保护下的更高温度(1050～1100℃)的退火(包括快速退火)可以明显降低残余应力，甚至接近 0 应力[57～59]。

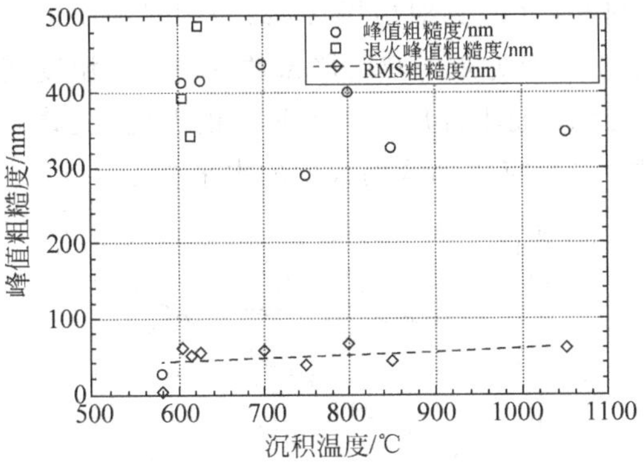

(a) 表面粗糙度

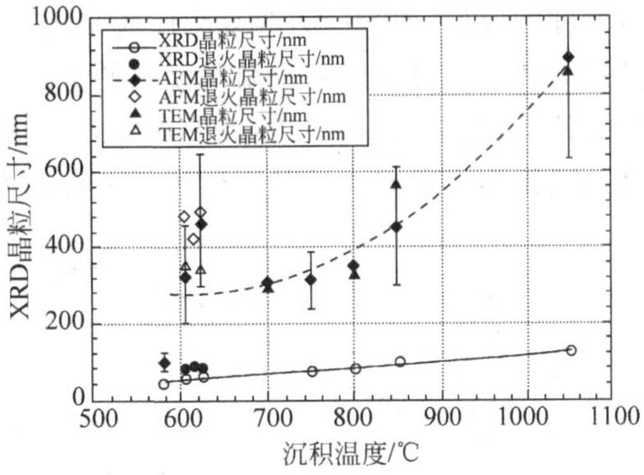

(b) 晶粒尺寸

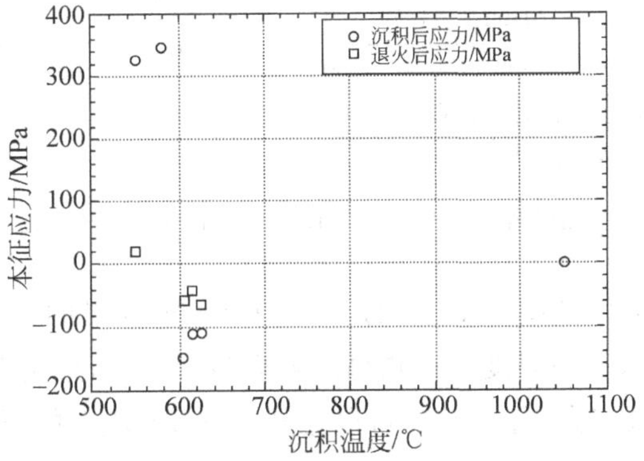

(c) 残余应力

图 3-40 多晶硅薄膜的性质随沉积温度的变化关系

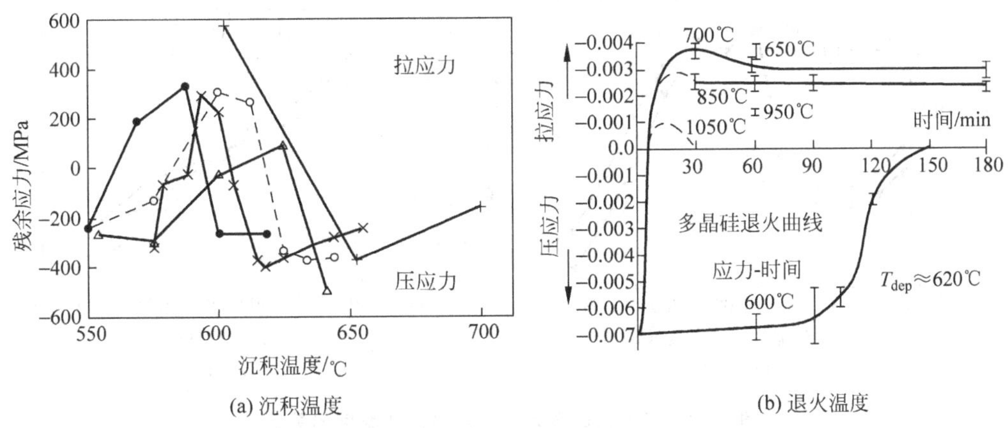

(a) 沉积温度

(b) 退火温度

图 3-41 温度对 LPCVD 多晶硅残余应力的影响

2. SiO_2 薄膜

SiO_2 可以采用多种方式和多种气体沉积,因此 SiO_2 薄膜的残余应力比较复杂[60]。通常PECVD沉积的 SiO_2 表现为压应力。随着温度的逐渐升高,本征应力从压应力逐渐向拉应力变化,当温度降低时,再向压应力变换,图3-42(a)为20 μm厚的PECVD SiO_2 的残余应力在一次热循环过程中随着温度实时变化的情况。当 SiO_2 厚度不同时,变化趋势是一致的,但是随着厚度的降低,残余应力改变幅度越来越小。图3-42(b)为对应图3-42(a)的残余应力分解为热应力和本征应力后随着温度变化的情况。由于热应力是与热膨胀系数的差异和温度变化值相关的,因此温度回到初始点后热应力不发生变化;而本征应力却有很大的变化,随着厚度的增加变化程度增加。当厚度达到某一特定值时,残余应力降低到很低的水平[60]。

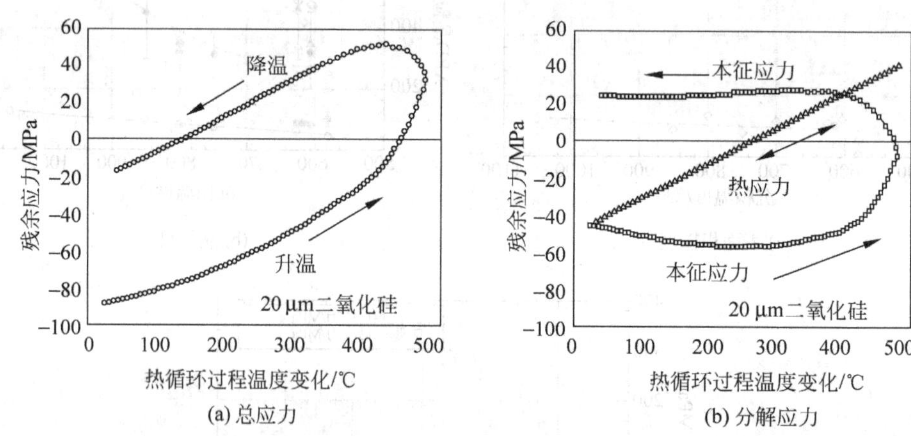

图3-42 热循环过程中PECVD二氧化硅的应力随温度变化关系

图3-43为PECVD和TEOS沉积的 SiO_2 在经过不同的热循环温度后的残余应力。PECVD SiO_2 在400℃以下的温度经过热循环处理后,残余压应力基本保持不变;经过500～800℃的温度循环后残余应力下降较多,可以达到50 MPa左右的压应力;随着温度的升高,压应力逐渐增加。对于TEOS SiO_2,残余压应力随着处理温度的升高而增加,因此热处理不能降低残余应力。

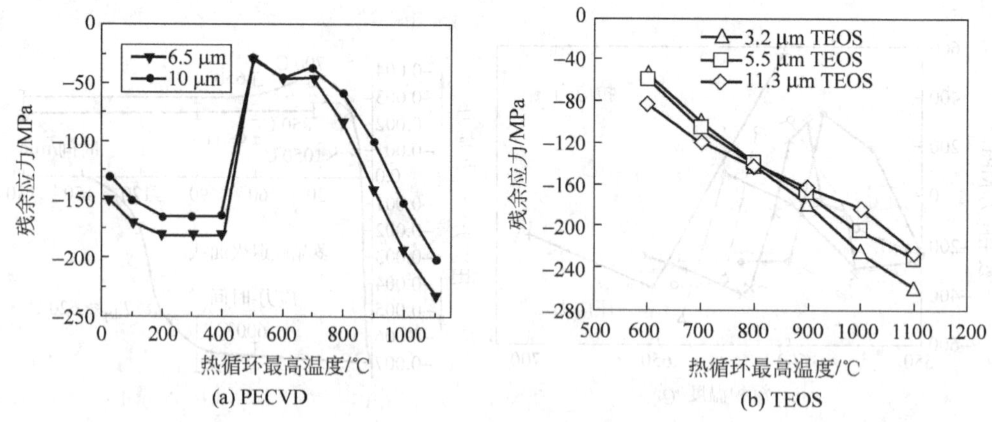

图3-43 二氧化硅残余应力随热循环温度的关系

3. 氮化硅薄膜

LPCVD 沉积的氮化硅薄膜的拉应力很大，在 1000 MPa 左右，当膜厚度超过 200 nm 时容易出现裂纹。氮化硅沉积可以采用 SiH_4+NH_3 或 $SiH_2Cl_2+NH_3$，一般认为前者产生的残余应力比后者小[63]。氮化硅的残余应力可以通过调整 N 和 Si 的含量比例进行调整，即增加硅的含量使其超过化学定量比成为富硅氮化硅。图 3-44 为 LPCVD 沉积氮化硅时薄膜残余应力随着氮和硅的含量的变化。随着硅含量的增加，应力从拉应力变为压应力，随着硅含量的进一步提高，又变成拉应力。当氮和硅的比例接近 1 时，残余应力很小。例如当 Si：N 从 0.85：1 增加到 0.95：1 时，残余应力造成的残余应变从 3×10^{-3} 降低到 0.35×10^{-3}。另外降低反应过程的压力可以降低残余应力，但是沉积速度随之下降；增加反应温度也可以降低残余应力。通过选择适当的沉积参数，氮化硅薄膜的残余应力可以下降到 100 MPa 以下，对于 PECVD 沉积的富硅氮化硅，甚至可以实现接近 10 MPa 的残余应力。

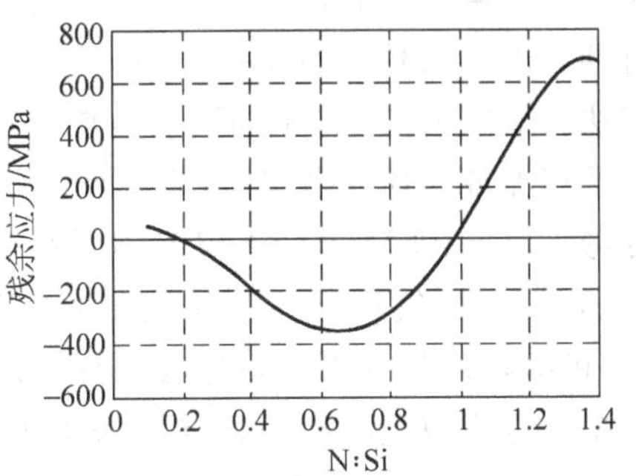

图 3-44　残余应力随 N：Si 含量的变化

常用降低残余应力的方法包括退火处理、掺杂，以及薄膜应力补偿方法等。对于残余应力重复性较好、热开销允许，并且退火可以改变应力状态的情况，可以采用热退火处理降低或消除薄膜的残余应力。对于不能通过退火消除残余应力的情况，可以沉积多层不同工艺或不同材料的薄膜（表现为不同的残余应力性质）互相补偿，使应力减小，例如多层不同温度沉积的拉压相间的多晶硅，或者 SiO_2 和氮化硅等组成的复合薄膜。尽管这些方法可以在一定程度上降低残余应力，但是实现低应力甚至零应力的薄膜仍旧是 MEMS 领域的难点之一[64]。

4. 薄膜力学性质的测量

宏观材料力学特性的测量方法难以移植到薄膜上，原因是微机械结构尺寸较小，结构的夹持、施加作用力和测量变形都比较困难，因此薄膜性能的测量需要特殊的方法。MEMS 的特点是能够在器件周围设计力学性质测量结构，并实现原位测量[65]。然而由于薄膜本身的不一致性和不同的测量方法有不同的假设条件和测量精度，各种测量方法得到的数据之间存在较大的不一致性[66]。

薄膜的测量方法大体可以分为静态测量[67]和动态测量[68]。静态测量主要测量结构在外界负载的作用下发生的伸长或弯曲，通过比较无负载时的情况，计算薄膜内应力、弹性模量或泊松比等。静态测量可以进一步分为拉伸法和弯曲（偏转）法。拉伸法包括单轴拉伸法和双轴拉伸法，是对结构施加轴向拉力。拉伸的难点在于精确测量拉伸力和结构变形的大小、如何夹持被测量的微结构，以及保证拉伸过程中不出现弯矩[69]。偏转法测量梁或桥受力后的偏转。测量残余应力除了需要测量曲率半径外，多数拉伸和偏转法都需要对被测结构施加作用力。

薄膜在残余应力或外加压力下弯曲变形，通过测量弯曲量，可以间接测出薄膜材料的弹性模量和残余应力，以及塑性膜的屈服强度和弯曲断裂强度等，因此薄膜弯曲试验是被广泛使用的薄膜力学性能测试技术。薄膜结构一般为悬臂梁或者双端固支的桥式结构，分别在悬臂梁末端和桥结构中点加载。悬臂梁是静态法中最常用的测量结构。残余应力的测量通常都基于变形原理,已经发展出多种利用可动微结构测量局部残余应力的方法,如测量频率变化、压力作用下的薄膜变形,以及多种释放结构的变形等;局部应力测量还利用到了X-射线、声学、拉曼光谱分析、红外分析,以及电子衍射等复杂设备。

由于MEMS中力和位移都非常小,高精度的力和位移测量是MEMS力学参数测量的先决条件。常用的施加作用力的方法包括静电执行器[69]、AFM探针和纳米压痕机等。静电执行器要求梁或桥与衬底之间构成两个电极,比较适合表面加工的结构。例如利用梳状叉指电容执行器能够产生380 μN的拉伸力,分辨率达到4 nN[69]。结构在外力作用下的变形多利用光学仪器或台阶仪测量,或者在测试结构上制造游标结构,通过游标对准位置的不同直接读出变形大小。AFM探针不仅能够对微观结构施加作用力,还能够原位测量作用力的大小和结构的变形,连续记录位移随载荷的变化关系,即载荷位移曲线。测量过程不需要夹持微悬臂梁,可排除基体的影响,得到纯弯曲形变,简化理论分析过程。纳米压痕法能够测量梁的弹性和塑性变形以及弹性模量和屈服强度。纳米硬度计由一个纳米压头和观察压痕的显微镜组成,纳米硬度计依靠电磁力将标准维氏金刚石压在悬臂梁表面,然后利用AFM测量压头在悬臂梁表面产生的压痕,计算悬臂梁的力学性质。系统施加的压力为毫牛顿量级,压痕深度在几十至几百纳米,测量分辨率分别在10 μN和1 nm左右。由于多晶硅薄膜的沉积参数不同,即使都采用纳米压痕法进行测量,得到的弹性模量变化范围也很大(181～203 GPa[70])。

动态测量是利用结构的谐振频率计算参数。由于结构的谐振频率与弹性模量、残余应力等有关,通过测量梁或桥的自然谐振频率可以计算薄膜的力学参数。这种方法需要激振、检振等,实现比较复杂。悬臂梁结构在释放后,由于一端自由,其内部应力已经被释放,但应力释放使谐振频率发生变化。对于桥式结构,由于内部残余应力的作用,谐振频率发生偏移,通过测量谐振频率的偏移量即可计算残余应力的大小。用谐振法测量时,空气对微结构产生的阻尼会极大地影响结构的谐振频率,因此谐振法测量一般需要在真空中进行。

图3-45为几种静态测量方法。图3-45(a)用来测量薄膜的残余应力,在沉积薄膜以前测量衬底的初始曲率半径r_0,沉积薄膜后测量带有薄膜的曲率半径r,曲率半径和残余应力的关系满足Stoney公式

$$\frac{1}{r}-\frac{1}{r_0}=\frac{6(1-\nu_s)\sigma_f t_f}{E_s t_s^2} \tag{3-13}$$

其中r_0和r分别为变形前后的曲率半径,下标f和s分别表示薄膜和衬底,t和E分别表示厚度和弹性模量,σ和ν表示残余应力和泊松比。

对于图3-45(b)所示的双端固支梁施加压力,当达到临界值时梁发生失稳。失稳时的临界应力为

$$\sigma_{cr}\approx\frac{EI}{L_{FF}^2} \tag{3-14}$$

如果多个双端固支梁组成长度递增的阵列,根据发生失稳的梁的长度和施加的压力即可确定弹性模量。

图3-45(c)用来测量残余应力,残余应力引起的变形是利用指示梁与固定结构形成的游标测量的。

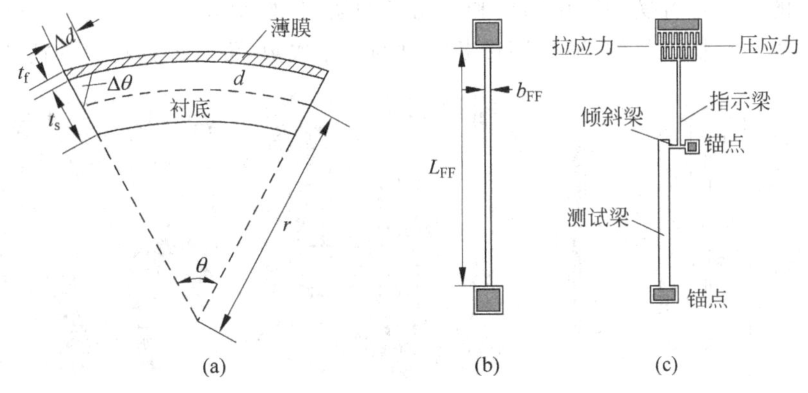

图 3-45 静态测量

弯曲法中最常用的是悬臂梁的弯曲和双端支承梁的弯曲。如图 3-46(a)所示，在集中作用力 F 或均布力 q 的作用下，悬臂梁的挠度曲线分别为

$$w(x)=\frac{F}{6EI}(3x^2L-x^3),\quad w(x)=\frac{qx^2}{24EI}(6L^2-4Lx+x^2) \tag{3-15}$$

测量悬臂梁的挠度即可获得材料的弹性模量。图 3-46(b)和(c)为利用弯曲测量断裂强度的结构，质量块由折叠弹性梁和被测梁支承，探针在质量块上施加静态力，被测梁断裂时质量块的位移由游标结构测量。图 3-46(b)所示的受均布载荷作用的圆形膜片也是静态测量常用的结构，其中心位移为

$$w_{\text{center}}=\frac{3PR^4(1-\nu^2)}{16Et^3} \tag{3-16}$$

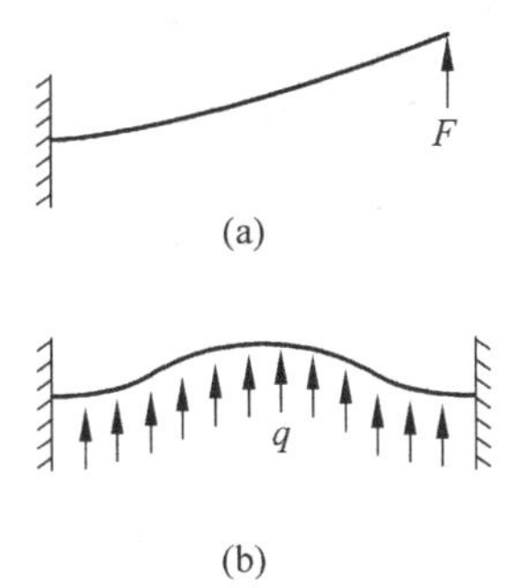

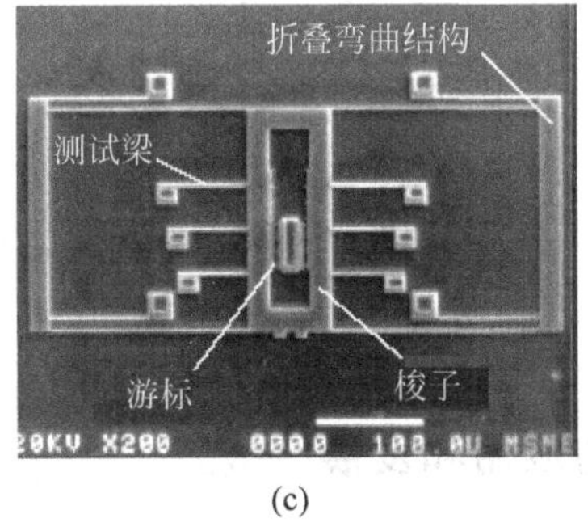

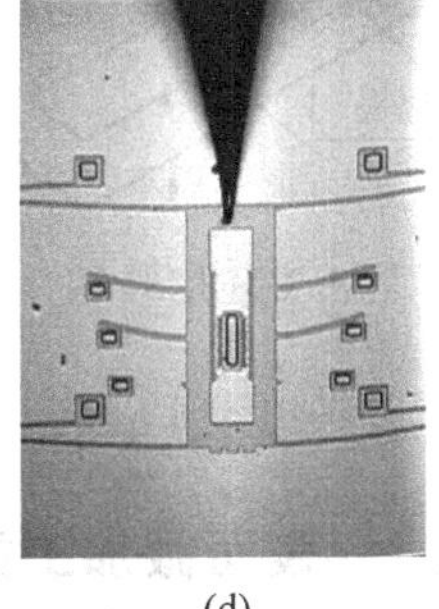

(d)

图 3-46 弯曲静态测量

图 3-47 为动态法测量残余应力和疲劳强度的结构。图 3-47(a)为叉指换能器结构，通过叉指换能器实现可动质量块的振动，当谐振器存在残余应力时，应力改变了谐振器的等效刚度，从而改变了谐振频率。无残余应力和有残余应力时，结构的谐振频率 f_0 和 f_1 分别为

$$f_0\approx\frac{1}{2\pi}\sqrt{\frac{4Etw^3}{ML^3}},\quad f_1\approx\frac{1}{2\pi}\sqrt{\frac{4Etw^3}{ML^3}+\frac{24\sigma_r tw}{5ML}} \tag{3-17}$$

其中 E 为谐振结构的弹性模量，M 为可动部分的总质量，L、t 和 w 为支承弹性梁的长度、厚度和宽度，σ_r 为支承梁残余应力。

图 3-47(b)为扇形静电换能器组成的谐振结构，扇形谐振质量块在换能器的驱动下摆动

谐振。质量块的根部带有摆动限位结构和三角形的切口,如图3-47(c)所示,切口使质量块摆动过程中应力集中在切口部位,通过测量断裂时的谐振次数,可以计算材料的疲劳强度。

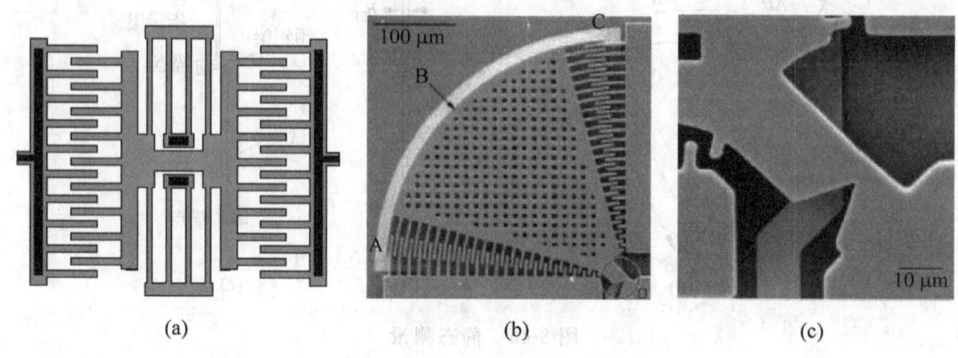

图3-47 残余应力和疲劳强度的动态测量

平板电容具有下拉效应,极板在产生下拉效应以前,电容值与极板的变形、偏置电压等有关,通过测量电容可以得到相应的力学参数;产生下拉效应时的电压取决于结构的力学参数和尺寸,因此通过电压可以得到力学参数[65]。基于下拉效应的测量方法得到了广泛的应用[67],类似于对MOS器件电参数测试时的E-Test法,对MEMS器件机械参数的测量方法称作M-Test方法[65]。常用的测试结构包括悬臂梁、双端支承梁和扇形结构等,如图3-48所示。这种方法对MEMS器件几何尺寸非常敏感,除了用于器件弹性模量和残余应力的测量外,也可以用于在线监测和调控器件薄膜结构的厚度、间隙大小等。

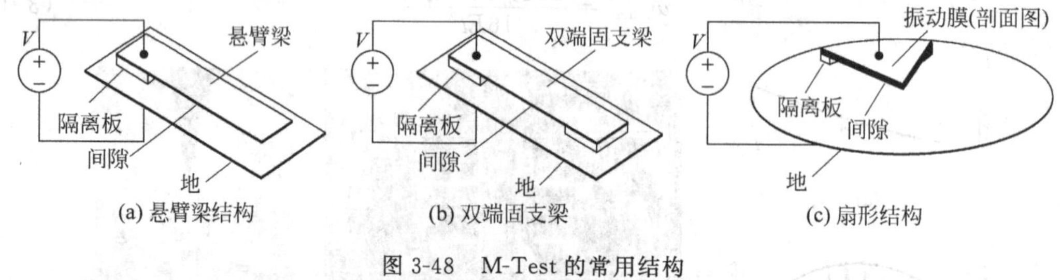

图3-48 M-Test的常用结构

3.3.3 表面微加工的应用和发展

表面微加工技术已经得到了广泛的应用,如TI的DMD微镜和ADI的ADXL系列加速度传感器等产品均采用表面微加工技术制造。

图3-49为晃动马达的制造流程[71]。首先在硅衬底上热生长1 μm的SiO_2和1 μm富硅氮化硅作为绝缘层。然后沉积重掺磷的多晶硅0.35 μm,光刻刻蚀形成屏蔽。沉积2.3 μm的SiO_2作为第1层牺牲层,光刻并刻蚀套筒形状,深度为1.8 μm,如图3-49(a)所示,套筒槽内剩余的0.5 μm的SiO_2使定子和转子之间产生竖直方向的高度差。然后刻蚀SiO_2开出定子的锚点窗口,暴露出下层的氮化硅。沉积2.5 μm的重掺磷的多晶硅层,光刻并刻蚀出定子和转子,如图3-49(b)所示。沉积SiO_2作为第2层牺牲层,定子和转子表面上的厚度为0.5 μm,侧壁上的厚度约为0.3 μm,形成了马达内部的轴承间隙,如图3-49(c)所示。刻蚀SiO_2牺牲层形成轴承的锚点,刻蚀到下面的屏蔽层。沉积1 μm厚的重掺磷多晶硅作为结构层,光刻并刻

(a)

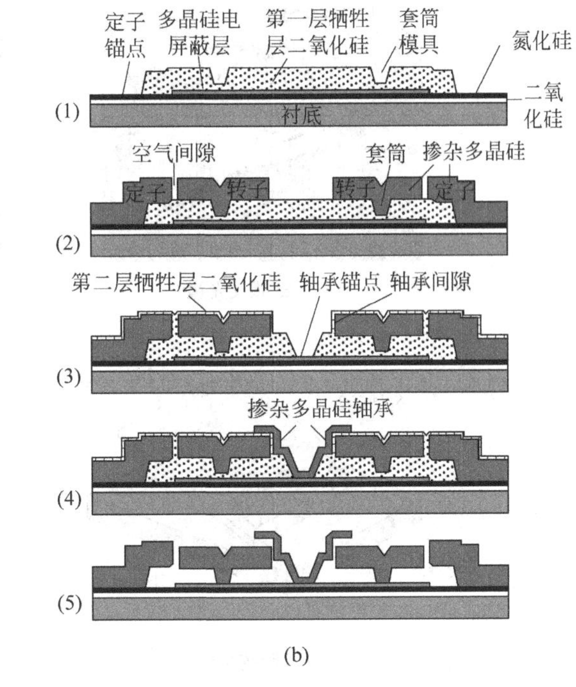

(b)

图 3-49　微型静电马达的制造过程

蚀形成轴承，如图 3-49(d)所示。最后在 HF 中刻蚀 SiO_2 释放结构，如图 3-49(e)所示。

图 3-50(a)为美国 Sandia 国家实验室实现的微型反射镜系统。该系统包括梳状静电驱动器、连杆传动机构、齿轮-齿条传动机构，以及由铰链连接的微型反射镜。系统连杆分为 2 组，每组中的 1 连杆由梳状静电驱动器驱动作往复运动，推动另一个连杆带动齿轮转动，运动规律类似活塞，如图 3-50(b)所示。齿条将齿轮的转动转变为直线运动，齿条的末端推动一个由铰链连接的微型反射镜，使齿轮转动过程中反射镜与平面的夹角会发生改变，如图 3-50(c)所示，从而改变入射光的反射角度运动。系统全部采用表面加工技术制造，设计复杂、工艺难度大，体现了非常高的表面加工技术水平。

图 3-50(d)为表面微加工技术制造铰链微反射镜的过程。制造过程采用了两层牺牲层和两层结构层：首先沉积 SiO_2 作为第 1 层牺牲层，然后沉积第 1 层结构层“多晶硅 1”，刻蚀形成能够折起的铰链形状；沉积第 2 层 SiO_2 牺牲层，并刻蚀 SiO_2 到衬底形成下一层多晶硅在衬底的固定点；沉积第 2 层“多晶硅 2”作为固定铰链的结构层，刻蚀多晶硅结构层；最后在 BHF 中释放 2 层牺牲层，得到可以自由转动的铰链。利用该铰链作为基本结构，能够实现多种器件。

受限于多晶硅层的厚度，表面微加工的结构层一般比较薄，通常只有 1～2 μm。对于 DMD、MEMS 开关和谐振器等，这个厚度能够满足应用的要求。然而对于加速度和陀螺等惯性传感器，这个厚度无法满足大质量块以抑制热力学噪声的要求。为了实现较大的谐振质量，Bosch[72]、Motorola[56]和 ST[73]先后开发了厚膜多晶硅表面微加工工艺，并广泛应用于惯性传感器的批量生产。

Bosch 和 ST 所开发的厚膜多晶硅表面微加工技术都是基于外延工艺沉积多晶硅，多晶硅的厚度为 12～13 μm。实现厚膜多晶硅表面微加工工艺的前提是能够沉积大厚度的多晶硅薄膜并能够对该薄膜进行刻蚀图形化。厚膜多晶硅沉积的技术难点在于残余应力和表面粗糙度

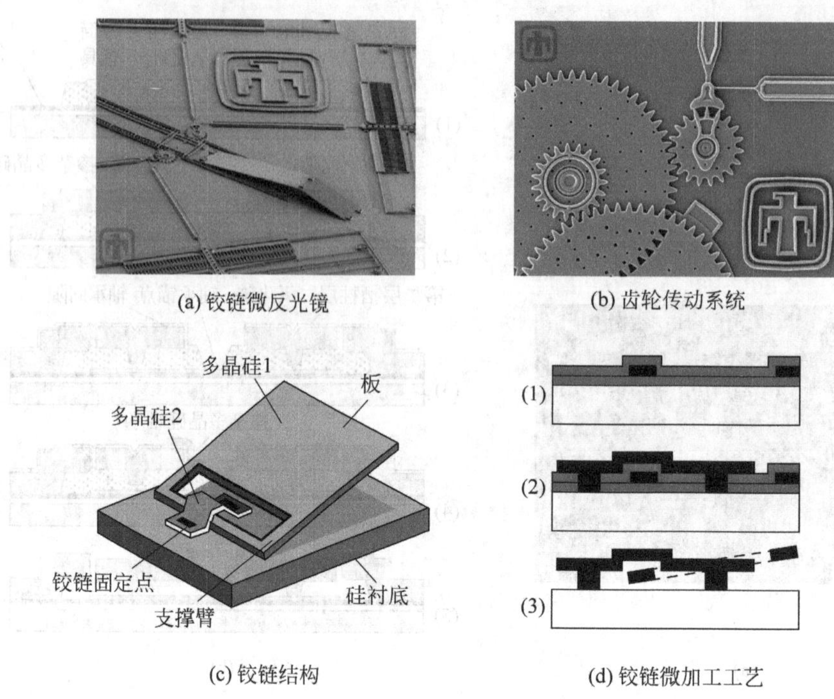

(a) 铰链微反光镜 (b) 齿轮传动系统

(c) 铰链结构 (d) 铰链微加工工艺

图 3-50 表面加工技术制造的铰链微反射镜和齿轮

的控制,只有有效地控制好多晶硅的残余应力才能实现平整的结构层,同时表面粗糙度对于结构的一致性有很大的影响。厚膜多晶硅的图形化主要依靠刻蚀实现,在基于 Bosch 原理的 DRIE 深刻蚀技术出现以后,多晶硅的刻蚀变得非常容易,因此厚膜多晶硅表面微加工技术在20世纪90年代末期才开始出现。

图 3-51 为 ST 开发的厚膜多晶硅表面微加工的工艺 TheLMA(Thick Epitaxial Layer for Microactuators and Accelerators)。该工艺基于 ST 0.8 μm 的 CMOS 工艺线开发,可以沉积厚多晶硅作为结构层、薄多晶硅作为互连,与 Bosch 的工艺类似。首先在硅衬底表面热氧化 2.5 μm 厚的 SiO_2 作为结构与衬底的隔离以及后续释放结构层的牺牲层,如图 3-51(b)所示;利用 LPCVD 在 SiO_2 表面沉积1层薄的多晶硅层,对多晶硅层刻蚀,用于结构层下部的电连接和外延种子层,如图 3-51(c)所示;利用 PECVD 在表面沉积 1.6 μm 厚的 SiO_2,刻蚀形成结构支撑和外延窗口,如图 3-51(d)所示;以 SiO_2 窗口暴露的多晶硅作为种子层,利用 LPCVD 外延生长大厚度的多晶硅薄膜,在外延多晶硅表面沉积金属并刻蚀,作为结构层上表面的电学连接,如图 3-51(e)所示;利用 DRIE 刻蚀多晶硅层形成微结构,如图 3-51(f)所示;最后利用气相 HF 刻蚀去除多晶硅结构层下方的 SiO_2 牺牲层,将多晶硅结构层释放,如图 3-51(g)所示。

实际上,TheLMA 还包括键合真空封装。ST 利用 TheLMA 先后实现了加速度传感器、陀螺、静电驱动器、谐振器和滤波器等,其中加速度传感器和陀螺已经批量生产,陀螺占据近60%的消费电子市场份额。TheLMA 中多晶硅的厚度取决于需求,最大可达 50 μm[73]。尽管 Bosch 和 ST 的厚膜多晶硅表面微加工技术与 ADI 的表面微加工技术基本相同,但是由于大厚度的多晶硅影响电路的 CMP 工艺,因此 Bosch 和 ST 的厚膜多晶硅工艺只用来制造 MEMS 结构,而没有进行 CMOS 的单片集成。

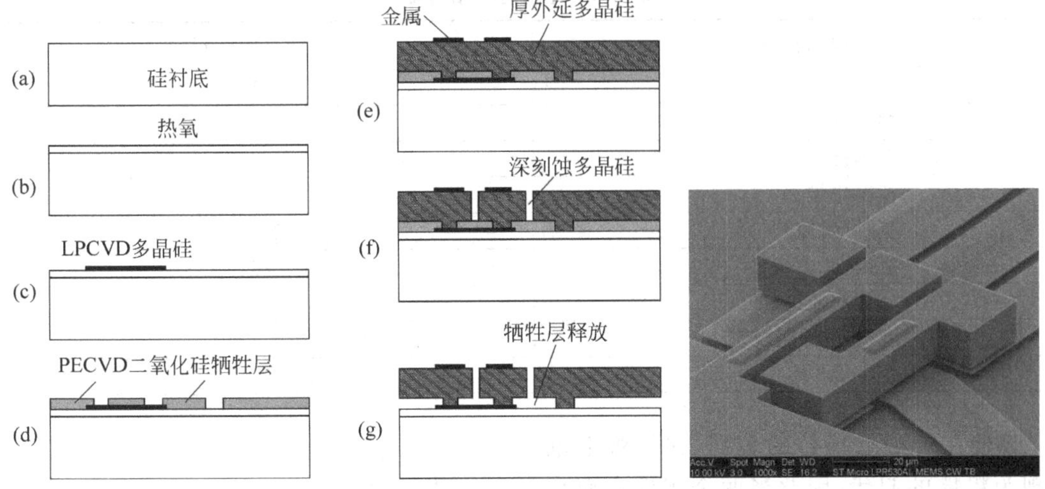

图 3-51 ST 开发的 TheLMA 表面微加工流程

3.4 键 合

键合(bonding)是指在一定外部条件(温度、压力、电压等)的作用下,使两个衬底材料(如硅-硅或硅-玻璃等)形成足够近的接触,最终通过相邻材料的界面之间形成的分子间作用力或化学键,将两个衬底材料接合为一体的技术。键合技术最早起源于硅-硅直接键合或硅-玻璃阳极键合实现空腔式的结构,同时也是重要的封装方法[74~76]。近年来三维集成发展推动了键合方法和键合设备的不断进步。键合技术已经从早期以硅-玻璃和硅-硅键合为主,发展到包括高分子键合、金属键合等多种键合方式,能够处理的圆片直径也达到 300 mm,同时键合对准方法也不断发展、对准精度不断提高。

3.4.1 键合原理

尽管键合技术多种多样,但是所有键合的基础都是化学键形成原子之间的相互作用力或分子间作用力。共价键、金属键和离子键等化学键为原子间相互作用,通常比分子间作用力大 1~2 个数量级以上,如表 3-8 所示[77]。分子间作用力包括范德华力和氢键。范德华力包括取向力、诱导力、色散力,对大多数分子色散力是主要的,水等偶极矩很大的分子取向力是主要的,而诱导力通常很小。氢键是由氢原子和强电负性原子(如 N、O、F 等小半径的非金属原子)形成离子键而引起电子云极度偏移后,使分子间产生类似配位的较强静电作用。一般氢键键能低于 40 kJ/mol,介于化学键和范德华力之间。

共价键和范德华力是多数情况下形成键合的主要因素,而金属键是金属材料键合时的主要作用力。图 3-52 为原子间共价键和两种分子间作用力的力程范围和大小示意图[77]。尽管作用范围和大小不同,这些化学键和分子间作用力都是由异性电荷之间的相互引力引起的。为了实现共价键或范德华力的作用,原子间的间距必须小于 0.3~0.5 nm。不同的作用机理所产生的作用力大小是不同的,其中离子键的作用力最强,而范德华力的作用力最弱,这将直接影响键合强度。

表 3-8 化学键的结合能

键的种类	键能/(kJ/mol)
离子键	590～1050
共价键	563～710
金属键	113～347
范德华键	
氢键(带氟)	<42
氢键(无氟)	10～26
其他双极键	4～21
双极-诱导双极键	<2
色散键	0.08～42

即使在宏观上平整的表面，在微观上也表现为粗糙的起伏，因此当两个刚性表面直接接触的时候，从微观角度看，只有个别的凸点是接触的，大部分的表面都存在着极其微小的间隙。如果间隙超过了化学键和分子间的作用距离，那么这两个表面无法实现键合。为了使两个表面间大部分区域的间隙小于化学键的作用距离，必须使其具有极为平整的表面，或者使其中至少一个表面产生弹性(临时)或塑性(永久)变形，或者在两个表面之间的间隙填入容易变形的材料(如液体或弹性模量较低的高分子材料)，或者使一个固体表面扩散进入另一个表面。

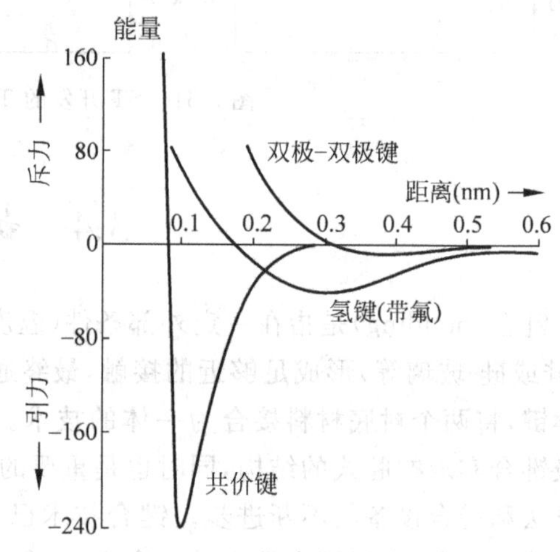

图 3-52 原子间化学价键的作用力程和大小示意图

键合依靠键合机提供的温度、压力、真空度和电压等条件，实现上述可能的接触情况。图 3-53 为圆片级键合机的原理示意图。由卡具把已经对准的圆片固定在具有一定真空度或保护气体的键合腔内，为了提高键合机施加的压力的均匀性，在两圆片的上面放置缓冲垫，通常是石墨圆片。键合过程中，通过上下加热板分别对上下圆片进行加热、加压并保持一定时间，使键合圆片间充分接触键合。对于硅-玻璃之间的样机键合，还需要对二者施加一定的电势差。

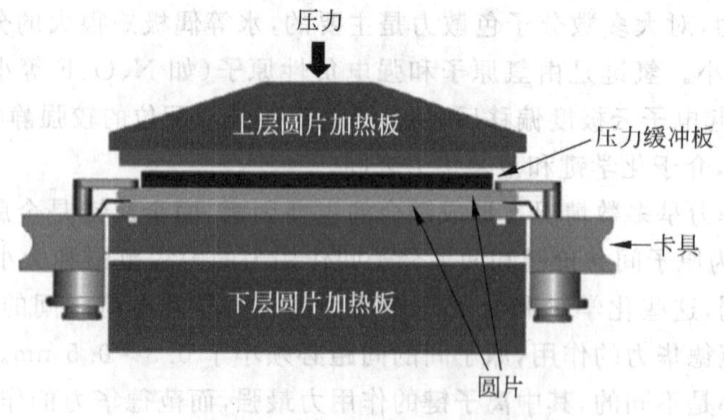

图 3-53 圆片键合机结构示意图

MEMS 中常用的键合方式包括直接键合(direct bonding 或 fusion bonding,融合键合)、阳极键合(anodic bonding)、高分子键合(adhesive bonding)、金属热压键合(metal thermocompresion bonding),以及金属共晶键合(eutectic bonding)等。这些键合方式可以分为直接键合和中间层键合两类。直接键合是指将需要键合的圆片/芯片不经过其他过渡层就可以实现键合,例如硅硅直接键合、阳极键合、等离子体活化硅直接键合等。直接键合可以获得较高的键合强度,但是键合条件要求较为苛刻。中间层键合是指利用金属、高分子、玻璃等作为中间过渡层,对两层圆片实现键合包括高分子层键合、金属热压键合、共晶键合、玻璃键合等。中间层键合对键合条件的要求有不同程度的放宽,但是一般键合强度相对直接键合有所降低。图 3-54 为常用键合示意图。

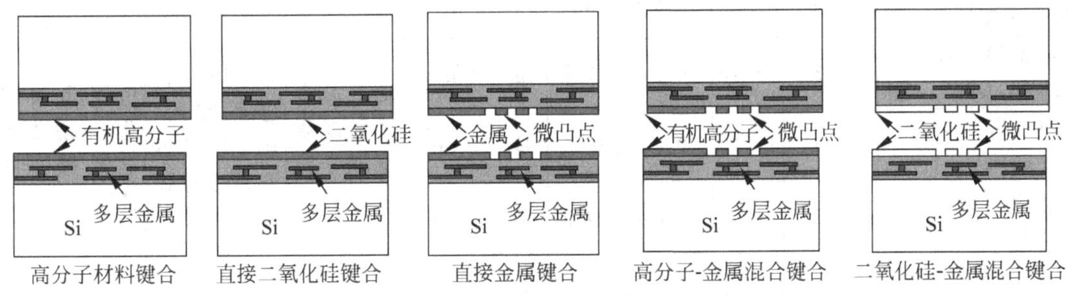

图 3-54 常用键合方法示意图

表 3-9 为常用的键合方式所使用的材料、键合温度、压力、表面粗糙度、键合温度等常规参数的范围[78]。不同的键合方式需要不同的键合条件,键合结果也有较大的差别因此键合方式的选择主要依据使用的目标,同时要考虑键合温度、压力、温度容限、对准精度、产能及良率、应力及可靠性等。例如真空封装时,一般不采用高分子键合,以避免材料的气体释放和漏气;另外,键合时如果圆片上已经完成了电路或器件的制造,通常要将键合温度控制在 450℃以下。

表 3-9 常用键合参数

材料	键合温度/℃	压力/kN	表面粗糙度	真空/Torr	密封性	对准精度	耐受温度/℃	应用	备注
阳极键合									
Corning 7740,7070	180～500	0.5	<20 nm	10^{-6}	是	2 μm	受玻璃化转变温度限制,一般<450	MEMS 及加速度、陀螺、压力传感器密封	需要 200～1000 V 电压,硅玻璃,离子污染 CMOS 不兼容
Soda Lime 0080	180～500	0.5	<20 nm	10^{-6}	是	2 μm			
Aliminosilicate 1720	180～500	0.5	<20 nm	10^{-6}	是	2 μm			
溅射玻璃	180～500	0.5	<20 nm	10^{-6}	是	2 μm			
Schott/Corning/Asahi 无铅玻璃	>400	0.5	<20 nm	10^{-6}	是	2 μm			
融合键合(直接键合)									
Si、SiO_2、SiN、LTO、TEOS	<1100	无	<1 nm	10^{-6}	是	0.5 μm	>1000	三维集成、SOI、GeOI,光学材料,MEMS 应用良率低	对准精度高、初始键合快,要求表面极度平整,零颗粒污染
GaAs、InP、GaP	<400	无	<1 nm	10^{-6}	是	0.5 μm	>1000		
蓝宝石、石英、玻璃	<400	无	<1 nm	10^{-6}	是	0.5 μm	>1000		

续表

材料	键合温度/℃	压力/kN	表面粗糙度	真空/Torr	密封性	对准精度	耐受温度/℃	应用	备注
中间层键合(玻璃粉 Glass Fruit)									
Ferro 11-036	400～500	2～5	<1 μm	10	是	5 μm	350～450	MEMS 及传感器密封	表面要求低、键合面积大、离子污染、非CMOS兼容
无铅玻璃粉	>500	2～10	<0.1 μm	10	是		350～450		
金属共晶键合									
Au-Si (81.4%Au, Te=363℃)	≥363	1～10	<0.1 μm	减压	是	2 μm	受共晶金属温度限制,高于键合温度	MEMS 及传感器密封、RF 谐振器开关、光学器件、三维集成	由于金属熔化,不适用于硅片弯曲的情况
Au-Sn(20%Au, Te=280℃)	≥280	1～10	<0.1 μm	减压	是	2 μm			
Au-Ge(88%Au, Te=361℃)	≥361	1～10	<0.1 μm	减压	是	2 μm			
Au-In(1%Au, Te=156℃)	≥156	1～10	<0.1 μm	减压	是	2 μm			
Cu-Sn(1%Cu, Te=231℃)	≥231	1～10	<0.1 μm	减压	是	2 μm			
金属热压(扩散)键合									
Au-Au	300～400	5～40	<10 nm	减压	是	0.5 μm	受金属熔点温度限制	三维集成,高可靠性密封	一般需要 CMP 平整金属凸点或薄膜
Cu-Cu	300～450	5～40	<10 nm	减压	是	0.5 μm			
Al-Al	375～425	>40	<10 nm	减压	是	0.5 μm			
中间层键合(高分子)									
BCB	200～300	1～5	1 μm	常压或真空	否	2～5 μm	受高分子材料温度限制	三维集成、MEMS、微流体	键合时间短、表面要求低、气密性差
PI	200～350	1～5	1 μm		否	2～5 μm			
SU-8/AZ400	<200	1～5	1 μm		否	2～5 μm			
PMMA	<200	1～5	1 μm		否	2～5 μm			

键合可以针对圆片级、圆片-芯片级,以及芯片级进行。圆片级键合的优点是多芯片并行对准和键合工艺,经过一次对准和键合完成整个圆片上所有的芯片键合,效率高,热循环过程最低,这也是 MEMS 圆片级键合封装常用的方式。圆片键合的尺寸大,对整个圆片范围内的高度差有较高的要求,大尺寸圆片键合的技术难度和设备要求很高。圆片级键合适用于两层圆片的材料和热膨胀系数匹配,芯片大小相同或接近,并且每层圆片的良率都非常高的情况。如果一层圆片的成品率较低或尺寸差异很大,会导致失效芯片键合,或小芯片浪费圆片上对应位置的好芯片,造成整体成本的提高。

圆片-芯片级键合适合于芯片所对应的产量成品率较低的情况,或者芯片面积与圆片上对应的芯片面积差别较大的情况。通过圆片-芯片级键合可以避免低成品率产品对高成品率芯片的浪费。采用芯片级键合可以为芯片的成品率、面积失配等提供最大程度的适应性和灵活性。圆片-芯片级和芯片级键合的缺点是效率低,同时圆片-芯片级键合的热过程多,最先键合的芯片要经受后续所有键合的高温过程。另外,芯片级键合的对准精度也较低,一般为 5～10 μm。

采用 SET FC150/300 等高精度圆片-芯片键合机可以获得 1 μm 的键合精度，但是需要逐一对准、逐一加热，对准时间很长，处理完一个圆片需要几个小时的时间。当芯片尺寸较小时，采用芯片级键合的效率过低，并且成本随着键合精度的提高而迅速提高，在这种情况下首选圆片级键合。当芯片尺寸较大时，不同键合类型的键合成本都有所下降，此时需要根据对准精度的要求选择合适的键合方式。

3.4.2 键合对准方法

键合两层或多层圆片/芯片时需要保证相互的位置对应关系，这种位置对应关系由键合对准实现。高精度的对准可以避免键合失效，节约芯片面积。由于圆片/芯片衬底是不透明的，两个需要键合的表面不可见，无法采用常规的光刻对准技术实现两层圆片/芯片的对准。对准技术包括圆片级对准技术、芯片级倒装芯片对准技术和芯片级自组装对准技术。圆片级键合的对准可以采用专用的圆片级对准设备，一般使用红外对准或光学对准方法[79]。芯片级键合以及芯片与圆片间的芯片圆片级键合，对准可以采用倒装芯片键合设备的光学对准系统实现。对于 SOI 圆片的键合，可以将 SOI 的器件层转移到玻璃圆片表面实现透明可视，采用常规的光刻对准。

对准可以在键合前完成，然后在保持对准位置的条件下将对准的芯片或圆片转移到键合机中进行键合；另外，对准也可以在键合机中原位完成。主流的圆片级键合设备基本都采用对准与键合分离的方案。将对准与键合过程相分离，可以有效避免键合过程温度变化和硅片翘曲等因素对对准精度产生的影响，提高键合对准精度。由于键合过程一般比对准过程需要更长的时间，将键合与对准分离可以提高对准设备的利用率。另外，键合与对准分离能够将最终键合后的对准误差分割为键合前对准误差和键合过程中滑移引起的误差。对准后的圆片在移动过程中必须使用专门的夹具固定，EVG 和 Suss 公司的移动夹具都不会引起相对滑移，能够保持对准时的位置不变。

影响键合对准精度的原因很多，包括键合方法、对准方法、键合材料，以及上下层芯片的表面起伏和翘曲等。不同的键合方法对键合对准精度的影响有很大差异。一般直接键合和金属热压键合由于键合过程中所引起的滑移很小，键合后对准精度较高；而高分子键合和共晶键合时，键合层出现一定程度的软化或熔化，容易引起键合过程中的滑移。热膨胀引起的圆片翘曲也是影响键合精度的重要因素。

1. 红外对准

采用红外光实现硅片键合对准是最早发展起来的硅片键合对准技术之一。禁带宽度超过 1.1 eV 的材料在通常的红外波段都是透明的，而硅的禁带宽度为 1.1～1.3 eV，因此硅对于红外波段的光线基本是透明的。利用这一性质，采用红外光作为照射光源，硅衬底是基本透明的，就如同可见光透射玻璃一样，因此可以透过硅衬底直接看到由红外非透明(红外吸收)材料构成的对准标记，如金属。考虑红外成像和硅透射波长的影响，为了提高对准精度，红外对准中采用的红外波长通常为 1.2 μm 左右，即近红外。

图 3-55 为红外对准系统的原理、对准结构示意图和对准标记的显示图像。由于红外光肉眼不可见，对准标记的观察需要 CCD 红外成像仪或红外显微镜进行放大显示。利用红外光透射硅晶圆时，对准系统与可见光对准系统的结构基本类似。如图 3-55 所示，需要对准时两层硅晶圆由各自的夹具控制分离开一个微小的距离，以便微调二者的相对位置。红外光从晶圆

的底部照射，在晶圆的上方观察对准标记的红外成像，并根据对准标记的位置对晶圆的相对位置进行调整。对准完成后，将两层硅晶圆接触并固定相对位置，进行后续的键合。

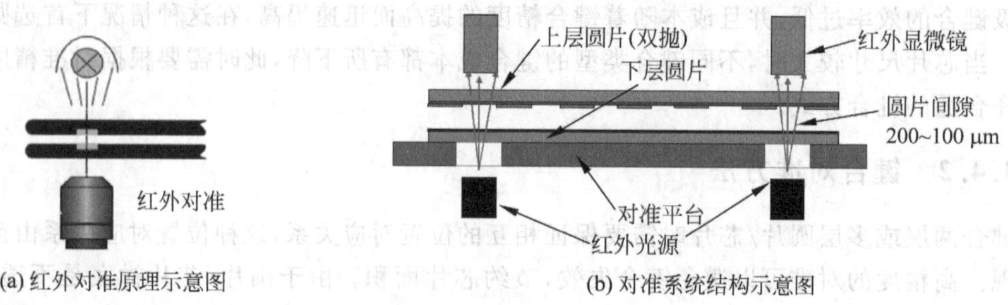

图 3-55　红外对准

红外对准系统的对准精度取决于红外波长、光学镜头放大倍数、对准标记设计，以及机械系统移动和控制精度等。为了提高对准标记的可视分辨率，应尽量采用对硅透明的最短波长的红外光。对准时为了移动硅片，两层硅片之间需要保留几微米至几十微米的间隙。当两层硅圆片的对准标记位于相对的表面时(图 3-55 所示的情况)，两个对准标记之间的间隙仅为两层硅圆片之间的间隙，此时对准精度较高。当对准标记位于两层硅圆片相同方向的表面时，两个对准标记的间隙为硅圆片之间的间隙与一层硅圆片的厚度之和，此时间隙很大、对准精度下降。

红外对准的优点是可以同时看到所有层的情况，设备简单、对准过程直接、位置调整方便。另外，红外对准可以在键合机中实现原位对准，即在键合机中对准后直接键合。红外对准的主要缺点是受器件材料和多层金属互连的限制比较大。二氧化硅和氮化硅都是良好的红外吸收材料，其红外吸收率随着厚度的增加而增加，当厚度达到 1 μm 时，红外吸收率超过 70%；而金属对红外非透明，对红外产生反射，因此这些材料和结构会对红外成像产生很大的影响，须充分考虑这些因素的干扰。对于圆片级键合，一般需要预留专用区域作为对准窗口，而对于芯片级键合，由于对准窗口尺寸大，预留窗口对器件布置会产生影响，因此红外对准一般只用于圆片级键合对准。

粗糙的硅圆片表面增大了红外光经过该表面时的散射，使对准标记的成像变得模糊，影响对准精度。因此，采用红外对准时需要使用双面抛光的高等级晶圆。红外光对硅衬底的透过率与硅片厚度的指数关系成反比，随着硅片厚度的增加，透过率迅速衰减。红外光对硅圆片的透过率与硅圆片的厚度和掺杂浓度有很大关系。当硅片的电阻率小于 0.01 Ω·cm 时，红外光的吸收率很高，只有对于足够薄的低电阻率硅片，红外光才有较高的透过率。

红外对准在圆片级商用键合机及光刻机中都得到了应用。MIT 研发的面向研究型的 150 mm 圆片红外对准键合机，包括红外显微镜、光学系统、可调整平台和键合模块等，能够实现最高 0.5 μm 的对准精度。AML 公司的 AWB 系列和 FAB12 系列键合机都采用了原位红外对准装置，对准精度为 1～2 μm。USHIO 公司的 UX4-3Di FFPL200/300 系列光刻机也都采用了红外对准对准方式，对准精度 1 μm。EVG 和 Suss 公司的全自动键合机都将红外对准作为可选配模块，最高对准精度达到 0.35 μm。

2. 光学对准

尽管红外对准具有操作简单等优点，但是其易受干扰、限制条件多等缺点，使其多数情况下只作为量产设备的辅助功能，多数量产键合设备的主要对准功能仍是通过光学方法实现的。

1）背面对准

背面对准是德国 Suss 微系统公司发明的用于 MEMS 领域双面光刻的专利对准技术，是 MEMS 领域双面光刻的主要对准方法，也是最早的键合光学对准方法。图 3-56 为背面对准原理示意图，图 3-56 是两个硅片背面单向对准的过程示意图。其基本原理是将一层硅圆片的对准标记朝着光学显微镜和成像系统，固定二者的相对位置后，在二者之间插入另一个硅圆片，通过调整显微镜和成像系统相对于第二个硅圆片的位置，间接调整两个硅圆片的相对位置而实现对准。这种方法的特点是两个硅圆片对准标记所在的表面朝向相同，两个硅圆片面对背放置，但是对准标记都面向显微镜和成像系统。对准过程是在光刻机中完成的，对准后两个硅圆片通过机械夹具固定好位置，再转移到键合机中进行键合。

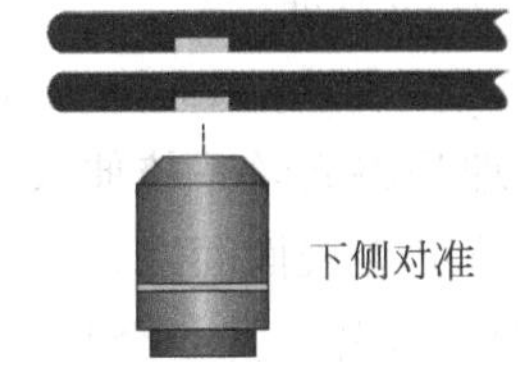

图 3-56 背面单向对准原理示意图

2）SmartView™

SmartView™是 EVG 公司发明的一种圆片级对准技术。SmartView™的特点是两个硅片上的对准标记面对面放置，通过硅片上下两侧的两个显微镜和成像系统双向对准，其对准原理如图 3-57 所示。首先把第 1 层硅圆片固定在设备的夹具上，带有对准标记的表面朝下，通过下方的数字显微镜拍摄对准标记的图像，存储并显示在显示屏上，同时记录此时上层圆片的物理位置；然后将第 1 层圆片移走，以避免遮挡上方的显微镜，并将第 2 层圆片放置在承片台上，使带有对准标记的表面朝上，由上方的数字显微镜拍摄对准标记的图像，通过两对准标记计算第 1 层圆片与第 2 层圆片的相对物理位置的差异；最后移动第 1 层圆片到对准计算所得的物理位置，从而实现两圆片间的对准[81]。尽管 SmartView™设备和对准过程比背面对准技术更加复杂，但是可以允许对准标记位于面对面的位置，减小了二者之间的距离，有利于提高对准精度。

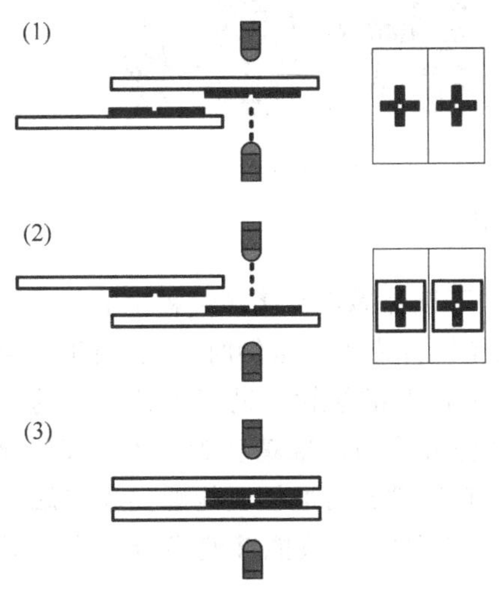

(a) 对准过程

(b) SmartView对准系统

图 3-57 SmartView 对准技术

SmartView™对准技术已经用于300 mm圆片的量产全自动键合机上[80]，如EVG公司的GEMINI系列，最高对准精度可达±0.5 μm，重复性达±0.35 μm。尽管理论上SmartView™对准技术可以用于芯片到圆片的对准，但是对准过程较为复杂、效率偏低，因此目前SmartView™对准技术仅应用于圆片级对准。SmartView™对准设备与圆片键合设备是分离的，先通过对准设备完成圆片的对准后，在固定卡具的支撑下，把圆片转移到键合设备中进行键合。

3) 片间对准

片间对准(Intersubstrate Alignment，ISA)技术是Suss发明的一种高精度对准方法。其基本原理是将光学系统伸入两个硅圆片之间，通过分光镜同时观测上层硅圆片的下表面和下层硅圆片的上表面而实现对准的方法。如图3-58所示，上下两层硅圆片的对准标记面对面放置，将两个硅片分开一个较大的距离，将光学系统深入到两层圆片之间；利用光学系统同时观测上层硅片的对准标记和下层硅片的对准标记，并融合为1个图像；根据上下圆片的对准标记的相对位置，调整其中一个圆片的位置使之与另一个圆片对准；最后将光学系统从2个圆片间撤出，再将上下圆片保持对准位置相互接触，通过专用夹具进行固定。这种对准方法的特点是对准标记面对面，光学系统能够同时观测上下2个对准标记，因此逻辑过程简单、观测非常直观、对准精度高。

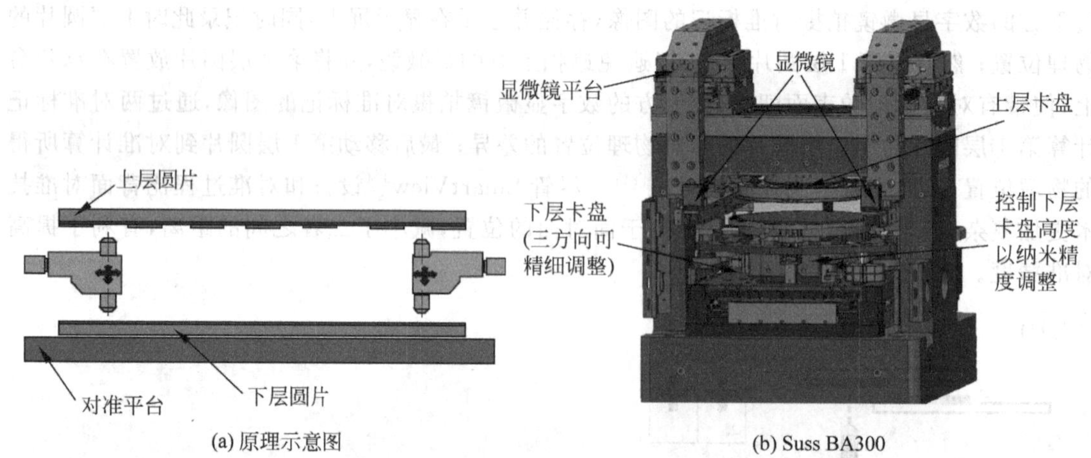

(a) 原理示意图 (b) Suss BA300

图3-58 片间对准方法

片间对准方法的精度取决于工作台的运动精度和上下圆片靠近及接触过程中的位置保持精度，特别是圆片靠近和接触过程的位置保持能力。两个圆片靠近并接触时，二者由于间隙产生的压膜阻尼很大，容易导致圆片漂移。在真空环境中完成对准接触有助于保证二者的相对位置，但是抽真空过程大大降低了对准的效率。早期这种方法的对准精度为±2 μm，最近其对准精度已达深亚微米。Suss公司的BA300UHP超高精度键合对准模块能够实现接触后对准精度0.35 μm，结合径向压力传播(RPP™)技术，BA300UHP模块能够使融合键合的对准精度达到0.15 μm。

片间对准技术除了可以用于圆片级键合对准外，还可以用于芯片圆片间的键合对准，通过对每个芯片实现类似圆片的对准方式并多次重复，完成多个芯片圆片的对准，其原理如图3-59所示[82]。芯片圆片对准也采用一套光学系统，按照圆片对准的方式首先对准、固定、键合第一个芯片，然后再多次重复键合下一个芯片。键合臂在对准和固定芯片位置的同时，能够与衬底独立加压加热，完成对准和键合功能。芯片圆片键合可以用于高精度倒装芯片设备和芯片键合设备，如 SET 公司的 FC150 和 FC300 自动芯片/倒装键合机。FC150 用于芯片与圆片（最大 200 mm）的对准键合，能够处理 100 mm×100 mm 芯片，对准精度 0.5 μm，键合后对准精度 1 μm，FC300 适用于 300 mm 的圆片，键合后精度可达 0.5 μm。

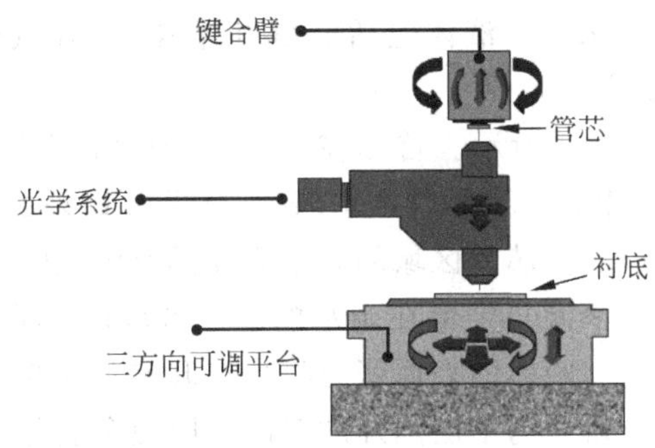

图 3-59　芯片圆片键合的片间对准原理示意图

3. 倒装芯片

倒装芯片是一种广泛应用的封装技术，用来实现芯片与基板（或芯片）的对准和键合，其对准的基本过程如图 3-60 所示。首先利用真空系统使圆片固定在工作台上并用机械臂吸取芯片，光学成像系统同时把 2 个芯片的对准标记在显示屏上成像，通过移动工作台使得圆片与芯片对准；随后旋转机械臂直到芯片紧密接触到圆片上，并根据杠杆原理在机械臂上移动重物增加芯片之间的压力；对准以后，通过金属键合实现芯片的键合，键合后停止机械臂的真空吸取作用并复位机械臂。倒装芯片实现的芯片与芯片的对准精度在 1～20 μm 之间，主要取决于键合对准时间，键合误差越小，所需要的对准时间越长。

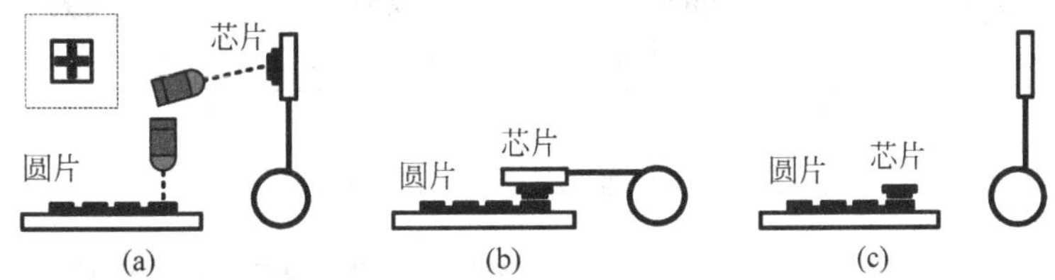

图 3-60　倒装芯片对准方法

倒装芯片设备的对准精度与所需要的对准时间成反比关系，若要实现高精度的对准，需要耗费大量的操作时间。如果仅要求±10 μm 的对准精度，多数量产倒装芯片设备（如东丽 FC3000、BESI 8800FC、佳能 BESTEM-D02Sp 和 BESTEM-D02 等）能够在 1～1.5 s 内完成 1 个芯片的对准。如果要求对准精度达到±2 μm 时，需要的对准时间长达 8～10 s。通常情况下，芯片键合机因为不需要完成芯片抓取和正面翻转朝下的动作，其对准效率比倒装芯片机更高。实际上这与芯片键合机以及倒装芯片键合机的应用有关，一般 10 μm 左右的对准精度已经能够满足多数倒装芯片应用的需求，对准精度不高，但是生产效率高。

4. 自组装对准

芯片自组装(Self-Assembly)对准是一种利用液体的表面张力进行对准的方法,其基本原理是利用液体在特定位置所产生的表面张力,将芯片定位于该位置。2005 年,日本东北大学发表了利用表面张力驱动的芯片圆片级自组装对准技术[83],并于 2007 年发表了基于自组装对准的圆片级对准键合技术[84]。这种技术特别适用于大量小尺寸芯片的集成和封装,如发光二极管、微镜等光学器件。所采用的液体包括低熔点焊料[85]、环氧树脂[86]和丙烯酸酯[87]等,在将器件对准后直接加热键合。

自组装对准的过程如图 3-61 所示。首先在硅圆片表面沉积 SiO_2 亲水层,然后利用光刻和刻蚀的方法在需要键合芯片的区域形成亲水表面,在芯片以外的区域形成疏水表面;把亲水性液体滴在圆片的亲水区,由于芯片区域的亲水表面具有较大的亲和能力,而非芯片区域的疏水表面具有排斥作用,使得液滴只停留在亲水的芯片区域;把同样具有亲水表面的上层芯片面对面地放置到底层圆片上,液体的表面张力将自动调整芯片的位置和角度,使其适应圆片表面的亲水区,从而实现上层芯片与下层圆片的对准。即使多层芯片之间的尺寸大小不同,只要通过控制亲水区和疏水区的位置,就可以通过自组装方式实现对准。图 3-62 为不同尺寸的 3 层芯片利用自组装实现的对准键合[88]。

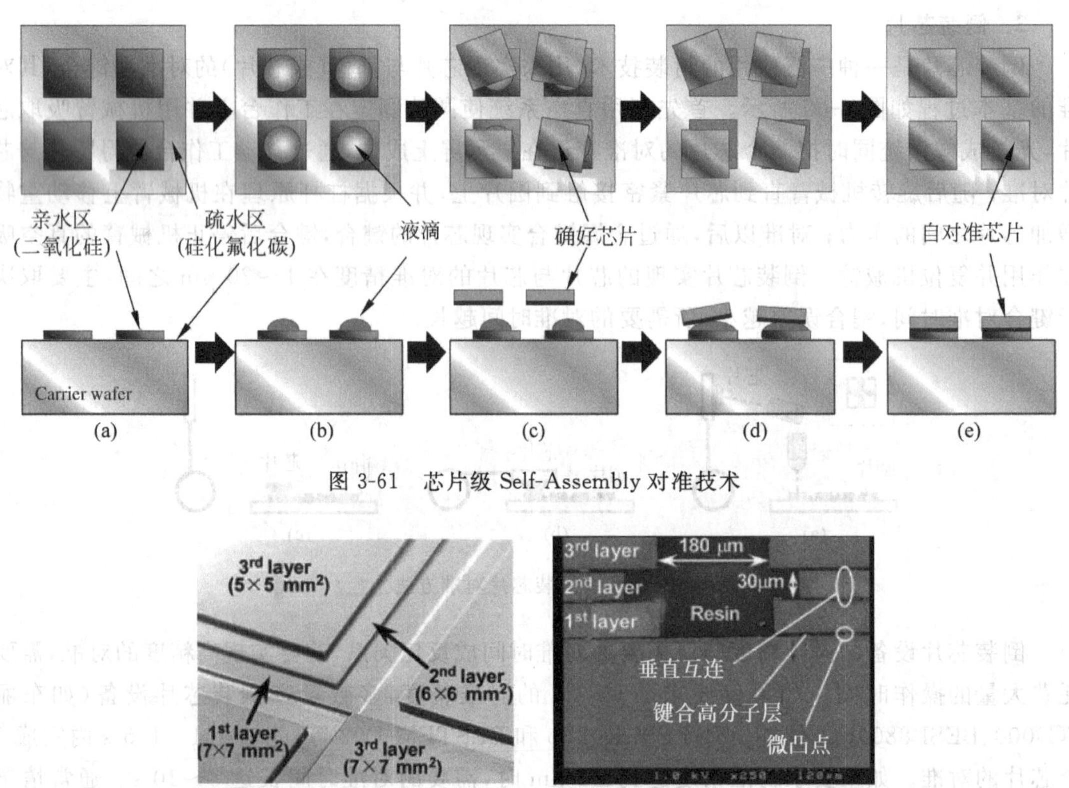

图 3-61 芯片级 Self-Assembly 对准技术

图 3-62 不同尺寸的芯片的对准键合

自组装对准巧妙地利用了亲水和疏水的物理特性,能实现芯片与芯片或芯片与圆片的对准,引起了研究机构的重视[89~91]。这种对准方式速度快、精度高,对准过程能在 0.06 s 内完成,对准精度可达到±2 μm,最高甚至优于±1 μm[92]。这种对准方法是一种并行的处理方式,多个芯片同时放入液体中各自并行实现对准，完成 100 个芯片的对准和完成 1 个芯片的对准时间基本没有差别，是一种适合于大批量生产的高效对准方法。这种方法的缺点是要求芯片具有亲水表面，对不具有这种性质的芯片表面材料需要涂覆合适的亲水和疏水材料，过程复杂。由于对准过程在液体中完成，芯片的所有表面都会接触液体，这对有些芯片会产生影响，特别是对于包含 MEMS 或传感器悬空微结构的芯片，接触液体会导致发生粘连现象。这种方法在实现 3 层或 3 层以上芯片的对准应用中也有一定困难，表现在已经键合的芯片表面再进行特定区域的亲水和疏水处理有一定困难。另外，尽管这种可以将大尺寸芯片键合到小尺寸芯片的上方，但是工艺难度增加；而如果芯片为正方形，将芯片放到亲水区表面的过程必须初步对准方向，否则芯片无法停留在正确的对准方向上。如果液滴经过扩散溢出了亲水区而到达了疏水表面，对准精度无法保证，因此必须控制液滴的扩散，即在亲水区和疏水区之间必须有清晰的界限[93]。

2010 年，日本东北大学报道了直接采用氢氟酸(HF)作为溶液同时实现对准和无压力键合的方法[94]。所采用的液体 HF 为极性液体，因此上下接触表面均为亲水性的 SiO_2。将圆片上亲水的 SiO_2 图形区都滴入稀释的氢氟酸溶液，形成氢氟酸覆盖的区域。利用多芯片拾取装置将芯片抓取后经过粗略对准放置在氢氟酸区域表面，由于氢氟酸对芯片和圆片表面 SiO_2 的亲水性作用，所产生的表面张力将芯片对准吸引在圆片表面的 SiO_2 区。经过氢氟酸挥发后，芯片通过 SiO_2 室温直接键合在圆片表面。对准精度受芯片尺寸和 HF 接触角的影响。最高对准精度 50 nm，最低对准精度 1.5 μm，平均对准精度 400 nm。

3.4.3 直接键合

直接键合时硅片间没有其他介质，不施加电场、压力，主要靠硅片间接触时的作用，一般要加热以增加键合强度。直接键合可以用于硅和带氧化层的硅、两个带氧化层的硅，也可以用于硅-玻璃和硅-氧化物之间的键合。

1. 键合原理

直接键合利用了表面羟基的缩合反应形成共价键。硅的自然氧化层或沉积的 SiO_2 表面含有羟基(OH^-)，当 SiO_2 亲水表面接触时，界面羟基的氢键(比离子键弱 20 倍)产生相互作用，形成两个硅片之间的吸引力，如图 3-63(a)所示。此时的键合强度较弱，但可以满足一般转移等要求。当温度升高后，界面接触的羟基缩合出水分子，并形成连接两个界面上羟基的新的羟基，实现两个界面的键合；进一步升高温度，两个硅片界面间的羟基都缩合为水分子，形成 Si-O-Si 共价键，如图 3-63(b)所示。

键合的过程可以表示为

$$\begin{gathered} \mathrm{Si-OH+OH-Si \rightarrow Si-O-Si+H_2O} \\ \mathrm{Si+H_2O \rightarrow SiO_2+H_2} \end{gathered} \tag{3-18}$$

为了提高键合强度，室温键合后需要高温退火。低于 100℃ 的退火对键合强度的影响不大。当退火温度超过 100℃ 以上时，羟基缩合为水分子的程度提高，Si 原子的间距缩小；当温度升高到 700℃ 以上，Si-Si 原子间的 O 和 H 都缩合为水分子，形成 Si-O-Si 共价键，并且键合过程的副产物 H_2O 也和衬底的 Si 发生反应，生成 SiO_2 和 H_2，使键合强度大幅度提高。通常 300℃ 以下的热处理不能明显增加键合强度；温度在 300～800℃ 之间时强度明显增加，但是可

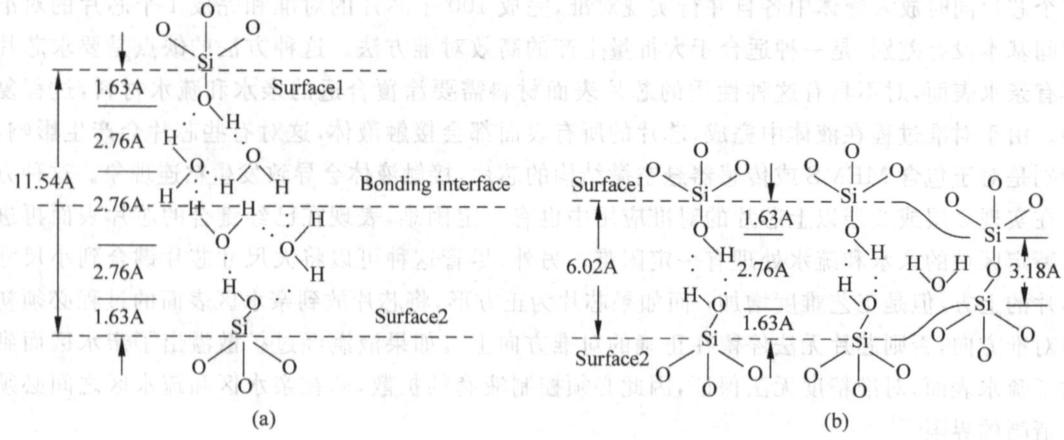

图 3-63 直接键合原理示意图

能因为水汽的存在而出现空隙；当温度在 800℃以上可以使强度增加 1 个数量级；在 1000℃以上时，键合强度已经达到了单晶硅的强度水平。在 800℃以上进行热处理，几分钟后强度就达到了饱和值，而低温处理时键合强度随着处理时间的增加而增加。

高温退火时，键合过程的产物 H_2O 和衬底的硅发生反应生成 SiO_2 和 H_2，即类似湿氧化的过程；在较低的退火温度下，如 300℃，这个由 H_2O 氧化硅而生成 SiO_2 的比例基本可以忽略，因此生成的 H_2O 必须由 SiO_2 吸收或者扩散通过 SiO_2 层键合界面。由于键合过程的副产物 H_2O 的存在和无法有效扩散，容易引起键合界面的空洞，如图 3-64 所示[95]。为了提高直接键合的质量、消除键合空洞，可以通过 SiO_2 层的预致密化、CMP 表面抛光平整和化学清洗活化等方法，提高键合表面的平整度和化学活性。

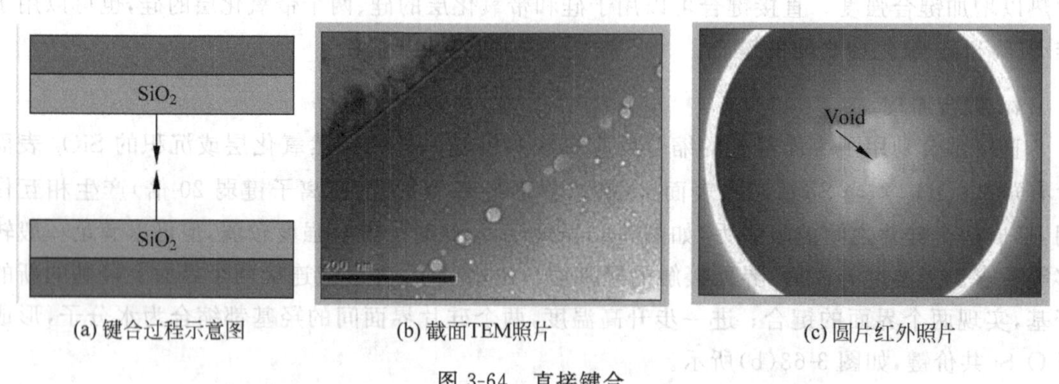

(a) 键合过程示意图　(b) 截面TEM照片　(c) 圆片红外照片

图 3-64 直接键合

尽管 700℃以上的退火可以获得 Si-O-Si 共价键而大幅度提高键合强度，但是在带有电路的键合中，受圆片上已经完成的器件和互连的限制，退火温度不能高于 400℃，这对实现高强度的 SiO_2 键合有较大的影响。即使如此，低温退火后的键合强度与键合界面都满足一般 MEMS 的要求。MIT 林肯实验室实现了 3 层带有电路的 200 mm 圆片的 SiO_2 融合键合，室温键合后 275℃低温退火，圆片的主体区域没有空洞，键合强度高达 1 J/m^2[96]。有研究报道通过氩离子轰击等表面处理，即使室温下硅直接键合也能达到 10 MPa 以上的键合强度[97]。

2. 键合过程和特点

直接键合包括表面激活、键合以及热退火 3 个过程。键合对硅片起伏、表面粗糙度和干净程度要求极高，界面存在污染或表面不平整都有可能造成键合空洞。当表面粗糙度 RMS 超过 1 nm 或者硅片弯曲超过 50 μm 时，无法形成分子间作用力，从而不能实现预键合。为了实现良好的键合质量并保证对准精度，要求表面粗糙度低于 1 nm，200 mm 圆片的翘曲变形不能超过 20 μm。对于已经进行了其他制造工艺的圆片，为了实现直接键合，需要对介质层 SiO_2 表面进行 CMP 平整化。

平整化以后对表面进行表面激活（活化）处理，例如将硅片浸入双氧水和硫酸的混合液形成亲水层，或者用氧等离子体处理增加表面活性能。然后在室温洁净的环境下将两个硅片对准并接触，硅片表面吸附的一层水分子层具有偶极子特性，使两个硅片相互排斥并互相“漂浮”。利用键合机的机械探针在一个硅片上施加一个轻微的接触力，克服水分子层偶极子之间的静电排斥力，通过水分子之间形成分子间作用力（范德华力）实现两层硅片的预键合。预键合时接触区域像波一样从加力点向四周传播，完成整个硅片的接触过程。范德华力是极性水分子之间的弱相互作用，界面能低于 1 J/m^2，此时的键合比较弱，只需要轻推就可以分离预键合的硅片。尽管如此，其强度可以保证将对准和预键合的硅片移送至键合机进行加热。键合后在 150℃退火 24 h 或 300℃退火 4 h，将界面的作用转变为共价键结合加强键合质量，实现永久键合。退火过程可以施加一定的键合压力，例如 1.5 MPa。

为了保证预键合时首先接触的是施加力的中心点，需要在施加外力以前将硅片的边缘分隔开，这是依靠键合机提供的垫片（Spacer）实现的。如图 3-65 所示，均匀分布在圆片边缘的 3 个垫片将 2 个圆片分隔开很小的距离，圆片中心在机械探针压力的作用下首先接触，撤除垫片后接触区向边缘扩展。如果没有垫片的隔离，首先接触点无法控制，多点同时接触将导致键合缝隙、空洞和硅片的翘曲等问题。

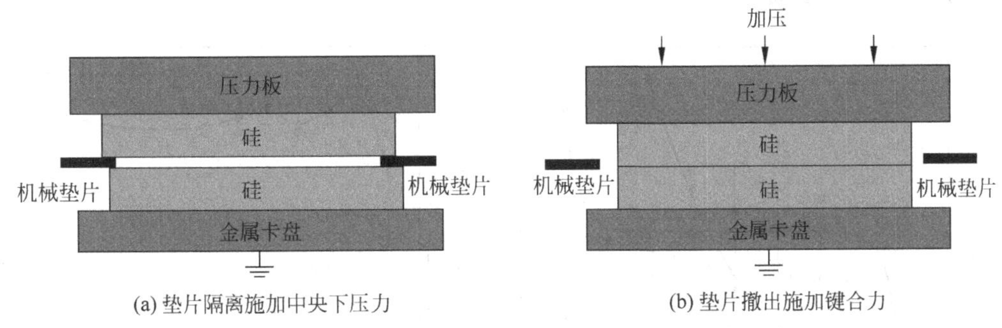

(a) 垫片隔离施加中央下压力　　(b) 垫片撤出施加键合力

图 3-65　键合垫片

表面激活处理对于获得高质量的直接键合具有重要作用。激活处理的方法包括等离子体处理和化学试剂处理[98]。化学试剂处理方法通常使用 RCA（$HCl : H_2O_2 : H_2O=0.2:1:5$）或 Piranha（$H_2O_2 : H_2SO_4=1:3$）在 80℃下清洗 10～20 min，然后再分别用丙酮和异丙醇清洗，目的是提高表面的亲水性和羟基数量。等离子处理方法利用 RIE 设备产生氧等离子体对键合表面进行处理，通常为 30～50 W 的射频功率、25～30 sccm 的氧气流量，腔体压力 15 mTorr，处理时间 45 s～1 min。然后立刻用 0.025%的 HF 浸泡圆片 1 min，以形成更加多孔的氟化的 SiO_2 层[98]。最后利用 NH_4OH 溶液或者蒸气对圆片进行处理，将 Si-OH 键转化为 Si-NH_2 键[99]。氧等离子体处理可以在疏水表面产生一层高度张紧的小于 5 nm 的超薄氧化层，并在接触羟基浓度较高的溶液(如水)后产生非常活跃的亲水表面以及由此产生的高密度 Si-OH，但是在 SiO_2 表面进行氧等离子体处理并不会产生进一步的氧化。氧等离子体处理 SiO_2 表面的主要作用是打开 SiO_2 的 Si-O 键，临时产生不稳定的表面态，增强后续 HF 和 NH_4OH 表面活化时 Si-O 键转变为 Si-F 键和 Si-NH_2。等离子体处理还能使 SiO_2 表面变形和分解而生成非晶态的 SiO_2，提高后续键合副产物 H_2O 的扩散能力，并通过大环状分子氟化 SiO_2，共同增强气体的扩散和吸附能力，从而减少空洞。经过较好的表面处理，直接键合的强度可以达到 2.44 J/m^2。目前的研究认为，氧等离子体处理对键合强度基本没有贡献，主要功能是抑制界面空洞的产生[98]，因此氧等离子体处理对于提高键合界面的质量是至关重要的。经过氧等离子体处理后，界面空洞的尺寸从 1 mm 量级降低到 2 μm 左右，面缺陷密度从 138/cm^2 大幅度降低到 2/cm^2。当键合副产物的输运不足够时，键合界面的空洞密度和尺寸与表面缺陷的分布有关[100]，导致较多的键合空洞。

退火温度和退火时间对于融合键合的质量影响很大。随着退火温度的升高，键合强度增加，当退火温度高于 300℃以后，进一步增加退火温度对键合强度的影响不大，但是当温度超过 700～800℃以后，退火可以大幅度提高键合强度，如图 3-66(a)所示。这是由于当温度达到 200℃时，羟基的表面迁移率增加，可以形成更多的氢键；同时退火温度越高，式(3-18)的缩合反应进行得越充分，较弱的氢氧键的数量减少，硅氧键增强，键合强度提高。随着温度的提高，缩合生成的 H_2O 的表面迁移率越大，越容易从界面扩散出去。对于没有 SiO_2 存在的硅-硅键合，键合强度随着退火温度的升高而快速升高。在一定的退火温度下，退火时间的影响表现在超过一定的时间后，键合强度随时间基本不再变化。在 300℃的条件下退火 2 h 后，界面能达到最大值，随着退火时间的进一步延长，界面能没有明显变化，如图 3-66(b)所示。实际上，在 200℃以上的温度退火时，都表现出退火 2 h 后键合强度基本饱和的情况[102]。经过 275℃退火 10 h，键合界面的表面能达到 1.4 J/m^2[103]。

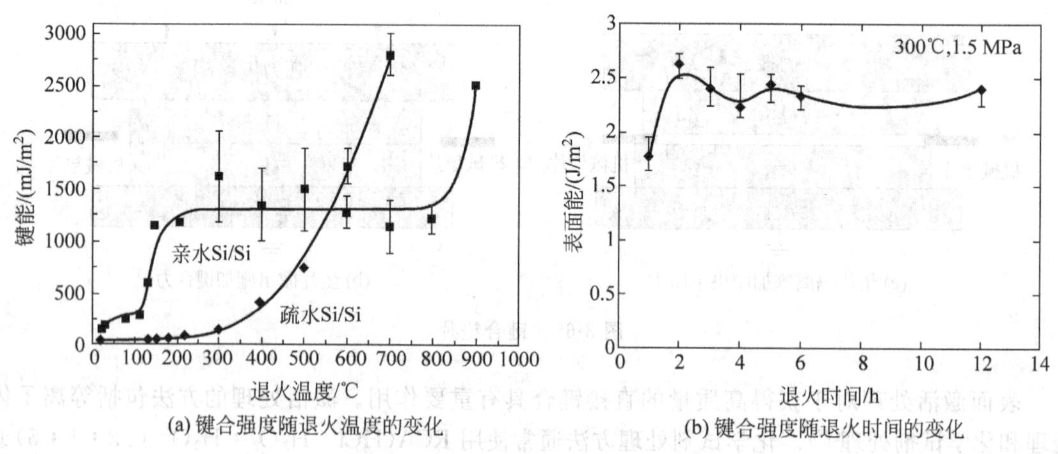

(a) 键合强度随退火温度的变化　　(b) 键合强度随退火时间的变化

图 3-66　退火对直接键合强度的影响

不同方法制造的 SiO_2 所表现的键合强度不同，其中 LTO 和 PETEOS 的键合强度基本相同，比 PECVD 硅烷制造的 SiO_2 的键合强度高约 30%[102]。对于 PECVD 沉积的 SiO_2，如果不经过后续的致密化处理，很容易造成在键合过程中由于 SiO_2 释放气体而导致的空洞。因此，对于 PECVD 沉积的 SiO_2，需要在键合前进行 250℃下 1～2 h 的致密化处理和 CMP 平整化。

由于在室温下完成对准和预键合，不引入中间层材料、不施加较大的键合力，预键合后分子间作用力能够保持对准时的精度，消除因为热膨胀系数差异而导致的键合过程中的相对滑移，对准精度基本不会恶化，避免了热膨胀引起的对准误差和翘曲。键合后 300℃退火 4 h 以后，对准偏差的变化量小于 0.4 μm。通过引入硅片变形补偿图形，直接键合的对准精度优于 180 nm。当键合的是 SOI 器件层时，超薄的器件层附着在玻璃辅助圆片表面，可以完全依靠光刻机实现对准，因此对准精度很高。

直接键合的键合界面之间没有金属互连，因此对于需要界面互连的情况，还必须采用金属化的方法。IBM 采用的是键合后在 SiO_2 层刻蚀深孔制造垂直互连的方法，而 Ziptronix 公司提出了一种铜键合和融合键合的混合工艺，被称为 DBI(Direct Bond Interconnect)[104]。这种方法是在 SiO_2 介质层下面埋藏铜键合凸点，通过 CMP 将整个圆片的介质层平整化，暴露出介质层下方的铜键合凸点，使键合凸点与介质层具有相同的高度，然后进行金属和 SiO_2 键合。这种方法的难点是要精确控制 CMP 后金属凸点相对于介质层的高度。由于对铜键合需要 400℃的温度，DBI 技术的键合温度高于融合键合的温度。

3. 直接键合的应用

MEMS 领域通常应用直接键合制造空腔结构。由于直接键合要求的条件极为苛刻，已经进行过其他工艺的芯片容易带有表面损伤、沉积物和翘曲等问题，使直接键合更加困难。另外，由于键合后的一体化效果，多层圆片中的微裂纹在键合的高温作用下极易扩展到其他层，使整体键合失效。因此，直接键合在未进行工艺过程前更容易实现，而对于已经进行了其他工艺的圆片，需要严格平整化和清洗才能键合，并通过沉积 SiO_2 或增加裂纹停止腔等方式解决[105]。

图 3-67 是 MIT 开发的微型火箭的硅引擎。硅有较好的机械强度和很高的功率体积比，可以加工复杂的内腔形状。微型引擎采用了多达 6 层硅片进行直接键合，大大简化了每层的加工复杂性，实现了其他微加工方法无法实现的复杂内腔结构。多层键合的技术难度很高，整体成品率较低，先键合的硅片产生的翘曲会影响后续的键合，特别是带有部分深度空腔的情况，因此根据情况还需要进行 CMP 处理。

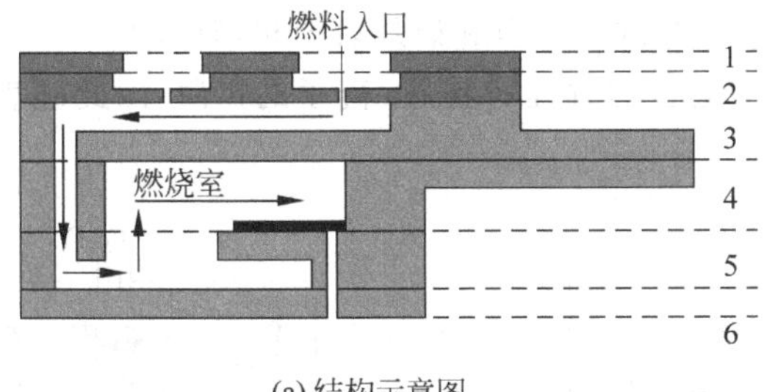

(a) 结构示意图

(b) 键合剖面

图 3-67 采用键合技术加工的微型火箭引擎

图 3-68 为一种电容式超声传感器阵列的制造流程[106]。电容的上下电极分别由两个不同的圆片制造，下电极通过金属沉积在圆片表面刻蚀的凹腔内，上电极由直接键合的 SOI 圆片去除衬底后剩余的器件层单晶硅薄膜构成，该单晶硅薄膜同时作为电容传感器的敏感薄膜。

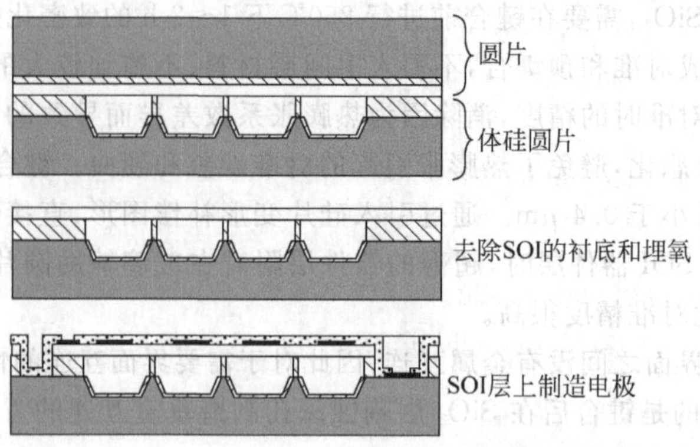

图 3-68 电容式超声传感器阵列制造流程

3.4.4 阳极键合

直接键合对准精度高、键合强度大,但是对键合表面要求苛刻,容易产生键合失效。在很多封装和腔体实现中,可以采用键合要求较低的硅-玻璃键合,即阳极键合。

1. 键合原理

阳极键合又称为静电键合,是在 200～500℃下对圆片施加一定的电场强度完成的键合。阳极键合一般用于硅-玻璃的键合,也可以用于金属-玻璃之间的键合。键合的玻璃一般具有较高的 Na 离子浓度(如 Corning 7740 玻璃等),键合温度低于玻璃的熔点温度,属于中温键合。

如图 3-69 所示,键合时玻璃接阴极,硅接阳极,电源电压在 200～1000 V 之间,电流 0～50 mA,硅片和玻璃加热到 350～500℃,键合力 1～1000 N,键合腔压强 10^{-5}～10^{-3} mbar,通常键合时间 10 min 左右。此时玻璃中的钠离子在高电场的作用下向阴极迁移,在靠近接触面的玻璃一侧形成固定空间电荷区,并在硅一侧形成映像电荷区。由于大部分电压加在这个区域,界面处电场强度非常高,电荷产生的静电力使硅和玻璃的接触距离被大幅缩小。在温度作用下,两个界面发生类似直接键合的反应形成共价键,在接触界面形成 SiO_2 膜,使键合强度增加。与直接键合相比,阳极键合温度低、残余应力小,对键合环境和硅片表面粗糙度的要求低,一般粗糙度小于 1 μm 就可以实现阳极键合。由于键合的过程需要 Na 离子的扩散,因此硅表面的氧化层厚度不能超过 200 nm。

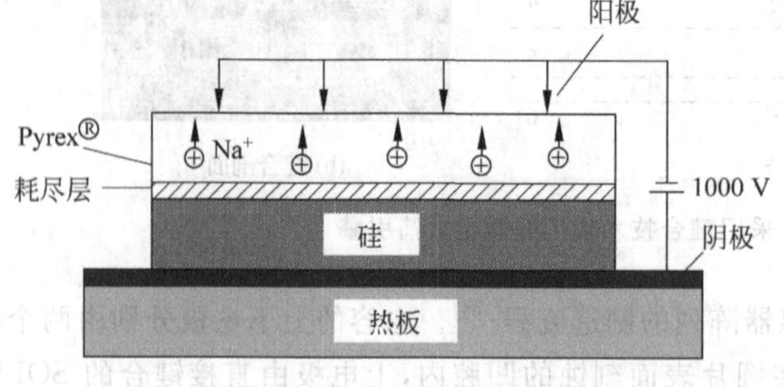

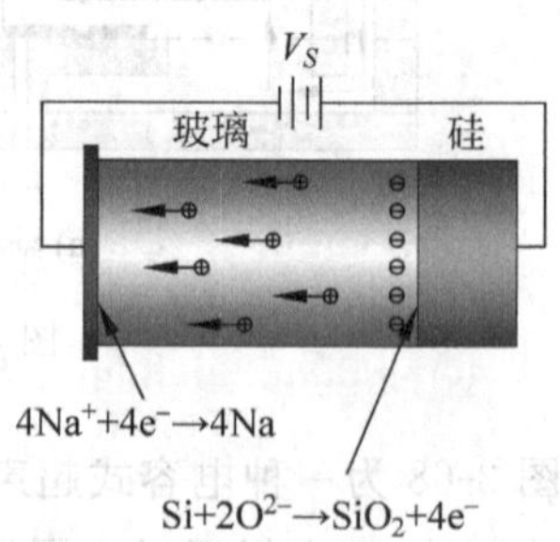

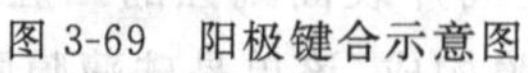

图 3-69 阳极键合示意图

图 3-70 为阳极键合的参数流程和键合界面的变化过程。在温度升高以后，两个平整圆片之间的间距随着键合腔内压强而减小，施加高电压的瞬间，电流会出现一个显著的脉冲峰值，然后随着离子在界面的再分布而迅速减小并趋于稳定。在键合机压针的下压力的作用下，两个圆片的接触类似波纹一样从下压点向圆片四周传播，由于两个圆片界面空气缝隙的厚度不同，会出现明显的彩色干涉条纹。随着时间的推移，键合部分不断扩展，最后形成整片键合。

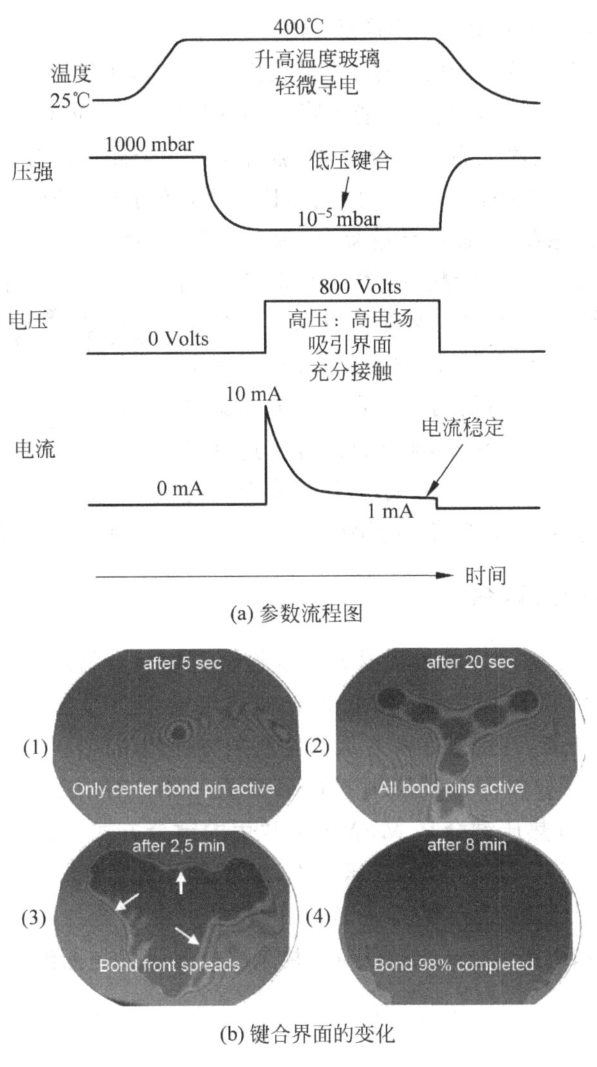

(a) 参数流程图

(b) 键合界面的变化

图 3-70 阳极键合过程

根据键合原理和热膨胀系数的要求，常用的键合玻璃为硼硅玻璃，如 Corning 的 Pyrex7740 和 Schott 8830。Pyrex7740 密度为 2.23 g/cm^3，努氏硬度 418 kg/mm^2，弹性模量 64 GPa，室温下弯曲强度 69 MPa，0～300℃之间热膨胀系数 3.3 ppm/K，室温热导率 1.1 W/mK，应变温度 510℃，退火温度 560℃，软化温度 821℃，1 MHz 时介电常数 4.6，介电强度 0.5 kV/mm，室温下电阻率 8×10^{10} Ω/cm，耐水性、耐酸性和耐碱性分别为 1 级、1 级和 2 级。

2. 键合特点及应用

阳极键合要求玻璃的热膨胀系数与硅相近,因此并非所有的玻璃都可以进行阳极键合。硅的热膨胀系数随着温度的升高而升高,400℃时其热膨胀系数比室温情况下增大60%左右,而玻璃的热膨胀系数基本不随温度变化。因此,要尽量选择热膨胀系数与硅接近的玻璃,否则会由于键合的高温和硅与玻璃热膨胀系数的差异,导致当温度下降后产生的应力足以损坏键合圆片。

阳极键合的缺点是温度较高,一般需要350~500℃能够获得良好的键合质量,同时由于玻璃成分的影响,容易造成钠离子的污染,并释放出氧气。由于键合过程施加了电场,较高的电场强度也可能导致器件的失效或者性能下降,因此阳极键合是非CMOS兼容工艺。为了键合两块硅片,可以在一个硅片上溅射一层玻璃,然后与另一个硅片键合。这种方法的优点在于玻璃薄膜引起热膨胀应力较小,并且使用的电压比较低,有助于保护电路。

键合技术在压力传感器、加速度传感器、微流体器件、生物医学、封装等领域得到了广泛的应用,特别是比较成熟的硅-玻璃键合技术。图3-71为利用KOH刻蚀和阳极键合制造的加速度传感器。加速度传感器把带有KOH刻蚀质量块的硅衬底与玻璃通过阳极键合为一体,当有加速作用的时候,质量块带动梁弯曲,使敏感电阻的阻值发生变化来测量加速度。这种结构的优点可以保护质量块,在正反方向分别有玻璃和过载保护阻止质量块的过度变形,避免梁折断。

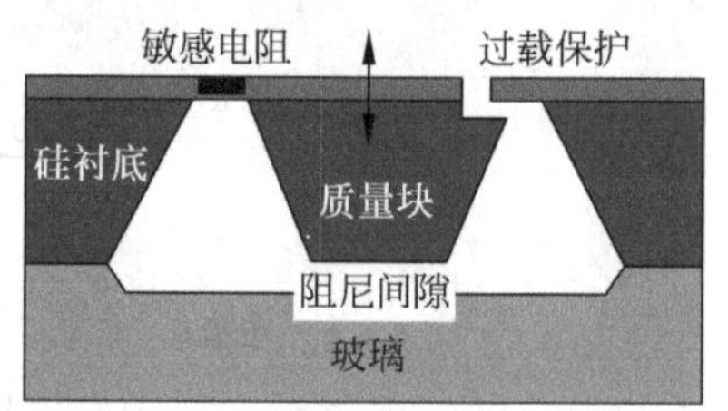

图3-71 阳极键合加速度传感器

3.4.5 金属中间层键合

中间层键合利用两个圆片间的界面材料实现键合。中间层材料的种类很多,包括金属热压键合、金属共晶键合、高分子层键合、低熔点玻璃键合等。金属热压键合和共晶键合是MEMS中常用的键合方式,特别是在圆片级真空封装方面应用广泛。金属热压键合是在高温和高压的条件下,将相同材料的金属通过扩散形成为一体,一般用于Cu-Cu、W-W或者Au-Au之间的键合,其中Au热压键合是MEMS中常用的键合方式。热压键合的优点是键合界面电阻率低、密封性好,但是键合温度高、压力大,对表面平整度要求高。共晶键合通过高温下金属产生的共晶反应,形成共晶金属实现键合,常用的共晶键合材料包括铅锡(PbSn)、银锡(SnAg)、铜锡(SnCu)和银锡铜(SnAgCu)等。共晶键合的优点是低温下形成的共晶体的熔点高于键合温度。

1. 热压键合

热压键合是将两个金属键合盘相互接触,在高温、高压的条件下使金属键合盘变形、扩大接触面积,最后通过相互扩散形成为一体的过程[107]。MEMS中常用的金属热压键合包括Au-Au、Al-Al和Cu-Cu热压键合。热压键合的机理是金属原子在高温下的扩散以及晶粒的再生长。这些金属具有一定的变形能力和延展性,在压力和高温作用下2个金属键合盘在微观上发生变形紧紧地接触在一起,接触区域逐渐扩大,金属原子快速扩散,同时金属晶粒开始再生长,最后通过相互扩散形成为一体。在两层键合盘的接触界面处,金属原子的扩散和晶粒的再生长可以横跨界面。经过足够长时间的热压后,两层金属界面上形成大的晶粒,界面消失，获得单层的金属结构。

热压键合需要图形化金属键合盘。如果键合盘采用溅射沉积，需要图形化介质层或采用正胶剥离的方式；如果键合层采用电镀沉积，需要图形化光刻胶层。若键合层较薄（<2 μm），一般采用 PVD 的方法进行沉积；若键合层较厚（>2 μm），则先采用 PVD 沉积 50～200 nm 的种子层，然后利用电镀沉积到所需要的厚度，再利用 CMP 对表面进行处理。

铜热压键合是两个键合铜键合盘的铜原子相互扩散的结果。与所有的面心立方金属一样，铜在低温时的自扩散系数强烈依赖于晶粒尺寸和位错密度。铜热压键合的温度一般为 300～400℃，与熔点（1084℃）的比值在 0.27～0.36 之间，因此位错缺陷是主要的扩散机制。随着键合温度的升高，键合质量也提高。铜键合的压强为 200～300 kPa，温度为 350～400℃，300℃以下的键合会有较高的失效概率。键合时间为 10～60 min、键合环境为真空（1～10 mTorr）或氮气保护。退火可以明显改善键合质量，特别是当退火温度高于键合温度时，效果更加明显。退火温度一般为 300～400℃，退火时间 30～60 min。实际上，退火是为了腾空键合机而采取的热处理，也可以直接在键合机中增加键合时间而取消退火过程。

热压键合的温度对铜的键合质量有决定性影响。图 3-72 为不同键合温度下铜热压键合后界面粘附能和晶粒结构的变化[108]。键合条件为压力 25 kN、键合时间 30 min，无前处理和后退火。在 300℃键合后，铜凸点接触处仍旧存在明显的缝隙。随着键合温度的升高，界面处的铜原子相互扩散，400℃键合后铜界面的缝隙完全消失。界面粘附能的平均值也随着键合温度的升高而升高，400℃键合时，界面粘附能是 300℃键合时的近 2 倍，并且 400℃键合时粘附能的方差也更小，这表明 300℃键合时界面没有完全融合，分散较为严重，而到 400℃键合后界面全部融合，分散度降低。然而，近年来的很多研究表明，经过合适的表面处理和键合工艺参数，铜热压键合可以在 300℃的条件下实现。

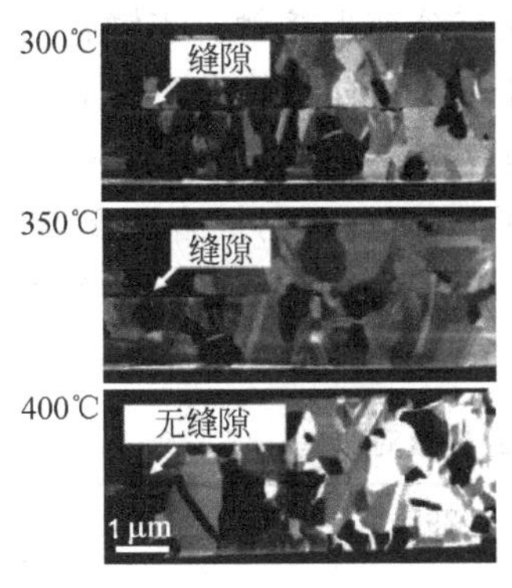

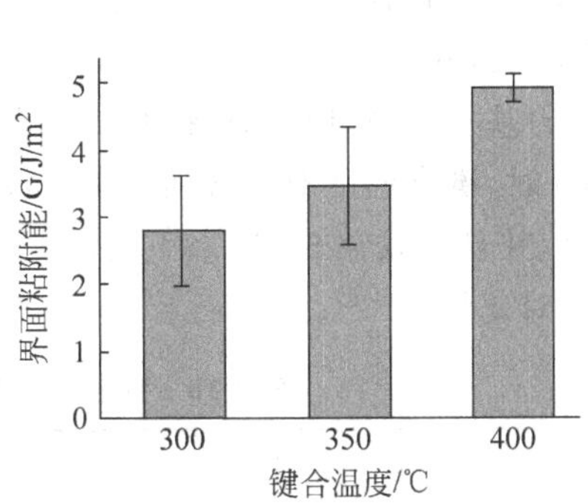

图 3-72　键合温度对铜-铜键合界面晶粒和粘附能的影响

由于铜没有像高分子材料一样好的高温流动性，键合铜凸点上的氧化物、污染物和电镀造成的缺陷等，都容易在铜的键合界面处产生缺陷。最常见的键合界面的缺陷为污染物及氧化物引起的空洞。键合界面的空洞会加快铜的电迁移，导致接触电阻增大，并影响键合结构的完整性甚至导致由空洞发展成的键合剥离。部分键合缺陷或未键合点在键合后并不明显，通过高温退火可以加速缺陷的发展和暴露。因此，铜和铝等材料凸点的表面质量是决定铜热压键合质量的重要因素。由于铜和铝在自然环境中非常容易氧化，而氧化层的存在极大地影响键合质量。因此凸点制造后需要钝化层保护，并在热压键合前进行表面清洁。常规去除氧化层的方法包括湿法化学腐蚀、干法气体腐蚀、等离子体腐蚀、Ar 离子束活化等。湿法化学腐蚀采用弱酸(如蚁酸、柠檬酸、稀盐酸等)对凸点进行漂洗处理,可以去除表面氧化层,改善键合质量。利用 5%的稀盐酸处理 3~5 min,可以将键合能提高 80%以上[109],经过乙酸分别浸泡 5 min,可以将键合界面粘附能 0.29 J/m^2 提高到 1.64 J/m^2[108]。干法气体腐蚀采用酸性气体气氛对铜凸点进行清洗,目前很多铜热压键合设备(包括集群式和单机式键合机)都提供原位酸性气体清洗保护功能,常用的酸性气体如蚁酸。在键合前向键合腔内通入蚁酸气体清洗凸点几分钟,去除表面的氧化层。这种干法清洗完全避免了使用液体化学溶液,有利于自动化操作,并可以保持表面状态几个小时。

MEMS 中常用的热压键合材料为 Au,通过 Au 热压键合实现封盖与器件芯片的真空密封。Au 具有良好的高温稳定性和化学稳定性,抗氧化能力强,具有较好的延展性,在键合时能够产生一定的自适应变形。通过选择合适的扩散阻挡层材料和结构,Au 的扩散可能性极低,特别是当温度低于 Au-Si 共晶的温度点以下时。Au 热压键合的优点是温度相对 Au-Si 键合稍低,同时避免了 Au-Si 共晶键合后冷却过程中相变产生的显著的残余应力。

由于 Au 在一般材料表面的粘附能较低,溅射沉积 Au 薄膜时一般需要使用 Ti 或者 Cr 作为粘附层。为了防止 Au 向硅衬底的扩散,还需要沉积厚度为 20 nm 左右的扩散阻挡层,如 Ni,因此键合金属层的结构常为 Ti(Cr)-Ni-Au。如果键合圆片表面平整,Au 层的厚度一般在 200~500 nm,如果键合表面起伏较大,需要根据表面起伏增加 Au 层的厚度,甚至于需要利用电镀沉积 10 μm 的 Au 层。键合前需要对 Au 表面进行清洗,例如使用 H_2O : H_2O_2 : NH_4OH (60 : 12 : 1) 在 70℃下清洗 10~15 min。

Au 热压键合的温度为 300~450℃,压强为 4~5 MPa,并保持 45~60 min。键合温度和键合压强是影响键合强度和成品率最关键的因素。当键合压强为 1MPa 时,键合成品率只有 20%左右,这主要是由于小压强难以使 2 层 Au 薄膜充分变形接触。当键合压强达到 4 MPa 时,成品率超过 80%,并且剪切强度超过 10 MPa,与阳极键合和等离子体活化硅直接键合的强度(9~10 MPa)基本相当,但是只有 1000℃以上硅直接键合强度(18 MPa)的 50%。当键合压强达到 4 MPa 时,键合温度对键合强度几乎没有影响,因此相对键合温度来说,键合强度是更为主要的因素,并且可以在 300℃以下的温度实现 Au-Au 热压键合。表 3-10 为不同键合温度下键合质量的对比情况[110]。

表 3-10 键合条件和键合质量对比

键合温度/℃	343	298	280
键合时间/min	45	45	30
键合压强/MPa	4	4	
键合强度/MPa	10.5±5.4	10.7±4.5	
成品率/%	92	89	
金层晶粒尺寸/nm	30~110	30~110	30~110
硅上金的形貌	进入硅 150 nm,液滴形	进入硅 150 nm,金字塔形	小金字塔形

2. 金属共晶键合

金属共晶键合是利用金属间的化学反应,在较低温度下实现低温相变而实现的键合。所谓共晶是指金属在加热过程中直接从固态转变为液态,而没有经历固液混合态。与热压键合基于原子间相互扩散的机理不同，共晶键合是利用不同金属间的相互反应而实现的。有些低熔点金属熔化后与高熔点金属所形成的金属间化合物，其熔点高于单纯低熔点金属的熔点，即利用低温使低熔点金属熔化为液相，与高熔点金属扩散形成金属间化合物，这些化合物的熔点高于低熔点金属的熔点温度。

低熔点一般是指相对铝的稳定温度而言，即 400℃左右。常用的低熔点金属包括铋（Bi，熔点 271℃）、锡（Sn，熔点 231℃）和铟（In，熔点 156℃）等。常用的难熔金属包括 Ni、Au 和 Cu 等，其中 Ni 和 Au 常作为互连引线键合的焊盘，Cu 常作为多层金属互连。利用这些低熔点金属作为难熔金属凸点之间的界面层，利用低熔点金属与难熔金属之间的化学反应形成更高熔点的金属间化合物，从而实现利用金属间化合物的共晶键合。这些金属之间形成的金属间化合物，熔点比低熔点金属更高，例如 Cu-Sn 键合所需要的温度约为 260℃，但键合后形成的金属间化合物 Cu_3Sn 的熔点为 676℃，Ag-In 间形成的金属间化合物 $AgIn_2$ 或 Ag_2In 熔点为 765～780℃。表 3-11 为几种常用的二元金属共晶成分的比例和熔点。

表 3-11 几种常用二元金属共晶成分比例和熔点

合金	重量百分比	共晶点/℃	合金	重量百分比	共晶点/℃
Al/Si	88.7∶11.3	577	Au/Ge	88∶12	356
Si/Au	97.1∶2.9	363	Au/Sn	80∶20	280
Sn/Ag	950∶5.0	221	Pb/Sn	60∶40	183

图 3-73 为低熔点金属及其共晶成分的温度特性。在 180℃以下的低温键合中，可以选择 Au、In、Sn-Bi 或 Sn-In 等材料体系。其中 In 和 Sn 是常用材料，通常低温 Au 键合需要超声辅助和较大的键合压力，可能对器件产生影响，而 Sn-Bi 和 Sn-In 的键合焊料由于脆性容易引起可靠性问题。

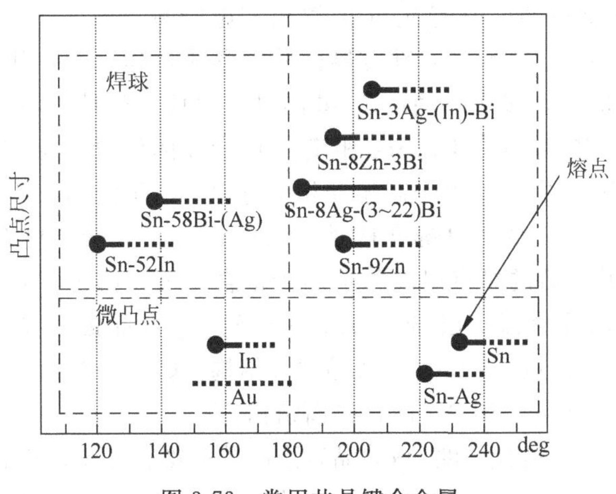

图 3-73 常用共晶键合金属

金属间化合物形成过程可以分为两个阶段。第 1 阶段，低熔点金属熔化形成液相后与难熔金属接触，难熔金属与液相金属相互扩散，低熔点金属熔化为液相的过程和固液两相之间的相互扩散的过程很快。在难熔金属金属表面的一些籽晶点，形成了具有最高形成能的金属间化合物。金属被消耗后，通过在低熔点液相金属中溶解而不断地补充，使反应不断进行。这个反应过程所形成的金属间化合物的区域不断扩大,直到两层难熔金属接触,使能够扩散的液相金属被难熔金属截断。第 2 阶段,难熔金属通过第一阶段形成的金属间化合物扩散,这一过程速度很慢,需要较长时间才能将所有低熔点金属全部消耗。难熔金属的浓度改变了液相化合物的熔点,使其高于键合温度时,液相金属开始固化。随着持续的加热,固化金属相转变为能量稳定的金属间化合物。需要注意的是,难熔金属的厚度和低熔点金属的厚度要合适,如果将难熔金属全部消耗,会导致金属间化合物与硅片之间的粘附性降低。

金属共晶键合需要施加一定的温度和压力,一般采用低于大气压的腔体压力,并在键合环境中通入少量氢气(如 4%)与惰性气体的构成的混合气体作为形成气体[78]。键合后金属间共晶化合物的分子体积小于键合前各个金属体积之和,因此键合后形成的键合层的厚度有所降低。除了提高温度使低熔点金属熔化外,键合过程还需要一定的压力保证键合界面的充分接触,对于硅片面积较大、有一定弯曲的情况尤为重要。需要注意的是,如果出现了表面形貌的变化,施加压力没有明显的效果。

金属共晶键合可以实现良好的气密性,例如采用 1～5 μm 厚、10～15 μm 宽的金属共晶键合,就可以实现多层圆片的气密性封装[78]。由于金属共晶键合过程中低熔点金属熔化,键合引起的滑移相对较大,键合后的对准偏差可以达到 2 μm。

Cu-Sn-Cu 是常用的金属共晶键合材料[111]。Cu-Sn 的形成方法是在铜层上方电镀形成一层 Sn 薄层,然后与另外的 Cu 层接触键合,形成稳定的键合后金属间化合物 Cu_3Sn。图 3-74(a)为 Cu-Sn 二元相的金属相图。Sn 的熔点为 231℃,Cu 的熔点为 1083℃,但是在 300℃以下,二者可以形成 η 相共晶的 Cu_6Sn_5,再经过 300℃以下的温度退火后形成 ε 相的 Cu_3Sn,其熔点温度高于 600℃。Cu-Sn 键合温度高于 Sn 的熔点,一般在 231～260℃之间。键合过程的温度仅需超过 Sn 的熔点(231℃)使 Sn 发生回流产生中间产物 Cu_6Sn_5,然后在高温下硬化,使中间产物 Cu_6Sn_5 转变为最终的 Cu_3Sn。最终金属间化合物 Cu_3Sn 表现为晶体状态,其晶粒生长方向与难熔金属 Cu 的表面垂直。从稳定的化学相和电阻率的角度,都应避免键合后中间相 Cu_6Sn_5 的存在。图 3-74 为 Cu-Sn-Cu 键合界面共晶形成过程。最终状态 Cu_3Sn 的形成过程较慢,需要较长的键合时间。多次热循环后,共晶键合界面的性能下降,主要表现在界面的夹渣缺陷(内陷颗粒物)增多,并且在 Cu_6Sn_5 相变为 Cu_3Sn 的位置上出现了一些空洞。这种空洞被称为 Kirkendall 空洞,主要是由于高温和相变过程中原子流动的非平衡性引起的。

Cu-Sn-Ag 是另一种常用的共晶键合材料。Cu-Sn-Ag 的键合温度在 220～260℃之间,再熔化温度为 221℃,即共晶后的熔点温度并不高于键合温度。由于 Cu 自身很容易氧化,常在表面电镀一层 Ag 或 Au 作为保护层,这为形成 Cu-Sn-Ag 共晶键合提供了方便,即只要在另一个凸点上电镀 Sn,即可构成 Cu-Sn-Ag 共晶键合结构。Cu-Sn-Ag 共晶键合的优点是键合温度较低。图 3-75(a)所示为 Cu-Sn-Ag 键合界面结构。

In-Au 键合属于一种低键合温度、高共晶熔点的共晶键合方式。键合结构上需要电镀 In,另一个与之接触的为 Au,如图 3-75(b)所示。键合压力为 0.02～0.04 MPa,键合温度为 150～200℃,比 Au-Sn 系统低约 100℃。键合后共晶金属的熔点温度为 495℃,明显高于键合温度。这种键合方式要求键合表面平整,对键合对准精度要求较高。In 相比 Sn,在耐受疲劳应力的方面更具优势,长期可靠性更高。在 Au 的下方增加了一层 Ni,作为 Au-Cu 之间的界面材料。Cu-Ni-Au-In 的厚度分别为 15 μm、1.5 μm、1.0 μm 和 2.2 μm,均采用电镀方式制造。在电镀 In 以前,Cu-Ni-Au 的表面粗糙度较低、表面光滑,而电镀 In 以后表面褶皱粗糙。

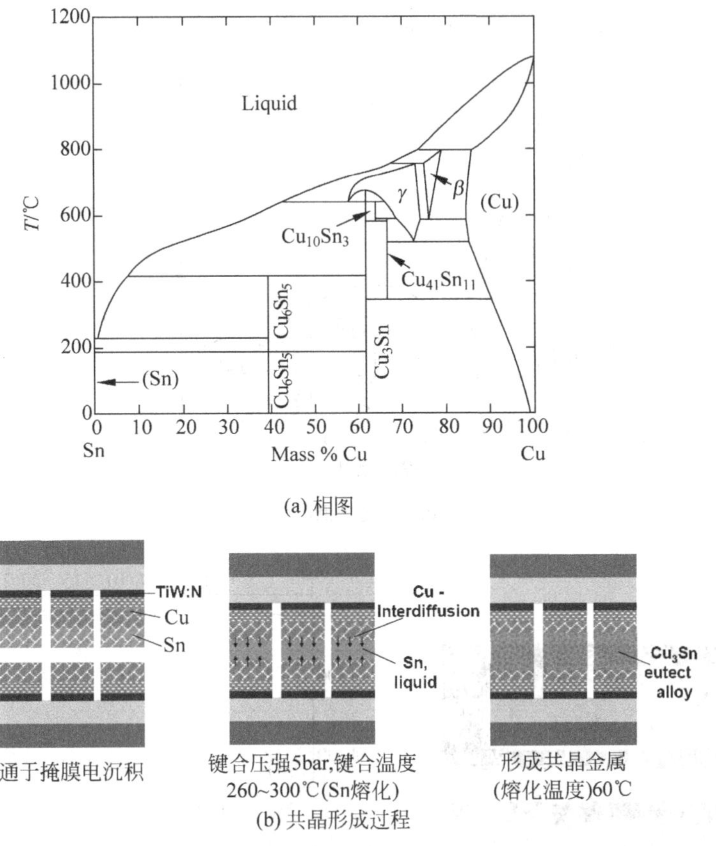

(a) 相图

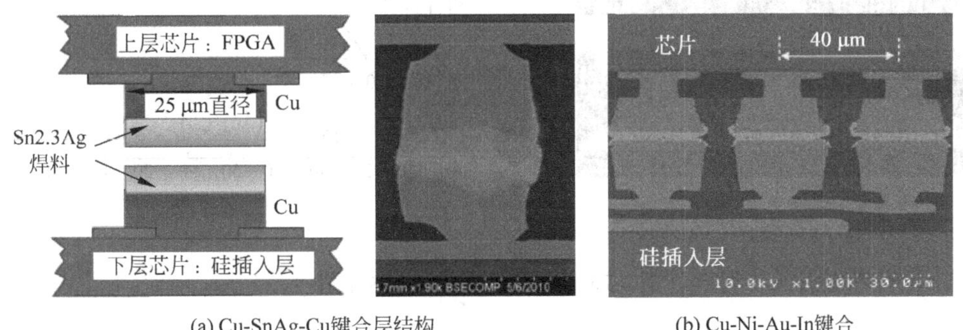

(b) 共晶形成过程

图 3-74　Cu-Sn 共晶键合

(a) Cu-SnAg-Cu键合层结构　　(b) Cu-Ni-Au-In键合

图 3-75　共晶键合

Au-Sn 共晶焊料是封装领域常用的材料，具有机械强度高、蠕变小、电导率和热导率高等优点。图 3-76(a)为 Au-Sn 相图，根据成分比例不同和温度不同，所形成的共晶凸点成分包括 $AuSn_4$ 和 AuSn 等。常用的 Au-Sn 共晶的材料组分为 Au 含量 80%，Sn 含量 20%(质量比)，键合时一端是 Au-Sn，另一端是 Au，构成 Au-Sn-Au 或者 Au-AuSn-Au 的结构。回流后 Au-Sn 各占 80%和 20%的形成共晶材料，在共晶材料与 Au 之间的界面为 $AuSn_4$，如图 3-76(b)所示[112]。键合不需要其他保护气体，要尽可能避免金属在熔融状态下的回流。键合形成的共晶金属不容易再次熔融，键合强度高，键合后的对准偏移为几微米的量级。

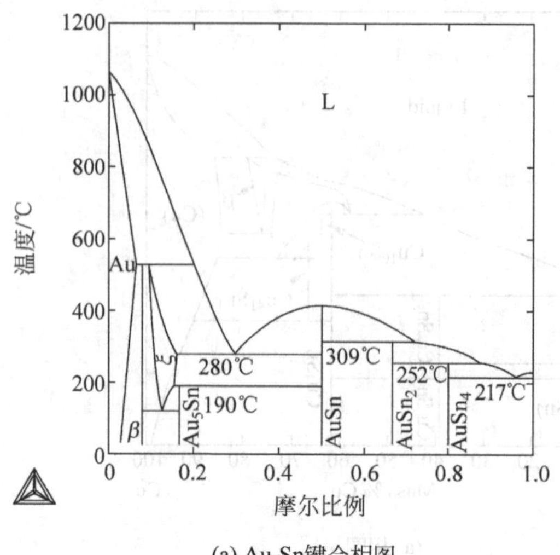

(a) Au-Sn键合相图

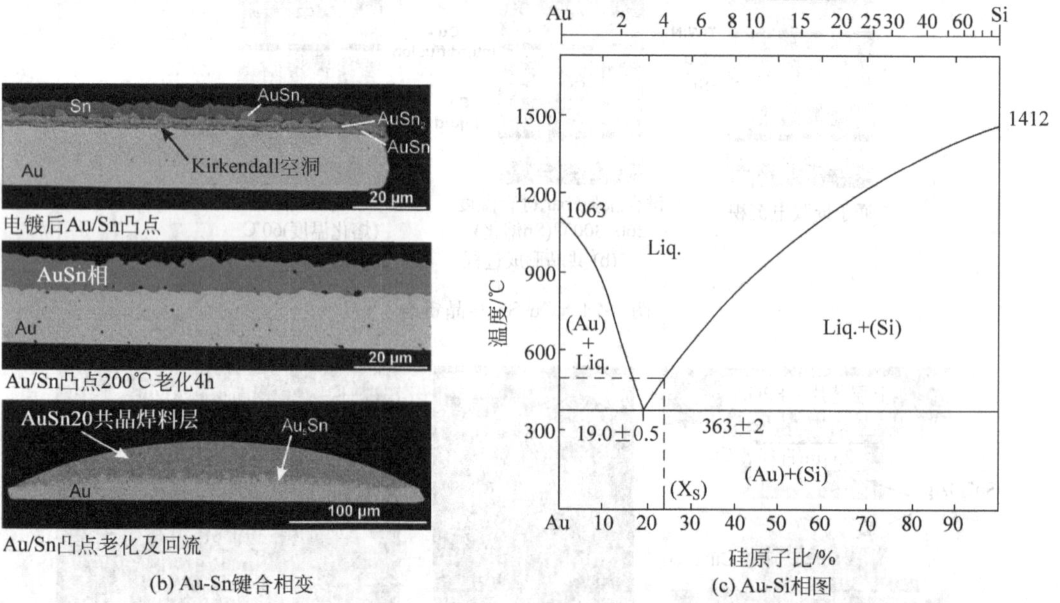

(b) Au-Sn键合相变　　(c) Au-Si相图

图 3-76　Au-Sn 键合和 Au-Si 相图

MEMS 中常用的一种共晶键合是 Au-Si 共晶键合，这是由于二者都是 MEMS 中常用的材料，并且可以实现 Au 与硅衬底之间的键合。典型的 Au 键合层材料包括 10～100 nm 的 SiO_2 层、30～200 nm 的 Ti(或 Cr)粘附层，以及 100～200 nm 的 Au 键合层。通常在 Ti 和 Au 之间还可以增加铂(Pt)来防止 Au 与下层金属之间的相互作用。图 3-76(c)为 Au-Si 共晶金属的相图。Au-Si 的共晶温度为 363℃，此时 Au-Si 共晶中 Si 的含量为 19%。当温度低于此共晶温度时，会发生 Au 向 Si 中扩散形成硅化物 $SiAu_3$ 而不是 Si 向 Au 中扩散的现象[113]，因此 Au-Si 共晶键合的温度一般远高于 363℃[114]，通常在 500～600℃之间，使 Si 向 Au 层中扩散形成共晶。降温过程中，在硅圆片的表面开始出现 Si 和 Au 的外延生长，使 Au 层内出现金字塔状的 Si 岛。当有 Ti 或 Cr 的粘附层存在时，键合后界面会形成 $TiSi_2$ 或 $CrSi_2$ 的硅化物取代原硅圆片的 Si 原子，因此对键合结果产生很大的影响。由于 Si 在 Ti 和 Cr 中的溶解度极低，因此 Ti 或 Cr 层的存在限制了 Si 扩散通过 Ti 或 Cr 层而进入 Au 层中形成 Au-Si 共晶化合物的过程，并且 $TiSi_2$ 或 $CrSi_2$ 等硅化物的产生过程是在键合降温中出现的，影响了 Au-Si 共晶的产生。

Au-Si 键合的缺点是 Au 与 SiO_2 薄膜的润湿性极差，因此键合结果受氧的影响极为严重，不同的处理方法去除氧的重复性较差，导致键合结果差异很大。即使很薄的 SiO_2 薄膜（如自然氧化层），也使 Au 的润湿性大幅度下降，因此必须去除 Si 表面的氧化层。去除氧化层的方法包括在溅射 Au 以前用 HF 清洗硅片，并在溅射 Au 的腔体内首先使用 Ar 离子原位溅射硅片表面，以去除表面的氧化层。或者在溅射 Au 以前首先溅射与氧化层和 Au 粘附性都比较好的 Ti 或 Cr。在温度达到 Au-Si 共晶温度以前，Ti 或 Cr 已经与 Si 反应形成硅化物 $TiSi_2$ 或 $CrSi_2$。Ti 的硅化物的产生过程与 Al-Si 合金类似，都是 Si 扩散经过氧化层后进入 Al 或 Ti 中，但是 Al 与硅不发生反应，而 Ti 或 Cr 却与硅发生反应生成硅化物 $TiSi_2$ 或 $CrSi_2$。局部的氧化层溶解被破坏后，Si 与 Au 直接接触在界面处形成 Au-Si 共晶。

3. 金属键合的应用

金属键合在 MEMS 的圆片级真空封装中得到了广泛的应用。图 3-77 为 ST 的三轴加速度传感器 LIS331DLH 采用玻璃键合和 Au 热压键合实现圆片级真空封装的情况。器件圆片上采用溅射的 W 作为粘附层，然后溅射 Au 并图形化。封盖层采用热氧并图形化实现与器件层的绝缘，然后依次溅射 Ti 和 Au 作为粘附层和键合层。键合温度约为 300℃，键合压强约为 0.5 MPa。采用 Au 热压键合时密封环的宽度只有玻璃键合的 1/3，因此芯片面积减小了 57%。

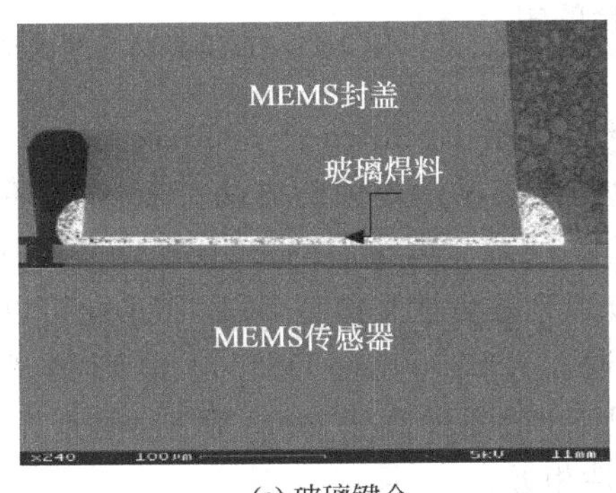

(a) 玻璃键合

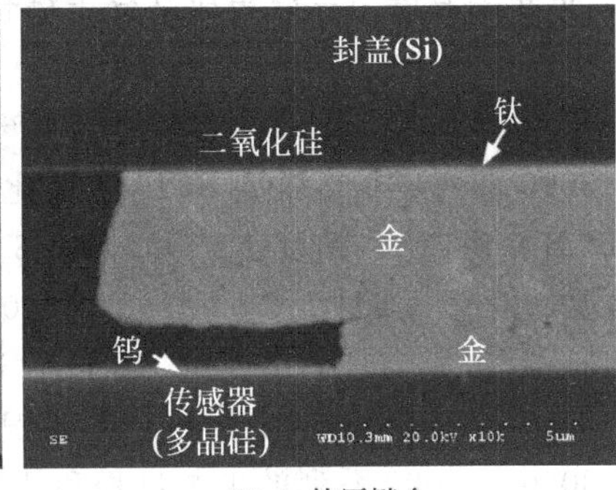

(b) Au热压键合

图 3-77 ST 三轴加速度传感器 LIS331HLH 的圆片级真空封装

3.4.6 高分子键合

高分子键合采用高分子材料作为键合的中间层。高分子键合一般在 200～300℃ 的温度下进行，并需要施加一定的压力。高温过程使已经涂覆并固化在键合表面的高分子材料发生一定程度的软化，能够与两个键合面充分接触，温度降低后高分子材料固化，实现两层圆片的键合。目前广泛使用的键合材料包括苯并环丁烯（Benzocyclobutene，BCB）和聚酰亚胺（Polyimide，PI），SU-8，SP-341（东丽公司正性光刻胶）以及部分 AZ 系列光刻胶（如 AZ4620）和硅氧烷基光敏材料 SINR[115]。固态高分子薄膜使用简单、刻蚀容易、性能稳定，近年来引起了广泛的重视。

高分子键合温度低、键合压力小，工艺条件较为宽松、工艺窗口较大，因此对键合圆片的器件影响小、限制条件少，基本为CMOS兼容。高分子层可以补偿硅片表面的结构起伏和粗糙度，因此如果键合前圆片表面起伏不大的情况下，不需要特殊的平整化处理。由于键合时高分子材料软化，使上下界面在键合或者冷却过程中发生滑移，不采取特殊措施的情况下，采用高分子键合后的对准误差约为5～10 μm，难以实现很高的对准精度。另外，高分子键合层通常热导率较低，使层间热传导能力下降；高分子材料会产生气体释放率和水汽渗透，密封能力差。

1. 苯并环丁烯键合

苯并环丁烯是一种含有硅成分的高分子聚合物，主要成分是有机树脂双-苯基环丁烯以及三甲基苯，其单体结构式如图3-78所示。BCB介电常数低(约2.6)，对温度和频率依赖性低；击穿场强约为5 MV/cm，在1 MV/cm的场强下漏电流约为4.7×10^{-10} A/cm^2，具有良好的介电特性。BCB具有良好的热学和化学稳定性，玻璃化温度Tg高于350℃，对大多数酸碱和有机溶剂都表现为稳定的性质。BCB的热导率仅为0.29 W/mK；与一般的有机聚合物的热膨胀系数约为100 ppm/℃相比，BCB的热膨胀系数(52 ppm/℃)较小。BCB的弹性模量约为2.9 GPa，泊松比为3.4，拉伸强度约为87±9 MPa，断裂时伸长率为6%～10%。BCB透光率好，在整个光谱波段透光率超过90%。BCB是一种低应力的有机聚合物材料，室温下在硅表面的BCB的应力为26～30 MPa。因为BCB树脂基底较强的疏水特性，BCB的水汽吸收率低，只有0.2%左右(重量比，85%RH)，但是水汽在BCB中透过率却比其在聚酰亚胺中的透过率高一个数量级。这些特点使BCB成为优异的介电绝缘和钝化保护材料，近年来发展为三维集成高分子键合的主要材料[81]。

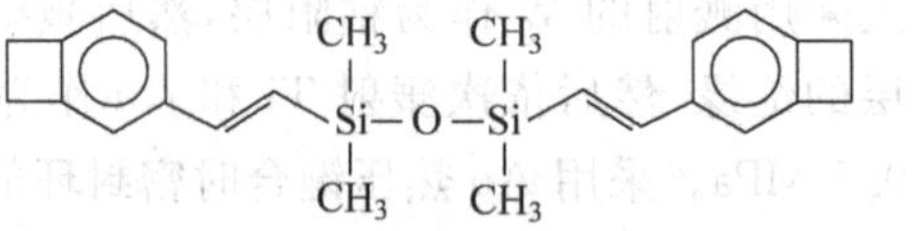

图3-78 BCB单体分子式结构

BCB最早由Dow Chemical量产，典型产品包括Cyclotene® 3000系列和4000系列。Cyclotene® 3000系列是非光敏型BCB，图形化需要依靠干刻蚀的方法。双-苯基环丁烯的成分比越高，BCB密度越大、粘度也越大，如表3-12所示。固化后的BCB可以采用Stripper A在加热或常温的情况下腐蚀。Cyclotene® 4000系列是负性光敏型BCB，图形化可以通过光刻实现，曝光剂量为25 mJ/cm^2/μm，曝光后通过DS2000或DS3000显影剂进行显影。Cyclotene® 4000系列在相同树脂含量的情况下，粘度远高于3000系列，但是在键合方面Cyclotene® 3000与4000系列的工艺过程和特性相近。

表3-12 Cyclotene®系列的性质

性质	Cyclotene® 3000			Cyclotene® 4000		
	3022-35	3022-46	3022-57	4022-35	4024-40	4026-46
树脂含量/%	35	46	57	35	40	46
密度/g/cc@ 25℃	0.93	0.95	0.97	—	—	—
粘度/cSt @ 25℃	14	52	259	192	350	1100
涂覆厚度范围/μm	1.0～2.4	2.4～5.8	5.7～15.6	2.5～5.0	3.5～7.5	7～14

BCB键合的工艺过程包括清洗、增粘处理、旋涂BCB、前烘、对准、键合等过程。清洗的主要目的是去除表面的颗粒和水汽，水汽导致表面BCB涂覆时形成空洞，因此必须彻底消除。清洗后在圆片表面，首先旋涂增粘剂AP3000，提高BCB与衬底的粘附性。BCB作为永久键

合材料具有很高的界面粘附能。当厚度为 2.6 μm 时，BCB 与 SiO_2 表面的界面粘附能最高，超过 30 J/m^2，与铜互连及介质层表面的粘附能也达到都很高 20 J/m^2 左右，但是与多孔材料表面的界面能只有 6 J/m^2 左右，这主要是由于多孔材料的表面特性引起的 BCB 粘附能下降。增粘剂 AP3000 对多种材质表面都有很好的增粘效果，包括 SiO_2、Si_xN_y、SiON、Al、Cu 和 Ti 等。BCB 涂覆可以采用旋涂和喷涂。旋涂具有工艺简单、参数控制准确、薄膜厚度均匀、表面光滑等特点。旋涂后 BCB 的薄膜厚度与 BCB 的型号和旋涂转速相关。由于 Cyclotene® 3000 系列和 4000 系列的粘度差异很大，即使相同树脂含量的情况下使用相同的旋涂转速和时间，所获得的厚度差别也很大。

BCB 旋涂以后，在 80～150℃下对 BCB 进行前烘处理，时间为 1 min。前烘过程去除 BCB 中的有机溶剂成分，使 BCB 预固化；然后在 150～190℃的真空环境或氮气保护环境下对 BCB 进行固化。BCB 固化程度与固化时间、温度相关，如图 3-79 所示。对于不同的固化温度，BCB 的表面形貌不同。固化温度越高，表面越光洁。固化温度过低时，容易形成键合界面的空洞。

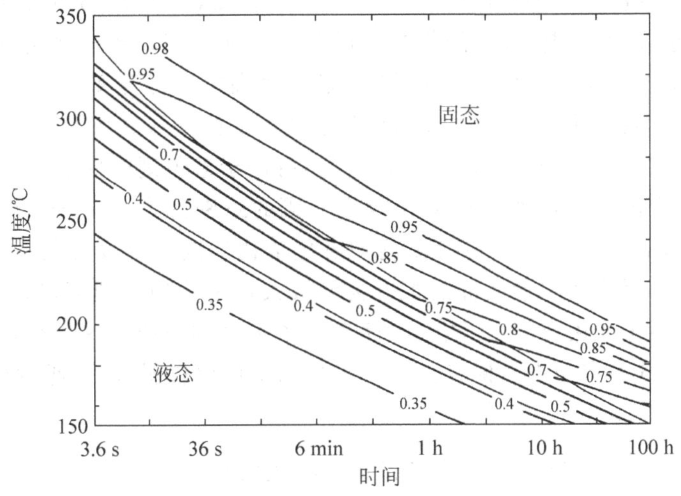

图 3-79　BCB 固化程度与固化温度、时间的关系

BCB 键合时，为了避免温度上升速率过快造成圆片的滑移而影响对准精度，温度的上升速率设定为 2～3℃/min，键合温度为 250℃，保温时间为 1 h。键合腔压强为(1～5)×10^{-2} Pa，键合压强(3～4)×10^5 Pa。BCB 键合中有两个关键因素必须进行控制。①键合的过程中，BCB 的软化容易导致已经对准的两层圆片发生滑移，从而引起键合位置偏差。为了减小键合过程的滑移，需要采用厚度均匀、表面平整的硅片，并且适当优化 BCB 后烘的温度以及键合过程的升温速度。②在固化后再加热键合时，BCB 仍旧会释放出少量溶剂气体，导致键合由于界面气泡的原因而失效。尽管 BCB 的气体释放量非常少，这种情况仍会发生。因此，必须充分排出气泡后才能开始键合。固化的温度越高，键合过程中 BCB 释放的气体越少，当固化温度低于 150℃时，BCB 键合时容易出现因为大量气泡导致的键合失败。

BCB 的固化温度对 BCB 键合质量有决定性的影响。固化温度与时间决定了交联程度，固化温度越高、固化时间越长，BCB 的交联程度越高。BCB 的交联程度越高，后续键合时 BCB 的软化程度越低，由于滑移引起的对准偏差越小，但是键合所需要的温度也越高，键合时间也越长。由于 BCB 为热固性材料，当交联程度过高时，后续键合容易出现空洞的键合缺陷，即使提高键合压力和键合温度,改善效果也不明显,因此固化时间和温度需要根据键合结果进行调整。当固化温度从170℃半小时增加到190℃半小时后,BCB的交联比例从35%提高到43%,对于2.6 μm厚的BCB层,键合滑移产生的对准精度误差从10～20 μm减小到低于1 μm,并且BCB层的厚度均匀性优于0.5%[116]。随着BCB厚度的增加,在相同固化条件和键合条件的情况下,BCB键合后的对准偏差有所增加。

BCB键合具有较高的玻璃化温度、较低的气体释放率和较高的键合强度。4点弯曲方法测量的BCB键合硅-硅的临界粘附能为31 J/m^2,平均剪切强度高达20.8 MPa,键合硅-玻璃的临界粘附能为7～9 J/m^2[117]。通常情况下,当剪切强度达到10 MPa,即可满足工艺和使用对键合强度的要求。

光敏型BCB的图形化主要采用光刻的方式,非光敏型BCB的图形化主要采用RIE刻蚀实现。BCB刻蚀常用的反应气体主要包含F和O,如SF_6/O_2,其中O_2占主要成分[118]。F等离子体与BCB中的硅成分反应生成挥发性的SiF_4,去除BCB中的硅成分;O等离子体与BCB中的碳-氢成分反应生成挥发性的CO、CO_2以及H_2O,实现BCB的刻蚀。在富氧的条件下,光刻胶的刻蚀速度较快,与BCB的刻蚀选择比基本为1∶1。ICP刻蚀与RIE刻蚀使用相同的SF_6/O_2的刻蚀气体,但是由于电感耦合能够产生高密度的等离子体,可以提高刻蚀速度和各向异性。ICP刻蚀BCB的过程中会出现刻蚀图形的侧壁和底部有杂草状残余的现象,这主要是由于微掩膜效应引起的。增加SF_6的含量,有助于避免刻蚀残余。ICP刻蚀BCB时在结构的侧壁可能出现由于聚合物的重结合效应形成的致密薄膜。在SF_6含量较高和高功率低压强的条件下,SF_6容易与BCB中的多链碳氢化学物形成非挥发性的碳氟化合物,并再重新结合形成聚合物。沉积在图形底部的聚合物能被大量离子的物理轰击作用去除,但侧壁沉积的聚合物的物理轰击作用有限,无法去除而形成了致密的薄膜。这层薄膜限制了横向刻蚀的进行,改善了刻蚀的各向异性。侧壁上的薄膜的粘附性比较弱,可以通过超声清洗去除。

2. 聚酰亚胺(PI)键合

聚酰亚胺(Polyimide,PI)是一种具有邻苯二酰亚胺结构的芳杂环聚合物高分子材料,其理化、热力学和电学性质取决于单体中芳香结构的种类和亚胺化的程度,而亚胺化的程度是由亚胺化的温度和时间决定的。热塑性PI材料具有如下的优点:①优异的耐热性能,起始分解温度在450～500℃,可在−240～260℃的大气环境中长期使用。②优良的力学性能:拉伸强度100～300 MPa,伸长率10%～50%,最大可达100%。③化学稳定性好:能抵抗大部分常温酸性溶剂、有机溶剂和潮湿水汽;因为PI含有容易与水结合的位点,吸水率为3%,但是水汽在PI中的透过率较低。④良好的绝缘性和介电性能:介电常数为3.2～3.4,电阻率高于10^{16} Ω·cm,介电强度达到250～350 V/μm,1 MHz时介电损耗小于6×10^{-3}。⑤高纯度,无机离子含量低(Na^+,Fe^{2+},K^+<2 ppm)。⑥比无机介电材料更优的平面成形能力和低残余应力,对常规衬底、金属和电介质的粘附性优良。凭借优异的性能,近年来PI在MEMS和微电子领域得到了广泛应用,如应力缓冲层、钝化层和绝缘层、柔性电路的基板,以及MEMS的结构层和牺牲层等,越来越多的MEMS中引入了PI结构和工艺[119]。

PI在不同材料表面的粘附性能不同,与二者的表面化学性质、材料的粗糙度、清洁度、涂覆条件,以及亚胺化程度等有关。长期的环境应力如高温和高湿严重影响PI的粘附性。一般情况下,芳香族的PI在Al和Cr表面的粘附性能很好,在Ag、Au、Si和SiO_2表面的粘附性能较差,前驱体溶液易于形成孤立的液滴。为了提高PI的粘附性,在涂覆之前一般需要涂覆一层粘附剂，如硅烷粘附剂或螯合铝化合物。杜邦公司的 PI-1111 内含粘附剂，而 PI-2611 则需要单独的粘附剂如 VM651，这是一种有机硅烷型粘附剂，对于 Pyralin 型 PI 在硅和 SiO_2 表面的粘附增强效果很好。

PI 分为光敏型和非光敏型两大类。非光敏聚酰亚胺的图形化通过干法刻蚀实现，光敏聚酰亚胺直接通过曝光实现。光敏型聚酰亚胺是在标准聚酰亚胺中添加光敏成分构成的。根据化学成分的差异，光敏型聚酰亚胺可以分为两类。第一类是光敏基团通过 PI 前驱体的酯键与羧基连接，这种材料由西门子化工发明，并授权给朝日化工、杜邦电子材料和 OCG 等公司使用。第二类是基于酸-氨离子连接光敏基团和 PI 前驱体，由东丽化工(Toray)发明。PI 的主要制造商包括杜邦电子(Kapton 和 Pyralin 系列)、日立化工(PIQ 系列)、HD Microsystems 以及东丽化工等，典型产品包括 HD Microsystems 的负性光敏 HD-7010，东丽化工的非光敏系列 Semiconfine 和光敏系列 Photoneece。Photoneece 系列为 150～170℃低温固化的正性光敏 PI，最大涂覆膜厚超过 20 μm，可以利用光刻胶显影液 TMAH 显影，固化后收缩率低于 10%、耐热超过 300℃，并且硅表面固化后应力仅为 13 MPa，比一般聚酰亚胺低 50%。

HD7010 是 HD Microsystems 公司一种基于 1,1,1,3,3,3-六甲基二硅氮烷的负性光敏聚酰亚胺前驱体，与 AP401D 或 AP401R 等显影液配合使用可以直接曝光图形化，其性质如表 3-13 所示。亚胺化后的 HD7010 具有良好的永久键合能力。

表 3-13　HD7010 的性质

性　质	HD7002	HD7010
粘度/Pa·s	2	4
固形物含量/%	25～40	25～40
固化温度/℃	250～350	250～400
键合温度/℃	250～350	250～350
键合压力/N/cm²	>14～22	>14～22
键合时间/min	5～10	5～10
玻璃化转变温度/℃	172	260
5%失重温度/℃	413	395
热膨胀系数/ppm	80	70
介电常数(无量纲)	3.3	3.3
拉伸强度/MPa	152	173
弹性模量/GPa	2.6	2.6
伸长量/%	100	70
热导率/W/m·K	0.2	0.2

HD7010 的键合温度要高于玻璃化转变温度 50～100℃，通常要超过 250℃，采用 300℃键合能够获得良好的键合质量。带有图形的 HD7010 的键合参数参考值为：键合温度 250℃、键合时间 10 min，键合压强 22 Pa；无图形的 HD7010 的键合参数参考值为：键合温度 350℃、键合时间 10 min，键合压强 64 Pa。但是当键合温度升高到 375℃时，键合缺陷明显，出现大量的空洞。造成这种现象的主要原因是亚胺化温度过低、亚胺化不充分，高温键合过程 PI 释放出一部分气体，当上下圆片接触后不能释放到腔体中的气体会在界面形成空洞或气泡。释放气体使固化的图形出现一定程度的变形。当固化温度为 350℃时，高温键合过程中没有气体释

放,采用300℃或375℃键合温度都能够获得很好的键合效果。因此,从保证键合强度的角度考虑,HD7010要采用尽量高的固化温度和键合温度。

亚胺化后的PI化学性质稳定,能抵抗多数常温腐蚀剂作用,因此非光敏PI的图形化需借助RIE刻蚀。光刻胶不能抵挡O_2RIE刻蚀,因此需要硬掩膜材料如Al或PECVD氮化硅。采用Al作为硬掩膜容易产生微掩膜效应,导致刻蚀区底面形成残余,而PECVD氮化硅则没有这个问题,而且后续去除氮化硅层所使用的CHF_3RIE不影响PI的表面粗糙度。光敏型PI可以直接利用光刻图形化。图3-80为光敏HD7010的图形变化情况[120]。显影后的HD7010具有较好的垂直度,比较真实地反映了线条的形状和深度。高温固化以后线条出现不同程度的变形,特别是图形底部出现较大的圆角,使显影后的图形有一定程度的失真,失真程度随着固化温度的升高更加明显。其他光敏材料(如光敏BCB)也有类似的性质。因此当永久键合对线条的垂直度有较高要求时,需要采用非光敏材料固化后刻蚀的方法。

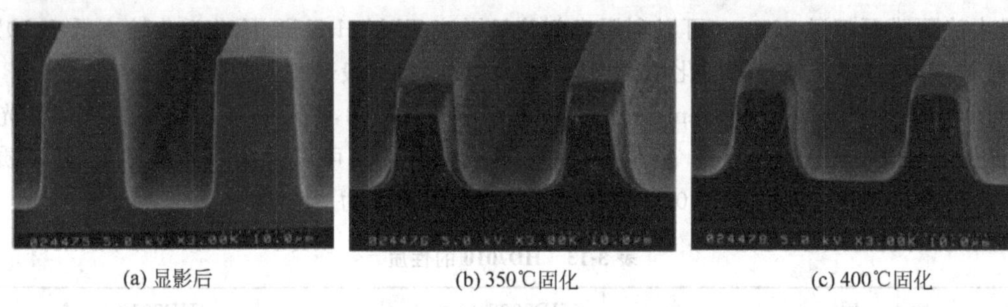

(a) 显影后　(b) 350℃固化　(c) 400℃固化

图3-80　光敏HD7010结构的变化

3.5　高深宽比结构与工艺集成

表面工艺能够制造复杂的多层结构,为MEMS器件带来了很大的灵活性;然而由于薄膜沉积和残余应力等方面的限制,表面微加工的结构厚度都很小,例如最厚的薄膜是Bosch和ST在量产加速度传感器和陀螺中使用的12 μm左右的外延多晶硅[72]。利用DRIE刻蚀实现的单晶硅高深宽比结构具有很多优点,如优异的力学性能和光洁的表面、低噪声和高分辨率,以及增加的叉指电容等,使得单晶硅高深宽比结构在加速度传感器、陀螺、微镜等领域应用广泛。

3.5.1　高深宽比结构的制造方法

高深宽比结构的制造依赖于单晶硅和多晶硅的深刻蚀技术,因此几乎所有的高深宽比结构制造方法都是在DRIE技术出现以后才出现的。

1. HARPSS

HARPSS(High Aspect Ratio Polysilicon Structures)是利用DRIE和多晶硅沉积相结合制造高深宽比多晶硅结构的方法,其主要工艺过程如图3-81所示[121]。

首先LPCVD沉积厚的氮化硅,并进行光刻和刻蚀,形成后续释放过程的阻挡层和绝缘层,为了减小电极和衬底之间的寄生电容,可以在氮化硅下面先沉积SiO_2以增加介质层的厚度；利用 DRIE 刻蚀深槽，深度超过需要结构的高度，深槽的垂直度和侧壁光洁度对后续填充多晶硅比较重要，如图 3-81(a)所示。高温沉积 LPCVD 的 SiO_2 作为牺牲层，高温保证沉积过程的共形能力，使深槽能够被 SiO_2 均匀覆盖，如图 3-81(b)所示。光刻并刻蚀 SiO_2，露出氮化硅作为支承锚点，如图 3-81(c)所示。

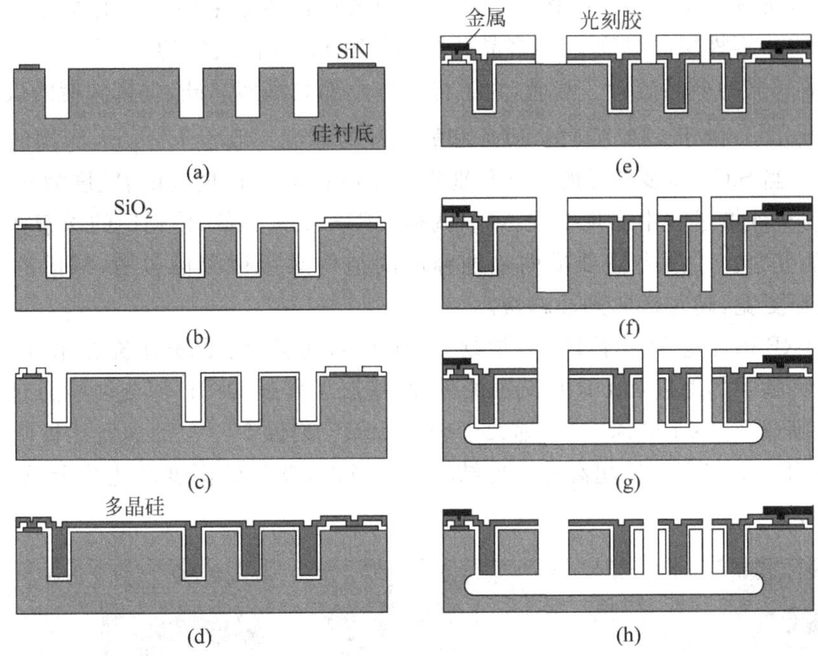

图 3-81 多晶硅 HARPSS 主要工艺流程

沉积 LPCVD 多晶硅填充深槽并掺杂使之导电。由于掺硼的多晶硅在 HF 中的刻蚀速度远小于掺磷的多晶硅，在后续释放 SiO_2 牺牲层时能获得更高的选择比，一般选择硼掺杂。当多晶硅把深槽填平以后再对深槽内部的多晶硅掺杂是非常困难的，因此在沉积多晶硅以前对 SiO_2 牺牲层高温掺硼，此时深槽没有被填充，硼很容易到达深槽的内部和底部，均匀地分布在 SiO_2 表面。再沉积 LPCVD 多晶硅填充深槽，使深槽内部的 SiO_2 上均匀覆盖多晶硅，高温推进，使 SiO_2 表面的硼进入多晶硅结构实现多晶硅的掺杂。多晶硅外表面 1 μm 深度内的硼浓度可达(2.5～5)×10^{19}/cm^3，满足大多数使用的要求。由于所有的深槽都已经被多晶硅填满，后续的涂胶和光刻过程不会受到深槽的影响。然后刻蚀表面的多晶硅和下面的 SiO_2 形成多晶结构在表面的支承锚点；在表面沉积多晶硅，掺杂并刻蚀形成需要的图形，如图 3-81(d)所示。多晶硅中掺杂硼时，温度不能高于 1050℃，否则会使多晶硅表面非常粗糙。

在多晶硅表面沉积 Cr/Au 或其他金属，利用剥离或刻蚀形成导电连接。涂覆厚胶作为掩膜，去除需要横向刻蚀位置的光刻胶，以便后续的 DRIE 刻蚀，如图 3-81(e)所示。利用 DRIE 垂直刻蚀，刻蚀深度比最终的结构深度大于 10～20 μm，刻蚀区域的侧壁由 SiO_2 限制而成，如图 3-81(f)所示。利用 SF_6 等离子体进行各向同性刻蚀，深槽底部在继续向下刻蚀的同时，也会出现横向刻蚀，将微结构下面的单晶硅去除，释放结构。由于 SF_6 刻蚀各向同性的性质，在横向刻蚀的同时也会向上刻蚀，导致单晶硅电极和结构以及填充的多晶硅结构都会从下面被减薄。例如 80 μm 高的多晶硅和单晶硅结构，在释放以后会被减薄到 50 μm 左右，如图 3-81(g)

所示。最后去除干法释放的掩膜光刻胶,并在 HF 中刻蚀 SiO_2 释放微结构。多晶硅和单晶硅结构之间的间隙形成电容,为了降低单晶硅电极的电阻,可以使用低阻硅片。单晶硅电极固定在多晶硅表面上,而多晶硅通过绝缘的氮化硅层固定在衬底上。

利用 HARPSS 方法需要注意的问题包括:①如果对结构高度一致性要求较高,为了避免 RIE Lag 现象,所有定义多晶硅结构的 DRIE 刻蚀的深槽尽量采用相同的宽度。②深槽的最大宽度是由 SiO_2 牺牲层的厚度 t_{ox} 和多晶硅层的厚度 t_{poly} 共同决定的,因此厚多晶硅层有助于实现宽的深槽和宽的多晶硅梁。然而,为了将深槽全部填满多晶硅,垂直深槽的最大宽度应该小于$\sqrt{2}(t_{ox}+t_{poly})$。由于 LPCVD 的 SiO_2 和氮化硅的厚度一般小于 3 μm,深槽的最大宽度一般小于 7 μm。当 SiO_2 和多晶硅的厚度分别为 1.5 μm 和 3 μm 时,深槽宽度为 6 μm。③为了避免多晶硅填充深槽过程中出现空隙,可以调整 DRIE 工艺参数,使刻蚀的深槽宽度随着深度增加而细微的变窄。④所有需要横向刻蚀释放的结构必须被深槽包围,深槽的宽度可以在 8~10 μm 甚至更宽,越宽横向刻蚀越快。

由于 HARPSS 工艺利用了 DRIE 深刻蚀、SiO_2 牺牲层和多晶硅填充技术,因此结构间隙取决于 SiO_2 牺牲层的厚度和 DRIE 刻蚀的深度,摆脱了普通 DRIE 深刻蚀能力对深宽比的限制,能够实现高达 200∶1 的深宽比,远大于普通 DRIE 刻蚀 50∶1 的深宽比极限。如图 3-82 为利用 HARPSS 工艺实现的超高深宽比结构的示意图,缝隙的深度高达几十微米,宽度只有 100~200 nm。

(a) 结构局部

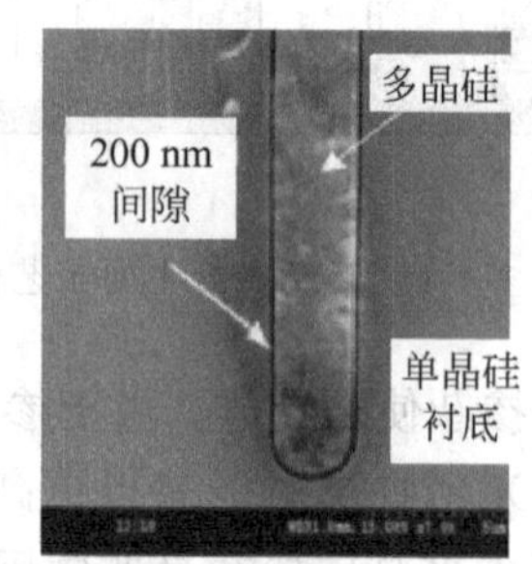

(b) 多晶硅填充的深槽,间隙200 nm

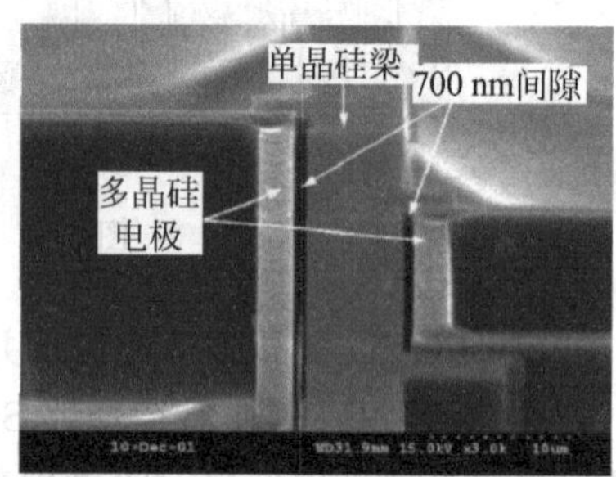

(c) 电极和结构梁

图 3-82 HARPSS 制造的微结构

尽管利用 HARPSS 工艺可以实现高深宽比的多晶硅结构,但是单晶硅仍是首选的结构材料。这是因为与单晶硅具有更低的缺陷和更好的力学性能,能够实现高 Q 值器件;在加速度传感器、陀螺等谐振器件中,大的结构质量有助于提高分辨率,而制造宽结构(>20 μm)只有利用衬底单晶硅才能实现;单晶硅结构与衬底是自然材料连接,不需要锚点;多晶硅压阻系数很低,难以用作压阻传感器。

图 3-83 为利用 HARPSS 制造单晶硅高深宽比结构的流程[122]。首先在低阻(<0.05 Ω·cm)单晶硅衬底上用 LPCVD 沉积氮化硅作为电绝缘层,DRIE 刻蚀结构,达到需要的深度,深度确定了结构的高度,如图 3-83(a)所示。热生长 SiO_2 作为牺牲层,SiO_2 的厚度决定着释放后结构间隙的大小,然后 LPCVD 沉积多晶硅,如图 3-83(b)所示。当热氧化层的厚度和单晶硅结构的宽度相比较小时(如<20%),热氧化的温度不需要很高(例如 950℃),此时热氧化对结构产生的应力可以忽略。由于热生长 SiO_2 的厚度可以精确控制,因此间隙可以控制很准确。接

下来在刻蚀的深槽中填充掺硼的多晶硅，退火激活，形成固定电极。由于多晶硅与衬底的锚点之间没有 SiO_2 绝缘层，较大的寄生电容会加重传感器的电噪声，因此氮化硅的厚度应大于 1 μm。通过调整氮化硅反应气体参数，可以控制氮化硅薄膜的应力。热氧化比 LPCVD 沉积的优点在于：DRIE 刻蚀的侧壁类似贝壳的条纹，热氧化在一定程度上平整条纹，改善结构间隙的不平整度，提高器件的 Q 值；热氧化具有更强的共形能力，能够在 100 μm 深槽中均匀生长，而 LPCVD SiO_2 底部的厚度只有表面的 70%；表面掩膜的氮化硅表面不会热生长上 SiO_2，因此多晶硅可以直接在氮化硅上做锚点，不需要像多晶硅 HARPSS 工艺那样多次刻蚀和沉积。

DRIE 刻蚀绝缘槽内的多晶硅形成多晶硅结构的边界，如图 3-83(c)所示，涂覆光刻胶覆盖 4 μm 宽的槽，光刻刻蚀窗口，去除 SiO_2 后 DRIE 深刻蚀达到结构层的底部，如图 3-83(d)所示。用各向同性刻蚀横向挖空释放形成悬空结构，如图 3-83(e)所示。由于各向同性的过刻蚀可能会向上刻蚀单晶硅电极和结构，因此需要控制各向同性刻蚀时间。解决过刻蚀的方法包括：合理设置释放深刻蚀区域，使所有需要释放的结构有相同的横向刻蚀距离，减少或避免过刻蚀；各向异性刻蚀单晶硅后生长 SiO_2 层，将深槽表面和底部的 SiO_2 刻蚀去除，再各向同性刻蚀单晶硅，可以实现厚度大于多晶硅电极的单晶硅电极/结构/质量块。最后去除牺牲层 SiO_2 释放所有的结构，如图 3-83(f)所示。单晶硅工艺可以制造 RF 谐振器、可调电容、加速度传感器、陀螺等需要高深宽比、大质量块的器件。

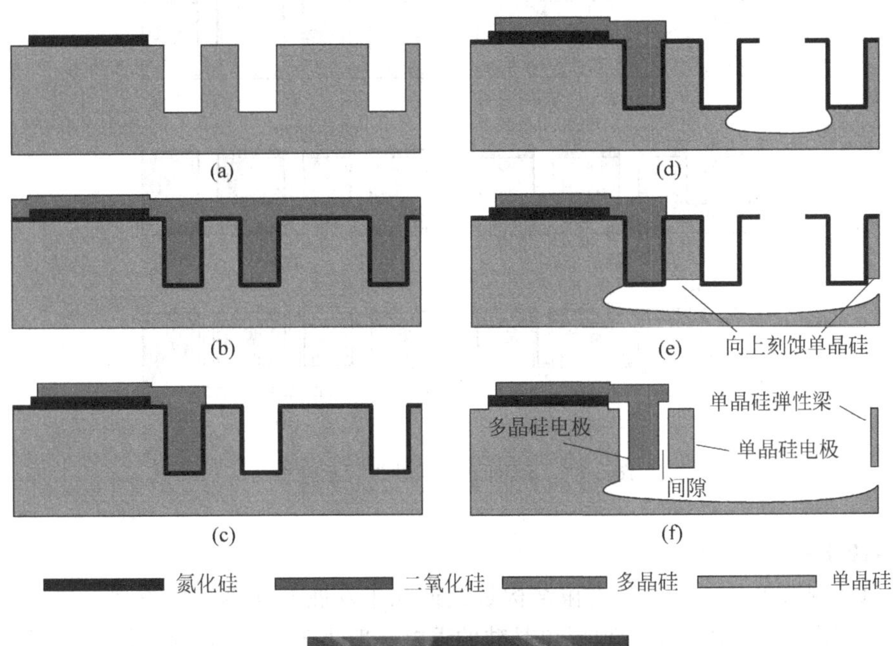

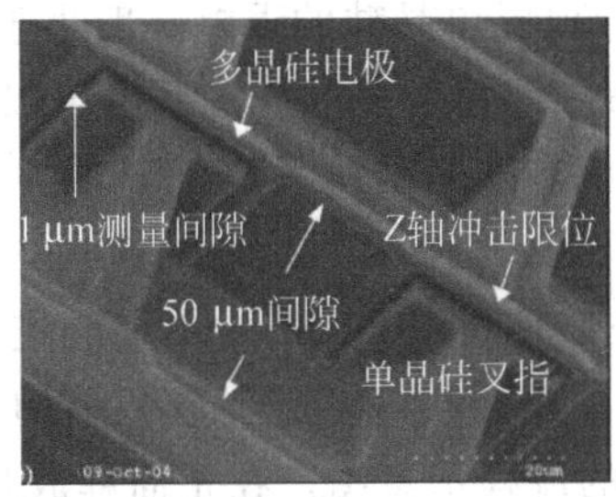

图 3-83 单晶硅 HARPSS 工艺流程

2. SCREAM

SCREAM(Single Crystal Reactive-Ion Etching And Metallization)利用 DRIE 各向异性刻蚀和各向同性刻蚀相结合制造单晶硅悬空结构[123]。SCREAM 的制造过程基本与 CMOS 兼容,能够在 CMOS 完成后再进行,因此是实现先 IC 后 MEMS 集成的一种方法。

SCEAM 的工艺过程图 3-84 所示。图 3-84(a)是在硅衬底生长 SiO_2,图 3-84(b)是光刻后刻蚀 SiO_2,暴露要深刻蚀的硅窗口;图 3-84(c)是 DRIE 深刻蚀形成深槽,去除光刻胶;图 3-84(d)是 CVD/LTO/PSG 等共形能力好的方法沉积 SiO_2,将深槽全部覆盖;图 3-84(e)是利用各向异性刻蚀深槽底部的 SiO_2,暴露深槽底部的硅,然后再利用 DRIE 将硅继续刻蚀一定深度;图 3-84(f)是最后利用各向同性刻蚀将硅结构底部刻穿释放硅结构,并沉积金属层作为电极。这种方法中结构的深度主要受沉积 SiO_2 方法的共形能力的限制,一般可以实现超过 10∶1 的深宽比,即横向刻蚀反应离子进入的通道的深宽比。在对掩膜 SiO_2 底部刻蚀并用 DRIE 继续深刻蚀后,采用 KOH 而不是各向同性干法刻蚀释放悬空结构,可以获得平整的结构[124]。

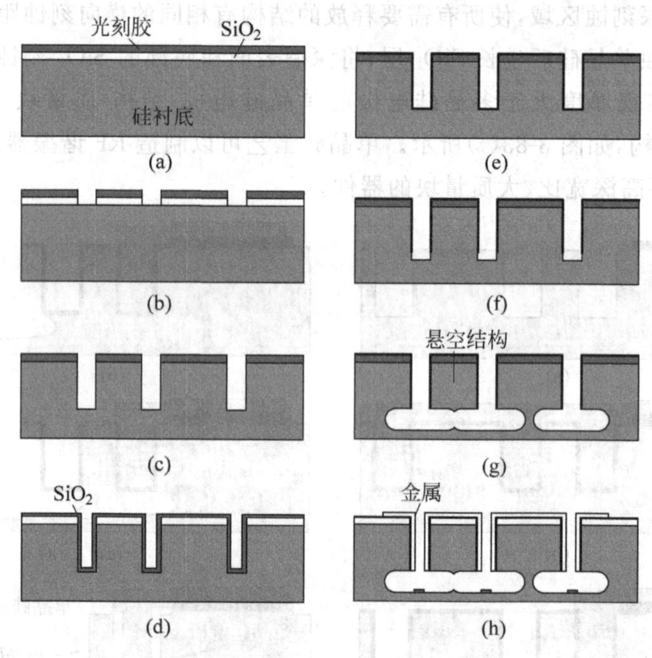

图 3-84 SCREAM 工艺过程示意图

3. DRIE+SOI

利用 SOI 制造单晶硅三维微机械结构是最近几年发展异常迅速的方法。使用 SOI 的优点包括:键合制造的 SOI 硅圆片顶层单晶硅的误差一般小于 0.5 μm,利用器件层作为微机械结构层能够获得精确的结构厚度;器件层单晶硅的厚度可以从 1.5 μm 到几百微米,能够实现高深宽比、大质量的三维结构;单晶硅微结构具有优异的力学和热学性能,有利于在力学(机械)传感器、谐振器和光器件中应用。

利用 SOI 制造 MEMS 几乎都是利用 DRIE 对单晶硅进行深刻蚀。根据释放微结构的方向不同,目前已经发展出从硅圆片正面(器件层)释放微结构和从硅圆片背面释放微结构的方法。图 3-85 为这两种制造方法的流程示意图。在正面释放加工中,首先从正面利用 DRIE 深刻蚀单晶硅器件层，实现需要的微机械结构，刻蚀到埋层 SiO_2 时停止，利用气相 HF 刻蚀 SiO_2，释放器件层单晶硅微机械结构，如图 3-85(a)所示。气相 HF 刻蚀可以有效避免液相刻蚀引起的粘连问题。在背面释放加工中，先将对应有微机械结构的背面衬底单晶硅用 DRIE 刻蚀，到 SiO_2 埋层停止；然后利用 HF 从背面将暴露的 SiO_2 埋层去掉。从正面刻蚀器件层单晶硅实现微机械结构，由于下面的两层都已经被去除，微结构在 DRIE 刻蚀穿透器件层后自然得到了悬空释放，如图 3-85(b)所示。

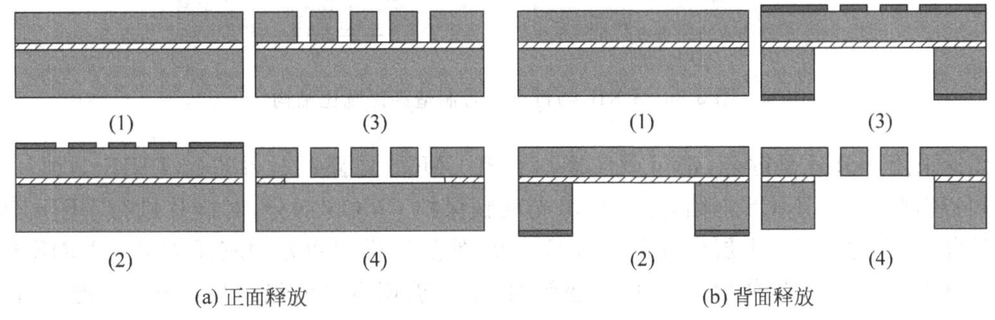

(a) 正面释放　　(b) 背面释放

图 3-85　DRIE＋SOI 三维结构制造方法

正面释放的优点是需要刻蚀的单晶硅厚度小，刻蚀时间短；但是释放后的间隙由初始埋层 SiO_2 的厚度决定，而 SiO_2 一般较薄，因此适合于微机械结构做平面内运动的情况，不适合于垂直大幅度运动的情况。另外，由于 RIE-lag 和横向刻蚀现象的存在，当从正面将器件层上高深宽比的槽刻蚀达到 SiO_2 停止层时，低深宽比的槽会出现严重的横向刻蚀现象，在对结构尺寸要求高的情况下无法使用。当使用各向同性干法刻蚀时，利用埋层 SiO_2 和器件层表面沉积的 SiO_2 作为保护，可以从正面横向刻蚀硅衬底进行释放。背面刻蚀可以克服正面刻蚀的缺点，将 SOI 背面的硅和埋层 SiO_2 去除后，正面刻蚀不会出现横向刻蚀的现象。但是背面刻蚀需要双面光刻，并且硅衬底较厚，DRIE 刻蚀时间长，成本高。

与 DRIE＋SOI 类似的方法是键合与 DRIE 结合(Bonding＋DRIE)[125、126]。Bonding＋DRIE 制造时首先在硅片上刻蚀释放槽，与另一个硅片键合，然后 DRIE 刻蚀结构，利用释放槽作为停止层。这种方法不但实现了厚结构的悬空，还可以解决通常 DRIE 刻蚀的 RIE Lag 现象和 SiO_2 停止层的横向刻蚀的问题，从而实现大厚度的单晶硅结构，在加速度传感器、陀螺、微镜等领域有广泛的应用[127、128]。键合既可以是硅直接键合，也可以是硅-玻璃阳极键合。

图 3-86 为 DRIE 与硅-硅键合相结合制造高深宽比结构的过程示意图。在结构层硅的底部先刻蚀部分凹陷的区域，可以在衬底层上沉积金属电极，从而实现垂直方向的检测和驱动(如陀螺)。对于硅-硅键合，需要在两层硅片之间沉积 SiO_2 作为绝缘层，实现不同结构以及结构层和衬底层硅片的绝缘。在 DRIE 刻蚀中可以实现 20：1～50：1 的深宽比，当结构层硅厚度为 50～100 μm 时，结构的最小间距只有 1.5 μm，能够增加叉指电容和传感器的灵敏度。由于 DRIE 刻蚀到底部时没有绝缘层，避免了在 SOI 刻蚀中出现的横向刻蚀问题。下层硅片的挖空区域使刻蚀停止，因此可以通过增加刻蚀时间来解决 RIE Lag 的问题。为了使上层硅 DRIE 刻蚀区域能够对准下层硅被挖空的区域，需要使用双面光刻，即首先将下层硅正面的 DRIE 刻蚀区域对准到背面，在键合以后再将该背面的对准标记对准到上层硅的正面。键合以后上层硅片一般需要进行减薄，使厚度降低到 50～200 μm。

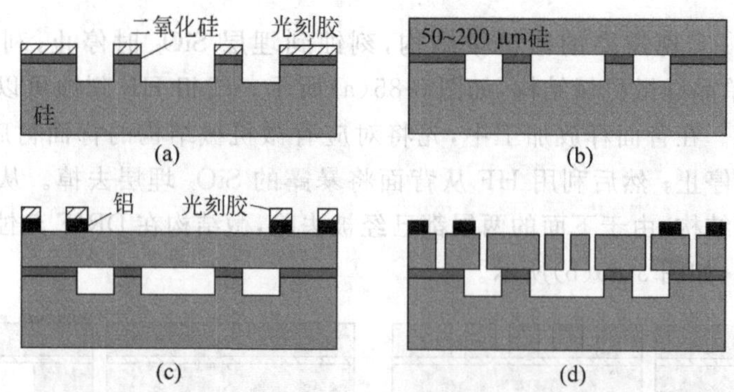

图 3-86 DRIE 与键合结合制造高深宽比结构

无论采用 SOI 还是键合,都可以实现对含有 CMOS 电路的硅片进行 DRIE 刻蚀。对于 SOI,可以首先完成 CMOS 电路,然后利用光刻胶保护 CMOS 部分,对硅片进行 DRIE 刻蚀;对于键合,应在键合后在上层硅片上制造 CMOS,然后同样利用光刻胶保护进行 DRIE 刻蚀。除了硅直接键合,还可以使用硅-玻璃阳极键合,由于玻璃本身的绝缘性,硅-玻璃键合时电绝缘的问题容易解决。

尽管 DRIE 可以制造高深宽比的单晶硅结构,但是垂直刻蚀的特点限制了结构只能有一层,甚至不同厚度的结构也难以实现。为了制造不同高度的单晶硅结构,最近出现了利用双层掩膜的 DRIE 刻蚀技术,其核心是利用两层掩膜制造高度差[129]。图 3-87 为基于 SOI 的双层掩膜 DRIE 刻蚀流程图。首先双面热生长 SiO_2 作为第 1 层掩膜,光刻并 RIE 刻蚀正面的 SiO_2,如图 3-87(a)所示;正面沉积 LTO 作为第 2 层掩膜,光刻形成第 2 层掩膜的图形,如图 3-87(b)所示。由于热生长 SiO_2 已被部分刻蚀,LTO 的面积覆盖了全部的热生长 SiO_2。RIE 刻蚀 LTO 形成双层掩膜,如图 3-87(c)所示,可见部分区域的掩膜是两层,部分区域的掩膜只有 LTO 一层。双面光刻背面,然后 RIE 刻蚀背面热生长的 SiO_2 掩膜层,背面再次光刻,但并不刻蚀第 2 次光刻后暴露出来的 SiO_2,也形成双层掩膜,然后对去除了 SiO_2 掩膜的区域进行 DRIE 刻蚀,达到预定的深度后停止,如图 3-87(d)所示。RIE 刻蚀背面第 2 次光刻暴露出来的 SiO_2 掩膜层,这时背面需要进行 DRIE 刻蚀的区域已经没有掩膜,但是却存在 1 个高度差。对背面继续进行 DRIE 刻蚀,直到先刻蚀的部分到达 SOI 中间的埋层 SiO_2,RIE 刻蚀暴露出来的 SiO_2,如图 3-87(e)所示。继续背面 DRIE 刻蚀直到需要的深度停止,从背面 RIE 去除 SiO_2 埋层,如图 3-87(f)所示。正面 DRIE 刻蚀到达需要的深度,如图 3-87(g)所示。去除正面 LTO 掩膜,此时部分区域仍旧存在热生长 SiO_2 掩膜,继续正面 DRIE 刻蚀直到器件层穿透,去除所有的 SiO_2 掩膜,形成多层高度结构,如图 3-87(h)所示。

这种方法能够刻蚀 3 层结构,分别平齐器件层上表面、平齐下表面和中间层,如图 3-87(e)所示。由于结构的平面尺寸是由图 3-87(c)中的光刻决定的,因此结构之间的位置误差只是一次光刻的误差,具有自对准的特点。尽管进行了一次双面光刻,但是如果背面刻蚀的区域足够大,能够将正面 DRIE 的区域包围,背面光刻的误差不会对结构位置产生影响。另外,无论正面还是背面的第一次 DRIE 刻蚀的深度都是由时间决定的,因此最后得到的结构的高度误差较大。

4. Hexsil

Hexsil(High Aspect Ratio Molded Polysilicon)工艺通过 DRIE 在硅衬底刻蚀模具,在模具内沉积 SiO_2 牺牲层,最后用多晶硅填注模具并去除牺牲层。图 3-88 为 Hexsil 工艺的主要过程[130]。

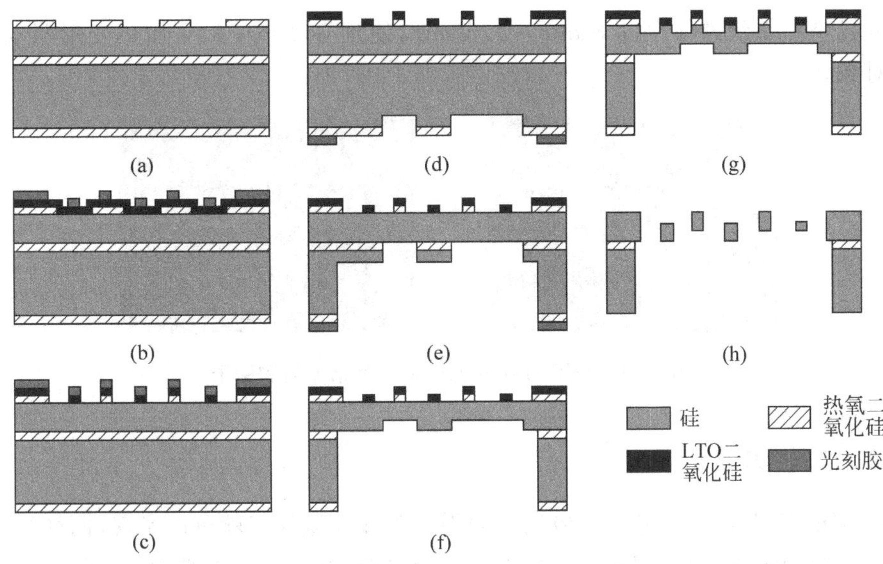

图 3-87 DRIE 制造多层高度结构流程

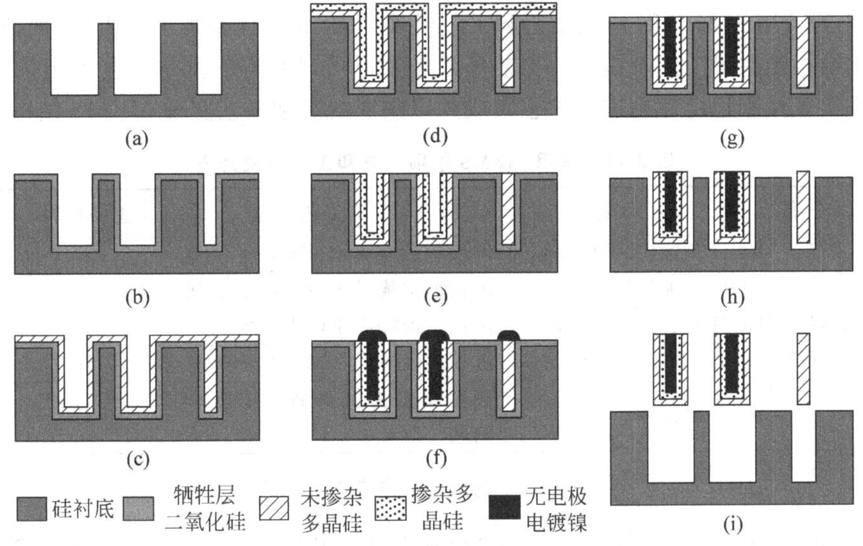

图 3-88 Hexsil 工艺流程示意图

首先在硅衬底用 DRIE 刻蚀深槽作为模具，一般深度超过 100 μm，然后热生长 SiO_2 作为牺牲层，如图 3-88(a)和(b)所示。利用 LPCVD 沉积非掺杂多晶硅，如图 3-88(c)所示，再沉积掺杂多晶硅作为后续电镀填充深槽的导体，如图 3-88(d)所示。利用 CMP 或者刻蚀去除衬底上表面的多晶硅，将表面平整化，如图 3-88(e)所示。接下来采用无电极电镀的方法将深槽填充金属镍，由于多晶硅位于深槽内部，所以电镀只发生在多晶硅表面，如图 3-88(f)所示。CMP 平整化以后，如图 3-88(g)所示，利用 HF 去除 SiO_2 牺牲层，多晶硅和镍的一体化结构就脱离开模具表面，形成高深宽比的结构，如图 3-88(h)所示。

利用 Hexsil 方法可以制造多种 MEMS 器件，包括谐振器和执行器等。图 3-89 所示分别为利用 Hexsil 制造的微谐振器和微夹持镊子[131]。镊子采用镍制造，具有蜂巢式结构，并集成了位置与夹持力传感器。高深宽比结构制造完毕以后，利用 In 共晶键合将结构转移至 CMOS

电路表面并悬空。系统整体尺寸 8 mm×1.5 mm,使用 300 mA 3 V 加热变形驱动,可操作 25 μm 的对象。

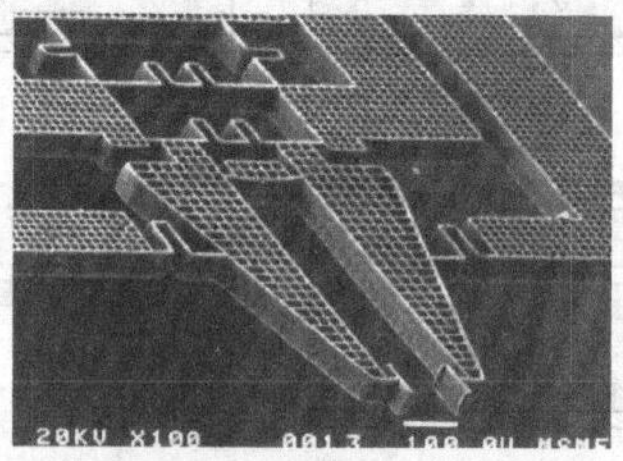

图 3-89 利用 Hexsil 制造的微型谐振器和镊子

3.5.2 工艺集成

复杂的 MEMS 器件很难通过只应用表面微加工或体微加工就可以实现,而往往需要多种制造技术的组合和集成。MEMS 工艺集成是一个复杂的过程,这主要是由 MEMS 结构的复杂性、制造工艺的多样性,以及制造和封装交织在一起所决定的。

表 3-14 为常用的 MEMS 单项工艺和工艺模块列表,包括体微加工技术、表面微加工技术和高深宽比结构制造等工艺及模块。工艺集成需要以可以获得的基本工艺为出发点,因此基本工艺的可实现性和稳定性是进行工艺集成并以集成的复杂工艺实现 MEMS 结构的基础。

表 3-14 常用 MEMS 单项工艺和工艺模块列表

技 术		分类	名 称	主要工艺过程	主要材料	次要材料
体微加工技术	湿法刻蚀	各向异性	KOH 刻蚀(100)硅杯膜片	沉积刻蚀掩膜-KOH 刻蚀-去膜	Si	SiO_2/SiN
			KOH 刻蚀(110)	沉积刻蚀掩膜-KOH 刻蚀-去膜	Si	SiO_2/SiN
			KOH 在(100) 刻蚀梁	沉积刻蚀掩膜-KOH 刻蚀	SiN	Si
			TMAH 各向异性刻蚀	沉积刻蚀掩膜-TMAH 刻蚀-去膜	Si	SiO_2/SiN
			P++刻蚀停止	硼注入推进-沉积刻蚀掩膜-KOH 刻蚀	Si	SiO_2/SiN
		各向同性	HNA	沉积刻蚀掩膜-KOH 刻蚀-去膜	Si	SiO_2/SiN
	干法刻蚀	各向异性	时分复用 DRIE	沉积刻蚀掩膜-DRIE-去膜	Si	SiO_2/光刻胶
			低温 DRIE	沉积刻蚀掩膜-DRIE-去膜	Si	金属/光刻胶
		各向同性	RIE 刻硅槽	沉积刻蚀掩膜-RIE-去膜	Si	
			RIE 刻梁结构	沉积结构层-掩膜-RIE 刻蚀结构-去膜	SiN/SiO_2	
	键合	直接键合	硅-硅键合	清洗-对准-键合	Si	
			硅玻璃键合	清洗-对准-键合	Si-玻璃	
		中间层键合	金属热压键合	清洗-金属沉积-对准-键合	金属	
			金属共晶键合	清洗-金属沉积-对准-键合	金属	
			高分子键合	清洗-高分子层沉积-对准-键合	高分子	
			玻璃键合	清洗-剥离沉积-对准-键合	玻璃	
	电镀	LIGA		导电衬底-厚胶光刻-电镀-去模-模铸	金属	PMMA
		电镀		导电衬底-厚胶光刻-电镀-去模	金属	光刻胶

续表

技　术	分类　名　称	主要工艺过程	主要材料	次要材料
表面微加工技术	多晶硅表面微加工	绝缘层及地电极-牺牲层-刻蚀-多晶硅结构层-退火-刻蚀-释放	PolySi	SiO_2/PSG
	碳化硅表面微加工	绝缘层及地电极-牺牲层-刻蚀-碳化硅结构层-退火-刻蚀-释放	SiC	Si/SiO_2/PSG
	聚酰亚胺表面微加工	绝缘层-牺牲层-刻蚀-聚酰亚胺-电极层-固化-金属掩膜-等离子体刻蚀-释放	PI	SiO_2/PSG
	多层多晶硅表面微加工	绝缘层-牺牲层-刻蚀-结构层-CMP-重复牺牲层和结构层-释放	PolySi	SiO_2/PSG
三维结构	SCREAM	掩膜沉积刻蚀-DRIE-SiO_2 刻蚀-RIE-金属电极沉积	Si	SiO_2
	HARPSS	DRIE 硅刻蚀-SiO_2 绝缘层-多晶硅-多晶及 SiO_2 刻蚀-DRIE 硅刻蚀-各向同性硅刻蚀	PolySi	Si/SiO_2
	DRIE+Bonding/SOI	硅刻蚀-硅玻璃键合-硅 DRIE 深刻蚀	Si	玻璃
	Hexsil	DRIE 硅刻蚀-SiO_2-多晶硅-电镀-CMP-牺牲层 SiO_2 去除	金属	Si
	硅片溶解	KOH 刻蚀-浓硼掺杂-静电键合-背面 KOH	Si	玻璃

MEMS 的工艺集成过程是一个将单项工艺进行组合和集成的过程。这个过程实际上是一个以器件的结构特征和性能需求作为根本出发点和优化目标，以可以获得的单项工艺作为约束条件的优化过程。优化的结果是不同单项工艺按照一定顺序的组合过程。需要注意的是，工艺顺序对可实现性有很大的影响，往往先导工艺对后续工艺有较大的限制和约束，甚至使后续工艺无法实现。另外，一般情况下并非所有的 MEMS 制造线都具有表 3-14 所列举的全部工艺能力，特别是高深宽比结构的制造工艺本身已经是多工艺的组合，这种情况下，需要在结构设计、器件性能和制造工艺之间进行折中，以首先保证器件的可实现性。

图 3-90 为带有参考器件的微麦克风的结构和主要工艺流程。这种器件结构的设计，要求使用复杂的表面微加工技术和体微加工技术组合的混合微加工过程，其中包括 KOH 刻蚀、刻蚀自停止、外延结构层、牺牲层刻蚀与释放、结构层沉积与刻蚀、双面对准光刻等过程。

3.5.3　MEMS 代工制造

MEMS 的工艺复杂多样，需要的制造设备种类繁多，工艺开发难度较大。因为技术力量和运行资金的问题，多数小型企业和大学难以建设和维护一个工艺种类齐全的 MEMS 制造线，这成为 MEMS 研究与开发的主要瓶颈。因此，类似于 CMOS 代工厂的 MEMS 代工厂的出现，使 MEMS 研究开发不需要购买和维护昂贵的制造设备，只要根据代工厂的设计规则进行设计，就可以利用稳定的制造工艺实现设计，成为支撑这些研究机构、企业和大学进行概念阶段研发和小批量生产试制的主要方式。

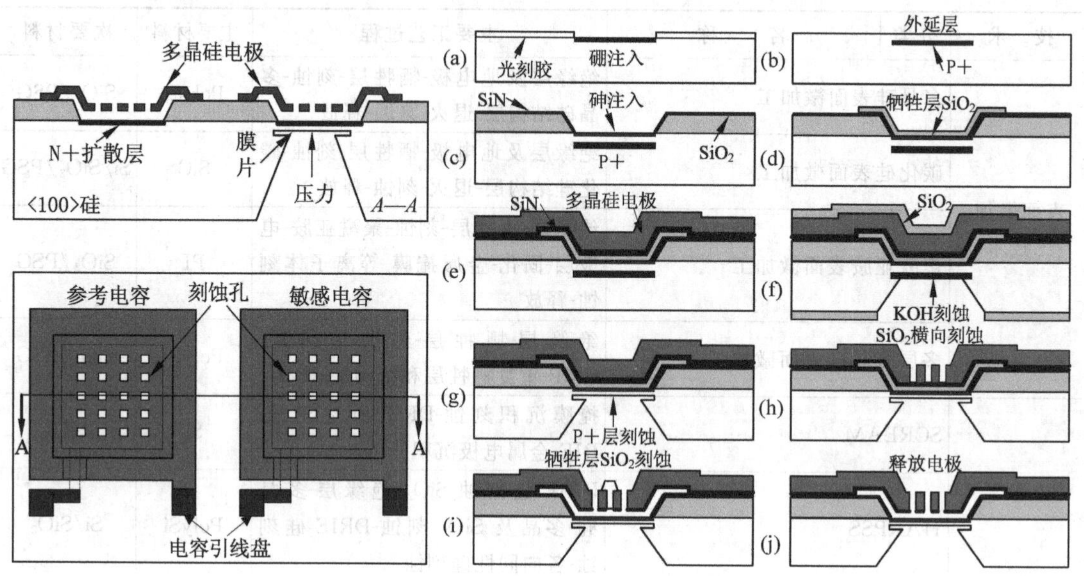

图 3-90 混合工艺制造麦克风的流程示意图

目前世界范围内的 MEMS 代工厂总计超过 30 家，大体可以分为以下几类。第一类是只提供一个或少量几个工艺流程，但是每个工艺流程固定、质量稳定、产能很高，只对大批量产品制造提供代工服务，例如 TSMC、ST、Sony 等。第二类是提供一种或几种典型或特色的工艺流程，用户只能按照这些流程进行工艺和结构设计，既可以为中小批量生产提供代工服务，也为研究开发阶段提供代工服务，例如 Sandia 国家实验室、Cronos 等。第三类是拥有齐全的 MEMS 制造设备，提供体微加工、表面微加工、键合、SOI 甚至金属结构等多种 MEMS 工艺服务，用户可以灵活选用不同的制造工艺，例如 Silex、MEMSCAP 等，这些代工厂也提供从研发到产品的全阶段代工服务。

目前典型的 MEMS 代工厂工艺包括 ADI 公司的 3 层多晶硅、0.8 μmBiCMOS 技术(iMEMS)，Cronos(原 MCNC)的 3 层多晶硅 MUMPs，Sandia 的 5 层多晶硅和 CMOS 的 Summit Ⅴ，SMSC 的 3 层多晶硅＋2 μm CMOS 技术，MEMSCAP 的 3 层多晶硅 polyMUMPS 技术，以及 MOSIS 的 2 层多晶硅、0.35 μm CMOS 技术。除了上述表面微加工工艺的代工厂外，X-Fab、Silex、MEMSCAP 等还提供 DRIE、TSV、键合等多种体微加工工艺的代工。另外，MEMSCAP 还提供基于电镀镍的 metalMUMPS 和基于 SOI 衬底的 SOIMUMPS，最近 Carnegie Mellon 大学开始提供基于 CMOS-MEMS 技术的代工服务，比利时 IMEC 提供 SiGe 结构的代工服务。这些 MEMS 代工厂一个流水时间少于 60 天，可以完成制造、切割、封装、测试等工作，1 cm^2 的芯片的费用约 3000～4000 美元。

MUMPS 技术基本源于 Berkeley 开发的表面微加工技术，以多晶硅作为结构层和地电极(因此 3 层多晶硅实际结构只有 2 层)，PSG 作为牺牲层，氮化硅作为多晶硅与衬底的绝缘层材料，如图 3-91 所示的 MUMPS 工艺流程图。

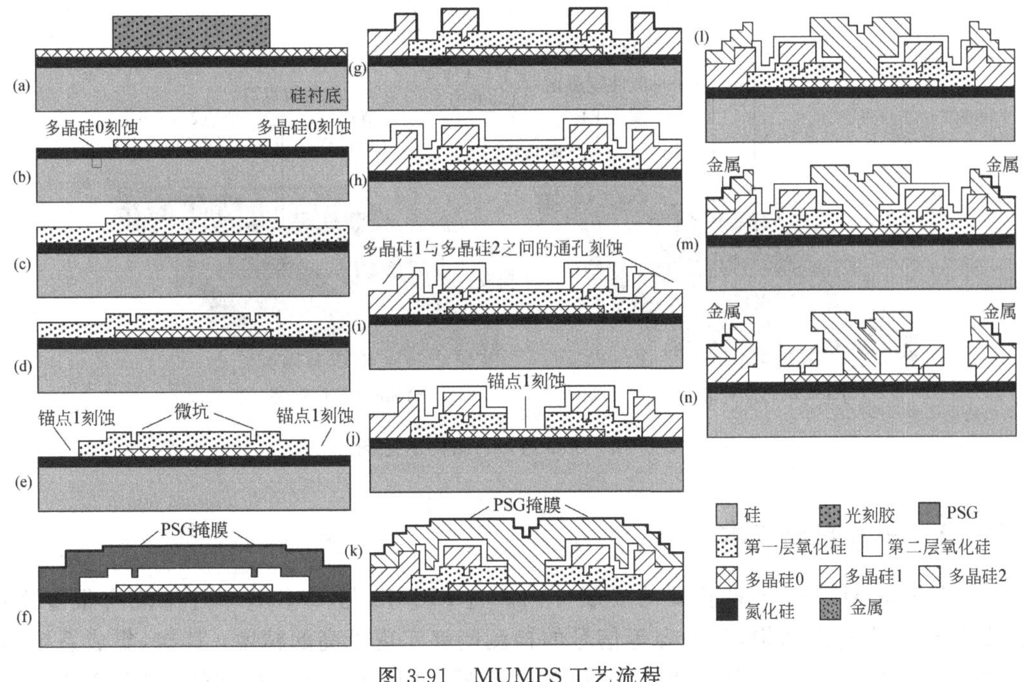

图 3-91 MUMPS 工艺流程

3.6 MEMS 与 CMOS 的集成技术

片上系统(System-on-a-Chip,SoC)的概念是基于单芯片结构提出的,即所有的功能制造在一个芯片上,这些功能可能包括逻辑、存储器、RF 通信、MEMS 传感与执行、光电等数字和模拟电路或其中一部分,如图 3-92(a)所示。然而,SoC 发展中最大的困难是不同的功能模块需要采用不同的制造工艺,例如 CMOS、SiGe、BiCMOS、Bipolar、GaAs,以及 MEMS 工艺等。除了不同功能模块的制造工艺无法兼容和相互取代以外,很多功能模块甚至连衬底材料都不相同。例如为了降低衬底的寄生效应和损耗,高频器件必须采用特殊的衬底、工艺和材料才能实现要求的性能;而在 MEMS 系统中,器件结构的多样性直接导致材料和工艺的多样性,难以与 CMOS 真正兼容。

为了解决 SoC 在制造上的困难,但是又保留多功能的优点,系统封装(System in a Package,SiP)受到了广泛的重视。如图 3-92(b)所示,SiP 是在一个封装内集成多个功能芯片,芯片之间通过衬底的引线键合进行连接。因为分芯片制造,SiP 大大降低了制造难度,在获得多功能和部分性能的同时,降低了制造成本和产品进入市场的时间,因此成为 MEMS 传感器的主要集成方法。然而,采用二维平面结构的 SiP 的模块间的互连很长、集成密度较低,成为限制 SiP 性能的决定性因素。

MEMS 与信号处理电路的集成有 3 种方法:单片集成、半混合(键合)集成和混合集成。单片集成是指 MEMS 结构与 CMOS 制造在一个芯片上。混合集成是将 MEMS 和 IC 分别制造在不同的管芯上,然后封装在一个管壳中,将带凸点的 MEMS 裸片以倒装焊形式或者引线键合方式与 IC 芯片相互连接,形成 SiP。半混合是利用三维集成技术实现 MEMS 芯片和 CMOS 的立体集成。

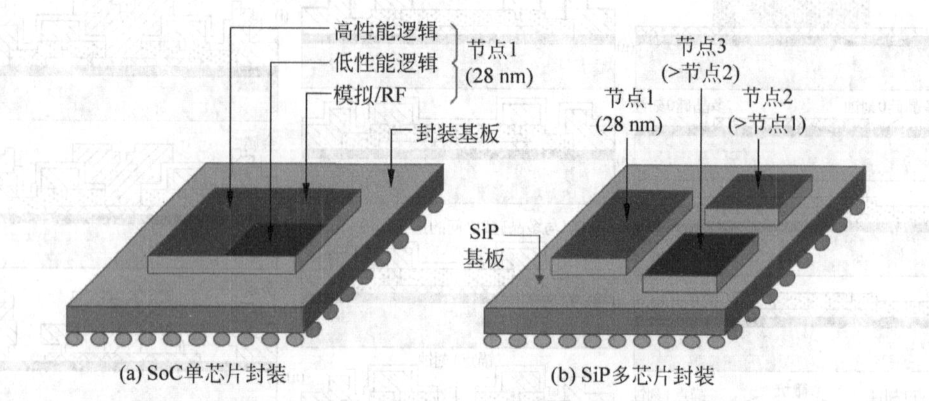

图 3-92　SoC 与 SiP 结构示意图

3.6.1　单片集成技术

单片集成是 MEMS 早期重要的发展方向。将 MEMS 与 CMOS 单片集成有很多优点。首先,处理电路靠近微结构,对电容等信号的检测能够实现更高的精度;其次,集成系统体积减小,功耗低;再次,器件数量减少、封装管脚数降低,可靠性提高。早期的 MEMS 与 CMOS 的集成开始于 20 世纪 90 年代初的 UC Berkeley,在一个管芯上集成了基于表面微加工技术制造的多晶硅梳状谐振器和 NMOS 放大器。随后微机械与电路的集成成为 MEMS 领域发展的重要方向,并相继出现了如 ADI 公司的集成加速度传感器和微陀螺、Motorola 公司的集成压力传感器、TI 公司的集成数字微镜等完全集成的 MEMS 产品。

尽管将微机械结构与 IC 集成有很多优点,但是单片集成有很大的技术难度和成本的因素,这主要是由于微机械结构的制造工艺与 CMOS 工艺的兼容性较差造成的。MEMS 工艺对 CMOS 工艺的影响可能包括几个方面:①微加工的高温工艺会影响 CMOS 器件的性能,例如在表面微加工中沉积多晶硅后需要高温退火消除残余应力。②微加工的工艺过程会对 CMOS 材料和器件产生影响,例如 KOH 刻蚀时难以保护 CMOS 的金属互连铝和钝化层 PSG。③制造设备的相容性问题,目前 CMOS 制造工厂为了保护巨额投资和工艺不受影响,严格禁止经过微加工后的硅圆片进入 CMOS 制造线以免造成污染。④MEMS 材料与 CMOS 相容性较差,例如重金属材料、对 CMOS 产生腐蚀的材料等是禁止使用的。由于 CMOS 生产线的巨额投入和标准 CMOS 工艺的稳定,CMOS 工艺已成为事实上的标准,即 MEMS 工艺必须适应 CMOS 工艺,而不可能让 CMOS 工艺和设备改动来适应 MEMS 工艺。这些因素导致 MEMS 与 CMOS 集成时可供选择的材料和工艺非常有限,以至于完全集成难度很大。

1. 集成工艺顺序

为了实现集成并避免互相影响,MEMS 与 CMOS 工艺的顺序必须仔细设计,常用的工艺如图 3-93 所示,包括先 CMOS 后 MEMS 工艺(Post-CMOS)、先 MEMS 后 CMOS 工艺(Pre-CMOS)和先 CMOS 后 MEMS 再 CMOS 的交叉工艺(Intra-CMOS)。表 3-15 为不同工艺顺序的限制因素。这些工艺顺序和限制因素严重影响了 MEMS 工艺的灵活性。

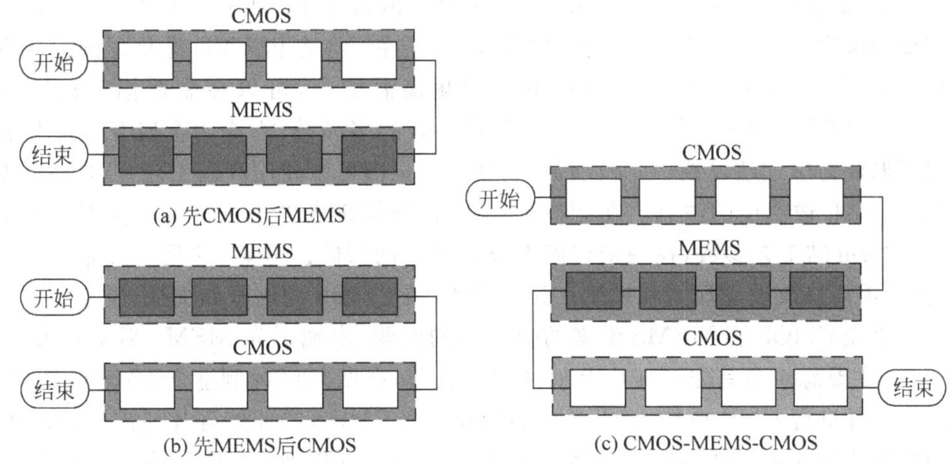

图 3-93　MEMS 与 CMOS 的集成

表 3-15　不同工艺顺序单片集成的比较

单片 MEMS 方法	光MEMS MEMS	交叉CMOS MEMS	后MEMS MEMS
MEMS 工艺	无热限制	温度限制 800℃	温度限制 450℃
CMOS	非标准	Non-standard	任何标准 CMOS
MEMS-IC 互连	MEMS 周边	MEMS 周边	公布式和并连式

先 CMOS 后 MEMS 的顺序是 MEMS 与 CMOS 集成使用比较多的方法，即首先在硅片上制造集成电路，然后将 CMOS 保护起来，在预留的区域完成 MEMS 工艺；或者在制造集成电路的同时将 MEMS 需要的多晶硅等薄膜沉积好，最后刻蚀释放。这种方法的优点是制造 CMOS 时为标准工艺，不需要在高低起伏的 MEMS 结构上进行要求苛刻的光刻。主要问题是 MEMS 工艺受到 CMOS 器件的限制，特别是热开销的限制。当温度达到 950℃时 p-n 结会发生明显的扩散；对于已经金属化的 IC，温度超过 450℃会引起铝硅发生反应或铜扩散。因此在完成了金属互连以后进行 MEMS 制造时，最高温度不能超过 450℃，在没有完成金属互连的 CMOS 硅片上制造 MEMS 时，最高温度不能超过 950℃。这对选择 MEMS 工艺增加了很多限制，例如 MEMS 工艺中 LPCVD 沉积低温 SiO_2、多晶硅、氮化硅所需要的温度分别为 450℃、610℃和 800℃，而磷硅玻璃的致密化和多晶硅去除残余应力退火则分别需要 950℃和 1050℃。

解决温度开销的问题可以从两个方面入手：一是在 MEMS 工艺中不使用高温过程，二是提高 CMOS 部分的耐高温能力。MEMS 的高温工艺主要是薄膜沉积和退火。对于退火，可以使用快速退火的方法，在几秒钟内将温度升高到 1000℃，并在 1 min 内完成退火，这样可以减少高温对IC的影响,特别是由高温引起的p-n结扩散再分布。使用PECVD可以降低薄膜沉积所需要的温度,例如PECVD氮化硅只要300℃左右,但是PECVD氮化硅薄膜的台阶覆盖均匀性较差,针孔较多。为了提高CMOS的耐高温能力,可以在制造铝互连以前制造MEMS部分,或者使用钨(熔点3410℃)[132]和重掺杂的多晶硅[133]作为金属互连的材料。由于钨的耐高温能力远远超过铝,在完成钨金属互连后仍旧可以使用高温工艺,但是最高温度仍旧会受到p-n结扩散温度的限制。在制造p-n结时,如果事先考虑到高温退火对p-n结的影响,可以修改p-n结工艺参数,在一定程度上补偿高温的影响。显然,这是一个非常复杂繁琐的过程,甚至需要修改设计规则和模型。先MEMS后CMOS的例子如文献[134,135]。

为了解决先CMOS后MEMS带来的热开销的问题,出现了先MEMS后CMOS的工艺方法[136,137]。主要思想是首先在硅片上刻蚀凹陷区域,在凹陷区内制造MEMS微结构,然后用保护层填平并进行CMP平整,将平整后的硅片作为CMOS的原始硅片使用。完成MEMS微结构的硅圆片首先进行高温退火,消除多晶硅和填平材料以及CMP过程引起的残余应力。先MEMS后CMOS的合理性在于先制造的微结构一般能够承受CMOS工艺的高温过程[138],因此可以使用复杂的多晶硅结构。由于MEMS往往会改变硅圆片的表面形貌,例如体微加工会在硅圆片表面刻蚀深结构,表面微加工会产生起伏结构,键合会增加硅圆片厚度等,因此需要填平和CMP等工艺消除MEMS的影响,使硅圆片与普通CMOS硅圆片相同。另外MEMS结构的对准标记在CMP以后如何保留也是需要重点解决的。先MEMS后CMOS的前提是CMOS制造厂允许经过MEMS加工的硅圆片进入生产线作为CMOS的初始硅圆片,这在目前主流的代工厂是不允许的。

交叉工艺是指CMOS-MEMS-CMOS的工艺顺序,可以将高温工艺完成后再进行MEMS和剩余的CMOS工艺。交叉工艺可以减少工艺步骤,但是总体设计时间更长。尽管打断CMOS工艺进行MEMS制造后再返回到CMOS工艺不是优先选择,目前在制造声表面波器件过程中溅射ZnO后再溅射金属铝的方法却被广泛采用。即使CMOS制造线允许MEMS后的硅圆片进入,采用交叉工艺也必须仔细设计工艺步骤以减少交叉进出的次数,一般不超过2次。最成功的例子是ADI公司开发的iMEMS技术。

2. iMEMS与Mod MEMS集成技术

ADI公司开发的iMEMS技术是集成加速度传感器ADXL的制造平台,采用CMOS与MEMS相互交叉的工艺顺序。微机械结构为多晶硅材料,电路为CMOS或者BiMOS工艺,并集成薄膜电阻对放大器增益进行控制,实现可调增益放大器[139]。在iMEMS流程中,首先完成除了金属互连以外的所有CMOS工艺,并为微机械部分预留位置;然后在微机械部位沉积并刻蚀多晶硅结构层,高温退火消除多晶硅应力,最后再回到CMOS工艺完成全部金属互连。利用这一方法,ADI公司先后成功地开发了多轴加速度传感器和多轴陀螺等产品。

图3-94为利用iMEMS工艺制造ADXL集成加速度传感器的工艺过程。首先完成除金属互连以外的BiMOS电路,预留出微机械结构的位置,并在微机械结构与衬底连接的位置进行n+注入,形成导电区和结构的支承锚点,如图3-94(a)所示。在CMOS区域依次沉积BPSG和氮化硅作为电路的保护层,并进行平面化,然后沉积1.6 μm的SiO_2牺牲层,光刻、刻蚀牺牲层形成微机械结构在衬底固定的锚点。采用热解硅烷在550~600℃之间LPCVD沉积多晶硅结构层,厚度2 μm,沉积后在950℃退火4 h(或1100℃退火3 h)消除结构层残余应力,保留应力水平为10~100 MPa的拉应力使结构处于平整状态;光刻并刻蚀多晶硅层,完成

微机械结构的制造，如图 3-94(b)所示。接下来光刻并刻蚀牺牲层，为后续释放过程提供光刻胶支承结构层防止粘连的区域；RIE 去除 CMOS 区域的氮化硅，光刻并刻蚀 BPSG SiO_2 开金属引线孔，沉积并刻蚀金属引线，沉积薄膜电阻，钝化后完成 BiMOS 电路，如图 3-94(c)所示。最后光刻胶保护 CMOS 区域，用 HF 刻蚀牺牲层 SiO_2 释放多晶硅 MEMS 结构。为了防止释放过程中粘连，使用光刻胶支承结构层的释放方法，最后用氧等离子体去除光刻胶。

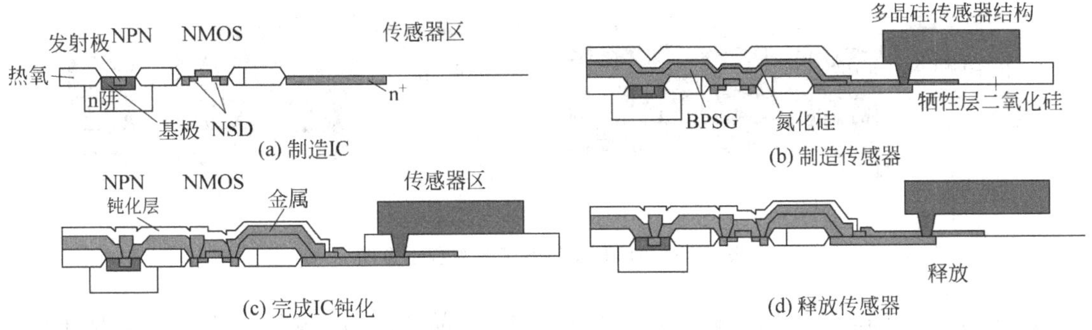

图 3-94　iMEMS 技术制造集成加速度传感器工艺流程示意图(ADI)

由于多晶硅材料性能决定了 MEMS 的性能，因此多晶硅必须具有良好的机械强度、较低的残余应力和应力梯度。为了保证释放后的结构保持平整，多晶硅层需要具有较低的残余拉应力，防止发生翘曲。如果多晶硅全部是无定型或者全部晶化都会产生压应力，因此沉积以后需要部分具有无定型成分，通过晶化过程的致密和无定型区域晶粒的生长产生一定的拉应力，同时，利用退火可以降低残余应力水平。因此沉积和退火温度是多晶硅性能的决定性因素。

除了残余应力等因素决定多晶硅层的厚度外，在 iMEMS 工艺中，多晶硅层的厚度还受到旁边 CMOS(或 BiMOS)的限制。如果 CMOS 需要多层金属互连，必须采用 CMP 工艺对介质层进行平整化和对铜互连进行图形化，而过后的多晶硅层会与 CMP 过程相互影响。如果 CMOS 只使用简单的电路而不需要 CMP 工艺，多晶硅层可以适当加厚。

尽管 iMEMS 工艺可以实现 MEMS 结构与 CMOS(或 BiMOS)的集成，但是与 Bosch 或 ST 的厚膜多晶硅工艺相比，iMEMS 多晶硅的厚度只有不到 3 μm，对加速度传感器和陀螺的性能产生不利的影响。为了实现厚膜多晶硅与 CMOS 的集成，ADI 公司与 UC Berkeley 和 Palo Alto Research Center 合作开发了一种称为 Mod MEMS 的厚多晶硅膜集成工艺，可以实现 6～10 μm 的多晶硅与 CMOS 的单片集成。

Mod MEMS 是一种 MEMS-CMOS-MEMS 的表面微加工交叉工艺，其流程如图 3-95 所示[140]。如图 3-95(a)所示，首先在初始光片的 MEMS 传感器位置 LOCOS 生长 600 nm 的 SiO_2 绝缘层，SiO_2 上沉积氮化硅作为后续释放的刻蚀停止层，用 LPCVD 生长 250 nm 的掺杂多晶硅作为地线，然后 PECVD 生长 1.6 μm 的 SiO_2 牺牲层，作为后续多晶硅结构与衬底之间的间隙，刻蚀 SiO_2 形成多晶硅结构的支撑锚点窗口，然后 LPCVD 沉积 6 μm 厚的掺杂多晶硅作为传感器的结构层。LPCVD 沉积多晶硅厚度超过 5 μm 容易出现裂纹，必须进行 900℃以上的退火，良好的退火可以将残余应力减小到 1 MPa 以下；另外，多晶硅表面粗糙，退火后进行 CMP。如图 3-95(b)所示，DRIE 深刻蚀 6 μm 多晶硅形成 MEMS 器件与其他位置的隔离槽，沉积 2 μm 厚的共形 TEOS SiO_2 并回刻表面 SiO_2，在隔离槽侧壁形成绝缘层，然后沉积多晶硅填充隔离槽内部并回刻去除表面的多晶硅，形成隔离槽；沉积 2 μm 厚的钝化层 SiO_2 和

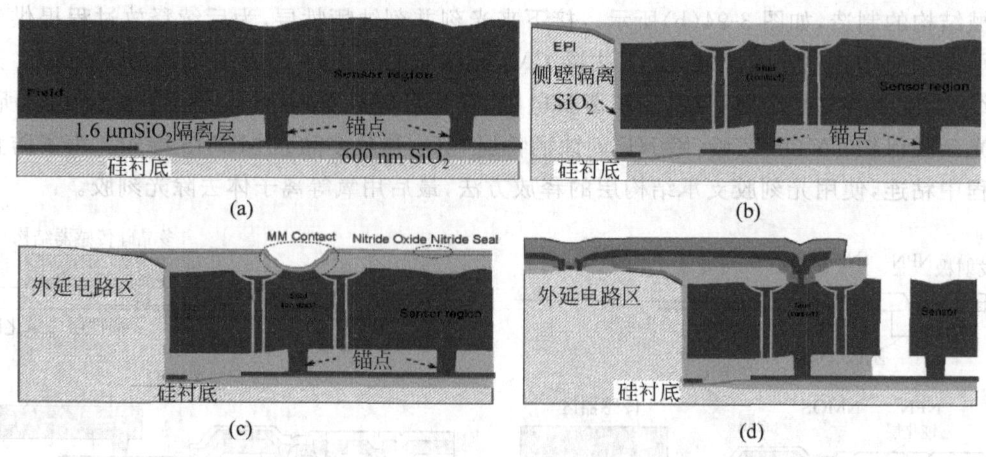

图 3-95 Mod MEMS 工艺流程示意图

氮化硅(作为氧化隔离层),然后刻蚀去除电路区域的多晶硅、SiO_2、氮化硅、地电极多晶硅和衬底表面 SiO_2 层,使 MEMS 区域作为一个被 SiO_2 包围的孤岛,在电路区外延单晶硅,使单晶硅的高度(9 μm)达到 MEMS 区域的高度,依次沉积 SiO_2、氮化硅、SiO_2,然后利用 CMP 对电路区与 MEMS 区平整化,使其高度相同。如图 3-95(c)所示,SiO_2 CMP 后去除 CMP 停止层氮化硅,各向同性刻蚀 MEMS 区表面的 SiO_2 形成引线连接的窗口,以便利用 CMOS 工艺中的第一层金属 M1 形成互连。然后沉积 SiO_2 和氮化硅的复合层作为保护层,在外延区制造常规的电路,在进行 M1 金属时同时将 MEMS 的互连完成。如图 3-95(d)所示,最后对连接 MEMS 和电路区的金属钝化保护,刻蚀多晶硅层形成 MEMS 结构,并利用气相 HF 刻蚀去除多晶硅结构下方 1.6 μm 厚的 SiO_2 牺牲层,释放 MEMS 悬空。

与 Bosch 和 ST 的厚多晶硅外延技术相比,这种方法是在多晶硅厚度和 CMOS 集成之间的折中方法,即牺牲了多晶硅结构层的厚度(如 Bosch 和 ST 的多晶硅可达 50 μm)换取了外延的可行性。ADI 采用 Mod MEMS 技术制造了横向加速度传感器 ABM676 和 x 及 y 轴双轴陀螺,这些传感器都将 6 μm 多晶硅结构与 BiCMOS 电路单片集成。

3. Summit

Sandia 国家实验室开发了先 MEMS 后利用的 5 层多晶硅集成制造技术 Summit Ⅴ (Sandia Ultra-planar Multi-level MEMS Technology Ⅴ)[136],并把相关设计工具和 4 层多晶硅的 Summit Ⅳ工艺分别转移给 Coventor 和 Fairchild 公司。图 3-96 为采用 Summit 技术制造电路和 MEMS 集成结构的剖面图,以及 5 层多晶硅和牺牲层的厚度剖面。

Summit Ⅴ的制造流程如图 3-97 所示,整个 5 层微机械结构的制造过程包括 14 块光刻版。首先在(100)硅圆片上用 KOH 刻蚀 5~10 μm 深的凹陷区域(Sandia 为 6 μm),为了提高光刻精度,用硅片表面的对准标记作为基准,在凹陷区底面形成一套对准标记,后续微结构的对准均采用底面的对准标记,能够光刻 1 μm 的线宽。表面对准标记与凹陷区对准标记的关系决定了微机械结构与电路的位置关系。在凹陷区底面沉积掺杂多晶硅作为微机械结构的电连接,沉积氮化硅作为绝缘层,沉积并刻蚀第 1 层牺牲层 SiO_2,沉积并刻蚀第 2 层多晶硅作为结构层;重复沉积牺牲层和结构层,完成所有的结构部分工艺,如图 3-97(a)所示。所有结构层完成后沉积 SiO_2 填充微机械区域,利用 CMP 平整硅圆片,如图 3-97(b)所示。在进行

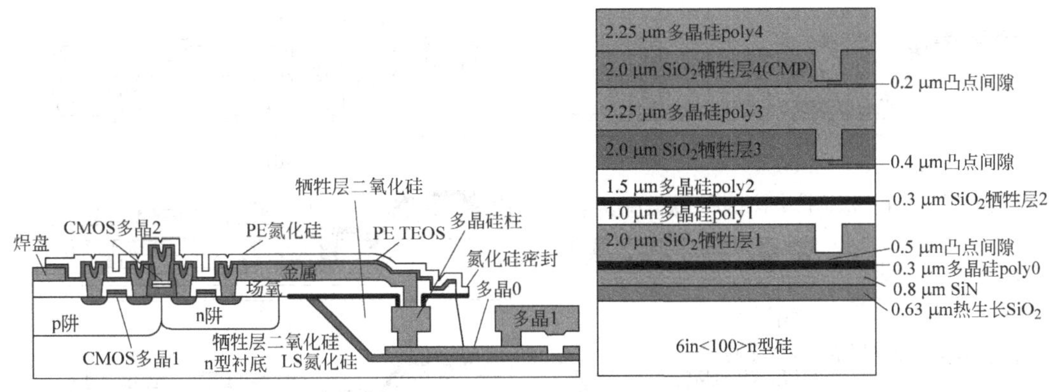

图 3-96 Summit Ⅴ器件和结构剖面示意图

CMOS 以前，将 CMP 后的硅圆片高温退火，释放多晶硅和氮化硅的应力。再沉积氮化硅作为保护，并将 IC 区域的氮化硅去掉，作为 CMOS 的初始圆片开始 CMOS 工艺，如图 3-97(c)所示。完成 CMOS 工艺过程后，沉积 SiO_2 和氮化硅作为 CMOS 钝化层，并将 MEMS 区域的钝化层去掉，BHF 刻蚀牺牲层 SiO_2，释放所有的结构，如图 3-97(d)所示。

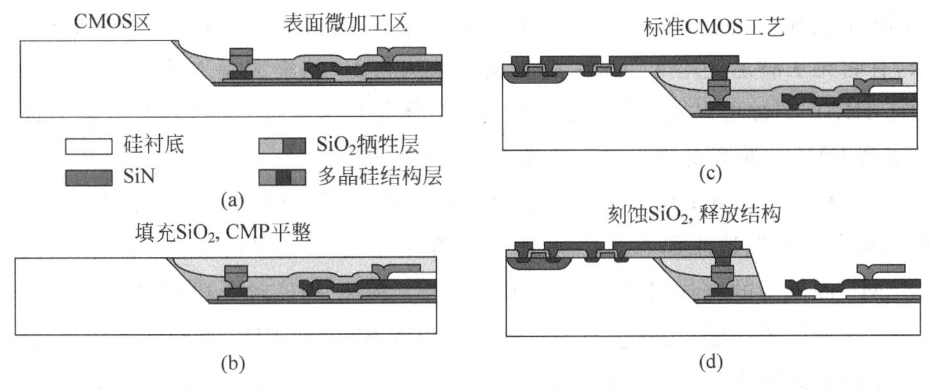

图 3-97 Summit 流程示意图

与 Summit 工艺类似，可以不做 CMP 而直接进行 CMOS 工艺，这种先 MEMS 后 CMOS 的制造过程如图 3-98 所示[137]。首先在(100)硅圆片上用 KOH 刻蚀 5～10 μm 深的凹陷区域，沉积 SiO_2 和氮化硅作为绝缘层，然后沉积并刻蚀第一层多晶硅，如图 3-98(a)所示。沉积并刻蚀第一层牺牲层 SiO_2，沉积并刻蚀第二层多晶硅作为结构层，如图 3-98(b)所示。在进行图 3-98(a)和(b)的步骤中对深槽底部进行光刻和刻蚀以前，首先去掉 CMOS 区域的多晶硅和 SiO_2 等。接下来沉积并刻蚀第二层 SiO_2 牺牲层，沉积并刻蚀第三层多晶硅，如图 3-98(c)所示。然后用磷酸刻蚀去除非凹陷区域表面的氮化硅，沉积并刻蚀氮化硅和 SiO_2 作为 MEMS 区域的保护层，去掉 IC 区域的保护层，完成所有除了金属互连外的 CMOS 工艺过程，如图 3-98(d)所示。在 MEMS 区域开接触孔，沉积并刻蚀铝作为金属互连，并连接 MEMS 和 CMOS，如图 3-98(e)所示。最后沉积钝化层，并将 MEMS 区域的钝化层去掉，BHF 刻蚀牺牲层 SiO_2，释放所有的结构，如图 3-98(f)所示。这种方法简化了制造过程，但是深槽会给光刻带来困难。

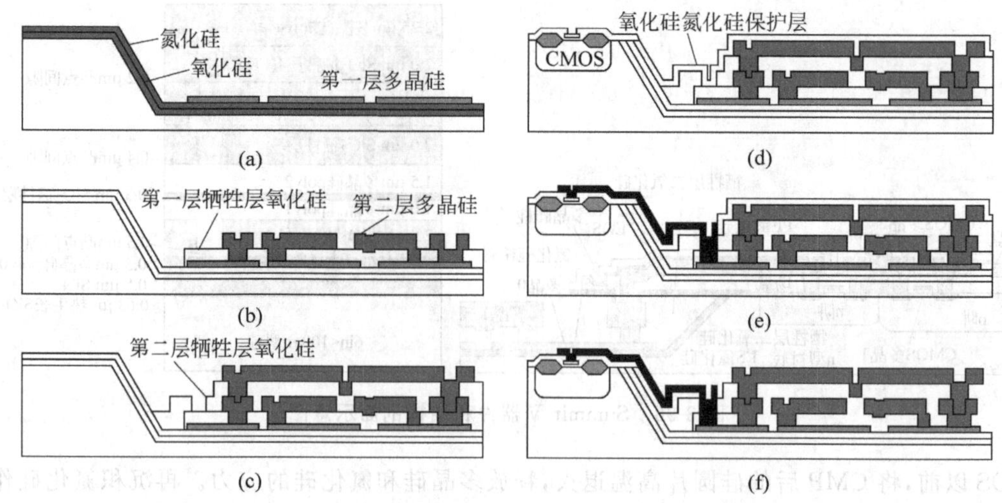

图 3-98 免平整化的 Summit 工艺流程示意图

4. CMOS-MEMS

iMEMS 工艺和 Summit 工艺都是表面微加工与 IC 的集成方法,所制造的结构厚度仅有几个微米,有时无法满足使用的要求。高深宽比结构与 IC 的集成是 MEMS 集成领域重要的问题。由于 DRIE 刻蚀可以用光刻胶、SiO_2 或者金属铝作为掩膜,并且具有很高的选择比,因此 DRIE 实现 CMOS 兼容要比 KOH 等湿法刻蚀容易得多。

利用 SiO_2 和单晶硅的 DRIE 刻蚀以及单晶硅的 RIE 横向刻蚀,可以制造包含金属和介质的复合层结构[141],其制造流程如图 3-99 所示。首先完成 CMOS 的工艺,把最上层金属铝作为后续 MEMS 深刻蚀的掩蔽层,如图 3-99(a)所示。利用 RIE 对介质层 SiO_2 进行垂直刻蚀去除 MEMS 区域的钝化层,没有金属的位置所对应的 SiO_2 被去除,直到硅衬底表面停止。该过程 SiO_2 与铝的刻蚀选择比约为 12∶1。然后利用 DRIE 刻蚀单晶硅到一定深度。最后利用 SF_6 的各向同性刻蚀对单晶硅横向刻蚀,释放结构。这种方法实现的结构长度可以达到几百微米,厚度为 5 μm。金属介质层复合材料的密度为 2300 kg/m^3,弹性模量为 62 GPa,略低于 SiO_2 的弹性模量。类似地,可以从背面刻蚀形成结构,如图 3-99(b)所示。

这种方法的优点是制造工艺简单,只进行介质层和硅的 DRIE 深刻蚀,以及硅的横向刻蚀,所有的掩膜材料为金属、光刻胶或介质层,没有高温工艺过程,与 CMOS 完全兼容。同时,多层金属连接方式很多,能够形成各种互连形式,通过介质层实现完全电绝缘,从而获得良好的电路特性。该方法的主要缺点是复合层的材料为氮化硅、SiO_2 和金属铝等,其力学性能没有多晶硅和单晶硅好。另外,由于多层结构包含不同的材料,当结构和工艺不对称时,残余应力梯度引起复合层结构向上或向下的离面翘曲。当制造过程的对准误差使金属与梁不能完全对准时,还会引起面内翘曲。这些翘曲可以通过翘曲匹配或者温度控制进行补偿,或者通过增加梁的宽度、减小梁的长度部分缓解。

该方法适合制造梳状叉指电极,可以用于加速度传感器和静电驱动器[142]。但是这种结构仍旧是平面形式,无法实现三维结构的优点。利用 DRIE 先从硅片背面进行局部深刻蚀,然

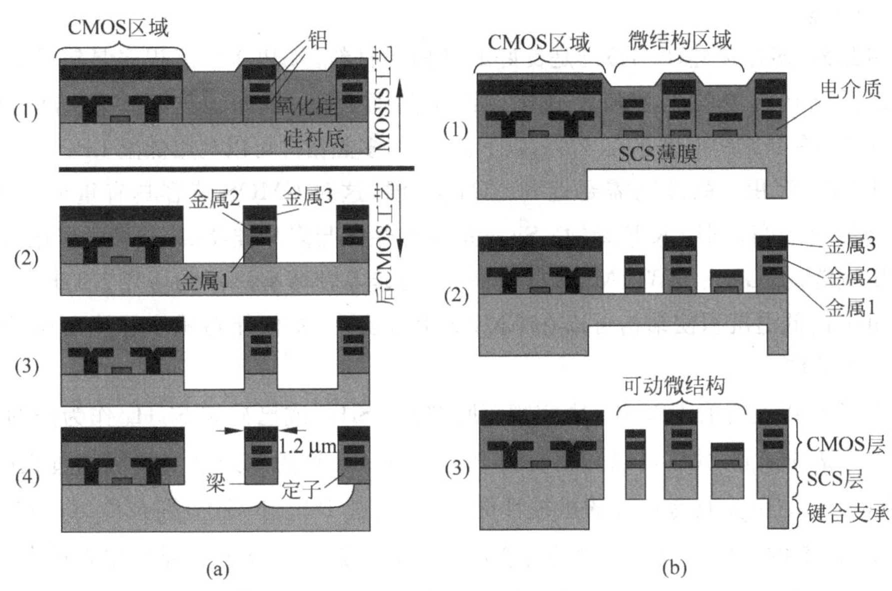

图 3-99 CMOS-MEMS 工艺流程

后再从正面对介质金属复合层和剩余的单晶硅进行 DRIE 深刻蚀，可以形成单晶硅和复合层组成的高深宽比悬空结构[143]。由于刻蚀过程不会影响到 CMOS 电路，减薄的单晶硅 DRIE 刻蚀能够实现较小的结构间距，因此能够实现 CMOS 兼容的三维高深宽比结构。另外，厚的单晶硅层对抑制残余应力有好处。利用 CMOS-MEMS 工艺制造的梳状叉指电极，介质层厚度相对单晶硅较小。

与此类似的是 DRIE 刻蚀的大厚度结构与 CMOS 的集成，如图 3-100 所示[144]。其基本过程是首先在需要 DRIE 刻蚀的区域注入浓硼形成后续释放结构，然后完成标准 CMOS 工艺，沉积 LTO 作为 MEMS 工艺过程的保护层。溅射 Ti/Ni 种子层，光刻胶作为模具电镀 Ni 作为刻蚀掩膜，DRIE 刻蚀浓硼掺杂区，最后利用 EDP 去除 DRIE 结构的下部，释放 DRIE 刻蚀结构。这种方法中，结构的形状由浓硼掺杂和 DRIE 决定，避免使用 SOI 等结构，但是浓硼注入的深度有限，结构厚度一般在 10 μm 左右，并且只使用一次光刻，结构不能太复杂。

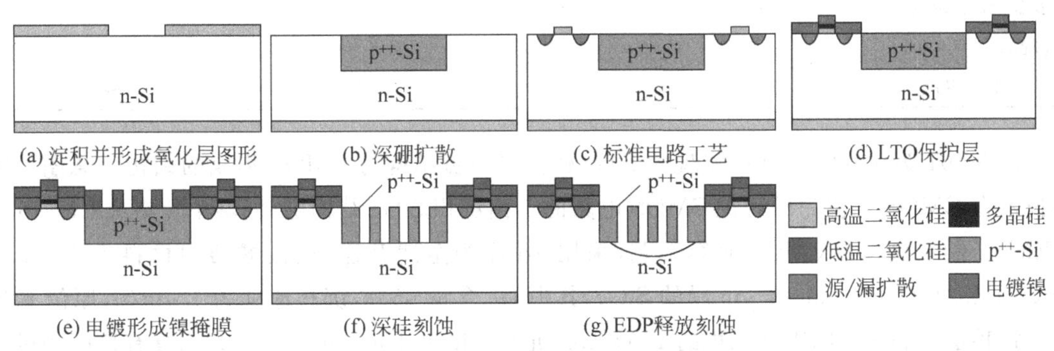

图 3-100 BiCMOS 与 DRIE 集成示意图

5. SiGe 工艺

除了多晶硅,多晶锗硅(SiGe)也是良好的结构层材料。LPCVD沉积多晶锗硅时,薄膜从无定型向多晶结构转变的温度随着硅比例的增加而升高,例如纯硅的多晶结构温度点约570℃,而纯锗的多晶结构温度点在300℃以下。因此,多晶锗硅可以利用低温LPCVD(＜450℃)沉积,而LPCVD沉积多晶硅则需要近600℃的高温,这对CMOS兼容具有重要意义。SiGe的其他优点包括:可以利用RIE刻蚀;SiGe的机械性能与多晶硅类似,并且可以通过调整Ge的含量改变性能;SiGe在HBT、MOS栅电极、应变硅等领域有广泛的应用,因此可以实现电路集成;SiGe的低温沉积使结构可以在CMOS上方实现,不仅能够减小芯片面积,还可以降低互连的寄生效应。

SiGe沉积可以在普通LPCVD中实现,使用硅烷 SiH_4 或已硅烷 Si_2H_6 作为硅的来源,锗烷 GeH_4 作为锗的来源,并且可以利用磷烷 PH_3 和 B_2H_6 作为掺杂剂实现沉积过程的原位掺杂。P+多晶 $Si_{0.35}Ge_{0.65}$ 具有良好的机械性能,弹性模量155±5 GPa,残余应力−10 MPa(压应力),在2 μm厚的结构上应力梯度约为 $10^{-4}/\mu m$,对应100 μm长的悬臂梁末端向上弯曲变形的位移只有0.7 μm。断裂时的应变可以达到1.2±0.1%,与多晶硅相近。

当Ge的含量不同时,SiGe在氧化溶液中(不含HF的加热双氧水)的刻蚀速度不同,Ge含量越高刻蚀速度越快。当Ge的含量小于70%时,刻蚀可以忽略;当Ge的含量超过75%时,刻蚀速度非常快。因此可以使用不同Ge含量的SiGe分别作为结构层和牺牲层材料,实现释放过程的选择性刻蚀。表3-16为相关的材料在几种常用刻蚀和清洗溶液中的刻蚀速度[145],可以看出在双氧水中含Ge的材料刻蚀速度较快,并且随着Ge含量的增加而增加。因此对于已完成CMOS电路的器件,用多晶Ge作为牺牲层、多晶SiGe作为结构层时,双氧水即可实现选择性刻蚀,并且CMOS电路不需要特殊保护。

表 3-16 相关材料的刻蚀速度/μm/min

材 料	HF	RCA,SCl	H_2O_2	Cl_2/Br_2 等离子体
多晶Ge	~0	3.0	0.4	0.41
多晶 $Si_{0.2}Ge_{0.8}$	~0	0.75	0.08	0.37
多晶 $Si_{0.4}Ge_{0.6}$	~0	0.06	~0	0.31
多晶硅	~0	~0	~0	0.16
退火的PSG	3.6	~0	~0	~0

图3-101为比利时IMEC实现的SiGe作为微机械结构与CMOS集成的结构示意图。这项技术在CMOS工艺完成后在CMOS电路的上面沉积SiGe结构层,能够单片集成CMOS和MEMS。制造过程为CMOS兼容工艺,采用Al作为金属互连,微机械结构材料为450℃下LPCVD沉积的300 nm~4 μm厚的SiGe,其中Ge含量65%,沉积速度为1 μm/h,原位B掺杂。牺牲层材料为LPCVD沉积的100%Ge,沉积速度为1 μm/h。SiGe结构具有良好的机械性能。厚度300 nm的SiGe结构层可以作为MEMS微镜,4 μm厚的结构层可于加速度传感器、陀螺仪、麦克风、谐振器等。例如SiGe谐振器在真空中的 Q 值达到31 000。

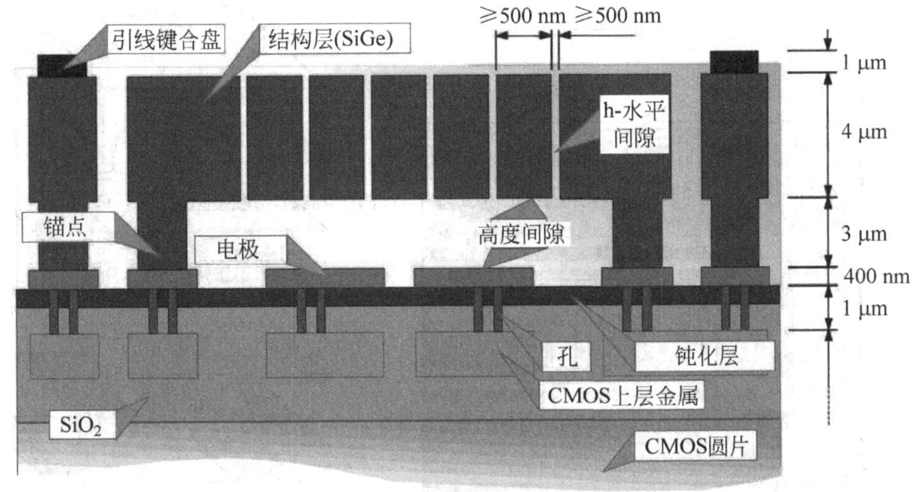

图 3-101　SiGe 结构的集成

3.6.2　三维集成技术

尽管有不同的方案可以实现 MEMS 器件与信号处理电路(如 CMOS)的单片集成,但是批量生产的 MEMS 产品中真正采用单片集成的目前只有 20%左右。这主要是由于单片集成时不同器件的制造工艺相互制约,导致制造成本和成品率问题难以解决,因此实际上多数 MEMS 产品(75%)仍采用封装级的集成。近年来,三维集成技术(Three-Dimensional Integration)的发展为 MEMS 与 CMOS 的集成提供了一个切实可行的解决方案。三维集成是指将功能模块分布在不同芯片上(可以是不同工艺的芯片),将这些芯片通过键合形成三维堆叠结构,并利用穿透衬底的三维垂直互连(Through-Silicon-Via,TSV)实现不同芯片层的器件之间的电学连接,如图 3-102(a)所示。

在 MEMS 领域,三维集成使实现多功能的广义 SoC 系统成为可能,并提高了 MEMS 集成系统的性能、降低功耗、减小重量和体积。采用三维集成,每个功能模块占据一层芯片,通过高密度 TSV 将其集成,能够将不同工艺制造的混合型芯片集成在一个系统中,实现 SoC,即所谓混合集成或异质集成。如图 3-102(b)所示的三维集成 SoC[146],包含了处理器、存储器、数模混合信号芯片、RF 系统,以及 MEMS 传感器等多个模块,为微型化和多功能集成提供了广阔的前景,能够在不改变各自工艺的情况下实现 SoC。通过键合能够实现不同基底和制造工艺的芯片的集成,能够解决不同工艺模块的集成问题。按照功能划分模块并分布在不同层还有另外一个显著的优点,即当需要更改其中一部分的时候,只需要在相应的层上做小范围的改动,而不会影响到其他部分,在最大程度内减小改进过程或复用过程的工作量,从而缩短研发和生产时间。

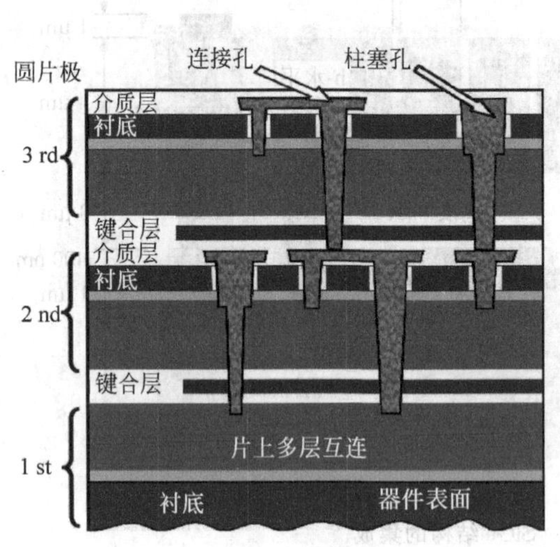

(a) 典型三维集成结构　　(b) 三维集成的SoC系统

图 3-102　三维集成示意图

1. 三维集成制造技术

三维集成是在平面(二维)工艺实现的平面集成电路的基础上,通过垂直 TSV 和键合实现三维集成,其工艺复杂度、可靠性、成品率等难度都远超过平面集成。在平面集成电路的基础上,实现三维集成的关键技术包括 TSV 制造、圆片减薄,以及多层圆片对准键合 3 个核心技术,如图 3-103 所示。典型三维集成需要采用的主要工艺技术包括:①制造高深宽比的深孔;②在深孔侧壁沉积介质层、扩散阻挡层和铜种子层;③在深孔内实现金属填充,在芯片界面实现互连的再分布(RDL);④利用 CMP、机械研磨等技术对晶圆减薄处理;⑤薄晶圆控制与转移工艺;⑥晶圆/芯片对准与键合。不同的实现方案可能采用不同的工艺甚至 TSV 结构,导致三维集成的主要工艺种类或工艺过程有微小的变化。

根据 TSV 制造过程相对集成电路工序的位置,可以将其分为先 TSV(Via First)、中间 TSV(Via Middle)和后 TSV(Via Last)的制造方式,如表 3-17 所示。Via First 工艺过程是指在集成电路的前端工艺(也称前道工序,Front-End-of-Line,FEOL,即制造晶体管的工艺过程)前首先制造 TSV,经过平整化处理后将带有 TSV 的圆片作为普通圆片再去制造晶体管和金属互连。显然,后续集成电路工艺的高温过程,要求 TSV 的导电材料必须能够耐受 1000℃以上的高温,因此一般采用多晶硅或钨作为 TSV 的导电材料。Via Middle 工艺过程是指首先制造集成电路的晶体管,在开始制造后端工艺(也称后道工序,Back-End-of-Line,BEOL,指制造多层金属互连的过程)以前首先制造 TSV,然后再进行后道工序的制造。Via Last 工艺是指在 BEOL 工艺制造完毕后再进行 TSV 的制造,由于此时整个集成电路的工艺都已经完成,又可以根据在键合前制造 TSV 还是在键合后制造 TSV,将工艺过程进一步分类为键合前的 Via Last 和键合后的 Via Last。

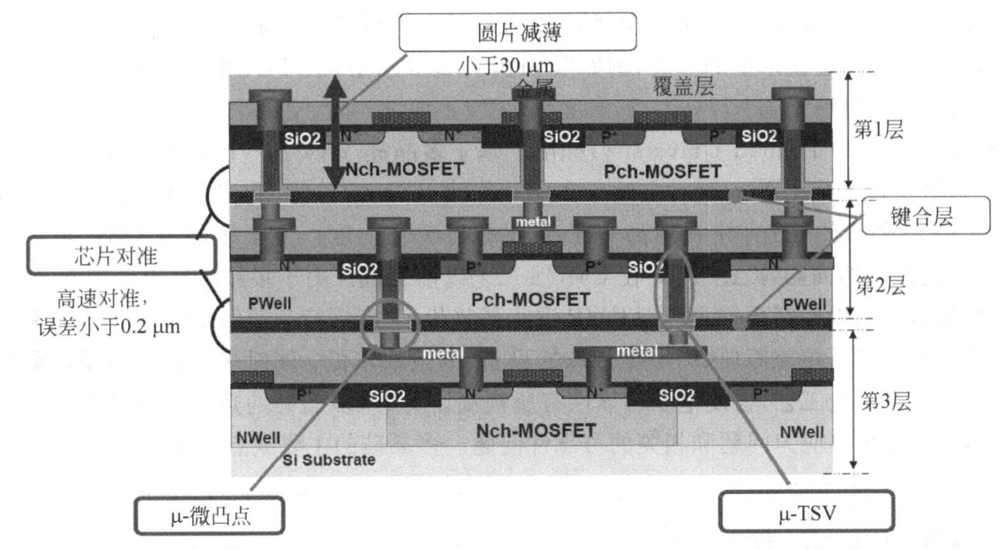

图 3-103 三维集成的关键技术

表 3-17 TSV 工艺顺序

定 义	标 准	工艺流程示意图
Via First	FEOL 之前	Etch → Fill → FEOL+BEOL → Thinning (carrier) → Bonding
Via Middle	FEOL 之后 BEOL 之前	FEOL → Etch → Fill → BEOL → Bonding Thinning
Via Last	BEOL 之后键合之前	FEOL + BEOL → Etch → Fill → Thinning (carrier) → Bonding
	键合之后	FEOL + BEOL → Bonding → Thinning → Etch → Fill

MEMS 三维集成一般要求 TSV 的直径 10～100 μm，但是在高密度传感器阵列应用方面，为了减小互连占据的芯片表面积，通常需要将 TSV 直径降低到几微米。以铜作为导体的 TSV 的主要制造过程包括：深孔刻蚀、绝缘层沉积、种子层和扩散阻挡层沉积、电镀填充等。

深孔刻蚀一般利用 DRIE,在衬底上刻蚀高深宽比的互连深孔。介质层和扩散阻挡层沉积主要应用已有的铜互连技术中的方法,例如以 SiO_2 作为介质层,以 TaN 作为扩散阻挡层。导电填充一般利用铜电镀工艺。

日本东北大学(Tohoku University)提出了基于多晶硅 TSV 的 Via First 三维集成方案,其流程如图 3-104 所示[147]。这种方法以多晶硅作为 TSV 的导体,利用金属凸点键合实现不同层的 TSV 之间的互连,并利用高分子键合增强键合强度。由于多晶硅 TSV 可以承受 CMOS 工艺过程的高温,因此 TSV 在 CMOS 工艺以前完成。由于多晶硅填充后表面不平整,在 TSV 制造完成以后需要首先进行 CMP 进行平整化,才能进行后续的 CMOS 工艺过程。多晶硅 TSV 的优点是填充简单、不需要特殊的设备,制造成本低;同时多晶硅不需要扩散阻挡层,不但简化了制造工艺,也使电学可靠性有所提高。另外,多晶硅的热膨胀系数与硅衬底基本相同,可以避免热应力问题和相关的可靠性问题。多晶硅的主要缺点是电阻较大。

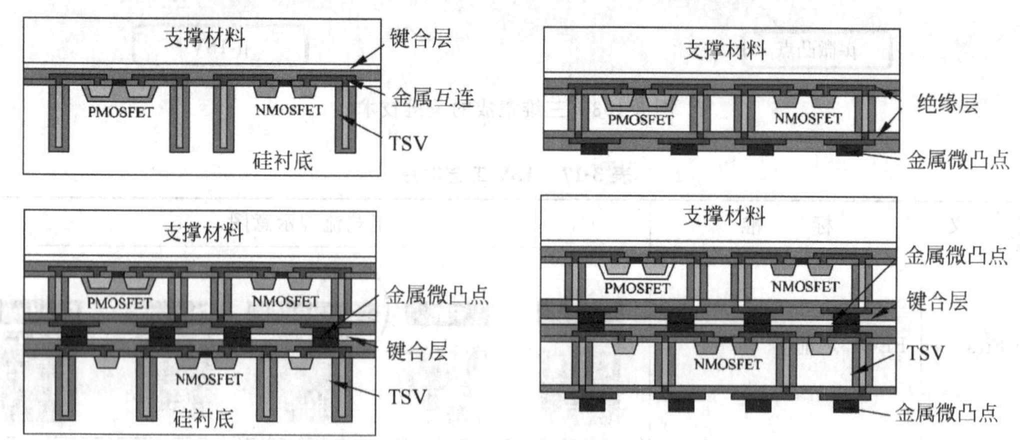

图 3-104 东北大学三维集成流程示意图

图 3-105(a)为东北大学实现的 TSV,深宽比高达 20∶1,单层芯片厚度约 50 μm,TSV 最小尺寸约为 2.5 μm[147]。由于多晶硅的电阻率偏高,TSV 的串联电阻约为 7 Ω。利用多晶硅 TSV 的三维集成,东北大学实现了多种三维集成应用及样品,如传感器阵列三维集成电路、三维集成存储器、人工视网膜系统,以及三维集成微处理器等。图 3-105(b)为东北大学实现的三维集成芯片剖面照片[147],各层的键合使用 Au/In 凸点共晶键合的方式,凸点之外区域填充有机材料。

德国 Fraunhofer IZM 研究所是最早开始三维集成技术研究的机构之一[148]。Fraunhofer IZM 采用键合后的 Via Last 工艺顺序,利用 CVD 沉积的钨作为 TSV 的导电材料。CVD 沉积钨能够填充高深宽比的 TSV,其材料和设备是 CMOS 的标准工艺,制造过程简单、成本相对较低。通常钨塞也需要 PVD 或 CVD 沉积 Ti 和 TiN 作为粘附层和阻挡层。尽管钨的电阻率比铜高,但比多晶硅仍有一定程度的改善。对于高度 20 μm、截面积为 2 μm×10 μm 的钨 TSV,其电阻的平均值为 0.36 Ω,均方差为 0.04 Ω。

Fraunhofer IZM 开发的是一种圆片级的键合后 Via Last 工艺方法。首先在制造好电路的硅圆片上刻蚀深孔,深度的典型值为 12 μm;将该硅圆片与辅助圆片键合后减薄器件圆片,把刻蚀的深孔从背面露出;然后将器件圆片与另一个制造有电路的圆片键合,键合材料为有

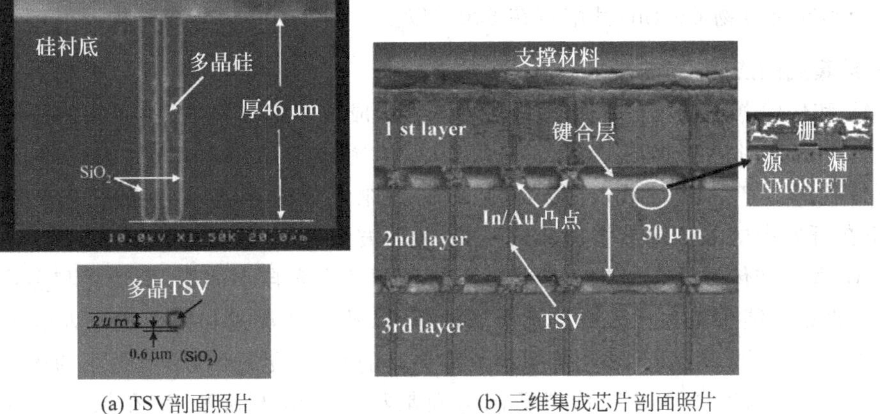

(a) TSV剖面照片　　(b) 三维集成芯片剖面照片

图 3-105　日本东北大学的三维集成

机聚合物，键合温度约 400℃，然后去除辅助圆片、制造 TSV，实现两层圆片的集成。TSV 制造时需要首先对深孔底部刻蚀，将键合层刻透，直至下层硅片顶部的金属层。刻蚀后沉积侧壁介质层和导电材料，所用的导电材料为金属钨，沉积方法为 CVD。这种工艺中的最大难度是在深孔侧壁沉积介质层后，必须刻蚀去除深孔底部的介质层。这要求刻蚀具有很好的方向性，以实现底部介质层刻蚀但侧壁的介质保留的目的。Fraunhofer IZM 采用的是等离子刻蚀的方法，刻蚀气体为 C_4F_4 与 CO_2 的混合气体，对于深宽比高达 9∶1 的深孔，都可以较好地去除的底部介质层。图 3-106 为 Fraunhofer IZM 的三维集成结构示意图及 TSV 剖面图像。在 TSV 深度为 16 μm，横向尺寸为 2.5 μm×2.5 μm 情况下，TSV 的平均串联电阻约为 1 Ω。

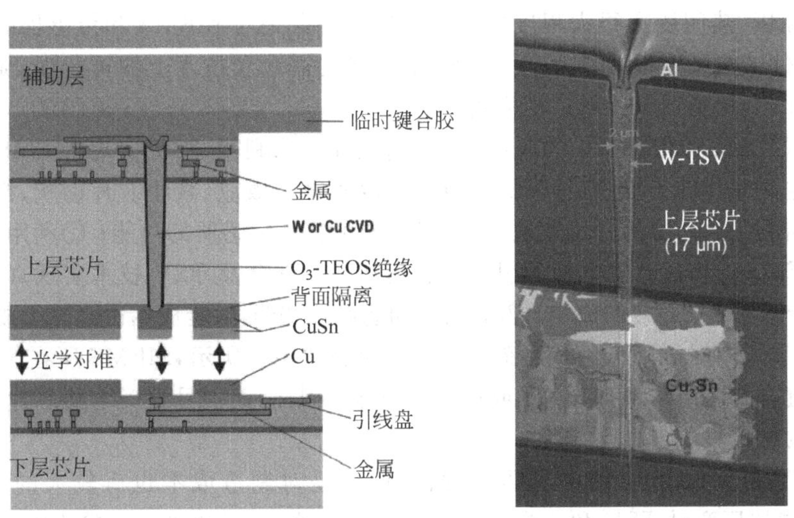

图 3-106　三维集成结构(左)及剖面照片(右)

Fraunhofer IZM 还开发一种键合前的 Via Last 集成方式，使用金属共晶键合方法，主要流程包括：采用深刻蚀技术，在完成 CMOS 器件的圆片上刻蚀典型直径为 2～5 μm 的盲孔；然后采用 APCVD 和 O_3/TEOS 沉积 SiO_2 介质层，并用 MOCVD 沉积 TiN 扩散阻挡层，盲孔的金属化采用 MOCVD 沉积的钨。对于直径 2 μm 的 TSV，最高深宽比可达到 20∶1。钨

TSV与器件最上面金属层的连接采用标准的金属化工艺完成。键合采用300℃的CuSn共晶键合形成金属间化合物Cu_3Sn,其熔点在600℃以上。图3-106为集成结构及局部FIB图像。

2. 三维集成的应用

MEMS和传感器领域已经开始大量采用三维集成技术解决集成、封装和体积等方面的问题。目前量产的应用三维集成技术的MEMS和传感器产品包括东芝、索尼等三维集成的CMOS图像传感器产品,ST、Invensense、VTI等三维集成的麦克风、多轴加速度传感器和陀螺,以及正在开发中的多传感器智能集成系统、表面波谐振器、微机械谐振器、光学微镜等。

推动MEMS和传感器领域向三维集成发展的源动力来自小体积、低功耗和多功能集成的要求。近年来以智能手机为代表的移动电子设备,以及可穿戴式和植入式个人健康监护及医疗设备的高速发展,要求MEMS和传感器具有更高的性能、更低的功耗、更小的体积和更低的成本[150]。目前主要的MEMS和传感器制造商都在通过引入新技术,在保持产品功能的同时,不断降低传感器的体积和成本,以便在加速扩大的移动电子设备应用领域占据更大的市场份额。例如通过三维集成将CMOS图像传感器发展为背射式结构,可以使传感器的填充率大幅度提高,从而能够在敏感器件原理和结构不变的情况下,提高CMOS图像传感器的规模和分辨率。利用圆片级三维集成,多轴加速度传感器和陀螺可以高效、低成本地与信号处理电路集成,在提高性能的同时,使成本大幅度降低到1美元甚至0.1美元。

三维集成之所以能够在MEMS和传感器领域得到快速应用,除了市场需求的拉动以外,另一个重要原因是MEMS和传感器适合于三维集成。除CMOS图像传感器等阵列式结构以外,通常在MEMS及传感器领域应用的TSV的直径大、密度低,每个器件一般只有2~20个TSV,中心距为100~200 μm,降低了对TSV的数量、深宽比和密度以及键合对准精度方面的要求,使三维集成实现难度和成本大幅度下降。另外,MEMS和传感器因为芯片体积较大、器件密度低等原因,热问题有很大程度的缓解。这些特点是与MEMS和传感器的接口相对较少、芯片和器件结构尺寸相对较大有关。因此,市场的需求和技术上的可行性,促使三维集成技术在MEMS和传感器等领域广泛应用。

TSV在MEMS与传感器中的应用包括两个方面:①利用TSV实现MEMS传感器芯片与信号处理电路芯片的三维集成,降低引线的长度和寄生效应、减小芯片面积、提高性能。通过多种传感器利用插入层的三维集成,还可以扩展单芯片传感器的功能;②利用TSV实现真空封装中MEMS与传感器的电信号引出。利用圆片级键合及TSV技术实现真空封装,可以大幅度降低传感器真空封装的成本。例如对于加速度传感器,封装成本占到整个成本的35%~45%,降低封装成本对于降低总成本效果显著。如图3-107所示,MEMS所在芯片层的TSV用于圆片级键合封装结构中,MEMS或传感器信号的引出,而信号处理电路芯片层的TSV用于多层电路的三维集成。

尽管TSV在MEMS应用中有明显的优点,但是对制造成本也有较大的影响,不同的MEMS和传感器厂商对TSV和三维集成的看法差异较大,因此采用的技术方案也有很大不同。ST和Silex等厂商已经将硅TSV引入到传感器产品中,用于真空封装器件的电信号引出,Murata利用硅插入层实现惯性传感器封装,Teledyne DALSA以圆片级的MEMS和信号处理电路三维集成为目标,开发低成本三维集成技术;而Bosch在坚持采用传统的引线键合方式的同时,也在开发硅TSV封装技术。

CMOS图像传感器是最早应用三维集成技术的产品。目前包括东芝、三星、Omivision、

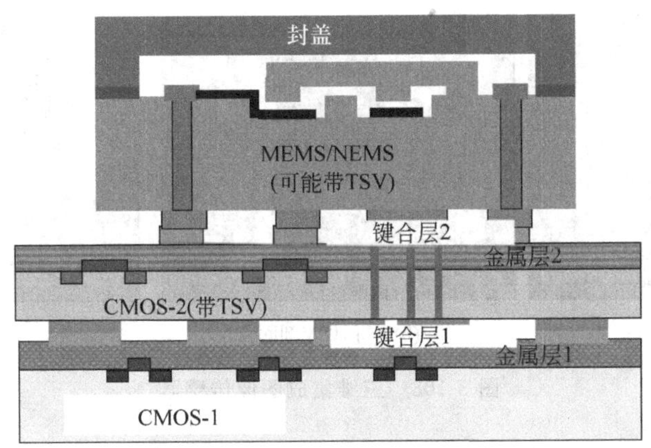

图 3-107　MEMS 传感器的三维集成

ST、Sharp、Sony、OKI、Hynix 等主要的图像传感器制造商都已经采用三维集成技术制造 CMOS 图像传感器。2007 年 10 月，东芝发布了世界上第一个利用 TSV 的图像传感器产品[151]，三星在其 Galaxy Note Ⅱ智能手机和富士相机等产品都采用了三维集成的 CMOS 图像传感器，最近 ST 宣布了最新的 200 万像素手机相机图像传感器 VD6725，这是目前世界最小的图像传感器芯片。

TSV 在图像传感器中的应用可以分为两类：一是利用 TSV 将传感器信号引入芯片的背面，以便进行凸点键合；二是利用 TSV 三维集成信号处理电路。图像传感器的三维集成具有以下优点。①三维集成将信号处理电路与敏感单元分层放置，可以实现更高的填充比和更大的阵列密度，降低芯片面积。②平面模拟式 CMOS 图像传感器在实现更快的帧频和更高的位数精度时，在读出电路方面遇到了瓶颈。解决这一问题的方法是对图像传感器进行实时数字化，即在光电子被探测器像素收集到的同时进行数字化，而不是将所有的电荷都积累完毕再进行数字化，以避免存储电荷的大电容和线性度要求很高的模拟电路，另外还能够避免图像传感器在高数据传输率下传输模拟信号所产生的功耗和噪声的问题。而这种方式的实现，依赖于三维集成结构。③三维集成可以实现圆片级封装(WLP)，生产效率高、成本增加少。④利用三维集成，通过硅片转移技术可以实现图像传感器的背照式结构，避免正面多层金属互连对入射光的影响，提高图像传感器的性能。因此，个人移动电子设备等对体积重量要求较高的领域对 CMOS 图像传感器的三维集成有强烈的需求。

东芝公司利用 TSV 的 CMOS 图像传感器产品，初期图像分辨率为 300 万像素[152]。如图 3-108 所示，TSV 为空心结构，用于传感器芯片的信号引入背面进行电路连接。TSV 的密度较低，采用激光刻蚀加工深孔，层间采用高分子键合，电镀通孔侧壁形成导体，上述工艺方法可以大幅度降低电镀时间和成本、减小热膨胀应力，是在满足性能和可靠性要求的前提下，降低制造成本的解决方案。三星公司的背照式 CMOS 图像传感器也采用类似的 TSV 结构。

为了减小 TSV 的直径、提高 TSV 的密度，东芝公司又开发了高深宽比 TSV 技术，并将其用于背照式的 CMOS 图像传感器产品，应用于数码相机产品。图 3-109 为东芝公司开发 Via First 工艺顺序制造的钨柱 TSV 及其 CMOS 图像传感器。钨柱 TSV 在器件工艺以前制造，直接与器件的垂直钨塞连接。TSV 的直径约为 0.5 μm，节距为 1.1 μm。由于较小的直径和

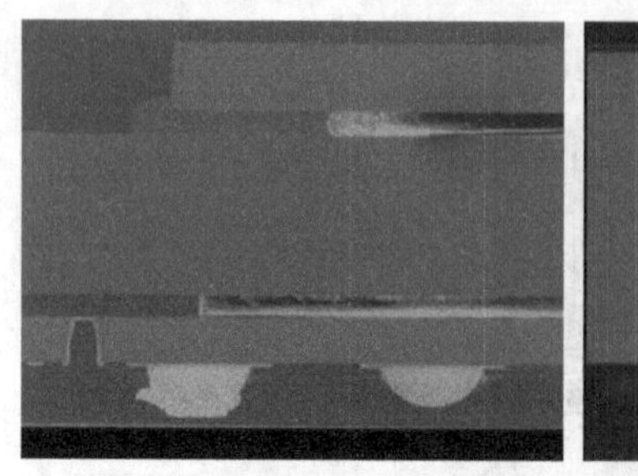

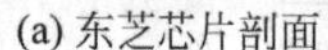

(a) 东芝芯片剖面

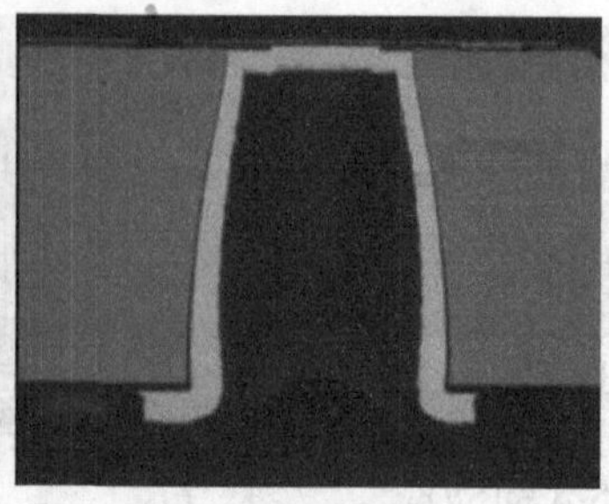

(b) 空心TSV剖面

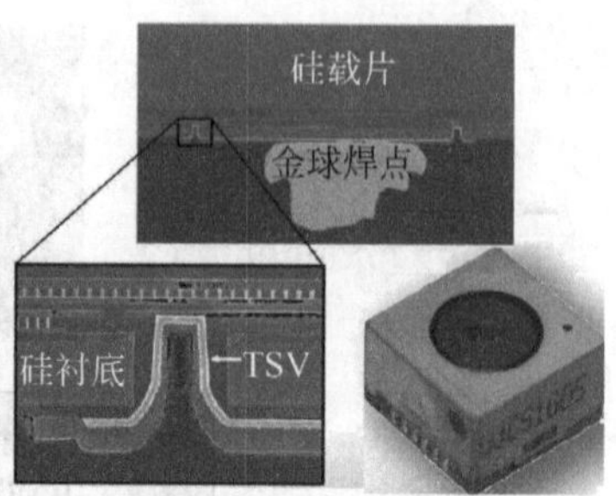

(c) 三星TSV及传感器

图 3-108　三维集成图像传感器

较高的深宽比,可以将多个冗余钨柱并联作为一个 TSV 使用,以提高 TSV 的成品率。与激光加工深孔电镀铜的 Via Last 工艺相比,钨柱 TSV 直径更小,因此适用于小尺寸、大规模像素应用,对于实现大规模的 CMOS 图像传感器有重要推动作用。

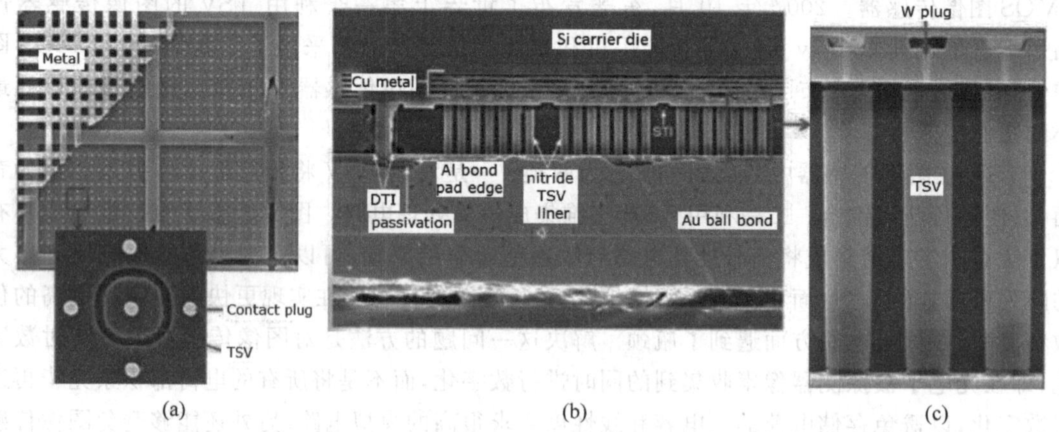

(a)　(b)　(c)

图 3-109　东芝公司背照式 CMOS 图像传感器结构

图 3-110 为东北大学和 Zycube 公司提出的采用 TSV 的背照式 CMOS 图像传感器结构[153]。图像传感器芯片与信号处理电路芯片为三维集成结构,图像传感器芯片位于信号处理电路芯片的上方,采用面对面的键合方式,使图像传感器芯片成为背照式结构。三维集成通过金属凸点和高分子层键合实现,TSV 用于 A/D 转换器和逻辑电路之间的信号传输。由于图像传感器的每个像素尺寸都很小,键合凸点和 TSV 的尺寸超过了多个像素的面积,并且信号处理电路所占用的面积超过了像素面积,因此采用 8×8 或 32×32 个像素共用一个 A/D 的形式,解决 TSV 和电路面积与像素不匹配的问题。共用的像素个数决定于 TSV 和电路与像素的面积比,以及功耗和速度等方面的考虑。

图 3-111(a)为 MIT 林肯实验室开发的三维集成 CMOS 图像传感器的结构示意图[154]。这种三维集成工艺采用 Via Last 工艺顺序,图像传感器采用背照式结构和多层电路集成,包括图像传感器阵列层、A/D 转换器层和信号处理层。采用 SOI 的三维集成使有源焦平面像素放置在电路上方,使信号集成、放大和读出都与探测器距离很小,同时又保证了填充率。另外,每个像素下方单独设置处理电路,还可以降低图像传感器的功耗、提高带宽,实现更复杂的信

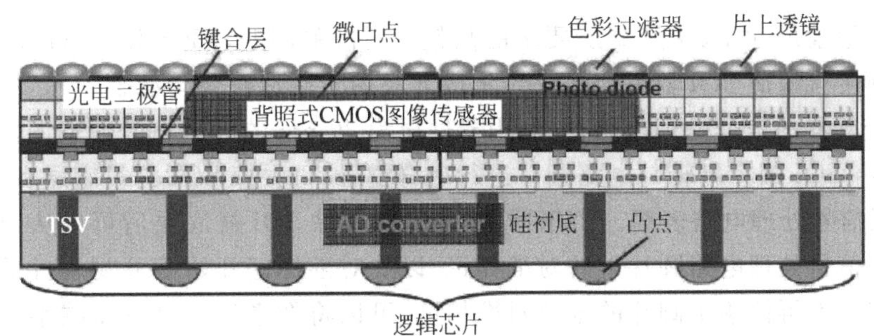

图 3-110 背照式三维集成图像传感器结构

号处理。图 3-111(b)为 MIT 所实现的图像传感器的芯片剖面照片。像素为反偏的 p+n 光电二极管，大小为 8 μm，阵列规模为 1012×1024，芯片的填充率达到了 99.9%，像素完好率为 99.999%，为目前实现的最高密度的三维集成芯片。探测器层为 3000 Ω·cm 的高阻硅，厚度 50 μm，表面制造 p+n 型二极管。每个像素除了第一层的二极管外，还包括电路层的重置三极管、源级跟随三极管，以及选通三极管，第二层信号处理电路为 3.3 V 全耗尽 0.35 μm SOI 工艺制造，厚度 7 μm。TSV 为直接在介质层刻蚀的 2 μm 方孔，采用 Ti/TiN 粘附层，CVD 沉积 W 填充导电。多层键合采用圆片级融合键合。

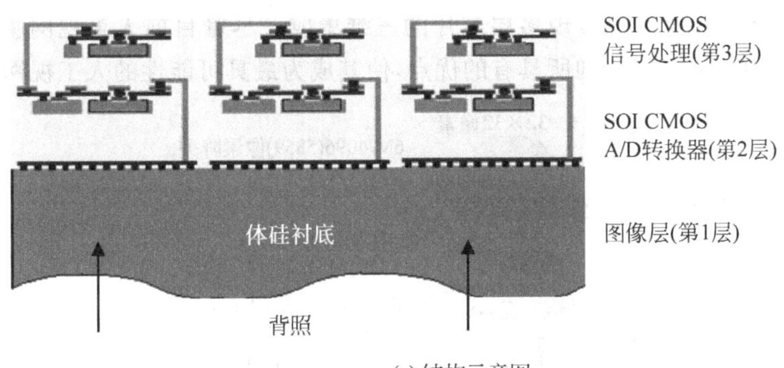

(a) 结构示意图

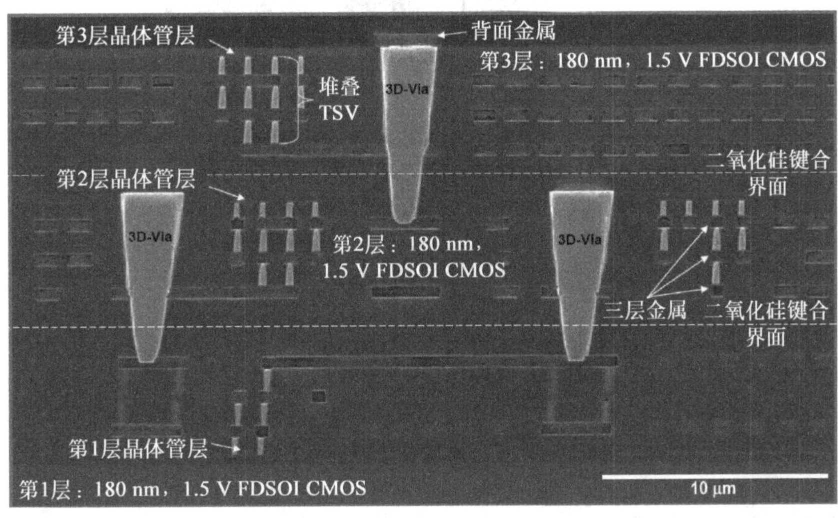

(b) 芯片剖面

图 3-111 SOI 三维集成图像传感器

为了解决像素尺寸小、密度高所要求的高精度对准的问题，CEA-Leti、ST 和 SOITech 合作开发了一种转移超薄 SOI 器件层的三维集成方法用于制造图像传感器[155]。在圆片上制造 CMOS 图像传感器的信号处理电路，并利用器件层为 30 nm 的 SOI 圆片制造图像传感器的敏感器件，然后将 SOI 圆片翻转与电路圆片进行融合键合，再去掉 SOI 的衬底层和埋氧，将超薄 SOI 层转移至信号处理电路表面。由于器件层超薄，去除 SOI 衬底层后可以从键合面上方清楚地看到下层信号处理电路圆片上的对准标记，以此对准标记开始 SOI 层器件的制造。这种顺序制造的方式不再依赖于圆片的键合对准精度，可以将像素尺寸进一步减小。由于下层电路对温度的限制，上层的高温工艺需要在转移以前完成。

人工视网膜是 CMOS 图像传感器应用的一种，但是考虑到人体应用甚至可植入的目标，对芯片的体积、功耗和多功能有更为严格的要求。图 3-112 为日本东北大学提出的三维集成人工视网膜的多层芯片结构和三维集成结构示意图。这种三维集成结构模拟了人眼视网膜的视觉细胞和神经轴突的结构特点，将敏感像素与信号处理电路垂直布置，通过第一层感光像素层实现光电信号转换，再利用 TSV 将敏感像素的电信号传递到下一层进行信号处理。另外，为了实现实际应用，还需要三维集成 A/D 转换器以及存储器和控制器。多层芯片的照片和三维集成后的芯片照片，包括光电探测器层、寄存器层以及 A/D 转换器和逻辑处理电路层。东北大学采用多晶硅作为导体的 Via First 工艺，在制造电路器件以前完成 TSV 的制造，然后利用金属凸点键合和高分子材料键合实现多层芯片的三维集成。尽管目前人工视网膜尚未进入实际应用阶段，但是这种三维集成结构所具有的优点，使其成为最具可能性的人工视网膜结构。

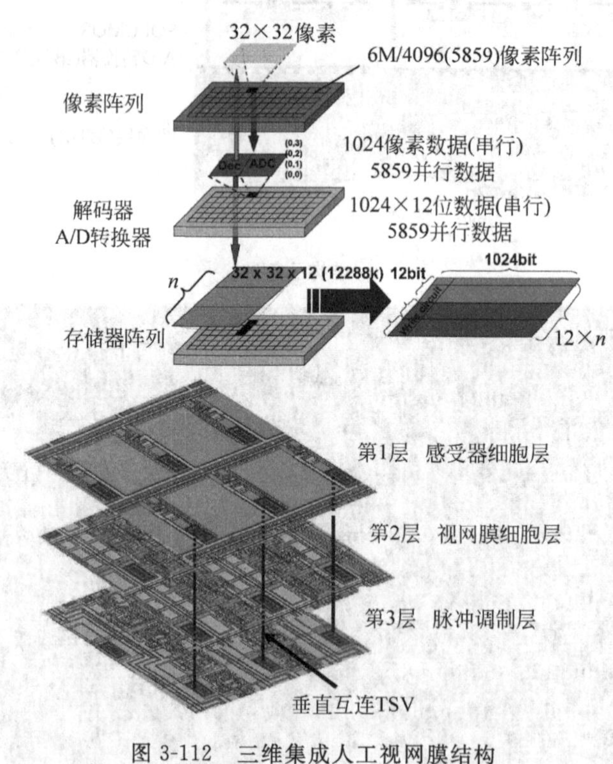

图 3-112 三维集成人工视网膜结构

对于传感器像素阵列需要使用特殊工艺制造的图像传感器，由于制造工艺难以与 CMOS 信号处理电路的工艺兼容，甚至衬底材料都不相同，应用三维集成具有更加突出的优点。传感器阵列和处理电路分别在不同的半导体层独立制造和优化，然后通过TSV实现三维集成。三维集成不但可以有效地解决异质工艺集成的问题，还可以使图像传感器获得更优的传感器性能、更高的填充比和更大的像素规模。图3-113所示是美国垂直集成传感器阵列计划（VISA）提出的传感器垂直集成方案示意图[156]。这种三维集成方案将传感器放置于最外层，信号处理电路置于下层，利用TSV将传感器芯片上的图像信号传递给信号处理电路芯片。目前这种集成结构已经成为典型的图像传感器集成方案。

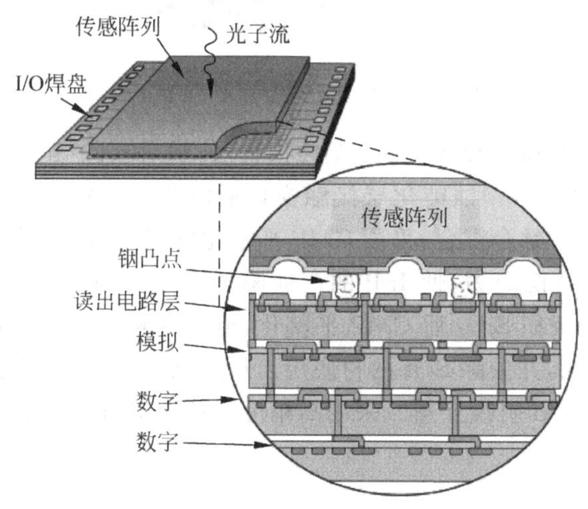

图3-113　美国VISA计划提出的传感器阵列集成方案示意

三维结构特别适合于大规模红外焦平面阵列与CMOS信号处理电路的集成。通常制冷焦平面阵列的探测器主要采用HgCdTe等Ⅲ-Ⅴ族化合物制造，通过倒装芯片的方式利用铟柱将其集成在处理电路表面。三维集成可以用于红外焦平面探测器阵列与处理电路的三维集成，也可以用于多层不同处理电路的三维集成。前者利用TSV取代倒装芯片所使用的铟柱，不但能够避免铟柱在热应力作用下的可靠性问题，而且还可以利用TSV直径更小的特点，实现更小的探测器像素间距和更高的阵列密度[157]。三维集成可以用于模拟电路与数字电路的集成，利用TSV减小探测器与信号处理电路之间的距离，减小引线的寄生效应和外部干扰。鉴于HgCdTe探测器的实际情况，目前在制冷型红外探测器领域，三维集成主要用于不同性质的信号处理电路之间的三维集成。

RTI和DRS Technologies合作研制成功了三维集成制冷型红外焦平面探测器[158]，如图3-114所示。探测器为像素为HgCdTe，像素单元30 μm，阵列规模为256×256。采用3层集成方式，最上层为HgCdTe探测器层，采用倒装芯片的方式与中间0.25 μm工艺的模拟电路层连接。模拟电路层芯片厚度30 μm，通过TSV与下层0.18 μm工艺的数字CMOS电路层三维集成。TSV直径为4 μm，深宽比超过8∶1，键合为高分子中间层键合。在获得探测器高填充比的情况下，像素完好率达到99.98%。

MIT的林肯实验室实现了探测器与信号处理电路三维集成的InGaAs短波红外探测器阵列。探测器像素单元6 μm，是目前采用倒装芯片形式制造的短波红外探测器最小像素的50%[159]。图3-115为探测器与SOI信号处理电路集成的工艺流程。探测器为InP衬底上通过MOCVD外延制造的InGaAs。探测器的InGaAs台阶采用RIE刻蚀，以SiO_2作为刻蚀掩

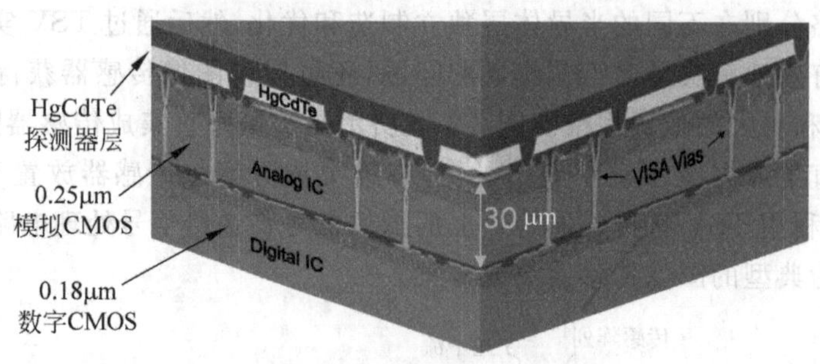

图 3-114　三维集成红外探测器阵列

膜,干法刻蚀后湿法硫酸去除 100 nm 厚度刻蚀损伤层,随后去除 SiO_2 掩膜,采用两次沉积低温和高温氮化硅作为钝化层,刻蚀钝化层接触窗口后沉积 Ti/Al 作为金属引线。沉积 1 μm 的 PECVD 低温 SiO_2 用于融合键合,采用 CMP 平整化处理。为了降低 InP 圆片的弯曲,在背面沉积 2 μm 厚的 SiO_2 补偿应力,使 InP 的弯曲降低到 50 μm 以下。信号处理电路制造在 SOI 硅片上,并 PECVD 沉积 SiO_2 后 CMP 平整化,将其翻转后面对面利用 SiO_2 融合键合将 SOI 键合在 InP 圆片正面,并去除 SOI 的衬底层。最后刻蚀 SiO_2 制造直径 1.25 μm 的通孔,填充金属与 InP 上的 Ti/Al 引线互连。采用高精度的键合对准,可以将像素之间的间隙减小到 0.25 μm。

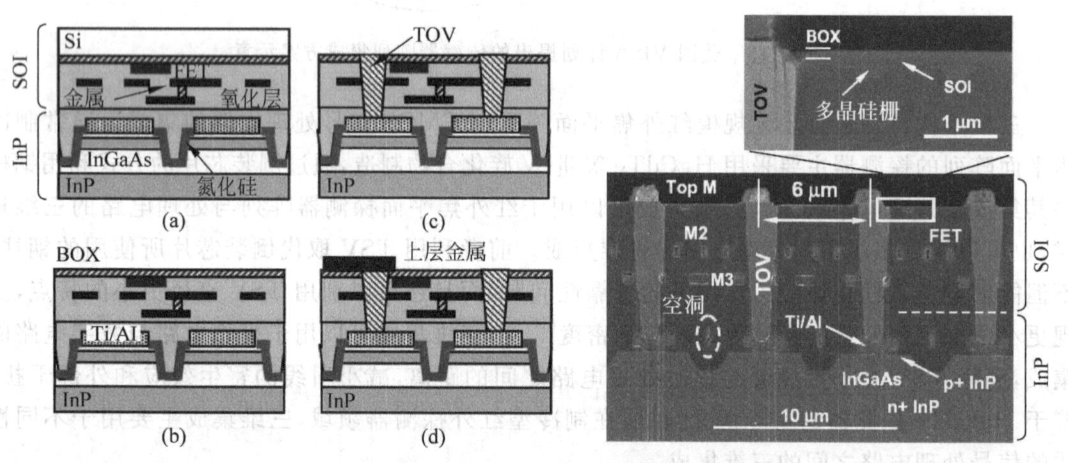

图 3-115　InGaAs 器件与 SOI 电路三维集成工艺流程

MIT 林肯实验室在 SOI 三维集成工艺的基础上,利用三维集成实现了 Geiger 模式的雪崩型光电二极管构成的数字式焦平面有源像素传感器(APS)[160]。APS 利用 Geiger 光电二极管,在入射光子的激发下产生电子空穴对,触发雪崩效应,从而产生大电流脉冲。APS 阵列包括 64×64 的敏感单元,能够检测单光子,并直接从探测器输出数字信号。探测器层为 50 μm 间距的雪崩型光电二极管,通过 TSV 直接连接第二层的 CMOS 反相器,输出信号作为数字时钟电路的停止信号,或者在强度成像时作为计数器的增量信号,再通过 TSV 连接第三层做进一步的信号处理。这两层信号处理电路采用不同的工艺制造,通过 SiO_2 融合键合实现三维集成,工作电压分别为 3.3 V 和 1.5 V,是第一个将 3 种不同工艺三维集成的芯片。所实现的探测器具有 0.5 ns 的时间量化能力,功耗低、噪声小,并实现量子效应决定的灵敏度。

Fermi(费米)国家加速器实验室利用 MIT 林肯实验室的 SOI 三维集成工艺，实现了 256×256 像素规模的硅光电二极管 X 射线探测器 APS 阵列[161]，如图 3-116 所示。与可见光 CMOS 图像传感器不同，X 射线光子探测器需要更厚的光敏材料，以吸收穿透率更高的 X 射线粒子。与 CMOS 图像传感器相同的是，由于前照式结构的填充率过低，而衍射光学器件无法充分补偿低填充率的问题，采用背照式结构可以提高填充因子。因为 X 射线光子产生的电子数量非常少(100～1000 电子)，器件和信号读出电路的噪声水平必须非常低。费米实验室随后与 Tezzaron 合作，利用特许半导体 0.13 μm 的 CMOS 工艺制造硅光电二极管，采用 Tezzaron 的三维集成工艺，通过 SiO_2 融合键合工艺实现三维集成的 VIP2[162]。

3. 加速度传感器

ST Microelectronics 是 MEMS 领域使用三维集成技术的推动者之一，主要使用 TSV 作为圆片级真空封装的引线。近年来 ST 的加速度传感器和陀螺在移动电子设备领域占有重要地位，ST 采用三维集成技术是对 MEMS 领域的一个巨大的推动。2011 年，ST 推出了采用 TSV 技术的三轴加速度传感器 LIS302DL，用于诺基亚的手机产品中，这是世界上第一个量产的采用 TSV 技术的惯性传感器。

ST 将其 TheLMA 工艺进一步结合 TSV 后命名为 Smeraldo，在 LIS302DL 中以 TSV 作为真空封装的电信号引出线。图 3-117 为 ST 采用边缘 I/O 引线键合盘和背面 I/O 引线键合盘的对比图，以及 TSV 与引线键合的连接方式。将 TSV 用于真空封装信号引出有两个突出的优点：一是利用 TSV 可以在圆片级真空封装的同时引出电信号，与单独封装外壳真空封装相比，大幅度提高了封装效率、降低了真空封装成本。二是将多个原来布置在传感器芯片和信号处理电路芯片表面的 I/O 接口的引线键合盘，转移到了传感器芯片或信号处理电路芯片的背面，从而可以将芯片面积减小 20%～30%。

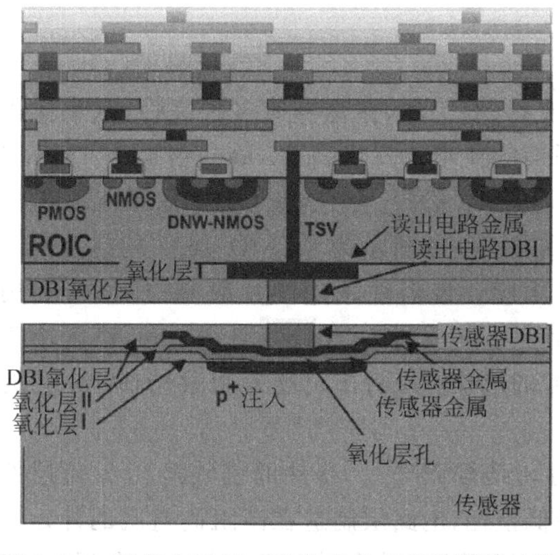

图 3-116 费米实验室三维集成 X-射线探测器结构

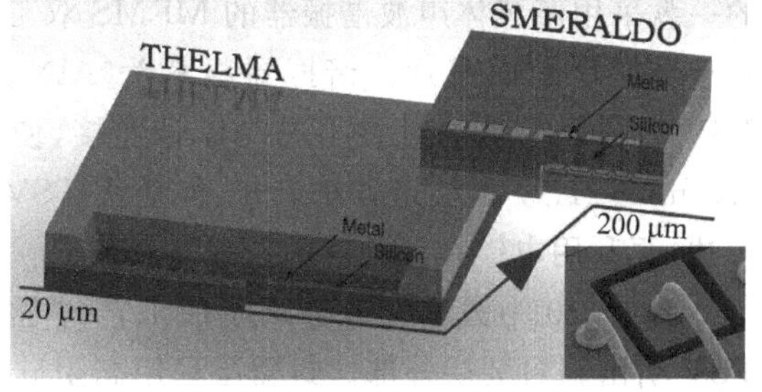

图 3-117 TSV 真空封装引线示意图

图 3-118 为 ST 的 LIS3L02AE 三轴加速度传感器。这种传感器为谐振式电容测量结构，信号处理电路与传感器芯片单独制造，通过平面或者上下堆叠的方式利用引线键合实现电学连接。TSV 用于实现传感器芯片的真空封装结构的电学信号引出。ST 所使用的 TSV 并非

通常的铜电镀方式,而是在传感器芯片上刻蚀环形通孔作为绝缘,直接利用环形通孔所包围的硅柱作为TSV。这种TSV功能和结构为多种需要真空封装的传感器,如加速度传感器、陀螺仪、红外探测器等,提供了一个高效的圆片级真空键合的电信号引出方式。尽管采用TSV所引入的每圆片制造成本增加200美元,但是芯片面积减小所带来的成本上的收益,超过了制造TSV所需要的制造成本,因此芯片总体成本在引入TSV以后有所下降。

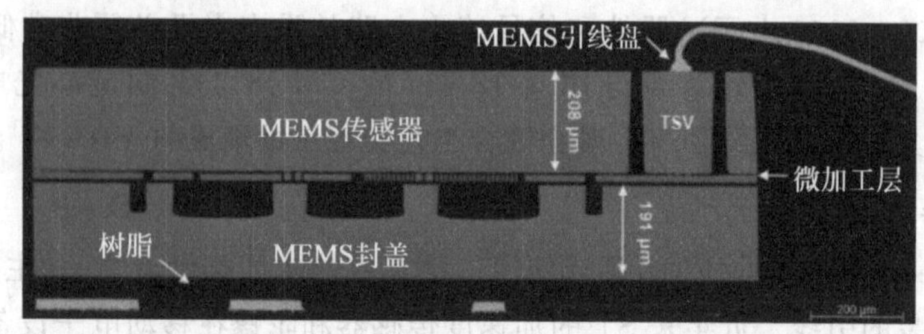

(a) TSV结构

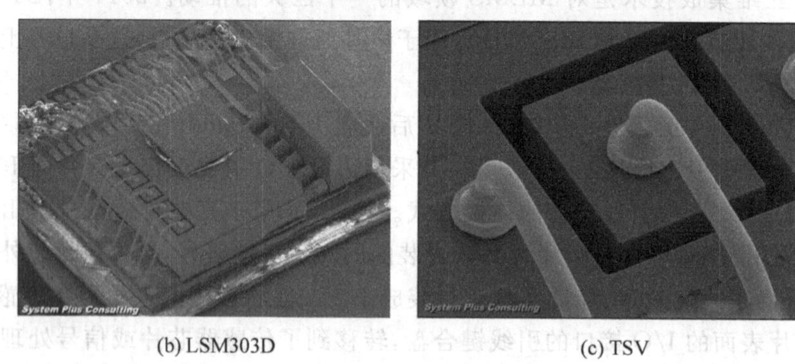

(b) LSM303D　　(c) TSV

图3-118　ST加速度传感器圆片级封装

4. MEMS谐振器

利用薄膜体声波谐振器(FBAR)可以组成滤波器、双工器、振荡器等多种高性能、小体积的表面贴装型微波器件,其电性能已达4G移动通信的要求。安华高(Avago)占据MEMS谐振器及滤波器65%的市场份额,目前每年出货量超过10亿颗。ACMD-7612是Avago推出的一款采用薄膜体声波谐振器的MEMS双工器,如图3-119所示为ACMD-7612的封装内部和整个芯片剖面照片。谐振器材料为AlN压电薄膜。该器件采用圆片级真空封装,利用TSV为圆片级真空封装实现电信号连接,使芯片尺寸减小到2.5 mm×3.0 mm,高度小于1.2 mm。TSV的制造方法未知,但是从TSV剖面的形状可以看出可能采用激光刻蚀深孔的方法,再利用电镀在深孔侧壁形成金薄膜。

图3-120为圆片级真空封装的工艺过程和封装结构图[163]。器件的引线经由封盖层的TSV引出到封装层外部。封盖层采用高阻硅以降低损耗,电路层制造在高阻硅衬底的外延层上,完成电路后在封盖层刻蚀密封腔体和TSV通孔,然后刻蚀去除非电路区域的氧化层,再采用Au-Au热压键合将封盖层与器件层键合,最后从正面溅射并图形化TSV的引线。由于封盖层上带有电路,与电路放置在器件层相比减小了芯片的面积,如果将封盖层的电路对应在谐振器的正上方,可以进一步减小芯片尺寸。

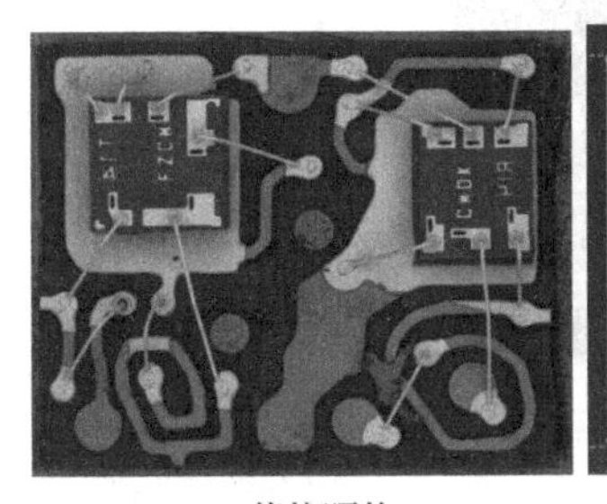

(a) 芯片照片

(b) 芯片剖面

图 3-119　Avago 的三维封装 MEMS 双工器 ACMD-7612

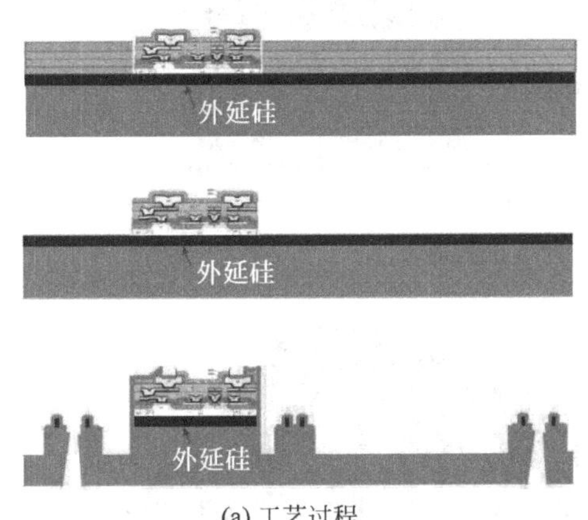

(a) 工艺过程

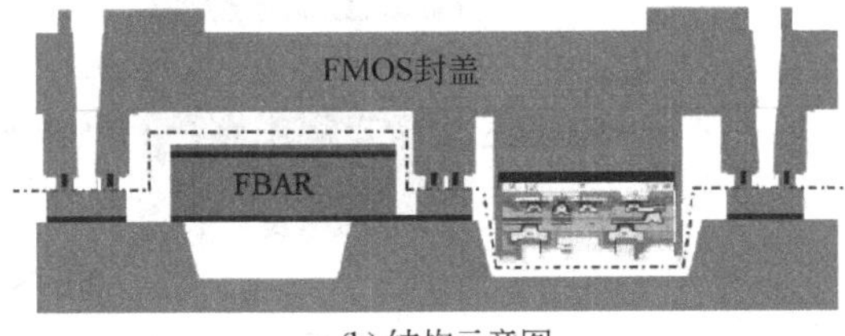

(b) 结构示意图

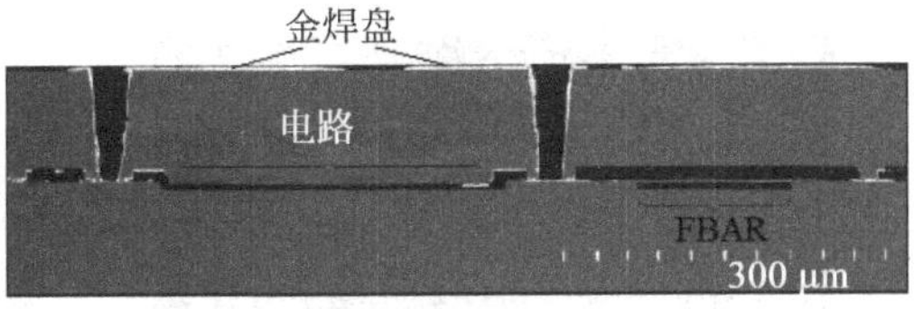

(c) 芯片剖面照片

图 3-120　Avago FBAR 谐振器封装

Discera 公司的 MEMS 谐振器也采用 TSV 作为真空封装的引线连接，如图 3-121 所示，其基本思想与前述的真空封装形式基本一致。Discera 的第一代谐振器真空封装利用 WLC 封装技术，谐振器的引线位于谐振器芯片表面，从谐振器芯片与封盖之间的键合界面引出，通过引线键合与信号处理电路连接。第二代封装采用 TSV 技术，直接在谐振器芯片上制造 TSV 作为电信号连线。通过 TSV 引线，可以将封装面积从 1 mm^2 减小到 0.25 mm^2。TSV 为重掺杂的多晶硅，其制造过程如图 3-121(c)所示。

图 3-122 为佛罗里达大学研制的单片集成有电热驱动器和压阻器件的声学接近式传感器，采用 TSV 集成信号处理电路。传感器包括电热驱动谐振的驱动器和用于检测的压阻传感器，通过测量驱动器产生的谐振被流体调制的程度，检测界面流的特性。TSV 为重掺杂的多晶硅，直径 20 μm、高度 450 μm，电阻在 10～14 Ω 之间，器件测试表明 TSV 的噪声很小，对器件性能没有影响[164]。

图 3-123 为 Stanford 大学和通用电气合作开发的三维集成超声传感器阵列[165]。超声传感器阵列采用电容式检测结构，由 CMOS 工艺结合 MEMS 工艺制造。为了实现超声阵列与开关电路和信号处理电路的集成，Stanford 和通用电气提出了利用空槽隔离的 TSV 作为互连，连接作为再布线层的插入层结构。TSV 的导体为硅衬底本身，通过刻蚀隔离槽实现 TSV 的绝缘，TSV 通过较浅的开放式凹槽与器件互连层实现连接，再通过 TSV 下方的凸点与插入

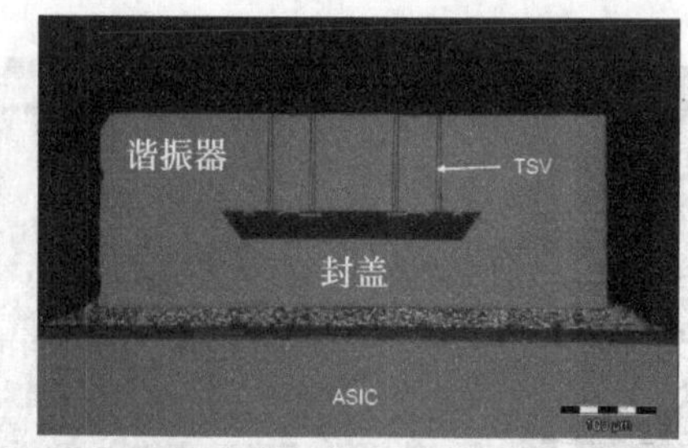

(a) DSC8002D剖面

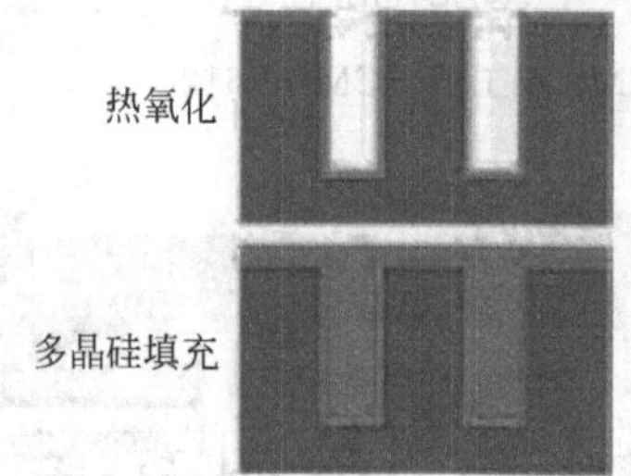

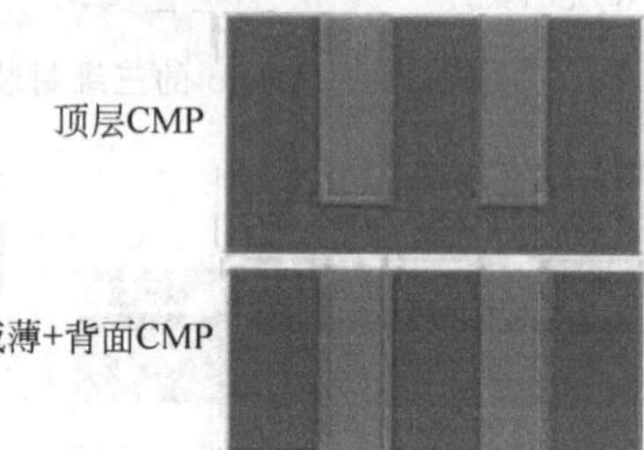

(b) TSV制造过程

图 3-121 Discera 三维封装谐振器

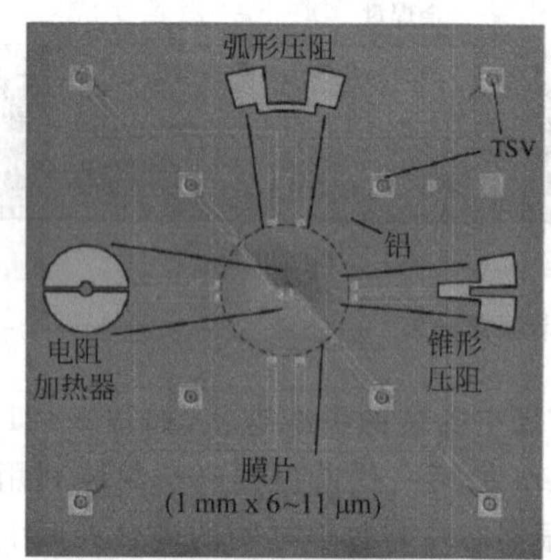

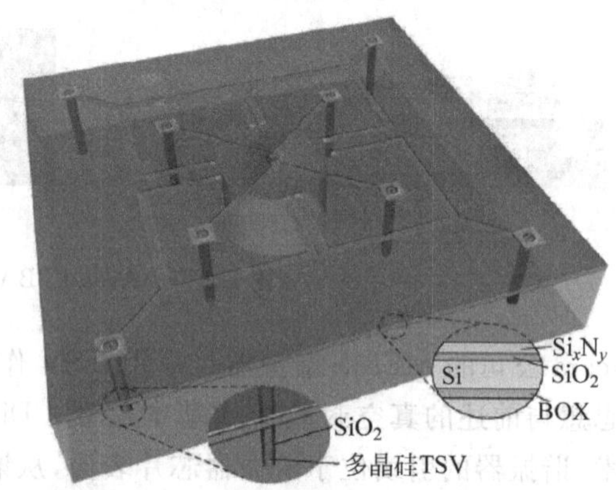

图 3-122 三维集成超声驱动器和压阻传感器

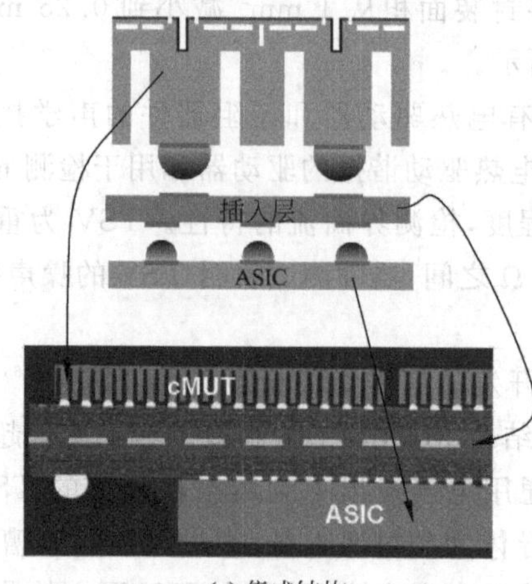

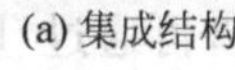

(a) 集成结构

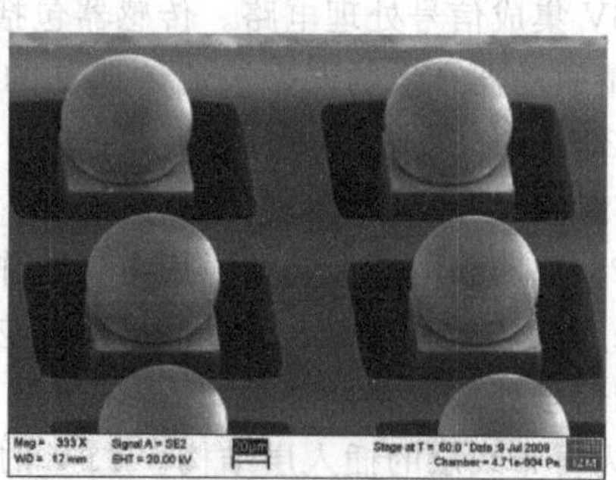

(b) 带有凸点的TSV

图 3-123 三维集成超声传感器阵列

层键合，最后利用插入层与信号处理电路之间的凸点键合将信号连接至信号处理电路层。通过空槽隔离的 TSV 实现传感器信号的引出，利用插入层作为过渡，将信号处理电路与尺寸不匹配的传感器层对应互连。这种方法制造过程简单、成本低，由于利用硅作为导电材料，适合对互连电阻要求不高(电流低、频率低)的应用。

图 3-124 为瑞典 KTH 开发的一种 SOI 器件层转移工艺及百万级大规模微镜阵列[166,167]。这是一种典型的 SOI 转移方法。首先利用高分子键合将 SOI 圆片翻转后与另一个圆片键合，然后通过 CMP 和刻蚀等方式将 SOI 的衬底层去除，CMP 或刻蚀过程利用埋氧层作为的自停止层，以此精确控制转移硅片层的厚度。去除埋氧层，然后刻蚀穿透 SOI 器件层和键合高分子层的通孔，通过电镀等方式填充制造 TSV，实现 SOI 器件层与底层圆片的互连。最后刻蚀释放键合高分子层，实现 SOI 器件层结构的悬空。悬空以后，TSV 既作为器件层结构的电学互连，也作为器件层悬空的支撑结构。这种集成方式与 MIT 和 RPI 等提出的 SOI 圆片三维集成基本相同，不同在于最后将键合层释放实现了器件层的悬空。MIT 的键合使用了 SiO_2 融合键合，而 RPI 和 KTH 的键合使用了高分子键合。这种转移技术也可以用于多种 MEMS 传感器的制造。微镜结构采用 TSV 作为镜面悬空的支撑柱，并提供静电驱动的一个电极。由 SOI 的器件层作为镜面和扭转梁，利用单晶硅优异的弹性性质和 SOI 平整的器件层，提高扭转梁的疲劳极限。

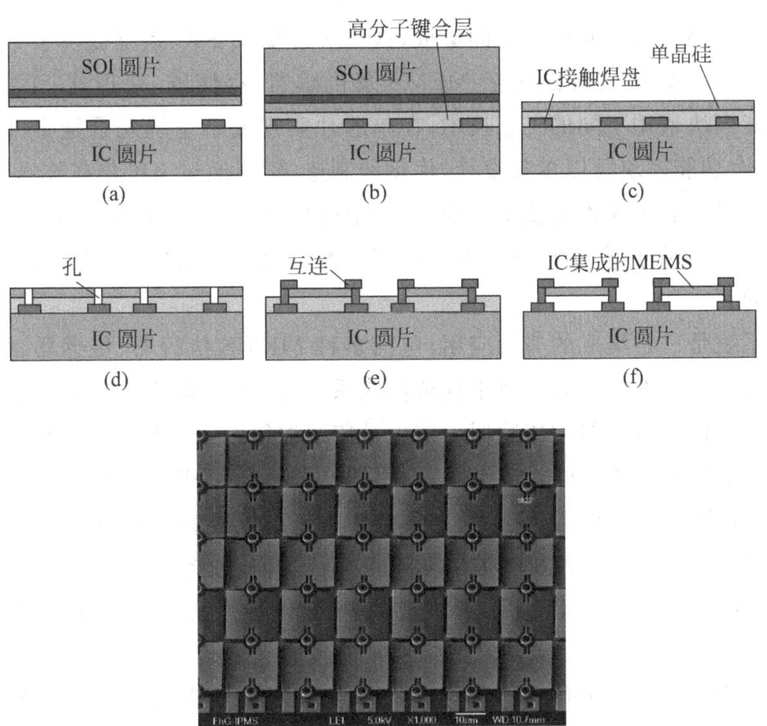

图 3-124　硅片转移与三维集成工艺流程

实际上,20世纪末IBM已经开始开发出这种转移SOI的方法,利用带有针尖的微型悬臂梁阵列构成存储设备,如图3-125所示[168]。这种存储器的工作原理是利用大规模的微型悬臂梁阵列表面的针尖作为数据的读写头,通过加热针尖下方的高分子薄膜表面形成烧蚀的微坑,由是否有微坑记录0或1,实现对数据的写入和读取。由于微型悬臂梁尺寸小、针尖直径为纳米量级,在聚合物表面烧蚀的微坑直径只有10 nm,即存储一个数据只需要10 nm大小的面积,因此数据存储密度极高。IBM的研究表明,在6.4×6.4 mm^2的面积内,由4000个针尖写入的数据量相当于25个DVD的存储能力。另外,大规模的悬臂梁阵列,使读出和写入都可以并行进行,读写速度极高。

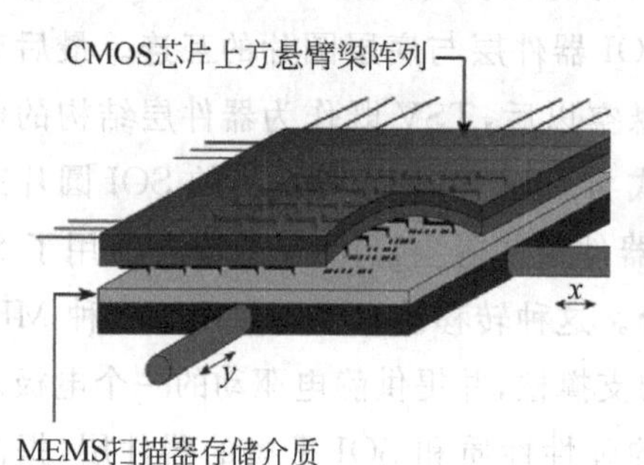

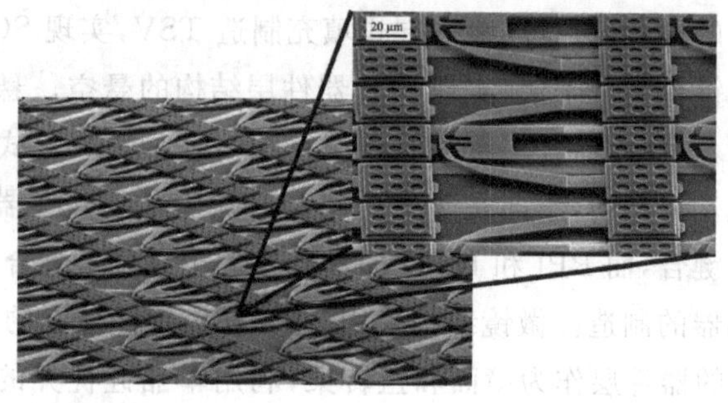

图3-125 微型悬臂梁存储器

三维集成的优势是实现异质工艺的集成,这为实现复杂SoC系统提供了一个可行的解决方案。一个复杂的SoC系统可能包括MEMS及传感器、存储器、处理器、无线通信模块等。由于不同的功能模块采用不同的工艺技术,在单芯片实现复杂系统几乎是不可能的。采用三维集成技术,每个功能模块可以单独设计、优化和制造,然后通过三维集成技术实现单片集成。这种三维集成还可以通过插入层技术实现,有助于简化对TSV要求不高的应用方向的制造难度。特别是对于芯片尺寸不一致、成品率差别较大的情况,采用插入层可以避免由此引入的工艺和成本上的问题。

复杂功能系统是三维集成的典型应用,包括多种MEMS执行器、传感器、信号调理电路、存储器、处理器、数据收发模块等。对于复杂功能系统,除了三维集成技术的复杂性外,还要特别考虑带有可动结构的执行器和传感器。首先是传感器等在三维集成中的位置。由于传感器种类各异,作为与外界的接口和感知界面,传感器必须能够获得外部信息。这要求有些传感器,如光、压力等需要感知介质的传感器,必须位于集成系统的最顶层,而这种结构可能会与无线通信系统的收发模块和天线产生矛盾。对于惯性传感器、磁场传感器、电场传感器等不需要介质传递的传感器,可以位于非顶层,但是也要考虑封装系统对被测信号或传感器产生的干扰。

e-CUBES是德国Fraunhofer研究所与多个研究机构合作开发的一个微型化、低功耗、自治的无线传感器节点,是一种典型的无线传感器网络应用[169]。通过大量e-CUBES构建传感器网络,可以实现对环境参数的测量和监控。e-CUBES是典型的传感器与信号处理电路及电源系统的三维集成系统,节点间的通信主要采用射频方式。如图3-126(a)所示,一个e-CUBES的传感器节点的核心器件包括近程无线通信模块、应用模块(不同的传感器)以及电源系统模块。这 3 个模块通过 TSV 实现三维集成。图 3-126(b)为轮胎压力传感器[170]，包括传感器、谐振器、处理器、存储器、传感器信号处理电路、无线收发等多个功能模块。传感器为 3 层芯片堆叠的集成结构，体积为 1.2 cm×1.3 cm×0.64 cm，外部结构采用模塑互连器件实现，不但提供封装的腔体，还将天线直接集成。传感器单元包括一个压力传感器和一个加速度传感器，同时完成轮胎压力和轮胎动态参数的测量，由于轮胎温度变化范围大，传感器单元需要温度补偿；信号处理电路单元包括处理传感器芯片的 ADC、温度传感器、随机存储器和 Flash，以及 8051 处理器；无线收发机单元包括收发机和数字信号处理，以及与信号处理电路单元的接口。采用插入层作为多芯片的集成基础。无线收发模块和压力传感器的封盖层制造有 TSV，TSV 采用 Fraunhofer 开发的 ICV-SLID 技术制造，导电体采用 CVD 沉积的钨柱，深宽比达到 20∶1，每个 TSV 的电阻为 0.45 Ω。多层之间采用 Cu/Sn、Au 或 SnAg 微凸点进行键合。压力传感器及体声波谐振器通过圆片级键合集成在厚度为 60 μm 的 RF 收发器上方，收发器通过带有 TSV 的插入层三维集成在微处理器上方。

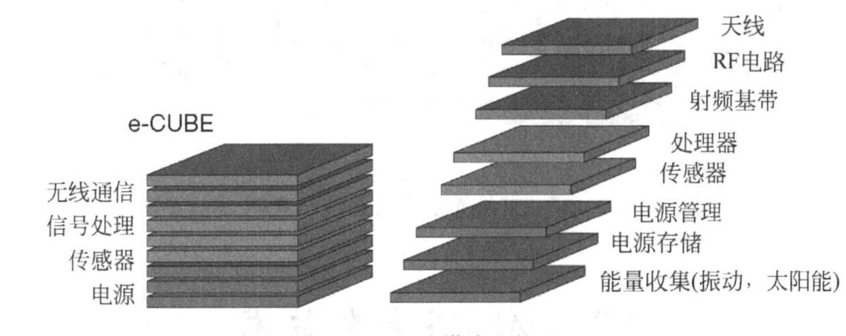

(a) 组成模块示意图

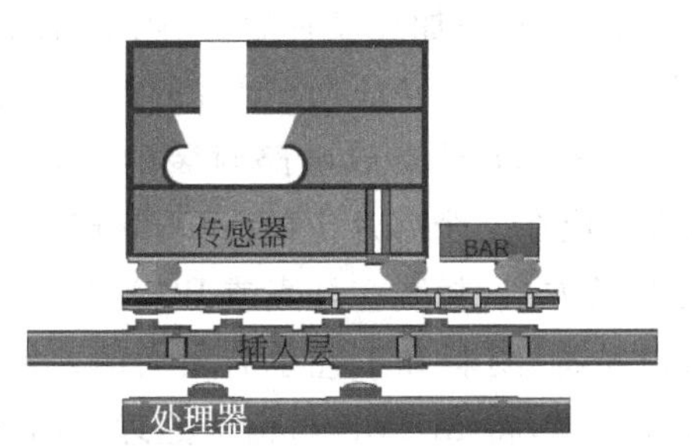

(b) Infineon轮胎压力传感器结构

(c) 轮胎压力传感器

图 3-126　e-CUBES

随着无线传感器网络技术和需求的发展，近年来针对传感器网络节点进行无线通信的技术得到快速发展。一般情况下，无线传感器网络节点间的通信只能依靠 RF 或者自由空间光通信。这两者各具优缺点，因此同时采纳 RF 和自由空间光通信的混合系统成为无线传感器网络节点的首选通信方式。由于硅衬底上制造的 RF 器件体积大、衬底损耗高，难以与 CMOS 集成；而光通信中的光电转换器件需要直接禁带半导体材料制造，也难以与 CMOS 兼容，因此采用三维集成构建基于不同材料和工艺的混合三维集成系统，是解决无线传感器网络发展的主要技术途径。

图3-127为日本东北大学提出的多功能的混合三维光电集成系统的示意图[171]，系统包括了传感器、处理器、存储器、雷达、无线通信等多种模块和功能，可以用于智能汽车的安全辅助控制和车载通信等。这种集成系统具有根据车速自动控制传感器和通信系统工作频率的能力，例如高速成像系统可以自动根据车速调整帧频，以便在满足需求的情况下节约能耗并减小数据传输负载。由于系统中包含了大量的非CMOS模块，例如传感器结构和微加工工艺、光电器件和材料、通信模块和高频低损耗衬底材料等，仅采用CMOS技术难以完成系统的集成，需要采用三维集成将多种工艺分别制造的模块集成为一个系统。多模块的三维集成在保证小体积、低功耗的前提下，能够实现更高的系统性能。

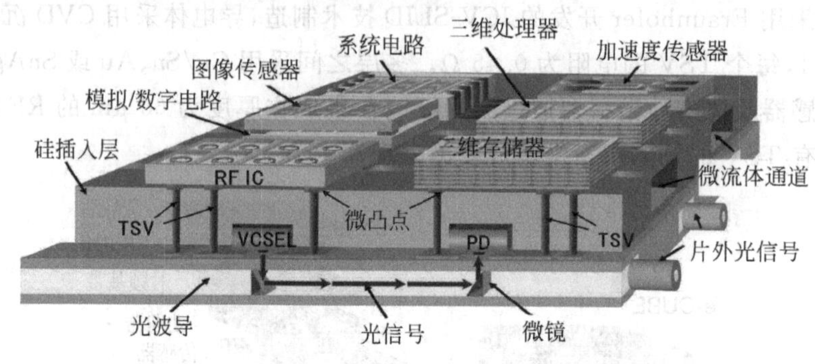

图3-127 三维光电集成系统示意图

3.7 MEMS 封装技术

2012年全球共销售MEMS及传感器芯片70亿片，其中加速度传感器、陀螺、磁传感器和麦克风占据了约50%，预计2016年将达到140亿片。2012年MEMS器件的封装产值达到了16亿美元，预计2016年将达到26亿美元，年复合增长率是集成电路封装的2倍。目前的MEMS产品中，采用MEMS与信号处理电路直接集成在一个芯片上的MEMS产品数量约占20%，而大约75%仍旧采用引线键合或者倒装芯片的方式，封装在外壳或BGA/LGA基板上。尽管MEMS器件的种类繁多，导致MEMS封装的结构、材料和工艺也有很大的差别，但是几种主要的封装形式仍是MEMS封装的主流。总体来看，将MEMS与信号处理电路在封装级进行集成，是未来MEMS产品的主要集成模式，因此采用不同的方法实现圆片级的键合密封和信号引出会成为MEMS封装技术的主要发展路线。

3.7.1 MEMS封装

集成电路的封装过程是把切割后的管芯固定到支架上，并连接管芯与支架引脚，用塑料、陶瓷或金属等外壳把管芯密封以保护管芯并提高可靠性。IC封装的功能包括：①重新排布信号管脚：由于管芯上的引线和间距非常小，不能直接使用，必须通过封装使管脚间距增加；②保护芯片不受环境影响：包括机械支承和保护、电器绝缘和保护、防止潮湿、离子及有害化学物质；③散热：芯片工作时产生的热量仅靠芯片的微小体积无法及时散掉。因为IC制造工艺的一致性，尽管标准方法和结构种类繁多，但IC封装具有一系列的标准，引脚数和连接方法的变化在本质上也是标准的。

由于MEMS功能复杂多样，环境参数各种各样，封装远比IC封装复杂，尚无统一的标准。MEMS封装除了需要具有IC封装的功能外，还需要解决与外界的信息和能量交换的问题。封装一方面需要密封来消除器件与外界环境的相互影响，另一方面必须设置一定的“通道”使被测量能够作用到敏感结构，以及执行器能够对外界输出动作和能量。这是一对矛盾体。

MEMS封装的复杂性还和MEMS的多样性有关。集成电路只需要处理电信号，一种封装技术可以应用于多种芯片。MEMS的多样性使封装具有特殊性，能够解决加速度器件的封装形式不能适于光学器件，而能够解决光学器件的封装也不能解决微流体器件的问题。某些封装不能透光而另一些必须让光照到芯片表面，某些封装必须在芯片上方或后面保持真空，而另一些则要在芯片周围送入气体或液体。这使得差不多每种MEMS器件的封装都要重新考虑和设计。MEMS封装的难度决定了其封装成本很高，一般传感器的封装成本要占到器件全部成本的30%～50%。

1. MEMS封装的特殊性

MEMS的封装借用了集成电路封装的很多技术，包括外壳标准、引线方式和工艺流程等。但是由于MEMS结构和功能与集成电路不同，需要完成对外的信息或物质交换，因此MEMS封装除了要解决电信号的引出问题外，还要解决物质交换通道的问题，导致MEMS的封装又与集成电路封装有很大的差异。

MEMS的封装有些共同的特点需要考虑。①划片的机械冲击：划片过程使用的金刚石或者碳化硅锯片会对衬底产生较大的冲击和振动，容易损害可动结构和微细结构；②封装材料的抗恶劣环境能力：有些MEMS工作在恶劣的环境下，例如汽车传感器会遇到振动、灰尘、高温、尾气等，封装材料要保证在这些环境下能够正常工作；③温度：一方面要封装工艺所需要的最高温度是器件所能承受的，例如键合方式和温度等；二是要考虑封装能否将器件工作时产生的热量及时散掉；④封装应力对器件的影响：封装产生的应力对器件性能和可靠性都会产生很大的影响，特别对于薄膜结构，例如压力传感器芯片粘接或键合的应力会影响压力传感器的性能；⑤能量和信息交换通道：封装不能影响器件的功能，特别是与外界进行的信息和能量交换，这是封装的难点之一；MEMS封装的多样性体现在根据不同的功能和特点单独考虑封装方式，这些特点如表3-18所示；⑥真空封装：对于谐振器件或绝热器件等需要动态特性或者避免阻尼的器件，需要实现真空封装，而真空封装的形式和长期稳定性对器件的成本和可靠性有决定性的影响。

对于不依赖于介质就可以传递的能量场，能量和信息交换通道的问题比较容易解决，例如加速度传感器和陀螺完全密封也不会影响测量；对于力和压力，尽管合适的封装可以避免这个问题，但是多数情况下需要预留测力接触点和流体引入通道。对于温度测量，完全密封会严重影响动态响应速度。对于需要有介质接触(敏感结构与被测物)才能传递的信息，例如化学和生物信息，这个矛盾就比较突出。

表 3-18 MEMS封装需要考虑的内容(P-塑料,M-金属,C-陶瓷)

种类	名称	电信号	流体通道	接触介质	透明窗	密封	校准补偿	封装种类
传感器	压力	是	是	是	否		是	PMC
	加速度	是	否	否	否	是	是	PMC
	流量	是	是	是	否	否	是	PMC
	陀螺	是	否	否	否	是	是	PMC
	麦克风	是	是	是	否	否	是	PMC
执行器	光开关	是	否	可能	是	是	是	C
	显示	是	否	可能	是	是	否	C
	阀	是	是	是	否	否	可能	MC
	泵	是	是	是	否	否	可能	MC
	PCR	是	是	是	可能	否	否	PMC
	电泳芯片	是	是	是	是	否	否	PMC
微结构	喷嘴	否	是	是	否	否	否	PMC
	镊子	否	否	是	否	否	否	PMC
	流体混合器	否	是	是	可能	否	否	PMC
	流体放大器	否	是	是	否	否	可能	MC

2. MEMS与CMOS的SiP

当MEMS与CMOS电路制造在不同的芯片上时,二者通常采用SiP的方式封装。MEMS封装常用的封装外壳与集成电路基本相同,包括金属、陶瓷和塑料,可以采用双列直插(DIP)、球栅阵列(BGA)和管脚阵列(PGA)等形式。根据Yole Development的统计,2010年MEMS芯片的封装中,陶瓷封装占5%,WLCSP封装占17%,引线框式占21%,而BGA和LGA的封装形式占57%。由于BGA和LGA在面积、组装、可靠性等方面的优势,将成为MEMS的主要封装形式。

封装外壳内部的芯片也有不同的连接方式。当MEMS与信号处理电路为单片集成时,封装的输出引脚很少,使得外壳和引线得到一定程度的简化。如图3-128(a)所示的压力传感器为单芯片集成,即处理电路和压力测量单元位于一个芯片上,直接采用引线键合的方式连接芯片的键合盘和封装的管脚。如果MEMS芯片与CMOS为分立芯片并采用SiP的封装模式,还需要对二者之间进行引线连接。如图3-128(b)所示的陀螺采用双芯片结构,即陀螺微机械结构和处理电路分别位于两个芯片上,二者分别通过引线键合和倒装芯片与基板连接。图3-128(a)所示的LSM 303D加速度传感器采用堆叠封装,传感器通过TSV与封装基板之间进行引线键合。

由于封装涉及MEMS芯片、CMOS芯片和封装基板,这3者是分别制造和检测的。MEMS圆片和CMOS圆片分别进行检测和切割,然后以引线键合或倒装芯片的方式与基板连接。对于需要真空封装的MEMS器件,通常在切割前进行圆片级真空封装。

3. 典型MEMS的封装形式

MEMS器件的结构复杂、工作条件各异、测量对象多样,因此不同的MEMS器件所采用的封装形式也有很大的差异。对于MEMS封装还要考虑介质连接,即对需要给MEMS的介质和动作留有通道。加速度和陀螺测量的是惯性力,不受密封的影响,因此可以完全密封;而光器件需要考虑是否要设置透明窗,化学、流体、执行器等要考虑留有媒质接触通道。这增加

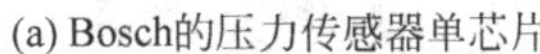

(a) Bosch的压力传感器单芯片

(b) Bosch的SMG04陀螺多芯片并排封装

(c) ST LSM 303D堆叠封装

图 3-128 不同的芯片封装形式

了密封的难度并且使其不容易标准化。

对于压力传感器，绝对压力测量需要真空腔作为参考，同时必须留有将被测压力导入到测量膜片的通道，而信号处理电路通常不希望接触液体，这使得压力传感器的封装比较复杂。图 3-129 所示留有压力导入孔的压力传感器的封装外形和内部结构。压力传感器利用单晶硅外延、KOH 刻蚀、压阻注入和玻璃键合等工艺制造，然后进行封装。

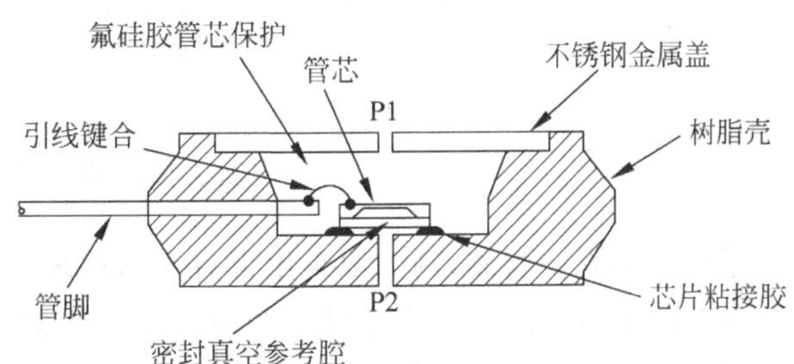

图 3-129 Freescale 公司的压力传感器封装外壳及内部结构

微麦克风的封装也需要提供声压输入通道，因此在封装基板或外壳上需要留有声压输入孔。图 3-130 为 ADI 公司的 ADMP421 微麦克风的封装结构图。ADMP421 是一种高性能的微麦克风，采用了一个硅制造的微粒过滤层，避免外部的粉尘吸附到麦克风上而影响性能，同时又不能影响声波的传输。麦克风背板的声学孔用于控制麦克风的工作频段，必须与声压引入通道完全隔离，以免产生串扰。

加速度传感器、陀螺和微机械开关及谐振器等带有谐振结构的 MEMS 器件需要真空的工作环境，它们需要封装在真空腔内。由于加速度传感器和陀螺测量的是惯性力，而微机械开关和谐振器都是独立工作的器件，密封的结构和管壳材料都不会影响到器件的性能，因此不需要留有任何与外界介质接触的通道，只需要考虑密封结构和电信号引出即可。图 3-131 为 Invensense 和 Bosch 的加速度传感器及陀螺的封装结构。这些传感器都采用圆片级真空封装形成密封真空腔。

对于光学器件，由于需要封装外壳为器件留出光通道，一般难以采用键合或原位沉积薄膜实现的圆片级封装，因此光学器件的真空封装需要通过封装外壳实现。图 3-132 为基板提高光通道和外壳提供光通道的封装结构示意图，以及 TI 公司的 DMD 封装外壳。如果光器件不需要真空封装，可以在基板上和封装底壳上制造光通道，这种光通道与外部环境直接连通；如

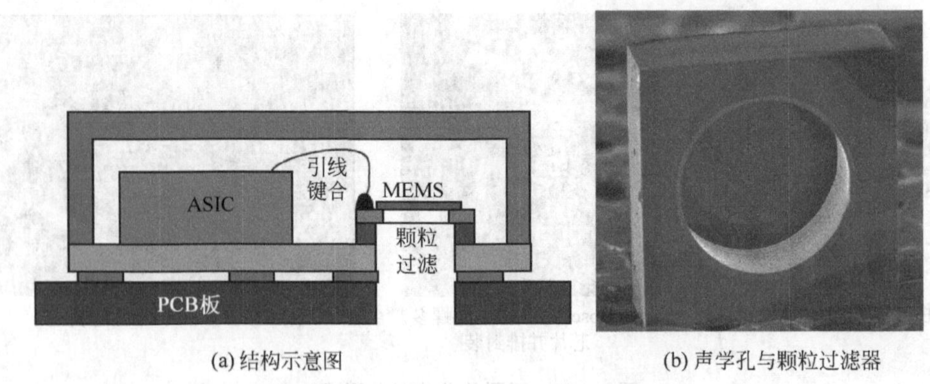

(a) 结构示意图 (b) 声学孔与颗粒过滤器

图 3-130 ADMP421 麦克风的封装结构

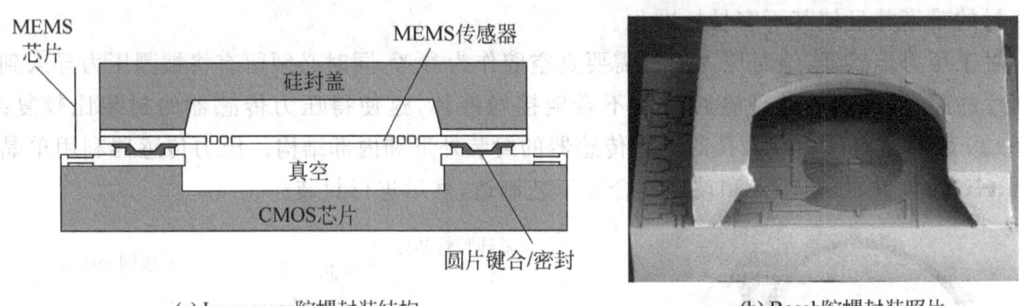

(a) Invensense陀螺封装结构 (b) Bosch陀螺封装照片

图 3-131 陀螺的封装

果光器件需要真空封装，则需要采用带有光学玻璃的密封式外壳，在实现真空封装的同时，利用光学玻璃提供光通道。光学玻璃的透过率需要根据器件的工作波长选择，例如红外探测器需要采用对红外波段具有较高透过率的锗玻璃。这种带有玻璃的封装外壳成本很高，并且外壳金属与玻璃焊接界面易出现失效。

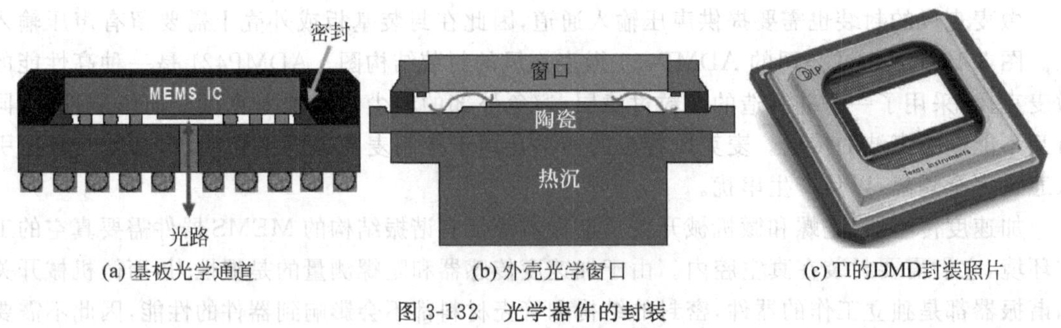

(a) 基板光学通道 (b) 外壳光学窗口 (c) TI的DMD封装照片

图 3-132 光学器件的封装

3.7.2 三维圆片级真空封装

近年来，对 MEMS 成本和体积的限制，促使 MEMS 封装朝着小体积、多功能、低成本的方向发展，通过逐步引入 SiP 和三维集成实现更小的芯片面积、更多的功能以及更低的封装成本。例如 ST 在 2007 年推出三轴加速度传感器 LIS3L02 时，芯片面积为 12 mm^2，封装成本超过 0.1 美元，而到 2010 年推出 LIS3DH 时，芯片面积已经下降到不到 3 mm^2，成本低于 0.05 美元,2011 年 Bosch 推出的三轴加速度传感器 BMA250 的芯片面积甚至只有 2 mm²。芯片面积的不断减小不仅与 MEMS 器件本身尺寸的减小有关,在很大程度上是封装技术的进步所推动的。

加速度传感器、陀螺、非制冷红外焦平面阵列、光学微镜、谐振器等 MEMS 器件都需要封装在真空腔体内,才能保证器件正常工作和应有的性能。因此,真空封装已成为 MEMS 封装的主要形式。真空封装可以在 MEMS 器件切割以后通过封装管壳实现,即芯片级真空封装;也可以通过圆片切割前的圆片封装过程实现,即圆片级真空封装,如图 3-133 所示。圆片级真空封装的芯片互连、密封与测试都是在圆片上完成的,之后再切片和组装管壳。由于圆片级真空封装效率高、可靠性好、封装成本低,已经逐渐取代芯片级真空封装成为 MEMS 真空封装的主体。

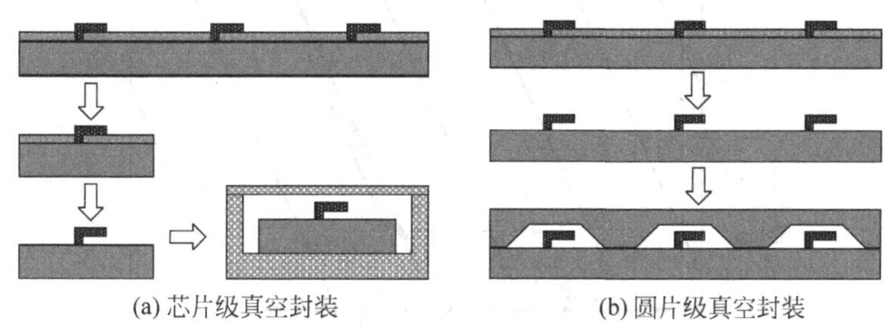

(a) 芯片级真空封装　　(b) 圆片级真空封装

图 3-133　MEMS 真空封装

圆片级真空封装主要是密封腔结构的实现,进一步涉及键合(或制造)方式和引线方式。尽管 Toyota 和 UC Berkeley 等都在开发原位沉积薄膜(如氮化硅)构成密封腔体,但是目前主流技术都是采用体硅圆片刻蚀腔体后键合来实现圆片级真空封装。特别是近年来 TSV 技术的发展,使体硅圆片的信号引出不再依赖于互连穿透键合界面,提高了密封可靠性,使基于键合体硅圆片的真空封装方法将成为未来圆片级真空封装的主要技术方案。

由于 MEMS 种类的多样性,不同的圆片级封装技术和结构形式有比较大的差异。Invensense 成功地开发了封盖结构的真空封装方法 Nasiri-Fabrication,使其陀螺产品在消费电子领域的市场份额快速增长。这种方法利用 Al-Ge 实现金属键合,作为 MEMS 器件与信号处理电路之间的互连线。ST 采用硅作为 TSV 的导体、环形空腔作为 TSV 与硅衬底之间的绝缘层,通过引线键合或倒装芯片与信号处理电路进行连接。这种方法不需要键合盘,可以将芯片面积减小 20%～30%,大幅度降低成本。目前 ST 采用这种方式封装加速度传感器,后续将用于陀螺的封装。Bosch 采用较为传统的焊料凸点技术实现 MEMS 与信号处理电路的连接。Murata 利用硅插入层作为惯性传感器的密封封盖,周围采用通孔刻蚀并填充硼硅玻璃,再将芯片倒装在减薄的信号处理电路上方,用焊球将叠层芯片与基板连接。

1. 键合方法

通常圆片级的键合采用热压键合(如 Au-Au 键合和低温 Cu-Cu 热压键合[172])、共晶键合(如 Au-Si 键合)、玻璃中间层键合或阳极键合实现。由于 Cu 的易氧化性,Cu-Cu 热压键合的长期密封性仍需要深入研究,而阳极键合的封盖材料需要使用玻璃。将密封腔内的器件的电信号引出时,一种方式是将引线从两层键合芯片的界面引出,另一种方式是利用穿通封盖层或器件层的三维互连 TSV 引出。键合方式和引线方式的不同组合,形成了多种可能的圆片级真空封装的结构形式[173]。

键合层的密封性是决定 MEMS 器件真空封装所采用的键合方法的主要因素。如图 3-134

所示,在常用的高分子、玻璃和金属中间层键合中,玻璃和金属作为中间层键合具有较低的气体泄漏率,而高分子材料的气体泄漏率较高,同时由于前驱体固化的原因,键合后高分子层仍旧会缓慢地释放出气体,影响密封腔的真空度。表3-19所示为常用的MEMS器件的真空度要求及能够满足相应真空度的键合密封方法。表3-20所示为常用键合方法能够达到的真空度等级。

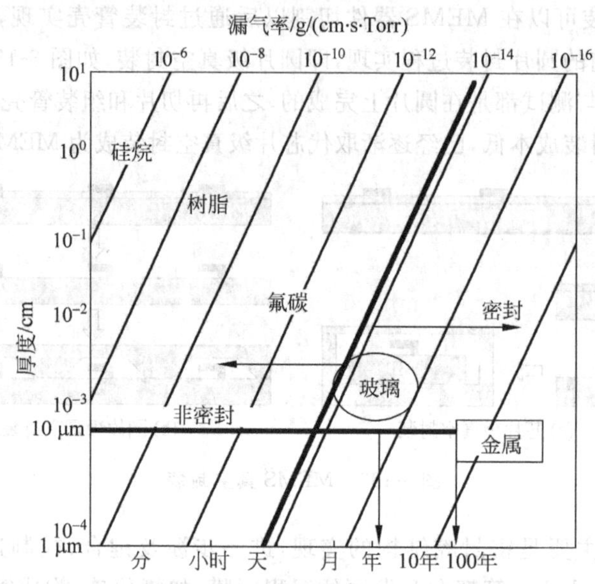

图3-134 不同键合材料的水汽渗透率

表3-19 常用MEMS器件的密封真空度要求及键合封装方法

MEMS器件	真空度要求	键合封装方法
高Q值谐振器	0.01~0.1 Torr	硅直接键合、外延硅封装、硅玻璃键合、金属共晶键合(带吸气剂)、玻璃浆料键合(带吸气剂)
微陀螺	0.1~1 Torr	金属共晶键合、金属热压键合、玻璃浆料键合
加速度传感器	1~10 Torr	金属共晶键合、金属热压键合、玻璃浆料键合
压力传感器	0.5~1 Torr	玻璃浆料键合、阳极键合、硅直接键合

表3-20 常用键合方法的密封能力

键合方法	键合方法	真空度等级/Torr	密封环宽度/μm	键合温度/℃
直接键合	硅融合键合	0.01~1		>1000
	阳极键合	1		200~400
	等离子体增强键合	0.1~1		~250
中间层热压键合	树脂	差	>500	250~350
	聚合物	极差	>500	250~350
	玻璃浆料	>1	~200	350~500
	金	0.1~1	~100	400~350
金属共晶键合	Au-Sn(80/20)	~1	~100	280~310
	Au-Si	~1	~100	~450
	Al-Ge	~1	~100	~440

玻璃键合也称玻璃焊料键合，采用玻璃浆料作为键合中间层，是一种广泛应用的真空腔体密封方法[174]。玻璃浆料是由直径小于 15 μm 的低温玻璃微珠、有机粘接剂、无机填充物和溶剂构成的悬浮液浆料。无机填充物(如 Mg_2Al_3、$AlSi_5O_{18}$或硅酸钡)用于调节玻璃层的性质，例如匹配玻璃和硅的热膨胀系数。溶剂主要用于调节有机粘接剂的粘度，改善工艺性能。在 MEMS 应用中，由于温度的限制，玻璃中通常含有一氧化铅，用以将玻璃化转变温度降低到 400℃以下。但是高温下硅使一氧化铅还原成铅析出在硅玻璃界面，降低了键合强度和长期可靠性。

图 3-135 为玻璃键合过程，包括涂覆和图形化玻璃浆料、烧结、键合等主要过程。玻璃浆料可以通过丝网印刷或旋涂的方式制造在封盖圆片表面，旋涂玻璃浆的高度通常为 5～30 μm，丝网印刷玻璃浆的高度通常为 10～30 μm。根据表面润湿性的差异，丝网印刷后图形的宽度比丝网本身的图形宽 10%～20%。

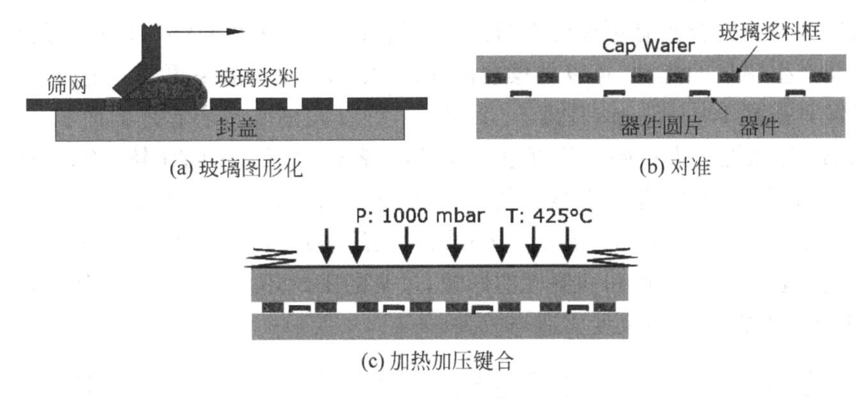

(a) 玻璃图形化 (b) 对准

(c) 加热加压键合

图 3-135 玻璃键合过程

涂覆玻璃浆料后需要通过烧结使浆料的溶剂以及有机成分挥发干净，并形成玻璃微珠的共融和回流，获得连续的玻璃层。首先在 100～120℃的温度下加热 5～7 min，使有机成分挥发，并使高分子交联形成固化的长链高分子；然后在 325～350℃的温度下加热 10～20 min，该温度下玻璃微珠没有完全熔化，但可以彻底去除溶剂和有机成分；在 410～460℃的温度下加热 5～10 min，使玻璃微珠彻底熔化形成连续的玻璃层，该过程消除了玻璃层的孔洞，并在键合压力的作用下玻璃层的厚度大幅度降低。

将封盖与器件圆片对准后，施加高温高压进行键合。键合温度一般为 425～430℃，键合时间一般为几分钟。高温使玻璃层软化并产生流动，高压在两层圆片之间的界面上形成自适应表面的键合层。过长的键合时间不但使玻璃层展宽，而且容易在界面形成空洞。玻璃中间层键合受到滑移的影响，一般较好的对准精度在 5 μm 左右的水平，特别是当压力不完全垂直于键合表面时滑移更加明显。玻璃的键合强度随衬底、材料和工艺有很大的变化，一般在 1.5～5 MPa 之间，也有报道键合强度超过 20 MPa。图 3-136 为 Bosch 和 Fraunhofer IZM 制造的玻璃键合界面。

玻璃键合广泛适用于多种衬底材料，包括亲水和疏水硅衬底、SiO_2、氮化硅、铝、钛和玻璃等。玻璃在回流过程中有一定的表面形貌适应能力，因此玻璃键合能够允许互连穿过而不影响密封性。玻璃具有介电性质，不需要其他绝缘处理就可以在 125℃以下的温度下具有良好的绝缘能力。玻璃回流才能形成均匀连续的密封界面层，密封能力低于金属键合的密封能力；加之丝网印刷对最小线宽的限制，玻璃键合层所形成的密封环的宽度都比较大，通常要达到

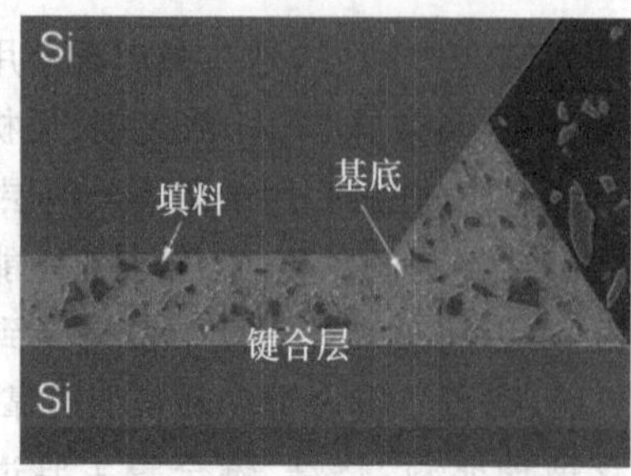

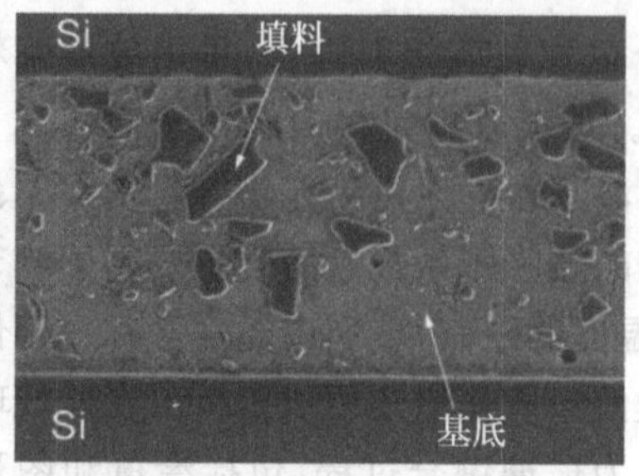

图 3-136 Bosch 和 Fraunhofer IZM 的玻璃键合界面

100～200 μm 甚至 500 μm。为了保证键合后玻璃层的厚度一致,密封环的宽度要保持一致。因为钠离子的原因,玻璃键合不是 CMOS 兼容的。

金属热压和共晶键合具有更好的密封能力和键合强度(>10 MPa),特别是共晶键合在键合过程中金属产生明显的流动,可以补偿表面起伏的影响,密封效果更好。金属共晶键合密封环的宽度通常只需要 10～15 μm,高度 5 μm 左右,可以大幅度减小芯片的面积。图 3-137 为玻璃键合和 Au 热压键合进行圆片级真空封装时,二者密封环大小的比较。ST 采用玻璃键合密封的 LIS331DLH 三轴加速度传感器的芯片面积为 4.7 mm^2,采用 Au 热压键合密封后,LIS3DH 的芯片面积仅为 2 mm^2,将 200 mm 圆片上的芯片数量从 5600 片提高到 12 800 片。由于易氧化金属表面的氧化物和润湿性的影响,过窄的密封环容易造成空洞等键合缺陷,导致密封失效,因此一般密封环的宽度要适当放大。

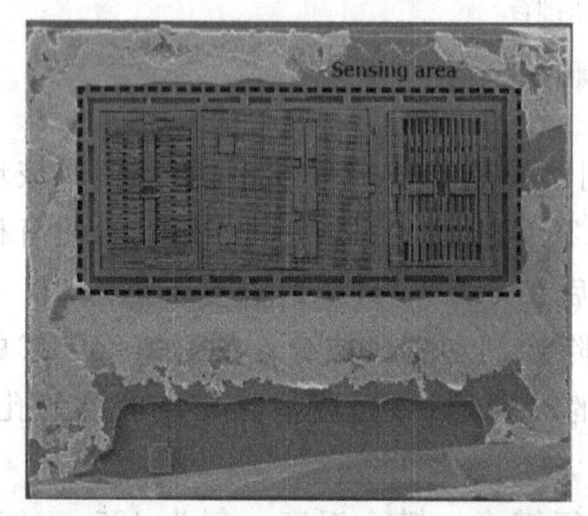

(a) 玻璃键合，Bosch BMA250 三轴加速度传感器

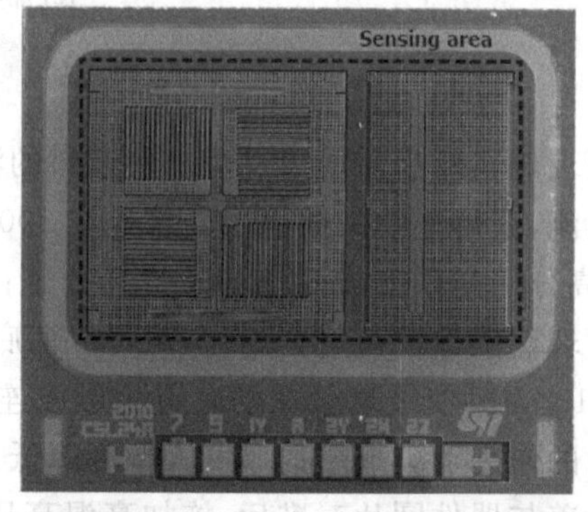

(b) Au热压键合，ST LIS3DH 三轴加速度传感器

图 3-137 键合密封环占用的芯片面积

2. 键合面信号线引出

对于圆片级键合,另一个主要考虑的因素是引线的(互连)引出方式。引线从封盖和 MEMS 芯片之间的键合界面引出是目前圆片级封装广泛采用的方式。由于引线是金属材料,它跨过界面时会导致界面处的高度发生变化,引起键合表面起伏的问题。尽管 BCB 和 PI 等高分子材料形成的键合密封环可以抵消金属引线造成的表面高度起伏,但是高分子材料的长期密封能力差,因此一般不采用高分子键合来解决界面起伏的问题。

Invensense 提出了一种将 MEMS 与 CMOS 集成的圆片级真空封装方法 Nasiri-Fabrication,其结构如图 3-138 所示[175]。这种方法利用 CMOS 电路圆片作为真空封装的下腔体,利用 MEMS 圆片作为上腔体,通过金属共晶键合将 MEMS 结构层封装在腔体内部。共晶键合不但实现密封，还将 MEMS 的引线与 CMOS 的引线通过键合盘互连，借助 CMOS 芯片平整的介质层内埋藏的金属互连将信号线引出。

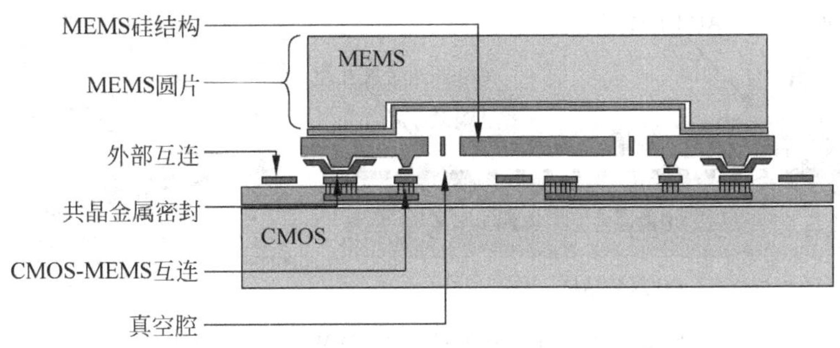

图 3-138 Invensense 提出的 Nasiri-Fabrication 结构图

图 3-139 为这种工艺过程。对于 MEMS 圆片，首先在 MEMS 圆片正面和背面分别刻蚀对准标记和密封腔的上半部分，通过硅之间键合将 MEMS 圆片与另一个圆片键合，并将第二个圆片从背面减薄，形成带有腔体的 SOI 结构。在减薄圆片上对应腔体的位置刻蚀 MEMS 结构，并在 MEMS 结构周围刻蚀后续键合的微凸点，通过金属化连接 MEMS 结构与微凸点。对于 CMOS 圆片，首先完成 CMOS 工艺，在对应 MEMS 结构的位置预留空白区，并在与 MEMS 圆片键合的位置制造金属键合盘。密封的金属键合盘为密封环结构，用于与 MEMS 器件互连的键合盘为孤立的岛状结构。刻蚀 CMOS 圆片无器件的空白区的介质层和硅衬底，形成密封腔的下半部分。最后通过金属共晶键合，将上下腔体键合，同时实现密封结构和信号互连。Nasiri-Fabrication 流程支持广泛的 MEMS 产品，包括陀螺、加速度传感器、RF MEMS、执行器和光学器件等，特别适合需要大质量块和电容式检测的结构。这种方法在圆片级将 CMOS 和 MEMS 集成，通过 MEMS 和 CMOS 的直接键合，使产品可以采用标准的半导体封装。

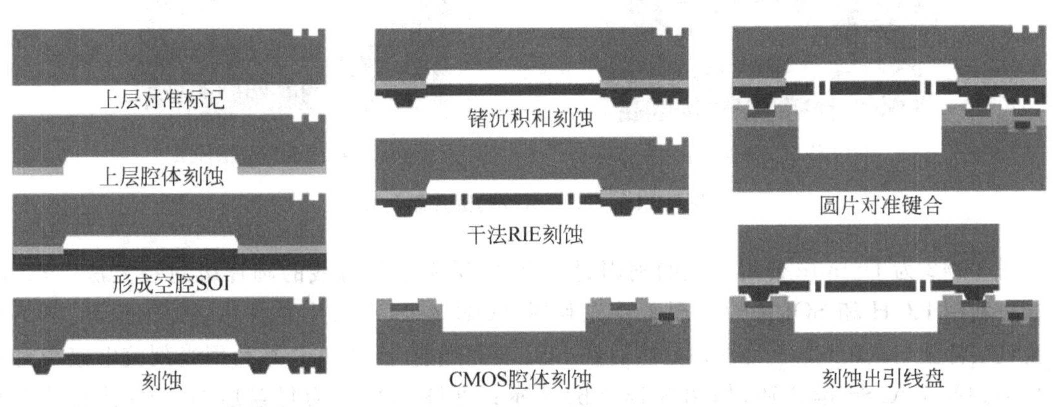

图 3-139 Nasiri-Fabrication 工艺流程

将引线从键合界面引出后，引线与基板的连接位置既可以像图 3-138 一样位于芯片表面，也可以将引线通过芯片外壁引出至芯片表面，进一步减小芯片封装引线盘所占用的面积。图 3-140 为 Suss 公司开发的对声表面波器件进行圆片级封装的结构形式[176]。这种封装结构采用高分子材料形成一个边框，利用高分子材料将封盖键合到声表面波器件上方形成真空密封；MEMS 器件的引线通过金属爬上封盖侧壁和表面，再利用 SnAgCu 焊球实现与 PCB 板的倒装连接。这种利用侧壁爬行金属实现的互连的方法在 TSV 广泛应用以前是一种有效的解决方案。

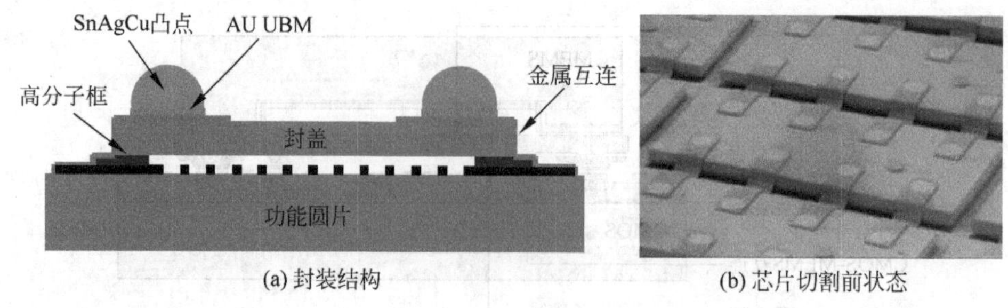

(a) 封装结构　　(b) 芯片切割前状态

图 3-140　Suss 公司开发的 3D WLP 封装形式

3. TSV 信号线引出

将引线从键合界面引出尽管结构简单,但是引线与密封环相交导致的泄露问题要求引线必须埋置在平面再布线层而跨过密封环。这对键合方法的选择有很大的限制,并且由于最终的引线键合盘位于器件旁边,导致较大的芯片面积和成本。利用 TSV 可以将密封腔内的器件通过 TSV 从封盖或器件芯片上垂直的方式将引线引出,如图 3-141 所示。通过 TSV 垂直引出信号可以降低避免引线穿越密封环的问题,降低键合难度、提高真空的长期稳定性,并且通过将引线键合盘放置在芯片表面而减小芯片面积。另外,封盖层本身可以是 CMOS 电路,从而利于 CMOS 电路同时实现真空密封和 CMOS 与 MEMS 的三维集成。TSV 位于封盖层和位于 MEMS 器件层各有优缺点,对工艺的限制和影响不同。例如位于封装层时 TSV 可以在 CMOS 代工厂完成,而位于 MEMS 器件层时则需要在 MEMS 工厂完成。

(a) TSV位于封盖层　　(b) TSV位于MEMS器件层

图 3-141　TSV 引线的圆片级封装

图 3-142 为 Hymite 公司开发的利用封盖上 TSV 引出信号线的圆片级封装方法[177]。这种方法利用 KOH 和 SOI 圆片实现。首先利用 KOH 在 SOI 圆片的器件层刻蚀深孔,到 SOI 的埋氧层停止,如图 3-142(a)所示;然后在 SOI 表面溅射 Ti 和 Au,并利用光刻胶电镀密封用的 6 μm 厚的 AuSn 键合环,如图 3-142(b)所示;再将 SOI 作为封盖层与器件层上对应的 5 μm 厚的 Au 实现共晶键合,利用机械研磨去除 SOI 衬底层,保留一定的厚度,如图 3-142(c)所示;使用 DRIE 刻蚀将真空腔以外对应引线孔的部分的 SOI 衬底全部刻蚀去除,将 SOI 正面电镀的引线暴露出来,如图 3-142(d)所示;最后在引线孔位置制造焊球凸点,用于倒装芯片的引线连接。这种方案采用 KOH 刻蚀可以降低制造成本。实际上,这种思想也可以采用普通的硅圆片实现,而不必使用 SOI。

图 3-143 为 ADI 公司开发的基于 TSV 和玻璃键合的圆片级封装结构[178]。TSV 从封盖

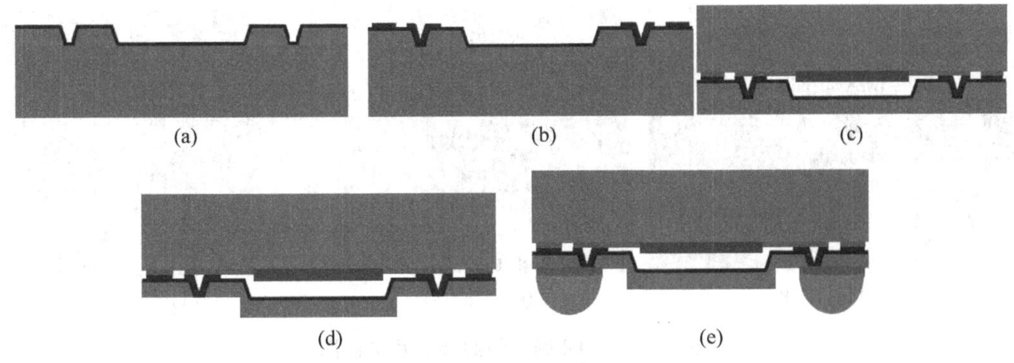

图 3-142 Hymite 开发的圆片级封装方案工艺过程

层引出，封装腔体和通孔都位于封盖层，采用两层掩膜的方法利用 DRIE 刻蚀实现。首先在圆片表面沉积 1.4 μm 的 SiO_2 掩膜，图形化刻蚀去除封装腔体位置的 SiO_2，然后涂覆 7 μm 的厚胶，图形化后以厚胶为掩膜去除 TSV 对应位置的 SiO_2，利用光刻胶作为掩膜 DRIE 深刻蚀 TSV(直径 200 μm)，达到预定的深度后去除光刻胶，此时密封腔和 TSV 对应的位置都已经没有掩膜。再次进行 DRIE 对密封腔和 TSV 同时深刻蚀，使密封腔的深度达到要求并且使 TSV 贯穿圆片。

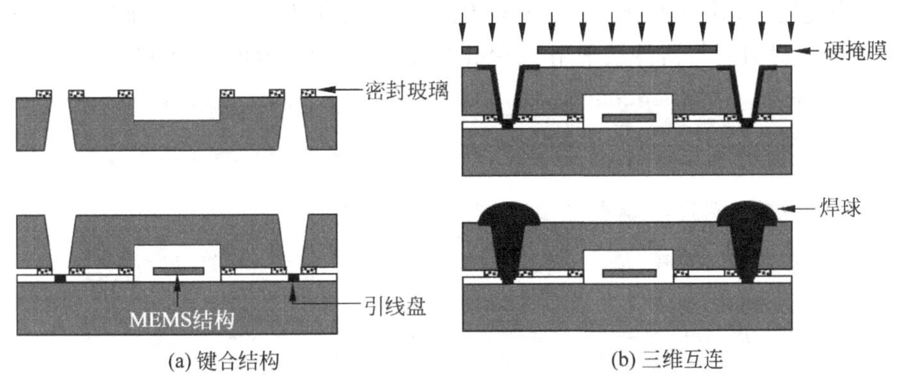

图 3-143 ADI 公司 TSV 圆片级封装方案结构

在封盖圆片需要键合的表面上，利用丝网印刷制造一圈玻璃焊料密封环。密封环必须完全环绕密封腔，保证键合后的密封性；同时密封环需要围绕 TSV 开口，既保证 TSV 处的密封又为互连提供通路。所使用的玻璃焊料需要具有较低的熔点，以减小键合过程的温度对 MEMS 器件产生的热应力和变形的影响。制造好密封环后首先在 420℃的环境下加热玻璃焊料，使其中的有机成分分解，以免键合后向密封腔中释放气体。键合采用圆片级对准键合，确保位于器件层上的引线盘对应在封盖层的 TSV 开口处。键合温度为 450℃。键合后的剖面如图 3-144 所示。

键合后在封盖上方利用硬掩膜溅射 50 nm 厚的 TiW、250 nm 的 Ni 和 250 nm 的 Au，硬掩膜的大小满足溅射金属层能够在封盖上表面形成新的引线盘。溅射的连续的金属层将 MEMS 器件层表面的引线盘引入到封盖上表面，TSV 适当的倾角更有利于实现溅射的金属层的连续性。然后在 TSV 开口处放置焊料球(95.5%的 Sn、3.8%的 Ag 和 0.7%的 Cu)进行

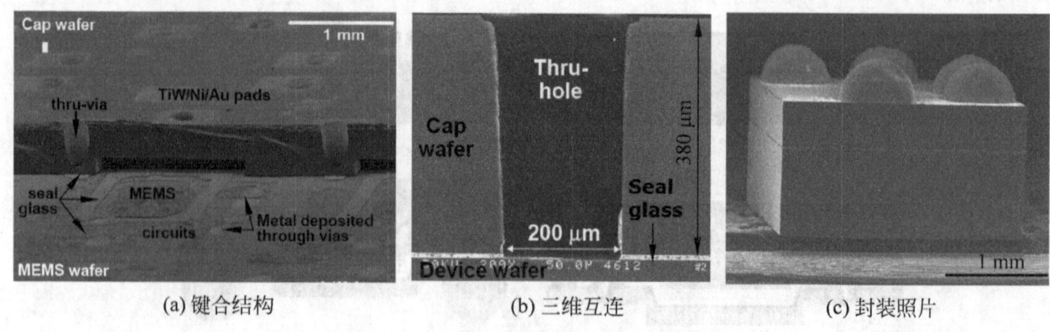

(a) 键合结构 (b) 三维互连 (c) 封装照片

图 3-144 ADI 圆片级封装芯片剖面图

植球；由于溅射的金属表面具有润湿性，再通过加热使焊球回流进入 TSV 内部形成实心的 TSV 填充。图 3-144 为键合及溅射金属层后的芯片剖面照片。通过圆片级真空封装，芯片的尺寸从陶瓷封装的 5 mm×5 mm×2 mm 减小到 2.3 mm×2.3 mm×1.1 mm。

典型的圆片级封装利用标准的 TSV 实现引线在封盖层的穿通。图 3-145 为三星公司开发的工艺过程[179]。封盖采用高阻硅圆片，提高高频应用的信号传输性能。首先利用 TMAH 湿法刻蚀制造密封腔，然后在密封腔内部溅射 Cr/Au 作为电镀种子层，再从正面 DRIE 深刻蚀形成通孔，利用自动向上的铜电镀填充通孔形成铜 TSV。经过表面铜 CMP 后，在正面溅射 Ti-Ni-Au 引线连接盘，其中 Ti 和 Ni 作为粘附层和 Au 的扩散阻挡层，背面溅射 Ti-Ni-Au-Sn-Au 键合密封环。封盖层与器件层采用 Au-Sn 共晶键合，键合温度为 280℃。

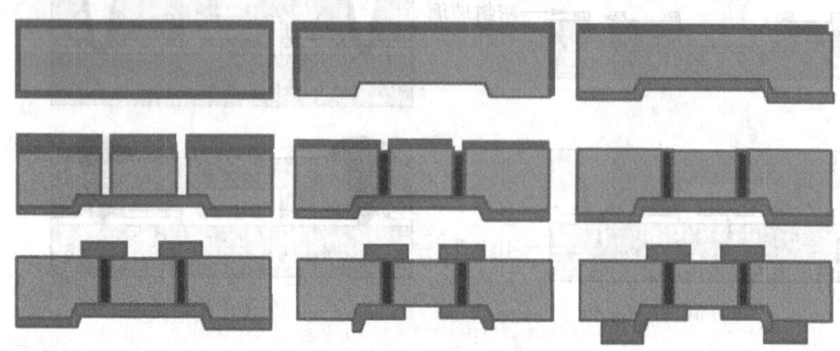

图 3-145 TSV 构成的圆片级真空封装典型工艺流程

垂直互连也可以从器件层引出。图 3-146(a)为在器件层制造 TSV 实现圆片级真空封装的结构方案[180]。这种方案采用阳极键合，利用玻璃作为封盖层材料，并将 MEMS 器件的引线连接 TSV 制造在器件层。TSV 采用电镀铜实现，具有良好的电学性质。这是一种较为标准的利用 TSV 实现圆片级真空封装的方法，其工艺流程如图 3-146(b)所示。

图 3-147(a)为硅 TSV 实现的圆片级真空封装结构[181]。如图 3-147(b)所示，这种方案中，硅 TSV 采用刻蚀剩余的硅柱，然后在真空环境中将圆片与玻璃(Pyrex 7740)进行阳极键合，在 750℃的温度下回流 6 h，使玻璃软化回流并被压强差挤压填充到刻蚀的深槽中；利用 CMP 对回流的玻璃平整化以后，再利用 DRIE 刻蚀制造 MEMS 结构，并湿法刻蚀玻璃形成 MEMS 结构的悬空，最后将器件圆片与玻璃阳极键合并制造焊球，完成真空封装。显然，这种方法的工艺过程较为复杂，利用玻璃回流填充是为了形成硅 TSV 周围的绝缘层和密封性。

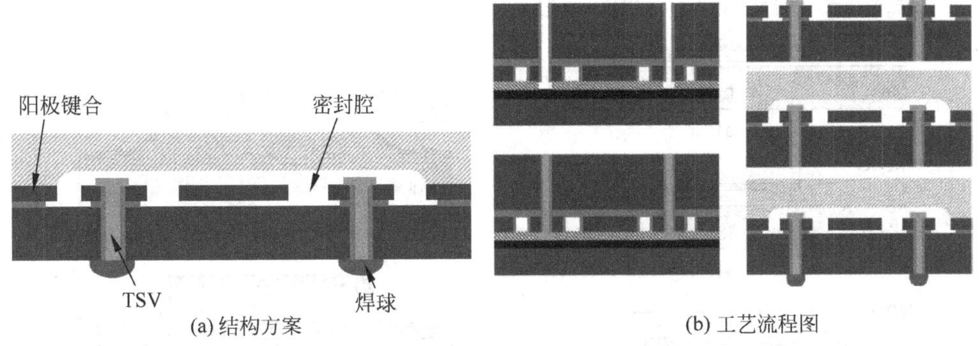

(a) 结构方案　(b) 工艺流程图

图 3-146 铜 TSV 的圆片级封装方案结构

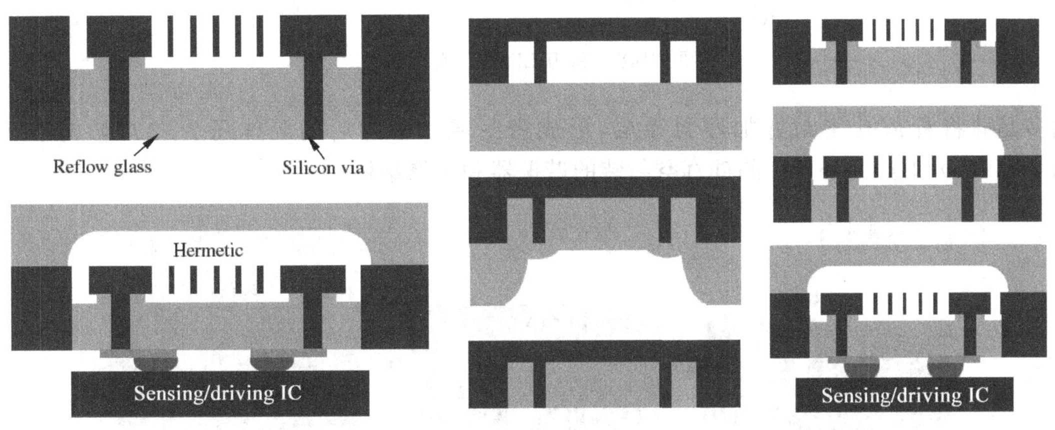

(a) 结构示意图　(b) 工艺流程图

图 3-147 硅 TSV 的圆片级封装方案结构

4. 原位薄膜密封

由于 MEMS 本身具有制造结构的能力，因此利用制造过程直接沉积多晶硅、氮化硅、碳化硅和锗硅等材料作为密封层，实现对 MEMS 器件的封装，这种方法被称为集成封装或薄膜封装[185]。为了实现真空封装，可以使用反应气体封装、外延层封装、LPCVD 沉积封装，以及金属封装等。图 3-148 为 LPCVD 沉积封装谐振器的原理示意图。谐振器需要封装在真空环境中以降低振动阻尼、提高器件的 Q 值，因此首先完成谐振器的制造，如图 3-148(a)所示，然后沉积并刻蚀 PSG 作为封装的牺牲层，如图 3-148(b)和(c)所示，再沉积 LPCVD 氮化硅作为封装壳层，并刻蚀释放工艺孔，如图 3-148(d)所示，利用 HF 释放 PSG，形成氮化硅空壳，如图 3-148(e)所示，干燥后在沉积一层氮化硅将释放空密封。

Stanford 大学和 SiTime 针对 SOI 深刻蚀结构开发了一种原位外延多晶硅的圆片级密封方法 Epi-Seal[185]，封装外壳为外延多晶硅。如图 3-149(a)所示，首先在 SOI 器件层利用 DRIE 刻蚀 MEMS 结构，器件层的缝隙范围为 200 nm～1 μm，然后在器件层表面 PECVD 沉积 SiO_2 牺牲层，该 SiO_2 牺牲层将 MEMS 结构的缝隙全部或部分填充。在 SiO_2 牺牲层上刻蚀一些窗口，使 SOI 单晶硅暴露出来成为后续外延的种子层。外延 2 μm 的薄层多晶硅形成密封腔，再在多晶硅层上刻蚀释放孔，利用 HF 气相刻蚀去除 SOI 的埋氧和 SOI 器件层与多晶硅层之间的牺牲层 SiO_2，同时形成空腔和悬空结构。高温退火使氢和氧杂质扩散，再继续外延 25 μm

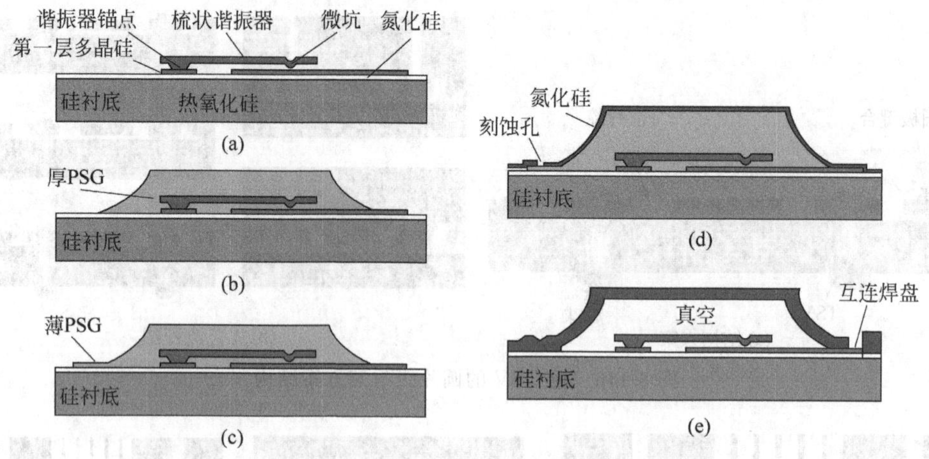

图 3-148 利用 LPCVD 实现封装

的多晶硅将释放孔密封并加厚封盖层,形成密封腔。密封后的腔体压力在几帕的水平。图 3-149(b)和(c)为外延多晶硅真空封装的谐振器和陀螺结构。

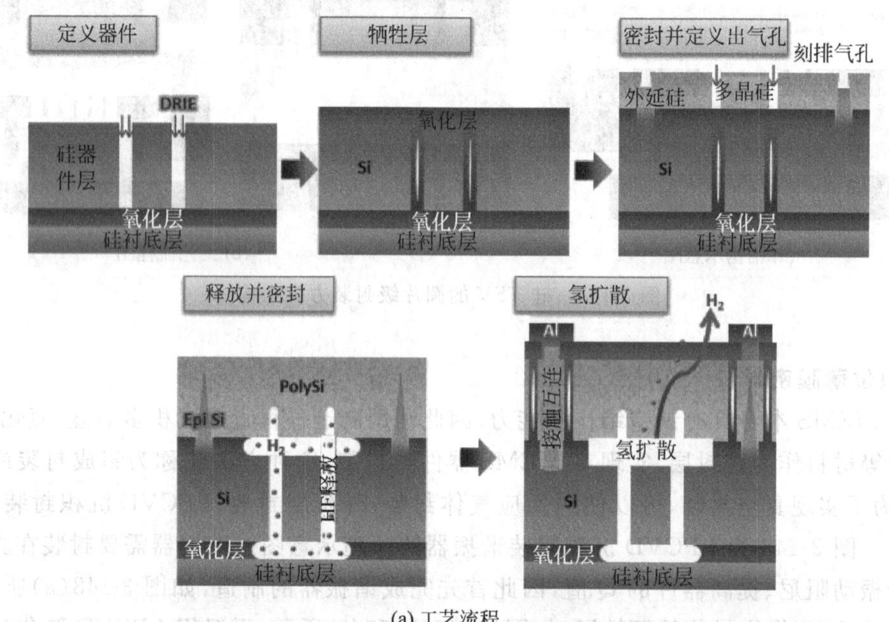

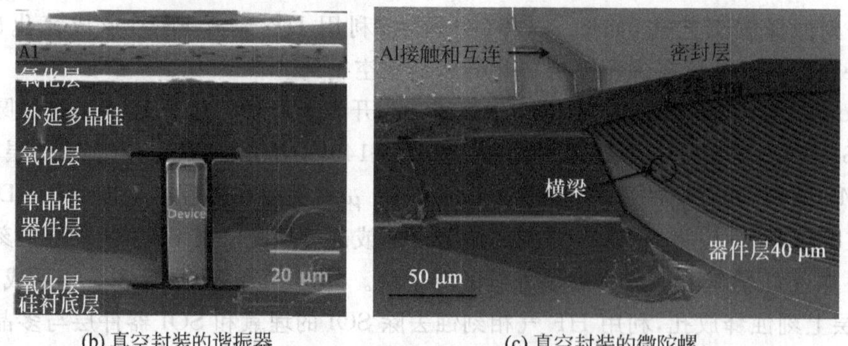

图 3-149 外延多晶硅 SOI 器件圆片级封装

参考文献

[1] RC Jeager. Introdcution to microelectronics fabrication

[2] D Craven. Photolithography challenges for the micromachining industry. BACUS Symposium'96,1-10

[3] Nga PH,et al. Spin,Spray coating and electrodeposition of photoresist for MEMS structures. J MEMS, 2004,13(6): 491-499

[4] Suss Microsystems: http://www. suss. com

[5] GTA Kovacs. Micromachined Transducers Sourcebook,Boston,MA: McGraw-Hill,1998

[6] Elewenspoek,Silicon Micromachining,Cambridge: Cambridge University Press,1998

[7] H Seidel,et al. Anisotropic etching of crystalline silicon in alkaline solutions. J Electrochem Soc,1990, 137: 3612-3632

[8] B Kloeck, et al. Study of electrochemical etch-stop for high-precision thickness control of silicon membranes. IEEE Trans Electron Dev,1989,36: 663-669

[9] A Borg,et al. Ethylene diaminie-pyrocathecol-water mixture shows etching anormaly in boron-doped silicon. J Electrochem Soc,1971,118: 401-402

[10] WC Lin,LJ Yang. A liquid-based gravity-driven etching-stop technique and its application to wafer level cantilever thickness control of AFM probes. JMM,2005,15: 1049-1054

[11] GS Chung,et al. Novel pressure sensors with multilayer SOI structures. Electron Lett, 1990, 26: 775-777

[12] N Maluf. An introduction to microelectromechanical systems engineering. Artech House,2000

[13] W S Liao, A high aspect ratio Si-fin FinFET fabricated with 193nm scanner photolithography and thermal oxide hard mask etching techniques,SPIE,6156,615612,2006

[14] M J Madou. Fundamentals of Microfabrication,second edition,CRCPress,2002

[15] S Aachboun,et al. Cryogenic etching of deep narrow trenches in silicon,J. Vac. Sci. Tech. 2000,A18: 1848-1852

[16] S Gomez,et al. Etching of high aspect ratio structures in Si using SF_6/O_2 plasma,J. Vac. Sci. Tech. 2004,A22: 606-615

[17] H B Profijt,S. E. Potts,M. C. M. van de Sanden,W. M. M. Kesselsa,Plasma-assisted atomic layer deposition: basics,opportunities,and challenges,J. Vac. Sci. Technol. A 29(5),050801,2011

[18] H V Jansen,et al. Black silicon method X: a review on high speed and selective plasma etching of silicon with profile control. J. Micromech. Microeng. ,19(3),033001,2009

[19] S A,Mcauley,et al. Silicon micromachining using a high-density plasma source,J. Phys. D,2001,34: 2769-2774

[20] S Tachi,et al. Low-temperature reactive ion etching and microwave plasma etching of silicon, Appl. Phys. Lett. 1988,52: 616-618

[21] T Itabashi,Integrated Materials Enabling TSV/3D-TSV,in IEEE ECTC,2009,1759-1763

[22] Y Zhou,et al. A front-side released single crystalline silicon piezoresistive microcantilever sensor,IEEE Sensors J. ,2009,9(3): 246-254

[23] AA Ayon,et al. Anisotropic silicon trenches 300-500 μm deep employing time multiplexed deep etching (TMDE). Sens Actuators A,2001,91(3): 387-391

[24] M A Blauw,et al. Kinetics and crystal orientation dependence in high aspect ratio silicon dry etching, J Vac. Sci. Technol. B,2000,18: 3453-3461

[25] S Ramaswami,et al. Process integration considerations for 300 mm TSV manufacturing,IEEE Trans. Dev. Mat. Reliab. ,2009,9: 524-528

[26] H-C Liu, et al. Sidewall roughness control in advanced silicon etch process, Microsyst. Tech., 2003, 10: 29-34

[27] K S Chen, et al. Effect of process parameters on the surface morphology and mechanical performance of silicon structures after deep reactive ion etching (DRIE), IEEE J. MEMS, 2002, 11(3): 264-275

[28] S B Jo, et al. Characterization of a modified Bosch-type process for silicon mold fabrication, J. Vac. Sci. Tech. A, 2005, 23: 905-910

[29] MJ de Boer, et al. Guidelines for etching silicon MEMS structures using fluorine high-density plasmas at cryogenic temperatures. IEEE J MEMS, 2002, 11(4): 385-401

[30] A Kamto, et al. Cryogenic inductively coupled plasma etching for fabrication of tapered through-silicon vias, J. Vac. Sci. Tech. A, 2010, 28: 719-725

[31] B Wu, et al. High aspect ratio silicon etch: A review, J. Appl. Phys. 108, 051101, 2010

[32] K. Hirobe, et al. Formation of deep holes in silicon by reactive ion etching, J. Vac. Sci. Tech. B, 1987, 5: 594-600

[33] W H Teh, et al. 300 mm production-worthy magnetically enhanced non-Bosch through-si-via etch for 3-D logic integration, IEEE Trans. Adv. Semicond. Manuf., 2010, 23: 293-302

[34] M W Pruessner, et al. Cryogenic etch process development for profile control of high aspect-ratio submicron silicon trenches, J. Vac. Sci. Tech. B, 2007, 25: 21-28

[35] M A Blauw, et al. Kinetics and crystal orientation dependence in high aspect ratio silicon dry etching J. Vac. Sci. Tech. 2000, B18: 3453-3461

[36] Z Yoshida, et al. Plasma production using energetic meandering electrons, Jpn. J. Appl. Phys. 1995, 34: 4213-4216

[37] T Uchida, et al. Magnetic neutral loop discharge (NLD) plasmas for surface processing, J. Phys. D: Appl. Phys. 41, 083001, 2008

[38] Y Morikawa, et al. A novel deep etching technology for Si and quartz materials, Thin Solid Films, 2007, 515: 4918-4922

[39] Y Morikawa, et al. Etching characteristics of porous silica in neutral loop discharge plasma, J. Vac. Sci. Technol. B, 2003, 21: 1344-1349

[40] Y Morikawa, et al. A novel scallop free TSV etching method in magnetic neutral loop discharge plasma, in IEEE ECTC, 2012, 794-795

[41] T Nakamura, et al. Comparative study of side-wall roughness effects on leakage currents in through-silicon via interconnects, in IEEE 3D IC, 2012, 1-4

[42] J Bustillo, et al. Surface micromachining for microelectro-mechanical systems, Proc. IEEE, 1998, 86: 1552-1574

[43] RT Howe, et al. Stress in polycrystalline and amorphous silicon thin films. J Appl Phys, 1983, 54: 4674-4675

[44] H Guckel, et al. Fine-grained polysilicon films with built-in tensile strain. IEEE Trans Electron Dev, 1988, 35: 800-801

[45] B Wenk, et al. Thick polysilicon based surface micromachined capacitive accelerometer with force feedback operation. SPIE, 2643, 1995, 84-94

[46] T Abe, ML Reed. Low strain sputtered polysilicon for micromechanical structure. In: MEMS'96, 258-262

[47] PTJ Gennissen, French PJ. Sacrifical oxide etching compatible with aluminum metallization. Transducers'97, 225-228

[48] R Maboudian, et al. Critical review: adhesion in surface micromechanical structures. J Vac Sci Tech 1997, B15: 1-20

[49] CH Mastrangelo, et al. Mechanical stability and adhesion of microstructures under capillary forces: part Ⅰ. Basic theory. J MEMS, 1993, 2: 33-43

[50] U Srinivasan, et al. Alkyltrichlorosilane-based self-assembled monolayer films for stiction reduction in silicon micromachines. J MEMS, 1998, 7: 252-260

[51] YI Lee, Park KH, et al. Dry release for surface micromachining with HF vapor-phase etching. J MEMS, 1997, 6: 226-233

[52] WR Ashurst, et al. Dichlorodimethylsilane as an anti-stiction monolayer for MEMS a comparison to the octadecyltrichlorosilane self-assembled monolayer. J MEMS, 2001, 10(1): 41-49

[53] D Xu, et al. Isotropic silicon etching With XeF2 gas for wafer-level micromachining applications, J MEMS, 2012, 21: 1436-1444

[54] SM Allameh. An introduction to mechanical-properties-related issues in MEMS structures. J Mat Sci, 2003, 38 (20): 4115-4123

[55] J Yang, et al. A new technique for producing large-area as-deposited zero-stress LPCVD polysilicon films: The MultiPoly process. J MEMS, 2000, 9 (4): 485-494

[56] P L Bergstrom, et al. Investigation of thick polysilicon processing for MEMS transducer fabrication, SPIE, 1999, 3875: 87-96

[57] PJ French, et al. The development of a low stress polysilicon process compatible with standard device processing. J MEMS 1996, 5: 187-196

[58] D Maier-Schneider, et al. Elastic properties and microstructure of LPCVD polysilicon films. JMM, 1996, 6: 436-446

[59] H Kahn, et al. Mechanical properties of thick, surface micromachined polysilicon films. in MEMS'96, 343-348

[60] X Zhang, et al. Residual stress and fracture in thick tetraethylorthosilicate (TEOS) and silane-based PECVD oxide films. Sens. Actuators 2001, A91: 379-386

[61] P Temple-Boyer, et al. Residual stress in low pressure chemical vapor deposition SiNx films deposited from silane and ammonia. J Vac Sci Tech A, 1998, 16: 2003-2007

[62] Y Toivola, et al. Influence of deposition conditions on mechanical properties of low-pressure chemical vapor deposited low-stress silicon nitride films. 2003, 94(10): 6915-6922

[63] JGE Gardeniers, et al. LPCVD silicon-rich silicon nitride films for applications in micromechanics, studied with statistical experimental design. J Vac Sci Tech A, 1996, 14: 2879-2892

[64] ZQ Cao, Zhang X. Experiments and theory of thermally-induced stress relaxation in amorphous dielectric films for MEMS and IC applications. Sens Actuators A, 127 (2): 221-227, 2006

[65] PM Osterberg, SD Senturia. M-TEST: a test chip for MEMS material property measurement using electrostatically actuated test structures. J MEMS, 1997, 6: 107-118

[66] H Guckel, et al. Mechanical properties of fine grained polysilicon—the repeatability issue. In: Transducers'88: 96-99

[67] K Najafi, et al. A novel technique and structure for the measurement of intrinsic stress and Young's modulus of thin films. in MEMS'89, 96-97

[68] KE Petersen. Dynamic micromechanics on silicon: Techniques and devices. IEEE Trans Electron Devices, 1978, 25(10): 1241-1250

[69] MA Haque, et al. Microscale materials testing using MEMS actuators. J MEMS, 2001, 10(1): 146-152

[70] J Mater Res, 12(1), 1997, 59

[71] M Mehregany, et al. Micromotor fabrication. IEEE Trans Electron Dev, 1992, 39: 2060-2069

[72] K Funk, et al. A surface micromachined silicon gyroscope using a thick polysilicon layer, IEEE MEMS Conf, 1999, 57-60

[73] B Vigna, MEMS Dilemma: How to move from the "Technology Push" to the "Market Pull" category? IEEE VLSI Conf. ,2003,159-163
[74] P Barth. Silicon fusion bonding for fabrication of sensors, actuators, and microstructures. Sens Actuators A,1990,21-23: 919-926
[75] D Mass, et al. Fabrication of microcomponents using adhesive bonding techniques. In: MEMS'96: 331-336
[76] MB Cohn, et al. Wafer-to-wafer transfer of microstructures for vacuum packaging. In: Solid-State Sens Actuator Workshp,1996,32-35
[77] C Nobel, Industrial Adhesives Handbook, Fredensborg, Denmark, 1992
[78] S Farrens, et al. Wafer level packaging: balancing device requirements and materials properties, in Proc. Pan Pacific Microelectron. Symp. 22-24
[79] A R Mirza, One micron precision, wafer-level aligned bonding for interconnect, MEMS and packaging applications, in IEEE ECTC, 676-670
[80] EVG Group. Bond alignment systems. http://www. evgroup. com
[81] F Niklausa, G Stemme, J Lu, et al. Adhesive wafer bonding, J. Appl. Phys. ,99,031101,2006
[82] S Farrens, Wafer and die bonding technologies for 3D integration, MRS Fall, 2008 Proceedings E
[83] T Fukushima, et al. New three-dimensional integration technology using self-assembly technique. In IEEE IEDM,2005,1-4
[84] T Fukushima, et al. New three-dimensional integration technology based on reconfigured wafer-on-wafer bonding technique, in IEEE IEDM, 2007, 985-988
[85] W Zheng, et al. Shape-and-solder-directed self-assembly to package semiconductor device segments, Appl. Phys. Lett. 85,3635-3637,2004,85: 3635-3637
[86] U Srinivasan, et al. Microstructure to substrate self-assembly using capillary forces, IEEE J. MEMS, 2001,10: 17-24
[87] X Xiong, et al. Controlled multibatch self-assembly of microdevices, IEEE J. MEMS, 2003, 12: 117
[88] M Koyanagi, 3D-IC technology using ultra-thin chips, Chapter 11 in Ultra-thin chip technology and applications, Edited by J. Burghartz, Springer, 2011
[89] J Berthier, et al. Self-alignment of silicon chips on wafers: A capillary approach, J. Appl. Phys. ,108, 054905,2010
[90] M R Tupek, K. T. Turner, Submicron aligned wafer bonding in capillary forces, J. Vac. Sci. Tech. B, 2007,25(6): 1976-1981
[91] E Moona, et al. Nanometer-level alignment to a substrate-embedded coordinate system, J. Vac. Sci. Tech. B,2008,26(6): 2341-2344
[92] T Fukushima, et al. Evaluation of alignment accuracy on chip-to-wafer self-assembly and mechanism on the direct chip bonding at room temperature, in IEEE 3D IC, 2010, 1-5
[93] J Berthier, et al. Self-alignment of silicon chips on wafers: A capillary approach, J. Appl. Phys. ,108, 054905,2010
[94] T Fukushima, et al. Surface tension-driven chip self-assembly with load-free hydrogen fluoride-assisted direct bonding at room temperature for three-dimensional integrated circuits, Appl. Phys. Lett. ,96, 154105,2010
[95] S Koester, et al. Wafer-level 3D integration technology, IBM J. Res. Dev. ,2008,52: 583-597
[96] K Warner, et al. Low-temperature oxide-bonded three-dimensional integrated circuits, in IEEE SOI Conf. ,2002,123-125
[97] T Hiteki, M. Ryutaro, R. C. Teak, S. Tadatomo, Sens. Actuators A,1998,70: 164
[98] R Pelzer, et al. Temperature reduced direct bonding by plasma assisted wafer surface pre-Ttreatment,

IEEE Electronics Packaging Technology Conference,2005,221-224

[99] Y L Chao,et al. ,Ammonium hydroxide effect on low-temperature wafer bonding energy enhancement, Electrochem. Solid-State Lett. 8,G74,2005

[100] Z X Xiong,J. P. Raskin,Low-temperature wafer bonding: a study of void formation and influence on bonding strength,IEEE J. MEMS,2005,14: 368-382

[101] S H Christiansen, et al. Wafer direct bonding: from advanced substrate engineering to future applications in micro/nanoelectronics,Proc. IEEE,2006,94(12): 2060-2106

[102] C S Tan,et al. Low-temperature direct CVD oxides to thermal oxide wafer bonding in silicon layer transfer,Electrochem. Solid-State Lett. ,2005,8(1): G1-G4

[103] C S Tan,et al. Low-temperature thermal oxide to plasma-enhanced chemical vapor deposition oxide wafer bonding for thin-film transfer application,Appl. Phys. Lett. ,2003,82: 2649

[104] P Enquist, High density direct bond interconnect technology for three dimensional integrated circuit applications,MRS,Fall 2006

[105] N Miki,et al. Multi-stack silicon-direct wafer bonding for 3D MEMS manufacturing, Sensors and Actuators A 2003: 103,194-201

[106] Y Huang, et al. Fabricating capacitive micromachined ultrasonic transdusers with wafer bonding technology,IEEE J. MEMS,2003,12(2): 128-137

[107] P Gondchartona, et al. Mechanisms overview of thermocompression process for copper metal bonding,MRS,1559,2013

[108] E-J Jang, et al. Annealing temperature effect on the Cu-Cu bonding energy for 3D-IC integration Met. Mater. Int. ,2011,17(1): 105-109

[109] M Umemoto, et al. High-performance vertical interconnection for high-density 3D chip stacking package,in IEEE ECTC,2004,616-623

[110] M M V Taklo,et al. Strong,high-yield and low-temperature thermocompression silicon wafer-level bonding with gold,J. Micromech. Microeng. ,2004,14: 884-890

[111] R Agarwal, et al,Cu/Sn microbumps interconnect for 3D TSV chip stacking,in IEEE ECTC 2010, 858-863

[112] M Hutter, et al. Precise flip chip assembly using electroplated AuSn20 and SnAg3. 5 solder,in IEEE ECTC,2006,1087-1094

[113] P H Chang,TEM of gold-silicon interactions on the backside of silicon wafers,J. Appl Phys. ,1988, 63: 1473-1477

[114] R F Wolffenbuttel, Low-temperature intermediate Au-Si wafer bonding; eutectic or silicide bond, Sensors and Actuators A 1997,62: 680-686

[115] V Dragoi, et al. Adhesive wafer bonding using photosensitive polymer layers, SPIE, 7362, 2009,73620E

[116] F Niklaus,et al. Adhesive wafer bonding using partially cured benzocyclobutene for three-dimensional integration,J. Electrochem. Soc. ,2006,153(4): G291-G295

[117] Y Kwon, et al. Evaluation of BCB bonded and thinned wafer stacks for three-dimensional integration, J. Electrochem. Soc. ,2008,155(5): H280-H286

[118] P B Chinoy,Reactive ion etching of benzocyclobutene polymer films. IEEE Trans. Comp. , Pack. , Manuf. Tech. C,1997,20(3): 199-206

[119] J Engel,et al. Development of polyimide flexible tactile sensor skin,J. Micromech. Microeng. ,2003, 13: 359-366

[120] M P Zussman,et al. Using permanent and temporary polyimide adhesives in 3D-TSV processing to avoid thin wafer handling,J. Microelect. Electron. Pack. ,2010,7: 214-219

[121] F Ayazi, et al. High aspect-ratio combined poly and single-crystal silicon (HARPSS) MEMS technology. J MEMS,2000,9(3): 288-294
[122] P Monajemi, F Ayazi. Thick single crystal silicon MEMS with high aspect ratio vertical air-gaps. SPIE,2005,5715: 138-147
[123] KA Shaw, et al. SCREAM I: a single mask, single crystal silicon, reactive ion etching process for microelectromechanical structures. Sens Actuators A,1994,40(1): 63-70
[124] J Kim, S Park. Robust SOI process without footing and its application to ultra high-performance microgyroscopes. Sens. Actuators A,2004,114: 236-243
[125] E Klaassen, et al. Silicon fusion bonding and deep reactive ion etching: a new technology for microstructures. Sens Actuators A,1996,52: 132-139
[126] K Hiller, et al. Bonding and deep RIE-a powerful combination for high aspect ratio sensors and actuators. SPIE,5715,80-91
[127] N Hedenstierna, et al. Bulk micromachined angular rate sensor based on the butterfly-gyro structure. In: MEMS'01,2001
[128] K Ishihara, et al. Inertial sensor technology using DRIE and wafer bonding with connecting capability. J MEMS,1999,8(4): 403-408
[129] V Milanovic. Multilevel beam SOI-MEMS fabrication and applications. J MEMS,2004,13(1): 19-30
[130] Keller C, Ferrari M. Milli-scale polysilicon structures. In: Transducers'94,132-137
[131] MMcNiew, et al. High aspect ratio micromachining (HARM) technologies for microinertial devices. Microsyst Tech,2000,6: 184-188
[132] C T Nguyen, R T Howe, CMOS micromechanical resonator oscillator. In: IEDM'93,199-202
[133] W Kuehnel, et al. A surface micromachined silicon accelerometer with on-chip detection circuitry. Sens Actuators A,1994,45: 7-16
[134] MA de Samber, et al. Evaluation of the fabrication of pressure sensors using bulk micromachining before IC processing. Sens. Actuators A,1995,46-47: 147-150
[135] W Kuehnel, et al. A surface micromachined silicon accelerometer with on-chip detection circuitry. Sens. Actuators,1994,A45(1): 7-16
[136] JH Smith, et al. Embedded micromechanical devices for the monolithic integration of MEMS with CMOS. In: IEDM'95,609-612
[137] YB Gianchandani, et al. A fabrication process for integrating polysilicon microstructures with post-processed CMOS circuits. In: JMM,2000,10: 380-386
[138] YB Gianchandani, et al. Impact of high thermal budget anneals on polysilicon as a micromechanical material. In: MEMS'98,102-105
[139] S Lewis, et al. Integrated sensor and electronics processing for 10^8 iMEMS inertial measurement unit components. In: IEDM'03,T39. 1. 1-39. 1. 4
[140] J Yasaitis, et al. A modular process for integrating thick polysilicon MEMS devices with sub-micron CMOS, SPIE,4979,145-154
[141] GK Fedder, et al. Laminated high-aspect-ratio microstructures in a conventiaonl CMOS process. Sens Actuators,1996,A57(2): 103-110
[142] H Xie, GK Fedder. A CMOS *z*-axis accelerometer with capacitive comb-finger sensing. In: MEMS'00,496-501
[143] H Xie, L. Erdmann, etc. Post-CMOS processing for high-aspect ratio integrated silicon microstructures. J MEMS,2002,11(2): 93-101
[144] JW Weigold, et al. A Merged Process for Thick Single-Crystal Si Resonators and BiCMOS Circuitry. J MEMS,1999,8(3): 221-228

[145] Heck, JM, et al. High aspect ratio poly-silicon-germanium microstructures. In: Transducers'99, 328-331

[146] J Q Lu, 3-D hyperintegration and packaging technologies for micro-nano systems, Proc. IEEE, 2009, 97(1): 18-30

[147] M Koyanagi, et al. Three-dimensional integration technology based on wafer bonding with vertical buried interconnections, IEEE Trans. Electron Dev., 2006, 53(11): 2799-2788

[148] R Wieland, et al., 3D integration of CMOS transistors with ICV-SLID technology, Microelect. Eng., 2005, 82: 529-533

[149] P Ramm, et al., InterChip via technology for vertical system integration, in IEEE IITC, 2001, 160-162

[150] C Connolly, Miniature electronic modules for advanced health care, Sensor Rev., 2009, 29(2): 98-103

[151] http://www.toshiba.com/taec/news/press_releases/2007/assp_07_493.jsp

[152] M Sekiguchi, et al. Novel low cost integration of through chip interconnection and application to CMOS image sensor, in IEEE ECTC, 2006, 1367-1374

[153] M Motoyoshi, M. Koyanagi, 3D-LSI technology for image sensor, PIXEL Intl. Workshop, 2008, 1-12

[154] J A Burns, et al. A wafer-scale 3-D circuit integration technology, IEEE Trans. Electron Dev., 2006, 53(10): 2507-2516

[155] P Coudrain, et al. Investigation of a sequential three-dimensional process for back-illuminated CMOS image sensors with miniaturized pixels, IEEE Trans. Electron Dev., 2009, 56(11): 2403-2413

[156] R Balcerak, D. S. Horn, Progress in the development of vertically integrated sensor arrays, SPIE, 2005, 5783: 384-391

[157] SUNTHARALINGAM V, et al. Megapixel CMOS image sensor fabricated in three-dimensional integrated circuit technology[C]//Solid-State Circuits Conference, 2005. Digest of Technical Papers. ISSCC. 2005 IEEE International. IEEE, 2005, 356-357

[158] D Temple, et al. High density 3-D integration technology for massively parallel signal processing in advanced infrared focal plane array sensors, in IEEE IEDM, 2006

[159] C L Chen, et al. Wafer-scale 3D integration of InGaAs photodiode arrays with Si readout circuits by oxide bonding and through-oxide vias, Microelect. Eng., 2011, 88: 131-134

[160] B F Aull, et al. Three-dimensional imaging with arrays of Geiger-mode avalanche photodiodes, SPIE, 2004, 5353: 105-116

[161] G Prigozhin, et al. Characterization of three-dimensional-integrated active pixel sensor for X-Ray detection, IEEE Trans. Electron Dev., 2009, 56(11): 2602-2611

[162] G Deptuch, et al. Vertically integrated circuits at Fermilab, IEEE Trans. Nuclear Science, 2010, 57(4): 2178-2186

[163] M Small, et al. Wafer-scale packaging for FBAR-based oscillators, IEEE Int. Freq. Contr. Europ. Freq. Time Forum (FCS), 2011, 1-4

[164] B A Griffin, et al. Thermoelastic ultrasonic actuator with piezoresistive sensing and integrated through-silicon vias, IEEE J. MEMS, 2012, 21(2): 350-358

[165] R Wodnicki, et al. Multi-row linear cMUT array using cMUTs and multiplexing electronics, in IEEE Ultrasonic Symp., 2009, 2696-2699

[166] F Zimmer, et al. One-megapixel monocrystalline-silicon micromirror array on CMOS driving electronics manufactured with very garge-scale heterogeneous integration, IEEE J. MEMS, 2011, 20(3): 564-572

[167] F Zimmer, et al. Very large scale heterogeneous system integration for 1-megapixel mono-crystalline silicon micro-mirror array on CMOS driving electronics, in IEEE MEMS, 2011, 736-739

[168] H J Mamin, et al., High-density data storage using proximal probe techniques, IBM J. Res. Dev.,

1995,39(6): 681-700

[169] P Ramm, et al. 3D integration technology: status and application development, in ESSCIRC, 2010, 9-16

[170] P Ramm, et al. The European 3D technology platform (e-CUBES), in IMAPS Int. Conf. Dev. Packag., 2010, 4-11

[171] K-W Lee, et al. Three-dimensional hybrid integration technology of CMOS, MEMS, and photonics circuits for optoelectronic heterogeneous integrated systems, IEEE Trans. Electron Dev., 2011, 58(3): 748-757

[172] J Fan, et al. Wafer-level hermetic packaging of 3D microsystems with low-temperature Cu-to-Cu thermo-compression bonding and its reliability, J. Micromech. Microeng. 2012, 22: 105004

[173] M Esashi, Wafer level packaging of MEMS, J. Micromech. Microeng. 2008, 18: 073001

[174] C Dresbach, et al. Mechanical properties of glass frit bonded micro packages, Microsystem Technologies, 2006, 12(5): 473-480

[175] S Nasiri et al, Vertically integrated MEMS structure with electronics in a hermetically sealed cavity, US Patent 7,104,129, 2006

[176] M Töpper, et al. A comparison of thin film polymers for wafer level packaging. IEEE ECTC, 2010, 769-778

[177] L. Shiv, et al. Ultra thin hermetic wafer level, chip scale package, IEEE ECTC, 2006, 1122-1128

[178] C H Yun, et al. Wafer-level packaging of MEMS accelerometers with through-wafer interconnects. IEEE ECTC, 2006, 320-323

[179] W Kim, et al. A low temperature, hermetic wafer level packaging methd for RF MEMS switch. IEEE ECTC 2005, 1103-1108

[180] C-W Lin, et al. Implementation of three-dimensional SOI-MEMS wafer-level packaging using through-wafer interconnections, J. Micromech. Microeng. 2007, 17: 1200-1205

[181] C-W Lin, et al. Implementation of silicon-on-glass MEMS devices with embedded through-wafer silicon vias using the glass reflow process for wafer-level packaging and 3D chip integration, J. Micromech. Microeng. 2008, 18: 025018

[182] A B Graham, et al. Amethod for wafer-scale encapsulation of large lateral deflection MEMS devices, IEEE JMEMS, 2010, 19: 28-37

[183] V Rajaraman, et al. Robust wafer-level thin-film encapsulation of microstructures using low stress PECVD silicon carbide, IEEE MEMS 2009: 140-143

[184] B Guo, et al, Poly-SiGe-based MEMS thin-film encapsulation, IEEE JMEMS, 2012, 21: 110-120

[185] R N Candler, et al. Long-term and accelerated life testing of a novel single-wafer vacuum encapsulation for MEMS resonators. IEEE JMEMS, 2006, 15: 1446-1456

本章习题

1. 阅读 Kurt Peterson 的论文"*Silicon as a Mechanical Material*",总结作者提出的硅加工方法,并简要说明使用单晶硅作为机械结构材料的优点和缺点。

2. 衍射对正胶和负胶曝光会产生什么样的影响?制造难以刻蚀的金属如 Au 和 Pt 时所采用的剥离技术为什么使用正胶?

3. 分析厚胶光刻中曝光衍射和散射、分辨率下降,以及曝光剂量不够的解决办法。

4. 分析说明硅直接键合时,界面自然氧化层的氧在1000℃退火以后的去向。

5. 阳极键合时,如果硅片表面带有 200 nm 厚的氧化层,对阳极键合有什么样的影响?如果增加玻璃中钠离子的浓度,对键合工艺参数和键合强度有什么样的影响?

6. 估算在无应力的硅片表面 1050℃热氧化后,氧化层内的残余应力大小。该应力与热氧化层的厚度是否有关?

7. 在 KOH 刻蚀中,{100}面和{111}面的刻蚀选择比不是无穷大,而是 400∶1. 因此刻蚀{100}面时侧壁不是精确地与{111}平行,而是成一个角度。

(1) 计算该角度的大小。

(2) 如果要在{100}面刻蚀 45°的侧壁,刻蚀选择比应为多少?

8. 在(100)硅片表面进行 TMAH 刻蚀,窗口平行于[110]方向,大小为 2 μm×2 μm,掩膜为二氧化硅。{100}面的刻蚀速度为 0.6 μm/min,{100}∶{110}∶{111}的刻蚀速率比为 100∶98∶1。画出刻蚀 40 s,100 s 和 600 s 后的窗口截面图。

9. 用 KOH 从硅片正面刻蚀穿透一个 500 μm 厚的{100}硅片,背面开口大小为 20 μm×20 μm。

(1) 计算正面掩模版开口的尺寸。设{100}面和{110}面的刻蚀速度相同,{111}面的刻蚀速度为 0。

(2) 如果硅刻蚀的速率与干氧和湿氧二氧化硅掩膜的刻蚀速度之比分别为 200∶1 和 150∶1,掩蔽 500 μm 硅刻蚀需要的二氧化硅厚度各为多少?如果利用 1200℃氧化,哪种氧化方法需要的时间更短?

(3) 如果氮化硅掩膜的刻蚀速率为 1.5 Å/min,实现 500 μm 完全掩蔽时氮化硅的厚度为多少?

10. 如果想把基于时分复用技术的 DRIE 刻蚀的侧壁起伏从 150 nm 降低到 50 nm,需要调整哪些参数?这种调整会带来哪些影响?时分复用 DRIE 刻蚀深结构与硅表面夹角 90℃,如何调整刻蚀过程使刻蚀达到 85℃?

11. 简述 DRIE+bonding 技术的核心工艺和适用范围。

12. 设想一个利用体微加工工艺作为核心工艺,制造沟长小于 5 nm 的 FET 的结构和方法。

13. 厚 500 μm 的硅片初始曲率半径为 $r=+300$ m。单独沉积一层 300 nm 的二氧化硅,曲率半径变为 $r=+400$ m;单独淀积一层 600 nm 的氮化硅,曲率半径变为 $r=+200$ m。

(1) 分别计算二氧化硅和氮化硅薄膜的应力。

(2) 如果欲通过淀积氮化硅将带有 200 nm 的二氧化硅的硅片补偿为完全平整(r 为无穷大),氮化硅的厚度应该为多少?

14. 用文字说明图 3-150 压力传感器的上层结构的制造工艺流程。

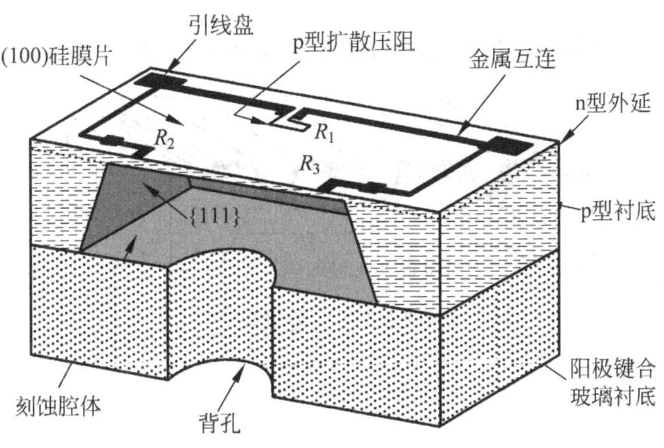

图 3-150 压力传感器

15. 设计如图 3-151 所示的微型静电马达的制造工艺流程,并画图表示。

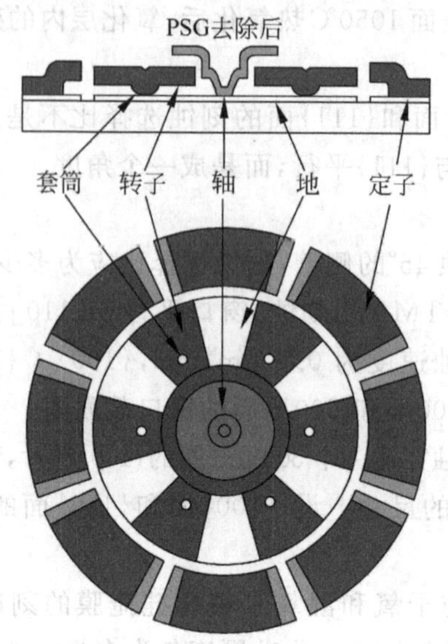

图 3-151　微型静电马达

16. 设计如图 3-152 所示的微泵的制造工艺流程,并画图表示。

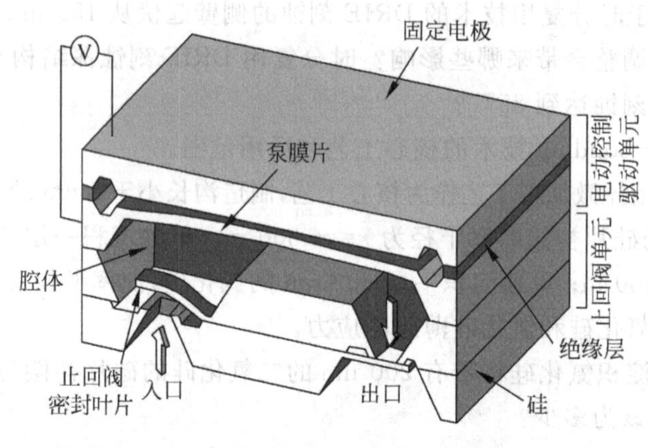

图 3-152　微泵

17. 设计如图 3-153 所示的麦克风的制造工艺流程,并画图表示。

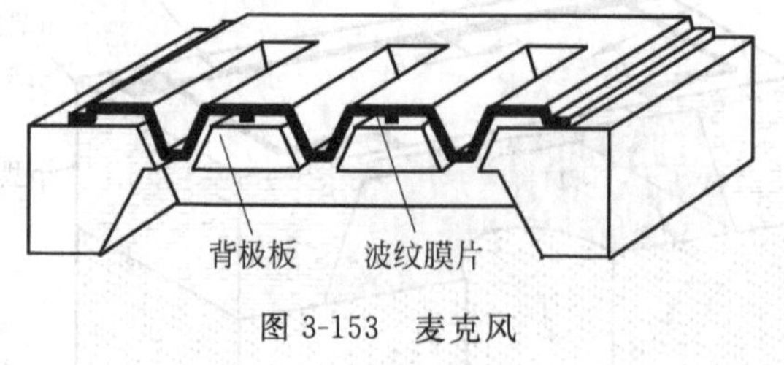

图 3-153　麦克风

第4章 微型传感器

传感器(Sensor)是指能感受规定的被测量并按照一定规律将其转换成可用信号(主要是电信号)的器件,是获得信息的首要环节。MEMS发展的早期,其研究和服务对象主要就是以硅为主的微型传感器。随着传感器技术和MEMS技术的发展,利用MEMS技术实现微型化、智能化和网络化已经成为传感器发展的重要方向。由于MEMS本身的特点,MEMS传感器具有体积小、功耗低、成本低、容易与处理电路集成等优点,极大地促进了传感器的发展。同时,微型化能够利用宏观尺度下所没有的敏感机理实现高性能的传感器,例如微型悬臂梁传感器和隧穿传感器所依赖的表面应力和隧穿效应,都是只有进入微尺度后才显著的现象。微型化的这些优点不仅使基于MEMS的微型传感器占据了传感器市场的主要地位,传感器也是MEMS产品和研究最重要的方向。

在MEMS技术制造的微型传感器中,硅微传感器占据主流地位。这是因为硅具有极其优良的机械性能,弹性模量大、理想的线弹性、无蠕变、无滞后,能够实现高性能的传感器;硅敏感机理多样,可以实现压阻、电容、谐振、隧穿效应等多种机理的敏感器件,与其他材料集成还可以实现压电器件等;由于集成电路主要采用硅制造,因此利用硅微型传感器易于与IC集成,从而降低成本、提高性能、实现智能化。另外,硅微传感器能够在一个芯片上实现多种不同的传感器或传感器阵列,同时,硅微加工技术和集成电路制造技术为传感器制造提供了多种选择,工艺开发比较完善。

本章在敏感机理的基础上,重点介绍MEMS力学(机械)传感器的敏感原理、分析设计和制造技术。

4.1 微型传感器的敏感机理

传感器通常由换能结构、敏感元件和处理电路组成。传感器之所以能够将被测信号转换为电信号,是由于敏感元件的作用。根据敏感元件的敏感原理,传感器可以分为压阻、电容、谐振、隧穿、压电等几类;根据输入信号的不同,传感器可分为机械(力学)、热、电、磁、辐射和化学等几类[1]。例如压阻式压力传感器包括承载被测压力的硅膜片和膜片表面的压阻,硅膜片充当换能结构,在被测压力的作用下发生形变,产生应变;应变改变了敏感元件压阻的阻值,通过电路测量电阻的变化实现压力测量。

4.1.1 压阻式传感器

半导体(或其他材料)器件在外界应力的作用下电阻值发生改变的现象被称为压阻效应。当施加有外力时,电阻的形状和电阻率都会发生变化,引起电阻阻值的变化,通过测量电阻值的变化可以实现对外力的测量。金属压阻一般为折线形细金属线,常用的是铜镍合金。将折线金属压阻固定在薄膜上,然后将薄膜按照一定的方向粘贴在被测量物体表面,可以测量该物体特定方向的应力和应变。

半导体压阻的研究和应用开始于1954年Smith发现硅和锗的压阻效应[2],目前压阻效应是MEMS传感器中应用最多的敏感方式之一。常用的半导体压阻是单晶硅,通过扩散或者注入在特定的区域掺杂出需要的电阻率和电阻值,一般为折线形结构,并通过绝缘层或者反偏p-n结与衬底绝缘,如图4-1所示。硅压阻器件的优点是制造简单、敏感压阻可以直接制造在换能元件上;硅具有比较大的压阻系数,容易获得较高的灵敏度,容易与电路测量集成,并且后续电路比较简单;压阻尺寸小,容易测量应力等与位置有关的参量,并且压阻都位于表面层,是应力最大的位置。

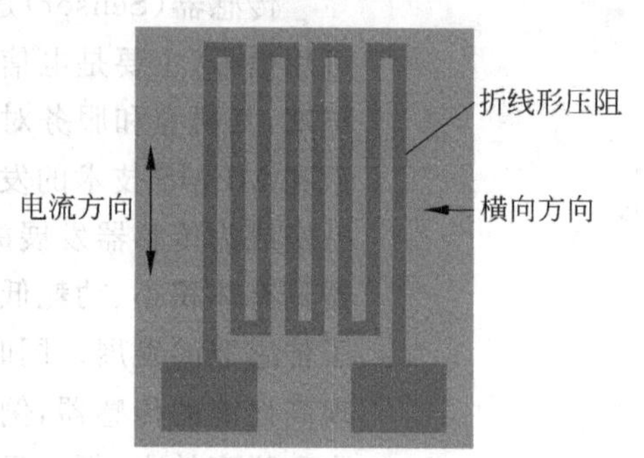

图4-1 压阻结构示意图

1. 压阻效应

导体内部的电场强度 $\boldsymbol{E}$、电流密度 $\boldsymbol{J}$ 和电导率 σ 满足欧姆定律 $\boldsymbol{J}=\sigma\boldsymbol{E}$,或者表示为电阻率 ρ 的关系 $\boldsymbol{E}=\rho\boldsymbol{J}$。对于金属材料,电导率和电阻率一般是各项同性的,而对于晶体材料,它们一般是各向异性的。因此欧姆定律可以表示为矩阵形式

$$\begin{bmatrix}J_1\\J_2\\J_3\end{bmatrix}=\begin{bmatrix}\sigma_{11}&\sigma_{12}&\sigma_{13}\\\sigma_{21}&\sigma_{22}&\sigma_{23}\\\sigma_{31}&\sigma_{32}&\sigma_{33}\end{bmatrix}\begin{bmatrix}E_1\\E_2\\E_3\end{bmatrix}\quad\text{或者}\quad\begin{bmatrix}E_1\\E_2\\E_3\end{bmatrix}=\begin{bmatrix}\rho_{11}&\rho_{12}&\rho_{13}\\\rho_{21}&\rho_{22}&\rho_{23}\\\rho_{31}&\rho_{32}&\rho_{33}\end{bmatrix}\begin{bmatrix}J_1\\J_2\\J_3\end{bmatrix}\tag{4-1}$$

其中下标1,2,3分别表示3个坐标轴方向。对于晶体,即使晶格本身缺乏足够的对称性,电导率张量也是关于对角线对称的,即 $\sigma_{ij}=\sigma_{ji}$。

电阻值 R 可以表示电阻长度 l、电阻率 ρ 和截面积 S 的关系满足 $R=\rho l/S$。当电阻截面为规则圆形时,对电阻求导得到

$$\frac{\mathrm{d}R}{R}=\frac{\mathrm{d}\rho}{\rho}+\frac{\mathrm{d}l}{l}-\frac{\mathrm{d}S}{S}$$

定义直径的相对变化量 ε_D 与长度的相对变化量 ε_L 之比为泊松比 μ,即 $\mu=-\varepsilon_D/\varepsilon_L=-(\mathrm{d}D/D)/(\mathrm{d}L/L)$。考虑到面积与直径之间的关系,有 $\mathrm{d}S/S=2\mathrm{d}D/D$。于是电阻的相对变化可以表示为

$$\frac{\mathrm{d}R}{R}=\varepsilon_L(1+2\mu)+\frac{\mathrm{d}\rho}{\rho}$$

定义应变系数(Gauge Factor)K 为单位应变引起的电阻的相对变化量

$$K=\frac{\mathrm{d}R/R}{\varepsilon_L}\tag{4-2}$$

于是有

$$K = 1 + 2\mu + \frac{\mathrm{d}\rho/\rho}{\varepsilon_L} \tag{4-3}$$

可见，K 包含两部分，分别是变形引起的增量 $1+2\mu$ 和电阻率的相对变化量引起的增量 $(\mathrm{d}\rho/\rho)/\varepsilon_L$。由于金属的电阻率可以表示为电子密度 n、电荷 q 和多数载流子(电子)的迁移率 u 的函数 $\rho=1/(nqu)$，这些参数一般与应力无关，因此金属的电阻率不随应力变化，电阻的变化是形状变化引起的。由于泊松比小于 0.5，金属的最大应变系数为 2。金属的压阻效应是各向同性的，应变系数很小，因此不适合对信噪比要求较高或者低应变测量的场合。

与金属的压阻效应由形状变化引起不同，半导体的压阻效应主要是材料电阻率的变化引起的，几何尺寸的变化贡献很小。半导体压阻效应的理论涉及半导体能带理论[3]，超出了本书的范围，因此本书只讨论压阻系数的影响因素和压阻传感器的设计。

单晶硅等立方晶系材料的电阻率是各向同性的，即 $\rho_1=\rho_2=\rho_3=\rho_0$，$\rho_4=\rho_5=\rho_6=0$。当硅作用有应力时，硅的电阻率变为各向异性。电阻率 $\rho_i=[\rho_1,\rho_2,\rho_3,\rho_4,\rho_5,\rho_6]^{\mathrm{T}}$ 可以表示为初始电阻率与应力引起的电阻率变化之和，即 $[\rho_1,\rho_2,\rho_3,\rho_4,\rho_5,\rho_6]^{\mathrm{T}}=[\rho_0,\rho_0,\rho_0,0,0,0]^{\mathrm{T}}+[\Delta\rho_1,\Delta\rho_2,\Delta\rho_3,\Delta\rho_4,\Delta\rho_5,\Delta\rho_6]^{\mathrm{T}}$。应力引起的电阻率变化是压阻系数与应力张量的乘积，即

$$\rho_i = \rho_0 + \rho_0\pi_{ij}T_j \tag{4-4}$$

其中 T_j 是应力张量，π_{ij} 为压阻系数，表示单位应力引起的电阻率的相对变化值(单位 Pa^{-1})。尽管压阻系数矩阵包含 36 个分量，但是对于立方晶体结构的硅和锗，非零分量只有 π_{11}，π_{12} 和 π_{44}，于是电阻率的相对变化量 d_i 为

$$\begin{bmatrix} d_1 \\ d_2 \\ d_3 \\ d_4 \\ d_5 \\ d_6 \end{bmatrix} = \frac{1}{\rho_0}\begin{bmatrix} \Delta\rho_1 \\ \Delta\rho_2 \\ \Delta\rho_3 \\ \Delta\rho_4 \\ \Delta\rho_5 \\ \Delta\rho_6 \end{bmatrix} = \begin{bmatrix} \pi_{11} & \pi_{12} & \pi_{12} & 0 & 0 & 0 \\ \pi_{12} & \pi_{22} & \pi_{12} & 0 & 0 & 0 \\ \pi_{12} & \pi_{12} & \pi_{11} & 0 & 0 & 0 \\ 0 & 0 & 0 & \pi_{44} & 0 & 0 \\ 0 & 0 & 0 & 0 & \pi_{44} & 0 \\ 0 & 0 & 0 & 0 & 0 & \pi_{44} \end{bmatrix}\begin{bmatrix} T_1 \\ T_2 \\ T_3 \\ T_4 \\ T_5 \\ T_6 \end{bmatrix} \tag{4-5}$$

硅的压阻效应一般比金属的应变效应大 2 个数量级以上，p 型和 n 型硅的应变系数分别达到了 175 和 −135。硅的压阻特性从根本上说是由于应力的作用使晶格结构发生了扭曲，三维空间上的电子导带和价带间的带隙大小随之发生变化，引起硅的电导率发生变化。由于正应力和剪切应力的作用不同，不同方向上的应力大小也不同，在三维空间内，有些方向的带隙是减小的，而有些方向的带隙是增大的，所以某些方向的电导率是增大的，某些方向是减小的。因此，硅的压阻特性是各向异性的。

硅的压阻系数取决于晶向、掺杂类型、掺杂浓度和温度等因素，因此与制造工艺有关。相同的晶向和掺杂浓度，p 型硅和 n 型硅的压阻系数不同。图 4-2 为 p 型和 n 型(100)晶面上的压阻系数随着方向变化的曲线，压阻系数随晶向的不同而变化，不同方向压阻的测量灵敏度也不同。表 4-1 给出的 p 型和 n 型硅的压阻系数是硅的晶向坐标轴系中的压阻系数，p 型硅的 π_{44} 最大，n 型硅的 π_{12} 最大。使用时压阻的方向可能沿着任意方向，因此需要将任意方向的压阻系数用晶格坐标轴系的压阻系数表示出来。图 4-3 中 $x_1y_1z_1$ 表示晶格自然坐标系，即硅晶体的[100][010]和[001]三个晶向为轴的坐标系，$x'y'z'$ 表示将 $x_1y_1z_1$ 围绕 x_1 轴旋转到 $x_1y'z'$，再将 $x_1y'z'$ 围绕 y' 旋转到 $x'y'z_1'$，最后围绕 z_1' 旋转后达到 $x'y'z'$。下面用 $x_1y_1z_1$ 坐标系中的

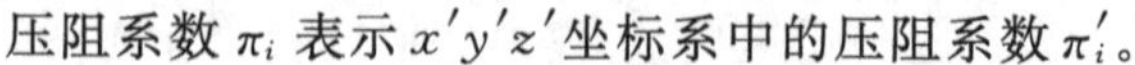

压阻系数 π_i 表示 $x'y'z'$ 坐标系中的压阻系数 π_i'。

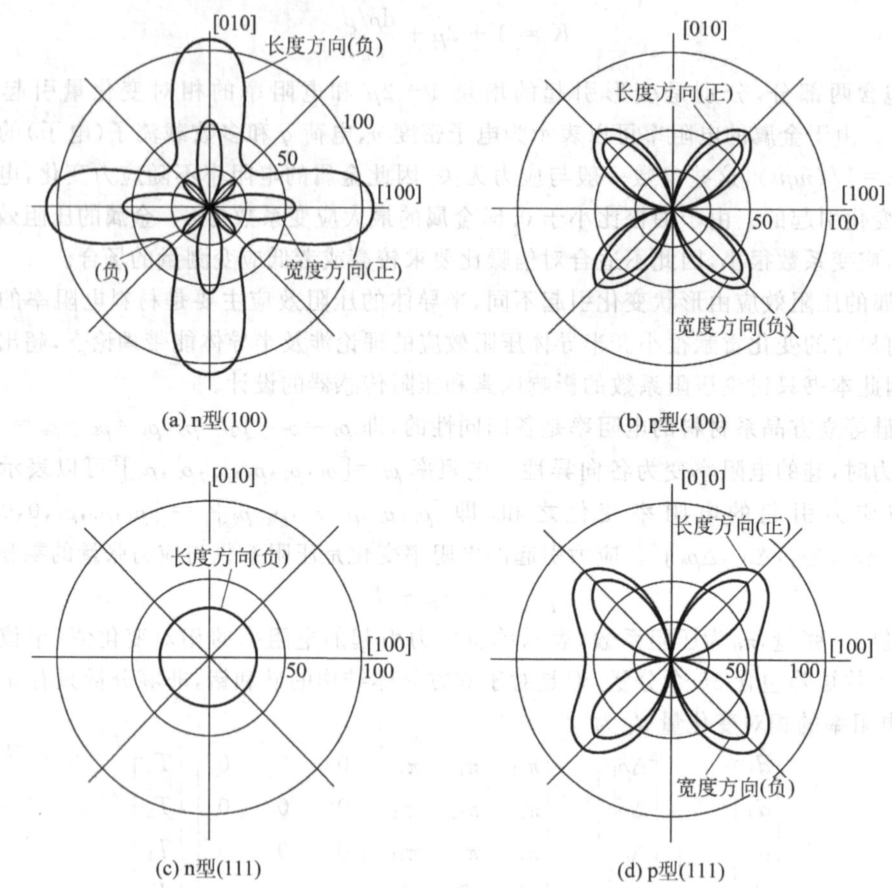

图 4-2 p 型和 n 型电阻的压阻系数随方向的变化关系

表 4-1 单晶硅的压阻系数 10^{-11}/Pa

	π_{11}	π_{12}	π_{44}
p 型硅(7.8 Ω·cm)	6.6	−1.1	138.1
n 型硅(11.7 Ω·cm)	−102.2	53.4	−13.6

坐标系 $x'y'z'$ 中 x 轴上的单位向量 $\boldsymbol{i}$ 在 $x_1y_1z_1$ 坐标系中的方向余弦分别表示为 l_1, m_1, n_1；而 y 轴和 z 轴上的单位向量 $\boldsymbol{j}$ 和 $\boldsymbol{k}$ 的方向余弦分别为 l_2, m_2, n_2 和 l_3, m_3, n_3。于是新坐标系中电阻率二阶张量 ρ_{ij}' 可以用方向余弦和旧坐标中的电阻率张量 ρ_{ij} 表示，即

$$\begin{bmatrix} \rho_{11}' & \rho_{12}' & \rho_{13}' \\ \rho_{21}' & \rho_{22}' & \rho_{23}' \\ \rho_{31}' & \rho_{32}' & \rho_{33}' \end{bmatrix} = \begin{bmatrix} l_1 & m_1 & n_1 \\ l_2 & m_2 & n_2 \\ l_3 & m_3 & n_3 \end{bmatrix} \begin{bmatrix} \rho_{11} & \rho_{12} & \rho_{13} \\ \rho_{21} & \rho_{22} & \rho_{23} \\ \rho_{31} & \rho_{32} & \rho_{33} \end{bmatrix} \begin{bmatrix} l_1 & l_2 & l_3 \\ m_1 & m_2 & m_3 \\ n_1 & n_2 & n_3 \end{bmatrix}$$

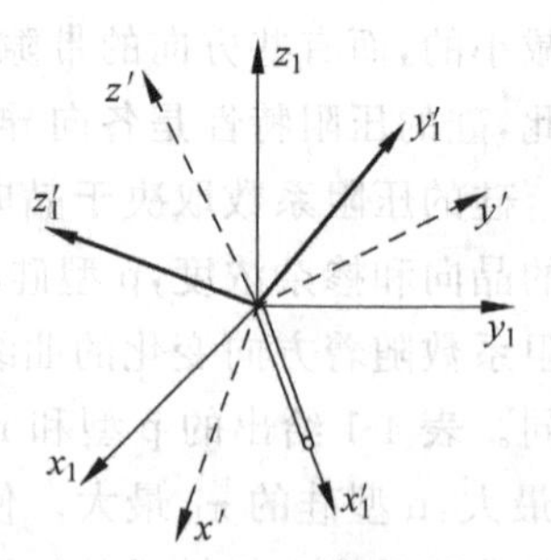

图 4-3 坐标系变换及条形电阻方向

简化并整理，有

$$\begin{bmatrix}\rho_1'\\\rho_2'\\\rho_3'\\\rho_4'\\\rho_5'\\\rho_6'\end{bmatrix}=\begin{bmatrix}l_1^2 & m_1^2 & n_1^2 & 2m_1n_1 & 2n_1l_1 & 2l_1m_1\\ l_2^2 & m_2^2 & n_2^2 & 2m_2n_2 & 2n_2l_2 & 2l_2m_2\\ l_3^2 & m_3^2 & n_3^2 & 2m_3n_3 & 2n_3l_3 & 2l_2m_2\\ l_2l_3 & m_2m_3 & n_2n_3 & m_2n_3+m_3n_2 & n_2l_3+n_3l_2 & m_2l_3+m_3l_2\\ l_3l_1 & m_3m_1 & n_3n_1 & m_3n_1+m_1n_3 & n_3l_1+n_1l_3 & m_3l_1+m_1l_3\\ l_1l_2 & m_1m_2 & n_1n_2 & m_1n_2+m_2n_1 & n_1l_2+n_2l_1 & m_1l_2+m_2l_1\end{bmatrix}\begin{bmatrix}\rho_1\\\rho_2\\\rho_3\\\rho_4\\\rho_5\\\rho_6\end{bmatrix}$$

记上式中 6×6 矩阵为$\boldsymbol{\chi}$，于是有$\boldsymbol{\rho}'=\boldsymbol{\chi}\boldsymbol{\rho}$。对于其他应力变量和电阻率变化量，也有 $\boldsymbol{T}'=\boldsymbol{\chi}\boldsymbol{T}$，$\boldsymbol{d}'=\boldsymbol{\chi}\boldsymbol{d}$ 成立。根据定义，$\boldsymbol{d}'=\boldsymbol{\pi}'\boldsymbol{T}'$，将 $\boldsymbol{d}'$ 和 $\boldsymbol{T}'$ 用旧坐标系中的变换表示$\boldsymbol{\chi d}=\boldsymbol{\pi}'\boldsymbol{\chi T}$，即 $\boldsymbol{d}=\boldsymbol{\chi}^{-1}\boldsymbol{\pi}'\boldsymbol{\chi}\boldsymbol{T}$，将该式与 $\boldsymbol{d}=\boldsymbol{\pi T}$ 比较，有

$$\boldsymbol{\pi}=\boldsymbol{\chi}^{-1}\boldsymbol{\pi}'\boldsymbol{\chi}\ \text{或者}\ \boldsymbol{\pi}'=\boldsymbol{\chi\pi\chi}^{-1} \tag{4-6}$$

如果将压阻的长度方向作为新坐标系的坐标轴方向，根据式(4-6)可以得到常用压阻系数的表达式

$$\begin{aligned}\pi_l&=\pi_{11}'=\pi_{11}-2(\pi_{11}-\pi_{12}-\pi_{44})(l_1^2m_1^2+l_1^2n_1^2+n_1^2m_1^2)\\ \pi_t&=\pi_{12}'=\pi_{12}+(\pi_{11}-\pi_{12}-\pi_{44})(l_1^2l_2^2+m_1^2m_2^2+n_1^2n_2^2)\\ \pi_s&=\pi_{16}'=(\pi_{11}-\pi_{12}-\pi_{44})(l_1^3l_2+m_1^3m_2+n_1^3n_2)\end{aligned} \tag{4-7}$$

表 4-2 给出了常用晶向的硅片上长度方向和垂直方向压阻系数用晶格坐标中压阻系数的表达式。

表 4-2 常用方向的压阻系数

长度方向	π_l	横向方向	π_t
(1,0,0)	π_{11}	(0,1,0)	π_{12}
(0,0,1)	π_{11}	(1,1,0)	π_{12}
(1,1,1)	$(\pi_{11}+2\pi_{12}+2\pi_{44})/3$	(1,−1,0)	$(\pi_{11}+\pi_{12}-\pi_{44})/2$
(1,1,0)	$(\pi_{11}+\pi_{12}+\pi_{44})/2$	(1,1,1)	$(\pi_{11}+2\pi_{12}-\pi_{44})/3$
(1,1,0)	$(\pi_{11}+\pi_{12}+\pi_{44})/2$	(0,0,1)	π_{12}
(1,1,0)	$(\pi_{11}+\pi_{12}+\pi_{44})/2$	(1,−1,0)	$(\pi_{11}+\pi_{12}-\pi_{44})/2$

不同方向的应力对压阻有不同的影响。在(100)硅片上，当坐标系沿着 $x'=[110]$和 $y'=[\bar{1}10]$的方向时，与 x'夹角为 ϕ 的条形压阻的变化为

$$\frac{\Delta R}{R}=\left[\left(\frac{\pi_{11}+\pi_{12}+\pi_{44}}{2}\right)\sigma_{11}+\left(\frac{\pi_{11}+\pi_{12}-\pi_{44}}{2}\right)\sigma_{22}\right]\cos^2\phi+\left[\left(\frac{\pi_{11}+\pi_{12}-\pi_{44}}{2}\right)\sigma_{11}\right.$$
$$\left.+\left(\frac{\pi_{11}+\pi_{12}+\pi_{44}}{2}\right)\sigma_{22}\right]\sin^2\phi+\pi_{12}\sigma_{33}+(\pi_{11}-\pi_{12})\sigma_{12}\sin2\phi$$

可以看出，在(100)硅片上只有面内正应力 $\sigma_{11}(T_1)$，$\sigma_{22}(T_2)$，$\sigma_{33}(T_3)$和面内剪应力 $\sigma_{12}'(T_6')$对电阻变化有贡献，而在(111)硅片上，所有 6 个应力分量均对电阻变化有贡献。

通常半导体压阻测量结构多为薄膜或者梁结构，只有平面应力存在，即 $T_3=T_4=T_5=0$。压阻是利用注入或刻蚀在膜片等表面形成的扁平长线结构，当不考虑垂直方向的电场并忽略流经侧壁的电流时，根据欧姆定律式(4-1)，规则矩形电阻的阻值为 $R_0=\rho_0L/S$。当有应力作用并且只考虑电阻率变化的影响时，压阻阻值变为 $R=\rho_{11}'L/S$。电阻的相对变化量为

$$\frac{\Delta R}{R_0}=\frac{\rho'_{11}-\rho_0}{\rho_0}=\pi'_{11}T'_1+\pi'_{12}T'_2+\pi'_{16}T'_6=\pi_l T_l+\pi_t T_t+\pi_s T_s \tag{4-8}$$

其中 π_l 和 σ_l，π_t 和 σ_t，π_s 和 σ_s 分别表示平行方向、垂直方向以及切向的压阻系数和应力。当压阻不存在切应力分量 T_6 时，式(4-8)简化为平行应力 σ_l 和垂直应力 σ_t 的关系，即

$$\frac{\mathrm{d}R}{R}=\frac{\mathrm{d}\rho}{\rho}=\pi_l\sigma_l+\pi_t\sigma_t \tag{4-9}$$

掺杂浓度和温度对压阻系数也有较大的影响。在掺杂浓度较低时(如 $10^{15}/\mathrm{cm}^3$)，单晶硅的压阻系数基本不随掺杂浓度变化；当掺杂浓度提高时，压阻系数随掺杂浓度的提高而减小。当掺杂浓度超过 $10^{19}/\mathrm{cm}^3$ 时，压阻系数下降很快。单晶硅的压阻系数强烈依赖于温度，在低掺杂浓度下(掺杂浓度小于 $10^{18}/\mathrm{cm}^3$)，π_{11} 和 π_{22} 的温度系数约为 0.25%/℃；随着掺杂浓度的提高，压阻的温度系数下降；当掺杂浓度达到 $8\times10^{19}/\mathrm{cm}^3$ 时，温度系数下降到 0.1%/℃。因此掺杂浓度需要在灵敏度和灵敏度的温度系数之间做出折中。不同掺杂浓度的压阻系数用归一化参数表示为室温下弱掺杂浓度的关系：

$$\pi(N,T)=P(N,T)\pi_{\mathrm{ref}} \tag{4-10}$$

图 4-4 为 p 型硅和 n 型硅的 $P(N,T)$ 随着掺杂浓度和温度的变化关系。

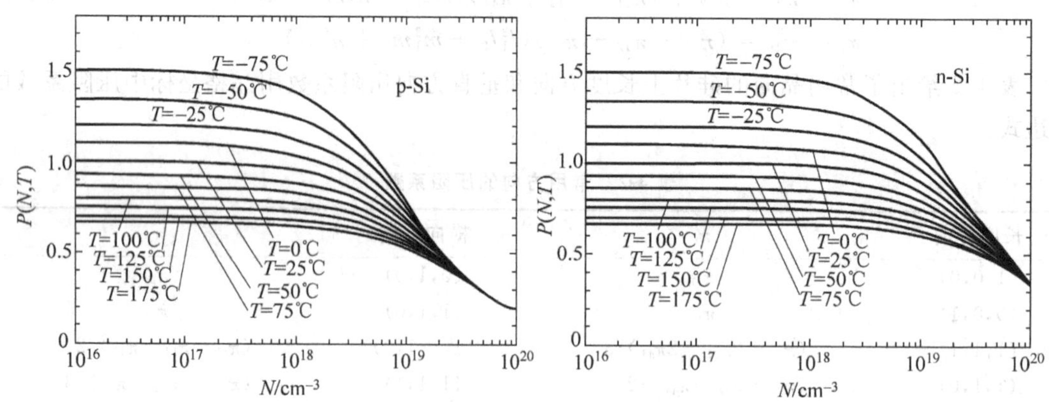

图 4-4 硅的压阻系数随掺杂浓度和温度的变化关系

MOS 场效应晶体管(MOSFET)在沟道区也存在压阻效应。MOSFET 按照导电机制分类可以分为 NMOSFET 和 PMOSFET，分别以电子和空穴为主要的导电机制。以 NMOSFET 为例，其源漏电流与各极电压之间的关系满足萨方程。线性区和饱和区的萨方程分别为

$$I_{\mathrm{D}}=\mu C_{\mathrm{OX}}\frac{W}{L}\left(V_{\mathrm{GS}}-V_{\mathrm{T}}-\frac{V_{\mathrm{DS}}}{2}\right)V_{\mathrm{DS}},\quad I_{\mathrm{D}}=\mu C_{\mathrm{OX}}\frac{W}{L}\frac{(V_{\mathrm{GS}}-V_{\mathrm{T}})^2}{2} \tag{4-11}$$

其中 C_{OX} 为栅电容，V_{T} 为阈值电压，W/L 为沟道区的宽长比，V_{GS} 为栅源电压，V_{DS} 为源漏电压。由于在应力作用下阈值电压的变化非常小，对电流变化的影响可以忽略。因此 I_{D} 的相对变化为

$$\frac{\Delta I_{\mathrm{D}}}{I_{\mathrm{D}}}\cong\frac{\Delta\mu}{\mu}-2\frac{\Delta V_{\mathrm{TN}}}{V_{\mathrm{TN}}}\left(\frac{V_{\mathrm{TN}}}{V_{\mathrm{GS}}-V_{\mathrm{TN}}}\right)\cong\frac{\Delta\mu}{\mu} \tag{4-12}$$

在应力的作用下，MOSFET 的漏极电流会随之改变。在源漏电压一定的条件下，沟道电阻阻值发生变化，从而使电流发生变化，可以表示为

$$I_{\mathrm{D}}+\Delta I_{\mathrm{D}}=I_{\mathrm{D}}\left(1+\frac{\Delta I_{\mathrm{D}}}{I_{\mathrm{D}}}\right)=I_{\mathrm{D}}\left(1+\frac{\Delta\mu}{\mu}\right)=I_{\mathrm{D}}\left(1-\frac{\Delta R}{R}\right) \tag{4-13}$$

2. 压阻传感器

半导体压阻是利用注入或刻蚀在膜片等表面形成的扁平长线结构。通常压阻为 p 型电阻，在 p 型衬底上注入 n 型区，再在 n 型区注入 p 型压阻作为测量器件，通过反偏 p-n 结将 p 型压阻与衬底隔离。随着温度的提高，p-n 结漏电流增加，因此依靠反偏 p-n 结绝缘的压阻只能工作在 125℃以下。压阻的变化量与应变成正比，一般布置在柔性结构表面。硅的最大应变大约为 10^{-4}，最大应力在 10^7 Pa 量级，因此压阻的最大相对变化量约为 1%。由于不同方向的压阻系数与初始压阻系数和旋转角度有关，而 n 型和 p 型硅的初始压阻系数矩阵不同，因此 p 型和 n 型硅长度方向的最大压阻系数出现的方向不同。室温下的最大压阻系数为 p 型 $\pi_{l\langle 111\rangle}=93.5\times10^{-11}\ \text{Pa}^{-1}$，$\pi_{l\langle 100\rangle}=70\times10^{-11}\ \text{Pa}^{-1}$，n 型 $\pi_{l\langle 100\rangle}=-102.2\times10^{-11}\ \text{Pa}^{-1}$。然而，由于金属 Al 与 p 型掺杂的接触为欧姆接触，与 n 型掺杂的接触是具有二极管性质的整流特性，与 n+型接触为非线性欧姆接触，因此为了简化引线常用的压阻以 p 型为主。

由于压阻的阻值变化很小，一般采用电桥电路测量电阻的微小相对变化。如图 4-5 所示的惠斯通电桥的输出为

$$V_o=\frac{U_i}{4}\left(\frac{\Delta R_1}{R_1}-\frac{\Delta R_2}{R_2}+\frac{\Delta R_3}{R_3}-\frac{\Delta R_4}{R_4}\right)\tag{4-14}$$

当 $R_1/R_2=R_4/R_3$ 时，电桥处于平衡状态，输出电压 $V_o=0$。由于制造误差、材料的不均匀性等原因，即使采用集成电路工艺制造的 4 个电阻也难以完全满足电桥的平衡条件，需要采用调零电阻。调节可变电阻 R_p，最终可以使 $R_1'/R_2'=R_4/R_3$（R_1'和 R_2'分别表示 R_1 和 R_2 并联 R_p 的部分电阻后的并联电阻，R_5 是用来减小调节范围的限流电阻），使电桥达到平衡。

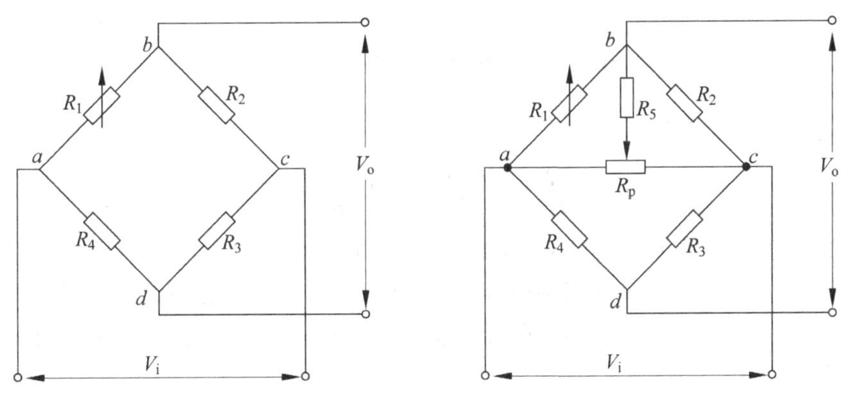

图 4-5　惠斯通电桥结构

如果零应力(或零应变)时输出电压不为零，记这个零点输出为 V_{offset}，式(4-14)变为

$$V_o=V_{offest}+\frac{V_i}{4}\left(\frac{\Delta R_1}{R_1}-\frac{\Delta R_2}{R_2}+\frac{\Delta R_3}{R_3}-\frac{\Delta R_4}{R_4}\right)\tag{4-15}$$

4.1.2　电容式传感器

电容式传感器是 MEMS 传感器中使用最为广泛的敏感方式之一。电容传感器的基本原理是测量物理(位移)或化学量(组分)对电容大小或电场产生的影响。凡是可以间接转化为这

注：本书电压用 V 表示。

些量的被测量,都可以使用电容进行检测,例如压力、加速度、角速度、流量、湿度等。MEMS电容传感器具有灵敏度高、直流特性稳定、漂移小、功耗低,并且温度系数小等优点;主要缺点是一般电容较小,输入阻抗很大,寄生电容复杂,对环境电磁干扰较为敏感,检测处理电路困难。

1. 平板电容

最简单的电容传感器的结构是平板电容,如图4-6(a)所示,其电容为

$$C=\frac{\varepsilon_0\varepsilon_r A}{g} \tag{4-16}$$

其中ε_0和ε_r分别是空气的介电常数和介质的相对介电常数,A和g分别是平板电容的面积和间距。公式(4-16)忽略了边缘效应,适合于极板尺寸远大于极板间距的情况;当极板间距增大到和极板尺寸相近时,由于边缘效应的影响,极板外部和背面都会分布电场,使实际电容大于计算结果。由于电容值是介电常数ε_r、变极板面积A和极板间距g的函数,能够改变这3者中任意1个的变量都可以用电容进行测量,因此电容传感器可以分为可变面积、可变间距和可变介质3种。

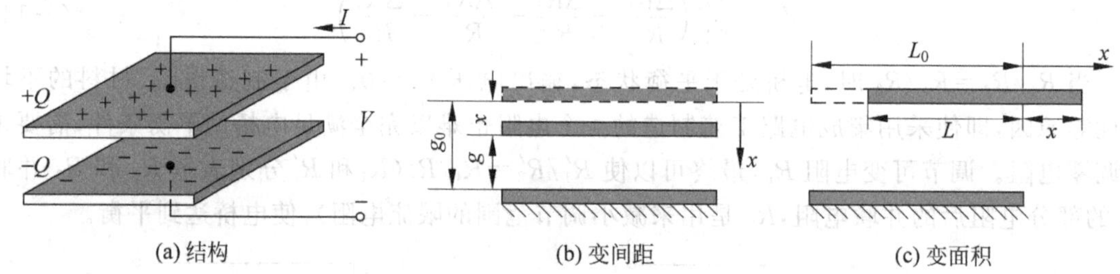

图4-6 电容传感器的结构和敏感方式

通过电容的I-V关系可以得到

$$I=\frac{\mathrm{d}Q}{\mathrm{d}t}=\frac{\mathrm{d}(CV)}{\mathrm{d}t}=C\frac{\mathrm{d}V}{\mathrm{d}t}+V\frac{\mathrm{d}C}{\mathrm{d}t} \tag{4-17}$$

可见改变电容的电流可以通过电(改变电压)和机械的方式实现,后者通过微机械结构改变电容值。因此,当被测量改变微机械电容的参数时,通过测量电容可以实现对被测量的测量。电容的变化可以由上述3个常数引起,在力学量传感器中ε_r一般为常数,因此根据式(4-16),电容的变化量可表示为

$$\mathrm{d}C=\varepsilon\frac{\mathrm{d}C}{\mathrm{d}A}\frac{1}{g}-\varepsilon\frac{A}{g^2}\frac{\mathrm{d}C}{\mathrm{d}g} \tag{4-18}$$

其中$\varepsilon=\varepsilon_0\varepsilon_r$,可见电容随着极板间距和面积的变化而变化。

常用的改变电容的方法是保持极板的重叠面积不变而改变极板间距,如图4-6(b)所示。根据式(4-16),电容$C(x)=\varepsilon A/(g_0-x)$随着间距的变化关系为

$$\frac{\mathrm{d}C(x)}{\mathrm{d}x}=\frac{\varepsilon A}{(g_0-x)^2} \tag{4-19}$$

从式(4-19)可见,电容随位移的变化不是线性关系,因此在作为传感器使用时需要进行修正。电容间距越小,电容越大,灵敏度越高。由于存在着下拉效应,极板的最大可移动距离只有极板初始间距的1/3。为了解决极板位移小、输出非线性的问题,常采用反馈信号控制保

持极板位置不变，而反馈电压信号正比于非反馈时的极板间距，因此可以通过测量反馈电压检测电容。由于电容值很小，对测量电路的输入阻抗要求很高，加上寄生电容等因素的影响，使信号处理难度很大。

另一种改变电容的方法是保持极板间距不变而改变极板重叠面积的平行运动，如图 4-6(c)所示。此时电容可以表示为 $C(x)=\varepsilon W(L_0-x)/g_0$，于是

$$\frac{\mathrm{d}C(x)}{\mathrm{d}x}=-\frac{\varepsilon W}{g_0} \tag{4-20}$$

可见电容与位移成正比。位移的最大量受到重叠长度的限制，而不是像垂直移动时受下拉效应的限制。由于电容随着位移的变化为常数，平行移动可以得到恒定的灵敏度。实际上，平行移动很少应用于平板电容，而更多地应用于梳状叉指电容。梳状叉指电容器的叉指是细长形的，必须考虑边缘效应的影响，致使计算非常复杂，并且严格讲电容的变化量不再是位移的线性关系。

变极板面积的电容传感器是通过被测量改变平行极板的相对面积，其输出与输入是线性关系，灵敏度是常数，常用于测量直线位移、角位移、尺寸参量等。变极板间距是被测量改变极板的间距 g，从而改变电容量，变极板间距式电容传感器的输入输出关系是非线性的。同时，为了使灵敏度尽量高，传感器的初始间距应尽量小，但是这也带来了测量范围较小的缺点。

常用的测量电容变化的方法包括给定电压测量电容的增量、保持电容的电场测量反馈输出，或者测量交流信号通过电容后的衰减等。如图 4-7 所示，传感器的电容可以接入交流测量电路，也可以接入直流测量电路。对于交流测量电路，电容上施加的电压为 $V(t)=V_0\sin(\omega t)$，当电压的频率超过电容的截止频率时，电容的输出为同频率的电流信号 $I(t)=(I_0+\Delta I)\sin(\omega t)$，经过跨阻放大器以后得到电压输出信号 $V_{\text{out}}\sin(\omega t)$。由于 $I(t)=\omega V_0 C$，可以看出输出电压信号与电容的绝对值有关，因此输出电压是电容大小的函数。对于施加直流信号的情况，如果偏置电压在电容时间常数 $\tau=RC$ 使电容充电并保持电荷数量恒定，即 $Q=CV$，此时输出电压的变化 $\Delta V=U_{\text{bias}}\Delta C/C$，即输出为电容相对变化量的函数。这种情况下输出量表征的是运动电极的速度，而不是其位置，这种动生电流用于动态信号的测量，如麦克风、动态压力传感器、振动或谐振器等。

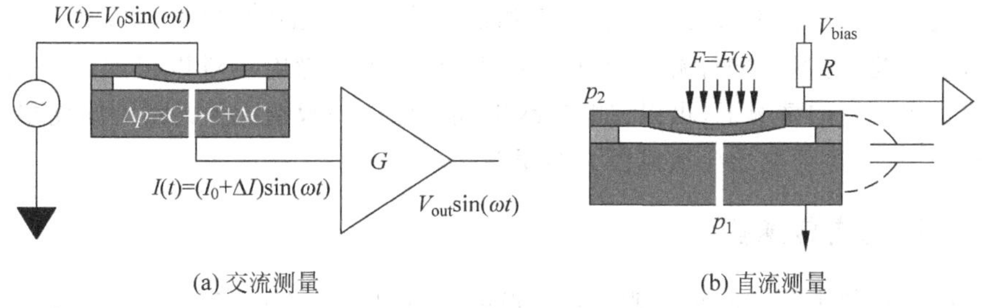

图 4-7　电容传感器的测量电路方式

2. 梳状叉指电容

电容测量可以使用三极板或者多极板结构形成差动输出。中间极板和上下两个极板分别组成电容 C_1 和 C_2，中间极板可以改变电容的间距，测量电容的差动变化，能够消除温度、湿度等共模误差的影响。根据电路的不同，可以测量 (C_1-C_2)、(C_1/C_2)、或者 $(C_1-C_2)/(C_1+C_2)$。

多极板组成的梳状叉指电容是MEMS电容测量中经常使用的电容方式，这种方式能够增加电容量，提高测量精度。

将三极板电容进一步增加就发展成梳状叉指电容，如图4-8所示。梳状叉指电容包括两组相互平行的梳齿状电极，与衬底平行放置，一组梳齿为固定电极，另一组为可动电极，能够产生平行运动或者扭转运动。平行运动包括可动电极沿着电极长度方向的运动(即纵向运动，改变叉指重叠面积)或者沿着与长度垂直方向的运动(即横向运动，改变叉指间距)，旋转运动是指可动电极围绕某一轴相对固定电极旋转。梳状叉指电极的首选运动方式为平行运动。改变面积时电容与位移成线性关系，但是为了获得较高的灵敏度(dC/dx)需要很小的叉指间距，导致制造的难度和下拉稳定性问题。改变叉指间距可以获得较高的灵敏度，但是输出为非线性，并且动态范围受到叉指间距的限制。实际应用中通常采用力反馈的方式控制叉指间距不变，但是这种方式的功耗很大，最终的性能是灵敏度、复杂度和功耗的折中。

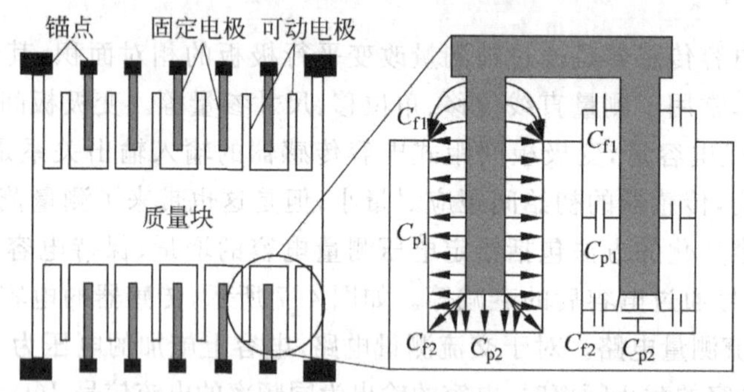

图4-8 梳状叉指电容

通常两组电极分别并联在一起，因此总电容是所有相邻梳齿之间的电容之和。两个梳齿之间的电容C包括4部分：两个梳齿侧壁之间形成的平板电容C_{p1}、一个梳齿末端与另一个梳齿末端之间的平板电容C_{p2}、梳齿外部的边缘电场对应的边缘电容C_{f1}，以及梳齿内部边缘电场形成的边缘电容C_{f2}。因此所有叉指电极形成的电容C_n为

$$C_n = nC = n(C_{p_1} + C_{p2} + C_{f1} + C_{f2}) \tag{4-21}$$

一般情况下叉指的重叠长度远远大于叉指的宽度，因此顶端之间的电容C_{p2}与C_{p1}相比可以忽略。即便如此，电容C的计算也是非常复杂的，对于边缘电场难以得到一个简洁的理论表达式。在要求不高的情况下，可以忽略边缘电场。然而一般情况下叉指的厚度都很小，边缘电场非常显著，忽略边缘电场会造成极大的误差。

4.1.3 压电式传感器

压电效应是材料中机械能和电能相互转换的一种现象。在电场作用下，电介质中带有不同电性的电荷间会产生相对位移，使电介质内产生电偶极子，在材料内产生双极现象，称之为极化。在某些介电物质中，除了可以由电场来产生极化以外，还可以由机械作用来产生极化现象。当这些介电物质沿着一定方向受到外力作用时，内部产生极化现象，在介电物质的两端表面上出现电性相反的等量束缚电荷，电荷的面密度正比于外力；当外力消失后，材料恢复到不带电的状态。这种由外力产生极化电荷的效应称为正压电效应，这是压电传感器的基本原理，如图4-9所示。在电压作用下材料会产生机械变形的现象称为逆压电效应，逆压电效应是压

电驱动的基本原理。压电效应的必要条件是晶体结构是非对称的，并且多数为离子键连接。Si 和 Ge 都是对称结构的立方晶体，并且是共价键连接，都不具有压电效应。

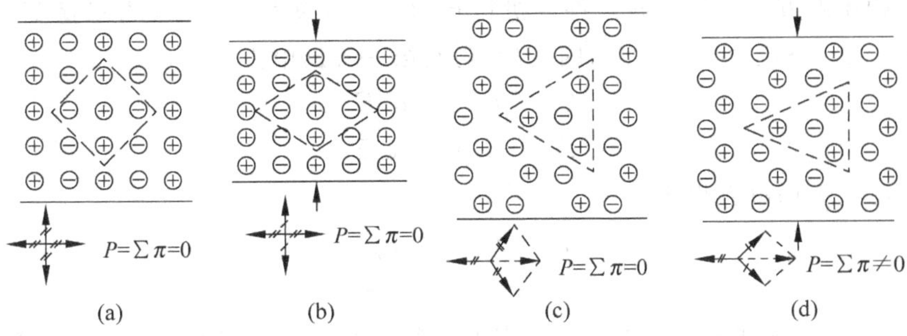

图 4-9　压电效应示意图

具有压电效应的物质称为压电材料，包括压电晶体、压电半导体、压电陶瓷，以及聚合物 4 类。压电陶瓷是一种具有电畴结构的多晶材料，电畴是分子自发形成的具有一定极化方向的区域。在极化以前，内部各电畴的自发极化方向无规则排列，极化效应互相抵消，大量电畴的总电矩为零，即极化强度为零，材料不具有压电效应。当在一定温度下对材料施加外电场进行极化后，强电场使电畴规则排列，晶体结构变为各向异性。去除极化电场后，电畴基本保持不变，留下很强的剩余极化。当有机械应力作用时，应力改变了正负电荷的相对位置，使电偶极子的中心不重合，出现电位移和压电效应。

MEMS 领域常用的压电陶瓷包括锆钛酸铅(PZT)、ZnO、AlN 等，其中 PZT 具有较高的压电系数和居里点(300℃以上)。有些半导体晶体具有压电效应，如 ZnS、CaS、GaAs 等，可以利用压电特性制造传感器。某些合成高分子聚合物经延展拉伸和电场极化后具有压电效应，如聚偏氟乙稀(PVDF)、聚氟乙烯(PVF)、聚二氟乙烯 PVF2 等。这些材料柔软，不易破碎，可以大量生产和制成较大的面积。表 4-3 为常用压电材料的性能参数。

表 4-3　常用压电材料的性能名义参数

材　料	压电系数/(10^{-12} C/N)	相对介电常数	密度/(g/cm^3)	弹性模量/GPa	声阻抗/(10^6 kg·$m^{-2}s^{-1}$)	薄膜形式
石英	$d_{33}=2.31$	4.5	2.65	107	15	无
PVDF	$d_{31}=23$　$d_{33}=-33$	12	1.78	3	2.7	旋涂
铌酸锂	$d_{31}=-4$　$d_{33}=23$	28	4.6	245	34	无
钛酸钡	$d_{31}=78$　$d_{33}=190$	1700	5.7		30	无
PZT	$d_{31}=-171$　$d_{33}=370$	1700	7.7	53	30	旋涂、溅射
ZnO	$d_{31}=5.2$　$d_{33}=246$	1400	5.7	123	33	溅射

对于线性压电材料，外力作用产生的极化强度 P_i 是压电常数 d_{ij} 和应力张量 T_{ij} 的函数，即

$$P_i = d_{ij}T_j \tag{4-22}$$

其中下标 $i=1,2,3$；$j=1,2,\cdots,6$；重复的下标表示爱因斯坦求和。第一个下标指电轴，即电荷产生的方向，第二个下标是机械轴，即应力的作用方向。极化强度 P_i 与电位移 D_i 和电场 E_i 的关系为

$$D_i = \varepsilon_i E_i + P_i \tag{4-23}$$

压电本构方程描述力学作用和电学作用以及它们的相互关系。对于不同的边界条件和不同的变量，有不同的压电方程。当边界条件为机械自由和电学短路时，选应力张量 $\boldsymbol{T}$ 和电场 $\boldsymbol{E}$ 作为变量，应变张量 $\boldsymbol{S}$ 和电位移 $\boldsymbol{D}$ 作为因变量，得到第一类压电方程

$$\begin{aligned} S_i &= s_{ij} T_j + d_{ij} E_j \\ D_i &= d_{ji} T_j + \varepsilon_{ij} E_j \end{aligned} \tag{4-24}$$

类似地，第二类压电方程为

$$\begin{aligned} T_i &= C_{ij} S_j - e_{ij} E_j \\ D_i &= e_{ji} S_j + \varepsilon_{ij} E_j \end{aligned} \tag{4-25}$$

其中张量矩阵 $\boldsymbol{C},\boldsymbol{s},\boldsymbol{e},\boldsymbol{d}$ 和 $\boldsymbol{\varepsilon}$ 分别表示弹性刚度系数、柔性刚度系数、压电应力系数、压电应变系数，以及介电常数，$i=1,2,\cdots,6$；$j=1,2,\cdots,6$。

多数在 MEMS 领域使用的压电材料在与极化轴(一般选为 z 轴或 x_3)垂直的方向上为各向同性，属于 6 mm 点群对称晶体，弹性刚度和柔度系数只有 5 个独立分量，压电系数有 3 个独立分量，介电常数有 2 个独立分量

$$\boldsymbol{s}_{ij} = \begin{bmatrix} s_{11} & s_{12} & s_{13} & 0 & 0 & 0 \\ s_{12} & s_{11} & s_{13} & 0 & 0 & 0 \\ s_{13} & s_{13} & s_{33} & 0 & 0 & 0 \\ 0 & 0 & 0 & s_{44} & 0 & 0 \\ 0 & 0 & 0 & 0 & s_{44} & 0 \\ 0 & 0 & 0 & 0 & 0 & s_{66} \end{bmatrix}, \quad \boldsymbol{d} = \begin{bmatrix} 0 & 0 & d_{31} \\ 0 & 0 & d_{31} \\ 0 & 0 & d_{33} \\ 0 & d_{15} & 0 \\ d_{15} & 0 & 0 \\ 0 & 0 & 0 \end{bmatrix}, \quad \boldsymbol{\varepsilon} = \begin{bmatrix} \varepsilon_{11} & 0 & 0 \\ 0 & \varepsilon_{11} & 0 \\ 0 & 0 & \varepsilon_{33} \end{bmatrix} \tag{4-26}$$

其中 $s_{66}=2(s_{11}-s_{12})$。

图 4-10 为常用的压电器件结构示意图。MEMS 中使用的薄膜压电材料非常薄，电极一般覆盖薄膜的上下表面，于是电轴是 3，电荷通过厚度方向积累在上下主平面上；机械轴可以是 1、2 或 3 的任一方向。压电材料是各向异性的，当施加压力或是电压的方向不同的时候，会得到不同的结果。压电结构还可以多层堆叠，增加输出，但是制造难度较大。

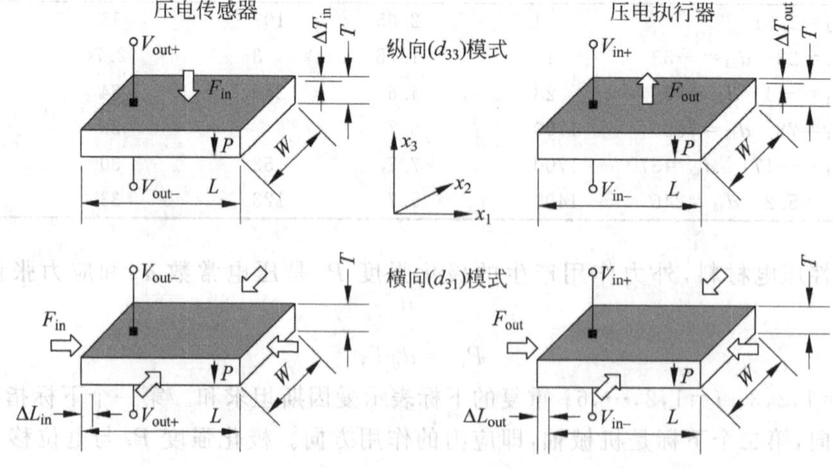

图 4-10　压电器件结构

利用正压电效应的器件可以工作在电荷模式或电压模式。电荷模式是指在应力较小且两电极短路的情况下，应力作用下产生的电荷密度 D 与应力成正比；电压模式是指在应力很小且两电极开路时，应力通过压电效应产生的开路电压 V 与应力成正比。从式(4-22)和式(4-23)可以得到电荷模式下

$$D_i = P_i = d_{ij} T_j \tag{4-27}$$

对于图 4-10 所示的极化方向垂直于结构主平面的情况，电荷模式的电位移式(4-27)简化为

$$D = d_{3j} T_j \tag{4-28}$$

电压模式的输出为

$$V = e_{3j} T_j t \tag{4-29}$$

其中 t 是压电结构的厚度。在电压的作用下，压电结构长 l、宽 w，以及厚度 t 的变化分别为

$$\Delta l = l d_{31} V/t, \quad \Delta w = w d_{32} V/t, \quad \Delta t = w d_{33} V/t \tag{4-30}$$

压电传感器在外力作用时，在两个电极表面聚集极性相反的等量电荷，相当于一个以压电材料为电介质的电容，因此可以把压电式传感器等效成与电容并联的电荷源。压电传感器的内阻很高，输出信号微弱，一般要求测量电路先接入高输入阻抗的前置放大器，把传感器的高阻抗输出变换为低阻抗输出，防止电荷迅速泄漏并对微弱信号进行放大，再接入一般放大电路。由于压电传感器可以等效为电压源和电荷源，与之匹配的测量电路的前置放大器也有电压型和电荷型。当放大器的开环增益足够大时，电荷放大器的输出电压只与传感器的电荷量及反馈电容有关，无须考虑电缆的电容，这为远距离测试提供了方便，目前使用较多。电压放大器的输出电压与寄生电容有关，目前已不多用。

压电材料不适合静态测量，这是由于产生的电荷只有在无泄漏的情况下才能保存，要求测量电路具有无穷大的输入阻抗。因为压电材料通常为介电材料，电极会透过它们放电，漏电速率与材料的介电系数、内电阻及外电路的输入阻抗有关，不容易保持电荷[4]。

4.1.4 谐振式传感器

谐振式传感器通过被测量调制谐振器的谐振频率、幅值或者相位进行测量。谐振式传感器由谐振器和传递部件组成，后者将被测量传递到谐振器上。有些谐振式传感器只有谐振器，被测量直接作用在谐振器上，这类传感器也称为结构型传感器，其性能依赖于谐振器的材料、形状、尺寸和环境阻尼等，因此弹性好、缺陷少的单晶硅是谐振器的首选材料。谐振传感器的优点是数字量输出，信号处理简单，不需要进行数模转换，从而降低成本、消除 A/D 转换误差，并适合长距离传输信号。谐振式传感器具有大的动态范围，其上限仅取决于测量时间的长短，增加测量时间可以增加动态范围。当谐振器的品质因数 Q 很高时，谐振式传感器具有很高的灵敏度、重复性和很小的滞后。

1. 谐振结构

谐振器一般是机械结构，其形式多种多样，例如梁、膜片、圆盘、圆环、X 形和 H 形结构等。每种结构都有可能存在几种振动模式，例如伸缩、扭转、长度、横向等振动模式，而每种振动模式都会存在高阶振动模式，从一阶(基频)到高次泛音。由于结构的分布质量，理论上每种结构都存在无穷多的振动模式。作为传感器使用时，一般只设计一种模式作为主要的工作模式，以实现较高的 Q 值。

常用的双端固支梁在没有外载荷情况下的谐振频率为

$$\omega_n = 2\pi n_i \frac{h}{l^2}\sqrt{\frac{\bar{E}}{\rho}} \tag{4-31}$$

其中 $\bar{E}$ 为梁的显性弹性模量，对于宽度远大于厚度的双端固支梁，$\bar{E}=E/(1-\nu^2)$，h 为梁的厚度，l 为梁的长度，ρ 为梁的密度，n_i 为本构频率常数，对于前5阶本构频率常数分别为1.028，2.834，5.555，9.182，13.72。当双端固支梁受到轴向力作用时，可以用瑞利能量法近似求得谐振频率

$$\omega(F) = \omega_n(0)\sqrt{1+\gamma_n \frac{F}{Ewh}(1-\nu^2)(l/h)^2} \tag{4-32}$$

其中 $\omega_n(0)=\frac{\alpha_n^2}{\sqrt{12}}\frac{h}{l}\sqrt{\frac{E}{\rho(1-\nu^2)}}$，$\alpha_n$ 和 γ_n 是只依赖于振动模式的常数，对于前5阶振动模式，$\alpha_n=4.730, 7.854, 11.00, 14.14, 17.28$；$\gamma_n=0.2949, 0.1453, 0.0812, 0.0516, 0.0355$。当 $\gamma_n Nl^2<\bar{E}wh^3$ 时，式(4-32)的相对计算误差小于0.5%。

2. 谐振器的激励和检测

由于振动过程存在着能量损耗，谐振器的稳定振动需要持续的外界激励。实现激励的方法是将谐振器作为器件组成振荡电路，使振荡电路工作在谐振器的固有频率上。振荡电路提供的能量是电能，为了使谐振器振动需要换能器将电能转换为机械能；测量时为了能够将谐振器振动信号提取出来，需要换能器将机械能转换为电能。提取的信号用以正反馈对谐振器进行激励，以保持振动的稳定。由于硅不具有压电性，需要单独的谐振激励和振动器件才能形成硅谐振器，因此硅谐振式传感器利用了结构作为换能器，检测和激励还需要借助其他方法。激励振动的方法有多种，包括静电、电磁、压电、电热、光热等；同样，利用电容、压电、电磁、压阻等可以对振动信号进行检测。尽管激励和检测的方法很多，考虑到实现的简单程度，一般激励和检测方法是固定组合使用的，很少任意组合。常用的方法包括静电激励静电检测、电磁激励静电检测、压电激励压电检测、电热激励压阻检测等。

静电激励和电容检测是MEMS谐振传感器最常用的方法。利用平板电容和梳状叉指电容都可以实现激励和检测，例如平板电容激励可由电容极板间的静电引力实现，使极板改变位置产生振动，引起电容变化。平板电容驱动谐振容易实现，但是由于极板间距很小，并且非真空情况下压膜阻尼很大，谐振器的 Q 值较低。从激励噪声中分离测量信号比较困难，因此激励电压一般都比较低，同时下拉电压也决定了激励的幅度有限。由于杂散电容的大小几乎和测量电容相同，一般需要集成信号处理电路以降低杂散电容的影响。然而集成信号处理电路难度较大，因此需要利用其他的方法。例如利用高频测量信号来分离激励和测量信号的频率，再将高频测量信号解调[5]；利用电阻和直流电压产生不需要交流激励的自激振荡[6]；利用复杂的电路和屏蔽技术降低寄生电容的影响[7]；利用闭环反馈脉冲技术等[8]。

电磁激励和检测也被用于谐振传感器中。当电流流过磁场中的通路时会产生洛仑兹力，驱动结构振动。结构振动时切割磁力线，在结构上的导体内产生感应电动势，从而可以利用该电动势进行测量。压电驱动和检测是谐振传感器中另一种常用的方法，可以由一个压电元件实现激励和检测的功能，处理电路比较简单；但是压电材料与硅器件的集成制造难度较大。电热激励和检测是一种简单的谐振产生和测量方法，只需要加热电阻就可以实现，制造和使用都很简单。但是加热会产生一定的热量，引起传感器的误差和温漂，因此需要克服电热效应对传感器性能的不良影响。

反映谐振传感器性能最重要的指标是品质因数(Q 值),基于 MEMS 的谐振器的 Q 值一般能达到几万,高于传统的谐振传感,测量时扫描频率的间隔(分辨率)应达到 0.1 Hz 量级。由于 MEMS 传感器利用复合谐振微敏感结构,尺寸受到空间的限制,激振和拾振元件间距小,激励和检测回路之间由电耦合引起的同频干扰会影响传感器性能,必须采取适当的措施加以抑制。

4.1.5 隧穿效应

电子的隧穿效应是一种量子力学现象,利用量子力学波函数描述的隧穿效应,电子可以穿透两个相邻导体之间由间距形成的禁带。当两个导体靠得非常近(约小于 1 nm)并施加有偏置电压(如 100 mV)时,即使没有直接连接,电子也会通过隧穿效应穿过二者的间隙,形成隧穿电流。在传统物理学中,电子没有获得足够的能量是不能穿透势垒的,但是在量子力学中,电子通过波函数 $\psi(z)$ 描述,满足薛定谔方程。图 4-11 为一个典型的波函数在一个小偏置电压 V(远小于势垒高度 ϕ 与电荷量 q 的比值 ϕ/q)的作用下穿透隧穿间隙的示意图。

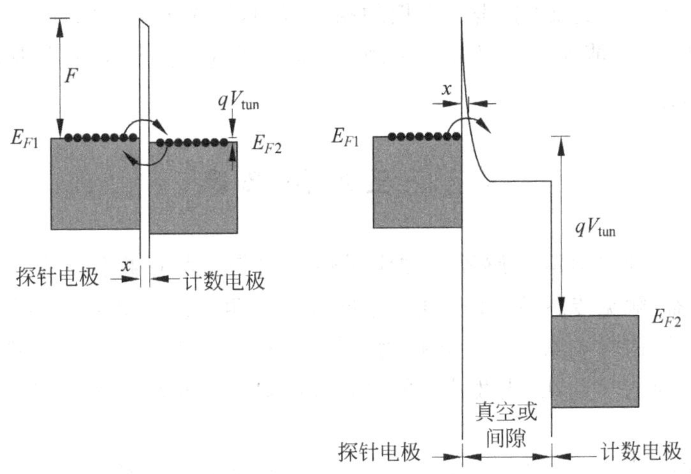

图 4-11 隧穿能带情况示意图

降低势垒以产生隧穿电流的方法有两种:将两个电极的间距缩小到 1 nm 以下,或者将一个电极形成极其尖锐的针尖,通过尖端效应增强周围的电场以形成电子场发射。在第一种情况下,隧穿电压 V_{bias} 远小于 ϕ/q,隧穿势垒的形状不受隧穿电压的影响。因此电子可以从任意一个电极隧穿到另一个电极,即从电学的角度看这两个电极是没有差别的。在任意位置 z 观测到电子的概率密度为 $\psi^{H}\cdot\psi(z)$。隧穿电流 I_t 可以表示为

$$I_t \propto V_{bias}\mathrm{e}^{-\alpha\sqrt{\phi}s} \tag{4-33}$$

其中 V_{bias} 是导体间的偏置电压;α 是隧穿常数,等于 1.025((0.1 nm)$^{-1}$eV$^{-0.5}$),s 是导体间隙,ϕ 是隧穿势垒的有效高度或者功函数。对于 1 nm 的间距和 100 mV 的偏置电压,隧穿电流一般在 1 nA 左右。因此,通过测量隧穿电流可以测量导体间距,任何改变导体间距的量都可以利用隧穿效应进行测量。

第二种情况中,隧穿电压远远大于 ϕ/q,势垒的形状被锋利的尖端形状和所施加的电压改变,如图 4-11(b)所示。因此即使尖锐电极与另一个电极之间的距离很大(1 μm),电子仍旧能

够从尖端电极发射产生隧穿。但是从能带图可以看出,电子不能从对面电极隧穿到尖锐电极,因为对面电极周围的电场没有增强。另外,对面电极的费米能级低于尖锐电极导带的下沿,因此对面电极没有空带可以接收电子。

对于两种情况,隧穿电流随着电极间距的变化量$|\Delta I_t/\Delta s|/I_t$是不同的。例如两个金电极在空气中的势垒约为 0.1 eV,对于小间距、低隧穿电压的情况,隧穿电流的变化约为 0.032/nm,而对于场发射则为 2.04×10^{-5}/nm。可以看出,小间距低电压的情况中隧穿电流对间距的依赖程度远远大于场发射的情况。因此小间距低电压更适合作为传感器使用,可以获得更高的灵敏度。隧穿传感器主要用于加速度测量,其突出优点是具有极高的位置灵敏度和位移分辨率(10^{-4} Å/$\sqrt{\text{Hz}}$)。

由于产生隧穿电流的间距很小,隧穿传感器一般需要反馈控制,对电路要求较高。首先,需要根据隧穿电流大小反馈控制两个电极间距,例如采用静电力控制,以保持电极间距处于能够产生隧穿效应的范围内,即隧穿电流控制处理电路的反馈控制电压,维持电极的间距。其次,隧穿电流与电极间隙之间是强烈的非线性关系,传感器的动态范围很小,因此必须采用反馈控制以降低非线性产生的影响、避免电极的相互接触,扩大传感器的动态范围。隧穿传感器的针尖与电极间距极小,能够实现极高的灵敏度,但是制造和控制电路实现非常复杂,对电极表面的状态非常敏感。

4.2 压力传感器

压力传感器是一种力学量传感器。力学量传感器是指测量物体力学或机械性质的传感器,包括压力传感器、触觉传感器、加速度传感器、陀螺(角速度传感器)、流量传感器等。力学量传感器多利用微结构将被测力学量转换为微结构的应力、变形或者谐振频率等参数的变化,再将这些变化转换为电学量,因此微结构的材料性能对传感器性能的影响很大,一般首选性能优异的单晶硅。

体微加工技术[9~11]和表面微加工技术[12~14]都可以实现压力传感器。第一个体微加工的压力传感器于 1963 年问世[15],1985 年出现了表面微加工的压力传感器[16]。体加工利用单晶硅优异的机械性质,如极低的缺陷、理想的弹性、优异的重复性、几乎零残余应力等;表面微加工的结构材料多为氮化硅和多晶硅,材料的性能对工艺的依赖性非常强,存在残余应力,并且多晶硅压阻系数较小。体微加工中湿法刻蚀膜片厚度的一致较差,因此控制膜片厚度是体微加工的重点;表面微加工结构的横向尺寸和厚度取决于光刻和薄膜沉积,重复性较好,重点是控制薄膜的应力。

硅微压力传感器是第一个批量生产的 MEMS 产品,被广泛应用于汽车工业、生物医学、工业控制、能源化工等众多领域。目前汽车压力传感器约占所有压力传感器销售额的 72%,医疗约占 12%,工业与能源控制约占 10%,其他份额为消费电子和航空航天。汽车压力传感器中 5 家最大的供应商 Bosch、Infineon、Denso、Sansata 和 GE Sensing 占据约 80%的市场份额。随着轮胎压力监控的普及,汽车用压力传感器将会进入一个高速发展期,加之消费电子对血压计和高度计的需求,IHS 预测 2015 年压力传感器将再次回到 MEMS 传感器产值的第一位,销售额超过 19 亿美元。

不同的应用领域对压力传感器有不同的要求,因此尽管压力传感器已经非常成熟,但是在无线测量、集成压力传感器、应用闭环控制、污染不敏感、生物医学，以及用于恶劣环境下的SiC和金刚石压力传感器仍旧是目前重要的研究内容[17~19]。

4.2.1 压力传感器的建模

压力测量的频率很低，一般在0～1 kHz，属于静态测量的范畴。硅微压力传感器一般采用周边固支的圆形或正方形膜片，将压力转换为膜片的变形，通过测量膜片变形引起的电学参量的变化来检测压力。为了获得线性的输入输出关系，膜片需要被限制在小变形范围内，需要设计膜片的大小、厚度等参数确定输入输出关系；但是由于膜片较薄，压力很容易使膜片产生大变形而进入非线性区，因此需要确定传感器的线性范围。

如图4-12所示，周边固支的圆形膜片承受均匀压强q时，膜片的小变形可以表示为

$$w_0(r)=\frac{qa^4}{64D}\left(1-\frac{r^2}{a^2}\right) \tag{4-34}$$

其中r是柱坐标的径向变量，a是膜片的半径，$D=Eh^3/[12(1-\nu)]$是膜片的弯曲刚度。圆形膜片下表面的径向和切向应变为[20]

$$\varepsilon_r=-\frac{3qa^2(1-\nu^2)}{8Eh^2}\left[1-3\frac{r^2}{a^2}\right],\quad \varepsilon_\theta=-\frac{3qa^2(1-\nu^2)}{8Eh^2}\left[1-\frac{r^2}{a^2}\right] \tag{4-35}$$

径向和切向应力分别为

$$\sigma_r=\frac{3qzr^2}{4h^3}\left[(1+\nu)-(3+\nu)\left(\frac{r}{a}\right)^2\right],\quad \sigma_\theta=\frac{3qzr^2}{4h^3}\left[(1+\nu)-(1+3\nu)\left(\frac{r}{a}\right)^2\right] \tag{4-36}$$

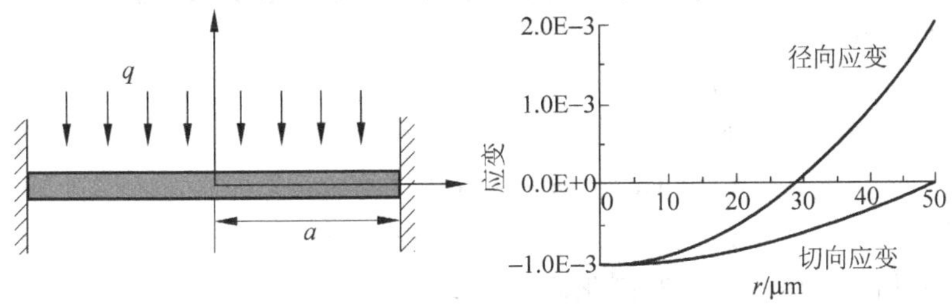

图4-12 圆形膜片和应变

其中z表示轴向坐标，在中性面上$z=0$。对于(110)和(100)晶向，弹性模量E分别为169 Gpa和130 GPa。最大的变形发生在膜片中心，为

$$w_{\max}=\frac{qa^4}{64D} \tag{4-37}$$

根据式(4-35)，直径100 μm厚度2 μm的硅膜片在6.896×10^5 Pa的压力作用下产生的应变分布如图4-12所示，由于对称性，膜片只画出了一半。可以看出，径向应变从中心的受压状态变化为边缘的受拉状态，并且绝对值的最大值在边缘；而切向应变均为受压状态，最大值出现在圆心位置。

方形膜片的小变形需要铁摩辛科法求解，比圆形膜片要复杂得多。利用瑞利-李兹法，得到矩形膜片中心位移的一阶分量为

$$w_{11}(x,y)=\frac{49}{8}\frac{qa^4[(x/a)-(x/a)^2]^2[(y/b)-(y/b)^2]^2}{7D_{11}+4(D_{12}+2D_{66})s^2+7D_{22}s^4} \tag{4-38}$$

其中$s=a/b$为矩形长宽比，$D_{11}=E_1h^3/[12(1-v_{12}v_{21})]$，$D_{12}=v_{21}D_{11}$，$D_{22}=D_{11}E_2/E_1$，$D_{66}=$

$G_{12}h^3/12$。

应变和应力可以分别通过下面的公式求得

$$\varepsilon_{xx}=-z\frac{\partial^2 w}{\partial x^2},\quad \varepsilon_{yy}=-z\frac{\partial^2 w}{\partial y^2},\quad \varepsilon_{xy}=-2z\frac{\partial^2 w}{\partial x\partial y} \tag{4-39}$$

$$T_{xx}=-\frac{Ez}{1-\nu^2}\left(\frac{\partial^2 w}{\partial x^2}+v\frac{\partial^2 w}{\partial y^2}\right),\quad T_{yy}=-\frac{Ez}{1-\nu^2}\left(\frac{\partial^2 w}{\partial y^2}+v\frac{\partial^2 w}{\partial x^2}\right),\quad T_{xy}=-\frac{Ez}{1+\nu}\frac{\partial^2 w}{\partial x\partial y} \tag{4-40}$$

经过计算可以知道，y 方向的应变与 x 方向的应变关于 $x=y$ 对称，最大应力发生在边缘的中点位置，应力状态为拉应力。从边缘中点到膜片中心，应变从拉应变变为压应变。

4.2.2 压阻式压力传感器

压阻式压力传感器由承载膜片和膜片上的应力敏感压阻构成，当膜片在压力作用下变形时，改变了压阻的阻值，通过电桥测量阻值变化可以得到压力的大小[21]。压阻式压力传感器是最早批量生产的MEMS传感器，目前仍旧是压力传感器的主要形式。

1. 基本模型

压阻式压力传感器的设计除了需要确定膜片的尺寸、厚度等参数外，还要确定压阻的位置、方向、长度等。压阻应该布置在应力最大的位置，如图4-13所示。利用式(4-35)～式(4-40)可以计算圆形或者矩形膜片的应力分布，由于电阻的变化与径向和切向应力以及压阻系数都有关系，p型压阻的压阻系数中 π_{11} 和 π_{12} 远远小于剪切压阻系数 π_{44}，因此p型(100)压阻沿着[110]方向的压阻系数分别为

$$\frac{\Delta R}{R}=\pi_l\sigma_l+\pi_t\sigma_t \tag{4-41}$$

$$\begin{aligned}\pi_l&=(\pi_{11}+\pi_{12}+\pi_{44})/2\approx\pi_{44}/2\\ \pi_t&=(\pi_{11}+\pi_{12}-\pi_{44})/2\approx-\pi_{44}/2\end{aligned} \tag{4-42}$$

可见 π_l 与 π_t 符号相反。将式(4-42)简化后代入式(4-41)可以得到

$$\frac{\Delta R_i}{R_i}=\frac{\pi_{44}}{2}(\sigma_{li}-\sigma_{lt}) \tag{4-43}$$

将式(4-43)代入电桥表达式(4-14)，得

$$U_o=\frac{U_i\pi_{44}}{2}\left[\frac{1}{4}\sum_{i=1}^{4}\sigma_{li}-\frac{1}{4}\sum_{i=1}^{4}\sigma_{lt}\right] \tag{4-44}$$

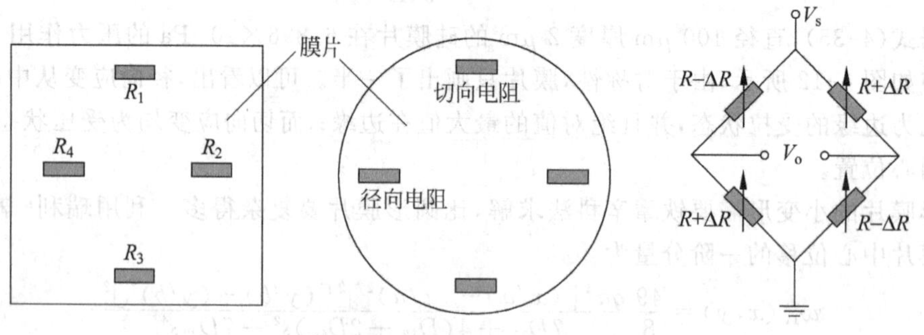

图4-13 压阻排布示意图

为了在电桥测量中获得最大的灵敏度，位于电桥对臂的两个压阻分别平行和垂直膜片边长放置，如图 4-13 所示。这样与边长垂直的压阻受到应力作用时电阻增加，而与边长平行的压阻在应力作用下减小，使每个压阻对输出的贡献都是增加的。考虑位于圆形膜片边缘的(110)晶向的 p 型压阻，其中一个平行于半径，另一个垂直于半径方向，利用前面的式子，传感器的灵敏度为

$$S=\frac{\Delta V}{q}=\frac{V_s}{q}\frac{\Delta R}{R}=-\frac{3\pi_{44}a^2(1-\nu)}{8h^2}V_s \tag{4-45}$$

硅的晶向和掺杂都会影响压阻系数，因此在使用式(4-41)时需要确定硅的晶向和掺杂类型及浓度。由于压阻上每一点的应力都不同，精确的计算需要对整个长度上压阻的变化量式(4-41)进行积分，即

$$\frac{\Delta R}{R}=\frac{1}{l}\int_{L}^{L-l}\frac{\Delta R}{R}\mathrm{d}x \tag{4-46}$$

其中 l 是压阻的长度，L 是膜片的直径或边长。于是根据式(4-41)和式(4-46)可以得到电阻变化引起的电桥输出变化与电阻长度的关系。

图 4-14(a)为直径 100 μm、厚度 2 μm 的圆形膜片上电阻长度与输出电压的关系，可见是非单调的。压阻的最优长度为 12 μm，当电阻长度超过 12 μm 时，增加电阻长度会降低输出电压。这比较容易理解，因为应力从边缘向中心减小，电阻越长，平均应力越小。图 4-14(b)为模拟的边长 100 μm、厚度 2 μm 的方形膜片上输出电压随电阻长度的变化，可见最优电阻长度为 10 μm。电阻一般为折线形，在满足匹配电阻的同时，又将压阻限制在应力最大、最灵敏的区域，以实现灵敏度最大。折线的横向连接部分使用金属连接(或高浓度掺杂)，以降低由于横向连接部分对测量部分的电阻变化的影响。将电阻布置在应力最大点有助于增加灵敏度，而增加电阻宽度或者膜片厚度都会降低灵敏度。

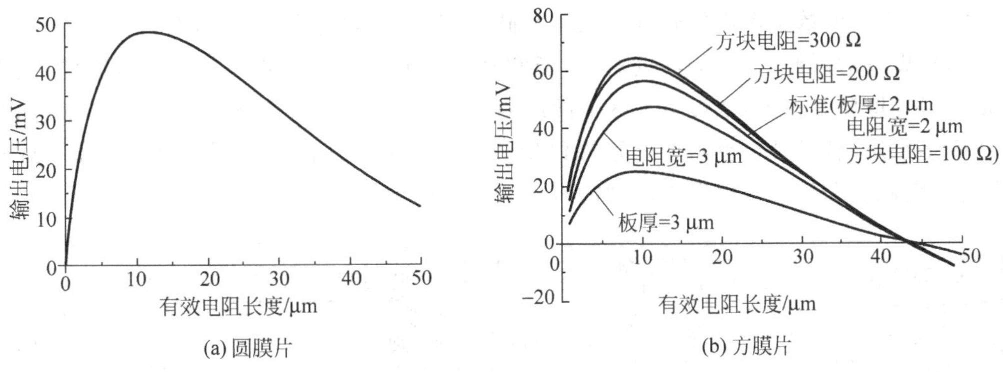

(a) 圆膜片　(b) 方膜片

图 4-14 圆膜片和方膜片上输出电压随电阻长度的变化

采用电桥测量的压阻式压力传感器的灵敏度与电源电压 V_s 成正比，一般在 10～100 mV/Pa 之间。压阻传感器的缺点是尺寸一般较大、灵敏度较低、温度系数大，有些情况下需要进行温度补偿。由于压阻测量的是折线所在面积的平均应力，当压阻面积很大时，测量的空间分辨率不高。因为制造误差，组成电桥的压阻阻值可能不同，加之电路一致性的问题，使得传感器没有受到载荷的情况下就会产生输出，即零点偏移。零点偏移随着温度变化，属于非系统误差。采用电桥测量的优点是阻抗较低，允许后续电路离电桥较远，而不会产生严重的寄生电容。

2. 压阻式压力传感器的结构和制造

通常体加工压阻式压力传感器采用 KOH 刻蚀的(100)硅膜片,通过注入将压阻制造在膜片上表面,利用反偏的 p-n 结将压阻与衬底绝缘。刻蚀后的衬底与玻璃等键合,形成密封腔或压力腔,如图 4-15 所示。在温度不高的情况下,这种方案制造简单、设计成熟、性能较好,但是随着温度升高,p-n 结的漏电流增大。表面加工技术也可以制造承载膜片为氮化硅或多晶硅压阻式压力传感器[22]。

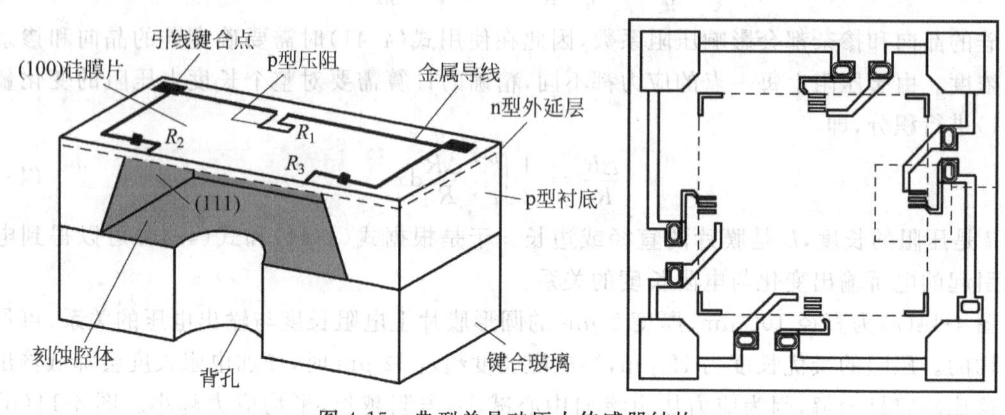

图 4-15 典型单晶硅压力传感器结构

商品化的压阻式压力传感器几乎都采用单晶硅膜片,以获得最佳的力学性能、最大的压阻系数,并易于调整膜片厚度满足量程的需要。膜片通常采用 KOH 湿法刻蚀,为了保证膜片厚度的均匀性和一致性,KOH 刻蚀的膜片厚度依靠 p-n 结电化学、浓硼掺杂或者埋层 SiO_2 等自停止方法控制,如图 4-16 所示。浓硼掺杂后晶格有一定程度的损伤,膜片弹性降低、脆性提高,因此一般在浓硼掺杂后需要外延一层单晶硅,以改善力学性能。同时,无论扩散还是注入,由于成本和设备的限制,掺杂的深度有限,通常在 10 μm 左右,如果需要较大的量程,也需要外延提高膜片厚度。另外,浓硼掺杂区域的压阻系数很低,无法满足压阻测量的要求,因此不能在浓硼掺杂层制造压阻,也需要外延提供低浓度区域制造压阻。利用 KOH 刻蚀承载膜片时,需要采用机械和超声搅拌以提高刻蚀表面的光洁度。

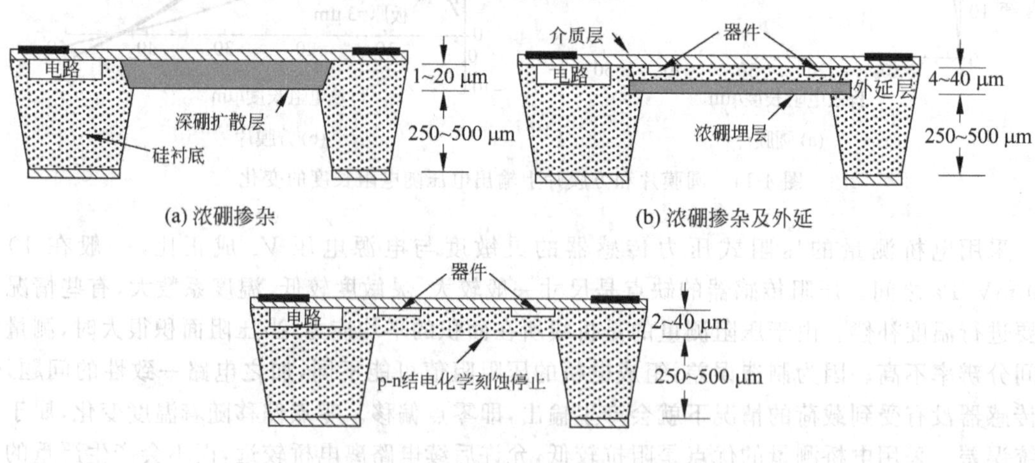

图 4-16 KOH 刻蚀膜片厚度的控制方法

Motorola(现 Freescale)于 1991 年量产了 MPX 系列集成双极信号处理电路的单晶硅膜片压阻式压力传感器，这是全世界第一个量产的集成信号处理电路的 MEMS 传感器产品，并一直持续到现在，在汽车、医疗和工业控制领域有极为广泛的应用。与通常的压阻结构平行或垂直于膜片边缘不同，Motorola 采用了一个 X 结构的压阻，称为 X-ducer，如图 4-17 所示[23,24]。X-ducer 压阻位于承载膜片的边长中心处，是由 2 个 4 端口输出的与膜片边缘呈 45°的压阻构成。测量时电流从 1 和 3 引脚之间输入压阻的长度方向，压力在膜片内产生的剪应力与电流方向垂直，使压阻内产生横向电场改变引脚 2 和 4 之间的压阻大小。X-ducer 传感器的输出

$$V_o = V_i \pi_{44} \sigma_{12} W/L \tag{4-47}$$

其中 V_o 是传感器的输出电压，V_i 是输入电压，π_{44} 是剪切压阻系数，σ_{12} 是膜片的剪切应力，W 和 L 分别为 X-ducer 的宽度和长度，这种 45°的排布使其对剪应力的敏感程度最大化，并利用了最大压阻系数。

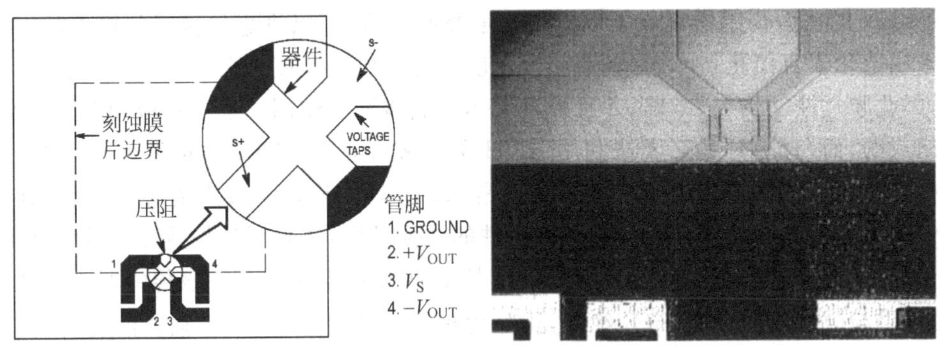

图 4-17　X-ducer 及 Picture-frame 压阻结构示意图

X-ducer 可以有效消除传感器的零点偏移问题。X-ducer 只使用 1 个压阻传感器，其偏置取决于横向 X 形压阻的对准精度，而该精度是通过一次光刻实现的，避免了惠斯通电桥需要精确匹配 4 个压阻才能消除零点偏移的问题，能够很好地消除零点偏置。随后 Motorola 又采用了方框形的压阻结构(Picture-frame)，将 4 个压阻连接为 1 个方框形结构，布置在膜片边缘。这种结构与 X-ducer 相比可以减小约 22%的膜片面积，量程却扩大 30%～40%。MPX 系列温度补偿传感器在 0～85℃范围内的典型精度为 1.5%FS，响应时间为 1 ms，零偏稳定性达到 0.5%FS。

图 4-18(a)为 Freescale 制造的 CMOS 集成的压力传感器的流程，膜片为外延单晶硅。如图 4-18(a)所示，首先在 p 型衬底上外延 2 μm 厚的 n 型外延层，扩散形成 n+区作为晶体管区，然后继续外延使外延层厚度达到 15 μm，再深扩散形成晶体管的 p+隔离区；如图 4-18(b)所示，扩散 p-区作为压敏电阻，扩散 p+区作为互连接触区；如图 4-18(c)所示，扩散 n+区作为晶体管的发射极并作为 n 型外延的接触；如图 4-18(e)所示，溅射并刻蚀 Al 作为引线，在正反面 PECVD 沉积氮化硅作为 KOH 刻蚀的保护层，把引线接触盘区域的氮化硅刻蚀，沉积并 CrSi 作为调整电阻，通过后续的激光修正可以调节传感器的零偏；如图 4-18(e)所示，在 KOH 中对硅片背面刻蚀形成外延层构成的压力传感器膜片，刻蚀采用电化学自停止的方法，刻蚀 p 型衬底后自动停止到 n 型外延层界面，从而精确控制膜片厚度；如图 4-18(f)所示，利用玻璃浆料将硅衬底与另一个衬底键合，形成压力参考腔。

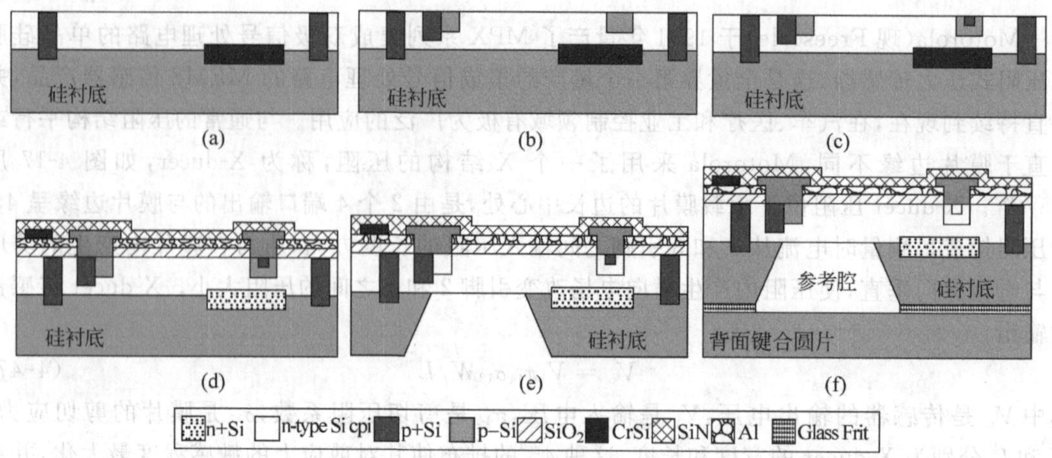

图 4-18　Freescale 单晶硅膜片 CMOS 集成压力传感器的制造方法

Freescale 的压力传感器集成了双极型信号处理电路,可以将毫伏量级的输出放大到伏的量级。采用电化学自停止技术,保证了膜片厚度为外延层的厚度,而外延层的厚度是可以精确控制的,因此膜片厚度均匀、准确,并且外延层作为晶体管层使用。通常双极型器件是在(111)衬底上制造的,而(111)衬底又无法利用 KOH 刻蚀腔体,因此 Freescale 开发了(100)衬底表面的双极型工艺。这种工艺过程的主要缺点是 KOH 刻蚀浪费了较大的芯片面积,并且衬底的正面保护需要特殊的装置。另外双极型器件的功耗较大,并且无法构成复杂的数字电路。

图 4-19 为 Kulite 公司利用 SOI 衬底制造的高温压力传感器[25]。该传感器膜片和压阻为单晶硅,压阻与膜片之间采用 SiO_2 绝缘,压阻为刻蚀在膜片 SiO_2 层上独立的硅岛,保证高温时的绝缘性能。膜片采用 KOH 刻蚀硅衬底,利用时间控制硅膜片厚度。近年来随着 SOI 的普及,这种传感器结构的制造不必再进行硅-硅键合,直接刻蚀 SOI 的器件层即可,大大简化了制造过程、提高了成品率。

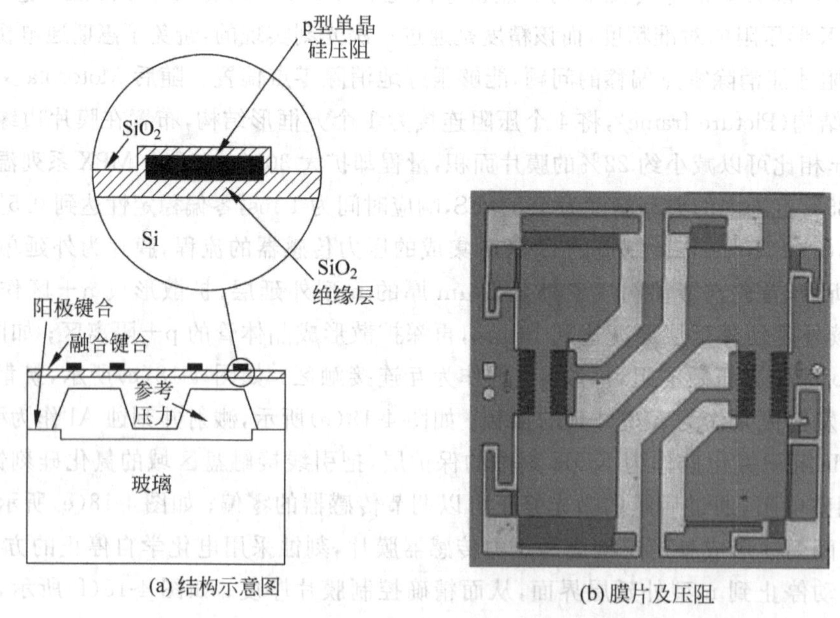

图 4-19　Kulite 单晶硅压阻高温压力传感器

SiO_2 层上独立的硅岛作为压阻避免了 p-n 结隔离的高温漏电流。Kulite 的 XCEL 系列传感器可以工作在 200～300℃的温度下，室温下典型精度 0.1%FS，25～235℃范围内零点和灵敏度温度稳定性 1%FS；XTEH 系列最高可工作在 480℃，室温下典型精度 0.1%FS，25～454℃范围内零点和灵敏度温度稳定性 1.5%FS。Kulite 还采用了双膜片结构，其中一个膜片作为压力测量膜片，另一个膜片不接触压力，二者差动输出，消除振动和加速度对压力测量的影响。

图 4-20 为 Lucas Novasensor（已被 GE Measurement & Control 收购）开发的键合制造绝对压力传感器的流程示意图。将一个平整硅衬底与一个刻蚀有腔体的硅衬底进行硅-硅键合，腔体内为真空，通过减薄平整圆片获得承载膜片，并在膜片上制造压阻。NPH 中压系列压力传感器最大测量范围为 100～700 kPa，补偿后的非线性和滞后分别为 0.1%FS 和 0.05%FS，灵敏度温度稳定性为 0.4%FS。

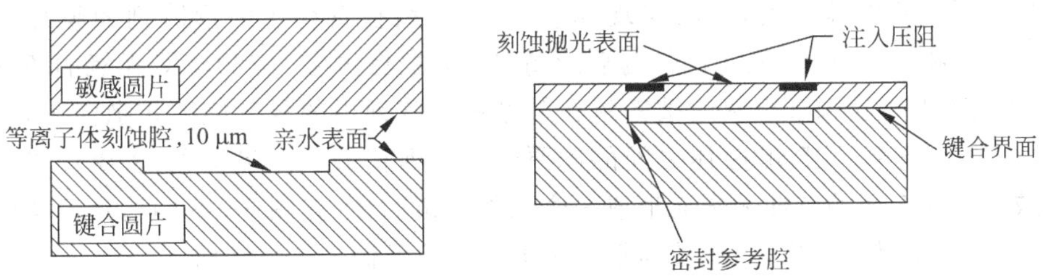

图 4-20　Lucas Novosensor 单晶硅压阻压力传感器

Bosch 公司开发了 Advanced Porous Silicon Membrane（先进多孔硅薄膜，APSM）的制造技术，用于压阻式压力传感器的生产。如图 4-21 所示，在 HF 溶液中利用阳极氧化在单晶硅表面制造多孔硅，多孔硅的深度和孔隙度等参数决定了压力传感器真空腔的高度；真空环境下对多孔硅高温预退火，退火过程中，多孔硅中的硅原子发生质量迁移而重新分布，多孔硅下部的硅原子向上方迁移，使多孔硅的下部形成真空腔，而上表面被致密化重新形成单晶硅薄膜；利用由多孔硅形成的致密薄膜作为种子层，外延单晶硅薄膜作为压力传感器的承载膜片，最后制造压阻和 CMOS 信号处理电路。

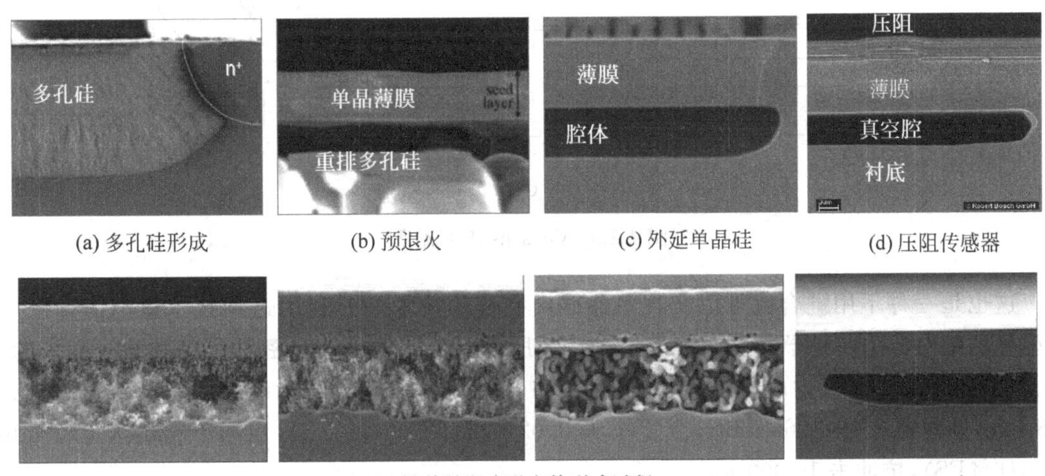

(a) 多孔硅形成　(b) 预退火　(c) 外延单晶硅　(d) 压阻传感器

(e) 腔体随温度升高的形成过程

图 4-21　Bosch 单晶硅压力传感器制造方法

这种方式首先在硅衬底内部形成真空腔，整个工艺过程完全CMOS兼容，并且可以将带有真空腔的衬底作为标准CMOS圆片使用。腔体制造只涉及电化学腐蚀、退火和外延单晶硅，不需要复杂的键合和封装形成腔体，是一种极为优化的压力传感器制造技术。传感器具有优异的性能和一致性，成本低。例如BMP085压力传感器的满量程为110 kPa，分辨率为0.001 kPa(0.0009%FS)，室温下测量精度为0.02 kPa(0.018%FS)。利用这一技术，Bosch从1995年起共量产了超过4亿只压力传感器。

ST开发了一种在单晶硅衬底内制造空腔的Vensens技术。如图4-22所示，首先利用SiO_2作为掩膜在一定的区域内刻蚀六边形孔构成的阵列，孔的尺寸为2～3 μm，距离1 μm，如图4-22(a)所示。去除SiO_2后在硅片表面外延生长单晶硅薄膜，覆盖整个刻蚀孔的表面。外延时没有氧气存在，反应分解的氢气被密封在孔内，如图4-22(b)所示。由于表面和横向都有外延产生，原垂直形状的孔在外延后成为鼓状。外延层的厚度取决于孔深度和间距，如果外延层过厚，外延后鼓状腔体消失，无法实现薄膜。外延后，在密封了鼓形阵列的膜片上方沉积80 nm的SiO_2和150 nm的氮化硅作为后续高温工艺的保护层，在1150℃无氧的条件下退火12 h。氮化硅的厚度要保证退火时被密封在鼓形腔体阵列中的氢气能够扩散溢出，使腔体内实现真空。高温条件下，鼓形腔体之间的硅原子为了保持最小能量构象，发生迁移而重新分布，导致鼓形腔体之间的硅柱消失而形成一个大的连续腔体，如图4-22(b)所示。硅原子重新分布后仍旧保持单晶的晶格，因此腔体形成后上方的薄膜仍为单晶结构。

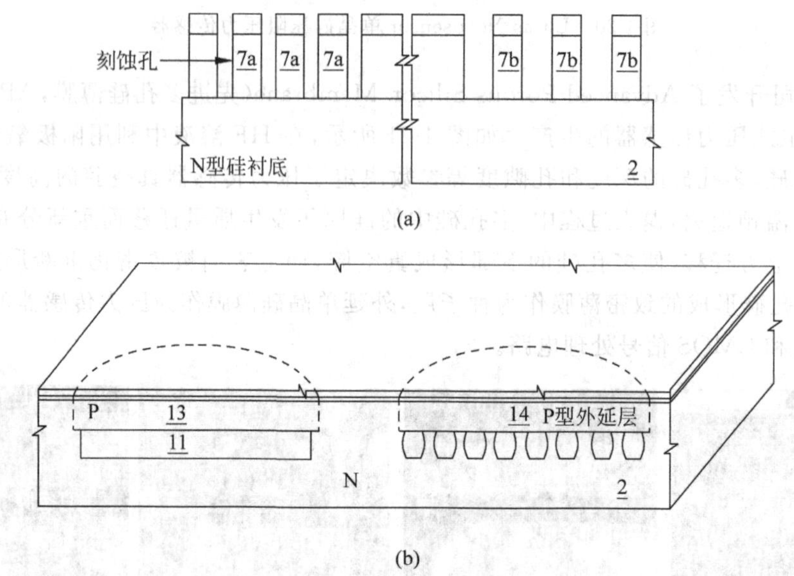

图4-22 Vensens工艺流程

这也是一种不用键合就可以实现单晶硅内空腔的技术，ST利用这种技术量产了LPS331等型号的绝对压力传感器，基本结构如图4-23所示。传感器由一个密封在单晶硅衬底内的空腔、单晶硅膜片和压阻构成[26]。传感器芯片和电路芯片采用SIP封装，压力膜片0.8 mm×0.8 mm，量程为260～1260 mbar，分辨率为0.02 mbar(0.0016%FS)，室温下精度为0.2 mbar(0.016%FS)，抗冲击10 000 g。

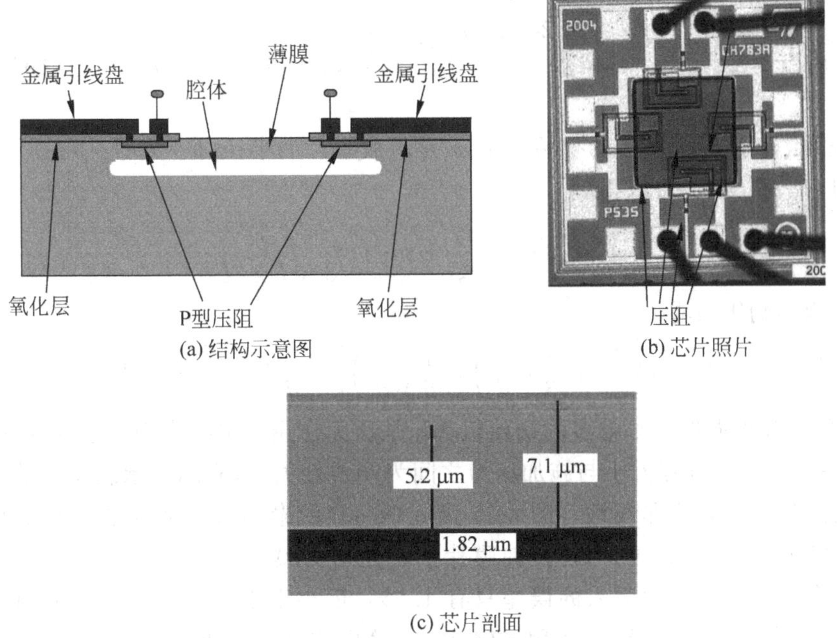

(a) 结构示意图
(b) 芯片照片
(c) 芯片剖面

图4-23 ST利用Vensens工艺制造的绝对压力传感器

4.2.3 电容式压力传感器

电容压力传感器出现于20世纪70年代末。电容式压力传感器将压力转换为电容极板的变形(极板间距的变化),再测量极板变形导致的电容变化测量压力[27]。图4-24所示分别为表面微加工和体微加工技术制造的电容式压力传感器结构示意图[9]。由于压力作用的特点,电容压力传感器一般采用平板电容结构。

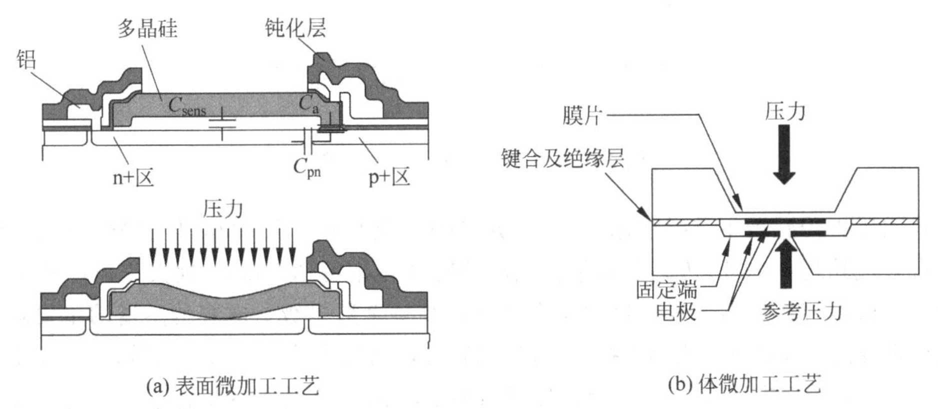

(a) 表面微加工工艺
(b) 体微加工工艺

图4-24 电容式压力传感器示意图

1. 基本模型

平板电容在变形前的极板间距是均匀的,忽略边缘效应可以表示为$C=\varepsilon A/g_0$。在压力作用下,膜片变形导致极板间隙不是均匀的,因此需要对膜片变形积分得到变形后的电容。当膜

片的变形小于膜片的厚度时,利用圆形膜片位移公式(4-34)可以得到电容为

$$C=\iint\frac{\varepsilon}{g_0-w(r)}\mathrm{d}S=\int_0^{\pi}\int_0^{r}\frac{2\varepsilon r\mathrm{d}r\mathrm{d}\theta}{g_0-w(r)}=\int_0^{\pi}\int_0^{r}\frac{2\varepsilon r}{g_0-pa^4[1-(r^2/a^2)]/(64D)}\mathrm{d}r\mathrm{d}\theta \tag{4-48}$$

其中 p 是压强,g_0 是两个极板的初始间距,a 是承载膜片的半径,$D=Eh^3/[12(1-\nu)]$。

对式(4-48)积分后,可以得到

$$C=8\pi\varepsilon\sqrt{\frac{D}{pg_0}}\tanh^{-1}\left(\frac{a^2}{8}\sqrt{\frac{p}{Dg_0}}\right) \tag{4-49}$$

进一步展开为泰勒级数有

$$C=C_0\left[1+\frac{1}{3}\left(\frac{w_o}{d}\right)+\frac{1}{5}\left(\frac{w_o}{d}\right)^2+\frac{1}{7}\left(\frac{w_o}{d}\right)^3+\cdots\right] \tag{4-50}$$

其中 C_0 是在没有压强作用时电容的初始值,w_o 是压力作用下电极中心位置的变形量。

从式(4-49)可知,电容大小与施加压力之间为非线性关系,实际上承载膜片的变形以及变形与电容之间的关系均为非线性。图 4-25 为式(4-50)的泰勒级数曲线及一阶最小二乘近似曲线。电容按照 C_0 归一化,压力按照使膜片中心变形为膜片厚度的一半时($w=0.5$ h)的压力归一化。舍弃高阶分量后引入的误差只有 1.5%,远小于小变形假设情况下膜片中心的变形 $w=0.5$ h时的误差 11%[28]。利用式(4-48)计算电容和灵敏度非常复杂,有限元法更适合分析电容式压力传感器的特性。从压阻传感器的灵敏度式(4-45)可以发现,电容传感器的灵敏度对膜片的半径厚度比 a/h 的依赖程度更高,并且还依赖于极板间隙。

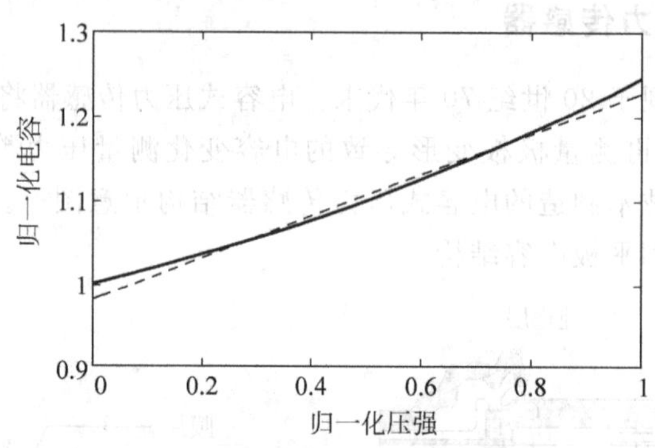

图 4-25 电容式压力传感器示意图

电容式压力传感器不需要使用压阻,其突出的优点是膜片尺寸小,传感器温度系数低,理论上没有直流功耗。另外,传感器满量程输出相对变化率可达 100%,远大于压阻式传感器的 2%,因此一般电容传感器的灵敏度比压阻传感器高一个数量级。电容传感器的主要缺点是电容变化是非线性的,电容小、输出阻抗大、寄生电容等都为信号处理带来了困难,需要将电路尽可能放在离电容近的地方;另外,上下极板的间隙很小,限制了传感器的量程范围,制造的难度大。

2. 电容式压力传感器的结构和制造

图 4-26 为 ISSYS 利用 Michigan 大学开发的溶硅工艺制造的电容式压力传感器产品[29]。该传感器仅从硅片的一面制造膜片,并利用了浓硼掺杂和硅玻璃键合技术。图 4-26(a)为制造工艺流程(1)用 SiO_2 作为掩膜,利用 KOH 刻蚀一个正方形硅杯,硅杯的深度决定了极板间

距；(2)去除 SiO_2 掩膜，沉积并刻蚀新的 SiO_2 掩膜，硅杯内部需要 SiO_2 掩蔽；(3)硼掺杂形成浓度大于 $7\times10^{19}/cm^3$ 高浓度 p 型区 p++；(4)光刻，去除硅杯底部的 SiO_2 掩蔽，对硅杯底部浓硼注入和退火；(5)沉积并刻蚀介电层形成硅杯底部的介电层，作为后续的隔离使用；(6)将硅芯片与玻璃阳极键合，并用 TMAH 将硅片整体刻蚀，由于浓硼掺杂区不被 TMAH 刻蚀，形成了传感器的膜片。

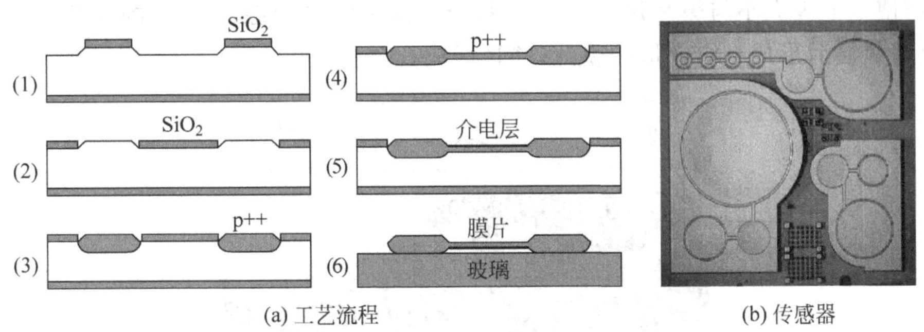

(a) 工艺流程　　(b) 传感器

图 4-26　溶硅制造的单面加工电容式压力传感器

溶硅法也可以利用重掺杂硼作为压阻、氮化硅作为承载膜片。这种方法既可以实现高灵敏度的压阻器件，同时利用氮化硅可以精确控制膜厚和残余应力。为了实现较大的线性范围和小量程测量，膜片还可以采用硬芯结构或者波纹膜片，这两种膜片在小量程时具有较好的线性，但是制造过程更加复杂[30]。溶硅技术制造的压力传感器的电容与电镀的平面电感组成射频谐振电路，可构成无线传输电容压力传感器[31]，用于人体内或汽车轮胎等的压力测量。

电容式压力传感器的灵敏度和精度较高，一般相对测量精度为 0.1%FS 的水平。尽管电容式压力传感器的灵敏度高，但是寄生电容等给信号处理电路带来了较大的难度。相比压阻式传感器，电容式压力传感器的信号处理电路更加复杂。电路技术的发展以及片上集成 CMOS 信号处理电路的实现，极大地提高电容式压力传感器精度。2014 年 Murata 发布的利用硅玻璃键合制造的高精度压力传感器，最大测量范围 110 kPa，精度 0.01%FS，达到了谐振式压力传感器的水平。

电容的测量范围被上极板(受压膜片)与下电极板相接触所限制。但两极板接触后，随着压力的增加，接触面积仍随之增加，只要极板间的绝缘能够保持，传感器仍旧可以工作，这种极板接触的状态称为接触模式[32]。接触模式能够将线性范围扩大一倍以上，但是却显著降低了灵敏度。除了上述电容压力传感器外，还有多种不同设计的电容压力传感器，如图 4-27 为硬芯平板电容压力传感器。另外，采用波纹膜片可以提高线性范围，但是制造工艺较为复杂[33]。

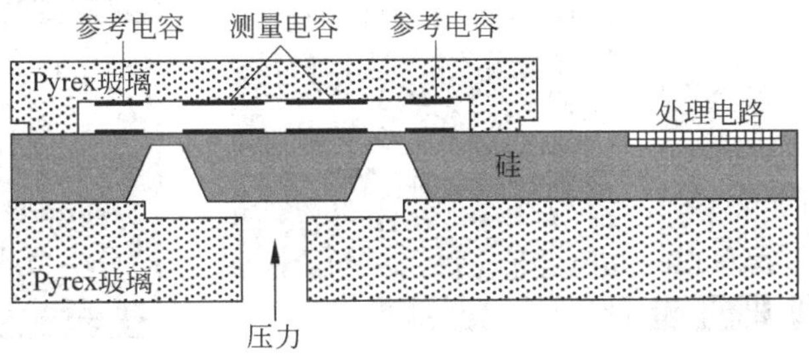

图 4-27　硬芯膜片电容压力传感器

电容式压力传感器的电容信号很小，给后续处理电路带来较大的难度。考虑到电容传感器测量的是电容的相对变化，将电容传感器的感应电极的面积与膜片面积分离开，使电极面积减小，有助于提高电容的相对变化量。图 4-28 为 Stanford 大学提出的改善电容相对变化量的传感器结构[34]。这种传感器 SOI 衬底作为下电极，采用 SOI 的器件层和外延单晶硅作为变形膜片，电容的上电极也位于膜片上，上电极通过刻蚀缝隙填充氮化硅实现电极与膜片其他区域绝缘，从而使上电极大小与膜片尺寸无关。两个电极之间的缝隙由 SOI 的埋氧层厚度决定，刻蚀去除埋氧层后形成自由变形的膜片，并且形成真空腔。

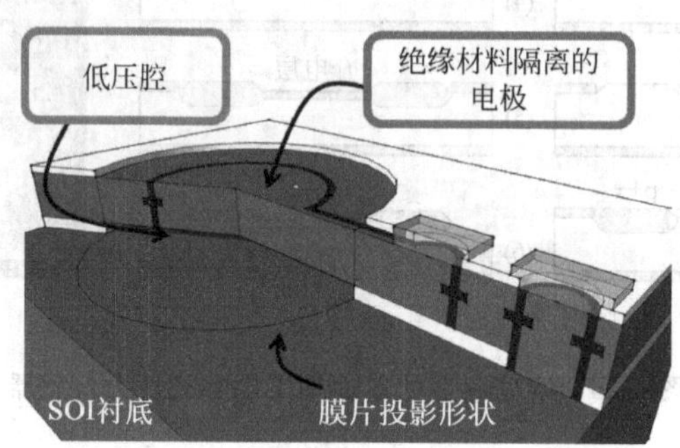

图 4-28 SOI 结构的电容式压力传感器

传感器的制造流程如图 4-29(a)所示。首先 DRIE 刻蚀 SOI 的器件层，定义一个环形上电极、一个连接上电极的环形引线盘、一个连接下电极的环形引线盘，以及连接上电极和上电极引线盘的导线区，然后沉积氮化硅将深刻蚀的缝隙填充；DRIE 深刻蚀 SOI 器件层上由氮化硅包围的下电极引线盘，并刻蚀对应区域的埋层 SiO_2，通过外延将圆孔内填充硅，实现 SOI 衬底层的连接；深刻蚀 SOI 器件层及外延层，形成多个小孔构成的释放窗口，利用 HF 气相刻蚀通过释放窗口刻蚀 SOI 的埋层 SiO_2，将膜片释放悬空，再次在 SOI 器件层上外延单晶硅，将释放小孔全部密封形成压力传感器的膜片；刻蚀外延层上引线盘内部的区域，沉积 SiO_2 作为绝缘层，沉积 Al 作为互连，完成引线连接。图 4-29(b)为传感器的俯视和剖面照片。膜片的大小由最外圈的释放孔组成的圆形直径决定。

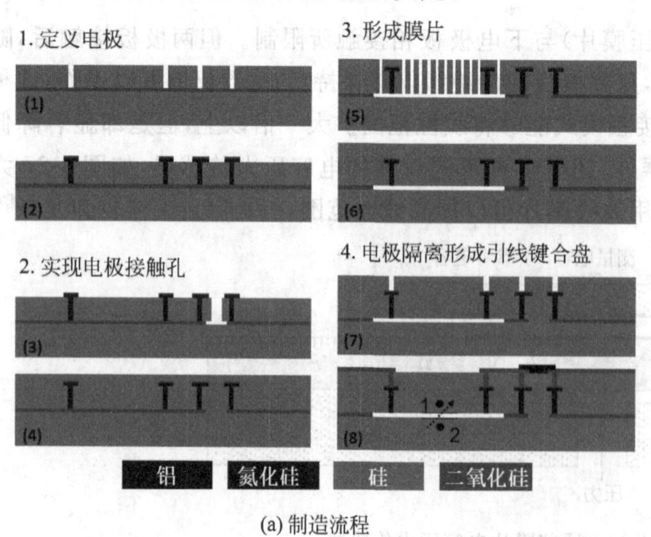

(a) 制造流程

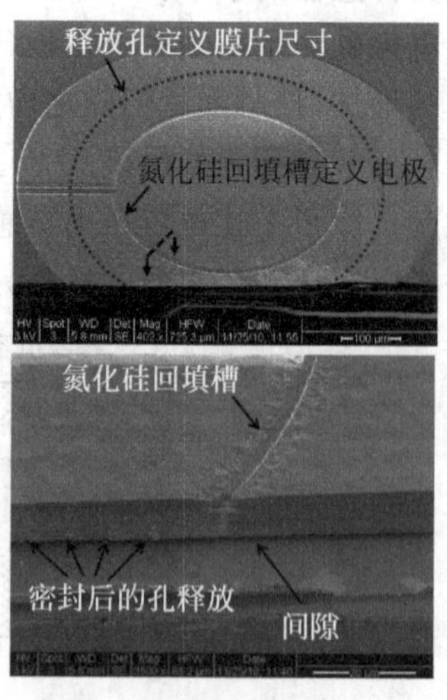

(b) 传感器结构

图 4-29 SOI 电容压力传感器

4.2.4 谐振式压力传感器

谐振式压力传感器利用压力作用时谐振结构频率的改变实现压力测量。机械谐振结构的振动损耗决定了频率稳定性(品质因数 Q 值),直接影响谐振式传感器的性能。损耗主要来自于谐振器所在环境的振动阻尼。为了减小环境阻尼、提高 Q 值,谐振器需要密封在真空中,避免与空气和被测液体接触。硅谐振式压力传感器一般用同一块单晶硅制造传递压力的膜片和真空封装的谐振器,在结构连接处无迟滞、蠕变、漂移,振动不会受到流体的影响,Q 值非常高,具有良好的稳定性、重复性和很高的分辨率。

硅谐振式压力传感器可以利用谐振板(膜)和谐振梁实现。图 4-30 为电激励的谐振膜式压力传感器[35]。传感器的谐振结构是由两层硅键合而成的空腔,通过 4 个带有流体通道的支承梁把谐振腔固定在支承框架上。谐振腔密封在两层玻璃键合的真空腔内。支承梁上的流体通道作为被测压力的输入口,将压力作用在谐振腔 4 边的中心点上,使谐振器的形状发生变化,引起谐振频率的变化。谐振腔 4 角与框架上对应位置有激励和检测电极,通过静电力激励谐振,并利用电容实现测量。

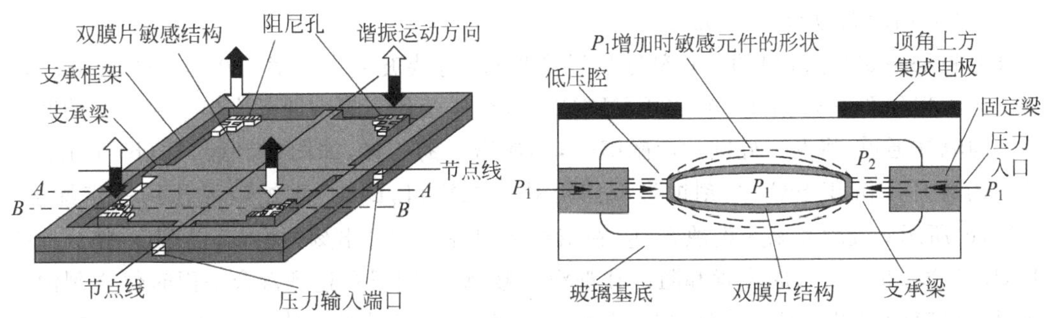

图 4-30 膜片谐振式压力传感器

谐振器可以被激励在多个振动模式上。图 4-31 为一种平衡振动模式,相邻顶角的振动相位相反。此时支承谐振器的 4 个空心梁位于谐振器的节点上,没有能量损耗,并且由于合力和合力矩抵消,谐振器具有很高的品质因数。将谐振器近似为薄板结构,其谐振频率为

$$f_0=\frac{A}{L}\sqrt{\frac{Et}{2\rho I_{\mathrm{P}}S(1+\nu)}} \tag{4-51}$$

其中 L 是谐振腔的边长,E、ρ 和 ν 分别是硅的弹性模量、密度和泊松比,A 和 S 分别是谐振腔的截面积和周长,I_{P} 是围绕扭转轴的极区惯性矩。压力灵敏度可以对式(4-51)进行对数和微分运算,结果为非线性表达式,其中的主要项是与谐振器截面积相关的项:

$$\frac{1}{f}\frac{\partial f_0}{\partial P_{\mathrm{d}}}\approx\frac{1}{A}\frac{\partial A}{\partial P_{\mathrm{d}}} \tag{4-52}$$

其中∂P_{d} 是敏感膜片的压力变化。对于较薄的谐振腔,系数 $1/A$ 很大,同时不管截面积大小,压力变化引起的截面积的变化是相等的。因此为了增加压力灵敏度,需要减小敏感谐振腔的膜片厚度(使∂A 增加)。另外谐振腔的整体厚度要小,即减小谐振腔的截面积(降低 A)。

图 4-30 所示谐振结构的主要阻尼是压膜阻尼,当谐振腔与密封键合玻璃的距离很小时,压膜阻尼迅速增加,因此需要在谐振腔没有密封的 4 角开阻尼孔降低压膜阻尼的影响。理想

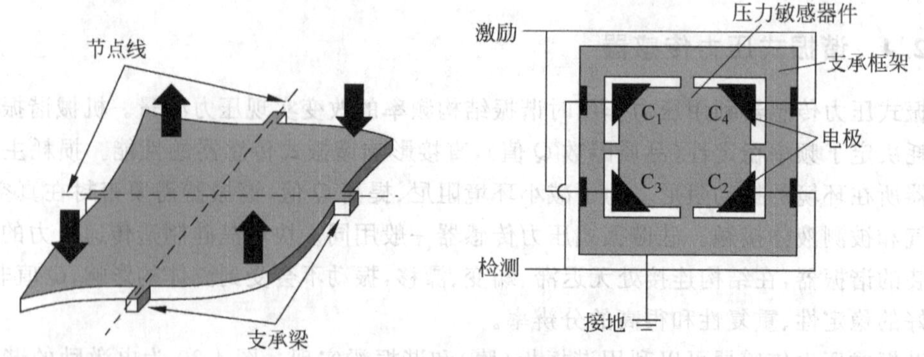

图 4-31 板的振动模式

的谐振器具有高频、高灵敏度和高 Q 值,但是这 3 者对谐振腔的边长 L、谐振腔膜片的厚度 t、谐振腔膜片的间距 d,以及谐振器与封装侧壁的距离 h 的要求有矛盾,需要优化选择。传感器的谐振频率与尺寸相关,在谐振器长度 5 mm、膜片厚度 100 μm、腔体内膜片的间距 80 μm、谐振器与封装侧壁的距离 30 μm 的情况下,谐振频率为 30～40 kHz,Q 值达到 14 000,灵敏度为 0.05 Hz/Pa,温度系数为－34 ppm/℃。

谐振腔采用 300 μm 厚的硅片刻蚀后键合形成,封装玻璃为厚度 500 μm 的 Pyrex 7740。主要工艺流程如图 4-32 所示:首先用 DRIE 在两个硅圆片上深刻蚀形成半个腔体深的凹槽和支承梁的流体通道,将两个硅圆片熔融键合,形成密封的腔体,如图 4-32(a)和(b)所示;其次在键合的硅片上沉积 SiO_2 并刻蚀形成阻尼孔刻蚀窗口,DRIE 刻蚀阻尼孔到一定深度,如图 4-32(c)所示;最后光刻并刻蚀 SiO_2,在谐振密封腔上方开出刻蚀窗口,以 SiO_2 作为掩膜继续 DRIE 刻蚀,此时密封腔位置和阻尼孔都没有被掩蔽,阻尼孔达到键合平面时停止刻蚀。由于密封腔对应的位置比阻尼孔的刻蚀时间短,因此在刻穿阻尼孔的同时减薄了腔体上方,如图 4-32(d)所示;在背面重复同样的刻蚀步骤,直到 DRIE 将键合的硅圆片刻蚀穿透为止,如图 4-32(e)所示;然后双面键合带有电极的玻璃,将谐振腔整体密封起来,如图 4-32(f)和(g)所示。

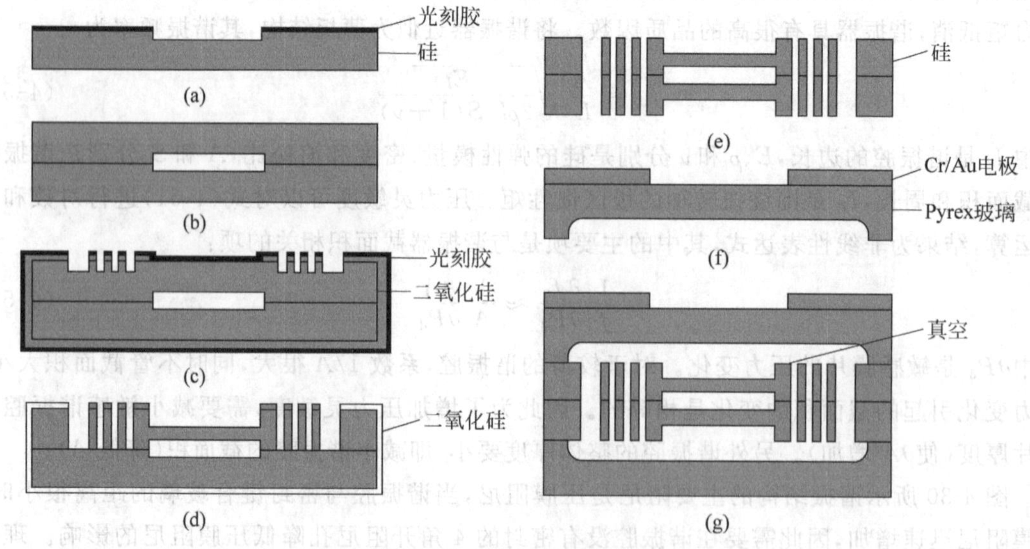

图 4-32 制造流程示意图

图 4-33 为日本横河公司开发的 H 形谐振梁式压力传感器[36]。传感器的膜片上有两个 H 形的真空腔，其平分面位于膜片的主平面内。每个 H 形的真空腔内都有 1 个与其形状相同的 H 形谐振器，H 形谐振器的 4 个顶点分别固定在 H 形真空腔的 4 个顶点内部，使谐振器悬浮在真空腔内，构成两个双端固支梁，中心被一个横梁连接。膜片在压力的作用下对谐振器的固支梁施加应力，导致 H 形谐振器的谐振频率发生变化，类似张力改变弹簧的谐振频率。这两个 H 形谐振器分别位于膜片的中心和边缘，分别承受压应力和拉应力，通过连接为差分模式，可以使温度等共模干扰因素的影响减小到其他类型传感器的 10%以下，并能够将灵敏度提高。

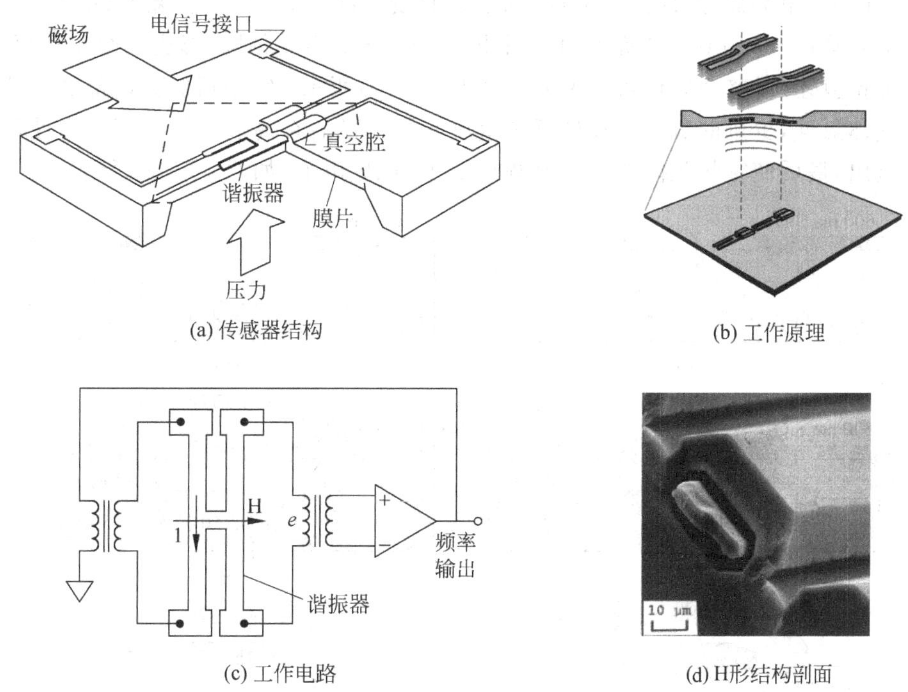

图 4-33　H 形谐振压力传感器

传感器的谐振系统包括谐振器、机电耦合换能器和正反馈放大器，产生谐振的条件是闭环增益为 1，并且放大器的输入和输出同相位，能够产生自激振荡。两个双端固支梁中的 1 个产生激励信号，另 1 个检出信号。谐振器外部作用有磁场，当激励梁通过交变电流时，产生的洛仑兹力驱动激励梁振动。激励梁通过横梁带动信号检测梁振动，检测梁切割磁力线产生电动势，幅值正比于梁的速度。利用外部放大电路将检测梁的电动势放大，并正反馈到激励梁，激励电流与电动势具有相同的相位。通过控制放大器的增益为 1，正反馈维持系统处于谐振状态，谐振器本身作为电路系统中的带通滤波器。

由压力 P 引起的传感器方膜片的应变 $\Delta\varepsilon$ 可以用薄板近似得到

$$\Delta\varepsilon = \frac{ka^2}{t^2}P \tag{4-53}$$

其中 k 为常数，a 和 t 分别是膜片的边长和厚度。带有应力 ε 的双端固支梁的谐振频率为

$$f = \frac{22.37h}{2\pi l^2}\sqrt{\frac{EI}{12\rho}\left[1 + 0.2236\varepsilon\frac{l^2}{h}\right]} \tag{4-54}$$

其中 E 和 ρ 分别为梁的弹性模量和密度，h 和 l 分别表示梁的厚度和长度。由式(4-54)可知，

谐振频率与应变灵敏度的平方根成正比。应变灵敏度 S 表示为

$$S=\frac{12n^2}{\pi^2(n+0.5)^4}\left(\frac{l}{h}\right)^2 \tag{4-55}$$

传感器采用单晶硅制造，膜片采用 KOH 刻蚀，谐振器为重掺杂的 p 型硅，其他部分为 n 型硅，谐振器和衬底用 p-n 结隔离。谐振器和密封腔的制造流程如图 4-34 所示。首先沉积 SiO_2 作为掩膜层并刻蚀形成窗口，如图 4-34(a)所示；湿法刻蚀单晶硅，形成图 4-34(b)所示的形状；分别外延 p＋和 p＋＋单晶硅，形成图 4-34(c)所示的形状；在 p＋＋单晶硅上再顺序外延 p＋和 p＋＋单晶硅，形成图 4-34(d)所示的情况；HF 湿法刻蚀去除 SiO_2，如图 4-34(e)所示；刻蚀包围 p＋＋的 p＋单晶硅，由于重掺杂的 p＋＋不被刻蚀，形成如图 4-34(f)所示的结构；外延 n 型硅，对整个腔体进行密封，如图 4-34(g)所示；完毕后腔体内部的气体为外延时的载体气体氢气，少量的氧气会和硅反应生成 SiO_2；最后在高温纯氮气环境中使氢气从密封腔体内溢出，最后使密封腔内的压力保持在 13 000 Pa 以下，如图 4-34(h)所示。

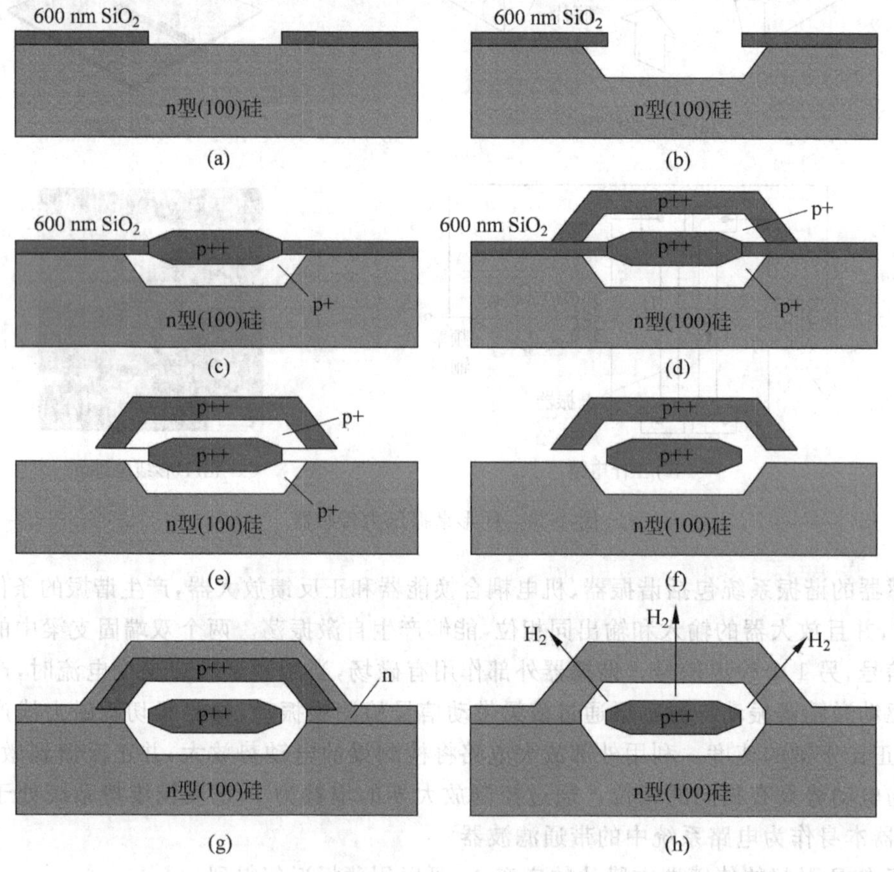

图 4-34 制造流程示意图

机械谐振器在真空中几乎没有阻尼损耗，损耗主要来自材料和结构本身的能量损耗。由于硅的弹性很好，H 形密封梁在真空中的谐振品质因数可达 50 000。传感器的谐振频率取决于 H 梁的结构，通常为 100 kHz 左右；量程取决于膜片厚度，横河公司的压力传感器最大量程可达 14 MPa。谐振式传感器是目前测量精度最高的压力传感器，如横河和 GE Druck 的谐

振式压力传感器的测量精度都达到 0.01%FS,稳定性好于 0.01%FS/年。

除了键合制造谐振腔,利用表面工艺也可以实现密封的谐振器[37]。表面工艺的优点是可以制造尺寸很小的谐振器,能够实现较高的谐振频率和较大的灵敏度;但是表面工艺中使用的薄膜材料性能一般不如体材料,因此谐振器最好采用机械性能较好的多晶硅材料,另外防粘连是需要重点解决的问题。

4.3 麦克风

麦克风是把声压信号转换为电信号的高灵敏度压力传感器,在硅衬底上制造的麦克风被称为硅微麦克风或微麦克风。第一个硅基麦克风是 1983 年出现的 ZnO 压电麦克风[38],1984 年和 1986 年出现了驻极体和电容式硅微麦克风。早期的电容式微麦克风多在两块硅片上分别制作背板和振膜,然后键合。这种结构工艺复杂、重复性差、应力分散、寄生电容和噪声也较大。1991 年 Scheeper 提出了结构较为完善的单芯片硅微麦克风[39],1994 年 Bergqvist 提出了用硅-硅键合和背面刻蚀技术制作的电容式微麦克风,它不需要对准,可以实现大批量生产。

与传统采用聚合物材料振动膜的驻极体式麦克风相比,硅微麦克风具有以下优点:①利用微加工技术可以精确控制麦克风的尺寸和薄膜应力,实现对灵敏度和响应频率的控制;②可以采用表面贴装工艺装配,能够承受 260℃的高温回流焊过程;③硅微麦克风为单面结构器件,且尺寸只有 1～2 mm,芯片面积小、可以自动化装配、生产和装配成本低;④需要信号处理电路提供外部偏置,有效的偏置使麦克风在不同温度下的性能都十分稳定,其灵敏度受温度、振动、湿度和时间的影响小;⑤产品一致性好、电流功耗低、耐冲击和振动能力高,对附近的扬声器的耦合小。

由于这些优点,2003 年 Motorola 首先将 Knowles 的微麦克风引入手机,此后微麦克风在智能手机和平板电脑领域得到了广泛应用。苹果公司从 iPhone 5 开始,在机身正面上方、底部和背面共安装了 3 个硅微麦克风,以实现高效降噪,这已成为智能手机的标准。由于智能手机、平板电脑,以及耳机、游戏机、照相机和助听器市场的高速发展,近年来微麦克发展迅猛。根据 IHS 的统计,2013 年全球硅微麦克风出货量达到 20.5 亿片,营业收入 8.33 亿美元。排名第一的 Knowles 以 4.94 亿美元占全球市场的 59%,排名 2～10 位的依次为 AAC、Goertek、BSE、ST、ADI、Hosiden、Wolfson、NeoMEMS、Bosch。排名前 4 的均为苹果的供应商,Knowles 是 iPad mini 和 iPhone 的第一和第二大供应商,AAC 是 iPhone 和 iPad 3 的最大供应商,苹果的订单占这两家公司收入的 40%。Goertek 是 iPhone 耳机的最大供应商,同时还是三星、LG、松下、西门子、NEC 等的供应商。Infineon 提供了全球 78%的麦克风裸芯片,AAC 和 Goertek 的麦克风芯片均购自 Infineon。ADI(其麦克风部门 2013 年被 Invensense 收购)以高性能硅微麦克风为主,单片价格远高于其他公司的产品,是 iPhone 5 和 iPad 第 3 个麦克风的唯一供应商。ST 利用 Omron 公司的麦克风芯片进行封装和电路匹配,2012 年销售 6000 万个麦克风芯片,发展迅速。

硅微麦克风包括压阻式、驻极体式、电容式和压电式等几种,频率响应范围一般在 100 Hz～20 kHz。驻极体式微麦克风由振膜或背板提供驻极电荷,不需要外界偏置源。驻极体存储和长期保持电荷的能力决定着麦克风的性能,但是良好的驻极体材料一般为 Teflon FEP 和

PTFE等高分子材料,不具有硅麦克风的优点,近年来驻极体式的微麦克风已被淘汰。压阻式麦克风利用压阻测量振动薄膜的变形,灵敏度约为25 μV/Pa;压电式麦克风利用压电薄膜测量振动薄膜的变形,灵敏度为50～250 μV/Pa。压阻式和压电式麦克风的结构简单、可靠性高,但是灵敏度较低[40]。电容式麦克风利用背极板和振膜组成平板电容,由外电源通过高阻抗的电阻为麦克风提供偏置电压,通过测量声压作用下振膜变形引起的电容改变来检测声压,在灵敏度、频率响应平坦度及温度稳定性等方面具有突出的优点。目前市场上的硅微麦克风产品全部为电容式,其灵敏度可达0.2～25 mV/Pa。

4.3.1 麦克风的建模

由于通常声压都比较小、人听觉的频率响应范围在20 Hz～20 kHz,因此对麦克风的灵敏度、频率范围和噪声电平(本底噪声)有较高的要求。对于电容式麦克风,输出电压与偏置电压及振膜的形变成正比,振膜的刚性越低则形变越大。另外输出电压与振膜与背板电极构成的电容的极板间距成反比,间距越小输出灵敏度越高。然而,电容麦克风的量程和间距都受到电容下拉效应的影响。麦克风的建模方法包括等效电路法[41]、应用弹性力学[42],以及一阶集总参数模型法[43]。

麦克风的灵敏度表示麦克风的声电转换效率,定义为在声压为1 Pa的自由声场中,麦克风的开路输出电压。通常麦克风首先利用振膜将声压转换为振膜的变形,再利用敏感器件将振膜变形转换为电信号。机械结构的灵敏度为变形与声压ΔP的比值,而电灵敏度为输出电压ΔV与振膜变形的比值,总体灵敏度等于机械灵敏度与电灵敏度的乘积$S=\Delta V/\Delta P$。圆形振膜电容式麦克风的灵敏度可以近似为[44]:

$$S = \frac{V_b R^2}{8\sigma t d}\frac{C_a}{C_a + C_p} \tag{4-56}$$

其中V_b是电容的偏置电压,R是振膜半径,t为振膜厚度,d为振膜与背板间距,σ为振膜固有应力,C_a和C_p分别为麦克风的有源电容(振膜到背板的电容)和寄生电容。

噪声是麦克风的一个重要性能指标,灵敏度越高固有噪声越低,其信噪比就越高,麦克风性能越好。噪声电平一般用dB(A)表示,是噪声输出与20×10^{-6} Pa的声压产生的输出的比值的分贝数。麦克风的噪声来源于热噪声。假设麦克风是线性谐振系统,其热噪声的等效压力可以表示为

$$\Delta P^2 = \frac{\kappa P k T}{V_{eq}} \tag{4-57}$$

其中κ是绝热系数(空气为1.4),P是环境压强(1.013×10^5 Pa),k为玻耳兹曼常数,T是热力学温度,V_{eq}是麦克风振膜的等效体积,定义为具有与麦克风振膜相同柔度的空气的体积。对于圆形振膜,

$$V_{eq} = \frac{\kappa\pi P R^4}{8\sigma t} \tag{4-58}$$

其中R是振膜的半径,σ是振膜应力,t是振膜厚度。当振膜的挠度为抛物线形式时,挠度可以表示为中心位移w_0的函数

$$w(r) = w_0(1 - r^2/R^2)^2 \tag{4-59}$$

其中 $w_0=pR^2/(4\sigma t)$，p 是振膜上作用的压强。于是麦克风振膜的热噪声等效压力为

$$\Delta P^2=\frac{8\sigma tkT}{\pi R^4} \tag{4-60}$$

从式(4-60)可以看出，降低振膜的热噪声需要使用刚度系数小的振膜，即较大的直径和较小的厚度。另外振膜材料要具有较小的应力。对于电容式麦克风，振膜的拉应力不能过小，否则施加在麦克风上的电压会导致振膜发生下拉现象。对于圆形振膜，在背板与振膜尺寸相同且没有声学孔的情况下，下拉电压为

$$V_c=\sqrt{\frac{1.578\sigma td^3}{\varepsilon_0 R^2}} \tag{4-61}$$

当背板尺寸与振膜不同时，下拉电压的表达式与式(4-61)类似，仅常系数不同。

麦克风的设计过程需要对不同的参数进行折中。低噪声和高灵敏度要求小的薄膜应力，而小的薄膜应力导致下拉电压较低。尽管增加空气间隙的厚度 d 可以避免极化电压作用下的下拉现象，但是麦克风的电容随之减小，导致电容信号损耗，降低了麦克风的灵敏度，前置放大器的等效噪声增加。

频率范围也称带宽，是指麦克风正常工作的频带宽度，通常以带宽的上限和下限频率来表示。为了使麦克风能够达到一定的频率响应，麦克风承受声压的振膜需要固有拉应力。麦克风的动态模型描述了动态响应和频率范围，是建模的重要内容。与一般的换能器进行机电类比的方法相同，麦克风的动态特性可以利用声、机械和电域的类比获得，即力对应电压，质量对应电感，阻尼对应电阻，弹簧对应电容。

图 4-35 为电容式麦克风的结构示意图和等效电路模型。当声压 p 作用在长度为 L 的正方形振膜上时，由于传播介质和振膜材料的声阻不匹配造成振膜的辐射阻抗。等效电阻 $R_r(\omega)$ 和等效质量 M_r 为

$$R_r(\omega)=\frac{0.1886}{\pi^3}\frac{L^6\rho_0\omega^4}{c^3},\quad M_r=\frac{2.67L^3\rho_0}{\pi\sqrt{\pi}} \tag{4-62}$$

其中 ρ_0 是传播介质(空气)密度，ω 是角频率，c 是传播介质中的声速。如果振膜和背板之间是刚性连接，则二者在声压的作用下有相同的位移，因此两者在等效电路中为串联关系。如果振膜和背板的弯曲刚度假设为由固有应力决定，则二者的柔度对应的电容和质量分别为：

$$C_d=\frac{1}{30\sigma_d t_d},\quad C_b=\frac{1}{30\sigma_b t_b\sqrt{1-(2a/b)^2}}$$

$$M_d=\rho_d t_d L^2,\quad M_b=\rho_b t_b L^2\sqrt{1-(2a/b)^2} \tag{4-63}$$

其中下标 d 表示振膜，b 表示背板，$2a$ 和 b 分别是声学孔的直径和中心距。

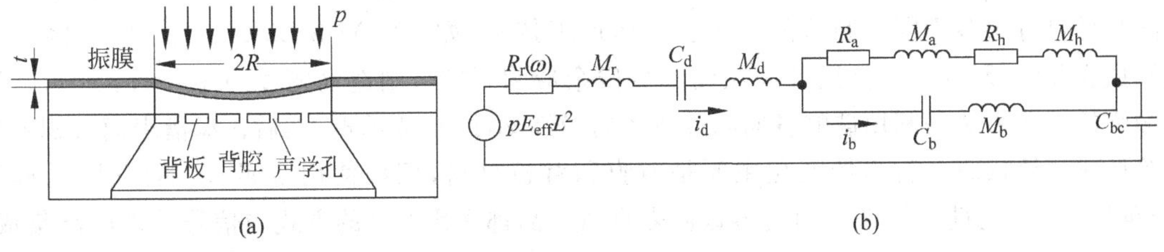

图 4-35　电容式麦克风的结构示意图和等效电路模型

由于麦克风尺寸较小,背极板和膜之间的空气间隙将产生明显的压膜阻尼,限制麦克风的带宽,因此需要在背极板上制造很多声学孔降低压膜阻尼。声学孔会导致背极板刚度下降,如果背极板刚度降到与膜相同的数量级,会严重影响传声器的性能,所以背极板的刚度要大。由于振膜和背板之间空气流的阻尼作用,传递的能量会有损耗。对于不可压缩层流,机械阻抗为

$$R_a = \frac{1.22\eta\pi L^2 b^2}{t_a^3}B, \quad M_a = \frac{0.102\rho_0 \pi L^2 b^2}{t_a^3}B \tag{4-64}$$

其中 η 是空气的粘度系数,t_a 是空气间隙,$B = 0.5\ln(0.4b/a) + 3.133a^2/b^2 - 4.907a/b - 0.375$。另外,背板的声学孔也会引起阻抗,用狭缝代替孔,阻抗表示为

$$R_h = \frac{12\eta t_b L^2}{b^2}, \quad M_h = \frac{24\rho_0 t_b a^2 L^2}{5b^2} \tag{4-65}$$

由于空气间隙和背板声学孔的位移相同,所以它们是串联关系,根据气流与背板共同承担振膜产生的压力,因此背板与气流为并联关系,即空气间隙和声学孔串联后与背板是并联关系。最后,背腔内的介质(空气)会在振膜两端产生动态压力变化,引起机械刚度 C_{bc}。在与背板接触的位置与背板有相同的位移,而与声学孔相接触的位置与声学孔气流的位移相同,因此认为背腔与这二者都是串联关系。假设背腔内的空气为理想气体,柔度表示为

$$C_{bc} = \frac{V}{\rho_0 c^2 L^4} \tag{4-66}$$

其中 V 是背腔的体积。

麦克风的动态特性(频率响应)一般可以描述为二阶系统。麦克风的阻尼需要在合适的范围,以获得合适的带宽和频带内稳定的响应。当麦克风阻尼很小时,响应曲线表现为截止频率处的凸起,类似于共振,当工作频率进入该频率点时,容易造成麦克风的饱和和损坏;当阻尼很大时,频率响应随频率增加衰减很快,恒定响应的频率范围很小,频带很窄。薄膜残余应力可能远远大于声压产生的应力,因此决定麦克风静态和动态性能不是测量时的应力,而是残余应力。

4.3.2 电容式麦克风

电容式麦克风由承受声压的振动振膜和背板电极构成电容,通过声压使振膜变形而改变电容大小进行测量,工作时需要施加直流偏压,如图 4-36 所示。声压远远小于大气压,为了实现较高的灵敏度,麦克风的振膜必须面积大、厚度小。由于麦克风振膜与背电极板之间的距离仅为几微米,较大的振膜面积和振膜内的残余应力容易导致粘连现象的发生。另外,外部振动、冲击或过载等可能使振膜进入电容的下拉区,导致粘连问题。因此,控制振膜的残余应力是解决粘连的关键,同时还需要预防粘连的手段,如防粘连凸点、结构强化或使用特殊的低应力结构等。

尽管电容式麦克风的基本结构都是振膜和带有声学孔的背板组成的平板电容,但是制造方法和材料有很多不同。制造的方法包括体加工技术(如 CMOS-MEMS 工艺[45])、键合[46],以及振膜和背板结构(如使用波纹振膜释放残余应力[47~49],制造高密度声学孔背板[50])。波纹振膜的制造方法是利用硅的各向同性或各向异性刻蚀,形成深槽,然后在深槽表面沉积氮化硅等形成波纹振膜。材料的变化主要是薄膜和背板材料,例如使用金属、多晶硅[51,52]、硅和p+重掺[53]、氮化硅[54,55]等。目前多数微麦克风产品都采用 SiP 的方式与信号处理电路集成,而在封装外壳和基板上制造声学孔的方式,分别适用于振膜在背板上方和振膜在背板下方的结构形式,如图 4-37 所示。

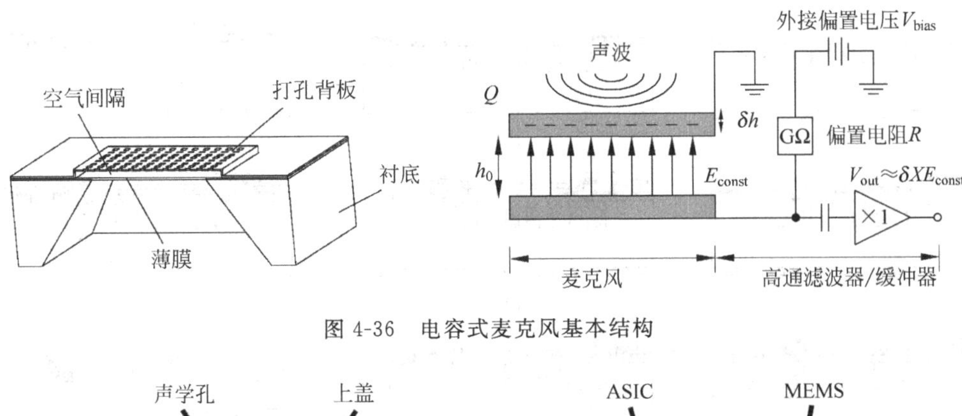

图 4-36 电容式麦克风基本结构

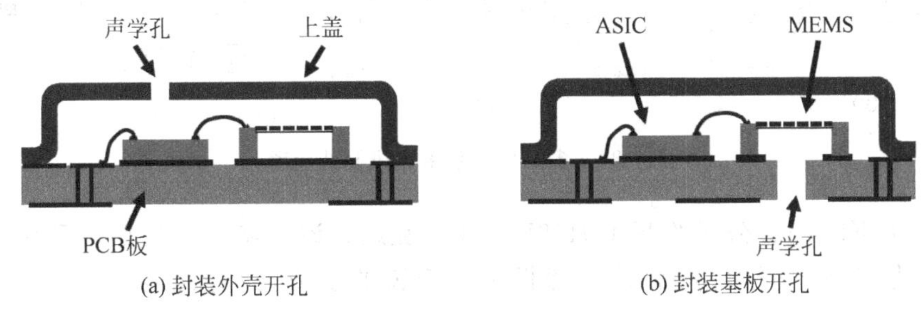

(a) 封装外壳开孔 (b) 封装基板开孔

图 4-37 麦克风的封装形式

1. 多晶硅振膜

图 4-38 为采用多晶硅作为振膜、重掺 p＋单晶硅作为背板的电容式麦克风截面图[52]。这种背板位于下方的麦克风适合采用图 4-37(a)所示的方式进行封装。当偏压为 10 V 时，2 mm 边长的振膜灵敏度为－34 dB(20 mV/Pa)，频带为 0～10 kHz。

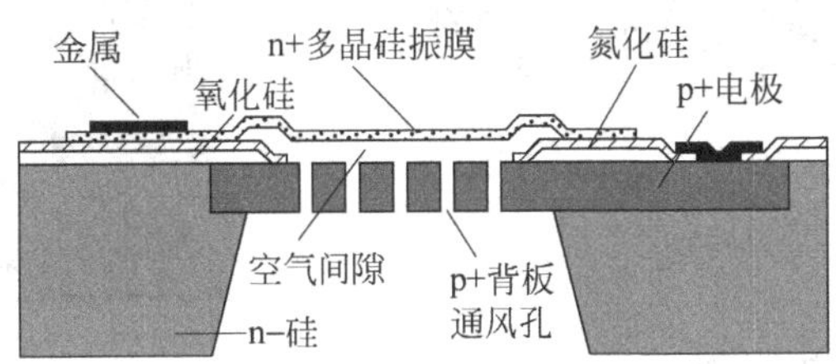

图 4-38 多晶硅薄膜麦克风

图 4-39 为制造流程。在 n 型硅上热生长 1 μm 厚的 SiO_2 作为重掺杂的掩蔽层，1175℃固态硼掺杂，氧化 20 min 去掉损伤，形成厚度为 13 μm 的背板电极，如图 4-39(a)所示。正面 LTO 沉积低温 SiO_2 并刻蚀形成电极间的绝缘，再沉积 0.3 μm 的氮化硅，以 0.5 μm 的 LTO 作为掩膜，在磷酸中刻蚀氮化硅。沉积 4 μm 厚 LTO SiO_2 作为牺牲层，厚度决定电容麦克风的极板间距，BHF 刻蚀牺牲层。接下来 LPCVD 沉积 2 μm 的掺磷低应力多晶硅形成电极，残余应力为 100 MPa 拉应力，再沉积 1 μm 多晶硅，然后 1050℃退火激活并消除残余应力，RIE 刻蚀多晶硅。沉积 0.6 μm 的 LTO 并在 BHF 中刻蚀，将重掺杂硅的引线处开出接触孔，刻蚀接触孔内的氮化硅层，露出重掺杂单晶硅。沉积 0.5 μm 厚 LTO 作为背面刻蚀时正面的掩蔽层，并溅射金属铝。刻蚀背面的 LTO，进行各向异性湿法刻蚀，然后在 BHF 中去除正面的 LTO 保护层，溅射 Cr 和 Au 作为金属接触点。最后在 HF 中刻蚀牺牲层，释放多晶硅振膜。

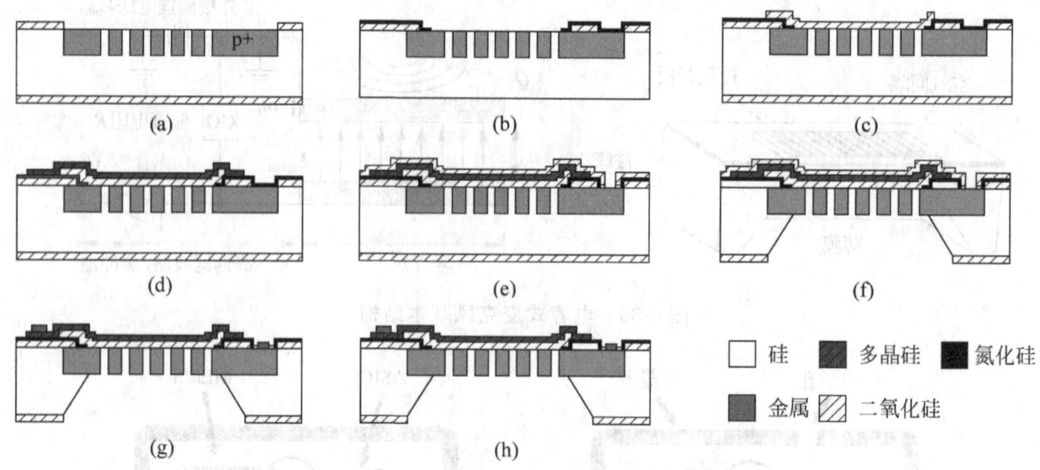

图 4-39　多晶硅薄膜麦克风制造流程

图 4-40 为 Knowles 公司的 SPU0409LE5H 麦克风。该麦克风与图 4-38 所示不同,其振膜与背板均为多晶硅薄膜构成,并且背板位于振膜的上方,这种结构的麦克风适合采用

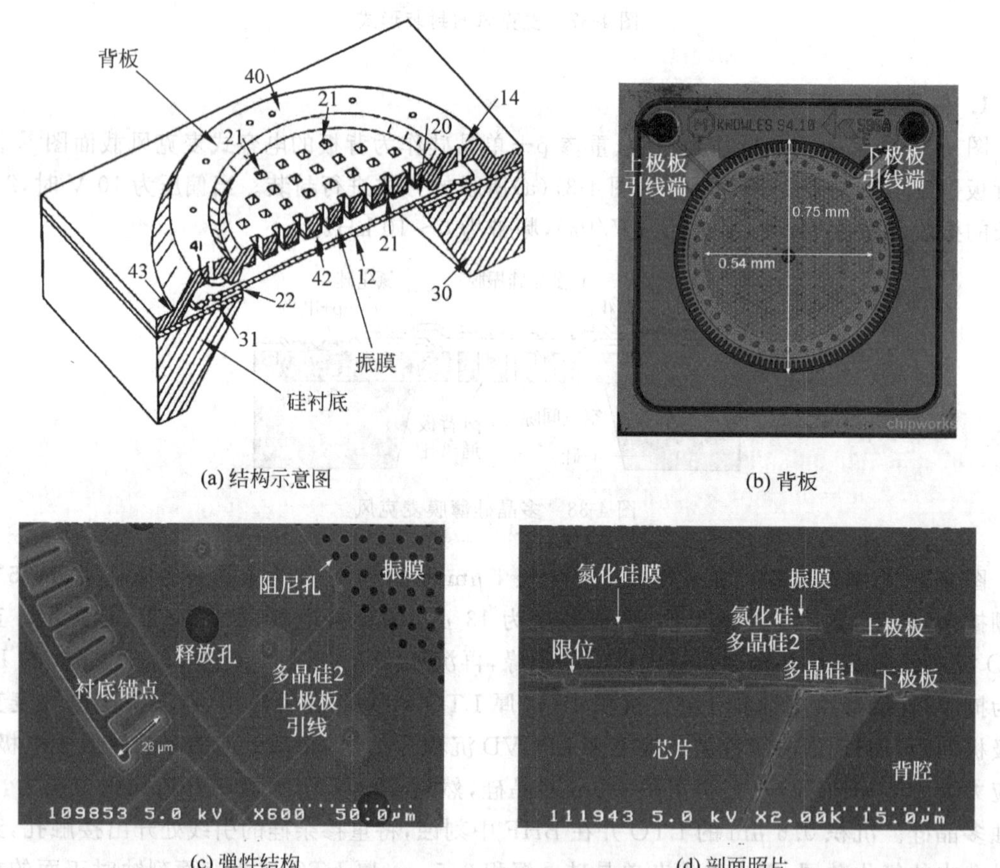

(a) 结构示意图　(b) 背板

(c) 弹性结构　(d) 剖面照片

图 4-40　Knowles 微麦克风

图 4-37(b)所示的结构封装。制造采用表面工艺完成振膜和背板，利用 KOH 刻蚀深孔。首先沉积牺牲层 SiO_2 和 1 μm 厚的多晶硅作为振膜，再沉积 3.6 μm 的 PSG 作为振膜与背板间的牺牲层；沉积 2 μm 多晶硅作为背板并刻蚀声压孔，退火消除应力；从硅片背面 KOH 刻蚀，将衬底层的硅和第一层 SiO_2 牺牲层去除；最后从正面利用声压孔作为刻蚀释放孔，利用 HF 气相刻蚀去除两层 SiO_2，使背板悬空。

图 4-41 为 ADI 公司的微麦克风结构及制造流程示意图[56]。这种麦克风结构采用 SOI 器件层打孔作为背板，沉积的多晶硅作为振膜。振膜不是固支在衬底上，而是通过弹性结构支撑，使振膜在声压的作用下基本等效为刚性平板平行移动，而变形完全由弹性结构实现。这种方法不但提高了器件的灵敏度，还扩大了线性范围。振膜厚度仅有 2 μm 左右，以降低振动和加速度等外部干扰的影响。制造过程首先刻蚀 SOI 的器件层形成背板上的声压孔和绝缘槽，并填充 SiO_2 和多晶硅构成背板电极的连线；沉积 3 μm 厚的 SiO_2 作为背板和振膜之间的牺牲层，然后沉积多晶硅作为振膜并退火消除应力；正面涂覆高分子材料作为结构释放过程的支撑，从背面刻蚀去除 SOI 的衬底层，然后利用 XeF_2 刻蚀 SOI 器件层的声压孔中的多晶硅，再利用气相 HF 去除声压孔和牺牲层的 SiO_2，实现振膜的释放。

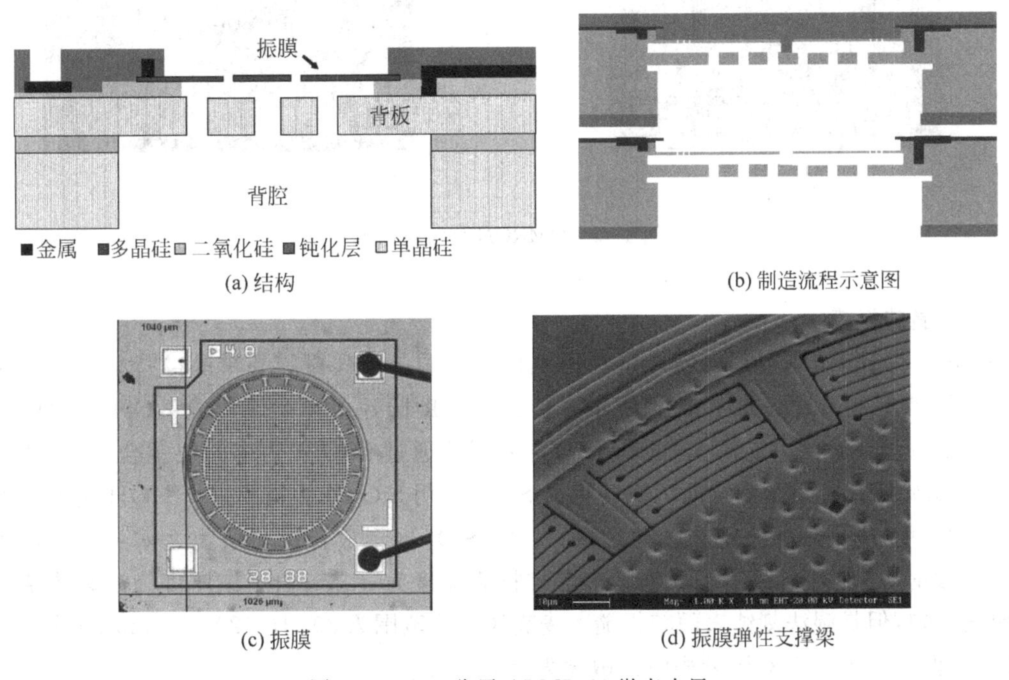

(a) 结构　(b) 制造流程示意图　(c) 振膜　(d) 振膜弹性支撑梁

图 4-41　ADI 公司 ADMP421 微麦克风

图 4-42 为 OMRON 公司开发的微麦克风结构及工艺流程[57]，目前 ST 公司的 MP45DT01 微麦克风采用 OMRON 公司的芯片。该麦克风为多晶硅振膜和多晶硅背板结构，其主要特点是利用 TMAH 湿法刻蚀背腔，获得图 4-42(a)所示的结构，减小了芯片面积。其制造过程首先依次沉积和刻蚀多晶硅牺牲层、SiO_2 牺牲层、多晶硅振膜层、SiO_2 牺牲层以及多晶硅背板层；然后从背面利用 TMAH 刻蚀腔体，当刻蚀到多晶硅牺牲层时，该牺牲层被刻蚀，导致 TMAH 横向进入到图 4-42(b)中 2 所示的位置，进一步沿着 3 所示的方向刻蚀，最终形成图中直线所示的结构；最后利用 HF 气相刻蚀去除所有的 SiO_2 牺牲层，实现背板和振膜的悬空。

这种背腔结构相比于DRIE垂直刻蚀或KOH倾斜刻蚀,在芯片面积相同的情况下灵敏度更高。ORMON的芯片面积仅为1.2 mm×1.3 mm,1 kHz频率时灵敏度为-41 dB(8.8 mV/Pa),平带响应频率范围为100 Hz~10 kHz。

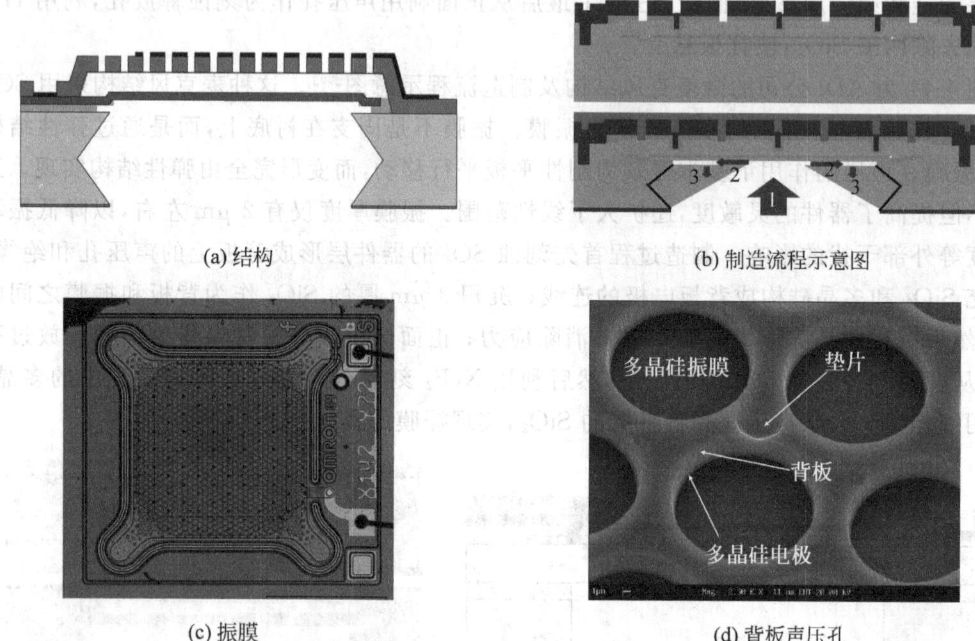

(a) 结构　(b) 制造流程示意图

(c) 振膜　(d) 背板声压孔

图4-42　OMRON公司麦克风

2. 单晶硅振膜

图4-43为日本JPC和Panasonic利用键合开发的单晶硅振膜和单晶硅背板的麦克风结构示意图[58],其制造过程如图4-44所示。首先在辅助圆片上掺杂硼形成KOH刻蚀的停止层,厚度由测量灵敏度决定;将辅助圆片与基础圆片通过BSG作为中间层键合,并减薄基础圆片;在基础圆片的正面和背面沉积并刻蚀SiO_2,利用SiO_2作为掩膜进行KOH刻蚀去除辅助圆片的厚度,直到刻蚀停止在鹏掺杂区;去除SiO_2层形成背板与振膜之前的缝隙构成电容,最后溅射Al金属引线实现互连。多晶硅振膜厚度为8 μm,由于该厚度为浓硼掺杂所决定,厚度均匀,但是湿法刻蚀表面较粗糙。麦克风响应范围为30 Hz~20 kHz,20 Pa声压时总谐波失真低于0.3%,1 kHz频率时灵敏度为-52 dB。

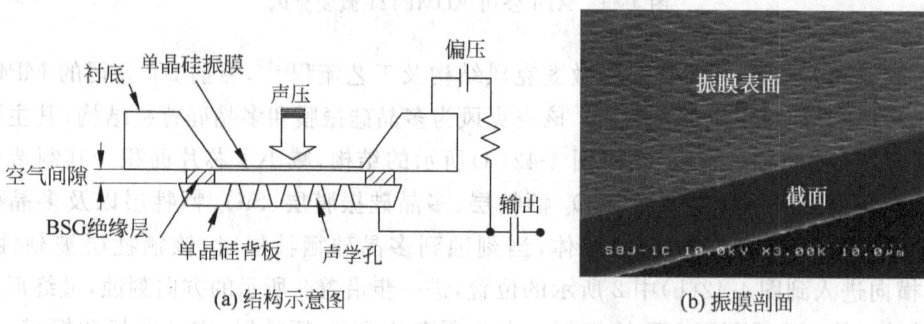

(a) 结构示意图　(b) 振膜剖面

图4-43　JPC和Panasonic公司的单晶硅麦克风

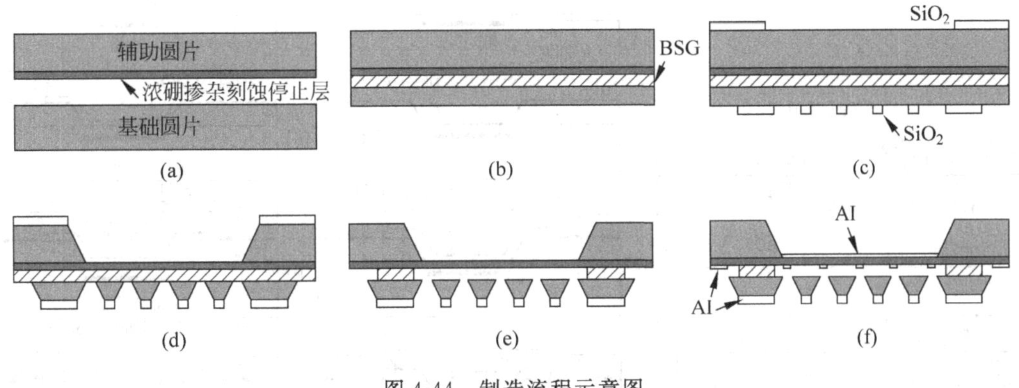

图 4-44 制造流程示意图

图 4-45(a)为差动式电容麦克风，参考电容不承受声压，测量电容的极板作为振膜，2 个电容差动输出。电容的下电极是硅衬底上注入高浓度砷形成的导电层，上电极是掺磷多晶硅，中间的间隙由 SiO_2 牺牲层形成。如图 4-45(b)所示，首先在 p 型(100)衬底上选择性注入 $2\times10^{16}/cm^2$ 的高浓度硼作为膜片刻蚀的自停止层；外延 20 μm 厚、浓度为 $10^{15}/cm^3$ 的 p 型单晶硅；注入 B 作为后续高浓度 As 注入的沟道阻挡层，LTO 沉积 SiO_2 并刻蚀作为注入的掩蔽层，对膜片区注入 $10^{15}/cm^2$ 的高浓度 As 作为下电极，因为在外延层下已经注入了 B 阻挡层，B 与注入的 As 补偿，将 B 注入形成的 n 型区限制在表面一定深度；沉积低应力氮化硅，刻蚀氮化硅和接触孔；沉积 SiO_2 作为电极极板间距的牺牲层；沉积低应力氮化硅作为电极板间介质层，沉积非掺杂低应力多晶硅，注入浓度为 $10^{16}/cm^2$ 的 P；再次沉积多晶硅，退火使 P 重新分布，两次沉积的多晶硅形成上极板，高浓度注 P 层作为电极；沉积氮化硅作为保护层，KOH 刻蚀背面，直到注入的高浓度 B 停止；用 HNA 去除浓硼自停止区，该区域与低掺杂浓度区的刻蚀选择比高达 100：1；去除氮化硅掩膜，正面 RIE 刻蚀多晶硅孔；湿法刻蚀 SiO_2 牺牲层 15 μm；沉积和刻蚀铝引线，沉积聚对二甲苯并用铝作掩膜在氧等离子体中刻蚀；去除剩余的 SiO_2，使聚对二甲苯支承多晶硅电极；在等离子刻蚀去除聚对二甲苯，释放电极。电容约为 3.5 pF，量程范围约 70 kPa，电容的相对变化量为 25%，温度系数为 100 ppm/℃。

3. 氮化硅振膜

图 4-46 为单片式氮化硅振膜麦克风结构和制造流程[59]。(1)在硅片双面掺杂形成 p+层，沉积 350 nm 的低应力 LPCVD 氮化硅作为多孔硅制备的掩膜材料，刻蚀氮化硅形成窗口，在 HF 中电化学刻蚀形成 0.5 μm 厚的多孔硅；(2)去掉氮化硅保护层，在形成多孔硅的一面沉积 0.8 μm 的 SiO_2，与多孔硅作为空气间隙的牺牲层，LPCVD 沉积氮化硅作为振膜材料，高温退火消除残余应力，使氮化硅薄膜保持约 25 MPa 的拉应力。(3)正面刻蚀氮化硅和 SiO_2，形成金属接触孔，刻蚀背面的氮化硅掩膜，正面沉积并刻蚀 Al 作为金属互连，背面 KOH 刻蚀单晶硅深度 20 μm 后停止。(4)背面沉积 Al 作为 DRIE 刻蚀的掩膜，光刻并刻蚀 Al 形成声学孔，利用 DRIE 从背面刻蚀，到正面的牺牲层时停止，从背面利用 KOH 刻蚀多孔硅，由于多孔硅在 KOH 中的刻蚀速度极快，KOH 对氮化硅等其他材料造成影响；最后用 HF 刻蚀 SiO_2 释放氮化硅振膜。

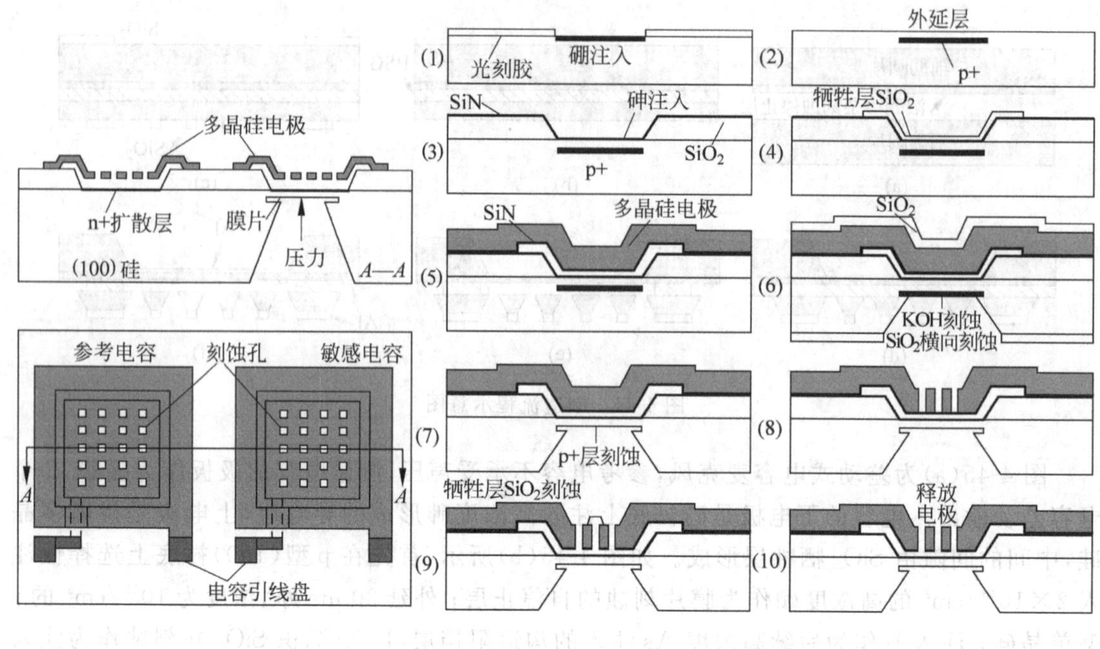

(a) 传感器结构　　　(b) 工艺流程

图 4-45　差动式电容压力传感器结构及制造流程

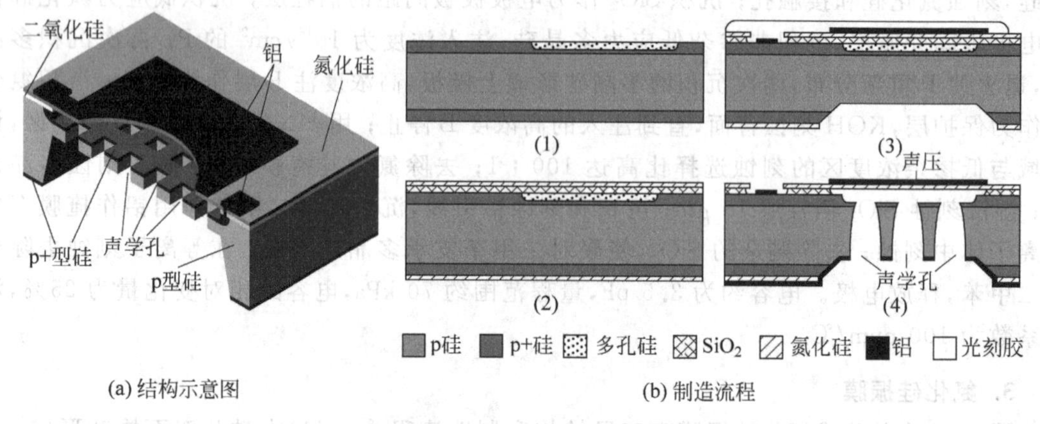

(a) 结构示意图　　　(b) 制造流程

图 4-46　氮化硅麦克风

图 4-47 为利用 MEMS 技术制造的测量级的微型麦克风[60]。测量级麦克风一般用来作为其他麦克风的参考标准,因此对灵敏度、频带范围、长期稳定性、抵抗环境干扰能力等有极高的要求。该麦克风由振膜芯片和背板芯片键合而成。麦克风的空气间隙为 20 μm,振膜应力 340 MPa,厚度为 0.5 μm,八边形振膜的直径约为 1.95 mm,背板为 2.8 mm×2.8 mm。

图 4-48(a)为该膜片的制造过程。(1)对双面剖光硅片热氧化生长 1.8 μm 厚的 SiO_2,然后刻蚀形成图示结构,作为背板键合的绝缘层。(2)利用 LPCVD 沉积 0.5 μm 厚的氮化硅作为振膜,控制应力水平为 340 MPa,去除硅片反面的氮化硅。(3)光刻背面,并刻蚀 SiO_2。(4)沉积并剥离 10 nm 的 Cr 和 200 nm 的 Au,形成图中所示的结构,其中振膜沉积只有 10 nm 的 Cr,以降低振膜的应力。(5)从硅片反面用 KOH 预刻蚀硅衬底,剩余厚度为 150 μm,保证机械强度。

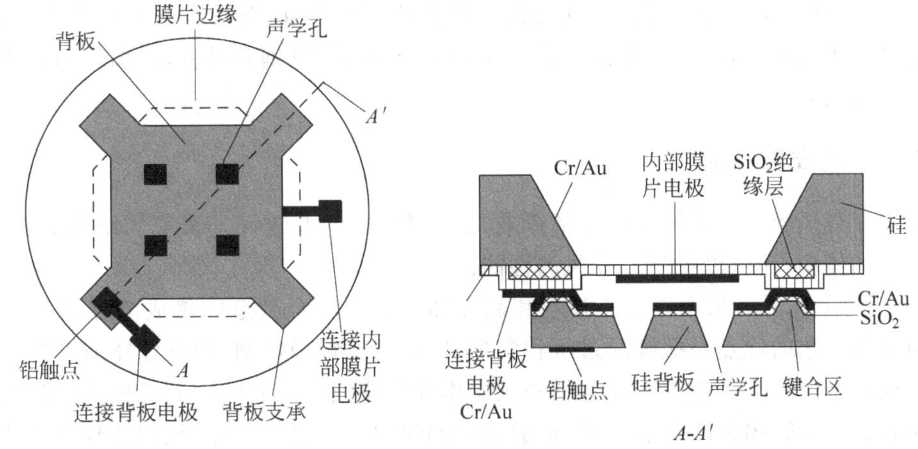

图 4-47　测量级电容式麦克风结构示意图

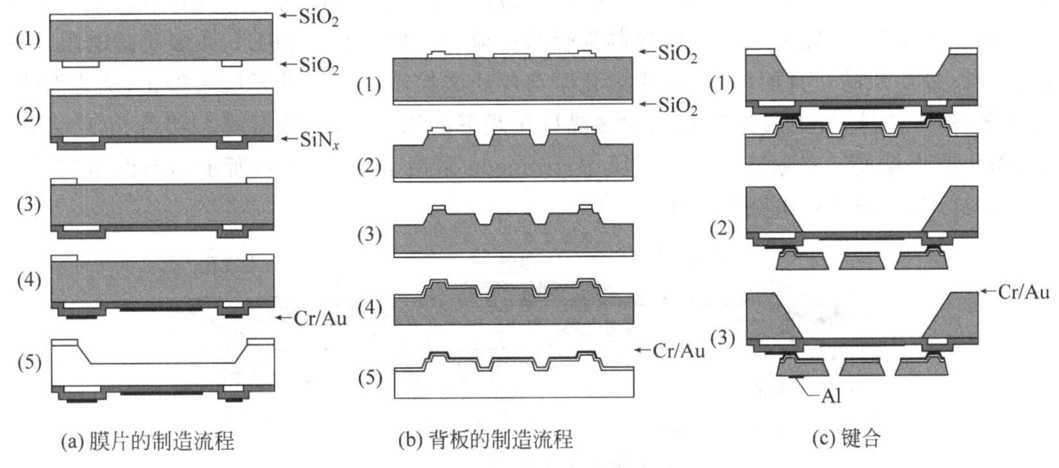

图 4-48　测量级麦克风制造过程

背板的制造流程如图 4-48(b)所示。(1)在背板硅片上热氧 1.2 μm 厚的 SiO_2，然后利用两次光刻和刻蚀形成不同高度的 SiO_2，作为刻蚀台阶的掩蔽层；(2)用 KOH 刻蚀将硅片到 150 μm，这一步刻蚀形成了带有 4 个声学孔的背板形状；(3)将 SiO_2 掩蔽层全部去除一定的厚度，使较薄区域的 SiO_2 完全去除，而较厚区域仍有 SiO_2 作为掩蔽层，进行第二次 KOH 刻蚀，将厚度降低到 18±0.25 μm，这一步决定了振膜和背板间距；(4)去除所有 SiO_2，再干氧 200 nm SiO_2 作为后续 TMAH 背板回刻的掩膜；(5)最后沉积并剥离 10 nm Cr 和 200 nm Au，由于背板硅片上的图形高度差达到了 168 μm，普通光刻胶难以涂覆，因此光刻采用喷涂 Eagle2100 光刻胶。

键合过程如图 4-48(c)所示。(1)将振膜硅片和背板硅片用 Au 热压键合(300℃，15 min，压强为 85 MPa)，键合同时还形成了两个硅片间的电连接。(2)键合后的两个硅片放入 TMAH 中减薄，直到膜片支承板被去除，薄的氮化硅振膜被释放，同时背板被刻穿。(3)用 BHF 去除剩余的 200 nm SiO_2 保护层。最后用掩模版定义图形，沉积铝形成连线，在振膜上沉积 Cr 和 Au。

该麦克风的热噪声压强均方根 3.7×10^{-4} Pa，噪声电平 25.2 dB SPL。麦克风测量的平均灵敏度为 22 mV/Pa，包括前置放大器的噪声电平为 23 dB(A)，比传统的 1/4 in 麦克风低

7 dB,与 1/2 in 麦克风相当。麦克风测量的灵敏度高于理论值,而噪声低于理论值。显然,振膜的柔度系数被低估了,这主要是由于麦克风是一个强的机电耦合器件,而前面的理论分析过程并没有考虑强耦合。

4.3.3 集成麦克风

电容式麦克风容易受到寄生电容的影响,因此将信号处理电路与麦克风结构集成,不仅可以降低成本和体积,还可以提高麦克风的性能。

图 4-49 为 Infineon 采用体加工技术和表面加工技术结合制造的集成电容式麦克风示意图。采用表面工艺的优点是振膜通过沉积实现,厚度可以精确控制,而不像体加工技术需要精确控制刻蚀剩余的厚度。该麦克风包括外延层构成的背板和多晶硅构成的振膜。首先在重掺杂的硅衬底上外延轻掺杂的单晶硅层,形成后续刻蚀的停止层。在外延层 DRIE 刻蚀深孔,然后用 SiO_2 将深孔填平,SiO_2 作为牺牲层。在电路区制造双极电路,并在传感器区沉积 SiO_2 并刻蚀小孔,沉积多晶硅薄膜,刻蚀的小孔处会形成多晶硅的凸起,防止后续释放时发生粘连。多晶硅的应力很重要,需要通过参数控制为轻微拉应力。然后制造 JFET 和多晶硅电阻,完成电路部分。最后从硅片背面深刻蚀,用电化学自停止法控制刻蚀到外延层后停止,从背面将填在孔内的 SiO_2 去掉,并通过这些孔去除多晶硅振膜下的牺牲层,释放振膜。利用 SiO_2 临界法释放,防止产生粘连。实际量产的麦克风中,Infineon 采用了图 4-49(a)所示的器件结构,但是仍为多晶硅背板,未进行电路单片集成[51]。

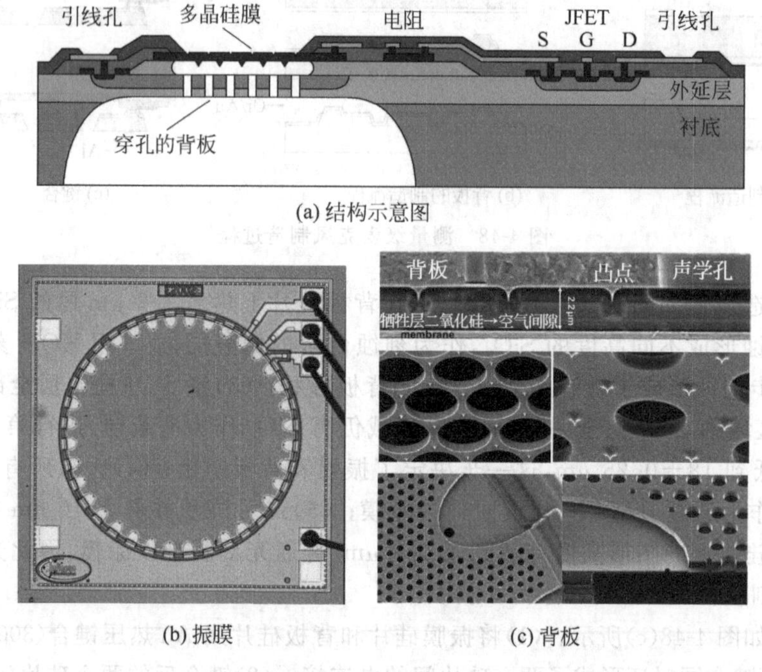

图 4-49 Infineon 麦克风

图 4-50 为 National Semiconductor 和 Draper Lab 研制的电容式麦克风[62]。为了减小振膜质量,振膜的厚度为 1 μm 多晶硅或 3 μm 的 p+单晶硅,并构成电容的一个极板,采用固体硼源高温扩散形成。边缘为 6 μm,提高强度。采用曲线结构作为振膜的加强筋,可以获得更

平坦的振膜。电极采用准 LIGA 电镀，厚度达 20 μm。麦克风频带为 20 Hz～30 kHz，在偏置电压为 20 V 时，不同尺寸的麦克风的灵敏度范围为 9～28 mV/Pa，当偏置电压为 100 V 时灵敏度为 49～129 mV/Pa。

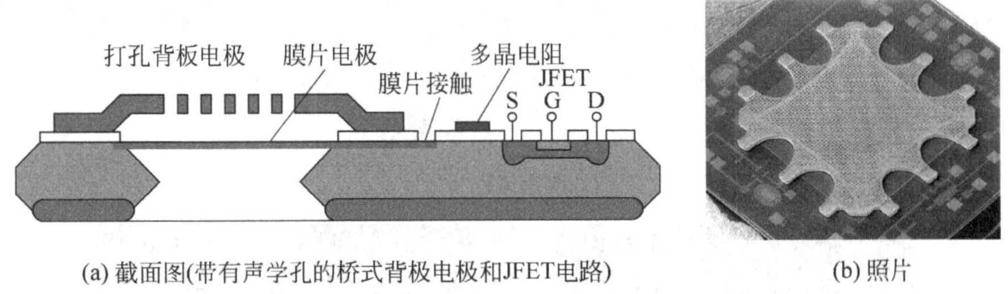

(a) 截面图(带有声学孔的桥式背极电极和JFET电路)　　(b) 照片

图 4-50　电容式集成麦克风

图 4-51 为该麦克风的制造流程。(1)在 n 型双剖硅片双面热生长 800 nm 的 SiO_2，刻蚀 SiO_2 形成振膜的支承弹性梁区域，利用固体硼源扩散形成 p＋区。(2)在 p＋区生长 SiO_2 保护层，退火激活并消除应力。然后刻蚀 SiO_2 形成浅注入区窗口，背面沉积 TEOS 保护，扩散形成浅扩散区，去除扩散过程背面的 100nm SiO_2，RTA 快速退火消除应力。(3)在场氧上刻蚀接触孔并去除硼注入区 SiO_2，利用光刻胶作为掩模，衬底接触区注入砷，退火后背面沉积 TEOS，然后用 2 μm 厚的 AZ4620 光刻胶作为牺牲层。(4)在光刻胶表面溅射 Ti/Ni 作为种子层，电镀 20 μm 厚的金，然后在金上面涂覆光刻胶，去除背面的 TEOS。(5)除去电镀掩模，去除种子层露出下面的牺牲层光刻胶。(6)湿法去除光刻胶，最后利用 EDP 从背面刻蚀硅，释放振膜。

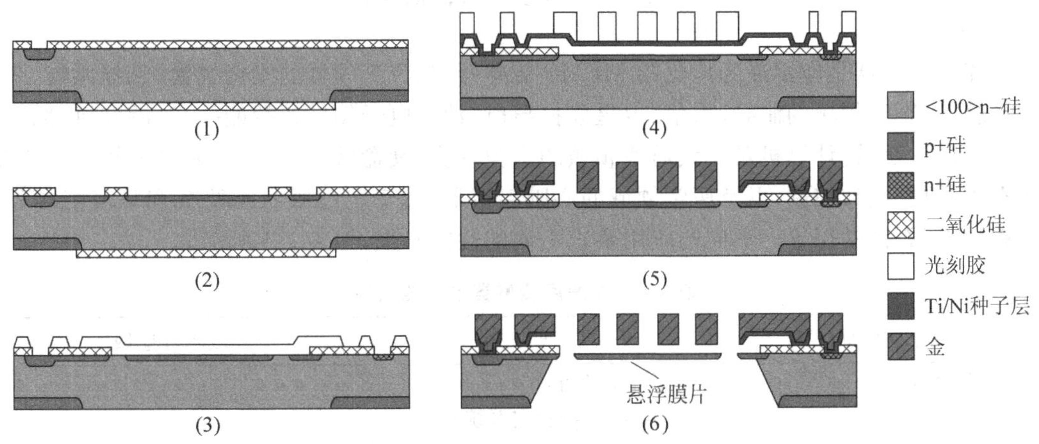

图 4-51　表面与体加工技术制造电容麦克风

图 4-52 为 Akustica 公司(2009 年被 Bosch 收购)利用 CMOS-MEMS 工艺制造的集成式电容麦克风 AKU2000[45]。(1)制造 CMOS 电路，在麦克风区域制造 Al、TiN、SiO_2、氮化硅和氮氧化硅等多层金属和介电材料的复合薄膜，并沉积 SiO_2 作为保护层。(2)CMOS 完成以后在背面用 DRIE 刻蚀声学孔，到 CMOS 下面的 SiO_2 停止层。正面刻蚀去除 SiO_2 保护层，利用各向异性刻蚀将复合薄膜刻蚀到硅衬底。(3)利用 DRIE 各向异性刻蚀硅，然后再各向同性刻蚀，使梁结构下面的硅被完全去除，释放梁。(4)在悬空的复合梁结构上面涂覆有机高分子薄膜，将膜覆盖交织的悬空梁上，形成密封的薄膜。悬空梁内的金属作为麦克风的电极。

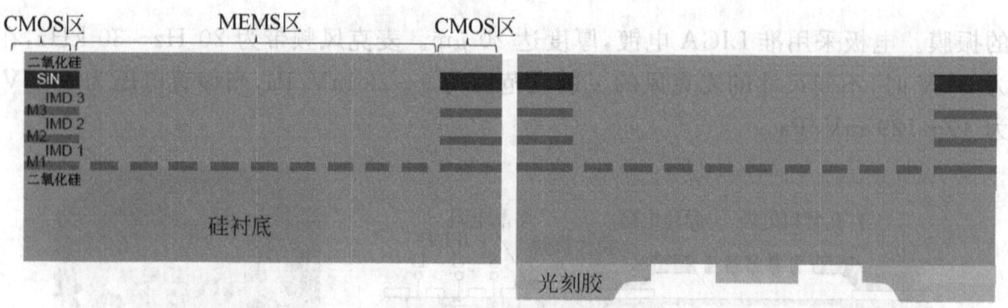

(a) 制造流程

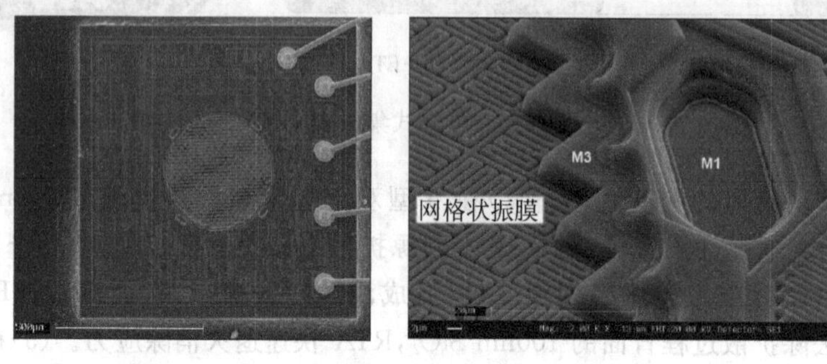

(b) 振膜结构

图 4-52 CMOS-MEMS麦克风

4.4 加速度传感器

加速度传感器是应用最为广泛的MEMS传感器，如汽车领域的安全气囊、悬挂系统、车身稳定系统等，军事领域的制导、引信、卫星姿控导航，消费电子领域的智能手机、游戏机、照相摄像机、洗衣机、玩具，计算机及无线通信领域的虚拟现实、硬盘保护等，工业领域的机器人测控、机床振动测量、电梯控制，以及医学领域的心脏起搏器、运动与睡眠状态监视和环境能源领域的地震预警、石油勘探等。不同的应用要求不同的性能参数，如表4-4所示。

表 4-4 加速度传感器的性能指标

性能指标	汽车用	战术导航级
量程范围	±50 g(气囊) ±2 g(车身稳定系统)	±1 g
频率范围	DC～400 Hz	DC～100 Hz
分辨率	<100 mg(气囊) <10 mg(车身稳定系统)	<4 μg
交叉轴灵敏度	<5%	0.1%
非线性度	<2%	<0.1%
最大冲击[1 ms]	>2000 g	>10 g
温度范围	−40～85℃	−40～85℃
零点温度系数	<60 mg/℃	<50 μg/℃
灵敏度温度系数	<900 ppm/℃	±900 ppm/℃

加速度传感器的基本结构包括质量块、支承梁，以及位移或应力测量器件，其基本原理是加速度产生的惯性力引起质量块位移或支承梁应变，通过测量位移或应变得到加速度。根据敏感器件的不同，加速度传感器可以分为压阻式、压电式、电容式、隧穿式、热传导式、谐振式以及光学等。目前多采用体加工工艺制造质量块和支承弹性梁，利用平板电容或者压阻检测。这种方法制造简单、质量大、噪声小，但是难以和电路集成。采用表面微加工技术和多晶硅制造质量块及弹性梁，容易实现与 CMOS 电路的集成，但是质量块小，噪声大。

目前主要的加速度传感器制造商包括 ST、Murata、Bosch、Invensense、Freescale、Denso 等。一般量产加速度传感器的交叉轴干扰 2%～5%，非线性低于 1%，噪声 50～200 $\mu g/\sqrt{Hz}$，表面微加工制造的加速度传感器噪声偏大，体微加工制造的噪声较小。典型的加速度传感器如 ST LIS344ALH 的噪声密度为 50 $\mu g/\sqrt{Hz}$，VTI 的 SCA3100 为 79 $\mu g/\sqrt{Hz}$，ADI 的 ADXL330 为 280 $\mu g/\sqrt{Hz}$，Bosch 公司的 BMA220 为 2 $mg/\sqrt{Hz}$，而 Silicon Designs 的 2422-02 加速度传感器的噪声水平只有 10 $\mu g/\sqrt{Hz}$，交叉轴干扰低于 2%，非线性优于 0.5%FS。

4.4.1　加速度传感器的模型

加速度传感器的设计包括微机械结构的设计和换能器的设计。微结构设计主要包括弹性结构设计和阻尼设计。弹性结构直接决定了弹性刚度，间接决定了灵敏度、带宽、噪声、交叉轴干扰等几乎所有性能；阻尼不仅和工作环境的压强有关，还和弹性结构以及质量块的尺寸、形状、运动方式等有关。阻尼对于微结构的影响非常大，决定着器件的性能。弹性结构设计是利用弹性力学方程获得弹性结构的弹性刚度系数，阻尼设计是利用流体力学的阻尼方程计算阻尼系数与结构形状、气体压强、粘度等的关系。由于阻尼和结构有直接关系，因此设计中不能只考虑弹性性能，必须将其和阻尼同时耦合考虑，这为加速度传感器的设计带来了困难。使用有限元法可以对设计的结构进行复杂条件下的模拟和仿真、计算结构的静态和动态特性，已经成为设计过程不可缺少的工具。

静态或者频率很低时，单位加速度引起的弹性结构的变形量定义为结构灵敏度 S_1

$$S_1 = \frac{x_{\text{static}}}{a} = \frac{M}{K} = \frac{1}{\omega_0^2} \tag{4-67}$$

其中 M 为质量块的质量，K 为弹性结构的刚度系数，ω_0 为系统的固有谐振频率。从式(4-67)可以看出，减小弹性刚度系数和增加质量可以降低谐振频率，增加静态灵敏度。同时，降低阻尼、增加质量和弹性刚度系数可以提高 Q 值。弹性结构的单位位移引起的传感器的输出电压定义为电灵敏度 S_2

$$S_2 = \frac{V}{x_{\text{static}}} \tag{4-68}$$

加速度传感器的静态灵敏度 S 为

$$S = S_1 S_2 \tag{4-69}$$

对于电容式传感器，如果最大输出电压设为电容传感器下拉电压 V_{SD} 的一半，则

$$S = \frac{V_{SD} M}{2K x_{\text{static}}} \tag{4-70}$$

其中下拉电压 $V_{SD} = \sqrt{8Kx_{\text{static}}^3/(27\varepsilon_0 A)}$。

根据热力学均分理论，如果任何能量储备模态处于热平衡状态，则每一个能量储备模态在

平衡状态时的热能为$\frac{1}{2}k_B T$($k_B=1.38\times10^{23}$ J/K 是玻耳兹曼常数,T 为热力学温度)。由于存在这个热能,微机械传感器的可动质量块在分子水平上将产生布朗热运动,该热运动所具有的能量也遵循均分定理

$$\frac{1}{2}K\langle\Delta z_{\mathrm{rms}}^2\rangle=\frac{1}{2}k_B T \tag{4-71}$$

其中$\langle\Delta z_{\mathrm{rms}}^2\rangle$为质量块热运动均方根位移的平方,是$\Delta z_{\mathrm{rms}}^2$在所有频段上的平均谱密度。因此由式(4-71)可以得到

$$\Delta z_{\mathrm{rms}}=\sqrt{\frac{k_B T}{K}} \tag{4-72}$$

由此可知,噪声位移的均方根并不依赖于阻尼,而完全取决于弹性梁的刚度。加速度传感器的基本分辨率是由质量块的布朗噪声等效加速度决定的。由于分子做布朗随机热运动,当布朗运动引起的振幅与加速度产生的振幅相等时,就无法分辨质量块的运动是由布朗噪声引起的,还是由加速度引起的。因此,根据布朗噪声等效加速度可以确定加速度传感器的基本分辨率。布朗力 $F_B=\sqrt{4k_B TD}$(单位: N/$\sqrt{\mathrm{Hz}}$)引起质量为 M 的质量块的位移 x_B 为

$$x_B=\frac{\sqrt{4k_B TD}}{K+\mathrm{j}\omega D-\omega^2 M}\quad(\mathrm{m}/\sqrt{\mathrm{Hz}}) \tag{4-73}$$

其中 D 为阻尼系数。将 $Q=\omega_0 M/D$ 和 $\omega_0=\sqrt{K/M}$代入,可以得到布朗噪声等效加速度 a_{bnea}(单位为 $\mathrm{ms}^{-2}/\sqrt{\mathrm{Hz}}$)为[63]

$$a_{\mathrm{bnea}}=\frac{\sqrt{4K_B TD}}{M}=\sqrt{\frac{4K_B T\omega_0}{QM}} \tag{4-74}$$

从式(4-74)可以看出,增加机械结构的 Q 值和质量,可以降低噪声。增加弹性结构的弹性刚度系数,系统的谐振频率 ω_0 提高,但是随着 ω_0 的增加,噪声等效加速度随之增加,分辨率下降。

决定加速度传感器总分辨率的还包括电路噪声,电路噪声取决于电容测量电路的电容分辨率 $\Delta C_{\min}$和加速度传感器的灵敏度 $S=\Delta C/a$。于是电路噪声等效加速度为

$$a_{\mathrm{cnea}}=\frac{\Delta C_{\min}}{S} \tag{4-75}$$

单位为 $\mathrm{ms}^{-2}/\sqrt{\mathrm{Hz}}$. 加速度传感器的总体分辨率取决于布朗噪声等效加速度和电路噪声等效加速度

$$a_{\mathrm{resolution}}=\sqrt{a_{\mathrm{bnea}}^2+a_{\mathrm{cnea}}^2} \tag{4-76}$$

传感器的动态分析可以用图 4-53 为加速度传感器的二阶质量-弹簧-阻尼系统进行类比。图中质量块被机械结构支承,表现为弹簧刚度系数。振动阻尼用 D 表示,它代表了机械结构的损耗和压膜阻尼等,其中压膜阻尼是决定因素,对于微型结构,压膜阻尼非常复杂,并且有可能改变弹簧刚度。根据牛顿第二定律,系统的运动方程可以表示为

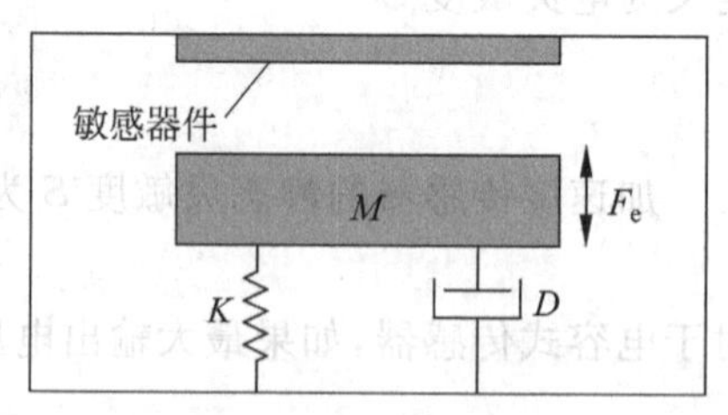

图 4-53 加速度传感器模型

$$M\frac{\mathrm{d}^2 x}{\mathrm{d}t^2}+D\frac{\mathrm{d}x}{\mathrm{d}t}+Kx=-M\frac{\mathrm{d}y}{\mathrm{d}t^2}+F_e \tag{4-77}$$

其中弹性刚度系数 K 包括机械支承结构的弹性和压膜效应的贡献,压膜的贡献可以对比宏观的空气弹簧来理解;x 表示质量块相对传感器框架的位移,y 表示框架的绝对位移,F_e 表示使质量块保持在特定位置的反平衡力。对于开环加速度传感器系统,$F_e=0$;对于闭环(主动式)加速度传感器,外部加速度可以通过测量 F_e 获得,F_e 作用在质量块上,使质量块的相对位移 x 保持不变。

实际上,整个加速度传感器系统的运动方程都是高阶的,特别对于微型结构,因为压膜阻尼与频率有关,在高频时会产生附加的弹性刚度。在低频时,其弹性效应和阻尼效应可以近似为常数。近似地,外界加速度与质量块的相对位移之间的传递函数可以表示为

$$\left|\frac{X(s)}{Y(s)}\right|_{s=\mathrm{j}\omega}=\frac{1}{\sqrt{(\omega-\omega_0)^2+\omega^2\omega_0^2/Q^2}} \tag{4-78}$$

其中 $X(s)$是质量块位移 x 的拉氏变换,$Y(s)$表示外界(框架)加速度的拉氏变换,ω_0 是质量块的谐振频率,等于 $\sqrt{K/M}$,$Q=M\omega_0/D$ 是品质因数。幅频特性和相频特性如图 4-54 所示。

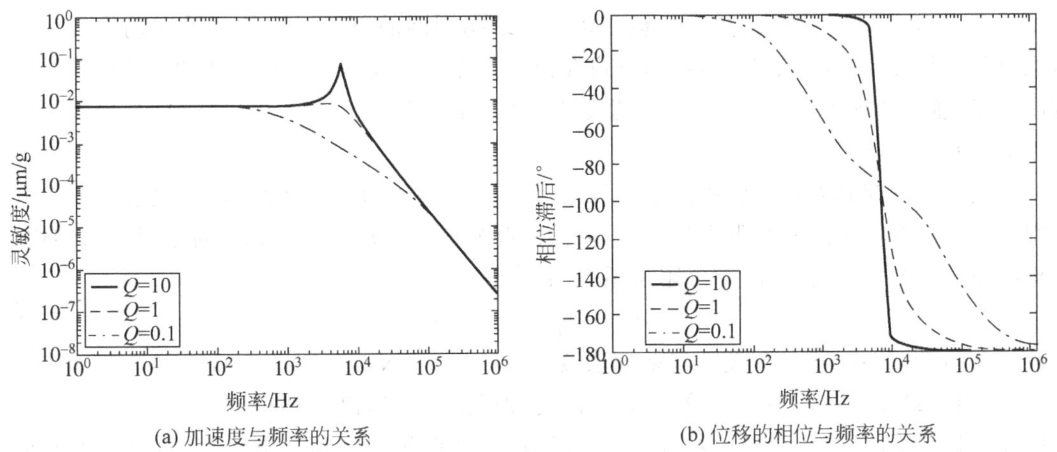

(a) 加速度与频率的关系　　(b) 位移的相位与频率的关系

图 4-54　加速度传感器的频率响应和位移相位随频率的变化关系

系统的传递函数为

$$H(s)=\frac{X(s)}{a(s)}=\frac{1}{s^2+\frac{D}{M}s+\frac{K}{M}}=\frac{1}{s^2+\frac{\omega_n}{Q}s+\omega_n^2} \tag{4-79}$$

图 4-55 为梳状叉指电容式加速度传感器和其等效模型,其动态特性可以用式(4-79)描述。下面考虑其静态特性。微机械结构的弹性刚度系数由下式决定

$$K=K_m-K_e \tag{4-80}$$

其中机械刚度 K_m 和电刚度 K_e 为

$$K_m=4Eh\left(\frac{w}{l}\right)^3,\quad K_e=\frac{1}{2}V_{dc}^2\frac{n\varepsilon_0 hl_0}{d^2} \tag{4-81}$$

其中 E 是硅的弹性模量,l、w 和 h 分别为弹性梁的长宽高,n 和 l_0 分别是测量电极的总数和长度,d 和 V_{dc}分别是电极间初始间距和直流偏置电压。选择合适的参数使 $K_e \ll K_m$,一般忽略电刚度的影响。

结构的阻尼对加速度传感器的性能有重要影响。阻尼来自弹性结构材料之间的内摩擦产

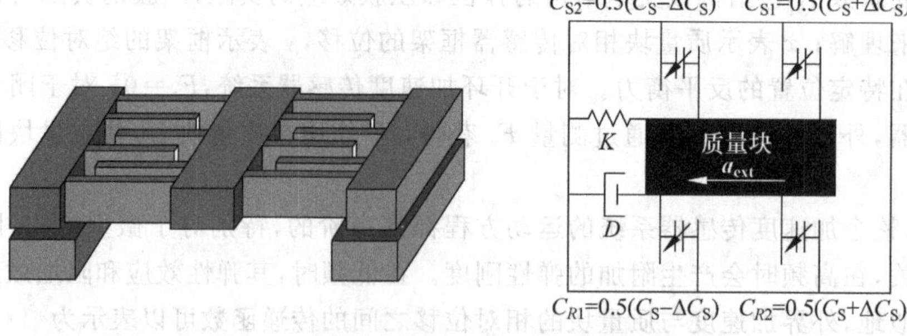

图 4-55 叉指电极加速度传感器结构和等效模型

生的结构阻尼,以及结构周围环境气体对结构产生的气体阻尼,通常结构阻尼远小于空气阻尼,因此只考虑空气阻尼的作用。在没有阻尼的情况下,传感器的输出随着频率增加而增加,当达到谐振频率时,输出信号会使处理电路达到饱和,甚至损坏机械结构。因此,传感器的整个工作频率内,要求响应曲线尽量平坦。传感器结构周围的空气层在传感器运动中形成压膜阻尼,可以很好地实现能量损耗控制,以避免出现谐振。因此尽管真空封装的器件的空气阻尼可以忽略,能够实现较高的 Q 值,但加速度传感器通常封装在一定的阻尼环境中,以实现良好的阻尼控制。

空气阻尼的控制方程可以用雷诺方程表示[64],空气阻尼系数的计算可以通过将空气分子作用在弹性梁结构上的所有阻力积分,然后除以弹性梁的运动速度得到。对于微机械结构,当结构间隙在微米量级时,压膜空气阻尼系数为[65]

$$D = n\eta_{\mathrm{eff}} l_0 \ (h/d)^3 \tag{4-82}$$

单位为 $\mathrm{Nsm^{-1}}$,式中 η_{eff} 是有效空气粘度系数($18.5\times10^{-6}\ \mathrm{Nsm^{-2}}$),电极的长度 l_0 远大于高度 h。从式(4-81)和式(4-82)可以看出,弹性刚度和阻尼系数取决于结构的尺寸参数,不同参数的影响贡献程度不同,例如阻尼系数 D 强烈依赖于叉指的高度和叉指间距,而对长度的依赖程度则只是线性关系。因此,可以通过调整优化参数获得需要的加速度传感器性能。

4.4.2 加速度传感器的结构与测量原理

1. 压阻式加速度传感器

最早批量生产的加速度传感器都是压阻式的,目前包括 GE Novasensors、EG&G IC Sensors、CMN 等公司提供此类型的产品。压阻式加速度传感器在弹性结构(一般是梁)的适当位置注入压阻,当质量块受到加速度时,弹性结构在质量块惯性力的作用下变形,改变了压阻阻值,通过电桥测量电阻实现加速度的测量。为了提高灵敏度,压阻一般放置在梁的边缘,以获得最大的应力和变形[66]。

一般压阻加速度传感器的量程为 20~50 g,灵敏度为 1~2 mV/g,灵敏度温度系数约为 0.2 %/℃。当悬臂梁结构的质量块较小时,量程可以高达 10 000 g 以上[67]。压阻加速度传感器的弹性梁设计形式很多,利用不同的组合可以同时实现 21 mV/V/g 的灵敏度、25 000 g 的量程和 1 kHz 以上的谐振频率[68]。图 4-56 为两种典型的硅-玻璃键合制造的加速度传感器[69,70]。质量块和弹性梁依靠 KOH 各向异性刻蚀实现,压阻注入在弹性梁的根部,质量块依靠限位装置实现过载保护。

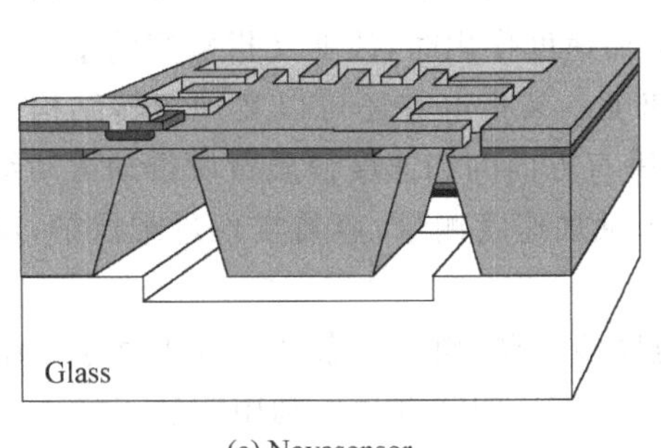

(a) Novasensor

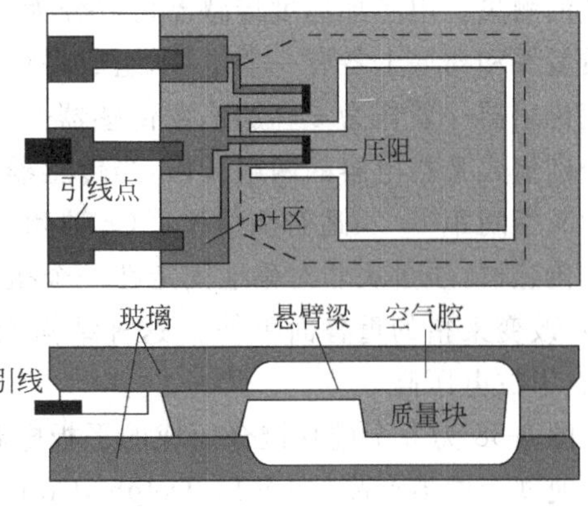

(b) Stanford大学

图 4-56　硅玻璃键合的压阻加速度传感器

压阻加速度传感器的一般采用多层圆片键合封装，如采用一层硅圆片刻蚀弹性结构和质量块，将其与作为上下封盖的两层玻璃键合，实现过载保护和阻尼控制的功能，或者采用一个硅圆片刻蚀弹性结构，与另一个玻璃基板键合实现封装，如图 4-57 所示。为了实现处理电路与机械结构的单片集成，需要利用 CMOS 工艺首先完成信号处理电路和温度补偿电路，然后利用体加工技术从背面刻蚀结构和质量块。

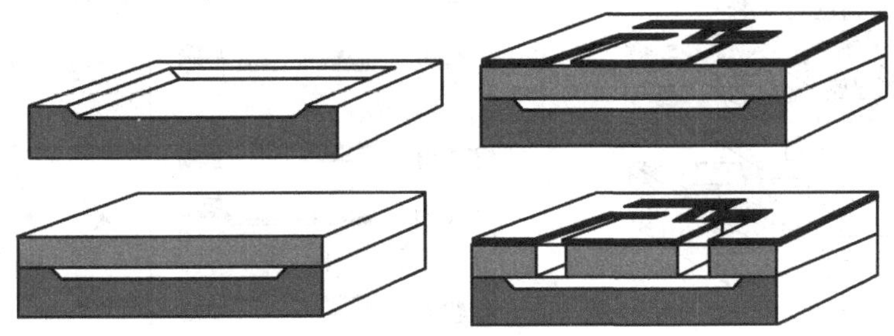

图 4-57　硅-玻璃键合的制造压阻加速度传感器流程

实现压阻传感器温度补偿的方法是使用温度传感器(如二极管)的输出信号对加速度信号进行修正。另外可以通过恒温控制使压阻的灵敏度保持在一个常数[71]。为了实现稳定的温度，在压阻的周围设置了多晶硅加热电阻，控制压阻的工作温度恒定在 300℃，即无论环境温度是 20℃还是 200℃，传感器工作时加热电阻始终把压阻加热到 300℃，使传感器的灵敏度温度系数降低 72%，但同时也减小了压阻系数本身。

压阻式加速度传感器的优点是设计和制造比较简单，压阻电桥的输出阻抗较小，检测电路易于实现，容易实现高量程的传感器；但是压阻传感器的温度稳定性较差，在要求较高的场合需要采用温度补偿。同时，压阻加速度传感器的灵敏度较低，满量程输出较小，因此需要较大的质量块。为了实现较大的质量块，需要使用体加工深刻蚀和键合等工艺。

2. 电容加速度传感器

电容式加速度传感器是 MEMS 加速度传感器的主流，其基本结构是质量块与固定电极组成电容，当加速度使质量块产生位移时，改变电容的极板面积或者间距，通过测量电容实现加速度的测量。电容加速度传感器可以分为平板电容式和叉指电容式。平板电容加速度传感器的质量块和衬底上各有一个电极,组成平板电容,两个极板间是很小的空气间隙。平板电容加速度传感器一般作为 z 轴加速度传感器[72~74]。叉指电容加速度传感器的运动结构和固定结构分别组成叉指电容的两组叉指,当传感器受到水平加速度作用时,改变叉指电容的重叠长度或者叉指间距[75,76],适合测量平面(x 轴和 y 轴)加速度。叉指电容还可以实现扭转结构的加速度传感器,质量块非对称地固定在一个扭转梁上,垂直方向的加速度使质量块带动可动结构旋转,改变叉指的重叠面积[77]。这种结构能够实现 z 轴加速度测量,容易实现过载保护,灵敏度高、下拉电压高。

图 4-58 为 3 个硅片键合而成的平板电容式加速度传感器,现在多家公司提供基于此结构的加速度传感器产品,如 VTI,Delphi,Colibrys,Hitachi 等。中间硅片上利用体加工技术刻蚀悬臂梁和质量块,并在质量块的上下表面各有一个电极,分别与顶层硅片的下表面电极和底层硅片上表面电极构成两个平板电容。当质量块在加速度的作用下运动时,两个电容的变化量刚好相反,通过差动连接方式可以将灵敏度提高一倍。VTI 的电容式加速度传感器的质量块为 4.6 mg,电容极板间距为 2 μm,分辨率在 DC~100 Hz 范围内优于 1 $\mu g/\sqrt{Hz}$,零点温度系数 30 μg/℃,灵敏度温度系数为 150 ppm/℃。

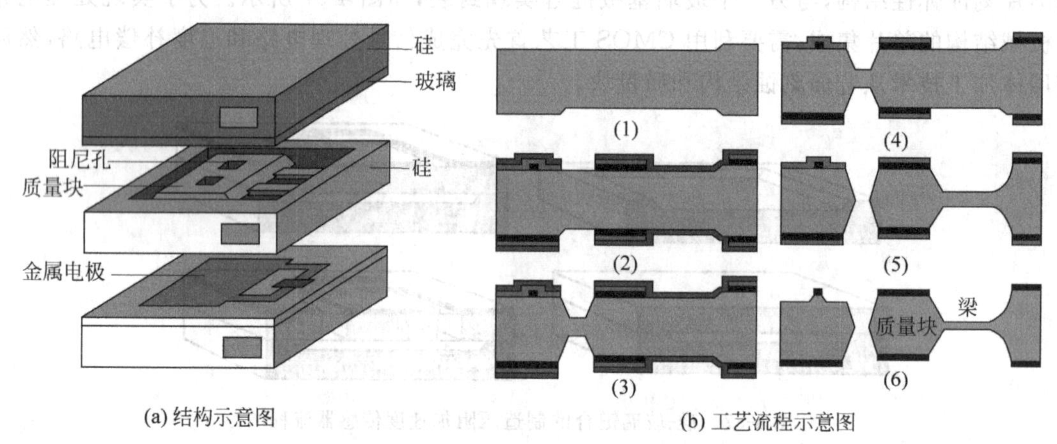

(a) 结构示意图　　(b) 工艺流程示意图

图 4-58　差动平行板电容式 z 轴加速度传感器(VTI)

多数平板电容加速度传感器使用体加工技术刻蚀弹性结构和质量块。体加工技术制造的加速度传感器质量块较大,分辨率较高,已经达到了 $\mu g/\sqrt{Hz}$ 的水平[73]。但是一般需要键合技术才能进行封装或者实现电容的另一个电极[79]。硅玻璃键合容易导致因热膨胀系数不同而引起的封装应力,硅-硅键合时温度过高,很多工艺不能兼容。同时,在厚的质量块上制造阻尼孔也比较困难,在使用过程中如果需要测量 xy 轴的加速度,需要将传感器垂直固定,带来很大的不变。

制造 xy 轴加速度传感器的主要方法是使用表面微加工技术。这是因为表面微加工技术适合制造多晶硅梳状电容,适合于测量电容的平面内相对运动,并且易于与处理电路相集成[80~82]。但是表面微加工技术制造的质量块一般很小,传感器的机械噪声较大,一般在(100 μg~1 mg)/$\sqrt{Hz}$ 的水平。

ADI 公司的 ADXL dnn(d 表示敏感轴数量,nn 表示量程)系列加速度传感器是表面微加工叉指电容结构的典型代表。ADXL 采用闭环控制、处理电路与机械结构单片集成[83]。图 4-59 为 ADXL202 加速度传感器的结构和工作原理示意图。传感器的可动部分由支承梁、质量块、可动叉指组成，通过两端的锚点固定和支承在衬底上；固定部分由固定叉指组成。可动叉指与固定叉指形成电容，以差动电容输出。以 V_i 表示输入电压信号，V_o 表示输出电压，C_1 与 C_2 分别表示固定臂与可动臂之间的两个电容，则输入信号和输出信号之间的关系可表示为

$$V_o = \frac{C_1 - C_2}{C_1 + C_2} V_i \tag{4-83}$$

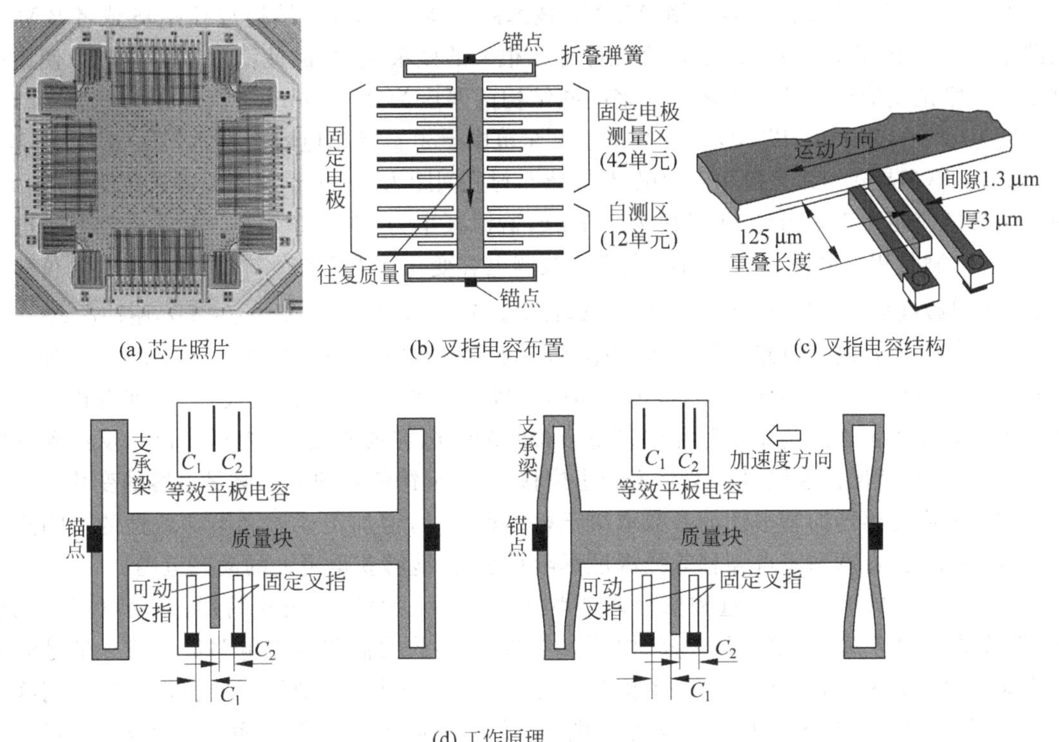

(a) 芯片照片　(b) 叉指电容布置　(c) 叉指电容结构

(d) 工作原理

图 4-59　ADXL202 传感器

式(4-83)中的电容可以根据定义给出粗略的表达式(近似认为平板电容，忽略边缘效应)

$$C_{1,2} \approx 42 \frac{\varepsilon_0 h L_0}{g_0 \pm x} \approx 60\left[1 \pm \frac{x}{g_0}\right](\mathrm{fF}) \tag{4-84}$$

其中 h 是叉指电极的厚度，L_0 是重叠区域的长度，g_0 是叉指间距，x 是质量块和叉指的位移，42 为电极对数。对于 ADXL150 加速度传感器，$h=2\ \mu\mathrm{m}$，$L_0=104\ \mu\mathrm{m}$，$g_0=1.3\ \mu\mathrm{m}$；该传感器的折叠梁弹性刚度为 5.4 N/m，质量为 2.2×10^{-10} kg，谐振频率为 24.7 kHz。

当没有加速度时，可动叉指位于两个固定叉指之间的中心线上，输出电压为零。当加速度作用时质量块的惯性力作用在支承梁上，使支承梁弯曲变形，可动叉指偏离中心位置 x，于是产生输出电压 $V_o = xV_i/g_0$。加速度表示为输出电压的函数

$$a = \frac{kx}{m} = \frac{kg_0}{m}\frac{V_o}{V_i} \tag{4-85}$$

其中 a 是加速度，m 是质量块质量，k 是支承梁的弹性刚度系数。在结构和输入电压确定的情

况下,输出电压与加速度呈正比关系。对于单根长度为 L_0 的悬臂梁,弹性刚度系数为 $k_0 = Ewh/(4l_0^3)$,其中 E 是支承梁的弹性模量,w 和 l_0 分别为弹性梁的宽度和长度。对于图 4-59 中的折叠梁结构,左端锚点固定的两个梁相当于 2 个长度为 $2l_0$ 的梁并联,弹性刚度系数为 $2\times(k_0/2)=k_0$,同样右端锚点固定的两个梁的弹性刚度系数也为 k_0。所有弹性梁对质量块是并联支承关系,因此所有弹性梁的刚度系数 $k=2k_0$。将弹性刚度系数代入式(4-85)

$$a = \frac{kx}{m} = \frac{g_0}{2m}\frac{Ewh}{l_0^3}\frac{V_o}{V_i} \tag{4-86}$$

ADXL 系列加速度传感器采用 iMEMS 技术制造,将多晶硅微结构与 CMOS 或者 BiMOS 电路集成[84]。由于 LPCVD 沉积的多晶硅存在很大的残余应力,因此消除多晶硅应力使微机械结构平整是制造过程的核心之一。多晶硅结构的厚度为 2~3 μm,叉指间距为 1.3 μm,重叠长度为 100~150 μm。以 ADXL150 为例,测量范围±50 g,叉指电容面积为 753 μm×657 μm,采用 2 μm 厚多晶硅作为叉指和支承梁材料,梁与衬底间距为 1.6 μm,叉指重叠长度为 104 μm,静止时叉指间距为 1.3 μm。质量块为 0.1 μg,谐振频率为 10~22 kHz。差动电容每边电容为 0.1 pF,满量程电容变化为 10 fF,最小可检测电容变化量为 2×10^{-17} F,最小可检测位移为 0.02 nm,灵敏度为 40 mV/g,分辨率为 10 mg,带宽为 1 kHz,噪声为 1.0 mg/$\sqrt{\text{Hz}}$,耐冲击 2000 g。

采用开环电容测量电路的加速度传感器,灵敏度和带宽取决于材料、结构、阻尼等,加工误差和不一致性导致较大的性能差异,传感器的一致性较差,零点偏移较大,对温度变化比较敏感。ADXL 系列加速度传感器利用闭环电容检测测量电容的变化量,把输出信号反馈到敏感叉指电容,通过负反馈控制可动叉指不产生位移,通过反馈信号的大小测量电容的变化。闭环测量的加速度传感器的基本性能参数取决于材料和尺寸,但加工误差和不一致性的影响降低到二阶,灵敏度、带宽和零点漂移等受温度影响很小,并能够获得更大的动态范围。

图 4-60 为 ADXL150 测量和信号调理电路。它由 1 MHz 方波振荡器、差动电容分压电路、跟随器、同步解调器、前置放大器、内部参考源、缓冲放大器和自检电路等组成。信号源用于驱动传感器并提供解调信号。差动测量电容 C_1 和 C_2 串接,外侧的两个静止电极分别施加幅度相等但相位相差 180°的 1 MHz 方波电压,使其构成分压电路,中间可动电极作为抽头。输出电压输入到跟随器,其幅值正比于加速度,而相位取决于加速度的方向。输出电压经跟随器和同步解调器后再输入到前置放大器对传感器信号进行放大,放大后的输出电压通过隔离电阻反馈到跟随器的输入端,同时还产生静电力驱动可动电极。该静电力与惯性力相抵消,使可动电极回到平衡位置。前置放大器还连接缓冲放大器,可以通过外接电阻调整输出量程。由于闭环反馈随动系统的回路带宽与反馈速度有关,故带宽可由外接解调电容调整,还提供了精密的内部参考源和自检电路。

为了解决表面微加工加速度传感器分辨率低的问题,DRIE 深刻蚀与 SOI 或键合相结合制造大质量块梳状叉指电容开始广泛应用于加速传感器[85,86]。梳状电容利用 DRIE 刻蚀制造,质量块的高度为 20~125 μm,具有较大的质量和较高的分辨率。图 4-61 为质量块厚度 120 μm 的 DRIE 刻蚀加速度传感器,采用 CMP 将硅片减薄到 120 μm,然后与带有凹槽的玻璃键合,利用 DRIE 从上面刻蚀,避免了横向刻蚀问题。传感器灵敏度为 40 mV/g,噪声为 100 μg/$\sqrt{\text{Hz}}$[87]。DRIE 深刻蚀在一定程度上解决了分辨率低的问题,但是仍旧难以达到导航级的要求。尽管通过增加质量块的厚度可以继续提高分辨率,但是由于目前 DRIE 刻蚀深宽比的限制,叉指间隙随着刻蚀深度的增加而增大,降低了电容增加了阻抗,对寄生电容的处

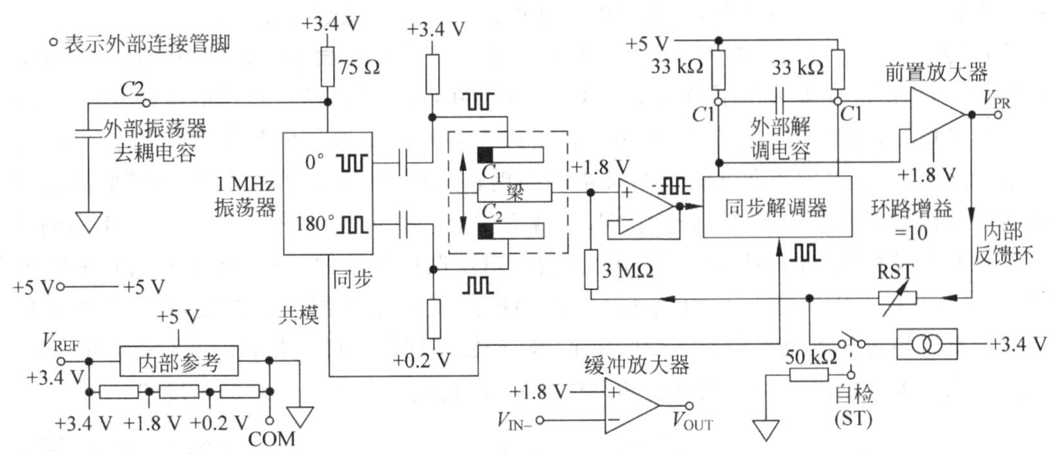

图 4-60　ADXL 50 加速度传感器的闭环测量电路

理和后续电路要求很高。

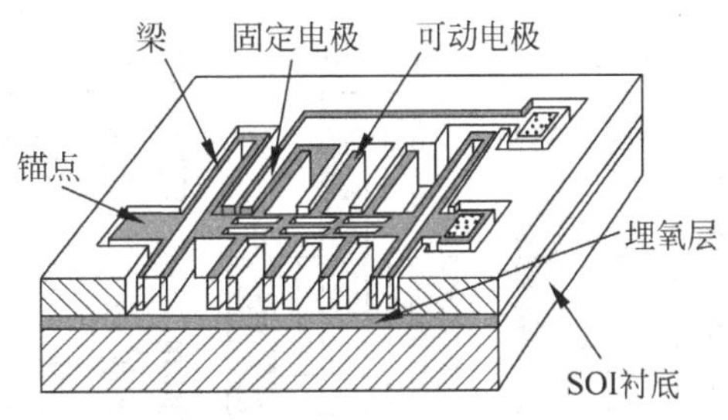

图 4-61　DRIE 高分辨率梳状电容加速度传感器

梳状叉指电容加速度传感器多为 xy 轴加速度传感器，较少用于 z 轴加速度的测量。这是因为如果固定叉指与可动叉指的高度相同，方向相反的两个加速度作用在叉指电容上会产生相同的电容变化，无法分辨加速度的方向。利用表面微加工制造的多晶硅叉指电极与衬底之间有很大的寄生电容，湮没了被测量加速度引起的电容变化。同时，叉指厚度一般仅为 2～3 μm，测量时加速度使重叠面积减小，边缘效应引起的非线性严重。另外，体微加工技术制造的叉指与衬底的绝缘不是非常容易解决的问题。

利用垂直差动运动和扭转运动[88]可以实现 z 轴的梳状叉指电容加速度传感器，如利用 CMOS-MEMS 工艺制造的叉指电容 z 轴加速度传感器[89]。在横向加速度传感器中，介质层中的 3 层金属是导通连接在一起，与介质层共同形成叉指，作为多晶硅结构使用[90]。如果将 3 层电极分开连接，使其偏压不同，则相邻两个叉指的侧壁之间就会形成电容。当 z 轴方向的加速度使可动叉指运动时，侧壁之间形成电容的面积就发生了变化，因此可以实现 z 轴加速度的测量。在 2 μm 的范围内，电容变化与 z 方向的位移基本是线性关系。加速度传感器尺寸为 500×700 μm，谐振频率为 9.4 kHz，空气中品质因数为 3，灵敏度为 0.5 mV/g/V，交叉轴干扰＜－40 dB，线性区域 27 g，噪声 6 mg/$\sqrt{\text{Hz}}$。

图 4-62 为差动梳状电容测量 z 轴加速度的原理和制造流程[91]。差动电容的可动叉指与固定叉指的高度不同。图 4-62(a)左边所示的一组电容 C_1 的可动叉指高度小于固定叉指，图 4-62(a)右边的可动叉指的高度大于固定叉指的高度，并且左图的可动叉指和固定叉指的高度分别与右图的固定叉指和可动叉指的高度相同。当传感器没有加速度作用时，可动叉指处于图中的虚线位置，电容 C_1 与 C_2 相等。当传感器受到加速度的作用，可动叉指沿着 z 轴正方向运动时，C_1 由于重叠面积不变而保持不变，C_2 由于重叠面积减小而减小；当加速度方向相反使可动叉指沿着 z 轴的负方向运动时，C_1 由于重叠面积减小而减小，C_2 的重叠面积保持

不变。因此,利用两组电容组合,可以判断加速度的方向并测量加速度的大小。

这种传感器的制造流程如图 4-62(b)所示。采用 SOI 和双面 DRIE 刻蚀制造大高度的叉指电容,并利用两层掩膜刻蚀不同高度的叉指。(1)在器件层硅表面形成铝金属互连;(2)沉积并刻蚀 SiO_2 形成第 1 层掩膜层;(3)沉积第 2 层 SiO_2 并刻蚀形成第 2 层掩膜层;(4)进行第一次 DRIE 刻蚀,深度为高度较小的叉指的高度;(5)去掉第 2 层掩膜层,将需要高度较小的叉指和深槽暴露出来;(6)继续进行 DRIE 深刻蚀,达到 SiO_2 埋层停止,由第 2 次深刻蚀的高度决定两个叉指电容的高度差;(7)正面沉积 SiO_2 保护刻蚀的结构,背面沉积并刻蚀 SiO_2 掩膜层;(8)背面 DRIE 刻蚀硅衬底;(9)利用 HF 去除 SiO_2 埋层和保护层,释放体加工的结构。这种双层掩膜的思想适合于 DRIE 和 KOH 刻蚀不同高度的结构,在很多情况可以应用,主要难点在于如何精确控制刻蚀速度和刻蚀时间,以精确控制不同结构的高度差。

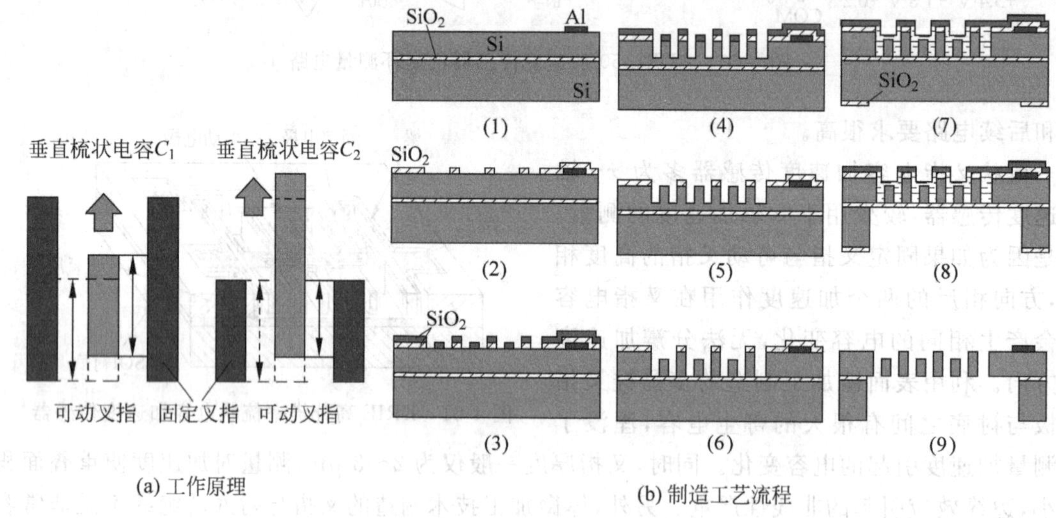

图 4-62 差动梳状电容 z 轴传感器原理和制造流程

图 4-63 所示为 HP 开发的高灵敏度、小量程加速度传感器[92,93]。这种传感器采用水平刚度小、竖直刚度大的弹性梁支撑大质量块,当加速度使质量块在平面内移动时,改变了质量块下方的电极与固定基底表面电极之间的重叠面积,从而改变电容的大小。这种间距不变而改变重叠面积的方式可以获得线性输出,同时通过减小弹性梁的水平刚度提高分辨率和灵敏度。由于质量块体积大,传感器量程为 80 mg 或 320 mg,噪声优于 100 ng/$\sqrt{\text{Hz}}$,比一般量产的电容式加速度传感器降低了 2~3 个数量级,动态范围达到 120 dB,交叉轴干扰小于−40 dB,响应带宽为 DC~200 Hz。

HP 加速度传感器采用 DRIE 刻蚀和圆片级键合方式制造,如图 4-64 所示。(1)在第一层圆片上 DRIE 刻蚀腔体,并采用硅-硅键合第二层圆片,键合后减薄第二层圆片,质量块的厚度由减薄后的第二层圆片的厚度决定;(2)在第二层圆片上沉积介质层和电容的下电极,利用 DRIE 刻蚀上层圆片形成弹性结构和质量块;(3)在第三个圆片沉积介质层、电容的上电极以及键合金属;(4)将第三层圆片翻转后与第二层圆片通过金属共晶键合。

电容式微型加速度计的优点是稳定性好、灵敏度高、噪声低、功耗小、适用温度范围广,甚至可以实现高精度的导航级微重力器件,但是电容的变化量极小,容易受到寄生效应的影响,

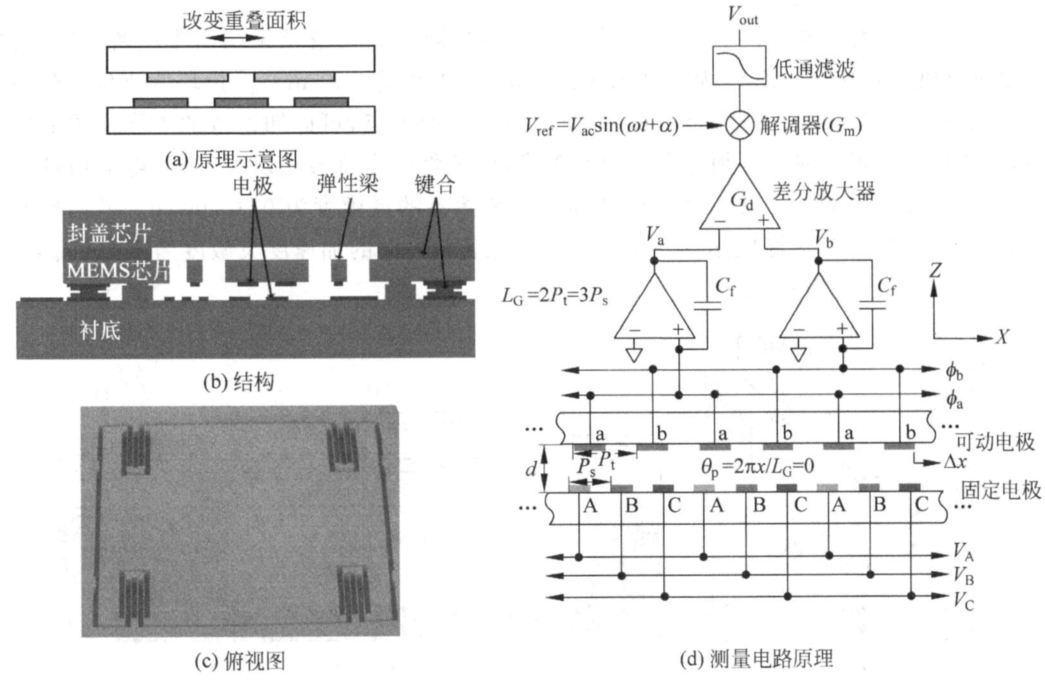

图 4-63 HP 低噪声加速度传感器

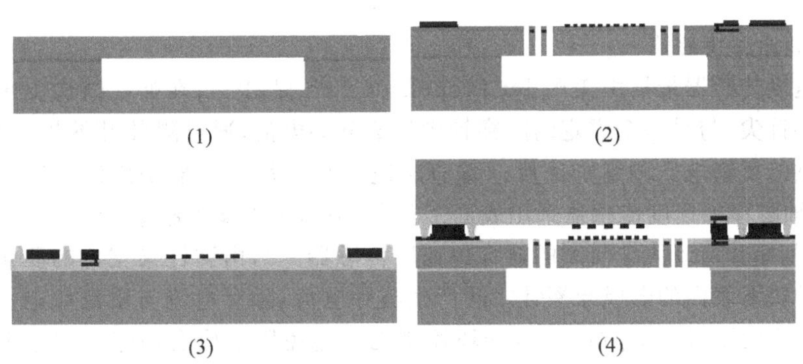

图 4-64 HP 加速度传感器制造流程

对处理电路要求较高。因此需要在封装和电路上解决这些问题。高分辨率的电容式加速度传感器要求大质量块、高品质因数、小电极间距(即高深宽比的固定和可动电极间距)。

3. 压电式加速度传感器

压电加速度传感器采用压电薄膜的压电效应进行测量,已经在地震监测等领域得到了实际应用。常用的压电材料包括 ZnO[94]、AlN[95],以及 PZT[96]薄膜材料。一般压电传感器的分辨率和灵敏度都比较低。使用压电材料的一个优点是便于传感器进行自检,这是因为压电材料具有正逆压电效应,既可以作为传感器检测加速度,也能够作为驱动器产生运动和加速度。例如将 3 个梁的压电薄膜作为驱动器,驱动梁和质量块运动产生加速度;剩余的 1 个压电薄膜作为传感器,即可以检测该压电薄膜是否处于正常状态。依次轮换作为传感器的压电薄膜,可以检测所有的压电薄膜是否正常。

图4-65为利用压电材料ZnO制造的加速度传感器[97]。传感器采用简单的桥式结构,用来测量垂直轴的加速度。ZnO为PECVD方法沉积,厚度为500 nm,质量块为KOH刻蚀形成,支承的梁厚度为5 μm。根据桥式结构受力后的弯曲特点,可以知道桥的不同位置的应力符号,因此排布电极的时候必须考虑应力的符号,以免将应力符号相反的区域(电荷极性也相反)用电极连接起来降低了灵敏度。ZnO加速度传感器的灵敏度为0.15 pC/g。采用丝网印刷的方法沉积PZT,最大厚度达50~100 μm,极化后z方向的加速度灵敏度为16 pC/g,x轴和y轴的交叉灵敏度为0.64 pC/g[98]。

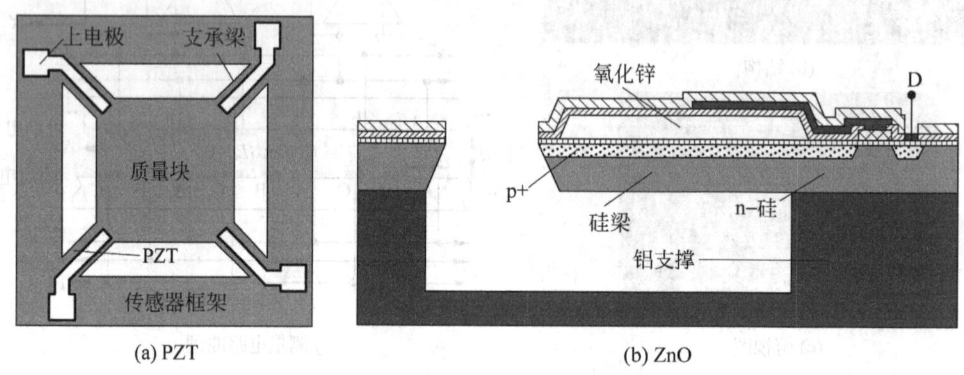

(a) PZT (b) ZnO

图4-65 压电式加速度传感器

4. 隧穿加速度传感器

隧穿加速度传感器最早由美国Jet Propulsion Lab提出[99],在弹性结构支承的质量块上制造一个隧穿针尖,与另一个固定的隧穿针尖形成隧穿电流,通过测量闭环电路维持隧穿电流不变时所提供的反馈电压测量加速度。垂直轴隧穿加速度传感器采用体加工和键合技术制造[100];水平轴隧穿加速度传感器采用表面工艺[101]或体加工技术制造[102]。

图4-66为Stanford大学研制的隧穿加速度传感器[103],由弹性梁支承的质量块和隧穿探针组成。质量块下表面的电极与探针之间产生隧穿电流,隧穿电流与质量块电极与探针间的距离有关。由于间距只有1 μm左右,开环控制无法避免质量块在加速度作用下与探针发生碰撞,因此需要采用闭环反馈电路保持探针与电极的间距恒定,反馈控制通过施加在电极上的电压产生的静电力实现,根据式(4-33)中描述的隧穿电流随着间距成指数关系,通过反馈控制电压得到加速度。

传感器由3层芯片键合而成,从下到上分别为悬臂探针芯片、质量块芯片和上盖,如图4-66(b)所示。在悬臂探针芯片的制造中,首先热氧化SiO_2作为保护膜,进行KOH刻蚀,在探针周围形成31 μm深的凹槽,采用方形的掩膜图形,KOH还同时刻蚀实现了硅针尖。针尖为金字塔形,针尖曲率为1 μm左右,或者是2~5 μm的平台。一般情况下,隧穿传感器不需要锋利的针尖。接着热氧化,使针尖变得光滑,沉积2 μm厚的低应力氮化硅,并光刻形成阻尼孔的图形。然后利用剥离工艺形成质量块的控制电极和隧穿针尖电极Cr/Pt/Au金属层。最后用KOH刻蚀释放悬臂梁,并刻蚀阻尼孔。柔性的悬臂梁是保护探针的必要结构,因为常规的操作也会使质量块受到加速度作用而撞击探针,悬臂梁的弯曲可以保护探针免于破坏。质量块为7.0×7.8×0.2 mm,质量约为28 mg。阻尼孔尺寸为100 μm,但是常压下Q值

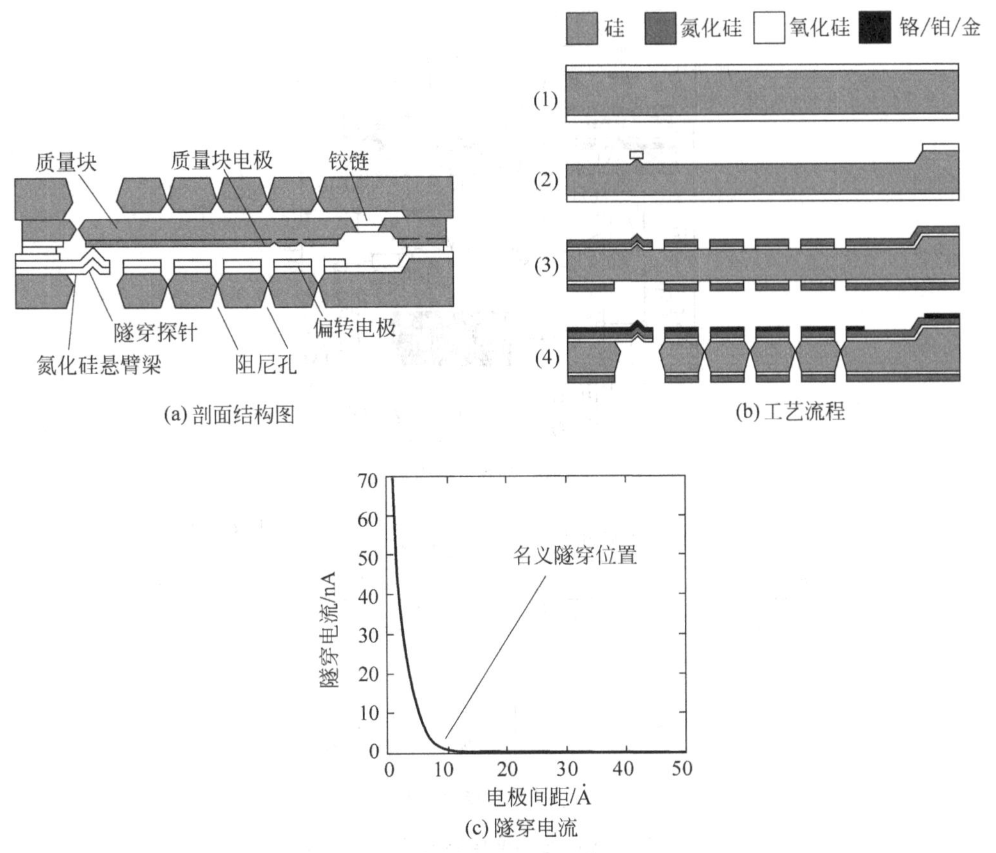

(a) 剖面结构图

(b) 工艺流程

(c) 隧穿电流

图 4-66　隧穿加速度传感器

依然很小，传感器封装在低压环境中，使 Q 值增加到 100 以上。

质量块表面电极和对应的控制电极构成平行板电容器，电极产生的静电力为

$$F_e = \frac{1}{2}\frac{\varepsilon_0 \varepsilon A_e}{(h_{tip}+x_{tg})^2}(V_{e,o}+\delta V)^2 \tag{4-87}$$

其中 $V_{e,o}$ 是平衡状态的驱动电压，δV 是反馈电路控制的电压扰动，ε 是介电常数，A_e 是电极面积，C_{dp} 是两个电极的等效电容，h_{tip} 是隧穿针尖的高度，x_{tg} 是隧穿间距。利用式(4-87)可以计算静电力的大小。

图 4-67(a)为隧穿传感器系统框图，其中包括传感器和反馈控制系统。由函数发生器产生叠加有小幅正弦交流信号的直流信号，施加到反馈电路的参考输入端。交流信号的频率在隧穿传感器频带范围内，于是反馈控制系统将驱动信号施加到弯曲电极产生同频的静电力，驱动质量块产生净位移(对应直流信号)和振动(对应交流信号)。净位移控制质量块与探针尖的隧穿间距。通过测量隧穿针尖的电压、弯曲电压和激光振动仪测量质量块的位置，并比较质量块的实际振动(或驱动电压)和隧穿针尖的电信号，可以判断隧穿效应是否产生。当隧穿针尖的电流与驱动电压成对数关系时，就产生了隧穿效应。

图 4-67(b)为反馈控制系统框图。通过控制作用在质量块上的静电力 F_e 保持质量块和隧穿探针的间距为常数。名义隧穿电流和名义隧穿间距由参考电压和电阻决定。当传感器受到加速度作用时，质量块的惯性力使其产生运动，但是由于支承结构的影响滞后于传感器框架

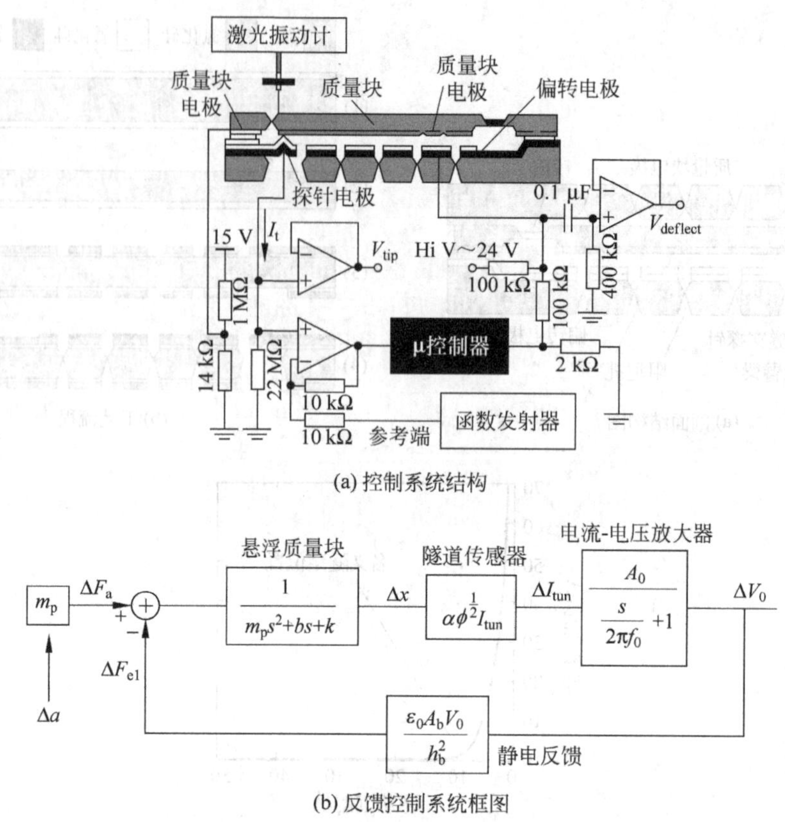

(a) 控制系统结构

(b) 反馈控制系统框图

图 4-67 隧穿加速度传感器的控制系统

和探针,反馈控制电路根据电流变化产生负反馈静电平衡力,使质量块与探针的间距保持恒定,加速度可以通过测量反馈电压得到。由于隧穿效应闭环系统的前向增益很大,因此,传感器的灵敏度只决定于静电反馈增益,并与之成反比。

图 4-68 为横向隧穿加速度传感器[102]。传感器包括 3 组梳状静电驱动器、质量块和隧穿探针。探针镀有金属,工作时与质量块的距离小于 1 nm,在 100 mV 偏置电压的作用下产生 1 nA 左右的隧穿电流。当加速度使质量块横向位移时,闭环控制驱动器要维持隧穿探针与质量块的距离不变。通过保持隧穿电流不变而施加给驱动器的电压,可以得出加速度的大小。驱动器 A 有 500 个叉指,叉指间距 1.2 μm,用来反馈控制质量块与隧穿探针的距离不变。驱动器 B 和 C 产生加速度进行自检。制造采用 SCREAM 工艺,质量块、弹性梁和驱动器的结构分别确定,满足带宽和分辨率的要求。传感器的分辨率为 70 ng/$\sqrt{\text{Hz}}$,灵敏度为 0.23 V/g。

隧穿传感器的特点是灵敏度高、噪声低,分辨率可以达到 10~20 ng/$\sqrt{\text{Hz}}$的水平[100]。隧穿加速度传感器的优点是具有极高的灵敏度和带宽,可以用于高分辨率或小量程的测量;但是对电路要求较高,需反馈控制,复杂程度高。由于隧穿电流随间距成指数关系变化,当隧穿间距远大于 1 nm 时,隧穿电流过小而难以测量;但是隧穿间距也不能过小,否则探针与质量块电极间产生的范德华力和静电力会导致探针碰到质量块。在保持针尖尺寸的前提下,等比例缩小传感器不会降低灵敏度,这是与其他传感器不同的特点。隧穿传感器需要重点解决的是反馈控制电路、信号处理的噪声,以及制造上的困难;另外由于难以通过制造实现 1 nm 的

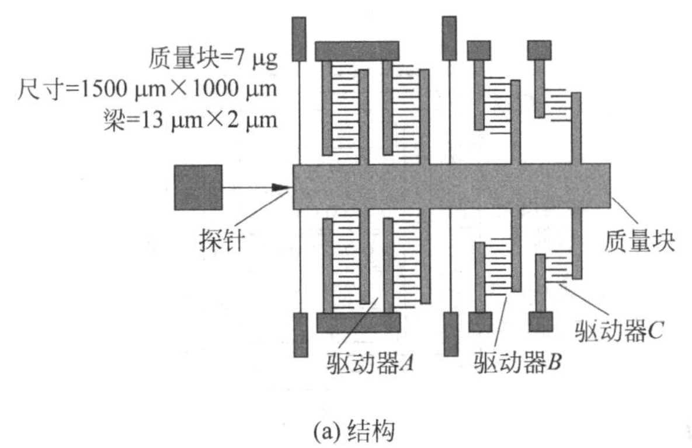

(a) 结构

(b) 探针尖照片

图 4-68　横向隧穿加速度传感器

间距，必须依靠静电力实现精确的间距控制，增加了制造的复杂程度，特别对于平板电容必须考虑静电引起的下拉现象，以防止质量块被吸附到下电极上。

5. 谐振式加速度传感器

谐振式加速度传感器检测加速度对谐振结构的谐振频率的调制，因此谐振式加速度传感器需要激励谐振和对谐振进行检测。激励和检测的方式很多，例如电热驱动压阻检测[104]、电容驱动压阻检测[105]等。谐振式加速度传感器的优点是动态范围宽、灵敏度高、分辨率高、稳定性好，单晶硅谐振式加速度传感器已经达到了 1 kHz/g 以上的灵敏度和 2 μg 的噪声水平[106]。

图 4-69 为真空密封的静电驱动、压阻检测式谐振梁加速度传感器[105]。传感器包括质量块、上下密封盖、支承弹性梁、两个同轴的谐振梁，以及检测应变的压阻。传感器的质量块和支承弹性梁为对称结构以降低交叉轴干扰，上下密封盖限制质量块的运动幅度，起到限位保护的作用，并产生压膜阻尼。密封外壳上施加直流偏压，谐振梁的驱动电极上施加小幅交流电压，产生的静电力驱动谐振梁上下离面振动。谐振梁末端的压阻测量谐振梁振动引起的应力，放大后反馈到驱动电极，使谐振梁振动在谐振频率。当加速度作用时，质量块产生惯性力使支承梁弯曲，谐振梁的应变发生变化，引起谐振频率的变化，通过测量谐振频率测量加速度。两个谐振梁工作在差动模式，加速度使一个谐振梁的频率增加，另一个频率降低，以提高灵敏度并抑制共模信号如温度和交叉轴干扰。传感器的量程可以通过支承梁的尺寸调节，对于 20 g 量程的传感器，谐振梁的长宽高分别为 200 μm、40 μm 和 2 μm，谐振频率为 500 kHz，灵敏度为 1750 Hz/g。

图 4-70 为双端音叉式加速度传感器[107]。传感器包括质量块、两个双端音叉和支承梁，双端音叉通过力放大结构两端的支承梁与音叉连接。音叉通过横向运动的梳状电容驱动在谐振频率上振动，并作为谐振电路的反馈回路的一部分，以维持振动。当加速度作用在质量块上时，在双端音叉轴向方向产生作用力，改变系统的势能，进而改变音叉的振动频率。基本原理类似于吉他的工作原理，即通过轴向作用力改变谐振频率。两个双端音叉差动输出，消除共模误差的一阶分量对频率产生的影响。传感器利用 Summit 工艺制造，实现了微机械结构和处理电路的集成。音叉振动频率为 145 kHz，有载品质因数为 10 000，噪声功率在 300 Hz 时为 −100 dB/Hz，噪声等效水平为 40 $\mu g/\sqrt{Hz}$。

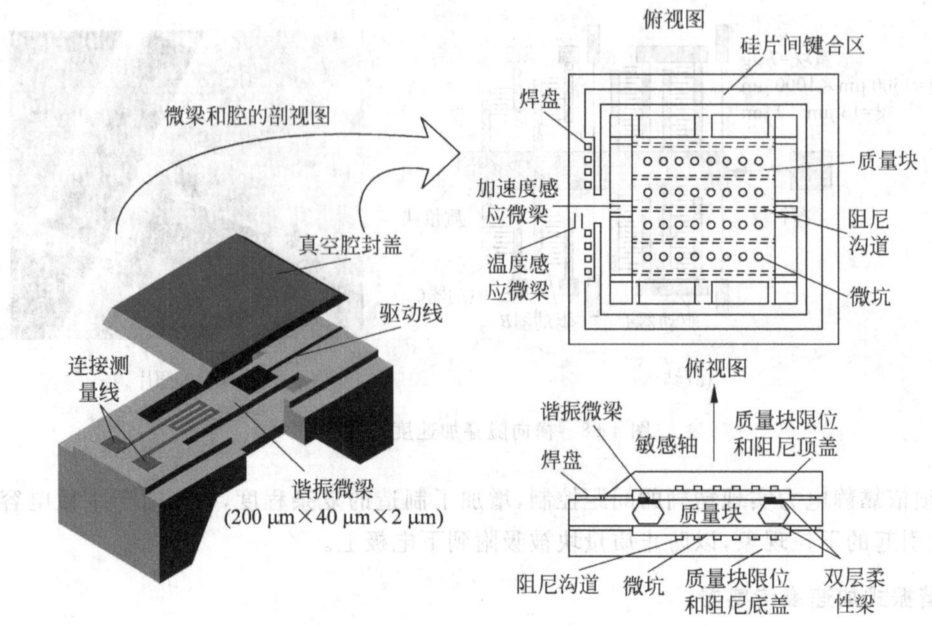

图 4-69 真空密封的压阻检测谐振式加速度传感器

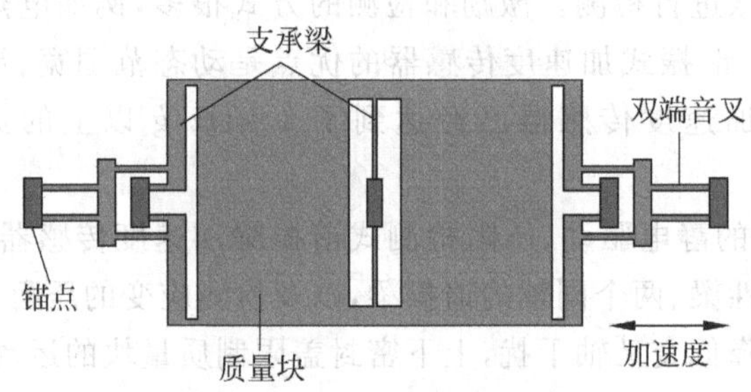

图 4-70 音叉式加速度传感器

表面微加工技术制造的多晶硅谐振器容易实现复杂的形状和较高的谐振频率，但是多晶硅的残余应力和制造误差容易引起传感器性能的恶化，特别是残余应力在使用过程中会再分布，导致传感器频率和灵敏度的偏移。

汉城国立大学和 Samsung 公司开发了导航级谐振式加速度传感器 DRXL[108,109]。垂直方向的加速度测量利用了静电刚度调节效应，通过加速度产生的惯性力改变弹性梁承受的静电力，实现了对弹性刚度系数的改变，从而引起谐振频率的变化，并采用两个形状互补的质量块实现差动测量。面内加速度传感器采用末端带有质量块的双端音叉，利用惯性力改变音叉的轴向力，从而改变谐振频率。传感器早期采用外延厚多晶硅制造，为了克服应力的影响而改为单晶硅制造。面内加速度测量的谐振频率为 24 kHz，灵敏度为 128 Hz/g，频率稳定度为 290 ppb，带宽为 110 Hz，精度为 5.2 μg；垂直加速度测量谐振频率为 12 kHz，灵敏度为 70 Hz/g，频率稳定度为 50 ppb，带宽为 100 Hz，精度为 2.5 μg。

6. 热传导加速度传感器

热传导加速度传感器由密封的气腔、加热器和 4 个热电偶温度传感器组成，如图 4-71 所示[110,111]。密封腔的下半部分是刻蚀在硅衬底上的深槽，连接对角线的两根交叉梁悬空在深槽上方。梁的交叉点上制造 1 个加热器作为热源，在加热器上方的空气腔中产生悬浮的气团，由铝和多晶硅组成的 4 个热电偶温度传感器等距离对称地制造在弹性梁上。在未受到加速度时，加热的气团位于热源上方，温度的下降梯度以热源为中心完全对称，因此 4 个温度传感器的输出相同，如图 4-72 所示。任何方向的加速度都会导致热气团受到惯性力而产生位移，由

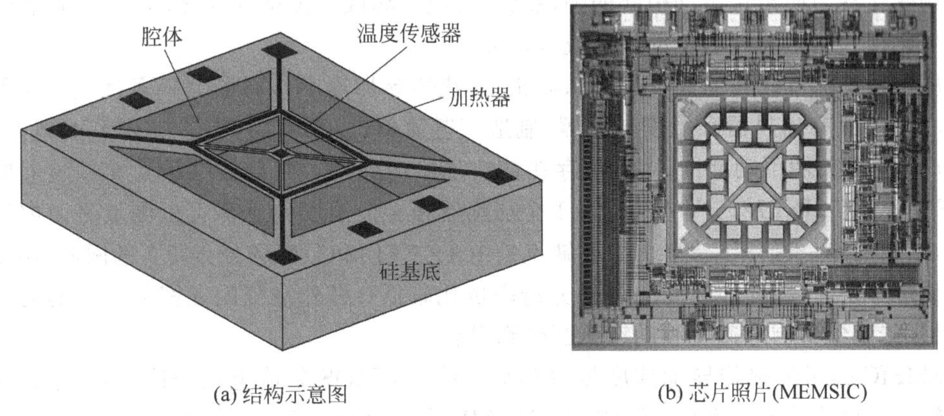

(a) 结构示意图　　(b) 芯片照片(MEMSIC)

图 4-71　热传导加速度传感器结构和芯片照片(MEMSIC)

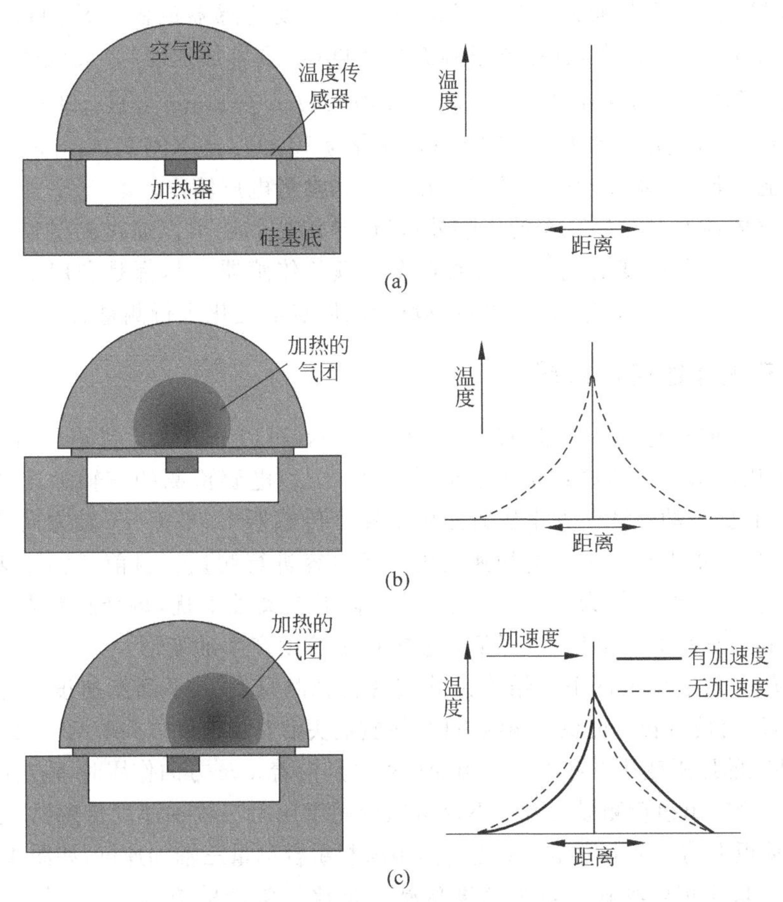

图 4-72　热传导加速度传感器原理(MEMSIC)

于自由对流热场的传递性,热气团的位移扰乱了热场的分布,导致热场和温度分布不对称。4个热电偶温度传感器测量的温度(即热场分布)输出电压会出现差异,输出电压的差异与加速度成比例,从而实现加速度的测量。尽管热传导式加速度传感器的原理与普通质量块结构的加速度传感器不同,但是可以将热气团视为质量块,在加速度的作用下产生运动;将气团引起的热场变化视为质量块运动引起的弹性结构的应力场或者位移的变化;将温度传感器测量的温度变化视为压阻器件测量的应力或者位移。

与质量块加弹性结构的加速度传感器相比,热传导加速度传感器有很多优点。这种传感器的核心部件只有加热器和温度传感器,制造工艺简单、成品率高,能够与CMOS电路集成,降低了成本;不使用可动部件,因此不存在粘连、应力等问题,并且能够承受50 000 g的冲击(如MEMSIC的MXP7205 VW/VF);1个加热器和4个温度传感器可以测量平面内双轴的加速度,结构简单。这种传感器的主要缺点是由于空气团和温度场分布特点的限制,温度测量的空间分辨率不高,因此加速度测量的分辨率也比较低;另外空气团在密封腔内的运动速度较慢,因此传感器的响应速度和动态范围受到限制。

MEMSIC公司的热传导加速度传感器基于单片CMOS集成电路制造工艺,是集成的平面内双轴加速度传感器。例如MXR7210GL/ML是采用标准亚微米CMOS制造工艺制造的双轴低噪声加速度传感器,通过内部的混合信号处理电路使其成为完整的传感系统。MXR7210GL/ML的量程范围为±2 g(MEMSIC加速度传感器的测量范围从±1 g延伸至±10 g),既能测量动态加速度,也能测量静态加速度(如重力加速度)。灵敏度为(100~500) mV/g,在1 Hz低通带宽分辨率为1 mg,典型噪声系数小于1 mg/$\sqrt{\text{Hz}}$,非线性度为0.5%,零点偏移2.5%,灵敏度温度系数为200 ppm,频带为30 Hz。MXR7210GL/ML采用LCC表面贴装气密性封装形式,还包含内置的温度传感器和参考电压输出。

除了利用气体惯性对热场分布的影响外,热传导传感器还可以通过测量惯性引起的固体热场的温度变化实现角速度的测量[112],或者作为倾角传感器[113],都是利用了惯性力改变气流运动方向,从而改变热场分布,通过测量热场中温度点的变化进行测量。

4.4.3 三轴加速度传感器

三轴加速度传感器的主要测量原理如图4-73所示,可以分为多质量块(3个或4个)和单质量块系统,利用压阻[114]、压电或电容实现检测[115,116]。电容检测的三轴加速度传感器更容易实现,并且具有更高的性能。在电容式三轴加速度传感器中,平面xy轴方向的加速度利用梳状叉指电容测量,垂直轴z方向的加速度用平板电容进行测量。目前三轴加速度传感器的交叉轴干扰都比较严重,一般为3%~25%。为了降低交叉轴干扰,每个测量方向的微结构在非测量方向上必须有很大的刚度,以降低垂直方向加速度产生的变形。

压阻式三轴加速度传感器采用结构设计实现三轴测量[71]。平面加速度的作用方向不是沿着质量块边长,而是沿着质量块对角线方向,使质量块沿着加速度方向的两个角一个上升一个下降,因此弹性梁的压阻变化方向不同。当加速度分别沿着xyz方向作用时,输出的电压各不相同。这种根据4个输出组合测量的方法不仅可以应用于压阻三轴加速度传感器,还可以利用质量块与键合玻璃板上的4个电容组合或者与压电材料组合测量三轴加速度,如图4-74所示。

利用3质量块实现电容式三轴加速度传感器是比较常用的方法[117]。UC Berkeley利用表面微加工技术实现了单片集成的3质量块和单质量块三轴电容式加速度传感器。图4-75(a)

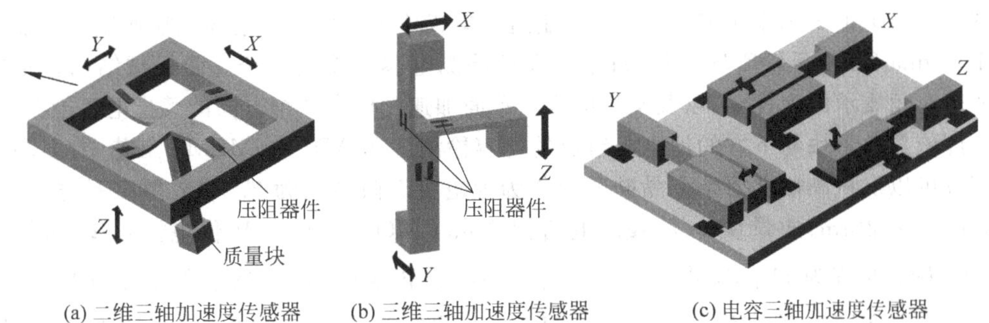

(a) 二维三轴加速度传感器 (b) 三维三轴加速度传感器 (c) 电容三轴加速度传感器

图 4-73 实现三轴加速度传感器的基本方法

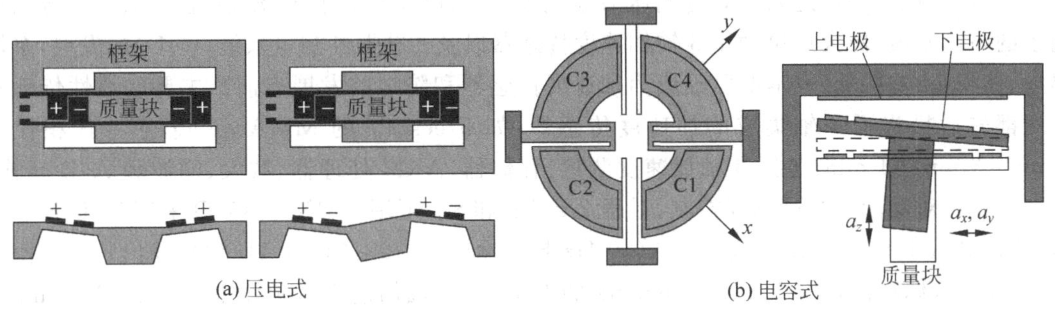

(a) 压电式 (b) 电容式

图 4-74 三轴加速度传感器

为 3 质量块结构[80,115]。该传感器采用叉指电容测量平面加速度，平板电容测量垂直加速度，3 个质量块分别由弹性梁支承。传感器采用表面工艺制造，实现了微结构与 CMOS 电路集成，结构层为 2 μm 厚的多晶硅，叉指间隙为 2 μm，电路为 2 μm 标准 CMOS，一共集成 1000 个晶体管，采用 Sigma-Delta 的反馈闭环控制[81]，片上集成 A/D 转换器。闭环控制可以扩大动态范围，平坦频率响应曲线，提高交叉轴的抑制能力等。传感器 x 方向质量块为 0.294 μg，谐振频率为 3.0 kHz，电容为 101 fF，叉指间隙为 2.13 μm，噪声为 110 $\mu g/\sqrt{Hz}$；y 方向质量块为0.21 μg，频率为 4.8 kHz，电容为 78 fF，叉指间隙为 2.13 μm，噪声为 160 $\mu g/\sqrt{Hz}$；z 方向质量块为 0.391 μg，频率为 8.2 kHz，电容为 322 fF，叉指间隙为 2.3 μm，噪声为 990 $\mu g/\sqrt{Hz}$。

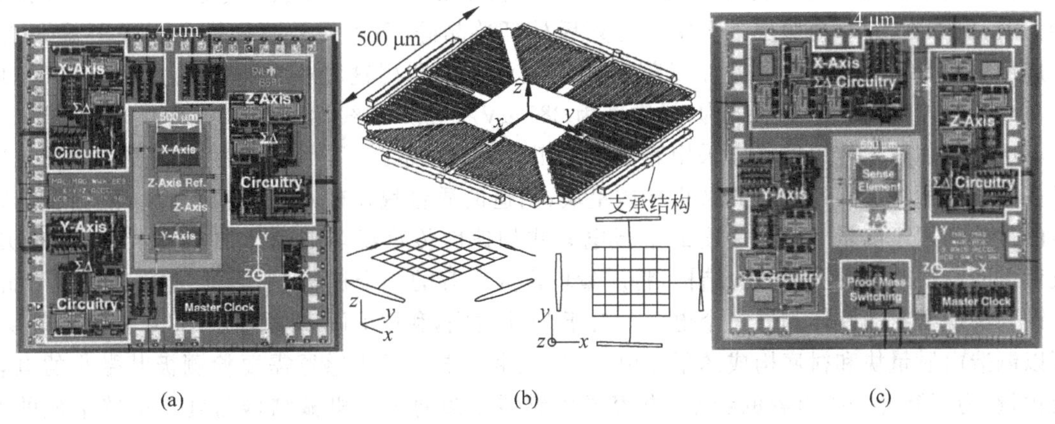

(a) (b) (c)

图 4-75 单片集成电容式三轴加速度传感器(Berkeley)

图 4-75(b)和(c)为采用 iMEMS 工艺制造的集成单质量块 3 轴电容式加速度传感器。采用 3 个 Sigma-Delta 反馈闭环控制,每个方向的检测电容各使用 1 个。微机械结构包括质量块和 4 个对角支承的弹性梁,以及叉指电容。平面加速度依靠 2 个方向的叉指电容检测,而垂直加速度依靠质量块与下方的地电极组成的电容检测。在 ADI 的 iMEMS 工艺中,多晶硅结构层下方可以沉积高浓度掺杂多晶硅薄层作为地电极。微结构为 2.3 μm 厚多晶硅,叉指静止时间隙为 2.2 μm,质量块 0.2 μg。电路为 2 μmCMOS 技术,5 V 供电。xy 轴的频率为 6.6 kHz,最大量程为 11 g,噪声为 0.73 mg/$\sqrt{\text{Hz}}$,总电容为 98 fF,灵敏度为 0.24 fF/g;z 轴自然频率为 5.2 kHz,噪声为 0.76 mg/$\sqrt{\text{Hz}}$,最大量程为 5.5 g,总电容为 177 fF,灵敏度为 0.82 fF/g。最大的交叉轴灵敏度为−36 dB。

安全气囊、电子稳定系统和轮胎压力等汽车电子,以及智能手机、游戏机、个人导航等消费电子的高速发展,极大地拉动了 3 轴加速度传感器以及 6 轴惯性测量系统(IMU)的发展,多轴集成、体积小、功耗低、成本低已经成为加速度传感器和陀螺的发展方向。主要的惯性传感器厂商都先后推出了 3 轴集成的加速度传感器,如 Freescale 的 MMA8450Q,芯片体积仅为 3 mm×3 mm×1 mm,包括 3 轴加速度测量、存储器、ARM 处理器、放大、滤波和 A/D 转换,并通过软件对功能进行可编程控制,量程 2 g、4 g 和 8 g 可调。MMA8450Q 采用 12 位数字输出,工作电压 1.8 V,工作电流 27 μA(50 Hz 数据输出)~42 μA(100 Hz 数据输出),待机模式电流 10 μA,休眠模式电流 2 μA。Kionix 的 KXTE9 3 轴加速度传感器采用 3 mm×3 mm×0.98 mm 的 LGA 封装,内嵌软件算法控制测量轴输出和传感器模式,工作电压 1.8 V,工作电流 30 μA。VTI 的 CMA3000 尺寸 2 mm×2 mm×0.98 mm,工作电压 1.8 V,电流 10 μA。ST 的 LIS3Dx Femto 系列尺寸 2 mm×2 mm×0.98 mm,LGA 封装,工作电压 1.8 V,100 Hz 数据输出率时电流 10 μA,25 Hz 时 4 μA,具有 FIFO 存储、串行 SPI 和 I^2C 接口,量程 2~8 g 可编程。Bosch 的 BMA220 尺寸 2 mm×2 mm×0.98 mm,量程 2~16 g 可编程,工作电压 1.8 V,电流 10~250 μA,SPI 和 I^2C 接口。ADI 的 ADXL346 待机功耗 1 μA,全功能工作电流 35 μA,量程 2~16 g 可编程,13 位数字输出,输出最小有效位数分辨率 4 mg。

4.4.4 加速度传感器的制造

压阻式加速度传感器多采用体加工技术中的 KOH 刻蚀[118]和 DRIE 刻蚀技术制造单晶硅弹性结构。使用 SOI 或外延等方法与体加工技术相结合,可以获得厚度均匀的支承弹性梁[119]。例如在 SiO_2 掩膜层上开窗口阵列后外延单晶硅,可以使外延层横向生长覆盖 SiO_2,形成网格状 SOI 结构,然后体加工刻蚀和压阻注入。利用这种横向外延的方法,可以实现 10 μm 厚的外延层的弹性梁结构,灵敏度为 287 μV/(Vg),非线性度在 30 g 内优于 4%[120]。

电容式加速度传感器可以采用表面微加工[121]和体加工[122~124]技术制造。表面微加工通过多晶硅和牺牲层实现悬空的叉指和质量块,制造的质量块比较小,噪声比较大,限制了传感器的性能。用于测量 z 轴加速度的平板电容式加速度传感器多采用体加工技术,利用 KOH 或者 DRIE 刻蚀质量块和弹性结构,将质量块作为电容的一个极板,然后通过硅-玻璃或者硅-硅键合实现密封的腔体和另一个电极。对于 SOI 衬底,利用 RIE 刻蚀埋层 SiO_2 释放器件层,可以制造由质量块和衬底构成的平板电容[125]。由于电容式传感器需要检测极其微小的电容变化量,为了降低寄生电容的影响,电容式传感器更倾向于微机械结构与处理电路集成的方式,因此表面微加工应用也很多。

用于测量面内 x 轴和 y 轴的梳状叉指电容加速度传感器既可以采用表面微加工技术制造，也可以采用 DRIE 刻蚀体硅制造。图 4-76 为 ST 开发的外延厚多晶硅制造加速度传感器和陀螺的 TheLMA 工艺过程。外延多晶硅厚度为 12～50 μm，可以大幅度提高传感器的性能。外延后的释放采用气相 HF 刻蚀，这种方法已经成为刻蚀 SiO_2 牺牲层的标准工艺。一般表面微加工制造的商业传感器的分辨率在 100 μg～1 mg 的水平。通过抑制寄生电容和采用相关采样，表面微加工加速度传感器的噪声可达 2 $\mu g/\sqrt{Hz}$[126]。

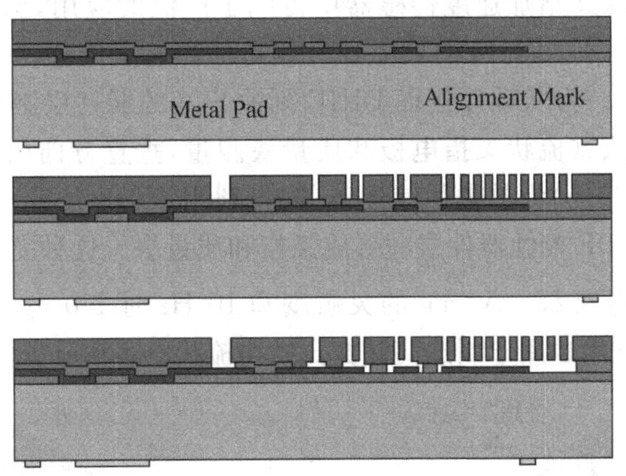

图 4-76　ST TheLMA 制造加速度传感器的工艺流程

目前广泛采用 DRIE 刻蚀 SOI 器件层制造梳状叉指电容加速度传感器，或利用 DRIE 刻蚀与硅玻璃键合相结合。图 4-77 为刻蚀 SOI 的方法，已经广泛应用于量产加速度传感器的制造。这种利用 DRIE 刻蚀 SOI 的方法在接近埋氧层时容易产生横向刻蚀，导致叉指截面出现非规则形状。采用硅-玻璃或者硅-硅键合，在底层衬底上首先刻蚀凹槽可以避免横向刻蚀的问题。在标准 CMOS 工艺以后利用 DRIE 刻蚀介质复合层的 CMOS-MEMS 工艺，也能够实现 0.5 $mg/\sqrt{Hz}$水平的横向加速度传感器[90]。

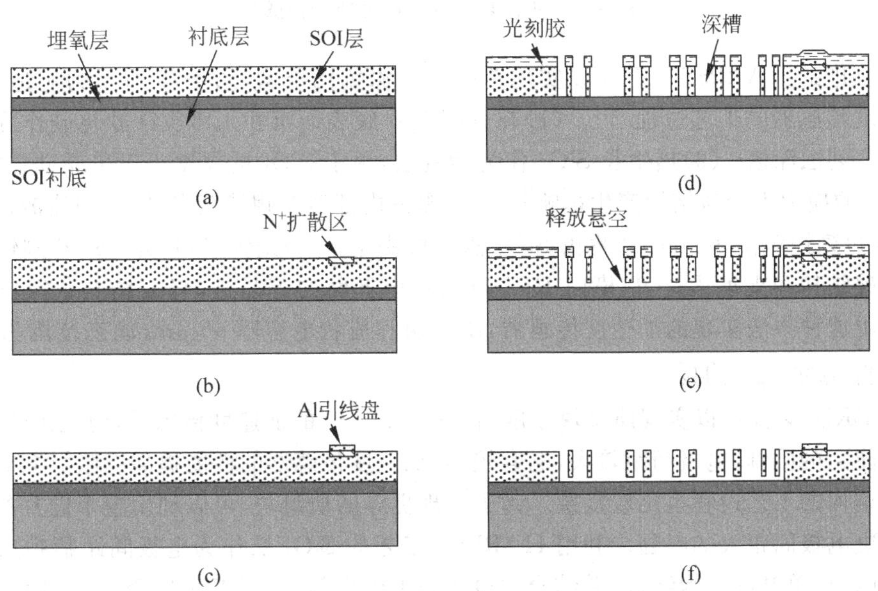

图 4-77　SOI 制造梳状电容加速度传感器的典型流程

为了实现较高的分辨率,需要较大的质量块和较小的弹性梁刚度。但是刚度较小的结构容易在牺牲层释放过程中发生粘连,并且交叉轴干扰较大。为了提高大刚度结构的分辨率,可以利用静电力调整弹性梁在惯性力方向的刚度[127]。利用静电力增加振动方向的等效惯性力,即通过电刚度降低总体刚度,从而降低频率。由于总体刚度等于机械刚度与电刚度之差,通常对于 1 N/m 的弹性梁来说,电刚度的大小与机械刚度相当,因此频率调整范围相当大,可以从 0 调整到固有频率。与未调整刚度的同样的结构相比,分辨率提高可以 30 dB。

体微加工技术在梳状叉指加速度传感器中得到了广泛的应用,例如 HARPSS 工艺[128]和 SOI+DRIE 技术[116]。图 4-78 为两种采用 SOI 制造的加速度传感器,SOI 的器件层作为叉指电容和质量块。图 4-78(a)为从硅片正面 DRIE 刻蚀 SOI 的器件层制造的三轴加速度传感器,面内两个方向的加速度依靠梳状叉指电极和质量块测量,垂直方向的加速度依靠折叠梁支承的平板电极测量。图 4-78(b)为单轴加速度传感器,利用 DRIE 从背面刻蚀硅衬底,直到 SiO_2 埋层停止,然后从正面 DRIE 刻蚀器件层硅形成叉指和质量块。这种完全单晶硅结构、小电极间隙的加速度传感器可以实现 83 mV/mg 的灵敏度和 10 Hz 时 170 ng/$\sqrt{\text{Hz}}$的分辨率。与此类似,DRIE 和硅玻璃键合技术也用于制造高深宽比结构梳状电容和质量块的加速度传感器[87,129]。

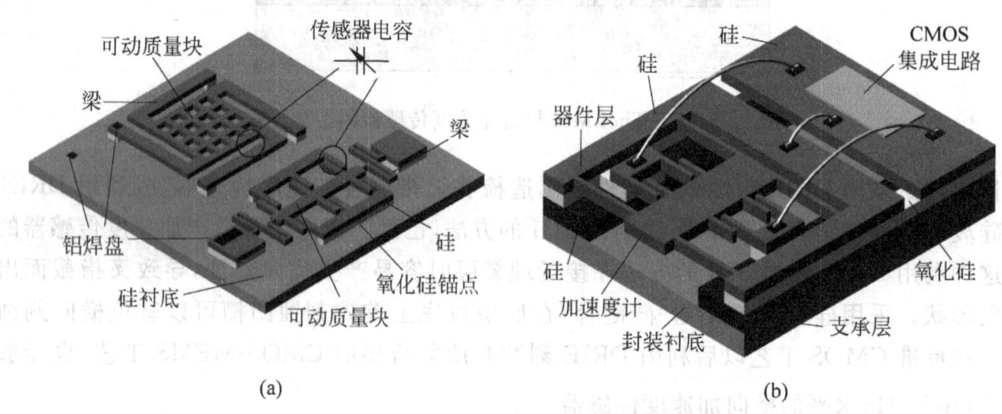

图 4-78　两种基于 SOI 的加速度传感器

利用改进的 HARPSS 工艺可以实现单晶硅高深宽比结构,图 4-79 所示为制造梳状电容平面加速度传感器的工艺过程[130]。(1)在低阻硅衬底表面沉积 LPCVD 氮化硅作为绝缘层,然后 DRIE 刻蚀深槽;(2)热生长 SiO_2 作为牺牲层,由于 SiO_2 的厚度小于单晶硅结构宽度的 20%,SiO_2 的应力不会对结构产生影响;(3)将深槽内部填充硼掺杂多晶硅,回流激活,作为固定电极;(4)刻蚀深槽多晶硅,边界由 SiO_2 牺牲层决定;(5)刻蚀 SiO_2 并 DRIE 刻蚀单晶硅,形成单晶硅结构和支承梁;(6)横向 RIE 刻蚀结构下面的单晶硅,释放结构;(7)最后去除 SiO_2。利用这种方法实现的加速度传感器,质量块和梳状电容厚 60 μm,动态范围为 126 dB,等效噪声为 0.95 μg/$\sqrt{\text{Hz}}$。

尽管 DRIE 刻蚀可以实现质量块厚度为 20～120 μm 的加速度传感器,但是由于 DRIE 刻蚀深宽比能力的限制,电极间距较大,电容较小,加速度传感器的性能提高有限。同时,制造电极和释放结构的工艺过程也比较复杂。为了实现更厚的质量块,可以利用整个硅片的厚度,但是需要解决电极间距大的问题。利用 HARPSS 工艺的 SiO_2 层作为电极间距牺牲层、利用多晶硅作为电极、单晶硅作为结构,并结合 KOH 和 DRIE 刻蚀,可以实现全硅片厚度的加速度

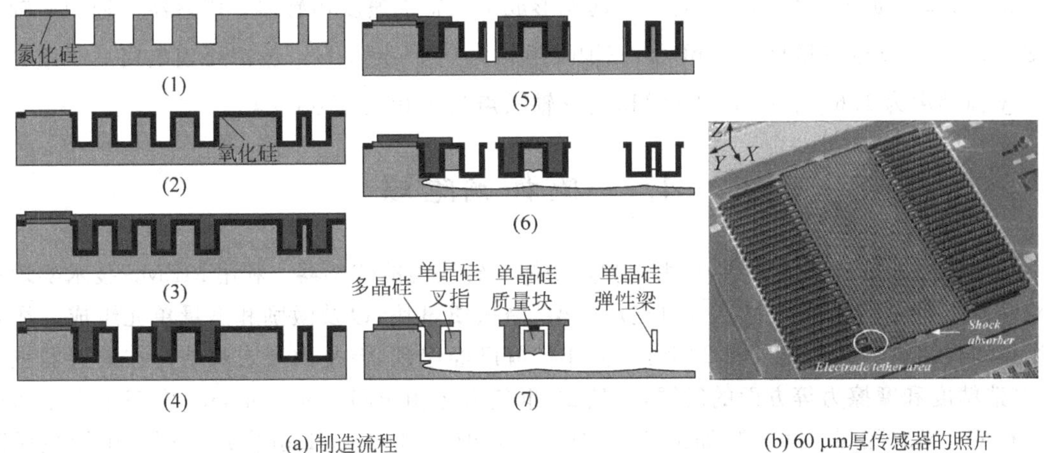

(a) 制造流程 (b) 60 μm厚传感器的照片

图 4-79 改进的 HARPSS 制造加速度传感器的流程和 60 μm 厚传感器的照片

传感器[131]。图 4-80 所示分别为全硅片厚的平面和 z 轴加速度传感器。传感器的质量块厚度为整个硅片的厚度,利用 KOH 双面刻蚀进行释放,并依靠多晶硅弹性梁支承。固定电极是填充的多晶硅,与之相对的质量块侧壁为 DRIE 刻蚀,以保证较小的间距,而间距的实际值由牺牲层 SiO_2 的厚度决定。为了保证质量块运动时器件的增益,质量块只有一个侧壁与固定电极形成电容,另一个侧壁不用。

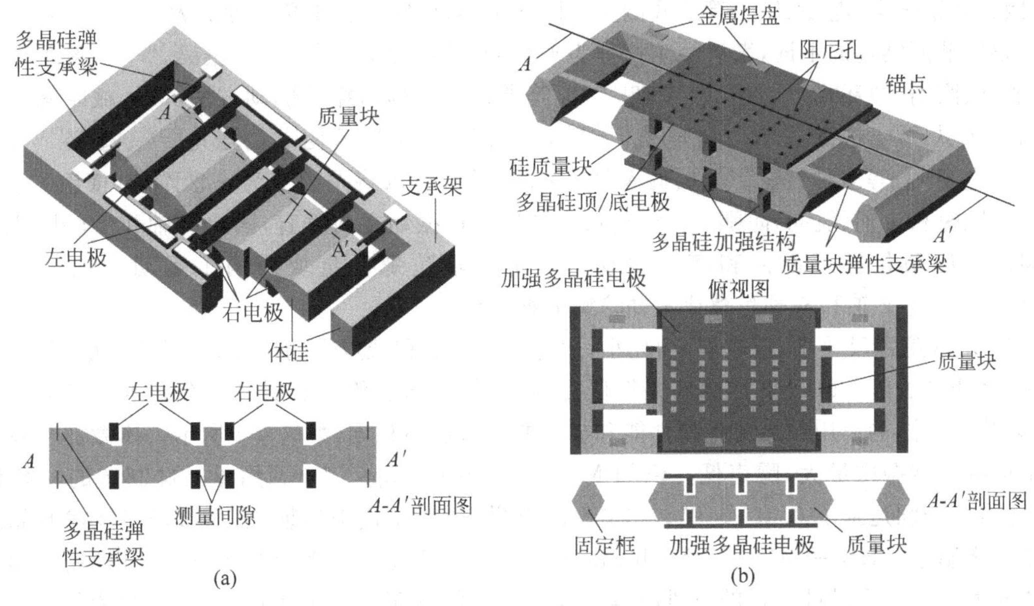

图 4-80 全硅片厚的平面加速度传感器

水平加速度传感器的质量块为 2.4 mm×1 mm×0.475 mm,电极面积为 70 μm×760 μm,共 20 个,电极间距为 1.2 μm,电容为 7.7 pF,谐振频率为 0.5 kHz。微机械结构的噪声电平为 0.7 $\mu g/\sqrt{Hz}$,灵敏度为 5.6 pF/g,经过处理电路后 0.49 mV/g,1 Hz 带宽时总分辨率为 1.6 μg。z 轴加速度传感器的结构与平面加速度传感器结构基本相同。将两个平面加速度传

感器和一个 z 轴加速度传感器组合在一起就形成了三轴加速度传感器。传感器 x 轴和 y 轴灵敏度为 8 pF/g,z 轴灵敏度 4.9 pF/g,三轴噪声约为 0.7 $\mu g/\sqrt{Hz}$,包括处理电路后 1.5 kHz 时 x,y 轴噪声为 1.6 $\mu g/\sqrt{Hz}$,600 Hz 时 z 轴噪声为 1.08 $\mu g/\sqrt{Hz}$。

4.5 微机械陀螺

陀螺也称为角速率传感器,是用来测量物体旋转快慢的传感器。利用 MEMS 技术实现的微陀螺基本都是谐振式陀螺[132],由支承框架、谐振质量块,以及激励和测量单元组成。尽管利用振动式结构测量角度早在 20 世纪 50 年代就已经出现,但是由于宏观结构在谐振器稳定度、制造精度和摩擦力等方面的问题,直到 20 世纪末才由 BEI Technologies 实现了真正商业化的石英音叉式陀螺。随着微加工技术的引入,1991 年 Draper Lab 实现了第一个微机械陀螺[133],1997 年 Bosch 首先量产了微机械陀螺[134],随后 Silicon Sensing Systems[135] 和 ADI[136] 于 2002 年推出了各自的微机械陀螺产品。在汽车电子和消费电子的推动下,2005 年以后微机械陀螺进入了广泛普及阶段。

谐振式微机械陀螺通常是一个工作在一阶和二阶模式的微机械谐振器。通过静电、压电、电磁或电热等不同方式,微机械谐振器被激励振动在频率和振幅稳定的一阶振动模式,当旋转角速度的方向与谐振器的二阶振动模式的振动方向相同时,角速度产生的科氏力(Coriolis Force)将一阶振动耦合到二阶振动模式,而二阶振动模式的振幅与科氏力(进而与角速度)有关,因此通过静电、电磁、压阻等形式测量二阶振幅,可以间接获得角速度的大小。

根据谐振结构的不同,微机械陀螺分为平衡谐振器(音叉)[137,138]、谐振梁[139,140]、圆形谐振器(酒杯、圆周、圆环式)[141,142]、平衡架[143,144]等类型。根据谐振的驱动方法,微机械陀螺可以分为静电式[145]、电磁式[138]、压电式[146]等,而检测可以是压阻[138]、压电[146]、隧穿[147]、光学[148]、电容[145]等多种方法。根据输入角速度的不同,可以将陀螺分为 x 轴陀螺(横滚)、y 轴(俯仰)陀螺和 z 轴(航向)陀螺。由于科氏力与质量块振动方向垂直,因此 x 轴和 y 轴陀螺的质量块的运动包括了面内和离面振动[149],而 z 轴陀螺质量块的两个运动方向都在面内[150,151],因此 x 轴和 y 轴陀螺比 z 轴陀螺更难实现。

MEMS 陀螺尺寸小、低成本、功耗小,适合微型系统和低成本的应用,如手持导航器、汽车电子、消费电子等。MEMS 陀螺将是继压力传感器、加速度传感器后又一个有重大影响的传感器[152]。不同的应用领域对陀螺性能和成本的要求也不相同,如表 4-5 所示。体微加工技术制造的陀螺谐振质量大,噪声低。例如 Murata 和 Samsung[153,154] 利用单晶硅制造的 x 轴陀螺,分辨率分别达到了 0.07°/s 和 0.013°/s。20 世纪 90 年代中后期,表面微加工技术开始应用于陀螺制造。HSG-IMIT[155]、Michigan 大学[156]、Berkeley[157] 和首尔大学[149] 分别用表面微加工技术实现了多晶硅结构的 x 轴陀螺。ADI 公司的 ADXRS nnn(nnn 表示满量程的每秒度数)系列微陀螺采用表面工艺制造,噪声为 0.05°/s/$\sqrt{Hz}$,具有完全电路集成、低功耗、抗振动和冲击等优点,代表了陀螺技术的飞越。

随着制造、集成、电路和封装技术的不断进步,MEMS 陀螺的角度随机游走从 1991 年 Draper 第一个微机械陀螺的约 500°/$\sqrt{h}$ 发展到 2011 年的近 10^{-3}°/$\sqrt{h}$,20 年的时间提高了 5~6 个数量级。不同应用的典型产品如 Melexis 的 MLX90609 的噪声 0.03°/s/$\sqrt{Hz}$,零偏稳定性 17°/h，ST 的 LY530AL 的噪声 0.1°/s，零偏稳定性 5°/s，Innalabs 的 CVG25 的零偏稳定性 3～5°/h，Infineon 的 CG100 的噪声密度 0.25°/s/$\sqrt{Hz}$，零偏稳定性 75°/h。尽管 MEMS 陀螺的性能一直在持续提高，正在逐渐接近导航级的要求，但是目前普遍认为 MEMS 陀螺的性能进一步提升的空间有限。限制 MEMS 陀螺在导航和战略级应用的主要因素是噪声水平和动态范围，而决定 MEMS 陀螺性能的关键因素除了陀螺的结构和制造技术外，信号处理电路也是极为关键的因素。这是因为谐振式陀螺产生的信号极其微弱，例如达到导航级需要检测 10^{-19} F 量级的电容；另外，导航级应用要求动态范围达到 120 dB 以上，这对谐振结构容易实现，而处理如此宽的动态范围的电路是非常困难的。

表 4-5 典型应用对陀螺性能的要求

应用类别	应用等级	零偏稳定性	相对精度	典型应用
低性能	消费电子	10°/s	3%	智能手机
	汽车电子	1°/s	0.3%	ESP
高性能	工业(低端战术级)	10°/h	10 ppm	工业控制火炮火箭制导
	战术级	1°/h	1 ppm	平台稳定性控制
	短程(短时)导航	0.1°/h	100 ppb	导弹制导
	导航	0.01°/h	10 ppb	飞机导航
	战略级	0.001°/h	1 ppb	潜艇导航洲际导弹制导

在陀螺性能提高的同时，由于市场扩大和封装技术的进步，陀螺的价格总体上呈下降趋势。目前用于消费电子的低精度的 MEMS 陀螺的价格已经低于 10 美元甚至 1 美元，但是战术、导航和汽车级的高精度和高可靠性的 MEMS 陀螺的价格却很高。如 Silicon Sensing 零偏稳定性 5°/h 的 CRG20 每片高达 200 美元，3°/h 的 CRS09 甚至超过 1000 美元，而 ADI 的 6 轴 IMU ADIS16485 单片价格为 1095 美元，10 轴 IMU ADIS16480 更是高达为 1545 美元。尽管 MEMS 陀螺的价格较高，但是通过集成信号处理电路，大大降低了系统的开发和制造成本。目前主要的 MEMS 陀螺制造商包括 ST、VTI、Bosch、Invensense、ADI、Murata、Honeywell 等，其中 ST、Invensense、VTI 的产品主要应用于消费电子，Bosch 的产品广泛应用于汽车领域，而 Honeywell 的产品主要用于航空航天、军事领域和工业控制等。

4.5.1 谐振式陀螺的原理

谐振式陀螺的基本原理是利用了由于科氏力引起的不同的谐振之间的能量转换，即测量谐振轴上所获取的能量是激励谐振轴上的振动能量被与角速度成正比的科氏力调制的结果，因此通过测量两个谐振轴上的能量，就可以获得角速度的大小。

1. 基本原理

图 4-81(a)中，站在旋转圆盘中心附近的人跟随圆盘转动，具有对地的相对线速度，该速度的方向为圆盘的切向方向，大小为圆盘在该位置的线速度。当他运动到圆盘边缘时，他的线速度方向为圆盘边缘位置的切向方向，大小为该位置的线速度大小。由于圆盘的线速度随着半径的增加而增加，因此他对地的相对速度也增加了。这个由于径向速度增加而引起的切向速度的增加，被称为科氏加速度。

图 4-81(c)中，如果角速度为 Ω，半径为 r，则切向的线速度为 Ωr。当半径以速度 u 改变

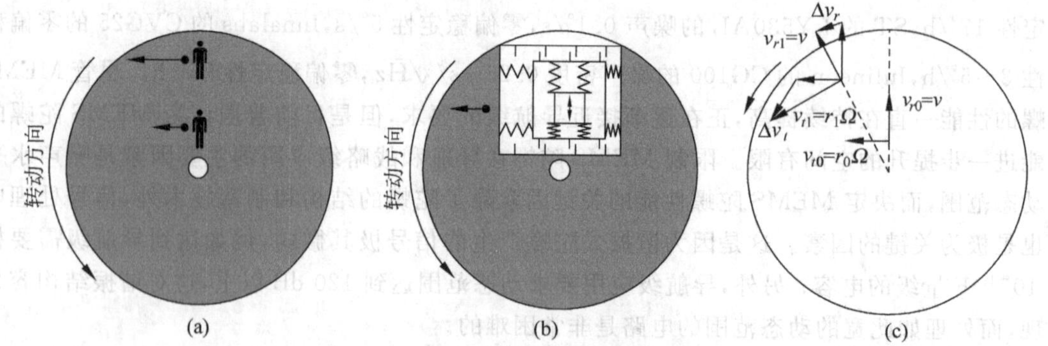

图 4-81 科氏加速度示意图和陀螺工作原理

时,切向加速度 $a_t=\lim\limits_{t\to 0}\Delta u_t/t=\lim\limits_{t\to 0}(r_1\Omega-r_0\Omega)/t=u\Omega$。在半径变化过程中,圆盘旋转使径向速度的方向发生变化,引起径向加速度 $a_r=\lim\limits_{t\to 0}\Delta u_r/t=\lim\limits_{t\to 0}[2u\sin(\Omega t/2)]/t=u\Omega$,全部加速度为 $2u\Omega$。如果质量块 M 在圆盘上以 u 的速度沿着径向运动,圆盘必须对质量块产生 $2Mu\Omega$ 的力,才能使质量块随圆盘一起运动。

考虑极坐标 $z=re^{i\theta}$,其中 r 为半径,θ 为极角,对 $z=re^{i\theta}$ 求时间 t 的导数可以得到速度为

$$\frac{dz}{dt}=\frac{dr}{dt}e^{i\theta}+ir\frac{d\theta}{dt}e^{i\theta} \tag{4-88}$$

等式右边的两项分别为速度的径向和切向分量,切向分量是角速度引起的结果。对式(4-88)求时间的导数,可以得到加速度为

$$a=\frac{d^2z}{dt^2}=\left[\frac{d^2r}{dt^2}e^{i\theta}+i\frac{dr}{dt}\frac{d\theta}{dt}e^{i\theta}\right]+\left[i\frac{dr}{dt}\frac{d\theta}{dt}e^{i\theta}+ir\frac{d^2\theta}{dt^2}e^{i\theta}-r\left(\frac{d\theta}{dt}\right)^2e^{i\theta}\right] \tag{4-89}$$

式(4-89)等号右边的第1项是径向线加速度,第4项是角加速度引起的切向分量,第5项是向心加速度。第2项和第3项相同,但分别是径向速度的方向改变引起的加速度和切向速度改变引起的加速度。根据角速度 Ω 和径向线速度 u 的关系 $d\theta/dt=\Omega$ 和 $dr/dt=u$,当 Ω 和 u 为常数时,第1项和第4项为零,则

$$\frac{d^2z}{dt^2}=2u\Omega ie^{i\theta}-\Omega^2re^{i\theta} \tag{4-90}$$

其中角分量 $ie^{i\theta}$ 表示在正 θ 方向的科氏加速度方向,科氏加速度大小为 $2u\Omega$;$-e^{i\theta}$ 表示向心力方向,加速度大小为 Ω^2r。

由科氏加速度引起的惯性力称为科氏力,科氏力的大小和方向为

$$\boldsymbol{F}_c=2m\boldsymbol{\Omega}\times\boldsymbol{u} \tag{4-91}$$

大小为 $2mu\Omega$,方向为角速度和速度的叉积方向。

在转动物体上固定一个谐振器,相当于圆盘上的人在径向方向往复运动。当振动质量沿着直径方向向圆盘边缘运动时受到向右的加速度和科氏力的作用,对支承框架产生向左的作用力,大小与科氏力相等;当质量块向圆心运动时受到向左的加速度作用,对支承框架产生向右的作用力,如图4-81(b)所示。如果支承框架用刚度系数为 K 的切向弹簧限制在圆盘上,科氏力将压缩弹簧,平衡时科氏力 $2mu\Omega$ 与弹性回复力 Kx 相等,则

$$\Omega=Kx/(2mu) \tag{4-92}$$

因此振动陀螺是测量科氏力对径向主动谐振产生的切向位移。图4-81(b)为利用电容测量框

架的位移。陀螺可以固定在旋转物体的任意位置和任意角度，但是要求敏感轴与物体的转动轴平行。

一般情况下，陀螺测量的角频率远小于陀螺的自然谐振频率，并且在一段时间内认为是恒定的，另外在闭环控制中，线性加速度可以被输出反馈抵消。当只考虑围绕 z 轴的转动时，通过设计和制造等可以实现 z 轴的刚度远远大于平面两个坐标轴的刚度。经过上述简化后，除科氏力以外所有的惯性力都可以忽略（或被补偿），于是直角坐标 (x,y,z) 中的两个方向的控制方程为

$$\begin{aligned}\ddot{x}+\omega_n^2x-2\Omega\dot{y}&=0\\ \ddot{y}+\omega_n^2y+2\Omega\dot{x}&=0\end{aligned}\tag{4-93}$$

这两个方程带有科氏力项 $-2\Omega\dot{y}$ 和 $2\Omega\dot{x}$，只有将运动方程表示在非惯性坐标系中才会出现。科氏力耦合了陀螺的两个运动模式，在它们之间产生了能量传递，即从 x 轴（主振动模式）的振动能量转移到 y 轴方向并产生振动（二阶振动模式）。科氏力垂直于角速度和瞬时线速度方向，引起质量块产生垂直于初始运动方向的位移。二阶模式与一阶模式的振幅之比为

$$\frac{y}{x}=2Q\frac{\Omega}{\omega_n}\tag{4-94}$$

可见陀螺的响应正比于 Q 值，如果 Q 值恒定，角速度可以直接从二阶模式的振幅中获得。在闭环控制中，控制系统对驱动幅值反馈控制，使二阶振动模式的幅值从一个稳定值持续抑制为零。

陀螺是通过测量科氏加速度实现角速度测量的，从本质上说陀螺也是加速度传感器。由于科氏加速度只有当线速度与旋转同时存在时才出现，因此为了测量科氏加速度需要加速度传感器在跟随物体旋转的同时运动起来。实现运动最简单的方法就是谐振，即增加一个激励单元使加速度传感器做往复振动。由于科氏力正比于驱动谐振的运动速度，因此希望谐振频率和振幅都尽可能大。

微机械陀螺的基本原理是利用科氏力传递能量，将谐振器的驱动（激励）振动模式激励到检测（测量）振动模式，检测振动模式的振幅与输入角速度成正比，如图 4-82 所示。图中两个音叉结构的谐振器被激励沿着面内水平方向振动，即驱动振动模式。驱动振动频率是由振动结构的一个固有振动模态决定的，而振幅是由结构和激励（电压）的大小所决定的。围绕 z 轴的角速度所产生的科氏力使质量块沿着面内竖直方向振动，即检测振动模式，实现对角速度的测量。检测振动模式的频率由振动结构的另一个振动模态决定，而振幅是由结构以及激励（电压）的大小和角速度的大小决定的。

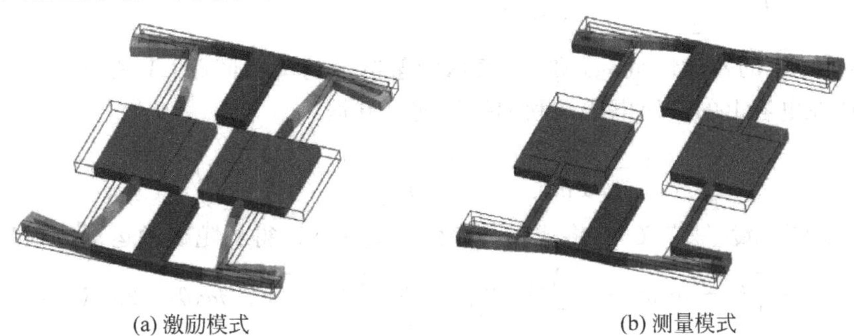

(a) 激励模式　　(b) 测量模式

图 4-82　谐振式陀螺的振动模式

2. 动态模型

图4-83所示的振动陀螺可以用质量弹簧阻尼系统进行描述。质量块 m_1 通过弹性结构支承在框架上，弹性结构可以用弹性刚度系数 k_1 和阻尼系数 d_1 描述；框架 m_2 通过另外的弹性结构安装在基底上，弹性结构用 k_2 和 d_2 描述。质量 m_1 和 m_2 被驱动电极激励沿着 y 方向振动，当陀螺围绕 z 轴旋转时，产生 x 方向的科氏力。设坐标系 xy 随着陀螺基底共同旋转，坐标系 XY 是固定坐标系，二者的夹角为 θ。

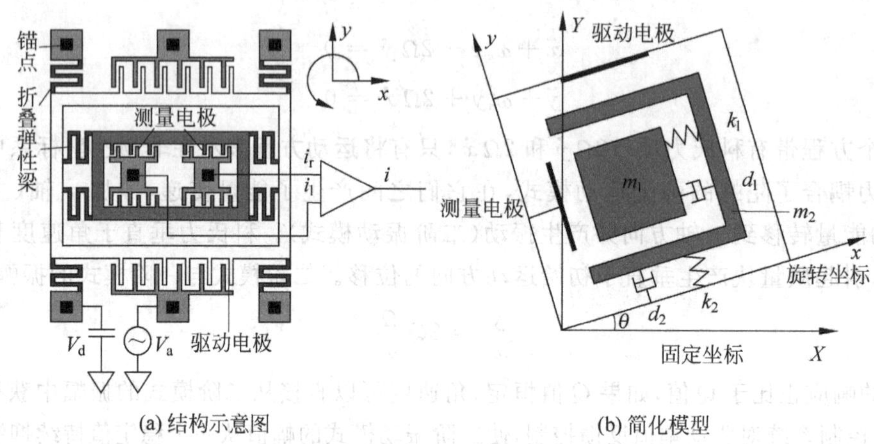

图4-83　振动陀螺

利用坐标变换，质量 m_1 和 m_2 在固定坐标中表示为

$$\begin{bmatrix}\boldsymbol{X}_1\\ \boldsymbol{Y}_1\end{bmatrix}=\begin{bmatrix}\cos\theta & -\sin\theta\\ \sin\theta & \cos\theta\end{bmatrix}\begin{pmatrix}x\\ y\end{pmatrix},\quad \begin{bmatrix}\boldsymbol{X}_2\\ \boldsymbol{Y}_2\end{bmatrix}=\begin{bmatrix}-y\sin\theta\\ y\cos\theta\end{bmatrix} \tag{4-95}$$

采用能量法求得动态特性，总动能等于 m_1 和 m_2 所有线性和角动能之和，总势能等于所有弹簧中的弹性势能和测量电极中的电势能之和，于是总动能 T、总势能 U 和损耗能量 D 表示为

$$\begin{aligned}
T &= \frac{1}{2}m_1\begin{bmatrix}\dot{\boldsymbol{X}}_1 & \dot{\boldsymbol{Y}}_1\end{bmatrix}\begin{bmatrix}\dot{\boldsymbol{X}}_1\\ \dot{\boldsymbol{Y}}_1\end{bmatrix}+\frac{1}{2}m_2\begin{bmatrix}\dot{\boldsymbol{X}}_2 & \dot{\boldsymbol{Y}}_2\end{bmatrix}\begin{bmatrix}\dot{\boldsymbol{X}}_2\\ \dot{\boldsymbol{Y}}_2\end{bmatrix}+\frac{1}{2}\boldsymbol{I}\dot{\theta}^2\\
U &= \frac{1}{2}k_1x^2+\frac{1}{2}k_2y^2+\frac{1}{2}\varepsilon A_s V_d^2\left(\frac{d_0}{g_0^2-x^2}+\frac{d_1}{g_1^2-x^2}\right)\\
D &= \frac{1}{2}d_1\dot{x}^2+\frac{1}{2}d_2\dot{y}^2
\end{aligned} \tag{4-96}$$

其中 I 是 m_1 和 m_2 的转动惯量，g_0 和 g_1 表示测量电容的叉指间距，A_s 是测量电容的有效面积，V_d 是施加在电容上的直流电压。利用拉格朗日方程

$$\frac{\mathrm{d}}{\mathrm{d}t}\left[\frac{\partial(T-U)}{\partial\dot{q}_i}\right]-\frac{\partial(T-U)}{\partial\dot{q}_i}+\frac{\partial D}{\partial\dot{q}_i}=Q_i \tag{4-97}$$

其中 q_i 是广义坐标，Q_i 是广义力，将式(4-96)代入式(4-97)得到陀螺的运动方程为

$$\begin{aligned}
&m_1\ddot{x}+d_1\dot{x}+\left[k_1-m_1\dot{\theta}^2-\frac{\varepsilon A_s V_d^2 g_0}{(g_0^2-x^2)^2}+\frac{\varepsilon A_s V_d^2 g_1}{(g_1^2-x^2)^2}\right]x-my\ddot{\theta}-2m_1\dot{y}\dot{\theta}=0\\
&(m_1+m_2)\ddot{y}+d_2\dot{y}+[k_2-(m_1+m_2)]y-m_1x\ddot{\theta}+2m_1\dot{x}\dot{\theta}=\frac{\varepsilon nt}{g_0}(V_d^2-v_{ac})^2
\end{aligned} \tag{4-98}$$

其中梳状静电驱动器的驱动力 f_d 近似为

$$f_d = \varepsilon nt(V_d - v_a)^2/g_0 \tag{4-99}$$

其中 n 是叉指电容个数，v_a 是交流驱动电压。为了计算式(4-98)，将根据实际情况适当简化。由于陀螺测量的角速度的频率远低于质量块的谐振频率，并且质量块 m_1 的位移远小于电极间距 g_0，即

$$\dot{\theta} \ll \sqrt{k_1/m_1}, \quad \dot{\theta} \ll \sqrt{k_1/(m_1+m_2)}, \quad x \ll g_0, \quad g_0 \ll g_1 \tag{4-100}$$

用 Ω 代替 $\dot{\theta}$，将式(4-100)的条件代入式(4-98)，得到

$$\begin{gathered} m_1\ddot{x} + d_1\dot{x} + \left(k_1 - \frac{\varepsilon A_s V_d^2}{g_0^3}\right)x = 2m_1 y\Omega \\ (m_1+m_2)\ddot{y} + d_2\dot{y} + k_2 y = 2\varepsilon ntV_d v_{ac}/g_0 \end{gathered} \tag{4-101}$$

当 m_1 振动时，测量电极的输出电流 i 是两个测量电容 C_r 和 C_l 的电流 i_r 和 i_l 的差，

$$i = i_r - i_l = \left(\frac{\partial C_r}{\partial x} - \frac{\partial C_l}{\partial x}\right)\dot{x}V_d = \frac{\varepsilon A_s V_d \dot{x}}{2}\left[\frac{g_0^2}{(g_0^2 - x^2)^2} + \frac{g_1^2}{(g_1^2 - x^2)^2}\right] \approx \frac{\varepsilon A_s V_d \dot{x}}{g_0^2} \tag{4-102}$$

结合式(4-101)和式(4-102)，在角速度 Ω 恒定时输出电压的幅值 V_o 为

$$V_o = \frac{4R_o m_1(\varepsilon\omega V_d)^2 ntA_s V_a\Omega}{d_0^3\sqrt{\{[k_2 - (m_1+m_2)\omega^2]^2 + d_2\omega^2\}[(k_1 - m_1\omega^2)^2 + d_1^2\omega^2]}} \tag{4-103}$$

其中 R_o 是放大器的输出阻抗。当旋转角速度 Ω 不是恒定时，角速度和驱动电压可以表示为

$$\begin{gathered} \Omega = \Omega_0\cos\delta t \\ v_a = V_a\sin\omega t \end{gathered} \tag{4-104}$$

其中 δ 是角速度的频率，Ω_0 和 V_a 是角速度和驱动电压的幅值。于是 m_2 的稳态振动 y 具有相同的频率

$$y = Y_0\sin(\omega t - \phi_0) \tag{4-105}$$

其中幅值 Y_0 和相位 ϕ 分别为

$$Y_0 = \frac{2\varepsilon ntV_d V_a}{d_0}\frac{1}{\sqrt{[k_2 - (m_1+m_2)\omega^2]^2 + d_2\omega^2}}, \quad \phi = \tan^{-1}\left[\frac{d_2\omega}{k_2 - (m_1+m_2)\omega^2}\right]$$

利用式(4-104)和式(4-105)，作用在 m_1 上的科氏力为

$$f_c = 2m_1\dot{y}\Omega = m_1\omega Y\Omega_0\{\cos[(\omega+\delta)t - \phi] + \cos[(\omega-\delta)t - \phi]\} \tag{4-106}$$

可见 m_1 的振动包括两个频率，$\omega+\delta$ 和 $\omega-\delta$，振动幅值分别为

$$X_{\omega+\delta} = \frac{m_1\omega Y\Omega_0}{\sqrt{[k_1 - m_1(\omega+\delta)^2]^2 + d_1(\omega+\delta)^2}}, \quad X_{\omega-\delta} = \frac{m_1\omega Y\Omega_0}{\sqrt{[k_1 - m_1(\omega-\delta)^2]^2 + d_1(\omega-\delta)^2}}$$

于是输出电压的最大幅值为

$$V_o = \frac{\varepsilon R_0 A_s V_d}{d_0^2}[(\omega+\delta)X_{\omega+\delta} + (\omega-\delta)X_{\omega-\delta}] \tag{4-107}$$

在式(4-107)中，参数可以根据结构的尺寸、材料参数以及电路参数确定，利用该式可以得到陀螺的动态特性和带宽。这种基于能量的动态分析方法适合于多种结构形式的陀螺的建模分析，包括谐振梁式和圆形谐振陀螺[158,159]。陀螺包括谐振器，因此影响谐振器的阻尼效应会对陀螺产生很大的影响，包括空气阻尼、支承点损耗、热弹性阻尼、电子线路阻尼等，这些阻

尼的精确建模往往比较困难。

谐振式陀螺的 Q 值是重要的指标。高 Q 值使小驱动电压能够获得大的振动幅度,对降低微陀螺功耗非常重要;同时,高 Q 值可以降低结构的机械噪声,增加测量的灵敏度和分辨率,并增强抗干扰能力。由于MEMS陀螺的尺寸小,空气阻尼引起的损耗远大于材料内耗和支承点的机械损耗,考虑到惯性力的传递不需要直接接触介质,因此陀螺一般密封在真空中。对于密封的陀螺,支承点的机械损耗是造成陀螺 Q 值下降的主要原因,因此振动结构的支承点需要仔细设计。

3. 振动模态

根据激励振动模态(Mode)的频率和检测振动模态频率的关系,可以将谐振式微陀螺分为模态匹配和模态分离两种,如图4-84所示。模态匹配微陀螺的激励振动模态的谐振频率与检测振动模态的谐振频率相同或非常接近,即测量模态的谐振频率与激励模态的谐振频率匹配。模态匹配又可以进一步分为简并振动模态和非简并振动模态两种。如果测量模态的频率与激励模态的频率相等,角速度产生的科氏力被放大了测量结构的机械品质因数倍(Q 倍)[63]

$$\left|\frac{y}{x}\right|_{\text{matched}} = 2\Omega\frac{Q}{\omega_0} \tag{4-108}$$

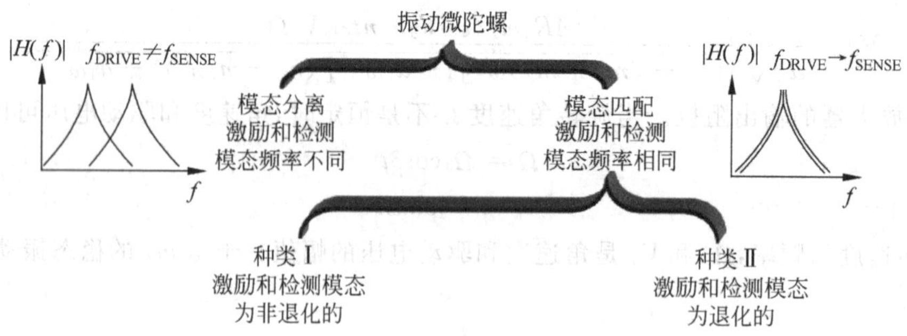

图4-84 谐振式陀螺的振动模式的关系

工作在真空中的陀螺的空气阻尼可以忽略,能够获得10 000以上的高 Q 值。由于品质因数的放大效应,模态匹配式陀螺的灵敏度和分辨率都比较高。只要两种谐振模态都有对称的支承结构即可实现模态匹配,通常为反对称结构,典型的模态匹配陀螺如圆环式谐振陀螺。频率匹配模式的带宽正比于频率、反比于 Q 值,标度因子正比于 Q 值。然而,对称结构对制造的要求很高,并会导致两种谐振模态的振动耦合,引起振动的不稳定、较高的零漂和显著的交叉轴干扰[153]。如果仅实现了机械振动的解耦合而没有对称的结构,又会造成较大的温度漂移[155]。

模态分离式陀螺的检测模态与激励模态的频率不同。当激励频率远小于测量频率时

$$\left|\frac{y}{x}\right| \approx 2\Omega\frac{\omega_x}{\omega_y^2} \tag{4-109}$$

由于模态没有匹配,这种陀螺的缺点是灵敏度较低,对信号处理电路的要求较高。多数谐振式结构如谐振梁和音叉等都是模态分离式模式。由于标度因子反比于检测模态振动频率的平方,因此降低检测模态的频率可以提高灵敏度,即大质量块、低刚度系数,但是这种方式对器件的可靠性不利。模态分离的优点是对结构的制造要求降低,另外陀螺的谐振频率即使受到温度和振动等外部环境等因素的影响而产生一定的偏移,对陀螺正常工作的影响较小。因为

两个频率的差别，因此带宽较大。

4.5.2　微机械陀螺的结构与工作模式

微机械陀螺的结构大体可以分为音叉式、谐振梁式、圆盘摆动式和圆环谐振式等几种。音叉式结构可以测量 x 轴、y 轴和 z 轴角速度，具有良好的灵敏度和抗冲击振动能力，零偏稳定性极佳；谐振梁式结构可以测量 x 轴和 y 轴角速度，具有极好的灵敏度和抗冲击振动能力，零偏稳定性较差；圆环式结构用于测量 z 轴角速度，灵敏度较低，零偏稳定性一般，但是具有极强的抗冲击振动能力。

1. 音叉式微机械陀螺

音叉式陀螺由音叉结构构成，音叉的 2 个叉指振动在反相振动模式，因此这种结构的特点是包括 2 个反向振动的质量块，并且这 2 个谐振的质量块之间由弹性结构连接，如图 4-85 所示。当音叉旋转时，科氏加速度使叉指产生垂直于初始振动模式的振动位移，因此叉指的实际运动轨迹为椭圆形而不是圆形。科氏加速度激励出音叉的二阶扭转振动模式，使能量从一阶弯曲振动模式耦合到二阶扭转模式。音叉的优点是在工作过程中中心是稳定的，能够消除温度、应力、力矩等共模因素的影响，敏感元件不需要特殊的处理就可以固定，能够获得高精度，并且成品率较高；这种结构的缺点是对结构和工艺的一致性和对称性要求很高，制造难度大。

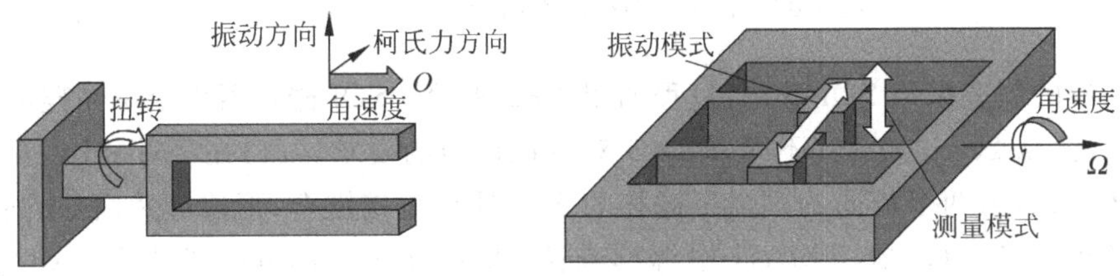

图 4-85　单端和双端音叉原理

图 4-86 为 Charles Draper 实验室最早报道的硅微谐振陀螺，采用梳状叉指电容激励、平板电容检测的音叉式结构[160]。该陀螺的质量块和梳状叉指电容由 2 个支承梁支承悬空在衬底上方，下面是检测电极。质量块由梳状电容激励，产生沿着 x 轴的反向振动。围绕 y 轴的角速度产生的科氏力沿着 z 轴方向，使质量块围绕 y 轴摆动，改变了质量块与下方电极组成的平板电容。陀螺采用硅片溶解技术制造，下电极位于玻璃基底上，通过硅玻璃键合实现集成。陀螺的最小分辨率(噪声等效速率)为 $0.19°/s/\sqrt{Hz}$。

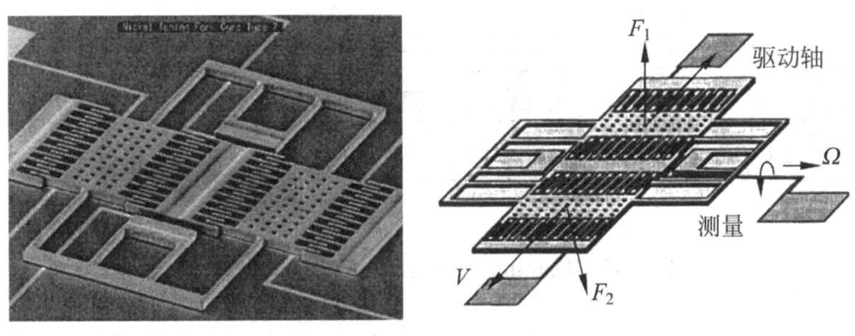

图 4-86　平板电容检测的音叉式陀螺(Draper)

图4-87为Daimler Benz公司生产的音叉式谐振陀螺[137,161]。该陀螺由2片微加工的硅片键合而成,音叉前端在上下两片AlN压电薄膜驱动器的驱动下产生垂直主平面的振动。当音叉旋转时,作用在音叉前端的科氏力使音叉受到扭矩的作用,相对音叉根部产生扭转,使根部的压阻传感器产生输出电压,实现对角速度的测量。扭转产生的应力在根部的中心线上最大,因此压阻的位置需要根据应力最大的位置进行设计。音叉被激励的基频频率为32.2 kHz,扭转引起的二阶测量振动模式比一阶频率低245 Hz。对于键合的音叉,即使微加工的精度很高也难以保证音叉的2个叉指的平衡,需要在键合以后利用激光烧蚀进行精密微调。不平衡的音叉叉指会在激励和测量模式间产生耦合,严重影响灵敏度。在实际的产品中,为了降低高阶振动模式的耦合,一阶和二阶振动频率与其他高阶振动频率之间至少相差10 kHz。真空封装后音叉在1 Pa的环境中Q值高达7000。

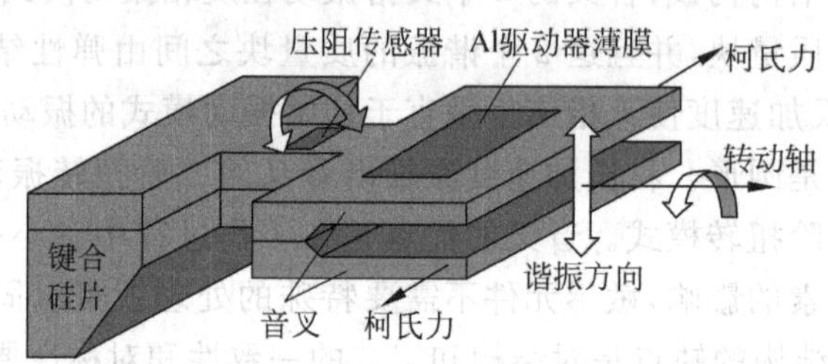

图4-87　音叉式谐振陀螺结构(Daimler Benz)

音叉陀螺的制造采用SOI硅片,过程如图4-88所示。SOI硅片器件层单晶硅的厚度决定了音叉的厚度,从20～200 μm不等,取决于对陀螺性能的要求。(1)在TMAH中刻蚀出半个音叉的硅杯。(2)将两个相同的刻蚀了硅杯的SOI硅片直接键合,形成硅片内部的腔体,腔体高度等于叉指距离。(3)在TMAH中继续刻蚀,将上面SOI的硅全部去除。(4)刻蚀去除SiO_2。(5)注入扩散压阻,在特定的氮气和氩气条件下溅射Al;溅射AlN压电薄膜,刻蚀AlN,形成压电驱动器;然后沉积并刻蚀Al,作为电连接。(6)从背面刻蚀硅直到埋氧层停止,形成音叉的另一半,利用DRIE刻蚀释放音叉。

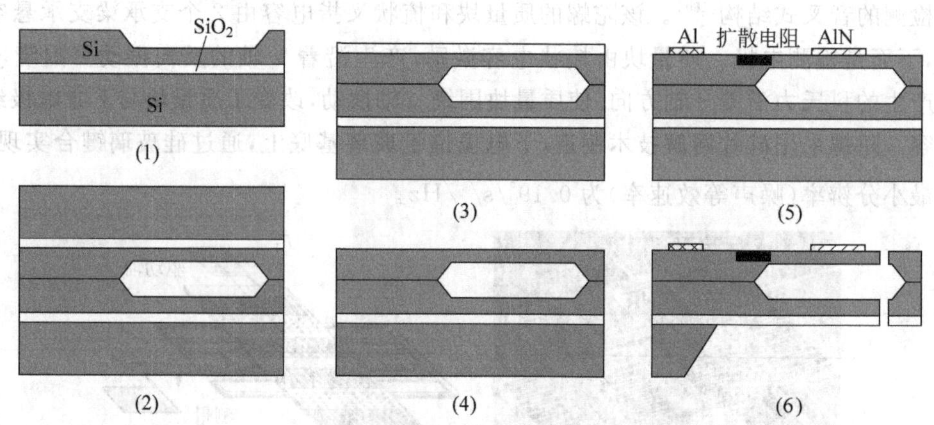

图4-88　Daimler Benz音叉式陀螺工艺流程

图4-89为德国Bosch公司生产的电磁驱动电容检测的z轴陀螺[134]。该陀螺是双端音叉结构,由2个用矩形弹性结构耦合的质量块和位于质量块中间的加速度传感器组成,利用了弹

簧耦合的 2 个质量块的自然谐振模式包括同相和反相振动的原理。质量块和加速度传感器用弹性梁支承在框架上，加速度传感器的测量轴方向垂直于质量块的谐振方向。当陀螺围绕垂直 z 轴旋转时，科氏力方向与加速度传感器的测量方向相同，可以测量角速度。

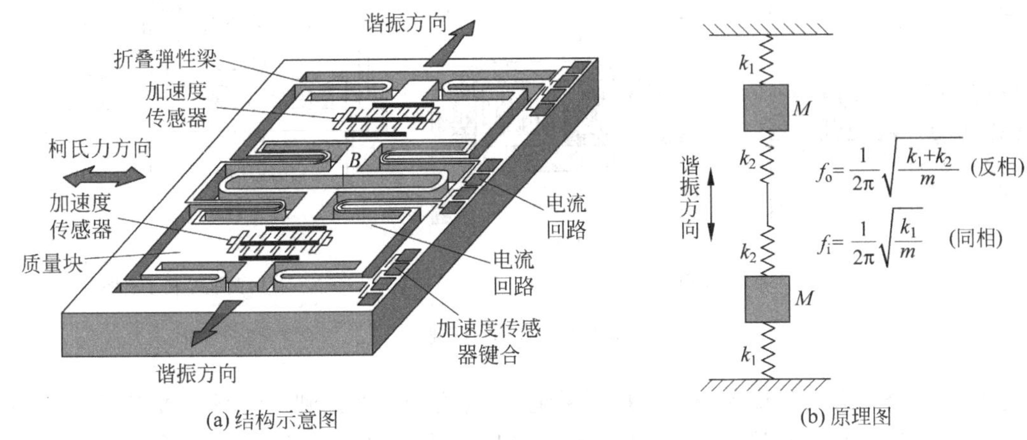

图 4-89　音叉谐振陀螺(Robert Bosch)

弹性结构的谐振包括同相和反相 2 个频率。在同相谐振模式，2 个质量块在任意时刻的位移是同方向的，在反相模式，2 个质量块在任意时刻的位移方向相反。反相谐振频率 f_o 和同相谐振频率 f_i 为

$$f_o=\frac{1}{2\pi}\sqrt{\frac{k_1+k_2}{M}},\quad f_i=\frac{1}{2\pi}\sqrt{\frac{k_1}{M}} \tag{4-110}$$

可见弹性刚度系数 k_2 增加，反相谐振频率增加，因此通过优化弹性刚度系数和质量，可以将 2 个模式的振动分离开。实际器件的反相和同相谐振频率分别为 2 kHz 和 1.6 kHz。谐振器的表面有 2 个电流回路，当其中 1 个回路中通以电流时，外部永磁体产生的磁场使谐振器受到洛仑兹力的作用，激励谐振器振动在反相模式，类似于音叉的振动形态。在另一回路中，振动质量块切割磁力线，产生正比于振动速度的电压信号。当陀螺转动时，作用在 2 个质量块上的科氏力方向相反，但都与谐振方向垂直。加速度传感器的敏感方向与科氏力相同，测量每个质量块的科氏加速度。两个加速度的差是转动的角速度，2 个加速度的和正比于加速度传感器敏感轴方向的线性加速度。对于围绕 z 轴的偏转，当角速度达到 100°/s 时，最大的科氏加速度也仅有 200 mg，因此支承梁刚度必须很小，以实现高灵敏度；另外这也要求加速度的测量方向和谐振方向必须严格垂直，对加工的要求很高。

陀螺的制造过程使用体加工和表面加工技术，如图 4-90(a)所示。体加工技术实现悬浮结构，表面加工技术实现叉指加速度传感器。(1)沉积 2.5 μm 厚的 SiO_2 作为后续刻蚀的停止层，外延 12 μm 厚的重掺杂 n 型多晶硅作为结构层。沉积并刻蚀铝作为电连接和键合盘。(2)利用 KOH 从硅片背面将中心部位减薄至 50 μm，利用 DRIE 从正面刻蚀多晶硅形成叉指电容、质量块以及弹性梁。(3)从正面用 HF 气体刻蚀外延层下的 SiO_2，释放 DRIE 刻蚀的结构。(4)阳极键合玻璃密封盖。最后将键合好的传感器与电路和永磁体密封在金属外壳内。如图 4-90(b)所示。

传感器反相谐振频率为 2 kHz，最大振幅 50 μm，常压下反相振动的 Q 值为 1200，足够激

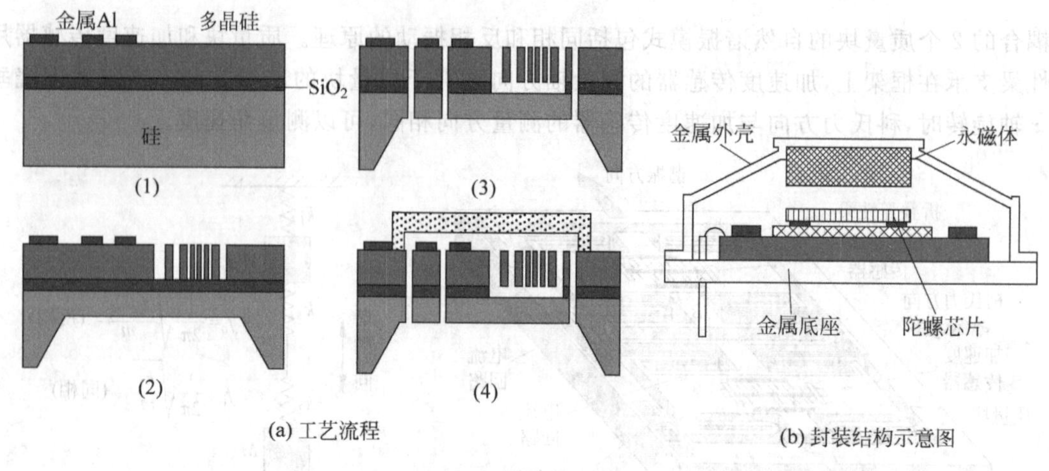

图 4-90　Bosch 陀螺

励产生小幅洛仑兹力。陀螺采用闭环控制系统，加速度的带宽达到 10 kHz。加速度传感器的灵敏度在 2 kHz 时可以检测 1 mg 的加速度，陀螺的灵敏度为 18 mV/(°/s)，量程为 100°/s，工作温度范围−40～85℃。

图 4-91 所示的音叉式谐振陀螺与 Bosch 陀螺的基本原理类似，都包括 2 个反相振动的质量块、支承弹性梁，以及驱动电极和测量电极[162,163]，并且 2 个质量块之间为弹性结构连接。不同的是 Bosch 陀螺采用电磁激励梳状电容检测，而图 4-91 采用梳状电容激励平板电容检测。图中给出了 2 个质量块在弹性梁支承和驱动电极激励下的反相振动模式。激励的反相振动沿着 x 方向，在科氏力的作用下，质量块沿着 y 方向振动，改变了质量块与静止的平板电极之间的电容。

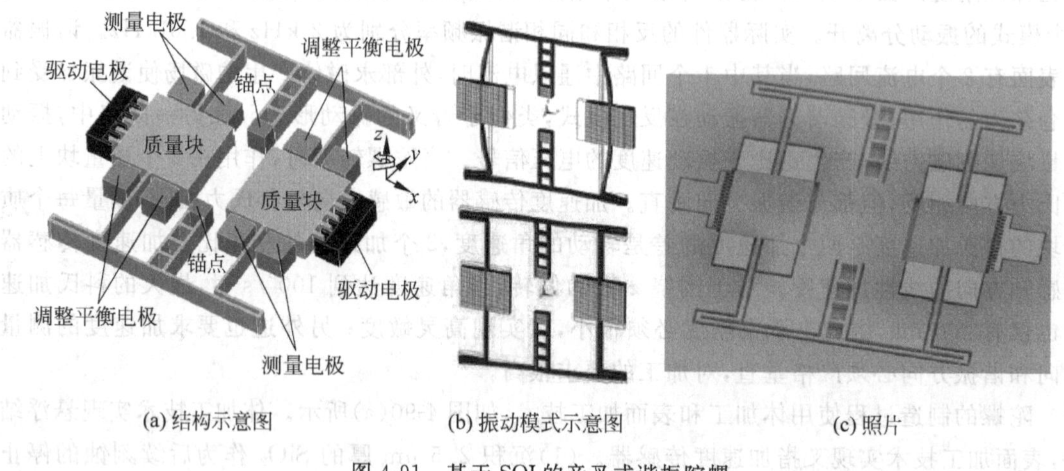

图 4-91　基于 SOI 的音叉式谐振陀螺

陀螺使用器件层为 40 μm 厚的 SOI 制造，利用 DRIE 从背面刻蚀去除振动结构下面的硅衬底，埋氧层作为刻蚀停止层，然后刻蚀去除暴露出来的埋氧层，最后从正面刻蚀结构。由于埋氧都已经去除，不会出现横向刻蚀的现象。陀螺的质量块为 400×400×40 μm，有效质量为 30 μg，初始振动频率为 17.38 kHz，真空中谐振结构的驱动 Q 值高达 81 000，测量 Q 值达到 64 000。灵敏度 1.25 mV/(°/s)，噪声水平 0.01°/(s/$\sqrt{\text{Hz}}$)，电路噪声为 0.02°/(s/$\sqrt{\text{Hz}}$)，温度系数为−22 ppm/℃。由于 DRIE 刻蚀深宽比的限制，电容的间隙无法很小，因此电容比较小，对检测电路的要求较高。这种陀螺既有音叉的优点，又实现了大厚度单晶硅结构，力学性能和质量块都比表面多晶硅结构有很大提高。

2. 谐振梁式微机械陀螺

谐振梁(板)式是目前应用最为广泛的微机械陀螺的结构形式。图 4-92 为谐振梁式陀螺示意图，质量块的振动方向与主平面平行，当围绕面内轴旋转时，产生垂直主平面的科氏力，因此可以通过平板电容进行测量；当角速度垂直于主平面时，科氏力平行于主平面且与振动方向垂直，通过梳状电容或者平板电容检测。由于这些特点，这种陀螺可以使用表面微加工技术制造，并且容易制造 3 轴陀螺。谐振梁式陀螺用于 z 轴角速度测量时，产生的测量振动模式是离面振动，如图 4-92(a)所示。在进行面内 x 轴和 y 轴角速度测量时，产生的测量模式的振动是面内振动，如图 4-92(b)所示。

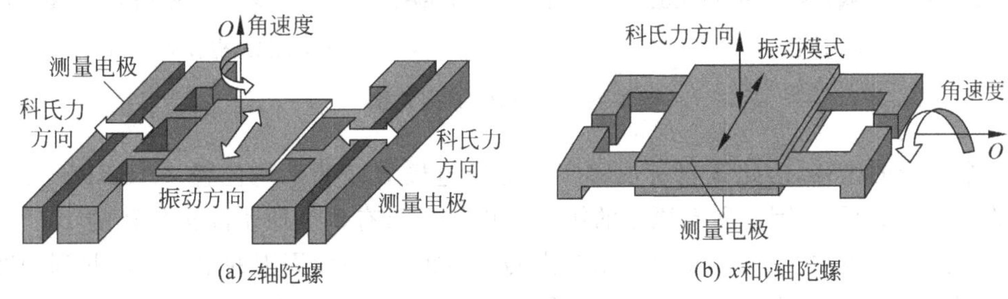

图 4-92　谐振梁式陀螺的工作原理

ADI 公司于 1998 年推出了第一个全集成的微机械陀螺 ADXRS[164,165]。ADXRS 陀螺利用 iMEMS 技术制造，将机械结构和处理电路集成在一块芯片上。图 4-93 为 ADXRS 系列陀螺的原理。谐振质量块通过 y 方向的弹性梁支承在框架上，框架通过 x 方向的弹性梁支承在衬底上。质量块与框架之间的叉指电极激励质量块产生 y 方向的振动，当陀螺围绕 z 轴转动时，产生 x 方向的科氏力，驱动框架和质量块沿着 x 轴运动，改变了框架与衬底之间的叉指电容，测量电容的变化可以得到角速度。

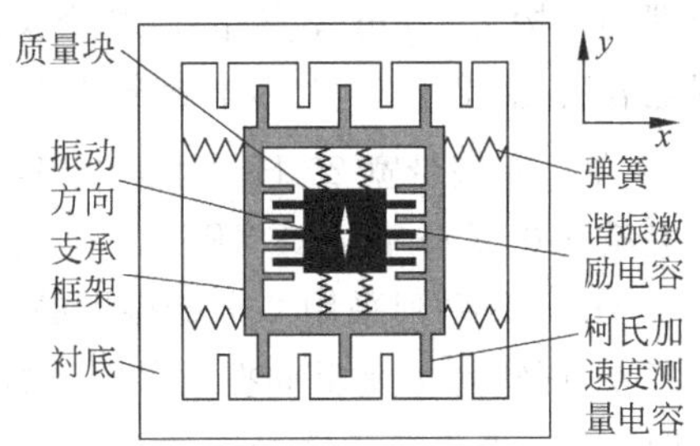

图 4-93　ADXRS 陀螺的原理示意图(ADI)

图 4-94 所示分别为 ADXRS 系列的整体芯片和机械结构照片。微机械结构布置在芯片中心，信号处理电路布置在周围。微机械结构为多晶硅的弹性梁和叉指电容，其中两组静止叉指固定在衬底上，两组可动叉指固定在支承框架上。当衬底旋转时，科氏力使质量块和支承框架相对衬底产生位移，因此叉指电极产生差动输出。如果总电容为 C，叉指间距为 g，则差动电容输出为

$$\Delta C = \frac{2v\Omega mC}{gk} \tag{4-111}$$

可见电容变化正比于角速度。上式的非线性度很小，一般小于 0.1%。

ADXRS 的电路具有极高的电容分辨率，可以分辨 1.2×10^{-20} F 的电容变化，相当于弹性梁弯曲 1.6×10^{-5} nm 引起的电容变化。由于位移已经远小于原子，而表面单个原子的随机运

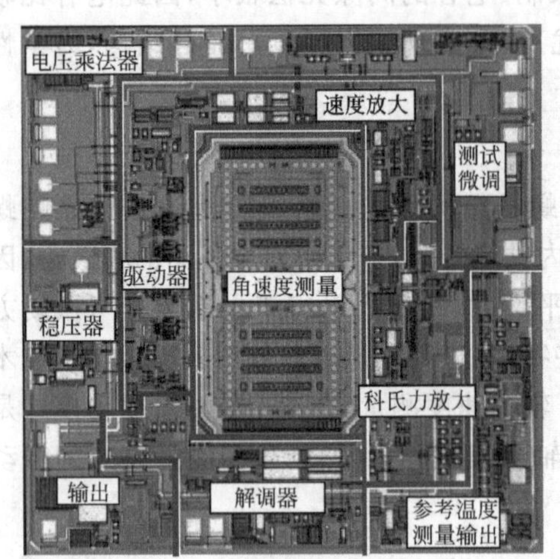

(a) 整体芯片

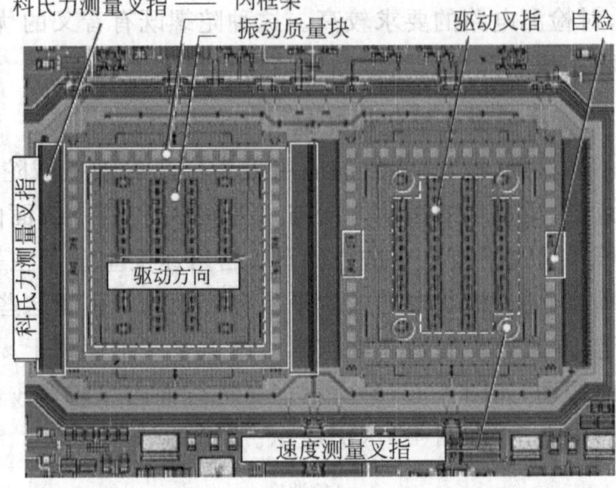

(b) 机械结构部分

图 4-94 ADXRS 系列陀螺

动大于这个测量的位移,因此该测量位移实际上是电极表面的平均位置。ADXRS 叉指电容表面大约有 10^{12} 个原子,因此所有原子的统计平均位移只有单个原子随机位移的 10^{-6}。叉指电极工作在空气环境中,空气分子对叉指产生的冲击很大,因此周围的空气可以起到缓冲层的作用,防止器件受到冲击而损坏。ADXRS 系列陀螺所具有的极高的电容测量精度只有在放大器、滤波器以及传感器等都集成在一个芯片上才有可能实现。ADXRS150 和 ADXRS300 陀螺的结构为 4 μm 厚多晶硅,整个叉指 4 μg,宽度 1.7 μm,电路为 3 μm BiCMOS 工艺,满量程电容变化 12×10^{-18} F,电容分辨率 1.2×10^{-20} F,灵敏度 12.5 mV/(°/s),室温噪声 0.01~0.05°/$\sqrt{s}$,典型带宽 20 Hz(可达 1 kHz),工作状态和非工作状态抗冲击 2500 g 和 33 000 g,静态灵敏度 0.2°/s/g。ADXRS 的芯片面积和功耗都比同等精度水平的其他陀螺低很多。

ADXRS 系列采用 2 个谐振器的差动信号测量角速度。两个谐振器为独立结构,以反相位工作,即实际上是反向振动的音叉式结构。两个谐振器测量的角速度具有相同的幅值,但是方向相反;外界共模信号如加速度对 2 个谐振器产生的作用幅值和相位相同,差动后被消除,因此陀螺能够抗加速度的干扰,只输出角速度信号。这种差动方法要求 2 个谐振器结构和尺寸相同,对制造的要求很高。

图 4-95(a)为 Toyota 公司开发的 3 层多晶硅谐振梁式陀螺[166]。3 层多晶硅中的中间层为梳状电容驱动的谐振梁和质量块,上层和下层多晶硅分别为平板电极,与中间层多晶硅质量块组成平板电容。谐振器的振动沿着 x 轴方向,当输入 y 轴的角速度时,产生 z 轴的科氏力,使质量块与上下多晶硅组成的平板电容改变。通过测量平板电容实现对角速度的测量。制造采用表面微加工的多晶硅和 SiO_2 牺牲层技术,质量块层多晶硅的厚 2.4 μm,长 200 μm,支承梁长 300 μm,宽 2 μm,驱动频率 9.07 kHz,幅度 2.2 μm。灵敏度为 19 aF/(°/s),输出电压灵敏度为 2.2 mV/(°/s),角速度分辨率为 1°/s。图 4-95(b)为 UC Berkeley 研制的谐振梁式陀螺。陀螺采用表面工艺制造,利用梳状电容激励振动并利用梳状电容检测 z 轴的角速度。这种梳状电容驱动的驱动力比较小,测量灵敏度有限[167]。

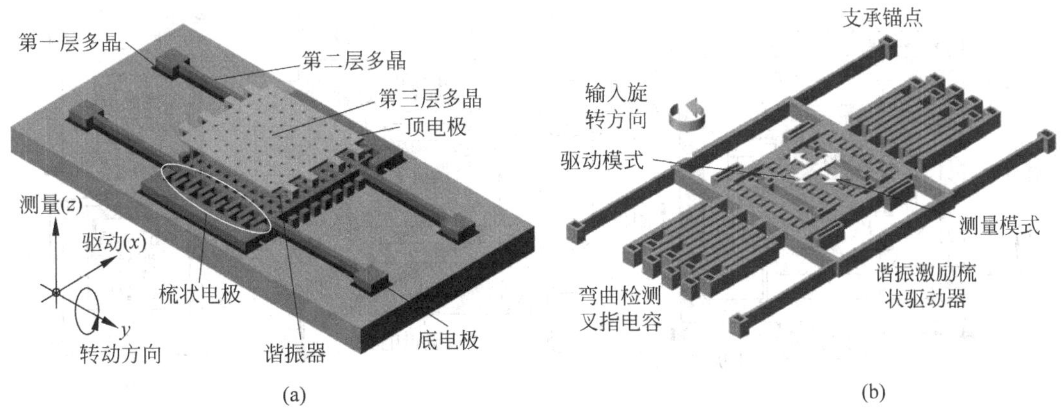

图 4-95 梳状电容驱动和检测的谐振梁陀螺

图 4-96 为采用 CMOS-MEMS 工艺制造的谐振梁式陀螺[144]。激励电容驱动内框架沿着 x 轴运动，当输入角速度围绕 z 轴时，科氏力的方向为 y 轴方向。因此，质量块的位移可以通过与固定在基底上的叉指电容检测。CMOS-MEMS 工艺实现的弹性梁和叉指的厚度较小，陀螺工作在大气压下，驱动的谐振模式频率为 9.2 kHz，测量模式为 11 kHz，灵敏度 2.2 mV/(°/s)，20 Hz 带宽的噪声 0.03°/(s/$\sqrt{\mathrm{Hz}}$)，±360°内的非线性小于 1%。类似的结构，采用 SOI 和改进的 SCREAM 工艺制造，微结构层的厚度可以增加到 40 μm，噪声等效分辨率为 0.0044°/s，带宽为 13 Hz，噪声为 0.0012°/(s/$\sqrt{\mathrm{Hz}}$)，达到了相当高的水平[151]。

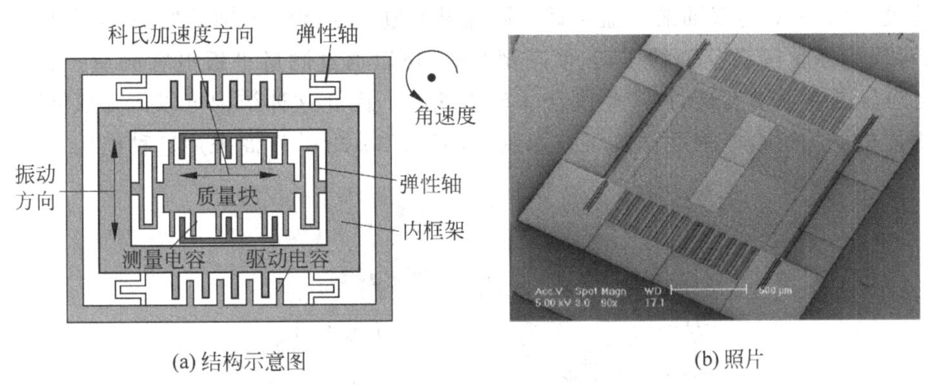

(a) 结构示意图　　(b) 照片

图 4-96 CMOS-MEMS 工艺制造的谐振梁式陀螺

图 4-97 为完全电路集成的表面微加工技术制造的 z 轴陀螺，由 UC Berkeley 和 ADI 研制[168]。图 4-97(a)的结构将驱动电极和质量块布置在内部，测量电极和质量块布置在外部；图 4-97(b)将驱动电容和质量块布置在外部，测量电容和质量块布置在内部。陀螺的质量块由梳状驱动电容驱动沿着 x 方向横向振动，输入角速度为 z 轴方向，于是科氏力产生的运动方向为 y 轴方向，通过框架与衬底固定的平板电极测量位移。不同的设置方式具有不同的性能表现，图 4-97(b)所示的陀螺的正交误差比图 4-97(a)的陀螺低 3 倍，噪声低 5 倍。制造过程利用 iMEMS 工艺，多晶硅结构层厚度为 6 μm，图 4-97(a)和(b)结构的噪声分别为 0.05°/(s/$\sqrt{\mathrm{Hz}}$)和 0.01°/(s/$\sqrt{\mathrm{Hz}}$)。

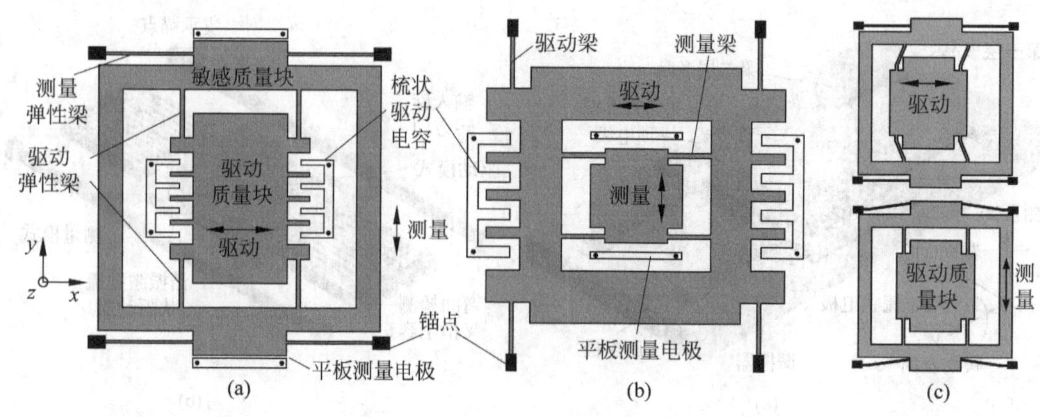

图 4-97 表面微加工技术制造的谐振梁式 z 轴陀螺结构

对于单质量块的谐振梁式陀螺,外部的加速度会对角速度的测量产生巨大的影响。为了降低加速度对角速度测量的影响,需要在结构设计时抑制由于加速度的干扰,更好的解决方法是将两个谐振梁式结构设置为反向振动的音叉,通过差动输出消除加速度的影响。Bosch 公司采用 11 μm 外延多晶硅技术制造的音叉结构的 MM3 系列陀螺,利用差动输出消除加速度的影响,噪声电平 $0.003°/(\mathrm{s}/\sqrt{\mathrm{Hz}})$,零偏稳定性达到 3°/h。

3. 谐振盘式微机械陀螺

谐振盘式陀螺由圆形摆动质量块、中心支点、驱动电极和倾斜测量电容构成,可以测量面内的角速度。图 4-98 为双轴谐振盘陀螺。圆盘被激励产生围绕 z 轴的振动,当圆盘围绕 x 轴旋转时,科氏力产生围绕 y 轴的扭转,使陀螺倾斜,可以通过测量平板电容测量扭转角度和角速度;当圆盘围绕 y 轴旋转时,产生围绕 x 轴的扭转。因此这种结构可以作为双轴陀螺使用。圆盘谐振器的结构适合于表面微加工技术制造,目前 Bosch 等厂商采用这种结构。

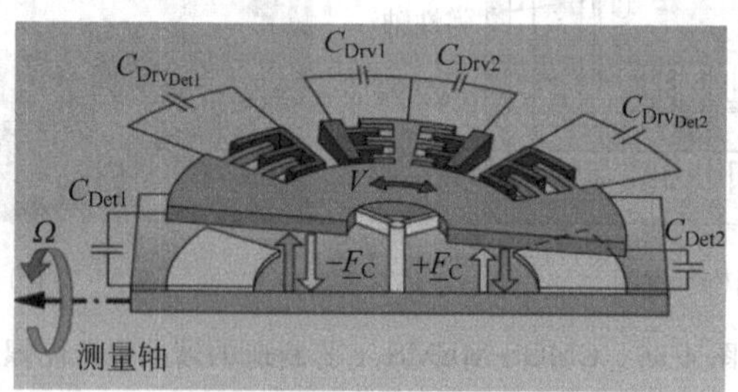

图 4-98 谐振盘式陀螺

图 4-99 为清华大学开发的谐振盘式微陀螺[169]。陀螺的质量块是 1 个角振动圆环,通过 4 根十字形细梁连接在中心节点上,该节点又通过两根沿检测轴的细梁固定在 Pyrex 玻璃上。圆环外径为 1.2 mm,内径为 0.7 mm,质量块与衬底的间隙为 2～3 μm,驱动梳齿的宽度与间隙均为 3 μm。质量块采用梳状驱动器驱动,在平行于衬底的平面内作简谐角振动。当在振动平面内沿垂直于检测轴的方向有空间角速度输入时,在科氏力的作用下质量块绕检测轴(x 轴方向)上下振动,由位于质量块下方在基片上的电容检测,并通过电荷放大器检波电路和反调制器得到与空间角速度成正比的信号。检陀螺的第一、二阶振动模态分别为驱动模态和检测

模态。为获得高灵敏度，这两个模态的谐振频率应该非常接近。谐振频率由梁的刚度、材料常数以及梁的尺寸等决定。检测模态的谐振频率应比驱动模态高 5%，高阶的谐振频率应远远大于前两阶谐振频率。当陀螺处于谐振状态时，高阶模态的影响可以忽略。制造采用硅片溶解法和硅玻璃键合工艺。

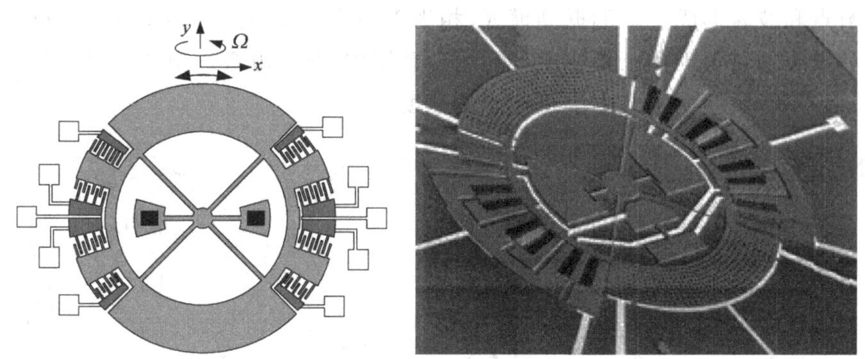

图 4-99　清华大学谐振盘式陀螺

图 4-100 为 Bosch 公司的 SMG 系列谐振盘式微陀螺。SMG060 采用 12 μm 外延多晶硅制造，噪声 0.02°/s/$\sqrt{\text{Hz}}$，交叉轴干扰小于 5%，线性度优于 0.5%。采用圆形谐振结构还可以实现双轴陀螺[170]。谐振器工作在离面振动模式，可以测量平面内两个轴向的旋转角速度，但是交叉轴灵敏度高达 16%。

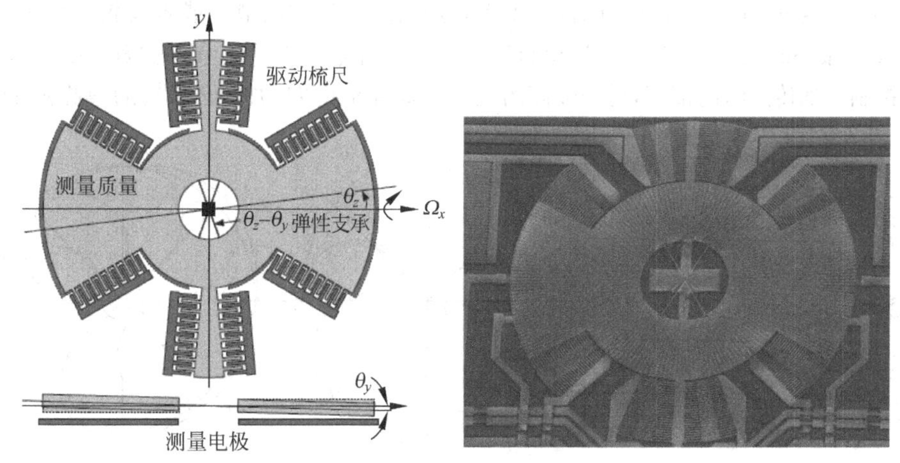

图 4-100　Bosch 公司 SMG 系列谐振盘式陀螺

4. 圆环式微机械陀螺

圆环式微机械陀螺是一个圆环状的谐振结构，其驱动与检测共用这个圆环式谐振器，圆环谐振器工作在形状振动模式而不是摆动振动模式。圆环式陀螺与谐振梁和音叉的差别在于前者是由科氏力改变了谐振结构的形状，而后两者是科氏力改变了谐振结构的位置。

图 4-101 为圆环形谐振器陀螺的原理示意图。谐振环在驱动单元的激励下振动在一阶振动模式，圆环依次变为椭圆-圆-旋转 90°的椭圆-圆，完成 1 个周期。第 1 次椭圆的长轴为竖直轴，相当于圆环被水平方向挤压；第 2 次椭圆形长轴为水平轴，相当于圆环被竖直方向挤压，

振动节点在45°、135°、225°和315°。二阶振动模式与一阶振动模式的频率相同，只是长轴旋转了45°，即振动节点为0°、90°、180°、270°。振动过程中位移波腹和节点周期出现，形成驻波。在驱动电压的激励下，谐振环只出现一阶振动模式；当谐振环旋转时，科氏力激励谐振环的二阶振动模式，能量在两个模式间转换。因此，合成的振动模式是一阶和二阶振动模式的线性叠加，新的节点和波腹形成了新的振动模式，相当于一阶振动模式旋转了一个角度。在开环系统中，节点和波腹的转角正比于角速度。在闭环系统中，测量电极的电压反馈到驱动电极使谐振环保持圆形不变，反馈电压的大小正比于角速度。

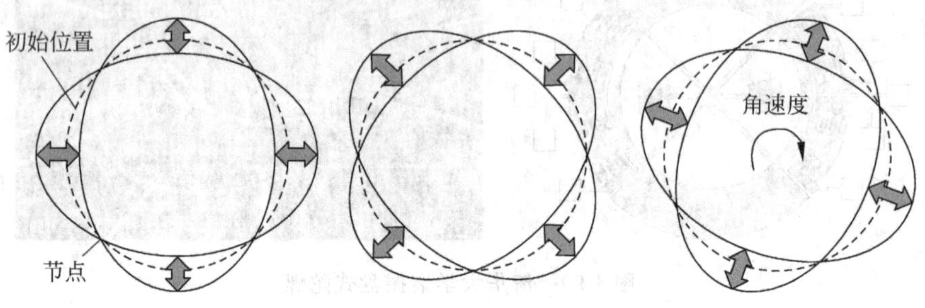

图 4-101　圆形谐振陀螺原理

图4-102为Delco制造的振动环式微加工陀螺[171]，包括振动环、柔性支承梁和静电驱动及测量电极。谐振环固定在中心的锚点上，由8个均匀分布的半圆形柔性支承梁支承，支承梁的直径是谐振环直径一半。谐振环采用静电驱动和电容检测。谐振环共有32个驱动和测量电极，其中激励电极和控制电极为24个，测量电极为8个，分布在间隔45°的节点或者波腹的位置。通过测量电极测量谐振环的变形，反馈给控制电极对圆环施加静电力维持其节点位置不变，形成闭环控制。闭环控制增加传感器的带宽，另外较高的机械品质因数可以增加闭环系统的增益和灵敏度。

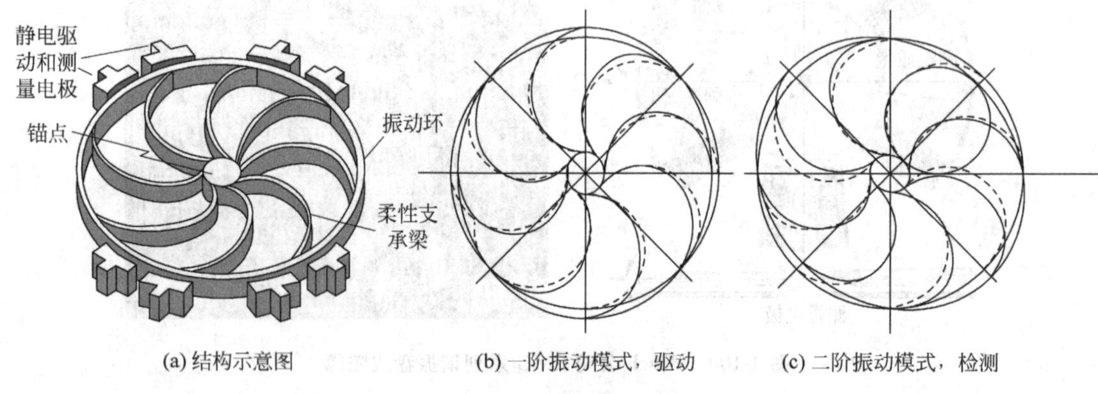

图 4-102　谐振环式陀螺

如果谐振的幅值和频率分别为 X_0 和 ω，振动位移 $x_d(t)$ 和速度 $u_d(t)$ 分别表示为 $x_d(t)=X_0\sin\omega t$ 和 $u_d(t)=X_0\omega\cos\omega t$，于是根据科氏加速度 a_c 为

$$a_c = 2\Omega X_0\omega\cos\omega t \tag{4-112}$$

科氏力 F_c 可以从式(4-112)得到

$$F_c = ma_c = 2m\Omega X_0\omega\cos\omega t \tag{4-113}$$

科氏力与弹性结构变形产生的反作用力平衡，当弹性结构的刚度为 k、变形为 x_c 时，根据

式(4-113)得到 $F_c = kx_c = ma_c = 2m\Omega X_0 \omega\cos\omega t$，于是

$$x_c = \frac{2\Omega X_0 \omega\cos\omega t}{\omega^2} \tag{4-114}$$

当谐振环工作在谐振模式时，振动幅值被放大 Q 倍，因此式(4-114)变为

$$X_c = \frac{2\Omega Q X_0}{\omega}\cos\omega t \tag{4-115}$$

从式(4-115)可以看出，当其他参数都相同时，Q 值极大地影响到分辨率。

除了激励、测量和控制电极外，平衡电极通过与谐振环之间产生的静电引力控制谐振环，相当于电弹簧的作用，改善加工造成的谐振环的不对称性。驱动电路为锁相环控制的静电驱动，将谐振频率锁定在固定频率上。通过施加平衡电压，测量到的谐振频率 f_s 与固有机械频率 f_m 的关系为

$$f_s = f_m\sqrt{1-g^2} \tag{4-116}$$

其中 $g = V_b/V_p$ 表示平衡电压 V_b 与下拉电压 V_p 的比值，$V_p = \sqrt{8k_1 d_0^3/(27\varepsilon w l_d)}$，$k_1$ 是等效弹性刚度，d_0 是平衡电极与谐振环的初始间距，ε 为真空介电常数，w 是平衡电极宽度，l_d 是驱动电极长度。

图 4-103 为电铸微加工制造谐振环陀螺的流程。(1)完成片上 MOS 缓冲器及 Al 互连接触，PECVD 沉积并刻蚀 SiO_2，然后沉积并剥离 Ti/W，在 Al 接触点上形成锚点的最下层。(2)沉积并刻蚀 Al 作为牺牲层，Al 和结构金属 Ni 的刻蚀选择比很高，利用 Al 的导电性作为后续电铸的种子层。(3)涂覆厚胶并光刻形成谐振环、支承梁以及驱动检测电极的形状，作为 Ni 电镀的镀模，光刻胶的厚度决定 Ni 谐振环和支承梁的高度，因此需要光刻胶厚度达到几十微米。(4)电镀 Ni 形成谐振环、支承梁和电极，由于电镀的种子层分别为 Ti/W 和 Al，其初始高度有差异，因此电镀后的高度不完全相同。(5)湿法刻蚀 Al 去除牺牲层，使整个结构悬空，并去除光刻胶，完成全部工艺。

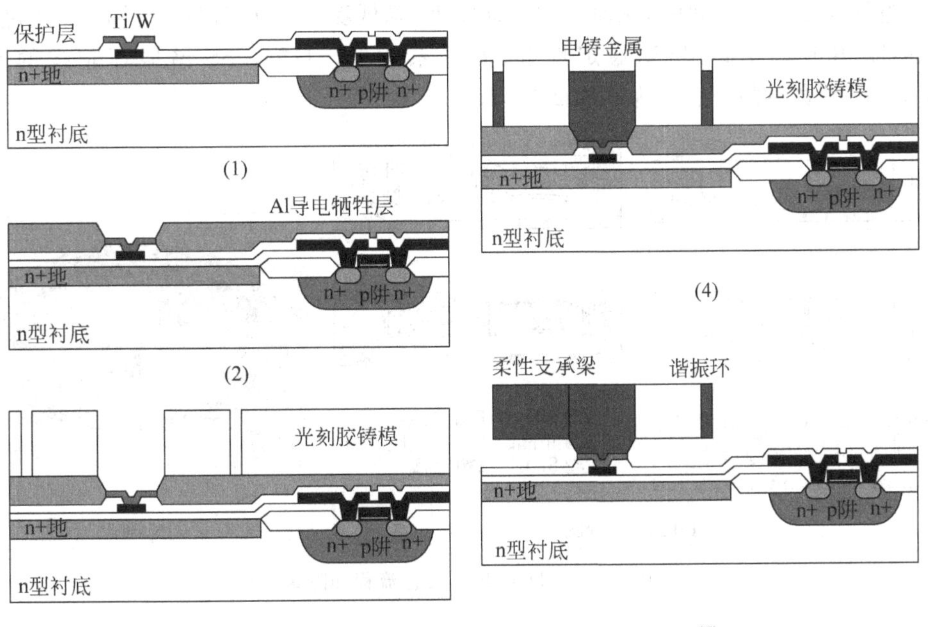

图 4-103 电铸 Ni 制造谐振环陀螺工艺流程

这种批量生产的微型陀螺分辨率为 0.5°/s，带宽为 25 Hz，主要受电路噪声的限制，非线性小于 0.2%，承受冲击达到 1000 g。采用电镀的方法制造陀螺过程简单，但是电镀的均匀性、电镀条件、金属应力和应力梯度等比较难以控制，谐振结构的 Q 值只能达到 200。另外，金属 Ni 的热膨胀系数是硅的 6 倍，并且在温度循环后 Ni 的性能发生变化，因此会出现温度失配和长期稳定性的问题。

利用 HARPSS 工艺制造单晶硅谐振环陀螺具有较高的分辨率和良好的稳定性[172]。图 4-104(a)为 HARPSS 工艺制造谐振环陀螺的工艺过程。(1)沉积 1 μm 厚的 SiO_2 以增加介质层的厚度，减小电极和衬底之间的寄生电容，LPCVD 沉积 250 nm 的氮化硅，刻蚀形成后续释放过程的阻挡层和绝缘层。利用厚光刻胶掩膜，DRIE 刻蚀 6 μm 宽的深槽，深度要超过谐振器结构的高度。(2)LPCVD 沉积并刻蚀 SiO_2 牺牲层，开出氮化硅窗口。(3)在 1050℃下对 SiO_2 牺牲层掺硼。沉积 4 μm 厚的多晶硅，使深槽内部的 SiO_2 上均匀覆盖多晶硅，然后高温推进 2 h，使 SiO_2 表面的硼进入多晶硅。去除表面的多晶硅并刻蚀下面的 SiO_2，形成多晶结构的锚点；在表面沉积多晶硅，掺杂并刻蚀，形成表面需要的形状。在多晶硅表面沉积 Cr/Au，利用剥离形成电连接。(4)使用 DRIE 刻蚀，深度比前面刻蚀结构深 10～20 μm，达到刻蚀深度后只通入 SF_6 进行各向同性横向刻蚀，去除微结构下面的单晶硅，释放结构。刻蚀区域的侧壁由 SiO_2 限制而成，而单晶硅电极和结构也利用 SiO_2 保护。图中的弧线形 SiO_2 表示陀螺的半圆形柔性支承梁，表面覆盖 SiO_2 牺牲层。(5)去除光刻胶掩膜和 SiO_2，释放微结构，形成电极和谐振结构之间的间隙和电容。

图 4-104(b)为 HARPSS 结构制造的谐振环式陀螺。谐振环的高度 80 μm，直径 2 mm，锚点支承柱直径 400 μm，支承梁和谐振环的宽度均为 4 μm。每个陀螺有 16 个电极，高度 60 μm，长度 150 μm，与谐振环的间隙 1.2 μm。HARPSS 的优点是可以实现几百微米高的陀螺，降低了噪声；电极与谐振环的间隙由牺牲层的厚度决定，可以在很大范围内精确控制，甚至可以降低到几十纳米，增加测量电容，提高输出信号幅值；谐振环到驱动电极的间距可以远大于测量电极与谐振环的间距，从而增加驱动幅度，降低噪声；所有器件为力学性能优异的硅和多晶硅，陀螺灵敏度高、长期稳定性好、温度系数低。HARPSS 谐振环陀螺的 Q 值为 40 000，10 Hz 带宽时的分辨率为 0.0025°/s。

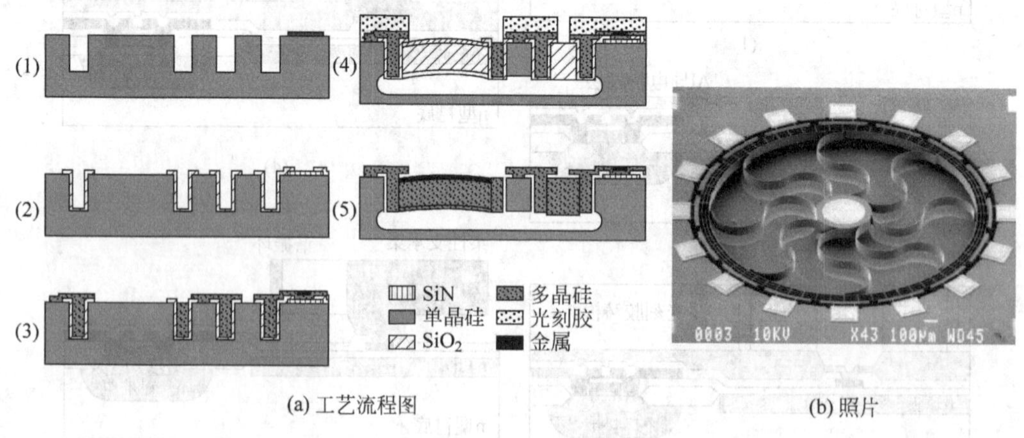

(a) 工艺流程图　　(b) 照片

图 4-104　HARPSS 工艺流程和陀螺

Silicon Sensing Systems(SSS)采用电磁驱动和测量，批量生产圆环式结构的微机械陀螺，如图 4-105 所示。该陀螺使用永磁体产生磁场，谐振环流过电流时被激励，科氏力使谐振环运动切割磁场产生感应电动势，通过测量电动势测量角速度。SSS 生产的 CRS09-12 动态范围 100°/s，噪声小于 0.03°/(s/$\sqrt{\text{Hz}}$)，零偏稳定性优于 0.7°/h，分辨率 0.005°/s，带宽 55 Hz，而 CRS39 的零偏稳定性优于 0.2°/h。

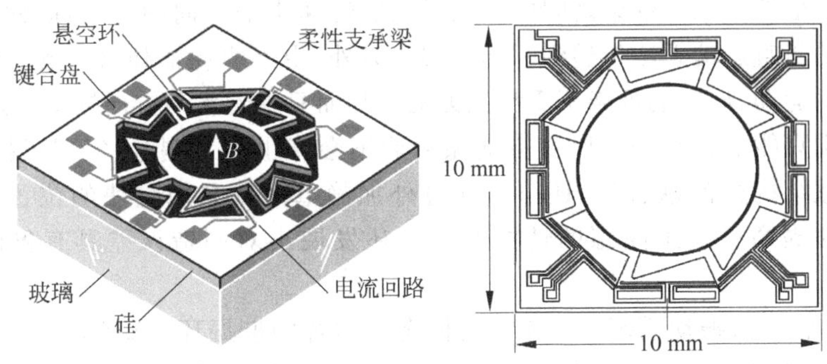

图 4-105　圆环形谐振陀螺（Silicon Sensing Systems）

谐振环陀螺的优点是结构具有对称性，谐振频率匹配好，对振动和加速度具有很好的抑制能力；另外由于圆环谐振器没有集中的大质量块，抗冲击和振动能力远高于大质量块的结构。圆环式微机械陀螺用于驱动和测量的弯曲振动模式完全相同，因此灵敏度被放大了品质因数 Q 倍，并具有更小的温度系数。静电驱动和电容检测的方法易于实现，并且灵敏度高。在谐振环周围设置平衡电极对谐振环施加控制力，可以采用电路补偿谐振环质量和刚度的不均匀性，降低锚点的能量损耗，可以实现更高的 Q 值和频率对称性。整体结构除锚点外均为悬空结构，封装产生的应力对结构影响很小。

5. 频率匹配与振动模态解耦

频率(模态)匹配只要两种谐振模态都有对称的支承结构即可实现。然而，对称结构会导致两种谐振模态的振动耦合，引起振动的不稳定、较高的零漂和显著的交叉轴干扰[153]，因此两种谐振模态应该相互避免耦合(解耦合)。如果仅实现了机械振动的解耦合而没有对称的结构，又会造成较大的温度漂移[155]。因此谐振陀螺需要实现对称结构的解耦合振动模态。驱动与激励模态的谐振可以用质量弹簧阻尼二阶系统来描述。如果陀螺工作在真空中，空气阻尼可以忽略，能够实现 10 000 以上的高 Q 值。然而，在温度、振动、加速度等环境因素的影响下，难以实现两种谐振模态的精确匹配(优于 1 Hz)，因此经常通过施加静电力改变谐振结构的弹性刚度，使频率到达尽量匹配的程度。

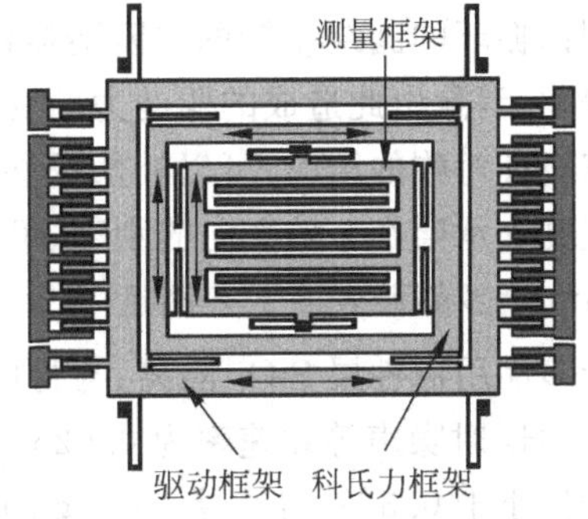

图 4-106　谐振模态解耦合结构的原理

1996 年 HSG-IMIT 利用两种不同的弹性梁对驱动和测量振动模态解耦合，一种弹性梁约束驱动质量块沿着某一方向做一维运动，另一种弹性梁约束测量质量块沿着另一个方向做一维运动[173~175]。图 4-106 为振动模态解耦合结构的原理，这种解耦合方式将驱动框架、科氏力产生框架和测量框架分开。在左右两个梳状电容的驱动下，驱动框架沿着水平方向振动，通过驱动框架与科氏力框架之间的弹性梁带动科氏力框架同样沿着水平方向运动；而科氏力框架与测量框架之间的弹性梁只能传递竖直方向的运动，因此科氏力框架无法带动测量框架运动，即在没有角速度输入而驱动框架处于谐振状态时，测量框架处于静止状态。围绕 z 轴的角速度产生的科氏力使科氏力框架沿着竖直方向运动，通过科氏力框架与测量框架之间的弹性梁，带动测量框架沿着竖直方向运动，从而通过测量框架的电容变化获得科氏力和角速度的大小。由于科氏力框架与驱动框架之间的弹性梁只能传递水平方向的运动，因此由科氏力引起的科氏力框架的竖直运动无法传递到驱动框架。另外，由于驱动框架自身支撑梁的限制而无法沿着竖直方向运动，使驱动框架不受科氏力的影响而只沿着水平方向振动。因此，驱动框架与测量框架分别只能沿着水平和竖直方向振动而不会产生交叉耦合，实现了振动的解耦合。除了设计微机械结构分离耦合外，还可以通过外加静电力调整质量块的位置消除耦合[176]。解耦合不仅能够提高微加工陀螺的性能[154,177]，还发展出对制造误差具有鲁棒特性的设计方法[178]。

图 4-107 为将一阶振动模态和二阶振动模态解耦合的谐振环陀螺(MARS-RR)。陀螺包括 1 个谐振环(一阶谐振器)和用扭转梁与之相固定的矩形外框架(二阶谐振器)。谐振环上有 8 组叉指，与固定在衬底上的另外 8 组叉指组成叉指电容，其中 4 组用来驱动谐振环振动，4 组用来测量谐振环的一阶振动模态。在 4 组叉指电容的驱动下，谐振环围绕 z 轴振动，带动矩形框架围绕 z 轴摆动。围绕 x 轴的角速度产生的科氏力使谐振环产生围绕 y 轴的二阶振动模态。在 z 轴方向上，如果连接谐振环和锚点的内支承梁具有足够的刚度，谐振环沿 z 轴的振幅很小，抑制围绕 y 轴的二阶振动模态。而连接外部矩形框架与谐振环的扭转梁围绕 y 轴的扭转刚度较小，在科氏力的作用下外圈的矩形框架将围绕 y 轴振动，于是通过衬底与外框架之间电容的变化测量角速度。因此，内部的谐振环作为驱动质量块，被梳状电容驱动围绕 z 轴振动，但是其 y 轴转动弹性刚度很大，科氏力引起的驱动谐振环围绕 y 轴的振幅很小，可以认为谐振环只围绕 z 轴振动；而外部的矩形框架作为测量质量块，其驱动是由谐振环与外框架之间的扭转梁传递的，而扭转梁围绕 y 轴的弹性刚度较小，外框架能够在科氏力的作用下围绕 y 轴振动。

实际上，谐振环可以视为驱动外框架的驱动和弹性部件，而只把外框架视为系统的质量块，即驱动模态通过谐振环产生围绕 z 轴的振动，而测量的是与谐振环一同振动的外框架围绕 y 轴的二阶振动模态。解耦意味着内部谐振环相对衬底只有一个自由度(例如围绕 z 轴的旋转)，而外部的框架除了具有一个相同方向的自由度外(围绕 z 轴旋转)，还有另外一个自由度(围绕 y 轴的旋转)。因此，二阶谐振不影响驱动，寄生效应例如升举现象可以被有效地抑制。抑制谐振环的围绕 y 轴的二阶谐振模态，可以消除谐振环二阶振动引起的叉指电容重叠面积的变化，消除由此造成的驱动力的变化和输出的非线性。另外，通过使用 8 组梳状叉指，并且仔细设计对称的结构，可以补偿托举效应的一阶项，从而达到降低托举效应的效果；通过隔离和提高支承梁在 z 轴方向的刚度，可以进一步有效地抑制高阶项[170]。该陀螺采用 Bosch 外延 10 μm 厚多晶硅表面工艺制造[179]。结构层下面沉积埋层多晶作为电互连和者电极使用，并与外延多晶用牺牲层 SiO_2 隔离，与衬底通过另一层 SiO_2 隔离。陀螺的噪声 0.024°/(s/$\sqrt{\text{Hz}}$)，在 50 Hz 时噪声等效速率为 0.025°/s，动态范围 300°，灵敏度 8 mV/°/s，分辨率为 0.005°/s，非线性小于 0.3%，可承受 1000 g 的加速度冲击。这是目前分辨率最高的微机械陀螺之一。

采用内外不同的支承弹性梁，可以将陀螺的激励振动和测量振动模态解耦合，图 4-108(a)

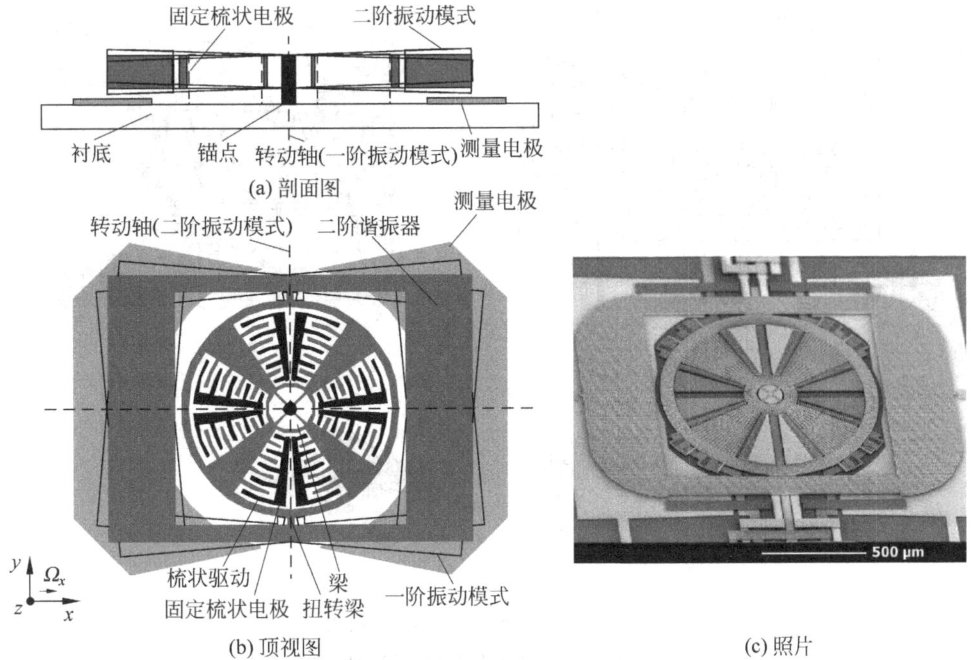

图 4-107　谐振模态解耦合的环形谐振陀螺(HSG-IMIT)

和(b)为谐振梁式解耦合陀螺,支承激励振动的 4 个弹性梁位于外部,支承测量振动模态的 4 个弹性梁位于内圈,支承两种振动的弹性梁不相同,并且在支承的振动方向上弹性梁刚度较小,而在垂直方向上刚度较大,以提高灵敏度并降低耦合。图 4-108(c)为有限元模拟的激励和测量模态的振动情况。沿着 x 方向的激励振动与 z 方向的科氏力引起的振动被隔离开。陀螺采用 SOI 硅圆片制造,质量块的长宽高分别为 1200 μm、800 μm 和 50 μm,外部支承梁宽 5 μm,厚 50 μm,内圈弹性梁宽 20 μm,厚 10 μm,耦合只有 1%,10 Hz 带宽时分辨率达到了 0.07°/s。

图 4-109 为对称结构的解耦合陀螺[180]。谐振器的振动方向为 x 轴,输入角速度为 z 轴,产生与 x 轴振动相同频率的 y 轴科氏力。如果谐振器的 y 轴谐振频率与 x 轴相等,则科氏力激励 y 轴产生谐振,将获得最大的灵敏度输出,通过电容可以实现高灵敏度的角度测量。通过设计两种振动模态的支承弹性梁使其对称,可以实现两种模态的频率匹配;然而对称的支承梁会产生驱动和测量模态间的耦合,引起较大的零点漂移。图 4-109 的陀螺将支承锚点设置在支承架的最外边,并且驱动电极和测量电极的连接方式使驱动电极不影响测量电极,从而使用对称结构并消除了耦合。FEM 模拟表明耦合小于 2%。传感器采用溶硅和玻璃键合技术制造,结构层采用 DRIE 刻蚀,厚度 12 μm,深宽比为 10∶1。闭环控制的陀螺的分辨率在 50 Hz 带宽时为 0.017°/s,工作环境为真空。

图 4-110 为解耦合的谐振圆盘式陀螺结构[181]。解耦合依靠将中间单质量块分割的方式实现,即把 1 个驱动和测量质量块分割为驱动外环和测量圆板,驱动电极驱动外环作摆动式振动,通过连接圆环与圆板的弹性结构传递给圆板,而圆板在科氏力作用下产生的偏转通过弹性结构隔离而不传递给驱动结构。因此,连接外环和圆板的弹性结构需要具有较大的面内弯曲刚度,而具有较低的离面弯曲刚度。

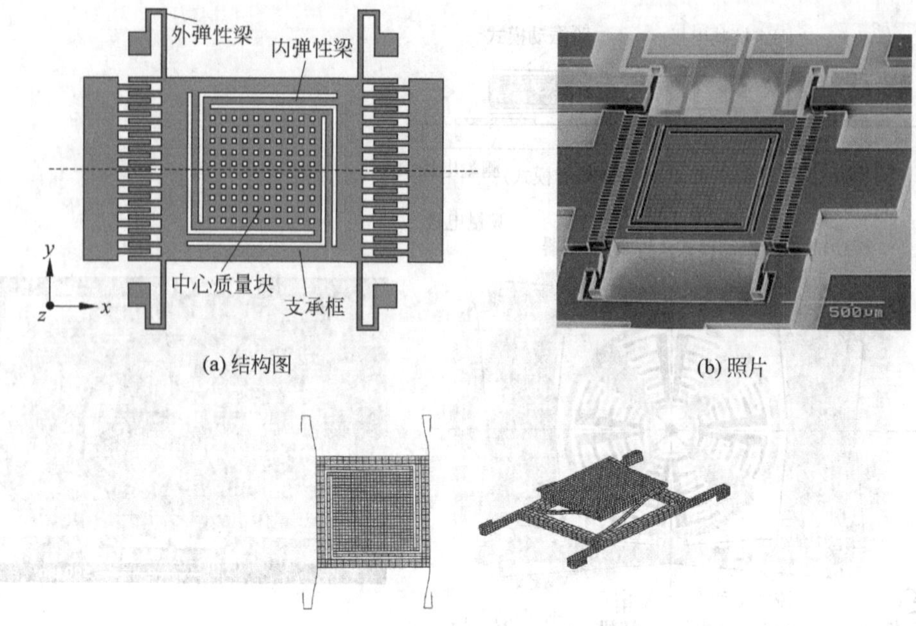

(a) 结构图

(b) 照片

(c) 驱动和测量振动模式

图 4-108 解耦合模态的谐振梁陀螺

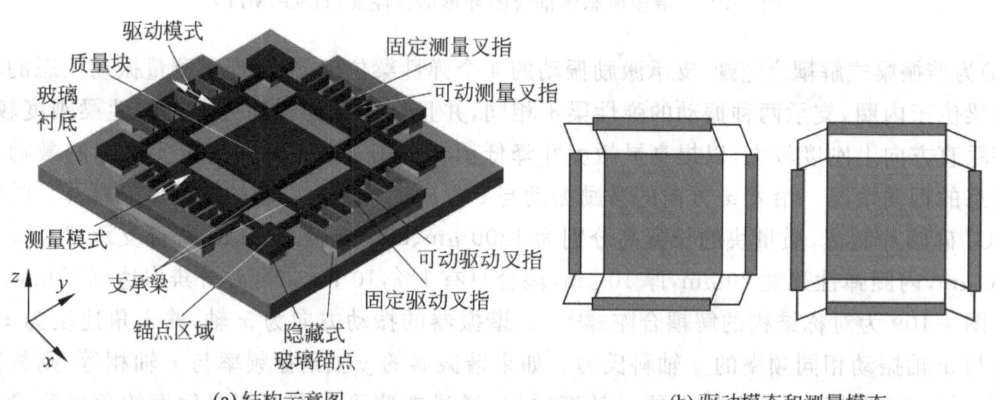

(a) 结构示意图

(b) 驱动模态和测量模态

图 4-109 对称解耦合的谐振梁式

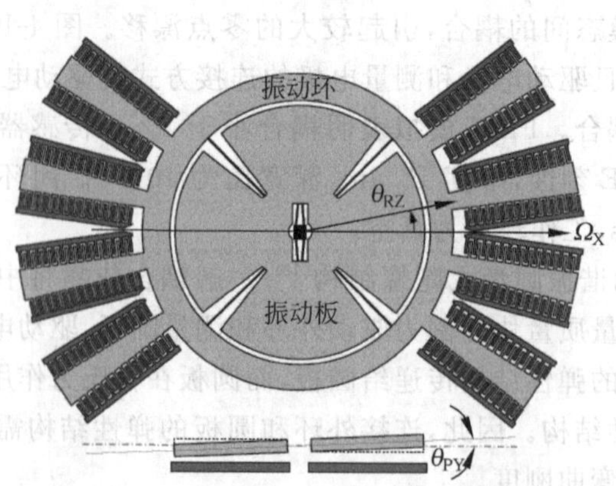

图 4-110 谐振圆盘式解耦合微陀螺结构

6. 三轴微机械陀螺

多数姿态测量需要检测围绕着 3 个轴的角速度，即 3 轴陀螺。2009 年，Invensense 推出了第一个采用不同测量方向的 2 个陀螺封装在一个外壳内实现的 3 轴陀螺产品，其中一个陀螺负责 x 和 y 方向的角速度测量，另一个陀螺负责 z 方向的角速度测量。2009 年和 2010 年，ST 和 VTI(已被 Murata 收购)分别推出了单质量块的 3 轴陀螺产品 L3G4200D 和 VTI CMR3000，随后 Bosch、Kionix、Panasonic、SenseDynamics(已被 Maxim 收购)也于 2012 年推出了 3 轴陀螺产品。双质量块 3 轴陀螺避免了不同方向角度相互干扰的问题，但是封装复杂、成本高、体积大。单质量块 3 轴陀螺只使用 1 个谐振质量块同时测量 3 个方向的角速率，即 1 个陀螺可以进行 3 个方向的角速率测量，芯片面积小、成本低、封装简单；同时，单质量块的谐振频率一致，避免了多质量块驱动频率不一致导致的寄生噪声。单质量块 3 轴陀螺的主要缺点是多轴之间的交叉干扰以及低灵敏度的问题。

图 4-111 为一种单质量块 3 轴陀螺结构[182]。该结构采用平面内正交的弹性梁 11、12 支承单质量块 9，通过锚点 2 固定在衬底 1 上，封装在真空腔 13 内。3 和 4 为 x 轴方向的叉指驱动电极和平板检测电极，5 和 6 为 y 方向的叉指驱动电极和平板检测电极，8 和 10 为 z 轴方向的上下平板驱动电极，7 为 z 轴方向的平板检测电极，电极 7 与电极 8 位于同一平面内，但相互独立。质量块在 3 个方向驱动电极的驱动下，作复杂的空间振动。当多轴输入角速度后，对应的科氏力带动支承梁变形，改变对应方向的测量电容。这种结构的交叉轴干扰严重，同时器件受加速度的影响很大。

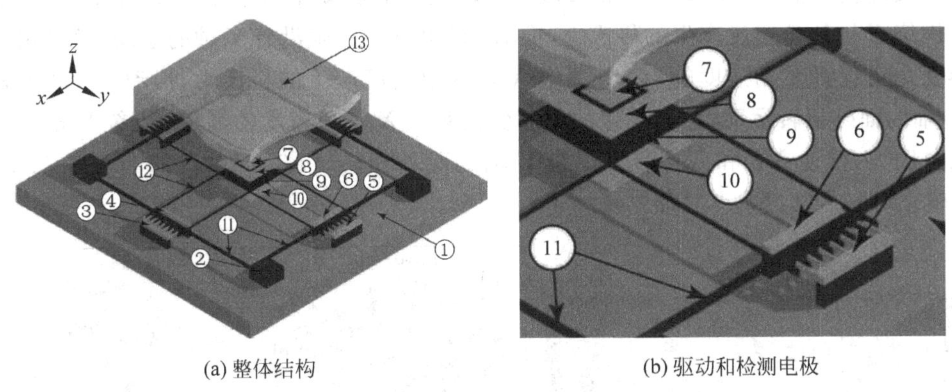

(a) 整体结构　　(b) 驱动和检测电极

图 4-111　单质量块 3 轴陀螺

图 4-112 为谐振盘式单质量块 3 轴陀螺[183]。陀螺包括谐振质量、弹性支承梁、驱动电极、检测电极，以及固定锚点等。谐振质量包括外环 1、质量块 2、内盘 3。在驱动电极 5 的作用下，外环 1 围绕 W 轴摆动式振动，带动质量块 2 和内盘 3 围绕 W 轴振动。围绕 Z 轴的角速度所产生的科氏力使质量块 2 产生沿着 V 轴的运动，通过测量电极 4 实现 Z 轴角速度的测量；而围绕 X 轴和 Y 轴的角速度产生的科氏力会被弹性梁 13 和弹性梁 14 所限制。外环 1 在围绕 W 轴振动时，围绕 Y 轴的角速度所产生的科氏力使外环 1 围绕弹性梁 11(U 轴)扭转(倾斜)振动，通过测量电极 6 时效 Y 轴角速度的测量；而围绕 Z 轴和 X 轴的角速度产生的科氏力被弹性梁 11 限制。内盘 3 在外环 1 带动下产生围绕弹性 W 轴的摆动，围绕 X 轴的角速度产生的科氏力使其围绕扭转梁 12(V 轴)扭转摆动，通过测量电极 7 时效对 X 轴角速度的测量，而围绕 Y 轴

和围绕 Z 轴的角速度所产生的科氏力被扭转梁 12 所限制。陀螺采用 SOI 刻蚀与硅玻璃键合工艺制造,X 轴、Y 轴和 Z 轴的标度因子分别为 50.4 μV/°/s、60.3 μV/°/s 和 71.2 μV/°/s,分辨率分别为 0.72°/s/$\sqrt{\text{Hz}}$、143°/s/$\sqrt{\text{Hz}}$和 0.42 °/s/$\sqrt{\text{Hz}}$,交叉轴干扰分别为 22%、9%和 1.8%。

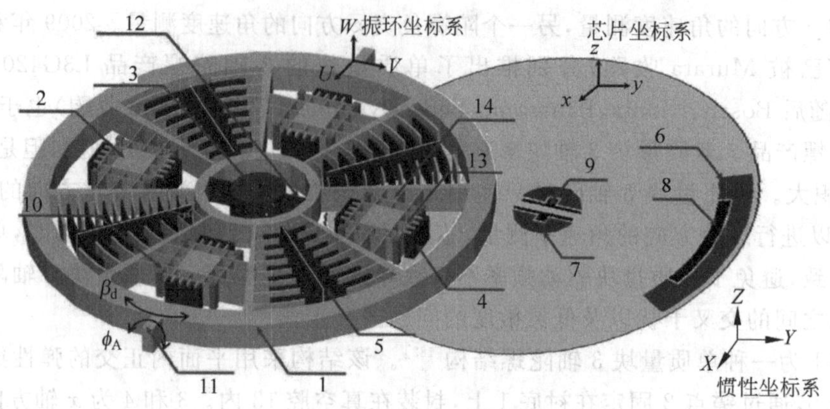

图 4-112 谐振盘式单质量块 3 轴陀螺

2009 年 ST 公司推出了第一个量产的单质量块 3 轴微陀螺 L3G4200D,如图 4-113 所示。图中 Y、P 和 R 分别是用于测量 Yaw(Z 轴)、Pitch(X 轴)和 Roll(Y 轴)角速度的结构,芯片左右两侧为驱动电极。芯片的高度对称使通过差分方式可以消除线性加速度对角度测量的影响。谐振质量块包括 $M1$、$M2$、$M3$ 和 $M4$,在驱动电极的驱动下分别沿着 X 轴和 Y 轴做面内谐振。围绕 Z 轴的角速度产生的科氏力,推动 $M2$ 和 $M4$ 产生沿着 Y 轴的运动,通过相应的梳状电容变化实现 Z 轴角速度的测量;围绕 X 轴的角速度产生的科氏力,推动 $M1$ 和 $M3$ 产生围绕 X 轴的面外扭转运动,通过相应的电容变化实现 X 轴角速度的测量;围绕 Y 轴的角速度产生的科氏力,推动 $M2$ 和 $M4$ 产生围绕 Y 轴的面外扭转。L3G4200D 的非线性 0.2%FS,40 Hz 带宽时噪声密度 0.03 °/s。

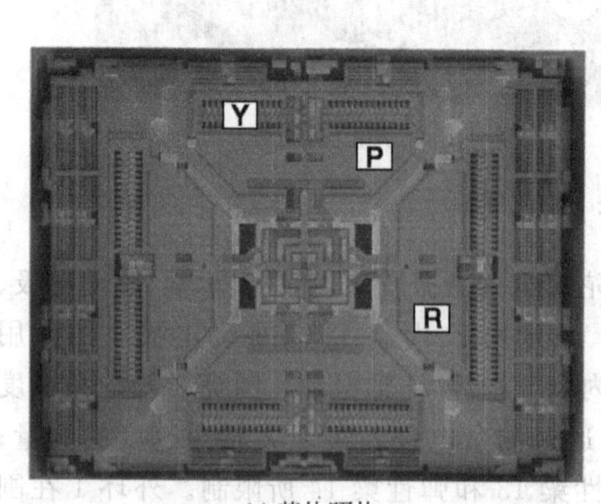

(a) 芯片照片

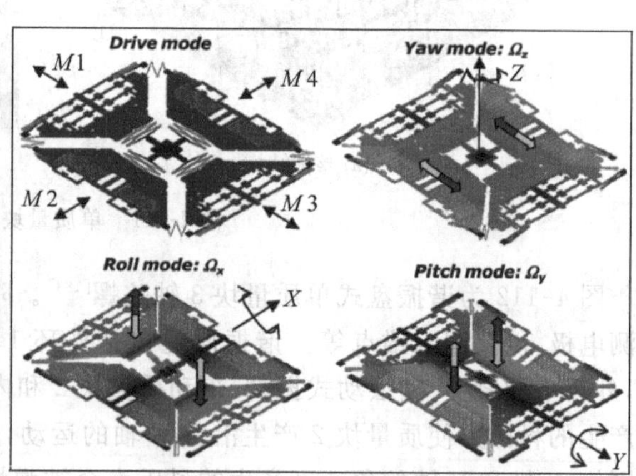

(b) 工作模态

图 4-113 ST L3G4200D 单质量块 3 轴陀螺

图 4-114 为 Maxim 公司提出的解耦式单质量块 3 轴陀螺[184]。该陀螺包括按照圆周排布的 8 等分的质量块,8 个质量块共包括 2 种类型,12 点、3 点、6 点和 9 点的 4 个质量块为 B 结

构,剩余的 4 个质量块为 A 结构。如图 4-114(c)所示,A 结构包括外质量框和内质量块,二者通过径向刚度大、切向刚度小的弹性梁连接,外框由两个锚点支承,由弹性梁限制外框只能沿着径向运动而无法切向运动;内质量块没有锚点,通过与外框的弹性梁间接支撑在衬底上,由于二者之间弹性梁的刚度特点,内质量块与外框同步沿着径向运动,或单独沿着切向运动,如图 4-114(b)所示。B 结构只有一个质量块,由位于内部的一个限制不能切向运动但可以径向运动的弹性梁支承并固定在衬底上;质量块靠近圆心的另一端由一个可以径向运动但不能切向运动的弹性梁连接在中心的万向环上,因此 B 结构的质量块可以沿着径向运动但不能沿着切向运动。另外,由于万向环的转动功能,B 结构可以围绕内部的支承锚点产生离面的偏转。A 和 B 两种结构交替布置,每两个结构之间由一个同步弹性梁连接,使得 A 的外框在驱动电容的作用下产生沿着径向的运动时,会同步带动相邻的两个 B 结构和 A 结构内部的质量块也产生径向运动。因此,位于 10 点半位置的 A 结构的外框作为驱动质量块,在驱动电容的带动下沿着径向振动;与之相邻的 12 点位置的 B 结构和 9 点位置的 B 结构分别为测量 x 轴角速度和 y 轴角速度的测量质量块,而 A 结构内部的质量块作为测量 z 轴的质量块。

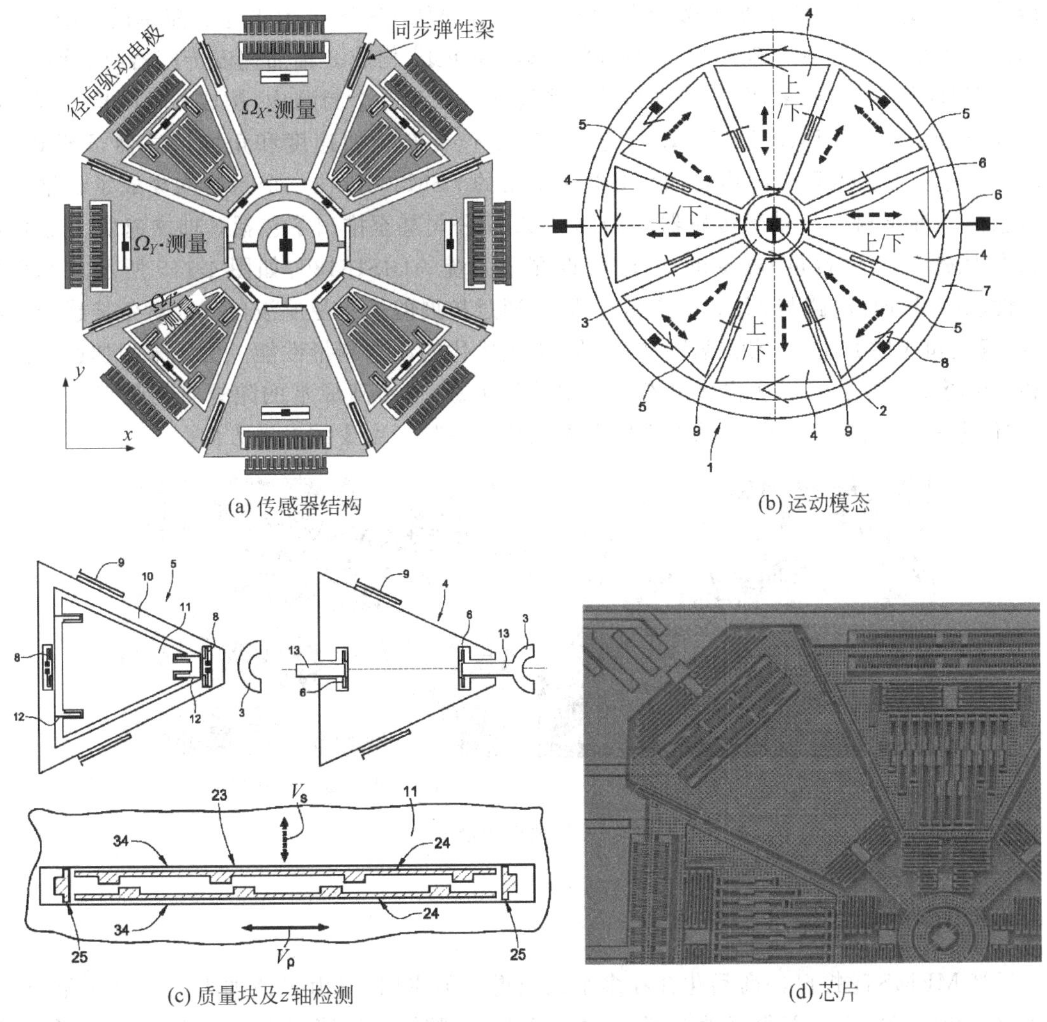

(a) 传感器结构　(b) 运动模态

(c) 质量块及 z 轴检测　(d) 芯片

图 4-114　Maxim 单质量块 3 轴解耦陀螺

工作时,10点30分位置的A结构和与之中心对称的4点30分位置的A结构作为驱动结构,相对中心反向振动;其他的每两个相对的A结构和B结构差动连接进行测量,如12点和6点位置的B结构,1点30分和7点30分位置的A结构和3点及9点位置的B结构。由于测量质量块都是沿着径向振动的,围绕x轴的角速度产生的科氏力使12点位置的测量质量块B产生离面摆动,改变了叉指电容的重叠面积,可以实现x轴角速度的测量;而该角速度对y轴和z轴测量质量块的影响,可以通过差动消除;另外,由于同步梁刚度的特点,将x轴测量质量块的扭转隔离,使之不影响驱动外壳的运动。因此,驱动与检测实现了完全解耦合。类似地,y轴测量也是完全解耦合。围绕z轴的角速度产生的科氏力使A结构内质量块产生切向运动,可以通过内质量块内部的叉指电容的变化获得z轴角速度;而z轴角速度对x轴和y轴测量质量块产生的切向力,被各自的弹性梁限制不能切向运动,而扭转通过差动连接而消除。另外,A结构内部质量块的切向运动被连接A结构外框和内质量块之间的弹性梁所隔离,不会传递到驱动结构。这种陀螺具有优异的交叉轴干扰抑制能力,噪声水平$0.03°/s/\sqrt{Hz}$。

近年来受消费电子和汽车电子需求的牵引,以及得益于混合集成技术的发展,集成了加速度传感器、陀螺和磁场传感器的微型惯性测量系统(IMU)发展极为迅速。简单的IMU在一个芯片上或在一个封装内集成多个加速度传感器和陀螺,构成3轴加速度传感器或3轴陀螺。复杂的IMU将多个(或多轴)加速度传感器和陀螺集成于一个封装内,构成6轴测量系统。如Sensordynamics 6轴IMU SD746,ST的LSM330包含6轴加速度和角度传感器,LSM303D集成了加速度传感器和磁传感器,而2012年推出的LSM333D在一个封装内集成了3轴加速度传感器、3轴陀螺和3轴磁传感器。2012年ADI公司甚至推出了包括3轴加速度、3轴角速度、3轴地磁和压力(高度)测量的10轴惯性测量系统ADIS16480,如图4-115所示。ADI将其高性能信号处理电路与MEMS传感器结合,通过扩展的卡尔曼滤波器和针对各传感器的灵敏度、偏置和线性加速度(陀螺偏置)的校准,提供优化的动态测量性能。由于采用加速度传感器和磁传感器的组合可以在很多静态应用中替代陀螺,这给高成本的陀螺市场带来一定的冲击,如何进一步提高MEMS陀螺的性能并降低成本是陀螺主要的发展方向。

(a) Sensordynamics 6轴IMU SD746

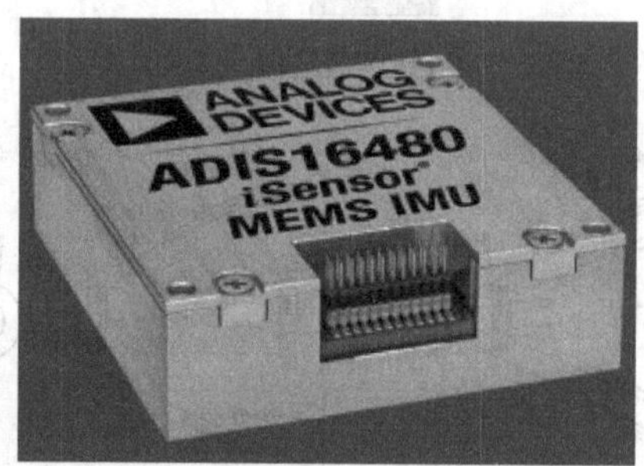

(b) ADI 10轴IMU ADIS 16480

图4-115 多轴惯性测量单元IMU

4.5.3 陀螺的微加工技术

尽管MEMS陀螺已经商品化并在多个领域得到了应用,但由于微加工的相对误差较大,造成驱动和测量模态不能很好地匹配,总体上MEMS陀螺的性能与宏观陀螺相比还有很大差距。陀螺本质上是可以驱动谐振的加速度传感器,因此陀螺的制造与加速度传感器基本类似。陀螺的制造技术可以分为多晶硅表面微加工技术、单晶硅体微加工技术、混合技术几种。

1. 表面微机械技术

表面微加工适合制造谐振梁(板)式结构的谐振陀螺,并容易与 CMOS 电路集成[185,186],但是表面微加工制造的陀螺谐振质量小、噪声大。除了 ADXRS 系列外,UC Berkeley、Samsung、Bosch、LG 等都开发了基于表面微加工技术的陀螺。图 4-116 为 UC Berkeley 设计、ADI 公司制造的双轴陀螺,采用 2 μm 厚的多晶硅谐振环结构,集成放大器。当多晶硅厚度增加到 5 μm 时,在 0.1 Pa 的真空中驱动和测量模式的 Q 值分别达到 2800 和 16 000,噪声 2°/s[140]。采用 6 μm 多晶硅和抗环境干扰结构的平面梳状电容驱动的微陀螺,分辨率为 0.1°/s。图 4-116 右为 Berkeley BSAC 设计、Sandia 制造的惯性测量单元(IMU),包括 x,y 轴陀螺、z 轴陀螺、x,y,z 三轴加速度传感器和信号处理控制电路[187]。

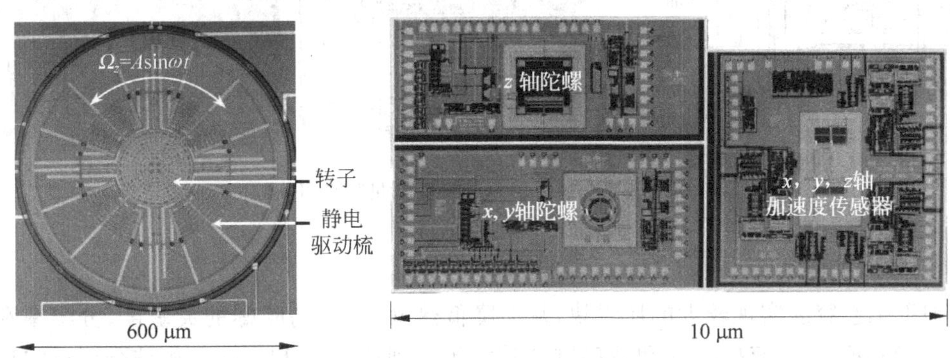

图 4-116　Berkeley 的双轴陀螺和 IMU 系统

采用外延多晶硅工艺,结构层的厚度可以增加到 10 μm 以上,可以进一步降低表面微加工陀螺的噪声,目前 Bosch 和 ST 都采用这种方法制造微机械陀螺和加速度传感器。图 4-117 为 Bosch 外延 12 μm 多晶硅制造加速度传感器和陀螺的流程示意图。

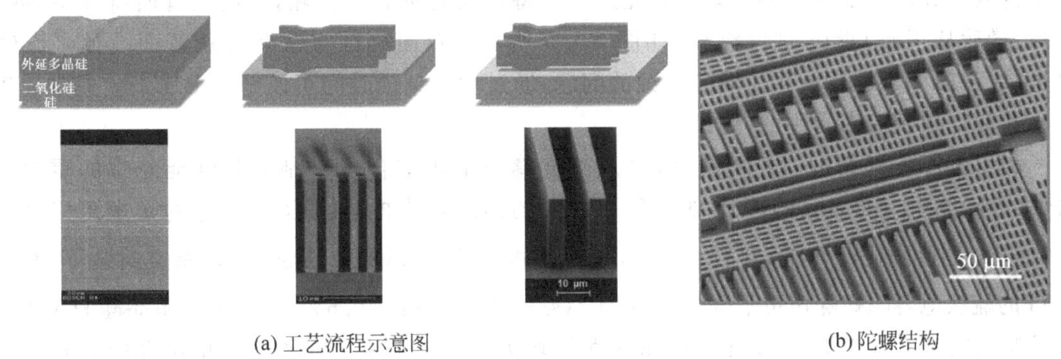

图 4-117　Bosch 公司的外延多晶硅惯性传感器工艺

表面微加工技术制造的陀螺以面内谐振为主,包括横向 x 轴振动、y 轴角速度输入、z 轴测量的谐振板陀螺,以及围绕 z 轴振动、y 轴角速度输入,x 轴测量的圆环形谐振陀螺[187]。图 4-118 为 Berkeley 和 ADI 开发的平面陀螺。陀螺的质量块沿 z 轴方向振动,输入角速度为

x 轴或 y 轴方向,测量方向也在面内。陀螺采用了激励振动与测量振动解耦合的模式,质量块和框架分别为不同的弹性梁支承,并且垂直方向的刚度达到 25∶1。陀螺采用 ADI 的 6 μm 多晶硅 Mod MEMS 表面微加工技术制造[188],集成了 Sigma-Delta 反馈控制电路,质量块的面积为 300 μm×500 μm,驱动模式和测量模式的振动质量分别为 1.6 μg 和 2.8 μg,谐振频率分别为 14.5 kHz 和 16.2 kHz,激励的 z 轴振幅为 0.18 μm。常压环境下驱动和测量模式的品质因数分别为 2 和 20,噪声电平为 $8°/(s/\sqrt{Hz})$。当质量块的振动方向不同时,可以测量面内不同方向的角速度,因此采用两个垂直的质量块,可以实现面内 x 轴和 y 轴陀螺。

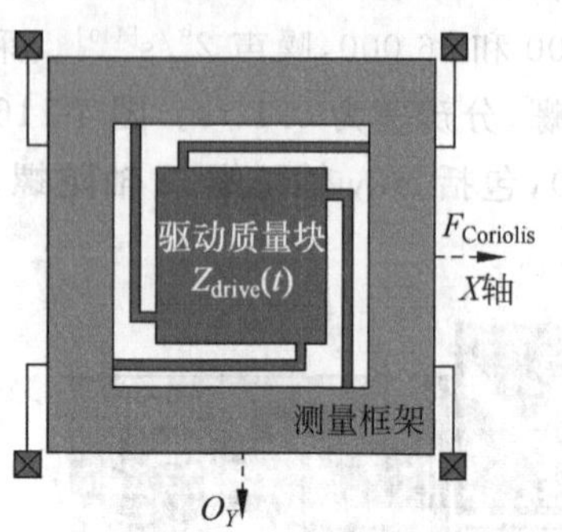

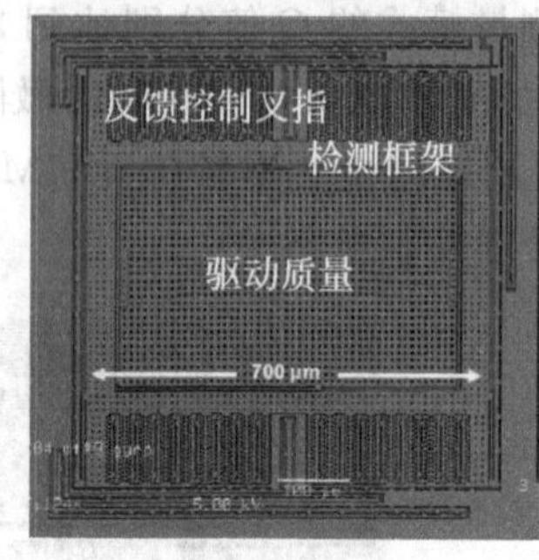

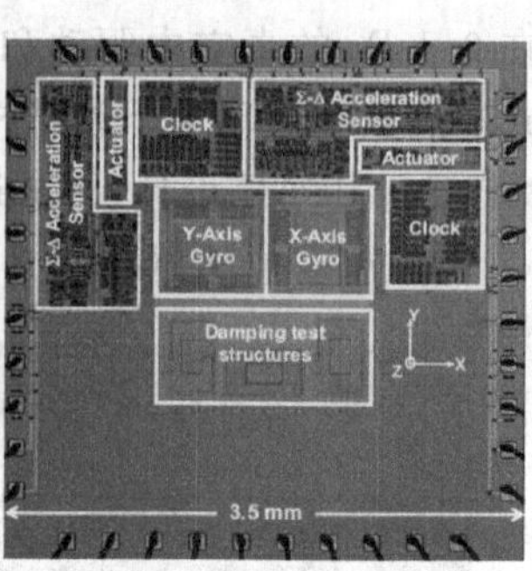

图 4-118 解耦合的 z 轴振动平面测量陀螺(Berkeley)

2. 体微加工技术

体加工工艺容易实现较大的质量块,从而降低热噪声,提高陀螺的灵敏度、分辨率和稳定性[159],如 DRIE、SOI、溶硅技术和玻璃键合技术等。利用 SOI 和 DIRE 相结合制造陀螺是很好的选择[189,190],很多高性能的陀螺采用这种方法制造。根据释放微机械结构的方向不同,可以分为正面 DRIE 刻蚀和双面 DRIE 刻蚀。正面 DRIE 刻蚀 SOI 的器件层单晶硅,形成微机械结构,然后利用 HF 气相刻蚀去除埋层 SiO_2,释放微结构。这种方法刻蚀时间短、制造成本低,并且真空封装容易,但是 DRIE 刻蚀到埋氧层时容易出现横向刻蚀和 RIE lag 等现象,导致结构截面异形。双面 DRIE 刻蚀首先从背后将衬底的单晶硅去除,然后从背面将埋层 SiO_2 去掉,最后从正面 DRIE 刻蚀结构,如图 4-119 所示。双面刻蚀方法首先从背面去掉了 SiO_2 停止层,正面 DRIE 时不存在横向刻蚀的问题,通过增加刻蚀时间可以解决 RIE lag,是加速度传感器和陀螺制造中常用的体加工方法。

利用 DRIE 深刻蚀、硅-硅键合,以及硅玻璃技术相结合也是制造高性能陀螺的重要方法[191,194]。利用 100 μm 的厚质量块和 30∶1 的间隙作为电容,DRIE 制造的陀螺可以达到 $0.008°/s/\sqrt{Hz}$ 的噪声电平、3.7 mV°/s 的灵敏度和 0.08% 的非线性[191]。真空封装下,利用 SOG 的梳状电容陀螺噪声更下降到 $0.0004°/(s/\sqrt{Hz})$,非线性 0.6%[193]。采用单晶硅 HARPSS 技术制造的音叉式陀螺[163],质量块和弹性梁均为单晶硅材料,与多晶硅相比性能有较大提高。电镀 Ni 除了实现的圆环形谐振陀螺,利用电镀还可以实现其他结构方式的陀螺,如谐振梁振动叉指电容检测陀螺[192]。利用改进的 CMOS-MEMS 工艺,在介质和金属复合层下面留一定厚度的单晶硅,也可以实现大质量块,对于复合弹性梁的厚度为 1.8 μm,质量块厚度为 60 μm 的陀螺,噪声为 $0.02°/s/\sqrt{Hz}$[195]。

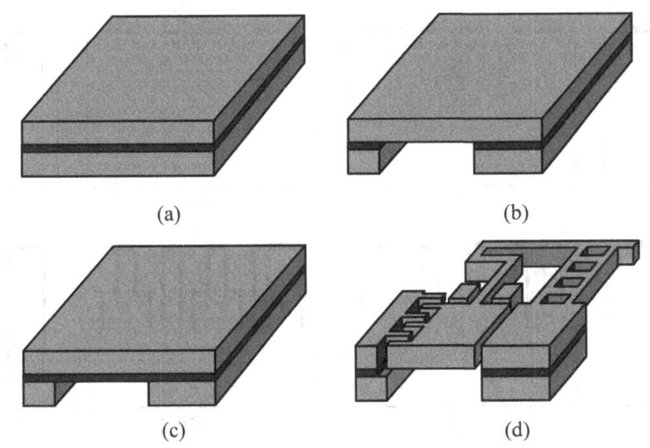

图 4-119 典型 SOI+DRIE 制造陀螺的流程

图 4-120 为 SBM(Sacrificial Bulk Micromachining)工艺制造的 x 轴陀螺结构图[149]。陀螺的驱动和检测均采用叉指电极，固定电极和可动电极的高度不同，从而实现 z 轴的驱动。当 x 轴输入角速度时，产生 y 轴方向的谐振，通过梳状电容检测可动电极的位移。驱动电容在外框架上，检测电容位于内框架，二者的弹性梁采用了解耦合设计，使 z 轴的振动不会影响 y 轴的振动。

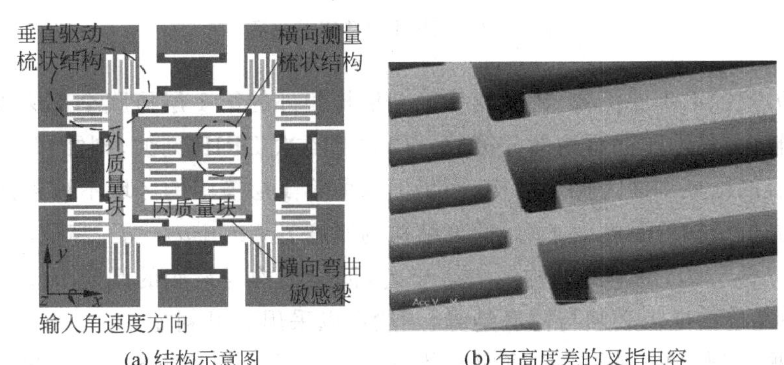

(a) 结构示意图　　(b) 有高度差的叉指电容

图 4-120 SBM 制造的 x 轴陀螺

图 4-121 为 SBM 制造 x 轴陀螺的过程，主要利用 DRIE 深刻蚀和双层掩膜实现高度不同的叉指电容，以及 KOH 横向刻蚀(111)硅片进行释放。(1)在(111)硅片上沉积第 1 层掩膜 SiO_2，结构的关键尺寸如固定电极、可动电极和电极间距都由第 1 层掩膜定义。在保证后续 DRIE 刻蚀的情况下应尽量薄，以降低应力的影响。(2)沉积第 2 层掩膜，如光刻胶或者 SiO_2，部分区域覆盖第 1 层掩膜，部分区域不覆盖，其中重叠区域在后续 DRIE 刻蚀中形成了高位电极，而只有第 1 层掩膜的区域成为低位电极。(3)刻蚀暴露的第 1 层掩膜，使暴露出来的厚度小于第 2 层掩膜覆盖着的厚度。(4)DRIE 深刻蚀 d_1。(5)去除第 2 层掩膜，露出第 1 层掩膜。(6)第 2 次 DRIE 刻蚀，刻蚀深度 d_2。(7)沉积保护层 SiO_2，然后利用各向异性刻蚀将深槽底部的保护层去掉，只保留侧壁的保护层。(8)进行第 3 次 DRIE 刻蚀，刻蚀深度 d_3 大于 d_1。(9)进行 KOH 刻蚀。由于 KOH 刻蚀在(111)衬底只沿着横向方向进行，因此释放了 DRIE 刻

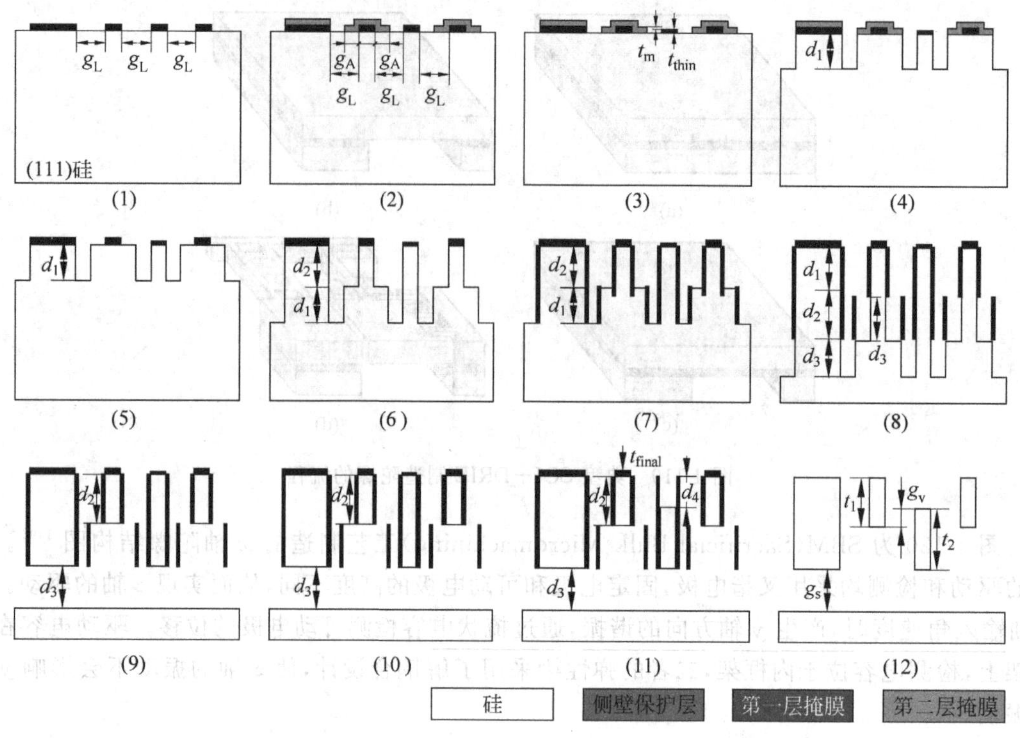

图 4-121 SBM 制造工艺流程

蚀的结构。(10)刻蚀第1层掩膜,将暴露在第2层掩膜外的第1层掩膜全部去除,由于被第2层覆盖的厚度较大,刻蚀时保留这部分掩膜。(11)第4次DRIE刻蚀,刻蚀深度 d_4,把全部去除了第1层掩膜的区域刻蚀为低位结构,而仍旧保留第1层掩膜的区域不被刻蚀,成为高位结构。(12)于是高位结构的厚度 $t_1=d_2$,低位结构的厚度 $t_2=d_1+d_2-d_4$,高位与低位结构的垂直重叠厚度 $g_v=d_2-d_4$,最厚的结构 $t_3=d_1+d_2$,低位结构与衬底的间距 d_3。为了实现静电驱动和测量,单晶硅的电极必须与衬底绝缘,一般可以采用SOI衬底。

微机械谐振陀螺是依靠科氏力将驱动模式的能量耦合到检测模式,因此陀螺的 Q 值越高,测量灵敏度就越高。与谐振式传感器类似,陀螺可以封装在真空环境中以提高 Q 值[196]。为了提高灵敏度,需要将驱动模式和测量模式尽量匹配,但是由于制造误差,两个谐振频率都会偏离理论值。为了解决这个问题,需要对陀螺进行微调,例如采用选择性刻蚀[197]、局部沉积[198]、或者激光烧蚀等方法调整两种模式的频率。更具灵活性的方法是利用直流偏压调整谐振器的等效刚度,从而改变谐振频率[199]。

4.6 微型悬臂梁传感器

微悬臂梁传感器是近年来被广泛关注的一种MEMS传感器。将微悬臂梁结构最初应用于传感器可以追溯到1986年Binnig等人发明的原子力显微镜(AFM)。AFM利用带有针尖的微悬臂梁实现对微观表面形貌的测量,分辨率可达0.1 nm,成为现代科学中微纳米技术最成功的应用之一,极大地促进了微纳米科学技术的发展。1994年,IBM瑞士苏黎世研究中心首先将表面覆盖铂的微悬臂梁传感器应用于检测氢气与氧气在催化剂作用下反应释放的热量，其分辨率达到 pJ 量级[200]。同年，美国橡树岭国家实验室[201]和英国剑桥大学[202]也发表了微悬臂梁传感器检测热量的研究成果。随后，加州大学伯克利分校、斯坦福大学、丹麦科技大学、瑞士联邦工学院和巴塞尔大学等开始从事微悬臂梁传感器的研究，将其应用于物理、化学和生物等多个领域的测量。近年来，随着信息科学、纳米科技和生命科学的共同繁荣，微悬臂梁传感器在化学和生物医学领域的检测应用成为研究热点之一[203,204]。

微悬臂梁传感器具有突出的优点：①高分辨率：微悬臂梁的表面积体积比大（$>10^3$）、弹性刚度系数小，极微量的生化反应或吸附质量就会引起表面 Gibbs 自由能或等效质量的变化，从而使悬臂梁传感器具有极高的分辨率。例如，微悬臂梁可以分辨 10^{-11} 牛顿的力，可用于生物单分子对的检测或基因测序。②特异性：微悬臂梁生化传感器利用生物分子之间的特异性识别反应进行检测，由生物分子的特异性保证了检测的特异性。③多敏感性：对多个微悬臂梁传感器组成的阵列固定不同的识别分子，可以检测多种生物分子。④无标记测量：微悬臂梁检测特异性生物分子结合反应引起的弯曲，不需要对被测分子进行荧光或放射性标记，降低了操作复杂度，避免了标记分子对蛋白等生物分子活性影响，也避免了标记分子对小得多的被测分子的影响。⑤单片集成：微悬臂梁传感器与处理电路可以单片集成，具有便携性、成本低、可一次性使用等优点。

4.6.1 微型悬臂梁传感器的敏感机理

微悬臂梁是典型的 MEMS 器件，其基本结构为一端固定、一端悬空的类似于跳水板的结构，如图 4-122 所示[205]。微悬臂梁一般长约几十至几百微米，宽约几微米至几十微米，厚约几百纳米到几微米。将微悬臂梁应用于检测时，在微悬臂梁表面发生的待测的生化反应、外力作用和质量吸附会使微悬臂梁的形状和质量等物理性质发生改变，通过测量形状或者质量的改变量获得目标待测量。

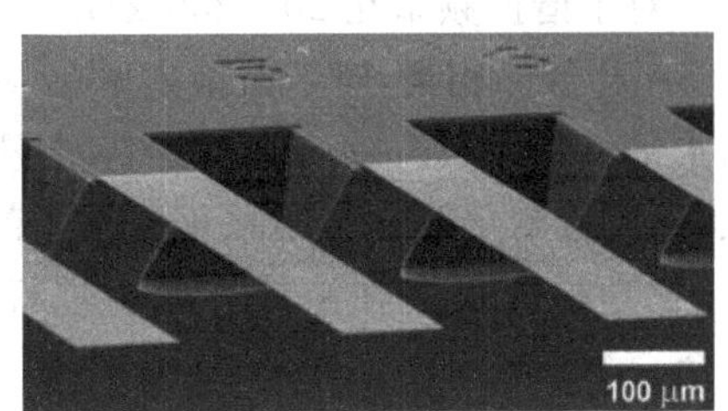

图 4-122 IBM 制造的微悬臂梁阵列

1. 静态模式与动态模式

微悬臂梁传感器可以工作在静态模式或动态模式。静态模式是指微悬臂梁表面发生反应产生表面应力或受到外力作用使悬臂梁产生弯曲，即弯曲测量模式；动态模式是指吸附的质量或反应引起微悬臂梁质量或刚度变化而改变谐振频率，即谐振测量模式。

微悬臂梁传感器工作在静态模式时，待测信号的变化会导致微悬臂梁产生静态弯曲。导致弯曲的机理有多种，如温度变化和表面应力变化等，其中表面应力变化引起静态弯曲是生化检测中广泛使用的敏感机理。发生在微悬臂梁的一个表面上的生化分子的吸附或反应会导致微悬臂梁表面 Gibbs 自由能发生变化，在该表面上产生表面应力变化。由于悬臂梁的另一个表面上没有反应发生，因此两个表面之间的应力差(应力梯度)使悬臂梁产生弯曲，如图 4-123(a)所示。

表面应力与悬臂梁弯曲的关系可以近似表示为

$$\frac{1}{R}=\frac{6(1-\nu)\sigma}{E\cdot t^2} \tag{4-117}$$

其中R是微悬臂梁弯曲后的曲率半径，ν是悬臂梁的泊松比，σ是悬臂梁的表面应力，E和t分别是微悬臂梁的弹性模量和厚度。微悬臂梁传感器工作在静态模式时，通过信号读出系统，将形变转换成易于处理的电信号，从而获得待测物的信息。微量的被测物质吸附在微悬臂梁表面所产生的微悬臂梁弯曲，主要是由于表面应力变化引起的，而不是吸附物质重量引起的。

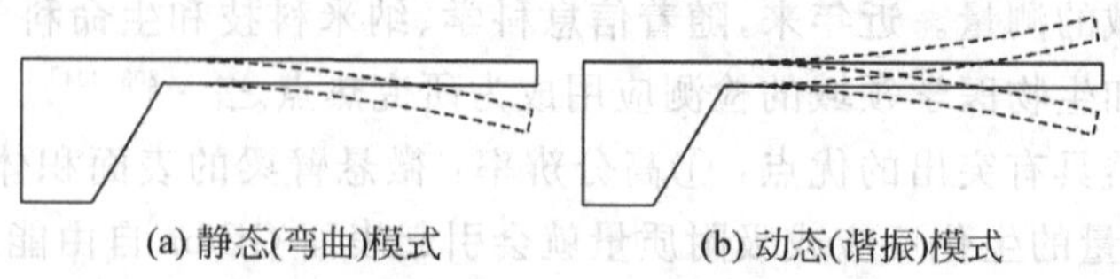

图 4-123　微悬臂梁传感器工作模式示意图

微悬臂梁传感器工作在动态模式时，待测物质吸附在悬臂梁表面上导致悬臂梁的质量或弹性刚度系数发生变化，或者当周围环境阻尼系数发生变化时，使悬臂梁的谐振频率发生变化，如图 4-123(b)所示。吸附质量与谐振频率变化的关系为

$$\frac{1}{f_1^2}-\frac{1}{f_0^2}=\frac{\Delta m}{4\pi^2 K} \tag{4-118}$$

其中f_0和f_1分别是微悬臂梁在吸附前后谐振频率的大小，Δm是吸附质量，K是微悬臂梁谐振的弹性刚度系数。因此，可以通过测量微悬臂梁谐振频率的变化获得被测量的信息。为了区分更精细的质量变化，要求微悬臂梁谐振的品质因数越高越好。

对于谐振频率在 20～200 kHz 的微悬臂梁，其质量测量灵敏度与 5～500 MHz 的 QCM 或 SAW 器件相当，对于谐振频率在 MHz 水平的纳米悬臂梁，其质量灵敏度可以达到单分子的水平(10^{-21} g)。在液体环境中，微悬臂梁传感器受液体阻尼的影响，谐振品质因数会大幅降低，导致检测分辨率急剧恶化。对于静态模式，则不会受到液体阻尼的影响。由于常见的生物、化学检测大多在液体环境中进行，因此在这些检测中静态模式比动态模式的应用更为广泛。

2. 集中力与表面力

微悬臂梁传感器工作在静态模式时，引起微悬臂梁弯曲的外力的模式通常有两种：①末端集中外力作用，如图 4-124(a)所示，即外力施加在微悬臂梁的自由端，与悬臂梁表面垂直，使微悬臂梁产生弯曲变形。②表面应力作用，如图 4-124(b)所示，即微悬臂梁的表面分布有各向同性的面内方向的应力，使微悬臂梁表面拉伸，导致微悬臂梁弯曲变形。末端集中外力测量常用于 AFM 和加速度计等能够集中施加外力的情况，通常用于测量物理量。表面应力通常是被测量均匀分布在整个微悬臂梁表面，常用于生化量的测量。

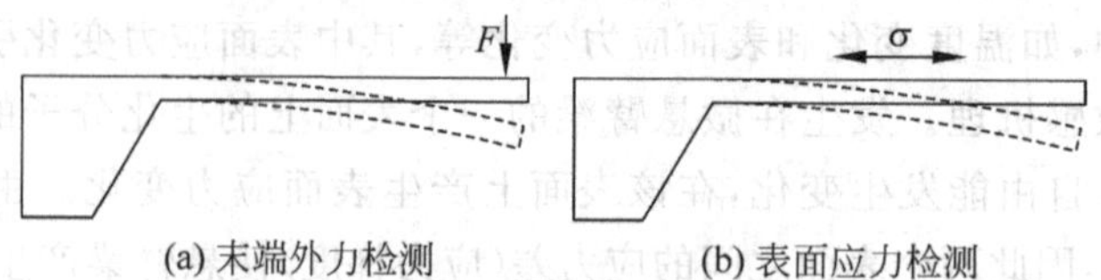

图 4-124　悬臂梁传感器检测外力的方式

图 4-125 所示说明了基于表面应力测量方式的微悬臂梁生化传感器的工作原理。在微悬臂梁上表面固定探针生物分子，当探针分子与目标分子发生特异性结合后，微悬臂梁上表面的

Gibbs 自由能和表面应力发生变化，上下表面出现应力差，从而导致悬臂梁弯曲，读出系统检测梁的弯曲实现生物化学物质的检测。在这个过程中，每个探针分子和目标分子结合的分子对都会产生与微悬臂梁表面平行的各向同性的面内应力，即应力是平行于微悬臂梁表面的，但是微悬臂梁的弯曲是离面的。

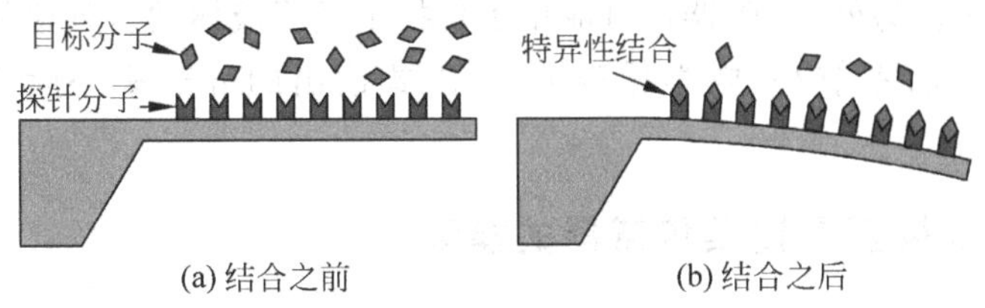

图 4-125 悬臂梁检测生物分子的基本原理

3. 信号读出方式

微悬臂梁传感器可以将待测信号转换为静态弯曲或谐振频率的变化，需要采用一定的方式读出弯曲或频率的变化。由于微悬臂梁的尺寸很小，因此实时精确地测量其形变或谐振频率需要专门的方法。虽然不同工作模式需要测量的参数不同，但读出系统可大体分为光学方式和电学方式两大类。

光杠杆是最常见的光学读出方式，最早由 Meyer 等于 1988 年提出[206]，并在商用 AFM 中得到了广泛使用。光杠杆的基本原理如图 4-126(a)所示，激光器发射出激光束聚焦在微悬臂梁表面的高反射区，反射光束被反射到与微悬臂梁具有一定距离和角度的光电位置敏感探测器(PSD)上。当微悬臂梁发生弯曲变形时，反射到 PSD 的激光束的位置发生改变，通过 PSD 测量反射光点位置的改变获得悬臂梁的变形信息。为了提高检测灵敏度，一般激光束照射在悬臂梁弯曲量最大的自由端，并且在制造时需要在微悬臂梁自由端沉积金属薄膜增强反射。

压阻式读出是最常见的电学读出方式，最早由 Tortonese 等在 1991 年用于微悬臂梁传感器[207]。压阻读出的结构如图 4-126(b)所示，在微悬臂梁的根部通过注入等方式制造压阻，利用微悬臂梁弯曲变形引起的阻值变化测量变形量的大小。

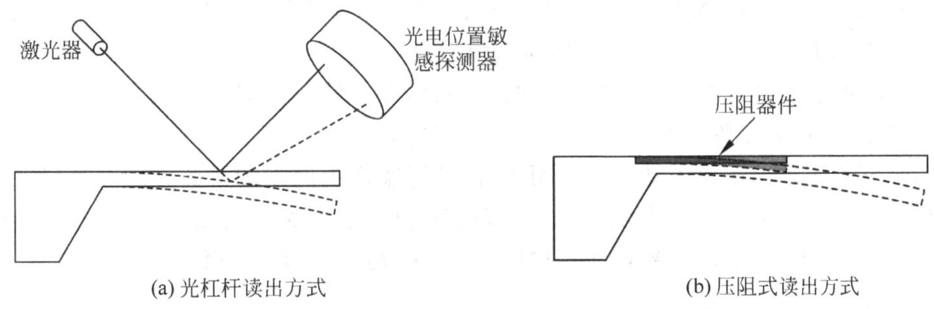

图 4-126 微悬臂梁传感器常用的读出方式

目前光杠杆和压阻这两种读出方式均广泛应用于微悬臂梁传感器中。光杠杆读出方式的灵敏度极高、噪声低，可分辨微型悬臂梁 0.1 nm 的变形。光学读出方式的缺点是激光产生设备庞大昂贵，难以与传感器集成；操作费时费力，每次检测都需要进行烦琐的光束、微悬臂梁和PSD的对准；当微悬臂梁传感器应用于不透明液体中时，激光无法在其中传播因而无法实现检测，特别是对于生化检测中经常遇到的全血几乎是不透明的，限制了光学检测在生化领域的广泛应用。压阻式读出方式具有可集成、体积小、成本低、不需要使用复杂的光学系统等优点，具有很好的可操作性和便携性，并且便于对大规模传感器阵列进行操作，可以实现片上集成的检测与处理系统。另外，压阻器件可应用于包括不透明液体的多种检测环境中，在生化领域应用广泛。由于压阻系数小、电学噪声大，压阻式读出的分辨率一般比光杠杆差一个数量级。

4.6.2 压阻式微型悬臂梁传感器的模型

悬臂梁传感器的性能指标主要包括弹性刚度系数、谐振频率、灵敏度和分辨率。采用光学读出系统的微悬臂梁传感器通常由单层的单晶硅或氮化硅等构成，因此其分析过程比较简单。对于采用压阻作为读出系统的微悬臂梁传感器，往往由多层材料层合而成。一个性能优良的压阻式悬臂梁传感器应该具有合适的刚度、较高的谐振频率、灵敏度和分辨率。这些性能指标同悬臂梁的结构、材料和工艺密切相关，因而可以通过优化结构和工艺来提高传感器的性能。本节建立连续层合结构微悬臂梁传感器的基本模型，并针对末端集中力和表面应力作用两种不同的情况，建立灵敏度和分辨率的表达式。

当微悬臂梁的长度远大于其宽度和厚度时，可以采用梁模型对悬臂梁进行近似分析；当长度不满足远大于宽度的条件时，需要采用板模型。对于末端集中力作用的微悬臂梁，由于作用力只沿着悬臂梁的长度x方向，采用梁模型造成的误差相较小。对于表面应力负载作用下的微悬臂梁，采用梁模型实际上是将二维板简化为一维梁，忽略了沿宽度方向的应力，仅考虑沿长度方向的应力。由于生化反应引起的悬臂梁上的表面应力是各向同性的，采用梁模型会造成较大的误差。

1. 集中力作用的板模型

图4-127为连续层合板结构的微悬臂梁传感器的结构示意图，包括微悬臂梁的支撑层、压阻层和保护层，每层宽度相等，厚度均匀。这种结构的微悬臂梁可以通过在SOI衬底的器件层单晶硅内通过注入形成压阻而实现。由于注入的压阻在单晶硅层的内部，并通过反向偏置的p-n结实现绝缘，获得连续的层合结构。当微悬臂梁末端施加集中外力时，可以采用梁模型进行分析。做如下假设：梁的每层都是理想弹性材料；忽略剪切效应和残余应力引起的弯曲；梁的厚度远小于由于外力引起的弯曲曲率半径，并忽略二阶以上的高价效应；梁的宽度远大于其厚度，因此忽略除主平面以外的其他方向的应力。

当微悬臂梁施加向下的末端集中作用力时，悬臂梁产生向下的弯曲。层合悬臂梁的中性面的坐标为z_N，如图4-127(b)所示。当外力垂直施加在悬臂梁的自由端时，中性面上受到的应力为0，在中性面之上，悬臂梁受到拉应力，在中性面之下，悬臂梁受到压应力。$z_N=\sum_{i=1}^{n}E_iz_it_i/\sum_{i=1}^{n}E_it_i$，其中$n$是层合悬臂梁的层数，$z_i$是第$i$层中心平面的绝对坐标，$t_i$是其厚度，第$i$层中心平面的相对坐标$z_{iN}=z_i-z_N$。由层合梁基本公式可得层合悬臂梁的弹性系数为

$$k=\frac{3w_c}{l_c^3}\sum_{i=1}^{n}E_i\left(\frac{t_i^3}{12}+t_iz_{iN}^2\right) \tag{4-119}$$

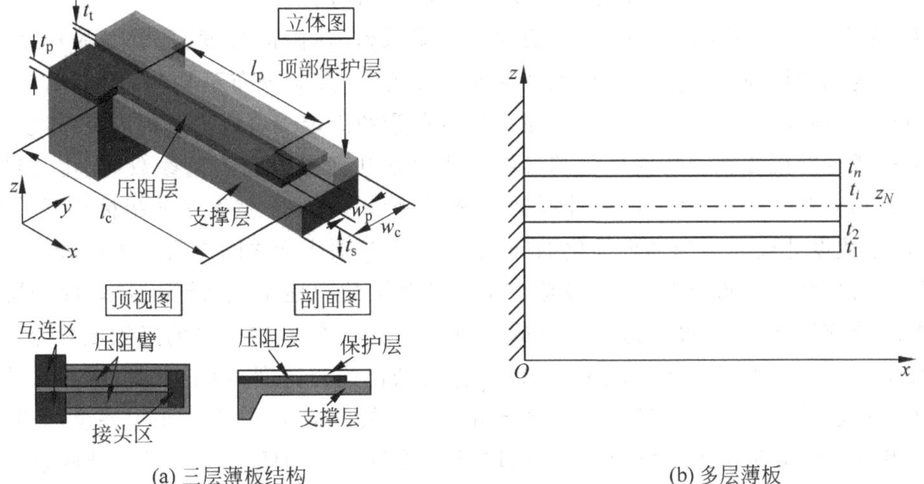

(a) 三层薄板结构　　(b) 多层薄板

图 4-127　压阻式悬臂梁传感器的基本结构

其中 w_c 和 l_c 是悬臂梁的宽度和长度，E_i 是第 i 层材料的弹性模量。

弹性系数同悬臂梁的长度、宽度和每层的弹性模量及厚度有关，弹性模量高、短而厚的悬臂梁有较大的刚度系数。悬臂梁刚度系数过高或过低都不适合工作，刚度系数过高的悬臂梁不易弯曲，灵敏度低；刚度系数过小的悬臂梁在释放的时候容易塌陷，且往往谐振频率低，带宽窄、容易受外界环境的影响。一般要求弹性系数在 1 mN/m～1 N/m 之间。

层合结构悬臂梁谐振频率的表达式为

$$f=\frac{1}{2\pi}\sqrt{\frac{k}{0.24m}}=0.56\sqrt{\sum_{i=1}^{n}E_i(t_i^3/12+t_iz_{iN}^2)\bigg/\left[l_c^4\sum_{i=1}^{n}\rho_it_i\right]} \tag{4-120}$$

其中 m 是悬臂梁的质量，k 为悬臂梁的弹性系数，ρ_i 是第 i 层的材料密度。可见，谐振频率同悬臂梁的长度和每层的弹性模量、密度及厚度有关，与悬臂梁的宽度无关。弹性刚度系数大、质量轻的悬臂梁的谐振频率较高。谐振频率限制了传感器的测量带宽，对传感器的噪声有很大影响，一般要求谐振频率大于测量带宽的 2 倍。此外，谐振频率较低的悬臂梁容易受到环境中低频震动噪声的影响。对于表面应力测量的情况，通常要求谐振频率大于 5 kHz，对于 AFM 应用要求谐振频率大于 100 kHz。

在一般的应用中，悬臂梁的形变都较小，悬臂梁的厚度远小于曲率半径，故假设悬臂梁的形变沿厚度方向为线性，如图 4-128 所示，中性平面上的相对形变为 ε_N，其他位置的相对形变同其到中性平面的间距 z 成正比，比例系数为曲率 $\beta=1/R$。

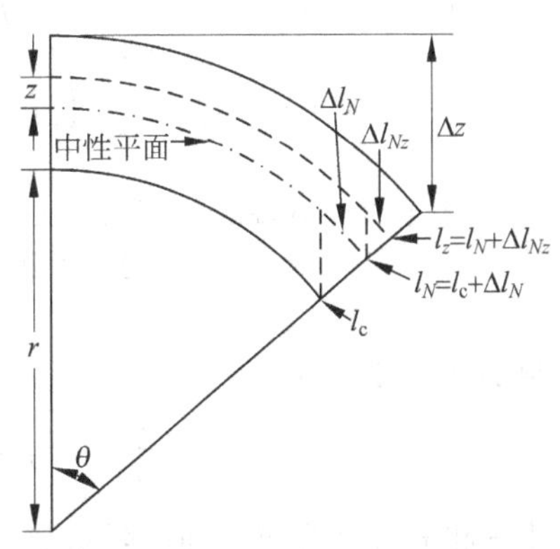

图 4-128　悬臂梁在外力作用下弯曲

末端外力作用下，悬臂梁传感器灵敏度的表达式为[208]

$$S=\frac{\pi_1E_p(l_c-2/l_p)z_{pN}}{w_c\sum_{i=1}^{n}E_i(t_iz_{iN}^2+t_i^3/12)} \tag{4-121}$$

π_1 是悬臂梁长度方向的压阻系数，l_p、w_p 和 t_p 分别是压阻的长度、宽度和厚度，$z_{pN}=z_p-z_N$ 是压阻层中心与中性面的间距。

可见，在末端外力测量的情况下，灵敏度同压阻系数、压阻的长度、悬臂梁的长度、宽度以及各层的厚度和弹性模量有关。悬臂梁内部的应力沿 x 方向分布不均匀，固定端应力大，自由端应力小，因而，将短的压阻器件放置在靠近悬臂梁的固定端可以显著提高灵敏度。

压阻式微悬臂梁传感器需要优化的参数主要包括几何参数和工艺参数，优化的目标是使灵敏度最大和分辨率最小，并兼顾弹性系数和谐振频率的要求。然而这些指标相互关联，相互制约，使得参数设计成为一个多维优化的问题，必须在各项指标之间进行折中选择。对于表面应力测量压阻悬臂梁传感器而言，一般是在满足悬臂梁的弹性系数、谐振频率、保护层厚度和功耗等要求的前提下，优化设计适当可行的几何和工艺参数，获得最好的灵敏度和分辨率。优化流程如下：①确定由限制条件决定的参数，包括悬臂梁的宽度、掺杂浓度、顶部保护层厚度等。②由保护层的厚度和弹性模量计算顶层硅厚度的最优值，再计算压阻层厚度的最优值，压阻长度取其最优值附近的值，悬臂梁的长度取长于压阻长度的值。③计算出悬臂梁的弹性系数和谐振频率，看是否满足要求。

2. 表面力作用的板模型

图 4-129 为末端集中力和表面应力负载作用下悬臂梁的形变情况[209]。当微悬臂梁在各向同性的表面应力作用下发生形变时，悬臂梁固定端的应力分布受固定端的约束(钳制)作用明显，宽度方向的应力远小于长度方向的应力；在远离固定端的区域，由于受固定端钳制作用较小，宽度方向与长度方向的应力大小相当。因此，对于表面应力负载下的微悬臂梁，利用梁的模型计算压阻的相对变化时，不能忽略 y 方向压阻系数的贡献。

表面应力作用的硅微悬臂梁传感器的基本结构如图 4-130 所示。硅微悬臂梁采用 SOI 硅片作为衬底，压阻通过离子注入制作在 SOI 层中，在上方沉积 SiO_2 保护层 SOI 层硅采用反掺杂，与电阻之间形成反偏的 p-n 结实现电阻之间的隔离。压阻臂的长度方向平行于[110]晶向。由图 4-130 硅微悬臂梁的横截面结构可见，由于电阻通过离子注入实现，因而硅微悬臂梁中的各层材料均连续且宽度相同。

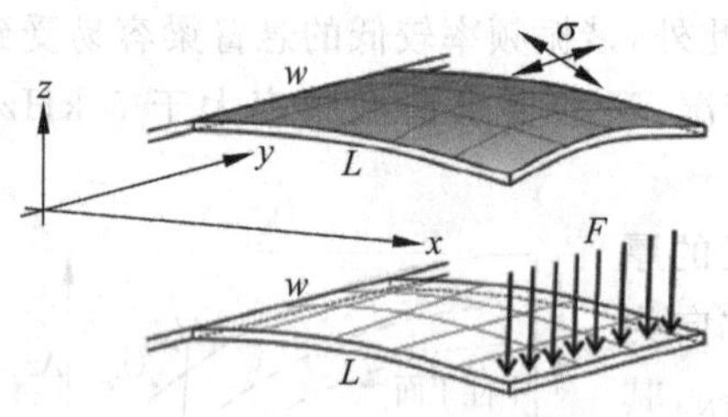

图 4-129 末端集中力与表面应力作用时悬臂梁形变示意图

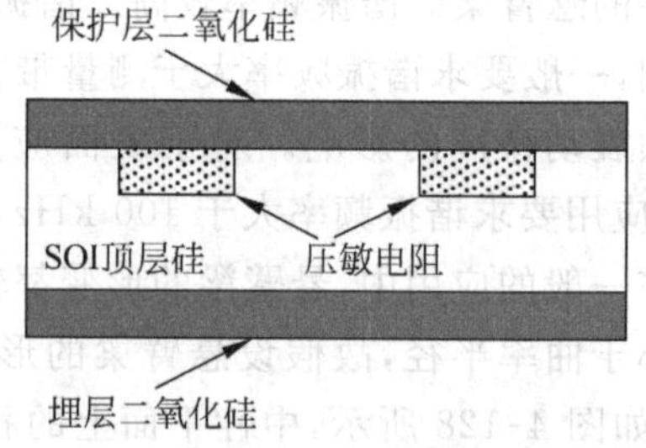

图 4-130 硅微悬臂梁截面示意图

压阻的相对变化为

$$\frac{\Delta R}{R}=\sigma_x\left(\frac{1+2\nu}{E}+\pi_x\right)+\sigma_y\left(-\frac{1}{E}+\pi_y\right) \tag{4-122}$$

其中 σ 和 π 分别为应力和压阻系数，下标 x 和 y 分别表示方向。根据板模型理论，压阻的相对变化同时受 x 方向和 y 方向应力的影响，并且与压阻系数、各层材料特性和几何尺寸有关。

在给定表面应力大小的情况下，传感器的灵敏度正比于压阻的相对变化。分辨率可表示为

$$\delta_{\min} = \frac{1}{S}\sqrt{8k_B T\frac{l_p}{n_p q\mu_p w_p t_p}(f_{\max}-f_{\min})+\frac{\alpha V^2}{2n_p l_p w_p t_p}\ln\frac{f_{\max}}{f_{\min}}} \tag{4-123}$$

其中 l、w 和 t 分别表示长度、宽度和厚度，下标 p 表示压阻，n_p 为掺杂浓度，μ_p 为迁移率。图 4-131(a)为悬臂梁上表面沿 x 方向中轴线上的正应力分布。在固定端附近，受钳制作用的影响，y 方向的应力小于 x 方向的应力，二者之间满足泊松比的关系 $\sigma_y\approx\nu\sigma_x$；在远离固定端的区域，钳制作用的影响明显减小，$y$ 方向与 x 方向的应力之间的差别已很小，$\sigma_y\approx\sigma_x$；z 方向的应力远小于 y 方向和 x 方向的应力，这是由于悬臂梁的厚度远小于长度和宽度。因此，在表面应力负载时，悬臂梁内的应力随位置的变化较为复杂，灵敏度是与压阻的掺杂类型、几何尺寸和位置分布等设计参数紧密相关的。

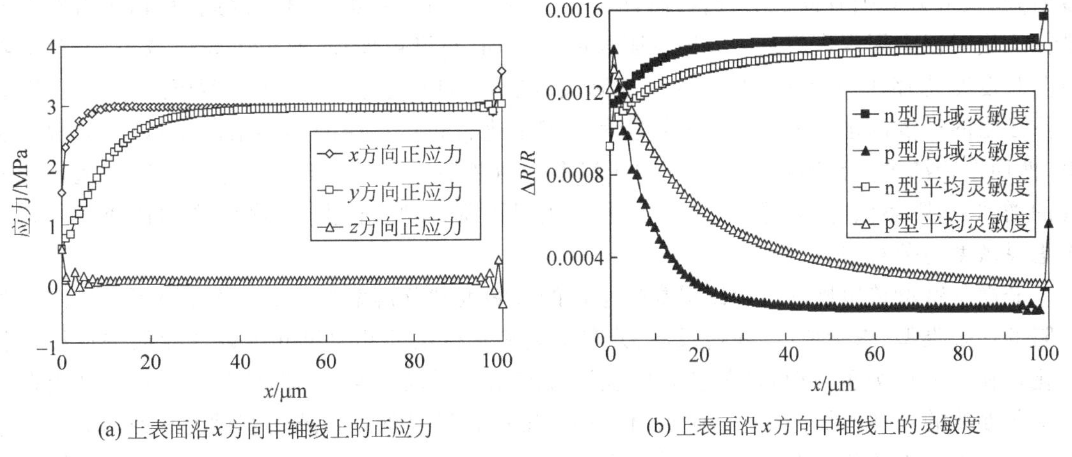

(a) 上表面沿 x 方向中轴线上的正应力　　(b) 上表面沿 x 方向中轴线上的灵敏度

图 4-131　表面应力作用下的微悬臂梁(尺寸为 100 μm×25 μm)

图 4-131(b)为数值计算得到的局域灵敏度和平均灵敏度。在悬臂梁固定端附近，p 型压阻的灵敏度有极大值，但在远离固定端，局域灵敏度迅速减小并逐渐趋于稳定；n 型压阻的灵敏度在悬臂梁固定端区域最小，并且小于 p 型压阻的灵敏度，但在远离固定端的区域灵敏度逐渐增大并趋于稳定。以上结果是与应力分布的特点和不同掺杂类型的压阻系数有关。p 型掺杂的纵向与横向压阻系数符号相反且大小接近，而 n 型掺杂的纵向与横向压阻系数符号相同，并且绝对值均小于 p 型掺杂。在悬臂梁固定端区域附近，钳制作用的影响较强，$\sigma_y\approx\nu\sigma_x$，根据 $\Delta R/R=\pi_x\sigma_x+\pi_y\sigma_y$，p 型掺杂的纵向压阻系数的贡献大于横向压阻系数，使得灵敏度较高。对于 n 型掺杂，虽然纵向和横向压阻系数的符号相同，但由于压阻系数绝对值较小，因而灵敏度较低。在远离固定端的区域钳制作用的影响减弱，$\sigma_x\approx\sigma_y$，因而对于 p 型掺杂，纵向和横向压阻系数的贡献几乎被抵消了，灵敏度很低；而对于 n 型掺杂，由于应力绝对值变大，使得灵敏度迅速变高。

表面应力负载时，悬臂梁的局域灵敏度和平均灵敏度不仅与悬臂梁的尺寸有关，还与压阻的掺杂类型、尺寸和位置分布有关。局域灵敏度和平均灵敏度的分布趋势相同，但因为平均灵敏度代表了压阻的实际敏感性能，在设计中以提高平均灵敏度为目标。设计原则总结：①局域灵敏度和平均灵敏度与压阻的掺杂类型有关：p 型压阻的纵向与横向压阻系数符号相反，因此 σ_x 与 σ_y 的差值越大灵敏度越高；n 型压阻的纵向与横向压阻系数符号相同，因此 σ_x 与 σ_y

越大灵敏度越高。平均灵敏度与压阻长度的关系：在接近梁的固定端，p型压阻灵敏度存在极大值；对n型压阻，长度越长，越远离固定端区域，灵敏度越高。②平均灵敏度与压阻位置的关系：对布置在固定端的p型压阻和布置在远离固定端区域的n型压阻，压阻越靠近边界灵敏度越高。③平均灵敏度与压阻宽度的关系：对布置在固定端的p型压阻和布置在远离固定端的n型压阻，压阻越宽灵敏度越高。④平均灵敏度与悬臂梁尺寸的关系：悬臂梁的宽度决定了应力分布受固定端钳制作用影响的范围大小。对相同长度的压阻，梁越宽钳制作用影响范围越大，n型掺杂的灵敏度越小，而p型掺杂的灵敏度越高。

当传感器的工作电压和工作带宽等工作参数确定时，灵敏度和分辨率与悬臂梁的材料特性、几何参数与工艺参数有关。压阻越宽，噪声电压越小；压阻厚度越薄，越接近梁表面，灵敏度越高。然而，压阻的厚度与噪声电压成反比，过薄的压阻会使分辨率恶化。从制造工艺的角度看，压阻上方必须有保护层材料，而且压阻也必须具有一定的厚度。因此，实际压阻厚度的选择应当对以上因素进行折中。随压阻长度的增加，热噪声增加，而$1/f$噪声减小，分辨率随压阻长度变化存在一个最优值。为了提高灵敏度，p型压阻应较短，而n型压阻应较长，因此实际压阻的长度的选择需要针对灵敏度和分辨率进行折中。压阻的掺杂浓度越高，分辨率越好，然而掺杂浓度也会影响压阻系数和迁移率。当掺杂浓度大于$5\times10^{-19}\ cm^{-3}$时，随掺杂浓度的增加，压阻系数急剧下降，载流子迁移率也呈下降趋势。因此，掺杂浓度的选择必须综合考虑灵敏度与分辨率。

硅微悬臂梁传感器的设计以提高传感器的灵敏度和分辨率为主要的优化目标。这需要对压阻的掺杂类型、掺杂浓度、几何尺寸、分布位置和悬臂梁的几何尺寸等设计参数进行折中和优化。在表面应力负载时，微悬臂梁的设计应遵循以下设计准则：微悬臂梁的总厚度应在满足工艺参数的条件下尽量薄；保护层材料的厚度应在满足保护性能的基础上尽量薄；压阻应在考虑噪声要求的基础上尽量远离中性面，接近梁的表面。一般压阻的厚度为微悬臂梁厚度的1/4～1/3；压阻的掺杂浓度为$5\times10^{-18}\sim5\times10^{-19}\ cm^{-3}$之间。为提高灵敏度，选用p型掺杂时，压阻应尽量短、尽量宽、尽量靠近梁的边界，悬臂梁的宽度应尽量大；选用n型掺杂时，压阻应尽量长、尽量宽、尽量靠近梁的边界，悬臂梁的宽度应尽量小。

4.6.3 微型悬臂梁传感器的制造方法

采用光杠杆作为读出系统时，一般采用简单的单层材料微悬臂梁，例如单层的氮化硅或单晶硅，可以采用表面微加工技术制造。表面微加工制造微悬臂梁的难点在于控制残余应力并避免悬臂梁在释放过程中出现的粘连。采用压阻式读出时，微悬臂梁一般是包含压阻材料的多层结构，与光杠杆式读出微悬臂梁加工方法的主要区别在于增加了制造压阻的工艺步骤[211]。单晶硅是制造压阻的首选材料，其压阻系数、机械性能和噪声特性都优于多晶硅。

体微加工技术与表面微加工技术相比具有加工结构的深宽比大、无粘连等优点。图4-132(a)为采用体硅衬底制造氮化硅或多晶硅悬臂梁的典型工艺流程。首先在硅片双面沉积氮化硅，在硅片背面刻蚀氮化硅形成窗口；其次用KOH从背面的窗口湿法刻蚀穿透整个硅片直至正面氮化硅薄膜；最后正面刻蚀氮化硅形成悬臂梁[212]。这种方法也可以用来制造多晶硅微悬臂梁和单晶硅悬臂梁，但由于KOH不易控制刻蚀时间和均匀性，因此很难得到很薄并且厚度均匀的单晶硅微悬臂梁。图4-132(b)为采用SOI圆片制造单晶硅悬臂的方法，

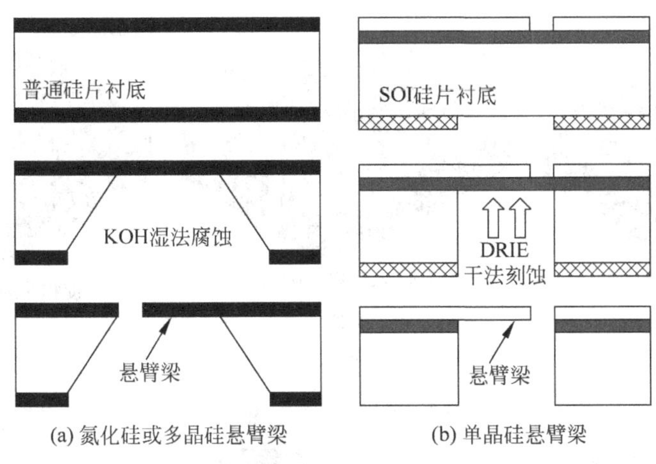

图 4-132　采用体微加工技术制造微悬臂梁典型工艺过程

这种方法利用 SOI 器件层作为悬臂梁，厚度均匀、性质优异。

采用 SOI 制造压阻式微悬臂梁，首先在正面刻蚀 SOI 顶层硅形成悬臂梁形状；然后在背面溅射铝或者沉积氮化硅，经过刻蚀后形成窗口；在正面涂覆保护材料，用 KOH 或 DRIE 从硅片背面刻蚀释放微悬臂梁。由于 DRIE 对硅和氧化硅的刻蚀选择比很高，因此刻蚀到埋氧层时会自动停止；对于 KOH 刻蚀，埋氧层也可以在一定时间内起到刻蚀停止的限制作用。在释放完成后，将剩余的埋氧层用 HF 去除，即可获得单晶硅微悬臂梁[213]。

背面 KOH 或 DRIE 刻蚀的释放方法工艺复杂、耗时长、成本高。在 Bosch 的时分复用法 DRIE 方法中，如果在刻蚀过程中不通入保护气体 C_4F_8 而只通入刻蚀气体 SF_6，就可以实现对硅衬底的各向同性刻蚀。利用 SF_6 各向同性干法刻蚀，从 SOI 硅片正面释放微悬臂梁的方法，具有工艺简单、耗时短、成品率高等优点[214]，如图 4-133 所示。(1)衬底为 SOI 硅片。(2)注入压阻，利用反应离子刻蚀 SOI 层，形成孤立的岛状压阻，与其他器件实现电学隔离。(3)采用 PECVD 沉积 SiO_2 作为钝化层和侧壁保护，溅射金属铝作为互连引线。(4)沉积 SiO_2 作为微悬臂梁和压阻的钝化层，从正面利用 RIE 刻蚀 SiO_2，形成微悬臂梁的图形。(5)利用 DRIE 各向异性刻蚀，从衬底正面沿着定义的微悬臂梁图形对硅衬底进行刻蚀，暴露出微悬臂梁下方四周的硅衬底。(6)利用各向同性刻蚀对微悬臂梁下方的硅衬底进行刻蚀，使微悬臂梁释放悬空。

4.6.4　微型悬臂梁传感器的应用

从 1994 年 IBM 苏黎世研究中心和美国橡树岭国家实验室实现微悬臂梁传感器以来，微悬臂梁传感器因为其突出的优点，在生化检测领域得到了广泛的应用，在包括重金属检测、挥发物检测、爆炸物分子探测、DNA 测序、分子识别、免疫分析、蛋白检测等方面显示出巨大的潜力，为生物学研究、疾病诊断、新药开发、环境监测、食品检验、化学分析、爆炸物与生化武器探测等提供强有力的检测和分析手段。图 4-134 为微悬臂梁传感器的不同检测模式的应用分类概况。

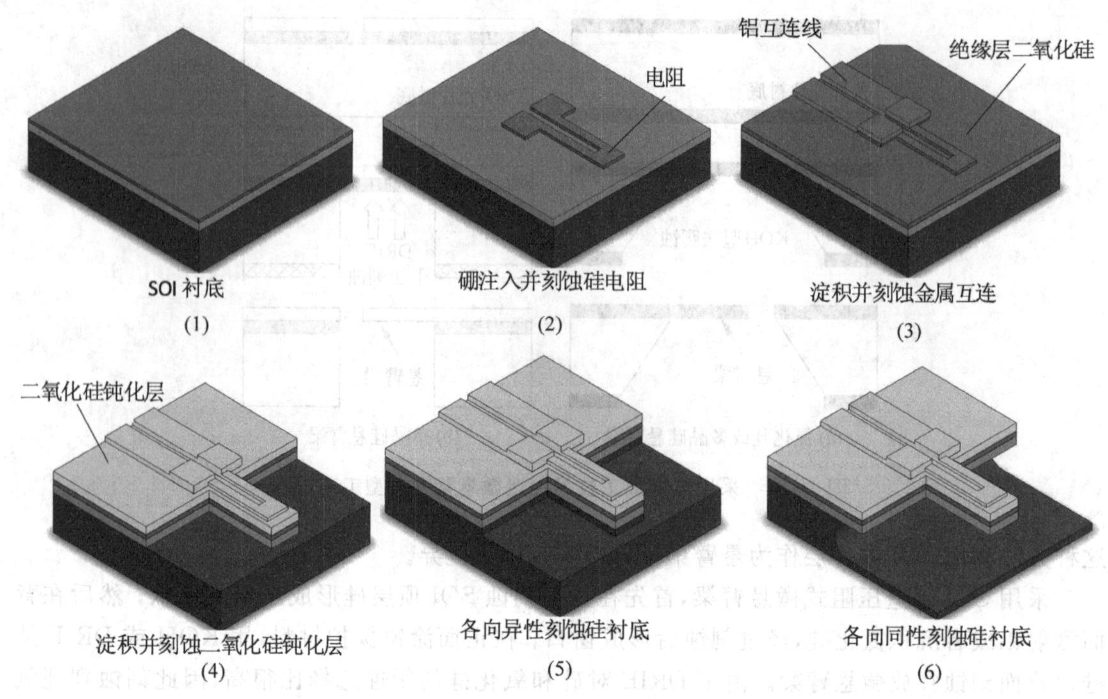

图 4-133 正面释放制造压阻式微悬臂梁流程

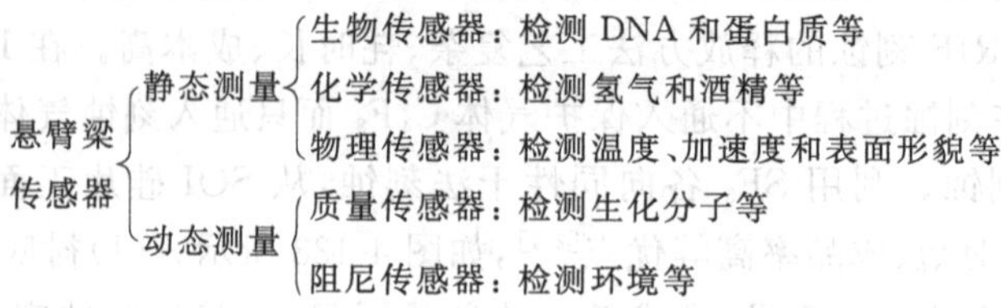

图 4-134 微悬臂梁传感器的应用分类

1. 物理传感器

1999 年加州大学伯克利分校实现了一种利用微型悬臂梁阵列实现的光机械非制冷红外焦平面阵列。每个像元是一个双金属片结构的悬臂梁，采用 Al/SiN_x 双层结构。微型悬臂梁受到红外辐射后温度升高，由于两种材料热膨胀系数的差异，导致微型悬臂梁弯曲，其端点的弯曲位移量正比于升温的大小，同时也正比双金属材料的热膨胀系数之差。

微型悬臂梁弯曲采用光调制的方法读出位移量。图 4-135 给出了这种光机械室温红外探测器的阵列结构。这种技术的最大特点在于避免了复杂的读出电路，能大大降低系统噪声，理论上噪声等效温差(NETD)可以达到 3 mK，达到制冷式红外焦平面阵列的水平，但是实际成像系统的 NETD 为仅 1 K 左右。这种结构需要复杂的光学系统，体积大、操作复杂，并且芯片面积过大、难以实现高分辨率，在运动中会受到振动等因素的影响。

2. 化学传感器

采用不同的化学反应自组装膜或探针分子，微悬臂梁具有对多种化学物质检测的能力。目前已经报道的检测物质包括挥发性气体(甲醛)、重金属离子(Cs^{+}、Cr^{2+}、Pb^{2+})、爆炸物

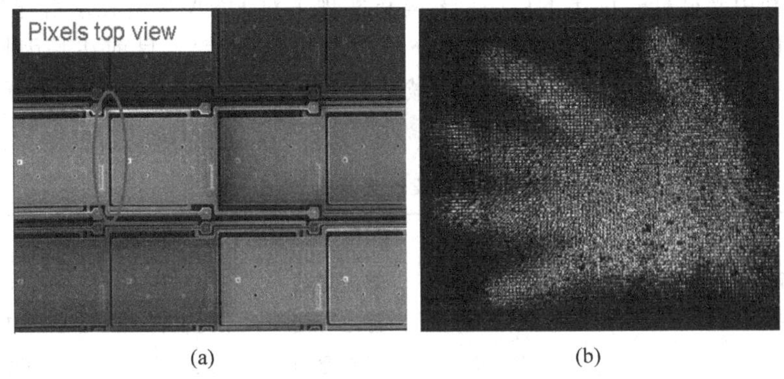

(a)　(b)

图 4-135　光机械室温红外探测器

(TNT、RDX)、pH 值、有机物(苯环)等。尽管检测的化学物质种类和数量很多,所采用的基本原理都是利用固定探测分子对目标分子进行反应识别,主要的区别在于检测不同的物质需要不同的探测分子。表 4-6 列举了部分化学检测的情况。

表 4-6　微悬臂梁化学传感器的主要应用

分析物	检测限	工作模式	读出方式	年份	文献
水、醇类、自然气味	—	静态弯曲	光杠杆	2000	[215]
pH 值	—	静态弯曲	光杠杆	2002	[216]
DDT	10 nM	静态弯曲	光杠杆	2003	[217]
TNT	50 pg	动态谐振	光杠杆	2004	[218]
DMMP	10 ppb	静态弯曲	单晶硅压阻	2006	[219]
甲醛	10 ppb	静态弯曲	多晶硅压阻	2007	[220]
氰化氢	150 ppm	静态弯曲	多晶硅压阻	2007	[221]
挥发性气体	10 pM	静态弯曲	多晶硅压阻	2009	[222]
三甲胺	10 μg/mL	静态弯曲	单晶硅压阻	2010	[223]

3. 生物传感器

微悬臂梁传感器在生物医学领域的基因测序、碱基对失配、蛋白质检测、病毒和细菌检测等方面都得到了广泛应用。

利用杂交反应,微悬臂梁传感器可以进行基因测序,如测量 DNA 单碱基对的变化。由于 DNA 单碱基对的变化常与重大疾病的产生有关,因此微悬臂梁可以通过基因测序诊断疾病。2000 年,IBM 苏黎世研究实验室利用微悬臂梁传感器成功地实现了对 DNA 单碱基对失配的无标记检测,开启了微悬臂梁传感器在生物医学领域的应用[224]。IBM 苏黎世研究实验室使用巯基修饰 2 种只存在 1 个碱基的差别的 12 个碱基的 DNA 单链,当它们分别与互补的 DNA 单链发生杂交反应形成 DNA 双链结构时,引起对应的悬臂梁表面应力变化,导致悬臂梁弯曲。DNA 杂交反应可使悬臂梁产生弯曲,并且可以特异地分辨出单个碱基对的差别。悬臂梁传感器可以实现对不同浓度的互补单链的定量检测,由噪声决定的检测限约为 10 nM。这种利用生物分子之间的特异性结合进行检测的方式具有极高的灵敏度,不需要聚合酶链式反应(PCR)扩增和荧光标记,大大降低了测量时间和操作复杂程度。2008 年,西班牙马德里国家微电子中心利用光杠杆式读出的单晶硅悬臂梁实现了对DNA单链在水合作用时的张力的检测,检测限可达10^{-15} mol,已十分接近单分子检测的目标[225]。目前在基因检测方面的工作,主要集中在DNA单链的杂交反应检测、碱基对失配和双链DNA的融化检测,近年来的主要研究成果列在表4-7中。

表4-7 微悬臂梁传感器的DNA检测

分析物	检测限	工作模式	读出方式	年份	文献
12-mer寡核苷酸	10 nM	静态弯曲	光杠杆	2000	[224]
10-mer寡核苷酸	—	静态弯曲	光杠杆	2001	[226]
12-mer寡核苷酸	75 nM	静态弯曲	光杠杆	2002	[227]
DNA单链	0.05 nM	动态谐振	光杠杆	2003	[228]
25-mer寡核苷酸在金表面的吸附	—	静态弯曲	光杠杆	2004	[229]
12-mer寡核苷酸	200 nM	静态弯曲	多晶硅压阻	2005	[230]
mRNA中标记转录因子	10 pM	静态弯曲	光杠杆	2006	[231]
DNA双链融化	—	静态弯曲	光杠杆	2006	[232]
DNA单链	1 fM	静态弯曲	光杠杆	2008	[225]

在悬臂梁传感器阵列表面固定不同疾病的蛋白标记识别分子,能够在一次反应中检测多种疾病的蛋白标记,有可能成为癌症诊断芯片。与目前临床诊断中不同疾病分别检测相比,这种癌症诊断芯片可以大大简化诊断操作、加快诊断过程,并大幅度降低诊断成本。采用微加工技术大批量制造的芯片体积小、成本低、使用简单,并将微悬臂梁传感器集成到芯片实验室(Lab-on-a-Chip,LOC)上作为检测工具。在蛋白检测方面,微悬臂梁可以实现对癌症和心血管疾病等蛋白标志分子的早期低浓度检测。近年来微悬臂梁传感器在蛋白检测中的主要研究成果如表4-8所列。几乎所有重大疾病,如乳腺癌、前列腺癌、艾滋病等,都与特定功能的蛋白质或蛋白质功能改变有关,这种变异蛋白可以作为疾病的蛋白标记。通过检测血液或者尿液中的蛋白标记,微悬臂梁传感器能够早期诊断多种重大疾病。

表4-8 微悬臂梁传感器的蛋白质检测

分析物	检测限	工作模式	读出方式	年份	文献
前列腺特异性抗原	0.2 ng/ml	静态弯曲	光杠杆	2001	[233]
肌酸激酶和肌红蛋白	20 μg/ml	静态弯曲	光杠杆	2003	[234]
C反应蛋白	—	动态谐振	光杠杆	2004	[235]
前列腺特异性抗原和C反应蛋白	10 ng/ml	静态弯曲	多晶硅压阻	2005	[236]
人类雌激素受体	2.5 nM	静态弯曲	多晶硅压阻	2005	[237]
scFv片段	1 nM	静态弯曲	光杠杆	2005	[238]
DNA结合蛋白SP1和NF-κB	80 nM	静态弯曲	光杠杆	2006	[239]
冠状病毒SARS-CoV	100 ng/ml	静态弯曲	光杠杆	2006	[240]
链霉亲和素	10 nM	静态弯曲	光杠杆	2007	[241]
前列腺特异性抗原	0.2 ng/ml	静态弯曲	光杠杆	2008	[242]
酵母细胞离解的CDK2蛋白	80 nM	静态弯曲	光杠杆	2008	[243]
P53抗体	20 ng/ml	静态弯曲	单晶硅压阻	2009	[244]

2001 年，美国加州大学伯克利分校利用微悬臂梁传感器首次实现了对蛋白质的检测[233]。在氮化硅悬臂梁上固定兔抗人前列腺特异性抗体(RAH PSA)，利用光杠杆式读出，实现了在 1mg/ml 牛血清蛋白(BSA)和人血清蛋白(HSA)的背景下对两种不同形式的前列腺特异性抗原(fPSA 和 cPSA)的检测，如图 4-136 所示。fPSA 分辨率 0.2 ng/ml，最大量程 60 μg/ml，已满足目前临床应用中 4 ng/ml 的检测限要求，比目前临床检测的 ELISA 方法高 20 倍。

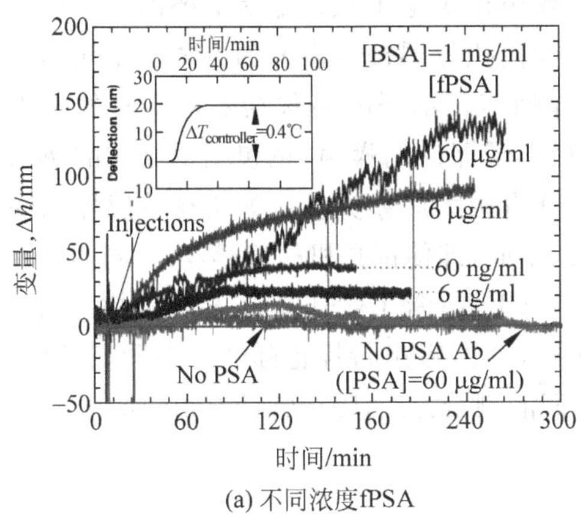

(a) 不同浓度fPSA

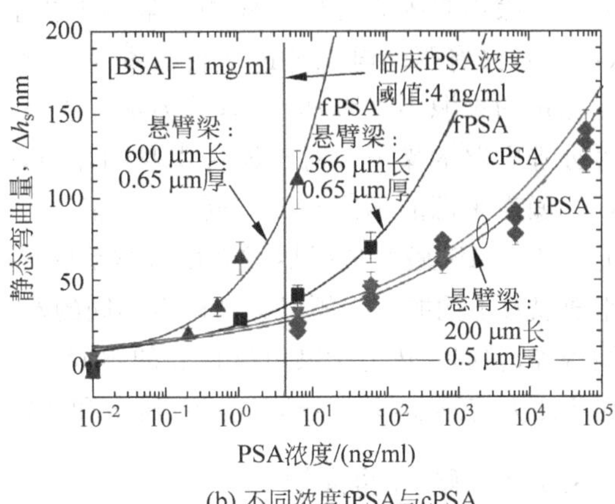

(b) 不同浓度fPSA与cPSA

图 4-136　两种 PSA 的检测结果

2003 年，瑞士巴塞尔大学利用光杠杆式读出的悬臂梁阵列同时对血液中肌酸激酶和肌红蛋白进行了实时检测[234]。这两种蛋白是急性心肌梗塞最主要的蛋白标志分子，对二者浓度的实时检测是临床诊断心肌梗塞的重要指标。检测时间小于 10 min，检测限 20 μg/ml。这是悬臂梁传感器对多种蛋白同时检测的首次尝试，在心血管疾病诊断领域具有重要的意义。美国橡树岭国家实验室使用表面固定有葡萄糖氧化酶的悬臂梁检测全血液中的血糖浓度实现糖尿病的早期诊断，灵敏度达到 0.2 ng/ml，这种方法选择性好，不受血液中果糖和甘露糖等干扰，同时，抗坏血酸、醋氨酚、尿酸等影响电化学传感器的血液成分对悬臂梁不产生影响。

微悬臂梁传感器也被广泛地应用于食品检验、化学分析、环境监测等领域，主要包括：针对食品安全的病毒与细菌的检测，与环境污染相关的挥发性气体、重离子、有机化合物和 pH 值的检测，以及对爆炸物的检测。表 4-9 列出了部分相关研究成果。

表 4-9　微悬臂梁传感器不同生化物质检测

分析物	检测限	工作模式	读出方式	年份	文献
大肠杆菌	6 pg	动态谐振	光杠杆	2000	[245]
沙门氏菌	25 个	静态弯曲	多晶硅压阻	2003	[246]
全血液中葡萄糖	0.2 mM	动态谐振	光杠杆	2004	[247]
牛痘病毒	20 mg/ml	静态弯曲	多晶硅压阻	2005	[248]
磷脂囊泡	450 pg	动态谐振	光杠杆	2005	[249]
黑曲霉真菌孢子	103 CFU	动态谐振	光杠杆	2005	[250]

4.7 传感器噪声

噪声直接决定传感器的最小可检测极限(分辨率),因此是决定传感器性能的关键指标之一。通常认为只有输出信号的幅值大于噪声等效幅值3倍以上,才认为输出信号是可分辨的,因此减小噪声是提高传感器检测极限的重要手段。噪声还决定了执行器所需要的最小驱动电压(电流),只有驱动电压超过执行器本身的噪声,才能使执行器按照需要的方式产生输出。

噪声的来源多种多样,可以分为本征噪声和外部噪声。本征噪声包括器件本身的噪声和信号处理电路的噪声。对于器件本身的噪声,既包括电子器件的噪声,也包括微结构的热力学噪声。噪声来源的不同导致不同器件之间的噪声特性有很大的差异。例如机械传感器的噪声与光学MEMS、磁场传感器或者微流体系统有很大的不同,即使都是机械传感器,不同器件和结构组成以及不同的应用领域都会产生不同的器件噪声,MEMS常用微悬臂梁、桥式结构、薄膜、叉指结构等,它们的热力学噪声有显著的不同。对于电学器件,噪声特性也随器件不同而不同,例如对于压力传感器,采用压阻、电容、压电和谐振等不同的测量方法,噪声特性有很大的区别。

4.7.1 噪声的来源

MEMS常用微悬臂梁、桥式结构、薄膜、叉指结构等,它们的热力学噪声有显著的不同。MEMS器件的噪声包括外部(非本征)噪声和内部(本征)噪声。前者是由于MEMS器件以外的环境产生的影响,例如环境电磁场、机械振动、声辐射等,这些非本征噪声限制器件性能,从而对系统有较大影响。外部噪声通过多种形式的能量耦合方式耦合到MEMS器件,例如振动等通过惯性耦合到MEMS器件,而电磁等通过电磁辐射耦合到MEMS器件,声辐射等通过介质耦合到MEMS器件,但是通常情况下外部噪声的耦合可以通过封装、隔离等手段进行抑制甚至消除。

本征噪声来源于器件本身的物理性质,即少量粒子的量子态和大量粒子的统计态。由于能量和物质的粒度特性,单个或少量光子、电子、原子和分子等都表现为量子态,它们在器件内部的存在状态和对器件的影响都是分立无关的。而对于大量的粒子,量子态的能量和运动最终都表现为大量粒子的统计特性。因此,对于大系统,这种能量和物质所表现的量子状态以及运动的无关和统计特性,是引起噪声的根本原因,同时也决定了噪声是不可避免的。随着尺度的减小,信号也随之减小,使很多MEMS器件的噪声增加到了与信号可比的水平。因此,对于MEMS传感器,噪声直接决定了传感器的信噪比,进而决定可检测的最小极限;而对于MEMS执行器,噪声直接决定了需要的驱动信号的大小。

一般采用统计参数描述噪声信号,例如方差、分布、谱密度等。由于白噪声是一个随机过程,其平均值为0,一般使用均方值描述噪声功率来表示噪声的程度。有效噪声功率也可以使用均方根,如$V_{n(\mathrm{rms})}=\sqrt{V_n^2}$。噪声功率谱描述在一定的频带宽度内,噪声所具有的功率,单位为W/Hz。如图4-137所示,噪声功率谱表示为

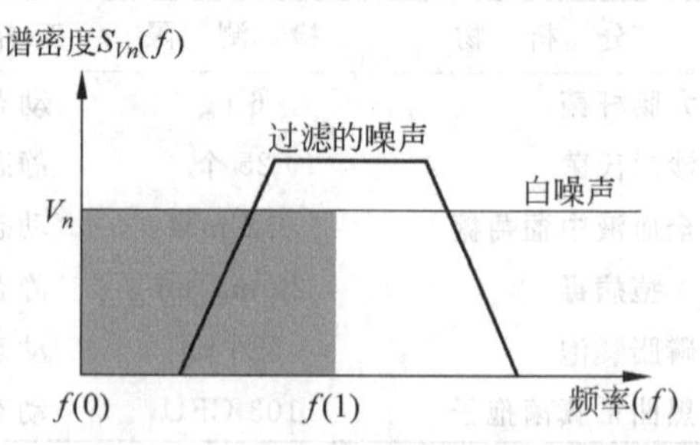

图4-137 噪声功率谱示意图

$$v_n^2=\int_{f_0}^{f_1}S_{V_n}(f)\mathrm{d}f=\overline{v}_n^2\cdot\Delta f \quad (4\text{-}124)$$

由于电阻器件的功率与施加的电压的平方成正比，因此噪声功率谱单位也用 V^2/Hz 表示。噪声电压可以用噪声功率密度的平方根描述，因此噪声电压的单位为 $V/\sqrt{Hz}$。

4.7.2　电学噪声

由于 MEMS 涉及各种电学器件，无论是传感器还是执行器都需要使用各种不同的电学器件，因此电噪声是 MEMS 领域最经常接触的噪声。电子系统中噪声是电信号的随机波动。噪声产生的本质区别很大，例如热噪声是非绝对零度物体都不可避免的现象，而其他噪声类型则与器件种类、制造工艺、半导体缺陷和工作频率等有关。半导体器件的电噪声可以分为以下几类：热噪声(Johnson 或奈奎斯特噪声)、散粒噪声(Shot Noise，也称闪粒噪声)、闪烁噪声(Fliker Noise，也叫 $1/f$ 噪声)和产生-复合噪声等。

1. 热噪声

热噪声也叫 Johnson 噪声或 Nyquist 噪声，是由导体内处于平衡状态的载流子的热振动造成自由电子散射而引起的噪声，即温度引起的载流子密度的波动。因此，热噪声是电子热运动-电阻的体现，统计物理称为涨落耗散理论。于是，所有热力学绝对 0 度以上的电阻器件都有热噪声，而无论是否有电压作用。

在电路方面，尽管所有的电阻器件都存在热噪声，但是实际上只有输入电路、反馈电路、高增益电路及前端电路的电阻才可能对总电路噪声有明显影响。电抗器件的热噪声等于其电抗中阻抗部分的热噪声，所以理想电容、理想电感虽然有电抗，但是并没有热噪声。对于传感器，由于压阻作为敏感器件应用极为广泛，因此热噪声对传感器极为重要。

理想电阻内的热噪声为白噪声，其功率谱密度不随频率的变化而变化，恒定为常数。每 Hz 频率的单边功率谱密度(或电压变化均值的平方)为

$$\overline{v}_n^2 = 4k_B TR \tag{4-125}$$

其中 k_B 是波耳兹曼常数，T 是电阻的热力学温度，R 是阻值大小。室温下，上式可以表示为

$$\sqrt{\overline{v}_n^2} = 0.13\sqrt{R} \quad [\mathrm{nV}/\sqrt{\mathrm{Hz}}] \tag{4-126}$$

例如对于 1 kΩ 的电阻，在 300 K 时的功率谱密度为 4.07 $\mathrm{nV}/\sqrt{\mathrm{Hz}}$。

从式(4-125)可知，减小电阻阻值或者降低温度可以降低热噪声。由于噪声与绝对温度的平方根成正比，所以用降低温度的方法降低噪声通常没有明显效果。例如，将电阻的温度由室温(300 K)降低到液氮的温度(77 K)，热噪声仅下降 50%。

对于给定带宽，噪声电压的均方根为

$$v_n = \sqrt{\overline{v}_n^2 \cdot \Delta f} = \sqrt{4k_B TR\Delta f} \tag{4-127}$$

对于 50 Ω 电阻，在室温下 1 Hz 带宽对应 1 nV 噪声均方根电压，而对于 1 kΩ 电阻和 10 kHz 的带宽，室温下均方根噪声电压为 400 nV。

一个在短接电路中的电阻消耗的噪声功率为

$$P = v_n^2/R = 4k_B T\Delta f \tag{4-128}$$

电阻上产生的噪声能够传递到电路的其他部分，最大噪声功率传输的条件是阻抗匹配，即电路其他部分的戴维南等效电阻与噪声产生电阻相等。在这种情况下这两个电阻中的任意一个的电压降为电源电压的一半，因此噪声功率为

$$P = 2k_B T\Delta f \tag{4-129}$$

可见噪声功率与产生噪声的电阻无关。

热噪声同样会产生噪声电流。利用诺顿等效定理,噪声源可以等效为与电阻并联的电流源,其电流的均方根值为

$$i_n = \frac{v_n}{R} = \sqrt{\frac{4k_{\mathrm{B}}T\Delta f}{R}} \tag{4-130}$$

除电阻外,电容器也会产生热噪声,也称为 kTC 噪声。RC 电路的热噪声通常比较简单,可以用电容的阻抗表示式代替电阻的阻抗表达式。RC 电路的噪声带宽为 $1/(4RC)$,带入以上的式子中可以消除 R。RC 电路的平方和均方根噪声电压为

$$\bar{v}_n^2 = k_{\mathrm{B}}T/C$$

$$v_n = \sqrt{k_{\mathrm{B}}T/C} \tag{4-131}$$

2. 散粒噪声

散粒噪声是由于离散电荷的运动而形成电流所引起的随机噪声,其起因的本质是电荷的非连续性(量子态)。当携带能量的粒子(如电子或光子)的数量很少或者有限时,测量结果出现可观测到的统计涨落,被称作散粒噪声。例如对于激光器发出激光照射到墙壁产生光斑时,激光器每秒产生的光子数可能高达几十亿个。虽然光子从激光器发射的时间是随机的,但是由于极为大量的光子数,激光所发出的光子的数量随着时间的变化极为微小,因此测量的结果是激光产生了一个光束或照射成一个光斑。然而,如果能够控制激光器使其每秒仅激发很少的几个光子,这时就可以发现每秒所产生的光子数量的波动非常显著,也就是可以看到光斑强度的明显变化。所谓"每秒只有几个光子"照射到墙上是指平均每秒照射到墙上的光子数,而量子理论指出光子从激光器中出射的时间是随机的,也就是说如果平均每秒出射光子数为 5,实际出射的光子数可能在前一秒是 2,下一秒是 8,这样的量子涨落被称作散粒噪声。

电子的散粒噪声与此类似,即通过测量到的电流强度能够给出收集到的电子的平均数,但无法知道任意时刻实际的电子数,可能会高于、低于或等于平均数。电子数量的分布按平均值遵循泊松分布,描述独立随机事件的概率。由于泊松分布在大量粒子数时趋向于正态分布,在大量电子存在时信号中的散粒噪声呈现正态分布。散粒噪声的标准差此时等于平均粒子数的平方根,从而信噪比为

$$\mathrm{SNR} = \frac{N}{\sqrt{N}} = \sqrt{N} \tag{4-132}$$

其中 N 是采集到的平均粒子数,当 N 很大时信噪比也会很大。

散粒噪声随着事件数量的平方根增加,因此电流的散粒噪声强度随着平均电流强度的增加而增加,但是由于电流强度的增加会使信号本身强度的增加比散粒噪声增加更快,增加电流强度实际上提高了信噪比。因此,散粒噪声在对微弱信号进行高倍数放大时经常出现。

电子器件中散粒噪声只有产生电流的情况下才存在,而热噪声在没有任何电压或平均电流的情形下同样存在。电子器件中散粒噪声来自于导体中电流的随机涨落,即来自携带电流的离散电子。这在 p-n 结中表现突出,而在金属导线中这些随机涨落会通过独立电子之间的相关性而消除。

散粒噪声是一个泊松过程,载流子使噪声遵循泊松分布,其电流涨落的标准差为

$$\sigma_i = \sqrt{2qI\Delta f} \tag{4-133}$$

其中 q 是基本电荷，I 是平均电流，Δf 是测量噪声所覆盖的频带宽度。如果平均电流为 100 mA，噪声通过带宽为 1Hz 的滤波器，其散粒噪声为 $\sigma_i = 0.18$ nA。

如果噪声通过一个理想电阻，散粒噪声产生的噪声电压为

$$\sigma_v = \sigma_i R \tag{4-134}$$

当电流通过一个电阻时，所产生的散粒噪声功率为

$$P = 2qI\Delta fR \tag{4-135}$$

如果电荷不是局部的，而是存在一个时间分布 $qF(t)$，其中分布函数 $F(t)$ 对时间的积分归一，则噪声的功率谱密度为

$$S_i(f) = 2qI\left|\psi(f)\right|^2 \tag{4-136}$$

其中 $\psi(f)$ 是分布函数 $F(t)$ 的傅里叶变换。

电路中的散粒噪声由直流电流的随机波动组成，其起因是电流是由大量的分立电子的流动形成的。由于电子的电荷极为微小，因此散粒噪声在大多数电导中都不明显。例如 1 A 电流是每秒 6.24×10^{18} 个电子组成，尽管这个电子数量每秒可能波动几百万，但是与电子数自身相比，这个波动可以忽略不计。另外散粒噪声与闪烁噪声和热噪声相比通常较小。散粒噪声与温度和频率无关，因此在高频或者低温情况下当闪烁噪声和热噪声下降时，散粒噪声可能成为主要噪声源。例如对于工作时间小于 1 ns 的微波电路，产生 16 nA 的电流只需要每纳秒大概 100 个电子。根据泊松分布，每纳秒真正的电子数的变化的均方根为 10 个电子，因此散粒噪声的大小达到直流电流自身的 1/10。

3. 闪烁噪声

闪烁噪声(flicker noise)与频率的倒数有关，也称为 $1/f$ 噪声，它是由导体内部载流子捕获和释放引起的，特别是当直流引起的电子器件的闪烁噪声时。闪烁噪声在不同系统内表现出不同的特性和大小。闪烁噪声的功率谱具有与频率成反比的特性。在不严格的情况下，把功率谱符合

$$S(f) \propto 1/f^{\alpha} \tag{4-137}$$

形式的噪声都称为闪烁噪声。其中 $0<\alpha<2$，但是通常为 1。尽管都可以采用近似的形式表示功率谱密度，但是 α 接近于 1 与非 1 却在根本上有很大的不同，前者狭义上表示凝聚态系统在准平衡状态下的特性，而后者广义上对应非平衡的动态系统。

$1/f$ 噪声的功率谱在每个倍频范围内具有相同的能量，对于具有恒定带宽的功率，$1/f$ 噪声每倍频下降 3 dB。$1/f$ 噪声存在于几乎所有电子器件中，例如导体沟道内的杂质、基区电流引起的产生复合噪声等。$1/f$ 噪声是由电阻波动引起的，因此 $1/f$ 噪声的电流或电压与直流直接相关。电子器件的 $1/f$ 噪声是一种低频现象，随着频率的升高，噪声越来越小，与其他类型噪声相比可以忽略。$1/f$ 噪声通常以拐点频率进行描述，在拐点频率左侧器件的噪声由与低频相关的 $1/f$ 噪声决定，而拐点频率右侧器件的噪声由高频噪声决定。MOSFET 的拐点频率比 JFET 和双极型晶体管高，其噪声电压功率为 $K/(C_{ox}WLf)$，其中 K 是与工艺有关的常数，C_{ox} 是 MOSFET 的氧化层电容，W 和 L 分别是沟道的宽度和长度。

4. 二极管和三极管的噪声

p-n 结二极管的噪声主要有 3 种来源，即热噪声、散粒噪声和闪烁噪声($1/f$ 噪声)。当载流子通过电阻输运时，由于热运动的无规律性，载流子的速度及分布会出现起伏，产生电流的

涨落和电阻上的电压涨落,这就是热噪声。这种噪声在任何电阻上都会产生,而 p-n 结在小信号工作时具有一定的交流电阻,所以必然存在热噪声。因为热噪声是与通过电阻的多数载流子的热运动关联的,所以这种噪声的大小既与温度有关,也与电阻(交流电阻)大小有关。由于 p-n 结的正向交流电阻很小,而反向电流又很小,所以热噪声很低(噪声均方根电压仅约为 4 nV)。热噪声为白噪声,频谱密度与信号频率无关(即各种频率的噪声功率相同)。

对于 MOS 晶体管,热噪声可以表示为

$$\overline{V}^2_{\text{thermal}} = 4kT\gamma \frac{\Delta f}{g_{\text{m}}} \tag{4-138}$$

其中 γ 是与工艺有关的参数,对于长沟道晶体管 $\gamma=2/3$,g_{m} 是晶体管的跨导,$\Delta f = f_{\max} - f_{\min}$ 是频带宽度。减小晶体管长度、增大晶体管宽度,并增加偏置电流可以减小热噪声,但会导致功耗提高。

散粒噪声是指通过 p-n 结的电流及电压的一种涨落效应,它在大多数依靠 p-n 结来工作的器件中往往是主要的噪声成分。由于越过 p-n 结的少数载流子将会不断遭受散射而改变方向,同时又会不断复合与产生,因此载流子的速度和数量将会出现起伏,从而造成通过 p-n 结的电流和相应其上的电压的涨落。显然,通过 p-n 结的电流愈大,载流子的速度和数量的起伏也愈大,则散粒噪声电流也就愈大。在低频和中频下散粒噪声也与频率无关(即为白噪声),但在高频时与频率有关。散粒噪声在少数载流子工作的半导体器件(双极型器件)中更为显著。

闪烁噪声($1/f$ 噪声)是一种在低频(<1000 Hz)下显著的噪声;其来源很可能是半导体内部或者表面的各种杂质、缺陷等所造成的不稳定因素。这些因素(主要是表面态)对载流子往往起着复合中心的作用,而复合中心的载流子数量由于外电场等的影响会产生起伏,引起复合电流和整个电流的涨落。闪烁噪声的电流均方值与交流信号频率 f 之间近似为反比关系。这种噪声在以半导体表面薄层作为有源区工作的器件中更为重要。对于小注入工作的 p-n 结,在忽略闪变噪声的情况下,它的总的噪声电流与反向饱和电流成正比,并且还与正向电压有很大关系。p-n 结的噪声电流随着光照等辐射作用的增强而增大,这是因为辐射的增强会使反向饱和电流增加的缘故。为了减小 p-n 结的噪声,应该尽可能地降低其反向饱和电流。p-n 结的主要噪声也是双极型晶体管的主要噪声来源,这是因为双极型晶体管是由两个 p-n 结构成的,只不过晶体管的热噪声主要是来自于基极电阻(因为基极电流是多数载流子电流,而基区又很窄)。

$1/f$ 噪声可以表示为

$$\overline{V}^2_{1/f} = \frac{K}{C_{\text{oc}}WL}\,\frac{\Delta f}{f} \tag{4-139}$$

其中 K 是与工艺有关的常数,W 和 L 分别为晶体管沟道的宽度和长度,C_{ox} 是 MOS 电容密度,$C_{\text{ox}}WL$ 是晶体管的总电容,f 是工作频率。

对于电路来说,通常低噪声 CMOS 前端信号处理电路在拐角频率以上的噪声电压水平为 $5\sim10\ \text{nV}/\sqrt{\text{Hz}}$,尽管可以获得更低的噪声,但是需要增大电流功耗。电容式传感器通常采用开关电容放大器作为前端电路,在高频范围放大器的热噪声容易混入信号带宽内,使放大器噪声增加。连续信号同步检测具有较低的放大器噪声,有利于实现低噪声放大器。

4.7.3 热力学噪声

热力学噪声是器件机械结构的噪声，包括温度波动、布朗运动和吸附解吸附引起的噪声。

1. 温度波动噪声

任何热力学绝对 0℃以上的物体都存在自身的温度波动，由此会对谐振结构的谐振频率产生影响，使谐振结构出现温度波动导致的频率噪声。

任意一个物体，其温度波动的均方根可以表示为

$$\Delta T=\sqrt{\frac{k_{\mathrm{B}}T^{2}}{C}} \tag{4-140}$$

其中 C 为物体热容量 C_{A} 和外部环境热容量 C_{B} 的调和平均值

$$C=\frac{C_{\mathrm{A}}C_{\mathrm{B}}}{C_{\mathrm{A}}+C_{\mathrm{B}}} \tag{4-141}$$

对于绝热的微结构，环境热容量 $C_{\mathrm{B}}\gg C_{\mathrm{A}}$，此时 $C=C_{\mathrm{A}}$。从式(4-140)可以看出，随着结构热容量的减小(尺寸的减小)，物体自身的温度波动增加，导致谐振结构的频率噪声随着增大。

对于双端固支的规则形状梁式谐振器，其固有频率随着尺寸的减小而提高，同时热容量以及温度波动也随着体积的减小而成指数关系上升。图 4-138 所示为梁式谐振器的温度波动和频率波动的均方根值随着谐振器体积的变化关系。由于温度波动只与物体的热容量有关，因此图 4-138 中温度波动随体积的变化关系也适用于不同的微结构。

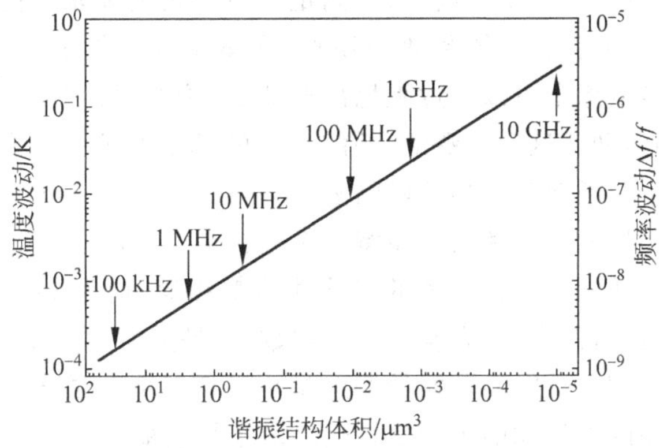

图 4-138 双端固支梁式谐振器的温度波动和频率波动随谐振器体积的变化

如果忽略能量损耗所产生的热量，在稳态情况下，真空中结构的温度波动只是由热交换的统计特性引起的，即声子在结构表面的吸收和发射以及通过声子与环境之间的热传导。由于这种类型的热交换而产生的噪声属于散粒噪声的范畴，是一种白噪声。

温度波动噪声的谱密度可以表示为

$$S_{\Delta T}(f)=\frac{4k_{\mathrm{B}}T^{2}G\Delta f}{G^{2}+4\pi^{2}f^{2}C^{2}} \tag{4-142}$$

其中 G 是热导率，系统的热时间常数为 $\tau=C/G$。从结构的支承点向外部产生的热传导所对应的热导率是结构尺寸、材料热导率、振动模式和外部热沉的函数。对于只有辐射的情况

$$G=4\sigma T^{3}A \tag{4-143}$$

其中$\sigma=5.67\times10^{-10}$ W/(cm^2 · K^4)是 Stefan-Boltzmann 常数,A是结构的表面积。

由于温度波动产生的频率噪声的谱密度可以表示为温度波动的谱密度与温度系数的关系

$$S(f)=S_{\Delta T}(f)\alpha_T^2 \tag{4-144}$$

而温度波动频率噪声的谱密度可以转换为相位噪声$\xi(f)$

$$\xi(f)=\frac{1}{2}\frac{\nu^2}{f^2}S(f) \tag{4-145}$$

其中ν是谐振频率,f是傅里叶频率(与谐振频率的差值)。

2. 布朗运动噪声

布朗运动噪声是由于环境中随机运动的气体或液体分子对微结构产生的非平衡冲击力引起的,通常也称作扰动或随机游走。微结构内部的原子或分子布朗运动所产生的扰动也会使结构产生随机运动。对于尺寸较大的系统,电学噪声是决定系统性能的主要因素,而对于微尺度的系统,谐振结构的热力学噪声是影响系统性能的主要因素。随着结构尺寸的减小,布朗运动变得越来越显著,例如 MEMS 加速度传感器或者 RF 滤波器中的谐振梁。

对于质量-弹簧-阻尼构成的谐振系统,描述运动位移z的热动力学特征方程为

$$m\frac{\mathrm{d}^2z}{\mathrm{d}t^2}+R\frac{\mathrm{d}z}{\mathrm{d}t}+kz=f_n(R,t) \tag{4-146}$$

其中m、k和R分别为系统的质量、弹簧刚度系数以及机械阻力。

阻尼的存在表明不管是较大的驱动力还是较小的噪声力,都会随着时间而衰减。引入波动力可以防止系统的温度低于环境温度,从而满足能量守恒的要求。同时公式中的阻尼项要求必须存在波动力。阻尼的存在为能量离开质量-弹簧系统提供了一个通路(耗散),但是能量通路也是双向的,即能量除了可以通过阻尼离开质量-弹簧系统外,外部的随机热波动也能通过阻尼影响谐振器的运动。这也是涨落-耗散理论的基本原理。如果一个系统中存在着耗散机制,则必然存在一个与耗散直接相关联的涨落部分。

实际应用中,可以用均分定理和奈奎斯特关系分析平衡状态的扰动。根据波耳兹曼统计,气体处于平衡态时,分子任何一个自由度的平均能量都相等,均为$k_\mathrm{B}T/2$,即能量按自由度均分定理,简称能量均分定理,其中k_B为波耳兹曼常数,T是热力学温度。能量均分定理是联系系统温度以及平均能量的基本公式,其初始概念是热平衡时能量被等量均分成各种形式的运动中,例如分子平移运动的平均动能等于旋转运动的平均动能。

根据能量均分定理,对于任何热平衡状态下能量存储模式的集合,每种能量模式都具有平均能量,这个平均能量的数值为$k_\mathrm{B}T/2$。能量存储模式是指系统组成部分的能量正比于某一坐标值的平方,例如动能$mu^2/2$、弹性势能$kx^2/2$、电能$CV^2/2$,旋转动能$I\omega^2/2$等。因此,由于热扰动引起的质量-弹簧系统的均方位移为

$$\frac{1}{2}k\langle x^2\rangle=\frac{1}{2}k_\mathrm{B}T \tag{4-147}$$

其中$\langle x^2\rangle$可以从x^2的谱密度在所有频率上的平均值获得。

奈奎斯特方程给出了任意机械阻尼相关的由于布朗运动所产生的热力波动力(驱动力)的谱密度

$$F=\sqrt{4k_\mathrm{B}TR}\quad\left[\mathrm{N}/\sqrt{\mathrm{Hz}}\right] \tag{4-148}$$

其中R为机械机械阻抗。可以看出,布朗运动热力噪声的谱密度与热噪声有相同表达形式。

奈奎斯特方程的表达式对于频率相关的阻尼力也同样适用。这个结果可以直接从均分定理得到：一个能量为 $k_B T/2$ 的系统模式等效于具有 $\sqrt{4k_B TR}$ 谱密度的力生成器的系统阻尼器。

类似地，由布朗运动噪声产生的位移的功率谱为

$$X^2(\omega) = \frac{4k_B T}{\omega^2}\mathrm{Re}[Y(\omega)] \tag{4-149}$$

其中 Φ 为输出相位，$\mathrm{Re}[Y(\omega)]$是导纳 $Y(\omega)=Z^{-1}(\omega)$的实部。机械阻抗和导纳为

$$Z = \frac{F}{u} = \frac{F}{\mathrm{i}\omega x} = \frac{-m\omega^2 + k[1+\mathrm{i}\Phi(\omega)]}{\mathrm{i}\omega} \tag{4-150}$$

$$Y = \frac{\omega k\Phi + \mathrm{i}(\omega k - m\omega^3)}{(k-m\omega^2)+k^2\Phi^2} \tag{4-151}$$

于是布朗运动噪声功率的谱密度为

$$S_x(\omega) = X^2(\omega) = \frac{4k_B T}{m\omega_0^2}\frac{\Phi(\omega)}{\omega}\frac{1}{[1-(\omega/\omega_0)^2]^2+\Phi^2(\omega)} \tag{4-152}$$

其中 $\omega_0^2 = k/m$。

任何一个处于热平衡状态的机械系统，其机械热噪声都可以采用每个阻尼器伴随一个力生成器的方法进行分析，如图 4-139 所示。由于噪声机理通常是不相关的，因此需要对不同的噪声分别分析，最后将所有噪声平方分量相加后再取平方根获得。通常，分析复杂系统噪声特性的方法是获得系统的等效电路图，然后通过电路分析的方法获得系统的噪声特性。例如可以将阻尼器等效为电阻，而电阻的热噪声已经清楚。

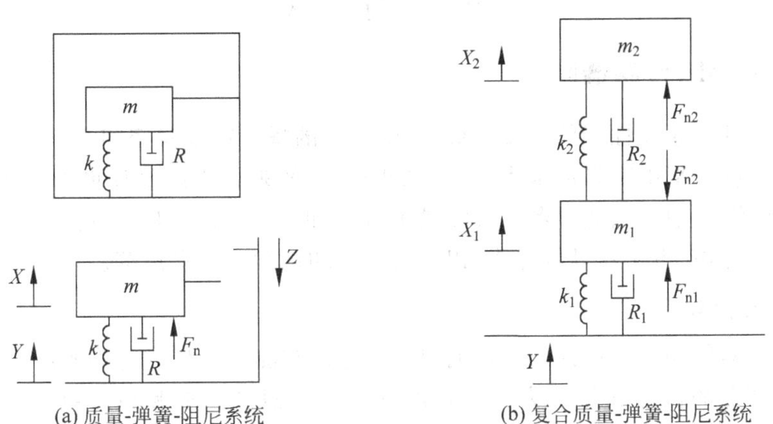

(a) 质量-弹簧-阻尼系统　(b) 复合质量-弹簧-阻尼系统

图 4-139　力发生器

如果 N 个传感器组成传感器阵列，总系统的布朗噪声随着 $1/\sqrt{N}$下降，而电子噪声随着 $1/N$ 的速度下降。当 N 很大时，布朗噪声最终将成为系统的决定性噪声。

$$N_{\text{overall}} = \sqrt{N_{\text{mechanical}}^2 + (N_{\text{electronic}}/G_{\text{system}})^2} \tag{4-153}$$

3. 吸附解吸附噪声

吸附解吸附噪声与布朗运动噪声非常相似，是由于环境中气体或液体的单个原子或分子随机到达以及离开微结构表面所引起的噪声。这种随机的吸附和解吸附以及随机的吸附位置，使结构的质量发生了改变，从而产生谐振频率噪声。吸附解吸附包括原子或分子在微结构表面的非零驻留时间，而布朗运动则是由于分子随机运动产生的瞬时冲击。吸附解吸附噪声

在非真空环境下的传感器中都可能出现,而在化学和生物传感器中更为普遍和显著。吸附解吸附频率噪声的大小与吸附原子与结构的质量比有关。随着结构尺度减小,表面积的减小速度比体积(质量)的减小速度慢1个数量级,因此尺寸越小的结构受吸附解吸附影响越大。

假设单个吸附原子的质量为 m,表面结合能为 E_b,环境压强为 P,粘附系数为 s(温度相关),任何表面位置的吸附和解吸附速率 r_a 和 r_d 可以表达为简化的解析式

$$r_a = \frac{2}{5}\frac{sP}{\sqrt{mk_B T}}, \quad r_d = v_d \exp\left(\frac{E_b}{k_B T}\right) \tag{4-154}$$

其中 v_d 是解吸附产生频率,通常在 10^{13} Hz 的水平,E_b 是解吸附能垒。

于是任意位置平均占据比例(有原子被吸附在该位置的时间与总时间之比)$f=r_a/(r_a+r_d)$,占据概率的方差为 $\sigma^2=r_a r_d/(r_a+r_d)^2$。

由于吸附解吸附统计特性产生的相位噪声为

$$S_\phi(\omega) = \frac{2N_a\sigma^2\Delta t}{1+\omega^2\tau_\Gamma^2}\frac{\Delta f}{\pi\omega^2} \tag{4-155}$$

其中 τ_Γ 是一个吸附和解吸附循环的相关时间,$1/\tau_\Gamma=r_a+r_d$,$\Delta f=(m/2M)f_0$ 是谐振频率的变化。频率变化噪声为

$$S_y(\omega) = \frac{N_a\sigma^2\tau_\Gamma}{2\pi(1+\omega^2\tau_\Gamma^2)}\left(\frac{m}{M}\right)^2 \tag{4-156}$$

阿伦方差为

$$\sigma_A(\tau_A) = \frac{\sigma m}{M}\sqrt{\frac{N_a\tau_\Gamma}{2\Delta t}} \tag{4-157}$$

4.7.4 MEMS 传感器噪声

分辨率是表征传感器性能的重要指标,与传感器的噪声特性紧密相关。在微传感器中,噪声的主要来源包括外部噪声和内部噪声。外部噪声主要来自于测量环境中的机械振动、温度变化、电磁干扰等,一般可以通过各种减震措施、恒温保护、电磁屏蔽的方法抑制。内部的噪声包括机械结构的噪声、电子器件的噪声,以及电连线和接触区的噪声等。

1. 加速度传感器

加速度传感器的噪声包括谐振结构的热力学噪声和测量结构的电学噪声。图4-139为简化的加速度传感器的模型和带有力生成器的噪声力示意图。在频域系统,信号激励位移是 $Y(f)$,响应是 $Z(f)$。为了获得噪声响应,将信号激励设置为0,求解力生成器 F_n 所产生的输出 Z_n;为了获得信号响应,将力生成器设置为0,求解激励产生的输出 Z_s。

噪声响应为

$$|Z_n(f)| = \frac{\sqrt{4k_B TRG(f)}}{k} \quad [\mathrm{m}/\sqrt{\mathrm{Hz}}] \tag{4-158}$$

其中

$$G(f) = \frac{1}{\sqrt{[1-(f/f_0)^2]^2+f^2/(f_0 Q)^2}} \tag{4-159}$$

并且 $\omega_0^2=4\pi^2 f_0^2=k/m$,在加速度传感器的范围内,$f \ll f_0$,因此噪声位移为

$$|Z_n(f)| = \frac{\sqrt{4k_B TR}}{k} \tag{4-160}$$

对于谐振器，由于 $Q=\omega_0 m/R$，于是

$$|Z_n(f)|=\sqrt{\frac{4k_B T}{\omega_0 kQ}}=\sqrt{\frac{4k_B T}{\omega_0^3 mQ}} \tag{4-161}$$

信号的响应为

$$|Z_s(f)|=\left(\frac{f}{f_0}\right)^2 G(f)|Y_s| \tag{4-162}$$

由于 $\omega^2|Y_s|$ 是输入加速度的幅值 a_s，极限状态下 $G(f)=1$。于是信噪比为

$$\left|\frac{Z_s}{Z_n}\right|^2=\frac{a_s^2 mQ}{4k_B T\omega_0} \tag{4-163}$$

可见，提高信噪比可以通过提高 Q 值、增大质量 m、减小谐振频率 ω_0 来实现。但是这些参数也有限制因素，例如增大质量给制造带来较大的困难，减小谐振频率会引起系统的非线性响应，提高 Q 值会引起带外谐振，并且需要系统有很大的动态范围，导致系统状态改变时达到稳态的时间变长。

加速度传感器的基本分辨率是由质量块的布朗噪声等效加速度决定的。由于分子做布朗随机热运动，当布朗运动引起的振幅与加速度产生的振幅相等时，就无法分辨质量块的运动是由布朗噪声引起的，还是由加速度引起的。因此，根据布朗噪声等效加速度可以确定加速度传感器的基本分辨率。布朗力 $F_B=\sqrt{4k_B TD}$（单位：$N/\sqrt{Hz}$）引起质量为 M 的质量块的位移 x_B 为

$$x_B=\frac{\sqrt{4k_B TD}}{K+j\omega D-\omega^2 M}\quad(m/\sqrt{Hz}) \tag{4-164}$$

其中 k_B 是波耳兹曼常数，D 为阻尼系数，T 是绝对温度。将 $Q=\omega_0 M/D$ 和 $\omega_0=\sqrt{K/M}$ 代入，可以得到布朗噪声等效加速度 a_{bnea}（单位为 $ms^{-2}/\sqrt{Hz}$）为

$$a_{bnea}=\frac{\sqrt{4k_B TD}}{M}=\sqrt{\frac{4k_B T\omega_0}{QM}} \tag{4-165}$$

从式(4-74)可以看出，增加机械结构的 Q 值和质量，可以降低噪声。增加弹性结构的弹性刚度系数，系统的谐振频率 ω_0 提高，但是随着 ω_0 的增加，噪声等效加速度随之增加，分辨率下降。

表面微加工技术制造的加速度传感器的噪声水平一般在 $2\sim1000\ \mu g/\sqrt{Hz}$。由于传感器的灵敏度较低、敏感电容较小，传感器的总体噪声水平由热力学噪声和电噪声中的大者决定。因此，减小传感器的谐振频率、通过真空封装降低布朗噪声，以及减小电学噪声等都是必须的技术手段，同时需要将传感器的信号处理电路的噪声降低到器件热力学和电学噪声之下。

图 4-140 为总体噪声随着电路噪声（$1\sim10\ nV/\sqrt{Hz}$）和 Q 值（1～10 000）变化的函数关系，总体噪声表示为电路噪声和布朗噪声各自平方和的均方根，图中分贝对应 $1\ g/\sqrt{Hz}$，因此 $10^{-8}\ g/\sqrt{Hz}$ 对应 -160 dB。对于硅体积 4 mm×4 mm×0.38 mm 并且 1 kHz 谐振频率，要达到 $10\ ng/\sqrt{Hz}$ 的噪声，需要 Q 值达到 3000 以上并且 CMOS 电路噪声低于 $2\ nV/\sqrt{Hz}$。

2. 压阻式压力传感器

布朗运动噪声是膜片式压力传感器的主要噪声来源之一。由于振膜周围被测流体分子的热运动，在振膜上产生局部的压力变化，引起振膜的布朗运动，从而产生一个决定能够分辨的

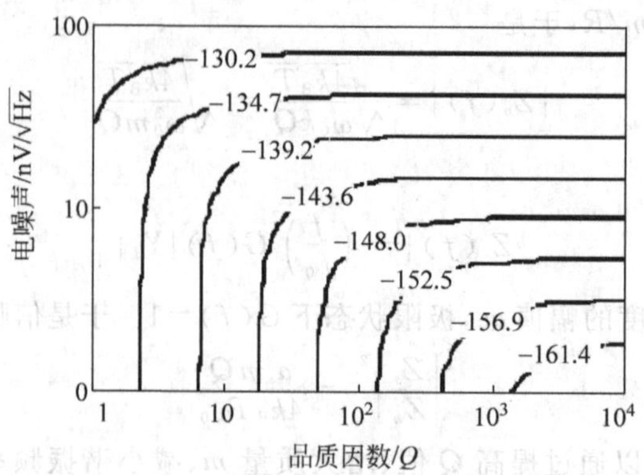

图 4-140 噪声随着谐振器 Q 值和电路噪声的变化关系(单位：dB)

最小压力的背景噪声。

图 4-141(a)为压力传感器的简化模型。对于任意力 F,位移 Z 可以表示为

$$|Z| = \frac{FG(f)}{k} \tag{4-166}$$

对于测量信号,被测力 $F=p_{\mathrm{s}}S$,其中 S 是压力传感器的面积,p_{s} 是压力信号的谱密度；对于噪声,噪声等效力 $F=\sqrt{4k_{\mathrm{B}}TR}$,因此可以得到信噪比为

$$\left|\frac{Z_{\mathrm{s}}}{Z_n}\right|^2 = \frac{(p_{\mathrm{s}}S)^2}{4k_{\mathrm{B}}TR} = \frac{Q(p_{\mathrm{s}}S)^2}{4k_{\mathrm{B}}T\omega_0 m} \tag{4-167}$$

从上式可以看出,对于压力传感器,可以通过增加膜片面积、增加 Q 值、减小谐振频率或者降低质量来提高信噪比。

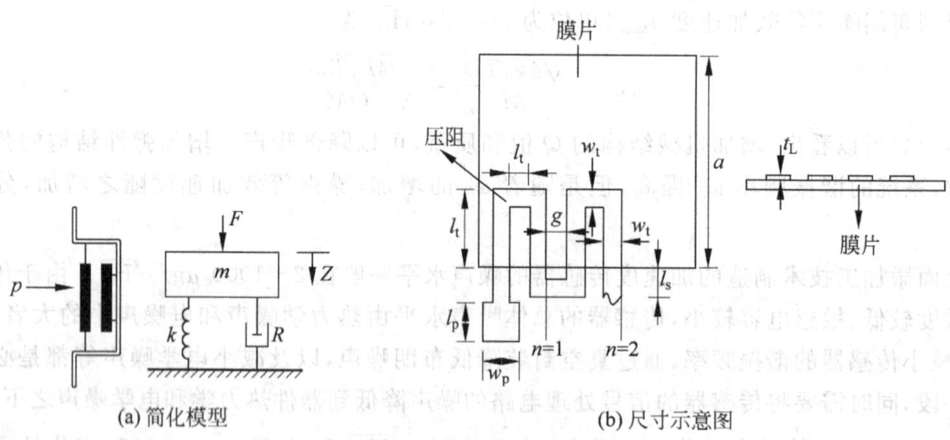

图 4-141 压力传感器

压阻器件的噪声主要包括热噪声 V_{j}^2,闪烁噪声 V_{f}^2 以及布朗热噪声 V_{B}^2(单位均为 V^2/Hz),总体噪声水平为

$$V_n^2 = V_{\mathrm{j}}^2 + V_{\mathrm{f}}^2 + V_{\mathrm{B}}^2 \tag{4-168}$$

热噪声是载流子随机热运动产生的噪声,可以表示为[251]

$$V_{\mathrm{j}}^2 = 4k_{\mathrm{B}}TR = 4k_{\mathrm{B}}T\frac{\rho}{wt_1}\left[2nl_1 + (2nl_{\mathrm{s}} + l_{\mathrm{p}} + (2n-1)l_{\mathrm{t}})\right] \tag{4-169}$$

其中尺寸参数如图 4-141(b)所示。图中总电阻包括对压阻有贡献的部分 R_{eff}和对压阻变化没有贡献的连接部分 R_{non}，即总电阻 $R=R_{\text{eff}}+R_{\text{non}}$，于是总电阻长度 $l=2n(l_1+l_s)+(2n-1)l_t$，于是

$$R_{\text{eff}}=2n\frac{\rho l_1}{wt_1},\quad R_{\text{non}}=2n\frac{\rho l_s}{wt_1}+(2n-1)\frac{\rho l_t}{wt_1}+\frac{\rho l_p}{wt_1}\tag{4-170}$$

闪烁噪声由电导率波动引起，与频率成反比。对于施加电压的情况，闪烁噪声可以用电压波动表示

$$V_f^2=\frac{\alpha}{qlwt_1}V_{\text{in}}^2\frac{1}{f}\tag{4-171}$$

其中 $10^{-7}<\alpha<10^{-3}$是与尺寸无关的参数，q 是载流子浓度。施加电流时闪烁噪声表示为

$$V_f=I_{\text{in}}R\sqrt{\frac{\alpha}{qlwt_1}\frac{1}{f}}\tag{4-172}$$

布朗噪声是由作用在膜片上的布朗力引起的，布朗力 $F_B=\sqrt{4k_BTD}\,(\text{N}/\sqrt{\text{Hz}})$，其中 D 是振膜的阻尼系数(单位为 F/s)。与声阻尼 $D_A(D_A=D/A^2)$相关的波动压力可以从布朗力获得

$$p=\sqrt{4k_BTD_A}\tag{4-173}$$

单位为 $\text{Pa}/\sqrt{\text{Hz}}$。这个波动压力可以通过乘以灵敏度 g_t 转化为等效电噪声，

$$V_B=\sqrt{\frac{4k_BTD}{A^2}g_t^2}\tag{4-174}$$

实际上式(4-173)和式(4-174)是近似的结果，准确的计算需要考虑膜片的变形[252]。

布朗噪声和 Johnson 噪声的比值为

$$\frac{V_B}{V_J}=\sqrt{\frac{Dg_t^2}{A^2R}}\tag{4-175}$$

如果采用参数 $D=0.554\ \text{kg/s}$、$A=a^2=2.916\times10^{-5}\ \text{m}^2$，以及 $R=1.44\ \text{k}\Omega$，可以得到 $V_B/V_J=0.003$，即针对上述参数的传感器，布朗噪声远小于 Johnson 噪声。但是对于厚度更薄、直径更小的压力膜片，布朗噪声可能达到 Johnson 噪声的水平。

传感器整体噪声与输入电压的比值为

$$\frac{V_n}{V_{\text{in}}}=\sqrt{\frac{4k_BT}{V_{\text{in}}^2}\frac{\rho l}{wt_1}+\frac{\alpha}{qfwt_1}\frac{1}{l}+\frac{4k_BTD}{A^2}\hat{g}_t^2}\tag{4-176}$$

其中$\hat{g}_t$ 是灵敏度 g_t 与输入电压 V_{in}之间的标度因子。其中第一项随着传感器的长度的增加而增加，但是第二项随着长度的增加而减小，而第三项与长度 l 无关。哪一项噪声决定器件的噪声，需要根据传感器的结构和工作模式进行分析。Johnson 噪声在输入电压相对热电压较低时较为显著，并随着 l 的增加而增加。对于工作在低频的情况，如果输入电压与热电压相比并不小的时候，闪烁噪声可能决定了总体噪声，并且随着长度的增加而减小。

3. 压阻式微型悬臂梁

压阻式微型悬臂梁的噪声包括压阻的电学噪声和微型悬臂梁的热力学噪声。压阻的电学噪声包括电阻的热噪声(Johnson 噪声)和闪烁($1/f$)噪声，以及由于 p-n 结漏电引起的散粒噪声，其中热噪声和 $1/f$ 噪声与压阻的几何参数和工艺参数紧密相关，是设计优化中关心的参数。

热噪声的功率谱密度与频率无关，在整个频谱范围内相同，仅由载流子的能量决定，其表达式为

$$S_{\text{Johnson}} = 4k_B TR \tag{4-177}$$

热噪声电压功率为

$$\overline{V_{\text{Johnson}}^2} = \frac{8k_B T l_p (f_{\max} - f_{\min})}{n_p q \mu_p w_p t_p} \tag{4-178}$$

其中 q 是电荷电量，n_p 是杂质浓度，μ_p 是空穴迁移率，α 是压阻材料相关的系数，l 和 w 分别是微型悬臂梁的长度和宽度，l_p 和 z_p 分别是压阻的长度和高度方向的位置，$f_{\max}$ 和 $f_{\min}$ 分别为工作频段的上下限。减小压阻的长度和工作带宽，或增大压阻的掺杂浓度、宽度和厚度可以降低热噪声。增加掺杂浓度同时也减小了压阻系数，因此掺杂浓度需要根据噪声和灵敏度进行优化和折中。α 依赖于压阻材料的特性，受退火工艺的影响很大。单晶硅材料的 α 值比多晶硅小很多，高温和长时间退火对减小 α 有较为明显的效果。

$1/f$ 噪声是由流过电阻的电流起伏引起的阻值波动引入的。$1/f$ 噪声的功率谱密度与频率成反比，其经验公式为[253]

$$S_{\text{Hooge}} = \frac{\alpha V^2}{N_c f} \tag{4-179}$$

其中 α 是与材料特性有关的常数，V 是电阻两端的电压，$N_c = 2n_p l_p w_p t_p$ 是电阻中的载流子总数，f 是频率。于是 $1/f$ 噪声的电压功率为

$$\overline{V_{\text{Hooge}}^2} = \frac{\alpha V^2 \ln(f_{\max}/f_{\min})}{2n_p l_p w_p t_p} \tag{4-180}$$

通过选取 α 较低的材料，增大电阻的掺杂浓度和压阻的体积、或减小工作带宽，都可以降低 $1/f$ 噪声。

同时考虑热噪声与 $1/f$ 噪声时，电阻的噪声电压总功率为二者电压功率之和，即

$$\overline{V_{\text{noise}}^2} = \overline{V_{\text{Johnson}}^2} + \overline{V_{\text{Hooge}}^2} \tag{4-181}$$

对于压阻式微型悬臂梁传感器，低频情况下噪声由闪烁噪声决定，该噪声谱随着频率的增加而成指数减小；当频率高于拐点频率后，闪烁噪声小于热噪声，因此热噪声成为决定性因素，如图 4-142 所示。低频情况下闪烁噪声的大小在 100 nV/$\sqrt{\text{Hz}}$的水平，进入高频后，噪声水平在 10 nV/$\sqrt{\text{Hz}}$的水平。随着自加热温度的升高，噪声水平提高，例如在低频情况下在 781 K 时噪声水平达到 10^3 nV/$\sqrt{\text{Hz}}$，而同样温度下高频噪声水平为几十 nV/$\sqrt{\text{Hz}}$的水平。利用微型悬臂梁进行温度测量时由热噪声决定的温度分辨率为 1 μK/$\sqrt{\text{Hz}}$。

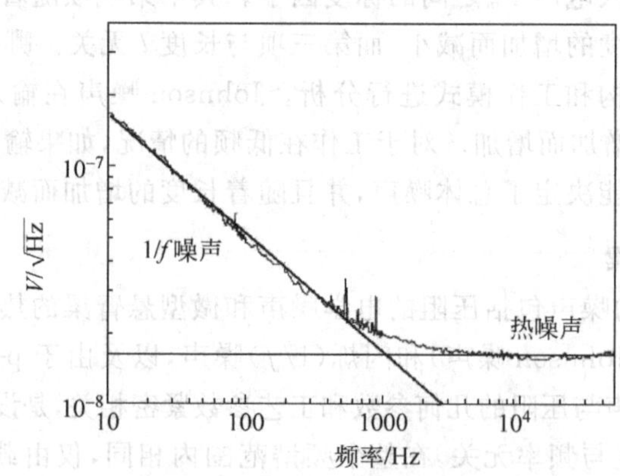

图 4-142 微型悬臂梁的噪声谱

掺杂浓度对灵敏度和噪声都有影响。增大掺杂浓度可以增加载流子总数，并降低压阻器件的电阻，降低热噪声和 $1/f$ 噪声，提高分辨率。但当掺杂浓度超过 $10^{17}\ \mathrm{cm^{-3}}$ 时，增大掺杂浓度会使压阻系数 π_l 减小，降低灵敏度，因而掺杂浓度针对分辨率存在一个最优值。压阻长度对噪声有一定影响。增加压阻长度增加载流子个数，降低 $1/f$ 噪声，但同时会增大电阻，增大热噪声，因而压阻长度针对分辨率存在最优值。这个最优值仅与载流子迁移率、压阻材料的特性、电压、温度和带宽有关，而与悬臂梁的几何与力学参数无关。悬臂梁的宽度对分辨率有影响，增大梁的宽度可以增加载流子个数，减小电阻，改善噪声性能。宽度的选取同时要受到弹性系数和工艺条件的约束，弹性系数同 w_c 成正比，太宽的梁会导致过大的弹性系数。

对于 p 型掺杂的(100)单晶硅片，[110]方向的压阻系数随掺杂浓度变化的经验公式为[254]：

$$\pi_x = \pi_0 \log(b/n_p)^a \tag{4-182}$$

其中 $\pi_0 = 72\times10^{-11}\ \mathrm{m^2/N}$，$a=0.2014$，$b=1.53\times10^{22}\ \mathrm{cm^{-3}}$。

此外，掺杂浓度对电阻率的影响还体现在载流子迁移率上，其随掺杂浓度变化的经验公式为[255]：

$$\mu = \mu_{\min} + \frac{\mu_0}{1+(n/n_{\mathrm{ref}})^{\gamma}} \tag{4-183}$$

其中 $\mu_{\min}=54.3\ \mathrm{cm^2/(V\cdot s)}$，$\mu_0=406.9\ \mathrm{cm^2/(V\cdot s)}$，$n_{\mathrm{ref}}=2.35\times10^{17}\ \mathrm{cm^{-3}}$，$\gamma=0.88$。

在驱动力 $F_0 e^{i\omega t}$ 的作用下，悬臂梁的稳态振动可以表示为

$$z(L,t) = \sum_n A_n e^{i(\omega t-\varphi_n)} \tag{4-184}$$

其中 A_n 和 φ_n 分别是第 n 阶振动的幅值和相位，A_n 可以表示为频率相关的函数

$$A_n(\omega) = |\chi_n(\omega)| F_0 = \frac{\omega_n^2}{D_n\sqrt{(\omega^2-\omega_n^2)+(\omega\omega_n/Q_n)^2}} F_0 \tag{4-185}$$

其中 $|\chi_n(\omega)|$ 为第 n 阶的响应，$D_n=m\omega_n^2$ 表示与振动模态有关的弹性刚度系数，其中 1 阶模式下当悬臂梁末端作用集中力时，D_1 即为弹性刚度系数 k，$k=D_1=3EI/L$，而 $D_2\approx121.3D_1$，$D_3\approx951.6D_1$，$D_4\approx3653.4D_1$。

在热动力学平衡态，外部环境中气体分子对微型悬臂梁产生了随机且不相关的冲击力，使悬臂梁产生布朗运动。这个热冲击力具有白噪声的特点，符合高斯分布并且均值为 0，其 n 阶谱密度为[256,257]

$$\psi_n(\omega) = \frac{2}{\pi}\frac{k_B T D_n}{Q_n\omega_n} \tag{4-186}$$

其中 $\omega_n \approx \alpha_n^2 \dfrac{t}{L^2}\sqrt{\dfrac{E}{12\rho}}$，$Q_n \approx \dfrac{\rho S\omega_n}{f_1}$，分别为 n 阶谐振频率和 Q 值，其中 $S=Wt$ 为悬臂梁的横截面积，对于前 3 阶振动模式，α_1^2、α_2^2 和 α_3^2 分别为 3.51、22.01 和 61.7。

热噪声的频率分布可以通过响应函数的模量获得，对于 1～n 阶系统所产生的热噪声为

$$\langle u_{\mathrm{thermal}}^2\rangle = \sum_n \int_0^{\Delta\omega} |\chi_n(\omega)|^2 \psi_n \,\mathrm{d}\omega \tag{4-187}$$

当带宽远小于谐振频率时，式(4-187)可以简化为

$$\langle u_{\mathrm{thermal}}^2\rangle = \sum_n \frac{2}{\pi}\frac{k_B T}{Q_n\omega_n D_n}\Delta\omega \tag{4-188}$$

由于高阶振动模式的热噪声远小于一阶振动模式的噪声,例如二阶模式的噪声只有一阶模式的1/253,因此可以用一阶模式的噪声作为全部热噪声

$$\langle u_{\text{thermal}}^2 \rangle = \frac{2}{\pi}\frac{k_B T}{Q_1 \omega_1 k}\Delta\omega \tag{4-189}$$

因此,即使没有输入,悬臂梁的末端仍然会出现由于热运动导致的位移。这个由于噪声导致的位移在悬臂梁的压阻上施加了变形,从而引起压阻的阻值随着热力学噪声而产生输出,这个由于热力学噪声引起的压阻噪声与压阻自身的电学噪声叠加,共同构成压阻的输出噪声。

式(4-181)和式(4-189)分别给出了压阻的电学噪声和悬臂梁结构的热力学噪声,尽管分别是以最小可分辨电压和最小可分辨位移给出的,但是结合悬臂梁的具体结构,最小可分辨电压和最小可分辨位移可以相互转换。最终,压阻的电学噪声和悬臂梁的热力学噪声共同决定了悬臂梁传感器在静态模式下可以分辨的测量极限。

4. 谐振陀螺的噪声

与加速度传感器类似,环境中分子对质量块产生的布朗运动扰动力的谱密度为

$$F_n = \sqrt{4k_B TR} \tag{4-190}$$

其中R为机械阻抗,F_n的单位为$\mathrm{N}/\sqrt{\mathrm{Hz}}$。对于2阶质量弹簧阻尼系统,扰动力产生的布朗噪声位移为

$$|x_{\text{Brownian}}| = \sqrt{4k_B TR}\cdot G(f) \tag{4-191}$$

其中x_{Brownian}运动位移的单位为$\mathrm{m}/\sqrt{\mathrm{Hz}}$,$G(f)$为位移和力之间二阶质量弹簧阻尼系统的传递函数

$$G(f) = \frac{k^{-1}}{\sqrt{[1-(f/f_0)^2]^2 + [f/Qf_0]^2}} \tag{4-192}$$

在谐振频率点,布朗运动产生的质量块位移比非谐振频率处大Q倍

$$|x_{\text{Brownian}}|_{\omega=\omega_0} = \sqrt{\frac{4k_B TQ}{m\omega_0^3}} \tag{4-193}$$

陀螺测量模式产生的科氏力$F=2m\Omega v$会使弹性结构沿着测量方向产生变形位移x_s,把力和位移的关系用传递函数式(4-192)表示,可以得到由于角速度引起的位移y的表达式为

$$x_s = 4Am\omega_0\Omega q_d G(f) \tag{4-194}$$

其中A是与结构有关的常数,q_d为驱动模式的振幅。因此,信噪比为

$$\left|\frac{x_s}{x_{\text{Brownian}}}\right| = \frac{4Am\omega_0\Omega q_d}{\sqrt{4k_B Tm\omega_0/Q}\sqrt{\Delta f}} \tag{4-195}$$

当信噪比等于1时,布朗运动产生的热力学噪声决定的角速度测量分辨率为

$$\Omega_{\min} = \frac{\sqrt{\Delta f}}{4Aq_d}\sqrt{\frac{4k_B T}{\omega_0 mQ}} \tag{4-196}$$

图4-143所示为Bosch MM3陀螺的典型噪声特性曲线。在低频情况下,陀螺的噪声主要是热力学噪声引起的角度随机游走,并且随着频率的提高指数下降,并在200～1000 Hz之间达到最小值,此时由噪声决定的零偏稳定性为1.35°/h。进入高频范围后,噪声主要表现为角速率随机游走和白噪声。

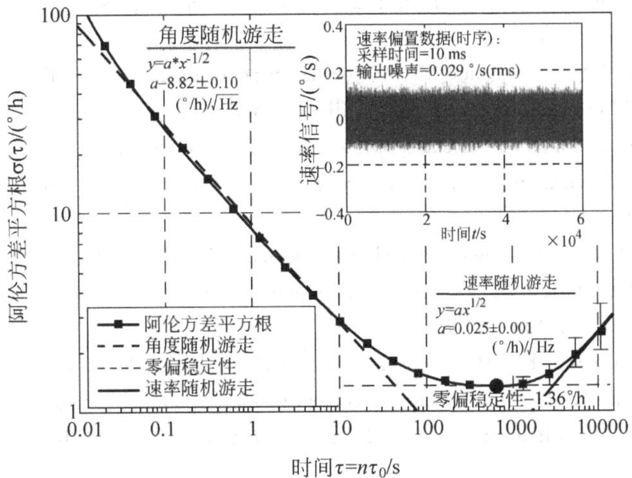

图 4-143 Bosch MM3 陀螺的噪声特性

参考文献

[1] Kovacs. Micromachined transducer sourcebook. McGraw-Hill,1998

[2] CS Smith. Piezoresistance effect in germanium and silicon. Phy Rev,1954,94(1): 42-49

[3] Y Kanda. Piezoresistance effect of silicon. Sens Actuators,1991,A28: 83-91

[4] Choujaa NT,et al. AlN/silicon Lamb-wave microsensors for pressure measurements. Sens Actuators, 1995,A46: 179-182

[5] JC Lötters,et al. Design, fabrication and characterization of a highly symmetrical capacitive triaxial accelerometer. Sens Actuators A,1998,66: 205-212

[6] J. Bienstman,et al. The autonomous impact resonator: A new operating principle for a silicon resonator strain gauge. Sens Actuators A,1998,66: 40-49

[7] T Corman,et al. Low-pressure-encapsulated resonant structures with integrated electrodes for electrostatic excitation and capacitive detection. Sens Actuators A,1998,66: 160-166

[8] T Corman,et al. Burst technology with feedback-loop control for capacitive detection and electrostatic excitation of resonant silicon sensors. IEEE TED,2000,47(11): 2228-2235

[9] Clark SK,et al. Pressure sensitivity in anisotropically etched thin-diaphragm pressure sensors. IEEE TED,1979,26: 1887-1896

[10] W H Ko. Solid-state capacitive pressure transducers. Sens Actuators,1986,10: 303-320

[11] HL Char,KD Wise. Scaling limits in batch fabricated silicon pressure sensors. IEEE TED,1987,34: 850-857

[12] H Guckel,D. Burns. Planar processed polysilicon sealed cavities for pressure transducers array. In: IEDM'84,223-225

[13] Sugiyama S,et al. Surface micromachined micro diaphragm pressure sensors. In: Transducers'91, 188-191

[14] CH Mastrangelo,et al. Surface-micromachined capacitive differential pressure sensor with lithographyically defined silicon diaphragm. J MEMS,1996,5: 89-105

[15] JC Sanchez. Semiconductor strain-gauge pressure sensors. Instruments Control Sys,1963,117-120

[16] S Sugiyama,et al. Microdiaphragm pressure sensor. In: IEDM '86,184-187

[17] CC Wang, et al. Contamination-insensitive differential capacitive pressure sensors. J MEMS, 2000, 9: 538-543
[18] M Mehregany, et al. Silicon carbide MEMS for harsh environments. Proc IEEE, 1998, 86: 1594-1609
[19] T Shibata, et al. Micromachining of diamond film for MEMS applications. J MEMS, 2000, 9: 47-51
[20] JN Reddy. Theory and analysis of elastic plates. Taylor & Francis, 1999
[21] S Sugiyama, et al. Integrated piezoresistive pressure sensor with both voltage and frequency output. Sens Actuators A, 1983, 4: 113-120
[22] H Guckle. Surface micromachined physical sensors. Sens Materials, 1993, 4: 251-264
[23] I Baskett, et al. The design of a monolithic, signal conditioned pressure sensor, in IEEE Custom Integrated Circuits Conf. 1991, 27.3
[24] G Bitko, et al. Improving the MEMS pressure sensor, Sensorsmag, 2000, 7: 62-67
[25] A D Kurtz, A. Ned, High temperature silicon-on-insulated silicon pressure sensors with improved performance through diffusion enhanced fusion bonding, in 44th International Instrumentation Symposium, 1998, 120-129
[26] G Barlocchi, et al. Method for forming buried cavities within a semiconductor body, and semiconductor body thus made, US7811848, 2006
[27] AV Chavan, KD Wise, Batch-processed vacuum-sealed capacitive pressure sensors. J MEMS, 2001, 10: 580-588
[28] S Timoshenko. Theory of Plates and Shells, McGraw Hill Classic Textbook Reissue, 1987
[29] H Chau, et al. An ultraminiature solid-state pressure sensor for a cardiovascular catheter. IEEE TED, 1988, 35(12): 2355-2362
[30] WP Eaton, et al. Comparison of bulk- and surface- micromachined pressure sensors. SPIE, 3514, 431
[31] AT Akin, K Najaif. A wireless batch sealed absolute capacitive pressure sensor. Sens Actuators A, 2001, 95: 29-38
[32] WH Ko, et al. Touch mode pressure sensors for industrial applications. Transducers'96, 244-248
[33] F V Schnatz, et al. Smart CMOS capacitive pressure transducer with on chip calibration capability, Sens. Actuators A, 1992, 34: 77-83
[34] C-F Chiang, et al. Capacitive absolute pressure sensor with independent electrode and membrane sizes for improved fractional capacitance change, in Transducers 2011, 894-897
[35] J Melin, et al. A low-pressure encapsulated deep reactive ion etched resonant pressure sensor electrically excited and detected using "burst" technology. JMM, 2000, 10: 209-217
[36] M Eeashi, et al. Vacuum-sealed silicon micromachined pressure sensors. Proc IEEE, 1998, 86 (8): 1627-1639
[37] P Melvås, et al. A surface-micromachined resonant-beam pressure-sensing structure. J MEMS, 2001, 10(4): 498-502
[38] M Royer, JO Holmen, et al. ZnO on Si integrated acoustic sensor. Sens Actuators A, 4 357-362
[39] PR Scheeper, et al. Fabrication of a subminiature silicon condenser microphone using the sacrificial layer technique. Transducers'91, 408-411
[40] P R Scheeper et al. Areview of silicon micro- phones. Sens Actuators A, 1994, 44: 1-11
[41] T Bourouina, et al. A new condenser microphone with a p+silicon membrane. Sens Actuators A, 1993, 31: 149-152
[42] AGH van der Donk, et al. Modeling of silicon condenser microphones. Sens Actuators A, 1994, 40: 203-216
[43] R Nadal-Guardia, et al. AC transfer function of electrostatic capacitive sensors based on the 1-D equivalent model: application to Silicon microphones. J MEMS, 2003, 12(6): 972-978

[44] JE Warren. Capacitance microphone static membrane deflections: comments and further results. J Acoust Soc Am,1975,58: 733-740

[45] JJ Neumann Jr,et al. CMOS-MEMS membrane for audio-frequency acoustic actuation. Sens Actuators A,2002,95: 175-182

[46] J Bergqvist,F Rudolf. A silicon condenser microphone using bond- and etch-back technology. Sens Actuators A,1994,45: 115-124

[47] JH Jerman. The fabrication and use of micromachined corrugated silicon diaphragms. Sens Actuators A, 21-23 988-992

[48] RP Scheeper,et al. The design, fabrication, and testing of corrugated silicon nitride diaphragms. J MEMS,1994,3(1): 36-42

[49] D Lapadatuy,et al. Corrugated silicon nitride membranes as suspensions in micromachined silicon accelerometers. JMM,1996,6: 73-76

[50] J Bergqvist,et al. A silicon condenser microphone with a highly perforated backplate. in Transducers'91, 266-269

[51] A Dehe,Silicon microphone development and application,Sensors and Actuators A,2007,133: 283-287

[52] PC Hsu,et al. A high sensitivity polysilicon diaphragm condenser microphone. In: MEMS'98,580-585

[53] YB Ning,et al. Fabricaiton of a silicon micromachined capacitive microphone using a dry-etch prcess. Sens Actuators,1996,A53: 237-242

[54] PR Scheeper,et al. Improvement of the performance of microphones with a silicon nitride diaphragm and backplate. Sens. Actuators A,1994,40: 179-186

[55] W Kuhnel,G Hess. A silicon condenser microphone with structured back plate and silicon nitride membrane. Sens Actuators,1992,A30: 251-258

[56] J W Weigold,et al. A MEMS condenser microphone for consumer applications,in IEEE MEMS 06, 86-89

[57] T Kasai,et al. Small silicon condenser microphone improved with a backchamber with concave lateral sides,in Transducers 2007,2613-2616

[58] Y Iguchi,et al. Silicon microphone with wide frequency range and high linearity,Sensors and Actuators A,2007,135: 420-425

[59] W Kronast,et al. Single-chip condenser microphone using porous silicon as sacrcial layer for the air gap. Sens Actuators A,2001,87: 188-193

[60] P R Scheeper,et al. A new measurement microphone based on MEMS eechnology. J MEMS, 2003, 12(6): 880-891

[61] M Pedersen,et al. A silicon condenser microphone with polyimide diaphragm and backplate. Sens Actuators A,1997,63: 97-104

[62] JJ Bernstein,et al. A micromachined silicon condenser microphone with on-chip amplifier. Transducers'96,239-243

[63] N Yazdi,F Ayazi,K Najafi. Micromachined inertial sensors,Proc IEEE,1998,1640-1659

[64] T Veijola,et al. Equivalent circuit model of the squeezed gas film in a silicon accelerometer. Sens Actuators,A48 1995,239-248

[65] TB Gabrielson. Mechanical-thermal noise in micromachined acoustic and vibration sensors. IEEE TED, 1993,40: 903-909

[66] Partridge JK,et al. A highperformance planar piezoresistive accelerometer. J MEMS,58-66,9: 2000

[67] Y Ning,et al. Fabrication and characterization of high g-force,silicon piezoresistive accelerometers. Sens Actuators,1995,A48: 55-61

[68] S Huang,X Li. A high-performance micromachined piezoresistive accelerometer with axially stressed

tiny beams. JMM,2005,15: 993-1000
[69] Allen et al. Accelerometer systems with build-in testing. Sens Actuators,1990,A21-23: 381-386
[70] LM Roylance,J Angell. A batch-fabricated silicon accelerometer. IEEE TED,1979,26(12): 1911-1917
[71] KI Lee,et al. Low temperature dependence three-axis accelerometer for high temperature environment with temperature control of SOI piezoresistors. Sens Actuators,2003,A104: 53-60
[72] SJ Sherman,et al. A low-cost monolithic accelerometer: product/technology update. IEDM'92,160-161
[73] F Rudolf,et al. Precision accelerometers with g resolution. Sens Actuators A,1990,21-23: 297-302
[74] Salian HK,et al. A high-performance hybrid' CMOS microaccelerometer. In: Transducers'00,285-288
[75] H Seidel,et al. A piezoresistive silicon accelerometer with monolithically integrated CMOS-circuitry. In: Transducers'95,597-600
[76] N Yazdi,et al. A high-sensitivity silicon accelerometer with a folded-electrode structure. J MEMS,2003, 12: 479-486
[77] L Spangler,et al. ISAAC-Integrated silicon automotive accelerometer. In: Transducers'95,585-588
[78] T Sasayama,et al. Highly reliable silicon micromachined physical sensors in mass production. Sens Actuators A,1996,54: 714-717
[79] M. Nishizawa,et al. Miniaturized downhole seismic detector using micromachined silicon capacitive accelerometer. SEG,2005
[80] Lu M,et al. A monolithic surface micromachined accelerometer with digital output. IEEE JSSC,1995, 30: 1367-1373
[81] VP Petkov,et al. A fourth-order ΣΔ interface for micromachined inertial sensors. IEEE JSSC,2005, 40(8): 1602-1609
[82] G I Andersson. A novel 3-axis monolithic silicon accelerometer. Transducers '95. 558-561
[83] TA Core,et al. Fabrication technology for an integrated surface micromachined sensor. Solid State Tech,1993,36: 39-47
[84] S Bart,et al. Design rules for a reliable surface micromachined IC sensor. Proc IEEE Intl Reliability Phy Symp,1995: 311-317
[85] M Lemkin,et al. A low-noise digital accelerometer using integrated SOI-MEMS technology. Transducers'99,1294-1297
[86] Ludtke VB,et al. Laterally driven accelerometer fabricated in single crystalline silicon. Sens Actuators, A82,2000,149-154
[87] J Chae,et al. A hybrid silicon-on-glass(SOG)lateral microaccelerometer with CMOS readout circuity
[88] Leea GHY,et al. Development and analysis of the vertical capacitive accelerometer. Sen Actuators, 2005,A119: 8-18
[89] H Xie,et al. Vertical comb-finger capacitive actuation and sensing for CMOS-MEMS. Sens Actuators A,2002,95: 212-221
[90] L Hao,et al. A post-CMOS micromachined lateral accelerometer. J MEMS,2002,11: 188-195
[91] T Tsuchiya,et al. A z-axis differential capacitive SOI accelerometer with vertical comb electrodes. Sen. Actuators,2004,A116: 378-383
[92] B Homeijer,et al. Hewlett Packard's seismic grade MEMS accelerometer,IEEE MEMS,2011,585-588
[93] Walmsley,R. G. Three-phase capacitive position sensing,IEEE Sensors,2010,2658-2661
[94] EM Giousouf,et al. Measurements on micromachnined silicon accelerometers with piezoelectric sensor action. Sens Actuators,1999,A76: 247-252
[95] M Aikele,et al. Resonant accelerometer with self-test,Sens. Actuators,2001,A92: 161-167
[96] P Scheeper,et al. A piezoelectric triaxial accelerometer. JMM,1996,6: 131-133
[97] R de Reus,et al. Fabrication and characterization of a piezoelectric accelerometer. JMM, 1999, 9:

123-126

[98] P Muralt. PZT thin films for microsensors and actuators: where do we stand? IEEE Trans Ultra Ferr Freq Contr,2000,47: 903-915

[99] CF Quate,et al. ,Tunneling accelerometer. J Microscopy,1988,152: 73-76

[100] HK Rockstad,et al. A miniature, high-sensitivity, delectron tunneling accelerometer. Sens Actuators A,1996,53: 227-231

[101] RL Kubena,et al. A new miniaturized surface micromachined tunneling accelerometer. IEEE Elect Dev Lett,1996,17(6): 306-308

[102] PG Hartwell,et al.. Single mask lateral tunneling accelerometers. In: MEMS'98

[103] TW Kenny,et al. Wide bandwidth Electromechanical actuators for tunneling displacement transducers. J MEMS,1994,3 (3): 97-104

[104] C Burrer,et al. Resonant silicon accelerometers in bulk micromachining technology-an approach, J MEMS,1996,5: 122-130

[105] D W Burns,et al. Sealed-cavity resonant microbeam accelerometer, Sens Actuators A, 1996, 53: 249-255

[106] T Roszhart,et al. An inertial grade micromachined vibrating beam accelerometer. In: Transducers'95, 656-658

[107] A Seshia,M Palaniapan, et al. A vacuum packaged surface micromachined resonant accelerometer. J MEMS,2002,11: 784-793

[108] BL Lee,et al. A vacuum packaged differential resonant accelerometer using gap sensitive electrostatic stiffness changing effect. In: MEMS'00,352-357

[109] Kim HC,et al. Inertial-grade out-of-plane and in-plane differential resonant silicon accelerometers (DRXLs). Transducers'05,172-175

[110] AM Leung,et al. Micromachined accelerometer based on convection heat transfer. In: MEMS'98, 627-630

[111] F Mailly,et al. Micromachined thermal accelerometer. Sens Actuators A,2003,103: 359-363

[112] U A Dauderstadt,et al. Silicon accelerometer based on thermopiles. Sens Actuators A, 1995,46-47: 201-204

[113] VT Dau,et al. A dual axis gas gyroscope utilizing low-doped silicon thermistor. In: MEMS'05,626-629

[114] K Kwon,S Park. A bulk-micromachined three-axis accelerometer using silicon direct bonding technology and polysilicon layer. Sens Actuators A,1998,66: 250-255

[115] M Lemkin,et al. A three-axis micromachined accelerometer with a CMOS position-sense interface and digital offset-trim electronics. IEEE JSSC,1999,34: 456-468

[116] Y Matsumoto,et al. Three-axis SOI capacitive accelerometer with PLL C-V converter. Sens Actuators A,1999,75: 77-85

[117] S Bütefisch,et al. Three-axes monolithic silicon low-g accelerometer. J MEMS,2000,9(4): 551-556

[118] DR Ciarlo. A latching accelerometer fabricated by the anisotropic etching of (110) oriented silicon wafers. JMM,1992,2: 10-13

[119] JA Plaza,et al. Simple technology for bulk accelerometer based on bond and etch back silicon on insulator wafers. Sens Actuators A,1998,68: 299-302

[120] JJ Pak,et al. A bridge-type piezoresistive accelerometer using merged exiptaxial lateral overgrowth for silicon beam formation. Sens Actuators A,1996,56: 267-271

[121] LJ Ristic,et al. Surface micromachined polysilicon accelerometer. In: Transducers'92,118-121

[122] N Yazdi,K Najafi. An all-silicon single-wafer micro-G accelerometer with a combined surface and bulk micromachining process. J MEMS,2000,9: 544-550

[123] BV Amini, F Ayazi. Micro-gravity capacitive silicon-on-insulator accelerometers. JMM, 2005, 15: 2113-2120
[124] T Matsunaga, et al. Acceleration switch with extended holding time using squeeze film effect for side airbag systems. Sens Actuators A, 2002, 100: 10-17
[125] Y Matsumot, et al. A capacitive accelerometer using SDB-SOI structure. Sens Actuators, 1996, A53: 267-272
[126] X Jiang, et al. An integrated surface micromachined capacitive lateral accelerometer with 2μg resolution. Transducers'02, 202-205
[127] Y Park, et al. Capacitive type surface-micromachined silicon accelerometer with stiffness tuning capability. Sens Actuators A, 1999: 109-116
[128] FEH Tay, et al. A differential capacitive low-g microaccelerometer with m g resolution. Sens Actuators, 2000, A86: 45-51
[129] J Chae, et al. A CMOS-compatible high aspect ratio silicon-on-glass in-plane micro-accelerometer. JMM, 2005: 15, 336-345
[130] P Monajemi, et al. Design optimization and implementation of a microgravity capacitive HARPSS accelerometer. IEEE Sensors J
[131] J Chae, et al. A monolithic three-axis micro-g micromachined silicon capacitive accelerometer. J MEMS, 2005, 14(2): 235-242
[132] S Nasiri. A critical review of MEMS gyroscopes technology and commercialization status
[133] Greiff, P., Boxenhorn, B., King, T., Niles, L.: Silicon monolithic micromechanical gyroscope. In: IEEE International Conf. Solid State Sensors and Actuators, 1991, 966-968
[134] M Lutz, et al. Aprecision yaw rate sensor in silicon micromachining. In: Transducers'97, 847-850
[135] S. Hombersley, http://www.baesystems.com/newsroom/2002/jul/220702news8.htm, July 22, 2002
[136] H Wisniowski, http://www.analog.com/technology/mems/gyroscopes, October 1, 2002
[137] S Sassen, et al. Tuning fork silicon angular rate sensor with enhanced performance for automotive applications. Sens Actuators A, 2000, 83: 80-84
[138] MA Paoletti, et al. A silicon micro-machined vibrating rate gyroscope with piezoresistive detection and electromagnetic excitation. In: MEMS'96, 162-167
[139] X Li, et al. A micromachined piezoresistive angular rate sensor with a composite beam structure. Sens Actuators A, 1999, 72: 217-223
[140] K Tanaka, et al. A micromachined vibrating gyroscope. Sens Actuators A, 1995, 50: 111-115
[141] S An, et al. Dual-axis microgyroscope with closed-loop detection. Sens Actuators A, 1999, 73: 1-6
[142] F Ayazi, et al. A HARPSS polysilicon vibrating ring gyroscope. J MEMS, 2001, 10(2): 169-179
[143] K Maenaka, etal. MEMS gyroscope with double gimbal structure. In: Transducers'03, 163-166
[144] H Luo, et al. An elastically gimbaled z-axis CMOS-MEMS gyroscope. IEEE
[145] JH Huang, et al. Mechanical design and optimization of capacitive micromachined switch. Sens Actuators A, 2001, 93: 273-285.
[146] S Kudo, et al. Improvement of transitional response characteristics of a piezoelectric vibratory gyroscope. Jpn J Appl Phys, 1996, 35: 3055-3058
[147] RL Kubena, et al. New Tunneling-based sensor for internal rotation rate measurements. J MEMS, 1999, 8: 439-447
[148] DDJ Seter, et al. Optimal design and noise consideration of micromachined vibrating gyroscope with modulated integrative differential optical sensing. J MEMS, 1998, 7: 329-338
[149] J Kim, et al. An x-axis single-crystalline silicon microgyroscope fabricated by the extended SBM process. J MEMS, 2005, 14(3): 444-455

[150] S Lee, et al. Surface/bulk micromachined single-crystalline silicon microgyroscope. J MEMS, 2000, 9(4): 557-567

[151] KS Park, et al. Robust SOI process without footing and its application to ultra high-performance microgyroscopes. Sens Actuators A, 2004, 114: 236-243

[152] C Song, M Shinn. Commercial vision of silicon-based inertial sensors. Sens Actuators, 1998, A66: 231-236

[153] Y Mochida, et al. A micromachined vibrating rate gyroscope with independent beams for the drive and detection modes. MEMS'99, 618-623

[154] BL Lee, et al. A de-coupled vibratory gyroscope using a mixed micro-machining technology. IEEE Int. Conf Robotics Actuation, 2001, 4: 3412-3416

[155] W Geiger, et al. The silicon angular rate sensors system MARS-RR. In: Transducers'99, 1578-1581

[156] GJ O'Brien, DJ Monk, K Najafi. Angular rate gyroscope with dual anchor support. In: Transducers'02, 285-288

[157] SA Bhave, JI Seeger, et al. An integrated, vertical-drive, in-plane-sense microgyroscope. In: Transducers'03, 171-174

[158] ZC Feng, K. Gore. Dynamic characteristics of vibratory gyroscopes. IEEE Sens J, 2004, 4(1): 80-84

[159] S Rajendran, et al. Design and simulation of an angular-rate vibrating microgyroscope. Sens Actuators A, 2004, 16: 241-256

[160] J Bernstein et al. A micromachined comb-drive tuning fork rate gyroscope, MEMS '93, 1993, 143-148

[161] R Voss, et al. Silicon angular rate sensor for automotive applications with piezoelectric dirve and piezoresistive read-out. In: Transducers'97, 879-882

[162] MF Zaman, et al. Towards inertial grade vibratory microgyros: a high-Q in-plane silicon on insulator device. Transducers'04, 384-385

[163] P Monajemi, F Ayazi, Thick single crystal silicon MEMS with high aspect ratio vertical air-gaps. SPIE, 2005, 5715: 138-147

[164] J Geen, et al. Single-chip surface micromachined integrated gyroscope with 50 /h Allan deviation. IEEE JSSC, 2002, 37(12): 1860-66

[165] J Geen. Progress in ingetrated gyroscopes. IEEE A&E Systems magazine, 2004, 11: 12-17

[166] T Tsuchiya, et al. Vibrating gyroscope consisting of three layers of polysilicon thin films. Sens Actuators A, 2000, 82: 114-119

[167] WA Clark, RT Howe. Surface micromachined z-axis vibratory rate gyroscope. Transducers'96, 283-287

[168] M Palaniapan, et al. Integrated surface-micromachined z-axis frame microgyroscope. In: IEDM 2002, 203-206

[169] Z G Gao, et al. Advance on micromachined inertial instruments, in China-Japan Joint Workshop Micromachines/MEMS, 1997: 84-88

[170] W Geiger, et al. New designs of micromachined vibrating rate gyroscopes with decoupled oscillation modes. Sen Actuators, 1998, A66(1-3): 118-124

[171] S Chang, et al. An electrofomed CMOS integrated angular rate sensor. Sensors Actuators, 1998, A 66: 138-143

[172] F Ayazi. A high aspect-Rratio High-performance polysilicon vibrating ring gyroscope. Ph. D. Dissertation, University of Michigan, 2001

[173] T Juneau, et al. Dual axis operation of a micromachined rate gyroscope, Proc. Transders'97, 1997, 883-886

[174] SE Alper, et al. A symmetric surface micromachined gyroscope with decoupled oscillation modes. Sens Actuators A, 97-98, 347-358

[175] W Geiger, WUButt. Decoupled microgyros and the design principle DAVED. Sens Actuators, 2002, A95: 239-249

[176] H Kawai, et al. High-resolution microgyroscope using vibratory motion adjustment technology. Sens Actuators A, 2001, 90: 153-159

[177] Song YS, et al. Wafer level vacuum packaged de-coupled vertical gyroscope by fabrication process. MEMS'00, 520-524

[178] S Han, BM Kwak. Robust optimal design of a vibratory microgyroscope considering fabrication errors. JMM, 2000, 11: 662-671

[179] M Illing. Micromachining foundry design rules. Version 1.0, Bosch Microelectronics

[180] SE Alper, T Akin. A single-crystal silicon symmetrical and decoupled MEMS gyroscope on an insulating substrate. J MEMS, 2005, 14(4): 707-717

[181] J W Reeds, et al. MEMS sensor with single central anchor and motion-limiting connection geometry, Patent US 6,513,380 B2, 2003

[182] J D John, et al. Novel oncept of a single-mass adaptively controlled triaxial angular rate sensor, IEEE Sensors J., 2006, 6: 588-595

[183] N-C Tsai, C.-Y. Sue, Experimental analysis and characterization of electrostatic-drive tri-axis microgyroscope, Sens. Actuators A: 2010, 158: 231-239

[184] V Kempe, Microgyroscope for determining rotational movements about an x and/or y and z axis, US Patent, US 8,479,575 B2, 2013

[185] MCL Ward, et al. Peformance limitations of surface-machined accelerometers fabricated in polysilicon gate material. Sens Actuators A, 1995, 46-47: 205-209

[186] J Fricke, et al. An accelerometer made in a two-layer surface-micromachining technology. Sens Actuators A, 1996, 54: 651-655

[187] T Juneau, A Pisano, Micromachined dual input axis angular rate sensor. Transducers'96, 299-302

[188] J Yasaitis et al. A modular process for integrating thick polysilicon MEMS devices with sub-m CMOS. SPIE, 2003, 4979: 145-154

[189] K Ishihara, et al. Inertial sensor technology using DRIE and wafer bonding with interconnecting capability. J MEMS, 1999, 403-408

[190] Z Xiao, et al. Laterally capacity sensed accelerometer fabricated with the anodic bonding and the high aspect ratio etching, in: Transducers'99, 1518-1521

[191] G Yan, et al. Integrated bulk-micromachined gyroscope using deep trench isolation technology. In: MEMS'04, 605-608

[192] SE Alper, T Akin. Symmetrical and decoupled nickel microgyroscope. Sens Actuators A, 2004, 115: 336-350

[193] JY Lee, et al. Vacuum packaged single crystal silicon gyroscope with sub mdeg resolution. Tranducers'05, 531-534

[194] MC Lee, et al. A high yield rate MEMS gyroscope with a packaged SiOG process. JMM, 2005, 15: 2003-2010

[195] H Xie, et al. Fabrication, characterization, and analysis of a DRIE CMOS-MEMS gyroscope. IEEE Sens J, 2003, 3(5): 622-631

[196] DR Sparks, et al. Flexible vacuum-packaging method for resonating micromachines. Sens Actuators, 1996, A55: 179-183

[197] Y Mochida, et al. Vibrating silicon microgyroscope. Trans IEE Japan, 116-E, 1996, 283-288

[198] D Joachim, L Lin. Localized deposition of polysilicon for MEMS post-fabrication process. ASME Intl Mech Eng, 1999, 1: 37-42

[199] BJ Gallacher, et al. Electrostatic correction of structural imperfections present in a microring gyroscope. J MEMS,2005,14(2): 221-234

[200] JK Gimzewski, et al. Obeservation of a chemical reaction using a micromechanical sensor. Chem. Phys. Lett. 1994,217(5-6): 589-594

[201] T Thundat, et al. Thermal and ambient-induced deflections of scanning force microscope cantilevers. Applied Physics Letters, 1994, 64(21): 2894-2896

[202] JR Barnes, et al. Photothermal spectroscopy with femtojoule sensitivity using a micromechanical device. Nature, 1994, 372: 79-81

[203] HP Lang, et al. Nanomechanics from atomic resolution to molecular recognition based on atomic force microscopy technology. Nanotechnology. 2002, 13: R29-R36

[204] PS Waggoner, et al. Micro- and nanomechanical sensors for environmental, chemical and biological detection. Lab on a Chip. 2007, 7: 1238-1255

[205] J Fritz, et al. Translating biomolecular recognition into nanomechanics. Science, 2000, 288 (5464): 316-318

[206] G Meyer, NM Amer, Novel optical approach to atomic force microscopy. Applied Physics Letters, 1988, 53(12): 1045-1047

[207] M Tortonese, et al. Atomic force microscopy using a piezoresistive cantilever. Transducers'91, 1991: 448-451

[208] Z Wang, et al. Design and optimization of laminated piezoresistive microcantilever sensors, Sensors and Actuators. A, 2005, 120(2): 325-336

[209] A Choudhury, et al. A piezoresistive microcantilever array for surface stress measurement: curvature model and fabrication. JMM, 2007, 17: 2065-2076

[210] KH Na, et al. Fabrication of piezoresistive microcantilevers using surface micromachining technique for biosensors. Ultramicroscopy. 2005, 105: 223-227

[211] G Villanueva, et al. Piezoresistive cantilevers in a commercial CMOS technology for intermolecular force detection. Microelectronics Engineering. 2006, 83: 1302-1305

[212] RJ Grow, et al. Silicon nitride cantilevers with oxidation-sharpened silicon tips for atomic force microscopy. IEEE JMEMS, 2002, 11: 317-321

[213] LM Lechug, et al. A highly sensitive microsystem based on nanomechanical biosensors for genomics applications. Sensors and Actuators: B, Chemical. 2006, 118: 2-10

[214] Y Zhou, et al. A front-side released single crystalline silicon piezoresistive microcantilever sensor. IEEE Sensors Journal, 2009, 9(3): 246-254

[215] MK Baller, et al. A cantilever array-based artificial nose. Ultramicroscopy. 2000, 82: 1-9

[216] R Bashir, et al. Micromechanical cantilever as an ultrasensitive pH microsensor. Applied Physics Letters. 2002, 81: 3091-3093

[217] M Alvarez, et al. Development of nanomechanical biosensors for detection of the pesticide DDT. Biosensors and Bioelectronics. 2003, 18: 649-653

[218] L Pinnaduwage, et al. A microsensor for trinitrotoluene vapour. Nature. 2003, 425: 474

[219] P Li, et al. A single-sided micromachined piezoresistive SiO_2 cantilever sensor for ultra-sensitive detection of gaseous chemicals. JMM, 2006, 16: 2539-2546

[220] H Seo, et al. Detection of formaldehyde vapor using mercaptophenol-coated piezoresistive cantilevers. Sensors Actuators: B, Chemical. 2007, 126: 522-526

[221] TL Porter, et al. A solid-state sensor platform for the detection of hydrogen cyanide gas. Sensors Actuators: B, Chemical. 2007, 123: 313-317

[222] G Yoshikawa, et al. Sub-ppm detection of vapors using piezoresistive microcantilever array sensors.

Nanotechnology. 2009,20: 015501

[223] R Yang, et al, A chemisorption-based microcantilever chemical sensor for detection of trimethylamine, Sensors & Actuators: B. Chemical, 2010, 145: 474-479

[224] J Fritz, et al. Translating biomolecular recognition into nanomechanics. Science, 2000, 288(5464): 316-318

[225] J Mertens, et al. Label-free detection of DNA hybridization based on hydration-induced tension in nucleic acid films. Nature Nanotechnology. 2008, 3: 301-307

[226] KM Hansen, et al. Cantilever-based optical deflection assay for discrimination of DNA single-nucleotide mismatches. Analytical Chemistry. 2001, 73: 1567-1571

[227] R McKendry, et al. Multiple label-free biodetection and quantitative DNA-binding assays on a nanomechanical cantilever array. PNAS, 2002, 99(15): 9783-9788

[228] M Su, et al. Microcantilever resonance-based DNA detection with nanoparticle probes. Appl. Phys. Lett. 2003, 82(20): 3562-3564

[229] M Yue, et al. A 2-D microcantilever array for multiplexed biomolecular analysis. IEEE JMEMS 2004, 13: 290-299

[230] R Mukhopadhyay, et al. Nanomechanical sensing of DNA sequences using piezoresistive cantilevers. Langmuir. 2005, 21: 8400-8408

[231] J Zhang, et al. Rapid and label-free nanomechanical detection of biomarker transcripts in human RNA. Nature Nanotechnology. 2006, 1: 214-220

[232] SL Biswal, et al. Nanomechanical detection of DNA melting on microcantilever surfaces. Analytical Chemistry. 2006, 78: 7104-7109

[233] GH Wu, et al. Bioassay of prostate-specific antigen (PSA) using microcantilevers. Nature Biotechnology, 2001, 19(9): 856-860

[234] Y Arntz, et al. Label-free protein assay based on a nanomechanical cantilever array. Nanotechnology, 2003, 14(1): 86-90

[235] JH Lee, et al. Effect of mass and stress on resonant frequency shift of functionalized Pb(Zr0. 52Ti0. 48)O3 thin film microcantilever for the detection of C-reactive protein. Appl. Phys. Lett. 2004, 84(16): 3187-3189

[236] KW Wee, et al. Novel electrical detection of label-free disease marker proteins using piezoresistive self-sensing micro-cantilevers. Biosensors and Bioelectronics, 2005, 20(10): 1932-1938

[237] R Mukhopadhyay, et al. Cantilever sensor for nanomechanical detection of specific protein conformations. Nano Letters, 2005, 5(12): 2385-2388

[238] N Backmann, et al. A label-free immunosensor array using single-chain antibody fragments. PNAS. 2005, 102(41): 14587-14592

[239] F Huber, et al. Label free analysis of transcription factors using microcantilever arrays. Biosensors and Bioelectronics, 2006, 21(8): 1599-1605

[240] S Velanki, HF Ji. Detection of coronavirus using microcantilever sensors. Measurement Sience and Technology. 2006, 17: 2964-2968

[241] W Shu, et al. Investigation of biotin-streptavidin binding interactions using microcantilever sensors. Biosensors and Bioelectronics. 2007, 22(9-10): 2003-2009

[242] M Yue, et al. Label-free protein recognition two-dimensional array using nanomechanical sensors. Nano Letters. 2008, 8(2): 520-524

[243] W Shu, et al. Highly specific label-free protein detection from lysed cells using internally referenced microcantilever sensors. Biosensors Bioelectronics. 2008, 24(2): 233-237

[244] Y Zhou, et al. Label-free detection of p53 antibody using a microcantilever biosensor with piezoresistive

readout, IEEE Sensors Conf, 2009

[245] B Ilic, et al. Mechanical resonant immunospecific biological detector. Applied Physics Letters, 2000, 77(3): 450-452

[246] BL Weeks, et al. A microcantilever-based pathogen detector. Scanning. 2003, 25: 297-299

[247] J Pei, et al. Glucose biosensor based on the microcantilever. Anal. Chem., 2004, 76(2): 292-297

[248] RL Gunter, et al. Viral detection using an embedded piezoresistive microcantilever sensor, Sensors Actuators: A, Physical. 2003, 107(3): 219-224

[249] S Ghatnekar-Nilsson, et al. Phospholipid vesicle adsorption measured in situ with resonating cantilevers in a liquid cell. Nanotechnology, 2005, 16(9): 1512-1516

[250] N Nugaeva, et al., Micromechanical cantilever array sensors for selective fungal immobilization and fast growth detection. Biosensors Bioelectronics, 2005, 21: 849-856

[251] B Bae, et al. A Shannon, Design optimization of a piezoresistive pressure sensor considering the output signal-to-noise ratio, J. Micromech. Microeng. 2004, 14: 1597-1607

[252] H-L Chau, et al. Noise due to Brownian motion in ultrasensitive solid-sate pressure sensors, IEEE Trans. Electron Dev., 1987, 34: 859-865

[253] FN Hooge, et al. Experimental studies on 1/f noise. Reports on Progress in Physics. 1981, 44: 479-532

[254] YA Kanda graphical representation of the piezoresistance coefficients in silicon. IEEE Trans. Electron Devices, 1982, 29(1): 64-70

[255] ND Arora, et al. Electron and hole mobilities in silicon as a function of concentration and temperature. IEEE Trans. Electron Devices, 1982, 29(2): 292-295

[256] S Rast, et al. The noise of cantilevers, Nanotechnology, 2000, 11: 169-172

[257] M Álvarez, et al. Dimension dependence of the thermomechanical noise of microcantilevers, J. Appl. Phys. 99, 024910, 2006

[258] WJ Wang, et al. Modeling and characterization of a silicon condenser microphone. JMM, 2004, 14: 403-409

本章习题

1. 日光灯开关和数字式万用表是传感器吗？为什么？

2. 金属压阻的电阻变化和单晶硅压阻的电阻变化的原因分别是什么？

3. 除了 MEMS 传感器以外，还有哪些手段可以获得信息？

4. 两个单晶硅压阻分别位于 n 型(100)硅片和 p 型(100)硅片上，方向沿着硅片两个切边中点的连线，计算这两个压阻和与之垂直方向的压阻系数为多少，已知晶轴坐标系中的各个压阻系数。

5. 写出可变间距和可变面积的平板电容传感器的灵敏度表达式，并比较二者的优缺点。

6. 电容压力传感器的薄膜为周围固支的单晶硅，厚度为 5 μm，直径为 500 μm，与另一个极板的间距为 20 μm。硅的断裂强度为 1 GPa，视为各向同性。当压力使薄膜产生变形时，计算：①该压力传感器的灵敏度表达式；②压力为 1 kPa 时电容的大小；③传感器的最大量程。

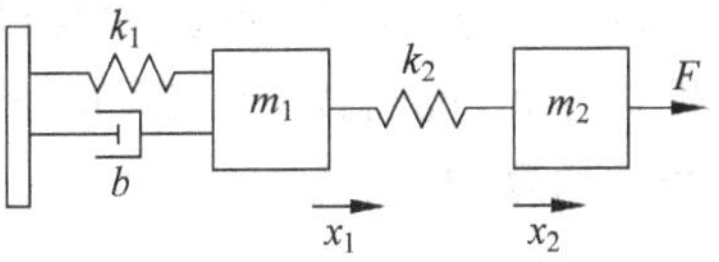

k_1 k_2 m_1 m_2 F b x_1 x_2

图 4-144 传感器力学模型

7. 给出如图 4-144 所示的传感器力学模型的等效电学模型。

8. 分析压阻式和电容式加速度传感器的电学噪声和热力学噪声,比较两种测量模式在噪声方面的特点。

9. 谐振质量为 100 ng 和 10 ng 的两个微陀螺,在驱动振幅、频率、测量结构弹性刚度等条件相同的情况下,其热力学噪声相差多少。

10. 如图 4-145 所示的惠斯通电桥,假设 R_1 和 R_2 电阻的温度系数为 0,R_3 和 R_4 的温度系数为 α。在参考温度 T_0,所有的 4 个电阻的阻值均为 R_0,计算当温度升高到 $T_0+\Delta T$ 时电桥的输出 V_{out}。

11. 如图 4-146 所示的背面 KOH 刻蚀的压阻式压力传感器膜片,500 μm 厚的硅片背面刻蚀开口为 3000 μm 的正方形,膜片厚度为 25 μm。每个压阻 2 段长度之和为 350 μm,宽度为 50 μm,方块电阻为 62 Ω/□,4 个电阻分布在膜片的边缘,膜片两侧的压强差为大气压,计算当驱动电压为 5 V 时,输出电压的大小,并设计制造压阻传感器的工艺流程。如果压阻的注入浓度可以选择,设计最优的注入浓度,实现输出灵敏度的最大化。说明灵敏度最大时,传感器存在哪些问题。

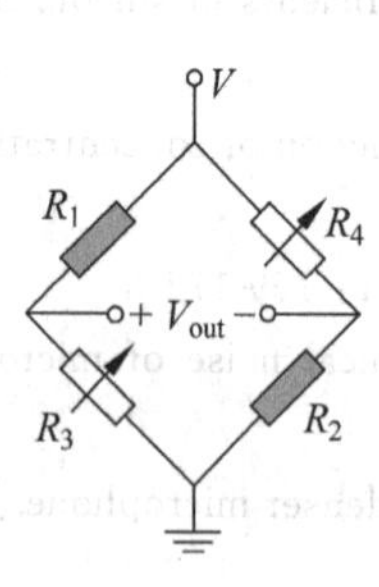

图 4-145 惠斯通电桥

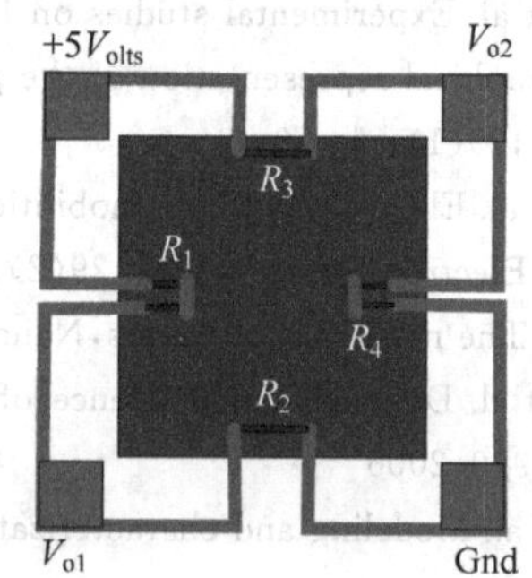

图 4-146 压阻式压力传感器膜片

12. 如图 4-147 所示的叉指电容式加速度传感器,分析其灵敏度和噪声等效加速度。传感器带宽为 100 Hz。

图 4-147 叉指电容式加速度传感器

13. 分析 Bosch 和 ST 依靠哪些核心技术成为 MEMS 领域的领导者?

14. 作为基金管理公司的经理,如果欲投资 1000 万美元进入 MEMS 行业,请制定一个产品投资方案,说明技术难点,并分析主要针对的市场定位、市场容量、技术、人才和生产方案,以及产品的赢利能力。

第5章 微型执行器

执行器(Actuator),也称为驱动器或致动器,是将控制信号和能量转换为可控运动和功率输出的器件,使 MEMS 在控制信号的作用下对外做功。微执行器开始于 20 世纪 70 年代末的扫描微镜[1]和 80 年代初期的压电和气动微泵;表面微加工技术的发展使 80 年代末出现了更加复杂的执行器结构,如弹簧、铰链、齿轮,以及极具影响的梳状叉指电容执行器和微静电马达。基于不同原理和工艺、面向不同应用的微执行器的快速发展,极大地扩充了 MEMS 的功能范围和应用领域。

微执行器是一种重要的 MEMS 器件,在光学、通信、生物医学、微流体等领域有广泛的应用。微执行器的核心包括把电能转换为机械能的换能器和执行能量输出的微结构。利用执行器一方面可以对 MEMS 系统外输出功率和动作,实现对外部系统的控制,例如硬盘磁头的伺服控制器、扫描探针显微镜的控制、打印机微喷墨头,以及操作细胞的微型镊子和测量微结构的加载微器件等。另一方面,执行器可以控制其他的 MEMS 器件,实现所需要的复杂功能,例如 RF 开关和反射微镜等器件广泛使用执行器对电信号、光信号进行控制,微型执行器构成了这些器件的核心。

根据能量的来源,执行器可以分为电、磁、热、光、机械、声,以及化学和生物执行器,如图 5-1 所示。常用的驱动方式包括静电、电磁、电热、压电、记忆合金、电致伸缩、磁致伸缩等多种[2],不同工作原理的执行器具有不同的特性和优缺点,适用的范围不同,表 5-1 为几种常用执行器的典型特点。执行器还可以根据力的来源分为外力和内力两类:前者利用固定与可动结构之间的相对运动产生外力,例如静电、电热执行器等;后者利用材料内力作为驱动力,例如压电、记忆合金、磁致伸缩和电致伸缩等。

等比例缩小对微执行器的性能有重要影响。例如,静电执行器距离增大后驱动力迅速下降,而磁执行器随着尺度的缩小,其输出迅速减小。因此,静电执行器间距不能太大,而磁执行器尺寸不能太小。尽管不同执行器具有不同的比例效应,但总体上微型执行器的能量转换效率比较低,输出的功率、位移、驱动力都很小,只能控制另一个 MEMS 微结构,或改变外界环境的微观状态、控制外界环境中的微小物体,以及通过物理原理对输出产生的微小扰动进行放大[3]。衡量执行器性能的指标包括线性、重复性、滞后、速度、功率效率、漂移以及阈值等,其中最重要的指标是输出力和

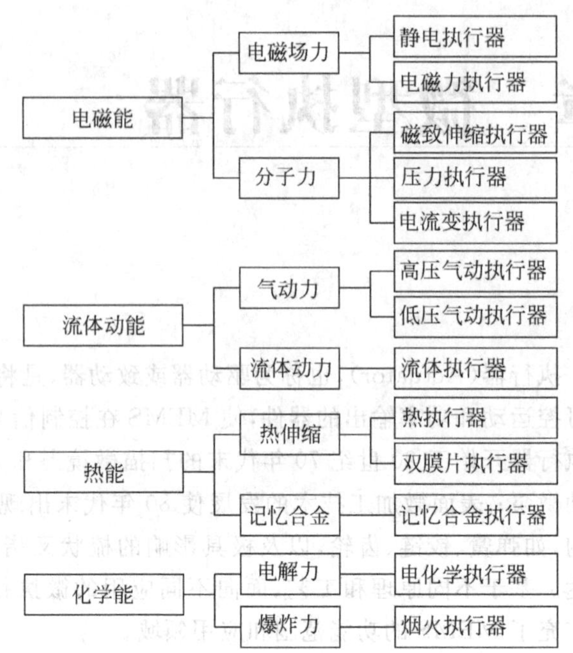

图 5-1　平板电容静电执行器；平板电极的垂直和水平静电力

位移的大小。

微执行器的分析设计是在多学科知识的基础上，利用强耦合方法或能量法建立耦合系统方程。前者将各个物理场的参数作为变量，给出交叉耦合的平衡方程，然后求解这些方程。重点要理解耦合对不同系统的作用，研究能量耦合机理。这种方法的优点是物理意义清楚，但是建立和求解过程都比较复杂；另外，对于多变量的多场耦合系统，需要良好的背景知识和判断力。能量法是将耦合系统的所有能量表示为运动参量，然后根据能量与参量的关系和能量守恒，并利用求导和变分等运算方式求解。重点要了解能量转换和能量存储的过程。能量法建立方程比较容易，适合解决多变量多物理场耦合的问题；但是物理意义不够清楚，求解过程只是机械地计算。

表 5-1　不同驱动方式的特点

驱动方式	能量密度/(J/cm³)	力	速度	幅度	驱　动	功耗	兼容性	制造	体积	可靠性	重复性	应　用
压电	$\frac{1}{2}(d_{31}E_0)^2(\sim 0.2)$	大	快	小	电压：10～100 V 电流：nA～μA	中	差	复杂	中	中	好	连续动作，微泵、微阀、硬盘伺服
电磁	$\frac{1}{2}\frac{B^2}{\mu_0}(\sim 4)$	大	慢	大	电流：约 100 mA 电压：约 1 V	高	差	中等	大	中	好	连续动作，中继器、微泵、微阀
电热	$\frac{1}{2}E_0(\alpha\Delta T)^2(\sim 5)$	大	慢	大	电流：V～100 V 电流：1～100 mA	高	好	复杂	中	低	差	组装，微泵、微阀、镊子、喷头、开关
静电	$\frac{1}{2}\varepsilon_0E^2(\sim 0.1)$	小	快	小	电压：10～100 V 电流：nA～μA	低	好	简单	小	高	好	组装，微马达、微镜、扫描器、开关

本章重点介绍静电驱动的原理，平板和梳状叉指驱动器的分析计算方法。本章还介绍电磁、压电以及电热等执行器的基本原理和常规分析计算方法。

5.1　静电执行器

静电执行器利用带电导体之间的静电引力实现驱动。静电驱动在小尺寸(1～10 μm)时效率很高，并且容易实现、控制精确、不需要特殊材料，是应用最广泛的驱动方式。静电执行器的主要缺点是随着距离的增加，静电力大小以平方的速度减小，因此驱动距离有限。驱动电压在绝缘层击穿和应用环境等限制下不能很高，很难在 10 μm 的长距离内输出 100 μN 的力。为了获得几微牛的力，需要高达几十伏至上百伏的驱动电压，不但难以与 IC 电路兼容，而且高电压产生的大场强，容易吸附粉尘等物质，导致下拉电压降低和执行器失效。另外，静电执行器难以在导电流体中应用。

静电执行器包括平板电容结构[4]、梳状叉指结构[5~7]、旋转静电马达[8]，以及线性长距离执行器等，分别利用垂直和平行方向的静电力。为了实现大的驱动距离，需要设计特殊的执行器或者挠动执行器等，例如挠动执行器能够在 6 μm 的行程内输出 1 mN 的力[9]。为了避免相对运动产生的摩擦问题，采用弹性支承梁等结构是静电驱动首选的结构方式。

5.1.1　平板电容执行器

平板电容执行器是常用的静电执行器，如图 5-2 所示。电容的下极板固定，上极板在弹性结构的支承下可以移动。当上下极板间施加驱动电压时，极板间的静电引力驱动上极板运动，实现输出。平板电容执行器制造简单、控制和使用容易；但是平板电容驱动距离较小，输出力也较小，输出的驱动力与电容为非线性关系，并且在电压控制时容易产生下拉现象，进一步限制了有效驱动距离。另外，在动态时平板电容压膜阻尼较大，限制了动态范围。

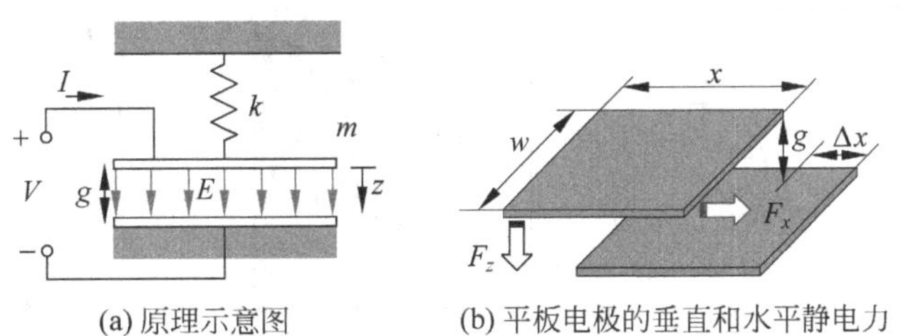

(a) 原理示意图　(b) 平板电极的垂直和水平静电力

图 5-2　平板电容静电执行器

1. 平板电容的驱动力

电容器是存储电荷的元件。当电容的尺寸远小于电磁波的波长时，可以忽略电容的发射、传播、吸收等效应，认为电容为电小元件，作为静态电磁场分析。改变电容能量的方法包括电和机械两种。第一种方法通过固定极板间距后用外电源向电容充电，使电容存储电荷 Q，电容器的电势差为 $V(Q)$。这个过程中由于极板间距没有改变，因此外力没有做功，所有的能量都来自充电过程存储的电场能，即把电荷 q 搬运电势差 $V(Q)$ 所做的功。充电后电容器存储的电势能为

$$W(Q_1)=\int_0^{Q_1}V(Q)\mathrm{d}Q \tag{5-1}$$

改变电容能量的第二种方法是在极板间距为零(或无限接近零)时向电容充电,然后在保持电荷不变的情况下用外力将极板拉开至间距 g。由于充电过程中极板间距为零,极板的电压差为零,电容在充电过程中电源没有做功,电容没有存储电场能;在外力拉开电容极板以后,电容存储了电场能,能量来自拉开极板间距过程中外力所做的功。此时电容器存储的势能为

$$W(g_1)=\int_0^{g_1}F(g)\mathrm{d}g \tag{5-2}$$

实际上,对于图 5-3(a)所示的 2 个带电导体,保守场的能量随时间的变化关系表示为[10]

$$\frac{\mathrm{d}W(Q,g)}{\mathrm{d}t}=V\frac{\mathrm{d}Q}{\mathrm{d}t}-F_e\frac{\mathrm{d}g}{\mathrm{d}t} \tag{5-3}$$

其中 V 为导体的电势差,Q 是电荷,g 表示二者的相对位移,F_e 是导体间的静电力(等于外力拉开带电导体需要克服的阻力)。$W(Q,x)$表示系统存储的静电能,$\mathrm{d}W/\mathrm{d}t$ 表示存储的静电能的时间变化率;VQ 表示电场(或电源)提供的能量,$V\mathrm{d}Q/\mathrm{d}t$ 表示电场或电源提供的能量的时间变化率;F_eg 表示力所做的功,$F_e\mathrm{d}g/\mathrm{d}t$ 表示静电力对外做功的时间变化率(功率)。对式(5-3)积分,系统的能量为

$$\mathrm{d}W(Q,g)=V\mathrm{d}Q-F_e\mathrm{d}g \tag{5-4}$$

式(5-4)表明,系统的总能量等于电场或电源提供的能量,减去电力对外界做功。

定义共能(co-energy)$W^*(V)$为电源对系统提供的能量减去系统存储的能量:

$$W^*(V)=VQ-W(Q) \tag{5-5}$$

电容器的能量是图 5-3(b)中曲线与横轴之间的面积,而共能是曲线与纵轴之间的面积。对式(5-5)求链导得到 $\mathrm{d}W^*(V,g)=Q\mathrm{d}V+V\mathrm{d}Q-\mathrm{d}W$,将式(5-4)代入,有

$$\mathrm{d}W^*(V,g)=Q\mathrm{d}V+F_e\mathrm{d}g \tag{5-6}$$

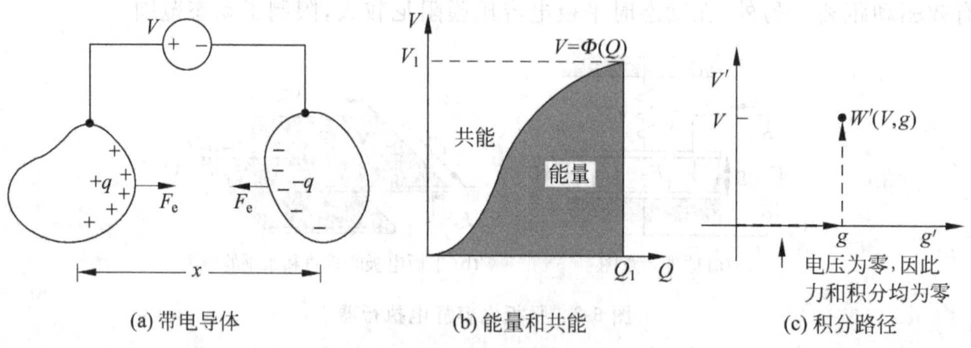

图 5-3 能量示意图

尽管共能的物理意义并不非常明确,但是对比式(5-4)和式(5-5)可以发现,共能可以理解为全部能量减去存储的能量。对于简单系统,共能等于系统对外所做的功,因此将共能对广义位移求导即可得到系统对外输出的广义力。当电压恒定时,外电源不做功;当间距恒定时,外力不做功。因此从式(5-6)得到广义力为

$$Q=\left.\frac{\partial W^*(V,g)}{\partial V}\right|_{g=\text{constant}}\qquad F_e=\left.\frac{\partial W^*(V,g)}{\partial g}\right|_{V=\text{constant}} \tag{5-7}$$

改变电容电压和极板间距,共能都会发生变化。由于电场和外力场都是保守场,积分只与

起点和终点的位置有关，而与积分路径无关，因此选择图 5-3(c)所示的积分路径，对式(5-6)积分

$$W^*(V,g)=\int_0^V Q(g,V')\mathrm{d}V'+\underbrace{\int_0^x F_e(g',V=0)\mathrm{d}g'}_{=0}=\int_0^V Q(g,V')\mathrm{d}V' \tag{5-8}$$

在式(5-8)中，当电压为零时不需要外力做功，外力为零，因此第二项对力的积分也为零。由于电场强度是电势的梯度，电势可以通过电场强度对长度积分获得。根据高斯定理$\oint_s E\cdot \mathrm{d}s=Q/\varepsilon_0$有$E=AQ/\varepsilon_0$，在固定间距的情况下，电压可以表示为

$$V'=-\int_0^g E\mathrm{d}g'=\frac{Q}{\varepsilon_0 A}g \tag{5-9}$$

其中$\varepsilon_0=8.854\times10^{-12}\mathrm{F/m}$为真空介电常数。利用式(5-9)，将电荷表示为

$$Q(g,V')=\frac{\varepsilon A}{g}V'=C(g,A)V' \tag{5-10}$$

将式(5-10)代入式(5-8)得到由于电压变化引起的共能变化

$$W^*=\int_0^V Q(g,V')\mathrm{d}V'=\int_0^V C(g)V'\mathrm{d}V'=\frac{1}{2}C(g)V^2=\frac{1}{2}\frac{\varepsilon_0 A}{g}V^2 \tag{5-11}$$

根据式(5-7)和式(5-11)，将电容的共能分别对间距和电压求导，即可得到力和电荷

$$F_e=\left.\frac{\partial W^*(V,g)}{\partial g}\right|_V=\frac{1}{2}\frac{\mathrm{d}C(g)}{\mathrm{d}x}V^2=\frac{1}{2}\frac{\varepsilon_0 A}{g^2}V^2=\frac{1}{2}\frac{C}{g}V^2=\frac{1}{2}\frac{Q^2}{\varepsilon_0 A} \tag{5-12}$$

$$Q=\left.\frac{\partial W^*(V,g)}{\partial V}\right|_g=\frac{\varepsilon_0 A}{g}V=CV \tag{5-13}$$

电压恒定的系统(电荷变化)可以使用含有电压的等式，而电荷恒定的系统使用含有电荷的等式。从式(5-12)可以看出，电压恒定系统的静电力与驱动电压的平方成正比，与间距的平方成反比，而电荷恒定系统的静电力与电容极板间距无关，其优点是在所有变形情况下都能获得稳定的工作状态[11]，这对实现大输出距离的电容驱动器非常有用。尽管静电力的表达式是从能量的角度导出的，但是实际上静电力的原因是空间异性电荷的引力，因此也可以以此作为出发点得到静电力的表达式。

除了极板间距变化产生垂直极板的纵向引力，极板不完全重叠的平板电容还存在水平横向引力。如图 5-2 所示，垂直电容极板和平行电容极板的静电力分别为

$$F_z=-\frac{\partial W}{\partial g}=\frac{1}{2}\varepsilon\frac{(x-\Delta x)wV^2}{g^2},\quad F_x=-\frac{\partial W}{\partial x}=\frac{1}{2}\varepsilon\frac{wV^2}{g} \tag{5-14}$$

由于垂直极板的静电力与间距平方成反比，而间距很小，因此垂直方向的静电力比较大。

平板电容还可以实现静电弹簧，即通过静电力改变机械结构的等效弹性刚度，从而调整刚度和谐振频率。例如，初始间距为g_0时，忽略阻尼的影响，静电力作用的弹性系统的平衡关系为

$$F=\frac{\varepsilon_0 V^2}{2(g_0-x)^2}\approx\frac{\varepsilon_0 V^2}{2(g_0-x)^2}\left(1+2\frac{x-x_0}{g_0-x_0}\right)\approx m\ddot{x}+kx \tag{5-15}$$

其中x_0是级数展开点。从式(5-15)整理后可以看出，弹性刚度引入了静电引起的一阶项

$$m\ddot{x}+kx-\frac{\varepsilon_0 V^2 x}{(g_0-x_0)^3}=\frac{\varepsilon_0 V^2}{2(g_0-x_0)^2}\left(1-\frac{2x_0}{g_0-x_0}\right) \tag{5-16}$$

2. 驱动方式与下拉效应

平板电容的一个极板固定,另一个极板被弹性系数为 k 的弹簧支承,在没有驱动电压作用时,初始极板间距为 g_0。当施加驱动电压 V 后,可动极板受到静电力的作用发生位移,极板间距缩小为 g,静电引力与弹簧作用在可动极板的机械回复力 F_m 平衡。通常 F_m 与极板间距是线性关系,即

$$F_m = k(g_0 - g) \tag{5-17}$$

实际应用中静电力分布在可动极板上,可以将其视为分布力来计算极板的弹性刚度系数,计算中需要使用力的作用位置对应的极板位移。

由于静电力随着极板间距的减小以平方速度增加,而弹簧的机械回复力随着极板间距的减小以线性增加,因此当极板间距小于一定范围时,机械回复力无法抵抗静电力的作用,可动极板在静电力作用下向固定极板加速运动,最后塌陷在固定极板表面。这个现象称为下拉效应或塌陷效应。

驱动电容的电源可以是恒流源或者恒压源,如图5-4所示。当电源为恒流源时,电荷可以通过电流在电容中积分计算,即 $Q = \int_0^t i(t)\mathrm{d}t$。根据式(5-12),静电力的大小是电荷决定的,而电荷可以从电源不断获得,因此这种情况称为电荷控制的静电执行器。当执行器处于平衡状态时,静电力与机械回复力相等,

$$F_e = \frac{1}{2}QE = \frac{Q^2}{2\varepsilon_0 A} = F_m = k(g_0 - g) \tag{5-18}$$

从式(5-18)得到平衡时电容极板间距和驱动电压的表达式为

$$g = g_0 - \frac{Q^2}{2\varepsilon_0 Ak} \quad V = Eg = \frac{Q}{\varepsilon_0 A}g = \frac{Q}{\varepsilon A}\left(g_0 - \frac{Q^2}{2k\varepsilon_0 A}\right) \tag{5-19}$$

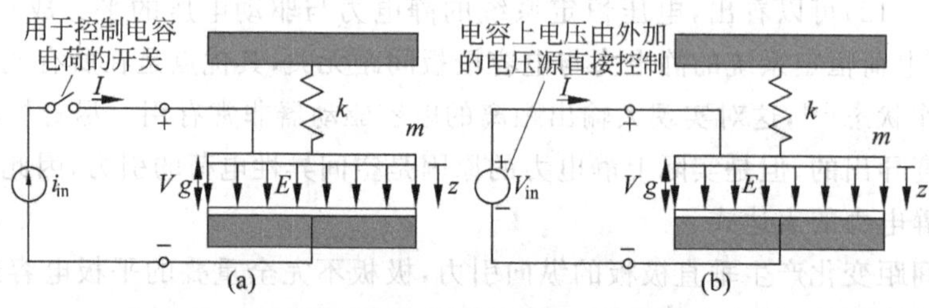

图5-4 恒流驱动与恒压驱动

从式(5-19)可以看出,极板间距 g 和电荷 Q 是二次函数,随着 Q 的增加,极板间距单调(非线性)减小,当 $Q=\sqrt{2k\varepsilon_0 Ag_0}$ 时,极板间距减小为0。图5-5为归一化的极板位移 $(g_0-g)/g_0$ 和归一化的极板间电压 $V/[1/(g_0\sqrt{\varepsilon_0 A/2kg_0})]$ 随着归一化的电荷 $Q/\sqrt{2k\varepsilon_0 Ag_0}$ 的变化关系,当归一化间距从0变成1时,归一化电荷也从0单调地变为1,而电压则出现了最大值。

$$V_{max} = \sqrt{\frac{8kg_0^3}{27\varepsilon_0 A}} \tag{5-20}$$

此时对应的电荷为

$$Q = \sqrt{2k\varepsilon_0 Ag_0/3} \tag{5-21}$$

电荷控制的优点是可以通过电流连续单调地控制极板间距从 g_0 到0变化。然而,在实际

使用中电荷控制往往难以实现，这是因为平板电容的电容值一般在 fF～pF 量级，如此小的电容想保持电荷是非常困难的；另外，也不能将 F_e 在电压 V 为常数的情况下表示为间距 g 的微分。实际应用中一般采用容易实现的电压控制，如图 5-4 所示。

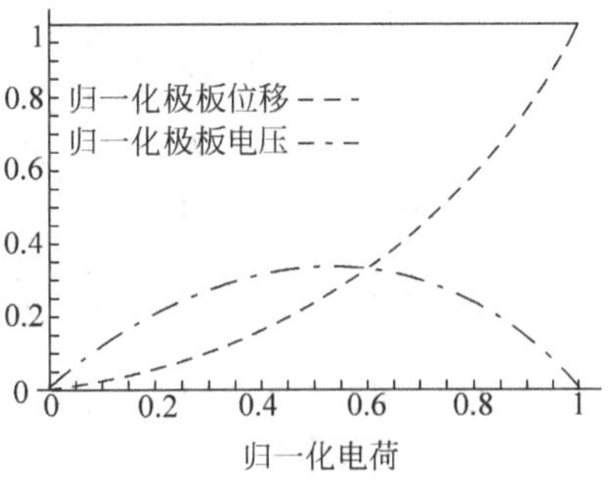

图 5-5　归一化的极板位移和归一化的极板间电压随归一化的电荷的变化关系

分析电压控制时需要将电压作为变量，将极板的电荷表示为

$$Q=\left.\frac{\partial W'}{\partial V}\right|_g=CV=\frac{\varepsilon_0 AV}{g} \tag{5-22}$$

处于平衡状态时，电容极板的静电力与弹簧的机械回复力相等

$$F_e=\frac{Q^2}{2\varepsilon_0 A}=\frac{\varepsilon_0 AV^2}{2g^2}=F_m=k(g_0-g) \tag{5-23}$$

于是极板间距和电压分别表示为

$$g=g_0-z=g_0-\frac{F_e}{k}=g_0-\frac{\varepsilon_0 A}{2kg^2}V^2 \tag{5-24}$$

$$V=\sqrt{\frac{2kg^2}{\varepsilon_0 A}(g_0-g)} \tag{5-25}$$

根据式(5-24)，极板间距 g 与驱动电压 V 是 3 次方关系。随着电压的增加，间距减小而电荷增加、驱动力增加，显然这些关系是非线性的。从式(5-25)可以看出，对于给定的电压有两个可能的极板位置与之对应。对式(5-25)求导，并令导数为零，即

$$\frac{\mathrm{d}V}{\mathrm{d}g}=\sqrt{\frac{2k}{\varepsilon_0 A}}\frac{(2g_0-3g)}{\sqrt{g_0-g}}=0$$

得到静电力与机械回复力相等的稳定临界点的位置位于

$$g=\frac{2}{3}g_0 \tag{5-26}$$

将式(5-26)再带入式(5-25)，可以得到临界电压值为

$$V_P=V(2g_0/3)=\sqrt{\frac{8kg_0^3}{27\varepsilon_0 A}} \tag{5-27}$$

临界电压的含义是，当驱动电压等于临界电压时，可动极板的位置只有一个，此时如果极板位移有一个微小的增量，静电力会超过弹簧的弹性回复力，可动电极被驱动电压下拉塌陷到固定板上。定义归一化变量 $v=V/V_P$ 和 $\eta=1-g/g_0$，归一化电压和力与归一化距离的曲线如图 5-6 所示。

在图 5-6(a)位移和力的关系中，弹簧的弹性回复力是一条固定的直线，而静电力是一族曲线，随着电压的增加曲线向左上方移动。当驱动电压确定后，可动极板停留在静电力与机械回复力相等的位置。有两个极板间距满足静电力与弹性回复力相等，即曲线与直线有两个交点，其中一个是稳定平衡点，另一个是非稳定平衡点。由于静电力的作用总是使极板间距有减小的趋势，而弹性回复力总是使极板有回到初始位置的趋势，因此在稳定平衡点，如果极板位移有一个正向的微小扰动使极板间距减小，此时弹性回复力的增量大于静电力的增量，弹性回复力使极板回到平衡位置；如果极板位移有一个负向的微小扰动使极板间距增加，静电力的增

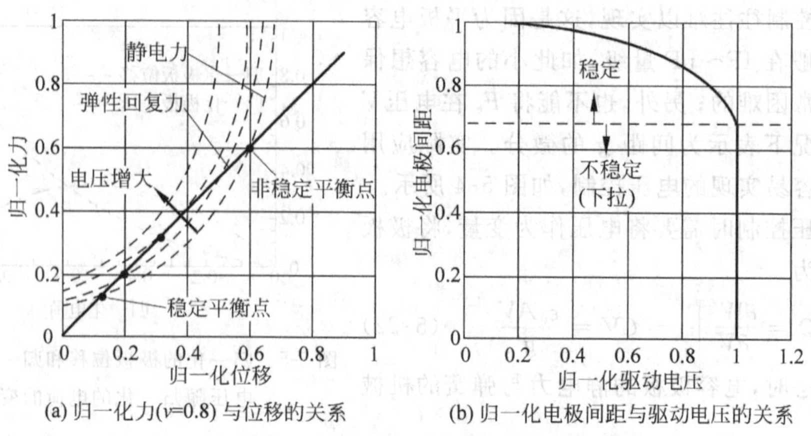

图 5-6 静电力与机械弹性回复力

量大于弹性回复力的增量,静电力使极板回到平衡位置。在非稳定平衡点,如果极板位移有一个正向的微小扰动使极板间距减小,静电力的增量大于弹性回复力的增量,极板距离被进一步减小,极板无法回到平衡位置,而被静电力加速下拉的固定板上;如果极板位移有一个负向的微小扰动,弹性回复力的增量大于静电力的增量,极板距离被进一步拉大,极板也无法回到平衡位置,而是被机械回复力拉回到初始位置。

随着驱动电压的增加,静电力在力-位移关系中的曲线向左移动,导致稳定平衡点向上移动,而非稳定平衡点向下移动,如图 5-6(a)所示。当驱动电压达到某一临界值时,两个平衡点重合。这个重合的临界点对应的临界电压由式(6-27)确定,而当电压逐渐增加到该电压时,极板间距由式(5-26)确定。当驱动电压继续增加时,静电力全部位于弹性回复力的上方,二者没有交点,即系统不存在平衡点,驱动电压会立即使极板发生下拉,如图 5-6(b)所示。如果驱动电压的初始值就超过了式(6-27)的下拉临界值,静电力使可动极板立即塌陷到下极板,不会出现平衡点。

为了实现较大的驱动力,极板间距必须很小,一般在 1～5 μm 之间。由于下拉现象限制极板位移只有初始间距的 1/3,因此平板电容驱动的工作范围很小,平板电容执行器需要在驱动力和输出位移之间进行折中。为了提高平板电容驱动器的下拉位移,可以通过串联电容[12]、杠杆弯曲和应变增强[13]、反馈控制等方式[14]。杠杆弯曲是将下拉电容的极板布置在弯曲结构的部分区域,例如悬臂梁结构的根部,这样根部下降的位移被悬臂梁放大,在悬臂梁自由端得到了更大的位移。应变增强是利用结构的预拉应力提高等效弹性刚度系数,从而提高下拉效应出现的驱动电压或位移。

下拉效应出现在平板电容间距的 1/3 处,即 2/3 的电容间距并没有贡献。如果一个与 2/3 间距相等的电容与只有 1/3 间距的平板电容串联,则 1/3 间距平板电容的极板能够在整个间距范围内运动。将间距增大到原来的厚度,并将电容改为 2 倍间距等效电容,则实现了运动范围的扩大。此时串联的电容相当于一个分压器,当可动极板发生下拉现象时,平板电容减小,串联电容将分担更大的电压,降低平板电容的驱动电压,提高下拉的极限。用工作在耗尽区的 MOS 器件实现的串联电容,当 MOS 电容的栅氧较薄、衬底掺杂浓度较低时,如果栅极面积满足下式,就能够实现平板电容在整个间距范围内的稳定

$$A_g \leqslant \sqrt{\frac{\sqrt{2kg_0^2/(\varepsilon A)}}{2q\varepsilon_{si}\varepsilon_0 N_A}} \tag{5-28}$$

其中 q 和 N_A 分别是电容的电荷和衬底掺杂浓度，驱动平板在整个间距范围内运动的电压为 $3\sqrt{3}V_P/2$。

静电执行器的输出能力最终是由电容的击穿特性决定的。Paschen 曲线描述平板电容的直流击穿电压是电容间距和环境气压乘积的函数，如图 5-7 所示。击穿电压存在一个最小值，从最小击穿电压对应的间距开始，随着电极间距减小，击穿电压上升，这是由于间距减小后极板之间电离的分子数量减少，降低了雪崩击穿的概率。从最小击穿电压开始，随着极板间距增加，击穿电压也增加。例如宏观情况下空气的击穿场强约为 3×10^6 V/m，但是在一个大气压的条件下，当极板间距为 2 μm 左右时，最低击穿电压约为 200 V，对应的场强远高于宏观击穿场强。实际上，对应任何一个环境压力，都存在着一个最小的击穿电压和对应的极板间距。

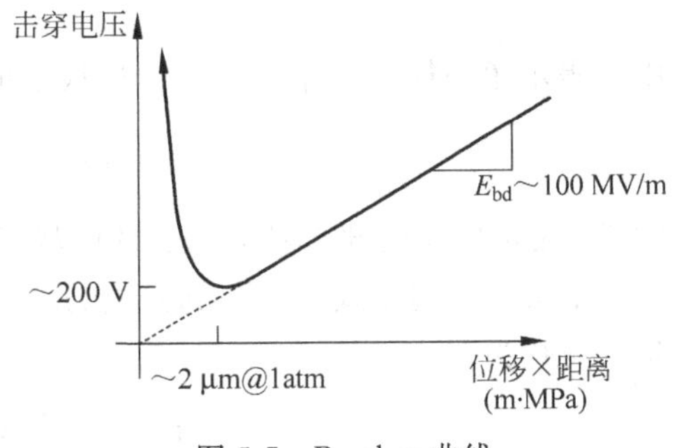

图 5-7　Paschen 曲线

平行板电容的主要优点是驱动力较大、动作速度快、实现容易，主要缺点包括：工作范围小；除非限定两平行板电容距离的变动量，否则驱动电压与静电力为非线性关系；在常压下，因压膜阻尼使其共振的品质因数 Q 变得相当低，虽然在真空中可以实现较高的 Q 值，但是稳态电压为 mV 量级，增加了设计的困难。

3 扭转执行器

扭转执行器利用偏置的支承梁和静电力使电容的一个极板转动实现输出，图 5-8(a)所示。将扭转后楔形电容简化为等效的平板电容，再利用静电力与扭转梁弹性回复力相等得到平衡条件，确定驱动电压和下拉电压[15]。然而用平板电容代替扭转过程的楔形电容，以及忽略极板在扭转的同时也被下拉的情况，都会导致较大的误差。利用电场分布来计算静电力，可以将扭转和下拉同时考虑，获得更高精度的模型[16]。

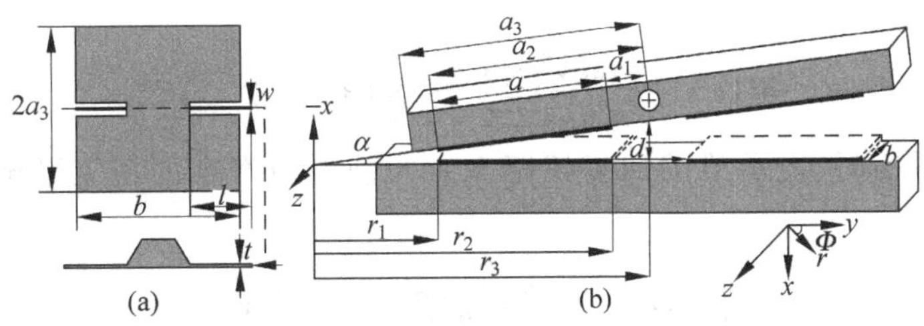

图 5-8　扭转执行器示意图

如图 5-8(b)所示，假设基板宽度 b 很大，在施加驱动电压时不考虑电容的边缘效应。电容的极板转动时可以视为在 (r,φ,z) 的柱坐标内围绕 z 轴的旋转，将扭转后的电容视为楔形电容。此时极板与边界的电势 $\Phi(\varphi)$ 的拉普拉斯方程为

$$\frac{\partial^2\Phi(\varphi)}{\partial\varphi^2}=0,\quad \Phi\big|_{\varphi=0}=0,\quad \Phi\big|_{\varphi=\alpha}=V \tag{5-29}$$

其中 V 是施加的驱动电压，α 是极板转动后的夹角。容易得到式(5-29)的解为

$$\Phi(\varphi)=\frac{\varphi}{\alpha}V \tag{5-30}$$

利用式(5-30)和电场强度与电势的关系，静电场为

$$\boldsymbol{E}=-\nabla\Phi=\begin{cases}-\dfrac{V}{\alpha r}\hat{\boldsymbol{\varphi}}, & \text{板间}\\ 0, & \text{板外}\end{cases} \tag{5-31}$$

其中 $\hat{\varphi}$ 表示角坐标 φ 的单位矢量。极板上的电荷密度 ρ_s 可以得到

$$\rho_s=\varepsilon_0(E_{\perp i}-E_{\perp o})\big|_{\varphi=0\text{或}\alpha}=\pm\frac{\varepsilon_0 V}{\alpha r} \tag{5-32}$$

其中 $E_{\perp i}$ 表示电容内部与极板垂直的电场，$E_{\perp o}$ 表示电容外部的垂直电场，正号表示上极板，负号表示下极板。利用式(5-32)和静电力与场强和电荷密度的关系，得到上极板上由于静电力产生的压强为

$$\boldsymbol{P}(\alpha)=\int_0^\alpha \boldsymbol{E}_u\rho_s\mathrm{d}\varphi=-\frac{\varepsilon_0 V^2}{2\alpha^2 r^2}\hat{\boldsymbol{\varphi}} \tag{5-33}$$

于是静电力产生的扭矩可以通过积分获得

$$\boldsymbol{M}(\alpha)=\int_{z=0}^{z=b}\int_{r=r_1}^{r=r_2}(r_3-r)\hat{\boldsymbol{r}}\times\boldsymbol{P}(\alpha)\mathrm{d}r\mathrm{d}z=\frac{\varepsilon_0 bV^2}{2\alpha^2}\left[\frac{r_3}{r_1}-\frac{r_3}{r_2}+\ln\frac{r_1}{r_2}\right]\hat{\boldsymbol{z}} \tag{5-34}$$

其中几何尺寸如图 5-8 所示，$\hat{\boldsymbol{r}}$和$\hat{\boldsymbol{z}}$分别表示 r 轴和 z 轴的单位矢量。在小角度变形的情况下，利用图中的几何关系进一步得到

$$\boldsymbol{M}(\alpha)=\frac{\varepsilon_0 bV^2}{2\alpha^2}\left[\frac{d}{d-\alpha a_2}-\frac{d}{d-\alpha a_1}+\ln\frac{d-\alpha a_2}{d-\alpha a_1}\right]\hat{\boldsymbol{z}} \tag{5-35}$$

其中 d 是位于旋转轴处的极板间距，a_1 是距离旋转轴最近的极板的距离，a_2 是最远的极板距离。

用归一化的表示式，令 $\alpha_{\max}=d/a_3$，$\beta=a_2/a_3$，$\gamma=a_1/a_3$，$\theta=\alpha/\alpha_{\max}$，其中 a_3 表示旋转轴到结构最远端的距离。于是静电力产生的弯矩式(5-35)成为

$$|\boldsymbol{M}(\alpha)|=\frac{\varepsilon_0 bV^2}{2\alpha_{\max}^2\Theta^2}\left[\frac{1}{1-\beta\Theta}-\frac{1}{1-\gamma\Theta}+\ln\frac{1-\beta\Theta}{1-\gamma\Theta}\right]\hat{\boldsymbol{z}} \tag{5-36}$$

将式(5-36)展开为

$$|\boldsymbol{M}(\alpha)|=\frac{\varepsilon_0 bV^2}{2\alpha_{\max}^2}\sum_{n=0}^{\infty}\frac{n+1}{n+2}(\beta^{n+2}-\gamma^{n+2})\Theta^n \tag{5-37}$$

当扭转极板处于平衡时，支承梁的回复扭矩 $K_\alpha\alpha$ 与静电力产生的扭矩平衡，取级数的前 N 项，有

$$\frac{2K_\alpha\alpha_{\max}^3}{\varepsilon_0 bV^2}\Theta-\sum_{n=0}^{N}\frac{n+1}{n+2}(\beta^{n+2}-\gamma^{n+2})\Theta^n=0 \tag{5-38}$$

在下拉的临界位置，机械弹性扭转刚度($\mathrm{d}M_m/\mathrm{d}\alpha$)等于静电弹簧刚度($\mathrm{d}M_e/\mathrm{d}\alpha$)，因此对式(5-38)求 Θ 的导数，并乘以 Θ，

$$\frac{2K_\alpha\alpha_{\max}^3}{\varepsilon_0 bV^2}\Theta-\sum_{n=0}^{N}n\frac{n+1}{n+2}(\beta^{n+2}-\gamma^{n+2})\Theta^n=0 \tag{5-39}$$

图 5-9 中静电力曲线与弹性回复力直线的交点有两个，对应两个转角位置。当驱动电压 V 升高时，这两个转角越来越近，当电压升高到下拉的临界值 V_p 时，静电力曲线与弹性回复力

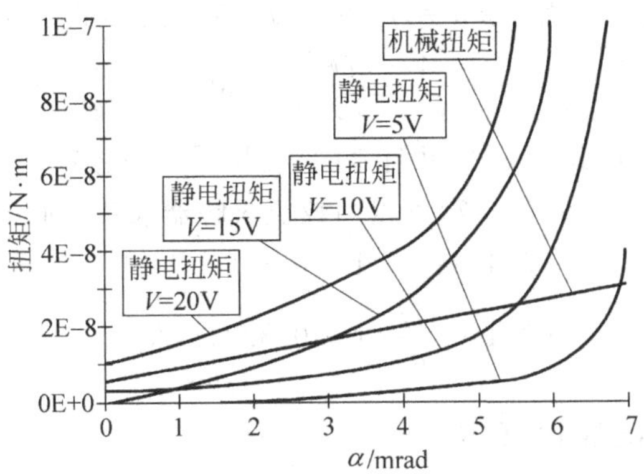

图 5-9　转角与下拉电压的关系

直线相切，此时只有一个转角值 Θ_p。显然 Θ_p 满足式(5-38)和式(5-39)，将其代入式(5-38)和式(5-39)并将两式相减

$$\sum_{n=0}^{N}(1-n)\frac{n+1}{n+2}(\beta^{n+2}-\gamma^{n+2})\Theta_p^n=0 \tag{5-40}$$

可见临界下拉的转角与下拉电压和支承梁的弹性无关，是结构的固有特性。式(5-40)也可以利用类似平行极板的平衡关系得到，即从式(5-35)和平衡关系得到转角表示的电压 V，对电压表达式求转角的导数，并令其等于 0，所得到的 Θ_p 满足式(5-40)。利用这个关系得到的下拉电压 V_p 为

$$V_p(\beta,\gamma)=\sqrt{\frac{2K_\alpha d^3\Theta_p^3}{\varepsilon_0 a_3^3 b\{1/(1-\beta\Theta_p)-1/(1-\gamma\Theta_p)+\ln[(1-\beta\Theta_p)/(1-\gamma\Theta)]\}}} \tag{5-41}$$

当级数大于 10 时近似的精度很高。当 $\beta=1$ 且 $\gamma=0$ 时，对应电容的导电电极布满整个极板的情况，可以得到 $\Theta_p(1,0)=0.4404$，于是下拉电压为

$$V_p\approx 0.909\sqrt{\frac{K_\alpha d^3}{\varepsilon_0 a_2^3 b}} \tag{5-42}$$

当弹性支承梁为矩形梁时，如果梁的厚度 t 小于梁的高度 w，其扭转弹性刚度为

$$K_\alpha=\frac{2Gwt^3}{3l}\left[1-\frac{192t}{\pi^5 w}\sum_{n=1,3,5\cdots}\frac{1}{n^5}\tanh\frac{n\pi w}{2t}\right] \tag{5-43}$$

其中 $G=E/[2(1-\nu)]$是剪切弹性模量，对于硅 $G=0.73\times10^{11}$ Pa。系统的扭转谐振频率为

$$f_\alpha=\frac{1}{2\pi}\sqrt{\frac{K_\alpha}{I_\alpha}} \tag{5-44}$$

其中 I_α 是关于扭转轴的质量惯性矩，

$$I_\alpha=\int_V\rho(y^2+z^2)\mathrm{d}x\mathrm{d}y\mathrm{d}z\approx\frac{1}{3}\rho a_3 bw(a_3^2+w^2) \tag{5-45}$$

当支承梁扭转变形较大或者为折线梁结构时，变形过程需要考虑非线性的影响。分析的过程与前面相同，只是需要引入弹性梁扭转和静电力中的非线性分量[17]。

实际上，计算下拉角度和电压的过程可以不采用级数的方法。利用得到式(5-40)的方法，直接操作式(5-36)，对其求导并乘以 Θ 后，将 Θ_p 代入这两个式子，并相减，可以得到[18]

$$\frac{4-5\beta\Theta_p}{(1-\beta\Theta_p)^2}-\frac{4-5\gamma\Theta_p}{(1-\gamma\Theta_p)^2}+3\ln\frac{1-\beta\Theta_p}{1-\gamma\Theta_p}=0 \tag{5-46}$$

为了减少式(5-46)中变量的个数,令$\delta=\gamma/\beta=a_1/a_2$,$\Theta'_p=\beta\Theta_p$,式(5-46)变为

$$\frac{4-5\Theta'_p}{(1-\Theta'_p)^2}-\frac{4-5\delta\Theta'_p}{(1-\delta\Theta'_p)^2}+3\ln\frac{1-\Theta'_p}{1-\delta\Theta'_p}=0 \tag{5-47}$$

于是式(5-47)只含有单未知数$\Theta'_p(\delta)$,并且δ的范围在[0,1]之间,不考虑电极的位置,对于一个给定的在[0,1]范围内的δ,式(5-47)可以用数值求解器求解。通过拟合得到

$$\begin{aligned}\Theta'_p &\approx 0.4404\times(1+0.322\delta^{2.117})^{-1}\\ \alpha_p &\approx 0.4404\frac{d}{a_2}[1+0.322(a_1/a_2)^{2.117}]\end{aligned} \tag{5-48}$$

5.1.2 梳状叉指电极执行器

梳状叉指电极执行器包括一组固定在衬底的静止梳状结构和一组由弹性结构支承的可动梳状结构,二者间隔交叉形成叉指结构,分别用作固定电极和可动电极,如图5-10所示。叉指执行器最早出现于1989年[19],在加速度传感器、陀螺、光学微镜、微机械滤波器的等领域被广泛应用。叉指执行器的工作原理也是利用电极间的静电力实现输出,可以产生沿着叉指长度方向(改变极板重叠长度)的面内纵向运动、沿着叉指横向方向(改变电容间距)的横向运动,以及沿着叉指厚度方向的面外垂直运动和旋转运动。当可动叉指沿着叉指的长度方向运动时,电压与位移之间为线性关系。叉指电容执行器有较高的Q值和较高的激发电压,衬底与悬空的执行器结构之间的库爱特流降低了平板结构中的压膜阻尼,提高了动态范围。叉指执行器的典型输出位移和驱动力分别为10 μm和10 μN。

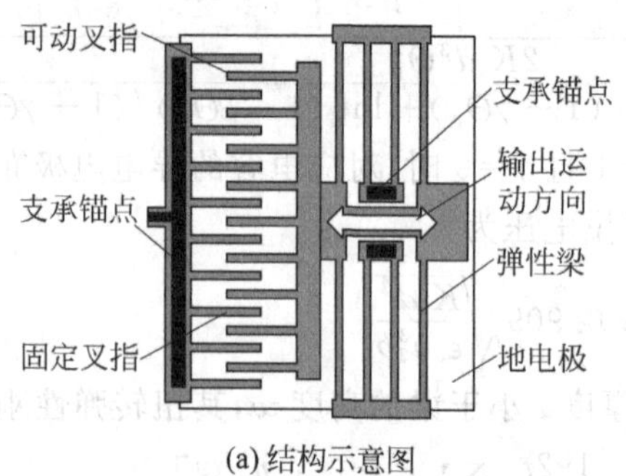

(a) 结构示意图

(b) Sandia制造的梳状执行器

图5-10 梳状执行器

1. 面内纵向运动

图5-11为叉指执行器的结构和电场分布示意图。固定电极固定在衬底上,不发生运动;可动电极通过弹性梁支承在衬底上,在驱动过程中产生运动。叉指电极下面一般有地电极,与可动电极施加相同的电势,以降低电极的下拉作用。因为叉指与衬底的间距很小,如果衬底没有地电极,可动电极上的电压与衬底之间形成强电场,将电极下拉到衬底上。当叉指的重叠长度改变时,电场分布随之改变。将叉指电极的电容表示为叉指重叠区的平板电容$C(x)$和边缘区的边缘电场对应的电容C_f,即

$$C_{\text{comb}}=C_f+C(x) \tag{5-49}$$

根据式(5-12),x方向的静电力为

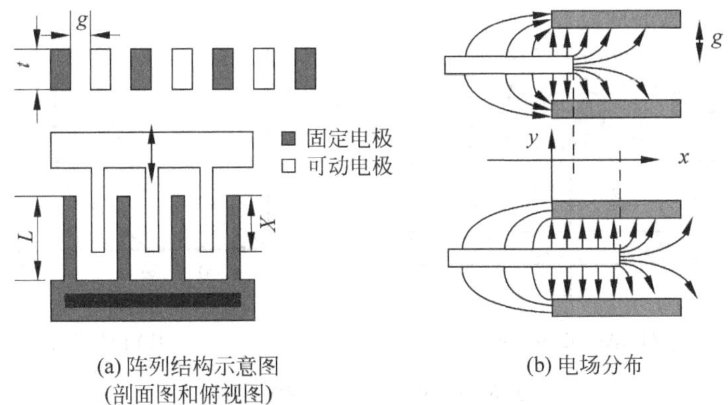

(a) 阵列结构示意图
(剖面图和俯视图)
(b) 电场分布

图 5-11 叉指执行器

$$F_x = \frac{\partial W^*}{\partial x}\bigg|_V = \frac{\partial}{\partial x}\left(\frac{1}{2}C_{\text{comb}}V^2\right)\bigg|_{V=\text{constant}} = \frac{V^2}{2}\frac{\partial C_{\text{comb}}}{\partial x} \tag{5-50}$$

从图 5-11 的电场分布可知，叉指重叠长度改变时，边缘电场的分布变化很小，在考虑一阶变化时近似认为边缘电场在这个过程中没有变化，因此边缘电容 C_f 也没有改变，改变的只是重叠区的电容。当叉指的厚度远大于叉指间距时，忽略重叠区的边缘电场，将其视为平板电容，式(5-50)简化为

$$F_x = \frac{1}{2}V^2\frac{\partial C}{\partial x} = \frac{n\varepsilon tV^2}{g} \tag{5-51}$$

其中 n 是叉指的成对数，t 是叉指的厚度，g 是叉指间距。电压控制的梳状执行器的输出不是位移的函数，因此即使利用电压控制，叉指电极也不会出现 x 方向的下拉效应。实际上，叉指电极的厚度与间距通常是相当的，因此电场的边缘效应非常严重，忽略边缘电场会造成很大的计算误差，精确计算需要利用数值分析。一般情况下，使用修正系数对忽略边缘电场进行一定程度的补偿，将静电力修正为

$$F_x = \frac{\alpha n\varepsilon tV^2}{g^\beta} \tag{5-52}$$

其中 α 和 β 是利用数值计算得到的修正系数[20]，当 t 从 1 μm 变化为 12 μm 时，α 和 β 分别从 2.19 和 0.78 变化为 1.12 和 0.95，即厚度增加，α 和 β 都趋向于 1。

如图 5-12(a)所示，当可动电极运动时，可动电极与固定电极之间的电容 C_{rs}、可动电极与地之间的电容 C_{rp}，以及固定电极与地之间的电容 C_{sp} 都发生了改变。将式(5-6)扩展到 3 电容的情况，得到

$$\mathrm{d}W_e^* = Q_s\mathrm{d}V_s + Q_r\mathrm{d}V_r + F_{e,x}\mathrm{d}x \tag{5-53}$$

其中 $F_{e,x}$ 是 x 方向单位长度的静电力。对式(5-53)按照图 5-12(b)的路径积分，得到

$$W_e^* = \underbrace{\int_0^x F_e(x',V_s=0,V_r=0)\mathrm{d}x'}_{=0} + \int_0^{V_s} Q_s(x,V_s',V_r=0)\mathrm{d}V_s' + \int_0^{V_r} Q_r(x,V_s,V_r')\mathrm{d}V_r' \tag{5-54}$$

其中叉指电极的电荷为

$$\begin{aligned} Q_s &= C_{sp}V_s + C_{rs}(V_s - V_r) = (C_{sp}+C_{rs})V_s - C_{rs}V_r \\ Q_r &= C_{rp}V_r + C_{rs}(V_r - V_s) = (C_{rp}+C_{rs})V_r - C_{rs}V_s \end{aligned} \tag{5-55}$$

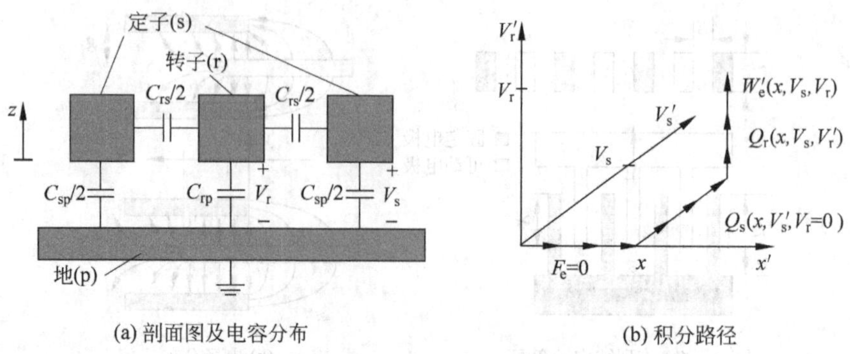

(a) 剖面图及电容分布　　(b) 积分路径

图 5-12　可动电极与固定电极

利用式(5-8)的推导过程,可知等号右边第1项的积分 $F_e=0$。将式(5-55)和 $F_e=0$ 代入式(5-54)得到

$$\begin{aligned}W_e^* &= \int_0^{V_s}(C_{sp}+C_{rs})V_s\mathrm{d}V_s+\int_0^{V_r}[(C_{rp}+C_{rs})V_r-C_{rs}V_s]\mathrm{d}V_r\\&=\frac{1}{2}C_{sp}(x)V_s^2+\frac{1}{2}C_{rp}(x)V_r^2+\frac{1}{2}C_{rs}(x)(V_s-V_r)^2\end{aligned}\tag{5-56}$$

根据式(5-7)的静电力表达式,x 方向的静电驱动力可以从式(5-56)求导获得

$$F_{e,x}=\frac{\partial W'}{\partial x}=\frac{1}{2}\frac{\mathrm{d}C_{sp}}{\mathrm{d}x}V_s^2+\frac{1}{2}\frac{\mathrm{d}C_{rp}}{\mathrm{d}x}V_r^2+\frac{1}{2}\frac{\mathrm{d}C_{rs}}{\mathrm{d}x}(V_s-V_r)^2\tag{5-57}$$

用 $\bar{C}_{rs}$、$\bar{C}_{rp}$ 和 $\bar{C}_{sp}$ 分别表示可动电极与固定电极之间、可动电极与地电极之间,以及固定电极与地电极之间的单位长度的电容,整体电容可以表示为单位长度电容与长度的乘积。当可动叉指的驱动电压与地相同时 $V_r=0$,可动电极未重叠区域3未存储能量,因此忽略该部分电容,有

$$\begin{aligned}C_{rs}&=n\bar{C}_{rs}x\\C_{sp}&=n[\bar{C}_{sp,e}x+\bar{C}_{sp,u}(L-x)]\end{aligned}\tag{5-58}$$

其中 L 是叉指长度,x 是叉指重叠长度,$\bar{C}_{sp,e}$ 和 $\bar{C}_{sp,u}$ 分别为重叠和未重叠叉指的单位长度的电容,$\bar{C}_{rs}$、$\bar{C}_{sp,e}$ 和 $\bar{C}_{sp,u}$ 分别对应图5-13(a)中的区域2、区域3和区域1。

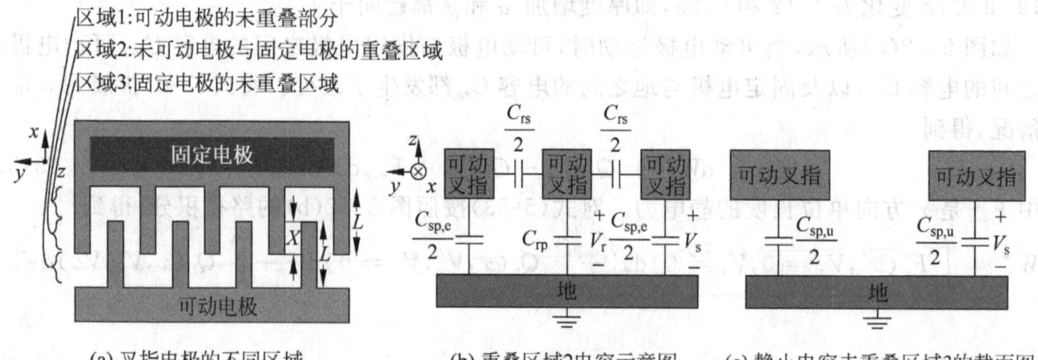

(a) 叉指电极的不同区域　　(b) 重叠区域2电容示意图　　(c) 静止电容未重叠区域3的截面图

图 5-13　叉指电极的不同区域及其电容分布

利用式(5-57)和式(5-58)得到

$$F_{e,x}=\frac{n}{2}(\overline{C}_{rs}+\overline{C}_{sp,e}-\overline{C}_{sp,u})V_s^2 \tag{5-59}$$

可见横向驱动力与 x 的位置无关,只与单位长度的电容有关。当忽略边缘效应时,只考虑 $\overline{C}_{rs}$,并且将叉指电极视为由固定电极和可动电极组成的平板电极,即 $\overline{C}_{rs}=2n\varepsilon_0 t/g$,于是静电力为

$$F_{e,x}=\frac{1}{2}V_{rs}^2\frac{dC_{rs}}{dx}=\frac{1}{2}V_{rs}^2\left(2n\frac{\varepsilon_0 t}{g}\right) \tag{5-60}$$

可见当固定电极和可动电极的间距不变,但是重叠面积改变时,$F_{e,x}$ 与叉指重叠长度 x 无关。

由于静电驱动器能够实现的位移和驱动力有限,为了获得更大的驱动位移或者驱动力,可以使用微结构对静电驱动器的输出进行放大,实现杠杆的功能[21,22],如图 5-14 所示。显然,放大位移输出是以牺牲驱动力为代价的;同样,放大驱动力是以牺牲输出位移为代价的。微杠杆多是通过不同的弹性梁组合而成,再与梳状驱动器相结合,为驱动器的设计提供了更大的灵活性。

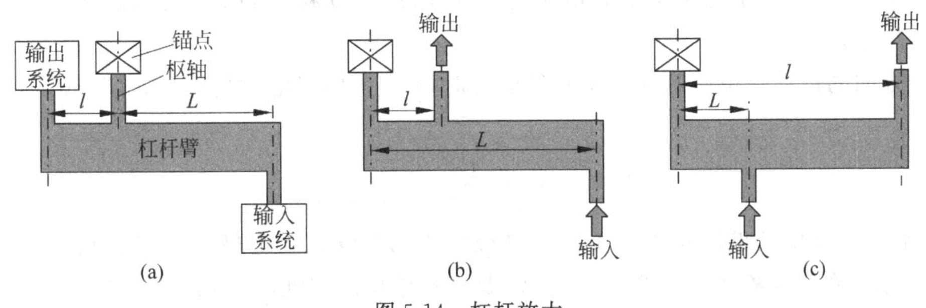

图 5-14　杠杆放大

2. 面内横向下拉现象

图 5-15 为可动叉指与固定叉指的偏压示意图。假设偏置电压 $V_1=V_2=V_s$,固定电极与可动电极之间产生的 x 方向的驱动力为 $F_{e,x}=\varepsilon_0 tV_s^2/g$,其中 V_s 为地电极和固定电极的电势差。理想情况下,可动电极与两个相邻的固定电极的间距相等,并且与两侧固定电极的电势差相等,固定电极受到对称的静电力的作用,不会产生面内 y 方向的运动。但是实际上由于制造等原因,两侧的间距不完全相等,或者与两侧固定电极的电势差不相等,产生的静电力差异推动可动电极沿 y 方向运动。即固定电极与可动电极的重叠面积不变,但是间距改变,一侧间距增大,另一侧间距减小,产生平行于初始位置的差动运动。因此,对于纵向运动的梳状电容,横向静电力会导致横向的静电不稳定,在工作中可能会出现叉指突然吸附到一起的现象。

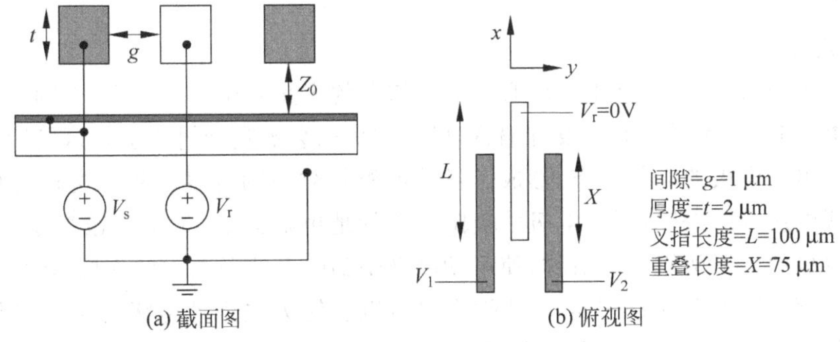

图 5-15　叉指电极驱动电压示意图

假设可动电极与两侧的固定电极在位置上对称，当两侧的电势差不等时，假设 $V_1=0, V_2\neq 0$ 时，根据式(5-12)可知 y 方向的静电力为 $F_{e,y}=\frac{1}{2}\frac{\varepsilon_0 xt}{g^2}V_2^2$。于是 y 和 x 方向静电力的比值为

$$\frac{F_{e,y}}{F_{e,x}}=\frac{\frac{1}{2}\frac{\varepsilon_0 xt}{g^2}V_2^2}{\frac{\varepsilon_0 t}{g}V_s^2}=\frac{1}{2}\frac{xV_2^2}{gV_s^2} \tag{5-61}$$

假设 $V_2=V_s=1\text{V}$，有 $F_{e,y}/F_{e,x}=x/(2g)$。在表面加工技术制造的梳状执行器中，由于薄膜的厚度仅为几微米，而叉指重叠长度非常大，因此在 y 方向产生的驱动力要远远大于 x 方向的驱动力。实际电极的运动方向还与不同方向上的刚度系数有关。如果需要 x 方向的运动，则可以降低 x 方向的刚度，提高 y 方向的刚度，此时尽管 y 方向的驱动力大，但是 y 方向的运动受到限制；同样，如果需要 y 方向的运动，应该提高 x 方向的刚度并降低 y 方向的刚度。为了实现 x 方向的运动，除了控制刚度的相互关系以外，还可以利用 DRIE 技术制造厚度大、重叠长度小的叉指电极。

当 y 方向的运动是由两侧间距不相等引起时，x 方向的静电力仍旧从式(5-60)计算，只是电容为

$$C=n\varepsilon tx\left[\frac{1}{g-\Delta y}+\frac{1}{g+\Delta y}\right] \tag{5-62}$$

其中 Δy 表示可动电极偏离相邻 2 个固定电极中心的位移。当电极处于平衡状态时，静电力与叉指结构的弹性回复力 $k_x x$ 相等，其中 k_x 是叉指结构的弹性刚度系数，得到

$$F_{e,x}=\frac{1}{2}V^2 n\varepsilon t\left[\frac{1}{g-\Delta y}+\frac{1}{g+\Delta y}\right]=k_x x \tag{5-63}$$

同理，根据公式(5-12)可以得到 y 方向的静电力与 y 方向弹性回复力的表达式

$$F_{e,y}=\frac{1}{2}V^2 n\varepsilon xt\left[\frac{1}{(g-\Delta y)^2}-\frac{1}{(g+\Delta y)^2}\right]=k_y y \tag{5-64}$$

如果 $\Delta y\ll g$，根据式(5-63)和式(5-64)得到

$$\frac{F_{e,y}}{F_{e,x}}\approx\frac{2x\Delta y}{g^2} \tag{5-65}$$

由于 $g\ll x$，可见由于位置不对称造成的 y 方向静电力远小于电压不对称造成的 y 方向静电力。由于横向的下拉效应会限制梳状执行器的弯曲，因此必须提高 y 方向与 x 方向的弹性刚度系数的比值。实际上，除了横向的下拉效应外，梳状叉指电极还会出现向衬底的下拉效应和旋转下拉效应。

3. 升举现象

在实际应用中，执行器的支承衬底必须覆盖掺杂的多晶硅作为地电极，否则向固定电极施加直流偏置电压时，即使可动电极没有偏置电压，它仍旧会被吸到衬底上。这是因为固定电极对称地改变了可动电极的电荷分布，形成了可动电极与衬底的电容。将地电极与可动电极施加相同的偏置电压，可以避免固定电极的吸附。增加地电极以后，地电极改变了电场分布，电力线在可动电极的上下两侧不再对称，使可动电极受到向上的静电力的作用，产生垂直方向的位移，出现升举现象，如图 5-16 所示。升举现象可以理解为关于地电极对称的镜像电荷产生的排斥力。如果可动电极与静止电极之间的偏置电压为 30 V，可动电极会产生超过 2 μm 的

垂直位移。下面分析垂直作用力和如何消除垂直作用力。

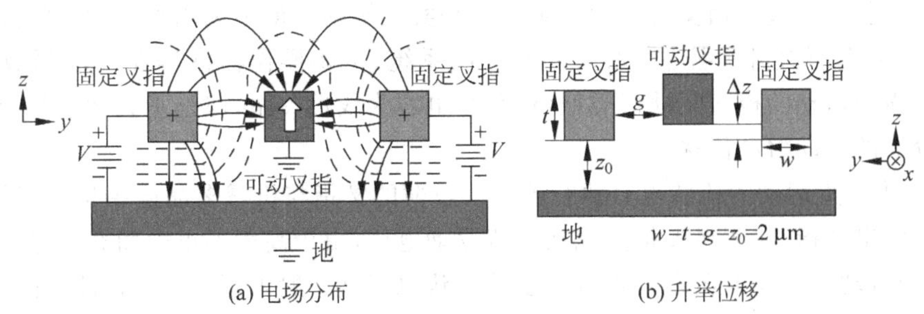

图 5-16 叉指间的电场分布和升举位移

类似于式(5-57)的过程，z 方向的静电驱动力为

$$F_{e,z}=\frac{\partial W^*}{\partial z}=\frac{1}{2}\frac{\mathrm{d}C_{sp}}{\mathrm{d}z}V_s^2+\frac{1}{2}\frac{\mathrm{d}C_{rp}}{\mathrm{d}z}V_r^2+\frac{1}{2}\frac{\mathrm{d}C_{rs}}{\mathrm{d}z}(V_s-V_r)^2 \tag{5-66}$$

如图 5-16 所示，当可动电极的电势为零时，即 $V_r=0$，可以得到

$$F_{e,z}=\frac{1}{2}nx\frac{\mathrm{d}}{\mathrm{d}z}(\overline{C}_{rs}+\overline{C}_{sp})V_s^2 \tag{5-67}$$

可见即使电势为零，可动电极仍受到 z 方向静电力的作用。根据式(5-59)，出现升举以后 x 方向的静电力为

$$F_{e,x}=\frac{n}{2}(\overline{C}'_{rs}+\overline{C}'_{sp,e}-\overline{C}'_{sp,u})V_s^2 \tag{5-68}$$

其中 $\overline{C}'$ 表示出现升举现象以后的单位长度的电容。由于升举效应，叉指间的重叠面积减小，影响了 x 方向的静电力，一般会减小 20%～40%。

为了抑制升举现象，最有效的方法是在叉指阵列上方再制造 1 层悬空地电极，与衬底的地电极关于叉指阵列对称，这样可以形成完全对称的电力线分布，使可动电极受到上下相同的静电力的作用。但是增加悬空电极会给制造带来困难，尽管可以利用封装外壳简单地实现悬空电极，控制对称仍旧比较困难。第二种方法是利用体微加工技术将叉指阵列下方的地电极以及衬底全部去掉，形成与上方相同的对称结构，从而平衡电力线的分布。第三种方法是改变叉指电极本身，例如将地电极对应悬空的叉指进行分割，形成图 5-17(a)所示的结构[23]。分割电极可以形成可动电极上下对称的电力线分布，抑制升举现象。进一步的抑制可以将固定叉指分成两组，每组间隔设置，并对相邻的固定电极施加反向的驱动电压，如图 5-17(b)所示。这种结构能够形成图 5-17(c)所示的对称的电力线分布，抑制升举效应 1 个量级以上。

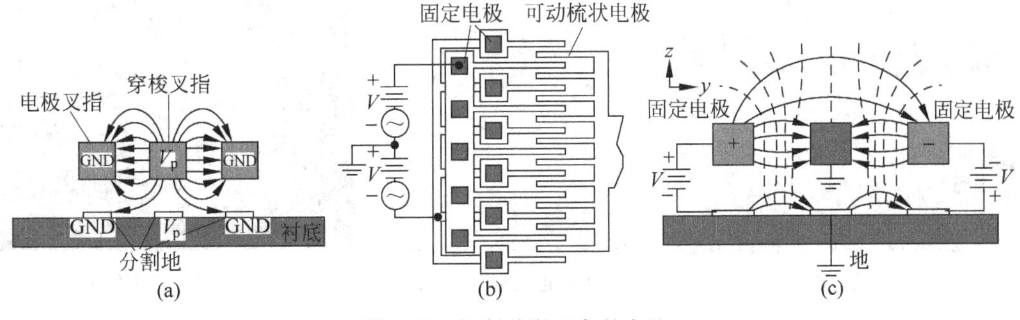

图 5-17 抑制升举现象的方法

在面内运动的梳状驱动器中，抑制升举现象是保证驱动器正常工作的条件。在有些应用中，不但不抑制垂直运动，相反可以利用垂直运动实现驱动。最早利用垂直运动的方式出现在1994年，随后在包括光开关控制、磁头伺服控制系统、生物操作器件等在内的领域得到了应用。与面内横向运动的梳状驱动器类似，位移与电容为线性关系，但是垂直运动的梳状驱动器能够实现较大的驱动力和位移。

图5-18为垂直运动的梳状电容执行器[7]。较薄的叉指与机械多晶硅结构组成可动叉指，宽的叉指为固定叉指，在两组叉指间施加直流驱动电压，由于高度不重叠而有边缘电场产生静电引力，推动可动叉指向上运动。垂直运动的梳状执行器一般采用DRIE刻蚀单晶硅制造。

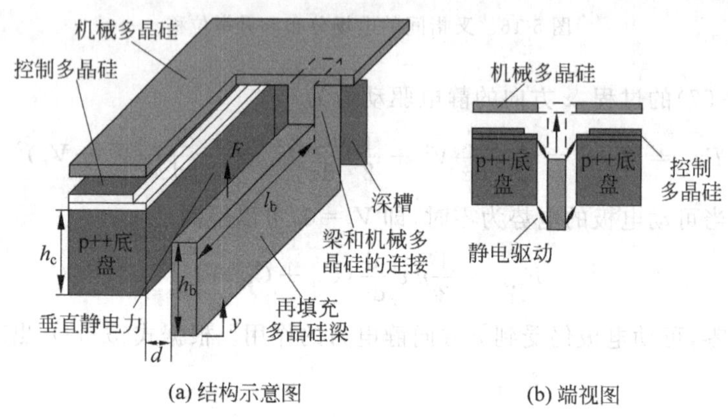

(a) 结构示意图　　(b) 端视图

图 5-18　垂直运动的梳状驱动器

5.1.3 静电马达

静电马达MEMS领域的标志性器件之一。最早的静电马达是UC Berkeley在1988年研制成功的侧驱动静电马达[24]，如图5-19(a)所示。该马达依靠定子与转子侧壁之间的间隙施加静电力驱动转动。转子一共8个，驱动电压相同；定子一共12个，均匀分布在转子周围，分为4组依次滞后120°的相位对每组定子同时施加驱动电压，如图5-19(b)所示。由于定子和转子结构的对称性，每组4个定子与转子之间径向的静电力相互平衡，转子与中心轴没有偏心；定子与转子个数的差异导致二者之间存在切向的静电力，拉动转子围绕中心轴旋转。旋转马达采用多晶硅表面工艺制造，由于转子与衬底以及中心轴之间存在着较大的摩擦力，马达的转速只有500 rpm左右，并且输出功率很小。

(a) UCB的静电马达

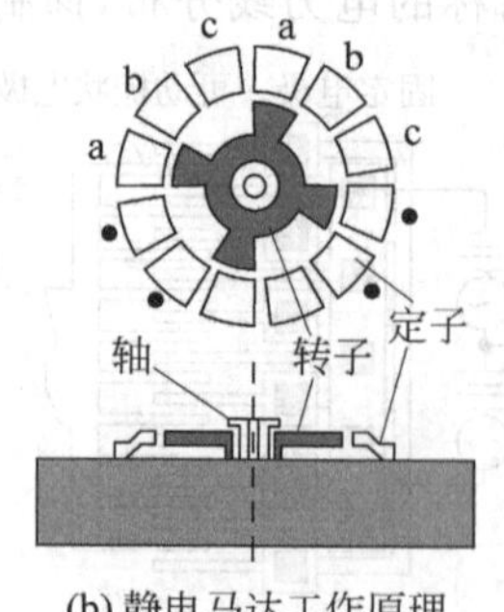

(b) 静电马达工作原理

(c) 清华大学微电子所的静电马达

图 5-19　旋转静电马达

图 5-19(c)为清华大学微电子学研究所研制的低驱动电压的旋转和晃动静电马达，均采用多晶硅表面微加工技术制造。旋转马达带有降低摩擦的结构，集成了转速测量光电器件，转子直径为 100 μm，定子电极驱动电压为 12 V，初始启动电压为 60 V，转速为 1400 rpm。制造采用了 PSG 和 SiO_2 结合的双层结构牺牲层，在湿法横向刻蚀轴承套时在双层结构界面处会出现斜面，使与转子接触的轴承套也具有一个斜面，减少了转子与轴承套之间的接触面积。

为了解决摩擦的问题，MIT 在 1990 年研制成功能够长期工作的晃动静电马达，利用定子与转子侧壁间的静电力驱动转子旋转。晃动马达的主要结构与旋转静电马达类似，也包括 12 个均匀分布的定子，与旋转马达不同的是晃动马达的转子是 1 个光滑的圆环，如图 5-20(a)所示。图 5-20(b)为晃动马达的工作原理，与旋转马达同时对 4 个对称定子施加驱动电压不同，晃动马达的驱动电压只施加在 1 个定子上，由于静电场的不对称，轴向的静电力将转子向定子方向吸引，将其压在中心轴上，同时切向的静电力拉动转子围绕转动旋转。晃动马达降低了转子和轴承间隙，转子与中心轴成偏心位置围绕中心轴转动，降低了摩擦，并在转子下设置了 3 个凸点提供支承，以减小转子与衬底的摩擦并提高电连接性能。这种马达的转速达到了 15 000 rpm，能够连续工作一周[25]，并且在低速时有较大的扭矩输出。图 5-20(c)为清华大学研制的晃动马达，转子直径为 120 μm，定子 4 个，转速在 0～1000 rpm 内连续可调，启动电压为 25 V[26]。

(a) MIT的晃动马达

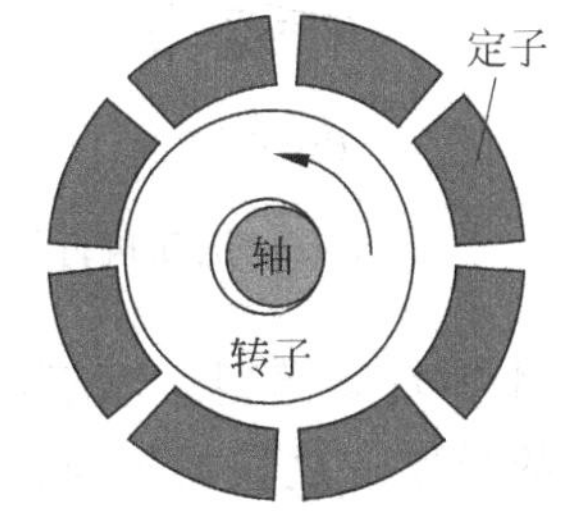

(b) 晃动马达的工作原理

(c) 清华大学微电子所的晃动马达

图 5-20 晃动静电马达

旋转静电马达的驱动能力有限，输出扭矩在 5～67 pNm 之间，需要 10～100 V 的驱动电压。侧壁驱动的静电马达的驱动力来自定子和转子侧壁间隙的静电力，侧壁间隙越小、厚度越大，驱动力就越大，因此增加马达的厚度或者减小间距可以提高驱动力，例如 DRIE 刻蚀厚的 SOI 硅片实现大厚度的静电马达。然而，由于工艺能力在制造高深宽比结构方面的限制，在实现大厚度的同时，电极的间距难以缩小。

尽管由于输出功率、摩擦、可靠性等问题难以解决，迄今为止静电马达仍旧没有实际应用，但是在 20 世纪 80 年代末静电马达为 MEMS 展示了一个美好的前景，促进了世界各国对 MEMS 研究的重视。

5.1.4 直线步进执行器

沿着直线运动的直线(线性)执行器是一种重要的动力输出器件，能够输出较大的位移和驱动力，在光学和海量数据存储等领域有重要的应用[27]。挠动执行器(Scratch Drive Actuators，SDA)[9,28]、蠕虫执行器(Inchworm Actuators)[29]和拖曳马达[30]能够将执行器输出的垂直于衬底的运动通过摩擦力转化为平行于衬底的连续线性运动；冲击执行器和蜗杆马达交替执行驱动和保持过程,利用接力方式推动执行器件沿着直线连续运动。

1. 挠动执行器

挠动执行器SDA是利用不同结构的摩擦力不同而实现的静电驱动结构,如图5-21所示。驱动部分由相互垂直的平板和引导柱(Bushing)构成,二者都不固定在衬底绝缘层上。驱动时首先在衬底电极和平板间施加电场,静电力将平板下拉贴在绝缘层上,去除电场后,由于平板与绝缘层的接触面积远大于引导柱的接触面积,因此弹性回复力驱动引导柱向前运动,完成一个运动周期。重复上述过程,可以实现长距离的驱动。SDA的驱动力较大,每次能够实现小范围精确的位移输出,并且连续输出位移很大。例如,当平板面积为60 μm×60 μm、驱动电压120 V时,能够产生100 μN的驱动力,每次移动30 nm。

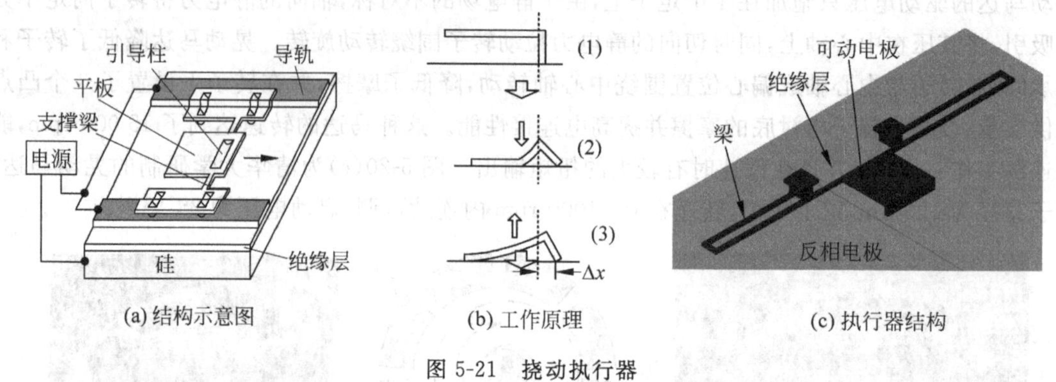

(a) 结构示意图　(b) 工作原理　(c) 执行器结构

图5-21　挠动执行器

图5-22为SDA的动作过程和等效梁模型。对于制造工艺决定了支承引导柱高度的情况,SDA的设计主要需要优化板的长度。过长的板与衬底接触后平行接触的位置过长,限制了驱动器输出力的大小;过短的板需要较大的下拉电压,同时弯曲应力和磨损都比较大,影响驱动器的可靠性。由于SDA利用长度方向的弯曲,原则上宽度对驱动器没有影响,但实际上宽度会影响压膜阻尼,进而影响驱动器的动态响应。

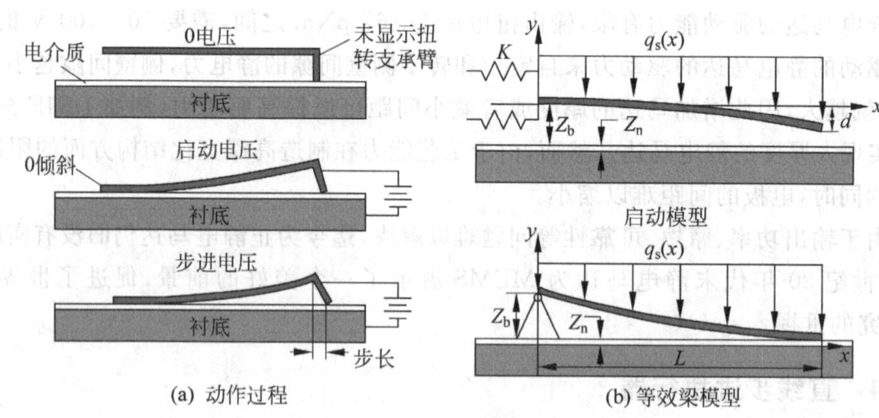

(a) 动作过程　(b) 等效梁模型

图5-22　挠动执行器的动作过程和等效模型

SDA弯曲可以分为两个过程。首先外加电压产生的静电引力作用在平板上使其弯曲,当静电力足够大,能够克服平板的弹性刚度时,将板的末端下拉到与衬底表面接触,此驱动电压称为启动电压；在此变形的基础上，静电引力进一步下拉平行板，使末端平行贴在衬底表面，这个过程对应的电压为步进电压。最优的设计应该根据板长确定下拉电压等于启动电压，实现最优的摩擦和电压响应[31]。

将平行板简化为悬臂梁，则悬臂梁在下拉分布力 $q_s(x)$ 的作用下的挠度为

$$\mathrm{d}(x)=\int_0^L q_s(x)\frac{bx}{6EI}(3xL-x^2+6KL)\mathrm{d}x \tag{5-69}$$

其中 b 和 L 分别为板的宽度和长度，E 和 I 分别为弹性模量和惯性矩，K 为垂直引导柱弯曲引入的柔性常数[32]，大小由引导柱的尺寸决定，如图 5-22 所示。假设静电力作用下梁的弯曲呈二次多项式关系[33]，并且最大的间距 $z_m=z_b+z_n$，于是分布力可以表示为

$$q_s(x)=\frac{\varepsilon_0\varepsilon_r V}{2z_m-2d(x/L)^2} \tag{5-70}$$

其中 ε_0 是自由空间的介电常数，ε_r 是电容介质的有效相对介电常数，需要根据各自的厚度给出一个等效值。将式(5-70)代入式(5-69)，得到电压与挠度 d 的关系，求导后得到下拉时的挠度为

$$d=\frac{45}{8}z_m\frac{L+4K}{13L+45K} \tag{5-71}$$

其中的等效介电常数设置为 2。

当悬臂梁末端被下拉到与衬底接触时，导向柱的斜率为 z_b/L，将其代入简支梁的公式

$$\frac{z_b}{L}=\frac{1}{6EIL}\int_0^L q_p(x)(L-x)[2xL-x^2]\mathrm{d}x \tag{5-72}$$

由于平行板已经下拉到末端与衬底接触，启动电压的静电力与下拉过程不同，

$$q_p(x)=\frac{\varepsilon_0\varepsilon_r}{2}\frac{V}{z_n+z_b(x/L)^2} \tag{5-73}$$

其中 ε_r 仍旧表示有效介电常数，但是由于填充介质的比例已经改变，因此与下拉过程中的数值不同。将式(5-73)代入式(5-72)，积分后得到

$$V_p=\sqrt{\frac{24z_b^2EI}{\varepsilon_0\varepsilon_r bL^4}\left[\frac{3}{\sqrt{z_n z_b}}\tan^{-1}\sqrt{\frac{z_b}{z_n}}-\frac{\ln(z_b+z_n)}{z_b}-\frac{2}{z_n}+\ln z_n\right]^{-1}} \tag{5-74}$$

比较板的长度与下拉电压和启动电压的关系可知，在某个长度上这两个电压相等，此长度即为优化的板长度。由于较小的电压误差也会导致较大的优化长度误差，因此计算结果只作为优化设计的初始值。

由于 SDA 的整体都产生位移，因此如何供给能量是这类无约束形执行器的重要问题。图 5-21 所示的 SDA 依靠两个滑轨实现导电连接以提供能量。这种方式的缺点是限制了执行器的移动轨迹，而且摩擦会降低能量转换效率和可靠性。采用电容耦合的方式提供能量，可以取代固定滑轨，能够提高能量转换效率和可靠性，并能够实现任意的二维运动轨迹[34]。

2. 蠕虫执行器

蠕虫执行器的原理类似蠕虫爬行，一屈一伸地前进。图 5-23 为一种蠕虫执行器的运动原理和驱动电压时序示意图[30]。(1)初始状态。执行器核心是一个平板电容，另外包括由铰链连接的右端的引导夹紧结构和左端的跟随夹紧结构，执行器的驱动过程分别对这 3 部分施加具有一定时序关系的电压。(2)对右端的引导夹紧结构施加电压，该部分被静电力吸引后产生

的摩擦力将平板右端锁紧。(3)保持右端电压的同时,在中间的驱动平板电极上施加驱动电压,平板电极在静电力的作用下向下弯曲,使平板的左右两侧向中间收缩。由于右端已经被引导夹紧结构固定,只有左端能够收缩,带动左端跟随夹紧机构向右侧运动。(4)接着过渡时序将两端都施加电压,最后在保持左端电压的同时释放右端的电压,右端在平板弹性回复力的作用下向右伸长,平板回复到初始形态,将(3)中左端收缩量转换为整个执行器的位移,完成一个动作过程。对该过程多次循环,实现执行器的线性运动;将驱动电压的先后顺序左右对调,执行器可以反方向直线运动。

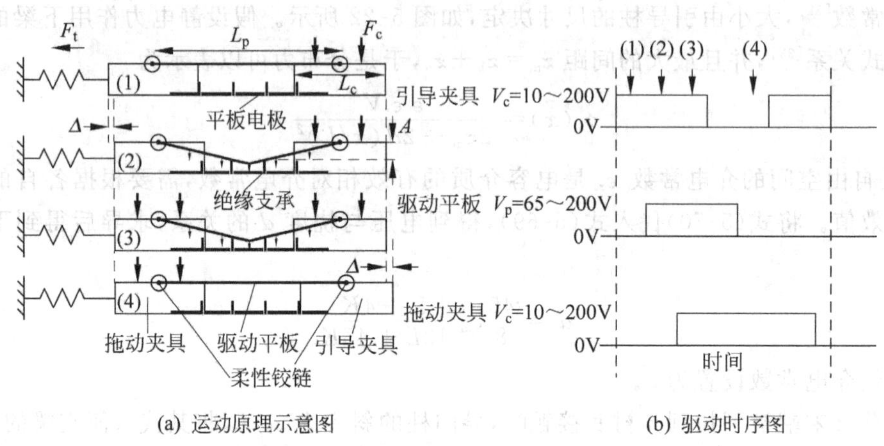

图 5-23 蠕虫执行器运动原理和驱动时序

如果执行器在过程(3)中纵向变形为 A,由于 $A \ll L_p$,在左侧收缩长度(即执行器的步长)为

$$\Delta S = \frac{2A^2}{L_p} \tag{5-75}$$

例如对于 $A=3\ \mu m$, $L_p=500\ \mu m$ 的情况,步长约为 38 nm。为了实现更快的运动速度,需要提供动作循环过程的速度,由于平板回复的过程中不施加外力,仅靠弹性回复力,因此最高速度取决于平板的谐振频率。根据板的谐振频率公式

$$f = \frac{1}{4.73^2}\sqrt{\frac{EI}{\rho btL_p^4}} \tag{5-76}$$

当宽度 $b=50\ \mu m$、厚度 $t=2.25\ \mu m$ 时,谐振频率为 77 kHz,即每秒运动 2.8 mm。

输出驱动力可以通过力的放大结构将平板下拉产生的中等垂直力转化为较大的平面力。仍旧假设 $A \ll L_p$,并只考虑板的拉伸,最大输出驱动力为

$$F_{max} = 2Ebt(A/L_p)^2 \tag{5-77}$$

对上面的尺寸,最大输出力可以达到 1.3 mN。显然,输出力越大,位移越小。

图 5-24 为利用 Summit 表面工艺制造的蠕虫执行器。工艺采用了 4 层多晶硅,其中 1 层作为地电极,另外 3 层为器件结构。执行器尺寸为 600 μm×200 μm,最大驱动力 0.5 μN,最大速度 4.4 μm/s,最大输出位移 100 μm,最小步长可以分别达到 10 nm、40 nm 和 100 nm,每个工作循环功耗只有 μW 水平。

蠕虫执行器在保持方式上可以使用摩擦夹紧或啮合齿咬合。图 5-25 所示为啮合齿咬合的执行器[35]。动力输出结构为带有啮合齿的滑动臂,驱动部分包括两个相同的驱动器,每个

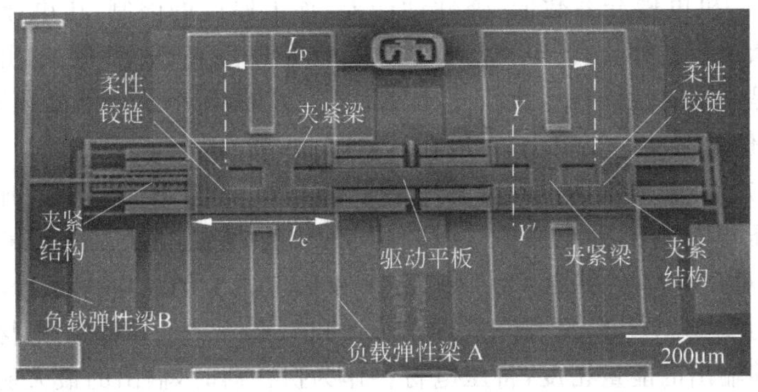

图 5-24 Summit 工艺制造的蠕虫执行器

驱动器由 1 个输出横向运动的梳状执行器和 1 个输出纵向运动的梳状执行器组成。工作时，下方横向运动的执行器首先推动驱动结构靠近滑动臂，并使啮合齿相互啮合，然后纵向运动的执行器推动滑动臂向上运动。当纵向驱动器输出到最大位移时，上方的执行器开始工作，顺序与下方的执行器相同，即首先啮合以保持下方执行器的位移，然后纵向执行器推动滑动臂继续向上运动。

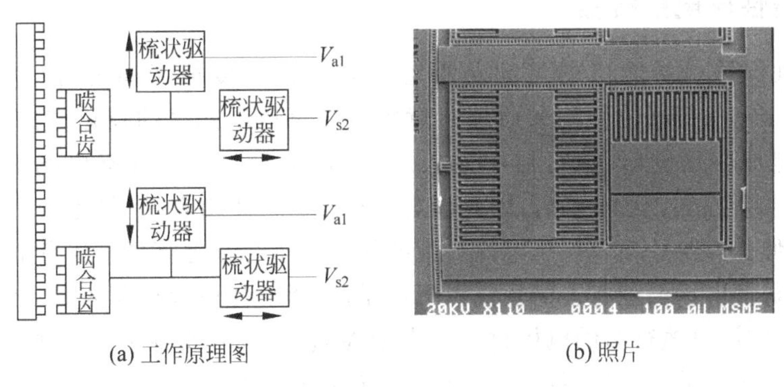

(a) 工作原理图 (b) 照片

图 5-25 啮合马达

5.2 压电执行器

压电执行器利用压电材料的压电效应实现换能作用，将输入电信号转换为机械能输出，是 MEMS 领域常用的驱动方法之一。压电材料具有较大的能量密度和应力输出，较小的变形和位移，能量转换效率较高。MEMS 中常用的压电材料包括锆钛酸铅(PZT)、氧化锌(ZnO)、氮化铝(AlN)、聚偏氟乙稀(PVDF)等，其中 PZT 的压电系数较大，具有较高的转换效率，PVDF 是高分子材料，制造较为容易、变形大。

压电执行器一般是支承结构和压电薄膜组成复合结构。压电薄膜的上下表面各有一个金属电极，组成三明治结构。压电薄膜常用溶胶凝胶、CVD 或溅射等方法制造，多数压电材料在制备好以后必须通过高压极化(100～300 V)，使其内部分子规则排列以获得压电特性。溶胶凝胶或溅射的压电薄膜存在较大的应力，在沉积过程中需退火减小应力。即使如此，压电膜仍旧难以实现较大的厚度，通常在 1～3 μm，并需要分解为多次沉积。薄膜压电材料的性能与体材料相比差距较大，机电耦合系数低、弹性性能差，加上厚度的限制，压电驱动的输出功率有限。但是与其他微执行器相比，压电执行器仍具有能量密度高、效率高、输出力大等特点。压电执行器的缺点是制造高性能压电执行器比较困难；另外，压电执行器的驱动电压较高，一般在十伏至几百伏，但是驱动电流较小，一般在 nA 到 μA 量级。

压电执行器的能量密度与静电执行器的能量密度 $w_e=\varepsilon_0\varepsilon_r E^2/2$ 具有相同的形式，其最大能量密度取决于压电材料的介电常数 ε_r 和材料的击穿场强。对于高质量的 PZT、ZnO 和 PVDF 薄膜，其相对介电常数分别约为 1300、8.2 和 4，其击穿场强均约为 3×10^8 V/m，因此其能量密度分别约为 5.2×10^8 J/m³、3.3×10^6 J/m³ 和 1.6×10^6 J/m³。压电材料的最大能量密度并不是全部能够输出的能量密度，将压电材料作为执行器时，输出的最大能量密度还受到压电执行器的机械能量密度的限制，即压电材料的最大应变能密度 $w_p=T_iS_j/2$(应力和应变的乘积)。当压电薄膜与上下表面的电极组成三明治结构时，驱动电压在压电薄膜内产生的电场垂直于薄膜的主平面，沿着薄膜的厚度方向，此时压电薄膜工作在 d_{31} 模式，即沿着厚度方向施加电场 E_3，产生沿着长度方向的伸缩 S_1，并且 $S_1=d_{31}E_3$。于是应变能密度为

$$w_p=\frac{S_1^2}{2s_{11}}=\frac{(d_{31}E_3)^2}{2s_{11}} \tag{5-78}$$

5.2.1 线性压电执行器

线性压电执行器是指输出的运动是沿着执行器的长度或者厚度方向伸缩的执行器。图 5-26 为线性压电执行器的结构和原理示意图。如果压电薄膜的极化方向为厚度方向，并沿着厚度方向施加驱动电压，执行器中输入应力为 0，即 $T_i=0$，并且电场只在 x_3 方向，即 $E_1=E_2=0$，此时产生的应变只有 S_1，因此压电执行器会产生沿着 x_1 轴方向的伸缩；当 $V>0$ 时，压电执行器伸长；当 $V<0$ 时，压电执行器缩短。为了尽量提高压电执行器的能量密度，需要提高驱动电压，使电场强度在击穿场强以下尽量高，因此压电执行器的驱动电压在几十至几百伏。通常不考虑压电执行器的电极材料对力学性质的影响，实际上一般电极为溅射的金属薄膜，其厚度远小于压电薄膜的厚度，通常可以忽略电极的影响。

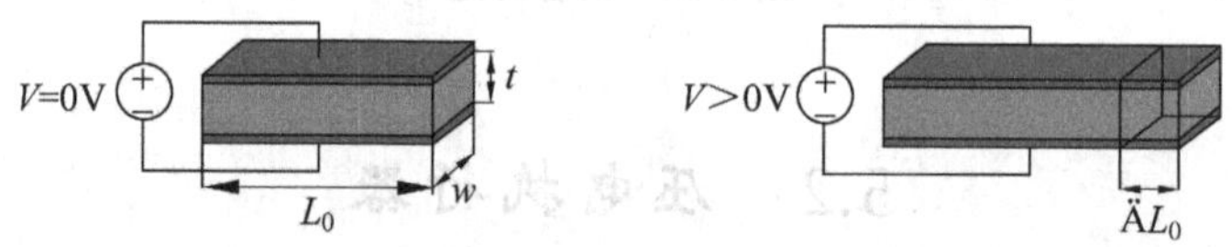

图 5-26 线性压电执行器

第一类压电方程给出了垂直极化和垂直驱动场强时的应变为 $S_1=d_{31}E_3$，因此执行器的输出位移为

$$\Delta L=S_1L_0=d_{31}E_3L_0 \tag{5-79}$$

其中 L_0 是压电执行器的长度。例如，对于厚度 1 μm、长度 500 μm 的 PZT 压电执行器，其压电系数 $d_{31}=171\times10^{-12}$ C/N，在施加 300 V 的驱动电压时(击穿场强 3×10^8 V/m)，产生的输出位移约为 26 μm，即 87 nm/V。由于薄膜材料的限制，实际压电系数和驱动电压难以达到理想值，因此输出位移更小。

如果限制线性压电执行器的伸缩，在执行器的末端将产生输出力。沿着 x_1 轴的应力为

$$T_1=d_{31}E_3/s_{11} \tag{5-80}$$

例如，仍采用上面的参数，$s_{11}=16.4\times10^{-12}\ m^2/N$，则当执行器的末端被限制位移时，输出端的应力为 3.1 GPa。如果压电执行器的宽度为 50 μm，末端的输出驱动力达 155 mN，即 0.5 mN/V。这对 MEMS 尺度的结构是非常大的输出力。

利用线性压电执行器可以实现压电步进马达，如图 5-27(a)所示。步进马达包括输出梁和分布在梁两侧的 3 组压电执行器，其中中间一组产生横向伸缩运动，两侧的两组产生垂直伸缩运动。交替对 3 组执行器施加驱动电压，利用两侧的两组执行器夹持输出梁，中间的执行器伸长驱动输出梁，实现步进马达。图 5-27(b)采用静电执行器固定、压电执行器驱动的方法[36]。压电执行器两端的两个电极与衬底电极形成电容执行器，通过施加静电压利用静电力将压电执行器的一端固定，利用压电执行器的伸长实现驱动。

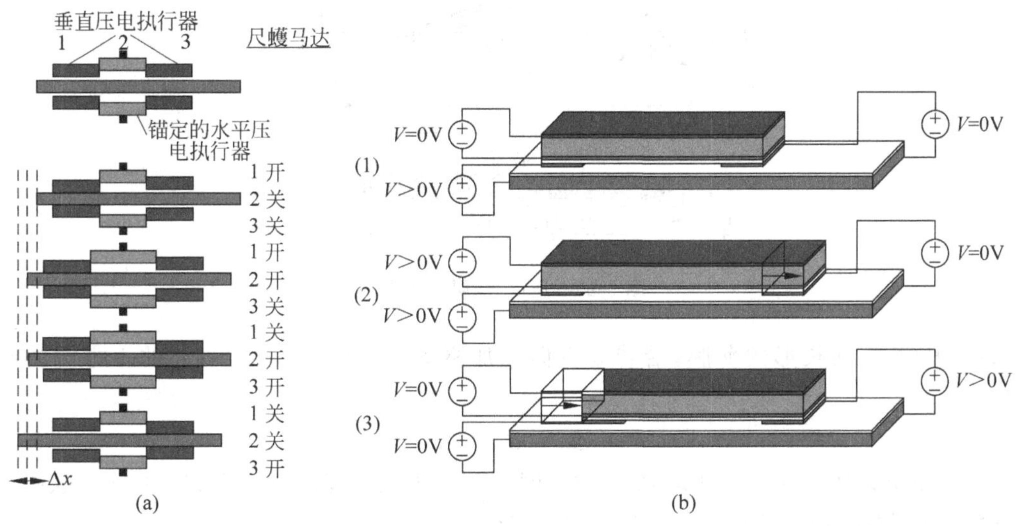

图 5-27　线性压电执行器实现的步进马达

5.2.2　弯曲压电执行器

弯曲压电执行器是指输出位移为垂直执行器主平面的弯曲运动，可以分为单压电执行器(Unimorph)、双压电执行器(Bimorph)和多压电执行器(Multimorph)等结构形式。单压电执行器是指结构中只包括一层压电薄膜，并且压电薄膜的中心与复合结构的中心不重合。当压电薄膜伸缩时，结构的不对称使压电层的伸缩引起复合结构的弯曲。双压电执行器是指两层极化方向相反的压电薄膜叠加，并且施加相反的驱动电压，使一层压电薄膜收缩，另一层伸长，以获得较大的位移和驱动力，如图 5-28 所示。若驱动电压为交流电压，双压电执行器的输出端快速振动。多压电执行器包括多层压电薄膜，其原理与双压电执行器类似，目的是实现更大的位移和动力输出，但是制造困难，应用较少。除了悬臂梁式结构以外，也可以采用周边固支的薄膜结构获得输出弯曲的压电执行器，特别在流体驱动微泵中应用较多。

图 5-29 为利用 LIGA 技术在压电 PZT 表面制造的 V 形金属驱动器[37]。上层 LIGA 电镀的金属通过两侧的锚点固定在 PZT 衬底上，PZT 的极化方向为厚度方向，并且沿着厚度方向施加电压。PZT 工作在 d_{31} 模式，沿着厚度方向的膨胀和横向的缩小，引起顶层的金属梁沿着预变形的方向变形。压电 PZT 长度为 10 mm，金属梁宽 10～20 μm，高 75～175 μm，预变

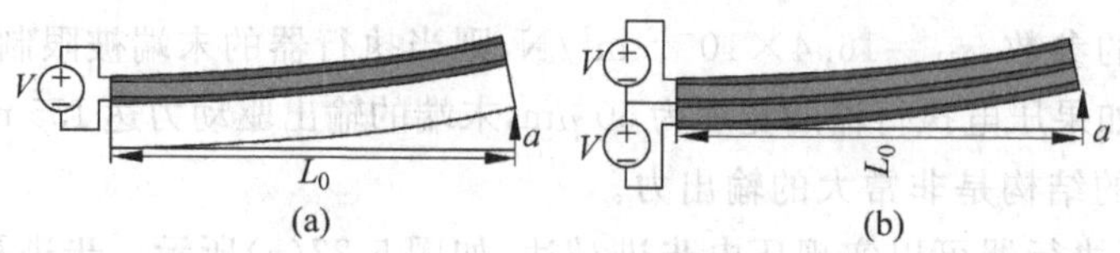

图 5-28 单压电执行器和双压电执行器

形 20 μm 或 100 μm。驱动电压超过 150 V 时金属梁开始动作,最大位移 140 μm,最大动态频率 500 Hz,振幅 120 μm。

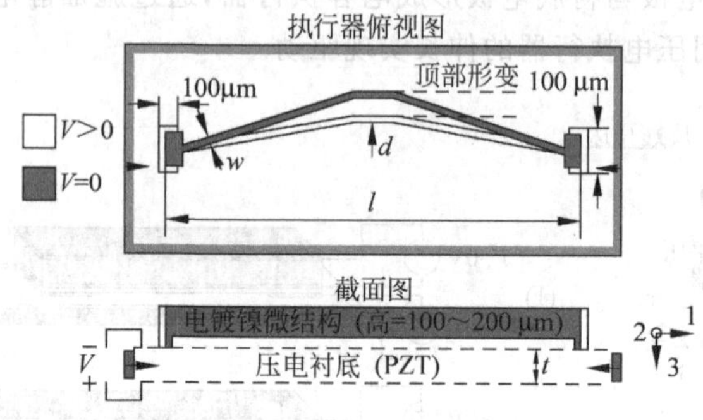

图 5-29 压电-金属执行器

如果 PZT 为细长形的薄膜,沿着 3 方向施加驱动电压时通过 d_{31} 引起的 1 方向的收缩量为

$$\Delta l = d_{31} lU/t \tag{5-81}$$

其中 d_{31} 是压电系数,l 和 t 分别是 PZT 的长度和厚度,U 是驱动电压。PZT 的 Δl 的收缩引起金属梁 Δd 的位移,用三角形的关系近似可以得到

$$\Delta d = \sqrt{d^2 - (\Delta l/2)^2 + l \cdot \Delta l/2} - d \tag{5-82}$$

由于压电的复杂性、压电材料的各项异性以及结构和支承的多样性,压电结构的理论分析是一个非常复杂的问题。目前用于压电结构分析的方法包括三维弹性理论[38]、高阶梁理论[39]、瑞利-李兹法[40]、状态空间法[41]、经典层合理论[42],以及有限元法[43]等。这些方法在一定程度上对某些压电结构适用,但是总体来说分析过程过于复杂、效率较低、应用范围有限。

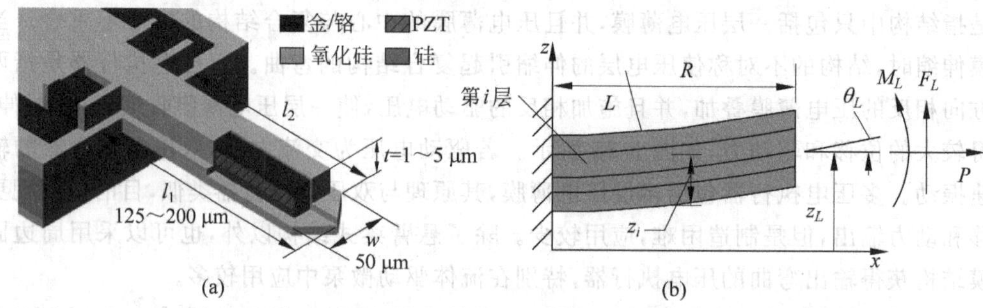

图 5-30 悬臂梁结构的压电结构和模型

下面利用经典弹性梁理论分析图 5-30 所示的悬臂梁多层压电复合结构的特性[44]。首先假设:所有层包括压电层和支承层均为理想弹性,层与层之间为理想连续,每层均处于静态平

衡状态；梁的厚度远小于弯曲产生的曲率半径，宽度与厚度具有相同的量级，因此忽略所有面外应力；如果梁的宽度远大于厚度，梁可以看作面内应变情况，宽度方向的应变 $\varepsilon_y=0$，如果梁为各项同性，则 E_i 和 d_{31} 分别用 $E_i/(1-\nu^2)$ 和 $d_{31}(1+\nu)$ 代替；压电材料的压电耦合较弱，机电耦合系数 $k^2=d_{31}^2E/\varepsilon_r$ 远小于 1，在计算电容和机械弹性刚度系数时可以忽略压电效应的影响，ZnO、AlN 和 PZT 的 k^2 值分别约为 0.01、0.12 和 0.6。

利用几何关系，可以得到 x 方向的应变为

$$\varepsilon_x=(z_{\mathrm{N}}-z)/R \tag{5-83}$$

其中 z_{N} 表示复合结构中性轴的 z 方向位置，z 表示结构内任意点的 z 方向位置，坐标可以选取在任意位置，R 是变形后的曲率半径。根据应力应变关系，x 方向的应力为

$$\sigma_x=E_i(\varepsilon_x-d_{31}\bar{E}-\alpha_i\Delta T) \tag{5-84}$$

其中 E_i 表示第 i 层的弹性模量，$\bar{E}$ 表示 z 方向的电场分量，α 表示热膨胀系数，ΔT 是温度变化。当悬臂梁的末端没有约束时，悬臂梁在驱动电压或者热膨胀的作用下产生弯曲。由于热膨胀的作用与压电驱动的作用类似，后面的讨论中忽略热膨胀的影响。

由于外部 x 轴向作用力 P 和外部弯矩 M 都需要由轴向应力 σ_x 平衡，将应变式(5-83)代入应力式(5-84)，得到外力力 P 和弯矩 M 分别表示为

$$\begin{aligned}P&=\sum_i\int_{A_i}E_i[(z_{\mathrm{N}}-z)/R-d_{31}\bar{E}]\mathrm{d}A\\&=\left(z_{\mathrm{N}}\sum_iE_iA_i-\sum_iE_iz_iA_i\right)/R-\sum_iE_iA_id_{31i}\bar{E}_i\end{aligned} \tag{5-85}$$

$$\begin{aligned}M&=\sum_i\int_{A_i}zE_i[(z_N-z)/R+d_{31}\bar{E}]\mathrm{d}A\\&=\left[\sum_iE_i(I_i+A_iz_i^2)-z_{\mathrm{N}}\sum_iz_iE_iA_i\right]/R+\sum_iz_iE_iA_id_{31i}\bar{E}_i\end{aligned} \tag{5-86}$$

其中 I 表示每层关于其中性轴的惯性矩，A_i 表示第 i 层的截面积。于是从式(5-85)和式(5-86)可以得到曲率半径和中性轴的位置

$$C=\frac{1}{R}=\frac{\left(M-\sum_iz_iE_iA_id_{31i}\bar{E}_i\right)\sum_iE_iA_i+\left(P+\sum_iE_iA_id_{31i}\bar{E}_i\right)\sum_iz_iE_iA_i}{\sum_iE_iA_i\sum_iE_i(I_i+A_iz_i^2)-\left(\sum_iz_iE_iA_i\right)^2} \tag{5-87}$$

$$z_{\mathrm{N}}=\frac{\left(M-\sum_iz_iE_iA_id_{31i}\bar{E}_i\right)\sum_iz_iE_iA_i+\left(P+\sum_iE_iA_id_{31i}\bar{E}_i\right)\sum_iE_i(I_i+A_iz_i^2)}{\left(M-\sum_iz_iE_iA_id_{31i}\bar{E}_i\right)\sum_iE_iA_i+\left(P+\sum_iE_iA_id_{31i}\bar{E}_i\right)\sum_iz_iE_iA_i} \tag{5-88}$$

根据式(5-87)，曲率的贡献来自外部弯矩 M、外部作用力 P 和电场。考虑只有弯矩 M 作用时的情况，即没有外力 P 和 z 方向的电场，从式(5-87)得到仅有弯矩作用时的中性轴 z_M 为

$$z_M=\sum_iz_iE_iA_i/\sum_iE_iA_i \tag{5-89}$$

该中性轴位置是整个复合梁的 EA 的重心，与外部弯矩没有关系。从式(5-87)还可以得到每单位弯矩的曲率为

$$C_M = \frac{\sum_i E_i A_i}{\sum_i E_i A_i \sum_i E_i (I_i + A_i z_i^2) - \left(\sum_i z_i E_i A_i\right)^2} \tag{5-90}$$

当坐标选择在复合梁的中性轴时，有 $\sum z_i E_i A_i = 0$，因此式(5-90)变成经典的曲率表达式

$$C_M = 1/\sum_i E_i (I_i + A_i Z_i^2) \tag{5-91}$$

其中 $Z_i = z_i - z_M$ 是每层薄膜的中性轴与复合梁的弯矩中性轴的距离。

下面考虑 x 轴向外力 P。当轴向外力 P 作用点不在复合梁的弯矩中性轴时，二者的间距为 Δz，于是 P 对 z_M 产生了一个附加弯矩 $M = P(z_M + \Delta z)$。为了计算外力产生的弯矩，可以将外力视为等效弯矩 $P\Delta z$ 产生的曲率，因此当没有电场作用时，单位外力作用产生的曲率可以根据式(5-87)得到

$$C_p = C_M \Delta z \tag{5-92}$$

并且在只有轴向力作用时的中性轴的位置 z_p 可以根据式(5-88)得到，其中的 $M = P(z_M + \Delta z)$，

$$z_p = \frac{\left(\sum_i z_i E_i A_i\right)^2 - \sum_i E_i A_i \sum_i E_i (I_i + A_i z_i^2) + \Delta z \sum_i E_i A_i \sum_i z_i E_i A_i}{\Delta z \left(\sum_i E_i A_i\right)^2} \tag{5-93}$$

利用式(5-89)、式(5-90)、式(5-92)和式(5-93)，由 P 引起的弯矩中性轴上的应变为

$$\varepsilon_x = (z_p - z_M) C_p P = \frac{P}{\sum_i E_i A_i} = \frac{x_L}{L} \tag{5-94}$$

式(5-94)中仅考虑了梁可以沿着 x 方向位移的情况。全部应变是轴向力的拉力作用产生的应变项式(5-94)加上由于等效弯矩 $P\Delta z$ 引起的应变项，后者可以利用式(5-90)得到。

最后考虑仅有电场作用的影响，即 $M = 0, P = 0$。选择坐标在弯矩中性轴，于是有 $\sum z_i E_i A_i = 0$。根据式(5-87)和式(5-91)，z 方向电场引起的变形曲率为

$$C_E = C_M \sum_i E_i Z_i A_i d_{31i} \bar{E}_i \tag{5-95}$$

其中 Z_i 以弯矩作用的中性轴为参考。每层压电薄膜产生 x 方向的力为 $E_i A_i d_{31i} \bar{E}_i$，其等效作用位置在第 i 层的中心，相对 z_M 的距离为 $Z_i = z_i - z_M$，因此产生式(5-95)的弯曲曲率。

如果电极间的压电薄膜只有一层，z 方向的电场为驱动电压 V 与压电层厚度 t_p 的比值，即 $\bar{E} = V/t_p$。如果电极间有包括压电薄膜在内的多层，则每层的电场为 $\bar{E}_i = V/\left(\varepsilon_i \sum_j t_j/\varepsilon_j\right)$，其中 j 表示电极间的薄膜层数。当悬臂梁结构作为传感器应用时，输入弯矩和力，产生电极上的电荷输出。根据压电方程，电位移可以表示为介电常数 $\bar{\varepsilon}_i$、电场 $\bar{E}_i$，以及压电系数 d_{31i} 和应力 σ_i 的关系

$$D_i = \varepsilon_i \bar{E}_i + d_{31i} \sigma_i \tag{5-96}$$

如果只有一层压电薄膜，省略下标，将式(5-96)变换为

$$\bar{E} = [D - d_{31} E (z_M - z) C_M M]/\varepsilon \tag{5-97}$$

如果作为传感器使用，输入为外部力和弯矩，上下极板的输入电压均为0，电场为0，上下电极没有电荷存在，因此

$$Dt_p = d_{31}EC_MM\int_{z_p-t_p/2}^{z_p+t_p/2}(z_M - z)\mathrm{d}z \tag{5-98}$$

其中 t_p 和 z_p 分别表示压电薄膜的厚度和中心到参考点的距离。利用电极表面的电荷 $Q=DbL$ 得到

$$Q = d_{31}EC_MM(z_M - z_p)bL \tag{5-99}$$

其中 b 和 L 分别是压电层的宽度和厚度。如果电极间包含多层压电薄膜,则

$$Q = C_MML\sum_j[d_{31}E_jA_j(z_M - z_j)/\varepsilon_j]/\sum_j t_j/\varepsilon_j \tag{5-100}$$

对于只有一层弹性支承薄膜和一层压电薄膜的情况,更简单的位移 $\delta(x)$ 计算公式为[45]

$$\delta(x) = \frac{x^2 d_{31}\bar{E}_3 A_e E_e A_p E_p(t_p + t_e)}{A_e E_e A_p E_p(t_p + t_e)^2 + 4(A_e E_e + A_p E_p)(E_e I_e + E_p I_p)} \tag{5-101}$$

其中下标 e 和 p 分别表示弹性支承薄膜和压电薄膜。

5.3 磁执行器

磁执行器利用电磁或者永磁体产生的磁场力进行驱动。根据磁力的来源,磁执行器可以分为洛仑兹力类型和双极子类型。洛仑兹力类型是执行器内部的电流在外磁场(一般是固定磁场)的作用下产生洛仑兹力对外输出功率,一般不需要在微执行器中集成磁性薄膜材料,制造比较容易;双极子执行器是执行器内部的磁材料在外部变化的电场下产生的作用力,需要制造磁性材料。根据执行器的位移方向,磁执行器可以分为间隙型和面积型,如图 5-31 所示。间隙型执行器的位移方向垂直于间隙,动作过程中重叠面积不变,间距改变。面积型磁执行器的运动方向与间距方向垂直,动作过程中间距不变,重叠面积改变。在宏观磁执行器中,由于磁路间隙的磁阻远大于磁芯本身的磁阻,磁场能几乎都集中在间隙处。在微型执行器中,磁芯磁阻与间隙磁阻相当,甚至大于间隙磁阻,因此磁场能分布在整个磁芯和间隙上。当磁芯的磁场能和间隙的磁场能相等时,磁执行器能够输出最大的能量和驱动力[46]。

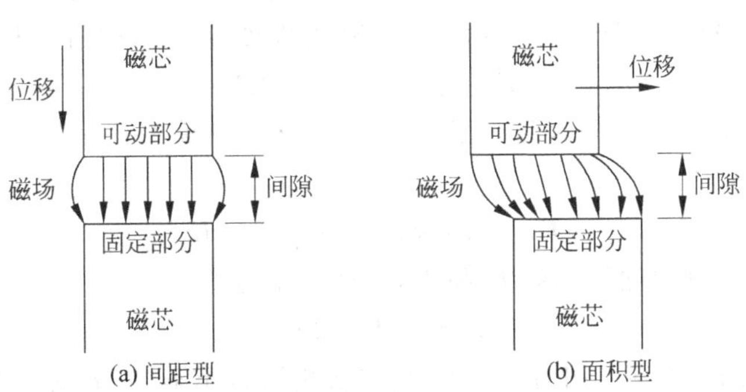

图 5-31 间距型和面积型磁驱动器原理

硅和衍生材料不具有磁化性质,但是由于这些材料不影响磁场(对磁场是透明的),因此磁执行器可以在硅结构上制造磁性材料实现[47]。微型磁执行器的优点是作用距离大,能够把微系统与宏观世界联系起来,在尺寸较大的情况下,磁执行器具有较大的输出能力。磁执行器还可以在不对硅器件施加任何能量的情况下驱动系统,避免了衬底热损耗。由于常用的 MEMS 材料对磁场是透明的,磁场能够穿透介质施加到被驱动物体,因此磁驱动可以用外部磁场对真

空封装腔内的器件进行驱动,避免使用直接的物理连线,这对真空封装非常有利。使用磁性材料可以容易地实现双稳态设计,从而实现自锁机构,使驱动过程只需要一个脉冲能量,保持过程不需要能量,降低驱动功率。磁执行器为电流控制的器件,通常驱动电流为几毫安以上,驱动电压可以低于1V。在无法使用高电压的情况下、外界环境为导电流体,以及环境灰尘较多时,磁驱动可以替代静电驱动。

由于磁场力与磁体的体积有关,随着磁体尺度的缩小,电流密度随之缩小,驱动力急剧下降,下降速度超过了静电执行器的下降速度。多数磁驱动器需要使用铜以及磁性材料(软磁性、硬磁性、或者磁弹性材料),不仅大多数材料对IC是污染的,而且磁性材料需要沉积厚膜(10～100 μm)以增大磁体体积,这对普通工艺也是比较困难的。尽管LIGA技术可以制造较大体积的磁体,但是成本较高。另外,电磁驱动中用到多种导体材料,在较大的电流通过时会产生焦耳损耗并引起散热问题;磁器件需要很大的驱动功率,要求较小的电压和很大的电流,导致能量转换效率较低,而且大电流和高功率是和IC不一致的。在有些应用中,磁场可能引起生物体的变性,限制了应用范围。

磁执行器的形式很多:磁体可以分为永磁体[48]和电磁[49],磁体材料包括坡莫合金[49]和普通磁性材料,坡莫合金是一类由镍铁(～70% Ni +30% Fe)组成的软磁性材料,非常容易被磁化,各向异性较小,制造过程不能施加应力和弯曲变形等。执行器的结构分为悬臂梁结构(输出弯曲)和扭转梁结构(输出扭转),输出位移的方向可以为面内[50]或面外[51]。通常磁体采用电镀制造,输出力矩为0.1～1 nNm[50]。

5.3.1 微型磁执行器的力和能量

磁驱动器利用磁场力进行驱动,磁场力是电荷之间的另一种力。磁铁和运动电荷(电流)会在周围空间激发磁场,磁铁与磁铁,磁铁与电流,电流与电流之间都是通过磁场相互作用的。一切磁现象都可以归结为运动电荷(即电流)之间的相互作用。磁力可以由洛仑兹定律或能量的方法得到。当把运动电荷放在磁场中后,它会受到与其速度有关的洛仑兹力的作用。位于空间磁场和电场中的空间电荷q,将受到电场和磁场的共同作用,作用力为

$$\boldsymbol{F} = q(\boldsymbol{E} + \mu_0 \boldsymbol{u} \times \boldsymbol{H}) \tag{5-102}$$

其中$\boldsymbol{E}$和$\boldsymbol{H}$分别为电场强度矢量和磁场强度矢量,$\boldsymbol{u}$是电荷的速度矢量。导线受到的磁场力为

$$\boldsymbol{F} = nq\mu_0 \boldsymbol{u} \times \boldsymbol{H} = \mu_0 \boldsymbol{I} \times \boldsymbol{H} \tag{5-103}$$

对于两根并行的导线,如果通以电流I_1和I_2,彼此作用力为

$$\boldsymbol{F} = \mu_0 I^2/(2\pi r) \tag{5-104}$$

单位为N/m。导线通以电流I时,产生的磁感应强度可以用毕奥-萨伐尔定律获得

$$\boldsymbol{B} = \int_L d\boldsymbol{B} = \int_L \frac{\mu_0 I d\boldsymbol{l} \times \hat{r}}{4\pi r^2} \tag{5-105}$$

其中$\hat{\boldsymbol{r}}$是导线微段到空间某一点的向量方向,r是该向量的大小,磁感应强度$B = f_{L,\max}/(qv)$,其中$f_{L,\max}$是运动电荷受到的最大洛仑兹力。

如图5-32所示的磁执行器,磁芯为磁性材料,磁导率为μ,具有均匀截面A_c,间隙的面积和初始间距分别为A_g和g,磁芯和重叠区域的长度分别为l_c和l_0。忽略边缘磁场,间隙和磁芯的磁阻分别为

$$R_g(x)=(g-x)/(\mu_0 A_g),\quad R_c=l_c/(\mu A_c) \tag{5-106}$$

其中 μ 和 μ_0 分别是磁芯和空气的磁导率。

线性系统的能量和共能相等，当忽略磁芯的磁阻时，电感 $L(x)$、磁场能 W_m 和磁力 F_x 分别为

$$L(x)=N^2/R_g(x),\quad W_m=i^2L(x)/2,\quad F_x=\partial W_m/\partial x=A_g i^2 N^2\mu_0/[2(g-x)^2] \tag{5-107}$$

其中 N 是线圈的匝数，i 是激励电流。为了获得最大的驱动力，间隙应尽量小，重叠面积应尽量大。一般宏观磁执行器磁芯的磁阻非常小，通常可以忽略，因此能量都集中在间隙处。当可动部分在磁力的作用下产生机械力时，间隙改变，因此激励线圈的电感也随之改变。

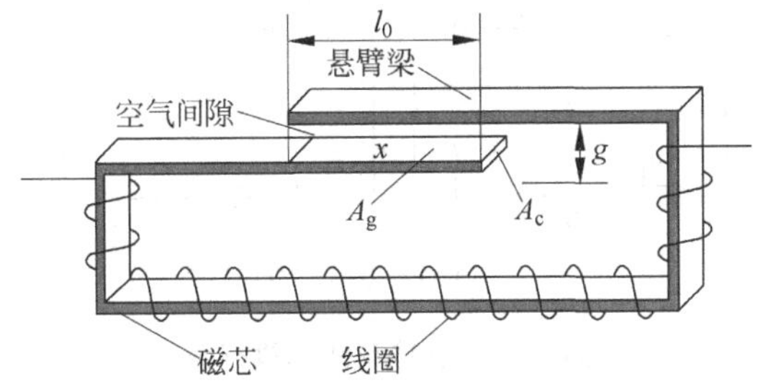

图 5-32　磁执行器结构示意图

对于微型磁执行器，磁芯的磁阻一般与间隙磁阻相当，因此不能忽略。考虑到间隙存储的能量正比于间隙和磁芯的磁阻，磁芯和间隙存储的能量分别为

$$W_c=N^2i^2R_c/[2(R_c+R_g)^2],\quad W_g=N^2i^2R_g/[2(R_c+R_g)^2] \tag{5-108}$$

因此磁执行器存储的能量为磁芯和间隙存储的能量之和，即

$$W_m=i^2L(x)/2=W_g+W_c=N^2i^2/[2(R_c+R_g)] \tag{5-109}$$

磁场力为能量对位移的导数，即

$$F_x=\frac{\partial W_m}{\partial x}=\frac{1}{2}\frac{N^2i^2}{\mu_0 A_g(R_c+R_g)^2}=\frac{1}{2}\frac{N^2i^2}{\mu_0 A_g[l_c/(\mu A_c)+(g-x)/(\mu_0 A_g)]^2} \tag{5-110}$$

由于在微型执行器中改变磁芯的参数比较困难，而改变间隙的参数却很容易实现，因此微型磁执行器一般都采用改变间隙参数的方法。把式(5-108)或式(5-110)对间隙的重叠面积求导并令其等于 0，可以得到磁执行器输出最大能量的条件是

$$R_c=R_g \tag{5-111}$$

微型磁执行器与宏观磁执行器的区别在于微观情况需要考虑磁芯的磁阻，由此产生了最大能量的条件式(5-111)。该条件与电路系统输出最大功率时要求内阻与负载电阻相等的条件类似。

5.3.2　线性执行器

线性执行器一般依靠磁力驱动支承梁弯曲实现运动。图 5-33 为利用磁通量产生驱动的执行器结构示意图[52]。执行器工作时，流经螺旋导体线圈的电流在磁芯内产生磁通量，线圈的缠绕方法使两个平行线圈产生的磁通量在中心线上叠加。中心线上是一个磁性材料制造的悬臂梁，悬空在磁性基板上方。因此，流经磁性悬臂梁的磁通量通过悬臂梁和磁性基板之间的

空气间隙对悬臂梁施加磁力，下拉悬臂梁减小空气间隙，以降低整个磁回路的磁阻。

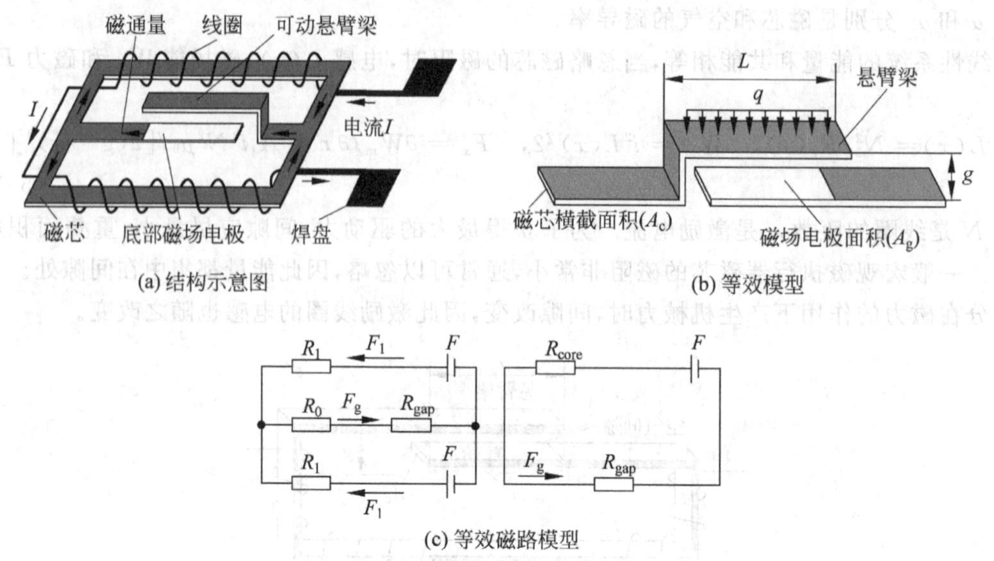

图 5-33 悬臂梁式磁执行器

由于磁性弹性梁和磁性基板之间构成了磁性回路，可以将其视为电路中的电容极板。磁芯包括了一个由弹性梁和基板间距决定的空气间隙，因此流经空气间隙的磁通量产生了磁电极之间的吸引力。假设流经空气间隙的磁通量均匀分布，忽略磁场的边缘效应，并假设磁芯的磁导率为常数，当磁回路的磁通量密度从 0 增加到 B 时，磁路存储的能量为

$$W_\phi = \iiint_V \mathrm{d}V \int_0^B H\mathrm{d}B = \iiint_V \frac{B^2}{2\mu_r\mu_0}\mathrm{d}V \tag{5-112}$$

其中 V 是磁路的体积，H 是磁场强度，μ_0 和 μ_r 分别是自由空间磁导率和磁芯的相对磁导率。

在磁力的作用下，悬臂梁产生了 $\mathrm{d}g$ 的位移，磁力所做的功为

$$\mathrm{d}W_m = f\mathrm{d}g \tag{5-113}$$

在悬臂梁产生 $\mathrm{d}g$ 的位移时，如果调整驱动电流使空气间隙的磁通量保持不变，则驱动电流对空气间隙存储的能量没有贡献，因此机械能都来自于磁场存储的能量 W_ϕ，即空气间隙体积减小所释放出的磁场能转化为悬臂梁的机械能。因此

$$\mathrm{d}W_\phi = -\mathrm{d}W_m = -A_g B_g^2 \mathrm{d}g/(2\mu_0) \tag{5-114}$$

其中 A_g 和 B_g 分别是空气间隙的面积和磁通量密度。于是从式(5-113)和式(5-114)可知磁力为

$$f = \frac{\mathrm{d}W_m}{\mathrm{d}g} = \frac{A_g B_g^2}{2\mu_0} \tag{5-115}$$

于是悬臂梁局部载荷为 $q=f/A_g$。结合均布载荷作用的悬臂梁的末端挠度为 $w_{max}=ql^4/(8EI)$，悬臂梁末端的最大位移为

$$w_{max} = \frac{l^4 B_g^2}{16\mu_0 EI} \tag{5-116}$$

图 5-33(c)所示的等效磁路，R_0 和 R_1 是磁芯的部分磁阻。于是磁芯的总磁阻

$$R_c = \frac{R_1}{2} + R_0 = (0.5l_{c1} + l_{c0})/(\mu A_c) \tag{5-117}$$

根据式(5-108)和式(5-109)，总磁能、间隙能量和磁芯能量分别为

$$
\begin{aligned}
W_g &= \frac{1}{2}\frac{i^2N_1^2(g-x)/(\mu_0A_g)}{[(0.5l_{c1}+l_{c0})/(\mu A_c)+(g-x)/(\mu_0A_g)]^2},\\
W_c &= \frac{1}{2}\frac{i^2N_1^2(0.5l_{c1}+l_{c0})/(\mu A_c)}{[(0.5l_{c1}+l_{c0})/(\mu A_c)+(g-x)/(\mu_0A_g)]^2}\\
W_m &= \frac{1}{2}\frac{i^2N_1^2\mu_0\mu A_cA_g}{0.5\mu_0l_{c1}A_g+\mu_0l_{c0}A_g+\mu A_c(g-x)}
\end{aligned}
\tag{5-118}
$$

其中 N_1 是线圈对应 l_{c1} 长度内的匝数。根据式(5-110)，磁驱动力为

$$
F_x=\frac{A_g}{2\mu_0}\left[\frac{i^2N_1^2\mu_0\mu A_c}{0.5\mu_0l_{c1}A_g+\mu_0l_{c0}A_g+\mu A_c(g-x)}\right]^2 \tag{5-119}
$$

图 5-34 为坡莫合金的磁性执行器结构和变形原理示意图[49]。坡莫合金磁性薄膜制造在多晶硅的悬臂梁表面，通过 PSG 作为牺牲层释放为悬空结构，通过外加电激励磁场驱动微结构。坡莫合金磁体的长宽高分别为 L、W 和 T，悬臂梁的长宽高分别为 l、w 和 t。当外加磁场作用时，磁化矢量 $\boldsymbol{M}$ 沿着悬臂梁的长度方向。坡莫合金的易磁轴方向由其结构尺寸决定，横向尺寸远大于厚度，易磁轴方向平行于主平面，垂直于厚度方向。执行器的悬臂梁为镍铁合金，长 780 μm，宽和厚分别为 25 μm 和 2.5 μm，在几百 mA 的直流电流和小于 1 V 的直流驱动下，末端位移 1～6 μm，能够产生 0.1～0.8 μN 的驱动力。执行器的制造采用表面微加工技术，以聚酰亚胺作为牺牲层，多次电镀金属作为结构层。

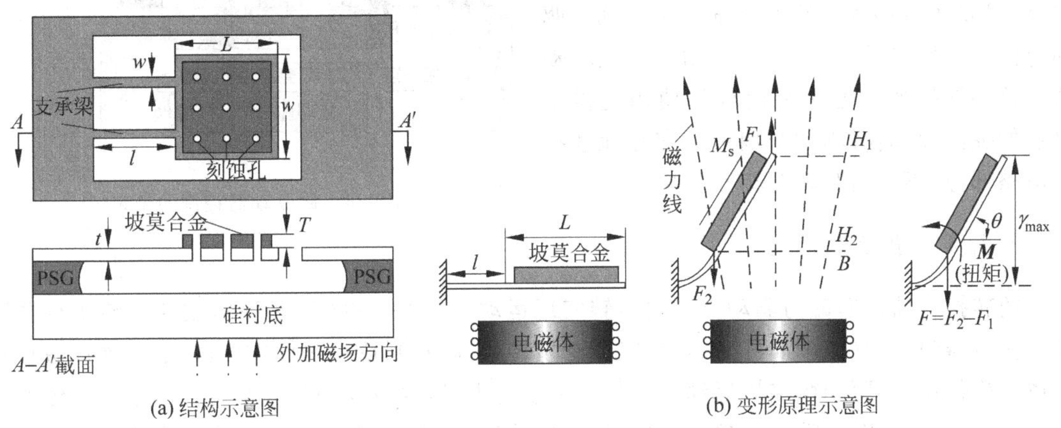

图 5-34　电镀坡莫合金电磁执行器结构和变形

坡莫合金磁执行器利用标准表面微加工技术和电镀技术制造，如图 5-35 所示。(1)在硅衬底沉积 PSG 作为牺牲层，沉积 LPCVD 多晶硅作为结构层，再沉积 0.5 μm 的 PSG 作为多晶硅的掺杂源。950℃退火使多晶硅掺杂并释放多晶硅应力，由于多晶硅上下表面进行相同的掺杂，因此可以消除不对称造成的应力。然后 BHF 去除顶层 PSG，刻蚀多晶硅。(2)沉积 20 nm 的 Cr 和 180 nm 的 Cu 作为后续电镀的种子层，涂覆光刻胶并光刻形成电镀的模具。(3)将硅作为阴极，Ni 作为阳极进行电镀，电镀时外加磁场平行于硅衬底，强度为 450 Oe。外加磁场的方向决定了坡莫合金易磁化轴的方向。(4)去除光刻胶。(5)去除种子层(Cu 和 Cr)，然后用 49%HF 刻蚀 20 min 去除牺牲层 PSG 释放多晶硅结构。坡莫合金的饱和磁化为 1～1.5 特斯拉，矫顽力 0.6 Oe，相对磁导率 4500。对于 1 mm×1 mm 的坡莫合金，能够产生 87 μN 驱动力，在纯弯曲模式下，执行器能够产生 180°的位移变形。

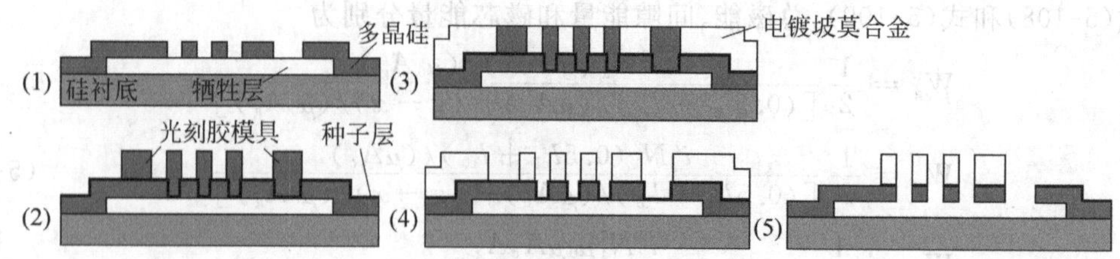

图 5-35 电镀坡莫合金制造过程

利用悬臂梁实现双向磁性驱动器能够产生长达几百微米的动作输出，在包括光开关等在内的领域有广阔的应用前景。双向磁性驱动器是指只有两个运动位置的驱动器，在电流的作用下，磁驱动器产生输出达到一个位置，并依靠自锁机构在去除驱动电流的情况下将驱动器保持在该位置；当去除驱动电流时，依靠弹性结构或者改变电磁材料的极性产生反磁力回复力[53]。线圈是利用电镀制造在一个悬臂梁表面的 CoNiMnP 永磁体，矫顽力和回滞达到 220%和 380%；带有激励永磁体的玻璃衬底与带有悬臂梁的硅衬底键合。在 100 mA 驱动电流的作用下，最大输出可以达到 80 μm。

图 5-36 为磁驱动器结构的微泵[54]。电镀坡莫合金的磁性线圈位于硅片的上表面，通电后产生磁场和磁通量。KOH 刻蚀硅片形成通孔并电镀填充坡莫合金，使之与线圈的磁芯相连，将线圈产生的磁场引导到硅片的背面，驱动背面的磁性材料，构成背面驱动的磁性驱动器。这种结构的好处是为设计和使用提供了更多的灵活性，同时驱动线圈可以容易地连接到电路部分，不会与驱动器相互影响。

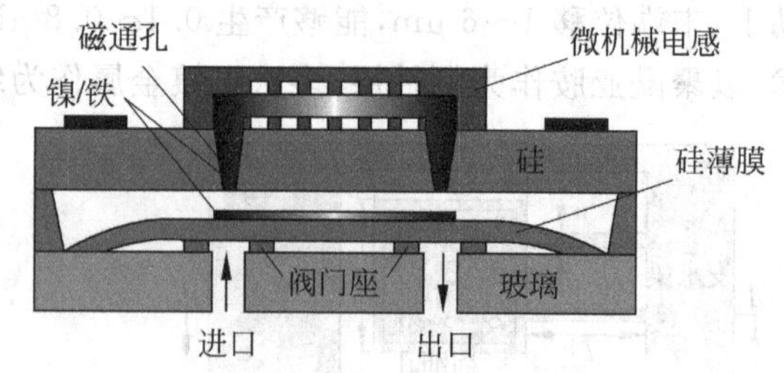

图 5-36 磁驱动器控制的微泵

5.3.3 扭转执行器

扭转执行器依靠磁力驱动支承梁扭转实现运动[55]。图 5-37 为典型的磁性扭转执行器结构。执行器包括硅(或多晶硅)的悬臂梁或者扭转梁，以及制造在表面的磁体，通过外加磁场对磁体产生作用力，驱动微结构运动。当外加磁场为零时，执行器与衬底平行。当垂直磁体的外加磁场强度 H 作用在磁体上时，磁体受到磁场的作用，驱动微结构弯曲或者扭转。对于坡莫合金，磁场在其内产生磁化矢量，磁化矢量与磁场相互作用，驱动微结构弯曲。

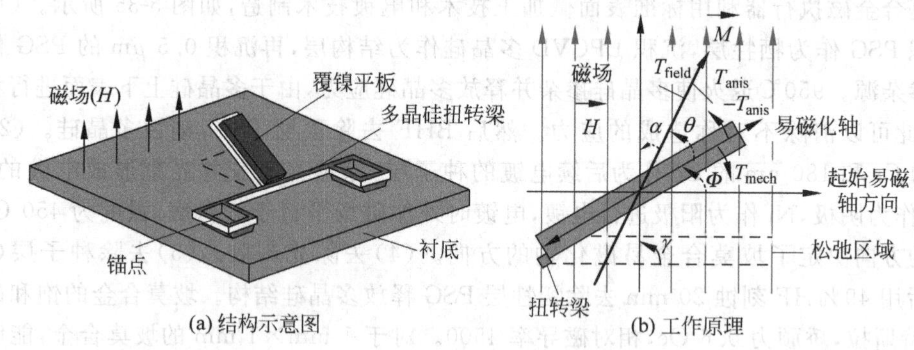

图 5-37 扭转磁性执行器原理

磁场力与扭转梁的弹性回复力平衡时，结构处于稳定状态。扭转梁的弹性扭转刚度为

$$k_\phi = 2(K_b G + \sigma J_b)/l_b \tag{5-120}$$

其中 $G=E/[2(1+\nu)]$ 是扭转梁的剪切模量，K_b 是与扭转梁截面形状有关的系数，E、ν、σ 和 J_b、l_b 分别表示扭转梁的弹性模量、泊松比、残余应力、极化惯性矩和长度。对于矩形扭转梁，

$$K_b = \frac{16a^3 b}{3}\left[1-\frac{192}{\pi^5}\left(\frac{a}{b}\right)\sum_{n=1,3,5,\cdots}^{\infty}\frac{1}{n^5}\tanh\left(\frac{n\pi b}{2a}\right)\right]$$

其中 $2a$ 表示梁截面宽度和高度中的小值，$2b$ 表示二者中的大值。极化惯性矩为 $J_b=(w_b t_b^3+w_b^3 t_b)/12$，其中 w_b 和 t_b 分别是扭转梁截面的宽度和高度。扭转梁的刚度正比于截面最小尺寸的 3 次方。例如，对于 $E=170$ GPa，$G=65$ GPa，长宽高分别为 400 μm、2 μm 和 2 μm 的扭转梁，$K_b=2.25\times10^{-24}\ \mathrm{m}^4$，$J_b=2.67\times10^{-24}\ \mathrm{m}^4$，扭转刚度为 $k_\phi=0.735$ nNm/rad。

如图 5-37 所示，当磁化强度为 $\boldsymbol{M}$(A/m)的磁体在强度为 $\boldsymbol{H}$ 的磁场中，磁体受到的扭矩为

$$T_f = V_m|\boldsymbol{M}\times\boldsymbol{H}| = V_m MH\sin\alpha \tag{5-121}$$

V_m 磁体体积，α 是 $\boldsymbol{M}$ 和 $\boldsymbol{H}$ 的夹角，于是扭矩驱动磁化强度矢量从平衡位置转动 θ，被称为易磁轴。当磁化强度矢量与易磁轴产生夹角后，会产生磁各向异性扭矩 T_a 试图将磁化强度矢量重新拉回易磁轴上，

$$T_a = -K_a\sin(2\theta) \tag{5-122}$$

其中 K_a 为磁各向异性常数，在多晶硅薄膜中，主要的磁各向异性是由磁材料的形状引起的，有[55]

$$K_a = \frac{1}{2\mu_0}(N_c - N_a)M^2$$

其中 N_a 和 N_c 分别为长度和厚度形状各向异性常数，μ_0 是自由空间磁导率，M 是磁化强度。

由于各向异性扭矩 T_a 试图将磁化强度 M 重新拉回到易磁轴上，于是易磁轴和磁性材料本身受到反作用扭矩 $-T_a$。如果磁性材料固定在扭转刚度为 k_ϕ 的弹性轴上，$-T_a$ 会驱动磁性材料从初始位置扭转角度 ϕ。如果外部磁场方向与初始易磁轴夹角为 γ，于是尽管初始时 $\alpha=\gamma$，夹角会变成$(\gamma-\theta-\phi)$。达到平衡时弹性轴的机械扭矩 T_m 与磁场扭矩 T_f 平衡，即

$$T_m = -k_\phi\phi = T_f = V_m MH\sin(\gamma-\theta-\phi) \tag{5-123}$$

平衡状态时磁场产生的扭矩(与易磁轴夹角)被各向异性扭矩 T_a 平衡，T_a 作用时 M 试图重新回到易磁轴方向上，于是磁性材料上作用的扭矩 $-T_a$ 被弹性轴的机械回复扭矩 T_m 平衡，如图 5-37 所示，于是有平衡关系 $|T_f|=|T_a|=|T_m|=T$。如果 M 已知，根据式(5-122)和式(5-123)可以得到 ϕ、θ 和 T。

5.4　电热执行器

电热执行器通过换能器将电能转换为热能，再转换为机械能输出。电热执行器可分为双膜片执行器、冷热臂执行器、V 形执行器、形状记忆合金执行器和热气动执行器等。双膜片执行器、冷热臂执行器和 V 形执行器都是利用加热电阻加热使结构产生热膨胀，其中双膜片和冷热臂都是利用热膨胀的不对称性，通过加热产生的膨胀差异而使结构变形，从而输出力或位移，V 形执行器直接利用结构的热膨胀输出。形状记忆合金是一种特殊的合金，在低于马氏体相变温度(一般是室温)变形后，能够在加热到奥氏体温度(高于室温)后回复到变前的形状，

这种效应称为形状记忆效应,例如 TiNi 合金即具有形状记忆功能。低温时形状记忆合金比较柔软容易变形,高温下性能与普通金属类似,强度很高。形状记忆合金在回复过程中输出力或位移,大小与合金的形状和加热程度有关。加热形状记忆合金一般需要几十伏的电压和 mA 量级的电流。

电热微执行器最早出现在 1992 年[56],目前基于单晶硅[57,58]、多晶硅[59,60]和复合材料(双膜片)[61,62]的热执行器应用广泛。MEMS 中常用多晶硅或者单晶硅电阻作为加热器,具有导电性和优异的热传导性。电热驱动的单位面积的输出功率和输出力大、输出位移和变形小,容易制造,易于与电路集成;但是通过空气和衬底的损耗大,能量转换效率低、功耗大(一般超过 50 mW)、温度高,并且由于热传导速度的限制,升温较快、降温较慢,响应时间较慢,一般在 1 ms 的水平。

5.4.1　一维热传导模型

一般在温度高于 700℃时,加热器的热辐射才比较明显,对流一般在气体和流体中比较明显,而传导是 MEMS 热执行器的主要热传递方式。三维热传导方程与扩散具有相同的形式

$$\frac{\partial}{\partial x}\left(K\frac{\partial T}{\partial x}\right)+\frac{\partial}{\partial y}\left(K\frac{\partial T}{\partial y}\right)+\frac{\partial}{\partial z}\left(K\frac{\partial T}{\partial z}\right)+q''' = \rho C_{\mathrm{p}}\frac{\partial T}{\partial t} \tag{5-124}$$

其中 K 表示材料的热传导率,单位为 W/(mK),ρ 是材料的密度,C_{p} 为热容量,单位为 J/(KgK),q'''表示单位体积产生的热量。对于稳态情况,温度不再发生变化,因此$\partial T/\partial t=0$;对于恒定热产生系统,q'''为常数。对于一维情况,$\partial T/\partial y=\partial T/\partial z=0$,只剩下 x 方向。用 α 表示热膨胀系数,一维热传导方程的通解形式为

$$T(x)=-\frac{q'''}{2\alpha}x^2+Bx+C \tag{5-125}$$

图 5-38 所示的是 MEMS 中常用的一维电阻桥和一维悬臂电阻,以及二者对应的归一化温度变化随长度的分布。对于图中给出的边界条件,容易得到二者的温度分布分别为

$$T(x)=T_0-\frac{q'''}{2\alpha}x^2+\frac{q'''L}{2\alpha}x,\quad T(x)=T_0-\frac{q'''}{2\alpha}x^2+\frac{q'''L}{\alpha}x \tag{5-126}$$

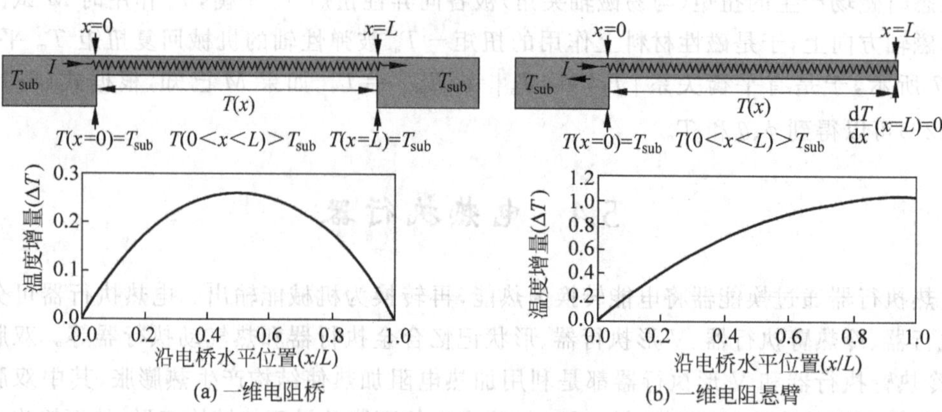

图 5-38　电热结构的温度分布

当温度分布不均匀时，由温度变化引起的热膨胀尺寸变化可以由微单元体的积分获得，即

$$\Delta L = \int_0^L \alpha \Delta T(x) \mathrm{d}x \tag{5-127}$$

对于二维平面结构和三维立体结构，加热变形后的面积和体积分别为

$$\begin{aligned} A &= L^2 = [L_0(1+\alpha\Delta T)]^2 \approx L_0^2(1+2\alpha\Delta T) \\ V &= L^3 = [L_0(1+\alpha\Delta T)]^3 \approx L_0^3(1+3\alpha\Delta T) \end{aligned} \tag{5-128}$$

5.4.2 V 形执行器

V 形执行器是一种常用的电热执行器，其结构如图 5-39 所示，是由两排具有一定倾斜角度的梁组成的对称结构。当在倾斜梁的两侧通入电流时，梁受热膨胀，沿着长度方向伸长。由于结构的对称性和倾斜的角度，水平方向的伸长相互抵消，竖直方向的伸长导致中间的竖直梁产生单方向的运动。由于材料热膨胀的固有特性，热驱动力是非常大的。V 形执行器的优点是只采用一种材料制造，特别是近年来 SOI 的普及，多种谐振结构都可以采用 V 形执行器驱动，因此逐步发展为最重要的电热执行器。V 形执行器的缺点是输出位移较小。一般长度为 200 μm 的 V 形梁在 1 V 电压的驱动下（温度升高 300℃）能够产生 1～2 μm 的位移。为了获得更大的位移，需要使用杠杆对位移进行放大。放大位移的同时也减小了输出力的大小。V 形执行器的输出位于衬底平面内，为了获得面外的输出，需要其他的辅助机构改变输出方向。

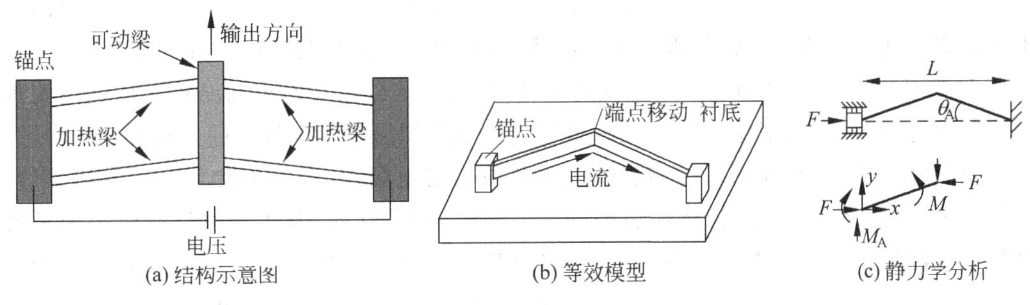

(a) 结构示意图　(b) 等效模型　(c) 静力学分析

图 5-39　V 形执行器

V 形执行器可动梁的位移大小与倾斜梁的长度、加热温度和倾斜角度成正比，与倾斜梁的截面积和数量基本无关。V 形执行器具有位移放大作用，即可动梁的位移大于倾斜梁的热膨胀伸长量，但是位移放大越大，在给定功率的情况下输出的力就越小，而输出力的大小却与倾斜梁的截面积和数量有关。由于倾斜梁为细长结构，因此能够输出的最大力由倾斜梁屈曲（失稳）决定，增加倾斜梁的截面积和数量可以提高屈曲的强度，从而提高输出力的大小。

如图 5-39 所示，在没有外部负载的情况下，利用梁的静力学平衡关系和几何关系可以得到

$$EI\frac{\partial^2 y}{\partial x^2} = M = M_A - Fy, \quad y|_{x=0} = 0, \quad \left.\frac{\partial y}{\partial x}\right|_{x=0} = \left.\frac{\partial y}{\partial x}\right|_{x=L/2} = \tan\theta_A \tag{5-129}$$

其中 E 和 I 分别为梁的弹性模量和惯性矩。当 F 力拉力和压力时，式(5-129)的解分别为

$$\begin{aligned} y|_{F:\,\mathrm{tension}} &= \frac{\tan\theta_A}{k}\left[\tanh\frac{kL}{4}(1-\cosh kx)+\sinh kx\right] \\ y|_{F:\,\mathrm{compresion}} &= \frac{\tan\theta_A}{k}\left[\tan\frac{kL}{4}(1-\cosh kx)+\sin kx\right] \end{aligned} \tag{5-130}$$

其中$k=\sqrt{F/(EI)}$。对于F为拉力或压力的情况,梁的实际长度与其在x轴方向上的投影长度的差异为

$$L'=-\int_0^{L/2}\left(\frac{\partial y}{\partial x}\right)^2\mathrm{d}x \tag{5-131}$$

结合式(5-130)和式(5-131)可以得到F为拉力和压力时,L'分别为

$$L'|_{F:\text{ tension}}=(\tan\theta_A)^2(2H+kL-kLH^2+\sinh kL-2H\cosh kL+H^2\cosh kL)/(4k)$$
$$L'|_{F:\text{ compression}}=(\tan\theta_A)^2(2G+kL+kLG^2+\sin kL-2G\cos kL-G^2\sin kL)/(4k) \tag{5-132}$$

其中$G=\tan(kL/4)$,$H=\tanh(kL/4)$。

单根V形执行器顶端的输出位移$d_{\max}$和温度变化ΔT分别为[67]

$$d_{\max}=2\frac{\tan\theta_A}{k}\tan\frac{kL}{4}-\frac{L}{2}\tan\theta_A \tag{5-133}$$

$$\Delta T=\frac{1}{\alpha L}\left(\Delta L'+\frac{FL}{Ewh}\right) \tag{5-134}$$

其中w和h分别为梁的宽度和厚度。上述公式针对长度为500～2000 μm、宽度和厚度4～5 μm、倾角1.4°～11.5°的梁计算结果与有限元仿真结果的差异为5%。

V形执行器能够承担的最大外力,可以视为将V形梁的变形压缩为0时力的大小

$$f_{\max}=d_{\max}\cdot K_y=d_{\max}4hwE\sin^2\theta'_A/L \tag{5-135}$$

其中θ'是有效弯曲角度,当V形梁顶点有位移时,该角度与无负载时的设计角度不同。

当V形执行器结构更为复杂或连接有其他结构时,难以建立输出与结构之间的闭式理论模型,可以采用有限元法对结构进行数值模拟。数值模拟需要给定材料的参数和结构参数,材料参数包括弹性模量、热膨胀系数、热导率、加热电阻的电阻率、空气的热传导系数等。然而,由于V形梁在工作状态往往会被加热到300℃甚至600℃以上,因此数值计算时必须考虑上述材料参数随温度的变化关系。例如,单晶硅的热膨胀系数α_{Si}随热力学温度T的关系为[63]

$$\alpha_{Si}=\{3.725\times[1-e^{-5.88\times10^{-3}\times(T-125)}]+5.548\times10^{-4}\times T\}\times10^{-6} \tag{5-136}$$

如果倾斜梁在温度为T_0时的长度为L_0,则温度升高到T时其热膨胀产生的长度变化为

$$L-L_0=L_0\int_{T_0}^{T}\alpha_{Si}(T)\mathrm{d}T \tag{5-137}$$

通常在700℃以下可以不考虑V形执行器因为温度升高而产生的热辐射,但是必须考虑其通过空气产生的热传导。空气的热导率k_{air}随热力学温度T的变化关系为

$$k_{air}=3.4288\times10^{-11}T^3-9.1803\times10^{-8}T^2+1.2940\times10^{-4}T-5.2076\times10^{-3} \tag{5-138}$$

室温下空气的热导率为0.026 W/m/℃,随着温度的升高而增大。加热过程中,沿着每个V形梁的温度分布基本符合图5-38所示的温度分布,温度在V形梁的两端最低,在V形梁的中间达到最高。

图5-40为V形执行器输出的位移和力的关系[64]。在初始阶段,力随着输出位移的增大而增大,并且基本呈线性关系。当输出位移达到最大输出位移的60%～70%时,输出力随着位移的增大而迅速减小,并且基本符合抛物线关系。这表明在输出位移接近最大位移时,V形执行器已经基本没有力的输出能力。

图5-41为利用V形执行器输出的细胞拉伸平台结构及器件。这种细胞拉伸平台里有两

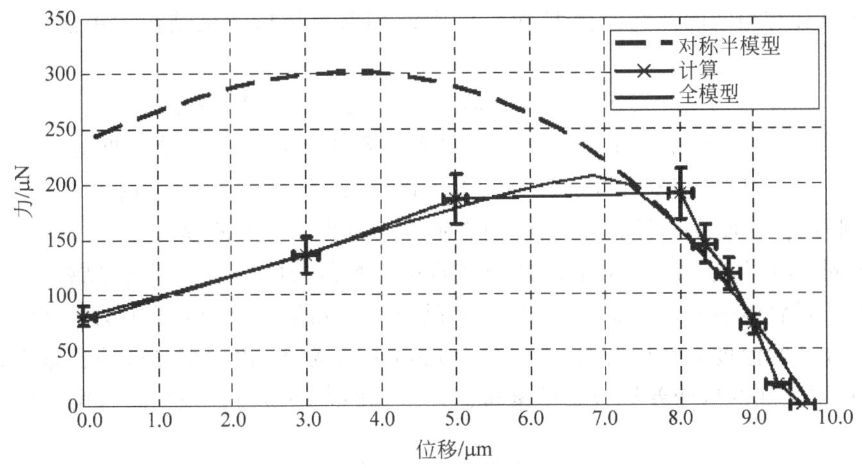

图 5-40 V 形执行器输出位移与力的关系

个对称的 V 形驱动器施加位移和力，将两个并列放置的平台中的一个拉开，为细胞提供外界刺激。细胞放置平台与 V 形执行器之间通过放大杠杆进行连接，使输出位移被放大 10 倍。制造采用刻蚀 SOI 的器件层，并利用正面各向同性刻蚀释放结构悬空。

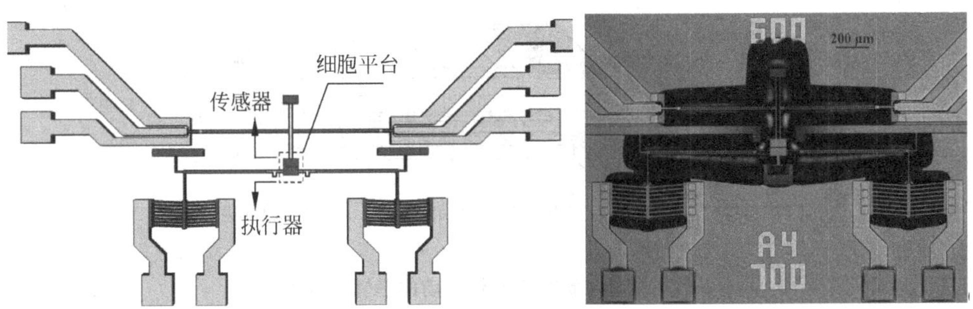

图 5-41 V 形执行器细胞拉伸平台

5.4.3 双膜片执行器

双膜片电热执行器由两种热膨胀系数不同的材料（薄膜）构成，当执行器的温度发生变化时，二者的膨胀程度不同，从而实现弯曲变形，在末端输出驱动力[65]。根据材料热膨胀系数的不同和加热位置的不同，双薄膜片的弯曲方向不同。一般情况下双膜片执行器的输出都是离面输出。

对于长宽高分别为 L、w、h 的材料薄膜，热膨胀系数为 α，弹性模量 E，主平面面积 $A=Lw$。当温度升高 ΔT，于是由于温度升高引起的长度方向的应变和应力分别为

$$\varepsilon=\alpha\cdot\Delta T,\quad \sigma=E\cdot\varepsilon \tag{5-139}$$

在整个薄膜主平面上产生的输出动力和长度末端输出的位移为

$$F=\sigma\cdot A,\quad \delta L=\varepsilon L \tag{5-140}$$

二者的应变差为

$$\Delta\varepsilon=\varepsilon_1-\varepsilon_2=\frac{1}{L}\int_0^L\alpha_1\Delta T_1(x)\mathrm{d}x-\frac{1}{L}\int_0^L\alpha_2\Delta T_2(x)\mathrm{d}x \tag{5-141}$$

如果两种材料具有相同的弹性模量 E 和泊松比 ν，则薄板结构和梁结构中由热膨胀引起的应力为

$$\sigma_{\mathrm{p}} = \Delta\varepsilon \cdot E/(1-\nu), \quad \sigma_{\mathrm{b}} = \Delta\varepsilon \cdot E/(1-\nu^2) \tag{5-142}$$

其中 σ_{p} 表示薄板的应力，σ_{b} 表示梁的应力。曲率半径可以用 Stoney 公式近似计算

$$R_{\mathrm{p}} = Et_{\mathrm{s}}^2/[6t_{\mathrm{f}}\sigma_{\mathrm{p}}(1-\nu)], \quad R_{\mathrm{b}} = Et_{\mathrm{s}}^2/[6t_{\mathrm{f}}\sigma_{\mathrm{b}}(1-\nu^2)] \tag{5-143}$$

其中 t 为薄膜结构的厚度，下标 s 和 f 分别表示上层薄膜和下层薄膜。

对于不同材料层合形成的结构，加热导致每层材料伸长的程度不同，使结构弯曲。图 5-42 为常用的双层材料电热驱动的悬臂梁，其中多晶硅为加热器，与 SiO_2 形成不同材料的层合结构。多晶硅加热时温度上升快，并且比 SiO_2 的热膨胀系数大，因此多晶硅伸长量更大，于是多晶硅与 SiO_2 层之间的应变差导致悬臂梁弯曲。末端的弯曲量可以根据悬臂梁弯曲方程获得

$$w_{\max} = \frac{1}{3}\frac{FL^3}{EI} \tag{5-144}$$

其中 F 是等效作用力，EI 是复合悬臂梁结构的等效刚度，

$$EI = \frac{b^3 t_1 E_1 E_2}{12(E_1 t_1 + E_2 t_2)}\left[4 + 6\frac{t_1}{t_2} + 4\left(\frac{t_1}{t_2}\right)^2 + \frac{E_1}{E_2}\left(\frac{t_1}{t_2}\right)^3 + \frac{E_2 t_1}{E_1 t_2}\right] \tag{5-145}$$

其中 b 是梁的宽度，E 是弹性模量，t 是厚度，下标分别表示不同的层。

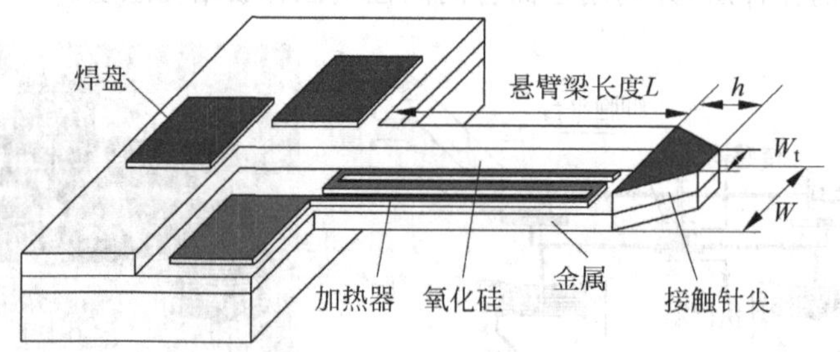

图 5-42 双金属片电热驱动的悬臂梁探针

尽管双膜片结构可以获得较大的驱动力，但是其位移是非线性的，并且由于制造的原因，双膜片电热执行器一般只用来输出面外位移。当把面外位移转换为面内位移时[66]，驱动力一般小于 10 μN。另外，这种执行器需要两种热膨胀系数不同的材料，而不同材料的残余应力容易导致执行器产生固有的弯曲。V 形执行器仅需要一种材料，不仅制造简单，而且能够实现阵列结构，大幅度提高输出驱动力；更重要的是，这种结构的输出位移基本是线性的[67]。

5.4.4 冷热臂执行器

冷热臂执行器利用同种材料但是不同结构调整不同区域的功耗和热容量而形成温度差，进而由于温度的不同导致热膨胀的差异。图 5-43(a)为输出平面内运动的 U 形冷热臂执行器[60]。这种执行器由一个不对称的 U 形冷热臂组成，U 形的一个臂是细长的热臂，另一个臂由粗大的冷臂和细短的柔性区组成。热臂尺寸小，热容量低、电阻大，冷壁热容量大、电阻小。当驱动电流流经 U 形结构时，热臂由于消耗功率大、热容量低而能够迅速升温，而冷臂由于消耗功率小、热容量大而升温慢，因此能够快速实现温度差。由于柔性区的弹性刚度较小，热膨胀产生的两臂长度差驱动末端沿着水平方向运动。在 3～10 V 驱动电压下，工作时的升温高达 400～700℃[60,68]。

稳定状态时 U 形冷热臂结构顶端的横向位移为

$$\Delta = \frac{1}{2}\frac{Ar\alpha\beta\Delta TL^{2}(\beta^{3}-\beta+2)}{(\beta^{5}+5\beta^{4}-2\beta^{3}-2\beta^{2}+5\beta+1)I+r^{2}\beta A(\beta^{3}+1)} \tag{5-146}$$

其中 A 是热臂的截面积(设柔性区的截面积也为 A)，I 是热臂的惯性矩，L 是执行器的长度，α 是材料的热膨胀系数，β 是柔性区与热臂的长度比值，r 是热臂中心与柔性区中心的间距，ΔT 为温度升高量。位移大小与材料的热膨胀系数和温度升高量成正比。工作过程中执行器的温度分布如图 5-43(b)所示。

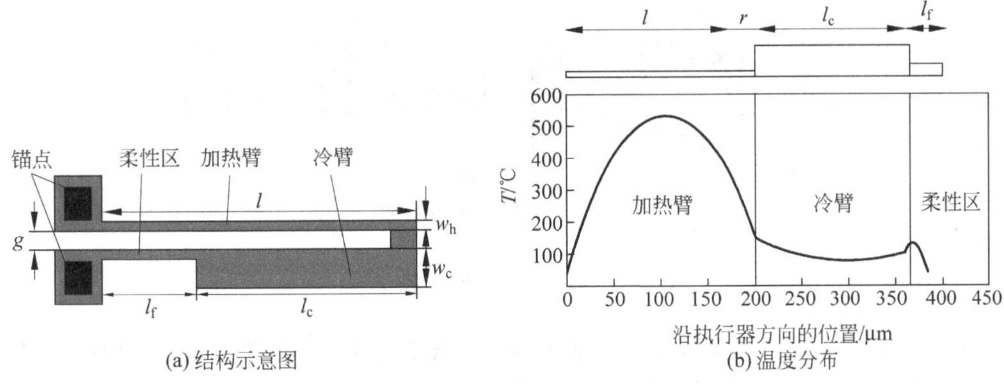

(a) 结构示意图　(b) 温度分布

图 5-43　冷热臂执行器结构和温度分布

图 5-44 为冷热臂执行器和阵列照片[69]，这种结构的优点是制造简单，容易将多个冷热臂结构组成阵列，在输出位移不变的情况下增加输出力，从而提高输出功率。

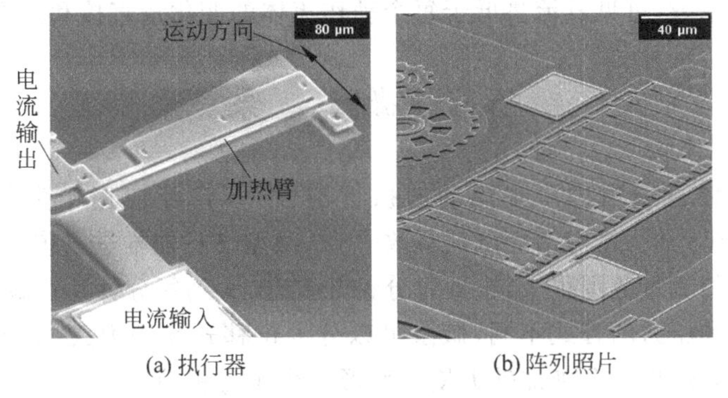

(a) 执行器　(b) 阵列照片

图 5-44　并联冷热臂执行器

5.4.5　热气驱动

热气动驱动利用密闭介质加热膨胀的特性。当加热或者冷却腔体的介质时，介质产生膨胀而产生输出动力。通常情况下，驱动电压 15 V 以下，电流为几百 mA。通过加热电阻产生气泡，可以实现集成的气动执行器，特别是在微泵领域的应用。这种气动驱动的缺点是工作频率低、驱动力有限。

气泡微泵是一类实现简单、用途广泛的微泵，已经在喷墨打印机喷头、生物分子驱动等领域得到了广泛的应用[70]。图 5-45 为热气泡驱动的微泵结构和原理图[71]，微泵包括一个产生热气泡的电阻加热器、一个由扩散喷嘴和压缩喷嘴组成的流量整流结构，以及流体腔。当电阻加热产生气泡时，腔体内的体积膨胀、压力升高，由于流体在压缩微喷嘴内的流动阻力很大，因此压缩腔体内的流体从扩散微喷嘴流出；当气泡破裂后，流体腔内压力下降，而流体阻力与膨胀时刚好相反，因此外部的流体流动进入腔体，完成一个循环。微泵腔体直径 1 mm，深 50 μm，最高动作频率 500 Hz，最高驱动压强 377 Pa。当频率为 250 Hz，占空比 10%时，一个加热器的微泵功耗 1 W，输出流速为 5 μL/min。微泵采用深刻蚀和键合技术制造，微腔体刻蚀在一个衬底上，多晶硅[72]或者铝[71]加热器制造在另一个衬底上，通过键合形成密封腔体。

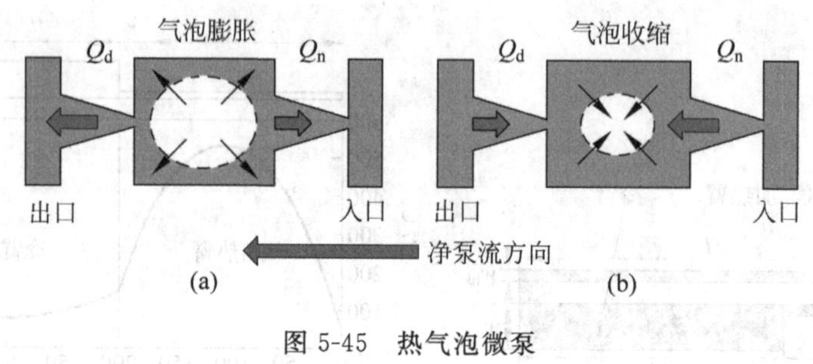

图 5-45 热气泡微泵

这种由扩散和压缩喷嘴组成的方向整流器件尽管不能完全抑制倒流，但是器件制造简单、可靠性高，应用广泛。整流器件的流量速度为[73]

$$Q = 2Vf\left[\frac{\sqrt{\xi_n/\xi_d}-1}{\sqrt{\xi_n/\xi_d}+1}\right] \tag{5-147}$$

其中 V 是流体腔每个泵循环的流体体积变化量，f 是泵的频率，ξ_n 和 ξ_d 分别是压缩喷嘴和扩散喷嘴的压力损失系数，可见其流量低于每个动作流体的变化量直接和频率的乘积。

5.5 微 泵

微泵是驱动流体克服阻力产生流动的执行器件[74]，广泛应用于生化反应和分析微系统[75,76]、IC 器件冷却[77,78]、体内治疗试剂释放[79,80]、微型飞行器推进系统[81]、喷墨打印机喷头等流体系统。微泵的流量范围很大，小到每分钟几皮升，大到每分钟几百微升。

根据产生流动和压力的方式不同，微泵可以分为位移式和动力式，如图 5-46 所示。位移式微泵通过对流体腔边界面上施加外力使其变形产生压力驱动流体；动力微泵持续对流体质点施加能量，以增加其动量(如离心泵)或压力(如电渗流)来驱动流体。许多位移微泵采用周期运动方式，并结合流量方向控制器件形成单向流动。周期运动的位移微泵又可以分为往复运动(如活塞和膜片微泵)和旋转式(如齿轮和叶片微泵)。目前研究较多的是膜片变形驱动的往复位移微泵。另一类位移微泵是非周期微泵，即流体腔体的驱动是非周期式的，例如注射器式微泵。动力微泵包括机械动力微泵(如离心式微泵)和电动力微泵等，前者利用离心力对流体驱动，但是对于低雷诺数流体驱动

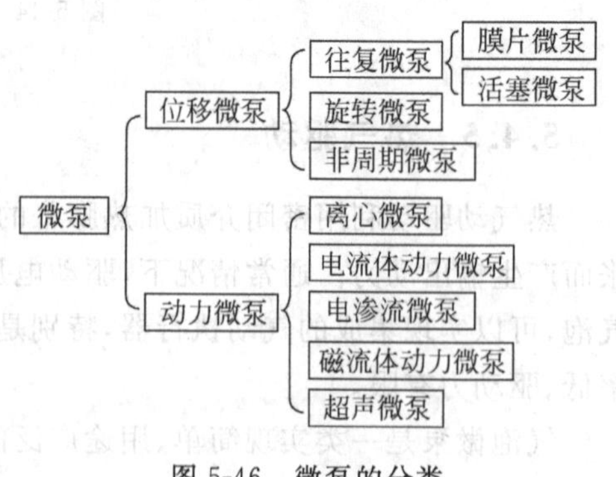

图 5-46 微泵的分类

效果有限；后者利用电磁场与流体直接作用而驱动流动，包括电动力、电渗流和磁流体动力等驱动方式。

机械微泵能够产生较大的驱动力，对流体的性质没有严格要求，能够输运粘度很大的流体，适用范围广，致动方式较多，选择较灵活。机械微泵的主要缺点包括：①制造较为困难、寿命短；②存在较大的死体积，造成较大的浪费；③只能实现连续流动，对流体总量造成浪费，并难以控制较小或者精确的体积；④只能实现脉冲式的流动，并且存在背压低、泄漏等缺点；⑤对于长度达到几米的微流体通道，驱动力难以克服通道的流体阻力；⑥对很多含有生物分子的流体不够友好，往往会因为机械微泵的处理而使生物分子破坏或变性。

5.5.1 往复位移微泵

位移微泵包括微泵腔体、驱动器和流量方向控制器件(微阀)，通过驱动器使微泵腔体的表面产生变形对液体施加压力，液体在压力和流量方向控制器件的作用下，从指定的出口流出，并从指定的入口补充液体。微泵可以分为有阀微泵和无阀微泵。有阀微泵利用微阀作为单向控制器(单向整流器)，例如止回阀、固定结构阀或有源的蠕动或热粘度式。无阀微泵利用结构控制流量。

1. 微泵的基本结构

图 5-47 为典型的由止回阀作为整流器的位移式微泵[82]。当微泵处于泵出状态时，膜片受到驱动力作用变形，腔体体积缩小，压力增大，使右侧止回阀被冲开，液体排出。由于左边的止回阀受到结构的限制不会打开，在泵出状态时没有液体补给。当微泵处于吸液状态时，膜片回复使微泵腔体扩大，内部压力下降，进液口外部压力大于内部压力，阀被压力冲开，液体进入腔内。由于右边的止回阀在压差下降的方向上被结构限制无法打开，因此液体在吸入状态时不会泵出。

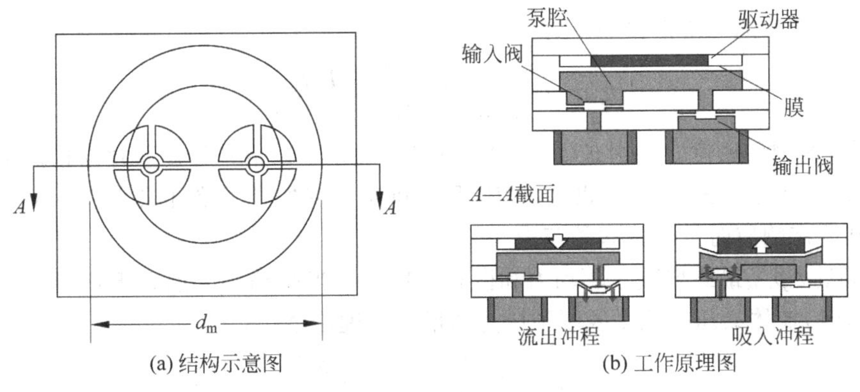

(a) 结构示意图 (b) 工作原理图

图 5-47 位移微泵

膜片微泵的一个典型特点是需要流量方向控制，如图 5-48 所示[83,84]。无阀流量方向控制采用两个方向相反的截面为锥形的流体通道，分别作为压缩喷嘴和扩散喷嘴使用。由于吸入和排除液体时两个喷嘴的流体方向相反，流体阻力不同，从而实现控制流量方向的功能。例如排液时，左侧为压缩喷嘴而右侧为扩散喷嘴，左侧喷嘴的流体阻力远大于右侧喷嘴，因此流体从右侧扩散喷嘴被排出。

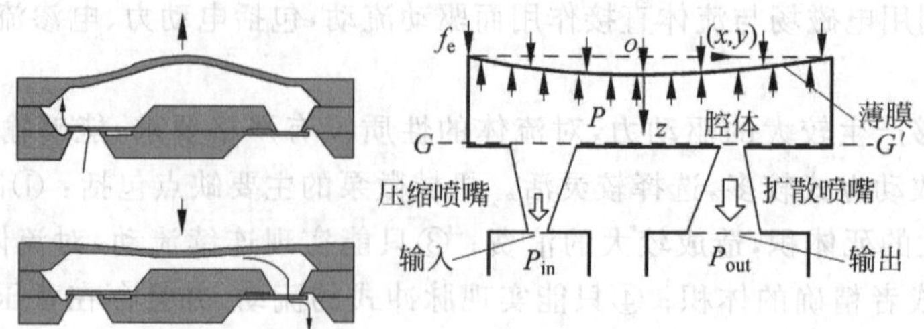

图 5-48 流量方向控制器件：有阀微泵和无阀微泵

微泵的工作过程是机械、电、流体耦合过程，动态特性取决于驱动器、驱动膜片以及整流器等部件，完整的分析涉及流体力学、固体力学、电学等复杂过程。利用低阶集总参数建模[85,86]可以体现微泵的特点。更为精确的分析需要借助有限元和数值方法[87,88]。下面假设准静态流体和理想的微阀特性的情况下，分析低雷诺数流体微泵。

往复流体微泵的压力和流速取决于以下参数：排放体积 ΔV，即一个工作循环中吸入流体后的最大体积与排除流体后的最小体积之差；死体积 V_0，即微泵的进口和出口止回阀之间的最小体积；工作频率 f；以及流体特性。假设流体不可压缩，理想微阀的压力泄露为 0，于是流速等于排放体积与工作频率的乘积。排放体积取决于微泵驱动器的特性，例如膜片的刚度和动态响应决定了排放体积和工作频率。膜片直径和厚度分别为 d_d 和 t_d，周边固支，承受均匀压力 p_a，则膜片中面的位移 y_0 为

$$\frac{P_a d_d^4}{16E_y t_d^4}=\frac{5.33}{1-\nu^2}\frac{y_0}{t_d}+\frac{2.6}{1-\nu^2}\left(\frac{y_0}{t_d}\right)^3 \tag{5-148}$$

其中 E_y 和 ν 分别是膜片材料的弹性模量和泊松比。膜片的最大应力为

$$\frac{\sigma d_d^2}{4E_y t_d^2}=\frac{4}{1-\nu^2}\frac{y_0}{t_d}+1.73\left(\frac{y_0}{t_d}\right)^3 \tag{5-149}$$

无流体作用时膜片的一阶谐振频率为

$$f_r=2\pi\left(\frac{1.105}{d_d}\right)^2\sqrt{\frac{E_y t_d^2}{12\rho(1-\nu^2)}} \tag{5-150}$$

其中 ρ 是膜片材料的密度。利用式(5-148)和式(5-149)，可以估计给定膜片结构而不考虑驱动器形式时 ΔV 的上限。式(5-148)也可以直接用来确定没有外界压差时准静态的 ΔV，式(5-150)可以估算准静态响应时工作频率的范围。

最大压差 Δp_{max} 最终取决于驱动力和微阀的特性。当驱动压力远大于背面压力并且微阀为理想状态时，流体的压缩比 κ 限制了压力的增加。理论 Δp_{max} 为

$$\Delta p_{max}=\frac{1}{\kappa}\varepsilon_C=\frac{1}{\kappa}\left(\frac{\Delta V}{V_0}\right) \tag{5-151}$$

其中排放体积 ΔV 与死体积 V_0 的比值定义为 ε_C。

微泵膜片一般为圆形平膜片，直径在 1～4 mm 之间，而封装后的体积一般远大于工作膜片的尺寸。除了平膜片以外，带有硬心的膜片也被用作微泵的驱动膜片[89]。

2. 微泵的驱动方式

压力驱动微泵主要依靠执行器位移产生压力，其优点是柔性变形较小，可以比较准确地控制流量，并能够知道流体液柱的弯月面(流体前端)的准确位置。另外，压力驱动的微流体受流

体和管道特性的影响很小(流体粘度除外),因此使用范围很广。压力驱动的缺点是需要复杂的机械结构实现位移功能,并且机械泵会产生非稳定流速,流量是脉动形式的。

位移微泵的驱动方式很多,例如压电驱动、蠕动驱动、液压驱动、电热驱动、气动驱动、静电驱动、电磁驱动等。图 5-49 为位移微泵的几种常用的驱动方式[82],其中流量方向控制采用膜片式常关被动微阀。图 5-49(a)为压电驱动,在腔体膜片外侧表面上制造压电执行器,两个主平面上分别带有一个电极,可以实现横向或者厚度方向的动作。横向动作的驱动器只固定在膜片上,另一面为自由状态。压电驱动器沿着厚度方向极化(x_3 方向),当在两个主平面电极上施加沿着厚度方向的驱动电压时,在压电系数 d_{31} 和 d_{33} 的作用下,压电片的横向和厚度模式均被激励,但是由于压电片的厚度方向另一面是自由的,因此压电片产生弯曲,作用在膜片上。当膜片上受到的应力为压应力时,膜片向腔体内部变形,当受到拉应力时,向腔体外部变形。通过双向激励压电驱动器弯曲,可以增加泵出流体的体积。由于压电理论和固体流体耦合的复杂性,压电驱动的微泵的理论和数值分析都被应用于微泵的分析[90]。厚度方向动作的驱动器需要将压电片固定,这样抑制了 d_{31} 模式引起的弯曲,而实现 d_{33} 模式引起的厚度运动[91]。

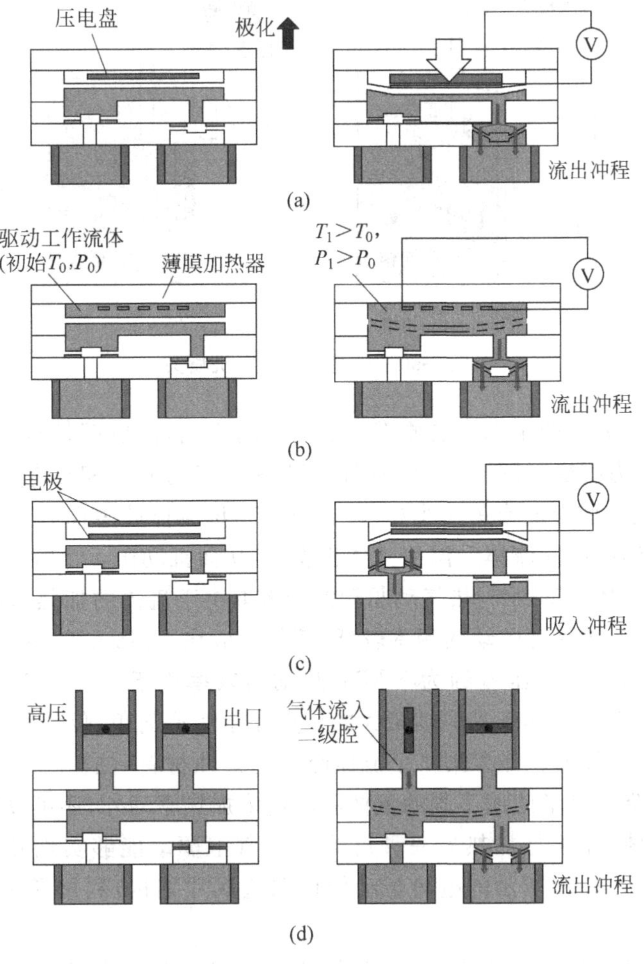

图 5-49 位移微泵的驱动方式

微泵工作时，通过执行器动作使流体腔膜片变形，从而挤压腔内液体产生压力，冲开微阀实现流动；在吸入液体时，执行器回复原位或者反向动作，使流体腔体积扩大，内外压力差驱动流体从另一个微阀进入流体腔，完成一个循环。压电驱动器一般为 PZT 材料，具有较高的压电系数，驱动效率一般在 10～30%。压电驱动的特点是驱动电压较高、动作频率较快、压差较大，但是驱动位移较短。一般情况下，驱动电压需要 100V 以上，对于非薄膜(体材料)的压电驱动器，驱动电压甚至大于 1000 V。较高的驱动电压产生的压差也比较大，一般可以达到 10 kPa，甚至 300 kPa。由于压电器件的响应速度较快，可以使用较高的频率(低于系统谐振频率)，从几十 Hz 到几 kHz。这些特点使得压电驱动能够实现较大的流量，例如每分钟 15 μL～3 mL[92]。压电驱动器可以通过粘接固定在膜片上，也可以通过丝网印刷在膜片上制造 PZT 厚膜[93]。当压电薄膜的支承膜为刚度很小的聚对二甲苯时，驱动所需的功耗也很低，可以利用 3 mW 的功耗实现 3.2 μL/min 的流量输出，电压为 80 V。压电驱动是微泵常用的驱动方式，早在 20 世纪 70 年代 IBM 就利用这种驱动方式实现了喷墨打印机的喷头，如图 5-50 所示。

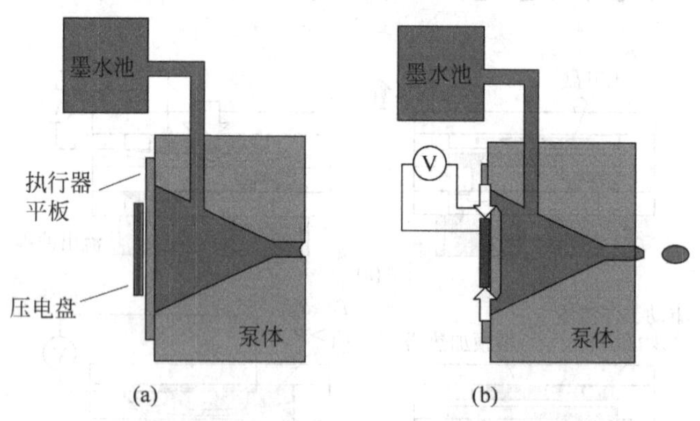

图 5-50　压电驱动打印机喷头

尽管其他的驱动方式产生动作的原理与压电驱动不同，但也都是对流体腔表面施加驱动力使其变形，产生压力改变。图 5-49(b)和图 5-51 为热气动驱动和热电驱动的微泵结构示意图。图 5-49(b)在流体腔上面有另 1 个相邻的流体腔，该流体腔表面有 1 个加热电阻，通过加热电阻对第 2 个流体腔内的流体升温使其体积膨胀，从而推动第 1 个流体腔上表面变形，驱动第 1 个流体腔内的流体运动[94]。热气动驱动的频率取决于流体的加热和降温速度，由于流体热传导速度较慢，因此热气动驱动的频率较低，例如一般在 1 Hz 左右，最大仅为 5 Hz，驱动电压仅需要 10 V 左右，产生的压差约为 5 kPa，热动力效率小于 5×10^{-6}，流量为每分钟 34～50 μL，功耗为 0.1～1 W。热气动驱动最大的优点在于制造简单、仅使用基本的微加工技术、驱动电压低、位移行程较大。如果第 1 个流体腔采用柔性材料，位移行程可以显著增大，但是动作速度也随之下降。除了使用不同的流体腔和流体加热驱动外，还可以使用“气泡”驱动，即直接加热被驱动流体，而不是加热另一种流体[95]。气泡驱动能够实现几十 μL/min 的流量，频率 10～400 Hz。图 5-51 所示的电热驱动使用双金属片结构，利用两种材料不同的热膨胀系数实现输出。

微泵可以使用静电驱动。尽管梳状驱动器能够实现很大的位移，但是由于制造方面的困难，梳状驱动器难以与微泵流体腔的侧面结合，因此微泵驱动都使用平板电容产生的静电力驱

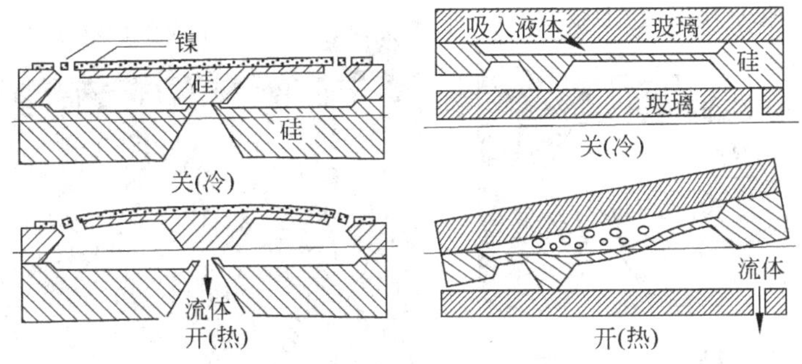

图 5-51　双金属热驱动、热气动驱动

动。如图 5-49(d)所示，平板电容构成第 2 个腔体，流体腔的上面构成平板电容的一个电极，另一个电极固定在腔体不可变形的表面上。当对电容施加电压时，下极板被静电力吸引带动流体腔的上表面向上运动，流体腔体积增大，压力降低，压差使外部流体进入流体腔；去掉电压后，薄膜的机械回复力使之回到初始位置，挤压流体排出流体腔。为了实现 100 kPa 的压力差，每微米电容极板间距需要的驱动电压为 150 V。静电驱动的频率在 400～1000 Hz，压差为 20～100 kPa，流量为 100～1000 μL，功耗为几个 mW，效率可以达到 0.4%。

气动驱动的微泵结构如图 5-49(e)所示。这种驱动方法需要外界的气动源和高速阀门。通过外部气动源和阀门对第二个流体腔的压强进行控制，当压强高于第一个流体腔时，微泵向外泵出流体；当压强小于第一个流体腔时，微泵向腔内吸入流体。与热气动驱动类似，第一个流体腔的侧壁需要使用柔软的材料，例如 PDMS 等，可以加大驱动行程和流量。

3. 微泵的制造

由于微泵需要较大的腔体体积，结构复杂，硅基微泵一般采用硅深刻蚀和玻璃键合技术制造，例如采用 4 层结构和静电驱动器可以实现 850 μL/min 的流量[96]。个别微泵采用表面加工技术，但是由于厚度方向的限制，微泵的流量很小。

由于位移微泵是依靠膜片的变形改变腔体体积驱动流体的，膜片的材料对微泵性能有重要的影响。工作频率较低或者驱动压力较小的微泵，可以采用低弹性模量的材料，以获得最大化的体积变化，例如聚酯薄膜和硅橡胶[97]。塑料和模铸技术也被应用于微泵的制造[98]，并成功地开发了商业微泵[99]。微泵的封装体积约为 4.6cm^3，最大流量 2 mL/min，压差 35 kPa，驱动电压 450 V，工作频率 20 Hz。塑料微泵的优点是制造容易、成本低，容易实现较大的流量。微泵工作时膜片与被驱动流体接触，考虑到流体的腐蚀性，微泵膜片的稳定性和抗腐蚀性很重要。在可植入生物体的微泵中(例如体内药物释放器件)必须解决生物相容性的问题[100]。

图 5-52 为体微加工技术制造的微泵[101]。微型泵由 3 层硅片组成，利用铝硅双金属膜实现电热驱动，芯片上集成有控制电路和流量测量传感器。微泵工作时，多晶硅加热电阻通以交变电流，由于铝和硅的热膨胀系数的差异，双金属膜片结构将产生纵向弯曲，按照驱动电流的频率有节律地往复运动。在驱动膜片纵向运动过程中，单晶硅膜由于形变，膜内应力发生变化，通过力敏电阻桥就可以获得驱动膜片的形变信息。驱动膜片的形变大小决定了微流量泵泵腔的体积变化，因此通过测量力敏电阻桥的电阻变化，可以获得微泵的流量。微泵的体积为 4 mm×4 mm×1 mm，驱动电压为 5 V，流量为45 μL/min，最大背压为 110 cm 水柱，工作频率为 2 Hz。

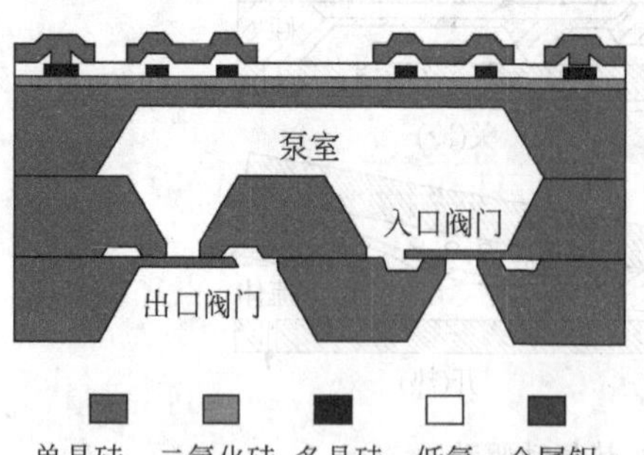

(a) 硅微流量泵结构示意图

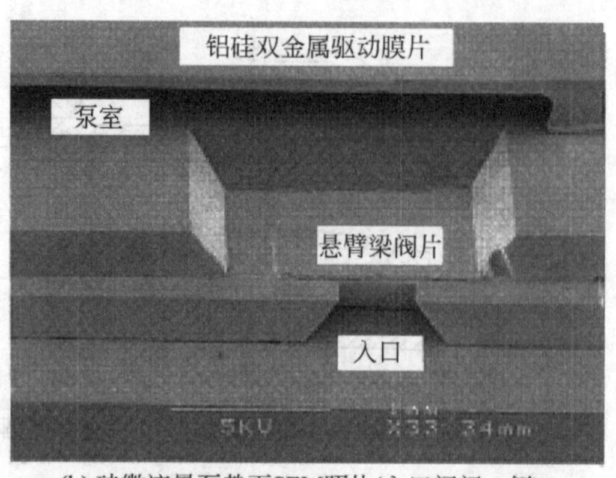

(b) 硅微流量泵截面SEM照片(入口阀门一侧)

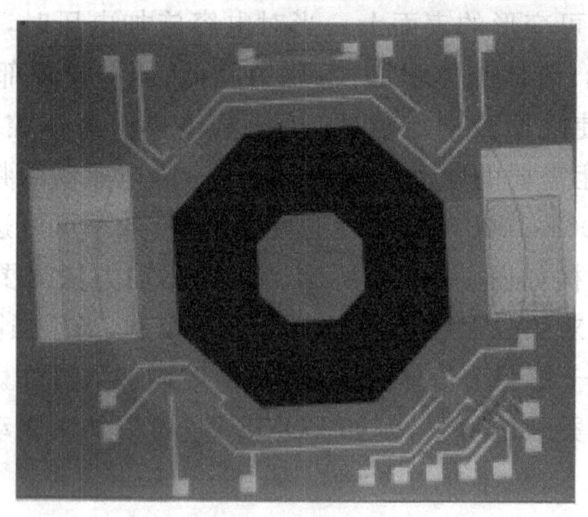

(c) 整体照片

图 5-52 集成微流量传感器的微泵系统

5.5.2 蠕动微泵

蠕动微泵不需要被动阀控制流量方向，而是采用接力的方式将流体朝一个方向挤压传递，整个过程类似蠕虫的爬行过程。蠕动微泵需要3个或者更多腔体，但是由于制造的原因，一般都采用3个腔体。图5-53为3个腔体蠕动微泵工作原理[79]。当左边和中间的驱动分别将左边和中间的阀门打开和关闭时，腔体扩张，流体在压差的作用下从左边阀门进入第1个腔体；然后左边阀门关闭，流体被挤压在第1个腔体内，使腔体压力升高。接下来关闭第3个阀门，打开第2阀门，使第1个腔体内的液体进入第2个腔体；然后关闭第2个阀门，第3个驱动器动作，将液体挤压后从右边通道排出。图5-54为几种蠕动微泵的结构和工作原理示意图[102]。图5-54(a)和图5-54(b)所示

图 5-53 蠕动微泵的工作原理和时序

分别为压电和静电驱动的蠕动微泵，图 5-54(c)～(e)所示均为热气动驱动结构，图 5-54(f)为具有弯曲电极的静电驱动式蠕动微泵。

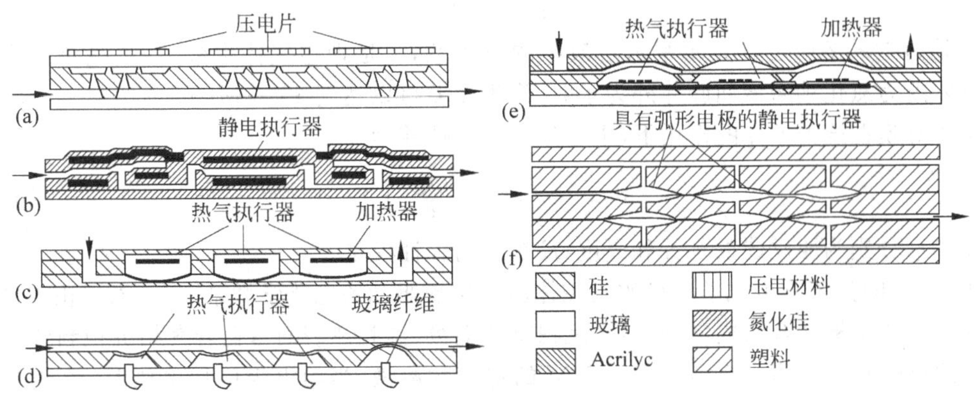

图 5-54　几种蠕动微泵的结构

蠕动微泵需要提高压缩比并增加腔体/泵室的数量。由于蠕动微泵并不要求很高的泵室压力，重要的是实现较大的行程体积和大的压缩比。蠕动微泵的工作频率一般为几 Hz 到几十 Hz，弯曲挠度在几十微米，实现的流量较小，一般每分钟只有几微升至几十微升。

5.5.3　其他微泵

微泵的驱动方式还有很多，例如渗透压、水凝胶、电化学等驱动的微泵。图 5-55(a)为渗透压微泵原理示意图[103]，可以用于体内药物释放器件的驱动器。微泵腔体内是驱动渗透形成的固体溶液，驱动薄膜在腔体的上部，腔体下部是半透膜。由于腔体内外溶质的浓度差形成了渗透压，水通过半透膜扩散进入腔体，以降低腔体内外的浓度差，使系统趋于平衡；由于半透膜的阻挡作用，腔体内的溶质不能扩散经过半透膜。因此形成了从腔体外到腔体内的净扩散流。随着水不断进入腔体内部，腔体压力不断升高，驱动膜在压力的作用下膨胀，对外产生输出作用。渗透压驱动水流经半透膜的流量为

$$Q = KA(\sigma\Delta\pi - \Delta P) \tag{5-152}$$

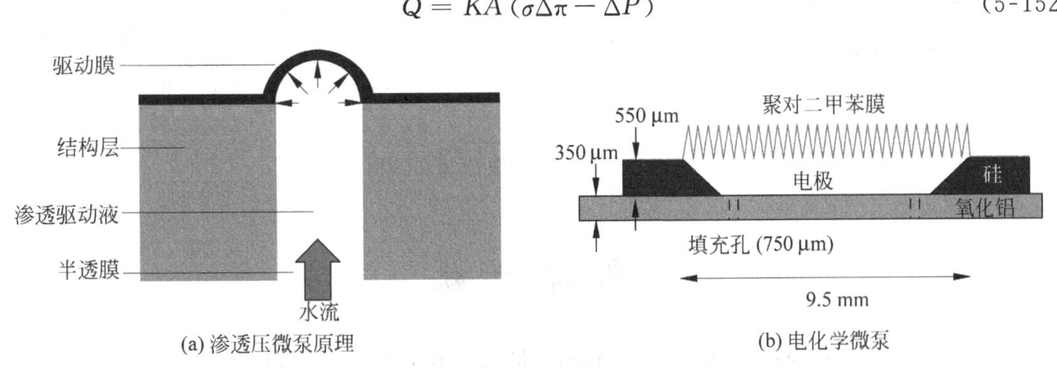

图 5-55　微泵示意图

其中 Q 是体积流速，K 是水在半透膜上的渗透度，A 是半透膜的有效面积，ΔP 是由于渗透在半透膜两边建立起来的压力差，对水的继续渗透起到阻碍的作用，$\Delta\pi$ 是驱动水经过半透膜的

渗透压,σ 是半透膜的渗透反射系数,标志着腔体内产生渗透压的溶质向半透膜外扩散对渗透压的影响,理想情况下 $\sigma=1$。渗透压是一种化学势,可以表示为

$$\pi = SiRT \tag{5-153}$$

其中 S 是溶剂的溶解度,i 是每摩尔溶液中的离子数,R 是理想气体常数,T 是绝对温度。例如当腔体内为氯化钠溶液而腔体外为水时,渗透压差可以达到 35.6 MPa。

驱动薄膜在压力差 q 的作用下,中心处的最大位移为

$$w_{\max} = 0.662a\left(\frac{qa}{Eh}\right)^{1/3} \tag{5-154}$$

其中 a 和 h 分别为驱动膜的半径和厚度,E 是膜的弹性模量。

图 5-55(b)为依靠电化学反应改变腔体压力实现驱动的电化学微泵[104]。微泵由 KOH 刻蚀的硅腔体和铝板结合而成,铝板表面沉积有铂电极,硅腔体表面覆盖着气相沉积制备的聚对二甲苯波纹膜片。腔体内充满浓度为 1 M 的稀硫酸溶液,当给电极施加电压时,硫酸在电极表面发生化学反应,产生的氢气和氧气气泡改变了腔体内的压强,推动聚对二甲苯波纹膜片变形,将硫酸溶液泵出。这种微泵只需要 1 V 左右的驱动电压,但是只能使用特定的溶液,并且从电能到机械能的转换效率只有 0.4%甚至更低。

图 5-56 为水凝胶作为驱动器件的微泵原理和结构示意图[105]。水凝胶对特定的化学成分敏感,当水凝胶吸收这些化学成分后体积发生膨胀,当化学成分降低后体积又恢复。利用这种原理,将水凝胶固定在刚性多孔薄膜和柔性薄膜之间,利用多孔薄膜透过的化学成分使水凝胶膨胀,驱动柔性薄膜上的阀结构对流体管道密封或开放,从而形成水凝胶驱动的阀。当把这种阀组合以腔体时,就能够利用腔体内外的自然压差,形成对某些化学成分敏感的微泵。这种微泵可以应用于很多化学场合,特别是体内药物释放微泵的驱动,可以形成受葡萄糖或 pH 值控制的微泵。这种微泵的缺点是响应很慢,一个动作需要几分钟或者更长时间,其优点是化学能源支持,不需要外部电源,并且受到环境参数的控制。

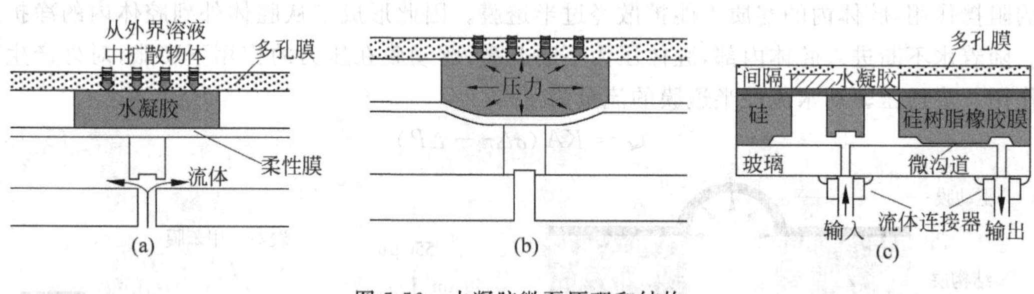

图 5-56 水凝胶微泵原理和结构

参考文献

[1] KE Petersen. Silicon torsional scanning mirror. IBMJ Res Dev,1980,24: 631-637

[2] D Wood,et al. Actuators and their microengineering. Eng Sci Edu J,1998,2: 19-27

[3] H Fujita. Microactuators and micromachines. IEEE Proc,1998,86(8): 1721-1732

[4] M Mita,et al. A micromachined impact microactuator driven by electrostatic force. J MEMS, 2003, 12(1): 37-41

[5] WC Tang,et al. Laterally driven polysilicon resonant microstructures. Sens Actuators A,1992,20: 25-32

[6] C Huang, et al. An electrostatic microactuator system for application in high-speed jets. J MEMS, 2002, 11(3): 222-235

[7] A Selvakumar, et al. Vertical comb array microactuators. J MEMS, 2003, 12(4): 440-449

[8] LS Fan, et al. IC-processed electrostatic micromotors. Sens Actuators, 1989, A20: 41-47

[9] T Akiyama, et al. Scratch drive actuator with mechanical links for self-assembly of three-dimensional MEMS. J MEMS, 1997, 6: 10-17

[10] GK Fedder, Simulation of microelectromechancial systems. Ph. D Thesis, 1994, UC Berkeley

[11] JI Seeger, et al. Charge control of parallel-plate, electrostatic actuators and the tip-in instability. J MEMS, 2003, 12(5): 656-671

[12] EK Chan, et al. Electrostatic micromechanical actuator with extended range of travel. J MEMS, 2000, 9(3): 321-328

[13] ES Hung, et al. Extending the travel range of analog-tuned electrostatic actuators. J MEMS, 1999, 8(4): 497-505

[14] GK Fedder, et al. Multimode digital control of a suspended polysilicon microstructure. J MEMS, 1996, 5(4): 283-297

[15] M Fischer, et al. Electrostatically deflectable polysilicon micromirrors—dynamic behavior and comparison with results from FEM modeling with ANSYS. Sens Actuators A, 1998, 67: 89-95

[16] Y Nemirovsky, et al. A methodology and model for the pull-in parameters of electrostatic actuators. J MEMS, 2001, 10(4): 601-615

[17] Z Xiao, et al. Analytical behavior of rectangular electrostatic torsion actuators with nonlinear spring bending. J MEMS, 2003, 12(6): 929-936

[18] O Degani, Y Nemirovsky. Design considerations of rectangular electrostatic torsion actuators based on new analytical pull-in expressions. J MEMS, 2002, 11(1): 20-26

[19] WC Tang, et al. Electrostatic-comb drive of lateral polysilicon resonators. Sens Actuators A, 1990, 21-23: 328-331

[20] WCK Tang. Electrostatic comb drive for resonant sensor and actuator applications. PhD thesis, UC Berkeley, 1990

[21] XPS Sua, et al. Design of compliant microleverage mechanisms. Sens Actuators A, 2001, 87: 146-156

[22] S Kota, et al. Design and fabrication of microelectromechanical systems. J Mech Design, 1994, 116: 1081-1088

[23] W Tang, et al. Electrostatic-comb drive levitation and control methods. J MEMS, 1992, 1: 170-178

[24] YC Tai, RS Muller. IC-processed electrostatic synchronous micromotors. Sens Actuators A, 1989, 20(1-2): 49-55

[25] M Mehregany, et al. Micromotor fabrication. IEEE TED, 1992, 39(9): 2060-2069

[26] C Chee, et al. Fabrication process of wobble motors with polysilicon anchoring bearing. In: IEDM Hong Kong, 1999, 92-95

[27] P Vettiger, et al. The "millipede"-More than one thousand tips for future AFM data storage. IBM J Res Dev, 2000, 44(3): 323

[28] T Akiyama, et al. Controlled stepwise motion in polysilicon microstructures. J MEMS, 1993, 2(3): 106-110

[29] MP de Boer, et al. High-performance surface-micromachined inchworm actuator. J MEMS, 2004, 13(1): 63-74

[30] Tas N, et al. Modeling, design and testing of the electrostatic shuffle motor. Sens Actuators A, 1998, 70: 171-178

[31] RJ Linderman, VM Bright. Optimized scratch drive actuator for tethered nanometer positioning of chip-

sized components. In Solid-State Sensor and Actuator Workshop, 2000, 214-217

[32] Q Meng, et al. Theoretical modelling of microfabricated beams with elastically restrained supports. J MEMS, 1993, 2(3): 128-137

[33] KE Petersen. Dynamic micromechanics on silicon: Techniques and devices. IEEE T ED, 1978, 25(10): 1241-1250

[34] BR Donald, et al. Power delivery and locomotion of untethered microactuators. J MEMS, 2003, 12(6): 947-959

[35] R Yeh, et al. Single mask, large force, and large displacement electrostatic linear inchworm motors. J MEMS, 2002, 11(4): 330-336

[36] JW Judy, et al. A linear piezoelectric stepper motor with sub-micrometer step size and centimeter travel range. IEEE Trans Ultra Ferro Freq Contr, 1990, 37(5): 428-437

[37] H Debeda, et al. Development of miniaturized piezoelectric actuators for optical applications realized using LIGA technology. J MEMS, 1999, 8(3): 258-263

[38] S Gopinathan, et al. A review and critique of theories for piezoelectric laminates. Smart Mater Struct, 2001, 9(1): 24-48

[39] OJ Aldraihem, et al. Smart beams with extension and thickness-shear piezoelectric actuators. Smart Mater Struct, 2000, 9(1): 1-9

[40] XD Zhang, et al. Analysis of a sandwich plate containing a piezoelectric core. Smart Mater Struct, 1999, 8: 31-40

[41] SS Vel, et al. Analysis of piezoelectric bimorphs and plates with segmented actuators. Thin-Walled Struct, 2001, 39: 23-44

[42] L Yao, et al. Exact solution of multilayered piezoelectric diaphragms. IEEE Trans Ultra Ferro Freq Contr, 2003, 50(10): 1262-1271

[43] J. Mackerle. Smart materials and structures-a finite element approach-an addendum: a bibliography (1997-2002). Model Simul Mater Sci Eng, 2003, 11(5): 707-744

[44] MS Weinberg. Working Equations for Piezoelectric Actuators and Sensors. J MEMS, 1999, 8(4): 529-533

[45] DL DeVoe, et al. Modeling and optimal design of piezoelectric cantilever microactuators. J MEMS, 1997, 6(3): 266-270

[46] Z Namiy, et al. An energy-based design criterion for magnetic microactuators. JMM, 1996, 6: 337-344

[47] O Cugat, et al. Magnetic micro-actuators and systems (magmas). IEEE Trans Magn, 2003, 39(6): 3607-3612

[48] B. Wagner, et al. Micro-actuators with moving magnets for linear, torsional or multi-axial motion. Sens Actuators, 1992, A32: 598-603

[49] C. Liu, et al. Micromachined magnetic actuators using electroplated permalloy. IEEE Trans Magn, 1999, 53(3): 1976-1985

[50] JW Judy. Batch fabricated ferromagnetic microactuators with silicon flexures. Ph. D, UC Berkeley, 1996

[51] JW Judy, et al. Magnetic microactuation of torsional polysilicon structures. Sens Actuators A, 1996, 53(1-3): 392-397

[52] CH Ahn, et al. A fully integrated surface micromachined magnetic microactuator with a multilevel meander magnetic core. J MEMS, 1993, 2(1): 15-22

[53] HJ Cho, et al. A bidirectional magnetic microactuator using electroplated permanent magnet arrays. J MEMS, 2002, 11(1): 78-84

[54] DJ Sadler, et al. A universal electromagnetic microactuator using magnetic interconnection concepts. J MEMS, 2000, 9(4): 460-468

[55] JW Judy, et al. Magnetically actuated, addressable microstructures. J MEMS, 1997, 6(3): 249-256
[56] H Guckel, et al. Thermo-magnetic metal flexure actuators. In: Transducers'92, 73-75
[57] L Que, et al. Bent-beam electrothermal actuators-Part Ⅰ: Single beam and cascaded devices. J MEMS, 2001, 10: 247-254
[58] JS Park, et al. Bent-beam electrothermal actuators—Part Ⅱ: Linear and rotary microengines. J MEMS, 2001, 10: 255-262
[59] J Butler, et al. Average power control and positioning of polysilicon thermal actuators. Sens Actuators A, 1999, 72: 88-97
[60] QA Huang, et al. Analysis and design of polysilicon thermal flexure actuator. JMM, 1999, 9: 64-70
[61] H Sehr, et al. Fabrication and test of thermal vertical bimorph actuators for movement in the wafer plane. JMM, 2001, 11: 306-310
[62] E Enikov, et al. Composite themal micro-actuator array for tactile displays. In: SPIE, 2003, 5055: 258-267
[63] Y Okada, et al. Precise determination of lattice parameter and thermal expansion coefficient of silicon between 300 and 1500 K, J. Appl. Phys. , 1984, 56: 314-320
[64] M S Baker, et al. Compliant thermo-mechanical MEMS actuators, Sandia Report, SAND 2004-6635, 2004
[65] Y Zhang, et al. Thermally actuated microprobes for a new wafer probe card. J MEMS, 1999, 8(1): 43-49
[66] M Okyar, et al. Thermally excited inchworm actuators and stepwise micromotors: analysis and fabrication. In SPIE, 1997, 3224: 372-379
[67] YB Gianchandani, et al. Bent-beam strain sensors. J MEMS, 1996, 5(1): 52-58
[68] R Hickey, et al. Heat transfer analysis and optimization of two-beam microelectromechanical thermal actuators. J Vac Sci Tech A, 2002, 20: 971-974
[69] JH Comtois, et al. Applications for surface-micromachined polysilicon thermal actuators and arrays. Sens Actuators A, 1997, 58: 19-25
[70] Z Chen, et al. Thermally-actuated, phase change flow control for microfluidic systems. LOC, 2005, 2005, 5: 1277-1285
[71] JH Tsai, et al. A thermal-bubble-actuated micronozzle-diffuser pump. J MEMS, 2002, 11(6): 665-671
[72] JH Tsa, et al. Transient thermal bubble formation on a polysilicon micro-resister. J Heat Transfer, 2002, 124(2): 375-382
[73] A Olsson, et al. A valve-less planar fluid pump with two pump chambers. Sens Actuators A, 1995, 46-47: 549-556
[74] P Woias. Micropumps—past, progress and future prospects. Sens Actuators B, 2005, 105: 28-38
[75] A Manz, et al. Planar chips technology for miniaturization and integration of separation techniques into monitoring systems: capillary electrophoresis on a chip. J Chromatogr. 1992, A 593: 253-258
[76] MT Taylor, et al. Simulation of microfluidic pumping in a genomic DNA blood-processing cassette. JMM 13, 2003, 201-208
[77] L Jiang, et al. Closed-loop electroosmotic microchannel cooling system for VLSI circuits. IEEE T Comp Pack Tech, 2002, 25: 347-355
[78] DJ Laser, et al, Silicon electroosmotic micropumps for IC thermal management. In: Transducers '03, 151-154
[79] JG Smits. Piezoelectric micropump with 3 valves working peristaltically. Sens Actuators A, 1990, 21: 203-206
[80] JL Coll, et al. In vivo delivery to tumors of DNA complexed with linear polyethylenimine. Hum Gene

Ther,1999,10: 1659-1666

[81] P Bruschi,et al. Micromachined gas flow regulator for ion propulsion systems. IEEE Trans Aerosp Electron Syst,2002,38: 982-988

[82] DJ Laser,et al. A review of micropumps. JMM,14,2004,R35-R64

[83] H Anderssona,et al. A valve-less diffuser micropump for microfluidic analytical systems. Sens Actuators B,2001,72: 259-265

[84] MR Wang,et al. Numerical simulations on performance of MEMS-based nozzles at moderate or low temperatures. Microfluid Nanofluid,2004,1: 62-70

[85] CJ Morris,et al. Low-order modeling of resonance for fixed-valve micropumps based on first principles. J MEMS,2003,12: 325-334

[86] T Bourouina,J P Grandchamp. Modeling micropumps with electrical equivalent networks. JMM,1996, 6: 398-404

[87] A Olsson,et al. A numerical design study of the valveless diffuser pump using a lumped-mass model. JMM 9,1999,34-44

[88] AR Gamboa,et al. Optimized fixed-geometry valves for laminar flow micropumps. J Fluids Eng,2005, 127: 339-346

[89] M Esashi,et al. Normally closed microvalve and micropump fabricated on a silicon-wafer. Sens Actuators,1989,20: 163-169

[90] SH Chang,BC Du. Optimization of asymmetric bimorphic disk transducers. J Acoust Soc Am,2001, 109: 194-202

[91] JH Park,et al. A piezoelectric micropump using resonance drive with high power density. JSME Int J C, 2002,45: 502-509

[92] A Olsson,et al. Micromachined flat-walled valveless diffuser pumps. J MEMS,1997,6: 161-166

[93] M Koch,et al. A novel micromachined pump based on thick-film piezoelectric actuation. Sens Actuators, 1998,A70: 98-103

[94] FC van de Pol, et al. A thermopneumatic micropump based on micro-engineering techniques. Sens Actuators,1990,A21: 198-202

[95] J H Tsai,L Lin. A thermal-bubble-actuated micronozzle-diffuser pump. J MEMS,2002,11: 665-671

[96] R Zengerle,et al. A bi-directional silicon micropump. Sens Actuators A,1995,50: 81-86

[97] S Bohm,et al. A plastic micropump constructed with conventional techniques and materials. Sens Actuators A,1999,77: 223-228

[98] MC Carrozza, et al. A piezoelectric-driven stereolithography-fabricated micropump. JMM, 1995, 5: 177-179

[99] IMM thinXXS XXS2000 Data Sheet: www. thinxxs. com

[100] D Maillefer,et al. A high-performance silicon micropump for an implantable drug delivery system. In: MEMS'99,413-417

[101] 庞江涛 等. 微流量泵与微流量传感器的系统集成. 功能材料与器件学报,1998,4(2): 101-104

[102] NT Nguyen,et al. MEMS-micropumps: a review. J Fluids Eng,2002,124: 384-392

[103] YC Su,et al. A Water-powered osmotic microactuator. J MEMS,2002,11(2): 736-742

[104] T Stanczyk,et al. A microfabricated electrochemical actuator for large displacements. J MEMS,2000, 9(3): 314-320

[105] A Baldi,et al. A hydrogel-actuated environmentally sensitive microvalve for active flow control. J MEMS,2003,12(5): 613-621

本章习题

1. 利用能量法推导平板电容执行器的驱动力与驱动电压的关系，如果该执行器的长宽高各减小一个数量级，驱动电压保持不变，驱动力如何变化？

2. 解释在计算两个平板电极间的静电力大小的方法中，为何要引入共能的概念？图 5-57 所示的叉指电容执行器中，可动叉指的运动方向为图中的 x 轴方向，通过计算比较可动叉指在图中两个不同的位置时，执行器运动方向上的静电驱动力的大小。

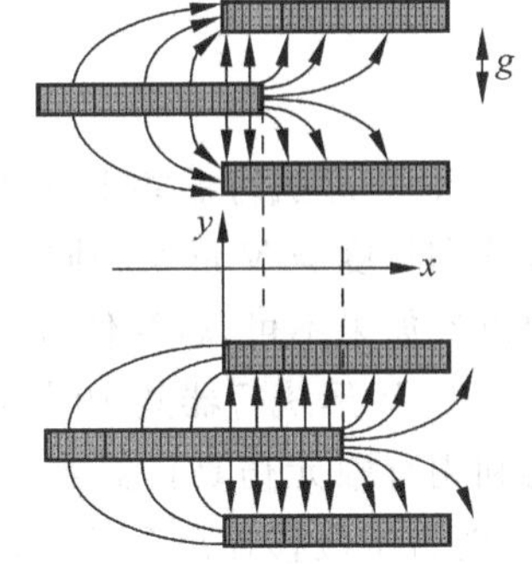

图 5-57　叉指电容执行器

3. 一个半径为 a、初始间距为 g_0 的圆形平板电容执行器，下极板完全固定，上极板由圆周上均匀分布的 4 个梁支撑，梁长宽厚分别为 l、w 和 t，一端连接上极板，另一端完全固支。当施加恒定的电压 V 驱动时，上极板保持平面不变，计算能够产生下拉现象时 V 最小为多少。

4. 如图 5-58 所示，梳状静电驱动器上下 2 个叉指极板分别施加 V 和 $-V$ 的电压，中间可动叉指极板浮空，可以沿着水平方向运动，计算可动极板驱动力的表达式。所有叉指长宽厚均为 l、w 和 t。

5. 如图 5-59 所示平板电容的上下极板相同，面积均为 A，质量均为 m。上下极板由 4 个长宽高分别为 l、w 和 t 的弹性梁支撑：①在极板间施加静电压，并逐渐增加电压的大小，该过程中极板如何变化？②如存在临界电压，临界电压 V_k 是多少？如果不存在，为什么？设极板初始间距为 g_0，忽略边缘电场，忽略弹性梁质量，假设电容不会被击穿，假设极板在施加电场过程中保持平面。

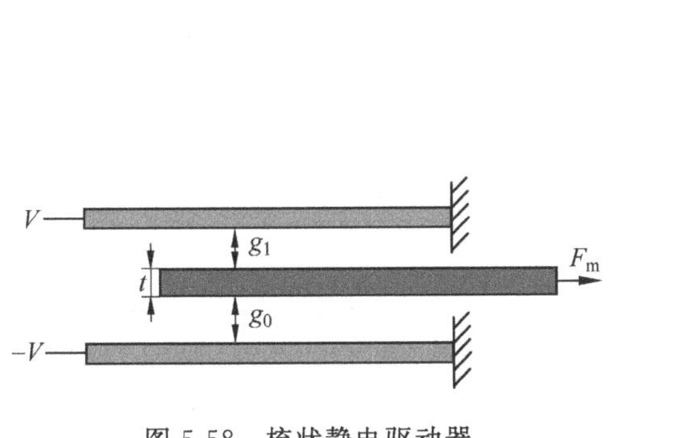

图 5-58　梳状静电驱动器

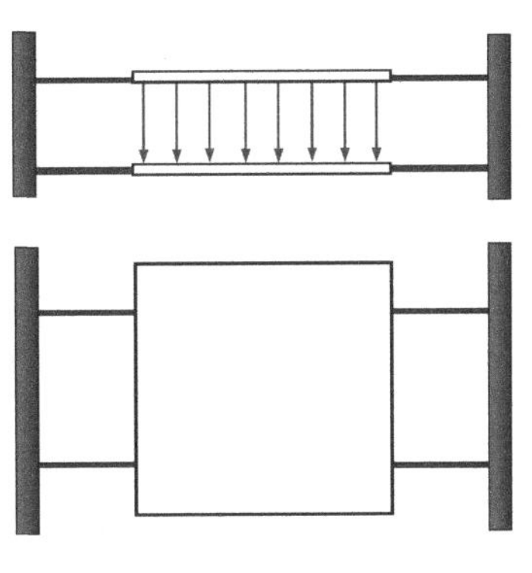
图 5-59　平板电容

6. 如图 5-60 所示，MEMS 单刀双掷开关有 3 个极板，长（左右方向）、宽（垂直纸面方向）、厚度分别为 l、w 和 t。上下 2 个极板固定，中间极板可以上下运动，其质量为 m、弹簧的弹性刚度为 k。①当在上极板施加电压 $0.5V_0$、下极板接地、中间极板施加驱动电压 V_0 时，计算中间极板受到的驱动力的表达式。②上下极板所施加的电压满足什么条件时，中间极板与上极板闭合？闭合该开关所需要的最大电压 V 的表达式。初始间距如图所示，忽略结构变形、重力影响和边缘电场。③与中间极板施加固定电势 V_0 相比，浮动电势的方式有何优点和缺点。

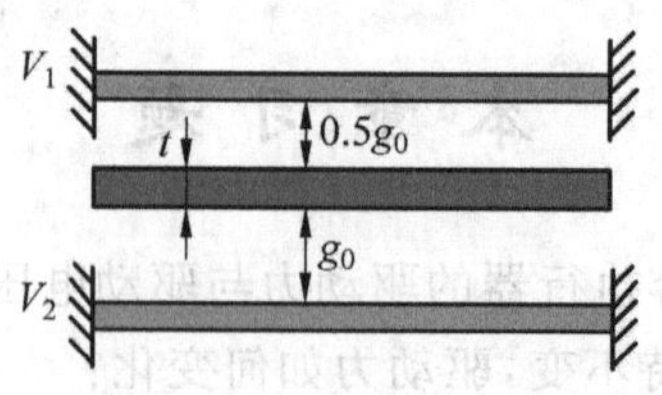

图 5-60 MEMS单刀双掷开关

7. V 形执行器共 10 根梁，每个梁长 500 μm、宽 5 μm、厚 5 μm，是否可以用厚度 100 nm、宽度和长度与 V 形梁相同的铂金属薄膜作为加热电阻？如果可以，与用梁自身加热各有何优缺点？如果不可以，为什么？

8. V 形执行器共 10 根梁，每个梁长 500 μm、宽 5 μm、厚 5 μm，梁的电阻率为 10 Ω·cm。①利用有限元仿真计算当施加电压为 5 V 时，V 形梁顶点的位移大小。②如果保持功耗不变，能否将位移提高 1 倍？如果可以，调整哪些参数？③如果外部负载为 5 μN，仿真 5 V 驱动电压下顶点位移为多少？此时功耗多大？

9. 双膜片执行器为悬臂梁结构，由氮化硅薄膜层和铂金属层构成，长 500 μm、宽 50 μm，氮化硅层厚度 1 μm，铂层厚度 100 nm，计算加热到 300℃时，执行器自由端的位移大小。

第6章 射频 MEMS

射频 MEMS(简称为 RF MEMS)是指 MEMS 技术在 RF 及微波通信领域的应用,即利用 MEMS 制造技术发展适合于 RF 的器件与技术,以提高 RF 系统的性能、降低成本,并适合特殊应用。RF MEMS 最早出现于 20 世纪 70 年代末[1],但是直到 80 年代末期美国 DARPA 资助 Hughes、Rockwell 和 TI(Rathon)等公司从事 MEMS 在军用雷达领域的应用研究,RF MEMS 才真正开始,其标志是 1991 年 Larson 等人研制成功的 RF 旋转开关[2]。这些 RF 开关等领域的研究成果,以及 UC Berkeley 和 Agilent 在谐振器和滤波器方面取得的进展,显示了 RF MEMS 的潜力,促进了 RF MEMS 研究在世界范围内的广泛开展。Agilent、Siemens、Omron、Panasonic 以及 SiTime 和 Discera 等公司分别推出了体声波谐振器、BiCMOS 兼容的谐振器、滤波器、微机械开关等产品。

本章主要介绍典型的 RF MEMS 器件的设计与制造,包括开关、谐振器、滤波器、可变电容等,以及由 RF MEMS 器件组成的集成电路单元。

6.1 RF MEMS 概述

利用 MEMS 技术可以实现多种用于无线通信的器件及电路单元,如谐振器、振荡器、滤波器、开关、继电器、可变电容、电感、压控振荡器、混频器以及移相器和天线等,工作频段从低频的 RF 频段(300 MHz～3 GHz),到微波频段(3～30 GHz),直到毫米波频段(30～300 GHz)和 THz 频段(100 μm 波长)。RF MEMS 能够集成高 Q 值无源器件和功能电路单元,使其有可能成为 RF CMOS/BiCMOS 的重要支撑技术,对无线通信系统产生重要影响[3]。

6.1.1 RF MEMS 器件

无线通信系统中大量使用片外分立无源器件,包括声表面波 SAW、石英晶体、陶瓷谐振器等机电器件和电容、电感、电阻等电子器件。这些分立器件平均占用 80%以上的 PCB 板面积,尽管性能满足大部分无线通信系统的要求,但是由于尺寸大、功耗高、价格贵,很多应用都试图减少分立器件的数量或者用集成无源器件代替分立器件。然而,集成无源器件损耗大、Q值低,减少分立器件是以增加晶体管数量、线路的复杂度和功耗,或降低系统性能为代价的。因此,目前的无线收发系统是在体积重量和性能之间的折中,为了控制体积和重量而牺牲部分性能。

RF MEMS器件是微机械式的结构,通过机械动作或者结构特性实现电子领域需要的谐振、可调、开关等基本功能。RF MEMS器件具有以下的优点:①高性能:微型谐振器利用机械谐振结构组成谐振电路,具有Q值高、稳定性好的特点;MEMS可调电容由可动极板组成的电压调节式电容器,可以解决CMOS电容Q值低、调节范围受电压限制的缺点;MEMS技术制造的悬空电感,能够降低衬底造成的电阻损耗、涡流损耗、寄生电容等问题,大幅度提高电感的Q值。②体积小、重量轻:RF MEMS器件的尺寸比分立器件小3个数量级以上,从而大幅度降低无线系统的体积和重量,如图6-1(a)所示。③系统集成:基本的RF MEMS器件可以集成为复杂的功能模块,例如振荡器、滤波器、混频器、移相器、压控振荡器等,多数器件的制造工艺与CMOS兼容,通过系统集成提高可靠性并降低板级寄生效应,如图6-1(b)所示为接收器芯片级集成取代板级集成示意图。④降低功耗:RF MEMS是微型的机械电子系统,隔离度高、插入损耗低、动作驱动功率小,并且开关和可变电容等在维持时没有直流电流,几乎不消耗功率,因此RF MEMS器件的功耗非常小,即使大量集成,也能够显著降低系统功耗,使得RF MEMS的影响不仅是器件级的,更是系统级的。⑤减小电磁干扰:由于CMOS和GaAs工艺不能很好地解决电磁辐射和串扰等问题,能量效率低、系统复杂,RF MEMS提供功能器件,有效解决电磁干扰、动态范围、相位噪声等问题。⑥降低成本:通过三维集成可以实现难以在CMOS上实现的RF电路前端的集成,如低噪声放大器和功率放大器等;利用RF MEMS实现的大量集成无源器件和多功能芯片可以取代板级的互连与封装,从而降低系统成本。RF MEMS器件体积小、功耗低、Q值高、可以采用相同的工艺制造,因此无线通信系统可以像集成电路使用晶体管一样大量使用RF MEMS器件,从而增加功能、提高性能,而不必在无源器件数量和系统性能之间进行折中。

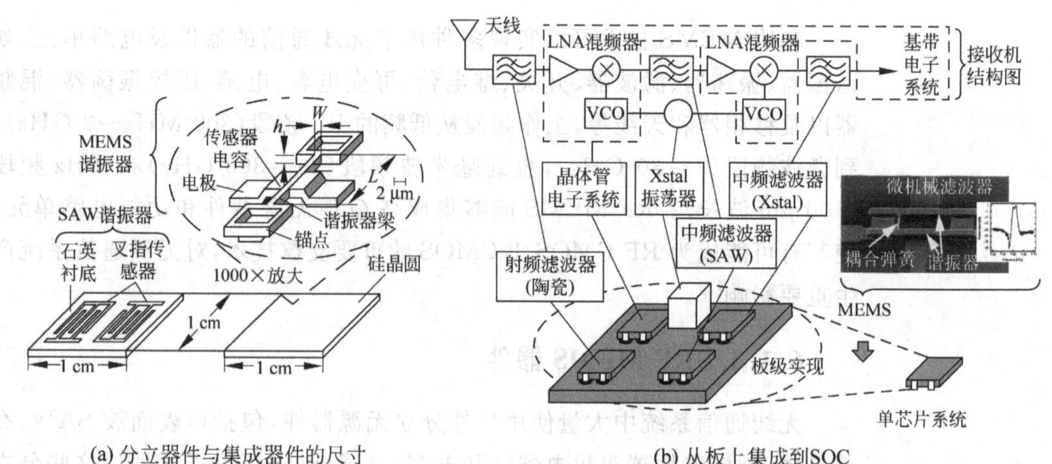

(a) 分立器件与集成器件的尺寸

(b) 从板上集成到SOC

图6-1 RF MEMS的优势

6.1.2　基于 RF MEMS 的收发器前端结构

RF MEMS 应用于无线通信系统的方式包括：用 RF MEMS 器件直接取代现有的分立片外无源器件；在滤波器和开关网络中大量使用高 Q 值微机械谐振器，实现 RF 信道选择结构；使用全 RF MEMS 器件的 RF 前端。利用 RF MEMS 最直接的方法是用高 Q 值可集成的 RF MEMS 器件取代现有的片外分立无源器件，如 RF 预选和镜像抑制滤波器中的陶瓷谐振器、SAW、石英谐振器，以及 IF 信道选择滤波器、分立电感电容和参考石英振荡器等。图 6-2 为无线收发器系统功能框图，其中阴影部分表示可以直接被 RF MEMS 替代的部分。RF MEMS 器件的性能与分立器件可比，因此能够直接替代分立器件。这种替换的主要优点是通过分立器件的集成降低尺寸和功耗，例如实现 CMOS 低噪声放大器 LNA 和混频器的 50 Ω 输出阻抗匹配。

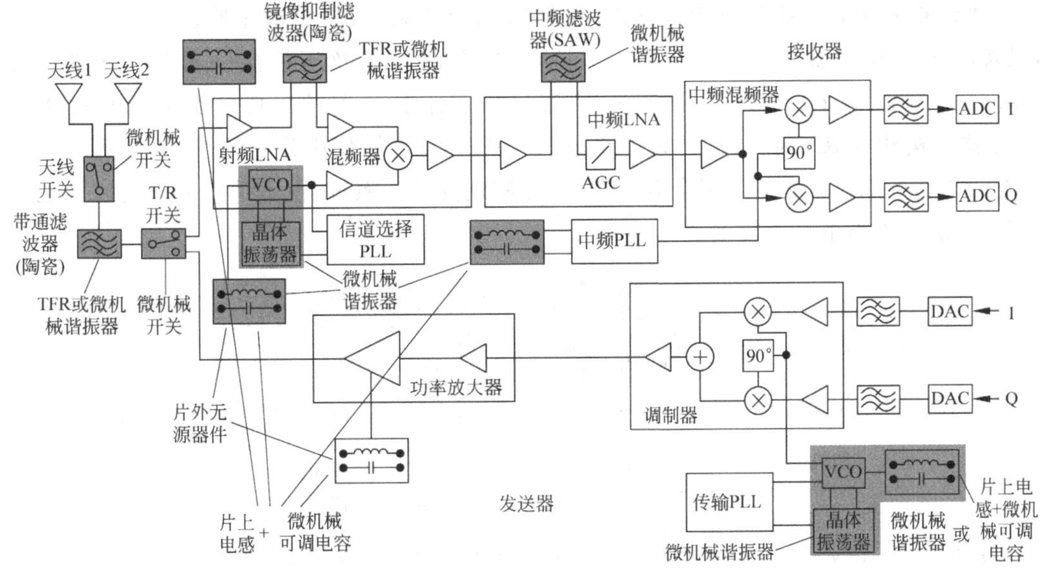

图 6-2　无线收发器前端可被 RF MEMS 替代的分立无源器件

与集成电路在实现复杂系统时远比分立晶体管组成的电路优越一样，RF MEMS 器件在实现复杂系统方面与片外分立器件相比具有巨大的优势。图 6-3 为利用微机械电路实现的复杂功能的接收器前端系统级框图。这种方案采用了大量的高选择性(高 Q 值)微机械开关、振动器和滤波器构成的信道选择器，来实现相应的功能。

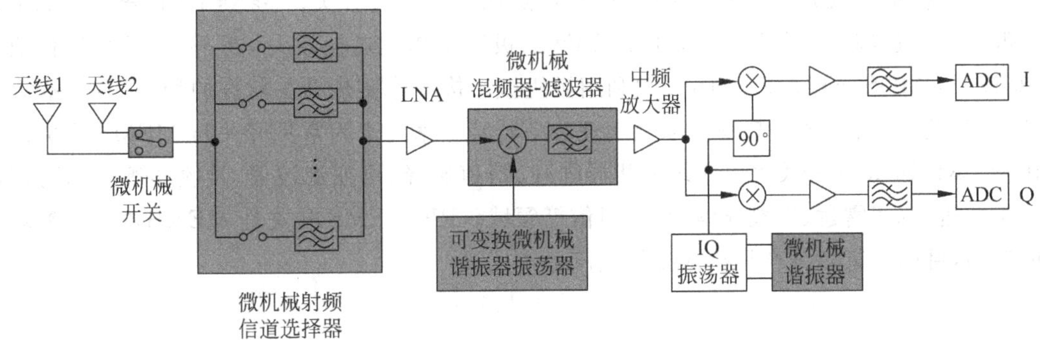

图 6-3　使用大量微谐振器的 RF 信道选择接收器的结构框图

信道选择是具有重要意义的功能。信道选择使后续接收路径上的电路模块(如LNA、混频器)不再需要处理相间通道干扰。因此,动态范围可以不再受到严格的约束,能够显著降低功耗;对相邻信道干扰的抑制也降低了对本机振荡器合成器的相位噪声的要求,可以进一步节省功耗。对于多频道的通信终端,要求滤波器同时具有窄带宽、高选择性、宽调谐能力以及低插入损耗是非常困难甚至不可能。例如,低损耗信道选择要求Q值为几千的可调谐振器,但是通常高Q值限制了可调,使得依靠单个RF滤波器实现信道选择非常困难。多个非可调高Q值滤波器能够实现单个RF信道选择,但这种方法需要几百到几千个滤波器,显然无法用分立无源器件实现,只有利用开关将整个频域分成若干独立频段再通过滤波器进行选择,而传统的有源器件开关的插入损耗高、隔离度低,不能大量使用组成信道选择。利用GHz的微机械滤波器和微机械开关,可以实现RF信道选择滤波器组。

全MEMS的RF前端是指所有分立无源器件都由集成的MEMS器件代替,这种结构需要更多种类的集成RF MEMS无源器件,包括微机械开关、微机械谐振器、可调电容、三维电感,以及由这些基础器件构成的滤波器、混频器、振荡器以及压控振荡器等。图6-4为全MEMS器件构成的RF前端的示意图,阴影区域表示分立器件集成的部分。通过使用全MEMS器件构建的RF前端,不是简单地用RF MEMS器件替代分立器件,而是从功能和性能出发的全新的RF前端。利用全MEMS器件实现的芯片系统,也不是简单地把片外元件集成,而是功能和性能的全面提高。

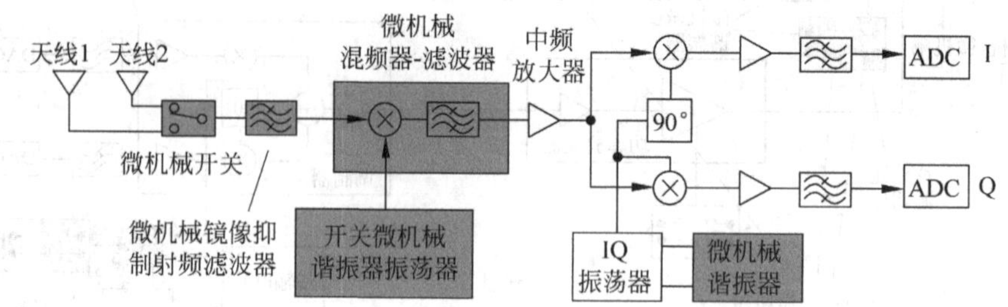

图6-4 全MEMS器件RF前端接收器系统结构框图(混频滤波器可使用RF信道选择结构)

6.2 MEMS开关

开关用来切换或者通断信号通道,是射频前端电路的常用器件。目前常用的工作频段切换和收发切换的集成开关为GaAs FET开关和PIN二极管开关。GaAs FET开关的隔离能力一般,容易造成临近频段的交叉干扰,PIN二极管工作时功耗较大;另外,这两种器件成本高,难以与CMOS集成。MEMS开关利用微机械结构动作实现开关状态的切换,具有插入损耗低、隔离度高、信号截止频率高以及功耗小等优点。表6-1为常见开关与MEMS开关的性能比较。RF MEMS开关可以实现移相器阵列、信道选择、可变滤波器、接收器等[4,5],可广泛应用于雷达、汽车雷达、卫星通信、无线通信等领域。RF MEMS开关是MEMS在RF领域早期的应用,目前已有多种产品投入批量生产。

表 6-1　开关的性能比较

参　数	RF MEMS	PIN	FET
工作电压/V	10～80	3～5	3～5
电流/mA	～0	3～20	～0
功耗/mW	0.05～0.1	5～100	0.05～0.1
开关时间	0.2～300 μs	1～100 ns	1～100 ns
截止频率/THz	20～80	1～4	0.5～2
隔离度	极高	中等	中等
插入损耗/dB	0.05～0.2	0.3～1.2	0.4～2.5
功率容量/W	～1	～10	～10
IIP3	66～80	27～45	27～45

6.2.1　开关的类型

根据闭合时的导通方式，MEMS 开关可以分为电阻式(欧姆接触)和电容耦合式两种，如图 6-5(a)所示。欧姆接触开关利用金属电极实现连通，上电极所在的梁在静电力吸引下向下运动，接触在断开的传输线上形成信号的通路；当驱动电压撤去后，梁在机械回复力的作用下回到初始位置，信号通路断开。欧姆接触开关的断开电容为 2～8 fF，在低频和直流时插入损耗很低，在 20～40 GHz 范围内绝缘性能较好[6]。损耗主要由接触电阻引起，当接触电阻为 1～2 Ω 时，损耗为 0.1～0.2 dB。

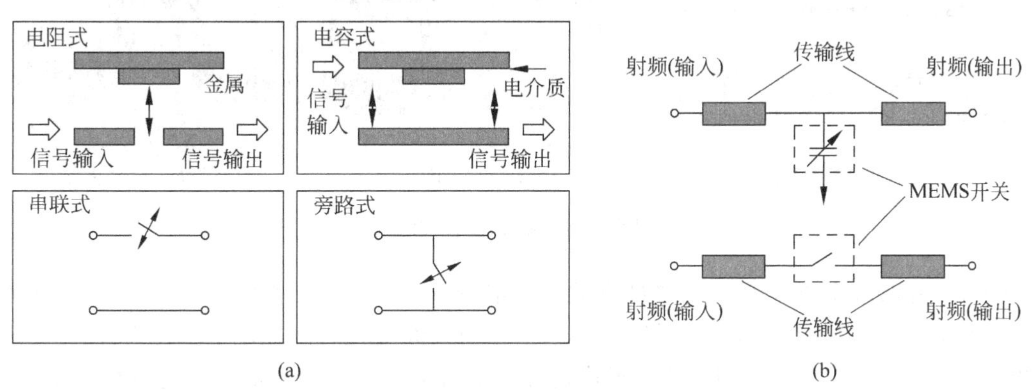

图 6-5　串联式和旁路式开关

电容耦合式开关由上电极(信号输入端)和下电极(信号输出端)构成，上电极下表面覆盖 1 层介电层。当上电极所在的梁在静电力的作用下向下接触到下电极时，上下电极和介电层形成电容，没有金属的直接接触。根据电容耦合对于高频信号阻抗小的特点，将高频输入信号耦合到输出电极，实现导通。只有当信号频率达到一定范围以后，开关才具有比较低的插入损耗。电容的开关频率取决于电容在开关两个状态的电容比，宽频带要求电容的变化较大。电容耦合开关的断开与闭合时的电容一般为 30～100 fF 与 1.4～3.5 pF，二者的电容比为 40～80，因此 10 GHz 以下绝缘很好。

根据接入电路的方式可以将 MEMS 开关分为串联式和并联式，如图 6-5(b)所示。串联开关设置在信号的传输线上，利用开关控制信号的传输；并联开关也称为旁路开关，连接在信号与地之间,利用开关控制信号与地之间的连接。一般串联开关多采用欧姆接触式,并联开关多采用电容耦合式结构。理想的串联开关在断开时隔离度无限大,而在导通时插入损耗为0。一般MEMS串联开关可用于0.1～40 GHz,在1 GHz时隔离度为－50～－60 dB,20G Hz时隔离度为－20～－30 dB,并在0.1～40 GHz频率范围内实现－0.1～－0.2 dB的插入损耗。理想的并联开关在接通时插入损耗为0,断开时隔离度无限大。由于旁路开关是依靠电容耦合的,因此更适合于高频信号。一般旁路开关可以实现5～100 GHz范围内的插入损耗为－0.04～－0.1 dB,10～50 GHz范围内的隔离度－20 dB。开关的信号传输线都位于衬底表面,为了获得更好的高频传输特性,避免硅衬底的损耗,高频开关衬底多采用高阻硅、多孔硅或者低损耗玻璃衬底。

1. 开关的结构

开关的主要结构形式是双端固支梁和悬臂梁。图6-6为典型的双端固支梁式开关[7,8],最早由TI公司于1995年研制。这种开关有串联[9]和并联[10,11]两种形式,但主要是并联形式。双端支承开关的驱动方式多为电容式,电容的上电极位于金属梁上,下电极位于衬底上,表面覆盖介质层,通过加在上下极板间的电压控制上极板在上、下两个位置之间动作,从而控制通断。电极可以与输入输出信号的电极共用,也可以是独立的。由于对于微波频段的导通不一定要求极板间的真正接触,因此下极板通常沉积有SiN等以防止两个极板间的粘连。

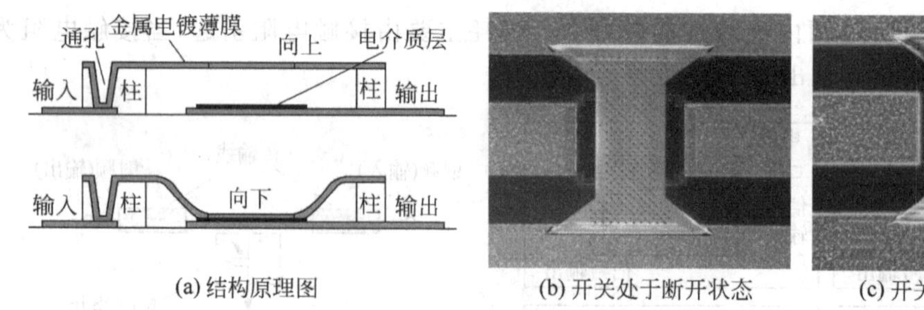

(a) 结构原理图　(b) 开关处于断开状态　(c) 开关处于闭合状态

图6-6　双端支承梁式开关

表6-2为双端支承梁开关的典型参数。一般情况下,开关的间隙为1.5～5 μm,开关长250～400 μm,宽25～200 μm。一般开关长度不少于200 μm,以免驱动电压过高,而宽度不大于200 μm,以使下拉梁能够与传输线形成良好的平面接触[12]。介电层氮化硅的厚度在100～200 nm,相对介电常数5～7.6。当传输信号频率为20 GHz和60 GHz时,典型的插入损耗为0.2 dB,在5～10 GHz的隔离度为10～20 dB。这种结构形式的主要优点是制造相对容易,开关刚度较大,动作稳定,不容易产生误动作;主要缺点是由于双端支承结构的刚性较大,加上寄生电容的影响,导致驱动电压比较大,一般要达到20～90 V,这与集成电路还有差距。

在TI公司双端支承结构的基础上,Michigan大学、LG、Bosch、IMEC等分别发表了双端支承的电容式开关,在频段、驱动电压等方面有不同程度的改进[13~15],UIUC的并联开关实现了70亿次无负载寿命[16]。电容开关要求开关与电极的间距尽量大,以提高开关状态的电容比和隔离度,但大间距会导致驱动电压的增加和动作频率的下降,因此需要折中。

表 6-2 双端支承梁开关的典型参数[6]

参 数	值	参 数	值
长/μm	200～400	驱动面积/μm^2	80×100
宽/μm	50～200	驱动电压/V	30～50
高/μm	2～5	开关时间/μs	3/5(D/U)
梁材料	Al	闭合电容/pF	1～6
梁厚度/μm	0.5	电容比	80～120
残余应力/MPa	10～20	电感/pH	5～10
弹性系数/N/m	6～20	电阻/Ω	0.25～0.35
开孔/μm	是,3～5	隔离度/dB	−20(10 GHz)
牺牲层	聚酰亚胺	隔离度/dB	−35(35 GHz)
释放方式	等离子刻蚀	互调	+66 dBm
介电材料/(nm/ε)	SiN(100)/7.6	插入损耗/dB	−0.07(10～40 GHz)

悬臂梁结构的开关最早由 Rockwell 公司于 1995 年实现,如图 6-7 所示[17],具有较低的驱动电压。静电驱动的悬臂梁开关的动作原理与双端支承梁开关相同,在静电引力作用下悬臂梁弯曲,自由端的电极连接衬底的输入输出端,实现导通。去掉驱动电压后,悬臂梁在机械回复力的作用下回到初始位置,实现断开。尽管悬臂梁开关可以用作电容并联式,多数悬臂梁开关是作为电阻式的串联开关使用。表 6-3 给出了 Rockwell 悬臂梁开关的主要参数[17]。在 Rockwell 结构的基础上,Huges、NEC、ADI、Omron、Motorola、KAIST、Samsung 以及 UC Berkeley[18,19]等发表了悬臂梁结构的欧姆接触式开关的研究成果。针对不同的应用,在提高开关速度、降低驱动电压、实现新结构等方面取得了进展。

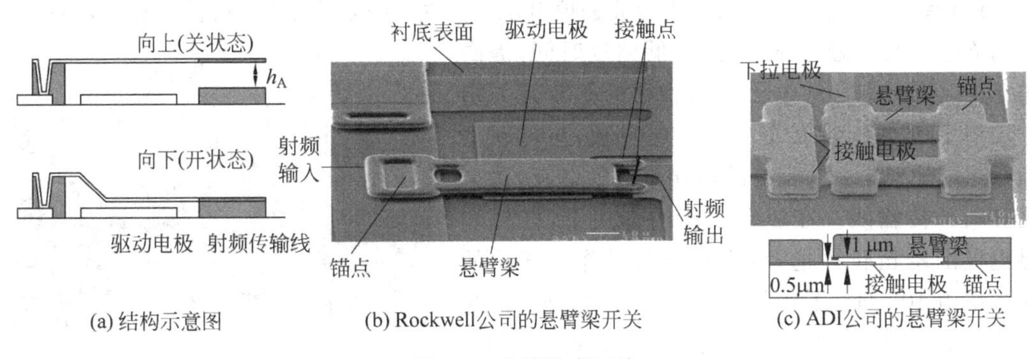

(a) 结构示意图　(b) Rockwell公司的悬臂梁开关　(c) ADI公司的悬臂梁开关

图 6-7 悬臂梁式开关

表 6-3 Rockwell 公司的串联开关典型参数

参 数	值	参 数	值
长/μm	250	驱动面积/μm^2	75×75×2
宽/μm	150	驱动电压/V	50～60
高/μm	2～2.5	开关时间/μs	8～10
梁材料	SiO_2,金	开启电容/pF	1.75～2
梁厚度/μm	2,0.25	电容比	40～60
残余应力/MPa	低	电阻/Ω	0.8～2
弹性系数/(N/m)	15	隔离度/dB	−50(4 GHz)
开孔/μm	是	隔离度/dB	−30(40 GHz)
牺牲层	聚酰亚胺	隔离度/dB	−20(90 GHz)
释放方式	等离子刻蚀	插入损耗/dB	−0.1(0.1～50 GHz)

单端和双端支撑开关的驱动电压(10～90 V)相比无线通信系统的最高电压(6 V)仍旧过高[20]。为了降低驱动电压,需要减小开关的刚度,方法之一是采用柔性梁结构。柔性梁开关以双端支撑结构为基础,采用折线柔性梁作为上电极的支撑梁,使同样厚度时梁的刚度下降,从而减小驱动电压。图 6-8 为 3 种不同柔性支承梁构成的开关结构,利用柔性支承结构,驱动电压可以降低至 9 V 和 8 V[5,21]。显然,梁的折叠次数越多,刚度越小,驱动电压越低。然而,刚度较低的开关对外界加速度、振动等非常敏感,容易造成开关的误动作。另外,开关的动作频率与刚度直接相关,减小刚度使开关的动作频率也随之降低。

(a) LG公司

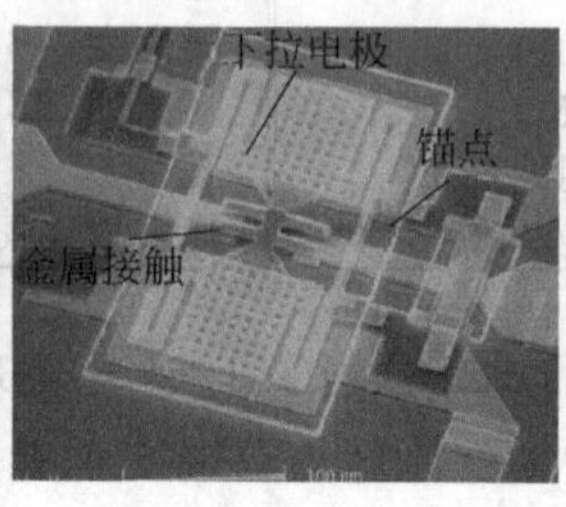

(b) Rockwell公司

(c) Michigan大学

图 6-8 低驱动电压柔性梁开关

解决方法是在开关上方再增加一个上拉电极,与悬臂梁形成另一个电容。当开关不动作时,通过这个电容的静电力将开关固定在高位,防止悬臂吸合,消除外界加速度和振动对开关的干扰和误动作。当需要开关动作时,去掉上拉电极的电压,在下拉电极施加电压使开关向下动作。这种结构的优点是当悬臂梁开关去掉电压回复时,不仅可以依靠机械回复力,还可以利用反向静电力吸引悬臂梁回复,降低回复时间,提高开关速度。图 6-9 为低电压静电驱动的扭转开关结构[22]。扭转梁两侧各有 1 个驱动电极板,与衬底上的极板组成驱动电极;杠杆的前端是接触电极,用来接通和断开传输线。在驱动电压的作用下,杠杆和接触电极围绕扭转梁选择,实现开关动作。开关的动作频率为 100 Hz,工作频率为 4 GHz,驱动电压为 5 V,1 GHz 的插损和隔离度分别为－1 dB 和－40 dB。

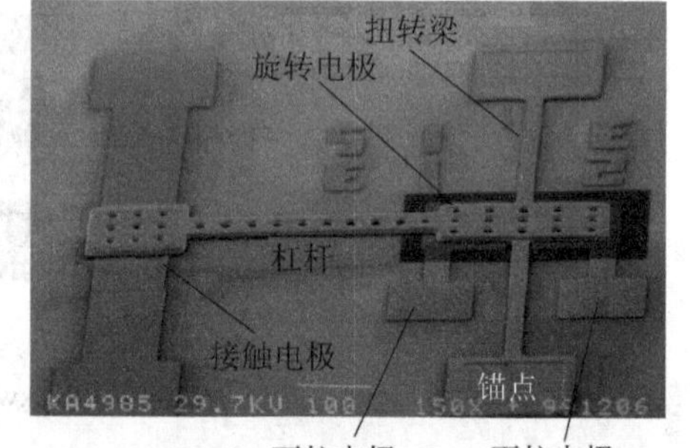

图 6-9 扭转梁式开关

除了低驱动电压外,MEMS 开关还向着高温、高截止频率、大功率、GaAs 兼容等方向发展[23]。如金刚石大功率开关的最大功率可达 10 W[24],而高截止频率开关在 80～110 GHz 时的插损为 0.25～0.35 dB,隔离度为－30～－40 dB[25],隔离度较高的开关在 5 GHz 和 10 GHz 时的隔离度分别为－60 dB 和－42 dB[26]。

2. 开关的驱动方式

静电驱动是 MEMS 开关中最常用的驱动形式,此外还包括电磁[27]、电热[28]、压电[29]等驱动形式。静电驱动的优点是功耗小、制造简单,但是驱动电压高,稳定性也比较差。图 6-10 为电磁驱动静电力维持的低压开关[30]。开关为表面集成有驱动线圈的悬臂梁结构,通过线圈产生的电磁力驱动开关动作。由于电磁力比较大,在开关与衬底间距 10.5～12.5 μm 的初始状态下,驱动电压降低到 2 V 左右。为了克服电磁驱动功耗大的缺点,利用衬底上的维持电极与线圈组成的电容提供静电力，维持吸合状态，维持电压 3.3～3.7 V。开关动作时间分别为 110 μs 和 380 μs，驱动电流为 53 mA。

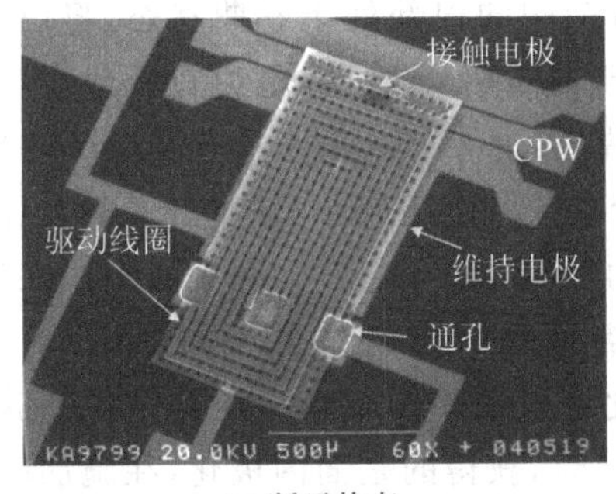

(a) 断开状态

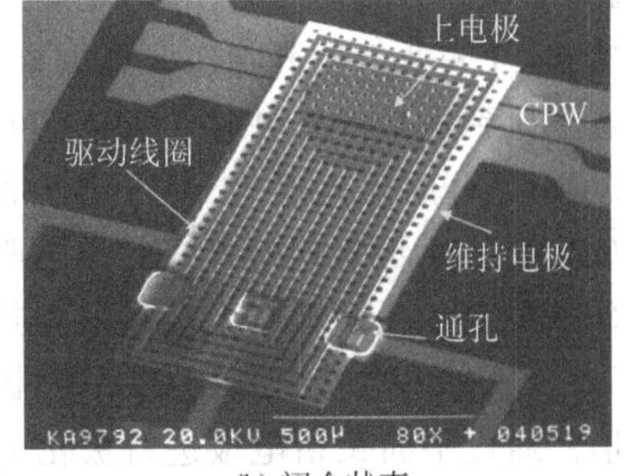

(b) 闭合状态

图 6-10 电磁驱动静电维持开关

图 6-11(a)为上下动作的双端固支电热驱动开关。开关为拱形结构，外侧靠近支承点的两端有多晶硅加热电阻。通过外加电流使多晶硅电阻发热，热膨胀产生的驱动力使支承梁向下弯曲变形，实现闭合；去除电压后支承梁散热，依靠机械回复力回到断开状态。这种结构的驱动电压降低到 5 V，但是由于散热速度较慢，工作频率不高[31]。图 6-11(b)为水平动作电热驱动的平面动作开关[28]。开关由 V 形热执行器、接触头以及连接接触头和横向运动执行器的绝缘氮化硅组成。多晶硅加热器使 V 形执行器变形并横向移动，推动触头运动，实现开关动作。驱动电压仅需要 2.5～3.5 V，远远小于静电驱动开关所需要的电压。开关的响应时间为 300 μs，最大工作频率 2.1 kHz，功耗为 60～100 mW，最大电流为 50 mA。闭合时 40 GHz 的隔离度

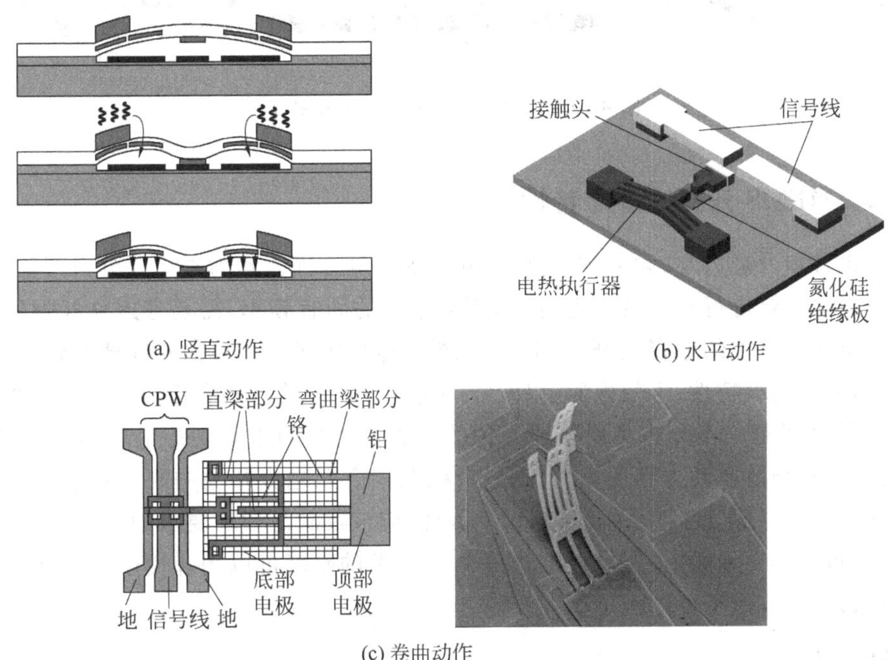

(a) 竖直动作

(b) 水平动作

(c) 卷曲动作

图 6-11 电热驱动开关

为-20 dB,50 GHz 时插入损耗为-0.1 dB。该开关的优点是驱动电压很低,但是热驱动的动作速度较慢。图 6-11(c)为非规则的并联电容式开关[32]。开关由两层不同的金属组成悬臂结构,由于金属间残余应力的作用,常态时金属悬臂结构的根部处于卷曲状态,将位于悬臂梁末端的接触点抬起,开关处于断开状态。施加直流电压(26 V)时,静电力克服残余应力,将悬臂梁末端的触点下拉到水平位置并接合输入输出端,实现导通。信号为 10 GHz 时导通状态的插损为-0.2 dB,断开时隔离度为-17 dB。由于悬臂梁刚度较小,这种开关的动作频率较低。

图 6-12(a)和(b)所示为悬臂梁式的压电驱动 MEMS 开关[29]。开关由沉积在硅悬臂梁上的 PZT,以及 PZT 上的平面叉指电极构成,与通常所采用的 d_{31} 模式不同,MEMS 开关驱动采用的是 d_{33} 模式。压电系数 d_{33} 是 d_{31} 的 2 倍,因此可以在相同驱动电压的条件下获得比 d_{31} 模式更大的变形。通过平面叉指电极进行极化 PZT 时,获得的是面内极化,在施加驱动电压后,产生同样的面内应力。由于 PZT 薄膜对整个悬臂梁不对称,因此 PZT 内的面内应力使悬臂梁发生弯曲,实现闭合。当输出电压从 30 V 增加到 50 V 时,开关时间从 2.5 μs 下降到 1.5 μs。图 6-12(c)为 d_{31} 模式驱动的压电开关[33]。开关采用悬臂梁式结构,利用 PZT 压电薄膜驱动,驱动电压只有 2.5 V,在 2 GHz 时插损和隔离度分别为-0.22 dB 和-42 dB。采用压电驱动在动作距离较小时,能够获得较小的驱动电压。

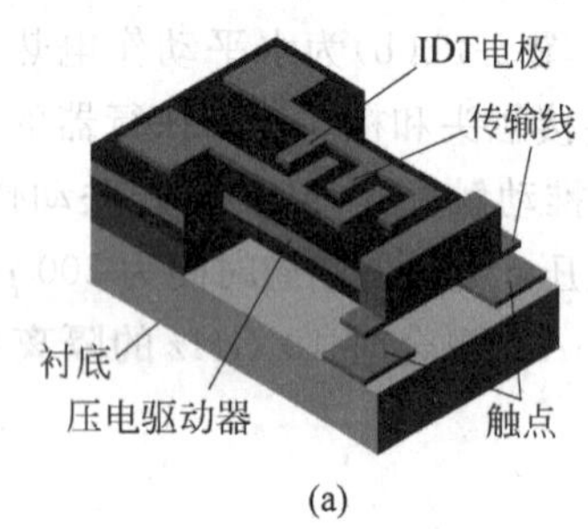

(a)

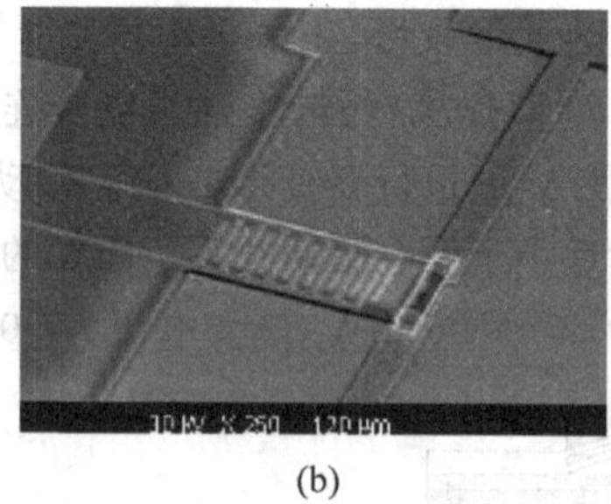
(b)

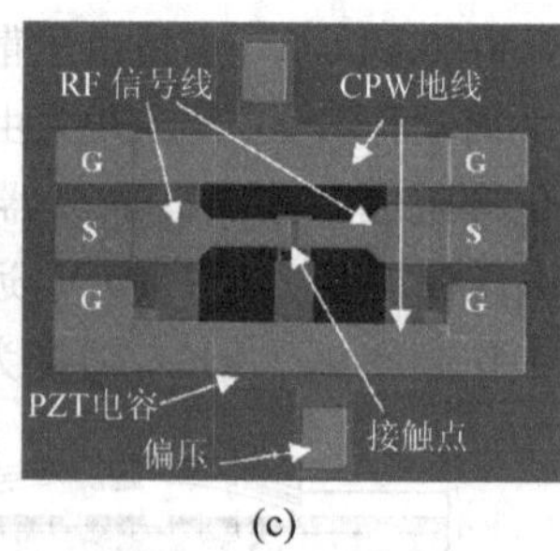

(c)

图 6-12 压电驱动接触式悬臂梁开关

6.2.2 MEMS 开关的静态特性

开关的设计涉及静力学、动力学、电磁学和微加工等方面。静力学主要分析开关结构的力学特性;动力学主要进行开关的模态分析,获得结构的固有频率,需要考虑空气阻尼的影响;力电耦合分析解决开关的电容模型、驱动电压、维持电压等重要的参数;电磁学分析研究开关的电学特性,如传输线特性、等效电路,以及线路仿真等对开关性能有重要影响的参数。

MEMS 开关的静力学分析需要描述开关的行为,例如,为了得到静电驱动所需的驱动电压大小,需要计算静电驱动力和回复力,是一个机电耦合问题。开关的刚度越小,需要的驱动电压就越低;但是回复力也越小,动作越慢。因此,应该在满足频率要求的前提下减小开关的刚度,如采用折线形支承梁、多层电极结构等[34]。开关的刚度可以用弹性刚度系数来描述,用静电力与位移的比值表示梁的刚度。

1. 弹性系数

双端支承结构可以等效为中间均布力作用的双端固支梁,如图 6-13 所示,其刚度包括梁本身的刚度和结构的残余应力。由于固支端存在弯矩和支承力,截面均匀的双端固支梁 y 方向位移的微分方程、位移、支承点的弯曲和支承力可以表示为二阶微分方程。当驱动电极位于梁的中点下方时，静电引力均匀分布在中心两侧的对称区域，梁的最大位移在梁的中点，而该点恰好是开关的接触点。因此把梁的中点处作为计算弹性刚度的位置，有[6]

$$k'_c = \frac{32Ewb^3}{8a^3 - 20a^2 l + 14al^2 - l^3} \tag{6-1}$$

当分布力作用在靠近支承端的两侧时，梁的中心仍是位移最大的位置，此时弹性刚度为

$$k'_e = \frac{4Ebh^3}{(b/l)(1-b/l)^2 l^3} \tag{6-2}$$

其中惯性矩 $I=bh^3/12$，b 和 h 分别是梁的宽度和厚度。

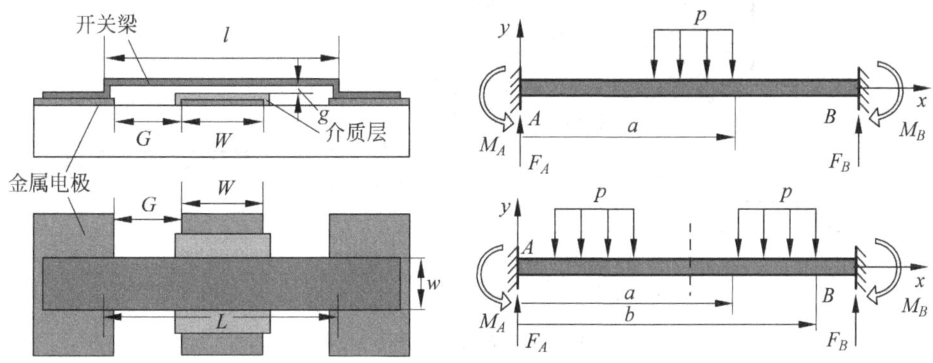

图 6-13　双端支承开关结构和等效双端固支梁

对于存在拉残余应力的情况，由残余应力引起的梁内合力为

$$S = \sigma(1-\nu)bh \tag{6-3}$$

其中 σ 是梁的拉应力，S 是梁内截面上的合力，ν 是材料的泊松比。在中间作用力和两侧作用力时，残余应力引起的弹性刚度分别为[6]

$$k''_c = \frac{8bh\sigma(1-\nu)}{3l-2a}, \quad k''_e = \frac{4bh\sigma(1-\nu)}{l-a} \tag{6-4}$$

总体弹性系数是梁的刚度和轴向残余应力引起的弹性系数之和。例如，对于梁上均匀分布残余应力的情况，中心作用力和两侧作用力的总体弹性刚度分别为

$$k_c = k'_c + k''_c, \quad k_e = k'_e + k''_e \tag{6-5}$$

当梁在压应力的残余应力作用下，需要考虑压应力引起的失稳，从拉应力推导的弹性系数公式不再有效。对于双端固支的梁，失稳的临界压力为

$$\sigma_{cr} = \frac{\pi^2 Eh^2}{3l^2(1-\nu)} \tag{6-6}$$

对于细长杆，临界压力较小，而对于短粗杆，临界压力较大。显然短粗梁的驱动电压较高。

很多 MEMS 开关经常使用带有孔的梁。打孔的目的是释放残余应力、减小梁在动态过程中的空气阻尼，因此可以提高梁的动作频率，并降低梁的弹性刚度和驱动电压。打孔梁的特性受到相邻两个孔的边缘距离与它们中心距离之比(定义为 μ)的影响。打孔后残余应力下降为原来的$(1-\mu)$。尽管打孔降低了梁的弹性刚度，例如对于 $\mu=0.625$ 的情况弹性模量会下降25%，但是因为梁的质量和阻尼也同时被降低，因此如果需要打孔来提高固有频率，需要综合考虑。当孔的直径小于开关升起后间隙的 3～4 倍时，孔对开关升起时的电容几乎没有影

响[6]。这是因为边缘电场填充了孔所占用面积的空洞，因此影响很小，驱动力和位移也不受孔的密度和位置的影响。

图6-14为悬臂梁的开关示意图和等效结构。在中部驱动电极施加电压，悬臂梁开关被下拉，前端的接触金属覆盖在传输线上，实现开关的导通。由于悬臂梁一端为悬空结构，悬臂梁开关的应力得到了释放，在计算悬臂梁的弹性系数时不再需要考虑残余应力的影响。但是由于悬臂梁结构多为不同薄膜组成，悬臂梁内部会存在应力梯度，导致悬臂梁弯曲，这是悬臂梁结构最困难的问题之一。

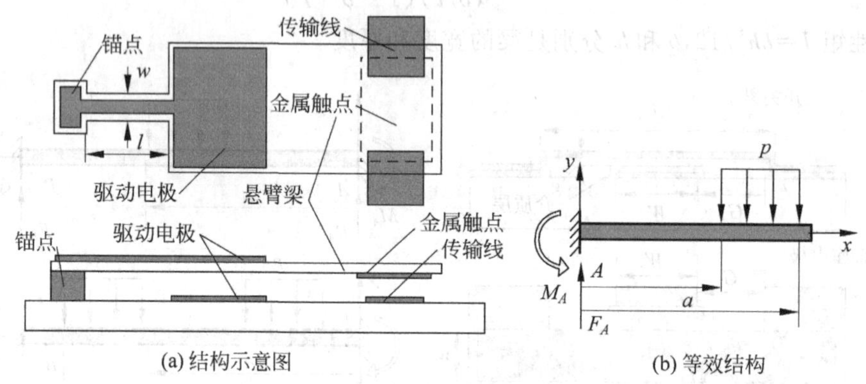

图6-14 悬臂梁结构的开关示意图

悬臂梁弹性系数的计算方法与前面双端固支的结构相同。首先计算集中力引起的弯曲，然后利用指定位置(如最大弯曲变形的末端)计算弹性系数。对于分布力，同样通过对集中力积分获得。例如，图6-14所示的悬臂梁结构在整个梁上作用均匀分布力时的弹性系数为[6]

$$k_c = 2Ew\left(\frac{t}{l}\right)^3 \frac{1-a/l}{3-4(a/l)^2+(a/l)^4} \tag{6-7}$$

悬臂梁结构的弹性系数远小于双端固支梁的弹性系数(48倍)，因此驱动悬臂梁需要的电压很低，这有利于实际应用。但是由于弹性系数低，工作频率也比较低。实际上，开关的主要结构参数如支承梁弹性刚度系数、极板间距和极板尺寸对包括静态特性、动态特性和电学特性等方面有直接影响。不同的解决方案有各自的优缺点，如表6-4所示，因此开关的结构往往是在主要目标限定下多目标的折中。

表6-4 结构对开关性能的影响

参　数		下拉电压	RF性能	开关时间	制造难度	尺　度
减小弹性梁刚度	梁	低	好	慢	困难	中等
	残余应力	高	好	慢	困难	中等
减小间距	匹配电路	低	非常好	快	容易	大
	扭转驱动	低	好	快	容易	大
	叉指结构	低	好	非常慢	容易	非常大
减小尺寸	碳纳米管	极低	差	极快	极难	小
	石墨烯	极低	差	极快	极难	小

2. 静电驱动电压和直流维持电压

向开关施加驱动电压时，极板间产生的静电吸力驱动开关梁向下动作。可以将开关下拉电极与衬底电极看作平板电容，利用平板电容的静电引力进行计算。尽管由于边界效应的影响，这种近似的计算结果比实际情况大 20%～40%[6]，但是这种建模方式可以有助于理解开关的驱动原理。

设梁的宽度为 b，下拉电极的长度为 w，于是平板电容的面积为 $A=bw$，电容为 $C=\varepsilon A/g=\varepsilon bw/g$，其中 g 是极板间距，即开关梁到衬底电极的距离。静电引力为

$$F_e=\frac{1}{2}V^2\frac{\mathrm{d}C(g)}{\mathrm{d}g}=\frac{1}{2}\frac{\varepsilon bwV^2}{g^2} \tag{6-8}$$

其中 V 是极板间的驱动电压。近似地认为静电引力均匀分布在整个极板的面积上，因此计算梁的弹性系数时，可以将梁看作中间局部作用分布力的情况。在确定弹性系数的过程中，必须使用梁在开关接触点的位移。考虑到平衡位置静电力与机械回复力 $F=kx=k(g_0-g)$ 相等，其中 g_0 是初始电极间距，即外加电压为 0 时的两个电极间距。根据电容的下拉电压可以得到临界电压值为

$$V_p=V(2g_0/3)=\sqrt{\frac{8kg_0^3}{27\varepsilon bw}} \tag{6-9}$$

当驱动电压超过临界值时，上极板被下拉到下极板上。由于弹性系数 k 是宽度 b 的线性函数，而式(6-9)中 b 又出现在分母上，因此临界电压与 b 无关。悬臂梁结构由于具有较小的弹性系数，因此驱动电压也较小。当考虑电容的边缘效应和悬臂梁弯曲的非线性时，实际发生下拉的电压要小于式(6-9)的结果[35]。

当开关处于闭合状态时，为了克服弹性回复力，需要在驱动电极上保持一定的电压。无论电极直接接触还是隔离有介质层，维持开关处于开的状态所需要的电压都比驱动开关的电压要小很多。考虑介电层的介电作用，驱动电容的大小可以表示为

$$C=\frac{\varepsilon_0 A}{g+h_d/\varepsilon_r} \tag{6-10}$$

其中 h_d 和 ε_r 分别是介电层的厚度和相对介电常数。利用(6-8)可以计算接触时的静电力为

$$F_e=\frac{V^2}{2}\frac{\varepsilon\varepsilon_0 A}{(g+h_d/\varepsilon_r)^2}\quad \varepsilon=\begin{cases}1 & (g\neq 0)\\ 0.4\sim 0.8 & (g=0)\end{cases} \tag{6-11}$$

其中 ε 是由于金属-介电层界面的粗糙度引起的电容减少系数。当 $g\gg h_d$ 时，式(6-11)蜕化为式(6-8)。

处于接触状态的开关梁的回复力可以用简单的公式进行近似，

$$F_m=k_e(g_0-g) \tag{6-12}$$

其中 k_e 是等效弹性系数，$g_0=1\sim5\ \mu\mathrm{m}$，$g=0\sim0.5\ \mu\mathrm{m}$。上式对于 g 接近但不等于零成立，这是因为梁与介电层的紧密接触时的回复力尚未解决。

当开关处于闭合状态时，静电力必须大于等于梁的回复力，根据式(6-11)和式(6-12)可以得到

$$V_h=\sqrt{\frac{2F(g+h_d)^2}{\varepsilon\varepsilon_0 A\varepsilon_r^2}}=\sqrt{\frac{2k_e(g_0-g)(g+h_d)^2}{\varepsilon\varepsilon_0 A\varepsilon_r^2}} \tag{6-13}$$

对于 $k_e=20\ \mathrm{N/m}$，$g_0=3\ \mu\mathrm{m}$，$g=0.5\ \mu\mathrm{m}$，$A=100\times100\ \mu\mathrm{m}^2$，$t_d=200\ \mathrm{nm}$ 和 $\varepsilon_r=7.6$ 的情况，维持电压为 17.5 V，梁的回复力为 30～60 μN，但是静电力可以达到 1 mN 以上，以确保梁能够和介电层稳定接触。由于回复力与弹性系数成正比，因此弹性系数越大，回复力越大，需要

的维持电压也越高。当梁的 $k=15\sim40$ N/m 的情况,回复力为 30~120 μN；而当 $k=1\sim3$ N/m,由于回复力太小,梁在较长时间处于吸附位置后容易产生粘连引起失效。因此,一般设计中弹性系数都大于 10 N/m。

6.2.3 开关的动态特性

1. 梁的线性动态分析

梁的动态过程可以视为质量弹簧阻尼系统的振动。在外界驱动力作用下,线性动态响应可以用达朗贝尔方程描述

$$m\frac{\mathrm{d}^2x}{\mathrm{d}t^2}+\eta\frac{\mathrm{d}x}{\mathrm{d}t}+kx=f \tag{6-14}$$

其中 x 是位移,m 是质量,η 是阻尼系数,k 是弹性系数,f 是外力。利用 Laplace 变换,传递函数为:

$$\frac{X(\mathrm{j}\omega)}{F(\mathrm{j}\omega)}=\frac{1}{k}\frac{1}{1+\mathrm{j}\omega/(Q\omega_0)-(\omega/\omega_0)^2} \tag{6-15}$$

其中谐振频率 $\omega_0=\sqrt{k/m}$,品质因数 $Q=k/(\eta\omega_0)$。因为谐振中只有中间或者边缘等部分质量在运动,因此等效质量不是结构的全部质量,一般只有实际结构质量的 35%~45%。实际使用中,当 $Q>2$ 以后,开关在回到断开状态的平衡位置需要较长的衰减时间(在平衡位置附近振动)；当 $Q<0.5$ 时,阻尼使开关过程过于缓慢,因此一般情况下开关的 Q 值在 0.5~2 之间。

2. 气体阻尼

由于开关的动作过程需要排除空气,因此会受到空气的阻力,动态过程需要考虑空气阻尼的影响。对于圆形或者方形平板结构,其阻尼可以从可压缩气体雷诺方程得到

$$\eta=\frac{3}{2\pi}\frac{\mu A^2}{g_0^3} \tag{6-16}$$

可见阻尼系数强烈地依赖于间隙面积和高度。但间隙减小到 2~3μm 时,较大的开关与衬底之间的气体阻尼极大,不但需要较高的驱动电压,而且降低了开关的动作速度。减小阻尼的有效方法是在可动结构上打孔,打孔不但可以减小阻尼系数,还能加速释放开关悬空过程。

打孔结构阻尼的模型较为复杂,与孔的形状、分布、所占比例等都有关,因此不同的打孔形状有不同的阻尼系数的表达式。如果忽略孔的形状的影响,则打孔板的阻尼系数可以表示为[6]

$$\eta=\frac{12}{N\pi}\frac{\mu A^2}{g_0^3}\left[\frac{p}{2}-\frac{p^2}{8}-\frac{\ln p}{4}-\frac{3}{8}\right] \tag{6-17}$$

其中 N 是孔的总数量,p 是孔的总面积占板全部面积的比例。

根据 $Q=k/\eta\omega_0$,可以计算悬臂梁的 Q 值近似表达式为

$$Q_{\text{cantilever}}=\frac{t^2g_0^3\sqrt{E\rho}}{\mu w^2l^2} \tag{6-18}$$

双端固支结构 Q 值的一阶近似等于长度为该梁一半的悬臂梁的 Q 值,

$$Q_{\text{fix-fix}}=\frac{4t^2g_0^3\sqrt{E\rho}}{\mu w^2l^2} \tag{6-19}$$

对于长度为 300 μm、宽为 60 μm、厚度为 1 μm、间隙为 3 μm 的金双端固支梁,Q 值可以

计算为 1。当间隙减小到 1.5 μm 时，Q 值下降为 0.2。铝质梁的 Q 值会更低，这是因为铝的密度小于金。因此，为了增加 Q 值，特别对于间隙很小的结构，必须使用打孔来降低阻尼。在非常低的气压情况下，$\mu\to 0$，阻尼系数主要由支点和材料的微观损耗引起，一般金属梁在真空中的 Q 值可以达到 30～150，而多晶硅或者氮化硅结构的 Q 值可以达到 500～5000。当 Q 超过 3 时，Q 值的增加对开关速度的影响不大，但是对于开关回到平衡位置后的衰减时间影响很大。当间隙很大时，Q 值的计算公式修正为

$$Q_e = Q[1.1-(x/g_0)^{1.5}][1+9.638(\lambda/g)^{1.159}] \tag{6-20}$$

其中 Q_e 是大间距的 Q 值，Q 是小间距 $g=g_0$ 时的名义 Q 值。

3. 开关时间

开关闭合的时间可以根据开关位移等于间距来确定，即 $x=g_0$。驱动电压设为常数，即 $R_s=0$，根据(6-20)可知阻尼系数依赖于开关动作的位置。开启时间强烈依赖于驱动电压，这比较容易理解，驱动电压越高，静电力越大，因此开启越快速。另外，Q 值从 0.2 增加到 2 时，开启时间也大幅度缩短，但是再增加 Q 值对开启时间没有明显变化。对于惯性限制系统（加速度有限），即阻尼很小可以忽略，同时 $Q>2$，运动方程简化为

$$m\frac{d^2x}{dt^2}+kx=-\frac{1}{2}\frac{\varepsilon_0 AV^2}{g_0^2} \tag{6-21}$$

其中外力被设定为恒定值，并等于初始力。解得：

$$t_s \approx 3.67V_p/(V_s\omega_0) \tag{6-22}$$

其中 V_p 为驱动动作的临界电压。当 $Q>2$ 并且 $V_s>1.3V_p$ 时，简化方程式(6-21)获得的结果与数值计算的结果非常接近。一般驱动电压为 $(1.3\sim1.4)V_p$，以获得较快的开启时间。开关的闭合时间也可以通过设定式(6-21)中的驱动力为零（即去掉开启和维持电压）获得。当 Q 在 1 附近时，回复时间较短。

由于梁的质量非常小，开关动作的加速度非常大，在驱动电压 $V_s=1.4V_p$ 的情况下，动作开始时的加速度为 $8000g$，动作即将完成时达到 $10^7\sim10^8g$。在开启过程中，由于开关梁接近下拉的位置时间隙不断减小，而减小的间隙增加了阻尼，从而降低了一部分加速度。当间隙是 3 μm 时，梁从初始位置到开启位置时的速度可以达到 6 m/s。

电容的边缘效应会产生影响。实际上当开关处于断开状态时，旁路电容的边缘效应为 $(0.2\sim0.4)C_{pp}$，处于闭合状态时，边缘效应下降为 $0.05C_{pp}$。为了考虑电容边缘效应的影响，将电容替换为

$$C=\frac{\varepsilon_0 A}{g_0-x+h_d/\varepsilon_r}\left(1.25-\frac{x}{5g_0}\right) \tag{6-23}$$

该式在 $x=0$ 时增加了 25%的边缘效应，而在 $x=g_0$ 时增加了 5%的边缘效应。

6.2.4 开关的电磁特性

开关的作用是电路器件，因此电磁特性必须满足要求。当频率在 100 GHz 以下时，开关建模可以使用集总参数的 LCR 模型[13,36]。并联开关闭合时，静电力驱动开关梁被吸附到介电层上，使开关的电容增大 30～100 倍，连接传输线和地之间的电容对高频和微波信号是导通的。

并联旁路开关的 S 参数为

$$S_{11u}=-\frac{\mathrm{j}\omega C_{\mathrm{u}}Z_{\mathrm{s}}}{2+\mathrm{j}\omega Z_{\mathrm{s}}},\quad S_{21d}=\frac{2}{2+\mathrm{j}\omega C_{\mathrm{d}}Z_{\mathrm{s}}} \tag{6-24}$$

其中 C 为开关电容,下标 u 和 d 表示断开和闭合,Z_s 为对应的阻抗。并联开关可以等效为 RLC 的串联电路,如图 6-15 所示,其阻抗为:

$$Z_{\mathrm{s}}=R_{\mathrm{s}}+\mathrm{j}\omega L+\frac{1}{\mathrm{j}\omega C} \tag{6-25}$$

其中 $C=C_{\mathrm{u(pper)}}$ 或 $C_{\mathrm{d(own)}}$ 取决于开关是闭合还是断开为

开关的阻抗近似为

$$Z_s=\begin{cases}\mathrm{j}\omega L, & f\gg f_0\\ 1/\mathrm{j}\omega C, & f\ll f_0\\ R_s, & f=f_0\end{cases} \tag{6-26}$$

其中 $f_0=1/(2\pi\sqrt{LC})$ 为等效电路的串联谐振频率。

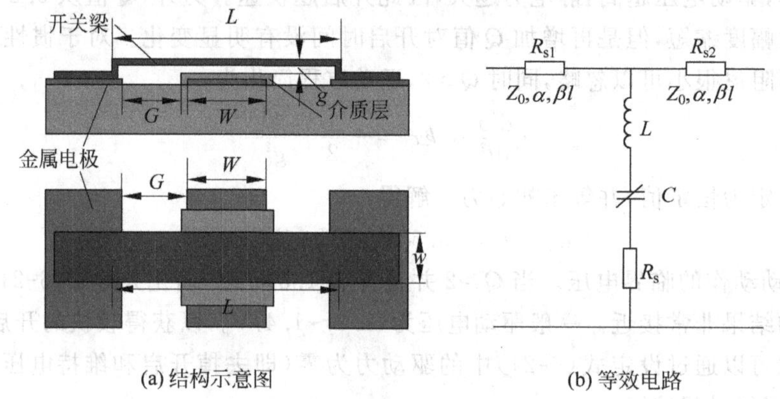

(a) 结构示意图　　　(b) 等效电路

图 6-15　并联开关的等效电路

在谐振频率点,开关的等效 RLC 电路模型变成开关的串联阻抗,在频率远低于谐振频率或者远高于谐振频率时,开关的 RLC 模型可以分别看作电容和电感。因此当开关处于断开位置并且频率较低时,电感可以忽略,开关可以看作连接到地的通过旁路电容。当开关处于闭合位置时,电感对电路影响很大。

串连开关的等效电路也用 RLC 模型描述。定义截止频率为断开和闭合状态的阻抗比值变成 1 时的频率,即 $f_c=1/(2\pi C_u R_s)$。当处于断开状态时,串连 MEMS 开关的平板电容可以表示为

$$C_{\mathrm{u}}=\frac{\varepsilon_0 wW}{g+t_{\mathrm{d}}/\varepsilon_{\mathrm{r}}} \tag{6-27}$$

分母中的第一项是空气间隙的结果,第二项是介电层的作用,忽略这一项引起的误差一般在 1.5%以下[6]。由于电容的边缘效应很大,可以达到平板电容的 20%~60%,计算电容时一般需要考虑。打孔可以降低开关的驱动电压(弹性刚度下降)、提高动作速度(空气阻尼下降)、并有助于释放牺牲层,但是这些孔的引入改变了电容,需要利用有限元工具进行计算。

串连开关处于闭合时,电容可以令式(6-27)中 $g=0$ 得到。与断开状态相比,空气间隙降为 0。由于介电层的厚度极小,电容的边缘效应可以忽略。开关闭合与断开时的电容比值为

$$\frac{C_d}{C_u}=\frac{\varepsilon_0\varepsilon_r A/t_d}{\varepsilon_0 A/(g+t_d/\varepsilon_r)+C_f} \tag{6-28}$$

其中 C_f 是电容的边缘效应，一般 $C_f=0.3-0.4C_u$。对于面积为 80 μm×100 μm、介电层厚度为 100 nm、$\varepsilon_r=7.6$、高度为 1.5 μm 的电容，这个比值为 60∶1。为了增加开关的性能，需要使用尽可能薄的介电层。由于厚度小于 100 nm 的氮化硅薄膜的质量很差，针孔影响氮化硅的性能；另外，介电层需要能够承受 20～50 V 的驱动电压而不被击穿，因此一般介电层的厚度都选择在 100～200 nm。

6.2.5 MEMS 开关的制造

MEMS 开关的制造主要利用表面微加工工艺。这是由两个方面决定的，首先 MEMS 开关一般为悬空的薄梁结构，适合采用表面工艺；另外，MEMS 开关把 CMOS 集成作为发展目标，而表面微加工工艺具有更好的 CMOS 兼容性。尽管多数开关的制造过程并不复杂，但是由于薄膜的应力取决于制造工艺，为了实现平整的开关结构，有几个问题需要重点解决：在金属开关中，需要通过退火实现低应力铝薄膜；对牺牲层光刻胶或者聚酰亚胺平面化；实现具有优异电性能的开关电极；解决超长寿命、低缺陷氮化硅薄膜的沉积；由于封装过程对开关机械性能影响很大，需要解决树脂材料成分和固化条件。

尽管利用表面微加工制造开关容易与 CMOS 集成，但实际上开关与电路的集成却进展缓慢[15,37]，直到最近才出现了基于 SOI 的完全集成开关[38]。该开关在 SOI 衬底上集成了低压 CMOS、高压 MOSFET 和电容式 RF MEMS 开关，开关在 5 GHz 的插损和隔离度分别为 0.14 dB 和 9.5 dB。SOI 的优点是高压电路的击穿电压达到 35 V，可以为开关提供高达 18 V 的驱动电压。

图 6-16 为表面工艺制造双端固支梁式电容并联开关的过程。主要步骤为：(1) 衬底表面沉积 SiO_2 绝缘层、电极并刻蚀金属驱动下电极、沉积并刻蚀介电隔离层；(2) 沉积并光刻金属种子层，在支承柱位置留下种子层进行电镀，形成支承柱，然后沉积 PMMA 作为牺牲层，并将表面平整化；(3) 沉积并刻蚀铝薄膜，形成开关的梁和上电极；(4) 去除牺牲层材料形成悬浮的铝梁作为开关。在这个工艺过程中，要获得满意的结果，需要解决低应力铝薄膜的热退火方法以及对牺牲聚酰亚胺的平面化方法。

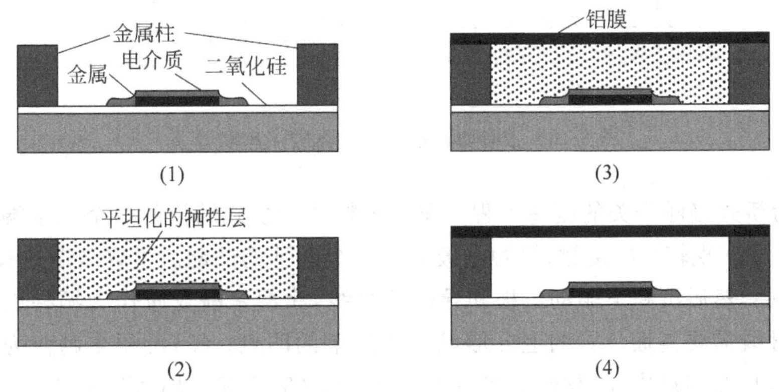

图 6-16 桥式电容开关的制造过程

图 6-17 为悬臂梁式串联开关的制造过程,需要注意的是在悬臂梁末端的接触电极位置也需要设置凸点,以确保接触稳定。具体步骤为:(1)沉积并刻蚀光刻形成底部金属;(2)沉积并刻蚀形成牺牲层;(3)沉积并刻蚀形成介质层;(4)刻蚀形成接触微坑,使导通电极首先接触传输线;(5)沉积并刻蚀形成顶部金属和介质层;(6)除去牺牲层,释放悬臂梁。

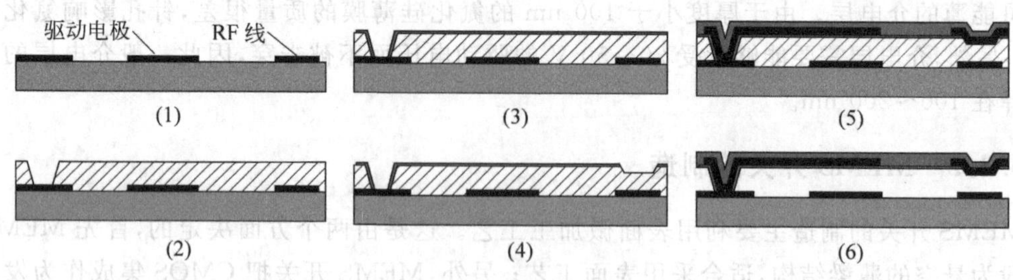

图 6-17 悬臂梁式串联开关

接触式开关的导通连接电极一般是和驱动电极分开的,因此制造中需要实现两个电极。图 6-18 所示的开关在悬臂梁与驱动电极接触的下方设置防粘连凸点,以防止悬臂梁与电极粘连。制造流程如下:(1)沉积 SiO_2 绝缘层,然后沉积金属并刻蚀,形成驱动下电极和悬臂梁的锚点。(2)在刻蚀后的金属层上涂覆光刻胶牺牲层,光刻后将悬臂梁锚点位置的金属暴露出来。(3)沉积并刻蚀金属,形成悬臂梁的结构,PECVD 沉积 SiO_2 绝缘层,刻蚀 SiO_2。(4)涂覆光刻胶并光刻,露出 SiO_2,作为接触金属沉积在悬臂梁开关上的锚点,沉积金属,光刻并刻蚀形成接触沉积的形状。(5)去除两个牺牲层的光刻胶,释放悬臂梁结构。将防止粘连的凸点结构放大,可以实现波纹形状的支撑梁,降低梁的刚度,减小驱动电压。

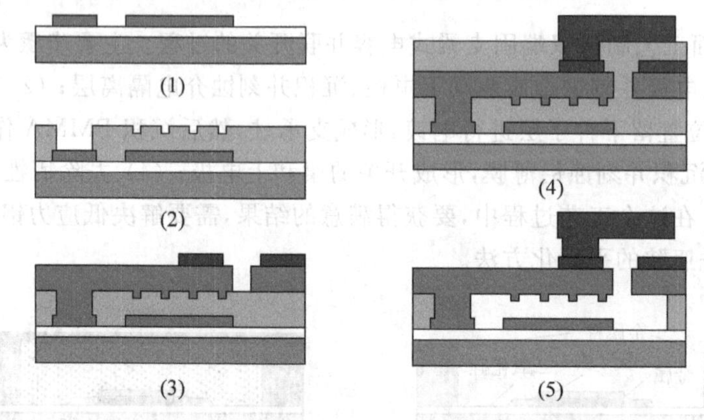

图 6-18 带有防粘连凸点的悬臂梁串联开关

图 6-19 为桥式接触开关的制造流程。驱动电极位于桥式结构的两个支承端,接触点位于桥的中心处,为了实现较好的接触,接触电极处有一个向下的凸起。主要制造过程如下:(1)在衬底沉积绝缘层,然后沉积下驱动电极和导体信号线,涂覆聚酰亚胺作为牺牲层,刻蚀聚酰亚胺,在导体信号线需要连通位置的上方形成一个向下的凹点;(2)沉积金属作为导体电极,光刻并刻蚀电极,只在凹点内保留金属,其他全部去除;(3)电极 PECVD 低应力氮化硅作为开关结构层,并在开关层上沉积上驱动电极,刻蚀驱动电极层;(4)RIE 刻蚀氮化硅层,形成开关的桥式结构,并去除聚酰亚胺,释放桥式结构。

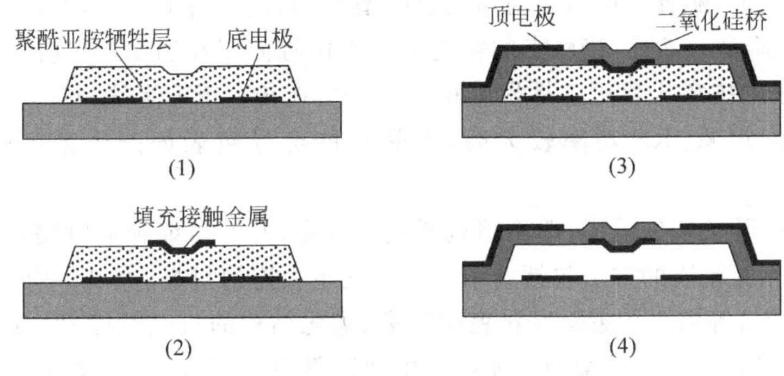

图 6-19　金属接触桥式开关

图 6-20 为图 6-11(b)的横向电热驱动串联开关的制造流程。主要包括：(1)沉积 LPCVD 氮化硅绝缘层，由于氮化硅的损耗特性，氮化硅绝缘层可以在高频下降低衬底的寄生损耗。(2)LTO 沉积氧化硅牺牲层，刻蚀 LTO 形成结构在衬底上的支承锚点；在 LTO 上 LPCVD 沉积 0.6 μm 氮化硅，刻蚀氮化硅作为结构连接并将热驱动部分和接触部分隔离开。(3)沉积 2 μm 多晶硅，刻蚀多晶硅形成驱动器的可动结构和信号导体线的支承，用少量去除开口处的 LTO 牺牲层，以保证下一步沉积金属时，两个金属电极能够分开。(4)沉积金属、剥离，在侧壁上形成导体层，然后去除 LTO 牺牲层释放结构。

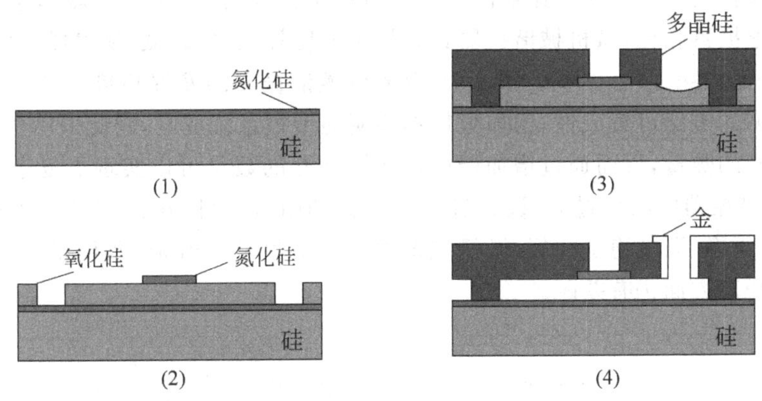

图 6-20　横向电热驱动开关的制造过程

MEMS 开关是在大驱动电压下做高频(或多次)机械运动的微结构，影响其可靠性的因素包括污染、粘连、磨损、材料变性和介质层充电等。由于有机成分沉积、吸附碳氢以及静电吸附灰尘等，开关在接触位置容易造成污染，导致接触电阻增大。开关处于多次往复动作的工作模式，使动作极板闭合时所产生的冲击力远超过静态力，对接触位置产生强烈的磨损，同时多次往复动作使动作极板金属硬化、出现材料疲劳等现象。由于金属层的表面粗糙性、介质层表面缺陷以及介质层极化等原因，开关工作以后会出现介质层充电现象，严重影响开关的性能。

在上述所有因素中，粘连是对开关可靠性影响较大的因素。电容式 MEMS 开关的两层金属之间有一层绝缘层，两层金属在开关闭合时不直接接触，因此发热而导致的粘连问题不十分严重。电阻式开关采用直接金属接触，插入损耗更低。金属的直接接触使表面微观凸凹起伏的形貌产生塑性变形,随着下拉力和动作次数的增加,起伏形貌的变形增大,两个金属接触更加理想,接触阻抗降低。然而,接触点的粘连正比于接触面积和温度,而这两项都与变形程度有关,因此低接触阻抗意味着更容易发生粘连。开关在传输RF信号的时候需要较好的阻抗匹配,当阻抗失配严重、RF功率较大时,发热可能会导致表面产生微区熔融,从而引起粘连[39]。

由于粘连以后开关就失效了,严重缩短开关的寿命,并有可能损坏电路,因此必须解决开关的粘连问题。克服粘连的方法包括选用不容易发生粘连的材料(如Au-Ni合金)[40,41]、接触点表面化学处理[42]、等离子体去除接触表面污染、优化结构的机械性能[[43]],以及封装[44]和其他的设计优化[45]等。减小开关梁的长度可以增加回复力,能够在一定程度上避免粘连;通过增加驱动电极的面积,可以减小驱动电压,以补偿由于开关梁长度减小所带来的驱动电压的增加,即采用图6-14所示的支承梁和驱动电极结构。另外,将驱动电容的上极板尽量接近衬底可以降低电容的极板间距,有助于减小驱动电压,例如将开关梁上表面的导电金属极板制造在梁的中间形成夹层结构。

6.3 微机械谐振器

微机械(或MEMS)谐振器是一种谐振式的机械结构,通过外部驱动将微机械结构激励在固有频率上产生振动。微机械谐振器的本质是机械谐振器,振动是机械能和电能相互转换的过程。与石英谐振器相比,微机械谐振器具有易于温度补偿、抖动低、易集成等优点,能够提高系统的性能、降低功耗、减小体积。图6-21为微机械谐振器的发展趋势。微机械谐振器具有与晶体管相类似的电路可集成性,增加数量不会明显增加系统成本,因此采用微机械谐振器不仅不减少谐振器的数量,反而通过增加谐振器和滤波器的数量可以实现更复杂的功能和更高的性能[46]。硅谐振器的阻抗过大,远超过分立器件的阻抗,为阻抗匹配带来困难。石英谐振器功耗低、频率干净、温度稳定性好,微机械谐振器的温度稳定性低,利用PLL调节频率及温度补偿后相位噪声方面仍有差距。

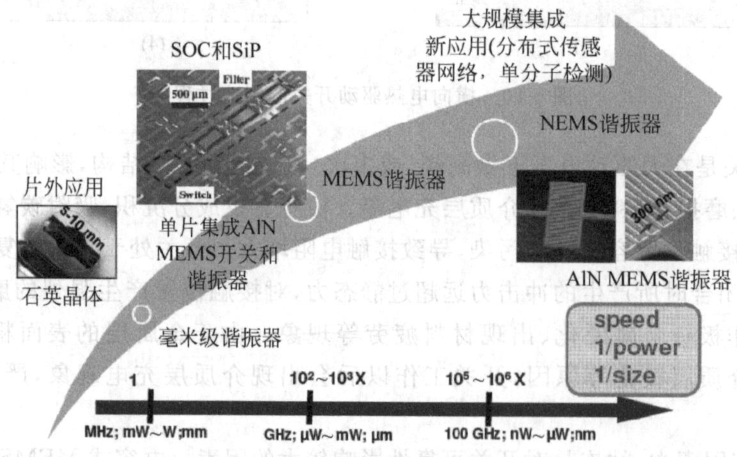

图6-21 MEMS谐振器的发展趋势

微机械谐振器可以追溯到 1967 年 Nathanson 提出的硅谐振栅晶体管结构。近 20 年微机械谐振器源于 20 世纪 80 年代中后期出现的梳状叉指电容换能器，1992 年出现了基于叉指电容的滤波器[47]。目前谐振器的主要厂商包括生产硅谐振器的 SiTime、Discera、Infineon、Si Clocks、Sand 9 和 Beat Semiconductors 等，生产微加工石英谐振器的 Epson，以及生产 FBAR 的 Avago、Epcos、Triquint、Murata、TDK 和 Fujitsu 等。薄膜体声波谐振器开始于 1980 年 HP 在硅衬底上实现的 435 MHz 的 FBAR，1990 年频率扩展到 1 GHz 的频段。经过 10 年研究，1999 年 Agilent 成功量产了 PCS 频段的 FBAR 产品，随后 Avago 形成了 FBAR 滤波器、双工器和多工器等系列产品，广泛应用于无线通信领域。2006 年 Avago 推出用于 WCDMA 输入输出信号隔离的 FBAR 双工器 ACMD-7402，工作频率为 1900 MHz，体积仅为 3.8 mm×3.8 mm×1.3 mm，插入损耗和抑制比远超过声表面波和陶瓷产品。

6.3.1　振动模式及静电换能器

谐振器的谐振过程是一个机械能和电能反复交换的过程。静电换能谐振器的驱动和测量均通过电容和静电力实现，其优点是具有较大的 Q 值和刚度，但是电极间隙一般需要降低到 100 nm 以下才能实现 100 kΩ 以下的动态电阻。利用压电材料作为激励和测量电极实现的谐振器具有很低的动态电阻。

1. 结构的振动模式

机械结构都具有固有的振动模式，并且同一个结构可以有多个不同的振动模式，其中某些振动模式容易激励并振动稳定。如图 6-22 所示机械结构的基本振动模式，依次为弯曲振动、扭转振动、体振动、面剪切振动和厚度剪切振动。通常弯曲振动模式的谐振频率较低，频段范围在 1 kHz～250 MHz，轮廓模式的谐振器可达 10 GHz，而剪切振动模式可达 20 GHz 以上。在基本振动模式上，结构还具有高阶振动模式，频率通常是基频的整数倍，但是振动没有基频稳定。

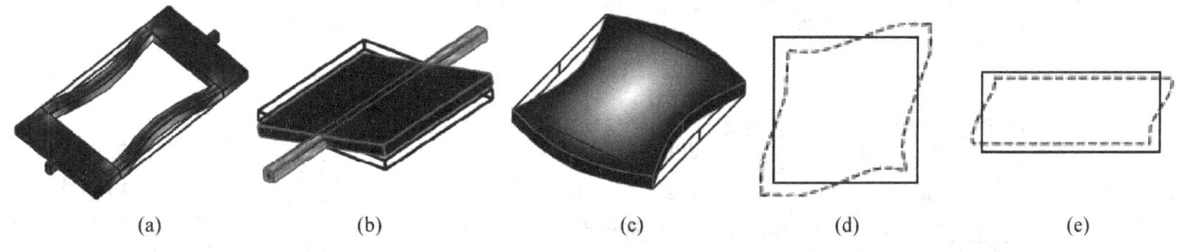

图 6-22　结构的基本振动模式

由于制造的限制，微机械谐振器常用的结构主要包括梁、圆盘、圆环和(方形)平板等。虽然同一个结构有多种振动模式，但是振动模式与激励方式直接相关。例如，对于圆盘谐振器，如果采用周围布置的电容驱动，可以获得扩张式或酒杯式振动；而如果在圆盘上方布置驱动电极，则可以获得离面的振动模式。由于驱动电容可选位置的限制，MEMS 谐振器的驱动电极往往位于振动结构的周围。因此，对于圆盘、圆环和平板等结构，多以面内的扩张振动模式和酒杯振动模式以及离面的 Lame 振动模式为主，如图 6-23 所示。当采用压电薄膜作为换能器时，压电薄膜只能位于谐振结构的上下表面，一般采用厚度剪切振动模式或轮廓扩张振动模式。表 6-5 为几种中低频谐振器的总结。

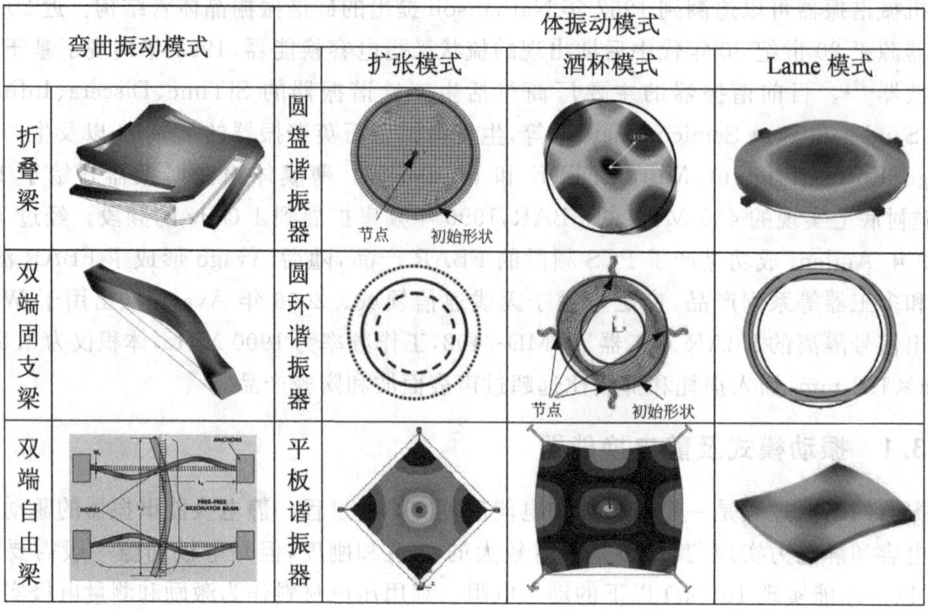

弯曲振动模式		体振动模式		
		扩张模式	酒杯模式	Lame 模式
折叠梁		圆盘谐振器	节点 初始形状	
双端固支梁		圆环谐振器		节点 初始形状
双端自由梁		平板谐振器		

图 6-23 MEMS 谐振器的常用结构和振动模式

表 6-5 常见 MEMS 谐振器

器件	结构	性能	应用	需要解决的问题
双端固定谐振梁[57]	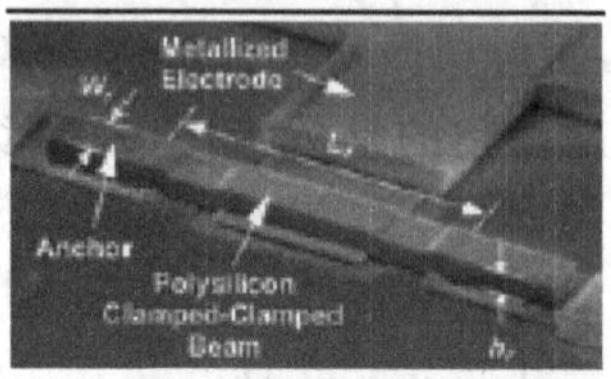 Metallized Electrode; Anchor; Polysilicon Clamped-Clamped Beam	已实现：Q 约 8000@10 MHz (真空) Q 约 50@10 MHz (空气) Q 约 300@70 MHz (真空) Q 下降限制了应用频率范围 串联阻抗 Rx 5～5000	频率频率源 谐振器 HF-VHF 振荡器 HF-VHF 混频滤波器	功率能力 热、老化稳定性 阻抗匹配 真空封装
双端自由谐振梁[59]	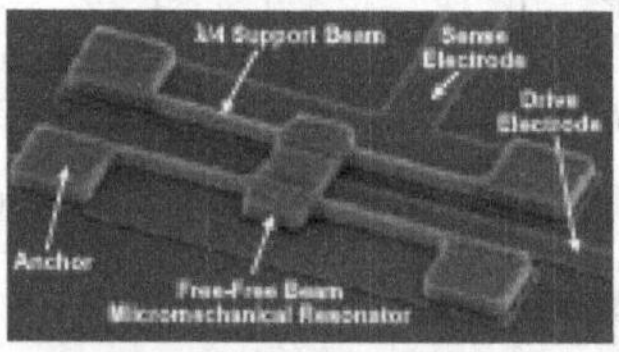 λ/4 Support Beam; Sense Electrode; Drive Electrode; Anchor; Free-Free Beam Micromechanical Resonator	已实现：Q 约 20000@10～200 MHz(真空) Q 约 2 000@90 MHz (空气) Q 不随频率显著下降 使用高阶频率可以实现 1 GHz 串联阻抗 Rx 5～5000 Ω	参考频率源 谐振器 HF-UHF 滤波器 HF-UHF 混频滤波器，Ka-波段	频率范围的扩展 功率能力 热老化稳定性 阻抗匹配 真空封装
酒杯式圆盘谐振器[77]	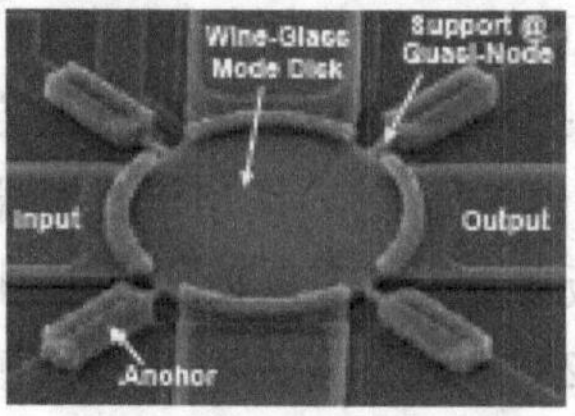 Wine-Glass Mode Disk; Support @ Quasi-Node; Input; Output; Anchor	已实现：Q 约 156 000@60 MHz (真空) Q 约 8000@98 MHz(空气) 周围节点支承避免了支承损耗，可以实现极高的 Q 值；频率范围＞1 GHz，可等比例缩小；串联阻抗 Rx 5～5000	参考频率源 谐振器 HF-UHF 滤波器 HF-UHF 混频滤波器	频率范围的扩展 功率能力 热老化稳定性 阻抗匹配

续表

器件	结　　构	性　　能	应　　用	需要解决的问题
扩张模式圆盘谐振器[75]		已实现：Q 约 11 555@1.5 GHz（真空） Q 约 10 100@1.5 GHz（空气） 频率范围>1GHz 可以等比例缩小并使用高阶模式 串联阻抗 Rx 50～50 000 Ω	RF 本机振荡器 VHF-S 滤波器 VHF-S 波段混频滤波器 RF 信道选择	功率能力 热老化稳定性 阻抗匹配
空心谐振环[82]		已实现：Q 约 14 600 @ 1.2 GHz（真空） λ/4 支承减小锚点损耗 频率范围>1 GHz 可等比例缩小，高阶模式 串联阻抗 Rx 50～5000 Ω	RF 本机振荡器 UHF-S 滤波器 UHF-S 混频滤波 RF 信道选择	功率能力 热老化稳定性 阻抗匹配

2. 电容换能器

平板电容可以作为驱动和测量电极组成谐振器实现换能，主要是梁式谐振器。如图 6-24(a)所示，双端支承谐振梁的电压包括谐振器上的直流偏置电压 V_P、驱动电极上的交流驱动电压 v_i 和直流偏置电压 V_D，记 $V_{PD}=V_P-V_D$。在 V_P、v_i 和 V_D 的作用下，谐振梁的驱动力为

$$F_d=\frac{1}{2}(V_{PD}-v_i\cos\omega t)^2\frac{\partial C_D}{\partial x}=\frac{1}{2}(V_{PD}^2-2|v_i|V_{PD}\cos\omega t+|v_i|^2\cos^2\omega t)\frac{\partial C_D}{\partial x}$$

$$=\frac{1}{2}\left(V_{PD}^2+\frac{|v_i|^2}{2}-2|v_i|V_{PD}\cos\omega t+\frac{|v_i|^2}{2}\cos 2\omega t\right)\frac{\partial C_D}{\partial x} \tag{6-29}$$

驱动力包括直流分量、频率为 ω 和 2ω 的交流分量。如果交流驱动电压的频率 ω 与谐振器的固有频率相同，具有该频率的驱动力分量被直流电压 V_P 放大，而直流和 2ω 的交流分量没有放大，一般可以忽略。从式(6-29)可以看出，没有直流偏置电压 V_{PD} 就无法产生与交流驱动电压频率相同的驱动力分量，因此直流偏置电压的作用是产生并放大(提供能量)与交流驱动电压频率相同的驱动力。

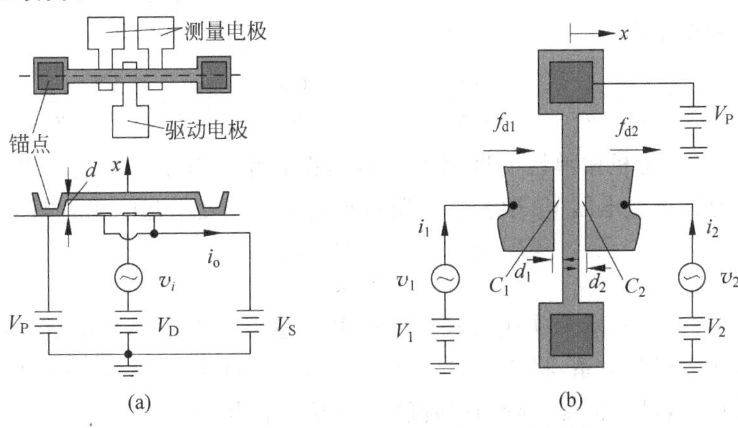

图 6-24　平板电极驱动的双端支承谐振梁

当交流驱动电压的频率与谐振器的固有频率相同时，驱动力使谐振器谐振，于是输出直流偏置电压 $V_{PS}=V_P-V_S$ 作用在变化的测量电容 C_S 上，在输出端产生交变电流

$$i_o=-V_{PS}\frac{\partial C_S}{\partial t}=-V_{PS}\frac{\partial C_S}{\partial x}\frac{\partial x}{\partial t} \tag{6-30}$$

其中 $\partial C_S/\partial x$ 为谐振梁位移产生的测量电容 C_S 的变化量。假设电容极板为平板并忽略边缘效应，电容可以近似表示为

$$C_S(x)=\frac{\varepsilon_0 A_S}{d+x}=C_{S0}\left(1+\frac{x}{d}\right)^{-1} \tag{6-31}$$

其中 A_S 是测量电容的极板面积，C_{S0} 是静止时($x=0$)的测量电容值，对式(6-31)求导，

$$\frac{\partial C_S}{\partial x}=-\frac{C_{S0}}{d}\left(1+\frac{x}{d}\right)^{-2} \tag{6-32}$$

由于谐振的位移很小，由此产生的动生电流也非常小。为了增大动生电流，可以增加振幅或者直流偏置电压 V_P。增加振幅容易导致非线性，降低谐振器的短期稳定性；而增加直流偏置电压会降低下拉极限。将驱动和测量电极改为图6-24(b)所示的对称结构，直流偏置电压 V_P 等效地作用在驱动和测量电极上，可以消除下拉电压的影响。

从式(6-32)可以看出，当电容不是位移的线性函数时，$\partial C_S/\partial x$ 是位移 x 的函数，因此驱动力不仅是驱动电压的函数，还与位移和谐振器的弹性刚度系数有关。将式(6-32)用泰勒级数展开，有

$$\frac{\partial C_S}{\partial x}=-\frac{C_{S0}}{d_1}(1+A_1x+A_2x^2+A_3x^3+\cdots) \tag{6-33}$$

其中 $A_1=-2/d_1$，$A_2=3/d_1^2$，$A_3=-4/d_1^3$。只保留式(6-33)中的前两项，将式(6-33)代入式(6-29)，只考虑与驱动电压频率相同的项，得到驱动力为

$$F_{d1}\big|_{\omega_0}=V_{P1}\frac{C_{S0}}{d_1}|v_1|\cos\omega_0 t+V_{P1}^2\frac{C_{S0}}{d_1^2}|x|\sin\omega_0 t \tag{6-34}$$

其中 ω_0 是谐振器的中心频率。式(6-34)中的第一项是与谐振器频率相同的激励电压引起的，第二项是与位移有关的附加项，类似于机械弹簧的回复力。当处于谐振时，该项与输入的激励电压有1/4相位差。由于第二项的单位是力，而变量是位移 x，因此可以把系数定义为电弹性刚度

$$k_e=V_{P1}^2\frac{C_{S0}}{d_1^2} \tag{6-35}$$

于是驱动力是弹性力与静电力的共同作用。电弹性刚度与机械弹性刚度 k_m 叠加，改变了谐振频率。新的谐振频率 f_0' 为

$$f_0'=\sqrt{\frac{k_m-k_e}{m}}=\sqrt{\frac{k_m}{m}}\sqrt{1-\frac{V_{P1}^2}{k_m}\frac{C_{S0}}{d_1^2}}=f_0\sqrt{1-\frac{V_{P1}^2}{k_m}\frac{C_{S0}}{d_1^2}} \tag{6-36}$$

其中 $f_0=\sqrt{k_m/m}$ 是只有机械弹性刚度时的固有谐振频率。对于平板电容谐振器，其谐振频率可以通过改变直流偏置电压 V_P 改变。二阶近似时静电刚度引起的相对频率变化量为

$$\frac{\Delta f}{f_0}=-\frac{1}{2}\frac{V_{PD}^2}{k_m}\frac{C_{S0}}{d_1^2} \tag{6-37}$$

实际上，将式(6-33)的高阶项代入式(6-29)并且忽略谐振频率高次泛音项，可以得到驱动力与位移的高次分量的关系，将谐振时 $v_1=|v_1|\cos\omega_0 t$ 和 $x=|x|\sin\omega_0 t$ 代入，将有1/4相位差的力的分量合并，可以得到一阶和三阶静电刚度分别为[48]

$$k_{e1}=V_{P1}^2\frac{C_{S0}}{d_1^2}+\frac{1}{4}\frac{C_{S0}}{d_1^2}|v_1|^2\approx V_{P1}^2\frac{C_{S0}}{d_1^2}$$

$$k_{e3}=V_{P1}^2\frac{C_{S0}}{d_1^4}+\frac{1}{4}\frac{C_{S0}}{d_1^4}|v_1|^2\approx V_{P1}^2\frac{C_{S0}}{d_1^4} \tag{6-38}$$

三阶静电刚度系数会引起谐振器传递函数中的非线性 Duffing 效应，使通带扭曲畸变。当谐振器的 Q 值很高时，即使很小的非线性也会引起明显的畸变，使谐振器和滤波器失真，并造成短期稳定性下降。三阶非线性引起的失真可以通过适当的直流偏置电压减小。

梳状叉指电容作为换能器时，电容与位移为线性关系，可以避免平板电容引起的非线性问题。图 6-25 所示的横向驱动梳状谐振器，谐振器包括两个叉指换能器和连接两个叉指换能器的柔性梁，柔性梁通过锚点固定在地电极上，地电极的电压 V_P。当左侧叉指换能器的固定端输入静态直流电压 V_I 叠加交流电压 v_i 时，叉指之间产生的静电力吸引可动叉指沿 x 方向运动，将电能耦合到可动叉指；可动叉指的运动通过中间的柔性梁传递给右侧输出端的可动叉指，再通过右侧的叉指换能器与固定叉指实现电能耦合，输出电压为直流 V_o 上叠加交流电压 v_o，交流电压被输出端检测后放大。

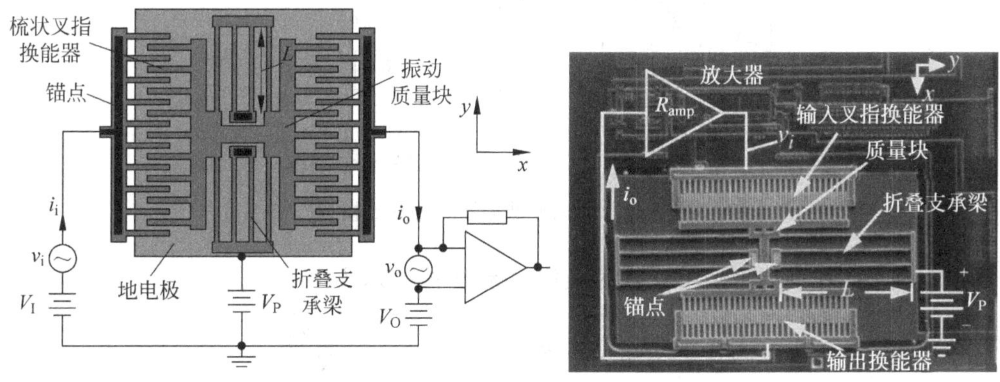

图 6-25　典型低频叉指电容微机械谐振器[55]

忽略叉指电容的边缘效应和升举效应，梳状叉指电容可以表示为

$$C=\varepsilon_0 t(L_0+x)/g \tag{6-39}$$

对于有 N 个叉指间距的叉指电容，单位位移引起的电容变化和静电力分别为

$$\frac{\partial C}{\partial x}=N\frac{\varepsilon_0 t}{g},\quad f_d=V_{PI}\frac{\partial C}{\partial x}v_i=V_{PI}N\frac{\varepsilon_0 t}{g}v_i \tag{6-40}$$

可见位移引起的电容变化和静电驱动力都与位移 x 无关。理想情况下叉指电容不会引起非线性，因此没有静电刚度，并且谐振器的谐振频率与直流偏置电压 V_P 无关。通常驱动和测量的直流偏置电压相等，$V_{PI}=V_{PO}$，这样偏置电压对谐振器的作用力相互抵消，可以施加更大的直流偏置而不会引起下拉效应。叉指电容位移更大，在低频下能够产生更大的输出电流。

谐振器通常需要激励在线性振荡区，以获得稳定的振动。当采用闭环控制时，可以将其激励在开环时对应的非线性区，有助于改善功耗并降低相位噪声[49]。

3. 等效模型

微机械谐振器本身的力学模型可以等效为一个集总参数的质量弹簧阻尼系统，如图 6-26(a)所示。该系统的等效质量 m_{eq}、等效刚度 k_{eq} 和等效阻尼 η_{eq} 可以通过系统的总动能 E_k 获得。

对于不同的谐振结构,总动能 E_k 的表达式各不相同,但是其计算方法都是对每个质点动能的表达式 $mu^2/2$ 遍历整个系统的积分。以圆盘谐振器的扩张振动为例,整个圆盘的动能为

$$E_k = \frac{1}{2}\rho h \int_0^R \int_0^{2\pi} r U^2(r,\theta) \mathrm{d}r\mathrm{d}\theta \tag{6-41}$$

其中 $U(r,\theta)$ 表示任意一点的速度,R 表示圆盘的半径,h 为厚度。于是根据 $E_k = m_{eq} U(R)^2/2$ 可以得到

$$m_{eq} = \frac{2E_k}{U^2(R)} = \frac{2\pi\rho h \int_0^R r J_1(pr)^2 \mathrm{d}r}{J_1(pR)^2} = \pi\rho h R^2 \left[1 - \frac{J_0(pR) J_2(pR)}{J_1(pR)^2}\right] \tag{6-42}$$

其中 $p = \omega_0 \sqrt{\rho/[E/(1+\nu) + E\nu/(1-\nu^2)]}$。

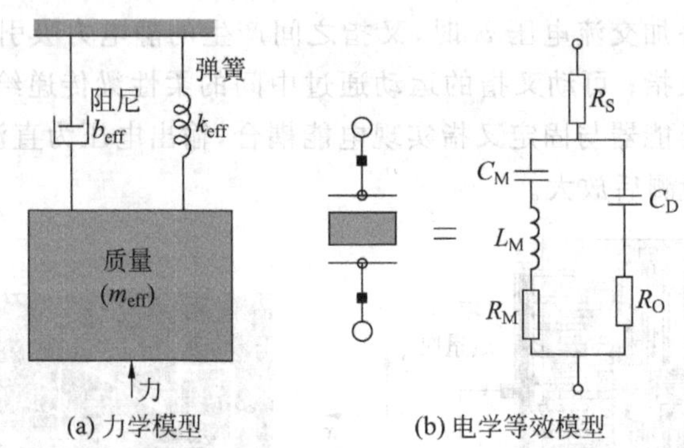

图 6-26 微机械谐振器等效参数模型

利用瑞利能量法,谐振频率 ω_0 和等效阻尼系数 η_{eq} 表示为

$$\omega_0 = \sqrt{\frac{k_{eq}}{m_{eq}}}, \quad \eta_{eq} = \frac{\omega_0 m_{eq}}{Q} = \frac{\sqrt{k_{eq} m_{eq}}}{Q} \tag{6-43}$$

对于谐振结构本身,当其等效质量、等效刚度和等效阻尼都可以获得后,可以将其等效力学模型转换为等效电学模型,如图 6-26(b)所示。转换的方法包括电压-力等效和电流-力等效。电压-力等效是将力学系统中的驱动力视为电压,振动速度视为电流,而等效质量、等效柔度和等效阻尼分别对应电感、电容和电阻。等效参数为

$$R_M = \frac{\sqrt{k_{eq} m_{eq}}}{\eta_{eq}^2 Q}, \quad C_M = \frac{\eta_{eq}^2}{k_{eq}}, \quad L_M = \frac{m_{eq}}{\eta_{eq}^2} \tag{6-44}$$

对于实际的静电驱动谐振器系统,其工作过程是通过静电换能器将驱动电能转换为机械能,再通过静电换能器将机械能转换为电能。图 6-27(a)为平板电容换能器构成的微机械谐振器的等效模型,电学参数和力学参数通过转移方程相关联[55]

$$\begin{bmatrix} u \\ i \end{bmatrix} = \begin{bmatrix} 1/n & n/(\mathrm{j}\omega C_0) \\ \mathrm{j}\omega C_0/n & 0 \end{bmatrix} \begin{bmatrix} F \\ v \end{bmatrix} = \begin{bmatrix} 1 & 0 \\ \mathrm{j}\omega C_0 & 1 \end{bmatrix} \begin{bmatrix} 1/n & 0 \\ 0 & -n \end{bmatrix} \begin{bmatrix} 1 & n^2/(\mathrm{j}\omega C_0) \\ 0 & 1 \end{bmatrix} \begin{bmatrix} F \\ v \end{bmatrix} \tag{6-45}$$

其中电压 v 和力 F 为驱动变量,电流 i 和速度 u 为跟随变量,C_0 为换能器的静态电容,n 为换能系数(机电耦合系数),表示换能器在机械能和电能之间的转换率。式(6-45)右侧的3个矩阵分别为电导纳、换能系数和机械阻抗矩阵,这些矩阵的每一项可以用等效电路表示,整体等效电路为这些矩阵的级联,如图 6-27(b)所示。

品质因数(Q 值)是衡量谐振器振动稳定性的指标,它表示谐振器的能量损耗,即每个振荡

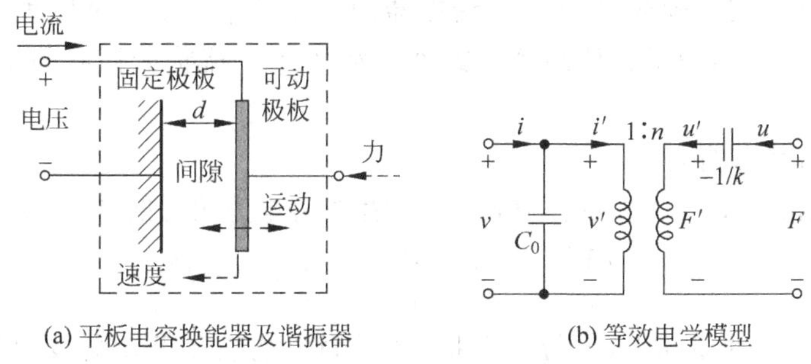

(a) 平板电容换能器及谐振器　　(b) 等效电学模型

图 6-27　微机械谐振器及换能器模型

周期内谐振器存储的能量与损耗的能量之比。高 Q 值的谐振器通常具有较低的相位噪声、较低和动态阻抗和较低的功耗，因此振动过程中的能量损耗也较低。影响 MEMS 谐振器 Q 值的主要因素包括谐振器材料损耗、振动环境阻尼损耗、支撑点能量损耗、热弹性损耗等。材料损耗是由于晶格之间的变形和晶格缺陷引起的，取决于谐振器材料的弹性性质。阻尼损耗是振动向外部环境传递引起的，可以分为高真空度、分子阻尼和粘性阻尼。为了减小阻尼损耗，需要将谐振器封装在真空环境中。支撑损耗是支撑点位移或非弹性振动引起的损耗，为了减小支撑点损耗，尽量将支撑点设置在振动节点。热弹性损耗是谐振器自身内部的热量流动导致的机械能损耗。谐振器振动时，一部分结构处于压缩状态，另一部分结构处于拉伸状态，拉伸状态导致该部分的温度降低，压缩状态导致该部分的温度升高，在拉伸和压缩部分之间产生了温度梯度和热量流动，将机械能转换为不可恢复的热能。

6.3.2　弯曲振动模式谐振器

弯曲振动模式的谐振器通常是梁式结构，其基频可以表示为

$$f_0 = \alpha \frac{t}{l^2}\sqrt{\frac{E}{\rho}} \tag{6-46}$$

其中 t 和 l 分别为谐振梁的厚度和长度，E 和 ρ 分别为谐振梁的弹性模量和密度，α 为与边界条件有关的常数，例如双端固支(桥式结构)、单端固支(悬臂梁结构)和双端自由等。

弯曲振动模式的谐振器通常尺寸比较大、刚度较小、Q 值较高、频率较低，一般只用于 10～100 MHz 或 32 kHz 的时钟。由于谐振频率大体上满足 $\omega=\sqrt{k/m}$，因此提高谐振频率的方法主要是降低系统质量和提高弹性刚度。降低质量的方法是减小谐振器尺寸，但是当谐振梁的尺寸进入纳米范围时，制造的质量分散性引起相当大的质量偏差，导致谐振频率分散，另外诸如吸附解吸附噪声、温度波动以及功率容量低等问题，都严重影响谐振器的性能[50]。与降低尺寸和质量不同，通过提高弹性刚度而提高谐振频率的方法优点较为突出。弹性系统的刚度大体与厚度的 3 次方成正比，而质量只与厚度的 1 次方成正比，即增加厚度对于刚度的提高程度远远大于对于质量的增加程度，因此即使采用很大的结构，也能够使 k/m 大体提高 2 次方，容易实现高频谐振器。

1. 梳状谐振器

图 6-25 中低频梳状微机械谐振器的柔性梁结构有多种形式[51]，具有设计灵活性大、频率修正相对容易[52]、材料可选范围大、激励形式多(电、压电、磁等)[53]等优点。随着激励电压的

不同,谐振频率还在一定范围内可调[54]。谐振器的工作频率是质量和刚度的函数,一般在几十 kHz,Q 值为 50 000,达到了石英晶体谐振器的水平[55]。梳状谐振器的工作频率难以提高到中频和高频范围。

1) 运动方程与稳态响应

直流偏置电压相等,即 $V_i=V_o$ 时,偏置电压产生的静电力相互抵消。x 方向的静电力 F_e 为

$$F_e=\frac{\partial W'}{\partial x}=\frac{1}{2}V_{rs}^2\frac{\mathrm{d}C_{rs}}{\mathrm{d}x}=\frac{1}{2}V_{rs}^2\left(2N\frac{\varepsilon_0 t}{g}\right) \tag{6-47}$$

其中 F_e 是沿着 x 方向的驱动力,平行于叉指,此时固定电极和可动电极的间距不变,但是重叠面积改变;C_{rs}是梳状电容的电容值;V_{rs}是输入驱动电压。可见 x 方向的驱动力与叉指交叠长度 x 无关。

图 6-25 所示的梳状谐振器可以看作是电压控制的弹簧结构,其驱动力来自电容的静电力。变形以后弹性梁回复力使结构受到反向力的驱动,因此静电力和弹簧回复力的平衡过程导致系统发生振动。当电容在静电力的作用下产生位移后,开始受弹性回复力的作用。当结构达到平衡状态时,式(6-47)表示的静电力与弹性回复力相等,$F_e=kx$,其中 k 为叉指电容结构变形位置的弹性刚度,x 为该位置的变形。

图 6-28(a)为柔性梁的变形示意图。梁的最大位移端的位移为 X_0,连接 4 个梁的刚性横梁的位移为 $X_0/2$,由于 4 个支承梁的尺寸相同,每个梁承受的外力为 $F_x/4$。图 6-28(b)为梁 AB 的情况,由于梁的两端都是刚性支承,因此在末端 B 处,梁的斜率为零,这是与悬臂梁不同的。B 端的位移为

$$x(y)=\frac{F_x}{4(12EI_x)}(3Ly^2-2y^3) \tag{6-48}$$

其中 I_x 是关于 z 轴的惯性矩。把 B 端的位移 $X_0/2$ 代入式(6-48),可以得到 $X_0=F_xL^3/(24EI_x)$。于是 x 和 z 方向的弹性刚度系数分别为

$$k_x=\frac{F_x}{X_0}=\frac{24EI_x}{L^3}=\frac{2Ehw^3}{L^3},\quad k_z=\frac{F_z}{X_0}=\frac{24EI_z}{L^3}=\frac{2Ewh^3}{L^3} \tag{6-49}$$

其中 I_z 是关于 x 轴的惯性矩。

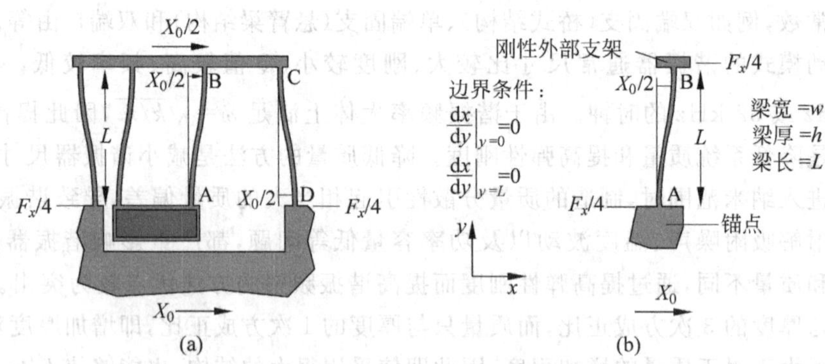

图 6-28 支承梁的位移和变形示意图

在 y 方向上,由于支承梁的作用相对于压杆,具有相当大的刚度。每根压杆的弹性系数可以表示为 AE/L,A 是杆的截面积。整个支承梁包括 8 个并联的压杆,因此 y 方向的弹性系数为 $k_y=8\,AE/L$,于是 y 和 x 方向的刚度比为

$$\frac{k_y}{k_x}=\frac{8AE/L}{24EI_x/L^3}=\frac{4whL^2}{w^3h}=\frac{4L^2}{w^2} \tag{6-50}$$

如果 $L=200\ \mu\text{m}$，$w=2\ \mu\text{m}$，刚度比可达 40 000。因此在 y 方向产生的位移非常小。另外，失稳可能使柔性梁产生 y 方向位移，由于使同侧 4 个压杆产生失稳时，另一侧 4 个拉杆会承担很大的拉力，因此失稳需要的外力是非常大的，一般会超过 x 方向静态变形几微米时外力的 100 倍以上。

由于可动质量沿着 x 轴运动，使柔性梁发生弯曲，梁的等效弹性刚度系数可以由式(6-49)得到。于是系统的动态方程可以表示为

$$m\ddot{x}+b\dot{x}+k_xx=F_{e,x} \tag{6-51}$$

其中 m 和 b 分别为可动结构的质量和系统的阻尼。将式(6-49)中的 k_x 和式(6-47)中的 $F_{e,x}$ 代入式(6-51)，可以计算系统的动态特性。谐振器的基频谐振频率为

$$f_0=\frac{1}{2\pi}\sqrt{\frac{2Eh(W/L)^3}{M_p+M_t/4+12M_b/35}} \tag{6-52}$$

其中 M_p 是往复结构的质量，M_t 是柔性梁的全部组合质量，M_b 是悬浮梁的全部质量。

如果激励电压 $v_D(t)=V_P+v_d\sin(\omega t)$，根据式(6-47)可得

$$F_{e,x}=\frac{1}{2}\frac{\partial C}{\partial x}(V_P^2+2V_Pv_d\sin\omega t+v_d^2\sin^2\omega t)=\frac{1}{2}\frac{\partial C}{\partial x}\left(V_P^2+\frac{1}{2}v_d^2+2V_Pv_d\sin\omega t-\frac{1}{2}v_d^2\cos2\omega t\right) \tag{6-53}$$

等号右侧包括 2 个直流项和 2 个交流项。将式(6-53)代入式(6-51)，利用叠加原理，式(6-51)的稳态解是下列方程稳态解之和

$$\begin{aligned}m\ddot{x}+b\dot{x}+k_xx&=\frac{1}{2}\frac{\partial C}{\partial x}(V_P^2+\frac{1}{2}v_d^2)\\m\ddot{x}+b\dot{x}+k_xx&=\frac{\partial C}{\partial x}2V_Pv_d\sin\omega t\\m\ddot{x}+b\dot{x}+k_xx&=-\frac{1}{4}\frac{\partial C}{\partial x}v_d^2\cos2\omega t\end{aligned} \tag{6-54}$$

于是稳态解为

$$x(t)=\frac{1}{2k_x}\frac{\partial C}{\partial x}\left(V_P^2+\frac{1}{2}v_d^2\right)+\frac{(\partial C/\partial x)V_Pv_d\sin(\omega t-\phi_1)}{\sqrt{(k_x-m\omega^2)^2+c^2\omega^2}}-\frac{(\partial C/\partial x)v_d^2\cos(2\omega t-\phi_2)}{4\sqrt{(k_x-4m\omega^2)^2+4c^2\omega^2}} \tag{6-55}$$

其中 $\phi_1=\tan^{-1}[c\omega/(k_x-m\omega^2)]$，$\phi_1=\tan^{-1}[2c\omega/(k_x-4m\omega^2)]$。如果 $v_d\ll V_P$，则式(6-55)右侧的二阶谐振项可以忽略，并且如果使用推挽驱动方式，式(6-53)等号右侧第 2 项产生共模力，因此对于一阶可以抵消。将共模互补驱动电压 $\overline{v}_D(t)=V_P-v_d\sin\omega t$ 施加到相对的叉指，静电力为

$$F_{e,x}=\frac{1}{2}\frac{\partial C}{\partial x}(v_D^2-\overline{v}_D^2)=2\frac{\partial C}{\partial x}V_Pv_d\sin\omega t \tag{6-56}$$

在这种情况下，稳态响应为简谐振动模式

$$x(t)=\frac{2(\partial C/\partial x)V_Pv_d}{\sqrt{(k_x-m\omega^2)^2+c^2\omega^2}}\sin(\omega t-\phi_1) \tag{6-57}$$

2）小信号等效电路

如图 6-25 所示，输入电流 $i_1(t)$ 可以表示为电荷 $q_1=C_1v_D$ 的微分：

$$i_1(t)=\frac{\partial q_1}{\partial t}=C_1\frac{\mathrm{d}v_D}{\mathrm{d}t}+v_D\frac{\mathrm{d}C_1}{\mathrm{d}t} \tag{6-58}$$

其中 v_D 是输入端与地电极之间的电势差，即

$$v_D(t)=V_I+v_i(t)-V_P=-V_{P1}+v_i(t) \tag{6-59}$$

由于输入端叉指电极在平衡点附近的振动，叉指间的重叠长度也在平衡位置附近振动，因此输入端叉指的总电容 $C_1(t)$ 分为 2 个分量：固定部分和时变部分，即

$$C_1(t)=C_{01}+C_{m1}(t) \tag{6-60}$$

其中 C_{01} 为常数，是静止未振动时的电容，$C_{m1}(t)$ 是由于极板位移的变化引起的，可以表示为

$$C_{m1}(t)=\frac{\partial C_1}{\partial x}x(t) \tag{6-61}$$

将式(6-59)和式(6-60)代入式(6-58)，并利用 $\dfrac{\partial C_1(t)}{\partial t}=\dfrac{\partial C_1(x,t)}{\partial x}\dfrac{\partial x}{\partial t}$，可以得到

$$i_1(t)=C_{01}\frac{\mathrm{d}v_i}{\mathrm{d}t}+x\frac{\partial C_1}{\partial x}\frac{\mathrm{d}v_i}{\mathrm{d}t}\underbrace{-V_{P1}\frac{\partial C_1}{\partial x}\frac{\partial x}{\partial t}}_{i_{1x}(t)}+v_i\frac{\partial C_1}{\partial x}\frac{\partial x}{\partial t} \tag{6-62}$$

其中右边第 1 项表示交流驱动电压 v_i 在静止电容 C_{01} 上引起的穿透电流，第 2 项和第 4 项表示在直流和 2 倍激励频率上的调制分量，是由输入端的交流动态电容 $C_1(t)$ 和驱动电压 v_i 相乘引起的。第 3 项表示直流偏置的电容产生的动生电流 $i_{1x}(t)$，其相位矢量形式为

$$I_{1x}(\mathrm{j}\omega)=-V_{P1}\frac{\partial C_1}{\partial x}(\mathrm{j}\omega X) \tag{6-63}$$

通常情况下直流偏置电压 $V_P\gg v_i$，调制项第 2 项和第 4 项远小于动生电流项，因此一般忽略调制项。输入的动态导纳可以表示为动态电流与交流驱动电压的比值

$$Y_{1x}(\mathrm{j}\omega)=\frac{I_{x1}(\mathrm{j}\omega)}{V_1(\mathrm{j}\omega)}=-\mathrm{j}\omega V_{P1}\frac{\partial C_1}{\partial x}\frac{X(\mathrm{j}\omega)}{V_1(\mathrm{j}\omega)}=-\mathrm{j}\omega V_{P1}\frac{\partial C_1}{\partial x}\frac{X(\mathrm{j}\omega)}{F_d(\mathrm{j}\omega)}\frac{F_d(\mathrm{j}\omega)}{V_1(\mathrm{j}\omega)} \tag{6-64}$$

当驱动频率是 ω 时，驱动力为

$$f_{d,\omega}(t)=\frac{1}{2}v_D^2(t)\bigg|_{\omega}\frac{\partial C_1}{\partial x}=-V_{P1}v_i(t)\frac{\partial C_1}{\partial x} \tag{6-65}$$

变形后得到位移-电压关系

$$\frac{F_d(\mathrm{j}\omega)}{V_1(\mathrm{j}\omega)}=-V_{P1}\frac{\partial C_1}{\partial x} \tag{6-66}$$

考虑机械系统的特性，谐振器的二阶机械响应(位移与驱动力比值)

$$\frac{X(\mathrm{j}\omega)}{F_d(\mathrm{j}\omega)}=\frac{k^{-1}}{1-(\omega/\omega_0)^2+\mathrm{j}(\omega/Q\omega_0)} \tag{6-67}$$

于是输入端的导纳(输入电流与输入电压的比值)可以通过式(6-64)~式(6-67)获得

$$\frac{I_{1x}(\mathrm{j}\omega)}{V_1(\mathrm{j}\omega)}=-\mathrm{j}\omega V_{P1}\frac{\partial C_1}{\partial x}\left[\frac{k^{-1}}{1-(\omega/\omega_0)^2+\mathrm{j}(\omega/Q\omega_0)}\right]\left(-V_{P1}\frac{\partial C_1}{\partial x}\right)=\frac{\mathrm{j}\omega k^{-1}V_{P1}^2(\partial C_1/\partial x)^2}{1-(\omega/\omega_0)^2+\mathrm{j}(\omega/Q\omega_0)} \tag{6-68}$$

对于 RLC 串联系统，系统的固有频率为 $\omega_0=\sqrt{LC}$，其导纳特性的传递函数为

$$\frac{I(\mathrm{j}\omega)}{V(\mathrm{j}\omega)}=\frac{\mathrm{j}\omega C}{1-(\omega/\omega_0)^2+\mathrm{j}(\omega RC)} \tag{6-69}$$

对比式(6-68)和式(6-69)相关传递函数，可以看出 RLC 谐振电路与谐振器及驱动电路的传递

函数具有相同的形式，谐振器的等效电路如图 6-29 所示，C_{01} 为静态电容，等效 R、L、C 为

$$C_{x1}=\frac{[V_{P1}(\partial C_1/\partial x)]^2}{k}=\frac{\eta^2}{k}$$

$$L_{x1}=\frac{k}{\omega_0^2[V_{P1}(\partial C_1/\partial x)]^2}=\frac{m}{\eta^2} \tag{6-70}$$

$$R_{x1}=\frac{k}{\omega_0 Q[V_{P1}(\partial C_1/\partial x)]^2}=\frac{\sqrt{km}}{Q\eta^2}$$

其中 $\eta=V_{P1}(\partial C_1/\partial x)$ 是电容对位移的导数，即谐振器系统的机电耦合系数；m 是谐振器在换能点的等效质量。从式(6-70)可知，电容耦合换能器的等效电路是换能端口的输入直流偏置电压 V_P 和单位位移引起的电容变化量 $\partial C/\partial x$ 的函数。在谐振点，电感和电容对幅值的贡献相互抵消，$I_{x1}=V_1/R_{x1}$。

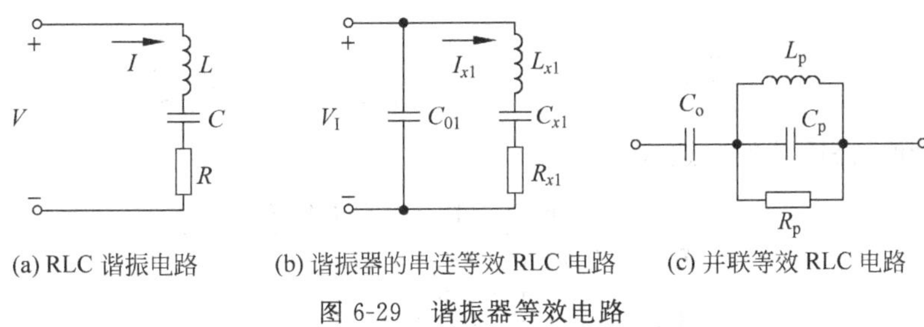

(a) RLC 谐振电路　(b) 谐振器的串连等效 RLC 电路　(c) 并联等效 RLC 电路

图 6-29　谐振器等效电路

下面计算输出端的模型和等效电路。首先假设 $v_2=0$，输入驱动引起的电流可以表示为输出端电容 C_2 和输出端与下电极之间的电势差 V_{P2} 的函数

$$i_2(t)=-V_{P2}\frac{\partial C_2}{\partial t}=-V_{P2}\frac{\partial C_2}{\partial x}\frac{\partial x}{\partial t} \tag{6-71}$$

类似输入端口的处理方法，可以得到输出端梳状换能器的输出电流为

$$I_2(\mathrm{j}\omega)=\mathrm{j}\omega V_{P2}\frac{\partial C_2}{\partial x}\frac{X(\mathrm{j}\omega)}{V_i(\mathrm{j}\omega)}=\frac{\mathrm{j}\omega k^{-1}V_{P1}V_{P2}\partial C_1/\partial x\cdot\partial C_2/\partial x}{1-(\omega/\omega_0)^2+\mathrm{j}(\omega/Q\omega_0)}V_i(\mathrm{j}\omega) \tag{6-72}$$

于是输出端电流 I_2 和输入端时变电流 I_{x1} 的关系可以用前向电流增益 ϕ_{21} 表示：

$$\phi_{21}=\frac{I_2(\mathrm{j}\omega)}{I_{x1}(\mathrm{j}\omega)}=\frac{V_{P2}\partial C_2/\partial x}{V_{P1}\partial C_1/\partial x} \tag{6-73}$$

分析式(6-73)的特性可以看出，这个增益可以视为电流控制的电流源。将输入端的等效电路和输出端的等效电路结合，可以得到谐振器在 $v_2=0$ 时的双端口等效电路，如图 6-30(a)所示。式(6-73)中的符号是负的，这是因为位移 x 在驱动端和测量端引起的电容变化的符号相反。如果将该谐振器作为双端口器件，即两侧都作为输入端产生激励，其等效模型如图 6-30(b)所示。可以看出，这个模型从输入端和输出端看进去完全对称，建模可以从上面过程的反方向进行，即让左侧 1 端口作为输出端口而短路，然后建模从右侧的端口 2 开始输入。将两次建模的结果叠加起来，即得到完整的双端口模型。

由于动能与所选定的位置无关，谐振器在换能点的等效质量可以从动能获得，即对谐振器上所有点的动能积分，得到谐振器的总动能，然后根据动能 $E=mu^2/2$ 将总动能除以某一点的速度平方的 1/2，即可得到该点的等效质量

$$m(x)=\frac{KE_{\mathrm{tot}}}{(1/2)[u(x)]^2},\quad k(x)=\omega_0^2 m(x) \tag{6-74}$$

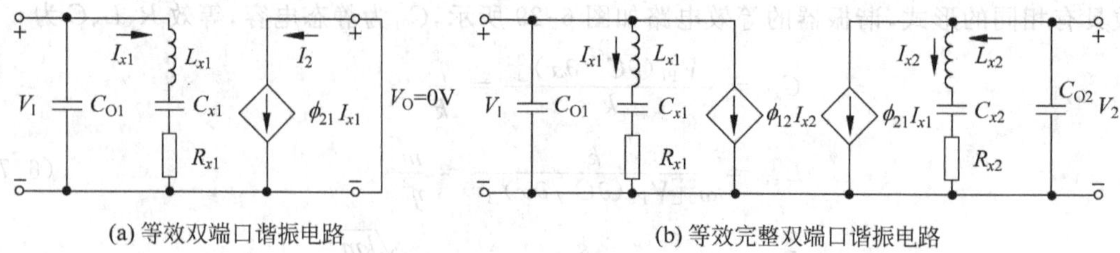

(a) 等效双端口谐振电路 (b) 等效完整双端口谐振电路

图 6-30 输出端等效电路

其中 KE_{tot} 是系统的峰值动能,$u(x)$是位置 x 处的速度,$k(x)$是该点的弹性刚度系数。

串联等效电路利用了电流模拟,即把力等效为电压,把速度等效为电流；另一种模拟方式是把速度等效为电压,力等效为电流。这种情况下得到的等效电路为图 6-29(c)所示的并联电路,等效参数为

$$L_p = \frac{\eta^2}{k}, \quad C_p = \frac{m}{\eta^2}, \quad R_p = \frac{Q_p}{\omega_0 C_p}, \quad \eta = V_P \frac{\partial C}{\partial x} \tag{6-75}$$

谐振频率和动态阻抗的表达式[55]

$$f_0 = \frac{1}{2\pi}\sqrt{\frac{k_m - k_e}{m_m}} = \frac{1}{2\pi}\sqrt{\frac{2Eh(W/L)^3 - k_e}{m_m}} \tag{6-76}$$

$$R_x = \frac{1}{4\pi}\frac{E}{f_0 hQ}\left(\frac{W}{L}\right)^3\left(\frac{g_0}{N\varepsilon_0 V_p}\right)^2 \tag{6-77}$$

其中 k_m 和 k_e 分别为机械刚度和电刚度,W、L 和 h 分别为弹性谐振梁的宽度、长度和厚度,N 为叉指电容的数量,g_0 为叉指电容的间隙。电刚度可以表示为

$$k_e = \frac{V_{tune}^2 \varepsilon_0 A_{tune}}{g_{tune}^3} \tag{6-78}$$

其中 V_{tune}、A_{tune} 和 g_{tune} 分别为刚度调整电极施加的电压、电容总面积和电容间隙。

从式(6-76)～式(6-78)可知,单纯降低 W/L(即等比例缩小)不会改变谐振频率和动态阻抗,但是等比例缩小可以降低叉指电容的间隙 g_0,从而以平方的关系降低动态阻抗；另外,通过采用静电调整电极,可以调整谐振频率。如图 6-31(b)所示,施加调整电压 V_{tune} 后,电场产生了与振动位移同相并且成正比的静电引力,束缚弹性梁的振动,改变了谐振系统的等效刚度。如图 6-31(c)所示,施加 3 V 的调整电压,可以改变 5000 ppm 的谐振频率,从而可以覆盖整个温度区间。

图 6-31 所示为采用静电刚度补偿频率的梳状叉指电容谐振器[56]。谐振频率为 32.768 kHz,用于实时钟。在谐振梁两侧增加了 4 组叉指电容,用于调整谐振器等效刚度和谐振频率。谐振结构采用 0.25 μm 工艺刻蚀厚度 2 μm 的多晶硅制造,谐振器芯片面积为 0.0154 mm^2,比目前所有的 MEMS 谐振器尺寸都小 4 倍以上。

2. 梁式谐振器

为了提高频率,出现了双端固支的梁式谐振器,如图 6-32 所示,这种谐振器的结构与桥式并联开关相同。谐振器的下面是激励电极,输入交流激励电压,通过静电力使谐振梁谐振在固有频率上；谐振器上施加偏置电压,对交流激励产生的力进行放大。谐振梁与激励电极构成的电容随时间周期性变化,输出是激励电压与该电容产生的周期性电流。

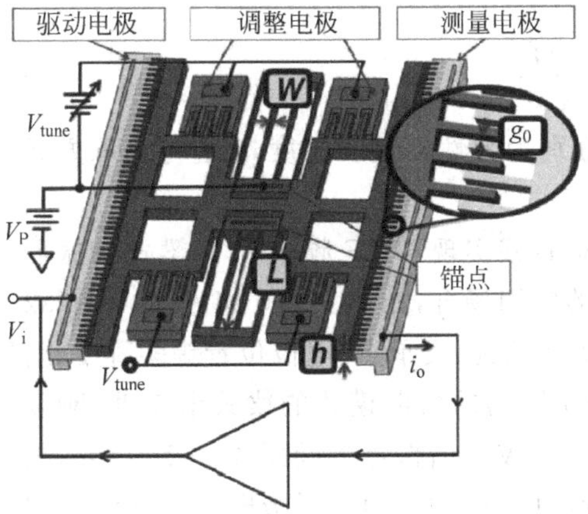

(a) 谐振器结构 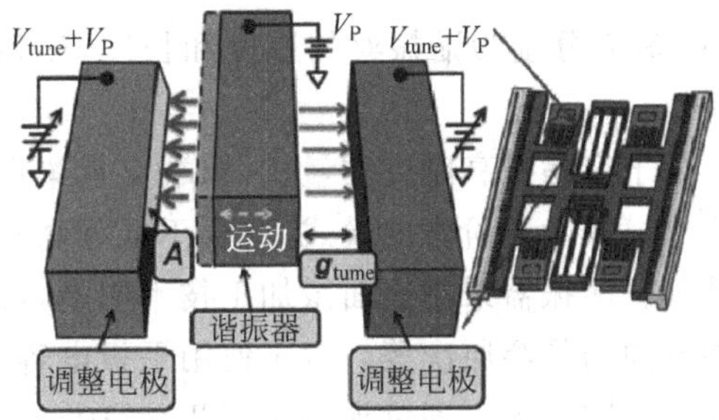　　(b) 静电刚度调整示意图

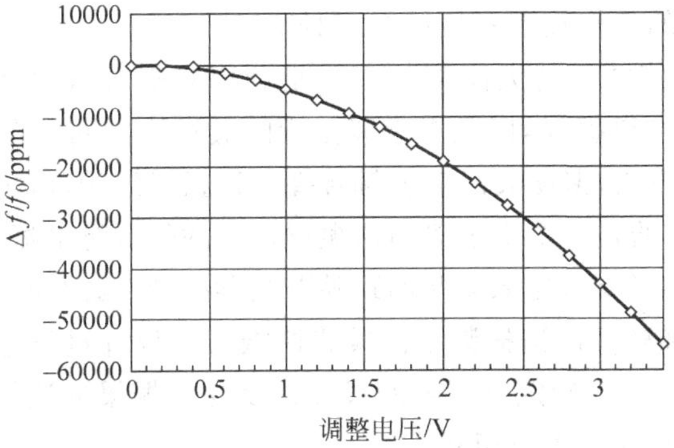

(c) 频率与调整电压的关系

图 6-31　静电刚度频率调制

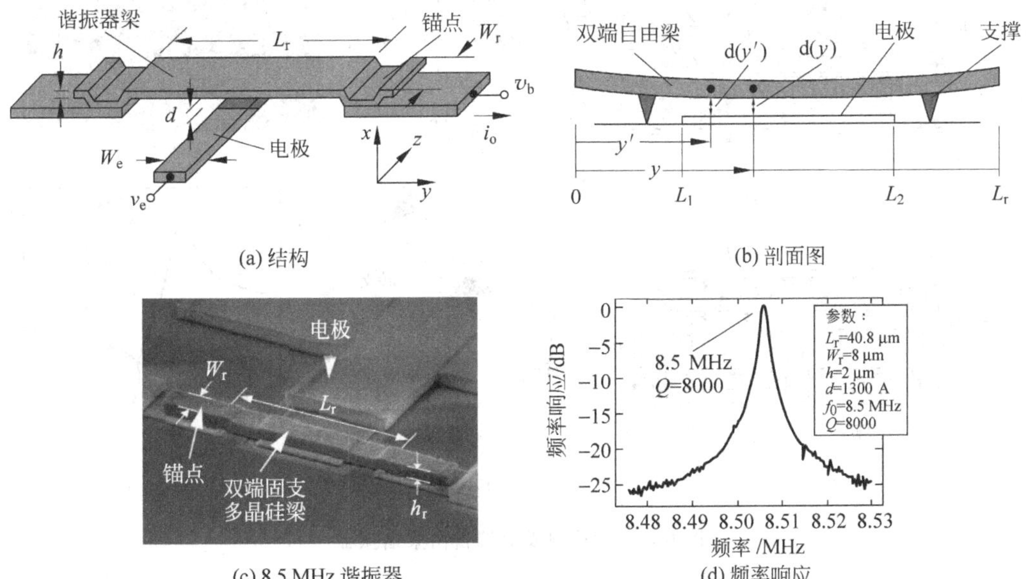

(a) 结构　　(b) 剖面图

(c) 8.5 MHz 谐振器　　(d) 频率响应

图 6-32　双端固支梁式微谐振器

梁式谐振器的谐振频率可以表示为

$$f_0 = \alpha \frac{t}{l^2}\sqrt{\frac{E}{\rho}} \tag{6-79}$$

其中 t 和 l 分别为谐振梁的厚度和长度，E 和 ρ 分别为弹性模量和密度，α 是与支承方式有关的系数。

由于容易提高刚度质量比，双端支承梁谐振器能够实现 VHF 频段[57]。梁式谐振器的最优工作模式为一阶弯曲模式，适合于低频高 Q 值的应用场合，如 10～100 MHz 时钟和 32 kHz 时钟等。谐振器采用表面微加工技术制造，可以实现结构、支承点、电极位置等多种变化，以及多种不同的悬浮层次等。对于使用平板电容作为换能器的弯曲模式的梁式谐振器，刚度越大则动态范围越大。通常谐振器长度为 10～30 μm，电极和谐振器的间距 40～100 nm，工作峰值位移 1～2 nm，在真空中 HF 频段的 Q 值已达到 80 000[58]。由于平板电容的非线性引起三阶互调失真，为了降低失真需要增大弹性刚度，然而增加刚度会增加锚点的损耗，降低 Q 值，因此一般双端支承梁谐振器的工作频率不超过 30 MHz。

在 VHF 频段实现高 Q 值并保持大刚度的方法是利用双端自由梁谐振器，如图 6-33 所示[59,60]。谐振器包括一个悬空谐振梁，以及支承谐振梁的通过锚点固定在衬底的 4 个支承柔性梁。谐振器振动沿着 z 轴方向，谐振波沿着 y 轴传播。谐振梁结构、电极布置和振动模式与双端支承谐振梁都相同，不同的是 4 个支承梁与谐振梁连接的位置是谐振梁的 4 个振动节点。由于理论上振动节点没有振动位移，支承梁并不跟随谐振梁振动，因此通过支承梁损耗的能量较小，能够实现较大的 Q 值和较高的谐振频率。梁式谐振器的设计过程包括：①设计谐振器的尺寸以实现需要的中心频率；②确定支承梁的尺寸以及与谐振梁的连接位置；③确定合适的电极位置以激励高阶振动模式并实现相移。

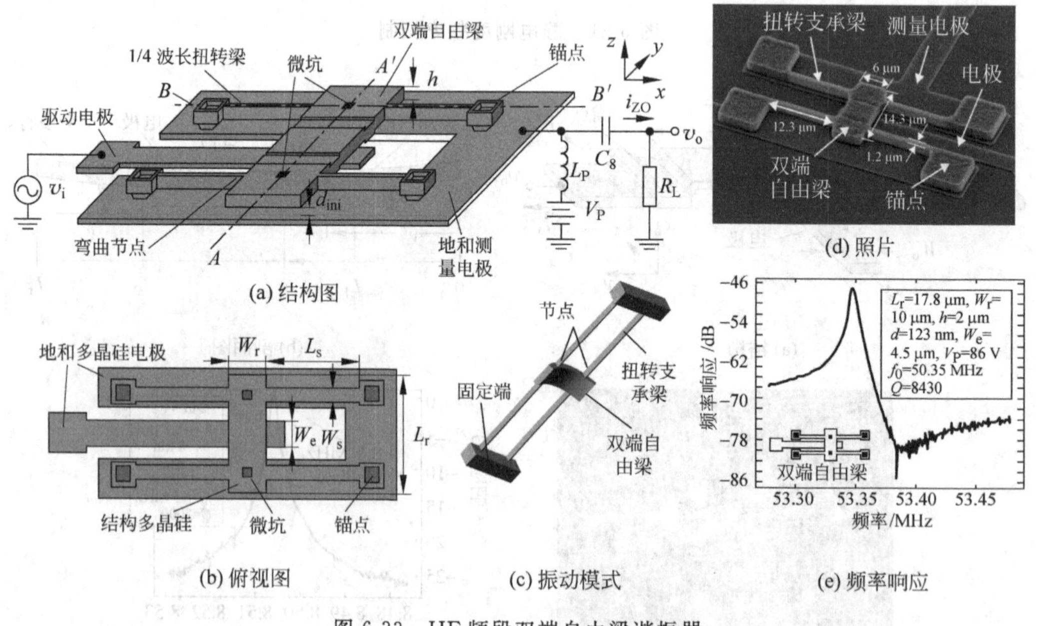

图 6-33 HF 频段双端自由梁谐振器

1）无机电耦合的谐振频率

谐振梁的长度和宽度一般根据需要决定，而厚度是制造工艺决定的，一般不超过几微米。当谐振梁的长宽比和长高比很大时，谐振频率基本由长度决定。对于双端支承或者窄的双端自由梁，在没有机电耦合（直流偏置电压为 0）时，z 方向的谐振频率由欧拉-伯努力方程给出

$$f_{\text{nom}}=\frac{1}{2\pi}\sqrt{\frac{k_{\mathrm{r}}}{m_{\mathrm{r}}}}=\frac{1}{2\pi\sqrt{12}}(\beta_nL_{\mathrm{r}})^2\frac{h}{L_{\mathrm{r}}^2}\sqrt{\frac{E}{\rho}} \tag{6-80}$$

k_{r} 和 m_{r} 分别是梁在指定位置的有效刚度和质量，h 和 L_{r} 分别是谐振梁的厚度和长度，β_n 是模式系数。由下面方程的 n 次根求得

$$\cos(\beta_nL_{\mathrm{r}})\cosh(\beta_nL_{\mathrm{r}})=1 \tag{6-81}$$

对于前三阶振动模式，β_1L_{r}、β_2L_{r} 和 β_3L_{r} 分别为 4.73、7.853 和 10.996。

公式(6-80)对于细长梁的低频振动可以给出较好的解析解，但是由于欧拉方程忽略了剪切变形和转动惯量，当谐振频率升高到 VHF 频段时或梁的厚度和宽度接近长度时，式(6-80)不适用。对于这种情况，可以利用铁摩辛柯方程计算。对于截面均匀的双端固支梁，在没有机电耦合的情况下，对称振动模式（即奇次振动模式，如 1、3、5 等振动模式）的基频谐振方程为

$$\tan\frac{\beta}{2}+\frac{\beta}{\alpha}\frac{\alpha^2+g^2(\kappa G/E)}{\beta^2-g^2(\kappa G/E)}\tanh\frac{\alpha}{2}=0 \tag{6-82}$$

其中

$$g^2=\omega_{\text{nom}}^2L_{\mathrm{r}}^2\rho/E$$

$$\left.\begin{matrix}\alpha^2\\ \\ \beta^2\end{matrix}\right\}=\frac{g^2}{2}\left[\mp\frac{\kappa G+E}{\kappa G}+\sqrt{\frac{(\kappa G+E)^2}{\kappa^2G^2}+\frac{4L_{\mathrm{r}}^2hW_{\mathrm{r}}}{g^2I_{\mathrm{r}}}}\right] \tag{6-83}$$

而对于反对称振动模式（偶次振动模式，如 2、4、6 等），方程为

$$\tan\frac{\beta}{2}-\frac{\beta}{\alpha}\left(\frac{\beta^2-g^2(\kappa G/E)}{\alpha^2+g^2(\kappa G/E)}\right)\tanh\frac{\alpha}{2}=0 \tag{6-84}$$

表 6-6 为铁摩辛柯法计算的双端自由梁的谐振频率与尺寸的关系。

表 6-6　梁式谐振器的尺寸和理论频率

频率/MHz	材　料	振动模式	厚度/μm	宽度/μm	长度/μm
70	硅	1	2	8	14.54
110	硅	1	2	8	11.26
250	硅	1	2	4	6.74
870	硅	2	2	4	4.38
870	金刚石	2	2	4	8.88
1800	硅	3	1	4	3.09
1800	金刚石	3	1	4	6.16

2）机电耦谐振频率

梁的谐振频率公式(6-80)～公式(6-84)适用的范围是没有机电耦合的情况，即电极的直流偏置电压为 0，仅分析纯机械梁的固有频率。为了驱动谐振器，需要在输入电极上施加直流偏置电压和交流电压，通过电极与谐振器之间的电容对谐振梁产生机电耦合。由于电极与谐振器之间的电容与梁的位移是非线性关系，平板电容会引入电刚度 k_{e}，导致谐振频率变化。

由于 k_e 随着直流偏置电压 V_P 变化,因此谐振频率也随着 V_P 变化。如图 6-32 所示,在 V_P 的作用下,梁的谐振频率为[57]

$$f_0 = \frac{1}{2\pi}\zeta\sqrt{\frac{k_r(y)}{m_r(y)}} = \frac{1}{2\pi}\zeta\sqrt{\frac{k_m(y)}{m_r(y)}}\sqrt{1-\left\langle\frac{k_e}{k_m}\right\rangle} = \zeta f_{nom}\sqrt{1-\left\langle\frac{k_e}{k_m}\right\rangle} \tag{6-85}$$

其中 f_0 是包括了机电耦合因素的谐振梁的谐振频率,$k_r(y)$是谐振梁在长度方向 y 处的 z 方向等效刚度(包括机电耦合的影响),$k_m(y)$表示 $V_p=0$ 时谐振梁在 y 处的 z 方向机械刚度(无机电耦合),$\langle k_e/k_m\rangle$表示静电刚度与机械刚度的比值。$m_r(y)$表示谐振梁在 y 处的等效质量(包括了机电耦合的影响),ζ 是梁的形状和支承锚点非理想弹性产生的修正系数。从式(6-85)可以看出,驱动电压引起的静电力降低了谐振梁的刚度和谐振频率。根据频率与刚度和质量的关系,在偏置电压 $V_P=0$ 时,有

$$k_m(y) = [2\pi f_{nom}]^2 m_r(y) \tag{6-86}$$

其中 f_{nom} 表示双端自由梁在没有机电耦合时的谐振频率,可以从式(6-80)或者式(6-82)~式(6-84)中获得。由于 k_m 是位置 y 的函数,因此$\langle k_e/k_m\rangle$必须在整个电极宽度上积分获得。

静电刚度 k_e 通常是非线性函数,由于电极与谐振器之间的电容是 z 方向位移的函数,因此与电极谐振器的间距 d 有关。根据式(6-35),任意位置 y' 和增量位置变化 dy',静电刚度的微分为

$$dk_e(y') = V_P^2\frac{\varepsilon_0 W_r dy'}{[d(y')]^3} \tag{6-87}$$

对于基频振动模式,静态和动态刚度相同,用函数 $Z_{static}(y)$表示弯曲后的梁的形状,于是

$$d(y) = d_0 - \frac{1}{2}V_P^2\varepsilon_0 W_r\int_{L_{e1}}^{L_{e2}}\frac{1}{k_m(y)[d(y')]^2}\frac{Z_{static}(y)}{Z_{static}(y')}dy' \tag{6-88}$$

其中 d_0 是 $V_P=0$ 时的电极谐振器间距,$d(y)$是 V_P 作用时电极谐振器的间距,由于 V_P 产生的静电力引起梁的弯曲,因此 $d(y)$是位置 y 的函数。在式(6-88)中,第 2 项表示谐振器在任意 y 处向着电极的静态位移,通过对整个电极宽度 $y=L_{e1}$ 到 $y=L_{e2}$ 积分计算。如果电极关于谐振器中心对称,有 $L_1=0.5(L_r-W_e)$,$L_2=0.5(L_r+W_e)$。方程(6-88)的左右两侧都含有 $d(y)$,因此计算过程可以采用迭代法,即首先设定等号右边的 $d(y)=d_0$,利用式(6-88)计算左边的 $d(y)$,再将计算得到的 $d(y)$代入方程右侧,计算左边新的 $d(y)$,直到 $d(y)$收敛为止。多数情况下式(6-88)对 $Z_{static}(y)$不是非常敏感,因此可以使用模式函数 $Z_{mode}(y)$代替 $Z_{static}(y)$,造成的误差并不大。

于是$\langle k_e/k_m\rangle$可以在整个电极宽度 W_e 上积分获得,并且满足下面的关系

$$\left\langle\frac{k_e}{k_m}\right\rangle = g(d,V_P) = \int_{L_{e1}}^{L_2}\frac{dk_e(y')}{k_m(y')} = \int_{L_1}^{L_2}\frac{V_p^2\varepsilon_0 W_r}{[d(y)]^3 k_m(y)}dy \tag{6-89}$$

图 6-34 所示为梁的谐振频率随梁的长度和振动模式的变化关系。

等效质量 $m_r(y)$和等效刚度 $k_r(y)$都是位置 y 的函数,因此都是双端自由梁谐振模式的函数,如图 6-33(c)所示。等效质量 $m_r(y)$和等效刚度系数 $k_r(y)$可以从系统的峰值动能 KE_{tot} 得到

$$m_r(y) = \frac{2KE_{tot}}{[u(y)]^2} = \frac{\rho W_r h\int_0^{L_r}[Z_{mode}(y')]^2 dy'}{[Z_{mode}(y)]^2}$$

$$k_r(y) = \omega_0^2 m_r(y) \tag{6-90}$$

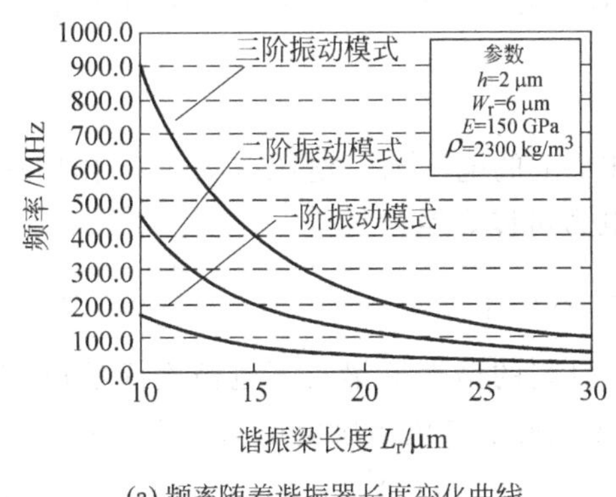

(a) 频率随着谐振器长度变化曲线

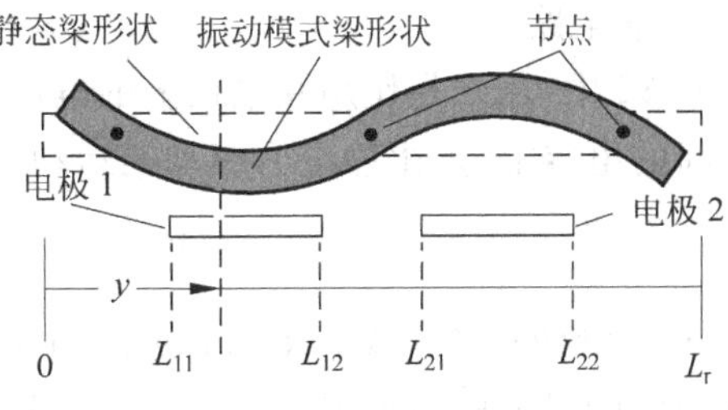

(b) 二阶振动模式的振动形状和节点分布

图 6-34 梁的频率变化和振动形状

其中 $u(y)$是 y 处的速度，y'对应电极的中心，第 n 阶振动模式的形状函数 $Z_{\text{mode}}(y)$为

$$Z_{\text{mode}}(y)=\cosh\beta_n y+\cos\beta_n y-\xi[\sinh\beta_n y+\sin\beta_n y] \tag{6-91}$$

$Z_{\text{mode}}(y)$是位置 y 处的 z 方向的位移，一阶模式的 $\beta_1=4.73/L_r$，系数 ξ 为

$$\xi=\frac{\cosh\beta_n L_r-\cos\beta_n L_r}{\sinh\beta_n L_r-\sin\beta_n L_r} \tag{6-92}$$

其中 $\xi=0.9825$，ω_0 是弧度表示的谐振频率，I_r 是弯曲惯性矩。节点的位置可以通过在式(6-91)中令 $Z_{\text{mode}}(y)=0$，求解 y 的方程获得。最后，阻尼系数为

$$c_r(y)=\frac{\sqrt{k_m(y)m_r(y)}}{Q_{\text{nom}}}=\frac{\omega_{\text{nom}}m_r(y)}{Q_{\text{nom}}}=\frac{k_m(y)}{\omega_{\text{nom}}Q_{\text{nom}}} \tag{6-93}$$

3）支承梁

双端自由梁的支承位置设置在谐振梁的 4 个节点，其位置由式(6-91)给出。理想情况下节点不产生横向运动，锚点不会产生能量损耗；实际上由于制造误差等原因锚点仍旧存在能量损耗。由于支承扭转梁实际上类似声传输线，如果能够选择支承梁的尺寸使其对双端自由梁不产生阻抗，则损耗可以进一步减小。例如，选择支承梁的尺寸使其等效于 1/4 谐振波长，则支承梁一端的固支边界条件可以转换为另一端连接谐振器的自由边界条件。从阻抗角度看，支承梁固支端的无限大阻抗变换到连接谐振器一端时成为零阻抗，对谐振器来说等于没有支承存在。等效 1/4 波长的扭转梁的尺寸为[61]

$$L_s=\frac{1}{4f_0}\sqrt{\frac{G\gamma}{\rho J_s}} \tag{6-94}$$

其中下标 s 表示支承梁，$J_s=hW_s(h^2+W_s^2)/12$ 是转动惯量，γ 是常数，对于矩形截面当 $h/W_s=2$ 时，$\gamma=0.229hW_s^3$，当 $h/W_s=1.75$ 时，$\gamma=0.214hW_s^3$。

在正常的工作情况下，双端自由梁谐振器需要施加直流偏置电压 V_P 以便将谐振器下拉至支承凸点限定的位置。只有当电极谐振器的间距 d 小到一定程度时，机电耦合才能发生作用。因此，设计时除了要考虑输入阻抗的问题，V_P 要足够大到将谐振器梁下拉到支承凸点决定的位置，但是又不能大到将谐振梁拉到下电极上。这个电压的上限为梁的下拉电压

$$V_d=\sqrt{\frac{8}{27}\frac{k_s d_{\text{ini}}^3}{W_r W_e}} \tag{6-95}$$

其中 $k_s = EW_s(h/L_s)^3$ 是所有支承梁的合成刚度，d_{ini} 是梁下降到支承凸点以前电极和谐振器的间距。

4）等效电路

图 6-32 中，输入是作用在电极上的电压 v_e 和梁上的电压 v_b。电压差 $v_e - v_b$ 作用在电极和梁之间的电容上，产生静电力驱动梁运动。静电力可以表示为

$$F_d = -\frac{1}{2}(v_e - v_b)^2 \frac{\partial C}{\partial x} \tag{6-96}$$

其中 x 表示梁的上下位移，$\partial C/\partial x$ 表示单位位移引起的谐振器梁与下电极之间的电容的变化。在导电的梁上施加直流偏置电压 V_P，在下电极上施加交流激励电压 $v_i = V_i\cos\omega_i t$，

$$F_d = \frac{\partial C}{\partial x}\left(\frac{V_P^2}{2} + \frac{V_i^2}{4}\right) - V_P\frac{\partial C}{\partial x}V_i\cos\omega_i t + \frac{\partial C}{\partial x}\frac{V_i^2}{4}\cos 2\omega_i t \tag{6-97}$$

式(6-97)中的第 1 项表示非谐振直流电压引起的力，使梁产生静态弯曲，但是对信号处理的功能影响很小，尤其对频率在 VHF 或者更高的情况。第 2 项表示与输入信号相同频率的力，并且被直流偏置电压 V_P 放大，是谐振的主要输入分量。当 $\omega_i = \omega_0$ 时驱动梁产生机械谐振，因此电极和梁之间的电容随着时间变化，使输出端产生输出电流 $i_o = V_P[\partial C/\partial x][\partial x/\partial t]$。第 3 项代表激励梁在 $\omega_i = 1/(2\omega_0)$ 时激励梁产生振动。如果 V_P 远大于 V_i，该项很小。

为了方便地对微机械谐振器的阻抗特性进行建模，可以将微机械谐振器等效为电路进行分析。由于谐振器的输入输出包含电信号和机械信号，因此等效电路也必须包含二者，可以采用集总机械元件模型。图 6-35 为等效电路模型，其中变压器描述谐振器从电-机械或者机械-电的耦合，谐振器表示为中间的 LCR 电路，类似于机械的质量-弹簧-阻尼系统。它们的对应关系如图 6-35 所示。

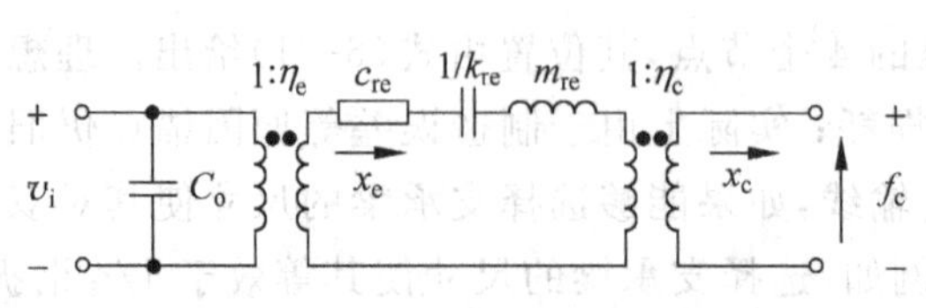

机械参数	电学参数
阻尼，c	电阻，R
硬度$^{-1}$，k^{-1}	电容，C
质量，m	电感，L
力，f	电压，V
速度，v	电流，I

图 6-35 等效电路模型及参数

从电极端口看进去，等效电路为一个带有变压器变换的 LCR 电路，对于电极都相同、完全对称、并且位于相邻节点中心的电极，等效参数为

$$R_x = \sqrt{\frac{k_{re}m_{re}}{Q\eta_e^2}} = \frac{c_{re}}{\eta_e^2},\quad L_x = \frac{m_{re}}{\eta_e^2},\quad C_x = \frac{\eta_e^2}{k_{re}} \tag{6-98}$$

其中下标 e 表示电极位于谐振器梁的中心(即 $y = L_r/2$)。通过机电耦合变换的阻抗分析，可以得到谐振时的电极-谐振器间距上的动态电阻 R_x，然后可以得到机电耦合系数 η_e。在给定位置 y 处的电压-位移变换传递函数可以综合前面的方程得到

$$\frac{X(y)}{V_i(y)} = \int_{L_{e1}}^{L_{e2}} \frac{QV_P\varepsilon_0 W_r}{[d(y')]^2 k_r(y')}\frac{Z_{mode}(y)}{Z_{mode}(y')}dy' \tag{6-99}$$

利用输出电流的矢量表示形式，驱动电极看进去的串联动态电阻为

$$R_z = \frac{V_i}{I_z} = \left[\int_{L_1}^{L_2}\int_{L_1}^{L_2} \frac{\omega_0 Q V_P^2 (\omega_0 W_r)^2}{[d(y')d(y)]^2 k_m(y')} \frac{Z_{mode}(y)}{Z_{mode}(y')} dy' dy\right]^{-1} \tag{6-100}$$

可以从下式得到

$$\eta_e = \sqrt{\int_{L_{out}}\int_{L_{in}} \frac{V_P^2 (\omega_0 W_r)^2}{[d(y')d(y)]^2} \frac{k_{re}}{k(y')} \frac{Z_{mode}(y)}{Z_{mode}(y')} dy' dy} \tag{6-101}$$

其中 L_{in} 和 L_{out} 分别是输入和输出电极在 y 坐标轴下的开始和结束坐标。

从微谐振器输入端看进去的串联动态电阻是滤波器和振荡器最重要的参数。对于电容驱动的谐振器来讲，谐振器的几何参数，例如，宽度、长度、电容间距等直接影响电极谐振器电容的参数，以及谐振器上的直流偏置电压 V_P，都会影响输入阻抗。

为了激励需要的高阶振动模式，电极位于两个相邻节点的中心位置。如图 6-36(a)为一阶振动模式的频率响应，对于基频振动模式，电极上面对应的谐振梁运动方向相同，因此输出信号与输入信号反相，即输出电流 i_o 方向与 $-i_i$ 相同。对于二阶振动模式，两个电极上方的谐振梁的运动方向相反，使得输出和输入信号以同相振动，如图 6-36(b)所示。

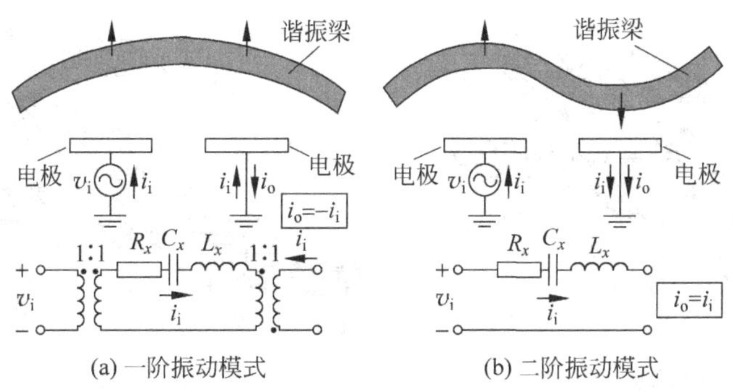

图 6-36　振动模式和 LCR 等效电路

这些谐振器的电极与振动结构沿着上下方向布置，产生纵向振动模式。这种模式的谐振器在制造中有一定的优势，例如容易实现纳米量级的电极间距。纵向振动的主要缺点是形貌引起频率的不确定性和锚点引起的能量损耗，另外结构特点决定了谐振器多为单端口，难以工作在平衡或者差动模式，缺乏设计灵活性。图 6-37 为横向振动的双端自由谐振器[62]，其驱动电极和振动结构在一个平面内，振动也在平面内。横向振动谐振器的工作原理和纵向谐振器相同，可以采用相同的设计方法。横向振动的谐振梁上也作用有偏压，但是电极与谐振梁在同一个平面内，而不是在谐振梁的下面。图 6-37 所示的谐振器在 10.47 MHz 时的 Q 值可以达到 10 000。

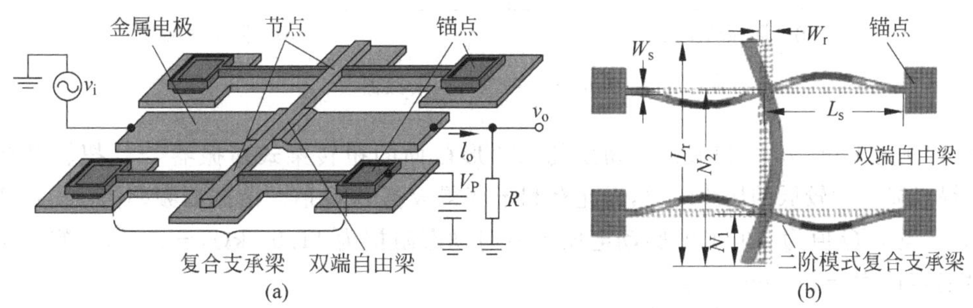

图 6-37　横向振动的双端自由谐振器结构图和振动模态

5) 高次泛音双端自由谐振器

与基频相比,高次泛音双端自由谐振器具有下面的优点：较小的串联动态电阻；较高的动态范围和较大的能量处理能力；多端口允许输入输出零相移,这对无线通信领域的高阻抗微机械振荡器和带通混频器-滤波器很重要。

图 6-38 为二阶和三阶双端自由谐振器。图 6-38(a)为 101 MHz 二阶谐振器,谐振梁的厚度为 2 μm,由 3 个支承梁支承,悬空高度为 100 nm,支承梁的尺寸为谐振中心频率的 1/4 波长。谐振梁下面有 2 个分立电极,共同组成驱动电极。通过设计不同的电极,可以将谐振器激励在不同的谐振模式。为了产生谐振,在自由梁上施加直流偏置电压 V_P,在 1 个电极上施加交流驱动电压 v_i。当 $V_P > v_i$ 时,电压在谐振梁和电极之间的电容上产生随时间变化的垂直静电引力。当交流电压的频率与谐振器频率匹配时,产生输出电流 i_o。图 6-38(b)为三阶振动模式,支承梁为 4 根,驱动电极为 3 个,通过驱动电压移相作用在不同的电极上实现对三阶振动模式的激励。图 6-38(c)和(d)为仿真的二阶和三阶振动模式。随着支承梁个数的增加,能量损耗增加,Q 值下降[60]。

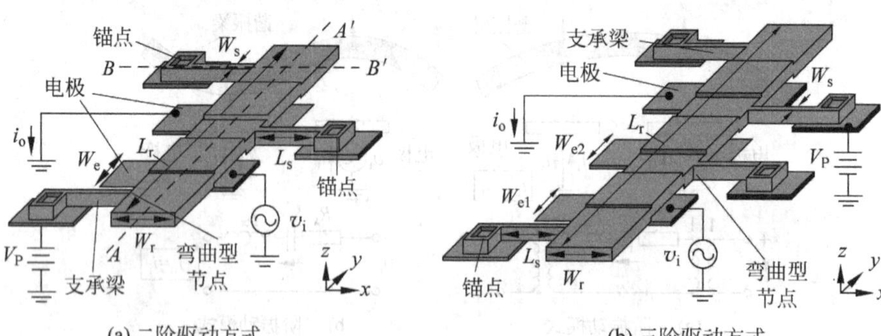

(a) 二阶驱动方式 (b) 三阶驱动方式

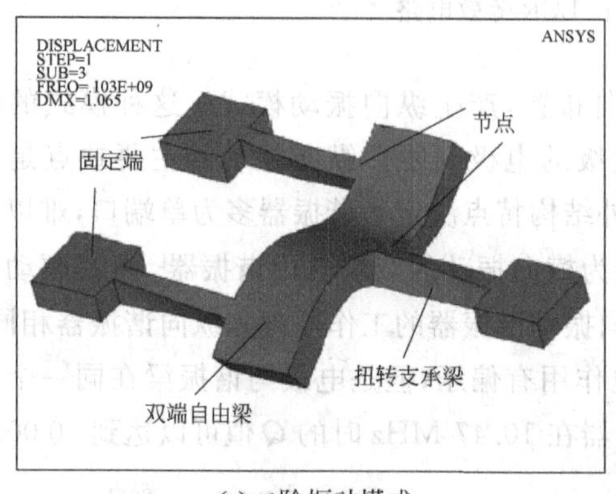

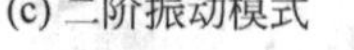
(c) 二阶振动模式

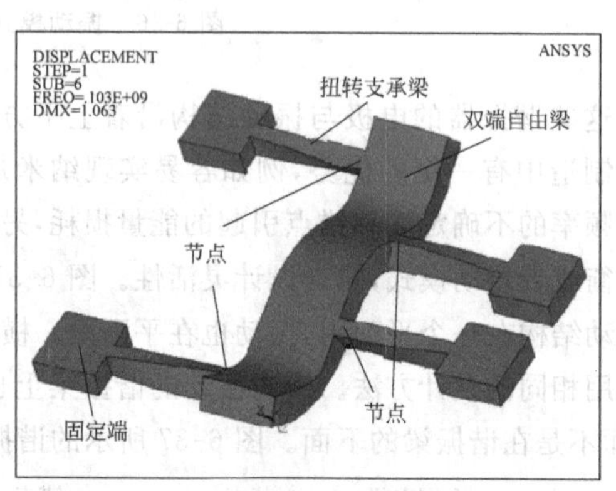

(d) 三阶振动模式

图 6-38 双端自由谐振器

图 6-39 为 Panasonic 和 IMEC 研发的三角形截面的扭转梁式谐振器[63]。扭转结构具有较小的锚点损耗和较低的压膜阻尼,因此有利于获得较高的 Q 值。谐振器频率为 19.44 MHz,在 1 Pa 环境下 Q 值为 220 000,驱动电压 1 V 时动态阻抗为 11.92 kΩ,−40～140℃范围内频率温度稳定性为−25 ppm/℃。

谐振器采用 SOI 器件层制造,如图 6-40 所示。首先利用 TMAH 在 SOI 器件层刻蚀三角

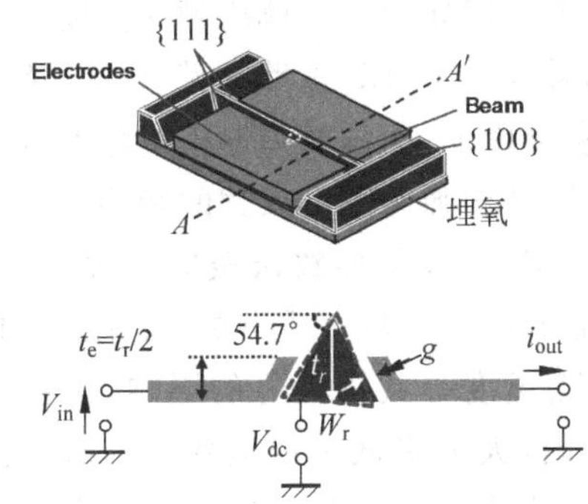

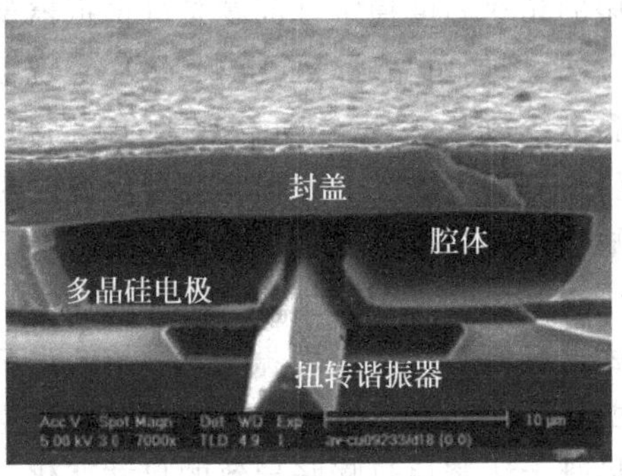

图 6-39 扭转振动模式谐振器结构及剖面图

形梁，梁的长度方向沿着<110>方向；然后沉积 130 nm 厚的 SiO_2 牺牲层和多晶硅电极层，该牺牲层的厚度决定了驱动电极与谐振器之间电容的间隙；刻蚀去除谐振器及周围以外区域的多晶硅和 SiO_2 层，刻蚀去除谐振器尖角上方的多晶硅层，使多晶硅电极被谐振器分为两部分；沉积 SiO_2 并刻蚀形成点连接窗口，沉积 4 μm 厚的多晶 SiGe 层作为封盖，在 SiGe 表面刻蚀释放窗口，利用气相 HF 刻蚀将谐振器上方和下方的 SiO_2 刻蚀去除，最后在释放窗口上方沉积 SiO_2 并溅射 Al 形成密封和引线焊盘。

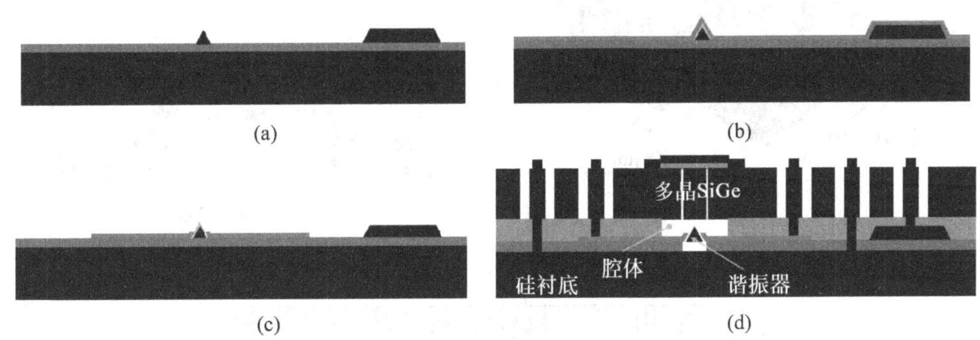

图 6-40 扭转振动谐振器的制造方法

3. 音叉谐振器

影响硅谐振器稳定性的因素主要包括惯性力的影响、真空封装的稳定性、材料的松弛和疲劳特性以及温度稳定性。谐振器所经受的环境振动、加速度和角速度等，都会通过惯性力作用在谐振器上而导致谐振器的频率变化。硅谐振器质量小、频率高，其谐振频率对环境中成分和水汽等极为敏感，任何封装导致的污染和长期气密性问题引起的谐振阻尼变化和热导率的变化，都会导致谐振器频率的偏移。即使采用单晶硅材料制造谐振器，材料本身的缺陷特性和制造过程的残余应力，会导致振幅比石英谐振器高的硅谐振器材料在长期使用后可能出现松弛和疲劳特性；另外，即使采用各种复杂的结构设计，支承锚点的运动和能量损耗无法完全避免，因此随着锚点特性的变化，频率发生不同程度的偏移。尽管单晶硅本身的热膨胀系数只有 2.5 ppm/℃左右，但是尺寸和弹性刚度的温度系数约为 1.2 ppm/℃和 30 ppm/℃，加速度的影响为 10^{-3}～10^3 ppm/g，而电压稳定性的影响约为 100 ppm/V，导致硅谐振器的频率的温度系数在补偿前高达约 30 ppm/℃。

硅谐振的频率温度稳定性问题是硅谐振器最重要的问题之一。解决频率温度稳定性有多种不同的方法，例如单晶硅表面沉积 SiO_2 实现被动补偿[64]、PLL 电路补偿[65]，以及通过掺杂改变硅的温度系数[66]。SiO_2 随着温度的升高弹性模量增加，而硅的弹性模量随温度升高而下降，因此沉积 SiO_2 可以在一定程度上补偿温度对谐振结构弹性刚度系数的影响。上述这些方法各有优缺点，例如 SiO_2 沉积工艺一致性控制困难、PLL 容易导致谐振器过大的相位噪声。图 6-41 为 Stanford 大学开发的单锚点双端音叉式谐振结构。从本质上讲，音叉式谐振器是两个弯曲量式谐振器工作在反向振动模式，有助于消除温度等共模信号的影响，这种结构采用 Epi-Seal 技术通过 1000℃的高温过程封装在真空腔内，大大降低了环境变化的影响。单锚点支承结构尽管无法避免热膨胀导致的尺寸变化，但是消除了热膨胀引起的轴向应力对谐振频率的影响，而应力对谐振频率的影响远远大于尺寸变化。

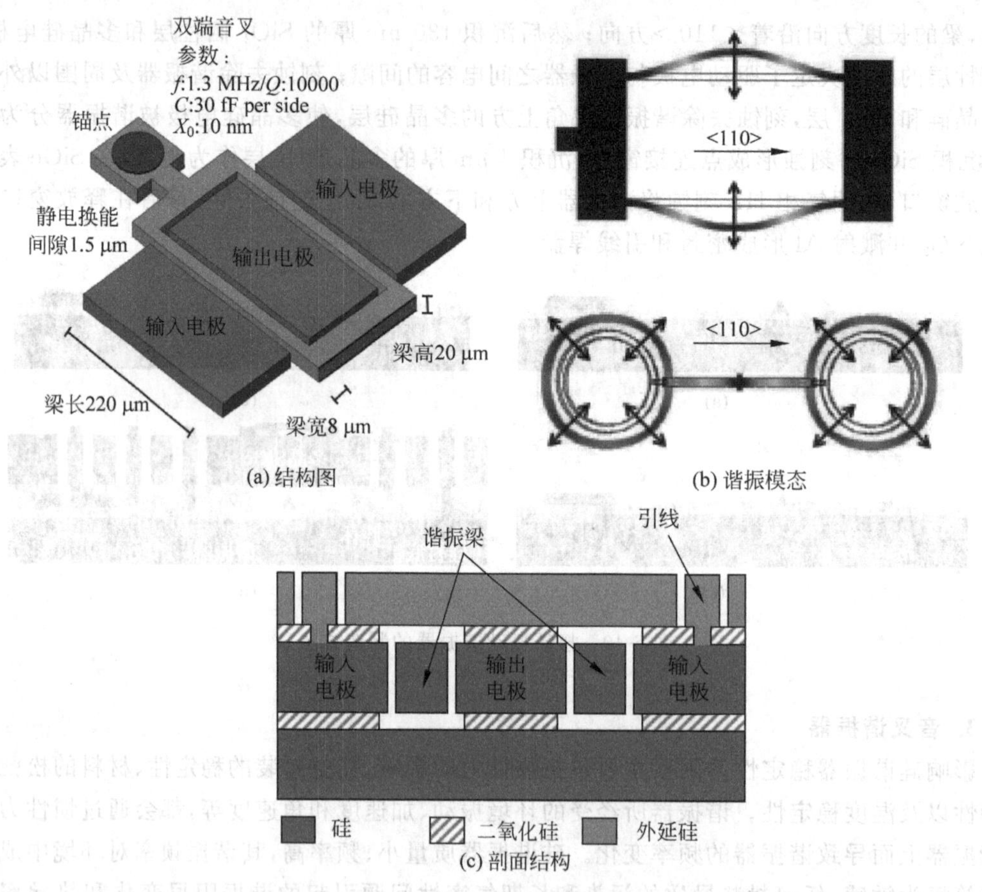

图 6-41 单锚点音叉式谐振器

如果能够将谐振器的工作温度恒定，就可以避免谐振频率的温度稳定性问题。图 6-42 为 Standford 大学提出的加热恒温式双锚点支承双端音叉谐振器。这种谐振器支承锚点除了作为机械支承外，各带有一个折叠梁形状的加热电阻，通过电流对锚点加热，使谐振器工作在稳定的温度下，而不必考虑环境的温度。折叠梁一方面对谐振器锚点加热，另一方面隔离热量向衬底传输，降低加热功率，有效热隔离达到 10^3 K/W。通过恒温工作以及进一步的温度测量和补偿，谐振器在 15 mW 加热功率的情况下，−55～85℃的范围内频率稳定性优于 0.5 ppm。

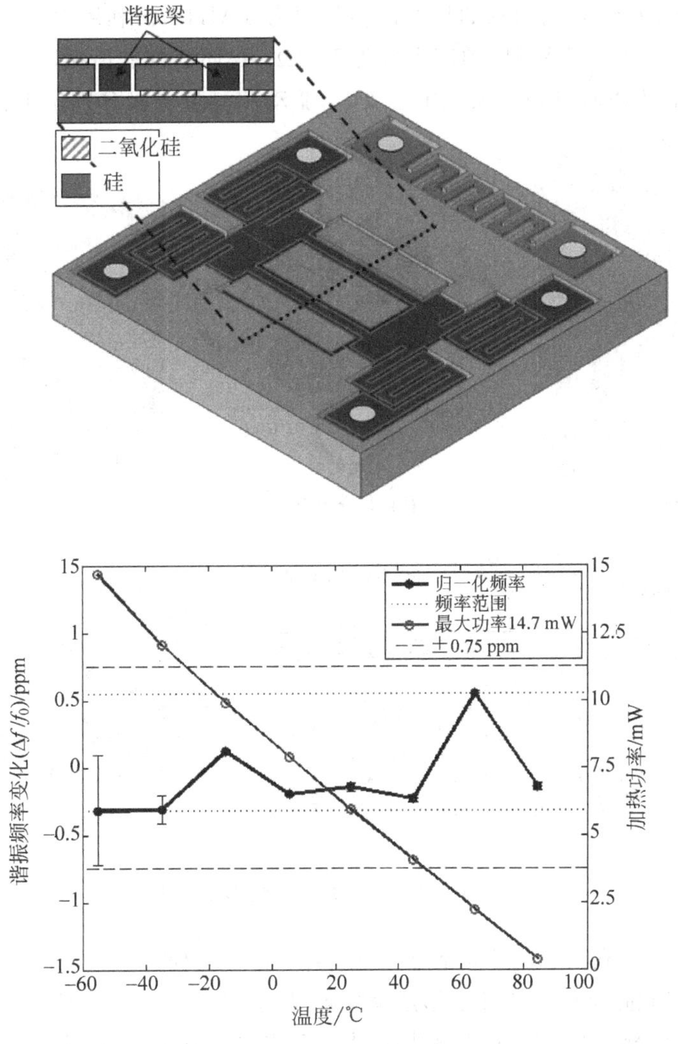

图 6-42　Stanford 大学开发的双锚点恒温音叉式谐振器结构及频率稳定性

4. 多谐振器并联

多谐振器并联是一种降低动态阻抗的方法。谐振器数量增加，其等效电容面积增大，从而提高了电容，降低了动态阻抗。利用这一原理，SiTime 开发了系列多谐振器并联的振荡器产品，例如 SiT0100 的谐振频率为 5.1 MHz，Q 值为 80 000，芯片尺寸 0.8 mm×0.6 mm ×0.15 mm，10 kHz 偏置时相位噪声为－115 dB/Hz，频率老化稳定性达到 0.15 ppm/25 年。

图 6-43 为 SiTime 公司量产的 4 谐振梁和 4 谐振环结构的振荡器[67]。SiTime 于 2007 年推出了谐振梁式硅振荡器，振荡器包括 1 个由 4 个谐振梁组成的方形框架、内部对角线方向的 4 个支承梁和每个谐振梁的驱动及测量共 8 个电极。整个振荡器只在中心位置有一个固定的锚点，通过 4 个放射状的支承梁连接外部 4 个谐振器。谐振器工作时采用电容驱动和电容检测的方式，每个谐振梁由侧面电极驱动在平面内摆动，振幅在几纳米的水平。谐振梁相交的 4 个角为振动的节点，理论上这些位置在振动时处于静止。由 4 个谐振梁组成框架结构，可以通过多个相同的谐振器的并联降低动态阻抗[68]，而支承锚点只有 1 个，降低了锚点损耗。振

荡器为SOI单晶硅制造,采用图示的尺寸谐振频率为5 MHz,再利用PLL倍频获得其他更高的频率。当驱动电压为4.6 V时,动态阻抗为1 MΩ。4环结构的谐振器由4个同相位扩张振动的圆环组成,4个圆环通过弹性梁在中心支承,驱动和测量电极分别位于圆环内外。

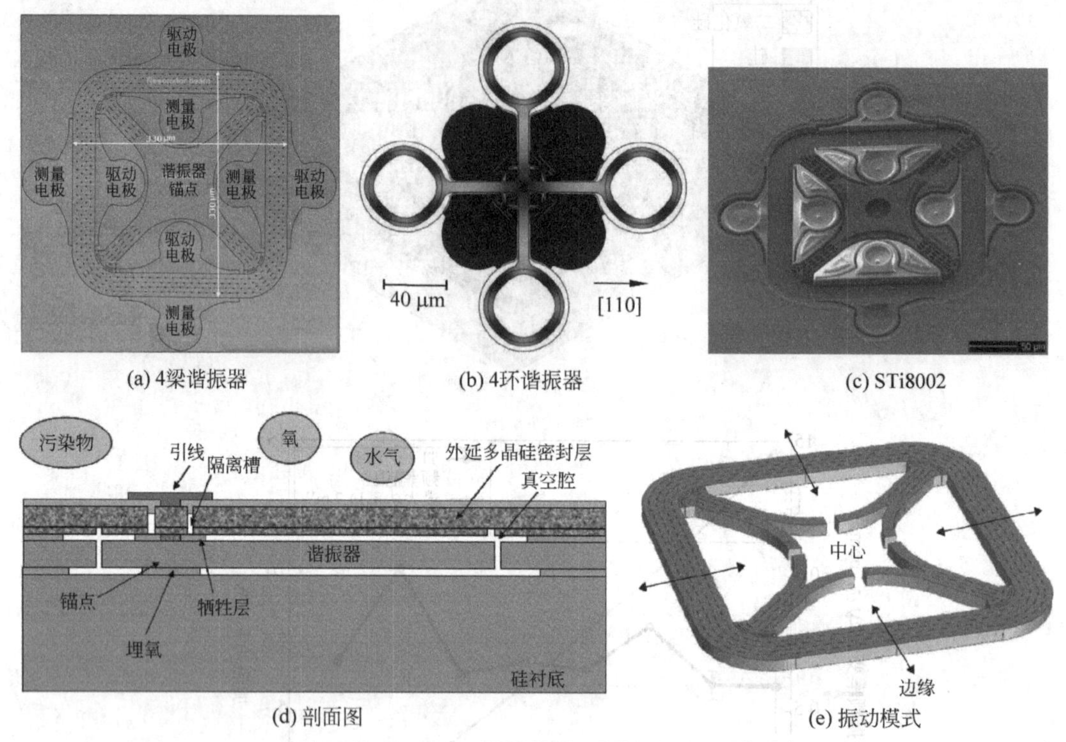

图6-43 SiTime多谐振器并联结构

图6-44为SiTime利用Epi-Seal制造谐振器的工艺流程[69]。如图6-44(a)所示,在SOI衬底上利用DRIE刻蚀SOI的器件层形成谐振器结构;如图6-44(b)所示,PECVD沉积SiO_2填充DRIE刻蚀的深槽,刻蚀SiO_2形成谐振器的互连接触孔并去除谐振器以外区域的SiO_2;如图6-44(c)所示,在SiO_2表面外延生长2 μm的多晶硅并刻蚀后续释放SiO_2的释放孔;如图6-44(d)所示,以外延硅层上的窗口导入HF气体,刻蚀SOI器件层谐振器上下包围的SiO_2,将谐振器释放悬空;如图6-44(e)所示,继续高温外延25 μm的多晶硅将释放孔完全封死,形成密封的腔体结构,外延过程中导入氢气和氯气对谐振器和内腔进行清洁;如图6-44(f)所示,由于第一次外延多晶硅时,谐振器互连接触孔处与单晶硅接触,因此该位置外延的是单晶硅,将该位置刻蚀环形孔直到SiO_2层,然后PECVD沉积SiO_2,将环形孔内部的单晶硅和多晶硅构成的硅柱与侧壁的多晶硅层绝缘,再继续在SiO_2表面制造互连。

硅谐振器需要通过电路的辅助才能满足实际使用的要求。由于受结构的影响,硅谐振器的频率极为有限,多种频率输出需要利用PLL电路对少量的几个谐振频率倍频实现。另外,由于硅的弹性模量随温度变化较为显著,硅谐振器的频率温度系数通常高达30 ppm/℃,这与石英谐振器不需补偿即可达到全温度范围100 ppm的频率稳定度相差甚远。为了提高频率的温度稳定性,MEMS谐振器需要采用温度补偿以减小谐振频率的温度系数。

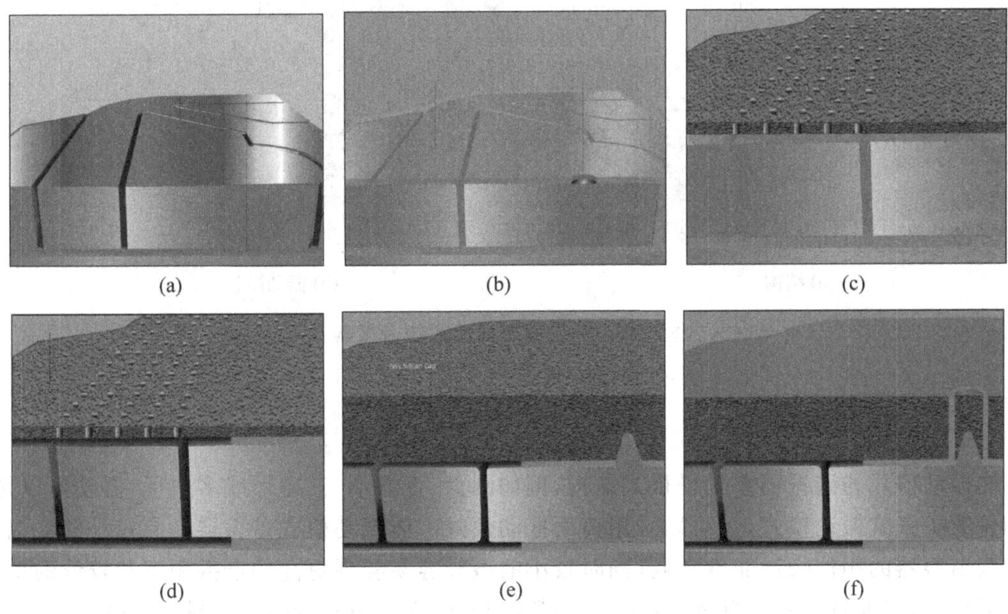

图 6-44 SiTime Epi-Seal 制造谐振器流程示意图

尽管通过补偿电路可以将 MEMS 谐振器的频率温度稳定度提高到 0.5～10 ppm 的水平，但是温度补偿采用的 N PLL 电路导致较大的相位噪声和功耗，如 SiTime 的 SiT8002 的 RMS 相位抖动约为 20 ps，而 SiT1270 甚至达到 67 ps。这种水平的谐振器更适合于时钟和手表等简单应用。为了满足无线通信的要求，必须在不牺牲相位噪声性能的情况下解决频率的温度稳定性问题。2011 年 SiTime 推出第一个用于电信、网络以及无线等应用领域的超稳定 MEMS 压控温补振荡器 SiT5001～SiT5004 以及高精度谐振器 SiT810x。SiT500x 产品的频率达 220 MHz，RMS 相噪抖动（12 kHz ～20 MHz 累积范围）600 fs，频率稳定性达 0.5 ppm。2012 年 SiTime 推出了满足 3 级钟要求的高精密 MEMS 谐振器 SiT530x 系列，这种谐振器全温度范围频率稳定性达 0.1～0.28 ppm，24 小时频率稳定性优于 0.37 ppm，20 年频率稳定性优于 4.6 ppm，抗冲击能力优于石英 7～10 倍，工作寿命长达 5 亿小时。

Silicon Clocks 开发了基频 25～45 MHz 的 SiGe MEMS 谐振器，与 CMOS 振荡电路集成在一个芯片上，通过 PLL 倍频实现 100～675 MHz 的低相位抖动的高精度时钟合成器，频率误差为 50～100 ppm。Silicon Clocks 集成方案可以显著减小相位抖动，如其典型产品的 RMS 相位抖动小于 1 ps，峰峰值周期抖动小于 25 ps。

图 6-45 为谐振频率 32.768 kHz AlN 压电谐振器[70]。谐振器采用梁式弯曲振动模式，为了降低频率，4 个谐振梁带动 1 个较大的质量块振动。谐振器采用了静电刚度调整技术补偿温度频率的温度特性。谐振器在 SOI 器件层制造，器件层厚度为 1 μm，AlN 薄膜厚度为 0.5 μm。在 11 mV 电压驱动下，动态阻抗为 6.5 kΩ，基本与高精度石英音叉谐振器相当。通过衬底施加静电调整电压，可以利用 4 V 电压调整频率 3100 ppm，可以覆盖 120℃范围内频率 30 ppm/℃的变化，补偿后全温度范围的频率稳定性优于 5 ppm。

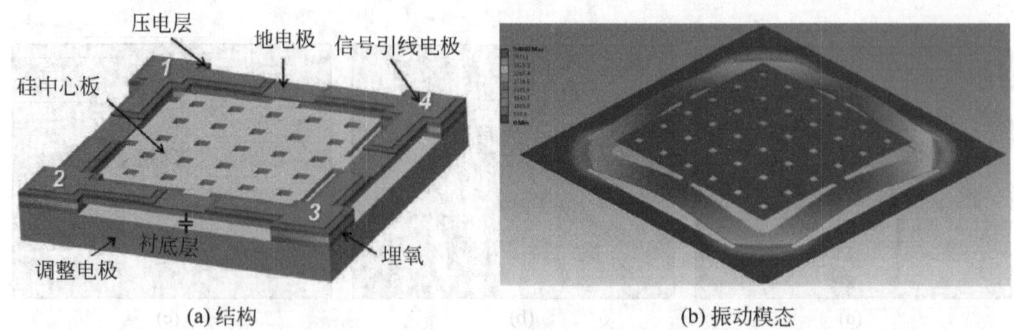

(a) 结构　　(b) 振动模态

图 6-45　压电式弯曲梁低频谐振器

6.3.3　体振动模式

体振动模式的谐振器多是平板式结构，例如圆盘、正方形、三角形或多边形，振动可以是面内的轮廓扩张式振动模式，也可以采用离面振动模式。体振动模式谐振器具有较小的振幅，这对抑制谐振器的相位噪声非常有利，同时较小的振幅容易实现更高的谐振频率和较低的功耗。由于振幅小，需要较小的激励和敏感电极间隙，如 50～300 nm。这对制造技术有较高的要求，但是减小了谐振器阻抗；另外，体振动模式的驱动电压一般较高，甚至达到 100 V[71]。

1. 圆盘谐振器

圆盘谐振器的基频振动模式包括酒杯式振动和扩张式振动，如图 6-46 所示。酒杯式振动模式是指沿着面内两个坐标轴的反向振动，扩张式振动模式是指以圆盘中心为节点的径向同相位扩张和收缩。通过在圆环周围布置驱动电极，采用交流和直流混合电势进行驱动，可以将圆盘谐振器激励在指定的谐振模式上。酒杯式谐振模式比扩张式谐振模式能够获得更高的 Q 值，例如，对于同一个单晶硅圆盘式谐振器，激励在 5.43 MHz 扩张模式下，10 mTorr 环境下 Q 值为 8000，而 60 V 直流激励在 6.34 MHz 酒杯式模式下，Q 值高达 190 万[72]。

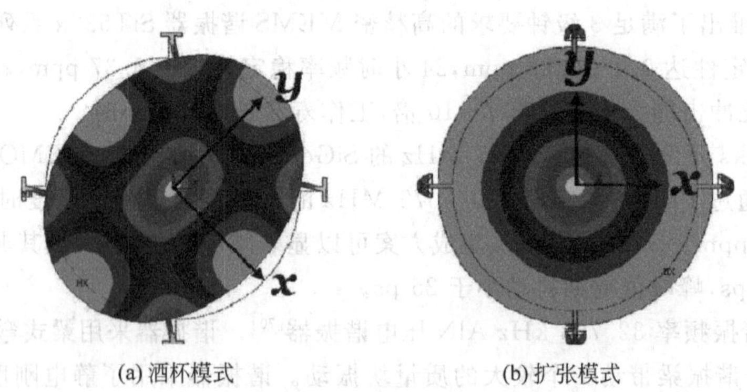

(a) 酒杯模式　　(b) 扩张模式

图 6-46　圆盘谐振器的基频振动模式

图 6-47 为扩张式圆盘谐振器的结构和振动模态示意图。谐振器为悬浮在衬底表面 500 nm 高的圆盘，采用多晶硅或其他高弹性模量材料制造，在圆盘中心点(振动节点)处固定在衬底上，圆盘外径的表面为金属，周围侧壁与外部电极形成换能电容。圆盘外径的电极分成两部分，以保持静电力的对称。圆盘谐振器主要振动在径向伸缩模式(面内膨胀)，具有很大的

刚度。谐振频率由面内的尺寸而不仅是厚度决定，因此在不减小厚度的前提下可以通过提高刚度实现高频。圆盘谐振器出现于 1999 年[73]，直径 34 μm 的谐振器的频率和 Q 值分别达到了 156 MHz 和 9400。到 2003 年，谐振频率提高到 1.47 GHz[74]。采用纳米晶金刚石作为谐振器材料，2004 年谐振频率又提高到 1.51 GHz，Q 值为 11 555[75]。

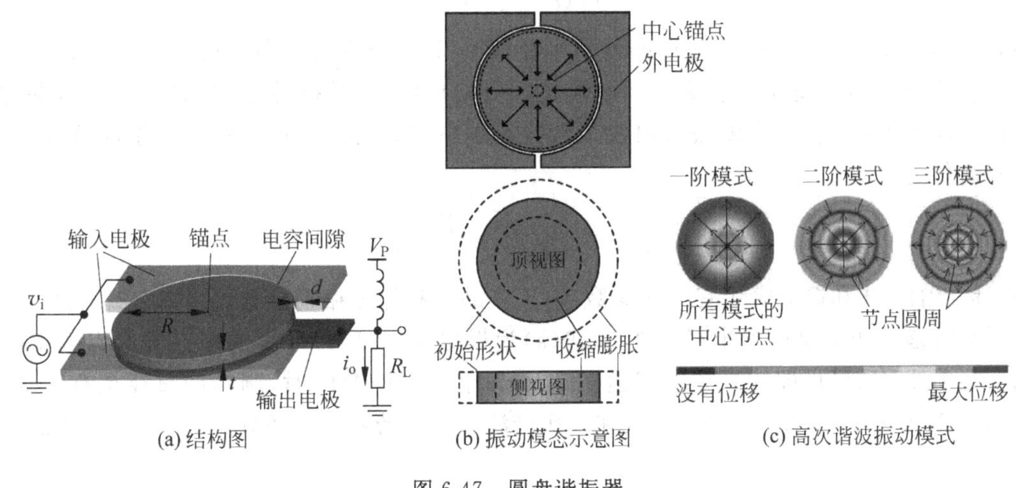

图 6-47　圆盘谐振器

图 6-48 为谐振器的照片和测量的频率响应。采用自对准的制造方法，将支承点与谐振圆盘的中心尽量对准。1.14 GHz 谐振器在空气中的 Q 值超过了 1500，733 MHz 谐振器在真空和空气中的 Q 值分别达到了 7330 和 6100。

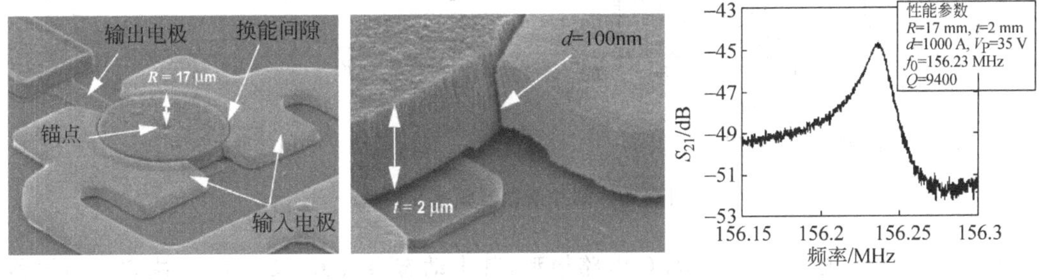

图 6-48　圆周模式盘形微谐振器

当在结构上施加直流电压 V_P、在两个电极间施加交流电压 v_i 时，电容产生变化的静电力作用在圆盘的径向方向。当输入电压的频率与圆盘的谐振频率相同时，这个作用力被谐振器放大 Q 倍，使圆盘沿着径向伸缩振动。振动又会在圆盘和电极间的直流偏置电容上产生时变电流，表示为

$$i_o = V_P \frac{\partial C}{\partial x}\frac{\partial x}{\partial t} \tag{6-102}$$

其中 x 是圆盘边缘的径向位移，$\partial C/\partial x$ 是单位位移产生的电极-谐振器之间的电容变化。

谐振器工作时没有垂直于主平面的位移，也不会围绕支承中心点旋转，只存在径向伸缩振动模式。因此，圆盘的中心是振动的节点，将支承锚点设置在圆盘中心可以降低能量损耗，以实现高频下的高 Q 值。不同的高频谐振模式都会出现，基频谐振的节点位于圆盘的中心，而

高次泛音的节点不仅出现在中心点,还出现在不同直径的圆周上。

圆盘式谐振器的谐振频率主要由圆盘的材料和直径决定。当圆盘厚度与直径相比很小并且支承锚点也很小时,可以忽略谐振的二次项,谐振器的频率由下面的方程决定

$$\frac{J_0(\delta)}{J_1(\delta)}=\frac{1+\nu}{\delta} \tag{6-103}$$

其中 $\delta=\omega_0 R\sqrt{\rho(1-\nu^2)/E}$,$R$ 是谐振器的半径,E、ν 和 ρ 分别是材料的弹性模量、泊松比、密度,$J_n(y)$是 n 阶第一类贝塞尔函数。尽管式(6-103)给出的是微分方程的严格解,但是需要数值计算才能得到 f_0,从中无法看出各个参数对频率的影响。通过牺牲一些精度,可以将频率方程简化为

$$f_0=\frac{\alpha}{2\pi R}\sqrt{\frac{E}{\rho(1-\nu^2)}} \tag{6-104}$$

其中 α 是与泊松比和振动模式有关的参数,对于多晶硅和伸缩振动模式,$\alpha=0.342$。从(6-104)可知圆盘的谐振频率反比于半径。图 6-49(a)为根据式(6-104)计算的多晶硅圆盘频率随直径的变化曲线[76],可见即使当频率高达 900 MHz 和 1800 MHz 时,圆盘的直径也有 6.3 μm 和3 μm。对于 1 GHz,基频、二次谐波和三次谐波对应的谐振器直径分别为 5.5 μm、14.5 μm 和 23 μm。

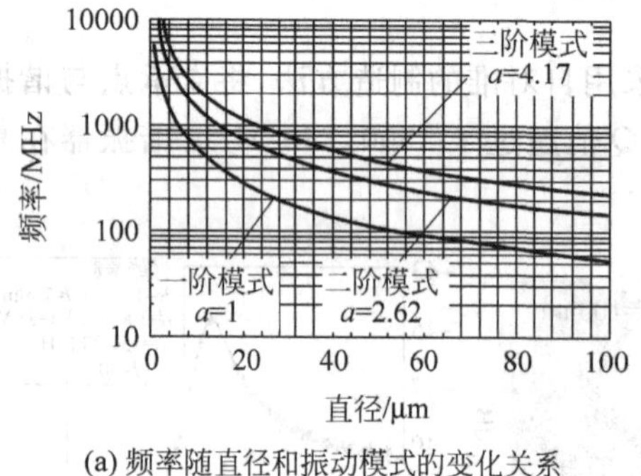

(a) 频率随直径和振动模式的变化关系

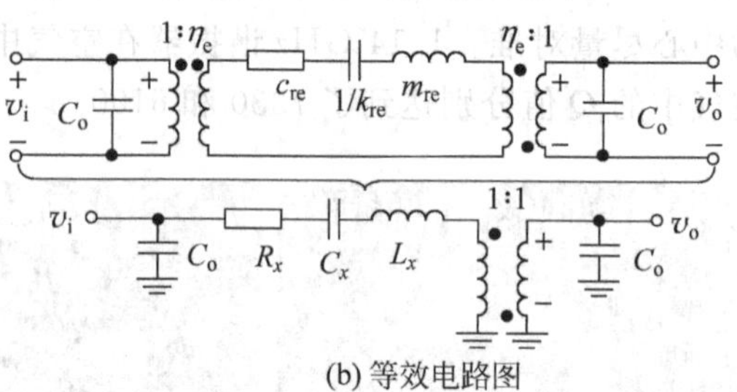

(b) 等效电路图

图 6-49　圆片谐振器频率及模型

图 6-49(b)为谐振器的等效 RLC 电路模型,其中动态参数 R_x、L_x 和 C_x 决定了谐振器的特性,C_0 是电极和圆盘之间的静态电容。等效电路中的参数值依赖于谐振器的 Q 值、机电耦合系数 η,以及有效质量 m_r 和刚度 k_r。等效参数为[57]

$$L_x=\frac{m_r}{\eta_e^2},\quad C_x=\frac{\eta_e^2}{k_r},\quad R_x=\frac{\omega_0}{Q}\frac{m_r}{\eta_e^2} \tag{6-105}$$

其中等效质量 m_r 可以根据谐振器的总动能和该点的速度得到

$$m_r=\frac{2kE_{\text{total}}}{V(R)^2}=\frac{2\rho\pi t}{V(R)^2}\int_0^R rV(hr)^2\,\mathrm{d}r=\frac{2\pi\rho t}{J_1^2(hR)}\int_0^R rJ_1^2(hr)\,\mathrm{d}r$$

$$k_r=\omega_0^2 m_r,\quad \eta_e=V_p\frac{\partial C}{\partial r},\quad h=\sqrt{\omega_0^2\rho/[E/(1+\sigma)+E\sigma/(1-\sigma^2)]} \tag{6-106}$$

其中 $\omega_0=2\pi f_0$,t 是谐振器的厚度。注意到径向伸缩模式圆盘的有效质量与位置无关,圆盘边缘的所有点都以同样的速度运动,与弯曲振动模式相比,避免了精确计算线路参数中复杂的积分。

为了实现较好的阻抗匹配,串联动态电阻 R_x 应该尽量小,例如提高直流偏置电压或者

$\partial C/\partial x$。但是很多情况下，因为 IC 或者功率等因素的限制，直流偏置电压不能很高，于是只有调整$\partial C/\partial x$。由于$\partial C/\partial x$ 随着 t/d^2 变化，因此可能的参数包括 t 和 d。实际上，厚度 t 由制造工艺限制，不能任意增大；同时厚度也受圆盘谐振器的二阶效应限制，因为二阶效应会导致频率随着厚度的增加而下降。因此，能够调整的参数只有圆盘与电极的间距 d，由于 d 是平方的作用，因此调整效果非常明显。对于 200 MHz 的谐振器，当 $d=1\ \mu m$、$t=2\ \mu m$、直流偏置电压为 20 V 时，$R_x=286\ M\Omega$，这对 RF 领域来说非常高；当间距降低到 100 nm 时，$R_x=29\ k\Omega$。

图 6-50 为圆盘形酒杯式谐振器结构和振动模态[77]。酒杯式谐振器的谐振结构与圆盘谐振器类似，但是驱动电极从上下电极变为侧壁电极，从而使振动模式变成沿着 2 个垂直直径的伸缩，在圆周上产生 4 个振动节点。因此，谐振器的支承不再放在圆心上，而是放在圆周的 4 个节点上，这样支承结构可以和谐振器圆盘用同一个掩模版制造，避免圆盘谐振器制造过程中圆盘和支承点的对准偏差引起的能量损耗，将 Q 值提高 1 个数量级。

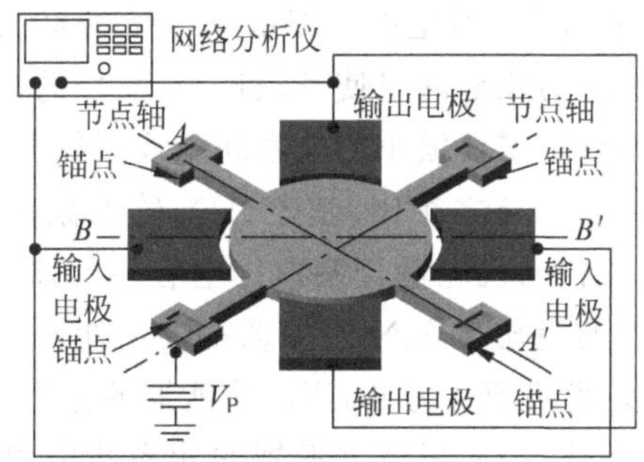

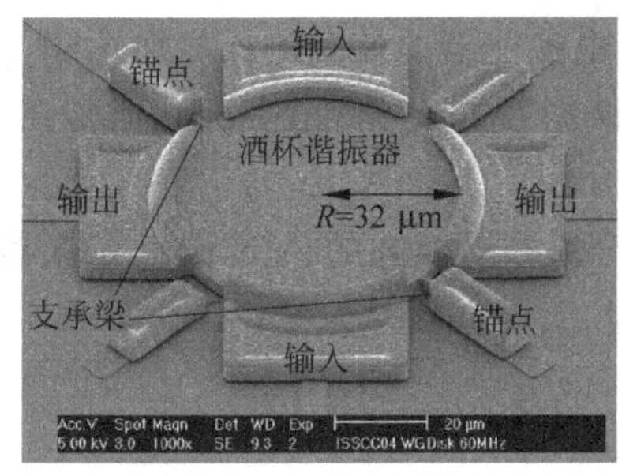

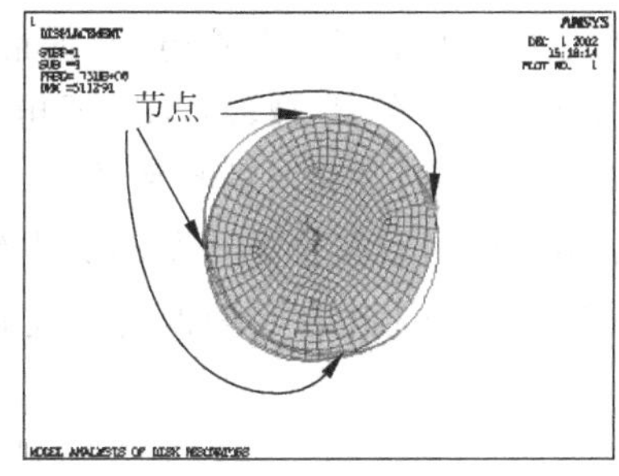

图 6-50　圆盘形酒杯谐振器的结构和振动模式

酒杯式谐振器的谐振频率可以由振动模式方程得到

$$[\Psi_2(\zeta/\xi)-q-2][\Psi_2(\zeta)-q-2]=n^2(q-1)^2 \tag{6-107}$$

其中 n 是振动模式，

$$\Psi_n(x)=\frac{xJ_{n-1}(x)}{J_n(x)},\quad q=\frac{\zeta^2}{2(n^2-1)},\quad \zeta=R\sqrt{\frac{2\rho\omega_0^2(1+\nu)}{E}},\quad \xi=\sqrt{\frac{2}{1-\nu}} \tag{6-108}$$

谐振器的等效 RLC 模型与图 6-49 所示的圆盘谐振器的等效模型相同，参数分别为

$$L_x=\frac{m_r}{\eta_e^2},\quad C_x=\frac{\eta_e^2}{\omega_0^2 m_r},\quad R_x=\frac{\omega_0}{Q}\frac{m_r}{\eta_e^2} \tag{6-109}$$

其中 $\eta_e=V_p(\partial C/\partial x)$，等效质量 m_r 由贝塞尔函数积分获得

$$m_r(r,\theta)=\frac{\rho h\int_0^{2\pi}\int_0^R[R_m(r,\theta)]^2\mathrm{d}r\mathrm{d}\theta}{[R_m(r,\theta)]^2} \tag{6-110}$$

其中振动模式形状函数为

$$R_m(r,\theta)=\left[\frac{\partial}{\partial r}J_n\left(\frac{\zeta r}{\xi R}\right)+\frac{2B}{A}\frac{1}{r}J_n\left(\frac{\zeta r}{R}\right)\right]\cos(n\theta) \tag{6-111}$$

对于 $n=2, B/A=-4.5236$,

$$m_r=\frac{\rho\pi h\int_0^R\left[\frac{\zeta}{2\xi R}J_1\left(\frac{\zeta r}{\xi R}\right)-\frac{\zeta}{2\xi R}J_3\left(\frac{\zeta r}{\xi R}\right)+\frac{2B}{RA}J_2\left(\frac{\zeta r}{R}\right)\right]^2 r\mathrm{d}r}{\left[\frac{\zeta}{2\xi R}J_1\left(\frac{\zeta}{\xi}\right)-\frac{\zeta}{2\xi R}J_3\left(\frac{\zeta}{\xi}\right)+\frac{2B}{RA}J_2(G\zeta)\right]} \tag{6-112}$$

尽管酒杯式结构的谐振频率比圆盘式结构低,但是由于避免了制造对准误差引起的支承点能量损耗,酒杯式谐振器在空气和真空中的 Q 值分别达到了 8600 和 98 000,是圆形谐振器的最好结果。由于谐振器的 Q 值非常高,等效电路的动态电阻远小于其他类型的谐振器,简化了阻抗匹配问题。

静电换能器可以实现极高的 Q 值,但是由于测量电容间隙大、电容小,因此高频谐振器的动态阻抗通常很大,这给利用片上的匹配网络使其阻抗与 50 Ω 的标准天线或射频电路匹配带来很大的困难。为了降低动态阻抗,需要极小的电容间隙或者较大的直流偏置电压,这又给制造、稳定性和一致性控制带来难度。与之相比,基于 AlN 轮廓振动模式的圆盘谐振器具有阻抗匹配方面的优势。由于压电材料的机电耦合系数比电容换能器高几个数量级,因此压电谐振器的阻抗远低于电容谐振器的阻抗。AlN 谐振器的动态阻抗一般低于 200 Ω,容易匹配 50 Ω 标准阻抗,易于与电路和天线匹配。另外,压电换能器的输出力与输入驱动电压成正比,而电容换能器与电压的平方成正比,因此压电谐振器的功率处理能力比电容换能器高几个数量级。同时,压电换能器不需要偏置电压,而静电换能器的偏置电压往往达到 10 V。这种谐振器的缺点是 Q 值较低,在 IF 波段,AlN 压电谐振器的 Q 值可达几千,但是在 UHF 频段 Q 值下降严重,难以实现 0.1%相对的频率选择。

图 6-51 为 Sandia 国家实验室开发的面内轮廓振动模式的 AlN 圆盘谐振器[78]及其振动模式[79]。当 AlN 谐振器工作在平面振动模式时,其谐振频率为

$$f\approx\frac{1}{2w}\sqrt{\frac{E}{\rho}} \tag{6-113}$$

其中 w 是谐振器电极的宽度,E 为 AlN 的弹性模量,ρ 为 AlN 的密度。可见其频率与材料参数和电极宽度有关。与薄膜体声波谐振器的频率决定于压电薄膜材料的厚度不同,这种轮廓振动模式的频率取决于电极宽度,使得可以在同一个压电薄膜上制造不同电极宽度的谐振器而实现多频率。

图 6-52 为 AlN 谐振器的制造过程。如图 6-52(a)所示,KOH 各向异性刻蚀,沉积 SiO_2 绝缘层,在刻蚀区域沉积金属 W,然后利用 CMP 将衬底表的 W 去除,溅射并刻蚀 Ti、TiN 和 Al 作为下电极,在 350℃溅射 750 nm 厚的 c 轴取向的 AlN 压电薄膜;如图 6-52(b)所示,刻蚀 AlN 薄膜,溅射 Al 连接下电极和上电极;如图 6-52(c)所示,最后刻蚀谐振器结构,利用各向同性干法刻蚀去除谐振器下方的硅衬底实现悬空。采用 W 作为电极与 AlN 接触,可以不再使用 1/4 波长的梁支撑谐振器,在不引入寄生振动模态和降低 Q 值的情况下缩小谐振器的面积。利用这种技术实现的 AlN 谐振器频率为 1 MHz~3 GHz,Q 值接近 5000,阻抗小于 300 Ω,补偿后频率温度稳定性优于 1 ppm/℃。

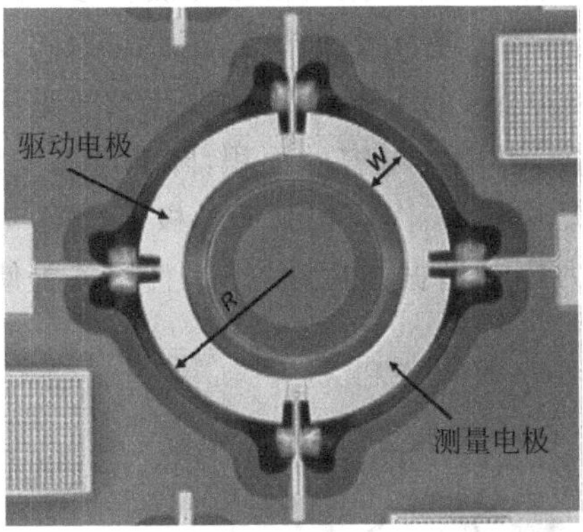

(a) 谐振器

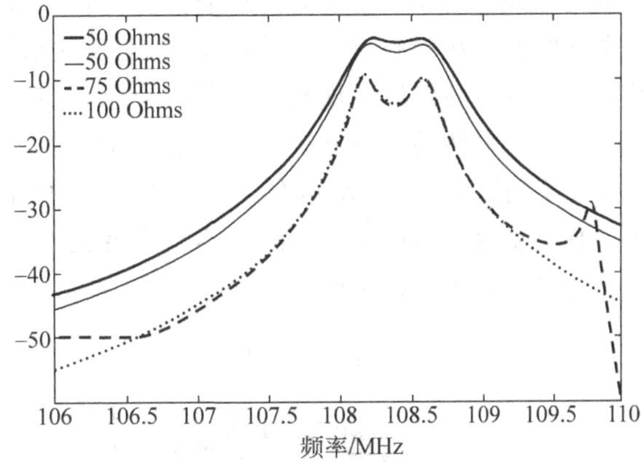

(b) 108 MHz谐振器传输曲线

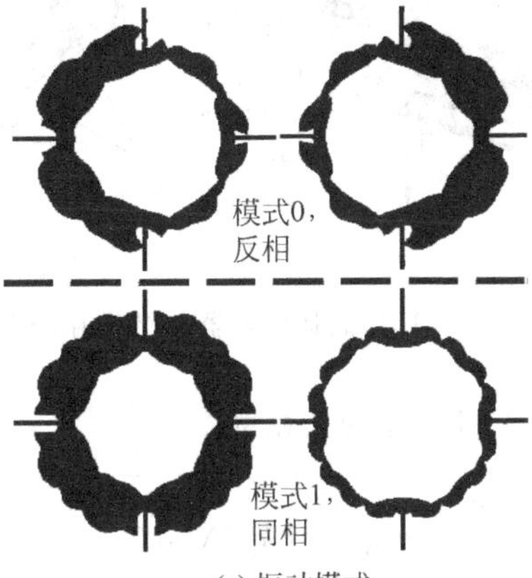

(c) 振动模式

图 6-51　AlN 轮廓振动模式圆盘谐振器

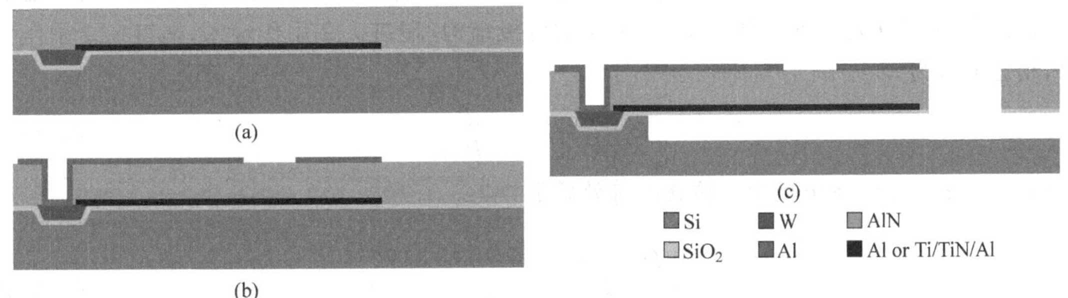

图 6-52　AlN 轮廓振动模式圆盘谐振器制造过程

2. 圆环谐振器

圆形谐振器除了工作在径向伸缩振动模式外，还可以工作在沿两个垂直直径反向伸缩模式，形成酒杯式振动[77,80]。酒杯式谐振器包括圆环结构和实心圆盘结构，这两种结构通过外张模式实现高频振动。环式结构的电容面积增大，动态电阻低，有利于阻抗匹配；另外，这两种结构可以实现节点支承，以减小损耗、提高 Q 值。

如图 6-53 所示,环形结构在两个垂直的直径方向上伸缩,圆环振动模态为酒杯形状。与圆盘式谐振器只在中心有一个节点不同,圆环式结构在外圆上有 4 个准节点,因此可以将支承点设置在准节点的位置。谐振器包括一个悬空高度为 650 nm 的 4 支点圆环,支点位于谐振器的准节点上。圆环的内圆和外圆设置有一定间隙的电极,以增大电容的面积,降低动态电阻。工作时直流偏置电压 V_p 作用在导电的圆环上,交流驱动电压 v_i 作用在驱动电极上。当 v_i 的频率与谐振器的谐振频率 f_0 相同时,电容变化产生的力驱动谐振器振动,于是直流偏置使随时间变化的电容产生输出电流。

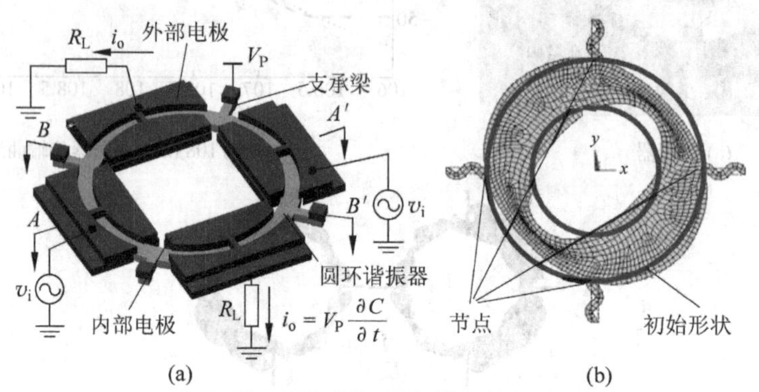

图 6-53 圆环形酒杯谐振器的结构和谐振模式

酒杯模式的圆环谐振器频率与尺寸的关系为[81]

$$f_0 = \frac{\alpha}{2\pi\sqrt{R_1 R_2}}\sqrt{\frac{E}{\rho(1-\nu^2)}} \tag{6-114}$$

其中 α 是与内外圆半径 R_1 和 R_2 以及振动模式矩阵相关的系数,当 $R_1=11.8\ \mu\text{m}$、$R_2=22.2\ \mu\text{m}$ 时,$\alpha=20.35$。

对于振动式谐振器,等效 LCR 电路由谐振器的全部动能、振动模式的形状,以及与换能器端口有关的参数决定。对于图 6-54(a)所示的电极结构,端口 1、2 用作输入,端口 3、4 用作输出,动态电阻为[57]

$$R_x = \frac{\omega_0 m_{re}}{QV_p^2}\frac{d_0^4}{\varepsilon_0^2 P_{oe}^2 t^2} \tag{6-115}$$

其中 $P_{oe}=\pi R_{out}$,m_{re}是电极中心位置的等效质量

$$m_r = \frac{\rho t\int_{R_{in}}^{R_{out}}\int_0^{2\pi}[R_m(r,\theta)]^2 r\mathrm{d}r\mathrm{d}\theta}{[R_m(r,\theta)]^2\big|_{r=R_{out},\theta=0}} \tag{6-116}$$

其中 ω_0 是谐振频率,$R_m(r,\theta)$是模式形状有关的函数。从式(6-115)可知,减小动态电阻的最好方法是降低电极谐振器之间的间距 d_0。

圆环形酒杯谐振器能够实现较高的谐振频率,可以从几百 MHz 到几 GHz。图 6-54 所示的谐振器频率为 1.47 GHz,Q 值为 2300,20 V 偏置电压时动态电阻为 560 kΩ[74]。对于内径为 11.8 μm,外径为 22.2 μm,厚度为 2 μm 的谐振器,频率为 1.2 GHz,$V_p=10$ V 和 100 V 时,阻抗分别为 2.2 MΩ 和 22 kΩ,Q 值为 3700。

由于制造过程中支承点和圆盘的非理想同心,支承点不能无限小,这种由支承点直接连接

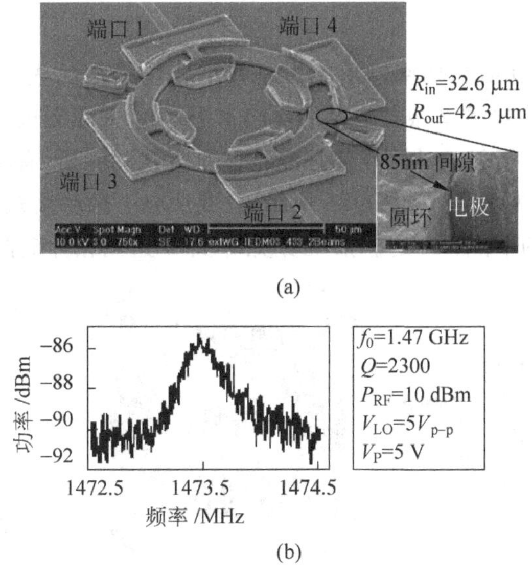

图 6-54　圆环形酒杯谐振器的照片和频率响应

的方式仍旧不能避免锚点的能量损耗。为了解决这个问题，可以采用弹性梁支承的方法隔离锚点和谐振器的能量传递。图 6-55 为扩张振动模式的圆环谐振器[82]。谐振器锚点位于圆盘中心，由 4 根 1/4 波长的弹性梁支承中空谐振器。支承梁的长度为谐振频率对应波长的 1/4，在谐振环和锚点之间产生声阻抗失配，将谐振环的能量反射回去，以减小能量的损耗。

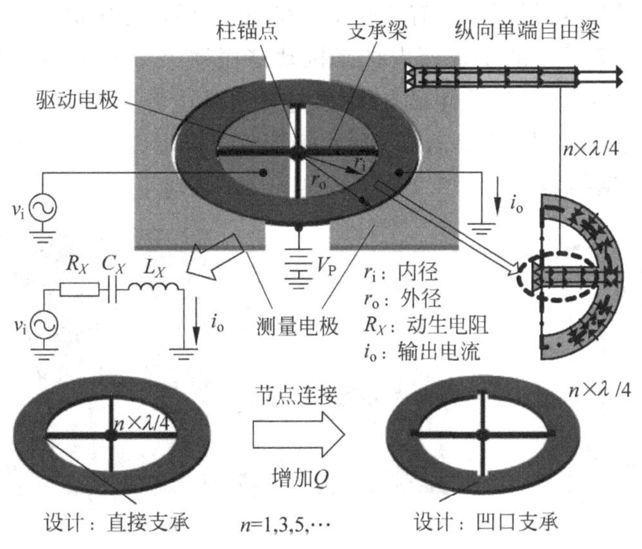

图 6-55　弹性梁支承圆环谐振器

谐振器包括对称和反对称振动模式，对称模式是谐振器的所有质点都沿着直径方向同相伸缩振动，反对称模式是内圈和外圈的振动方向相反，因此在圆环中间存在节点。利用反对称的特点，在谐振环内部制造 4 个凹口，将支承梁与谐振环的连接位置位于凹口内，使之尽量靠近振动节点，以获得更高的 Q 值。这种结构能够实现频率从 24 MHz～1.2 GHz 的谐振器，真空中 Q 值分别达到了 67 519 和 14 603[82]。

3. 平板谐振器

对于谐振器,较大的 Q 值和功率输出能力是减小相位噪声的先决条件,而 MEMS 谐振器较小的尺寸和功率容量,会导致谐振器较大的噪声水平[83]。采用平板结构的谐振器可以增大系统质量和谐振频率,并且由于较大的刚度使振动存储了大量的能量,有利于降低相位噪声。平板谐振器体振动模式可以分为两类,如图 6-56 所示,一是 Lame 振动模式,即相邻两个边产生反向振动,而 4 个顶角为振动的节点;二是扩张振动模式,即 4 边同相伸缩振动,中心为振动的节点。

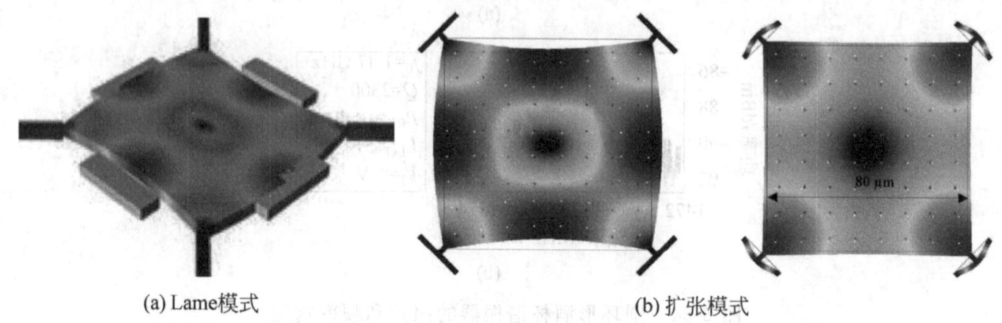

(a) Lame模式　(b) 扩张模式

图 6-56　平板谐振器的基频振动模式

扩张振动模式的平板谐振器最早由 VTT 实现[71],主要目的是降低谐振器的相位噪声。由于产生扩张模式需要在平板四周布置 4 个电极,可以提高电容、降低动态阻抗。VTT 利用这种结构实现了第一个满足 GSM 要求的低相位噪声谐振器,信噪比达到 150 dB。为了降低驱动电压,VTT 谐振器的电极间隙只有 200 nm,在 20 V 驱动电压情况下动态阻抗为 600 Ω。

图 6-57 为剑桥大学开发的平板面内扩张振动谐振器[84]。这种谐振器与 VTT 类似,由 1 个正方形谐振结构和 4 个 T 形柔性梁支承,通过 4 边的电容驱动谐振器产生面内的对称扩张振动,谐振器四角的伸缩振动拉动 T 形梁变形。谐振器采用 SOI 单晶硅制造,厚度为 25 μm,边长为 2 mm 谐振器的频率 2.18 MHz,4 mtorr 环境下 Q 值高达 116 万。

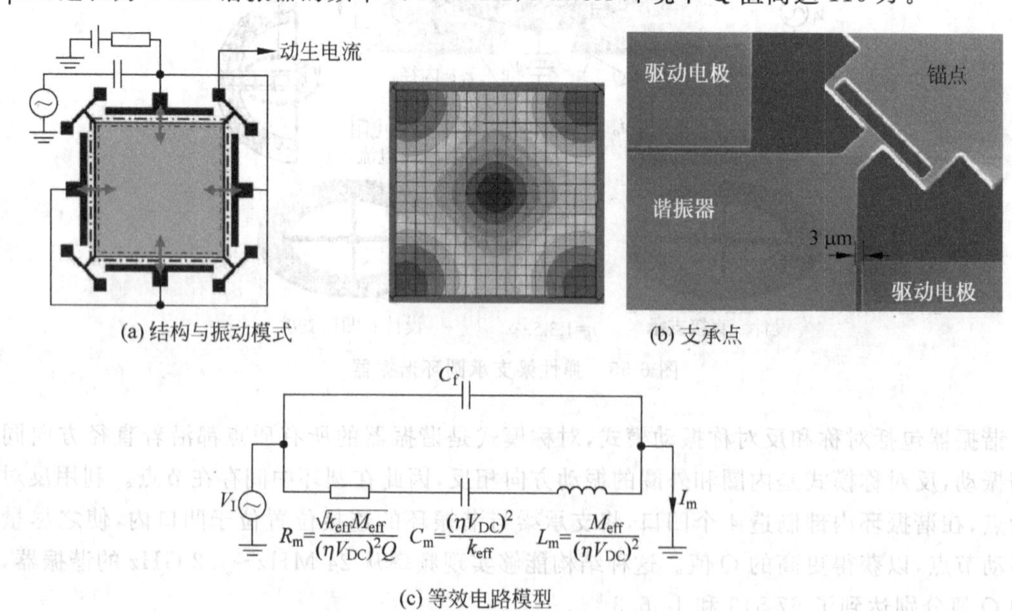

(a) 结构与振动模式　(b) 支承点

(c) 等效电路模型

图 6-57　扩张振动谐振器

扩张振动模式的谐振频率为

$$f=\frac{1}{2L}\sqrt{\frac{E}{\rho(1-\nu)}\left[1+\left(1-\frac{8}{\pi^2}\right)\frac{\nu}{\nu-1}\right]} \tag{6-117}$$

其中 E 和 ν 为方形谐振器边长 L 所在方向的弹性模量和泊松比，ρ 为密度。当边长沿着<100>和<110>晶向时 $E=C_{11}+C_{12}-2C_{12}^2/C_{11}$，$\nu$ 分别为 $C_{12}/(C_{11}+C_{12})$ 和 $1-4C_{11}C_{44}/(C_{11}^2+C_{11}C_{12}-2C_{12}^2+2C_{11}C_{44})$。

谐振器等效电路模型中，等效质量和等效弹性刚度系数分别为

$$M_{\text{eff}}=\rho hL^2,\quad k_{\text{eff}}=\pi^2 Eh \tag{6-118}$$

其中 L 和 h 分别为谐振结构的长度和厚度。

图 6-58 为利用压阻测量模式的面内轮廓振动谐振器[85]。压阻测量的优点是在不干扰 4 边驱动电容的情况下，将驱动与测量模式分离。压阻测量的频率响应函数可以用跨导表示

$$g_{\text{m}}(\omega)=\frac{\Pi}{1-(\omega/\Omega)^2-\text{j}\omega/(\Omega Q)} \tag{6-119}$$

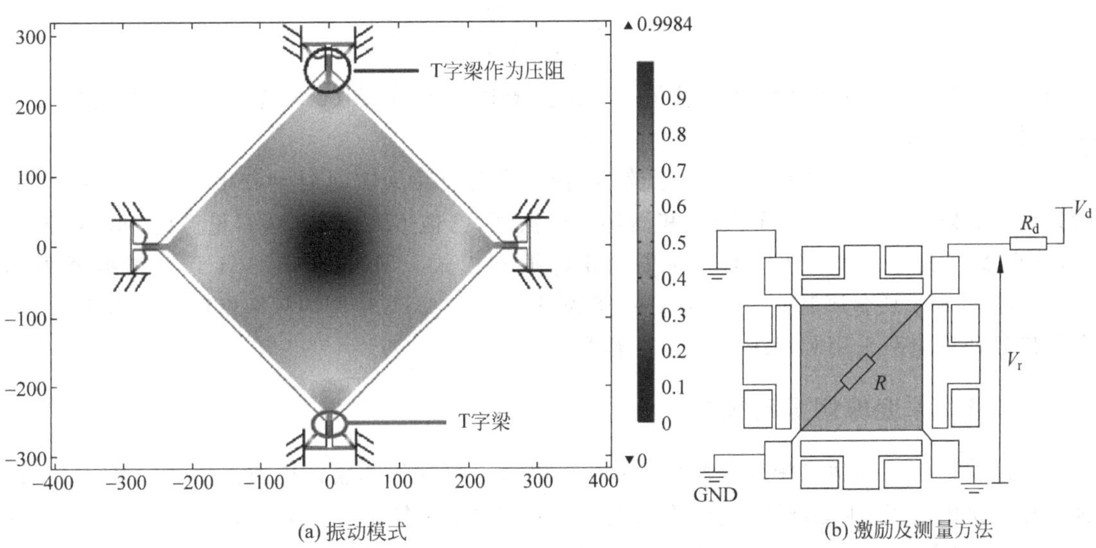

(a) 振动模式　　(b) 激励及测量方法

图 6-58　压阻测量式方形轮廓振动模式谐振器

其中 Ω 为谐振角频率，Π 为驱动和测量过程总的机电耦合换能系数

$$\Pi=\frac{V_{\text{r}}}{R_{\text{b}}}\frac{\lambda\pi_l\eta}{k_{\text{eff}}} \tag{6-120}$$

其中 R_{b} 是串联阻抗，是谐振器的电阻 R 和驱动电压串联的偏置电阻 R_{d} 之和，V_{r} 是谐振器对角线的等效电压降，π_l 表示 T 形支承梁的横梁的压阻系数，λ 表示横梁上应力随位置的比例关系(该图中 $\lambda=269\ \text{MPa}/\mu\text{m}$)，$\eta=\varepsilon_0 AV_{\text{p}}/d^2$ 表示驱动的静电换能系数。

图 6-59 为 Sandia 国家实验室开发的平板 Lame 振动模式的谐振器，激励和测量均为电容模式，谐振时对角为节点，连接支承梁，边缘为反向振动。Lame 模式是一种剪切振动模式，其优点是 4 个顶点为振动的节点，方便布置支承结构，以减小支承锚点的能量耗散。谐振器采用多晶硅制造，谐振频率为 52.2 MHz，Q 值高达 100 000。

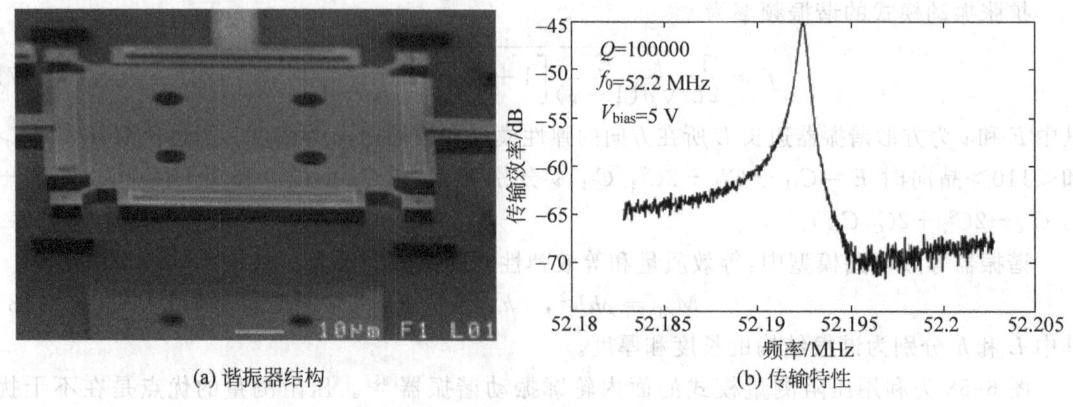

(a) 谐振器结构　　(b) 传输特性

图 6-59　平板 Lame 振动模式谐振器

正方形平板在 Lame 振动模式的谐振频率与剪切模量有关

$$f=\frac{1}{\sqrt{2}L}\sqrt{\frac{G}{\rho}} \tag{6-121}$$

其中 L 为板的边长,G 为剪切弹性模量。当谐振器边长沿着<100>晶向和<110>晶向时,G 分别为$(C_{11}-C_{12})/2$ 和 C_{44}。

图 6-60 为 Discera(2001 年成立于美国加州,典型产品为实时时钟和手表用 32.768 kHz 梁式谐振器以及 1~125 MHz 圆盘和酒杯式谐振器,已被 Microrel 收购)量产的 MOS1 谐振器,该谐振器为平板式结构,工作在离面轮廓振动模式。MOS1~MOS4 系列谐振器采用 2 μm 多晶硅和 1 层金属制造,频率为 1~125 MHz,−40~85℃范围内频率稳定性可达 20 ppm,在与信号处理电路采用圆片级真空封装集成。

6.3.4　厚度剪切振动模式

厚度剪切模式的微机械谐振器多是利用压电材料实现的薄膜体声波谐振器(FBAR)。这种谐振器是由电极、压电薄膜、电极组成的三明治结构,如图 6-61 所示,最早由 HP 公司开始研发量产,目前已经由 Avago 和 Triquint 公司商品化。2012 年,Avago 推出系列 TD-LTE B40 和 B41 频段与 WIFI 频段共存滤波器,目前年销售 10 亿片以上 FBAR 双工器、薄膜谐振器滤波器和多工器产品,占有 FBAR 产品市场的 65%。

1. FBAR 的结构与制造

FBAR 是一个由两层金属电极和一层压电薄膜材料构成的三明治结构。压电薄膜采用沉积的 AlN[86]、ZnO[87] 和 PZT[88] 材料。尽管石英的温度补偿、切型控制、激励电路已经非常成熟,但是石英与硅只能通过键合实现结合,集成难度很大[89]。如图 6-61 所示,FBAR 的结构与工作原理与石英谐振器相同,工作时在 2 个电极之间的压电薄膜内产生厚度剪切振动模式,形成以 2 个电极为节点的驻波,即声波在 2 个电极与空气的界面之间被反射,压电薄膜内部形成振荡。当声波在压电薄膜中传播正好是半波长的奇数倍时形成稳定的驻波。由于声波波长比电磁波短很多,相同频率下 FBAR 的尺寸比 RLC 振荡器小几个数量级。为了提高频率,需要尽可能地降低压电薄膜的厚度,一般由于制造条件的限制,压电薄膜的厚度在几微米以下。

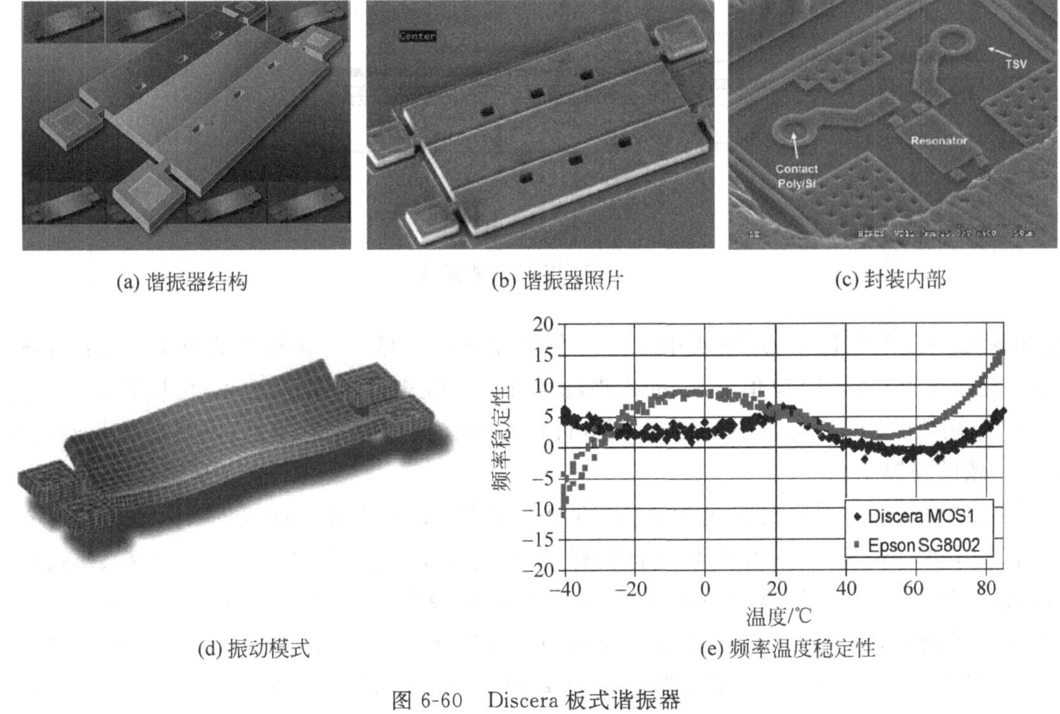

(a) 谐振器结构　(b) 谐振器照片　(c) 封装内部

(d) 振动模式　(e) 频率温度稳定性

图 6-60　Discera 板式谐振器

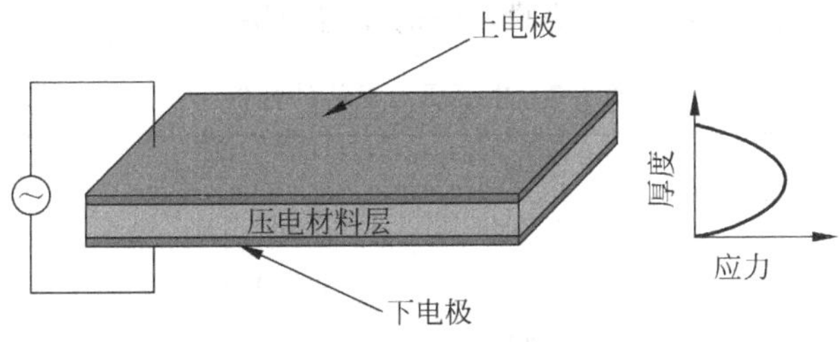

图 6-61　FBAR 谐振器结构示意图

根据能陷效应，谐振只发生在电极之间的压电薄膜中，电极以外区域的振幅随距离以指数衰减而迅速消失。由于质量负载效应的作用，压电薄膜表面上的质量（包括电极）会降低谐振频率，因此需要将谐振器支承悬空以降低声阻损耗。图 6-62 所示为常用的降低损耗的结构，其中包括采用表面微加工工艺制造的衬底表面悬空结构、体微加工制造的挖空悬空结构，以及利用声阻结构形成布拉格反射层的非悬空结构[90]。布拉格反射层由等效 1/4 波长厚度的高声阻抗材料和低声阻抗材料交替构成，层数越多反射系数越大，FBAR 的 Q 值也越高。体微加工技术制造的结构具有最好的频率稳定性和 Q 值，而反射层结构的反射效果较差，其频率和 Q 值也较低。另外，由于材料热膨胀系数不同而导致的应力会产生明显的频率漂移。

压电薄膜的性质是决定 FBAR 的核心因素，需要压电薄膜具有：①较高的压电耦合系数：以实现电能和机械能之间的高转换效率以及合适的滤波器带宽。②较高的介电常数：以减小 FBAR 的尺寸，同时与电极面积、压电薄膜厚度共同决定了 FBAR 的电学阻抗。③较低的声

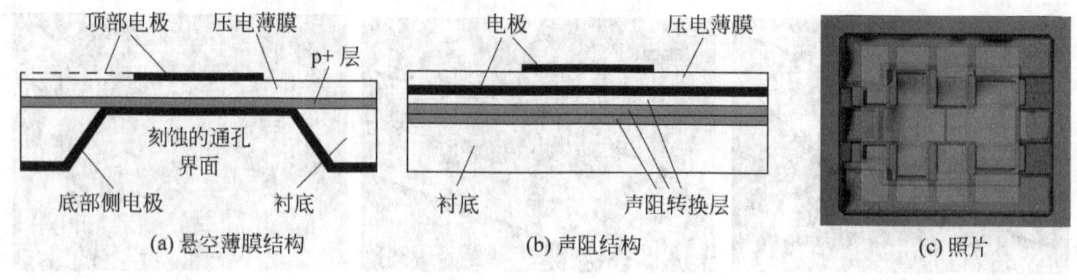

(a) 悬空薄膜结构　(b) 声阻结构　(c) 照片

图 6-62　FBAR 谐振器

速：在频率一定的情况下，声速越小 FBAR 的厚度和尺寸越小。④较低的声学损耗：材料的声学损耗越小，FBAR 的 Q 值越高、插入损耗越低。⑤较高的温度稳定性：温度稳定性越高，FBAR 频率随温度的变化越小。此外，压电材料必须有良好的可制造性，以便能够获得均匀、稳定、一致的薄膜结构。

目前主要的压电薄膜材料包括 AlN、ZnO 和 PZT，其主要性能如表 6-7 所示。金属电极材料有 Mo、Al、Au 等，布拉格反射层材料有 W、SiO_2、AlN 等。PZT 的压电转换系数高、介电常数大，但是 PZT 材料的声学损耗大，缺乏高质量薄膜的制造方法，另外所含有的 Pb 不是 CMOS 兼容材料，目前量产都不采用 PZT 材料。AlN 虽然压电转换系数低，但是在薄膜制造方法、热导率、温度系数、声学损耗等方面具有明显的优势，因此已经量产的 FBAR 都采用 AlN 作为压电材料。电极以低损耗高声速为主要原则，因此 Mo 优于 Al 和 Au，而且 Mo 和 AlN 薄膜之间不会形成像 Al 和 AlN 薄膜之间的无定形层。

表 6-7　主要压电材料的性能

参　　数	AlN	ZnO	PZT
k_t^2/%	6.5	7.5	8～15
ε_r	9.5	9.2	80～400
纵向声速/$m \cdot s^{-1}$	10 400	6350	4000～6000
固有材料损耗	很低	低	高，且随频率递增
COMS 兼容性	兼容	不兼容	不兼容
沉积速度	高	中	低

图 6-63 为 Avago FBAR 的制造流程。如图 6-63(a)所示，首先在硅衬底上利用 KOH 刻蚀硅杯，热氧 SiO_2 阻挡层，防止后续沉积的高掺杂的 PSG 中磷会向硅衬底扩散；如图 6-63(b)所示，利用 LPCVD 沉积 PSG 牺牲层，使硅杯对应位置的 PSG 的高度超过衬底表面；利用 CMP 去除衬底表面的 PSG，形成硅杯内的 PSG 作为牺牲层的结构，CMP 一方面将表面高度一致化，另一方面提高表面光洁度有利于后续 Al 沉积时获得良好的晶格取向；如图 6-63(c)所示，依次溅射 Mo、AlN 和 Mo 并刻蚀形成 FBAR 结构；利用 BHF 刻蚀去除硅杯内的 PSG 牺牲层形成悬空的 FBAR，PSG 在 BHF 中的刻蚀速度很快。

图 6-64 为 Avago 的 FBAR 照片及封装结构[91]。在一个芯片上制造多个不同谐振频率的 FBAR 器件，通过级联实现 FBAR 滤波器。通过频率微调技术，可以调整每个 FBAR 谐振器的谐振频率。采用 AlN 压电薄膜的谐振频率在 1.5～20 GHz，Q 值为 1200～2500，尺寸为

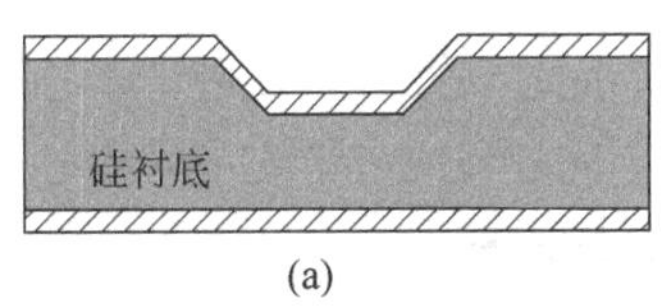

(a)

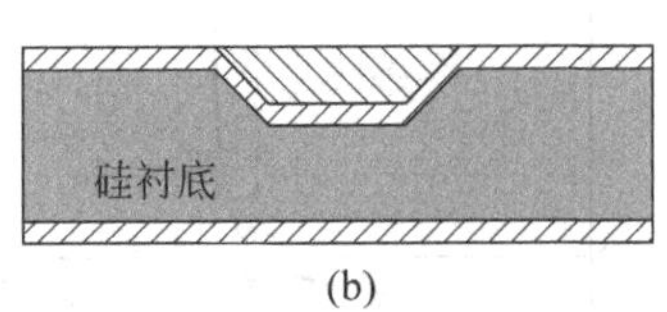

(b)

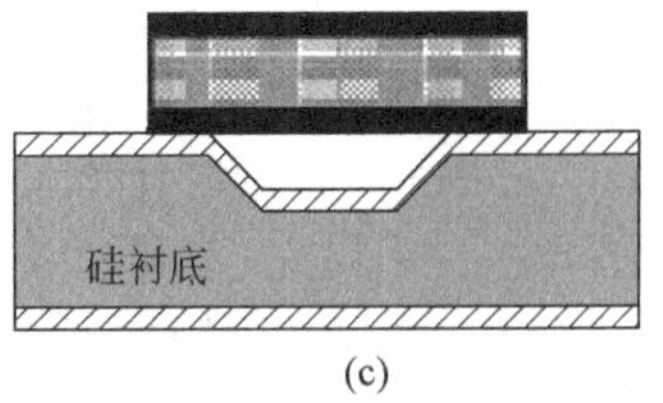

(c)

图 6-63　Avago 谐振器的制造流程

400×400 μm。FBAR 的尺寸比石英谐振器小 20 倍，具有更低的寄生效应和插入损耗、更高的频率范围、更低的器件功耗[92]。FBAR 的关键问题是应力对频率长期稳定性的影响，另外制造、温度补偿和频率修正是谐振器量产的主要技术难点[93~95]。目前频率调整采用激光烧蚀法，但对于极度敏感的 FBAR 还不能理想地解决问题。由于谐振频率与压电薄膜和金属电极的厚度成反比，其机械强度随着频率的增加而降低，对于 4 GHz 以上的高频 FBAR，由于压电薄膜过薄而强度较差。

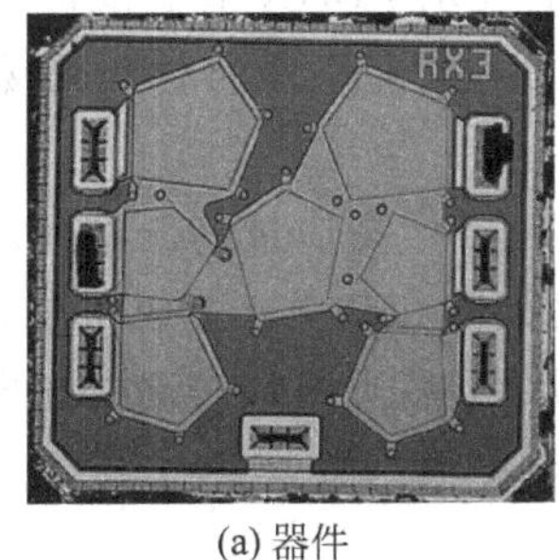
(a) 器件

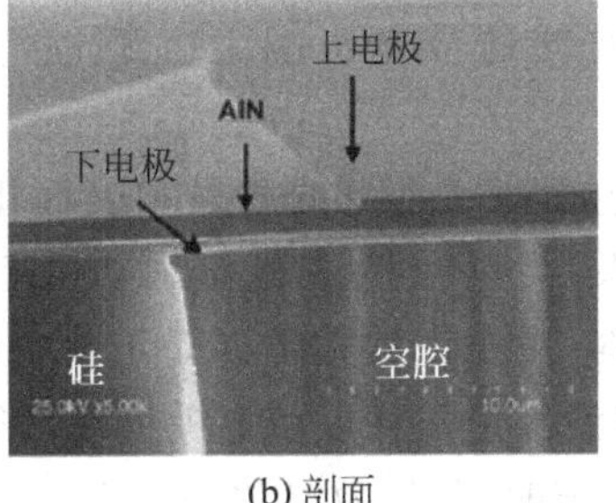

(b) 剖面

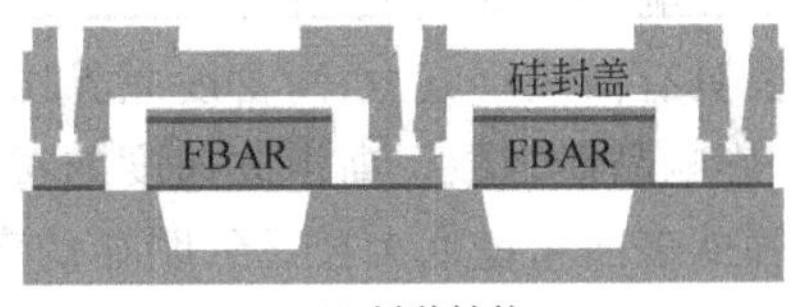

(c) 封装结构

图 6-64　Avago FBAR 谐振器照片及封装结构

2. FBAR 的模型及滤波器

与石英晶体体声波振荡器类似，FBAR 谐振器可以用 RLC 等效电路进行描述，如图 6-65 所示，其中 C_0 表示电极与压电材料构成的静电容，L 和 C 分别代表谐振器的质量和弹性，R 代表谐振器的损耗。从等效电路可知，FBAR 有两个谐振频率，串联谐振频率和并联谐振频率。当 FBAR 的极化向量与电场同相位时，RLC 支路发生串联谐振，此时 L、C 元件上的电压大小相等、方向相反，总电压等于 0，电路的等效阻抗最小(等于 R)，电流最大。串联谐振频率为

$$f_s = \frac{1}{2\pi\sqrt{LC}} \tag{6-122}$$

当极化向量与电场反相位时，RLC 支路呈感性，与 C_0 产生并联谐振，此时 L、C 中的电流大小相等，方向相反，总电流等于 0，等效阻抗为无穷大，电压最大。在并联谐振谐频率上，声波损耗最小，使声信号能顺利传输通过。并联谐振频率为

$$f_p = \frac{1}{2\pi\sqrt{LC}}\sqrt{\frac{C+C_0}{C_0}} = f_s\sqrt{1+\frac{C}{C_0}} \tag{6-123}$$

由于 $C << C_0$，因此 f_p 与 f_s 非常接近。通过在谐振器两端并联一个电容增大 C_0，可以使并联谐振频率更加接近串联谐振频率，使频率更加稳定或达到微调频率的目的。

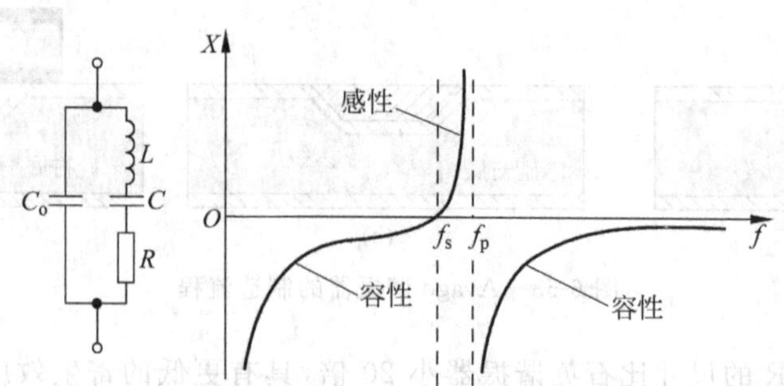

图 6-65 等效电路和电抗与频率特性

谐振器的有效机电耦合系数 K_{eff} 为

$$K_{eff}=\frac{2}{\pi}\sqrt{\frac{f_p-f_s}{f_p}} \tag{6-124}$$

有效机电耦合系数 K_{eff} 表示 f_s 和 f_p 之间的相对数值,同时也表示 FBAR 谐振滤波器的带宽,K_{eff} 越大,谐振器构成的滤波器的带宽也越大。K_{eff} 主要由压电薄膜的材料参数决定。

影响 FBAR 的 Q 值的主要因素包括薄膜本身的质量和表面粗糙度。高质量的压电薄膜需要具有低残余应力、高密度晶界以及尽量少的晶格缺陷和杂质,而缺陷和杂质会造成声波散射,影响品质因数。高声波速度的材料,由于声波在传递时不易被吸收,品质因数较高。压电薄膜的表面粗糙度大会导致明显的声波散射损耗以及电极损耗,影响品质因数。

将 FBAR 等效为质量弹簧阻尼系统时,其等效参数为

$$m=\frac{\rho Ah}{2},\quad k=\frac{\pi^2 EA}{2h},\quad \eta_{eff}=\frac{2e_{33}A}{h} \tag{6-125}$$

其中 A 为 FBAR 的面积,h 为厚度。按照图 6-65 进行电路等效时

$$C_0=\varepsilon_r\varepsilon_0\frac{A}{h},\quad R=\frac{\sqrt{km}}{Q\eta^2}\quad C=\frac{\eta^2}{k},\quad L=\frac{m}{\eta^2} \tag{6-126}$$

单个 FBAR 在某个固定频率上产生谐振,可以作为谐振器使用。将多个 FBAR 按照一定的方式连接起来,利用各个谐振器频率之间的关系,可以实现滤波器。图 6-66 为常用的梯形和格形级联构成滤波器的方式,所用的多个 FBAR 谐振器是制造在同一个压电薄膜上的,如图 6-64 所示。

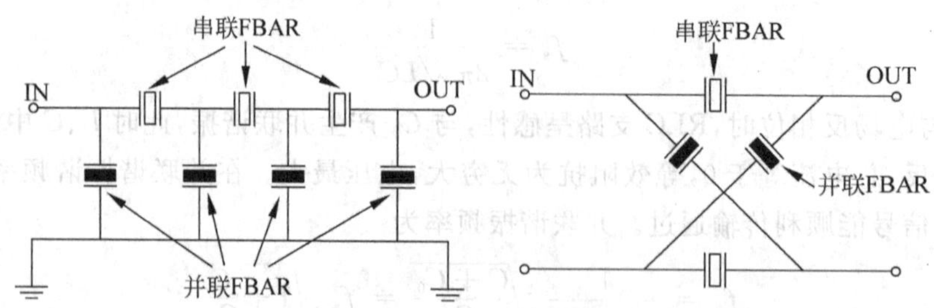

图 6-66 梯形 FBAR 滤波器和格形 FBAR 滤波器

图 6-67 为滤波器的阻抗和传输特性曲线。串联 FBAR 的串联谐振频率 f_{ss} 和并联 FBAR 的并联谐振频率 f_{pp} 相近，构成滤波器通带的中心频率。并联 FBAR 的串联谐振频率 f_{ps} 与串联 FBAR 的并联谐振频率 f_{sp} 构成滤波器的带宽。当频率处于 f_{ss} 或 f_{pp} 时，串联 FBAR 具有最小的阻抗值，而并联 FBAR 具有最大的阻抗值。输入信号几乎无损耗地通过梯形网络，频率处于导带内。当频率处于 f_{sp} 以外时，串联 FBAR 具有最大的阻抗值，而并联 FBAR 的阻抗值相对较小，信号通过阶梯形网络会有很大的衰减，此频率点相当于滤波器的截止频率。当频率处于 f_{ps} 以外时，并联 FBAR 具有最小的阻抗值，而串联 FBAR 的阻抗值较大，信号通过阶梯形网络有很大的衰减，此频率点也相当于滤波器另一个截止频率。

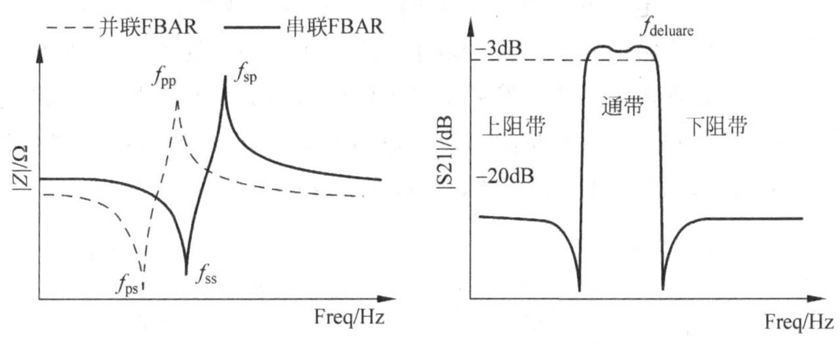

图 6-67　FBAR 滤波器阻抗和传输特性

随着通信技术的不断发展，智能手机必须能够工作在多个频段上，需要更多的滤波器，因此滤波器本身的体积和功耗必须非常小。同时，拥挤的频段分配使频段间的间隔以及接收和发射频率的间隔甚至仅为几 MHz，这要求滤波器必须具有陡峭的滤波曲线以及卓越的带外抑制能力，这对于发射频率和接收频率间隙非常窄的 4 G/LTE 应用尤为重要。如图 6-68 所示，相比于传统的声表面波器件，FBAR 滤波器以其插入损耗低、滤波曲线陡直、隔离度高、功耗低和尺寸小等优点，成为 4 G/LTE 多频段智能手机中滤波器的首选技术方案。例如，Avago 的 Band 4 双工器带来的插入损耗改善为 0.2～0.5 dB，所需的功率放大器输出功率较低，相当于节省 50 mA 的电流消耗。

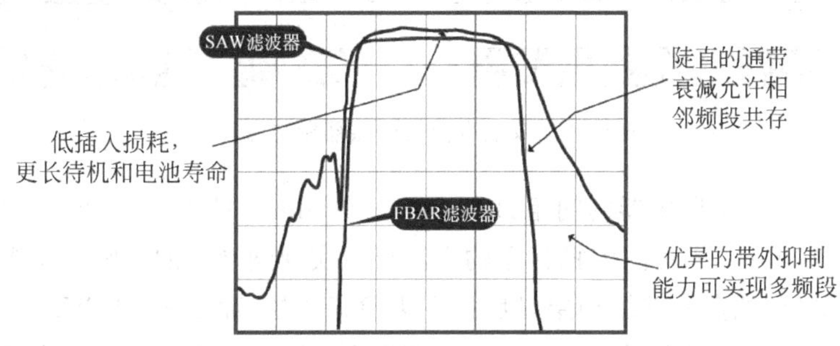

图 6-68　FBAR 滤波器与声表面波滤波器的传输特性比较

6.3.5 MEMS 谐振器的制造

早期谐振器基本都是利用表面微加工技术制造,低应力多晶硅作为谐振结构和电极材料,SiO_2 作为牺牲层。近年来由于 SOI 的普及,更多的谐振器采用单晶硅制造。单晶硅在残余应力控制、疲劳特性和可制造性方面优势更加明显。尽管如此,仍旧有很多谐振器采用多晶硅制造,目前的研究表明,只要真空封装稳定、环境清洁,多晶硅在稳定性和力学性能方面与单晶硅基本相同[96]。

图 6-69 为双端自由梁式谐振器的制造过程。*A-A′*和 *B-B′*剖面分别对应图 6-33 中的结构。(1)在 p 型硅衬底上利用热氧化 SiO_2 和 LPCVD 沉积 200 nm 氮化硅,接着用 LPCVD 沉积掺磷多晶硅,刻蚀形成下电极和连线。LPCVD 沉积 SiO_2 牺牲层,刻蚀牺牲层形成支承凸点和锚点的开口。(2)为了保证支承凸点的高度,需要使用 CF_4 的 RIE 刻蚀 SiO_2 牺牲层,而锚点则使用 BHF 直接刻蚀到多晶硅。然后 LPCVD 沉积多晶硅结构层,注入磷进行掺杂,再利用 LPCVD 在 900℃沉积 200 nm 厚的 SiO_2 掩膜,然后 RIE 刻蚀 SiO_2 掩膜和结构层多晶硅。(3)HF 释放结构。最后沉积铝、并刻蚀,形成金属连线。

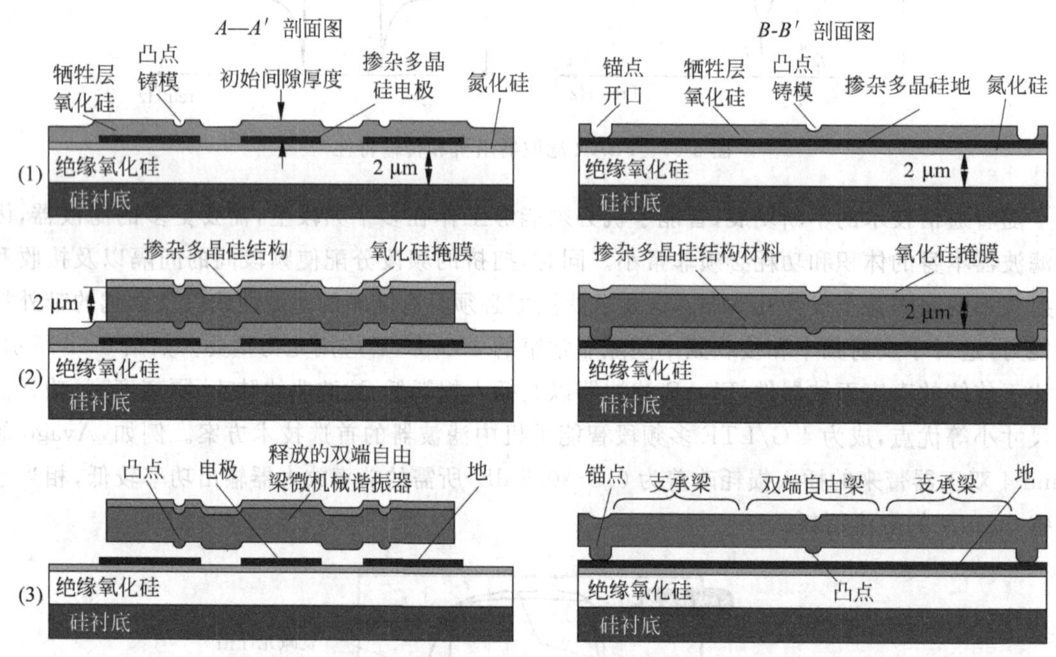

图 6-69 双端自由梁谐振器制造流程

圆形谐振器的电极与谐振器的间距只有 100～200 nm,如果需要实现 50 Ω 的匹配电阻,间距需要降低到 30 nm。采用间隙牺牲层的方法可以实现纳米级的间隙。步骤与普通表面微加工相同,在沉积并刻蚀多晶硅结构层以后并不去除牺牲层,而是用 LPCVD 沉积 20～200 nm 厚的 SiO_2 覆盖在结构的周围,再沉积另外的多晶硅结构层,刻蚀多晶硅后去除 SiO_2 牺牲层,释放结构。间距的大小取决于 LPCVD 沉积均匀 SiO_2 薄膜时的厚度控制能力。

为了消除节点向衬底的能量损耗，支承点必须严格位于谐振器的中心。由于制造中掩模版之间的套准误差使支承点无法位于谐振器中心。图 6-70 为自对准加工过程。(1)衬底重掺杂磷形成地电极，高温 LPCVD 沉积 2 μm 的 SiO_2 和 350 nmLPCVD 氮化硅作为绝缘层。刻蚀氮化硅和 SiO_2 形成 100 μm 方形接触槽，LPCVD 沉积 350 nm 掺磷多晶硅作为互连，刻蚀多晶硅形成地电极、互连和衬底接触点，然后沉积 800 nm 的 SiO_2 牺牲层，LPCVD 沉积 2 μm 掺磷多晶硅，再 LPCVD 沉积 1 μm 的 SiO_2 刻蚀保护层。在进行刻蚀以前，在 1050℃氮气环境下退火 1 h 消除多晶硅结构层的应力，保证谐振器的 Q 值。使用一块掩模版光刻，然后 RIE 刻蚀保护层 SiO_2、DRIE 刻蚀结构层多晶硅，形成谐振器形成和支承点的位置，二者的相对位置由掩模版的精度和刻蚀精度保证。LPCVD 沉积 100 nm 的 SiO_2 作为谐振器之间间隙的牺牲层。(2)光刻厚胶形成支承柱和电极的连接孔，光刻对准多晶硅层的支承柱位置；用厚胶作为保护层湿法刻蚀去除支承柱内壁的 SiO_2 间隙牺牲层，并干法刻蚀底层 2 μm 厚的 SiO_2 牺牲层，将 350 nm 的掺杂多晶硅电极露出来。(3)去除光刻胶，沉积 2 μm 厚的低应力掺磷多晶

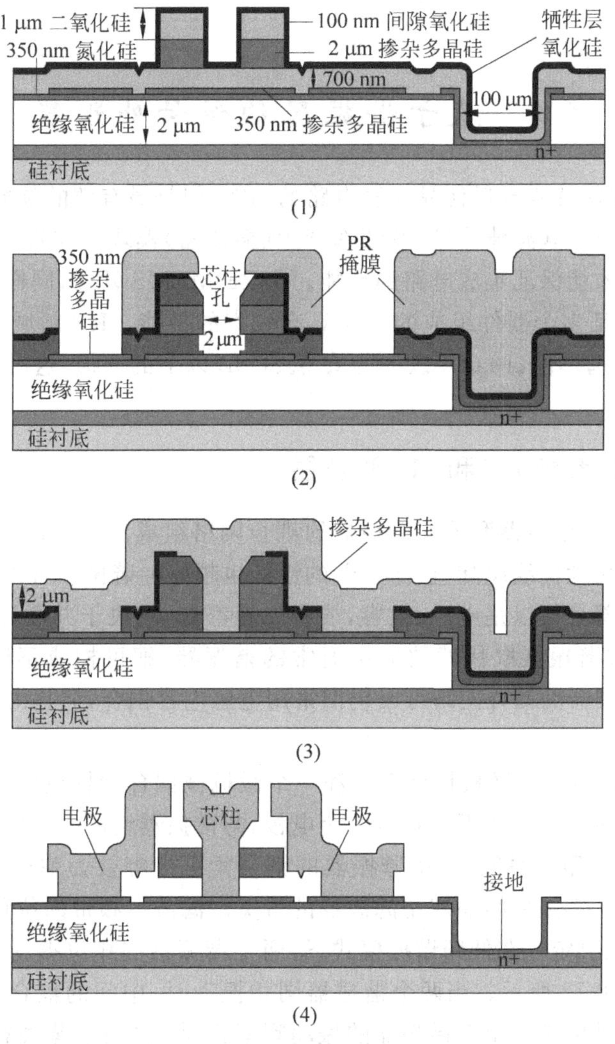

图 6-70　自对准圆盘形谐振器的制造流程

硅,作为谐振器四周的电极并填充支承点位置的孔,形成刚性、与谐振器圆盘自对准的支承点,并在高温退火消除多晶硅层的应力。(4)光刻 6.6 μm 的厚胶作为后续刻蚀的保护层,DRIE 刻蚀最上层的 2 μm 多晶硅形成谐振器周围的电极和支承柱,最后 HF 刻蚀 SiO_2 牺牲层释放结构。

除了表面微加工技术,谐振器也可以利用体微加工技术由单晶硅材料来实现,特别是梳状叉指谐振器,能够将谐振器与 BiCMOS 电路集成[97]。单晶硅具有优异的力学性能并且没有残余应力,因此能够实现极小的电极间隙和较高的 Q 值。例如,利用 HARPSS 工艺制作的 148 MHz 圆形单晶硅谐振器在真空和空气中 Q 值分别达到 40 000 和 8000,而 19 kHz 和 80 kHz 的梁式谐振器的真空 Q 值分别达到 17 7000 和 74 000[61,98]。制造基本过程是沉积并刻蚀 SiO_2,然后沉积厚度小于 100 nm 的多晶硅牺牲层,再将多晶硅表面沉积 SiO_2 并刻蚀,RIE 刻蚀去处多晶硅,于是 2 层 SiO_2 侧壁之间形成了与多晶硅厚度相同的缝隙,然后利用 DRIE 进行深刻蚀。

为了提高谐振器的频率,还可以采用高声速的材料来代替多晶硅。由于制造工艺的限制,目前只能实现多晶的碳化硅(声速达 15 400 m/s,弹性模量为 710 GPa)和金刚石(声速达 14 252 m/s)[99]。

6.4 基于谐振器的信号处理器

理论上微谐振器能够实现任何晶体管电路的功能,但是最有效的领域是信号处理,利用多个微谐振器组成频率选择(滤波器)以及频率产生(振荡器)模块。在集成电路中,每个晶体管都要有较大的增益,才能保证集成电路的性能;在 RF MEMS 领域,同样要求每个微谐振器都有很高的 Q 值,以保证多个器件组成的模块具有较好的性能。RF 领域的信道选择要求滤波器有至少 1%的带宽选择性、10 000 以上的 Q 值、1 dB 以下的插损,这对微机械谐振器提出了很高的要求。

6.4.1 低损耗窄带 HF 和 MF 滤波器

滤波器通常由几个谐振器和连接谐振器的耦合网络组成。谐振器的数量越多,通带与阻带之间的过渡越窄、特性曲线越陡直,滤波器的性能也越好。谐振器可以是 LC 振荡电路或石英晶体谐振器,耦合部分可以是电感、电容,或者二者都有,取决于并联还是串联实现,也取决于带宽。利用微机械谐振器取代滤波器中通常的谐振器,即可构成不同频段的微机械滤波器[57,100]。微机械滤波器的耦合网络可以仍旧采用电感电容耦合,但是由微机械结构耦合能够实现更好的性能。

图 6-71 为两个双端支承微机械谐振器和一个微机械耦合梁构成的可调滤波器[57]。通常在非可调滤波器中,每个谐振器下面各有 1 个电极,与谐振器组成机电耦合电容。每个谐振器可以等效为质量-弹簧-阻尼系统,连接谐振器的耦合梁可以等效为弹簧。这种双谐振器系统有 2 个机械谐振模式,其频率间隔就是滤波器的带宽。滤波器频带的位置主要由谐振器决定,而频带宽度由耦合梁决定。在低频谐振模式下,两个谐振器同相位振动,在高频模式,两个谐振器反向振动,如图 6-72 所示。当两个谐振器同相振动时,中间的耦合弹簧 k_2 没有变形,相当于不存在,总体振动频率与单个谐振器的振动频率相同;当两个谐振器反相振动时,耦合弹簧 k_2 也振动,但是中心位置保持静止,因此可以将两个谐振器分开,每个谐振器等效于半个弹

簧 k_2 的作用。由于弹簧长度减半，弹性刚度增加一倍，因此反相振动的频率高于同相振动。利用 3 个谐振器组成的滤波器能够实现更多的振动模式组合[101]，低频时所有谐振器同步振动，中频时中间谐振器保持不动，其他两个反相，高频时每个谐振器与相邻谐振器都有 180°的相位变化。可调滤波器在谐振器下方增加了用偏置电压调整谐振器梁静电刚度的电极。

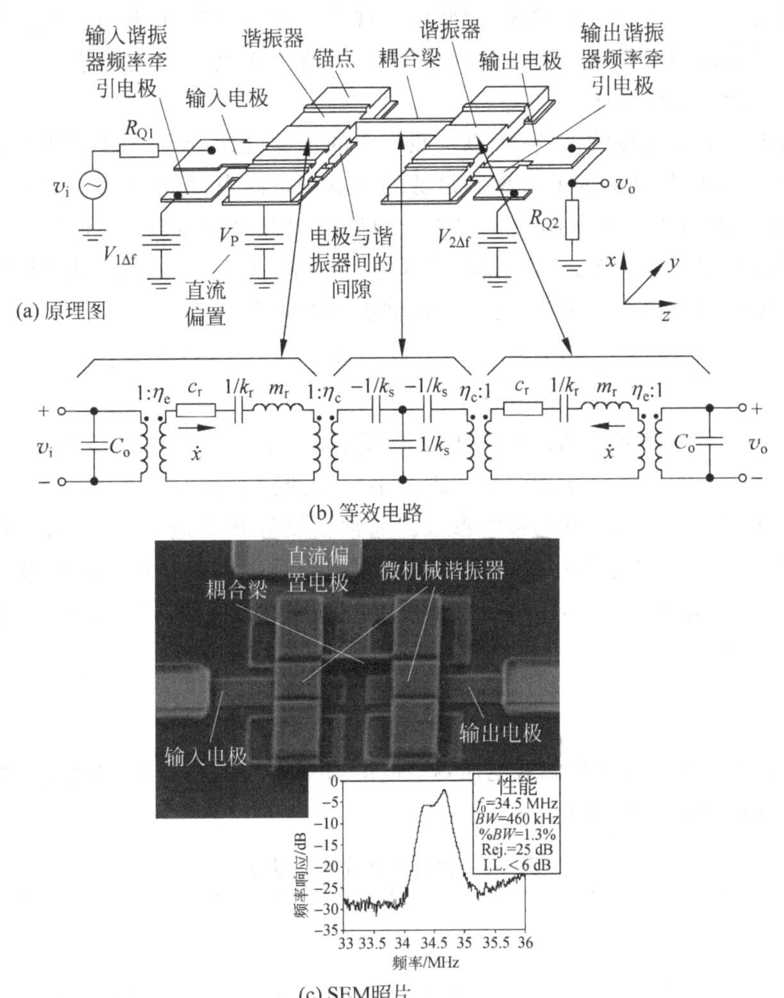

图 6-71　频率可调的双谐振器耦合 34 MHz 滤波器

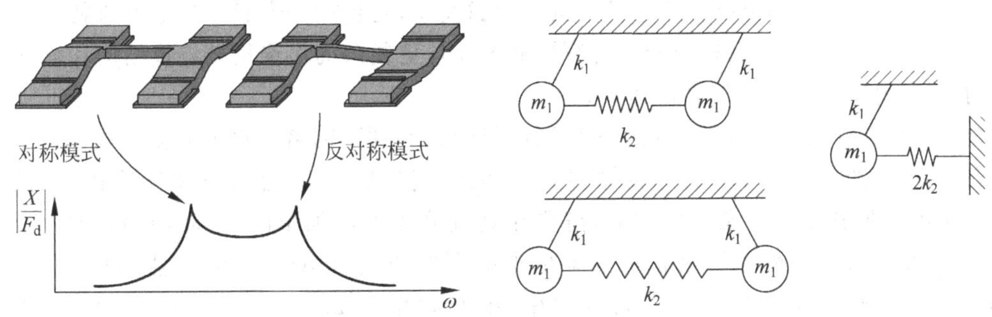

图 6-72　滤波器的工作模式

滤波器工作时,每个谐振器的振动模式与单独作为谐振器时相同,其分析设计过程与双端自由谐振器类似。每个谐振器的谐振频率由尺寸、材料等决定,并与直流偏置电压有关。耦合梁的设计也与双端自由谐振器的耦合梁设计过程相同,都要达到谐振频率1/4波长的效果。谐振器可以利用LCR进行建模,每个电路元件的参数都可以表示为微机械系统的质量、刚度和阻尼等。耦合梁类似于机械传输线,因此可以视为存储能量的T网络。耦合梁与谐振器的连接位置决定了滤波器的带宽。为了使模型完整,另外两个变压器用来描述输入和输出端的两个电容式机电耦合换能系统。

对于双谐振器的微机械滤波器,可以按照下面的步骤设计[102]:①建立微机械谐振器的模型,选择需要的参数以保证需要的频率和足够的机电耦合能力,保证终端电阻值;②选择耦合梁的宽度,并根据谐振中心频率的1/4波长原则设计耦合梁的参数;③根据滤波器的带宽确定耦合梁与谐振器的结合位置;④生成滤波器的完整等效电路,使用电路模拟工具验证。

根据滤波器的中心频率和带宽,可以确定谐振器的参数

$$f_1 = \frac{2Q_0 f_0}{\sqrt{\alpha + \beta + \sqrt{\theta/\beta}}}, \quad f = \frac{f_0^2}{f_1}, \quad Q_r = \frac{f_1 + f_2}{\delta f_0} Q_0 \tag{6-127}$$

其中Q_0和f_0分别为滤波器的Q值和中心频率,α、β、θ和δ是与滤波器类型有关的常数,利用表6-8和式(6-127),可以得到需要实现的谐振器的频率和Q值参数,然后根据谐振器的目标频率和式(6-80)设计谐振器的形状参数。通常在设计和制造时,两个谐振器的频率是完全相同的,然后在使用时调整其中一个谐振器的频率。频率调整是通过电调节弹性刚度实现的,即通过对谐振器施加静电力,由电容式换能器的非线性改变谐振器的刚度。电调节弹性刚度引起的频率改变量是[54]

$$\Delta f = -\frac{1}{2}\frac{V_{\Delta f}^2 C_{on}}{k_m d^2} f_1 \tag{6-128}$$

其中$V_{\Delta f}$是用来改变频率的支流偏置电压,k_m是谐振器本身的机械弹性刚度系数,C_{on}和d分别是改变谐振器的电容值和间距。

表6-8 滤波器参数的近似值

	α	β	θ	δ
巴特沃斯	1	$\sqrt{1+16Q_0^2}$	$2(1+\beta)$	$\sqrt{2}$
切比雪夫	1.103	$\sqrt{1.217+4Q_0^2+16Q_0^4}$	$\beta(2.43+4Q_0^2)+8.83Q_0^2+35.3Q_0^4+2.68$	1.098
贝塞尔	3	$\sqrt{9-12Q_0^2+16Q_0^4}$	$\beta(18-12Q_0^2)-72Q_0^2+96Q_0^4+54$	1.098

图6-73为双谐振器组成的68 MHz微机械滤波器,它包括3个能够产生带通特性的机械连接[57,103]。图中使用的机械结构相对简单,通过设计更复杂的多梁机械连接结构和输入输出端口,能够实现复杂的信号处理传递函数。

静电驱动器构成的滤波器等效于RLC梯形网络,在梯形网络的水平分支上包含一个串联RLC部分。相邻信道频率产生的传输零点,会大幅度降低对IF滤波器整体选择性的要求。通常在分立器件中为了实现这个功能,需要在垂直分支上添加RLC串联网络,构成T型拓扑。ST开发的由3个静电驱动横向振动的谐振器组成的T型可调滤波器结构,采用外延15 μm多晶硅制造,工作在13 Pa的真空中,中心频率为2.4 MHz,Q值为5000,带宽为615 Hz[104]。

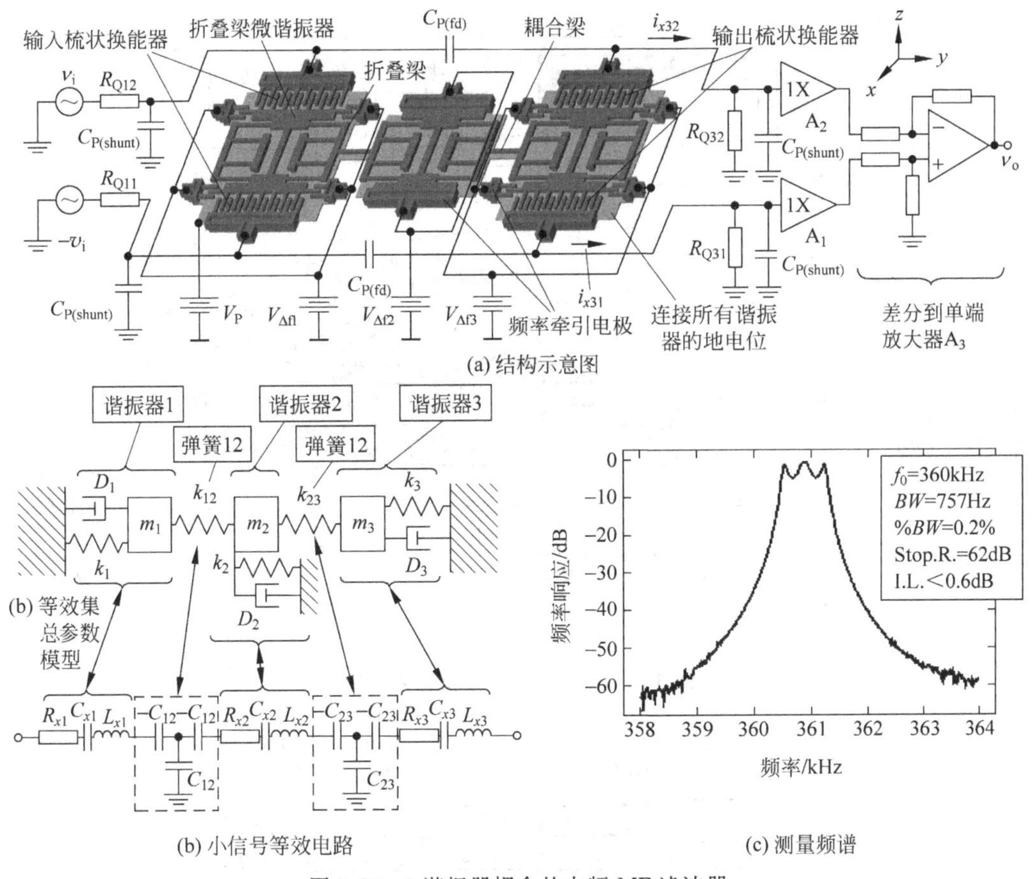

图 6-73　3 谐振器耦合的中频 MF 滤波器

6.4.2 混频滤波器

图 6-74 为混频滤波器[105]，其基本结构与可调微机械滤波器类似，都包括两个中心频率为 f_{IF} 的双端固支梁谐振器和一个连接谐振器振动节点的耦合梁。混频滤波器工作时，第一个谐振器将输入的电信号转换为机械振动，然后通过机械梁构成的耦合网络进行信号处理，最后由第二个谐振器将机械信号转换为输出电极上的电信号。滤波是该系统功能的一部分，但是与滤波器的不同点在于输入和绝缘体耦合梁。混频滤波器的耦合梁降低了振荡器到输出的耦合，并且谐振器的偏置电压不同，增加了电极数量以实现谐振器的可调性。例如，每个微谐振器下面有 3 个多晶硅带状电极，一个位于谐振梁的中心下面，作为输入或输出电极，另外两个对称分布在两侧，作为频率调整电极。混频滤波器将分立的混频器和滤波器集成为一个器件，可以降低收发系统的功耗、提高系统的性能。

混频滤波器的关键是电容式机械换能器，它将 z 方向上由驱动电压产生的电极和谐振梁之间电容上的静电力转换为谐振器梁的静电力，可以表示为存储在电容上的能量 E 对 z 的微分。如图 6-75 所示，当两个调整电极上的直流电压与谐振梁的直流电压相同时，谐振梁上的静电力可以表示为

$$F_z=\frac{\partial E}{\partial z}=\frac{\partial}{\partial z}\left[\frac{1}{2}C_1(v_e-v_b)^2\right]=\frac{1}{2}(v_e^2-2v_ev_b+v_b^2)\frac{\partial C_1}{\partial z} \tag{6-129}$$

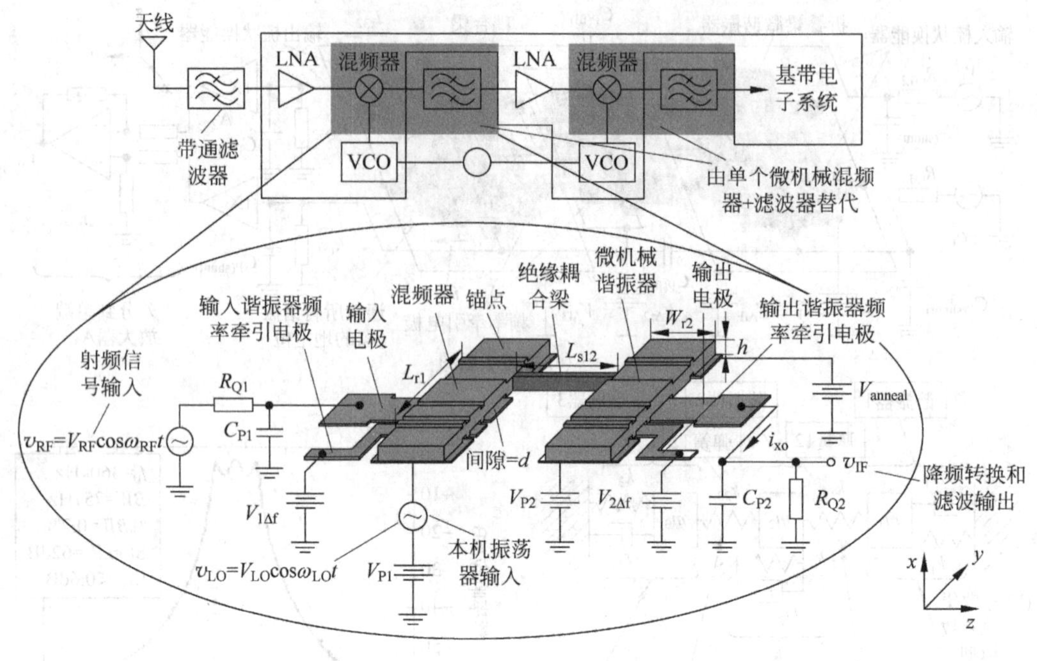

图 6-74 微机械混频滤波器示意图

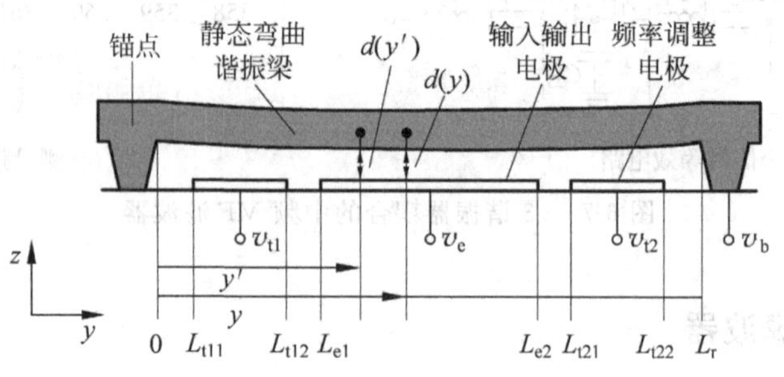

图 6-75 谐振器剖面图

其中 v_e 和 v_b 分别是作用在电极和导体谐振梁上的电压,C_1 是输入电极-谐振梁之间的电容,它是时间 t 和位移 z 的函数

$$\frac{\partial C_1}{\partial z}=\sqrt{\int_{L_{e1}}^{L_{e2}}\int_{L_{e1}}^{L_{e2}}\frac{(\varepsilon_0 W_r)^2}{[d(y')d(y)]^2}\frac{k_{re}}{k_r(y')}\frac{Z_{mode}(y)}{Z_{mode}(y')}\mathrm{d}y'\mathrm{d}y} \tag{6-130}$$

$\partial C_1/\partial z$ 是单位位移引起的电极-谐振器电容的变化量,$k_r(y)$是谐振梁的总弹性刚度(包括机械刚度和静电刚度),k_{re}是 $k_r(y)$在 $y=L_r/2$ 位置的值,$Z_{mode}(y)$是描述谐振梁振动模式的函数。

注意到在式(6-129)中,如果施加合适的输入信号,任何电压乘积项都能够实现混频的功能。例如,电容驱动器件是电压-力混合器,当信号作用在电极 e 和谐振梁 b 时,电压差(v_e-v_b)包含本机振动信号 v_{LO}和 RF 输入信号 v_{RF}的和或者差项。另外,后面可以看到,(v_e-v_b)也包含直流偏置电压 V_P。

频率为 f_{LO}的本机振动信号 v_{LO}作用到输入谐振器,频率为 $f_{RF}=f_{IF}+f_{LO}$的 RF 输入信号通过电阻 R_{Q1}作用在输入电极,直流偏置电压 V_{P1}和 V_{P2}分别作用在输入和输出谐振器上。这样,根据式(6-129)可以得到输入谐振梁在 z 方向受到的作用力 F_z

$$F_z=\frac{\partial E}{\partial z}=\frac{1}{2}(v_{RF}-V_{P1}-v_{LO})^2\left(\frac{\partial C_1}{\partial z}\right)$$
$$=\frac{1}{2}V_{P1}^2\frac{\partial C_1}{\partial z}+\frac{1}{2}v_{RF}^2\frac{\partial C_1}{\partial z}+\frac{1}{2}v_{LO}^2\frac{\partial C_1}{\partial z}+V_{P1}v_{LO}\frac{\partial C_1}{\partial z}-V_{P1}v_{RF}\frac{\partial C_1}{\partial z}-v_{LO}v_{RF}\frac{\partial C_1}{\partial z} \tag{6-131}$$

当输入的 v_{RF} 和 v_{LO} 都是正弦函数时，$v_{RF}=V_{RF}\cos\omega_{RF}t$，$v_{LO}=V_{LO}\cos\omega_{LO}t$，于是式(6-131)中最后 3 项展开式包括

$$F_{mix}=\cdots-\frac{1}{2}V_{RF}V_{LO}\frac{\partial C_1}{\partial z}\cos\underbrace{(\omega_{RF}-\omega_{LO})}_{\omega_{IF}}t+\cdots \tag{6-132}$$

可以看出，电压信号 v_{RF} 和 v_{LO} 差频后经过谐振器换能，变成了频率为 $\omega_{IF}=\omega_{RF}-\omega_{LO}$ 的力信号。如果产生这个力信号的谐振器与中心频率为 ω_{IF} 的带通滤波器相连，则形成了一个具有差频和滤波功能的无源器件。即使信号频率都不在微机械滤波器的通带内，由于输入换能器的电压-力具有二次非线性，仍旧会在输入端产生一个频率在滤波器通带内的力的分量。这个带内力分量随后驱动滤波器输入端的谐振器振动，产生机械位移信号 z，然后被滤波器梁组成的机械网络处理，最后被另一个谐振器转换为随之间变化的电容信号。这个输出的电容信号的频率在 IF 通带内，并通过输出端电阻 R_{Q2} 产生电流

$$i_{z2}=V_{P2}\frac{\partial C_2}{\partial z}\frac{\partial z}{\partial t} \tag{6-133}$$

其中 $\partial C_2/\partial z$ 是输出端谐振器的电极-谐振梁形成的电容的增量变化。

除了差频项外，式(6-131)还包括其他的项，每一项都需要仔细考虑，以保证不会引起不需要的干扰。式(6-131)中的第一项表示非谐振直流力，它使梁产生静态弯曲，但是对信号处理功能几乎没有影响，特别对于高频 VHF 应用梁的刚度很大的情况。第 2～5 项代表能够使梁产生谐振的项，前提是作用电压使由此产生的力的频率落入滤波器结构的通带内。特别是当 v_{RF} 或者 v_{LO} 包含频率接近 $1/(2\omega_{IF})$ 的分量时，第 2 项和第 3 项能够引起输入梁的谐振。如果第 4 项和第 5 项包含频率接近 ω_{IF} 的分量，它们会引起谐振。对于差频应用，式(6-131)中第 2～5 项可能引起干扰，因此输入量中必须抑制包含 $1/(2\omega_{IF})$ 和 ω_{IF} 的分量。幸好在目前通信应用中，由于混频前的带通滤波器会抑制 $1/(2\omega_{IF})$ 和 ω_{IF} 项，因此大量的混频滤波输入都不需要 $1/(2\omega_{IF})$ 和 ω_{IF}。

由于混频滤波器包括两部分功能，因此在设计过程中混频器和滤波器的性能都要考虑。例如 IF 频率 f_{IF}、滤波器带宽 B、滤波器形状系数 S，以及总体噪声因数 F 等。设计过程与滤波器的设计过程基本相同，不同之处在于混频器的设计和要求。例如，使用双端固支谐振器的混频滤波器的设计过程为：①设计微机械谐振器，使其谐振频率对应需要的混频滤波器的 IF 中心频率 ω_{IF}，并且输入电极尺寸能在给定输入偏压的情况下实现需要的末端阻抗 R_{Q1}；②设计滤波器网络，使用非导电梁耦合谐振梁和微机械谐振器；③通过合理地选择直流偏压 V_P 和本机振荡器的幅值 V_{LO}，设计 IF 阻抗和噪声因数。

例如，给定了需要的滤波器中心频率 ω_{IF}，带宽 B，末端电阻 R_{Q1} 和本机振荡器电压幅值 V_{LO1} 和 V_{LO2}，需要设计确定的参数包括谐振器长度 L_r，直流偏置电压 V_{P1} 和 V_{P2}，耦合梁长度 L_{s12}，以及耦合梁与谐振器的结合点。设计过程中，首先假设 $V_{LO2}=0$，然后需要的 V_{P1} 可以用 $V_{P1}^2+0.5V_{LO1}^2=V_{P2}^2$ 计算，并且在输入和输出谐振器有相同的 I/O 和频率调整电极，谐振频率

也相同。当得到满足频率和终端要求的参数后,耦合梁的尺寸和结合点可以用通常的滤波器设计方法确定。

不考虑机电耦合时,截面均匀的双端自由梁的对称振动模式的基频谐振频率可以根据式(6-80)~式(6-84)确定。有电极驱动电压时,谐振梁的谐振频率改变,引入频率调整系数,谐振频率为

$$f_{\mathrm{IF}} = f_{\mathrm{nom}}\sqrt{1-\left\langle\frac{k_{\mathrm{ei}}}{k_{\mathrm{m}}}\right\rangle-\left\langle\frac{k_{\mathrm{eit}}}{k_{\mathrm{m}}}\right\rangle} \tag{6-134}$$

其中 f_{nom} 是截面为均匀矩形的谐振梁在没有电压作用时的固有频率,$\langle k_{\mathrm{ei}}/k_{\mathrm{m}}\rangle$ 是输入电极上作用电压后静电刚度与机械刚度的比值,$\langle k_{\mathrm{eit}}/k_{\mathrm{m}}\rangle$ 是频率调整电极上作用电压后的静电刚度与机械刚度的比值。它们都需要在对应电极的宽度上积分,当 $V_{\mathrm{LOi}} \gg V_{\mathrm{RFi}}$ 时,

$$\left\langle\frac{k_{\mathrm{ei}}}{k_{\mathrm{m}}}\right\rangle = \int_{L_{\mathrm{e1}}}^{L_{\mathrm{e2}}}\frac{(V_{\mathrm{p}}^2+0.5V_{\mathrm{LOi}}^2)\varepsilon_0 W_{\mathrm{r}}}{[d(y)]^3 k_{\mathrm{m}}(y)}\mathrm{d}y$$

$$\left\langle\frac{k_{\mathrm{eit}}}{k_{\mathrm{m}}}\right\rangle = 2\int_{L_{t11}}^{L_{t12}}\frac{[(V_{\mathrm{P}}-V_{\mathrm{ti}})^2+0.5V_{\mathrm{LOi}}^2]\varepsilon_0 W_{\mathrm{r}}}{[d(y)]^3 k_{\mathrm{m}}(y)}\mathrm{d}y \tag{6-135}$$

其中 $d(y)$ 表示电极谐振器的间距,由于 V_{p} 产生的静电力引起梁的弯曲,因此 $d(y)$ 是位置 y 的函数

$$d(y) = d_0-\frac{1}{2}V_{\mathrm{P}}^2\varepsilon_0 W_{\mathrm{r}}\left[\int_{L_{\mathrm{e1}}}^{L_{\mathrm{e2}}}\frac{1}{k_{\mathrm{m}}(y')[d(y')]^2}\frac{Z_{\mathrm{mode}}(y)}{Z_{\mathrm{mode}}(y')}\mathrm{d}y'+\int_{L_{t11}}^{L_{t12}}\frac{1}{k_{\mathrm{m}}(y')[d(y')]^2}\frac{Z_{\mathrm{mode}}(y)}{Z_{\mathrm{mode}}(y')}\mathrm{d}y'\right] \tag{6-136}$$

$k_{\mathrm{m}}(y)$ 表示 $V_{\mathrm{P}}=0$(无机电耦合)时谐振梁在位置 y 处的 z 方向机械刚度,$m_{\mathrm{r}}(y)$ 表示谐振梁在位置 y 处的等效质量(包括了机电耦合的影响),$k_{\mathrm{m}}(y)$、$k_{\mathrm{r}}(y)$ 和 $m_{\mathrm{r}}(y)$ 个关系由式(6-86)和式(6-90)给出,第 n 阶振动模式的形状可以由函数 $Z_{\mathrm{mode}}(y)$ 由式(6-91)给出。

从式(6-134)和式(6-135)可以看出,谐振器的频率与本机振荡器 v_{LO} 有很大的关系。对于采用非导电耦合梁的混频滤波器,最好的输入方式是将本机振荡器的信号连接到输入谐振器而不连接到输出谐振器,这样可以将低频信号与直流偏置的输出谐振器隔离,能够抑制输出到 IF 输出端口的低频信号。在这种方式下,式(6-134)和式(6-135)表明当没有频率补偿或者调整时,输入和输出谐振器的频率是不同的。频率补偿的最好方法是调整 V_{P1} 相对 V_{P2} 的值,下面可以看到,这还可以实现 $R_{\mathrm{Q1}}=R_{\mathrm{Q2}}$。如果调整电极可以使用,那么可以在保持 $V_{\mathrm{P1}}=V_{\mathrm{P2}}$ 的情况下通过在调整电极上施加合适的电压来调整每个谐振器的频率使之匹配。如果采用后面这种方法,显然 R_{Q1} 不再等于 R_{Q2}。

尽管滤波器也会接收到距离谐振点很远的频率信号,但是只有信号频率在 IF 通带范围内时,滤波器才产生振动。因此,需要设计控制或者影响滤波器性能的偏置或者电路方案,来产生或者控制频率在 IF 通带内的信号。例如,终端阻抗 R_{Q1} 和 R_{Q2} 可以用来控制输入和输出谐振器的 Q 值,从而使滤波器部分的通带更加平滑。终端阻抗的确定需要用到 IF 通带范围内的电压、电流以及运动等。

首先需要注意的是,从本质上说,R_{Q1} 和 R_{Q2} 分别为输入和输出端口形成了串联反馈,能够产生与谐振器振动的运动具有相反效果的反馈电压,因此会降低 Q 值。为了得到 Q 值与 R_{Q1} 的定量关系,图 6-76 为电阻负载的 I/O 谐振器,其中定义了有效点输入力 F_{i} 和有效点反馈力

F_{fb}(Q 值控制)，这两个力都作用在谐振梁的中心，可以通过对整个梁宽积分获得。

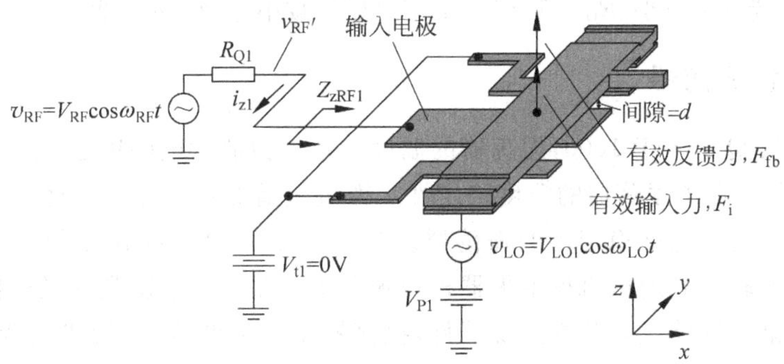

图 6-76　谐振器的驱动电压

利用图中定义的方向，谐振梁中心位移 z 由谐振时作用在该点的力 $F_i=|F_i|\cos\omega_{IF}t$ 引起

$$z = Q(F_i + F_{fb})/(jk_{re}) \tag{6-137}$$

其中 Q 是空载品质因数，$k_{re}=k_r(y)|_{y=L_r/2}$ 是中点的刚度系数。反馈力 F_{fb} 由 R_{Q1} 上的电压 v_{e1} 产生

$$v_{e1} = - i_{z1}R_{Q1} \tag{6-138}$$

其中 i_{z1} 是动态电流，如图 6-75 所示，

$$i_{z1} = (v_{e1} - v_{b1})\frac{\partial C_1}{\partial z}\frac{\partial z}{\partial t} \tag{6-139}$$

把式(6-139)代入式(6-138)得到

$$v_{e1} = \frac{\dfrac{\partial C_1}{\partial z}\dfrac{\partial z}{\partial t}R_{Q1}}{1+\dfrac{\partial C_1}{\partial z}\dfrac{\partial z}{\partial t}R_{Q1}}v_{b1} \approx v_{b1}\frac{\partial C_1}{\partial z}\frac{\partial z}{\partial t}R_{Q1} \tag{6-140}$$

这里假设 v_{b1} 的直流部分(即 V_{P1})远大于输入电极的信号电压 v_{e1}，这种情况下有

$$\frac{\partial C_1}{\partial z}\frac{\partial z}{\partial t}R_{Q1} \approx \frac{v_{e1}}{V_{P1}}\frac{R_{Q1}}{R_{z1}} \ll 1 \tag{6-141}$$

其中 R_{z1} 是谐振器的串联动态电阻，例如式(6-141)中典型值一般 $v_{e1}/V_{P1}\approx 0.001$，$R_{Q1}/R_{z1}\approx 10$，因此式(6-141)的值大体为 0.01，远远小于 1。

当输入方式与图 6-76 相同时，反馈力 F_{fb} 可以通过将式(6-140)代入式(6-129)得到，这里只考虑含有 ω_{IF} 的项，因为只有这些项能够产生与输入力相反的效果

$$F_{fb} = - v_{b1}^1\left(\frac{\partial C_1}{\partial z}\right)^2\frac{\partial z}{\partial t}R_{Q1} = - (V_{P1}^2 + 0.5V_{LO1}^2)\frac{\partial C_1}{\partial z}R_{Q1}(j\omega_{IF}Z) \tag{6-142}$$

最终的形式表示为矢量形式，$\boldsymbol{Z}$ 表示矢量位移。将式(6-142)代入式(6-137)，得到

$$\boldsymbol{Z} = F_iQ'/(jk_{re}) \tag{6-143}$$

其中负载品质因数 $Q'=QR'_{z1}/(R'_{z1}+R_{Q1})$，有效串联动态电阻 $R'_{z1}=k_{re}/[\omega_{IF}(V_{P1}^2+0.5V_{LO1}^2)(\partial C_1/\partial z)^2Q]$。

利用式(6-143)可以得到输入谐振器的终端电阻 R_{Q1} 可以表示为

$$R_{Q1} = \left[\frac{Q}{q_1Q_{fltr}} - 1\right]R'_{z1} \approx \frac{k_{re}}{\omega_{IF}q_1Q_{fltr}(V_{P1}^2 + 0.5V_{LO1}^2)(\partial C_1/\partial z)^2} \tag{6-144}$$

其中 q_1 是归一化的常数。式(6-144)与滤波器设计公式的主要不同点在于 $0.5V_{LO1}^2$ 项，与采用

相同机械网络结构的非混频滤波器相比，它能够显著降低 R_{Q1}。从式(6-144)可知，对于微机械滤波器，如果终端电阻较小(R_{Qi}<1 kΩ)，则需要尽量减小电极谐振器间距，以保证动态范围。

6.4.3　本机振荡器

如果谐振器的 Q 值小于1000，振荡器的温度稳定性由放大电路决定；如果谐振器的 Q 值大于1000，谐振器决定了振荡器的温度稳定性。微机械谐振器的温度特性好、Q 值高，利用微机械谐振器能够实现高温度稳定性的振荡器。表6-9为MEMS振荡器与石英体声波和表面波振荡器的特性比较。利用微机械谐振器构成振荡器的基本思想就是用微机械谐振器取代传统振动电路中的谐振回路或者分立无源器件，振荡器主要由谐振器(梁式或者圆盘式)和集成电路组成。谐振器的频率决定振荡器的工作频率，谐振器的 Q 值决定输出频率的长期和短期稳定性。

表6-9　MEMS振荡器与石英体声波和表面波振荡器的比较

技术参数	MEMS差分振荡器	泛音差分振荡器	SAW差分振荡器
核心技术	全硅MEMS	石英	Surface Acoustic Wave(SAW)石英
振动模式	基额	泛音	基频
频率稳定度	±10 ppm	±20 ppm	±50 ppm
典型相位抖动	<1 ps	<1 ps	<1 ps
1年老化	±1 ppm	±1～3 ppm	±5～10 ppm
功率消耗	40～70 mA	60～100 mA	50～100 mA
封装	7050,5032	7050,5032	7050,5032
可编程	有	无	无
抗冲击/振动能力	50 000 g冲击70 g振动	5000 g冲击10 g振动	5000 g冲击10 g振动
可靠性/MTBF	5亿小时	2000万小时	2000万小时

基于微机械谐振器的低频振荡器和基于FBAR的GHz频段振荡器都已经量产。例如，圆盘谐振器组成的振荡器的工作频率为60 MHz，功耗950 μW[106]。利用双端固支模式的微谐振器与电路集成形成串联谐振电路，已经实现了10 MHz的振荡器[107]。图6-77所示分别为振荡器的原理图和电路图。该振荡器为单片集成器件，谐振器与IC集成制造，NMOS集成电路采用TSMC的0.35 μm工艺制造。

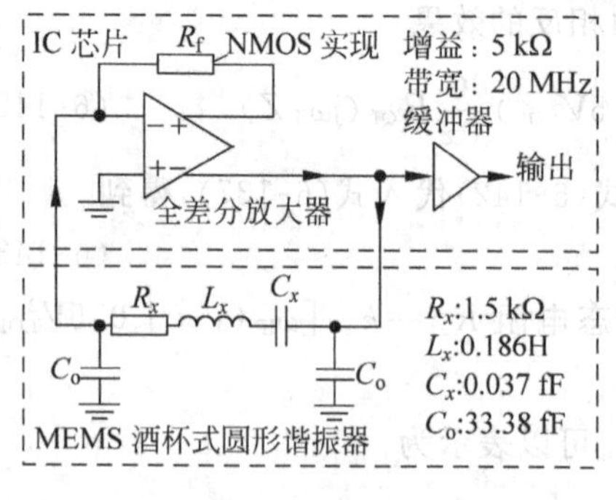

(a) 振荡器的系统框图

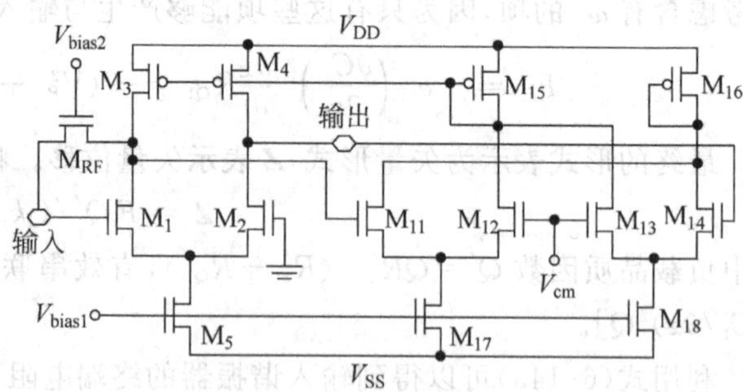

(b) 谐振电路

图6-77　基于圆盘谐振器的低频振荡器

图 6-78 为利用双端固支梁式谐振器构成的皮尔斯振动电路[108]。皮尔斯电路是一种常用的振荡电路，利用微机械谐振器取代传统的分立石英晶体谐振器，能够实现整个电路的集成。图 6-79 为 3 端口梳状谐振器构成的振荡器电路图[55]。梳状谐振器的优点是对电压不敏感，因此在振荡电路中能够减小电源电压变化引起的频率不稳定性。

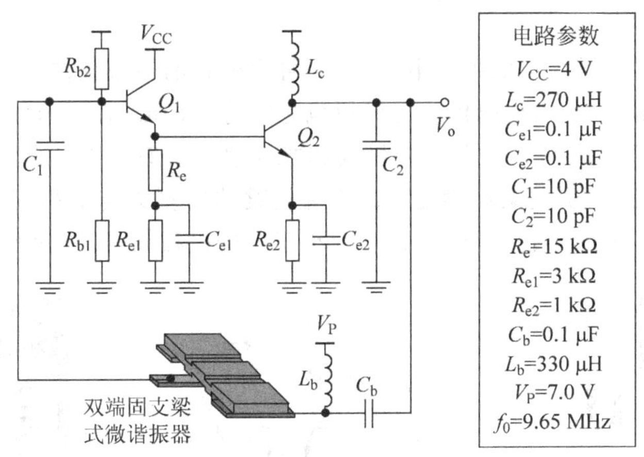

图 6-78 微机械谐振器构成的皮尔斯振荡电路

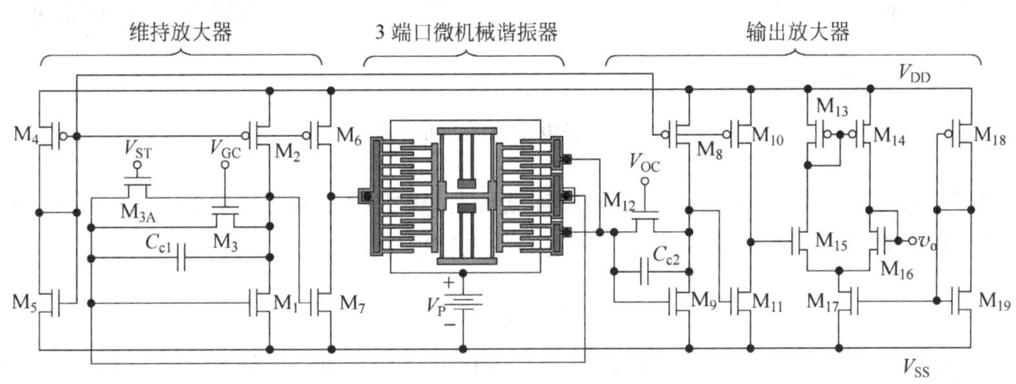

图 6-79 3 端口谐振器电路图

6.5 可调电容、电感与压控振荡器

6.5.1 可调电容

可调电容是压控振荡器(VCO)的关键器件，其主要参数包括非偏压电容、可调变容比，以及等效串联电阻和品质因数 Q。非偏压电容由不同的应用决定，一般 VHF 频段需要几十皮法，X 波段需要大约 0.1 pF。变容比根据不同的应用而不同，有些应用需要变容比 50%以内对阻抗精确调整，而多数应用需要变容比达到 200%。如果只考虑引起损耗的主要因素串联电阻，谐振器的 Q 值 $Q=1/(\omega CR)$ 反比于串联电阻，因此电阻越小 Q 值越高。MEMS 可变电容具有很高的 Q 值，较大的调谐范围，较高的工作频率，其应用已经不限于 VCO，而是向着选频滤波和多波段可变无线通信系统发展。

电容的大小取决于极板间距、极板面积和介质的介电常数,因此可变电容可以通过变极板面积、变极板间距和改变介质来实现。除了使用介电常数可控的材料(如 BST 的介电常数可以通过直流电压控制)作为电容极板间的介质外,改变极板间距、重叠面积、电容介质等可调方法都需要用到驱动器和可动微结构。常用的驱动方法是静电,压电[109]和电热等也有应用。

1. 可调平板电容

图 6-80 为 4 个柔性梁支承的可变电容[110]。可变电容的下极板位于衬底的一层 LTO 上,LTO 下面为一层铝薄膜,作为地电极。上极板也是铝薄膜构成,在四角处由柔性梁支承,柔性梁通过锚点固定在 LTO 表面。当上下电极间施加驱动电压时,电容的上下极板间产生静电力,拉动上极板向下运动,引起柔性梁变形。当柔性梁的回复力与极板间的静电力相等时,上极板停留在一个新的平衡位置。此时极板间距小于初始极板间距,从而改变了电容的大小。

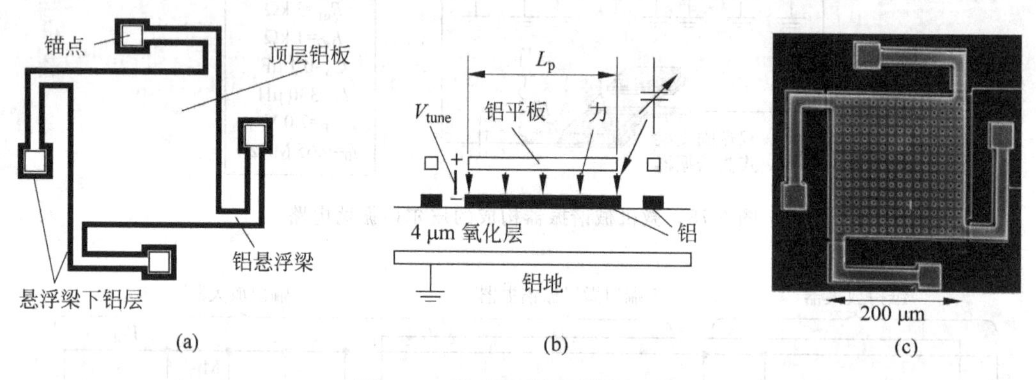

图 6-80 静电驱动平板可变电容

由于平板电容具有下拉效应,为了能够连续调整,极板的运动范围必须小于下拉位置,即最大调整电压要小于下拉电压。可变间距电容的电容值为

$$C_D = \frac{\varepsilon_D A}{x + d} \tag{6-145}$$

其中 d 和 A 是极板初始间距和极板面积,x 是极板变化的距离,ε_D 是填充介质的介电常数。电容极板在静电力的作用下产生位移,当静电力与支承结构的回复力相等时,极板处于平衡位置[111]

$$k_m x = \frac{1}{2} V_{tune}^2 \frac{\partial C_D}{\partial x} \tag{6-146}$$

其中 k_m 是支承结构的弹性系数,V_{tune} 是电容极板的驱动电压。从电容的结构和式(6-146)可以看出,电容会出现下拉效应,因此驱动电压必须满足非下拉条件,才能维持电容的正常工作。由于极板位移超过 1/3 间距时进入下拉范围,因此电容的最大可调比为

$$R = \frac{\frac{1}{3}}{\frac{2}{3}} = \frac{1}{2} \tag{6-147}$$

即最大可调比为 50%。将式(6-146)代入系统的动态方程得

$$m \frac{d^2 x}{dt^2} + \eta \frac{dx}{dt} + k_m x = \frac{1}{2} \frac{dC_D}{dx} V_{tune}^2 \tag{6-148}$$

Laplace 变换以后得到传输函数

$$\frac{X(s)}{F_{\mathrm{exc}}(s)}=\frac{1}{m}\frac{1}{s^2+(\omega_{\mathrm{m}}/Q_{\mathrm{m}})s+\omega^2} \tag{6-149}$$

其中 $\omega_{\mathrm{m}}^2=k_{\mathrm{m}}/m, Q=\sqrt{k_{\mathrm{m}}m}/\eta$。需要注意的是位移的 Laplace 变换是低通的响应形式，因此当外界驱动力的频率小于系统的固有频率时，电容的位移受到外界驱动力的控制；当外界驱动力的频率高于固有频率时，驱动力被衰减。

图 6-81 为可调电容的制造流程，与开关的制造过程基本类似。(1)沉积铝薄膜作为地电极，LTO 沉积 4 μm 的 SiO_2 绝缘层；(2)沉积并刻蚀第 2 层铝，形成电容的下极板；(3)用光刻胶作为牺牲层，光刻形成支承结构与衬底的支承点；(4)沉积刻蚀第 3 层铝形成电容上极板；(5)在氧等离子中去除光刻胶，释放电容上极板。电容的名义电容值为 1.4 pF，Q 值在 1 GHz 和 2 GHz 时分别为 23 和 14，当驱动电压在 0～5 V 的范围内变化时，电容从 1.4 pF 变化为 1.9 pF，如图 6-81 所示。由该可调电容构成的 VCO 中心频率为 2.4 GHz，可调范围 3.4%，100 kHz 和 1 MHz 的相位噪声分别为－93 dB/Hz 和－122 dB/Hz，输出电平为－14 dBm，供电电压为 2.7 V。

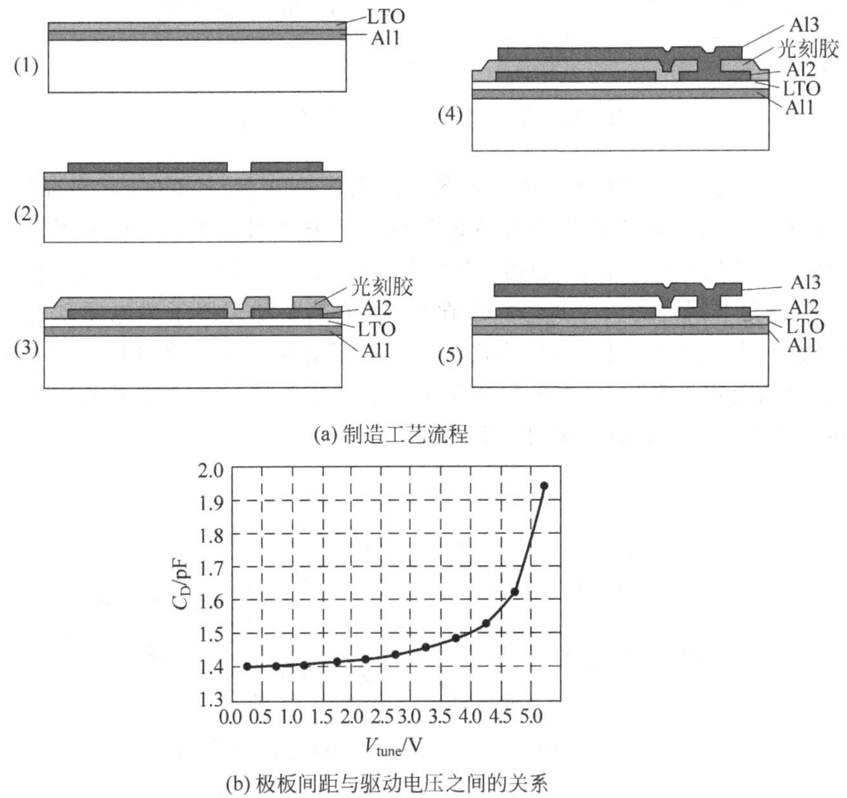

图 6-81　可调电容制造流程及可调特性

基于静电平板电容的可调电容有多种形式。为了提高电容的可调比，利用 3 层极板结构的中间层作为可动层，上下极板与之组成的电容在中间极板移动时的变化方向相反，可以将可调范围增加到 100%[111]。利用类似于并联开关的结构实现 2 位置可调电容，可以将变容比增加到 22∶1[112]。实际上,电容式开关几乎都可以作为可调电容,与任意位置调整的模拟式可调电容相比,开关电容只有两个位置可调,可以看作数字可调电容,其优点是动作速度快,可调范围大,一般可以达到 20∶1～40∶1。

图 6-82 为叉指电容驱动的可调平板电容[113]。驱动器为锯齿形的叉指电容,在电压的作用下叉指间距改变,带动弹性梁和固定在弹性梁上的平板电容的极板改变位置,实现可调平板电容。可调电容采用 HARPSS 工艺制造,静止时平板电容为 2.5 pF,在 2 V 驱动电压的作用下电容被调整为 5 pF。在 400 MHz 和 1 GHz 时电容的 Q 值分别为 99 和 49,插入损耗小于 0.5 dB,谐振频率高于 10 GHz。

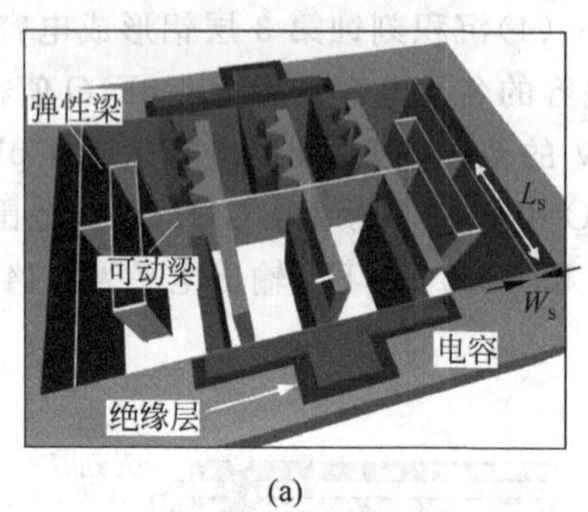

(a)

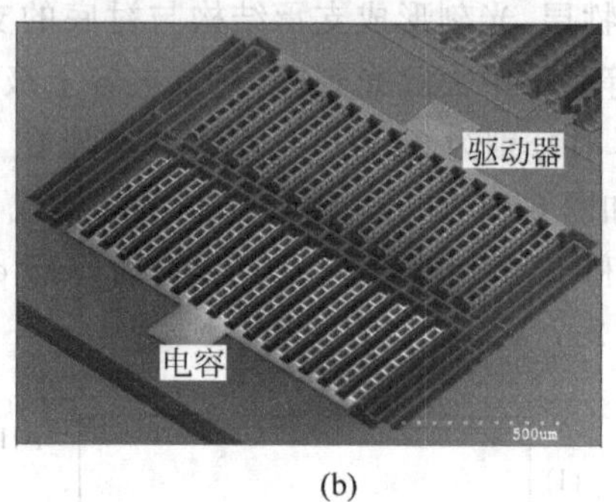

(b)

图 6-82 叉指电容驱动的可调平板电容

图 6-83(a)为可变极板间距的电容示意图。极板为 250 μm×250 μm 多晶硅,可变范围 500～20 fF,电极间距与横向驱动器的关系为非线性。采用倒装芯片实现的可变电容[114],极板间距的变化依靠电热执行器驱动柔性结构和电容极板。电压从 0～5 V 时,电容从 0.9 pF 变化到 1.7 pF,但是非线性的,1 GHz 时 Q 值 250。电热驱动克服了静电驱动对变容比的限制,但是功耗较大[114]。图 6-83(b)为可变极板面积的示意图。通过静电机构驱动上极板平行移动来改变电容的面积。实际上,常见的梳状叉指电容就是通过改变重叠面积实现电容变化的,区别仅在于叉指电容与平板电容的方向不同。

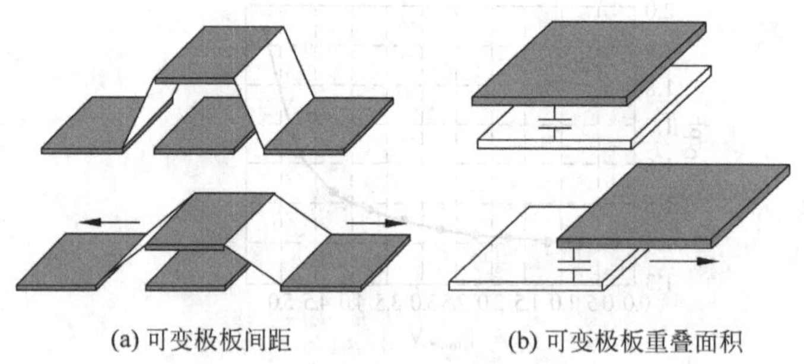

(a) 可变极板间距　(b) 可变极板重叠面积

图 6-83 可变电容

图 6-84 所示是可变介质电容,它的极板间距和重叠面积是固定的,但是极板间的填充介质可以由静电执行器控制填充的比例,从而控制电容变化[115]。当在两个极板间施加直流偏置电压时,介电材料会产生感应电荷并受到静电力的作用,使介电材料被拉进极板中间。这种结构的优点是不需要长弹性结构支承来悬浮极板,减小了串联电阻并提高了 Q 值;另外,可以

避免下拉现象和极板短路，同时又有很大的可调范围，其 Q 值在 1 GHz、1.21 pF 时为 291；10 V 控制电压变化可以改变电容 40%。

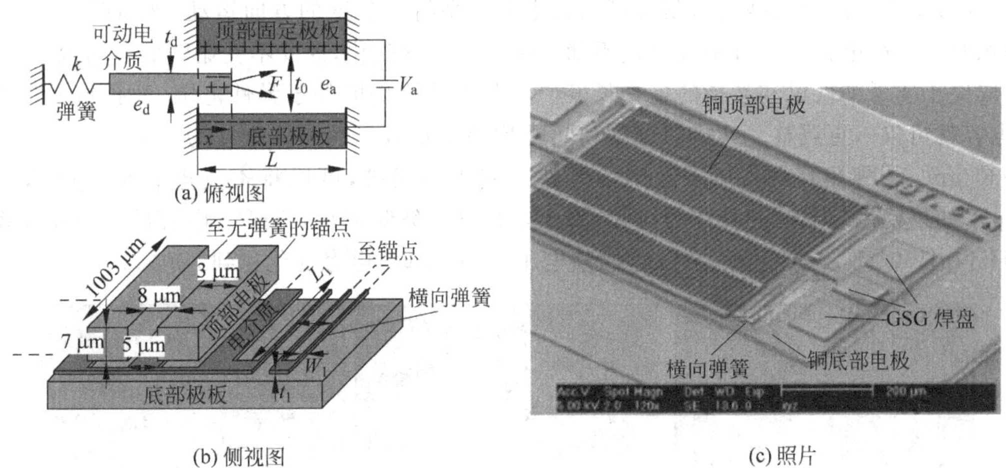

图 6-84 可变介质电容

图 6-85 为可变介质电容的制造过程。首先依次沉积绝缘层、铜种子层、电镀 5 μm 铜和 0.3 μm 的镍，如图 6-85(1)所示；沉积 0.2 μm 铝作为牺牲层，刻蚀牺牲层后沉积 1 层 0.6 μm 的绝缘层并刻蚀，如图 6-85(2)所示；沉积并刻蚀 0.9 μm 厚的第 2 层铝作为牺牲层，如图 6-85(3)所示；涂覆 10 μm 厚的光刻胶并光刻出电镀铜的模具，电镀铜形成 7μm 的电极，如图 6-85(4)所示；最后去除光刻胶并刻蚀铝牺牲层，释放结构，如图 6-85(5)所示。

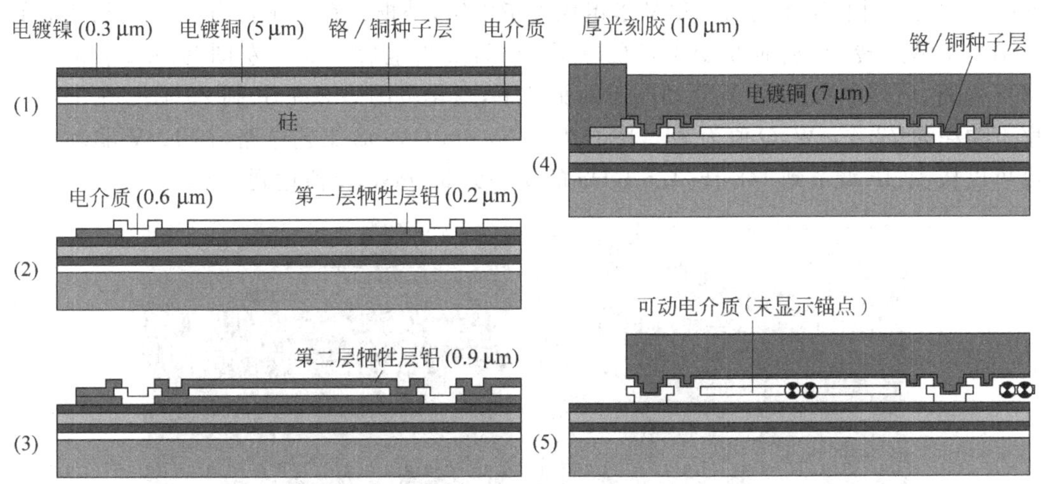

图 6-85 可变介质电容的制造流程

2. 可调叉指电容

最早的可调叉指电容出现在 1991 年[2]。该电容利用静电梳状驱动器改变 3 个叉指的梳状电容，驱动电压高达 80～200 V，叉指重叠从 150 μm 变化到 375 μm，电容从 35 fF 调整到 100 fF。由于驱动器的可动和固定叉指之间的边缘电容过小，产生的驱动力很小，并且器件表面积累的电荷使静摩擦系数增大,导致驱动电压过高。

图 6-86 为梳状电容驱动可调叉指电容[116]。在驱动电容的可动和静止叉指间施加驱动电压,二者边缘效应产生的静电力驱动可动叉指沿着平行于长度的方向运动,叉指间距不变、重叠面积改变。静电力的一阶主要分量不随叉指重叠长度变化,因此不受塌陷效应的限制,可调比仅取决于支承弹性梁和叉指的重叠长度。只要弹性梁仍旧处于弹性范围、叉指重叠长度足够,电容就可以一直调整。叉指的宽度和间距均为 2 μm,弹性梁的宽度为 2 μm,电容高度为 20～30 μm,采用 SOI 和 DRIE 深刻蚀制造。使用高阻硅,可以将寄生电容从 2pF 降低到 0.2 pF,如果使用玻璃硅键合作为衬底,寄生电容可以降低到 0.08 pF。电容的自谐振频率为 5 GHz,在 500 MHz 时 Q 值达到 34,调整电压为 14 V 时,电容变化达到 300%。

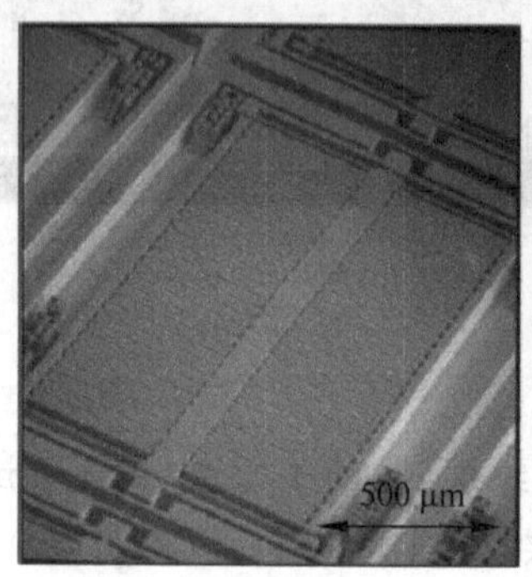

图 6-86　梳状电容驱动可调叉指电容

图 6-87 为利用 CMOS-MEMS 工艺实现的可调叉指电容[117]。固定在内框架上的一组梳妆叉指与固定在外框架上的另一组叉指组成叉指电容,外框架在支承位置的电热驱动器的作用下围绕支承点转动,从而改变叉指的重叠面积,实现电容可调。左图为 0.6 μm 工艺的 CMOS 电路,可调电容在 24 V 驱动电压的驱动下,变化范围为 209 fF 到 29 4fF,在 1.5 GHz 频率下功耗为 72.4 mW,Q 值为 28。图右为 0.35 μm CMOS 工艺电路,在 12 V 驱动电压下电容可以从 42 fF 调节到 148 fF,1.5 GHz 的功耗为 34 mW,Q 值达到了 52。

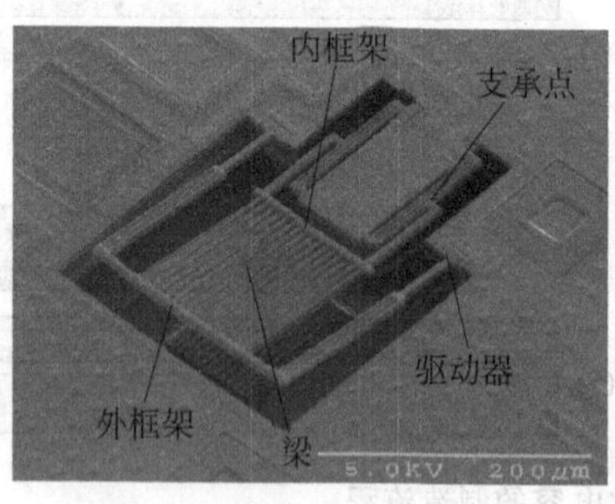

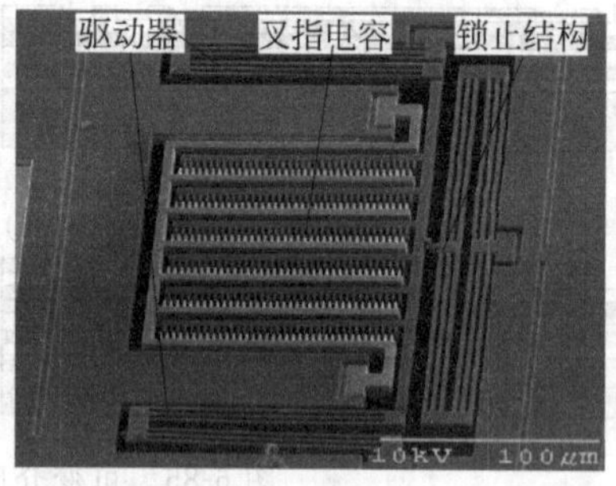

图 6-87　CMOS-MEMS 工艺制造的可调叉指电容

6.5.2　电感

电感是 LNA、VCO、滤波器等电路的重要组成元件,其主要参数包括电感值、Q 值和自谐振频率。通常 RF IC 要求电感损耗低、功耗小、线性好,谐振频率一般在 10 GHz 以上,Q 值在

15 以上。分立电感的 Q 值为 50 左右，而 CMOS 平面电感的 Q 值只有 5～15，这是由于 CMOS 工艺中金属与衬底之间的漏电流和电感辐射磁场引起的趋肤效应、杂散效应和涡流损耗，导致电感串联电阻过高，Q 值低。GaAs 衬底损耗远小于硅，电感的 Q 值可达几十。

电感是存储磁能的元件，电感磁芯的电阻以及衬底损耗都会影响电感的 Q 值。减小衬底损耗、提高 Q 值的方法包括：减小衬底厚度、多层连线工艺、使用屏蔽或高阻衬底、利用自组装形成站立电感等。MEMS 技术可以制造悬空的电感，减小电感与衬底之间的寄生电容和能量损耗，提高电感的 Q 值；另外，MEMS 可以实现高深宽比的厚膜金属电感，降低金属损耗。

1. 二维悬空电感

二维悬空电感的电感线圈为平面螺旋电感，但电感本身并不直接在衬底上，而是通过支承结构将电感悬空，以降低电感向衬底的能量损耗和寄生效应。最早的二维悬空电感出现在 1993 年[118]，利用 2 μm 标准 CMOS 工艺制造电感，并将电感下方的硅刻蚀去除，只留下 2 μm 的薄膜支承电感，使电感的自谐振频率从 800 MHz 提高到 3 GHz，Q 值提高到 5。图 6-88(a) 为 0.7 μm CMOS 工艺制造的平面电感[119]，正面去除衬底。相对从正面刻蚀悬空薄膜的方法，从背面刻蚀能实现更好的效果[120]，例如刻蚀后 12nH 电感的 Q 值从 3 升高到 20，谐振频率从 1 GHz 提高到 13 GHz[121]。利用这种方法，在标准双极工艺和 3.5 Ωcm 的硅衬底上用标准厚度金属(0.6 μm 和 1.4 μm)实现的电感，自谐振频率从 6 GHz 提高到 18 GHz，Q 值从 6 提高到 28[122]。利用 CMOS-MEMS 工艺实现的介质和多层铜连线的悬空电感，可以减小衬底损耗，在 7.5 GHz 时电感为 3.2 nH，Q 值为 12，Q 值和谐振频率分别提高了 180% 和 40%～70%[123]。

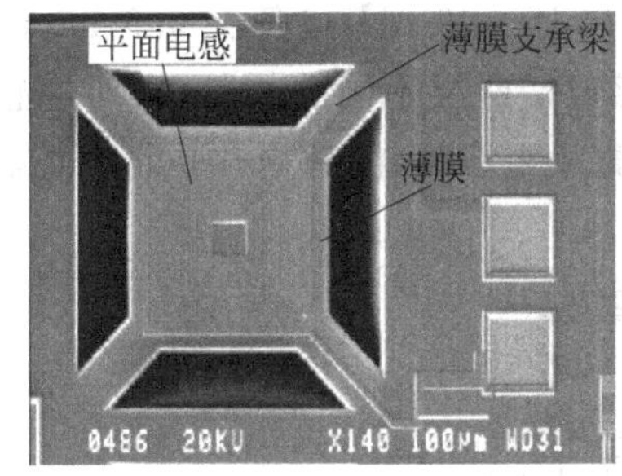

(a) 面内平面薄膜电感

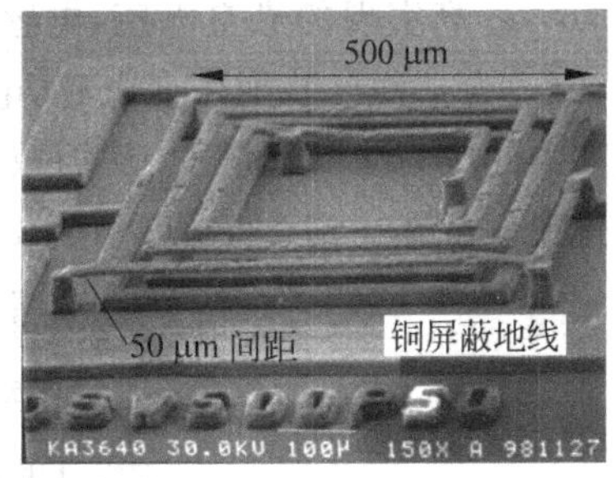

(b) 悬空平面电感

图 6-88 悬空电感

悬空法的困难在于其他元件与电感的距离和机械可靠性的问题。直接地屏蔽可以减小衬底阻抗，但是会引起环路电流，使耦合更加强烈，减小了电感。尽管采用槽形地屏蔽减小环路电流的方法对低频效果明显，但是导致寄生电容变大[124]。增大衬底阻抗也可以减小衬底损耗，如使用高阻硅或者蓝宝石衬底[125]，但是这种方法的缺点是与 CMOS 兼容差。

图 6-88(b) 为微加工制造的完全悬空的平面电感[126]。电感制造在玻璃基底上，采用光刻胶(或镍)作为模具电镀铜将电感悬空在表面上方 50 μm，制造过程如图 6-89 所示。(1)在衬底上溅射种子层，涂厚光刻胶，利用光刻胶结构作为模具电镀第 1 层金属(底部铜)，再涂第 2 层光刻胶，曝光后并不显影，继续涂第 3 层光刻胶，对第 3 层光刻胶进行浅曝光。(2)显影后的结构如图所示。(3)电镀铜，由于只有深孔有种子层，因此电镀形成自底而上将深孔填满，其他部位不会被电镀。(4)溅射种子层。(5)将表面的种子层去除。(6)电镀铜，将有种子层的区域

填满。(7)去除牺牲层光刻胶。该工艺可以在CMOS工艺完成以后进行，是CMOS兼容的制造方法。1.7 nH的电感在10 GHz的Q值达到57；通过多层结构增加电感的匝数使电感达到14 nH时，在1.8 GHz频率下Q值达到38。

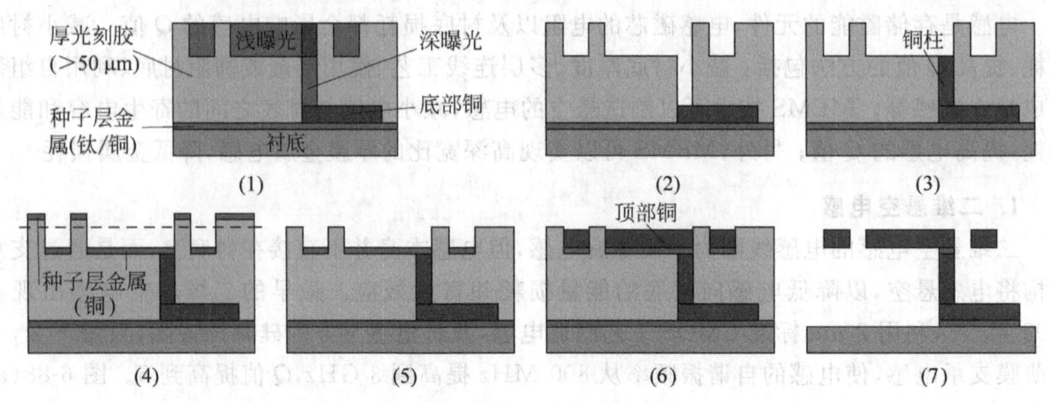

图6-89　悬空电感的电镀过程

图6-90(a)和(b)为多晶硅表面覆铜电感[127]。电感为多晶硅材料，表面电镀1.5 μm厚的铜，电感悬空在30 μm深的腔体上方，腔体表面覆铜，形成了良好的RF地电极和屏蔽层，可以有效地隔离相邻电感间的串扰。电感值达到了10.4 nH，在10 GHz频率下Q值达到了30。使用铁氧体层作为平面非悬浮电容的屏蔽层，也可以把Q值提高到20[128]。用表面微加工技术在衬底表面60 μm高实现的悬空电感，电感值在15～40 nH，Q值在0.9～2.5 GHz时达到40～50。图6-90(c)为1种自装配可变电感，电感包括两层不同的材料，当对电感加热时不同的热碰撞系数产生的应力使线圈竖立，从而减小寄生电容损耗，并由热执行器控制总体电感的大小。电感变化比例可以达到18%，Q值为13[129]。

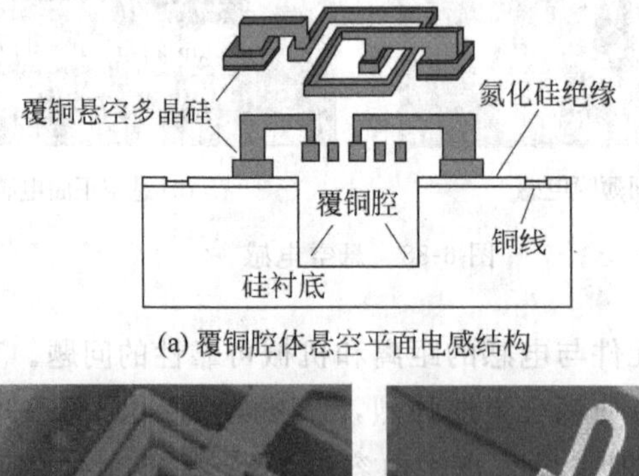

(a) 覆铜腔体悬空平面电感结构

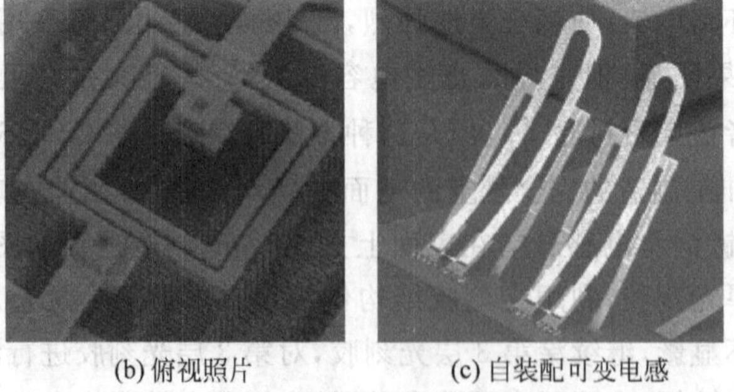

(b) 俯视照片　　(c) 自装配可变电感

图6-90　多晶硅覆铜悬空电感

2. 三维电感

由于电感结构的原因，平面电感轴线垂直于衬底表面，大量的磁通量穿过硅衬底，引起涡流损耗，如图 6-91(a)所示。使电感脱离衬底或者实现轴线与衬底平行的三维电感是降低损耗的有效方法，三维电感的磁通量通过衬底很少，降低了衬底损耗，因此可以提高 Q 值，如图 6-91(b)所示。

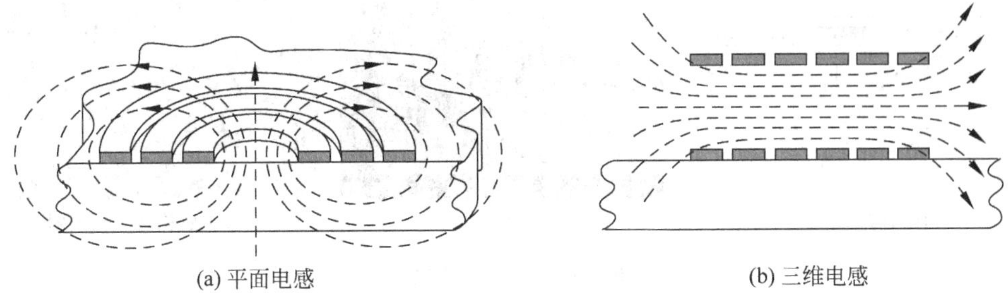

图 6-91　电感磁通量示意图

图 6-92 为采用图 6-89 的过程制造的三维螺旋电感[130]。该工艺过程可以多层重复，因此能够制造超过 3 层的复杂电镀电感。图 6-92(a)为轴线与衬底平行的螺旋电感，包括 3 层金属结构，即 2 层与衬底平行的连线和 1 层与衬底垂直的连线；图 6-92(b)为 3 层螺旋电感，包括 5 层金属结构，即 3 层与衬底平行的线圈和连接线圈的垂直连线。图 6-92(c)为利用 SU-8 作为电镀模具，电镀铜制造的多圈三维螺旋电感，电感在 11.5 nH，在 2.5 GHz 时 Q 值为 10[131]。利用类似的方法，在玻璃上电镀的铜电感为 2.3 nH，在 8.4 GHz 时实现 Q 值 25[132]。

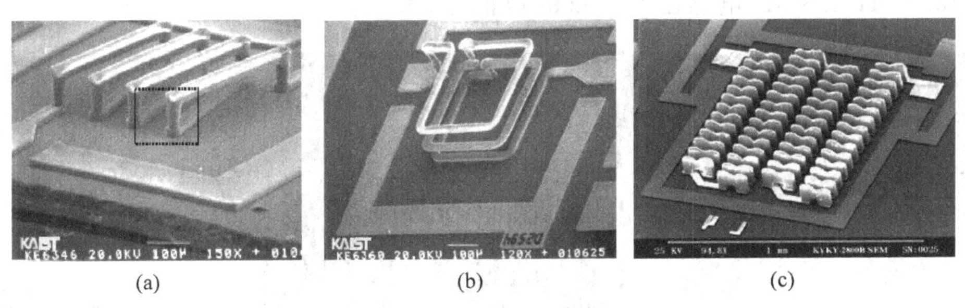

图 6-92　电镀制造的三维电感

图 6-93 为三维卷曲自组装电感[133]。很多难熔金属在沉积时可以通过控制反应腔压强获得不同的应力，例如压强高时一般为拉应力，压强低时一般为压应力。这是由于低压下沉积原子的平均自由程长，原子在到达衬底以前发生的碰撞少，原子在衬底的排布比正常状态紧密，因此表现为膨胀的趋势，即受到压应力；在高压时原子平均自由程短，溅射的原子在到达衬底以前碰撞次数多，能量损失严重，到达衬底的原子没有足够的能量进一步按照自然状态排布，于是原子间隔增大，表现为收缩和拉应力。通过控制金属溅射过程的参数，可以实现多层不同厚度的应力金属如钼/铬，从而实现应力梯度，使溅射的金属薄膜卷曲。当应力控制合适时，即可形成平面外的卷曲电感。

在制造好的 CMOS 电路上电镀 Cu 作为地电极，引导涡流并降低损耗。沉积 10 μm 以上的介电层，刻蚀形成导线孔，然后沉积导电层作为释放牺牲层使用，沉积金属层 Au/MoCr/Au，并使应力达到需要的水平，其中 Au 作为保护使用。剥离金属形成需要的电感形状后，刻蚀牺牲层释放电感金属，此时电感因为金属应力梯度发生卷曲，形成需要的形状。卷曲电感从 10 Hz 到 1 GHz 的范围内变化较小，在 1 GHz 时低阻硅衬底上的电感的最大 Q 值可以达到 70，远远超过硅衬底上的平面电感。

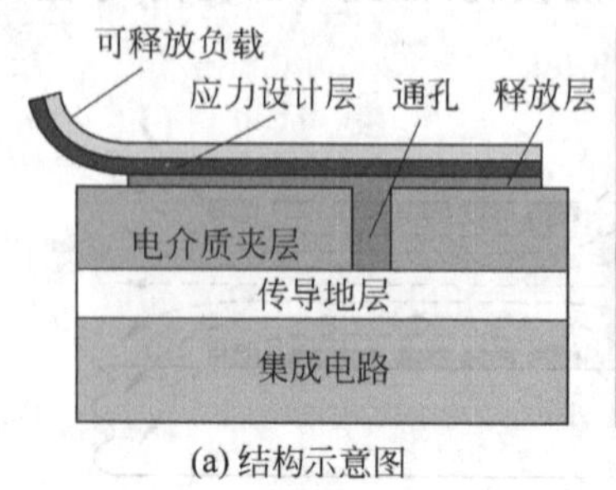

(a) 结构示意图

(b) 电感照片

(c) 电感构成的振荡器

图 6-93 三维卷曲电感

图 6-94(a)为与衬底垂直的自组装的三维平面电感[134]。电感边长为 350 μm，绕圈部分为 7 μm 厚的铜，铰链为焊料，利用焊料熔化再凝固产生的应力将平面电感竖起。电感值为 1.5 nH，在 3.5 GHz 时 Q 值为 17，而同样的平面电感如果没有竖起而是平行衬底悬空 3 μm，在 0.5 GHz 的 Q 值只有 4。图 6-94(b)为电磁力自组装三维平面电感[135]。电感为坡莫合金电镀形成，在电磁力的作用下从平面变成直立位置，自谐振频率为 4 GHz，Q 值为 12。使用磁质硬芯是提高电感性能的重要方法，但是制造过程往往比较复杂。图 6-94(c)为带有硬芯的三维电感。电感线圈为电镀铜制造，厚度 5 μm，硬芯为铝，宽度和高度约为 500 μm，4 圈电感最大达到 13.8 nH，4.8 nH 电感在 1 GHz 的 Q 值为 30[110]。

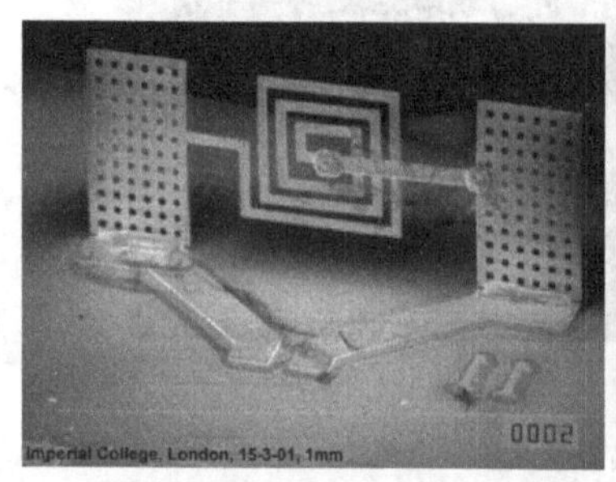

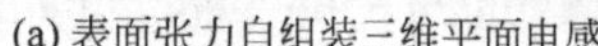

(a) 表面张力自组装三维平面电感

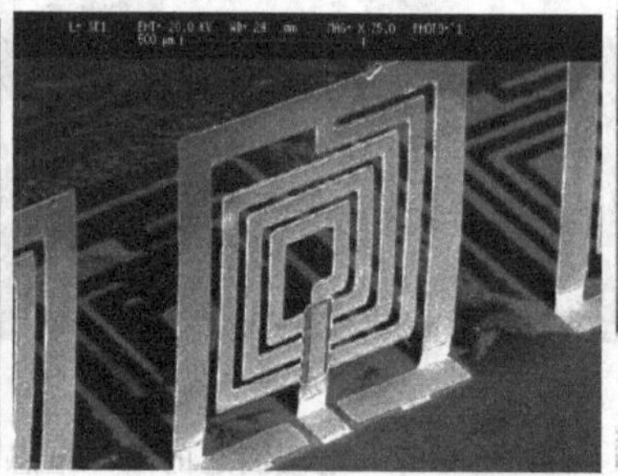

(b) 电磁力自组装三维平面电感

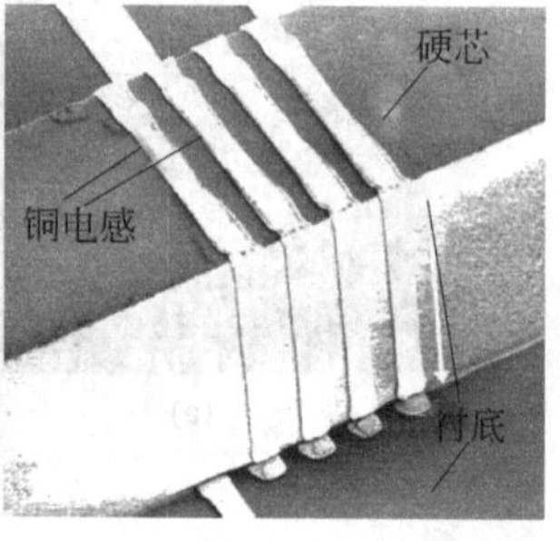

(c) 硬芯三维电感

图 6-94 三维电感

尽管采用悬空结构的二维和三维电感提高了电感值并降低了衬底损耗，使 Q 值大幅度提高，但是悬空结构的制造复杂性和低可靠性都阻碍了悬空电感的发展。采用 CMOS 兼容的 MEMS 工艺制造非悬空(固定在衬底上)的高性能电感才能够满足 RF 系统的需求。例如，利用 DRIE 在衬底刻蚀高深宽比的窄槽阵列，沉积 PECVD SiO_2 将表面密封，然后在 SiO_2 表面电镀铜电感，电感支承在 SiO_2 表面，克服了悬空的缺点。制造过程完全 CMOS 兼容，1 nH 的电感在 1 GHz 频率下 Q 值达到 51，2.4 GHz 时达到 40[136]。

6.5.3　压控振荡器

目前 VCO 是由分立电感($Q>30$)、p-n 结和压控变容二极管电容($Q>40$)来实现的。这些器件的可调范围都很小(一般小于 30%),并且硅衬底的损耗和寄生效应使自谐振频率很低。VCO 的频率基准是一个高稳定度的晶体振荡器,电感和电容对它们共同组成的锁相环(PLL)进行频率牵引,从而消除 VCO 的相位噪声。CMOS 的 p-n 结电容随着 p-n 结的偏压变化,可以作为可变电容,但是随着频率上升,Q 值变得相当低,在 5 GHz 时已与电感相当,使得压控振荡器的相位噪声非常大。CMOS 变容二极管的最大缺点是电容与 RF 信号的功率相关,使二极管表现出强烈的非线性。

图 6-95 为 MEMS 技术实现的 2.4 GHz VCO 结构和电路[137]。可调电容为图 6-80 所示的静电驱动平板电容,驱动电压从 0 V 变化到 5 V 时,电容从 1.4 pF 变化为 1.9 pF。VCO 电路芯片采用 0.5 μm 的标准 CMOS 工艺制造,与可调电容所在的芯片通过引线键合连接。谐振频率为 2.4 GHz,相位噪声−122 dB/Hz,可调范围为 3.4%。

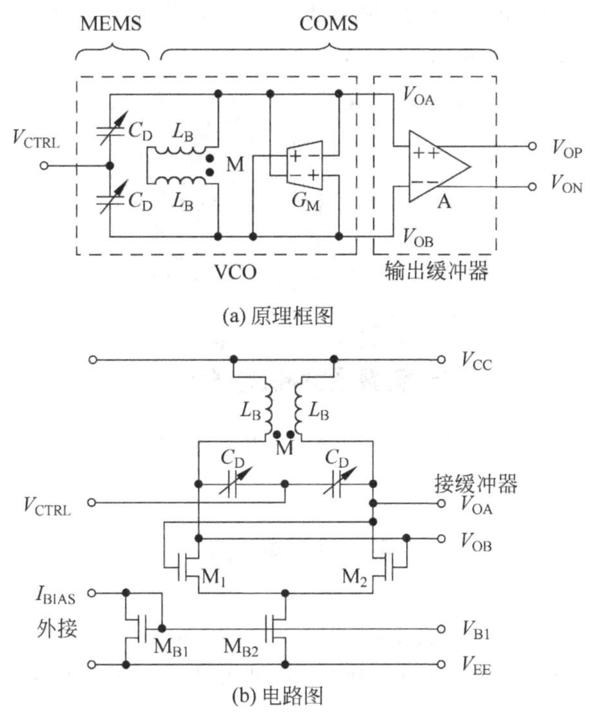

图 6-95　微波频段的 MEMS VCO 框图

图 6-96 为利用 CMOS 兼容的铜电镀制造的全集成压控振荡器电路图[138]。电路采用 0.18 μm 标准 CMOS 工艺制造,电感采用图 6-89 的电镀工艺制造,在 2.6 GHz 频率下的 Q 值达到了 27。1 GHz VCO 的相位噪声为−124 dB/Hz,频率可调范围为 1.08～1.83 GHz。VCO 工作电压为 3 V,功耗为 15 mW。

图 6-97 为利用图 6-87 的 CMOS-MEMS 工艺制造的可调电容组成的集成 VCO[139]。VCO 包括位于芯片上部的 2 个静电驱动的可调电容和 1 个差动电感,以及位于芯片下部的 0.35 μm SiGe BiCMOS 工艺制造的电路。VCO 中心频率为 2.45 GHz,0～4.5 V 的驱动电

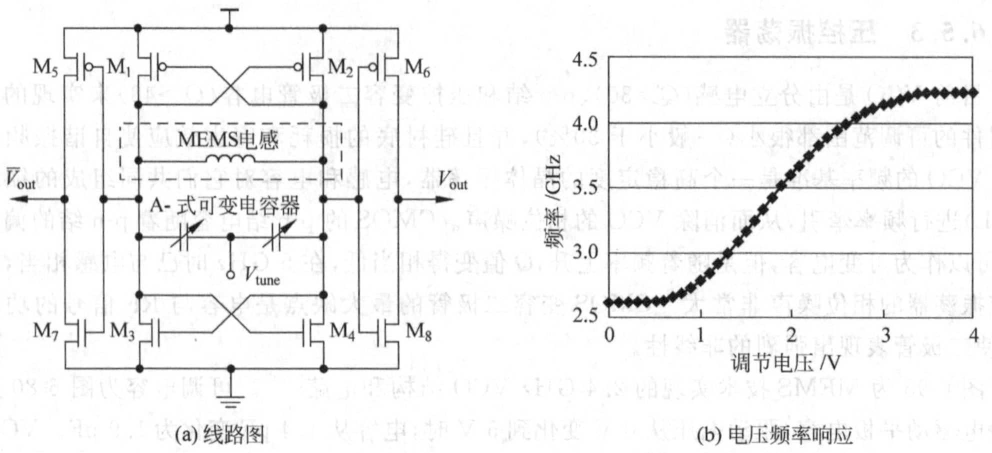

图 6-96 集成 MEMS 电感的压控振荡器线路图和电压频率响应

压使电容从 400 fF 变化为 866 fF,谐振频率从 2.1 GHz 变化为 2.8 GHz,相对改变量 30%,相位噪声为−122 dB/Hz,功耗为 2.75 mW。

图 6-97 CMOS-MEMS 工艺实现的集成 VCO

参考文献

[1] KE Peterson. Micromechanical membrane switches on silicon. IBM J Res Dev,1979,23(4),376-385

[2] L Larson. Micromachined microwave actuation technology. In: IEEE Microw millimeter-wave monolithic circuit symp,1991,27-30

[3] De Los Santos HJ,et al. RF MEMS for ubiquitous wireless connectivity. Part Ⅰ. Ⅱ. IEEE Microw Mag, 2004,12: 36-65

[4] NS Barker,et al. Distributed MEMS true-time delay phase shifters and wideband switches. IEEE T MTT,1998,46: 1881-1890

[5] RE Mihailovich,et al. MEM relay for reconfigurable RF circuits. IEEE Microwave Wireless Comp Lett, 2001,11: 53-55

[6] GM Rebeiz. RF MEMS: Theory,Design and Technology,New York: Wiley,2003

[7] Goldsmith C,et al. Micromechanical membrane switches for microwave applications. IEEE MTT-S,1995, 91-94

[8] Z Yao,et al. Micromachined low-loss microwave switches. J MEMS,1999,8(2),129-132

[9] JY Park, et al. Fully integrated micromachined capacitive switches for RF applications. in IEEE MTT-S, 2000, 283-286

[10] GL Tan, GM Rebeiz. DC-26 GHz MEMS series-shunt absorptive. in IEEE MTT-S, 2001, 325-328

[11] JB Muldavin, et al. High-isolation inductively tuned X-band MEMS shunt switches. in 30th Europ Microwave Conf, 1151-1154

[12] C. Goldsmith, et al. Performance of low-loss RF MEMS capacitive switches. IEEE Microw Guided Wave Lett, 1998, 8: 269-271

[13] JB Muldavin, et al. High isolation MEMS shunt switches; Part 1,2. IEEE T MTT, 2000, 48: 1045-1056

[14] M Ulm, et al. Capacitive RF MEMS switches for the W-band. 31st Europ Microwave Conf, 2001, 287-90

[15] HAC Tilmans, et al. Wafer-level packaged RF-MEMS switches fabricated in a CMOS fab. IEDM 2001, 921-924

[16] R Chan, et al. Low-actuation voltage RF MEMS shunt switch with cold switching lifetime of seven billion cycles. J MEMS, 2003, 12(5): 713-719

[17] JJ Yao, MF Chang. A surface micromachined miniature switch for telecommunications applications with signal frequencies from dc up to 4 GHz. In: Transduers'95, 384-387

[18] Park JH, et al. A 3-voltage actuated micromachined RF switch for telecommunications applications. Transducers'01: 1540-1543

[19] V Milanovic, et al. Microrelays for batch transfer integration in RF systems. In: MEMS'2000: 787-92

[20] GM Rebeiz, Muldavin JB. RF MEMS switches and switch circuits. IEEE Microwave Mag, 2001, 12: 59-71

[21] JY Park, et al. Monolithically integrated micromachined RF MEMS capacitive switches. Sens Actuators, 2001, A 89: 88-94

[22] D Hah, et al. A low-voltage actuated micromachined microwave switch using torsion springs and leverage. IEEE T MTT, 2000, 48(12): 2540-2545

[23] D Hyman, et al. GaAs compatible surface-micromachined RF MEMS switches. Electron Lett, 35(3): 224-225, 1999

[24] S Ertl, et al. Surface micromachined diamond microswitch. Diamond Related Materials, 2000, 9: 970-974

[25] J Rizk, et al. High-isolation W-Band MEMS switches. IEEE Microw Wireless Comp Lett, 2001, 11(1)

[26] JB Muldavin, et al. All-metal series and series/shunt MEMS switches. IEEE Microw Wireless Comp Lett, 2001, 11: 373-375

[27] HAC Tilmans, et al. A fully-packaged electromagnetic microrelay. In: MEMS'99 25-30

[28] Y Wang, et al. A low-voltage lateral MEMS switch with high RF performance. J MEMS, 2004, 3(6): 902-911

[29] SJ Gross, et al. Lead-zirconate-titanate-based piezoelectric micromachined switch. APL, 2003, 83(1): 174-176

[30] IJ Cho, et al. A low-voltage and low-power RF MEMS series and shunt switches actuated by combination of electromagnetic and electrostatic forces. IEEE T MTT, 2000, 53(7): 2450-2457

[31] D Saias, et al. An above IC MEMS RF switch. IEEE JSSC, 2003, 38(12): 2318-2324

[32] C Chang, et al. Innovative micromachined microwave switch with very low insertion loss. Sens Actuators, A, 2000, 79(1): 71-75

[33] HC Lee, et al. Piezoelectrically actuated RF MEMS DC contact switches with low voltage operation. IEEE Microw Wireless Comp Lett, 2005, 15(4): 202-204

[34] D Peroulis, et al. Electromechanical considerations in developing low-voltage RF MEMS switches. IEEE T MTT, 2003, 51: 259-270

[35] S Chowdhury, et al. A closed-form model for the pull-in voltage of electrostatically actuated cantilever beams. JMM, 2005, 15: 756-763

[36] JB Muldavin, et al. Inline capacitive and DC-contact MEMS shunt switches. IEEE Microw Wireless Comp Lett, 2001, 11: 334-336

[37] TJ King, et al. Recent progress in modularly integrated MEMS technologies. In IEDM 2002, 199-202

[38] L Guan, et al. A fully integrated SOI RF MEMS technology for system-on-a-chip applications. IEEE T ED, 2006, 53(1): 167-172

[39] D Peroulis, et al. RF MEMS switches with enhanced power-handling capabilities. IEEE T MTT, 2004, 52(1): 59-68

[40] J Schimkat. Contact materials for microrelays. In: MEMS'98, 190-194

[41] VT Srikar. Materials selection for microfabriacated electrostatic actuators. Sens Actuators A, 2003, 102 (3): 279-285

[42] R Maboudian. Anti-stiction coatings for surface micromachines. SPIE, 1998, 3511: 108-113

[43] L Mercado, et al. Mechanics-based solutions to RF MEMS switch stiction problem. IEEE Trans Comp Pack Tech, 2004, 27(3): 560-567

[44] L Mercado, et al. Analysis of RF MEMS switch packaging process for yield improvement. IEEE Trans Adv Pack, 2005, 28(1): 134-141

[45] J Papapoymerou, et al. Reconfigurable double-stub tuners using MEMS switches for intelligent RF front-ends. IEEE T MTT, 2003, 51: 271-278

[46] CTC Nguyen. Transceiver front-end architectures using vibrating micromechanical signal processors. In: Silicon Monolithic Integrated Circuits in RF Systems, 2001, 23-32

[47] L Lin, et al. Micro electromechanical filters for signal processing. In: MEMS'92: 226-231

[48] CTC Nguyen. Micromechanical signal processors. Ph. D. Theses, University of California at Berkeley, 1994

[49] H K Lee, et al. , Stableoperation of MEMS oscillators far above the critical vibration amplitude in the nonlinear regime, IEEE JMEMS, 2011, 20: 1228-1230

[50] CTC Nguyen. Vibrating RF MEMS for next generation wireless applications. In: IEEE Custom Integrated Circuits, 2004, 257-264

[51] RA Syms. Electrothermal frequency tuning of folded and coupled vibrating micromechanical resonators. J MEMS, 1998, 7(2): 164-171

[52] K Wang, et al. Frequency trimming and Q-factor enhancement of micromechanical resonators via localized filament annealing. In: Transducers'97, 109-112

[53] K Wang, CTC Nguyen. High-order micromechanical electronic filters. In: MEMS'97, 25-30

[54] JR Clark, et al. Parallel-resonator HF micromechanical bandpass filters. In: Transducers'97, 1161-1164

[55] CTC Nguyen, et al. An integrated CMOS micromechanical resonator high-oscillator. IEEE JSSC, 34, 1999, 4: 440-455

[56] H G Barrow, et al. A real-time 32.768-kHz clock oscillator using a 0.0154-mm^2 micromechanical resonator frequency-setting element, IEEE Frequency Control Symposium, 2012, 1-6

[57] FD Bannon, et al. High-Q HF microelectromechanical filters. IEEE J SSCC, 2000: 35(4): 512-526

[58] CTC Nguyen, RT Howe. Quality factor control for micromechanical resonators. In: IEDM, 1992, 505-508

[59] K Wang, et al. VHF free-free beam high-Q micromechanical resonators. J MEMS, 2000, 9(3): 347-360

[60] MU Demirci, CTC Nguyen. Higher-mode free-free beam micromechanical resonators. In: IEEE Freq Contr Symp, 2003, 810-818

[61] S Pourkamali, Ayazi F. SOI-based HF and VHF single-crystal silicon resonators with sub-100nanometer vertical capacitive gaps. In: Transduers'03, 837-840

[62] WT Hsu, et al. Q-optimized lateral free-free beam micromechanical resonators. In: Transducers'01, 1110-1113

[63] Y Naito, et al. High-Q torsional mode Si triangular beam resonators cncapsulated using SiGe thin film, in IEEE IEDM, 2010, 155-157

[64] R Melamud, etal. Temperature-insensitive composite micromechanical resonators, JMEMS, 2009, 18(6):

1409-1419

[65] J C Salvia, et al. , Real-time temperature compensation of MEMS oscillators using an integrated micro-oven and a phase-locked loop, JMEMS, 2010, 19(1): 192-201

[66] A K Samarao, et al. Temperature compensation of cilicon resonators via degenerate doping, IEEE Trans. Elec. Dev. , 2012, 59: 87-93

[67] S Tabatabaei, et al. Silicon MEMS oscillators for highspeed digital systems. IEEE Micro 2010, 30(2): 80-89

[68] M U Demirci, et al. Mechanically corner-coupled square microresonator array for reduced series motional resistance, IEEE JMEMS, 2006, 15: 1419-1436

[69] R N Candler, et al. Long-Term and Accelerated Life Testing of a Novel Single-Wafer Vacuum Encapsulation for MEMS Resonators, IEEE JMEMS, 2006, 15: 1446-1456

[70] D E Serrano, et al. Electrostatically tunable piezoelectric-on-silicon micromechanical resonator for real-time clock, IEEE Trans. UFFC, 2012, 59: 358-365

[71] V Kaajakari, et al. Square-extensional mode single-crystal silicon micromechanical resonator for low-phase-noise oscillator applications, IEEE Electron Dev. Lett. , 2004, 25: 173-175

[72] J E-Y Lee, A. A. Seshia, 5. 4-MHz single-crystal silicon wine glass mode disk resonator with quality factor of 2 million, Sensors and Actuators A, 2009, 156: 28-35

[73] JR Clark, WT Hsu, Nguyen CTC. High-Q VHF micromechanical contour-mode disk resonator. In: IEDM, 2000, 493-496

[74] Y Xie, et al. UHF micromechanical extensional wine-glass mode ring resonators. In: IEDM, 2003, 953-956

[75] J Wang, et al. 1. 51-GHz polydiamond micromechanical disk resonator with impedance-mismatched isolating support. In MEMS'04, 641-644

[76] JR Clark, et al. UHF high-order radial-contour mode disk resonators. In: IEEE Int Freq Contr Sym, 2003, 802-809

[77] MA Abdelmoneum, et al. Stemless wine-glass-mode disk micromechanical resonators. In: MEMS'03, 698-701

[78] R H Olsson Ⅲ, et al. Post-CMOS compatible aluminum nitride MEMS filters and resonant sensors, IEEE Frequency Control Symposium, 2007, 412-419

[79] P J Stephanou, et al. Piezoelectric aluminum nitride MEMS annular dual contour mode filter, Sen. Actuators A 2007, 134: 152-160

[80] B Bircumshaw, et al. The radial bulk annular resonator: towards a 50Ω RF MEMS filter. In: Transducers'03, 875-879

[81] G Ambati, et al. In-plane vibrations of annular rings. J Sound Vibration, 1976, 47(3): 415-432

[82] SS Li, et al. Micromechanical hollow-disk ring resonators. In: MEMS' 04, 821-824

[83] T Mattila, et al. A 12 MHz micromechanical bulk acoustic mode oscillator, Sens. Actuators A, 2002, 101: 1-9

[84] J E-Y Lee, et al. A single-crystal-silicon bulk-acoustic-mode microresonator sscillator, IEEE Electron Dev Lett, 2008, 29: 701-703

[85] Y Xu, J E-Y Lee, Characterization and modeling of a contour mode mechanical resonator using piezoresistive sensing with quasi-differential inputs, J. Micromech. Microeng. 22 (2012) 125018

[86] R Ruby, P Merchant. Micromachined thin film bulk acoustic resonators. In: IEEE Freq Control Symp, 1994, 135-138

[87] S Kim, et al. The Fabrication of thin-film bulk acoustic wave resonators employing a ZnO/Si composite diaphragm structure using porous silicon layer etching. IEEE EDL, 1999, 20(3): 113-115

[88] RT Howe. Applications of silicon micromachining to resonator fabrication. In: IEEE Int Freq Contr Symp, 1994, 2-7

[89] A Weinert,et al. Plasma assisted room temperature bongding for MST. Sens Actuators,2001,A 92: 214-222

[90] P Osbond,et al. Influence of ZnO and electrode thickness on the performance of thin film bulk acoustic wave resonators. Proc IEEE Ultra Symp,1999,2: 911-914

[91] M Small, et al. Wafer-scale packaging for FBAR-based oscillators, Joint Conference of the IEEE International Frequency Control and the European Frequency and Time Forum (FCS),2011,1-4

[92] D Moy,Avago Technologies' FBAR Filter Technology Designed Into Latest Generation of 4G & LTE Smartphones,Avago Technologies White Paper.

[93] RC Ruby,et al. Thin film bulk wave acoustic resonators (FBAR) for wireless applications. In: IEEE Ultra Symp,2001,813-821

[94] KM Lakin. A review of thin-film resonator technology. IEEE Microwave Mag,2003,12: 61-67

[95] C Kim,et al. A micromachined cavity resonator for millimeter-wave oscillator applications. Sens Actuators,2000,83: 1-5

[96] E J Ng,et al. Ultra-stable epitaxial polysilicon resonators, in Solid-State Sensors, Actuators, and Microsystems Workshop,2012,271-274

[97] JW Weigold,et al. A merged process for thick single-crystal Si resonators and BiCMOS circuitry. J MEMS,1999,8(3): 221-228

[98] S Pourkamali,et al. High-Q single crystal silicon HARPSS capacitive beam resonators with self-aligned sub-100-nm transduction gaps. J MEMS,2003,12(4): 487-496

[99] J Wang,et al. In: MEMS'2002,657-660

[100] K Wang,et al. High-order medium frequency micromechanical electronic filters. J MEMS,1999,8(4): 534-557

[101] KY Park,et al. Ka-band bandpasss filter using LIGA micromachined process.

[102] CTC Nguyen. Frequency-selective MEMS for miniaturized low-power communication devices. IEEE T MTT,1999,47(8): 1486-1503

[103] AC Wong,et al. Anneal-activated, tunable, 68MHz micromechanical filters. In: Transducers' 99, 1390-1393

[104] D Galayko,et al. Tunable passband T-filter with electrostatically-driven polysilicon micromechanical resonators. Sens Actuators A,2005,117: 115-120

[105] AC Wong,CTC Nguyen. Micromechanical mixer-filters ("Mixlers"). J MEMS,2004,13(1): 100-112

[106] YW Lin,et al. 60-MHz wine-glass micromechanical-disk reference oscillator. In: IEEE Int Solid-State Circuits Conf,2004,17.7

[107] YW Lin,et al. Series-resonant micromechanical resonator oscillator. In: IEDM 2003,961-964

[108] S Lee,et al. A 10-MHz micromechanical resonator Pierce reference oscillator for communications. In Transducers' 01: 1094-1097

[109] JY Park,et al. Micromachiend RF MEMS tunable capacitors using PZT actuator. In: 2001 IEEE MTT-S: 2111-2114

[110] DJ Young,et al. Voltage-controlled oscillator for wireless communications. Transducers'99,1386-1389

[111] A Dec,et al. Micromachined electro-mechanically tunable capacitors and their applications to RF IC's. IEEE T MTT,1998,46(12): 2587-2596

[112] CL Goldsmith,et al. RF MEMS variable capacitors for tunable filters Int J RF Microwave Comput Aided Eng,1999,9: 362-374

[113] P Monajemi,F Ayazi. A high-Q low-voltage HARPSS tunable capacitor. In IEEE,2005

[114] Z Feng,et al. MEMS based series and shunt variable capacitors for microwave and millimeter-wave frequencies. Sens Actuators,2001,A 91: 256-265

[115] JB Yoon,et al. . A High-Q micromechanical capacitor with movable dielectric for RF applications. In: IEDM,2000,489-492

[116] JJ Yao, et al. High tuning-ratio MEMS-based tunable capacitors for RF communications applications. In: Solid State Sens Actuator Workshop, 1998, 124-127

[117] A Oz, GK Fedder. RF CMOS-MEMS capacitor having large tuning range, Transducers 2003, 851-854.

[118] JYC Chang, et al. Large suspended inductors on silicon and their use in a 2-um CMOS RF amplifier. IEEE EDL, 1993, 14: 246-248

[119] HAC Tilmans, et al. CMOS foundry-based micromachining. JMM, 1996, 6: 122-127

[120] PP Nga, et al. IC-compatible two-level bulk micromachining process module for RF silicon technology. IEEE T ED, 2001, 48(8): 1756-1764

[121] RP Ribas, et al. Micromachined microwave planar spiral inductors and transformers. IEEE TMTT, 2000, 48(8): 1326-1335

[122] Y Sun, et al. Suspended membrane inductors and capacitors for application in silicon MMIC's. In: IEEE Microw Millimeter-Wave Monolithic Circuits Symp, 1996, 99-102

[123] H Lakdawala, et al. Micromachined high-Q inductors in a 0.18-μm copper interconnect low-K dielectric CMOS process. IEEE JSSC, 2002, 37(3): 394-403

[124] C Yue, et al. On-chip spiral inductors with patterned ground shields for Si-based RF IC's. IEEE JSSC, 1998, 33(5): 743-752

[125] KB Ashby, et al. High-Q inductors for wireless applications in a complementary silicon bipolar process. IEEE JSSC, 1996, 31: 4-9

[126] JB Yoon, et al. CMOS-compatible surface-micromachined suspended-spiral inductors for multi-GHz silicon RF Ics. IEEE EDL, 2002, 23(10): 591-593

[127] H Jiang, et al. On-chip spiral inductors suspended over deep copper-lined cavities. IEEE T MTT, 2000, 48(12): 2415-2423

[128] MG Allen. Micromachined intermediate and high frequency inductors. In: IEEE Symp Circuits Sys, 1997. V4: 2829-2832

[129] VM Lubecke, et al. Self-assembling MEMS variable and fixed RF inductors. IEEE T MTT, 2001, 49(11): 2093-2098

[130] J Yoon, et al. 3-D construction of monolithic passive components for RF and microwave ICs using thick-metal surface micromachining technology. IEEE T MTT, 2003, 51(1): 279-288

[131] 李雯. 清华大学硕士学位论文, 2003

[132] JB Yoon, et al. Surface micromachined solenoid on-Si and on-glass inductors for RF applications. IEEE EDL, 1999, 20(9): 487-489

[133] CL Chua, et al. Out-of-plane high-Q inductors on low-resistance silicon. J MEMS, 2003, 12(6): 989-995

[134] GW Dahlmann, et al. High Q achieved in microwave inductors fabricated by parallel self-assembly. In: Transducers '01, 1098-1101

[135] J Chen, et al. Design and modeling of a micromachined high-Q tunable capacitor with large tuning range and a vertical planar spiral inductor. IEEE T ED, 2003, 50(3): 730-739

[136] M Raieszadeh, et al. High-Q intergrated inductors on trenched silicon islands. In: MEMS'05, 199-202

[137] A Dec, et al. A 1.9-GHz CMOS VCO with micromachined electromechanically tunable capacitors. IEEE JSSC, 2000, 35(8): 1231-1237

[138] EC Park, et al. Fully integrated low phase-noise VCOs with on-chip MEMS inductors. IEEE T MTT, 2003, 51(1): 289-296

[139] D Ramachandran, et al. MEMS-enabled reconfigurable VCO and RF filter. In: IEEE Radio Freqy Integ Circuits Symp, 2004, 251-254

[140] HAC Tilmans, et al. MEMS for wireless communications: 'from RF-MEMS components to RF-MEMS-SiP'. JMM, 2003, 13: S139-S163

本章习题

1. RF MEMS可以实现哪些典型器件和电路功能？分别应用于无线通信系统的哪些模块？采用RF MEMS有哪些突出的优点？缺点是什么？

2. 在智能手机中,有哪些现有的器件可以被RF MEMS器件所替代？

3. 串联开关和并联开关结构上、功能上和传输特性上有哪些差异？

4. 哪些RF MEMS器件需要真空封装？

5. 说明6-98图中,两种不同的RF MEMS开关的应用特点、所采用的开关的结构形式的差异和原因。

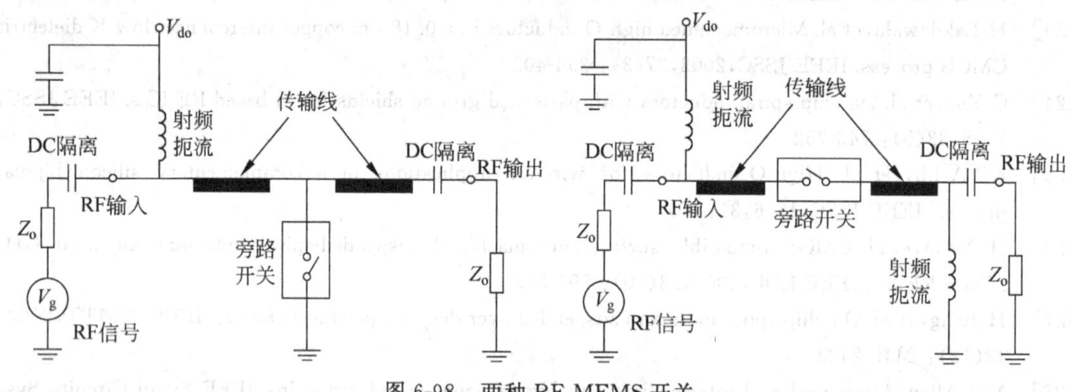

图6-98　两种RF MEMS开关

6. 如图6-99所示的MEMS开关,等效驱动电容的电容极板面积为A,质量为m,两个极板初始间距为g_0,忽略边缘电场,并假设极板在施加电场过程中保持平面。如果支承结构的弹性刚度系数为k,计算开关闭合所需要的最大驱动电压。

7. 如图6-100所示,MEMS单刀双掷开关有3个极板,长(左右方向)、宽(垂直纸面方向)、厚度均为l、w和t。上下2个极板固定,中间极板可以上下运动,其质量为m、弹簧的弹性刚度为k。①当在上极板施加电压$0.5V_0$、下极板接地、中间极板施加驱动电压V_0时,计算中间极板受到的驱动力的表达式。②上下极板所施加的电压满足什么条件时,中间极板与上极板闭合？闭合该开关所需要的最大电压V的表达式。初始间距如图所示,忽略结构变形、重力影响和边缘电场。

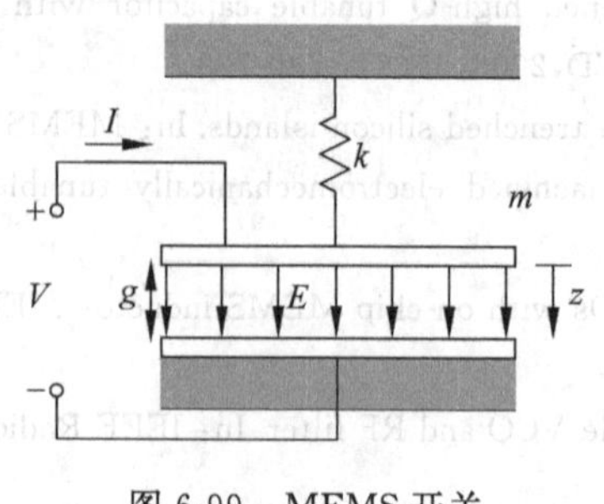

图6-99　MEMS开关

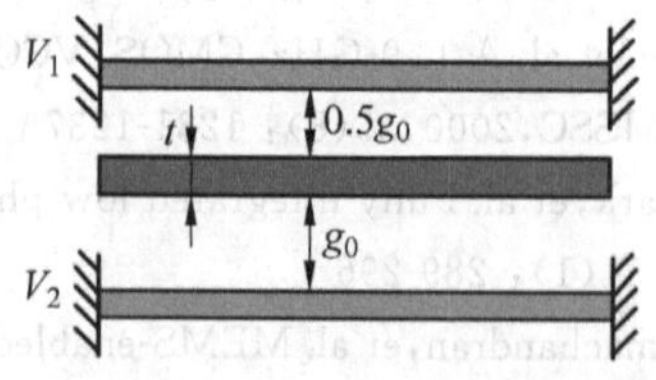

图6-100　MEMS单刀双掷开关

第7章 光学MEMS

光学MEMS是指利用微加工技术实现的用于光学系统的MEMS器件与系统。光学MEMS开始于1979年IBM的Petersen利用体微加工技术制造的扭转和悬臂梁微镜[1,2]。20世纪90年代中期以前,推动MEMS发展的主要是显示和微型光学平台方面的应用。1986年TI的Hornbeck研制成功数字微镜DMD,1992年Stanford大学的Solgaard研制成功光栅光阀GLV,1994年Berkeley和UCLA研制成功基于表面微加工技术的自由空间光学平台。随着光通信的发展,20世纪90年代中期MEMS开始应用于制造光通信器件[3]。第一个MEMS光通信器件是Gustafson利用KOH刻蚀制造的V形槽侧壁光纤对准器[4]。1996年东京大学研制成功基于二维光反射微镜的光开关,1998年Lucent公司研制成功微镜阵列组成的三维光开关,展示了MEMS在光通信领域的应用前景。20世纪90年代中后期,世界范围内MEMS的研究进入高速发展阶段,TI、Sony、Intpax、JDSU、Memscap、Avanex、Agere、Fujitsu、Lucent、Nortel、NTT、Olympus、Siemens等多家公司从事MEMS的研究和产业化,促进了显示成像技术和光通信技术的发展。随着智能手机等消费电子产品的发展,基于MEMS微镜的微型投影机近年来受到了重视,包括Microvision等在内的多家公司都在开发基于MEMS的微型投影系统。

按照光学功能,光学MEMS可以分为反射器件、衍射器件、折射器件、波导等;按照应用,光学MEMS可以分为光通信器件、显示器件和光学平台等几种[5]。这些应用的共同特点是利用MEMS器件对光的传输性能进行控制,因此执行器是MEMS的核心。光学MEMS种类较多,结构形式各异,影响性能的因素比较复杂,不同的器件、规模和应用对应不同的制造工艺和驱动方式,如图7-1所示。

光学MEMS发展迅速的主要原因是MEMS技术满足了显示和光通信的要求[6,7]:①MEMS可以实现光栅、微镜等多种高性能光学器件,满足光学系统对尺寸和精度的要求;MEMS可以集成高精度的传感器、执行器和控制电路。②光通信中需要大量、高密度的阵列执行器,而MEMS具有大量和低成本制造的特点,提高光学器件的性能并降低成本。③光通信器件的动作频率高、工作时间长,要求器件具有极高的寿命,单晶硅优异的机械性使器件几乎不会出现疲劳失效,满足光学器件超长寿命的要求。④光

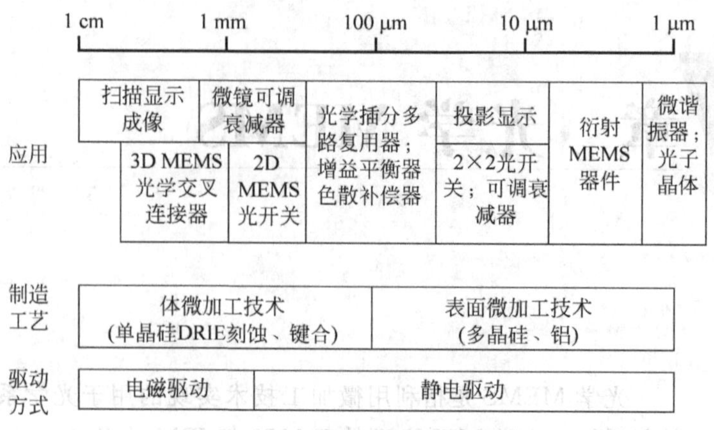

图 7-1 MEMS 器件、制造和应用

学器件属于“轻型”器件，光子本身几乎没有质量，因此驱动光器件需要的驱动力和功率很小；多数光学器件的位移很小，与光波长相当，这与 MEMS 执行器的功率和位移特点相匹配。

7.1 MEMS 微镜

7.1.1 MEMS 材料与结构的光学性质

MEMS 中光的传输、反射、衍射、散射和折射等物理现象，仍旧遵循宏观几何光学的规律。通常激光谐振腔发出基模辐射场，其横截面的振幅分布遵守高斯函数，称为高斯光束。高斯光束绝对平行传输的位置称为束腰(光腰)，束腰处的半径称为束腰半径。在高斯光束的截面上，最大振幅与振幅下降到 $1/e$ 位置之间的距离称为光束半径。由于高斯光束是对称的，所以 $1/e$ 振幅的位置形成一个圆，该圆的半径就是光斑在此横截面的半径。沿着光斑前进，各处的半径的包络线是一个双曲面。高斯光束的传输特性是在远处沿传播方向成特定角度扩散，该角度即光束的远场发散角，也就是一对渐近线的夹角，它与波长成正比，与束腰半径成反比。

高斯光束离开光源后开始发散，对于单模标准光纤，如图 7-2(a)所示，光斑的半径为

$$w = w_0\sqrt{1+[\lambda z/(\pi w_0^2)]^2} \tag{7-1}$$

其中 z 是传播距离，w 是在 z 位置的束腰，w_0 是光束离开光纤时的初始束腰，对于波长 $\lambda=$ 1550 nm 的波长，初始束腰为 6.7 μm。对于单模光纤，直径为 9.3 μm，图 7-2(b)为束腰与传播距离的关系，可见在传输 125 μm 时，束腰小于 11.5 μm，因此一个长宽各为 30 μm 的微镜就可以阻挡整个光束。

在一定范围内，准直器发出的光近似成平行光，距离增加后光斑逐渐发散；而从光纤出来的光，很快就会发散。这是因为束腰半径越小，光斑发散越快；束腰半径越大，光斑发散越慢。准直器的光斑直径大约有 400 μm，而光纤的光斑直径只有 10 μm 左右。同时，准直器最大工作距离可理解为准直器输出光斑的共焦参数，该参数与光斑束腰半径平方成正比，与波长成反比。

自由空间的 2 个微透镜对准时，需要满足一定的关系，如图 7-3 所示。光束半径的公式仍旧满足式(7-2)，并且共焦参数 b 为

$$b = \pi w_0^2/\lambda \tag{7-2}$$

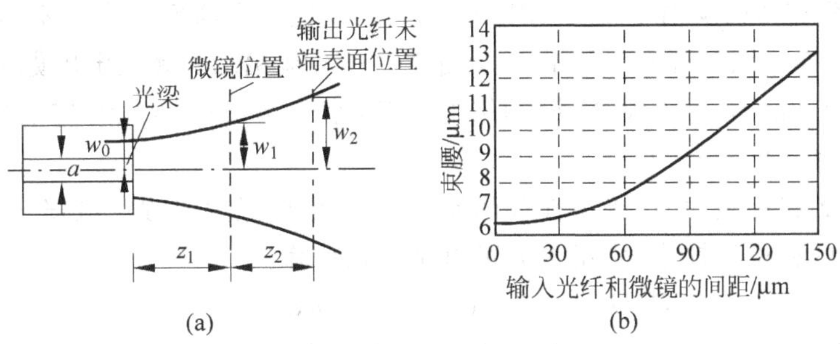

图 7-2　高斯光束的发散

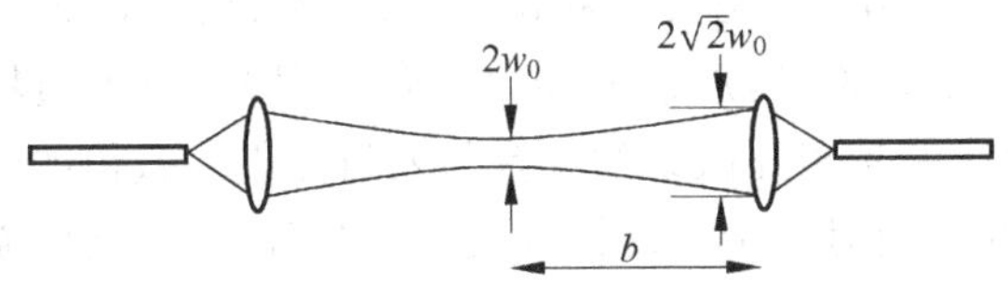

图 7-3　2 透镜系统的几何关系

可见对准距离越大，要求束腰越大。要使准直器工作距离增加，在更长的传输距离里高斯光束仍近似成平行光，必然要加大光斑，透镜尺寸也要相应增加。微镜的尺寸需要根据发射光纤输出的光束在微镜位置的光斑大小决定，而光束离开光纤后的距离决定了光束的直径。根据高斯函数可以计算给定光孔径时光能的损失。当通光区直径等于或略大于光斑直径时，透镜损耗高达 0.6 dB，光能无法完全通过。一般使通光直径是光斑的 1.5 倍至 2 倍以上；而系统的尺寸可以用 $2b$ 来估计。

光开关的插入损耗在开和关状态时不同。在开状态，插入损耗包括输入输出光纤之间的耦合损耗；在关状态，插入损耗包括微镜的表面粗糙度和背反射损耗。两个光纤的对准误差引起的耦合损耗为

$$L=-10\log[4D\exp(-AC/B)/B] \tag{7-3}$$

其中 $A=(kw_T)^2/2$，$k=2\pi n_0/\lambda$，$B=G^2+(D+1)^2$，$C=(D+1)F^2+2DFG\sin\theta+D(G^2+D+1)\sin^2\theta$，$D=(w_R/w_T)^2$，$F=2\Delta x/(kw_T^2)$，$G=2\Delta z/(kw_T^2)$，$w_T$ 和 w_R 分别是传输和接收光纤的高斯模式场半径，k 是两个光纤间光束传播介质的传输常数，n_0 是该介质的折射率，θ 是输入输出光纤轴向的对准误差，Δx 和 Δz 是横向和长度方向的对准误差。插入损耗随着光纤距离的增加而增加。另一种损耗是光信号进出光纤时的背反射损耗(菲涅耳损耗)，这种损耗是由于两个传播介质的不连续性造成的，光纤/自由空间/光纤的损耗可以表示为

$$L_{BR}=-10\log[16n_F^2n_0^2/(n_F+n_0)^4]=0.3014\ \text{dB} \tag{7-4}$$

n_F 和 n_0 是光纤芯和空气的折射率，一般为 1.453 和 1.0。开状态的总体损耗为耦合损耗和背反射损耗之和，对于距离 125 μm 的传输距离，损耗为 3.0 dB。

抛光的硅片是很好的光学反射镜，KOH 刻蚀的(111)晶面对 1300～1500 nm 的光波的反射率也有 60%。为了增加反射率，垂直微镜的侧壁需要沉积金属薄膜。镀膜结构的反射率随着镀膜厚度的增加而增加，但是当镀膜厚度达到一定值时，反射率达到饱和，该厚度称为饱和厚度。利用薄膜干涉理论和复折射率，可以计算硅衬底上不同金属对 1300 nm 波长的反射率[8]。铝的厚度为 40 nm 时就可以达到最大反射率 97%，金在厚度为 60 nm 时达到最大反射

率 97.5%[9]，而镍和铬的反射率仅为 72%和 63%。仅仅具有高反射率还不够，光传输衰减需要小于 1 ppm，这样才能实现 60 dB 的波段隔离。对于镀铝的微镜，当铝膜厚度大于 100 nm 时，传输损耗小于 1 ppm，对于镀金、镍和铬的微镜，小于 1 ppm 衰减对应的最小厚度分别为 170 nm、270 nm 和 320 nm。

当光束入射到粗糙表面时，光束在表面发生散射，因此反射光强度减弱。对于表面形貌起伏符合高斯分布的稍微粗糙表面，反射光可以用下式计算：

$$P_S/P_T = 1 - \exp[-(4\pi\sigma\cos\theta_i/\lambda)^2] \tag{7-5}$$

其中 P_T 和 P_S 分别为入射光和反射光的通量，θ_i 是入射角度，λ 是波长。对于表面形貌符合高斯分布的表面，当 σ=5 mm，10 mm，25 mm，50 mm 和 100 nm 时，散射通量占入射通量的比例分别为 0.1%，0.5%，2.9%，11%和 37%。当波长为 1550 nm，粗糙度为 70 nm 时，插入损耗为 3.46 dB。

当微镜与衬底不是完全垂直时，反射光会出现角度误差，插入损耗称为耦合误差；另外，微镜的厚度不是零，因此反射光离开微镜的位置与入射光进入微镜的位置不重合，造成光束的横向偏移。光纤和微镜的精确对准是提高耦合效率、实现高性能光学系统的关键。

7.1.2 MEMS 微镜的设计

微镜和执行器的设计需要满足以下的要求：①微镜必须有足够的面积和位移能力，以保证插入损耗和反射角度。②微镜系统必须具有足够高的固有频率，以使系统不受外界振动、冲击等机械干扰的影响，这对于尺寸微小的光学系统非常重要。③执行器需要能够驱动微镜移动几百微米的距离或保证精确和可重复的微镜角度控制，以实现光束完全和准确的输入输出；通过缩短微镜在开关之间的过渡时间以降低开关时间。最后，在光学系统中，应尽量减小光波在自由空间的传输距离。

MEMS 微镜的设计是在不同性能之间折中的过程。例如，微镜支承弹簧需要有足够的刚度以满足响应时间和隔离低频振动等要求，但是弹簧刚度的上限取决于需要的最大倾角和驱动器的驱动能力以及扭矩输出，增加弹性刚度可以提高微镜系统的谐振频率，但是提高了驱动电压。根据光开关的不同，微镜的设计也不同，包括一维波长选择微镜[10]、一维插入和扭转微镜，以及二维扭转微镜。微镜的光学性能中，最重要的参数是插入损耗。

1. 一维插入微镜

水平插入运动的微镜一般采用梳状叉指电极驱动，垂直运动的插入微镜一般采用平板电容驱动。图 7-4 为垂直插入微镜的剖面图。下面介绍平板电容驱动的垂直插入微镜。

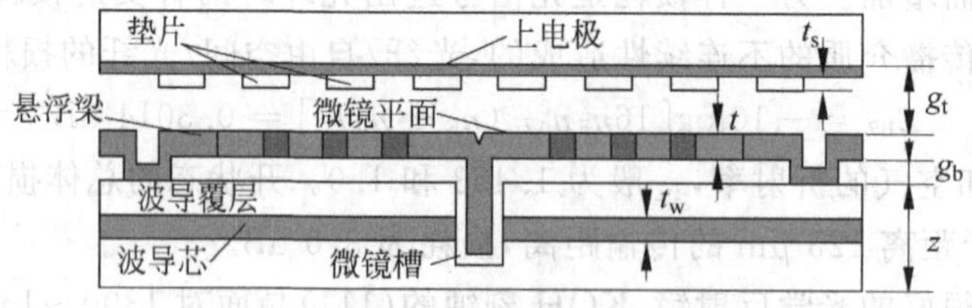

图 7-4 垂直插入微镜的剖面结构

驱动电压：微镜在常态下光波导处于隔离状态(常断)，需要施加驱动电压才能将微镜升起。微镜的上升高度必须超过阻挡光波导的高度 t_w，这个高度决定了上拉极板与微镜之间最小距离 g_t。设最大移动距离为 $g_t - t_s$。对于折叠梁，z 方向的弹簧常数 $k_z = 24EI_x/L_b^3$，其中 E

是弹性模量，L_b 是柔性支承梁的全部长度，t 和 w_b 分别是每个梁的厚度和宽度，$I_x=t^3w_b/12$ 是惯性矩。微镜电极在驱动电压 V 和弹性支承梁的回复力共同作用下，平板电容会产生下拉效应，因此微镜极板的位移不能超过原始间隙高度的 1/3。对于 4 梁支承的平板，下拉电压 V_{pi} 为

$$V_{pi}=\sqrt{\frac{32k_z g_t^3}{27\varepsilon_{oil}A_p}}$$

其中 ε_{oil} 是折射率匹配油的介电常数，A_p 是下极板的面积（矩形极板减去孔的面积）。例如，对于镍材料的 T 形驱动器，当 $L_b=800\ \mu m$，$w_b=9\ \mu m$，$t=5\ \mu m$，$w=370\ \mu m$，$g_b=20\ \mu m$，$g_t=30\ \mu m$，$t_s=4\ \mu m$，$E=200$ GPa，$\varepsilon_{oil}=2.83\varepsilon_0$（$\varepsilon_0=8.854\times10^{-12}$ F/m）时，下拉电压 V_{pi} 是 103 V。实际的开关电压一般比计算的下拉电压大 25%，以保证开关速度和可靠性。

开关时间：开关时间决定于微镜的运动。在未驱动状态，微镜极板悬浮在衬底上 g_b 的高度，当施加驱动电压时，微镜被从隔离缝隙内上拉，油从极板的孔内和周围被挤压推动，形成阻尼。图 7-5 为流体阻尼的一维集总参数模型，包括所有流体的串联阻尼。当极板上下运动时，流体通过极板上的每个通孔时引起阻尼 R_{pf}；由于流体流经阻尼孔时，流体的截面积从大变小，引起了阻尼孔阻尼 R_{of}。流体阻尼 R_{st} 和 R_{sb} 代表由于上下表面的压膜效应引起的流体阻尼。最后，微镜从隔离缝隙中上下运动时，由于静止缝隙表面和运动微镜之间的粘滞曳力引起的流体阻尼为 R_{md}。

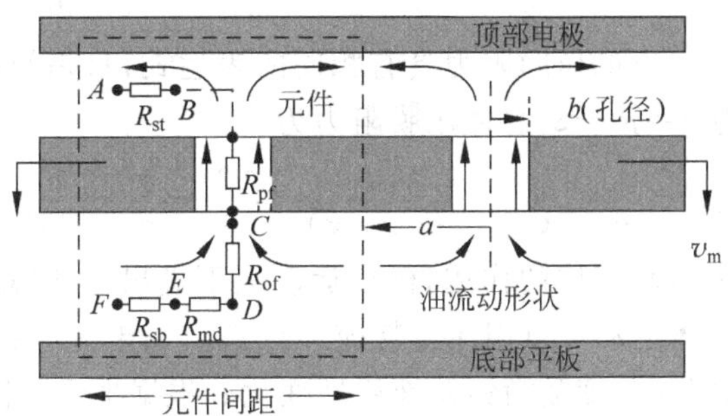

图 7-5　流体阻力示意图

把整个微镜极板分为相同的重复单元，每个单元半径为 a，阻尼孔半径为 b。单元半径 a 大于两倍的孔间距，即单元会重叠，$a=$间距$/\sqrt{\pi}$，以保证面积相等。每个流体阻力都会引起压力和驱动力下降，因此净力等于所有的力降。于是，整个结构的动力学特性由所有的力分量决定

$$n(F_{pf}+F_{of}+F_{sf}+F_{md})=F_e-F_m \tag{7-6}$$

其中 n 是单元个数，F_e 是静电力，F_m 是支承弹性回复力。

阻尼孔：当极板上下运动时，油通过阻尼孔与极板运动方向相反。对于每个单元，层流液体在流经阻尼孔时由于粘滞曳力引起的摩擦力为[11]

$$F_{pf}\approx 8\pi t\mu\bar{u}_{pf} \tag{7-7}$$

其中 t 是极板的厚度，μ 是流体粘性，$\bar{u}_{pf}$ 是流体流经阻尼孔时的平均速度（速度剖面曲线非线性）。孔内的流体速度远远大于微镜的速度 u_m。考虑质量守恒，有

$$\bar{u}_{pf}=-[(a/b)^2+1]u_m=-[(a/b)^2+1]\frac{dz}{dt} \tag{7-8}$$

其中 z 是极板的相对于初始位置的垂直位移(引起阻尼孔的粘滞曳力),于是

$$F_{\mathrm{pf}} \approx -8\pi t\mu\left[\left(\frac{a}{b}\right)^2+1\right]\frac{\mathrm{d}z}{\mathrm{d}t} \tag{7-9}$$

阻尼力:流体流经路径的截面从大变小引起了额外的流体阻力,当流体宽度从 a 突然变成 b 时,就产生了流体阻力,通过流体守恒,可以得到

$$F_{\mathrm{of}} = \frac{1}{2}\pi a^2\rho(1-\beta^2)\bar{u}^2 \tag{7-10}$$

其中 ρ 是流体密度,β 是流出系数,依赖于通孔的尺寸,但是一般情况下 $\beta=a/b$。根据质量守恒,有

$$\bar{u}_{\mathrm{pf}}^2 = -\left(\frac{a}{b}\right)^4 u_{\mathrm{m}}^2 = -\left(\frac{a}{b}\right)^4\left(\frac{\mathrm{d}z}{\mathrm{d}t}\right)^2 \tag{7-11}$$

于是阻尼孔引起的流体阻力为

$$F_{\mathrm{of}} \approx \pm\frac{1}{2}\rho(1-\beta^2)\pi\frac{a^6}{b^4}\left(\frac{\mathrm{d}z}{\mathrm{d}t}\right)^2 \tag{7-12}$$

如果 $\mathrm{d}z/\mathrm{d}t$ 是正的,F_{of} 的符号取负号。

压膜阻尼:当微镜极板上下运动时,极板对其上下的流体产生压膜阻尼。压膜力可以从图 7-5 的圆柱形单元计算

$$F_{\mathrm{st}} = -\frac{6\pi\mu a^4}{g^3}\left[\frac{3}{4}-\frac{b^2}{a^2}-\frac{b^4}{4a^4}-\ln\frac{a}{b}\right]\frac{\mathrm{d}z}{\mathrm{d}t} \tag{7-13}$$

其中 g 是间隙高度。极板上下的压膜阻力具有相同的表达式,只是间隙大小不同。下面缝隙为 $g=g_{\mathrm{b}}+z$、上面缝隙为 $g=g_{\mathrm{t}}-z$,总体压膜阻力为

$$F_{\mathrm{st}} = -6\pi\mu a^4\left[\frac{1}{(g_{\mathrm{t}}-z)^3}+\frac{1}{(g_{\mathrm{b}}+z)^3}\right]\left[\frac{3}{4}-\frac{b^2}{a^2}-\frac{b^4}{4a^4}-\ln\frac{a}{b}\right]\frac{\mathrm{d}z}{\mathrm{d}t} \tag{7-14}$$

微镜粘滞曳力:由于粘性流体的作用,微镜运动上下进出隔离缝隙时,产生了粘滞曳力。缝隙侧壁与微镜表面的流体运动可以用库爱特流体计算。如果流体初始为静止状态,流体流动方向上没有压力下降,因此速度随微镜截面线性变化。根据牛顿流体阻力,剪力

$$\tau = \frac{\mu}{t_{\mathrm{g}}}u_{\mathrm{m}} = \frac{\mu}{t_{\mathrm{g}}}\frac{\mathrm{d}z}{\mathrm{d}t} \tag{7-15}$$

其中 t_{g} 是缝隙侧壁与微镜表面的距离。于是摩擦阻力可以通过剪力乘以微镜截面积得到

$$F_{\mathrm{md}} \approx -2\mu t_1\frac{t_{\mathrm{d}}}{t_{\mathrm{g}}}\frac{\mathrm{d}z}{\mathrm{d}t} \tag{7-16}$$

其中 t_1 是缝隙的长度,t_{d} 是缝隙深度。

静电驱动力:上拉电极和微镜极板之间在施加电压时会产生静电引力,拉动微镜极板向上运动。两个极板构成平板电容,忽略边缘效应,静电引力为

$$F_{\mathrm{e}} = -\frac{1}{2}\frac{\partial C}{\partial z}V^2 \approx \frac{1}{2}\frac{\varepsilon_{\mathrm{oil}}A_{\mathrm{p}}}{(g_{\mathrm{t}}-t_{\mathrm{s}})^2}V^2 \tag{7-17}$$

弹性回复力:当微镜极板在静电引力作用下变形时,支承梁产生了弹性回复力,当去掉驱动电压后,弹性回复力拉动微镜极板回到初始位置。根据弹性定律,回复力可以表示为

$$F_{\mathrm{m}} = k_x(g_{\mathrm{t}}-t_{\mathrm{s}}) \tag{7-18}$$

时间响应:将式(7-6)中的各项用式(7-9)～式(7-18)中的表达式展开,可以得到运动微分方程

$$F(z,V)=\frac{\mathrm{d}z}{\mathrm{d}t} \tag{7-19}$$

图 7-6 为计算得到的微镜在上下运动时的动态特性随着极板厚度 t 变化的关系，其中 $\beta=0.6$，其他参数与前面相同。图中使用的驱动电压为 $1.25V_{\mathrm{p}}$，以降低上升时间，上拉电压开始在 1 ms，在 8 ms 时结束。即使压膜阻力反比于间隙的 3 次方，静电力仅正比于间隙的平方，但是由于间隙被缓冲凸点等限制，起决定性作用的摩擦力是通孔摩擦力 F_{pf}。因此，在极板上升时，结构在加速运动，直到遇到阻挡凸点，凸点同样会有压膜阻力，但是由于面积很小，压膜阻力也很小，可以忽略。

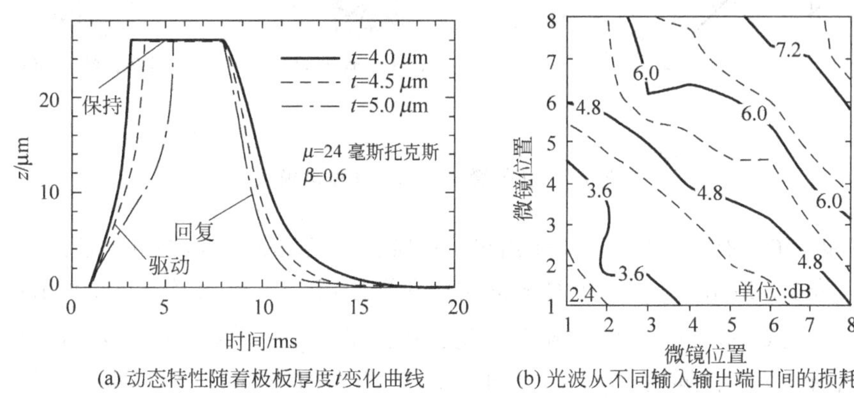

(a) 动态特性随着极板厚度t变化曲线　(b) 光波从不同输入输出端口间的损耗

图 7-6 计算的微镜特性

对于 1550 nm 的光波，波导的传输损耗一般大于 0.3 dB/cm，每个分隔缝隙的损耗为 0.29 dB。当光波路径变化时，会经过不同长度的光波导和不同个数的微镜。在波导最长的情况下，传输损耗达到 2.1 dB，在经过 15 个微镜的情况下，分隔缝隙引起的损耗达到 4.35 dB。其他的损耗包括从光纤到芯片的损耗（约 1.5 dB）等。因此对于 8×8 开关阵列，当光程从短到长经过的微镜和波导长度增加时，插入损耗从 2.3 dB（光波经过 1 段波导和 1 个微镜）增加到 8 dB（$2n-1$ 个波导段和 $2(n-1)$ 个微镜）。图 7-6(b)可以确定不同输入输出端口间的损耗，例如(3,5)端口间的损耗约为 4.8 dB。

2. 一维扭转微镜

扭转微镜是 MEMS 微镜常用的形式，其主要设计过程包括：根据要求选择微镜尺寸和扫描角度以及分辨率；选择微镜的厚度和其他几何尺寸，满足动态特性和微镜平整度对制造工艺的要求；设计扭转梁的尺寸，使谐振频率、应力和振动模式符合要求；根据扭转梁的扭矩设计执行器；如果需要，设计位置测量传感器；最后考虑封装相关的要求。

图 7-7 为单轴扭转微镜的结构示意图和 5 个不同的一阶振动模式，依次分别为围绕 x 轴的扭转、沿 z 轴的离面平动振动、沿 y 轴的面内平动振动、围绕 y 轴的离面扭摆和围绕 z 轴的面内扭摆。二轴扭转微镜可以通过叠加 2 个框架和振动模式叠加的方法得到。微镜的振动模式和频率决定了支承扭转梁的尺寸，因此分析和设计一阶振动对微镜设计非常重要。确定了需要的振动模式（通常为扭转振动）后，需要隔离该振动模式与其他振动模式，例如隔离扭转和离面摆动。

微镜的固有频率可以利用 $\omega_0=2\pi f_0=\sqrt{K_{\mathrm{s}}/M_{\mathrm{eff}}}$ 得到，其中 K_{s} 和 M_{eff} 分别是扭转弹性梁

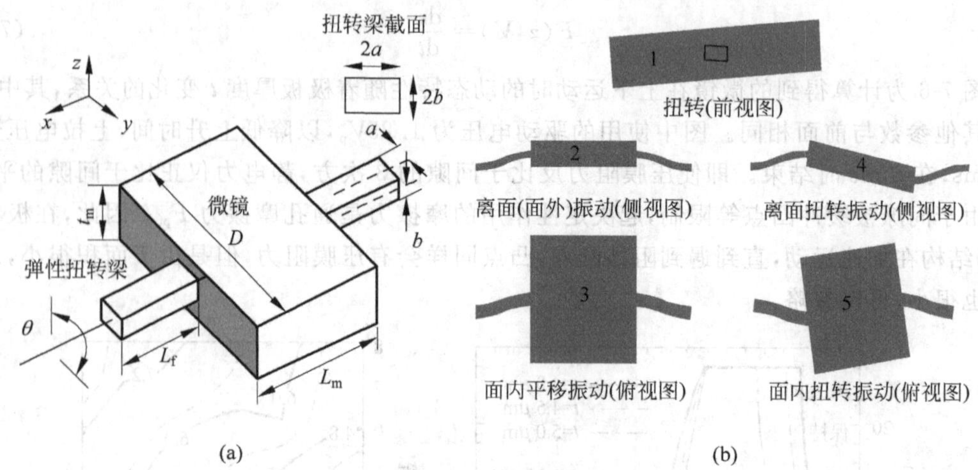

图 7-7 扭转微镜的结构和振动模式

的弹性刚度和系统的有效质量。表 7-1 给出了一阶振动模式的等效质量(惯性矩)和系统的弹性刚度系数,表 7-2 给出了不同形状微镜的质量和惯性矩[12]。形状因子 GK 表示扭转梁的截面形状的特点,在 $0.05<a/b<20$ 的范围内均适用。系数 $\mu=\sqrt{G_{xz}/G_{xy}}$ 表示扭转材料的各向异性特性,当材料为各向同性时 $\mu=1$;对于<100>方向的硅,$\mu=1.248$,要求不高时可以用 1 来近似。

表 7-1 一阶振动模式的等效参数

振动模式	有效质量 M_{eff} 或惯性矩 J_{eff}	弹性刚度系数 K_s
扭转	$J_{\mathrm{eff}}=J_{m,xx}+2J_{f,xx}/3$ $J_{f,xx}=M_f(a^2+b^2)/3$ $M_{\mathrm{eff}}=4abL_f$	$K_s=2GK/L_f$;$\mu=\sqrt{G_{xz}/G_{xy}}$ 当 $a>b$ 时,$GK\approx$ $(ab^3G_{xy})\left[5.33-3.36\dfrac{b}{a\mu}\left(1-\dfrac{b^4}{12a^4\mu^4}\right)\right]$ 当 $a<b$ 时,交换 a 和 b;G_{xy} 和 G_{xz}
离面平动	$M_{\mathrm{eff}}=M_m+\dfrac{26}{35}M_f$	$K_s=\dfrac{24E_xI_{yy}}{L_f^3}$; $I_{yy}=\dfrac{4}{3}ab^3$
面内平动	$M_{\mathrm{eff}}=M_m+\dfrac{26}{35}M_f$	$K_s=\dfrac{24E_xI_{zz}}{L_f^3}$; $I_{zz}=\dfrac{4}{3}a^3b$
离面扭摆	$J_{\mathrm{eff}}=J_{m,yy}+2J_f$ $J_f=M_f(0.0095L_f^2+0.052L_fL_m+0.0929L_m^2)$	$K_s=\dfrac{E_xI_{yy}[2+6(1+L_m/L_f)^2]}{L_f}$
面内扭摆	$J_{\mathrm{eff}}=J_{m,zz}+2J_f$	$K_s=\dfrac{E_xI_{zz}[2+6(1+L_m/L_f)^2]}{L_f}$

表 7-2 不同形状微镜的质量和惯性矩

微镜形状	M_m	$J_{m,xx}$	$J_{m,yy}$	$J_{m,zz}$
矩形	ρDL_mt_m	$M_m(D^2+t_m^2)/12$	$M_m(L_m^2+t_m^2)/12$	$M_m(D^2+L_m^2)/12$
椭圆	$\pi\rho DL_mt_m/4$	$M_m(0.75D^2+t_m^2)$	$M_m(0.75L_m^2+t_m^2)$	$M_m(D^2+L_m^2)$
圆形	$\pi\rho D^2t_m/4$	$M_m(0.75D^2+t_m^2)$	$M_m(0.75D^2+t_m^2)$	$M_mD^2/8$

利用支承扭转梁的尺寸并根据固有频率，可以得到两个归一化的无量纲参数 ξ 和 ζ，其中 ξ 定义为扭转梁截面矩形的较大的边长与较小边长的比值，即当 $a>b$ 时 $\xi=a/b$，当 $b>a$ 时 $\xi=b/a$；ζ 定义为扭转梁的长度与截面较大边长的比值，即当 $a>b$ 时 $\zeta=L_f/a$，当 $b>a$ 时 $\zeta=L_f/b$。利用表 7-1 和表 7-2 计算扭转固有频率时，对于短宽的扭转梁(ξ 大 ζ 小)，计算误差小于 10%；当 $\zeta>4$ 时，误差小于 3%；其他 4 种振动模式当 $\zeta>6$ 时，误差在 10%左右，均高于实际值。

对于矩形微镜，当 $a>b$ 时，对于给定的一对参数(ξ,ζ)，根据固有频率的要求，有

$$a=\sqrt[3]{\frac{4\pi^2 f_0^2\xi^3\zeta J_{\mathrm{m,xx}}}{G_{xy}\{5.33-3.36[1-1/(12\xi^4\zeta^4)]\}}} \tag{7-20}$$

再根据 $b=a/\xi$ 和 $L_f=2\zeta a$ 可以分别得到 b 和 L_f。

当微镜扭转到最大角度时，扭转梁上承受最大的应力，该应力须小于扭转梁的最大许可应力，单晶硅通常认为 1 GPa。当 $a\geqslant b$ 时，记 $\eta=b/a$，矩形扭转梁的剪应力为

$$\tau=\frac{3K_s Gb\theta}{8L_f}[1+0.6095\eta+0.8865\eta^2-1.8023\eta^3+0.91\eta^4] \tag{7-21}$$

为了确定扭转微镜驱动电压临界值，需要知道扭转微镜所需要的力，因此需要知道微镜扭转弹性常数和驱动力矩与驱动电压的关系。与平板电容的静电驱动相比，扭转驱动要复杂一些，这是因为扭转过程两个极板不是平行极板，静电场随着微镜的角度变化而变化。为了简化分析过程，假设静电场沿着扭转梁的方向是均匀分布的，可以将微镜视为无限长板的一部分；电场中电力线的分布沿着两个极板组成的扇形的圆弧方向，扇形的圆心在两个极板的交点 B。基于以上假设得到的临界电压高于实际值，这是因为忽略了电极边缘效应。

如图 7-8 所示，当宽 W 长 L 的微镜向下旋转 θ 时，BO 的长度 R 可以表示为 $R=d/\sin\theta$，其中 d 是基底的厚度。半径上任意一点 x 处的弧长 a 可以表示为 $a=(R-x)\theta$，于是 x 处的静电场强度为

$$E=\frac{V}{a}=\frac{V}{(d/\sin\theta-x)\theta} \tag{7-22}$$

其中 V 是驱动电压。即使对于 $\theta\leqslant 0$(即微镜从反向上升时)，式(7-22)也是适用的。当 $\theta=0$ 时，式(7-22)的电场就是平板电容中电场的计算方法。静电场引起的单位面积的静电力为 $P=\varepsilon E^2/2$，于是整个电极的驱动力矩 T_e 可以对上式产生的扭矩 $xPW\mathrm{d}x$ 在 $x=[0,L]$上积分得到

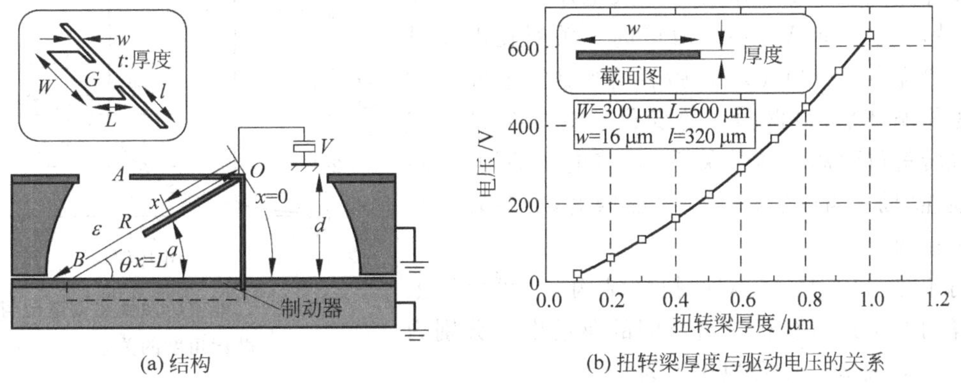

(a) 结构 (b) 扭转梁厚度与驱动电压的关系

图 7-8 二维扭转微镜

$$T_e = \frac{\varepsilon}{2}V^2 W\int_0^L \frac{x}{[(d/\sin\theta - x)\theta]^2}dx = \frac{\varepsilon V^2 W}{2\theta^2}\left[\frac{L\sin\theta}{d - L\sin\theta} + \ln\left(1 - \frac{L\sin\theta}{d}\right)\right] \tag{7-23}$$

当$|\theta|<1$时,式(7-23)的三阶展开式为

$$T_e = \frac{\varepsilon V^2 W}{2\theta^2}\left[\frac{1}{2}\left(\frac{L\sin\theta}{d}\right)^2 + \frac{2}{3}\left(\frac{L\sin\theta}{d}\right)^3\right] + O(\theta^2) \tag{7-24}$$

式(7-24)中驱动力矩是驱动电压和转角的函数,这表明即使驱动电压不变,随着驱动过程中转角的不断变化,驱动力矩也是不断变化的。

决定驱动电压的另一因素是扭转梁的扭转力矩,它充当驱动过程的阻力或者卸载过程的回复力。对于矩形梁,其扭转力矩T_m为

$$T_m = K_m \cdot \theta = \frac{2Gwt^3}{3l}\left[1 - \frac{192}{\pi^5}\frac{t}{w}\tanh\left(\frac{\pi w}{2t}\right)\right]\cdot\theta \tag{7-25}$$

其中w,l,t分别为扭转梁的宽、长和厚度,G是材料的剪切弹性模量(多晶硅G=73 GPa),K_m是矩形扭转梁的扭转弹性常数,由材料性能和几何尺寸决定。令式(7-24)与式(7-25)相等,在几何尺寸已知的情况下,可以得到微镜的转角与驱动电压的关系。从式(7-25)式可以知道,矩形梁的扭转弹性常数随着厚度t的变化最为剧烈,因此驱动电压随着扭转梁的厚度t的增加而迅速增加。图7-8(b)为模拟的驱动电压随着梁厚度变化的曲线,可见即使厚度变化±0.1 μm,驱动电压的变化高达±50 V。因此,为了实现较低的驱动电压,扭转梁的厚度应该非常小。

忽略阻尼,扭转微镜的动力学特性可以用转动的二阶方程表示

$$I_M\ddot{\theta} + K_m\theta = T_e \tag{7-26}$$

其中$I_M=\rho wlt^3/12$是微镜的惯性矩,对于厚度不均匀和面积不规则的微镜结构,惯性矩可以通过叠加的方法进行计算。K_m是扭转梁的回复力矩。将式式(7-25)和式(7-23)代入式(7-26),可以得到动力学方程,可以计算谐振频率的大小。当微镜的扭转位移很小时,用驱动力的近似值得到

$$\omega_0 = \sqrt{\frac{K_m}{I_m} - \frac{V^2\varepsilon}{\rho t d^3}} \tag{7-27}$$

当微镜尺寸采用上述值时,微镜的谐振频率在50 Hz左右,依赖于微镜的厚度。由于谐振频率不高,因此开关速度不高,要提高开关速度,需要进一步降低微镜厚度。微镜的开关电压在150 V左右,维持电压在50 V左右,微镜的开关对比度超过60 dB,串扰小于−60 dB。实验表明当微镜经过4000万次工作循环后,谐振频率的变化只有3%。图7-9为微镜转角与驱动电压的关系,随着电压的增加,转角非线性增加,当电压达到某一极限时,微镜转动与下电极接触。

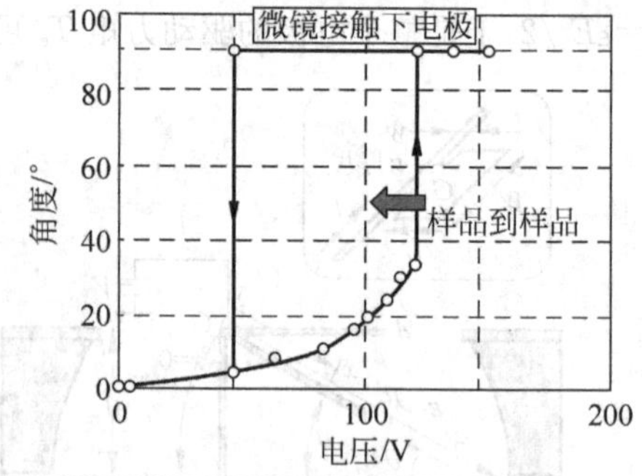

图7-9 二维扭转微镜驱动电压与微镜角度的关系

对于图7-10所示的双面扭转结构[13],可以用上面同样的方法进行分析。当两侧的驱动电压分别为V_1和V_2时,驱动力矩可以表示为

$$T=\frac{\varepsilon V_1^2 W}{2\theta^2}\left[\ln\left(1-\frac{L\sin\theta}{2d}\right)+\frac{L\sin\theta}{2d-L\sin\theta}\right]-\frac{\varepsilon V_2^2 W}{2\theta^2}\left[\ln\left(1+\frac{L\sin\theta}{2d}\right)-\frac{L\sin\theta}{2d+L\sin\theta}\right] \tag{7-28}$$

对于平板电容驱动的扭转微镜，由于扭转过程电容仍旧存在平行电场分量，微镜在扭转的同时会产生向下的位移，因此微镜在静电力的作用下仍旧可能发生下拉现象。当微镜向下的位移与转角在相同的数量级时，必须考虑下拉与扭转的耦合影响。即使微镜下拉后没有塌陷到下电极上，但是当微镜向下的位移达到微镜与电极间距的 1/10 时(约 0.5 μm)，反射光的相位和角度都会受到很大影响(长一个波长)，严重影响微镜的设计。

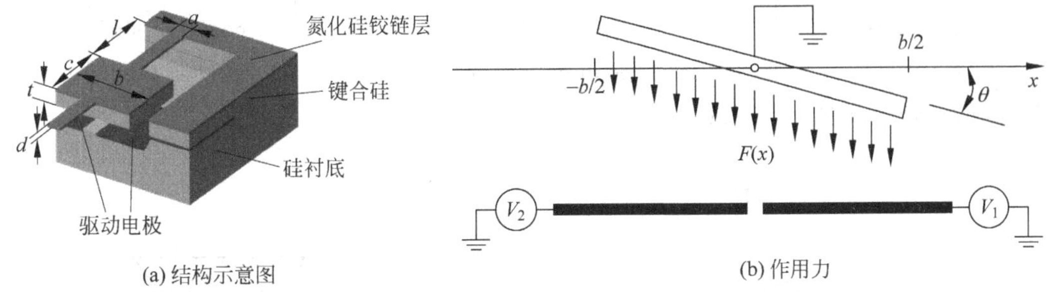

(a) 结构示意图　　(b) 作用力

图 7-10　双端驱动的二维扭转微镜

如图 7-11 所示，微镜由两个扭转梁支承，扭转梁固定在两个支承柱上，当微镜在静电力的作用下扭转时，同时也会产生向下的位移。假设：扭转梁和微镜的截面都为菱形，初始状态与电极平行；扭转和下拉都是小变形，因此 $\tan\theta\approx\sin\theta\approx\theta$，这对 10°的扭转造成的误差小于 1%，同时也意味着临界转角远小于 1($\theta_{cr}\ll1$)，微镜向下的位移远小于微镜宽度($\delta/a\ll1$)；忽略残余应力、边界或者变形引起的非均匀电场。除了前面介绍的扭转，弯曲的静态方程为

$$\frac{2Ewt^3}{l^3}\delta=\frac{\varepsilon LV^2}{2\theta}\left[\frac{1}{h-\delta-a_2\theta/a\theta_{cr}}-\frac{1}{h-\delta-a_1\theta/a\theta_{cr}}\right] \tag{7-29}$$

利用能量法，同样可以求出下拉塌陷的条件[14]。根据静电扭矩的大小动态反馈控制驱动电压的大小，可以克服下拉塌陷的发生[15]。

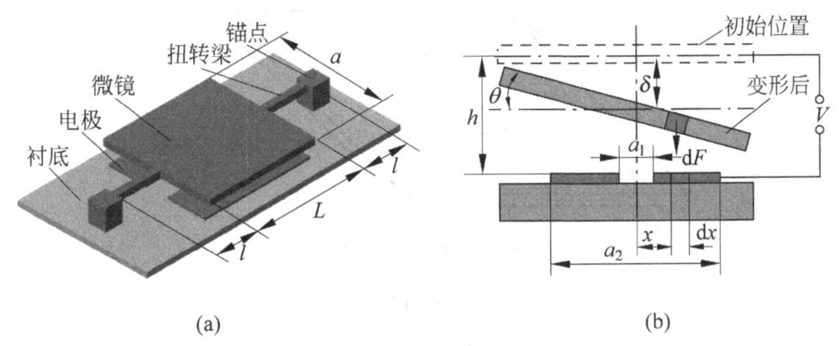

(a)　　(b)

图 7-11　扭转与下拉的耦合

3. 二维扭转微镜

静电驱动的扭转式结构是二维微镜的主要结构方式[16~19]，利用不同区域电极施加的静电力驱动微镜，如图 7-48(a)所示。这种结构节省空间，这对于微镜阵列应用非常重要。但是两对扭转梁会产生交叉串扰，同时静电力的非线性也非常严重。为了降低非线性的影响，可以采

用差动电压驱动[18]和多电极驱动的方法[20]。

微镜采用两对扭转梁形成万向节结构，可以绕着 x 轴和 y 轴旋转，如图 7-12 所示。驱动电极分为 4 个部分，分别施加电压 V_1、V_2、V_3 和 V_4，入射光照射在微镜的中心，通过微镜的偏转调整反射光方向。原始坐标轴 xyz 在微镜的中心，微镜绕 y 轴转动的角度为 ϕ，绕 x 轴转动角度 θ，$x'y'z'$ 坐标轴在旋转以前的原始位置，即 $x'y'z'$ 坐标轴旋转 ϕ 后变成 xyz 坐标。于是有

$$\begin{bmatrix} x' \\ y' \\ z' \end{bmatrix} = \boldsymbol{M}_{\phi(\theta)} \begin{bmatrix} x \\ y \\ z \end{bmatrix},\quad \boldsymbol{M}_{\phi} = \begin{bmatrix} \cos\phi & 0 & \sin\phi \\ 0 & 1 & 0 \\ -\sin\phi & 0 & \cos\phi \end{bmatrix},\quad \boldsymbol{M}_{\theta} = \begin{bmatrix} 1 & 0 & 0 \\ 0 & \cos\theta & -\sin\theta \\ 0 & \sin\theta & \cos\theta \end{bmatrix}$$

其中(x,y,z)是 xyz 坐标系中的一点。

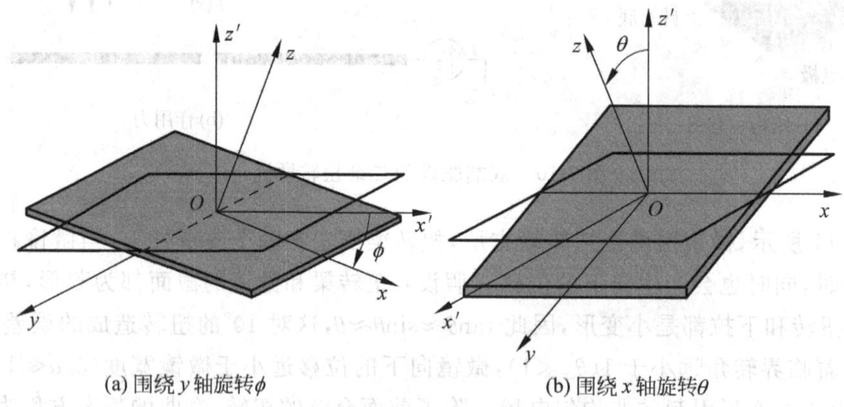

(a) 围绕 y 轴旋转 ϕ　　(b) 围绕 x 轴旋转 θ

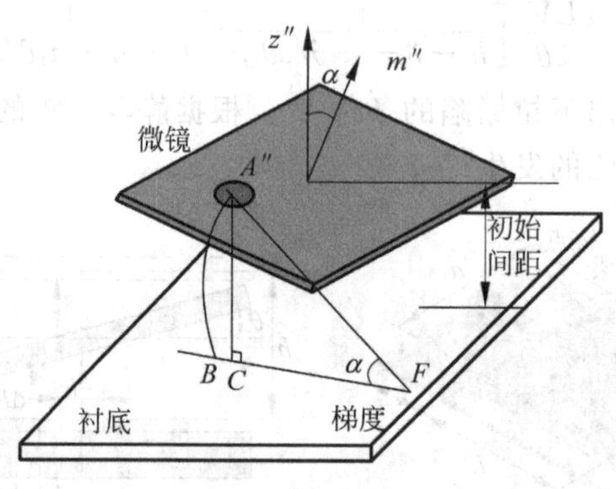

(c) 两次旋转结果示意图

图 7-12　二维扭转微镜模型

假设微镜首先绕着 y 轴旋转 ϕ，再绕着 x 轴旋转 θ。经过两次旋转后的坐标系变换矩阵为

$$\boldsymbol{M}_{\theta\phi} = \boldsymbol{M}_{\theta}\boldsymbol{M}_{\phi} = \begin{bmatrix} 1 & 0 & 0 \\ 0 & \cos\theta & -\sin\theta \\ 0 & \sin\theta & \cos\theta \end{bmatrix} \begin{bmatrix} \cos\phi & 0 & \sin\phi \\ 0 & 1 & 0 \\ -\sin\phi & 0 & \cos\phi \end{bmatrix} = \begin{bmatrix} \cos\phi & 0 & \sin\phi \\ \sin\theta\sin\phi & \cos\theta & -\sin\theta\cos\phi \\ -\cos\theta\sin\phi & \sin\theta & \cos\theta\cos\phi \end{bmatrix} \tag{7-30}$$

式(7-30)可以用来旋转变换坐标点或者向量，例如微镜上的一个单元面积(dS)，$\boldsymbol{A}=(x,y,0)$

和垂直向量 $\boldsymbol{m}=(0,0,1)$ 分别变换为

$$\boldsymbol{A}''=(x\cos\phi, x\sin\theta\sin\phi+y\cos\theta, -x\cos\theta\sin\phi+y\sin\theta)$$

$$\boldsymbol{m}''=(\sin\phi, -\sin\theta\cos\phi, \cos\theta\cos\phi)$$

经过两次坐标系变换后坐标轴变成 $x''y''z''$，其中 x'' 和 y'' 分别平行于扭转梁的初始位置。

如图 7-12(c)所示，微镜相对衬底的最大倾角 α 等于 z'' 轴（$\boldsymbol{z}''=(0,0,1)$）和微镜法向向量之间的夹角，因此用它们的内积表示 α

$$\boldsymbol{m}''\cdot\boldsymbol{z}''=\cos\alpha=\cos\theta\cos\phi\quad(|\boldsymbol{m}''|=|\boldsymbol{z}''|=1)\quad\alpha(\theta,\phi)=\cos^{-1}(\cos\theta\cos\phi)$$

图 7-12(c)中 C 点为微镜上的 A'' 在衬底上的投影，因此 $\overline{A''C}=g-z+A''_z$，其中 g 是微镜和衬底之间的初始间距，z 是微镜中心在 z'' 方向上的垂直位移，A''_z 是坐标 A'' 的 z'' 方向的分量。假设单元 A'' 的电场通量用弧 $\widehat{A''B}$ 表示，该处的电场强度可以表示为驱动电压与弧长的比值。而弧长 $\widehat{A''B}=\overline{A''F}\cdot\alpha=\alpha\cdot A''C/\sin\alpha$，于是电场强度为

$$E=\frac{V}{\widehat{A''B}}=\frac{V}{(g+A''_z)\alpha/\sin\alpha}=\frac{\sin\alpha}{\alpha}\frac{V}{g-z-x\cos\theta\sin\phi+y\sin\theta}$$

单元面积上的静电力为

$$\mathrm{d}P=\frac{1}{2}\varepsilon_0E^2\mathrm{d}S=\frac{1}{2}\varepsilon_0\frac{\sin\alpha}{\alpha}\frac{1}{g-z-x\cos\theta\sin\phi+y\sin\theta}V^2\mathrm{d}S\tag{7-31}$$

其中 $\mathrm{d}S=\mathrm{d}x\cdot\mathrm{d}y$ 是单元的面积。忽略电场的边缘效应，静电力产生的扭矩可以在微镜表面对应电极的区域对静电力进行积分，静电扭矩为

$$\begin{aligned}T_\phi^E(V)&=\frac{1}{2}\varepsilon_0V^2\iint_s x\cdot\left(\frac{\sin\alpha}{\alpha}\frac{1}{g-x\cos\theta\sin\phi+y\sin\theta}\right)^2\mathrm{d}S\\T_\theta^E(V)&=\frac{1}{2}\varepsilon_0V^2\iint_s(-y)\cdot\left(\frac{\sin\alpha}{\alpha}\frac{1}{g-x\cos\theta\sin\phi+y\sin\theta}\right)^2\mathrm{d}S\end{aligned}\tag{7-32}$$

在微镜受到静电力的作用下产生旋转的同时，还会受到沿着 $-Z$ 方向的拉力。静电力 $\mathrm{d}P$ 的 z 方向分量为 $\mathrm{d}P\cos\alpha$，于是利用式(7-31)有

$$F_z^E(V)=\frac{1}{2}\varepsilon_0V^2\iint_s\cos\phi\cos\theta\left(\frac{\sin\alpha}{\alpha}\frac{1}{g-x\cos\theta\sin\phi+y\sin\theta}\right)^2\mathrm{d}S\tag{7-33}$$

由于电极分为 4 个部分，分别施加 V_1，V_2，V_3 和 V_4，因此最后微镜的总体扭矩和拉力之和是将 4 个电极产生的影响进行叠加后的结果，即

$$T_\phi^E=\sum_{i=1}^4T_\phi^E(V_i),\quad T_\theta^E=\sum_{i=1}^4T_\theta^E(V_i),\quad F_z^E=\sum_{i=1}^4F_z^E(V_i)\tag{7-34}$$

其中每项对静电力的积分都有不同的积分区域。由于已经假设静电引力分布在整个微镜上，把 $[0\leqslant x\leqslant W/2, 0\leqslant y\leqslant W/2]$ 作为对于第 1 个电极（驱动电压 V_1）积分的区域。式(7-32)和式(7-33)适合任意微镜形状。扭转梁的扭矩与转角的关系由式(7-25)给出。

扭转梁在受到扭矩的同时也受到弯曲的作用，对于沿着 z'' 方向的机械回复力，用双端固支梁的模型来计算机械回复力。严格地讲，这些力矩和力是相互耦合的，特别是弯曲梁在 z'' 方向的弯曲刚度是随着扭转角度变化的，因为梁的中性面偏离了其初始中性面的位置，导致惯性矩截面发生变化。由于最大扭转角度一般较小，最大弯曲不超过梁长度的 2%，因此可以采用线性模型，即认为弯曲与扭转是独立的。另外，这里也忽略了万向节的框架的变形，如果需

要考虑这些复杂因素,需要FEA的帮助。

为了获得驱动电压V、系统处于机电平衡时的(ϕ,θ,z)的数值,需要借助数值解法来求解方程组

$$T_{\phi}^{E}=T_{\phi}^{M},\quad T_{\theta}^{E}=T_{\theta}^{M},\quad F_{z}^{E}=F_{z}^{M} \tag{7-35}$$

当4个电极分别施加不同的驱动电压时,系统比较复杂。作为特殊情况,当使用两个电压V_x和V_y来驱动微镜转动ϕ和θ时,可以按照下列组合对电极施加电压:

$$V_1=V_x,\quad V_2=0,\quad V_3=V_y,\quad V_4=V_x+V_y \tag{7-36}$$

这种组合称为非差动驱动,V_4是2个电压的叠加,而V_2被接地。由于ϕ和θ都随着V_x和V_y的增加而增加,而且2个方向的扭转有很大的串扰和非线性,因此不能实现对ϕ和θ的单独控制。

通常,在1个大的偏置电压上叠加小的控制电压可以提高一维静电驱动器的线性范围,使用差动驱动能够进一步提高一维梳状电极的线性度。为了提高二维微镜的线性范围,可以在电极上施加偏置电压V_{bias}和差动电压V_x和V_y

$$\begin{cases}V_1=V_{\text{bias}}+(V_x+V_y)/2,\quad V_2=V_{\text{bias}}-(V_x-V_y)/2\\ V_3=V_{\text{bias}}-(V_x+V_y)/2,\quad V_4=V_{\text{bias}}+(V_x-V_y)/2\end{cases} \tag{7-37}$$

通过上述公式可以计算在施加差动电压时扭转角度与驱动电压的关系。例如,将偏置电压设为55 V,差动电压从−20 V递增到+20 V。这种情况下ϕ和θ随着驱动电压V_x和V_y的变化关系是线性的,同时除了在边角处以外电压串扰可以忽略,而对于非差动电压,这个输出关系是非线性的。

用上面的通用方法来简化分析多电极驱动微镜。图7-13(a)为电极的形状,是将一个圆形电极分为4个直角扇形,用来驱动微镜产生对应方向的倾斜,微镜与电极之间的间距用t_0表示。假设微镜的倾斜角度很小,可以用平板电极近似倾斜微镜的情况;只考虑扭矩而忽略下拉力的作用;假设扭转弹簧为截面均匀的直梁。扭转梁的长宽高分别为l、w和t,扭转弹性刚度为k_t。向图7-13中深色的扇形电极施加驱动电压时,转角θ与驱动电压的对应关系可以用扭矩方程表示

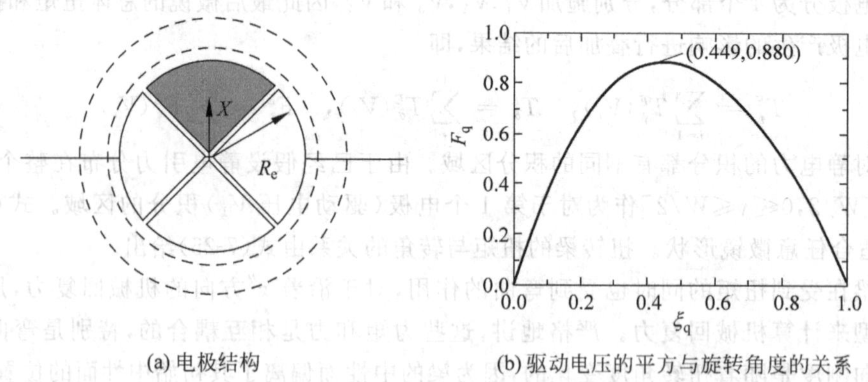

(a) 电极结构　　(b) 驱动电压的平方与旋转角度的关系

图7-13　4个分立的电极驱动的微镜

$$k_t\theta=\varepsilon_0V^2\left\{\int_0^{R_e/\sqrt{2}}\frac{x^2}{(t_0-x\theta)^2}\mathrm{d}x+\int_{R_e/\sqrt{2}}^{R_e}\frac{x\sqrt{R_e^2-x^2}}{(t_0-x\theta)^2}\mathrm{d}x\right\}\tag{7-38}$$

其中扭转弹性刚度 $k_t=0.281t^4GK/(K_sl)$，$K/K_s=2.36\gamma^3[1-0.63\gamma(1-\gamma^4)/12]$是梁的截面尺寸决定的常数，$\gamma\equiv w/t$。式(7-38)右侧的积分将电极分为两部分进行。定义 $z\triangleq x/R_e$ 和 $\xi_q\triangleq R_e\theta/t_0$，式(7-38)变为

$$\frac{\varepsilon_0R_e^4}{k_tt_0^3}V^2=F_q\equiv\xi_q\left[\int_0^{\sqrt{2}/2}\frac{z^2}{(1-\xi_qz)^2}\mathrm{d}z+\int_{\sqrt{2}/2}^1\frac{z\sqrt{1-z^2}}{(1-\xi_qz)^2}\mathrm{d}z\right]^{-1}\tag{7-39}$$

其中 F_q 为正比于 V^2 且与尺寸无关的参数，ξ_q 为正比于 θ 且与尺寸无关的参数。图7-13(b)为 F_q 随着 ξ_q 变化的关系曲线。曲线的极大值对应临界点 $\xi_{q,c}$：当 $\xi_q>\xi_{q,c}$时，微镜的转动是不稳定的，会突然被吸附到下面的驱动电极上。根据 z 的定义可以得到微镜的临界转角为 $\xi_q=\xi_{q,c}=0.449$，即 $\theta_c=0.449t_0/R_e$

达到上述临界转角的驱动电压则可以由式(7-39)在 $F_q=F_{q,c}$的情况下得到：

$$V_c^2=\frac{k_tF_{q,c}}{\varepsilon_0}\frac{t_0^3}{R_e^4}=\frac{k_t}{\varepsilon_0t_0}\frac{F_{q,c}}{\xi_{q,c}^4}\theta_c^4\tag{7-40}$$

综合上述各式，可以得到扭转梁的长度表达式为

$$l=\frac{K}{K_s}\frac{0.281t^4G\theta_c^4}{\varepsilon_0t_0V_c^2}\frac{F_{q,c}}{\xi_{q,c}^4}\tag{7-41}$$

图7-14(a)为利用式(7-41)计算的扭转梁长度与临界电压之间的关系曲线，其中设 $\theta_c=12°$，$t=3\ \mu\text{m}$，$t_0=250\ \mu\text{m}$，扭转梁的宽度有多个变化值。如果临界驱动电压设定为150 V，扭转梁的长度设定为100 μm，则扭转梁的宽度大约为12 μm。对于小于转角临界值的转角，其驱动电压可以由图7-13(b)计算出来。例如，对于 $\theta=8°$，$\xi_q=(\theta/\theta_c)\xi_{q,c}=(8/12)\times0.449=0.299$，对应的 $F_q=0.80$，电压 $V^2=(F_q/F_{q,c})V_c^2=(0.80/0.88)\times150^2=2.1\times10^4$，于是电压值为143 V。

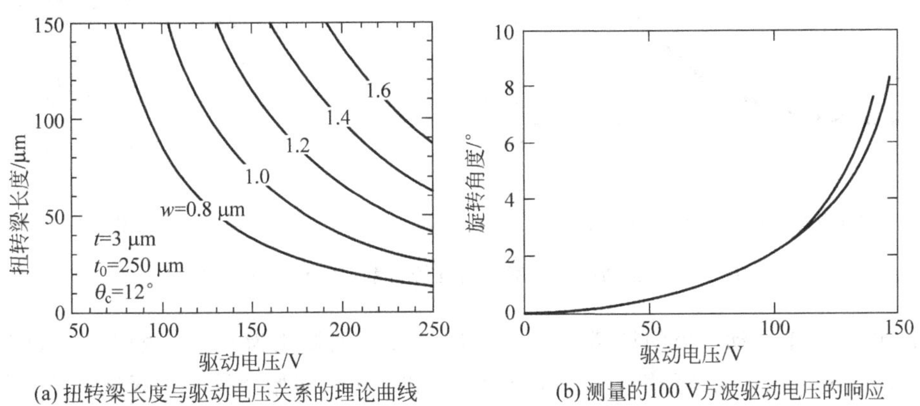

(a) 扭转梁长度与驱动电压关系的理论曲线　(b) 测量的100 V方波驱动电压的响应

图7-14 驱动电压与扭转梁长度及扭转角度的关系

图7-14(b)为测量的微镜倾角与电压之间的关系，微镜的参数分别为 $t=3\ \mu\text{m}$，$t_0=250\ \mu\text{m}$，$L=100\ \mu\text{m}$，$w=1.2\ \mu\text{m}$，$Re=525\ \mu\text{m}$。与上面的不同点在于电极被旋转了45°，以便单个电极能够产生绕着微镜和万向节轴的旋转。有效扭转弹簧常数与围绕一个单轴旋转时相同，因此上述的模型仍旧适用。由于微镜和电极分别所在的衬底在键合时存在对准误差，图中两条

曲线不完全重合。对于8°的转动,测量的驱动电压为142 V,而计算为143 V,考虑到近似过程、扭转梁的截面参数误差等,分析过程的精度是非常高的。如果扭转梁的宽度从1.2 μm增加到1.3 μm,根据式(7-25)可知扭转弹性常数将增加25%,使驱动电压的临界值V_c增加,从而使8°对应的驱动电压增加12%,导致测量值增加到160 V。

为了提高驱动电压与微镜转角之间的线性度,可以采用多个分立电极独立驱动的方式。如图7-15所示,将大驱动电极分为3×3的电极阵列,每个电极独立地施加驱动电压,因此同时选择阵列中不同的电极可以组成不同的驱动电极形状,获得不同的转角电压关系,即转角电压转换曲线是转角电压平面内的非线性曲线的稠集。如果转角电压曲线在工作区域内足够密集,则微镜可以用线性或者恒定驱动电压实现线性步进。利用式(7-31)~式(7-37),可以得到单一电极的转角电压曲线如图7-15(a)所示。当采用分立电极阵列时,静电力扭矩同样可以利用上面的公式获得

$$T_\theta^E=\sum_{k=1}^{n}\frac{1}{2}\varepsilon_0V_{ij}^2\int_{y_i}^{y_j}\int_{x_i}^{x_j}x\left[\frac{\sin\theta}{\theta}\frac{1}{g-d-x\sin\theta}\right]^2\mathrm{d}x\mathrm{d}y \tag{7-42}$$

其中x_i、x_j、y_i和y_j分别是第ij块电极的坐标位置,V_{ij}是施加在第ij块电极上的电压,n是电极的数目。假设每个电极具有相同的尺寸和驱动电压,式(7-42)简化为

$$T_\theta^E=\frac{1}{2}\varepsilon_0V_{ij}^2\sum_{k=1}^{m}W_i\int_{y_i}^{y_j}\int_{x_i}^{x_j}x\left[\frac{\sin\theta}{\theta}\frac{1}{g-d-x\sin\theta}\right]^2\mathrm{d}x\mathrm{d}y \tag{7-43}$$

其中W_i代表被激活的列中的电极数量,m表示每行的电极数量。因此,电极阵列驱动的传输函数是一族转角-电压平面内的非线性曲线。

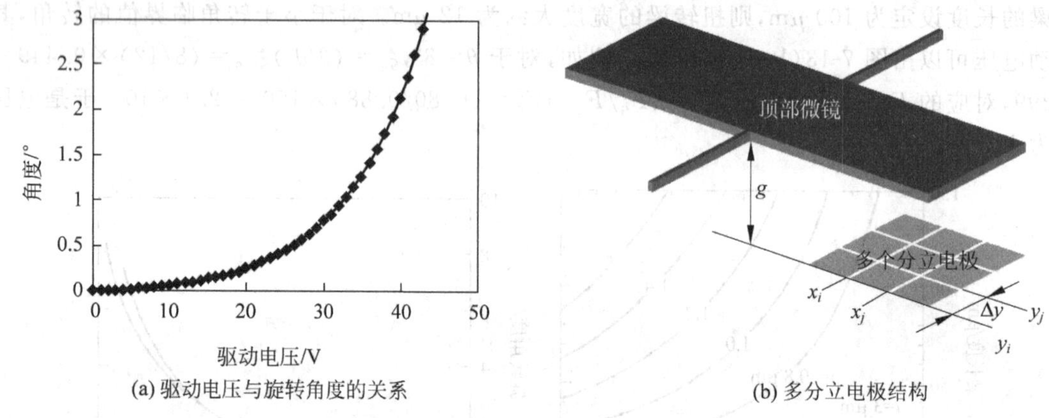

(a) 驱动电压与旋转角度的关系

(b) 多分立电极结构

图7-15 驱动电压与旋转角度的关系,多分立电极结构

图7-16(a)为多驱动电极的计算结果,E=169 GPa,泊松比为0.42,微镜长为600 μm、宽为300 μm,扭转梁的长宽高分别为200 μm、2 μm和2 μm,初始微镜和电极间距50 μm,每个电极单元为70×100 μm^2。图7-16(b)为数值计算的3×3电极阵列的转角电压变换曲线。图中直线A代表需要的微镜的转角电压关系,由于在一定的区域内微镜的转角电压曲线是较为密集的,可以从不同的曲线上选择一系列的点来近似指定的直线A,从而获得准线性的转角电压关系。密集的转角电压曲线是不同电极组合驱动时的结果,因此实现准线性的驱动关系需要顺序给多个驱动电极施加驱动电压。这就需要一个解码开关电路来控制电极并需要一个电压分配器来提供线性步进的电压。例如,对于图中的直线A:$V=25+10\theta$。

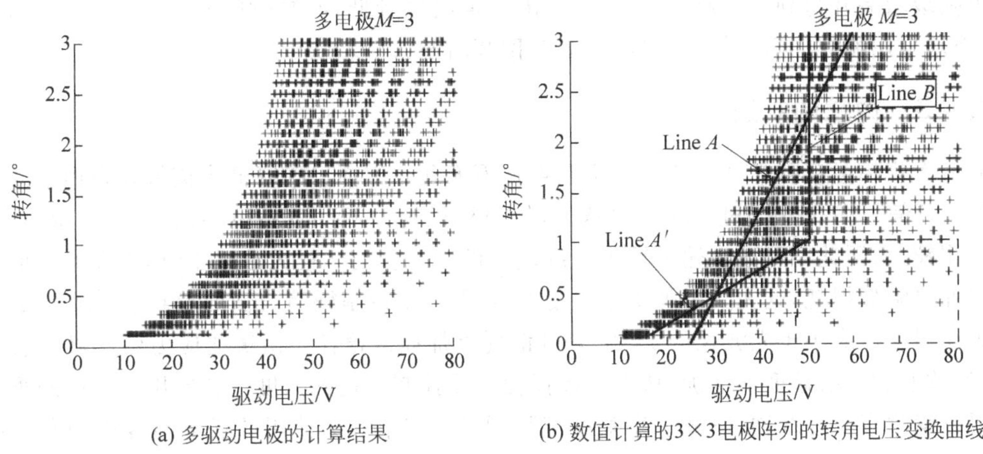

(a) 多驱动电极的计算结果　　(b) 数值计算的3×3电极阵列的转角电压变换曲线

图 7-16　多电极线性改善

表 7-3 为需要的转角 θ_d 和拟合的转角 θ_M 以及对应的实际驱动电极组合的关系。对于每一个需要的 θ_d，都有一个电极组合会产生一个驱动转角 θ_M，使 θ_M 最近似于 θ_d。从表中可以看出计算的实际驱动转角 θ_M 与需要的转角 θ_d 之间的最大相对误差为 3.57%，最小相对误差为 0。显然，随着电极阵列的加大，驱动组合方式迅速增加，转角-电压曲线密度也迅速增加，因此能够获得的近似度也越高。但是随着电极阵列的增加，计算和设计工作量也迅速增加。

表 7-3　转角和驱动电极组合

θ_d/°	V_A $V_A=25+10\theta_d$	θ_M（电压误差 V_A）	相对/%	电极组合	θ_d/°	V_A $V_A=25+10\theta_d$	θ_M（电压误差 V_A）	相对/%	电极组合
0.3	28	0.3107	3.57		1.8	43	1.8105	0.58	
0.6	31	0.5958	0.7		2.1	46	2.0742	1.23	
0.9	34	0.895	0.56		2.4	49	2.381	0.79	
1.2	37	1.1853	1.22		2.7	52	2.7041	0.15	
1.5	40	1.4976	0.16		3.0	55	3.0	0	

上述分析只考虑了机电能域的弱耦合，即认为微镜足够厚，在静电力的作用下只产生位移而不产生变形。实际上，驱动力的作用会使微镜产生一定程度的变形，特别对于大尺寸且较薄的微镜面，变形改变了静电力，发生强机电耦合。这种情况下的分析过程更加复杂[21]。微镜的回复时间由谐振频率和阻尼系数决定。由于扭转微镜在动作过程中挤压与衬底的空气间隙，因此压膜阻尼是影响微镜动态过程的重要因素。压膜阻尼正比于空气（流体）的粘度、扭转频率，以及间隙宽深比的 3 次方，可以用纳维-斯托克斯方程或雷诺方程描述，通过傅里叶级数

和双正弦级数展开得到线性解[22]。由于微镜通常阻尼较低,回复时间较长,对于高速动作的微镜,必须采用额外的阻尼控制,以减小微镜回复时间。

7.1.3 微镜的制造

制造大规模微镜和光开关的主要难点包括下面几个方面。①降低光信号在自由空间的传输距离:光信号在自由空间中的光程越长,传输损耗越大,而大规模开关使用大量微镜,体积和尺寸比较大,因此需要减小输入输出光纤端口的距离。当光程无法减小时,需要增加额外的光学器件以降低损耗,这大大增加了系统复杂性[23]。②控制微镜表面的粗糙度和应力:反射镜的表面粗糙度应小于光波长的1/10,否则散射增加插入损耗。微镜的应力引起微镜表面变形,导致散射和反射角度不准确,从而引起损耗。③控制微镜的角度:二维开关使用的垂直微镜需要微镜垂直于光纤轴,以减小光束的偏移程度;三维开关使用的任意角度微镜需要准确控制驱动电压对应的微镜角度。对于自由空间传输距离为1 cm的情况,需要实现$(10\sim20)\times10^{-3}$度的精度。④光学对准:自由空间的光学器件对光学对准有极高的要求,特别对于光束和接收光纤之间的对准。在大规模开关中,保持大量微镜与光纤对准的一致度是非常困难的。解决上述问题除了在设计、工艺等方面采取针对性的措施外,还需要尽量减小微镜和开关系统的尺寸。

微镜制造中最重要的问题之一是实现零应力、光滑平整的微镜表面。在表面微加工中,沉积薄膜和去除牺牲层都会引起薄膜的残余应力,使已经加工平整的微镜变形,即使在去除牺牲层以前进行平面化,效果也非常有限[24]。另外,微镜反射膜一般是通过溅射制造的带有粘附层和扩散阻挡的层金薄膜,但是不同金属之间的应力和热膨胀系数的差异会引起微镜表面变形。为了释放牺牲层,一般结构层上需要制造工艺孔,这对镜面的光学性能会产生负面影响。尽管增加微镜的厚度可以减小变形,但是会增加系统的质量,降低微镜的响应速度和隔离随机振动的能力。微镜支承梁对微镜性能和可靠性的影响甚至超过微镜表面材料,这是因为支承梁需要频繁地承受弯曲和扭转。

考虑到残余应力、滞后以及疲劳极限等问题,表面微加工制造平滑的多晶硅微镜有较大的困难,特别对于大面积的镜面。由于一维光开关的尺寸和规模较小,随着薄膜应力控制技术的发展,表面微加工技术在一维微镜和开关制造中得到了应用。表面工艺可以提供多层结构层,使结构设计和制造具有更大的灵活性;同时,表面工艺基本与CMOS工艺兼容,有利于降低制造成本,能够集成控制电路[25]。

采用单晶硅和体微加工技术制造平整的微镜面和弹性梁具有更大的优越性[26]。体加工的微镜可以由单晶硅或金属等多种材料制造,一般单晶硅在应力和表面光洁度等方面明显优于多晶硅或金属,是最合适的材料。单晶硅的制造一般采用DRIE和SOI的结合。因为SOI具有较大的厚度、较好的一致性和较低的残余应力,适合制造高性能的二维和三维微镜。在SOI两侧刻蚀并沉积金属薄膜,既提高微镜的光学性能,又可以平衡应力,并且不改变微镜的变形。即使如此,三维MEMS微镜和开关阵列也可以用表面微加工技术制造[6,27,28]。

光学MEMS器件的封装比较复杂,这是因为光学器件规模大,相互间的装配误差要保证在微米量级和几百个微弧度水平,需要能够承受热循环、冲击、振动,并且对污染、物理接触和冲击等更敏感。例如典型的1000端口交换机,一个单端口透镜±1%的焦距变化或光学阵列中±2 μm的相对位置误差都可能引起1 dB的光学损耗;另外,湿度容易引起阳极氧化和水汽凝结，造成多种失效。光学器件需要设有光路出入的通道，同时管壳需要镀抗反射膜；有些 MEMS 光学器件的面积超过了 10 cm^2，这在其他 MEMS 器件中是无法想象的。这些特点使 MEMS 器件的封装需要使用密封结构，但同时必须解决大量光学 IO 接口问题。密封不但要实现输入输出光纤周围的金属密封，还要使封装外壳与内部器件有相适应的热膨胀系数，以降低温度变化引起的性能下降。

1. 表面微加工

表面工艺适于制造结构较为复杂的微镜，特别是柔性支承、静电控制的结构[29]。这种微镜一般采用多晶硅作为微镜的结构层，二氧化硅（或者 PSG）作为牺牲层。为了降低残余应力，可以通过多层薄膜复合进行应力补偿的办法[30]。

典型的表面微加工技术制造的微镜是二维扭转微镜。微镜反射面为电极有反射金薄膜的多晶硅结构，利用铬/金/多晶硅组成的带有残余应力的支承臂的残余应力形成自组装[31]，支承微镜悬空在衬底表面。利用 Summit V 表面微加工技术可以实在梯形隐藏电极驱动的微镜[32]。微镜的驱动电极位于微镜下方，电容的下极板为从下向上逐层减小的梯形 3 层电极，以减小驱动电压。电极被分割为相等的 4 部分，分割电极的十字形间隙中有一个 U 形的支承弹簧，镜面固定在 U 形弹簧上；U 形弹簧固定在门形下弹簧上，下弹簧固定在衬底上。由此取消了与微镜共面的万向节，提高了微镜的填充系数。Summit V 工艺的多层多晶硅构成了多层电极和支承弹簧，在最后 2 层多晶硅沉积以前先进行 CMP，以提高上层多晶硅镜面的光滑程度，并增加镜面的可动空间。

为了克服表面工艺残余应力和平整度低等缺点，可以利用单晶硅转移键合的方法[33]，即利用单晶硅制造微镜反射面，利用多晶硅等制造执行器，如图 7-17 所示。首先在目标衬底（最后微镜所在的衬底）上溅射沉积 Ti 和 Au 薄膜，然后 PECVD 沉积氮化硅，并在氮化硅上溅射 Al。刻蚀 Al 形成微镜的寻址电极和探针引线盘，如图 7-17(a)所示。在电极表面沉积氮化硅薄膜，利用 RIE 刻蚀形成距离固持结构，用 RIE 刻蚀覆盖在 Au 表面的氮化硅，露出 Au 种子层，形成支承柱，刻蚀时作为掩模的光刻胶不去除，保持在氮化硅表面作为下一步电镀 Au 支承柱的模具，如图 7-17(b)所示。电镀 Au 支承柱，使其高度超过出 Al 寻址电极表面，然后去除光刻胶，如图 7-17(c)所示。利用低温键合将 SOI 衬底与目标硅片键合，如图 7-17(d)所示。键合时，电镀的 Au 支承柱被压入粘接材料，其超出的高度决定了电极和微镜的距离。使用研磨和 DIRE 相结合等方法去除牺牲层 SOI 硅片的支承层，停止在二氧化硅层。用 BHF 去除二氧化硅层，器件层仍旧保留在目标衬底上，如图 7-17(e)所示。RIE 刻蚀器件层单晶硅，光刻过程的对准目标是下层的电极，由于单晶硅层已经透明，因此不影响光刻过程。去除光刻胶掩模，如图 7-17(f)所示。再电镀 Au 作为电极引出盘并将单晶硅层固定到支承柱上。最后用氧等离子体去除键合粘接光刻胶，释放微镜，如图 7-17(g)和(h)所示。

将体微加工的微镜转移到表面微加工的执行器上还可以使用自组装的方法[34]。微镜采用 DRIE 刻蚀 SOI 器件层制造，厚度为 20 μm，在 HF 中去除埋层二氧化硅释放微镜，使其飘落到液体里。执行器采用表面微加工技术制造，执行器制造完毕后不释放，而是利用剥离在上电极中心制造金自组装结合点，在金表面形成疏水性自组装单层分子膜和高分子粘接剂，将带有微镜的溶液流过执行器表面，微镜会粘接在自组装分子膜的粘接剂上，是体微加工微镜与表面微加工执行器的结合。

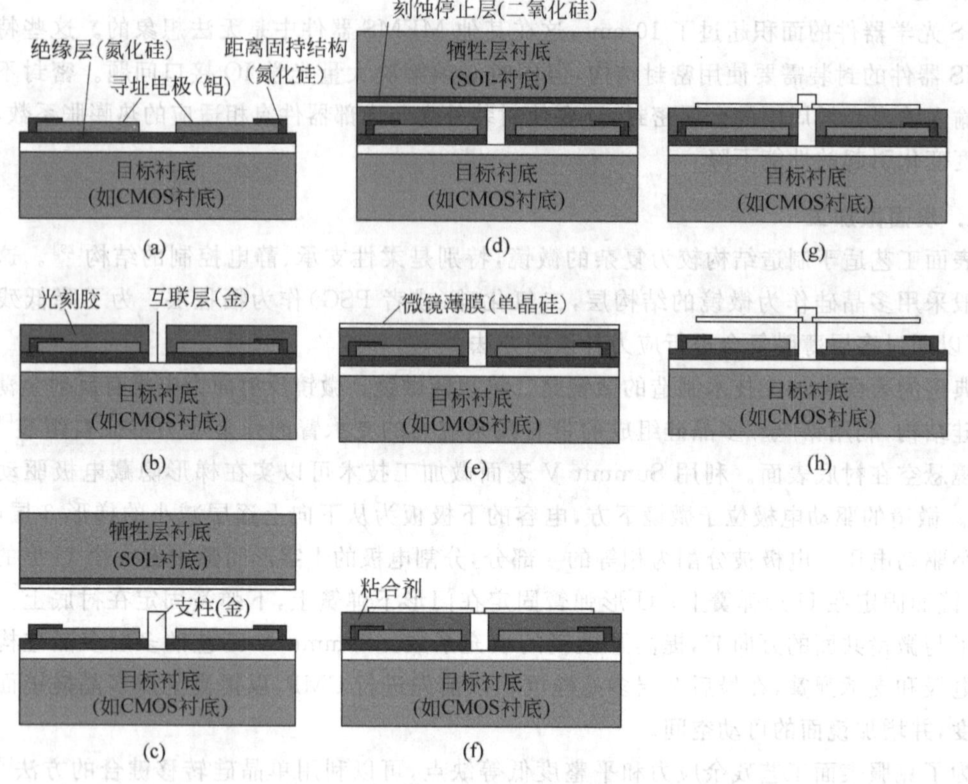

图 7-17　单晶硅转移键合制造微镜

2. 体微加工

体微加工技术可以克服表面微加工技术的缺点。体微加工不需要释放牺牲层,因此不需要表面的工艺孔;体加工可以实现几乎任意厚度的微镜,对动态特性有利;由于体微加工微镜是单晶硅材料,几乎不存在应力,加上厚度较大,保证了微镜表面非常平整。二维微镜包括与衬底平行微镜和垂直微镜,而三维微镜多是平行微镜。体微加工技术适合于制造这两种微镜结构,特别是垂直微镜难以用表面微加工技术制造。垂直微镜的优点是固定光纤和激光器比较容易,也比较容易制造。

垂直微镜可以用湿法刻蚀(110)硅片[35,36]或(100)硅片[37,38]制造,其优点是侧壁光滑,但是由于湿法刻蚀的垂直结构必须沿着一定的晶向,限制了设计的灵活程性,只适合简单的驱动器[35]、分割器[37]、耦合器、衰减器[39]等。图 7-18 为在(100)硅片上双面 KOH 刻蚀的微镜[38]。第 1 次刻蚀从正面形成装配光纤的 V 形槽和垂直微镜,第 2 次刻蚀从背面刻蚀微镜的支承悬臂梁结构。图 7-18(b)是正面第 1 次刻蚀的掩膜,图中灰色表示掩膜,刻蚀在白色窗口区域进行。周围 4 个矩形窗口用来刻蚀固定光纤的 V 形槽,由于窗口长边与[110]方向平行,因此刻蚀的形状为(111)面形成的 V 形槽,深度和宽度由光纤的尺寸决定。中间的矩形窗口与[110]夹角为 45°,即[100]方向。刻蚀时矩形的边沿着[100]方向,因此刻蚀结构垂直硅片表面,同时垂直于矩形的边,产生横向刻蚀。这两个方向的刻蚀速度都是(100)晶面的刻蚀速度。由于凸角的出现,横向刻蚀的过程不是矩形等速缩小,而是在凸角产生的(311)面刻蚀更快,因此刻蚀后两个长边的(100)面得以保存,而短边却由于凸角的出现被刻蚀。最后形成 1 个梯形微镜。图 7-18(b)中的黑色倾斜矩形表示刻蚀后微镜上表面的形状和位置。正面刻蚀完毕后从背面刻蚀悬臂梁,刻蚀穿透为止。由于晶向的性质,微镜表面所在的(100)面与 V 形槽轴线的 <110> 方向夹角为 45°,同时相邻两个 V 形槽的角度是 90°,满足微镜的要求。

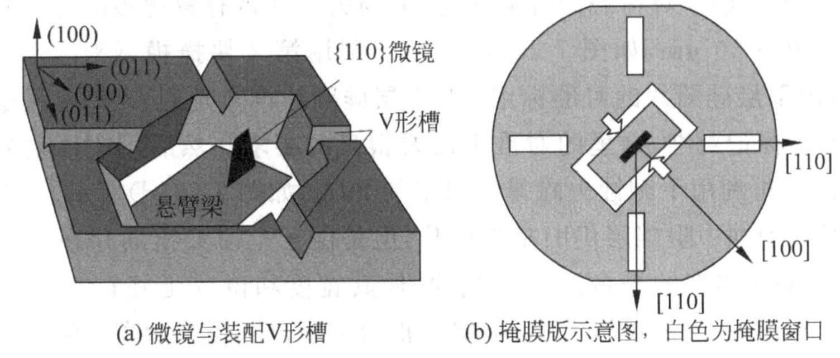

(a) 微镜与装配V形槽　　(b) 掩膜版示意图,白色为掩膜窗口

图 7-18　KOH 刻蚀的微镜和光学 MEMS 系统

制造垂直微镜的常用方法是利用 DRIE 刻蚀[8],特别是梳状执行器驱动的微镜,如图 7-19 所示。采用这种方法,微镜的制造与释放,以及驱动结构和光纤对准槽等可以在一次刻蚀中实现,除光纤外不需要其他的装配和工艺步骤。对于产生扭转的垂直梳状驱动器,由于两组梳齿的高度不相同,并且所有梳齿的表面在高度方向上交错排列,因此相对横向运动的梳状驱动器的制造过程要复杂一些,这是因为横向运动的梳状驱动器所有梳齿的高度均相同,并且表面在高度方向上都位于同一个平面内。

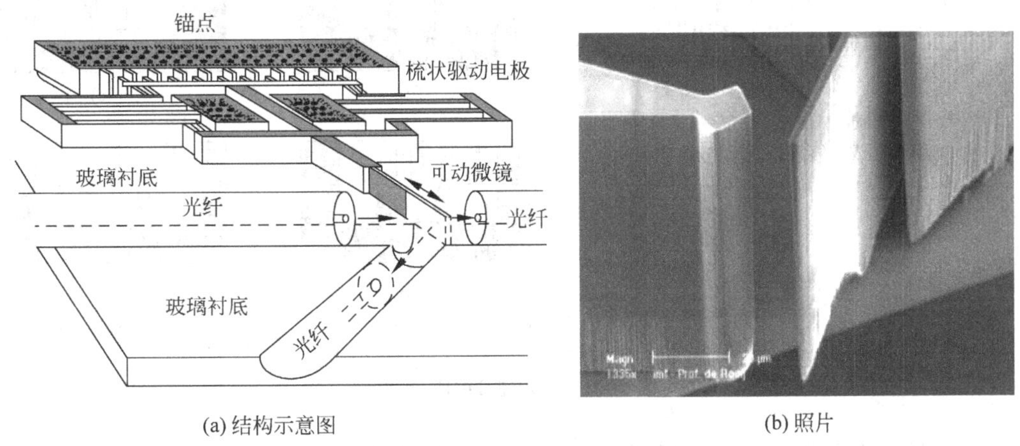

(a) 结构示意图　　(b) 照片

图 7-19　DRIE 制造的插入二维微镜

由于通过沉积薄膜作为上面的一组叉指能够得到的叉指和微镜厚度都过小,不利于光学应用,因此出现了采用两层衬底分别制造上下叉指,然后通过键合形成梳状驱动器的方法。但是由于梳齿间距较小,键合过程中两组梳齿的对准误差变得非常突出,这会影响器件的性能并引起器件失效。例如,可能限制器件的性能,甚至在常规电压下就引起叉指的失效。为了解决这一问题,出现了自对准的方法,即通过一次光刻和刻蚀形成高度不同、交叉排布的可动梳齿和固定梳齿。

图7-20为自对准的垂直梳状驱动器的制造流程[40]。图7-20(a)为自对准的掩模版,该掩膜是实现上层叉指和下层叉指的唯一的掩模版。首先DRIE刻蚀硅圆片,使用第1块掩模版,如图7-20(b)所示,其中刻蚀的空腔将来对应下层叉指的间距,但是空腔要小于叉指间距;而剩下的平台对应将来下层叉指,但是其宽度要大于下层叉指,需要在后续的制造过程中利用上层叉指做掩膜进一步刻蚀。对衬底圆片氧化,然后与另一片带有氧化层的硅圆片键合,对上层硅圆片减薄,剩余30～50 μm,如图7-20(c)所示。利用第2块掩模版对上层硅圆片光刻和DRIE刻蚀,暴露出下层硅圆片的对准标记;对上层硅圆片再次光刻,光刻掩模版为图7-20(a)的图形,与下层对准标记对准,这里的对准不需要很高的要求。然后DRIE刻蚀上层硅圆片,达到SiO_2层后停止,再利用干刻蚀去除暴露出来的SiO_2,如图7-20(d)所示。利用DRIE继续从上层对硅片刻蚀,刻蚀中阻挡层仍旧是光刻胶,但是由于上层叉指的存在,下层的刻蚀只是将第一步DRIE中刻蚀出来的平台进一步刻蚀,使其宽度和位置正好在上层的叉指下面,如图7-20(e)所示。从图7-20(e)可以看出,上层叉指的密度比下层叉指高一倍,即上层奇数叉指对应的下层硅圆片的位置没有叉指,这个空腔是在第一步DRIE中刻蚀的;而上层偶数叉指对应的下层位置有叉指,但是在图7-20(e)的刻蚀以前其宽度大于正常叉指宽度,经过图7-20(e)的刻蚀后,在上层叉指的掩膜下其宽度达到了正常叉指的宽度。由于上层叉指是均匀的,而下层叉指是根据上层叉指制造的,因此刻蚀后两层叉指是对齐的。最后对上层带有深刻蚀图形的硅片进行DRIE刻蚀,去除上层硅圆片的偶数叉指(即在上一步DRIE刻蚀中作为下层叉指的掩膜的叉指),最后去除SiO_2,如图7-20(f)所示。

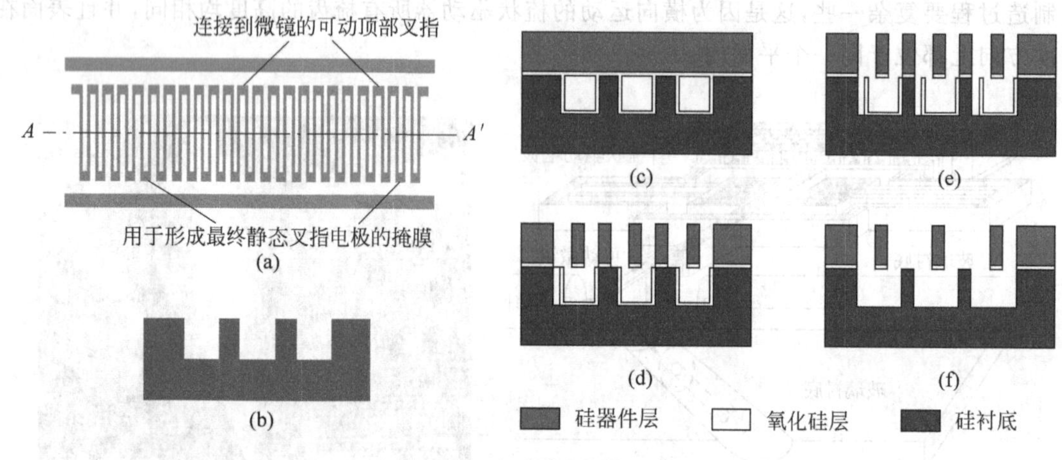

图7-20　自对准DRIE工艺

这个方法避免了键合对准的问题,提高了垂直叉指的性能。但是制造过程相对还是较为复杂,需要键合和DRIE刻蚀。特别是在图7-20(f)刻蚀中去除一半的叉指时,需要在带有大深宽比结构的硅圆片上涂胶和光刻,这是较为困难的。另一种自对准的刻蚀方法利用了SOI硅衬底[41]。首先在SOI上外延20 μm的多晶硅作为上层叉指电极,SOI的器件层作为下层叉指电极,利用DRIE刻蚀叉指缝隙,直到SOI的埋层二氧化硅停止,即利用1个掩模版同时刻蚀了上层多晶硅可动叉指和下层SOI器件层的固定叉指;然后在缝隙内填充二氧化硅作为隔离,干法刻蚀去除部分上层叉指;DRIE去除SOI的衬底层,从背面DRIE刻蚀SOI的器件层,遇到SiO_2时停止,除去了部分下层电极,形成了自对准结构。这种结构的缺点是需要外延厚的低应力多晶硅，并且需要背面 DRIE 刻蚀 SOI 衬底。

SOI 能够利用体硅平整的表面，因此在光器件中得到了广泛的应用[42,43]。图 7-21 为利用 SOI 制造微镜的典型方法[43]。SOI 衬底的埋层 SiO_2 的厚度为 2 μm，顶层器件层单晶硅的厚度较大，例如 75～100 μm，如图 7-21(a)所示；正光刻胶作为掩膜，如图 7-21(b)所示；利用 DRIE 深刻蚀，到埋层 SiO_2 自动停止，如图 7-21(c)所示；利用 HF 刻蚀埋层 SiO_2，使一部分结构悬浮起来，通过刻蚀时间控制，可以保证小结构下面的 SiO_2 被全部刻蚀，而大结构下面的 SiO_2 只刻蚀一部分，此时大结构仍旧通过 SiO_2 固定在衬底上，而小结构悬空，剩余的 SiO_2 不仅固定结构，还可以作为结构与衬底的绝缘层，如图 7-21(d)所示；电极金属作为反射镜面，最后固定光纤，如图 7-21(e)和(f)所示。

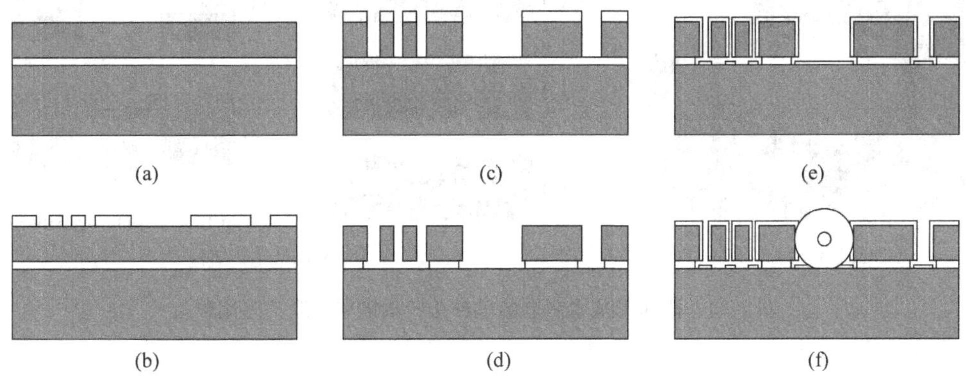

图 7-21 基于 SOI 的梳状执行器微镜的制造过程

除了利用 SOI 制造微镜和 DRIE 刻蚀梳状叉指电容执行器外，SOI 也用于制造微镜和平板电容执行器。图 7-22 为利用 SOI 和键合制造平板电容微镜的主要过程[26]。微镜为 SOI 硅片的器件层单晶硅，溅射金作为微镜表面；SOI 与带有金属电极的另一个硅片键合，最后刻蚀去除 SOI 硅衬底和上下 2 层 SiO_2，将微镜悬空。微镜与硅片上的电极组成平板电容。SOI 制造平板电容驱动的典型代表如图 7-50 所示的 ADI 公司研制的微镜，Corning Intellisense 也开发了类似结构的微镜[44]。Corning 公司的微镜键合的是玻璃，进一步降低了制造过程的温度开销。微镜厚 14 μm，尺寸为 750 μm×800 μm，与电极间距 86 μm。阵列包括 320 个微镜，在 60 V 驱动电压下，最大扭转角度达到 10°。

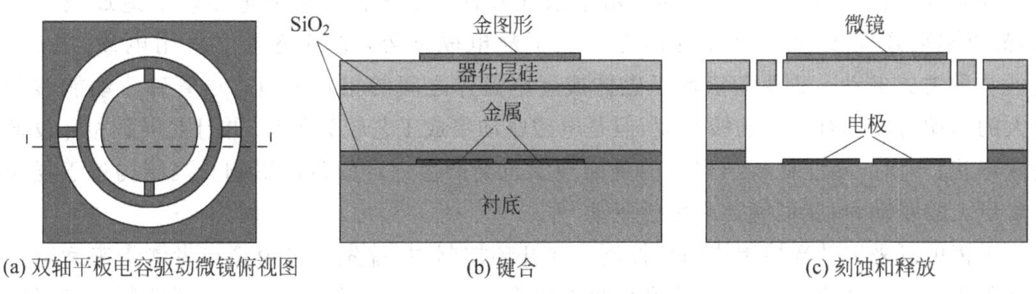

图 7-22 SOI 平板电容驱动开关微镜

图 7-23(a)为单轴扭转平行微镜，微镜的光学平面与芯片表面平行[45]。微镜的表面为单晶硅薄上沉积的拉应力多晶硅薄膜，驱动采用扭转重叠的梳状叉指电容。图 7-23(b)所示为

制造工艺流程：(1)DRIE刻蚀下层硅片形成叉指电极的固定叉指；(2)键合、减薄上层硅片；(3)利用DRIE刻蚀形成微镜面的侧壁；(4)沉积多晶硅和SiO_2，退火处理使多晶硅保持约300 MPa的拉应力，实现平整的镜面；(5)从背面DRIE刻蚀下层硅片释放微镜，形成周围单晶硅侧壁支持的拉应力多晶硅镜面。这种结构的优点是镜面很薄，微镜整体质量小，谐振频率和响应速度高。拉应力多晶硅保证了镜面的平整，而侧壁单晶硅的刚度又保证了多晶硅镜面的结构不变形。微镜直径550 μm，侧壁高度50 μm，宽度15 μm；扭转梁宽度15 μm，长度150 μm，谐振频率68 kHz，驱动电压171 V时，最大扭转角度达到25°。由于CMOS工艺中容易制造加热的多晶硅电阻，因此CMOS-MEMS工艺也可以制造电热驱动的微镜[46]。

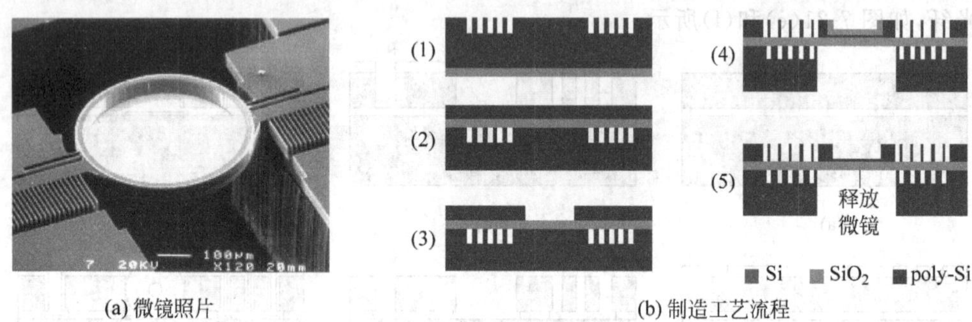

(a) 微镜照片　　(b) 制造工艺流程

图7-23　体加工技术制造的单轴扭转微镜和制造工艺流程

7.1.4　微镜的驱动与控制

微镜的驱动依靠MEMS执行器实现，在允许的交换时间内建立新的端口连接，在新的连接建立后保证未发生改变的连接状态继续保持，即执行器需要在收到指令后的5～10 ms内改变MEMS微镜的倾角，并维持所有的微镜直到接收到新的指令。微镜的驱动方式很多，例如采用平板电容或叉指电容的静电驱动、电磁驱动、热驱动等，但是这些方法共同的缺点是驱动距离有限。

静电驱动的优点是制造和集成简单、驱动结构占用的面积很小，原理清楚、设计容易、重复性较好，需要的功率也较小，这对大规模的交换阵列非常重要，是微镜的首选驱动方式。静电驱动的缺点是平板电极的扭矩输出为非线性，另外为了实现较大的倾角，需要较高的驱动电压(50～200 V)，驱动力也比小。同时，由于水气或者灰尘等都会对静电驱动器造成极大的危害，静电驱动还需要解决封装的问题。除了静电驱动外，微镜还可以采用电磁、电热、压电[47,48]等方式驱动。磁驱动依赖于磁体或者电磁体之间的相互吸引。尽管磁驱动能够产生更大的驱动力并具有较高的线性度，但是电磁驱动集成工艺较为困难，并且要屏蔽相邻设备以消除串扰；同时，磁性材料结构中的磁滞现象也会产生一定的负面影响。当结构过于复杂时需要更大的驱动力，就可能要采用磁驱动[49]。

微镜可以采用开环控制或闭环控制。在开环控制中，首先通过模拟或者测量来确定微镜倾角与驱动电压之间的关系，然后利用这个关系决定驱动电压的大小。开环控制不需要测量微镜的转动角度，简化了阵列系统，需要的功率也比较小，这对于需要控制几千个微镜的MEMS光交换机系统是非常重要的。因为开环控制系统没有自校准或者补偿功能，仿真差异、测量误差、制造的非均匀性，以及电子系统的漂移会引起倾角的稳态误差。另外，开环系统不能优化微镜的回复时间或者过冲特性，也不能提高系统的稳定特性或者隔离随机干扰。因此，开环控制不是一个鲁棒系统。

从系统性能角度看，带有反馈的闭环控制系统具有更多的优点。利用反馈可以将微镜的倾角扩展到下拉角以下。当反馈增益中等大小时，可以根据系统的性能对微镜的回复时间、过冲和稳态误差等进行精细的调整和控制，补偿微镜制造误差；更重要的是，在反馈伺服系统的控制下，微镜可以不受外界随机振动和冲击的影响。闭环控制微镜的缺点是需要有伺服控制算法、用于反馈控制的测量系统，以及在体积和功率限制内能够处理超过 1000 个微镜的电子控制线路。

1. 静电驱动

静电驱动在光学 MEMS 中广泛用于驱动微镜和开关，包括平板电极和梳状电极驱动器[50,51]。对于梳状叉指驱动器产生的平移运动，利用材料力学和梁理论，可以计算结构的力学特性，包括驱动位移与驱动电压和折叠梁的几何参数的关系[52]以及谐振频率与几何参数的关系[53]。叉指方向的弹性刚度系数 $k_{\text{folded}}=2Ehw^3/L^3$，其中 E 是弹性模量，w、L 和 h 分别为梁的宽度、长度和厚度。位移 D 和谐振频率 f_0 分别表示为

$$D=\frac{F}{k_{\text{folded}}}=\frac{n\varepsilon_0 V^2 L^3}{2Egw^3},\quad f_0=\frac{1}{2}\sqrt{\frac{k_{\text{folded}}}{M_{\text{mirror}}+0.5M_{\text{stiff}}+2.74M_{\text{beam}}}} \tag{7-44}$$

其中 n 为叉指数目，ε_0 是空气介电常数（$8.85\times10^{-14}\,\text{F/cm}$），$g$ 是叉指间距，V 是驱动电压，M_{mirror}、M_{stiff} 和 M_{beam} 分别是微镜和支承结构的总质量、折叠梁末端刚性结构的质量，以及折叠梁的质量。所有的质量都与梁的长度、宽度、高度以及材料密度有关。

将梳状驱动器与平面微镜相结合，可以实现静电驱动的扭转式微镜[54,55]。在微镜驱动中，梳状驱动器一般采用扭转结构，即两组梳状驱动器中的一组在驱动电压的作用下围绕扭转梁旋转，而不是通常使用的横向运动模式。扭转运动比横向运动可以实现更大的驱动力和转角，如图 7-24 所示。制造横向梳状驱动器一般采用 DRIE 刻蚀方法，因为横向梳状驱动器的两组梳齿表面是在同一高度平面内。扭转梳状驱动器驱动的微镜加工较为复杂，这是因为要实现扭转而不是横向运动，一组梳齿的高度必须与另一组梳齿不同，即在高度方向上梳齿是高低交错排列的。由于梳状驱动器的静电力与梳齿间距成反比，因此一般应用中都需要较小的梳齿间距以获得较大的驱动力。

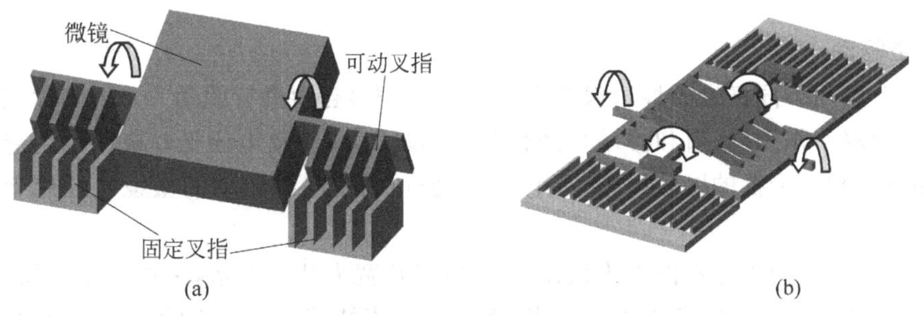

图 7-24　梳状驱动器驱动的任意角度微镜

为了克服制造中使用薄膜和两层硅片的缺点，CMOS-MEMS 工艺可以只使用 DRIE 实现卷曲铰链连接的梳状执行器[56]。这种微镜的镜面和梳状驱动器均为单晶硅结构，可以一次制造完成，单晶硅的镜面有利于光学性能。在标准 CMOS 工艺完成以后，利用 DRIE 从背面刻

蚀衬底,保留一定厚度的单晶硅,然后从正面DRIE刻穿形成梳状叉指,如图7-25所示。与一般垂直梳状驱动器需要制造两组高度不同的叉指有所不同,利用卷曲铰链的梳状驱动器的两组叉指在刻蚀时是相同尺寸的,不同之处在于一组叉指的根部只有1层SiO_2薄膜和1层铝薄膜,这些叉指的根部在残余应力的作用下发生卷曲,从而实现两组叉指高度不同的分布方式。由于叉指根部的铰链处只有SiO_2和铝薄膜,而SiO_2和铝薄膜的残余应力分别为压应力和拉应力,因此残余应力使叉指根部向上卷曲,形成卷曲铰链。叉指在卷曲铰链的带动下向上倾斜,从而使两组叉指在高度上不同,实现垂直运动的梳状驱动器。叉指的初始倾角取决于几何参数和SiO_2及铝的厚度,薄膜越厚,倾角越大,甚至超过45°。

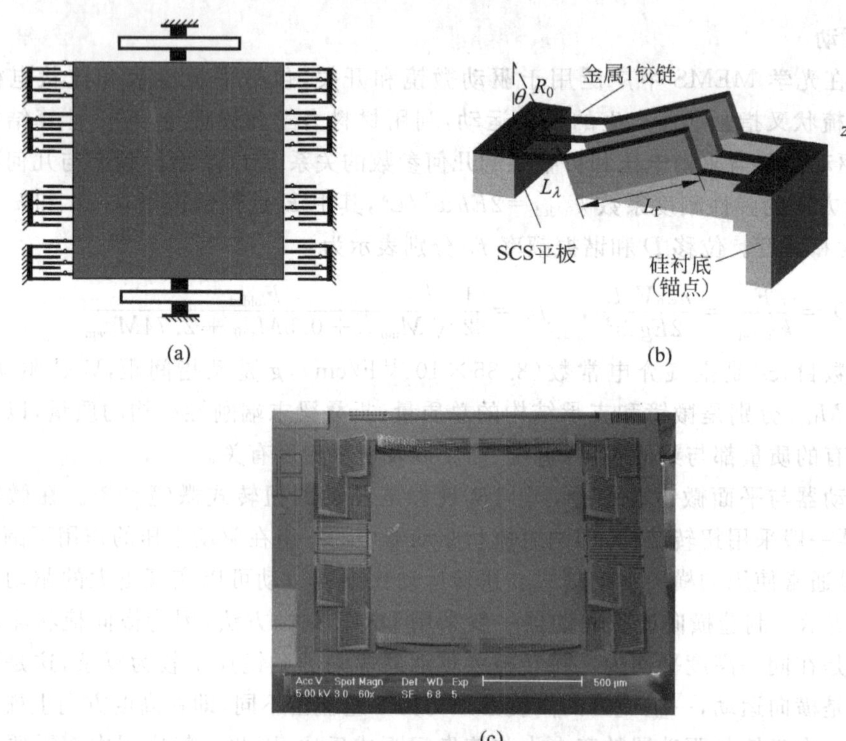

图7-25 CMOS-MEMS微镜

2. 电磁驱动

电磁驱动利用不同极性磁性材料或电磁之间的(电)磁力进行驱动[57~59],其优点是能够提供较大的线性双向作用(吸引和排斥)、线性好、驱动力大、驱动电压低;缺点是制造过程较为复杂,需要防止相互干扰的屏蔽设施。Olympus公司利用电磁驱动的微镜已经用于扫描共聚焦显微镜中。

图7-26(a)为采用磁驱动的二维微镜[60]。微镜长宽为几百微米,一边固定在扭转梁上,另外3边悬空;或者采用双扭转轴,实现三维微镜[61]。当微镜芯片下面的线圈通过电流时,线圈产生的电磁力吸附微镜上的金属,使向下旋转90°,微镜处于开状态。微镜在开状态锁止时,线圈中的电流可以减小。磁力引起的扭矩为

$$T_m = V_m M_s H_d \sin\left(\frac{\pi}{2}-\theta\right) \tag{7-45}$$

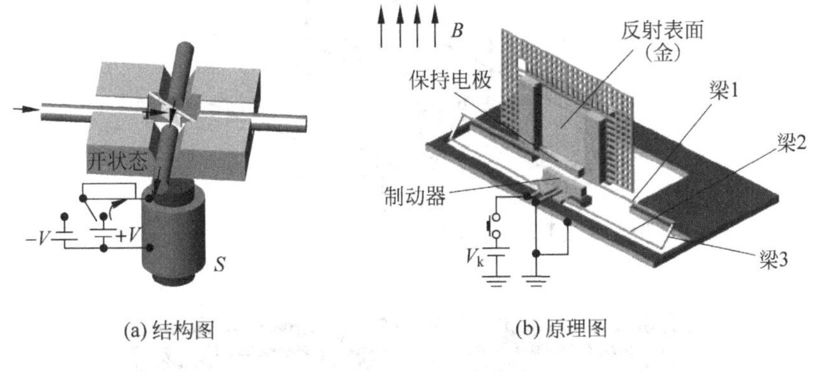

(a) 结构图　　(b) 原理图

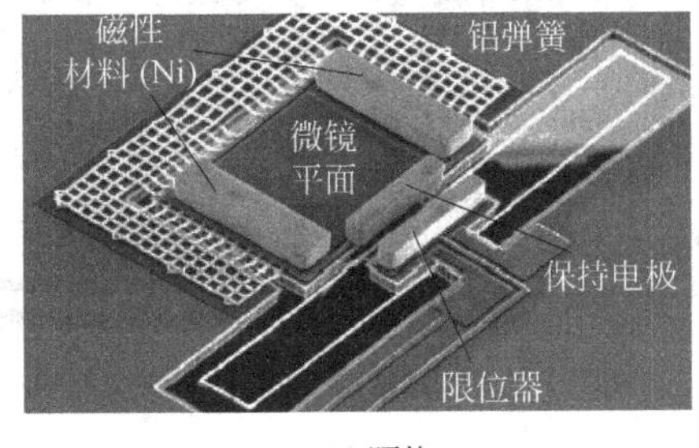

(c) 照片

图 7-26　电磁驱动扭转微镜

其中 V_m 为磁性材料的体积，M_s 为饱和磁化强度，H_d 为磁场强度，θ 为微镜的扭转角。

图 7-26(b)为扭转微镜原理图[62]。当微镜下面的磁性体通过电流时会产生垂直衬底的磁场，垂直微镜上沉积的软磁性材料在磁场的作用下受到水平力的作用，驱动微镜伸缩，成为 2×2 开关。该开关采用 SOI 衬底和 DRIE 刻蚀制造，软磁材料为电镀形成的镍。开关工作在 1550 nm 波长，插入损耗为 0.2～0.8 dB，PDL 损耗为 0.02～0.2 dB。开关在动作状态功耗为 82 mW，机械自锁机构使保持状态下不需要外加功率。

图 7-27 为电磁驱动的二维 MEMS 微镜[61]。微镜包括万向节支承的框架、微镜平面、类似悬臂梁的驱动器和线圈。悬臂梁驱动器利用扭转梁与框架连接，线圈是电镀在微镜和驱动器表面的铜，在悬臂梁表面的线圈产生 x 轴旋转，微镜表面线圈产生围绕 y 轴的旋转。线圈垂直于外磁场能够产生洛仑兹力，驱动微镜扭转，微镜的旋转方向与流过线圈的电流方向和外加磁场的方向有关。例如，电流 $I1$ 产生向上的力 $F1$，而电流 $I2$ 产生的力为向下的 $F2$。微镜采用 5 μm 厚单晶硅的 SOI 制造，如图 7-28 所示。首先 DRIE 刻蚀形成微镜平面以及支承梁的结构，如图 7-28(b)所示，溅射 Cr/Cu 作为种子层，然后利用 10 μm 的厚胶作为模具电镀 5 μm 的铜形成线圈的底层，如图 7-28(c)所示。再涂覆光刻胶作为牺牲层，溅射种子层，再电镀铜，形成三维结构，如图 7-28(d)所示。从背面 KOH 刻蚀，埋层 SiO_2 作为刻蚀停止，刻蚀背面的硅衬底；去除埋层 SiO_2，释放微镜和框架，如图 7-28(e)和(f)所示。

3. 热驱动

热驱动是指热膨胀驱动器，利用不对称机械结构或不同导热性质的材料，通过电流使材料发热，造成热膨胀差异产生驱动力，推动微镜动作来开关光信号[63,64]。图 7-29 为热驱动的相位调节反射微镜[63]，图 7-29(a)为单元结构，图 7-29(b)和(c)分别是局部细节，图 7-29(d)为阵列。

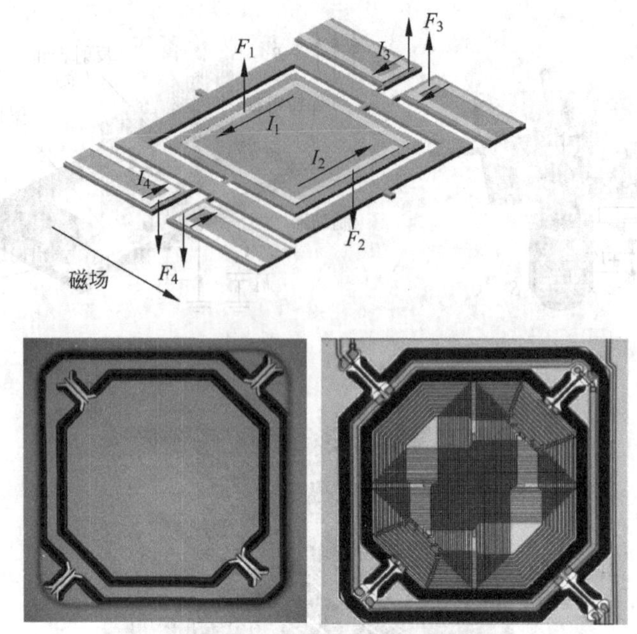

图 7-27 电磁驱动二维扭转微镜结构

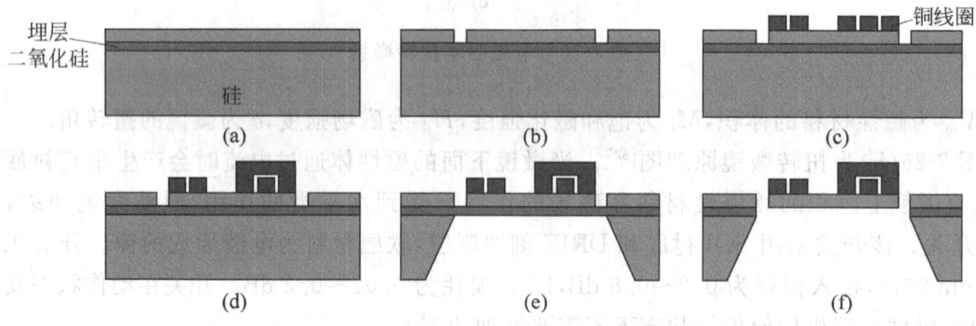

图 7-28 电磁驱动二维扭转微镜制造流程

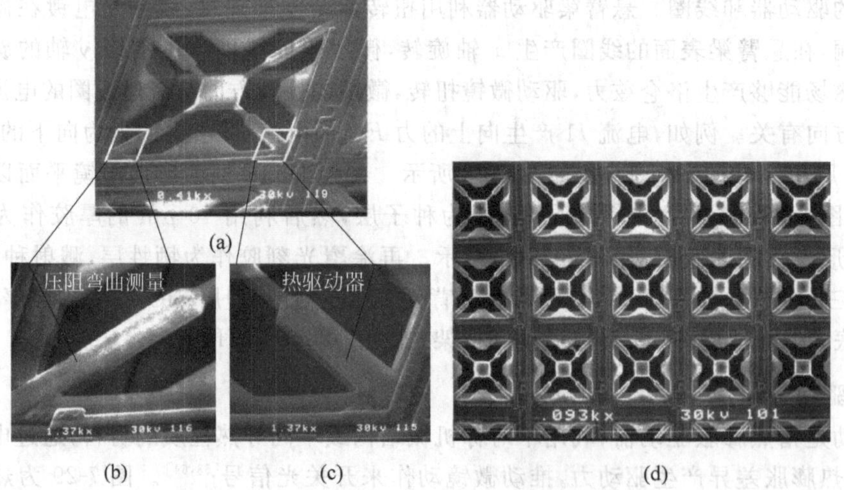

图 7-29 双金属片热驱动的相位调节微镜

该微镜由 4 根梁支承反射镜面，梁是铝、多晶硅和 SiO_2 多层薄膜组成的复合结构，利用多晶硅加热时不同材料的热膨胀系数不同产生变形，推动镜面平行上下移动，改变反射光的相位。梁上有压阻弯曲测量传感器，能够测量微镜的位置。微镜采用标准 CMOS 工艺制造，镜面为铝，尺寸为 40 μm×40 μm，梁长 72 μm，宽 14 μm，厚 4.175 μm，当驱动电压为 9 V 时，微镜移动 0.8 μm，可以用于 400 nm～4 μm 可见光和近红外波段的光束调整相位。

7.2　光通信器件

光纤网络因为速度快、容量大已经成为远距离通信的主体。波分复用（WDM）是目前主流的光纤传送技术，它在一定的带宽上将输入的光信号调制在特定的频率上（1550 nm 附近不同的波长），再将调制后的信号复用在一根光纤上。复用后的信号经传送后到达链接的远端，经过分离或解复用出不同的波长，然后由不同的检测器将各自的光信号转换成电信号，或者直接获取各自的波长信号再连接到其他 WDM 线路上。WDM 能够复用多个光业务流到一根光纤上，允许灵活地扩展带宽，降低复用成本，重复利用现存的光信号。在 WDM 上提高带宽有两种方法：一是提高单信道容量，在一个波长上尽量提高传输速率，从 2.5 Gb/s 到 10 Gb/s、40 Gb/s 甚至 80 Gb/s 以上；二是提高波分复用的信道数量，从 16 波、32 波、40 波、80 波甚至 1000 波以上。通过高速多波复用，单根光纤的传输速率可以达到 10 Tb/s。

光网络的发展迫切需求高性能、低成本、高密度的光信号控制器件，如光分插复用器（OADM）和光交叉连接器（OXC），这些器件是实现输入输出端口之间信道连接的空分交换模块的基本器件。MEMS 技术实现的 OADM 和 OXC 等光通信器件能够直接处理光信号，而不需要在光电光之间不断转换，因此利用它们可以实现全光网络，提高光通信性能。

7.2.1　MEMS 光开关

通常的远程通信网络由光传输系统和电子节点组成，光技术用于两个电子节点间点对点传输，实现光纤上的大容量信号传输。信号为了达到目的地，需要在传输过程中不断路由和交换，并对信号衰减进行补偿，目前这些工作主要是由电子节点的普通路由器和交换机等完成的。由于节点的电子设备只能处理电子信号，在每个电子节点，光信号都要首先转换成电信号再由电子节点进行交换分插等处理。电子设备完成这些功能后再进行电光转换，将电子信号转换为光信号，然后将光信号加载到光纤上进行传输，如图 7-30(a)所示。基于电信号的包路由器需要光电光转换，导致传输延迟大，电子节点的处理负担过重，限制了网络节点的吞吐量，其速度远不如光学系统，如图 7-30(b)所示[65]。并且由于电子系统的信号处理依赖于信号的速度和协议，这种方法不适合传输速度升级的情况，因为随着信道数量的增加以及每信道位率的增加，需要升级昂贵的电子交换系统。

与之相比，更高效的方式是采用全光网络。全光网络是指信号以光的形式穿过整个网络，直接在光域内进行信号的传输、再生、交换或选路，中间不经过任何光电转换，以达到全光透明性。光开关是将输入端口的光信号切换到输出端口以完成光信号交换的装置，可以直接对光信号进行交换和路由，不需要光电转换，是实现全光网络的核心器件之一。由于信号的处理与光的频率、数据传输速率、协议等物理参数无关，因此光开关能够维持输入输出均为光信号、改变光束的几何参数，而不影响光信号的物理特性。基于波长的全光通信网络具有更高的速度、

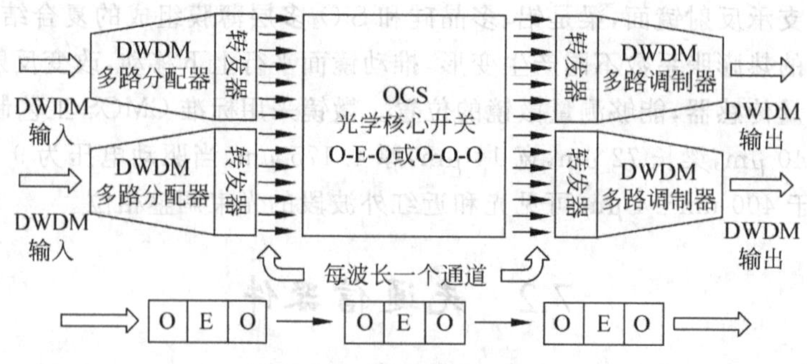

(a) 借助CEO实现的传统光开关

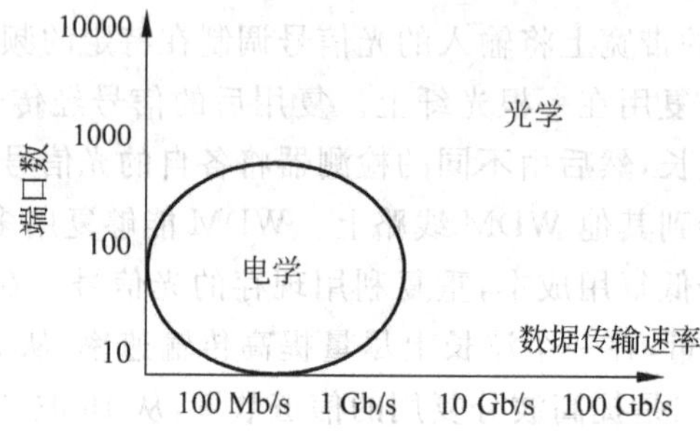

(b) 光学和电子通信方式的比较

图 7-30　光开关的实现与特性

更大的容量、更强的扩展性和灵活性，以及自修复和自动设定等优点[66]。为了实现光域的信号交换，光开关应该具有插入损耗低、消光比高、串扰小、端口损耗一致性高、偏振相关性小、驱动电压低、光纤耦合效率高、尺寸小、频带宽、可扩展性强、成本低、适于维护，以及稳定和可靠等特点。

1. MEMS 光开关

MEMS 光开关的基本结构是利用微执行器控制的可动微镜阵列，通过控制微镜运动实现光信号的导通和断开功能。如图 7-31 所示，每个输入端口的不同波长的信号首先被解复用分开，将相同波长的光信号引入 $N\times N$ 的开关阵列，经过交换后再利用复用器加载到输出光纤上。光通信网络使用几百种不同的波长实现每秒 10 Tb 的带宽，因此光信号的开关和路由需要大规模的光开关(几百至几千端口)。MEMS 光开关将微光学器件、微执行器和控制电路等集成，在性能、规模、可靠性和成本等方面具有很大的优势。在关键性能方面，如插入损耗、波长平坦度、PDL(偏振相关损耗)和串扰等，MEMS 光开关的性能可与其他技术所能达到的最高性能相比，并且消光比高，与光波长、速率和调制形式无关。由于 MEMS 光开关能够直接以光的形式进行信号交换、分插等控制操作，避免电子节点进行的光电光转换，从而大幅度提高节点的处理能力。在规模方面，MEMS 光开关可以实现其他技术无法实现的大规模，目前已有 64×64 的二维 MEMS 光开关和高达上千端口的三维 MEMS 光开关产品，从而使构建大规模全光网络成为可能。在寿命方面，单晶硅 MEMS 光开关的寿命已超过 6000 万次，并且在温度循环、冲击、振动和长期高温储存等可靠性指标方面表现优异。MEMS 光开关体积小、功耗低、可以大批量生产，降低了设备和营运成本。MEMS 光开关还具有开关速度适中(100 ns～

10 μs)、可与系统无缝连接、可扩展规模等优点，是 MEMS 技术在光通信中最重要的应用。

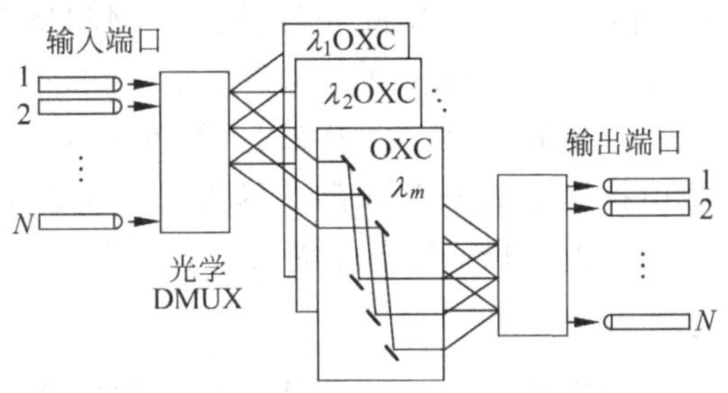

图 7-31　透明光网络的 WDC 交叉开关

MEMS 开关主要由微镜和执行器组成。根据运动模式，微镜可以分为形状改变的可变形微镜和位置或角度可以改变的可动微镜；可动微镜又可以分为伸缩运动的活塞式微镜和围绕固定轴转动的扭转微镜。基于这些微镜实现的 MEMS 光开关可以分为一维、二维和三维等几种，包括 1 路输入、2 路输出的 1×2 结构、2 路输入 2 路输出的 2×2 结构，以及 $N\times N(N=4,8,16,32)$结构等不同的输入输出端口数。在二维 MEMS 光开关结构中，所有微反射镜和输入输出光束位于同一平面上，通过驱动器控制微镜插入或扭转等运动方式处于光路之间，使光束直线传播或者与入射成 90°反射，实现光路的“开”和“关”的功能。由于微镜只有开和关 2 个位置，所以二维光开关又称为数字型。一个 $N\times N$ 的二维光开关需要 N^2 个微反射镜。二维 MEMS 光开关的优点是控制简单，缺点是由于受光程和微镜面积的限制，交换端口数不能很大。三维 MEMS 光开关结构中，微反射镜被分为 2 组，每组反射镜处于相向的平面上，通过改变每个微镜的转角对入射光进行 2 次反射，控制光束的反射方向，实现光路的切换。一个 $N\times N$ 的三维光开关只需要 $2N$ 个反射微镜，但每个微反射镜至少需要 N 个能够精确控制的位置，所以三维光开关又称为模拟型。三维 MEMS 光开关的优点是交换端口数能够很大，可实现上千端口数的交换能力，缺点是控制机理和驱动结构相当复杂，控制部分的成本很高。

典型的 MEMS 光路由器是 Lucent 公司制造的 256 信道的 Lambda Router 波长路由器[65]。它由 256 个微镜对光信号进行选择，能够在点到点连接的两个节点间迅速建立虚光通路，每个接口速率最高可达 40 Gb/s，并提供网络恢复功能，能够与 ATM 交换机和 IP 路由器互连。Lucent 公司还研制成功 1296×1296 端口的 MEMS 光路由器，单端口传送容量 1.6 Tb/s，总传送容量 2.07×10^{15} b/s，使光开关的交换总容量达到新的数量级。具有严格无阻塞特性，插入损耗为 5.1 dB，最大串扰为−38 dB。OMM 公司的 4×4 和 8×8 光开关的开关速率小于 10 ms，16×16 端口的交换时间为 20 ms；4×4 光开关的损耗为 3 dB，16×16 光开关的损耗为 7 dB，16×16 设备可重复性达到 3 dB。Xeros 基于 MEMS 微镜技术，设计了能升级到 1152×1152 的光交叉连接设备，对速率和协议透明，允许高带宽数据流透明交换，无须光电转换。交换时间小于 50 ms，其微镜的控制精度达到 5×10^{-6}度，功耗小于 1 kW。最近 Fujitsu 实现了 80 通道的 MEMS 光开关，切换速度 1 μs，是目前多通道光开关的最高切换速度。

2002 年以后光通信领域的热度快速下滑，MEMS 光通信器件的发展受到了巨大影响。率先将 MEMS 光开关商用化的 Onix 公司和 OMM 分别在 2002 年和 2003 年因资金短缺而暂时关闭，研制出 1152×1152MEMS 光开关的 Xeros 于 2001 年被 Nortel 收购。2007 年以后，随着光通信市场的逐渐恢复，MEMS 光通信产品的研发也逐渐稳定。目前，全球有数十家公司推出了 MEMS 光通信产品，包括光开关、可变衰减器、可调滤波器、谐振腔、增益均衡器、调制器及斩波器等。例如，Olympus 从 2007 年起先后推出了 MEMS 波长选择开关、可变光衰减器、OXC 以及可调滤波器等 MEMS 产品，DiCon 分别于 2008 年和 2011 年推出了 MEMS 可调滤波器和 4 通道可调滤波器阵列，NTT 于 2012 年发布了 1024 路光开关阵列，最近 Calient 基于三维 MEMS 微镜推出了光开关产品。尽管关于网络结构的争议还没有完全解决，但是基于 MEMS 的光交换机正在开始从实验室向市场转化。

2. 一维 MEMS 光开关

为了实现波分复用光传输中的波长交换，入射光首先必须完全从多路复用光纤中选择分离出来。一维 MEMS 光开关由一列可以沿面内某一单轴做小角度倾斜转动的微镜构成，用以实现对光束反射方向的控制。与二维和三维 MEMS 光开关交换端口不同的是，一维 MEMS 光开关是把光学交换、多路复用加载和分离功能集成在一起的波长选择性开关。

图 7-32 为 $1\times N$ 的一维波长选择开关结构和驱动原理[25,67]。光波离开光纤后，通过一个透镜对准在色散器件上，色散器件将入射的多路复用信号分离为原始组成的波长。每个波长的光信号通过镀金的 MEMS 微镜反射到需要的输出光纤，与其他通过色散器件分离的波长的信号重新组成多路复用信号。每个 MEMS 微镜的面积约为 0.005 mm^2，采用下置梳状扭转执行器驱动旋转。由于透镜的光点直径远小于 MEMS 微镜，由 MEMS 微镜和透镜组成的一维 MEMS 光学开关的光学带通特性非常好。当与色散器件集成时，对每个波长只需要一个微镜，因此开关与波分复用的通道数成比例。

通常一维 MEMS 微镜有两个稳定的开关状态，不需要测量和闭环电路，只需要开环电路控制镜面的小角度倾斜(一般小于 10°)，降低了开关的复杂度、尺寸、成本和功耗。通过静电力驱动时，微镜和驱动电极之间没有电流，因此静电驱动几乎没有直流功耗，但是能够使微镜在电极的吸引下倾斜，最后停止在机械限位结构所在的位置。当需要使微镜向反方向倾斜时，在反方向的电极上施加驱动电压。

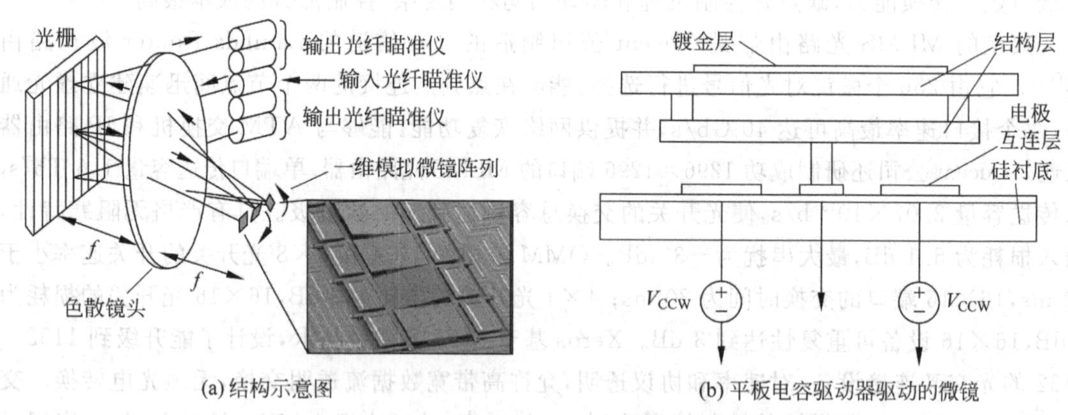

(a) 结构示意图　　(b) 平板电容驱动器驱动的微镜

图 7-32　一维 $1\times N$ MEMS 开关及驱动原理

图 7-33(a)和(b)为利用隐藏式梳状驱动器实现的低驱动电压、大转动角度的微镜[68]。微镜结构围绕 1 个轴扭转，驱动器位于镜面下方，提高了填充比。图 7-33(c)所示为 2 轴扭转微镜，其基本原理与单轴微镜相同，梳状驱动器设置在微镜下面，通过叉指的高度差异引起的扭转运动驱动微镜。由于没有使用平面的万向节结构，填充系数高达 98%。由于通过杠杆放大

了变形，使扭转角度增大 2 倍。微镜采用 Summit V 表面微加工技术制造，微镜中心距 200 μm，驱动电压仅为 6 V，最大转角±6°，微镜的谐振频率为 3.4～8.1 kHz，上升和下降时间分别为 120 μs 和 380 μs，相邻微镜的机械串扰小于 37 dB。这种结构可以避免平板电容驱动的下拉效应。对于开关等需要稳态的微镜，暴露的介电结构会在使用中充电，导致微镜随着时间不断倾斜，引起相邻微镜单元的串扰。

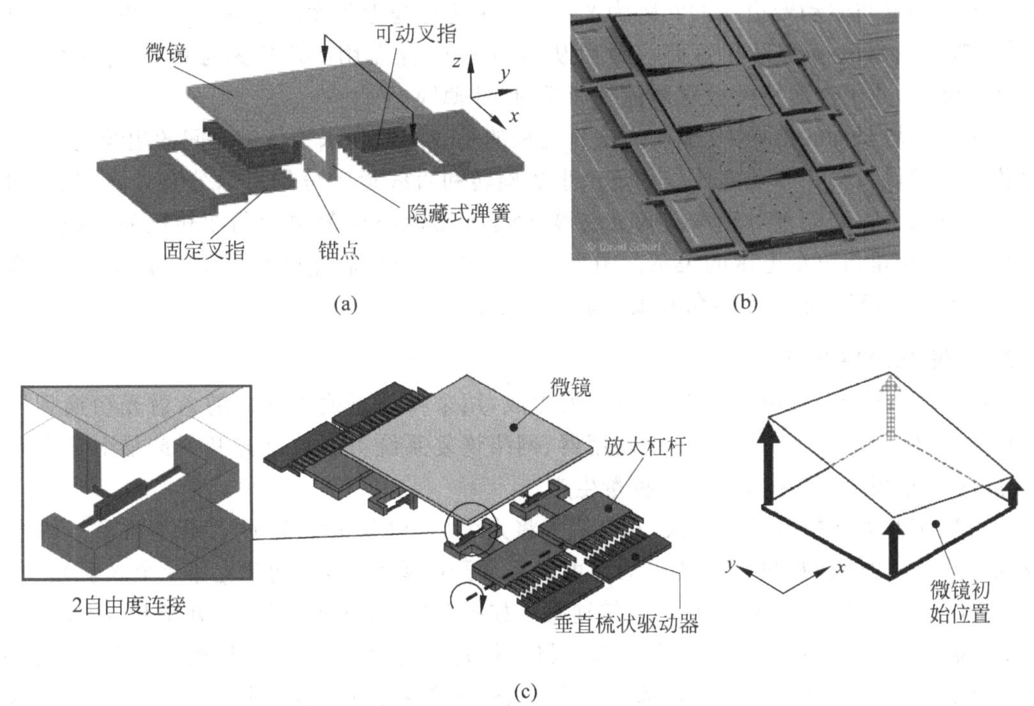

图 7-33　隐藏式梳状驱动器的电压、大角度微镜

图 7-34 为利用 SOI 制造的边缘电场驱动单晶硅一维微镜[69]。微镜采用电容的边缘电场作为驱动力。其基本原理是利用 SOI 表面沉积的厚多晶硅作为电极，通过三维电极的垂直边缘与水平微镜表面产生的静电作用驱动微镜。同时，厚的多晶硅薄膜还起到支承微镜结构和屏蔽相邻单元干扰的作用。这种微镜只有一个硅衬底，不存在键合等工艺制造的下电极，因此不会产生下拉。

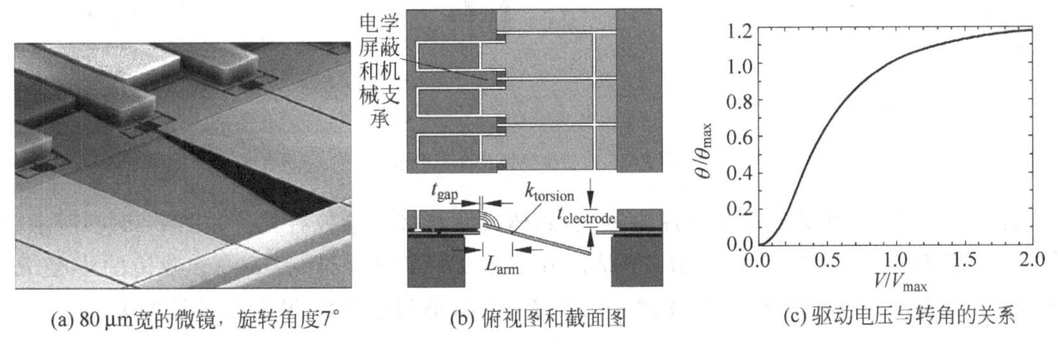

(a) 80 μm宽的微镜，旋转角度7°　(b) 俯视图和截面图　(c) 驱动电压与转角的关系

图 7-34　边缘电场驱动的一维 MEMS 光开关

微镜SOI的顶层单晶硅的厚度为1 μm。首先对单晶硅RIE刻蚀形成微镜和扭转弹簧结构,刻蚀到埋层SiO_2后停止,刻蚀过程中需要精确控制刻蚀深度,单晶硅在图7-34(b)中为浅色。在单晶硅表面沉积绝缘层,并刻蚀接触孔。PECVD沉积10 μm多晶硅作为驱动电极。由于驱动作用是依靠10 μm厚的多晶硅电极的侧面和水平的微镜之间的边缘电场的静电力,因此多晶硅侧壁的形状直接影响驱动效果,需要使用DRIE刻蚀实现垂直刻蚀的多晶硅电极侧壁。电极侧壁与驱动臂边缘的间距为3 μm,电极边缘缝隙的宽度也是3 μm,以释放薄膜残余应力,避免引起电极变形和短路。最后从SOI衬底背面用DRIE刻蚀硅形成空腔,刻蚀SiO_2释放结构,并用金属掩模板对微镜表面溅射Al薄膜。

在边缘电场驱动的结构中,驱动力来自电极的垂直侧壁和水平微镜之间的边缘电场,需要三维模拟。假设微镜在驱动电压作用下产生的旋转和直线运动分量可以分离处理,微镜的静电驱动力可以由存储能量对转角的微分获得,处于平衡状态时静电力与扭转梁的机械扭矩相等,可以建立转角与驱动电压的关系。图7-34(c)为归一化的转角随归一化的驱动电压的变化关系,其中θ_{max}和V_{max}是最大转角和最大驱动电压。

3. 二维MEMS光开关

二维MEMS光开关由$N\times N$微镜阵列组成,用来将任意输入端口的入射光切换到任意输出端口[65,70~72],一般用于光学多路复用器、网络恢复系统等。二维光开关最早由日本东京大学于1996年报道[73],目前已进入批量生产。

二维数字开关包括两个对准仪阵列,用来将光束与MEMS微镜对准;设置在输入输出光路交叉点(i,j)的微镜在执行器的驱动下可以实现开或关状态,从而建立第i个入射光纤(或端口)与第j个出射光纤(或端口)的连接通路。如图7-35(a)所示,当微镜处于开状态时,与衬底垂直,镜面与平行于衬底的入射光成45°,将入射光束反射90°输出。当微镜处于关状态时,微镜与基底平行,光束沿入射方向传播。二维开关通过数字逻辑电路控制非常方便。图7-35(b)和(c)所示分别为利用二维微镜实现的插分复用器和交换机的工作原理。

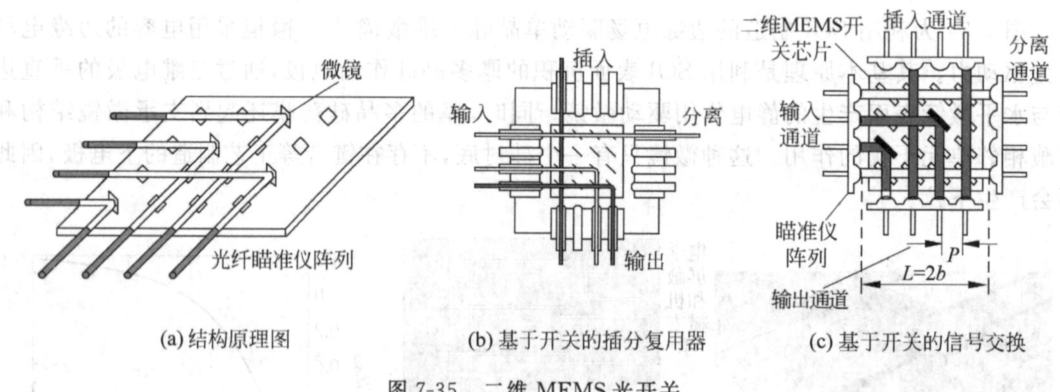

图7-35 二维MEMS光开关

二维MEMS光开关的尺寸在厘米量级,总体尺寸与多个参数有关。如图7-35(c)所示,光纤的中心距为P,芯片的尺寸为$2b$,于是芯片长度$L=NP\approx 2b=2w_0^2/\lambda$。微镜的半径$R=aw_0$,$a$为系数,一般为2。将填充系数$\eta=2R/P$代入,得到端口数$N$和芯片长度为

$$N\approx\frac{\pi\eta}{a\lambda}w_0,\quad L=\frac{2a^2\lambda}{\pi\eta^2}N^2 \tag{7-46}$$

二维开关的典型最大插入损耗为 2×2 阵列 0.6 dB,8×8 阵列 1.7 dB,16×16 开关 3.1 dB,串扰和背反射小于−50 dB,开关时间 7 ms。二维 MEMS 光开关的微镜一般位于同一个平面内,由于光程随着阵列规模(微镜数量)成正比增加,而微镜数量随着端口数的平方增加,受到体积、成本、微镜一致性和长光程引起的损耗等因素的限制,二维 MEMS 光开关的规模有限,一般端口数从 2×2～32×32,目前最大只有 64×64,因此可以将二维 MEMS 光学开关称为小规模开关。

二维 MEMS 开关的微镜与光束夹角为 45°,由于角度固定不需要转动,因此微镜的动作方式也比较多,可以沿着 3 个坐标轴平移或者围绕 3 个坐标轴旋转插入光束传播路径,如图 7-36 所示。与一维开关的小角度旋转和三维开关的二轴旋转相比,二维开关的动作方式是最多的。二维 MEMS 开关的缺点是由于不同输入输出之间的光程差和微镜数量不同而导致的损耗不一致性[74]。

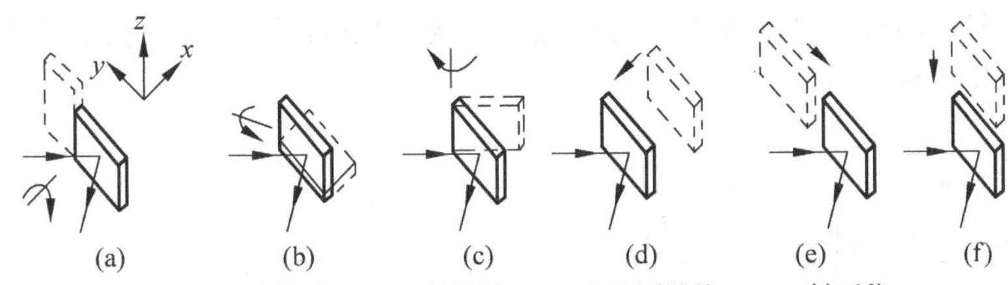

(a)~(c) 分别绕着x、y、z轴旋转，(d)~(f)分别沿着x、y、z轴平移

图 7-36　微镜的动作方式

1) 插入微镜二维 MEMS 光开关

图 7-36(e)的插入运动是二维微镜的常用方式。插入式是指光束反射面在开关位置之间做类似活塞式的往复运动,也称为活塞运动。图 7-37 为插入式 2×2 的光学开关[8],包括一个位于 4 个光纤之间的水平滑动的垂直微镜,一个驱动微镜的梳状驱动器。当滑动微镜伸出到光纤交汇位置时,光束被微镜反射 90°传输,将 1、2 光纤的光束分别反射到 4、3 光纤;当滑动微镜退回时,光束沿着入射方向传输。这种开关不需要透镜,光纤的根部需要靠得非常近(50 μm

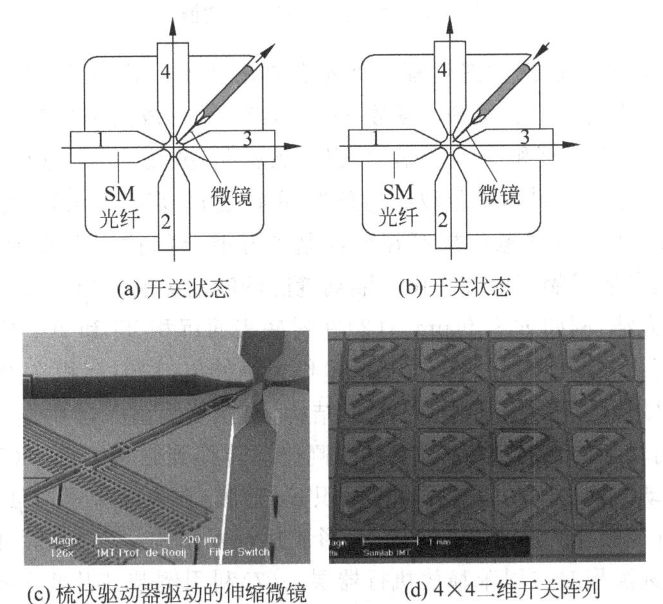

(a) 开关状态　　(b) 开关状态

(c) 梳状驱动器驱动的伸缩微镜　　(d) 4×4二维开关阵列

图 7-37　伸缩微镜组成的开关原理

以下),以降低光束发散距离。微镜双面都要具有极高的反射率,并保证与底面的垂直度。开关利用DRIE深刻蚀制造,微镜表面镀金,反射率为80%,串扰损耗小于-50 dB,开关时间为0.2~1 ms,插入损耗1.5~3 dB,1331 nm光束直通状态的插入损耗为0.6 dB,对波长和偏振不敏感。目前一个2×2的光学开关比一个高性能的激光打印机还贵,但是打印机的复杂程度远高于光开关,因此在降低开关价格方面还有相当大的潜力。

图7-38为一种垂直插入式微镜[75],能够实现图7-36(f)的动作方式。微镜包括4个柔性梁支承的悬浮极板,极板的底面有垂直微镜,极板与上面通过倒装芯片形成的上拉电极构成平板电容的两个电极。输入和输出波导中间被一个缝隙隔断,在没有驱动电压时,垂直微镜位于缝隙内部,此时光信号被反射;在驱动电压的作用下,柔性梁支承的极板被上拉电极向上拉动,带动微镜离开缝隙,光束从输入波导沿直线传播到输出波导。为了减小光波导交叉点的损耗,需要使用折射率匹配的油填充系统,由于油的粘性阻尼,需要在下极板上打孔,以降低阻尼的影响,提高动作速度。

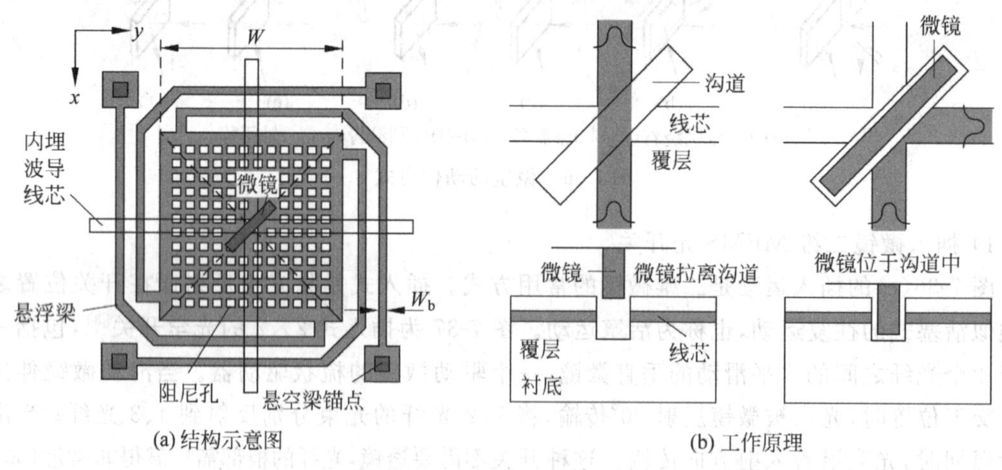

图7-38 垂直插入式二维微镜

图7-39为垂直插入微镜的制造过程。首先需要在衬底上形成平面波导,如图7-39(a)所示。制造过程为:(1)在衬底上沉积SiO_2薄膜,然后掺杂Ge,形成高于覆盖层的折射率;(2)RIE刻蚀形成波导芯;(3)CVD沉积SiO_2覆盖层,退火致密化,并用CMP进行平整化和抛光。由于波导芯与周围覆盖层的折射率满足波导的条件,因此通过该工艺形成了平面光波导。

隔离间隙、微镜、执行器和电连接等在已经制备好波导的衬底上实现。如图7-39(b)所示:(1)刻蚀SiO_2波导形成隔离缝隙。由于隔离缝隙的断面影响波导在该界面的损耗,因此缝隙的断面必须非常光洁,例如$R_a<9$ nm。(2)在衬底表面沉积Ti和Au连线,剥离形成需要的图形。(3)真空沉积共形能力好的聚对二甲苯作为牺牲层,均匀沉积在隔离缝隙内。(4)沉积刻蚀金薄膜作为微镜的反射表面,形成T形结构,并在氧等离子体中刻蚀暴露的聚对二甲苯,通过隔离缝隙内均匀的聚对二甲苯,缝隙的侧壁被转移到微镜表面。(5)用20 μm厚的光刻胶形成衬底和驱动结构之间的隔离层;再沉积Cu薄膜,在表面涂覆10 μm的光刻胶作为电铸的模具;利用Cu薄膜作为种子层,电镀Ni形成执行器结构。(6)去除暴露的Cu种子层,并在氧等离子体中刻蚀聚对二甲苯释放执行器层。(7)利用倒装芯片将上拉电极板与衬底键合。上拉沉积为Au和Ti薄膜,为了防止接触损坏,上拉极板上用聚酰亚胺光刻形成的4 μm

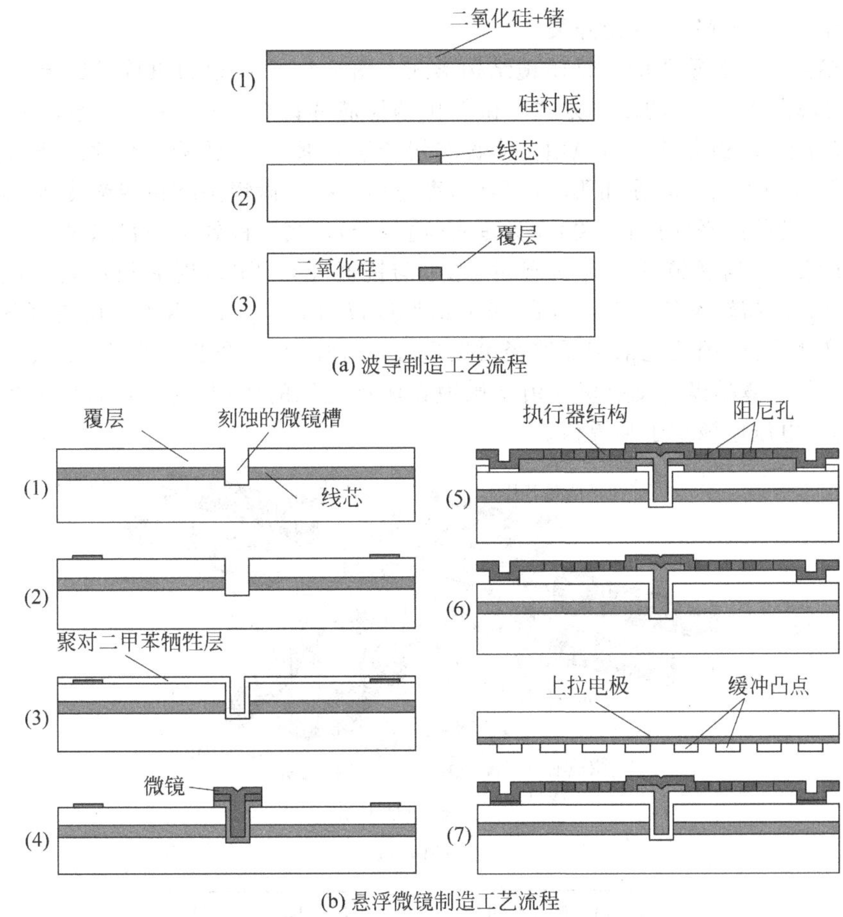

图 7-39　垂直插入微镜的制造工艺流程

高的缓冲凸点。

图 7-40 是一种平移微镜的二维开关，能够实现图 7-36(d)所示的动作方式。通过把与光束呈 45°角的微镜前后平移，使之进入光束传播路线，实现光束反射[76]。微镜前后平移采用静电梳状多驱动器开环驱动多个微镜实现 $N\times1$ 光开关，可以获得大范围的线性运动。开关时间小于 1 ms，在 1550 nm 波长插入损耗小于 0.5 dB，工作电压为 140 V。主要缺点是需要对大量部件精确对准。

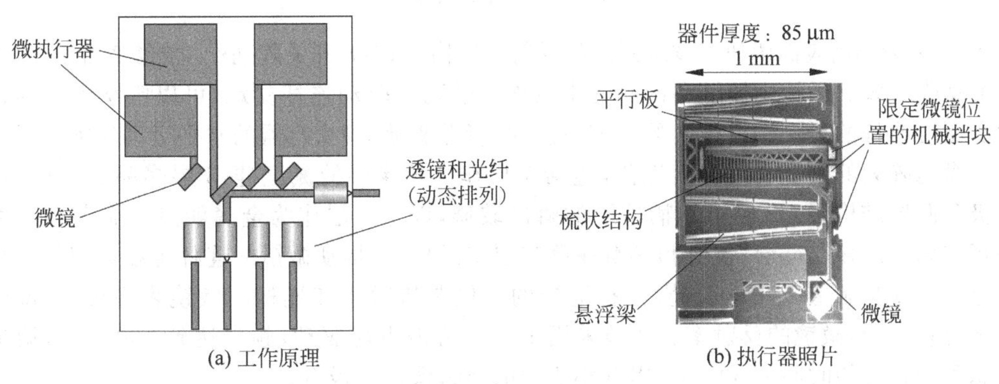

图 7-40　平移微镜二维开关

2）扭转微镜二维 MEMS 光开关

扭转微镜是另一类重要的二维微镜结构形式。图 7-41 为典型的扭转式二维 2×2 微镜阵列[73]，能够实现图 7-36(b)的动作方式。微镜由两层芯片键合而成，一层是微镜和支承芯片，另一层是驱动配对电极芯片。微镜由一个偏转扭转梁支承，除扭转梁所在的边外，其他 3 个边悬空。当在微镜和电极之间施加驱动电压时，静电引力拉动微镜围绕扭转梁旋转，最终被限位装置阻挡，由驱动前的平面位置(关)变为垂直位置(开)。当微镜处于关状态时，光束可以在微镜下方的空间传播，当微镜处于开状态时，光束与镜面夹角 45°入射后被反射。微镜尺寸为 300 μm×600 μm，扭转梁长 320 μm，宽 16 μm，厚度仅为 0.4 μm。由于自由空间的光束在相互交叉时不产生干涉，因此光束传播路径可以重合，从而减小整个芯片的尺寸。微镜为多晶硅薄膜，镀有 Cr/Au 薄膜提高反射率。由于微镜在驱动电压的作用下扭转，直到遇到限位装置停止，因此驱动电压应该高于临界值。

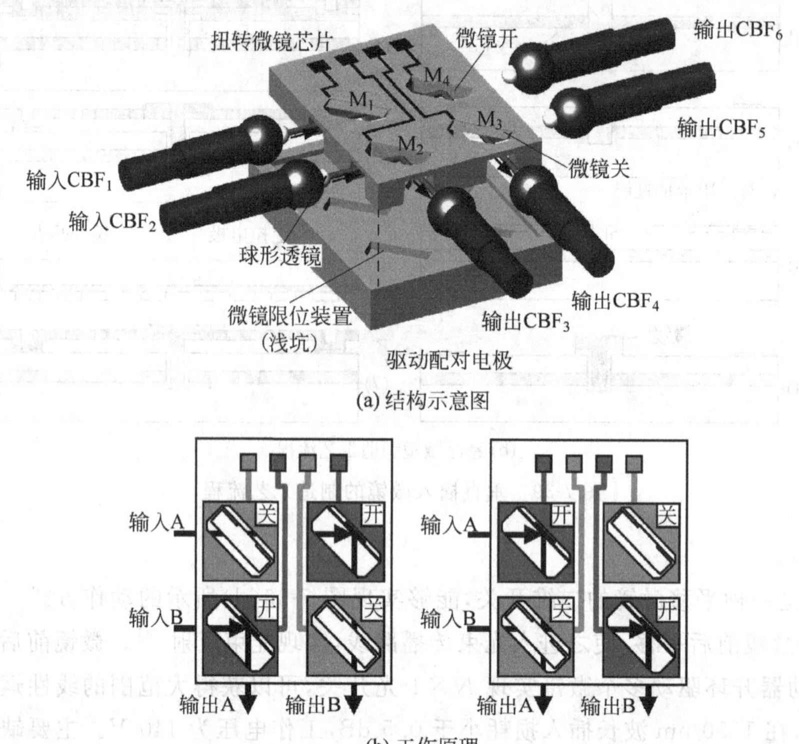

(a) 结构示意图

(b) 工作原理

图 7-41　二维扭转微镜

图 7-42 为利用表面微加工技术制造的反射镜结构和 8×8 开关阵列[71]，能够实现图 7-36(b)所示的动作方式。微镜由铰链和两侧的中点连接的两个驱动连杆支承，可以围绕底部的铰链转动。驱动连杆的另一端由衬底的 SDA 挠动执行器驱动，将执行器的水平运动转换为微镜的旋转。微镜阵列的制造利用表面工艺，包括 1 层作为绝缘层的氮化硅、3 层多晶硅(分别作为地电极和两层结构层)、2 层用作牺牲层的磷硅玻璃，以及 1 层作为金属触点的金薄膜。微镜和平板在第二层多晶硅层，铰链和导轨在第三层多晶硅层，推动微镜的连杆也在第三层。整个制造过程主要是制造多晶硅铰链，并在适当的时候制造微镜和连杆。微镜表面镀有 500 nm 厚的金薄膜，提高微镜的反射率。微镜采用 100 V 方波电压驱动，频率达到 500 kHz，微镜从关状态到开状态的时间为 500 μs，串扰小于－60 dB，误码率极低。

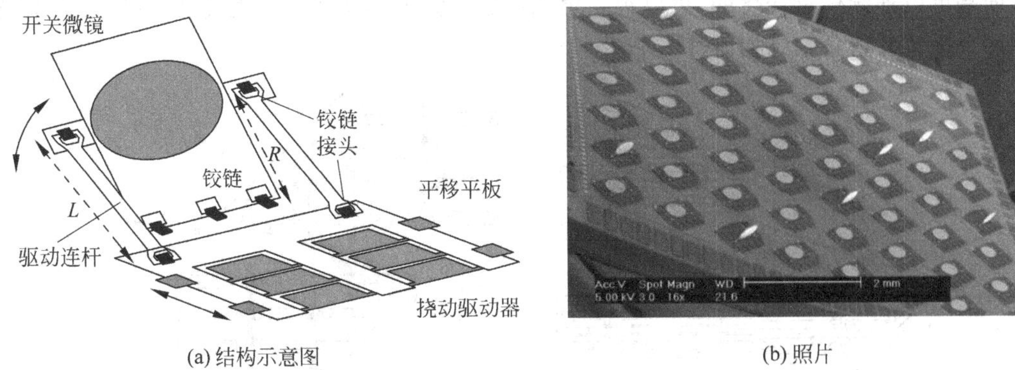

(a) 结构示意图　(b) 照片

图 7-42　铰链式折叠微镜及 8×8 开关阵列

图 7-43 为表面工艺制造的围绕垂直轴转动的开关微镜，实现图 7-36(c)所示的动作方式。微镜的旋转轴垂直衬底，微镜后面是与衬底垂直的背部电极。背部电极通过连杆被后面的挠动执行器驱动，可以改变背电极的倾角，驱动微镜旋转。当采用这种扫描微镜的 2×2 开关阵列的开关时间为 400 μs，插入损耗为 1.25 dB[77]。制造和操作这种结构都过于复杂。

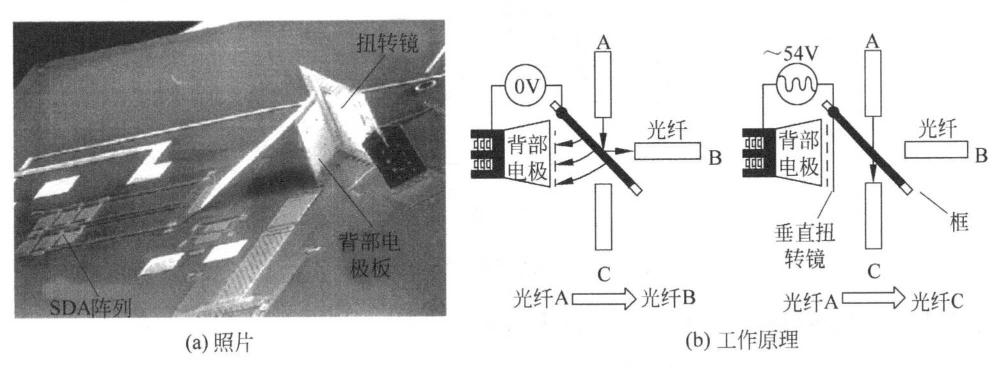

(a) 照片　(b) 工作原理

图 7-43　扭转微镜

通常微镜均为平面结构，工作时需要能够产生较大的位移，但是静电驱动输出动作范围较小。镜面曲率调制(镜面变形)的曲面微镜在开关状态时微镜并不产生位移，而是通过衬底与微镜形成的平板电容使微镜变形，改变微镜的反射聚焦位置，控制光束聚焦在放大镜上。微镜采用多层多晶硅薄膜组合而成，控制多晶硅沉积的参数和厚度以控制微镜的曲率。微镜直径为 0.5 mm，厚度为 5 μm，初始曲率半径为 6.4 mm。当驱动电压为 38 V 时，微镜曲率半径为无穷大，实现开状态，当电压为 25 V 时，边缘产生 4.8 μm 的变形，曲率半径变为 6.4 mm，实现关状态。控制薄膜残余应力以保证微镜的一致性是很困难的。

4. 三维 MEMS 光开关

三维 MEMS 光开关由两个 $N\times N$ 的微镜阵列组成，每个微镜都能够围绕两个轴扭转，实现任意角度转动，通过倾斜两个微镜将输入光纤阵列中的任意一个入射光引导到输出光纤阵列中的任意一个输出端口[6,71,78]，如图 7-44 所示。镜面的位置控制精度要达到 10^{-6} 度的水平。在二维 MEMS 开关中，微镜只有开和关两个状态，并且光束传播也只有两个可能的方向，因此可以看作数字输出。三维 MEMS 开关中微镜能够绕着两个轴转动，微镜角度和光束的传输方向是可以连续任意变化的，可以视为模拟控制。为了实现任意角度转动，一般二维微镜都采用两个垂直的扭转轴结构。

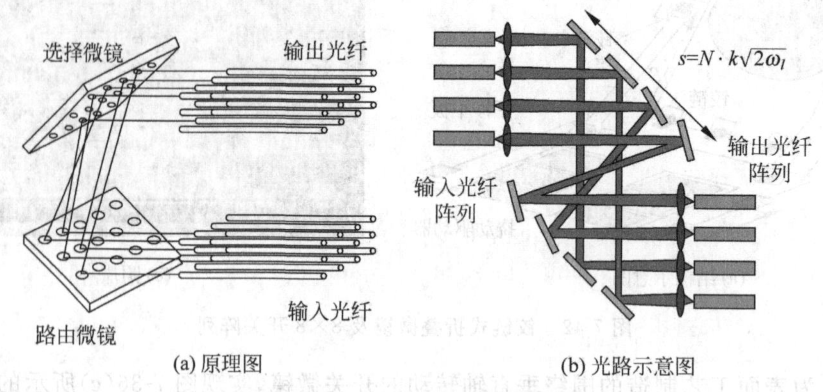

(a) 原理图　(b) 光路示意图

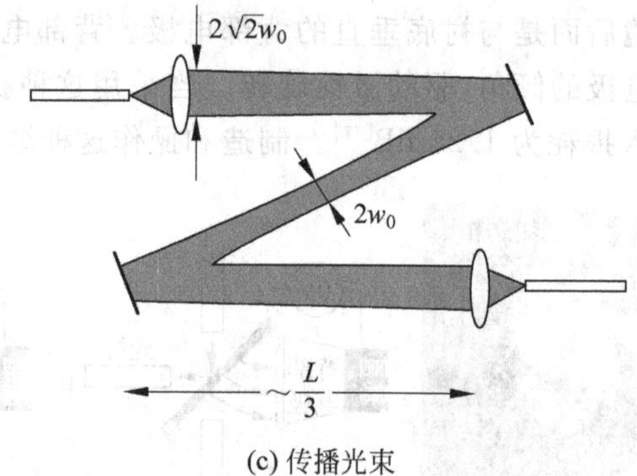

(c) 传播光束

图 7-44　三维 MEMS 光开关

三维光开关的端口数和芯片尺寸可以表示为

$$N=\frac{\pi L\ (\Delta\theta)^2}{9a^2\lambda},\quad P\approx\frac{L}{3}=\frac{3a^2\lambda}{\pi\ (\Delta\theta)^2}N \tag{7-47}$$

其中 $\Delta\theta$ 是微镜的转角，其他参数与式(7-46)中定义相同。三维开关的端口数受限于开关的总体尺寸和微镜的平整程度，以及扫描角度和填充系数等。

在二维开关中，微镜数量随着通道数以 N^2 的速度增加，因此二维开关无法实现大规模交换。三维开关的微镜数量和芯片尺寸随着通道数 N 以线性比例增加，例如一个 $N\times N$ 的交换只需要 $2N$ 个微镜。当微镜排列为方阵结构时，比较容易扩展，微镜数量增加较少，因此三维开关可以实现大规模交换，使输入和输出通道很容易达到上千，但是插入损耗仍非常低(小于 3 dB)。三维开关的缺点：首先由于光束需要精确的闭环控制系统，并且每个微镜都是单独控制的，因此控制系统复杂、价格昂贵、功耗大；其次，制造难度大、复杂的系统引起成品率下降，如果端口数达到几百上千，仅系统的测试和校准就要消耗几天的时间；最后，由于端口密度高，开关尺寸小，因此光纤的管理也非常困难，将几千根光纤与开关连接起来非常复杂，需要专门的设备。

三维 MEMS 开关的微镜由微镜面、机械支承弹簧、执行器 3 部分组成。微镜面被 2 个相互垂直的扭转梁支承，实现任意方向的转动。这些结构的参数决定着开关的性能，如插入损耗(依赖于微镜的尺寸、反射率、最大倾角等)、最大端口数(依赖于微镜的倾角)、响应时间(依赖于微镜的回复时间)，以及功耗(依赖于驱动微镜所需要的能量)等。对于 1000 端口的交换机，每个微镜的直径在1 mm量级，微镜表面的曲率半径几十个厘米。微镜的反射率超过97%，倾角从几度到±10°。

二维光开关中，微镜可以利用多种静电驱动方式驱动；而在三维光开关中，微镜的静电驱动方式通常只有两种，即平板电容驱动和高度不同的梳状叉指电容驱动，如图7-45(a)和(b)所示。平板电容驱动力较大，但是由于下拉效应的限制，微镜的扫描角度较小；另外，微镜的镜面需要体微加工技术制造，增加了制造难度。叉指电容驱动可以避免下拉效应的影响，但是可动梳齿和固定梳齿必须具有不同的高度，形成"竖直"的结构，如图7-45(c)所示，导致制造比较困难。

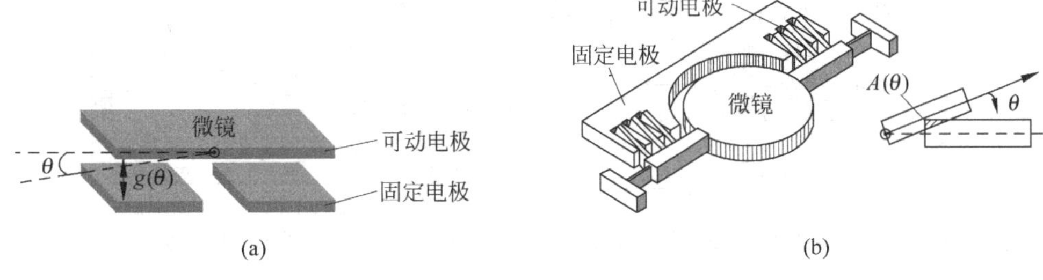

图7-45　平板电容和梳状电容驱动的二维微镜

图7-46所示是由Lucent公司开发的双扭转轴二维微镜和三维光开关阵列[24,79]。微镜为沉积了金薄膜的多晶硅，反射镜面直径为500 μm，通过扭转弹簧固定在外径为660 μm的圆环上，圆环通过另外的扭转弹簧固定在支承侧壁上。支承侧壁连接4个由铬/金/多晶硅组成的双金属自组装臂，多晶硅和牺牲层PSG的厚度均为2 μm左右。双金属自组装臂的金属和多晶硅之间存在残余应力，在释放后残余应力使自组装臂变形，支承着带有铰链的侧壁垂直于衬底，使微镜悬空在衬底上方50 μm。圆环和微镜下方各有2个可以独立控制的驱动电极，施加驱动电压后依靠静电力控制圆环和微镜围绕各自的扭转弹簧转动，实现2个自由度的微镜转动。两个方向的最大扭转角度所需要的驱动电压均小于170 V。利用这种微镜，可以构建256×256、1024×1014，甚至更大规模的三维光开关。

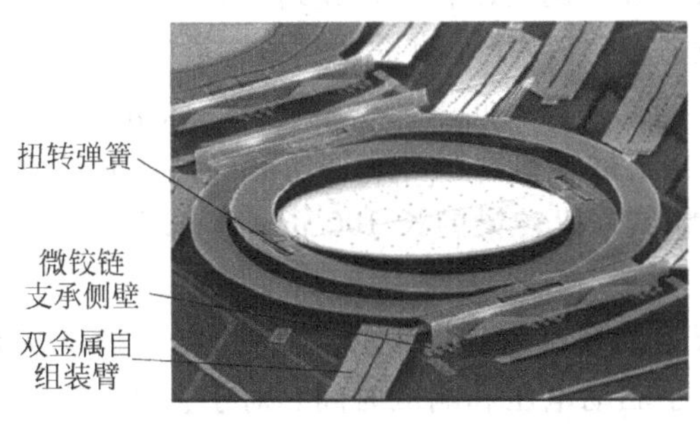

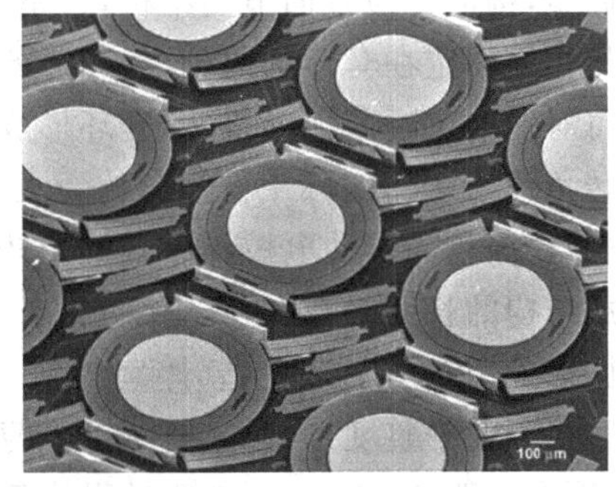

图7-46　Lucent公司的二维微镜和微镜阵列

图7-47(a)为Xeros开发的1152×1152大规模光学开关微镜，它是由微镜和准直仪并列放置形成的无阻断的连接。准直仪产生的光线束通过透镜发射到自由空间，并入射到由两个平衡环支承的微镜表面。第一个微镜将光束反射到对面的微镜阵列中的一个微镜上，第二个微镜通过调整自己的镜面角度将光束反射到对应的接收光纤。每个光纤中发出的光束，只能被引导到对应的微镜上，并且微镜只能把入射光束发射回对应的光纤。但是通过任意调整微

镜的角度,任何一个接收光束的微镜都能够把光束发射到对面位置的微镜阵列中的任意一个微镜上,从而实现真正的无阻断式连接。为了提高密度和减小体积,支承结构和驱动结构必须尽量小型化以减小每个单元的占用面积。微镜的开关时间为 10 μs,波长和极性独立,兼容单模和多模,4×4 交叉结构,包括 16 个开关和光纤分插。

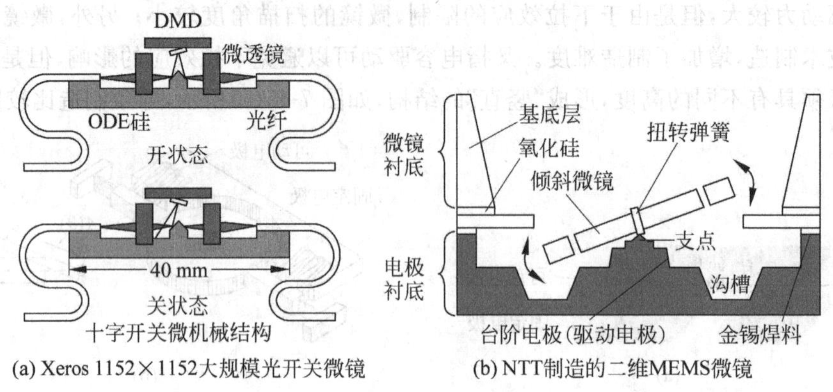

(a) Xeros 1152×1152大规模光开关微镜　(b) NTT制造的二维MEMS微镜

图 7-47　二维微镜结构

图 7-47(b)为 NTT 公司利用体加工技术和单晶硅键合制造的二维 MEMS 微镜[80]。微镜包括两个单晶硅衬底、微镜和电极,分别制造后通过键合集成。每个微镜由两个垂直方向的扭转弹簧支承,可以在静电的驱动下做二维的扭转。扭转弹簧的高宽比大于 6,这种较大的高宽比使弹簧能够承受较大的弯曲,但是对于扭转是柔性的,因此扭转弹簧能够支承微镜,但是容易围绕扭转轴转动。微镜的倾斜角度通过驱动电压来控制,控制电极为台阶形,实现电压和转角的线性关系。微镜直径为 600 μm,与万向节结构相结合,可以绕着两个轴旋转倾斜,并可扩展以满足大规模互连。插入损耗为 4.0 dB,反射损耗大于 30 dB,PDL 小于 0.5 dB,串扰小于 −60 dB。开关时间小于 10 ms。

图 7-48 为 Lucent 开发的单晶硅二维微镜,它利用两个互相垂直的扭转轴分别支承内框架和微镜,构成类似万向节的结构,这是二维微镜最常用的结构。微镜通过直径方向上的两个内侧扭转梁固定在套环的内径上,套环的外径通过另外两个垂直的外侧扭转梁固定在支架上。由于每对扭转梁可以独立扭转,套环形成万向节的功能,因此微镜可以旋转任意角度。微镜的最大转角约为 35°,实际工作倾角约为 1/3。外架上的浅色窄圆环表明所有的结构悬浮在空腔上,空腔内深色为驱动电极。扭转梁的转角约为 27°,扭转梁的长 100 μm,宽 1.2 μm,T 形应力释放结构的长度为 20 μm。

微镜采用 SOI 衬底制造,厚度约 10 μm,根据直径确定。微镜必须要足够厚,才能保证成品率和镜面的平整度,同时又要尽可能薄,以减小驱动电压和响应时间。对于直径为 1 mm 的微镜,厚度一般 3～4 μm。制造过程从正面 DRIE 刻蚀 SOI 器件层到埋层 SiO_2 形成微镜、扭转梁万向节和内支承环;从背面减薄衬底,衬底厚度决定了微镜和电极之间的距离;背面 DRIE 刻蚀圆柱形空腔,并与正面的微镜对准;湿法刻蚀埋层 SiO_2 释放微镜和扭转结构;微镜表面溅射金属后,与另一个带有电极的衬底键合。由于每个微镜结构形成了对应的独立且封闭的圆柱形空腔,而且空腔的侧壁接地,因此相邻微镜单元之间的电绝缘性能非常好。封闭的结构消除了相邻微镜之间机械动作的相互干扰,允许微调微镜与电极之间的距离,便于利用气动阻尼控制圆环。

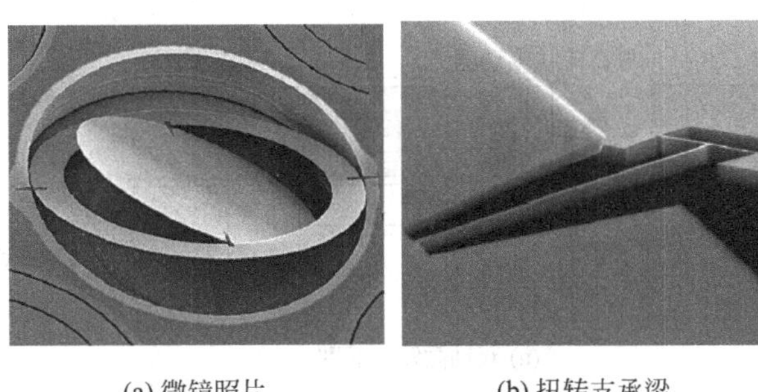

(a) 微镜照片 (b) 扭转支承梁

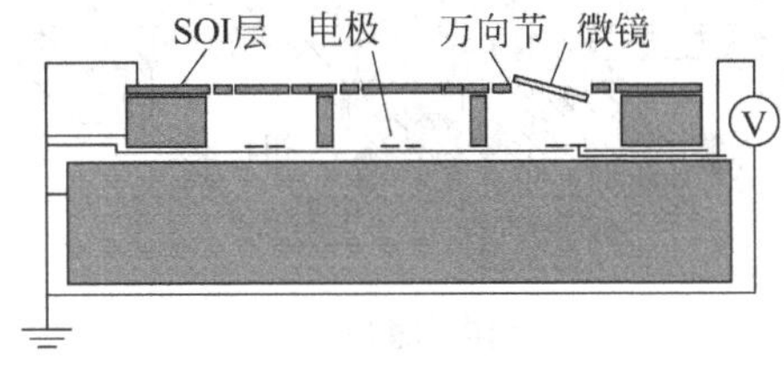

(c) 结构剖面图

图 7-48 SOI 衬底的微镜

梳状电容是另一种重要的控制二维扭转微镜的执行器[81,82]。图 7-49 为垂直运动的梳状驱动器实现的双轴微镜驱动原理和微镜照片。微镜的两个轴连接在梳状驱动器上，通过梳状驱动器控制微镜围绕两个纵轴旋转；同时，这些梳状驱动器和固定微镜的纵轴都连接在垂直的横轴上，而横轴可以在另外一对梳状驱动器组的驱动下转动，因此整个微镜可以围绕两个互相垂直的轴转动。微镜采用 SOI 和 DRIE 刻蚀制造，梳状驱动器的可动叉指与固定叉指高度不同，实现驱动器的上下拉动运动。这种驱动方法的缺点是制造比较复杂，并且扭转角度较小。

图 7-50 为 2002 年 ADI 公司利用 iMEMS 技术制造实现的全集成微镜的剖面结构和照片[83]，包括微镜阵列、高压驱动电路、低压 CMOS 电容位置测量电路，能够实现大规模微镜阵列。微镜采用 iMEMS 技术和 SOI 衬底制造。同一个衬底上包括 3 层结构，上面 2 层分别是 SOI 的 10 μm 器件层和衬底单晶硅，微镜和扭转弹簧以及处理电路制造在器件层，保证微镜具有良好的平整度，刻蚀去除 SiO_2 层后实现悬空的微镜。衬底层减薄后与另一个硅片键合，该硅片上带有多晶硅电极。多晶硅电极与微镜构成平板电容，分别用来驱动微镜和测量微镜的转角。微镜直径为 800 μm，最大扭转角度为 5°，本征频率为 519 Hz，输出噪声为 2.6 μV/μHz。微镜的驱动电路是可以处理 200 V 直流电压的高压 BiCMOS 电路。微镜表面镀金，提高微镜的反射度，降低损耗。

微镜采用静电驱动，微镜的偏转角度通过电容测量。电容测量的优点是温度影响小。微镜本身作为平板电容的上电极，电容的下电极(测量电极)被分为两个半圆形，如图 7-51(a)所示。当微镜转动时，通过下电极与微镜组成的两个电容的差动值测量微镜的转角。图 7-51(b)为电容测量电路，每个测量电极施加脉冲电压，当微镜偏转时会产生相对微镜平衡位置或正或负的电容变化，通过片上放大器将电容变化转换为电压值。集成片上放大器通过降低寄生电容和引线的交叉耦合，实现微小电容的测量。图 7-51(c)为位置测量的输出电压与驱动电压的关系，二者单调但是非线性，从输出电压可以判断微镜的扭转角度的大小和方向。

尽管理论上三维光开关可以实现大规模光路的路由，但是由于阵列中微镜的扭转角度是位置的函数，实际上这种平面三维开关难以将规模扩展到几百以上。如图 7-52(a)所示，如果

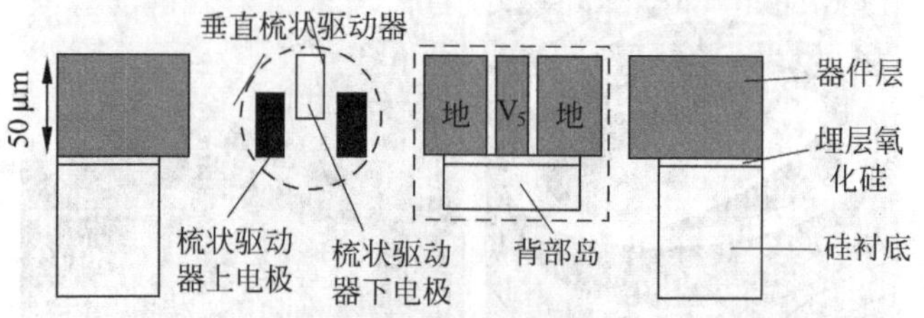

(a) 双轴微镜剖面图

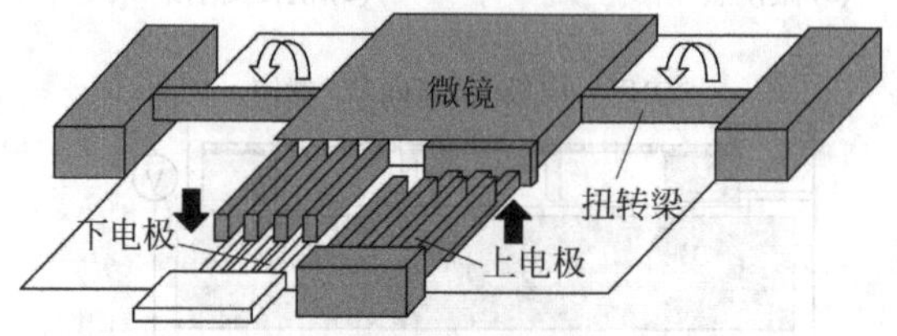

(b) 结构示意图

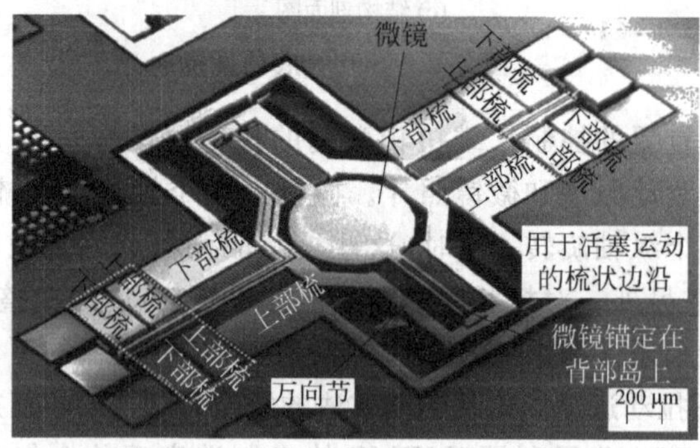

(c) 照片

图 7-49　梳状驱动器驱动的双轴微镜剖面图和照片

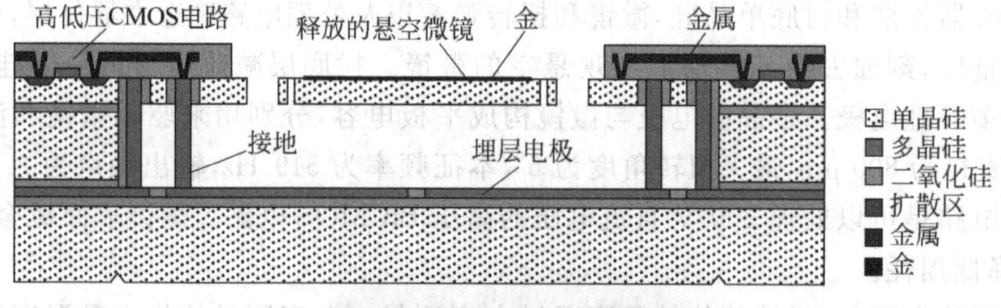

图 7-50　集成信号处理电路的平面 xy 轴旋转微镜

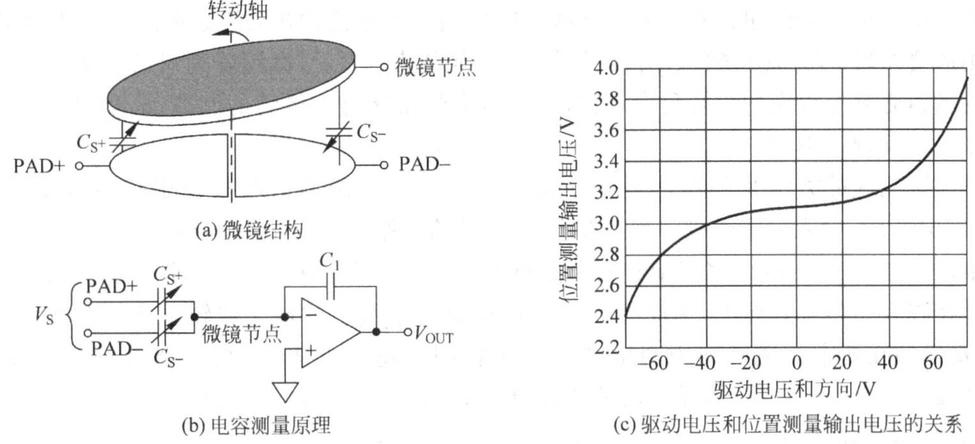

图 7-51　分电极驱动微镜

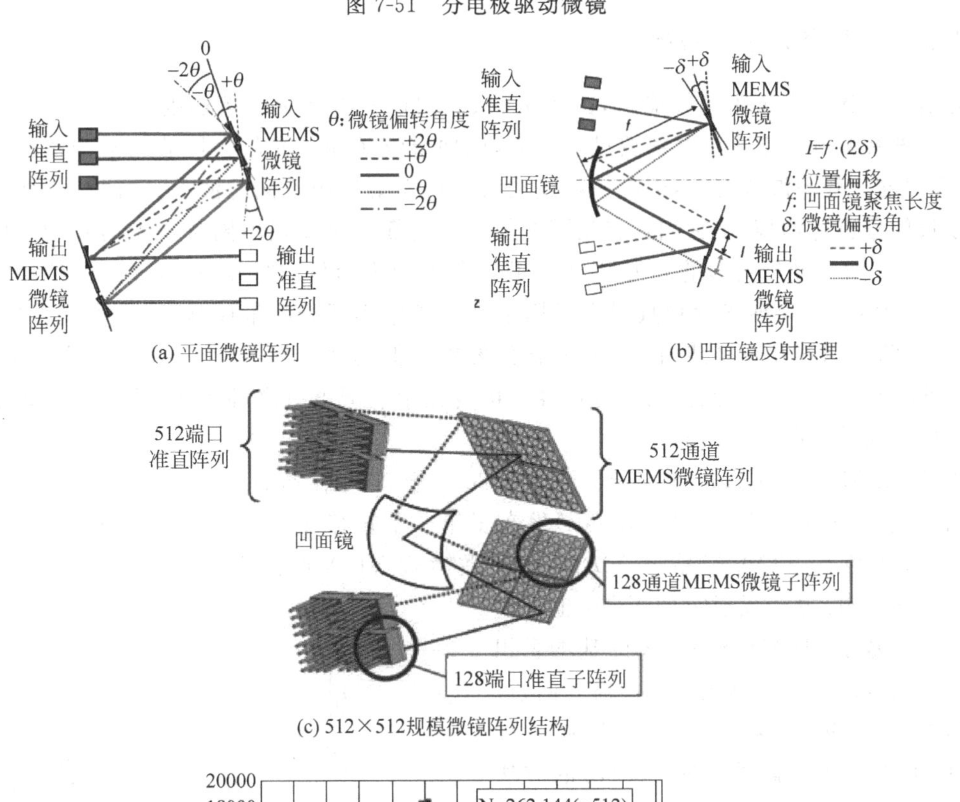

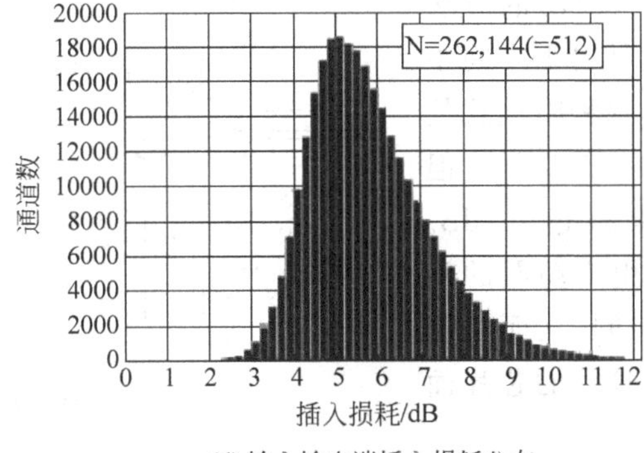

图 7-52　三维光开关微镜扭转角度

输入阵列中的中间微镜扭转θ时可以将输入连接到一个指定输出,那么最上面(或最下面)的微镜则需要扭转2θ才能将输入连接到该输出。当规模增大后,微镜阵列尺寸扩大,输入阵列边缘的微镜必须有很大的扭转角度,而这种大角度的扭转对于微镜的制造、驱动电压、可靠性和控制稳定性都是不利的。

解决该问题的方法是采用傅里叶变换将阵列中每个微镜都调整为相同的角度[84]。如图7-52(b)所示,输入输出微镜阵列都位于凹面镜的焦平面上,凹面镜提供傅里叶变换,将入射光束产生$l=2\delta \cdot f$的位移汇聚到输出微镜上。输出微镜由输入微镜的偏转角度决定,与输入微镜在阵列中的位置无关,因此通过凹面镜可以减小微镜的最大偏转角度。图7-52(c)为NTT提出的在两个微镜阵列中间增加一个扭转凹面镜的方法[85],将微镜阵列规模提高到512×512。每个512×512规模的微镜阵列由4个128×128的子阵列构成。图7-52(d)为输入输出端口之间的插入损耗分布,损耗中间值分布在5.3 dB。

7.2.2 可变光学衰减器

光信号在光纤中长距离传输时,由于吸收、散射以及弯曲损耗等影响,信号强度会衰减;当信号强度衰减到一定程度时需要进行放大,以便继续传输。光放大器的光谱增益分布不均匀,放大程度一般与波长有关,因此在经过放大以后需要按照不同的波长分解信号,然后对每一个波长信号进行均衡,使它们具有相同的强度。均衡器是实现不同波长光信号相同增益的器件[86],为了避免使用更多的放大,均衡过程一般是对强信号进行衰减,因此需要使用可变光学衰减器(VOA)。可变光学衰减器广泛用于光网络中实现光能量控制,例如光放大器、光队列系统、多路复用器及连接结构中。这些器件要求极低的插入损耗(小于零点几个dB),并且要具有波段范围内与波长无关的衰减特性。可变光学衰减器有多种形式,其中机械式结构是最有希望在大波长范围应用的。

基于MEMS的VOA的研究最早开始于20世纪90年代初的Lucent和Neuchatel大学。2005年Lightconnect(现NeoPhotonics)发布了第一个兼容Telecodia GR-1209和1221标准的MEMS光栅式VOA产品FVOA2000和微镜式VOA产品FVOA5000。随后DiCon、Santec和Sercalo基于反射镜的VOA也相继投入市场。基于MEMS的VOA的基本思想是通过微结构的运动控制光束的传播方向,进而控制接收光束的强度。图7-53为3种VOA的工作原理示意图。图7-53(a)的方法为斩波式衰减,即利用驱动器阻挡自由空间中的部分光束,达到衰减的目的。这种阻挡式的VOA具有优异的动态范围(90 dB以上),但是偏振相关损耗较大,可能超过1 dB。图7-53(b)和(c)所示的方法利用驱动器的旋转,对出射光的反射角度进行控制,从而决定反射光的强度[87]。反射法需要较大的芯片面积以固定光纤。

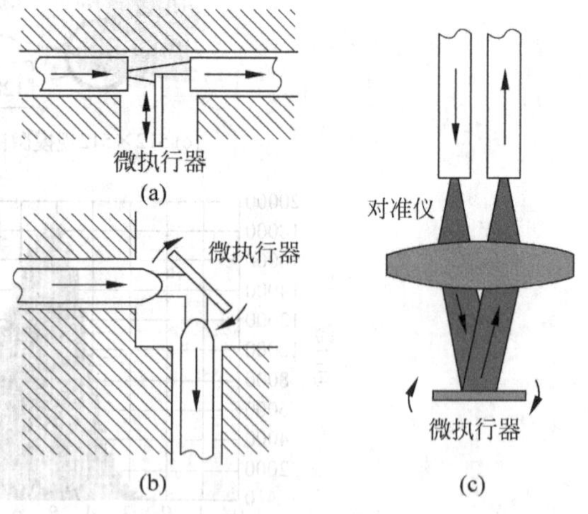

图7-53 MEMS VOA的原理

1. 斩波式可变光学衰减器

斩波式可变光学衰减器是研究较多的 MEMS 光学衰减器，其基本原理是采用类似照相机快门的叶片对入射光的光束（光强）进行控制，阻挡部分入射光[88]，如图 7-54 所示。阻挡光束的叶片可以是 1 个或多个，随着叶片的增加，透光区域更接近圆形，但是制造和控制复杂程度也随之增加。

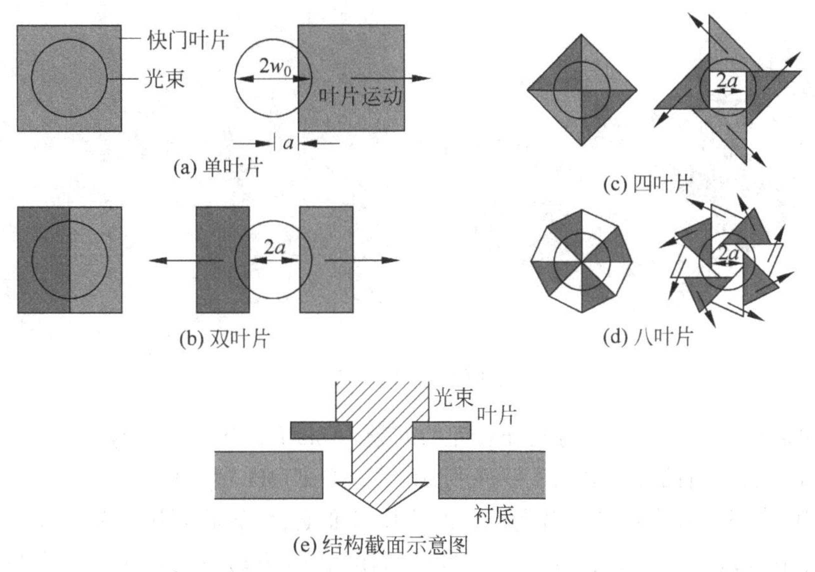

图 7-54 斩波式光学衰减器的原理

1998 年 Lucent 最早报道了利用表面微加工技术制造的静电驱动斩波式可变光学衰减器，如图 7-55 所示。采用平板电容驱动使可动极板上下移动，通过一个支承轴将上下移动转换为摆动，并对摆动位移进行放大，从而带动阻挡叶片摆动。电容面积为 150×300 μm，25 V 驱动电压时最大位移为 15 μm，对 1550 nm 波长的插入损耗为 1 dB，响应时间为 100 μs，最大衰减超过－50 dB。这种 VOA 的主要问题是由于叶片插入到光纤中断的缝隙，光纤与叶片的对准装配较为困难。

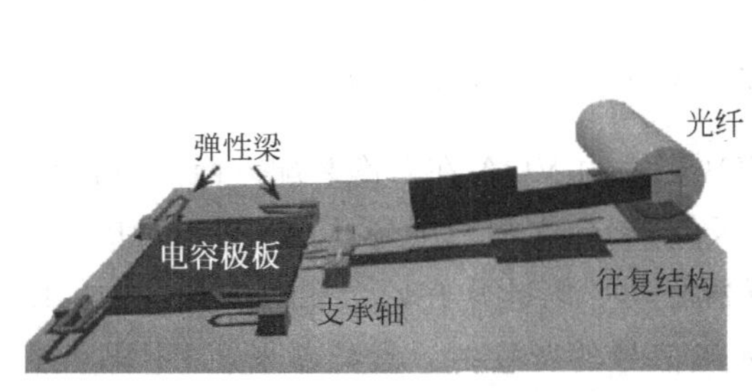

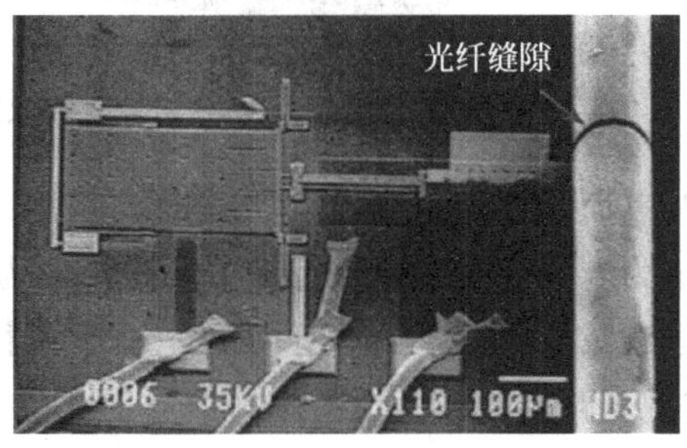

图 7-55 Lucent 公司表面工艺制造的斩波式 VOA

2004 年 Asia Pacific Microsystems 报道了表面微加工技术制造的斩波式 VOA，如图 7-56 所示[90]。其最大的特点是利用电热驱动器，在 3 V 驱动电压的作用下产生 3.1 μm 的面内位移，通过铰链将面内位移转换为旋转微镜 26.4°的角度变化，等效于产生了 92.7 μm 的面外位移,从而能够产生 37 dB 的光强衰减,反射损耗、偏振相关损耗和波长相关损耗分别为 45 dB、0.05 dB 和 0.28 dB。这种 VOA 的缺点是铰链的间隙使微镜的角度和位置有一定不确定性,同时铰链的耐磨性和可靠性以及系统的复杂性给大规模应用带来很大的技术挑战;另外,光纤与微镜的装配也很复杂,容易破坏微镜。

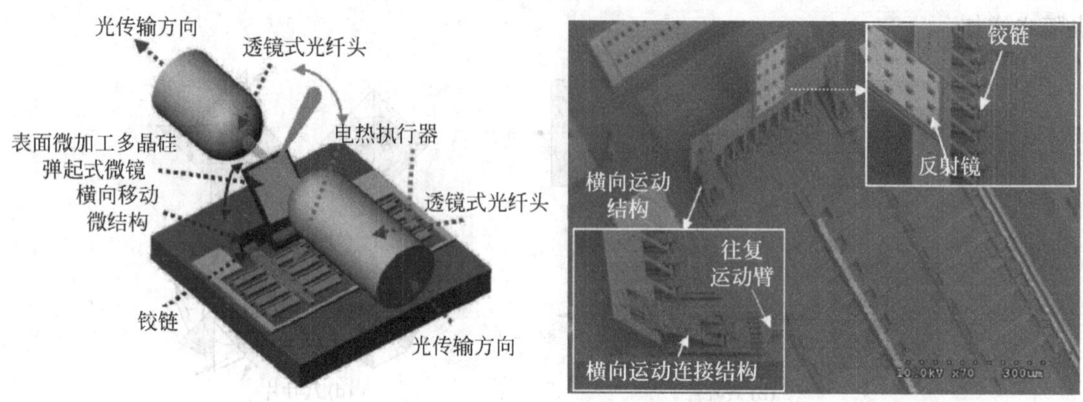

图 7-56 表面工艺制造的斩波式 VOA

为了解决表面微加工 VOA 与光纤装配的问题,Asia Pacific Microsystems 开发了 V 形槽光纤对准和自组装微镜的方法,如图 7-57 所示[91]。将 KOH 刻蚀的 V 形槽作为光纤对准的位置控制结构,将固定好光纤的芯片与 VOA 芯片对准键合,然后利用多晶硅梁产生的应力将斩波叶片拉起到光纤的缝隙。在 8 V 驱动电压的作用下,挠动驱动器能够产生最大 60 dB 的连续衰减,VOA 插入损耗小于 1 dB。

图 7-57 自组装表面微加工 VOA 与 V 形槽光纤对准

与表面微加工制造的 VOA 相比,采用 SOI 刻蚀的 VOA 在对准装配方面更为容易,因此逐渐成为 VOA 的主要制造方式。图 7-58 为 Neuchatel 大学利用 SOI 深刻蚀制造的斩波式可变光学衰减器[92]。衰减器采用静电梳状执行器驱动伸缩叶片在两个相对的光纤中间线性移动,实现光路斩断。微镜的倾斜能够防止输入光信号的背反射。衰减器采用 DRIE 刻蚀 SOI 衬底制造,动作时间小于 1.5 ms,插入损耗 1.5 dB,最大衰减 57 dB。

用 (t,s,z)、(ξ,η,z) 和 (x,y,z) 分别表示输入光纤断面、微镜所在截面、输出光纤断面处的坐标,如图 7-58(b)所示,当光信号符合高斯分布时,$U_0(t,s)$ 可以表示为

$$U_0(t,s)=\sqrt{\frac{2}{\pi w_0^2}}\exp\left[-\frac{t^2+s^2}{w_0^2}\right] \tag{7-48}$$

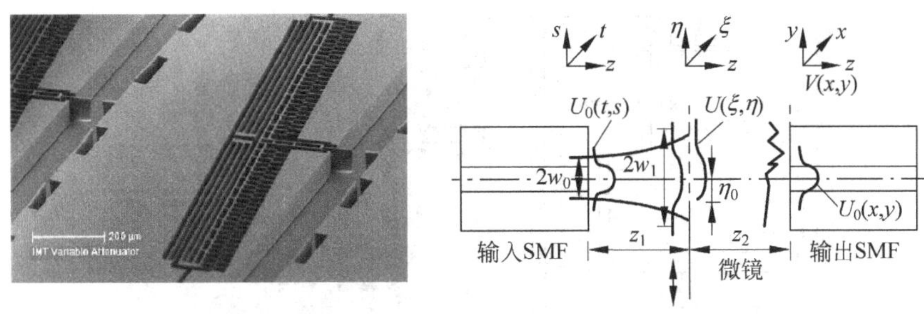

图 7-58 基于 SOI 衬底的 VOA 及原理示意图

其中 w_0 是高斯光束的束腰半径，$\sqrt{2/(\pi w_0^2)}$ 用来将能量归一化。当光束传播距离 z_1 到达微镜时，部分光被微镜阻挡，阻挡后的光场分布为

$$U(\xi,\eta)=\frac{\mathrm{j}\sqrt{2}z_R}{\sqrt{\pi}(z_1+jz_R)}\exp\left[-\mathrm{j}k\left(z_1+\frac{\xi^2+\eta^2}{2z_1(1+z_R^2/z_1^2)}\right)\right]\cdot\exp\left(-\frac{\xi^2+\eta^2}{w_1^2}\right),\quad \eta\geqslant\eta_0 \tag{7-49}$$

其中 η_0 是微镜边缘到轴线的距离，$k=2\pi/\lambda$ 是波数，$z_R=\pi w_0^2/\lambda$，w_1 是该位置处的高斯光束的束腰半径，可以根据 $w_1=w_0\sqrt{1+z_1^2/z_R^2}$ 计算得到。当 $\eta<\eta_0$ 时，$U(\xi,\eta)=0$。

被阻挡的光束衍射到输出光纤的接收面，场强分布 $V(x,y)$ 可以根据瑞利-索末菲衍射公式计算

$$V(x,y)=\frac{z_2}{\mathrm{j}\lambda}\iint_{\Sigma}U(\xi,\eta)\frac{\exp(\mathrm{j}kr_{01})}{r_{01}^2}\mathrm{d}\xi\mathrm{d}\eta \tag{7-50}$$

其中 z_2 是输出光纤到微镜的距离，$\sum$ 是积分面积，$r_{01}=\sqrt{(x-\xi)^2+(y-\eta)^2+z_2^2}$ 表示点 (ξ,η) 到点 (x,y) 的距离。耦合到输出光纤基模的功率可以对衍射光束与光纤模式之间的模式重叠积分获得[116]

$$P_0=\left|\iint_{-\infty}^{+\infty}V(x,y)U_0^*(x,y)\mathrm{d}x\mathrm{d}y\right|^2 \tag{7-51}$$

其中 $U_0^*(x,y)$ 是 $U_0(x,y)$ 的共轭函数。于是衰减可以求得

$$L_a=-10\log\frac{P_0}{\iint_{-\infty}^{+\infty}U_0(s,t)\mathrm{d}s\mathrm{d}t}=-10\log P_0 \tag{7-52}$$

因此，根据这些公式，可以计算微镜、光纤等不同位置时的衰减情况。

图 7-59 为利用 Iris 芯片开发的 4 叶片式可变光学衰减器[88]。衰减器采用 DRIE 刻蚀的 SOI 硅衬底制造，利用 4 个梳状电容执行器驱动叶片的运动，最大可移动距离为 10 μm，响应时间 5 ms，最大衰减超过 17 dB。由于采用 SOI 刻蚀的叶片为平面内结构，为了能够与光纤垂直装配，需要将芯片固定到与光纤所在表面垂直的位置，这对装配的精度有很高的要求。

2. 反射式可变光学衰减器

图 7-60 为利用 SOI 和深刻蚀技术制造的反射式 VOA 结构和工作原理[93]。这种反射式 VOA 利用微镜的位置或角度控制反射光的方向，从而获得对入射光的衰减。这种结构可以工作在常开或者常关状态，既可以使微镜位于 0% 的衰减位置，也可使微镜位于 100% 的衰减位置。图 7-60(c)为两个角度为 45°的微镜组成的 VOA 器件，两个光纤平行放置，通过控制微镜的位置对反射光进行衰减。在 4.7 V 和 11 V 电压下，VOA 可以工作在全开或全关状态。

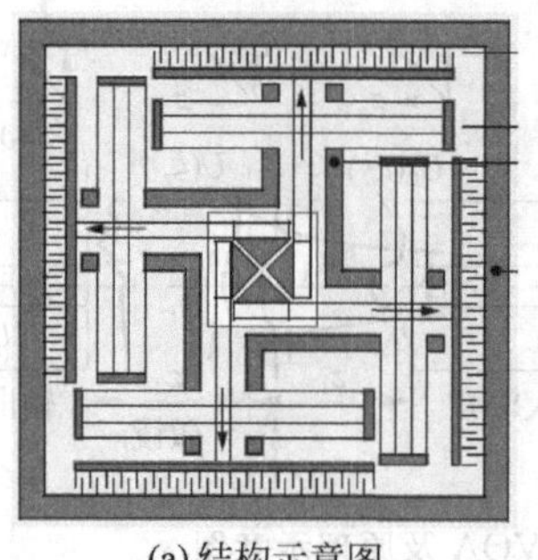

(a) 结构示意图　　(b) 器件照片

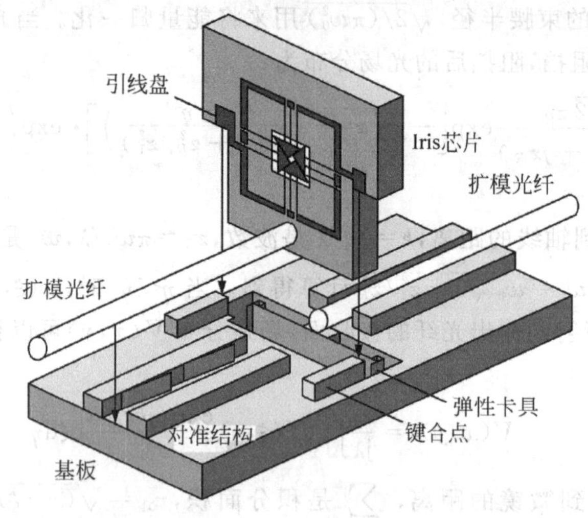

(c) 装配关系

图 7-59　4 叶片式可变光学衰减器

7 V 驱动电压控制下，VOA 的衰减 50 dB，插入损耗小于 0.9 dB，反射损耗低于 −50 dB，波长相关损耗低于 −30 dB。

图 7-61 为 Santec 公司于 2004 年量产的基于扭转微镜的 VOA[94]。直径 950 μm 的圆形扭转微镜利用 30 μm 厚的 SOI 器件层刻蚀，微镜下方的埋氧层和衬底层都刻蚀去除，为微镜扭转提供空间。连接扭转微镜与扭转梁的静电驱动器为非对称结构，只有单侧有驱动器。驱动器下方的 2 μm 厚的埋氧层被去除，使执行器与衬底硅构成两个电极。微镜的最大扭转角度约为 tanh(2 μm/90 μm) = 0.022°。

静电驱动器施加驱动电压时，同时产生了扭转力矩和下拉力分别为

$$T_e(\theta,z)=2\times\frac{\varepsilon_0}{2}\cdot L_a\cdot\eta\cdot V^2\int_0^{W_a}\frac{x}{[(g-z)/\sin\theta-x]\cdot\theta}\mathrm{d}x$$

$$F_e(\theta,z)=2\times\frac{\varepsilon_0}{2}\cdot L_a\cdot\eta\cdot V^2\int_0^{W_a}\frac{\cos\theta}{[(g-z)/\sin\theta-x]\cdot\theta}\mathrm{d}x$$

其中 η 代表执行器带有空洞的比例。扭转梁的机械扭矩和回复力分别为

$$T_m(\theta)=k_\theta\cdot\theta=\frac{2G\cdot h_t\cdot w_t^3}{3l_t}\left[1-\frac{192}{\pi^5}\frac{w_t}{h_t}\cdot\tanh\left(\frac{\pi h_t}{2w_t}\right)\right]\cdot\theta$$

$$F_m(\theta)=k_z\cdot z=2\times\frac{12E\cdot I}{l_t^3}\cdot z=\frac{2E\cdot w_t h_t^3}{l_t^3}\cdot z$$

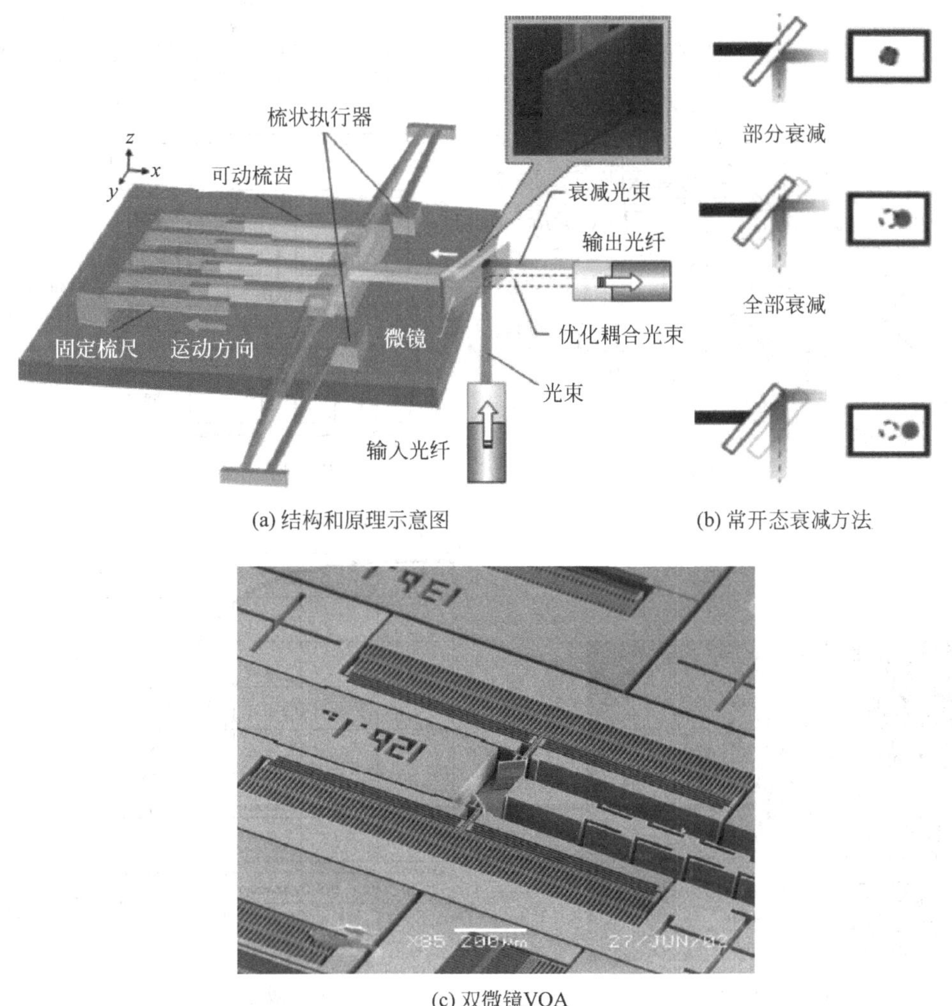

(a) 结构和原理示意图　(b) 常开态衰减方法

(c) 双微镜VOA

图 7-60　反射式双微镜 VOA

平衡状态静电扭矩和下拉力与扭转梁的扭转和回复力相等。由于静电驱动器的间隙只有 2 μm,很小的驱动电压就可以实现微镜偏转,当驱动电压为 5 V 时,衰减可达－40 dB。VOA 的插入损耗在 0 V 时为 0.8 dB,分辨率和重复性均达 0.1 dB,波长相关损耗 0.8 dB,偏振相关损耗 0.2 dB,响应时间小于 5 ms。

机械抗反射开关(MARS)是一种利用调整反射率对光强进行衰减的数字光调制器件[95]。一般情况下,硅衬底上沉积等效厚度为 1/4 波长的氮化硅薄膜能够形成几乎理想的抗反射膜;如果该氮化硅薄膜沉积在硅表面上方 1/4 波长的位置,就形成了良好的反射器件,如图 7-62 所示。实际上,当间隙为 1/4 波长的偶数倍和奇数倍时,具有相同的效果。MARS 就是利用这个原理和微加工制造的氮化硅薄膜,实现氮化硅薄膜与衬底间距的静电控制可调。图 7-63 为 Lucent 公司利用表面微加工技术制造的 MARS,这是第一个报道的 VOA 器件。MARS 是一种法布理-珀罗腔(Fabry-Perot),包括硅衬底和悬空的氮化硅薄膜,氮化硅薄膜和空气间隙的厚度均为 1/4 波长。

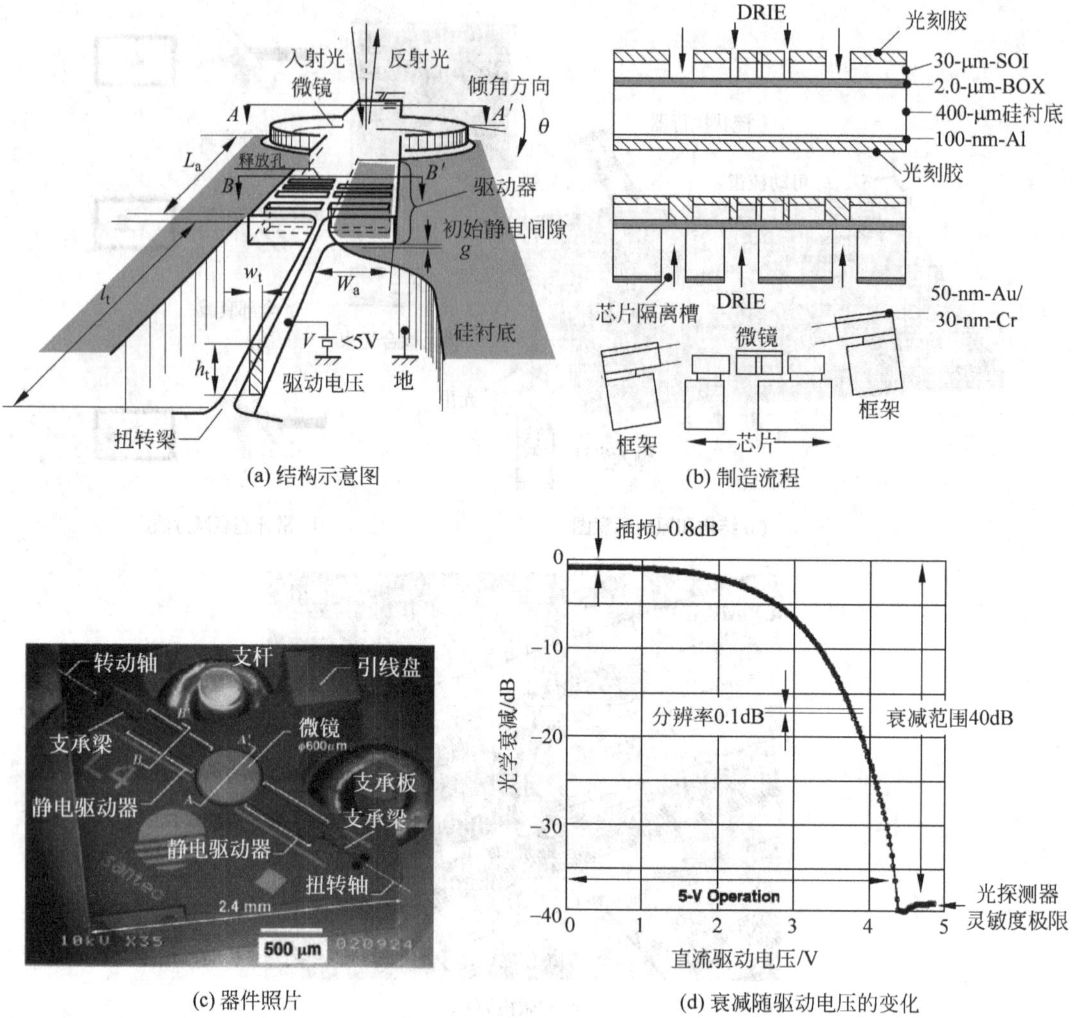

(a) 结构示意图

(b) 制造流程

(c) 器件照片

(d) 衰减随驱动电压的变化

图 7-61 扭转微镜 VOA

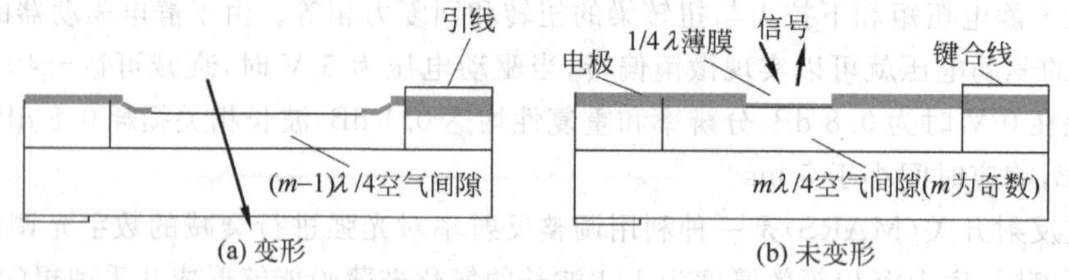

(a) 变形 (b) 未变形

图 7-62 1/4 波长反射器工作原理

图 7-64(a)所示的法布理-珀罗腔的反射率 R 为

$$R=\frac{F\sin^2(\pi d/d_0)}{1+F\sin^2(\pi d/d_0)} \tag{7-53}$$

其中 $F=4R_s/(1-R_s)^2$，R_s 是第一个界面的反射率(空气氮化硅界面为 30.6%)，d 是空气间隙，d_0 是最小反射率时的空气间隙，此时为半波长 $\lambda/2$。从式(7-53)可见，调整空气间隙 d 可以实现反射率的变化。图 7-64(b)为反射率随着空气间隙的变化量的变化关系，对于给定的

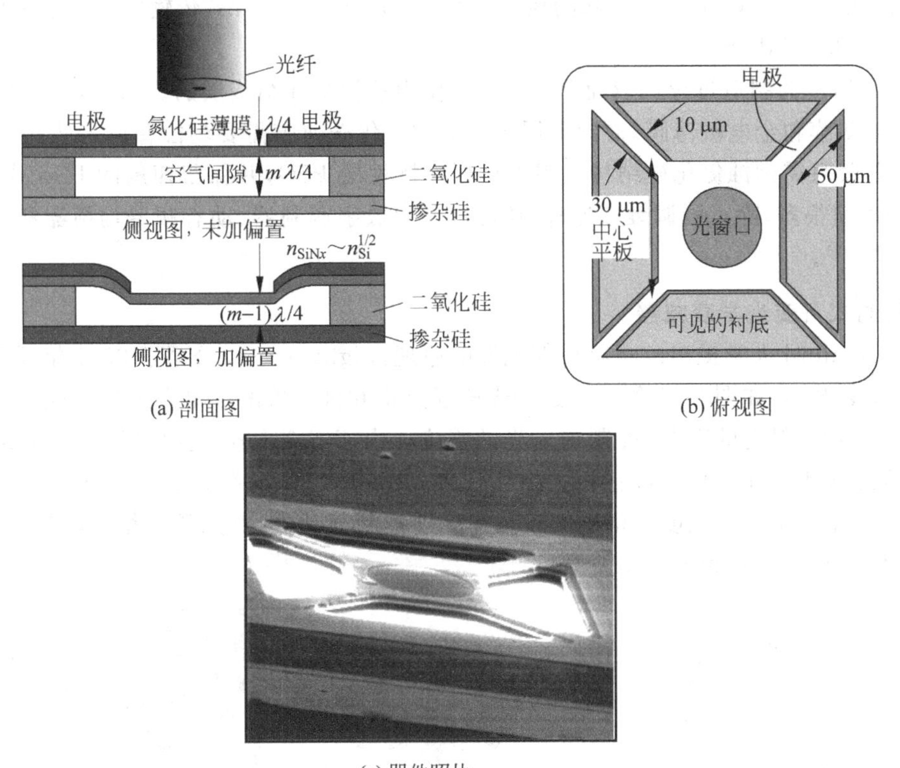

(a) 剖面图　(b) 俯视图

(c) 器件照片

图 7-63　MARS 可变衰减器

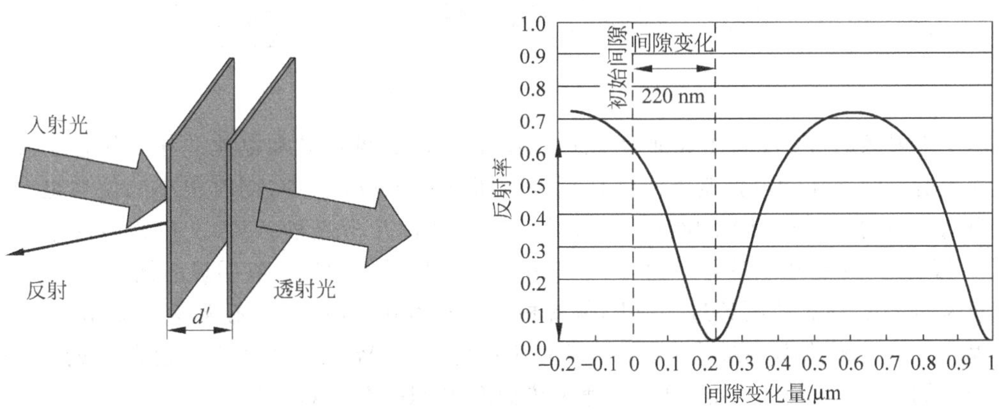

图 7-64　法布里-珀罗标准器反射率的变化

波长，空气间隙的变化可以使反射率从 0.7 变化为 0。

MARS 以多层电介质反射镜的方式工作，最后一层是控制电压，通过静电力驱动氮化硅薄膜改变其与衬底的间隙实现反射率的变化，式(7-53)的反射率随着 d 的变化是周期性的。在均衡器中，具有独立电极阵列的 MARS 元件放置在器件平面，它把反射率的空间变化转换为波长的强度变化。在 MARS 器件中，氮化硅薄膜光有源区典型尺寸为 10～100 μm，使光纤对准容差较容易达到，降低封装成本。支承梁宽度为 4～21 μm，长度为 5～100 μm。氮化硅薄膜驱动电压 5～30 V,上升和下降的典型时间为 135 ns 和 125 ns,传输速率为谐振频率的倍数,为 3.5～10.5 Mb/s。

MARS 器件的制造过程比较简单,以 PSG 作为牺牲层和结构层的支承,然后在 PSG 上面沉积氮化硅薄膜和金电极薄膜,对圆形周边固支的氮化硅薄膜需要刻蚀释放工艺孔,4 角支承的氮化硅薄膜只需刻蚀氮化硅结构。用 HF 刻蚀牺牲层 PSG,并保留四周的 PSG 作为支承。MARS 的用途很多,除了可调衰减器外,还可以作为数字调制器、动态频谱均衡器和色散比较器等使用[96～98]。

3. 衍射式可变光学衰减器

利用 Stanford 大学提出的条状衍射光栅的原理,Lightconnect 公司于 2001 年开发出衍射式可变光学衰减器,如图 7-65 所示。这种光栅通过将并排放置的细梁有选择性地下拉形成衍射光栅,实现对入射光的衍射,控制出射光的强度。由于 Stanford 提出的衍射光栅结构为非对称的,因此频谱相关损耗和极化相关损耗较大。Lightconnect 公司改进了 Stanford 的衍射光栅结构,采用两个不同宽度的衍射细条结构分别控制其动作,并采用二维对称性结构,大幅度降低了频谱相关损耗和偏振相关损耗。

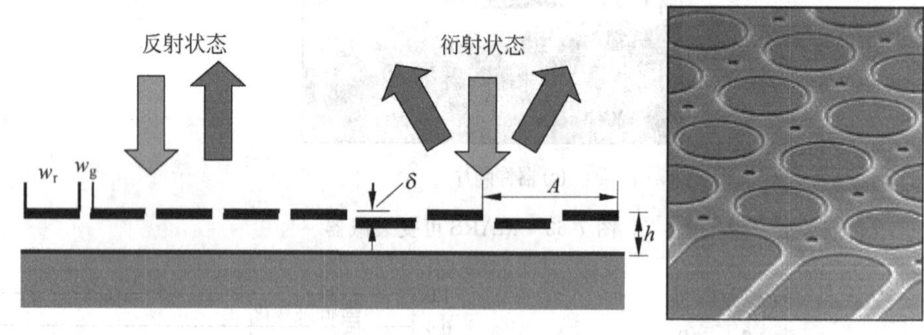

图 7-65　衍射式 VOA

基于衍射条的 VOA 采用表面微加工技术制造,以二氧化硅和氮化硅作为牺牲层和结构层。由于衍射细条在静电控制下的位移只有不超过 0.4 μm 大小,同时很小的位移也允许结构在小电压驱动下具有较大的刚度,因此响应速度高达几十毫秒。VOA 在 2 kHz 频率下经受 20 g 振动时,性能几乎没有影响,这与 SOI 等大质量器件相比具有明显的优势。VOA 的响应时间为 60 ms,动态范围超过 30 dB,偏置相关损耗为 0.1 dB,插入损耗为 0.8 dB,在 10 dB 衰减程度时波长相关损耗最大,为 0.3 dB,功耗为 10 mW。这种基于衍射器件的 VOA 于 2005 年通过了 Telcordia 标准,是最早通过该标准的 MEMS VOA 器件。

7.3　显示器件

利用 MEMS 作为显示器件发展高画质或便携式的显示器,是近年来 MEMS 领域重要的发展方向。MEMS 显示器件可以分为反射式和调制式。反射式 MEMS 显示器件利用单个微镜或微镜面阵对入射光的方向进行控制而实现显示,主要包括数字光学处理(Digital Light Processing,DLP)、激光扫描显示(Laser Scan Device,LSD)、视网膜扫描显示(Retina Scan Device,RSD)等。调制式利用 MEMS 器件调制光线,产生衍射或干涉获得明暗图像而实现显示，包括 Silicon Light 公司的光栅光阀（Grating Light Valve，GLV）、Iridigm Display（已被 Qualcomm 收购）的干涉调制显示技术（Interferometric Modulator Device，IMOD）等。

DLP 和 GLV 是这两种技术的典型代表。DLP 的核心器件是数字微镜（Digital Micromirror Device，DMD）阵列，投影灯光从前侧面照射到 DMD 上，通过改变 DMD 上每个微镜的倾斜角度来得到不同强度的反射光进行显象。GLV 是正在发展的新技术，它利用微型光栅对光束进行调制而实现显示，其本质是一种利用衍射工作的光学调制器。GLV 与 DMD 微镜器件都是依靠静电驱动微机械部件对入射光的强度和反射方向进行控制的器件，这两种 MEMS 显示技术与传统显示技术相比具有突出的优点。

7.3.1 反射微镜 DMD

1987 年德州仪器（TI）发明了基于 MEMS 的数字微镜[99]，并于 1996 年推出基于 DMD 的投影系统，这种对光信号首先进行数字处理，再把光投影出来的技术被称为 DLP[100]。DMD 是静电控制的 MEMS 微镜，它作为光开关可以数字式地调整光学信号，产生稳定、高质量的图像。采用 DMD 的显示投影系统性能优越，已经极大地改变了投影市场。2013 年，TI 推出了面向移动投影的 0.2 英寸投影芯片组，与传统投影机所采用的 DMD 相比，原理和结构基本相同，但是通过优化结构获得了更高的效率。

1. DMD 的结构与原理

DMD 是基于 MEMS 技术制造、依靠静电力控制的反射微镜。DLP 芯片是由上百万个 DMD 组成的二维光反射微镜阵列。每个微镜是阵列中的一个像素，采用 CMOS 兼容工艺制造的存储电路与 MEMS 单片集成。图 7-66 为 DMD 的结构和芯片单元照片。每个 DMD 包括一个在中间由微柱支承的反射微镜，微柱设置在下面的金属平台轭上，轭本身由扭转梁支承在两个静止的支柱上，支柱固定在衬底上。在轭下面有两个电极，用来驱动微镜。每个微镜面积为 16 μm^2，表面是铝金属薄膜，能够将光束沿着既定的两个方向之一反射出去，具体是哪个方向由微镜下面的控制电极决定。

微镜与存储单元之间的空气间隙形成平板电容，在电极上施加驱动电压，微镜在静电作用力下发生转动。微镜的转动角度通过机械限位机构限制在±10°。当 24 V 偏置电压施加在一个电极和轭之间，存储单元处于开启状态，微镜旋转＋10°，当存储单元为关闭状态时，微镜旋转－10°，如图 7-67(a)所示。当除去驱动力后，扭转弹簧使微镜回复到初始位置。由于静电驱动的非线性和机械回复力的非线性，精确控制微镜的倾角是非常困难的。

2. 基于 DMD 的 DLP 显示系统

图 7-67(b)为采用 DMD 的投影原理。当 DMD 与一个合适的光源和投影系统结合时，微镜将入射光线反射出去。当微镜旋转＋10°处于开启状态时，反射光经过投影透镜，通过投影透镜将光源的入射光反射到屏幕上形成亮的像素点；当微镜旋转－10°处于关闭状态时时，反射光不经过透镜，投影透镜对应的成像点显示为暗；当微镜不工作时，它在机械回复力的作用下处于 0°的“停泊”状态。通过对每一个镜片下的存储单元以二进制信号进行寻址，形成光束控制系统。

DMD 可以组成分辨率范围为 800×600～1280×1024 的 DLP 芯片。以 DMD 为基础的 DLP 投影系统包括 DLP 芯片、内存及信号处理电路、光源、颜色滤波系统、冷却系统、照明及

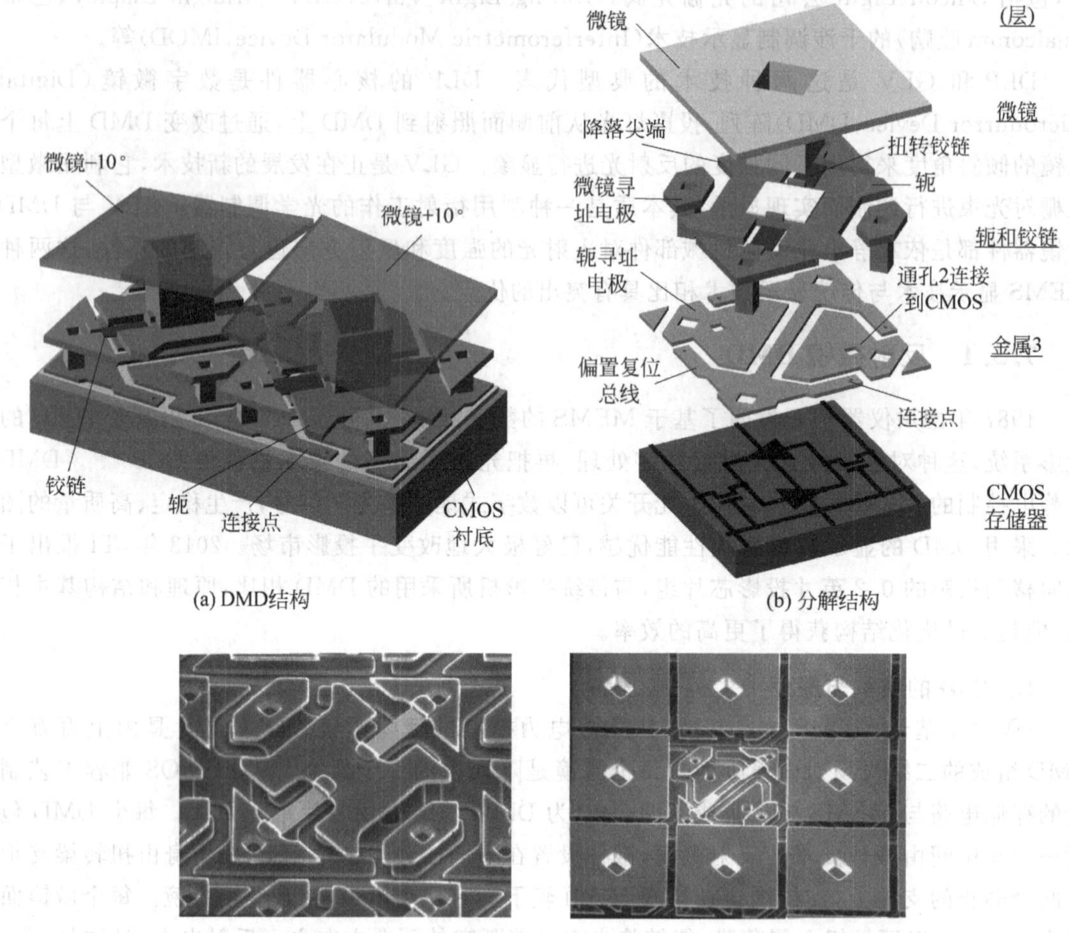

(a) DMD结构 (b) 分解结构

(c) 单个微镜和3×3阵列

图 7-66 DMD 器件

投影光学元件。由于每个微镜的状态是数字的,即每个像素要么是亮,要么是暗,仅凭借像素的亮暗不能表示灰度等级。DMD 微镜形成的短暂的数字光脉冲,被人眼捕获后转换为模拟视觉图像。由于微镜的开关时间(光脉冲通过投影透镜的上升时间)大约为 2 μs,机械开关的时间(包括微镜的回复和驱动锁止)大约为 16 μs,远远快于人眼的反应时间,因此在这个速度上人眼只能感受接收到的脉冲光线的数量,而无法分辨持续时间,这等效于对人眼的刺激响应。通过调整脉冲的持续时间,人眼感受到的不是脉冲时间的变化,而是对脉冲强度的积分,即感觉到灰度等级的变化。因此,显示图像的灰度等级是依靠微镜倾斜时间实现的,这种依靠像素的驻留时间实现的灰度显示技术称为脉冲宽度调制(PWM)。

DMD 接收代表亮度的灰度等级的电信号作为输入,然后输出光信号,被人眼认为是模拟亮度等级。如果有 1 个 4 位信号(对应 16 个灰度等级),每 1 位代表 1 个光束开或者关(1 或者 0)的时间延时段,其相对值分别为 2^0,2^1,2^2 和 2^3。图像的时间被分为 4 种不同的延时,即图像场时间的 1/15,2/15,4/15 和 8/15。于是,所有可能的灰度等级包括所有的位组合的情况,一共 16 种。由于像素的开关时间比人眼的反应时间快 1000 倍,因此人眼无法分辨的脉冲长

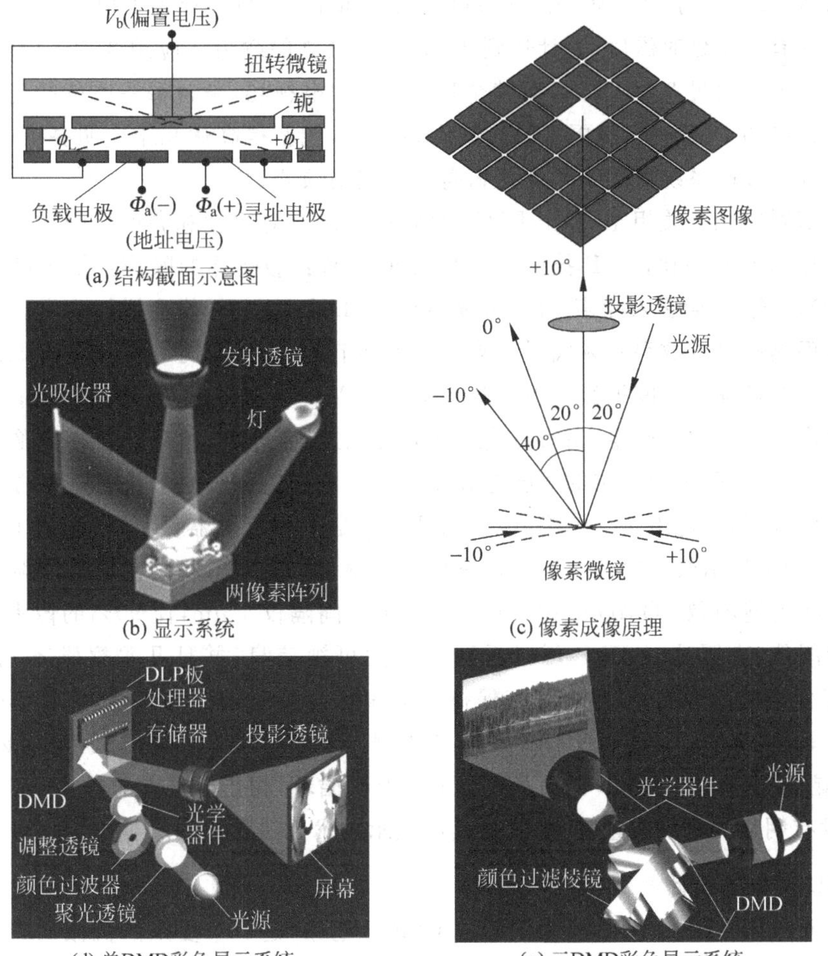

图 7-67　DMD 工作原理

度可以包括 1000 个等级，即能够实现 1000 个不同的灰度等级，相对于 10 位颜色深度。如果控制位达到 10 位，就可以实现 1012 种灰度等级。

除了需要显示灰度等级外，DLP 显示系统还需要显示全彩色。图 7-67(d)所示的单 DMD 芯片投影系统中，实现彩色显示的方法是利用色轮来产生彩色光源。色轮是由红、绿、蓝滤波镜片组成的旋转轮，它以 60 Hz 的频率转动，每秒提供 180 个色场。输入信号被转换为 RGB 数据，顺序写入 DMD 的 SRAM，白光光源通过聚焦透镜聚焦在色轮上，通过色轮的光线成像在 DMD 的表面。当色轮旋转时，红、绿、蓝光顺序照射在 DMD 上。色轮和视频图像是顺序进行的，所以当红光射到 DMD 上时，镜片按照红色信息应该显示的位置和强度倾斜到“开”，绿色和蓝色光及视频信号亦是如此工作。人体视觉系统集中红、绿、蓝信息并看到一个全彩色图像。当使用 1 个色轮时，在任意给定的时间内有 2/3 的光线被阻挡。当白光射到红色滤光片时，红光透过，而蓝光和绿光被吸收，蓝色滤光片通过蓝光而吸收红、绿光，绿色滤光片通过绿色而吸收红、蓝光。在这种结构中，DLP 工作在顺序颜色模式。

图 7-67(e)所示的 3 芯片 DMD 彩色显示系统中，实现全彩色的方法是将白光通过棱镜系

统分成红绿蓝3基色，分别作为3个DMD的光源，每个DMD只处理1种基色，而不再需要光轮。每个芯片有8位延时深度，总计达到1600万种分立的颜色。应用3片DLP投影系统主要为了增加亮度。通过3片DMD，对整个16.7 ms的电视场，来自每一原色的光可直接连续地投射到它自己的DMD上，使更多的光线到达屏幕，能获得高达几千流明亮度的投影图像。这种高效的3片投影系统可用于大屏幕和高亮度应用领域。

与基于衍射的光开关相比，基于DMD的显示系统在对比度和亮度之间做出了更好的平衡。与传统显示系统相比，DLP技术具有明显的优势：①极低的噪声：图像信息每次经过D/A或A/D转换，都会引入噪声，并且高精度的A/D和D/A转换会增加成本。DLP固有的数字显示原理具有完成数字视频底层结构的最后环节的能力，实现了数字信号显示，具有最少的信号噪声。②精确的灰度等级：DLP以反射式DMD为基础，不需要偏振光；并且因为每个视频或图像帧是由数字产生，每种颜色8～10位的灰度等级，精确的数字图像可以多次重现。例如，一个每种颜色为8位的灰度等级使每个原色产生256种不同的灰度，能够数字化生成1670万个不同的颜色组合。③高效反射：DMD是一种反射器件，效率超过60%，使DLP系统比LCD投影显示效率更高。这一效率是反射率、填充因子、衍射效率和实际镜片共同产生的结果。④无缝图像：DMD微镜面积为16 μm^2，间隔仅1 μm，使90%的像素面积反射光而形成投影图像，人眼通过DLP可以看到更多的可视信息，并且几乎察觉不到像素分隔。DLP提供了优越的图像质量，整个阵列保持了像素尺寸及间隔的均匀性，并且不依赖于分辨率。⑤高可靠性：DMD已通过所有标准半导体测试和实际工作环境测试，包括热冲击、温度循环、耐潮湿、振动实验。DMD的可靠性超过10^{12}次循环，相当于正常工作20年。5000 h后DLP系统没有明显的显示质量变化，这是其他显示技术无法比拟的。

3. DMD微镜的设计

微镜单元包括微镜、支承结构和下部的CMOS电路，是一个复杂的机械动力学系统。微镜的结构设计可以利用前面介绍的扭转微镜的设计方法，其中静态设计包括微镜尺寸、扭转梁、电容等，用来确定驱动电压；动态设计包括系统的动态模型、工作频率、过渡过程等。由于微镜只围绕一个转动轴扭转，没有垂直轴之间的交叉干扰，并且微镜的扭转角度和下拉位移不要求高度精确，只对过渡过程要求较快，因此设计过程比光通信领域的二维微镜简单。但是由于实际驱动电容的极板不规则，极板尺寸与电容间距相当，驱动力的计算会有较大的误差，因此精确的分析需要借助有限元方法。

为了满足视频应用的要求，微镜必须能够从一个极限位置快速运动到另一个极限位置。实现这一功能的关键是合理的设计驱动电压波形，以通过静电驱动力矩实现需要的动态响应速度。图7-68为两个微镜角位移的变化曲线，以及作用在微镜电极上的驱动电压和作用在非零(高)端的寻址的电压波形。在这两个曲线中，初始角度都是大约为$-10°$。一种情况是微镜从一端($-10°$)快速转变到另一端($+10°$)，被称为“跨接变换”(Crossover transition)；另一种情况是微镜受到动态干扰，但是仍旧维持在原来的位置($-10°$)，这种情况被称为“静止变换”(stay transition)。从工作的观点来看，任一种情况的曲线都是受到控制微镜开关的输入视频数据的控制的。

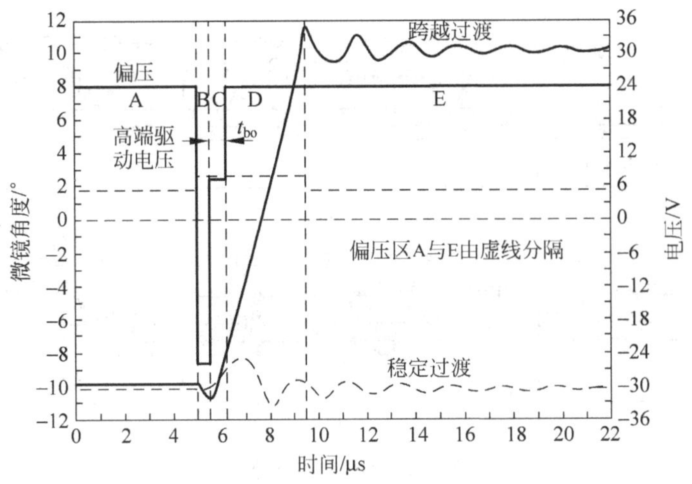

图 7-68　微镜角的动态特性和驱动电压

4. DMD 微镜的制造与封装

DMD 微镜采用 CMOS 兼容的表面微加工技术制造，将 CMOS 寻址和控制电路与微镜集成。制造过程采用后 CMOS 工艺，首先在硅片衬底上制造寻址和控制用的 CMOS 电路，经过保护后再制造微镜结构，因此微镜的制造过程中所有的温度都不能超过 400℃，以保证下层 CMOS 电路的安全。主要困难在于选择材料和工艺保证微镜的平整，另外包含 1 百万个微结构的芯片的成品率也是很大的挑战。

首先是控制电路和 SRAM 存储单元，采用标准 0.8 μm、双层金属的 CMOS 工艺制造。在 CMOS 工艺完成后，在第 2 层金属上沉积厚的 SiO_2，并 CMP 平整化，方便后面的微加工工艺。在 SiO_2 表面溅射铝薄膜，实现偏压、寻址电极、接触盘以及与下层 CMOS 电路的电连接，构成了第 2 层金属。然后在表面涂覆光刻胶、曝光、显影，形成第 1 层牺牲层，如图 7-69(a)所示。然后溅射铝合金(TI 未公布成分)作为扭转梁的金属层，这是比较重要的工艺，因为 DMD 机械结构的集成依赖于低应力扭转梁的实现。在合金表面 PECVD 沉积 SiO_2，光刻、刻蚀后形成对扭转梁区域的保护，形成掩膜，如图 7-69(b)所示。接下来并不直接刻蚀铝合金，在这层 SiO_2 掩膜上溅射厚的铝合金作为轭金属层，然后再在这层金属上面溅射薄的 SiO_2 薄膜，刻蚀后形成轭和锚点支承柱的形状，如图 7-69(c)所示。刻蚀轭金属层，将暴露出来的铝全部刻蚀，由于 SiO_2 掩埋仍旧存在，因此只有厚的轭金属层被刻蚀，并停止在 SiO_2 掩膜层，使扭转梁没有刻蚀；刻蚀 SiO_2 掩膜，沉积第 2 层牺牲层(也是光刻胶)，如图 7-69(d)所示。在第 2 层牺牲层上溅射合金作为微镜材料和微镜的支承柱，在微镜上面 PECVD 沉积 SiO_2 并刻蚀形成微镜的掩膜层，然后刻蚀合金层形成微镜，如图 7-69(e)所示。然后去除牺牲层释放结构、切割和封装。首先切割硅片达到可以将硅片掰开的深度，用氧等离子体去除两层光刻胶牺牲层，另外需要一个特殊的保护步骤，沉积一层防粘连薄膜，防止轭和接触盘之间的粘连，如图 7-69(f)所示；最后切割封装。由于合金材料的限制，工作中微镜不能在一个扭转位置停留时间过长，否则容易造成无法动作。

由于包含上百万的微镜，高可靠性、高散热、高透光率的封装结构对 DMD 至关重要。图 7-70 为 DMD 封装的结构示意图，DMD 通过环氧树脂粘在陶瓷衬底上，陶瓷衬底基底与散

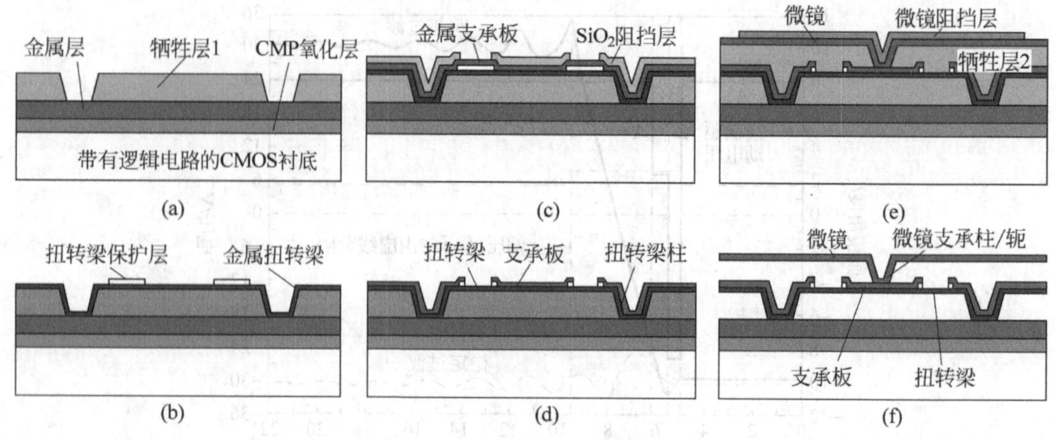

图 7-69　DMD 制造流程

热器相连。DMD 上方为 Corning7056 玻璃形成的光学窗口，与 DMD 周围的可伐合金密封环和陶瓷衬底共同形成密封的环境。牺牲层刻蚀释放结构以后，首先形成一层自组装单分子层，避免湿度引起的粘连问题，并使用吸收剂吸收粉尘颗粒和水分。由于灰尘颗粒会严重降低器件的可靠性，封装过程必须在 10 级的超净环境中完成，远远高于普通 IC 的封装要求。

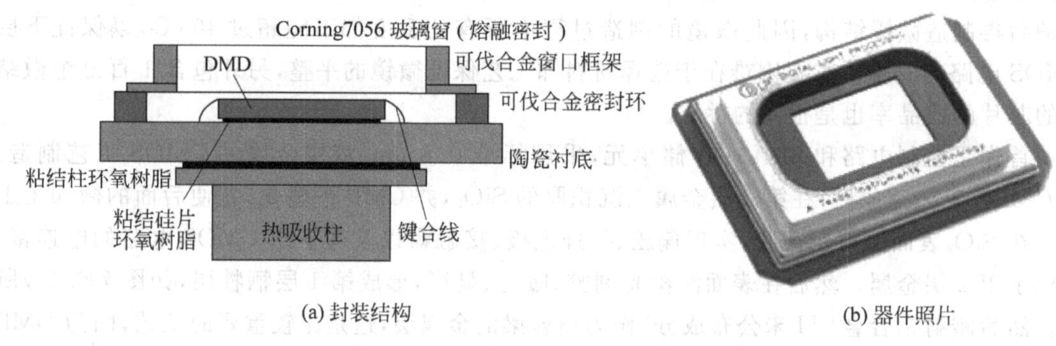

图 7-70　DMD 封装结构示意图和封装后的器件

除了显示系统外，DMD 可以用于多种需要光学调制的领域，例如，生物医学检测、全息数据存储、无掩膜光刻、DNA 微点阵、医学成像、三维测量、显微和频谱仪等[101,102]。

7.3.2　光栅光阀 GLV

光栅光阀（GLV）由 Stanford 大学于 1992 年发明[103]，由 Silicon Light Machines 公司（SLM，2008 年被 Dainippon Screen 收购）开发，2000 年索尼公司与 SLM 签订独家使用协议，共同合作进行 GLV 的商品化。与 DMD 是由微镜组成的反射面阵不同，GLV 是由一组与衬底平行的细条组成的线阵式衍射器件，将入射光沿着一定的角度衍射散开；同时 GLV 也是反射器件。GLV 光栅调制器结构比较简单，采用不同的投射光路，既可以组成与等离子电视类似厚度的背投电视，也可以做成正投影装置。

GLV 投影技术具有先进的性能，为大尺寸投影显示提供惊人的影像品质。索尼公司在 2005 年爱知世博会上展出的 2005 英寸屏幕的激光梦幻影院，使用 50 m×10 m 的超大屏幕，总共使用 12 部索尼开发的 GxL 投影机，每个投影机配备 3 个 GLV，分别搭载红、绿、蓝 3 种颜色的激光光源。色彩表现性与 NTSC 规格相比提高 1 倍，分辨率达到 600 万像素，画面亮度 5000 ANSI 流明，对比度为 2500：1[104]。索尼公司 GLV 技术的显像产品主要用于高端数码相机、模拟训练系统和家庭影院中。

1. 结构与原理

GLV 由 6 根与衬底平行的悬浮细长反射条阵列组成，反射条为带有拉应力的氮化硅薄膜、反光表面为 50 nm 厚的铝薄膜，衬底上的下电极为钨，利用 SiO_2 与衬底绝缘，如图 7-71 所示。反射条位于同一个平面内，其中有 3 个相间的反射条为可动反射条，另外 3 个相间的为静止反射条。在下电极和可动反射条的电极之间施加驱动电压时，静电力使可动反射条向下弯曲变形，去掉驱动电压后可动反射条依靠机械回复力回到初始位置。反射条的间距以及反射条与衬底的间距约为被反射光束波长的 1/4。

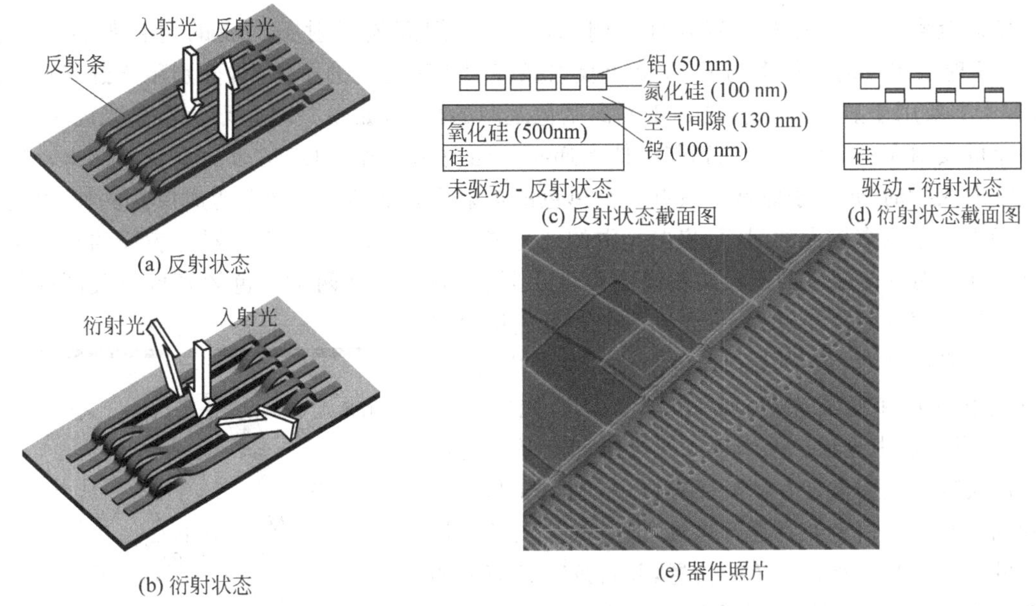

图 7-71　GLV 结构和原理

当反射条未变形时，入射光被垂直反射，反射条阵列类似于连续的反射表面。当可动反射条被静电力下拉变形后，与未变形的静止反射条上的反射光束相比，可动反射条反射的光束产生了额外的半波长行程（反射条到衬底间距的 2 倍），由此增加了 180°的相位差。此时反射条阵列成为相位光栅，使入射光衍射为高阶模态。衍射角取决于波长以及反射条的间距。当入射光照射到关态（未变形）的反射条时，与入射光束路径相同的直接反射光束相位与入射光束相反，形成暗像素；当入射光照射到开态（变形）的反射条时发生衍射，与入射路径偏离的一阶衍射光形成的反射光束，与入射光形叠加得到增强，通过透镜产生投影亮像素，如图 7-72 所示。因此，当激光束照射到一个像素时，通过反射条与衬底电极之间的控制电压控制反射条的开关状态，可以在投影屏幕上对应位置形成亮暗像素。如果激光依次照射的反射条阵列受到视频信号调制的电压控制时，就可以使反射光的明暗按照图像的规律变化；施加的电压不同，激光的反射强度也不同，使投射到屏幕上的光产生明暗不同的像素显示。6 个反射条的 GLV 对应图像中的一个像素，当需要像素为 1080 时，需要 1080 个 GLV 组成线阵列。利用光学投影系统和旋转棱镜，使反射光产生横向扫描，一组像素就可在投射屏幕上产生一行图像，从而可产生一幅图像。图像的垂直像素的多少由线阵列中 GLV 的数目决定。

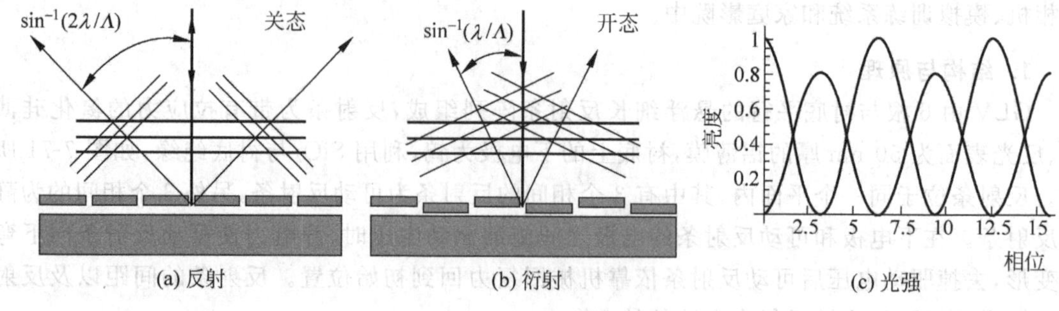

图 7-72　GLV 成像原理

实现全彩色显示的方法有几种。例如，采用空间间隔反射条构成的全色像素由 3 组(6 个)反射条组成的子像素构成，每 2 个反射条代表 1 种基色的子像素，分别用于红绿蓝 3 基色，其中 1 条用于显示，1 条接地用于隔离基色之间的影响，如图 7-73 所示。由于光波长不同，子像素的反射条的间距从红色到蓝色依次递减。当白光沿着与 GLV 表面垂直方向量一定角度的方向入射时，每个子像素中只有 1 个单色的衍射序列能够被投影透镜成像。例如，红光衍射子像素由于具有较大的间距，将白光中的红光成分衍射，使离开 GLV 器件表面的红光垂直 GLV 表面，而其他颜色的光沿着偏离的角度出射。同样，其他两个颜色的光也出现同样的特点。如果光阑的宽度足够小，只允许每个 3 基色反射光中很窄的光束通过，就形成了彩色图像。除此以外，还可以使用白光和滤波光轮，或者 3 色 LED 光源实现 GLV 的彩色投影显示。采用帧顺序投影和 3 基色光源的方法实现彩色图像。在帧顺序投影中，利用 3 基色组成的圆盘旋转对白色光源进行过滤，通过同步图像数据流中的 3 基色与圆盘过滤色的位置，并将反射条衍射的 3 基色光进行合成，可以直接投影进行显示。采用 3 基色光源是更简单的方法，例如使用红绿蓝 3 个 LED 光源，通过图像控制不同光源的开关，可以形成合成的光源，然后直接通过 GLV 投影即可。

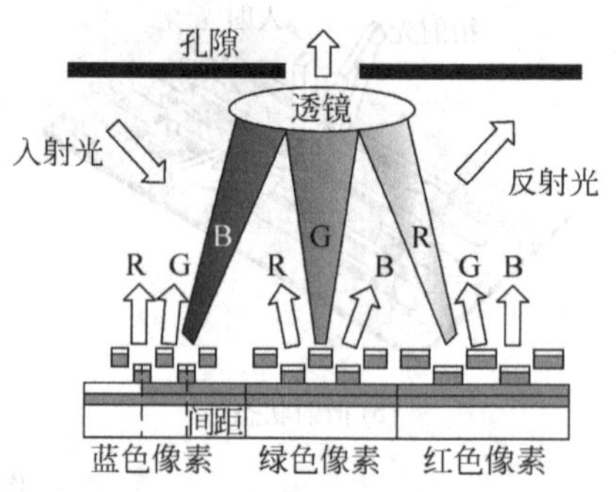

图 7-73　彩色 GLV 像素显示

同 DLP 的电光概念不同的是，GLV 在设计上采用了 5 个可进行地址编码的微带来形成每个单独的像素。这种独特的设计使得每个像素都能够被完全填充或者空白，或者处于之间的状态。这使 GLV 能够提供比 CRT 更加清晰的黑景和阴影效果，GLV 的单色激光能够输出 30 000 流明的光源，在分辨率和光输出方面超过 CRT、LCD 和 DLP 技术。GLV 芯片是按照线形排列激光扫描设计的，能够提供每秒数百万次的灰度再显，比现在所有的光调制技术都要快上几千倍，克服了其他显示系统具有的锯齿边缘、运动延迟、黑景发灰等现象。

2. GLV 设计与制造

GLV 是利用静电执行器下拉效应的器件。衍射栅可以视作静电执行器的可动极板，衬底电极是另一个极板，可动极板由上层的导电层和下层的介电层构成。介电层的存在使整体电容是介电层电容和空气层电容的串联电容，当介电层的介电常数为 ε_r、厚度为 s、极板间距为 g_0（包含 s 在内）时，串联电容为 $C_t=1/(1/C_d+1/C_a)$，其中 C_t 是串联电容，$C_d=\varepsilon_r\varepsilon_0 A/s$ 和 $C_a=\varepsilon_0 A/(g_0-s)$ 分别是介电层和空气层的电容。当衍射栅向下运动到间距为 g 时，电容变为

$$C_t=\frac{\varepsilon_0 A}{g_r-(1-1/\varepsilon_r)s} \tag{7-54}$$

根据下拉电压的公式和式(7-54)，得到下拉电压为

$$V_P=\sqrt{\frac{8}{27}\frac{k\left[g_r-(1-1/\varepsilon_r)s\right]^3}{\varepsilon_0 A}} \tag{7-55}$$

发生下拉现象时，衍射栅运动的距离为

$$\Delta g=\frac{1}{3}\left[g_r-(1-1/\varepsilon_r)s\right] \tag{7-56}$$

可见介电层降低了下拉电压的大小，并且减小了下拉发生时极板的运动距离。当衍射栅极板被下拉到衬底后，通过静电力使其保持与衬底的静态接触。保持电压远小于下拉电压，当保持电压产生的静电力小于弹性回复力时，衍射栅极板回到初始位置，该电压为

$$V_U=\sqrt{\frac{2k(g_0-s)s^2}{\varepsilon_0\varepsilon_r A}} \tag{7-57}$$

由于衍射栅条的长度远大于宽度，而宽度远大于厚度，因此可以用双端固支梁模型计算。当衍射栅的残余拉应力很小时，梁的弹性系数为 $k=\sqrt{16wt^3E/l^3}$；当衍射栅存在较大的拉应力时，其弹性系数取决于拉应力 $k=4\sigma wt/l$。与 RF MEMS 的开关类似，由于下拉电压大于上拉电压，衍射栅在电压-间距构成的坐标中的下拉和回复过程的运动轨迹不重合，形成了衍射栅的“静电滞后”效应。

图 7-74　GLV 芯片

GLV 采用标准 CMOS 工艺制造。典型的尺寸为每个像素单元宽 25 μm，包括 4～6 个反射条，每个反射条宽 3 μm，长 100 μm，厚度仅 100 nm，如图 7-74 所示。反射条为氮化硅，上面覆盖 50 nm 的铝作为反射层，反射条与衬底间距 650 nm～1.3 μm。静电力驱动的反射条动作时间约为 20 ns，比一般控制结构快 1000 倍以上，每秒可动作 50 000 次，速度比 DLP 微镜还快，因而可以实现高清晰度电视图像扫描显示。

施加静电场控制反射条下拉后形成一个光栅结构，使入射光相位产生偏移。一阶衍射瓣的强度为

$$I_{\text{fisrt}}=I_{\max}\sin^2\frac{2\pi d}{\lambda} \tag{7-58}$$

其中 $I_{\max}$ 是一阶衍射的最大强度（在 1/4 波长），d 是光栅深度，λ 是入射光波长。通过改变驱动电压调整光栅深度，能够控制入射光被反射还是衍射。利用施莱恩光学系统（纹影系统）可以区分反射和衍射两种状态，通过阻挡反射光并收集衍射光，能够实现 3000∶1 以上的对比度。

3. GLV 显示系统的特点

GLV 与 DMD 的原理不同,DMD 为反射器件,使用大量倾斜的方形微镜点阵实现显示;而 GLV 为衍射器件,使用上下垂直运动的细长微带形成图像。

GLV 的最大特点是具有较大的色彩表现范围。由于 GLV 基于衍射实现图像显示,其光学效率一般低于反射器件,因此与 DMD 相比,GLV 的光源不是投影灯泡,而是波长极为单一的高功率激光(波长为 642 nm 的红色,532 nm 的绿色,457 nm 的蓝色),以便获得较高的亮度,并产生色纯度很高的 3 基色投影图像,色彩鲜艳,超过任何其他光源。现在 DLP、LCD、LCOS 都采用高压大功率投影灯作为光源,功率为 150～400 W,使用寿命是 2000～4000 h,并且价格昂贵。GLV 投影机则采用激光作为光源,与投影灯相比,总体成本较高,但是寿命要长得多。

DMD、LCD 和 LCOS 都是固定像素显示器件,芯片上的图像和投影幕上的图像相同,只是很小(1 in)而已,所以清晰度是用水平和垂直像素衡量的,如 1280×1024 等。GLV 是线阵列光栅器件,其长度是可以显示的垂直像素,宽度只有一个像素,因此只能产生一条竖直的线阵像素,要变成一幅平面图像还要依靠光学扫描的方法。例如,用光学棱镜水平旋转将 GLV 光栅反射的激光投射到屏幕上,可以形成一幅 1920×1080 的高清晰度图像。由于是通过水平扫描成像,GLV 在水平方向上是可变像素的显示方式。垂直方向的像素(如 1080)是固定的,水平像素的多少,由光栅所加电视信号的行像素决定,和 GLV 本身无关,因此图像的宽高比也和 GLV 无关。即利用同一个 GLV 器件,可以做成 4∶3 的投影机,也可以做成 16∶9 的;可以做成 1920×1080 的,也可以做成 3000×1080 的。要实现这些显像格式,限制因素仅在 GLV 像素的响应速度和相关电路的处理水平。

GLV 具有非常高的分辨率。普通的 4∶3 传统电视能够达到的像素数约为 50 万,一台 1920×1080 分辨率的 16∶9 高清晰电视能够达到的像素数也仅为 2 百万,而 GLV 技术能够达到的最大像素数为 8 百万,因此能够实现其他显示方法无法实现的高分辨率。

GLV 显示图像具有较高的对比度。由于 GLV 显示使用了衍射方式,与使用透过光和反射光的液晶显示器和微镜器件方式相比,光效更高、图像的亮度更高、明暗亮度相差更大,更容易提高显示的对比度。由于使用激光显示,环境光的干扰较小,特别是室内的低饱和度色光,不会对激光显示的高饱和度色光产生强度上的影响,因而对比度和色度都可以达到很高的指标。液晶显示器对比度仅为数百,等离子显示器和微镜器件能够到 2000∶1,但是由于它们的光源性能所限,很难再提高。而 GLV 栅状光阀显示系统则可依靠激光光源,能够达到 3000∶1 以上的对比度,使得图像明亮而层次丰富。

GLV 器件的结构比 DMD 器件简单,成品率较高。DMD 的结构和工艺复杂,一个显示器件有上百万个微镜和微机械结构单元,因此控制 DLP 的成品率难度很大。GLV 栅状光阀器件的结构简单,只有一条线阵,像素单元目前不超过高清晰度电视的标准 1080,这使单元总量仅为 DMD 的千分之一,所以成品率相对 DMD 高出很多。DLP 等"面成像"的难点是很难保证上百万个像素点都没有问题,每个器件可能或多或少存在瑕疵,导致屏幕上出现一些亮点或暗点,但是并不影响正常使用。GLV 是"线成像",只需要保证 1080 个像素工作正常即可实现完美的显示,但是如果一个像素有问题,经过水平扫描得到的整条水平线就都有问题,这是使用中无法接受的。上百万个像素中有一些瑕疵点的 DMD 器件仍是合格品,而 1080 个像素中有一个瑕疵的 GLV 就是废品。

GLV 显示系统内使用了激光光源和机械旋转装置,结构较为复杂。与 DLP、LCD 等显示设备不同的是，其内部不是全电子方式。电子方式只限于一条垂直方向的 GLV 器件，要变成一幅图像，还要依靠机械方式的旋转棱镜，才能把一条垂直线展开成为矩形图像。这对成本和整机可靠性产生一定影响。加上 GLV 的光源是复杂昂贵的激光器，导致 GLV 的成本较高，妨碍了在消费类产品中的普及。但是它的精密显示和线阵排列的特点，广泛应用于印刷机械上，如著名的照相和印刷设备公司爱克发在全尺寸热感应直接制版机中使用了 GLV 可变光栅技术。由于 GLV 可以灵活地快速控制激光束的位置和强度，可以做成多路激光转换开关、可重构阻挡滤波器、增益平衡器等，故也应用于光通信设备、具有动态波长管理功能的可重配置成组滤波器、适用于密集波分复用光网络。可提供完全的灵活性，可控制多达 80 个以上间隔为 50 GHz 的通道。

除了上下运动的衍射光栅 GLV 外，横向运动的反射条阵列也能够实现衍射功能。为了实现小的栅条间距，静电梳状驱动器设置在光栅阵列的旁边。所有的光栅条都用相同的弹性梁连接在驱动上，由于所有的弹簧具有相同的弹性常数，每个栅条的间距等步长增加。利用梳状叉指电容的升举效应，静止和可动叉指在处于平衡位置时表面高度差为 1～2 μm。利用这个高度差，可以作为光学衍射器件[105]。光栅的控制也可以采用压电执行器，能够实现精确的微小位移控制[106]。

7.3.3　其他 MEMS 显示器件

1. LSD 显示器件

激光扫描显示器件 LSD 是利用对入射激光的反射角度进行控制实现显示的一种技术，如图 7-75 所示。LSD 成像原理与 DMD 类似，不同之处在于 LSD 是基于单微镜或线阵的反射式显示器件，因此成像过程中需要快速扫描。与 DMD 平面微镜阵列结构不同，LSD 的微镜数量从上百万个减少到 1 个或几百个(线阵)，整个显示器件的制造成本和复杂度大幅度降低、可靠性显著提高。

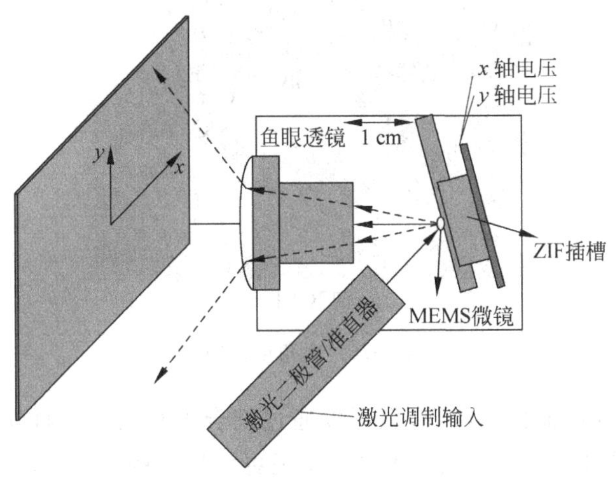

图 7-75　LSD 成像基本原理

当采用单微镜时，要求微镜具有二维的偏转能力，当采用线阵微镜时，微镜只需要一维的偏转能力。理论上，能够满足这些要求的微镜都可以作为 LSD 器件使用。然而，LSD 采用反射镜进行扫描显示，要求微镜必须具有极高的扫描频率，通常扫描速度要达到帧频 60 Hz 以上。同时,为了达到合适的图像尺寸,微镜的扫描角度也必须很大。这些特点要求微镜一般采用静电驱动或电磁驱动,微镜表面的粗糙度必须严格控制,以减少图像的扭曲或失真。

图 7-76 为 Adriatic Research Institute 开发的梳状驱动器和连杆共同驱动的扭转微镜[107]。驱动器与微镜之间通过连杆和铰链连接,通过不同执行器的动作组合将执行的平动转换为微镜的偏转,而不是采用常见的双轴垂直的万向节结构。微镜利用 SOI 衬底和 DRIE 刻蚀制造,实现这两种微镜的关键在于实现 DRIE 多层梁的刻蚀。这种结构的驱动电压低、微镜扭转角度大。但是结构比较复杂,运动效率较低。另外,还可以在微镜扭转梁的下端连接推动连杆,梳状驱动器产生的横向运动推动连杆,带动扭转梁和微镜转动。这种结构的微镜直径可达 800 μm,驱动电压小于 150 V,最大反射角度变化超过 18°,谐振频率大于 4.5 kHz。在扫描微镜前加装 1 个鱼眼式透镜,可以将显示角度增大到 100°[108]。

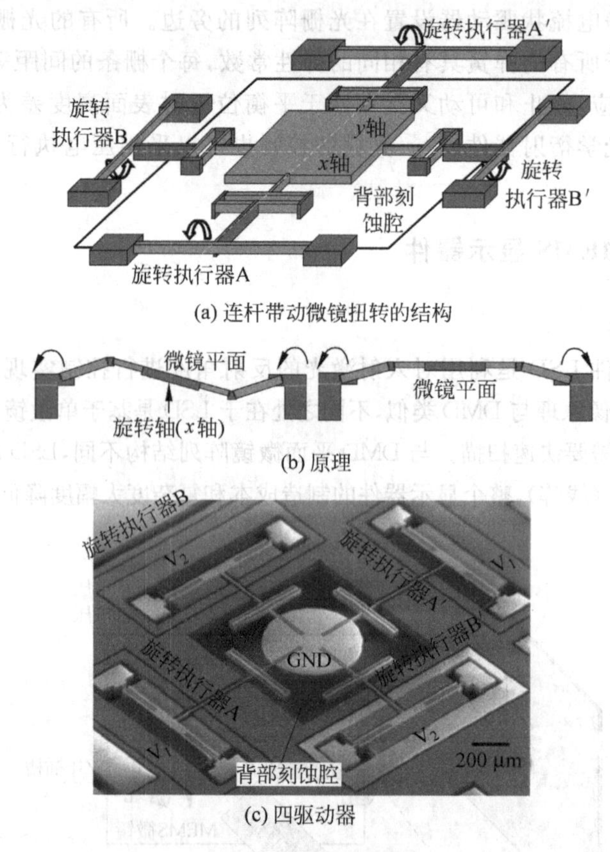

(a) 连杆带动微镜扭转的结构

(b) 原理

(c) 四驱动器

图 7-76 大角度微镜

微镜可以采用 SOI 的器件层实现,也可以通过键合独立的一层硅实现,将微镜镜面架设在驱动器上方[108]。单独键合的优点在于可以实现更大尺寸的微镜,并且提供填充比、消除微镜表面结构对成像的影响。目前 Mirrorcle Technologies 正在采用这种技术开发投影成像系统。因为微镜的尺寸大、偏转角度大,微镜下方必须有足够的空间让微镜扭转。由于静电驱动的驱动力与电极间距的平方成反比,这种较大的空间间距给静电驱动大角度偏转微镜带来较大的难度。采用磁力驱动可以在较大的距离上获得比静电驱动更大的驱动力,特别是电磁驱动,与永磁驱动相比体积更小、控制更为方便。2004 年 LG 报道了万向节结构的电磁驱动二维微镜,如图 7-77 所示[109]。由 Cu 电镀制造单圈线圈构成万向节的外环,微镜下方用1 个同心永磁体产生径向磁场。当万向节上的环形线圈通以电流时,在磁场的作用下洛仑兹力驱动微镜偏转。微镜直径超过 1 mm,最大偏转角度 8.3°,扫描速率超过 60 Hz。

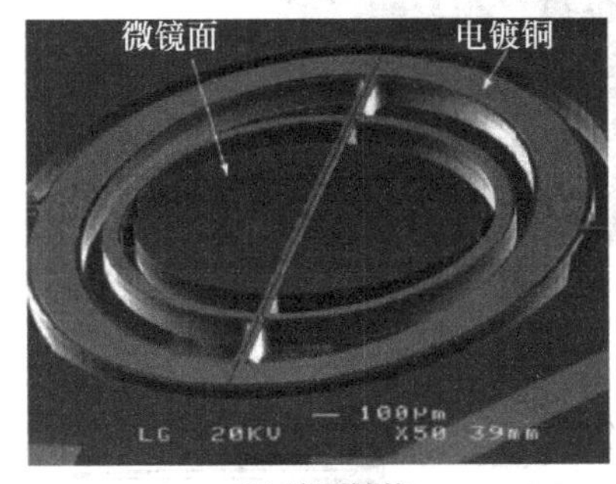

(a) 镜面结构

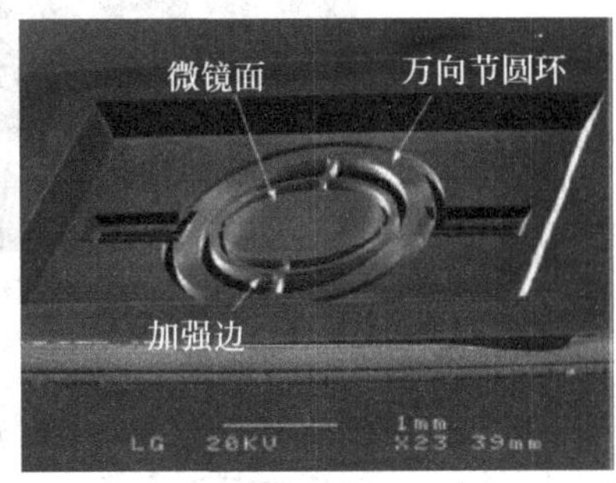

(b) 芯片照片

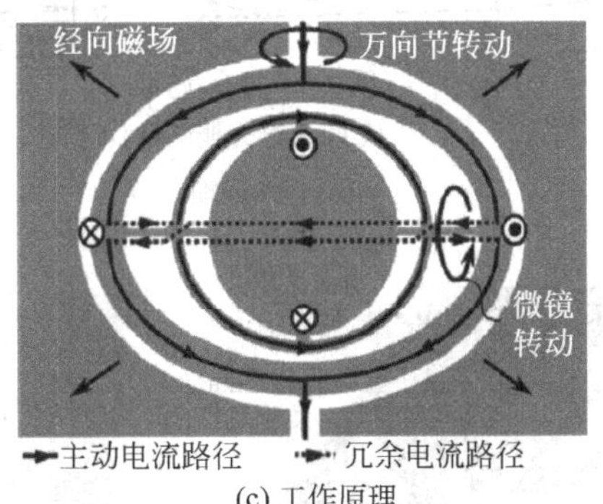

主动电流路径　冗余电流路径

(c) 工作原理

图 7-77　LG 开发的电磁驱动微镜

与 LSD 相类似,美国 Microvision 公司开发了一种视网膜扫描显示(RSD)的反射式成像器件[110,111],称为 PicoP。显示系统包括控制部分、RGB 三色激光器、光束混合系统和微镜,如图 7-78(a)所示。在控制部分输出电信号的控制下,某种颜色被分解为 RGB 三原色,控制激光发出相应的光强,经过光束混合系统后入射到微镜表面。微镜为万向节结构的双轴扭转微镜,对入射光反射后透射到指定的位置。通过微镜两个角度的偏转控制,实现图像的扫描成像。

这种 RSD 成像系统不需要投射透镜系统,可以直接投影到任意物体表面。如果微镜的持续扫描将二维图像成像在中间成像平面,再经过中继光学系统将图像最终投射到视网膜上,等效于光源发出的光线直接成像在人眼,如图 7-78(b)所示。这在头戴式显示系统以及微型投影机领域有广泛应用。微镜为内外环可以扭转的双轴万向节式结构,采用永磁体提供磁场的电磁驱动。微镜扫描时双方向最大扭转角度 45°,水平方向扫描频率为 20 kHz,竖直方向为 60 Hz。由于每个像素显示所需要的光强直接由激光产生,而没有经过衍射或干涉等造成的能量浪费,因此这种显示技术具有较低的功耗。

2. 调制式显示器件

干涉调制显示技术(IMOD,也称为 Mirasol 技术)是 Iridigm 开发的利用 MEMS 技术实现的像素阵列结构,其基本显示原理是基于干涉的反射显示技术。如图 7-79 所示,IMOD 由利用 MEMS 技术在玻璃基板上制造的半透明薄膜(导电)、可动金属膜以及二者之间的间隙组

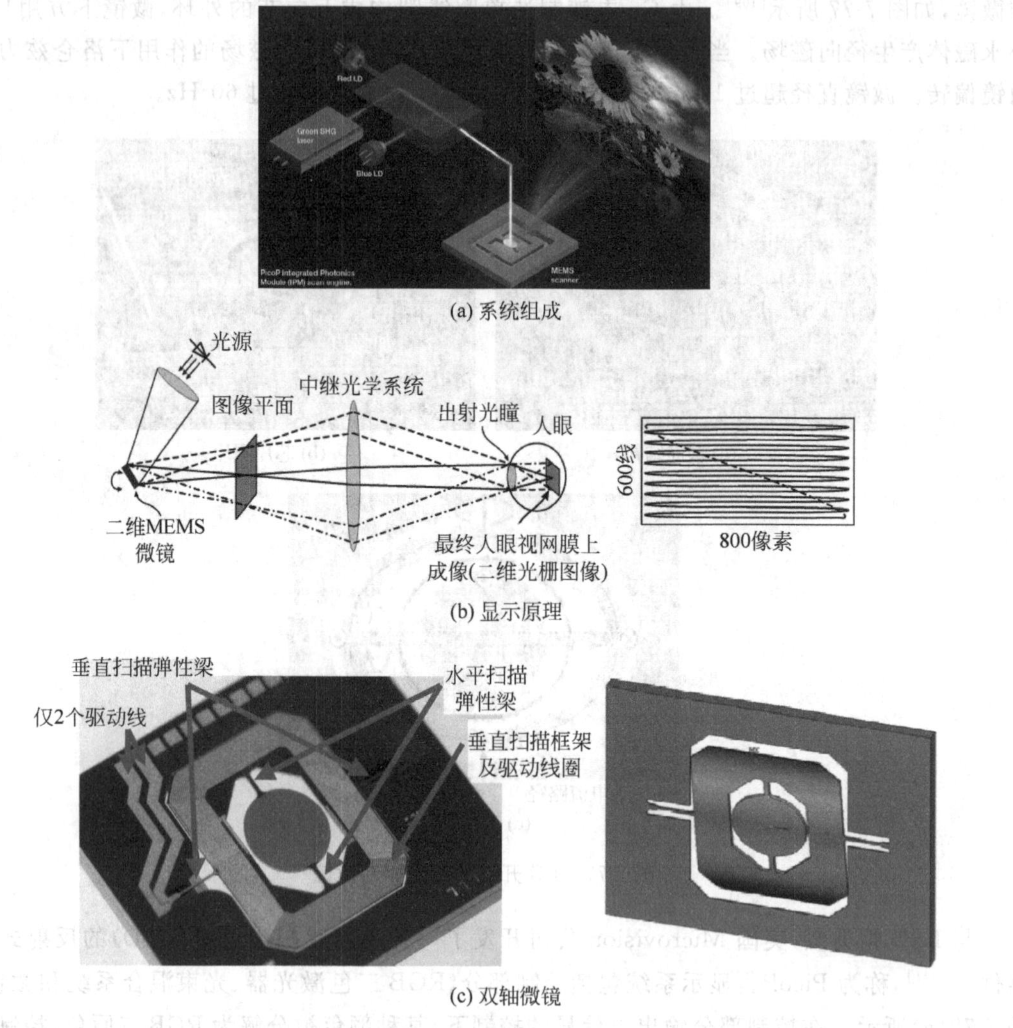

(a) 系统组成

(b) 显示原理

(c) 双轴微镜

图 7-78 Microvision RSD 器件

成。从本质上讲,IMOD 是一个 Fabry-Perot 腔,入射光穿过上表面的半透明薄膜入射到空隙以后,会从下表面的金属薄膜反射回来。由于光的干涉效应,反射光与入射光彼此抵消,当两表面的间距与反射光中某一波长符合干涉条件时,该波长的光线会产生增强效果。在没有外加电压时,IMOD 的空气间隙满足波长为绿色波段的干涉条件,因此反射光显示为绿色,当施加电压使金属薄膜靠近玻璃基板时,空气间隙减小,反射波长为可见光以外波段,显示为黑色。因此,通过外加电压改变金属薄膜与玻璃基板之间空气间隙,以入射光线与反射光线的干涉控制反射光的波长,使 IMOD 相当于只会反射一种颜色的镜子,并通过电压改变两个表面的间距,能够选择性地反射不同颜色的光,如图 7-80 所示。

IMOD 的驱动电压小于 5 V,静态画面耗电能<1 mW,动态画面耗电能约为 25 mW,具有动画显示效果,其相关 MEMS 工艺部分可以利用既有 TFT-LCD 设备。IMOD 显示设备利用环境光自动调整亮度,不需要背光源,只有在像素颜色需要改变时才需要消耗电力,所以功耗极低,可大幅延长设备的电池寿命。由于 IMOD 采用的是干涉增强反射技术,因此即使在阳光下,IMOD 也能使显示图像清晰,特别适合于便携式电子产品的应用。另外,与其他显示技

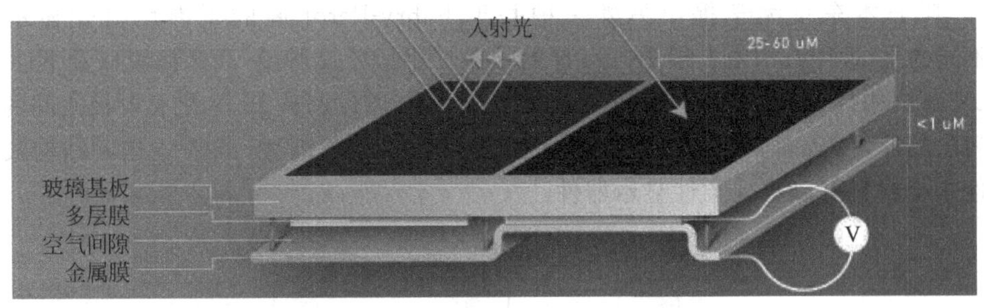

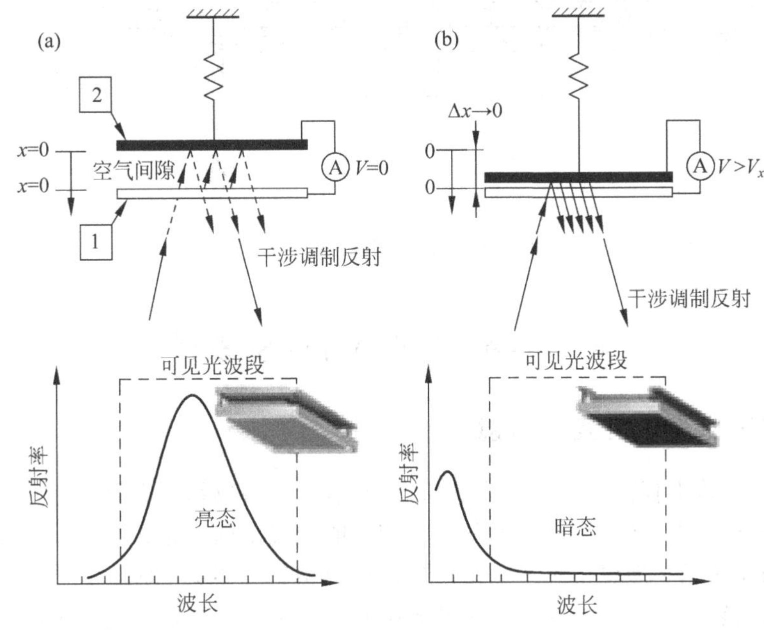

图 7-79　IMOD 显示原理

图 7-80　IMOD 彩色原理

术相比，IMOD 的刷新率很高，可以用来播放视频。

2004 年，Qualcomm 以 1.7 亿美元收购了 Iridigm，2008 年推出了第一个 IMOD 显示器样品，并于 2010 年 5 月的 Society of Information Display 会议上展出了 5.7 英寸的反射式彩色面板，分辨率为 223 ppi、反射率＞23％、对比为 8∶1。尽管 IMOD 的技术优势和应用前景十分明确，但是制造成品率很低，组装十分困难，有报道称制造系统时导致显示器 50％被破坏。2012 年 7 月 Qualcomm 宣布停止生产 IMOD 显示器，将以技术授权的方式继续该技术的发展。

2005年,日本东京大学提出另外一种基于Fabry-Perot腔的干涉反射式显示器。与IMOD不同的是,这种结构由上层16 μm厚的聚萘二甲酸乙二醇酯PEN薄膜以及下层200 μm厚的PEN薄膜构成,二者之间由间隔层形成空气间隙,通过调整PEN之和电极之间的电压控制空气间隙的厚度,从而实现选择性干涉增强的反射,如图7-81所示[112]。这种结构最大的优点是柔性基板材料可以实现柔性显示器件。

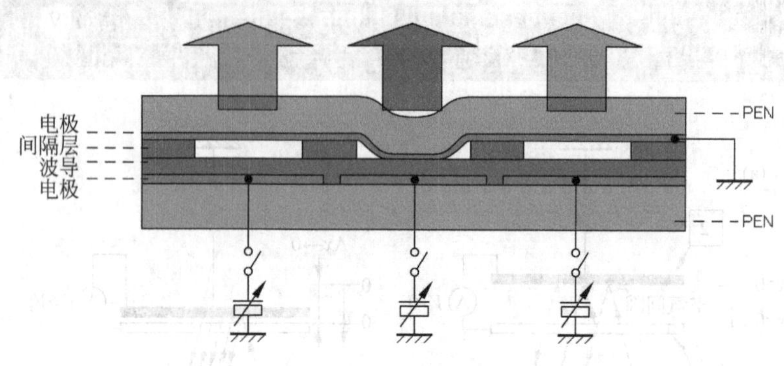

图7-81 PEN柔性显示器

7.4 其他光学MEMS器件

7.4.1 自适应光学可变形微镜

理想情况下,物体上任意一点所发出的所有光线经过透镜后,应会聚于感光或成像器件的同一位置,但实际情况下,同一点所发出的光线却不能会聚于同一感光位置。这种光学系统的实际成像与近轴高斯光学理想情况不同而产生的偏离被称为像差,即光学成像相对近轴成像的差异。像差包括复色光引起的色差和单色光引起的单色像差。色差是由于透镜材料的折射率是波长的函数,由此对不同颜色(波长不同)而产生的像差。单色像差是指即使在高度单色光时也会产生的像差,又可分为像模糊和像变形两类,前者包括球面像差、彗形像差和像散,后者包括像场弯曲和畸变。这对长距离观测的天文望远镜等有严重的影响,实际上大气的影响和光学系统质量都会扭曲球面波前,造成成像过程中的相位错误。例如,平面波波阵面透过20 km的大气湍流层产生了几微米的相位差。

为了解决像差的问题,1953年Babcock提出了自适应光学的概念(Adaptive Optics),其基本想法是在光瞳成像平面设置校正器实时控制其形状来补偿大气传输导致的像差,即通过实时校正补偿大气湍流或其他因素造成的波前畸变。自适应光学系统必须通过分析数据,在每一毫秒内做出新的修正,因此面临巨大的技术挑战,例如快速低噪声的传感器、高能可信且易于操作的激光器、每秒运算10^9以上的超高速处理器,以及由大量(几百至几千)镜面单元组成的带宽几千赫兹的可变形镜面。

用于自适应光学的MEMS微镜的基本结构形式是将光学镜面固定到弹性变形结构上,通过驱动弹性变形结构产生形变带动微镜扭转或者平移,这种微镜称为微机械变形镜(Micromachined Deformable Mirror,MDM)。例如,静电驱动的微镜通过给电极施加高电压,利用镜面层与电极之间所产生的静电引力使微镜产生局部变形,对各个电极施加不同的驱动电压,镜面就会实现不同的变形,抵消光束波前畸变,如图7-82所示。

采用 MEMS 实现可变形微镜阵列的优点是微镜单元小、阵列密度高、质量轻、功耗低、响应速度快和可靠性高等。可变形微镜的驱动方式包括静电、电磁或压电方式。静电驱动通过两个电极间的静电力来控制驱动器的运动，驱动力与电极的面积和电压的平方成正比。为了产生 5～10 μm 的微镜位移(行程)，需要的驱动电压高达 100～300 V。静电驱动因为没有直流电流，功耗低，但是易于受到环境清洁度的影响。电磁驱动利用导线线圈，通过控制线圈中的电流的方向和大小来产生磁力，电磁驱动力与线圈的匝数和电流的平方成正比。电磁驱动所需电压低，1 V 驱动电压甚至可以产生 50 μm 的镜面行程，但是系统体积大、功耗高。MEMS 可变形微镜阵列的缺点是镜面行程小、像素间距小(无法满足如 40 m 大口径望远镜的要求)，并且器件封装引入了另外的光学窗口[113]。

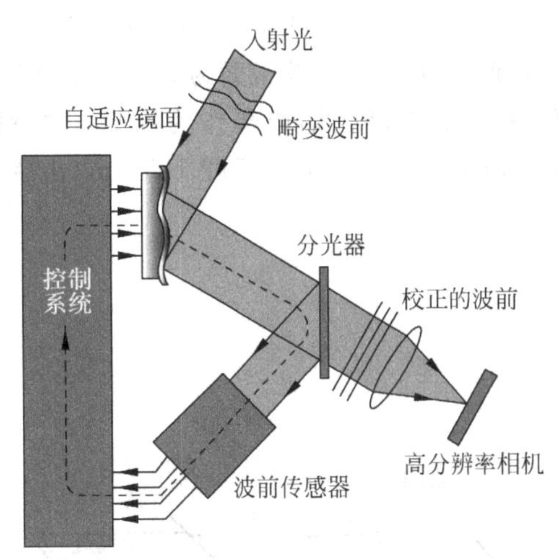

图 7-82 可变形微镜的原理示意图

可变形微镜包括连续镜面变形镜和分立镜面变形镜。前者的镜面由厚度较小的弹性薄膜构成，由执行器阵列控制镜而变形，其优点是镜面连续、填充率大、校正性能优异，但是由于驱动器之间相互耦合，导致变形镜控制算法较复杂。后者的镜面由独立控制的微镜阵列组成，每个微镜可独立进行平移或倾斜运动，通过控制各个执行器得到由分立小平面构成的波面。分立镜面与连续镜面相比致动器变形量更大、面形控制算法简单，但是每个微镜相互独立无法得到连续面形，波前校正精度低；同时，由于微镜之间的间隙造成能量损失、衍射效应。

图 7-83 为 Iris AO 公司的可变形微镜结构及阵列[114]。每个微镜为六边形的单晶硅镜面，支撑在驱动平台上方，驱动平台与衬底通过 3 个支撑臂固定在衬底上。支撑平台与衬底驱动电极之间施加驱动电压时，静电力拉动支撑臂弯曲，驱动平台降低；衬底的驱动电极由 3 个菱形电极组成，对 3 个电极施加相同的驱动电压时，微镜做活塞运动；当只给其中一个或两个电极施加驱动电压时，驱动平台带动微镜发生扭转。每个微镜的典型直径为 700 μm，上下平移的最大距离为 9.5 μm。

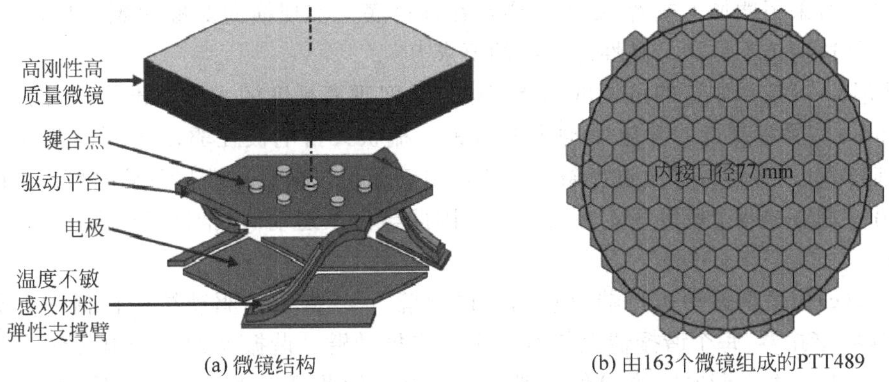

(a) 微镜结构　(b) 由163个微镜组成的PTT489

图 7-83 IRIS 公司开发的可变形微镜

图 7-84 所示为 Boston Micromachines 公司开发的可变形微镜及阵列,包括连续镜面和分立镜面两种[115]。连续镜面为 3 个驱动器控制 1 个镜面,而分立镜面为每个驱动器控制 1 个镜面,镜面表面沉积铝或金作为反射层材料。对于 1020 规模的可变形微镜阵列,单元间距 300 μm,填充比>99%,行程 1.5 μm,孔径 9.5 mm,阵列总功耗小于 40 W。

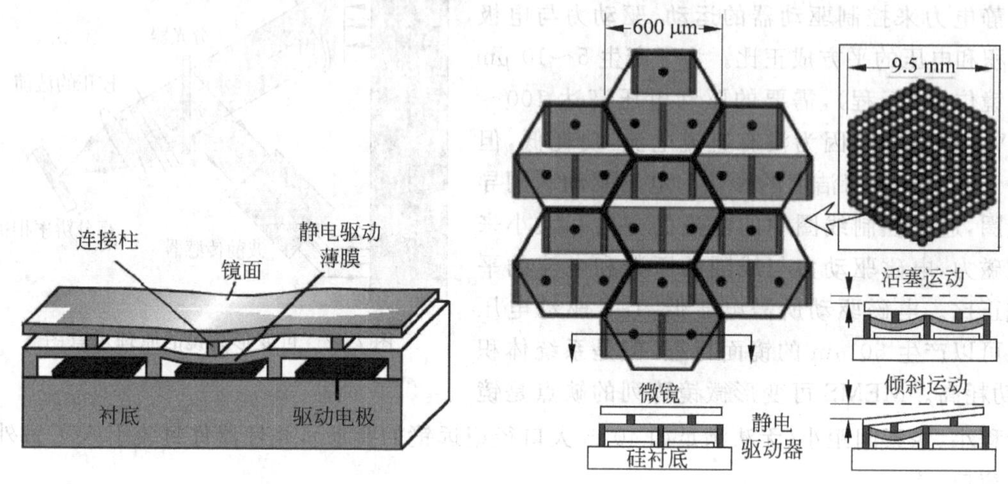

图 7-84 Boston Micromachines 公司开发的可变形微镜

7.4.2 光学平台扫描微镜

利用 MEMS 技术实现自由空间的微光学平台具有很多优点。所有的光学器件可以在一次制造中完成,能够利用光刻实现光学器件的光路预对准,省去了光路的搭建和调整过程;体积小、重量轻,降低了自由空间光学平台的尺寸;大批量制造,成本低、效率高。

精确对准是光学系统中经常遇到的问题。由于光线沿着直线传播的特性,光学系统中经常需要对准两个由光束连接的器件,以获得需要的传输或者反射特性,而对于微型光学系统,因为器件处于微观状态难以方便地操作,因此实现精确对准对于光学器件非常重要。另外,精确对准也是实现光电子器件与系统的自动装配过程的重要步骤,是决定制造成本和系统性能的重要因素。例如,光纤末端激光发射器和外部腔体连续可调激光二极管等,由于这些模块与激光、透镜、光栅、光纤等器件的位置精度误差小于 1 μm,因此这些模块是比较昂贵的。利用硅光平台技术,采用微加工或者 IC 工艺能够在硅衬底上实现横向对准达到±1 μm 的光学对准结构,但是这些仍不能满足高性能系统的要求[116]。

采用 MEMS 技术制造的可调微镜能够很好地实现高精度的光学对准[117]。图 7-85(a)和(b)为 Sandia 实验室制造的静电驱动可调微镜。梳状叉指电极在驱动电压的驱动下输出运动,带动连杆和齿轮运动,再通过齿条传递给可滑动微镜。微镜一端与驱动的齿条上的两个铰链相连,另一端通过两个铰链固定在衬底上。因此当齿条运动时,推动微镜的一端滑动,实现连续升降。

图 7-85(c)为微型振动执行器驱动的可调微镜[118]。微镜的驱动结构包括一个滑动块和 4 个静电梳状谐振器,每个谐振器上带有一个冲击推动臂。谐振器的驱动电压频率与谐振器的谐振频率相同,由于谐振器的 Q 值一般在 30~100,因此可以获得放大的驱动力。谐振器工作时,梳状电极的可动部分往复运动,带动推动臂往复移动,当推动臂冲击滑动块接触时,沿着

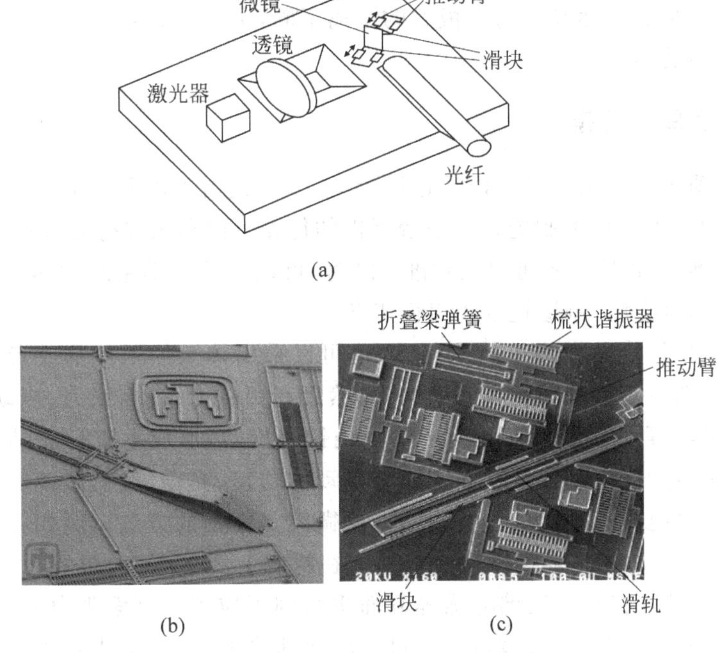

图 7-85　微执行器驱动的可调微镜

滑动块方向的力的分量推动滑动块移动。通过控制对称的两个谐振器同时工作，可以抵消与滑块垂直方向分力的影响。滑块在冲击作用下，克服阻力运动，然后冲击推动臂脱离滑块，滑块在阻力作用下最后停止下来。当需要进一步运动时，另外两个谐振器动作，使滑动块在先前两个谐振器推动的位移的基础上进一步运动。通过循环控制两对谐振器分别工作，可以接力似地推动滑动块前进。滑块的步长小于每步 0.3 μm，最大速度可以达到 1 mm/s。

图 7-86 为梳状驱动器驱动的用于激光扫描和定位的扭转微镜[119]。图 7-86(a)为单方向可调的微镜结构，后面的驱动器与两个活动铰链结合调整微镜框架的倾角，前面的驱动器与扭转梁结合调整微镜本身的倾角。图 7-86(b)为两方向可调的微镜，背后的驱动器与两个活动铰链结合调整微镜框架的倾角，前面的梳状驱动器与两个扭转梁结合调整微镜的扭转角度。这种扫描微镜除了可以用于光学平台外，在外科微创手术中可以作为内窥镜使用。

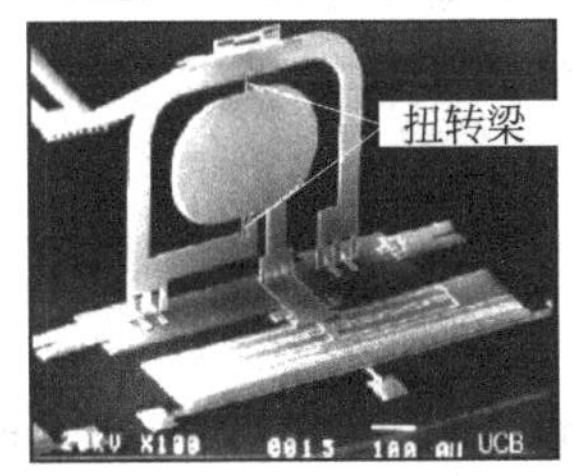

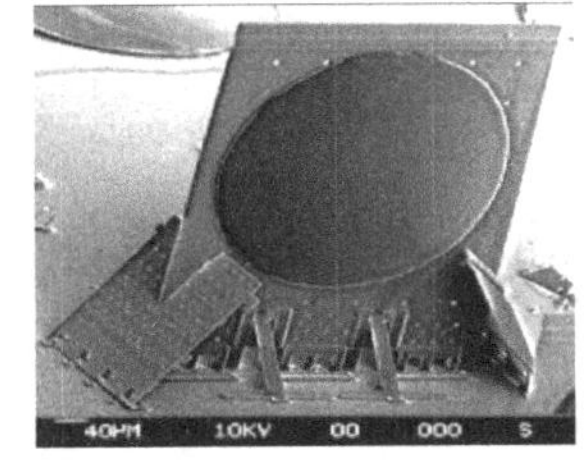

图 7-86　表面技术制造的三维扫描微镜和反射微镜

可调微镜可以用于可调激光器。光纤对准并接近激光二极管的输出端口(LD)，光束可以不必经过耦合透镜就能够直接进入光纤。微镜位于激光二极管的后面，在梳状驱动器的驱动下可沿光纤的轴向方向运动，悬浮梁保证微镜运动时能够悬浮在衬底上面。微镜与激光二极管的另一个光输出端口平行,将二极管发射的激光再反射到激光二极管。施加不同的驱动电压,微镜沿着光纤轴向方向运动后与二极管的距离不同,调节外部腔体的反射面位置和外部腔体的长度,从而改变光波长[120]。

7.4.3　菲涅耳微透镜

图 7-87(a)为垂直衬底表面的菲涅耳透镜[121]。微透镜由可以平动的平台支承,依靠挠动执行器驱动。采用微加工技术制造光学平台器件的优点可以利用并行的特点一次制造所有的光学器件,并且实现光学器件之间的预对准;同时,可以降低光学系统的体积和重量,减小光束在自由空间的传输距离。制造过程为表面工艺。

微光学平台多采用表面微加工技术制造,也可以采用体微加工技术或者二者组合制造。表面微加工技术制造带有铰链的薄板和梁结构,然后利用磁力、表面张力、挠动驱动器等自动方法或者微型操纵器等手工方法将薄板结构围绕铰链旋转,形成垂直衬底站立的光学结构。与衬底平行的自由空间光束路径经过固定或者可动的透镜、光栅、反射微镜等器件,形成需要的光学系统。利用静电(挠动)驱动器实现站立的微镜是常用的方法。例如,利用静电驱动器可以将 400 μm×400 μm 的多晶硅微镜竖直站立在衬底上 200 μm 的位置[122],这种技术称为微升举自组装(MESA),在制造三维电感等方面也得到了应用。表面张力方法在铰链上放置易熔材料(如金属焊锡、光刻胶、玻璃等),通过加温使其熔化,然后凝固的过程产生较大的表面张力,能够将表面微加工制造的结构拉起,如图 7-87(b)所示[123]。微镜采用 SOI 硅片制造,利用光刻胶产生表面张力,微镜的定位精度可以达到 3°。

(a) 菲涅耳微透镜

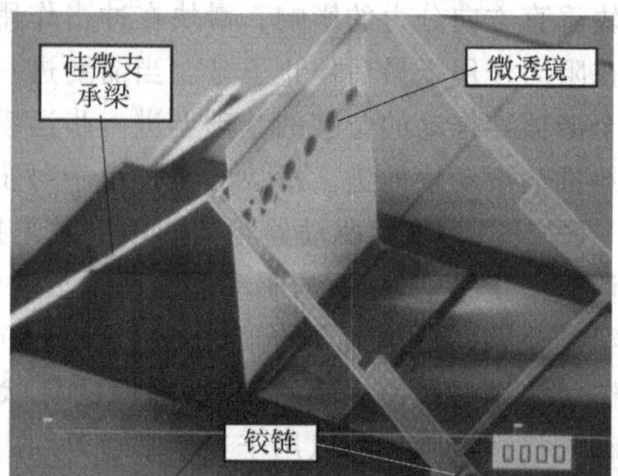

(b) 表面张力自组装微镜

图 7-87　复杂微镜

7.4.4　可调激光器

利用 MEMS 技术可以实现对激光波长的调整。调整激光波长的方法可以分为连续调整和模式跳跃。连续调整是指在激光的某个模式下对波长进行逐级改变,例如对于单长模或多长模激光提供外部反馈。模式跳跃是指激光谐振腔从一个模式跳跃到另一个模式,因此频率是突变的。利用 MEMS 调整激光器波长的方法基本都属于外腔调整,即利用 MEMS 结构在激光谐振腔之外构建一个谐振腔。

图 7-88 为几种腔外调制激光器原理示意图[124],依次分别为平整微镜反射调整(a)、曲面

微镜水平聚焦(b)、曲面微镜及柱状透镜垂直聚焦(c)、Fabry-Perot 准具反射(d)、Littrow 结构定向光栅(e)和 Littman 结构定向光栅(f)。这些调整方式可以分为微镜式、Fabry-Perot 结构及光栅调整 3 类。

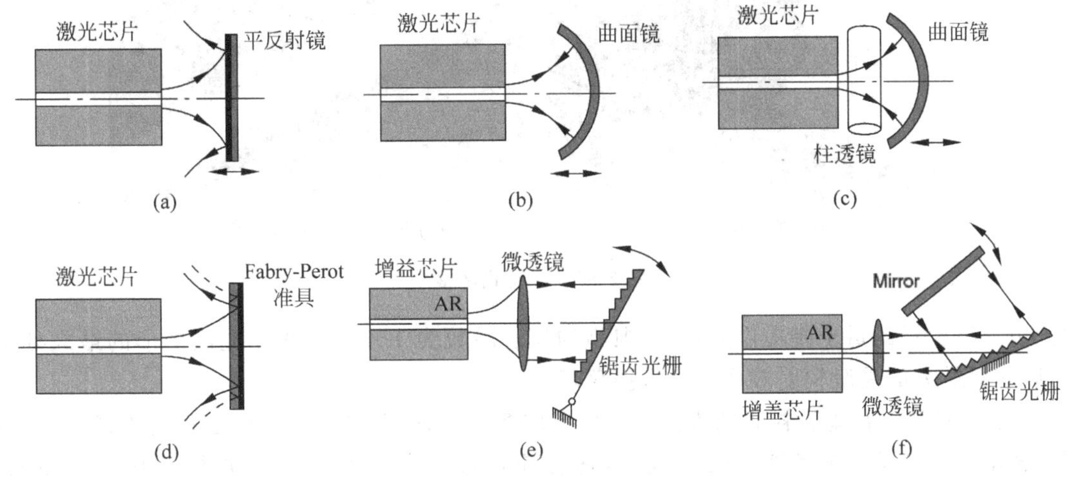

图 7-88　外腔调整原理示意图

1. 反射镜调整

反射微镜是最简单的 MEMS 激光频率调整方式，通过微镜将发射腔发射的激光反射回去形成震荡频率的改变。1993 年，NTT 实验室发明了利用激光加热悬臂梁谐振调制谐振腔的方法，1994 年提出了利用微反射镜调制激光波长的概念，并于 1995 年首次实现了微镜调整激光谐振频率的方法[125]。结合连续调整和模式跳跃，获得了 20 nm 的波长变化。这种微镜可以采用电镀、表面微加工或 SOI 刻蚀等方法制造。表面微加工可以实现较大的微镜面积，但是应力导致的镜面翘曲和平整度较差；SOI 刻蚀获得的微镜平整均匀，但是侧壁粗糙导致耦合效率低。更大的谐振腔体对降低线宽、提高可调范围有利，但是平面微镜的方法只适用于腔体小于 20 nm 的情况，否则激光在自由空间的散射导致耦合效率极低。

采用曲面微镜可以改善耦合效率，从而增大外腔尺寸，如图 7-89(a)所示[123]。该微镜采用 SOI 深刻蚀制造，曲率半径为 66 μm，经过 9 个模式跳跃后可以实现 13.5 nm 的波长变化。曲面微镜的耦合效率为 9%，与同等情况下平面微镜的耦合效率约为 0.6%相比大幅度提高了 15 倍。由于 DRIE 刻蚀的限制，这种曲面微镜在高度方向上是平直的，因此只能将水平方向发散的光束汇聚，而沿着高度方向上光束仍旧会发散。尽管很多研究尝试利用 MEMS 技术实现菲涅尔区或通过光刻胶回流制造三维球面反射镜，但是无论是反射镜的位置还是镜面质量都无法满足要求。通过在谐振腔与曲面微镜之间增加一个光纤作为圆柱透镜，可以将耦合效率提高到 40%以上。

2. 垂直腔表面发射激光器

垂直腔表面发射激光器(Vertical-Cavity Surface-Emitting Laser，VCSEL)是光从垂直于半导体衬底表面方向出射的半导体激光器。VCSEL 的有源区上下两边分别由多层等效 1/4 波长厚度的高低折射率交替的外延材料形成的分布式布拉格反射器(DBR)，相邻层之间的折射率差使每组叠层的布拉格波长附近的反射率达到 99%以上，激光器的偏置电流流过反射

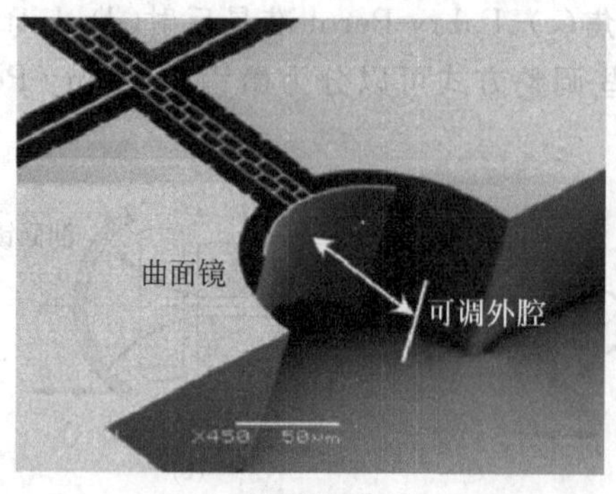

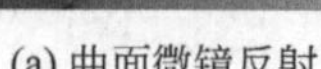

(a) 曲面微镜反射

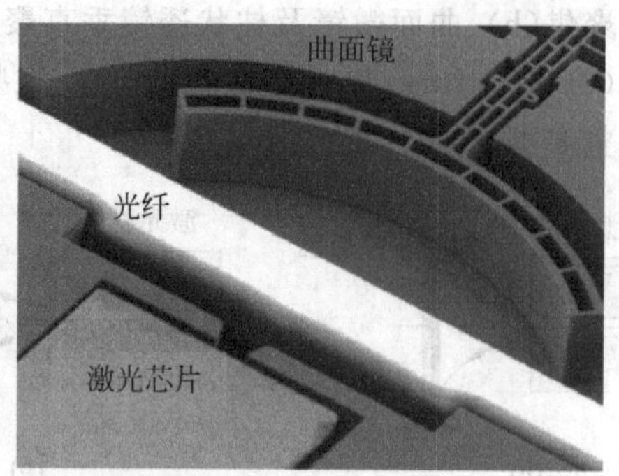

(b) 曲面微镜及柱状透镜

图 7-89 反射式调整

器。由一组少量的量子阱提供光增益,典型的量子阱数为 1～4 个,置于驻波图形的最大处附近,以获得最大的受激辐射效率而进入振荡场。

因为 VCSEL 在垂直衬底的方向上可以形成激光阵列,并且出光方向也垂直于衬底,可实现高密度二维阵列,具有较高的集成度,适合应用在并行光传输以及并行光互连等领域。VCSEL 很小的发散角和圆形对称的远、近场分布使其与光纤的耦合效率大大提高,与多模光纤的耦合效率大于 90%;VCSEL 的光腔长度极短,导致其纵模间距拉大,可在较宽的温度范围内实现单纵模工作,动态调制频率高;腔体积减小,使得其自发辐射因子较普通端面发射激光器高几个数量级,物理特性大为改善;制造工艺与发光二极管兼容,大规模制造的成本很低。除此以外,还具有模式好、阈值低、稳定性好、寿命长、调制速率高等优点。目前实际应用的 VCSEL 主要集中在 850/980 nm 的波长范围,适合于短距离传输;用于长距离光传输的波长为 1300 nm 和 1550 nm 的 VCSEL 目前还存在很多问题,如价带间吸收较大,DBR 折射率差小,热导率小,批量生产工艺复杂等。

WDM 使用多种不同波长的激光,通常实现不同波长激光的方法是利用 VCSEL 的温度效应,通过温度控制实现精确的波长;然而,大量的固定波长要求每个激光器都必须有独立的温度冷却控制系统,并且能够对老化和环境变化等因素引起的干扰进行补偿,显然,在不同环境下长时间精确的温度控制难度和成本都非常高[126]。替换固定波长激光器的方法是可调 VCSEL,通过闭环控制实现对波长的精确控制,从而免除温度控制系统。例如在 1550 nm 波长附件的 40～50 nm 可调 VCSEL。

利用了 VCSEL 中长度模式大波长间隔的特点和微加工技术相结合,可以改变谐振腔的物理长度,从而实现连续的波长可调的 VCSEL。典型的 VCSEL 结构如图 7-90 所示的 Stanford 大学研制的 4 梁支承式薄膜结构[127]以及 UC Berkeley 的悬臂梁微镜结构[128]。这些方法的共同特点是利用微加工制造与 VCSEL 集成的 MEMS 微镜,其优点是波长几乎连续可调,并且结构简单、对波长可以单端控制、低成本、适合利用电容或光电反馈精确控制波长、易于实现阵列结构的大规模集成等。

图 7-90 所示的结构包括一个传统的 AlAs-GaAs 衬底微镜、1 个半导体谐振腔、1 个空气间隙和 1 个可变形的薄膜微镜。底部微镜由 22.5 个周期的 GaAs-AlAs 分布式布拉格反射器组成,中心波长 λ_0 为 975 nm,$2\lambda_0$ 的 GaAs 谐振腔包括位于 pin 二极管本征区的 3 个 5 nm 的 $In_{0.2}Ga_{0.8}As$ 量子阱。顶部的薄膜微镜由 3 层材料组成,包括 SiN_xH_y 相位匹配层、位于相位匹

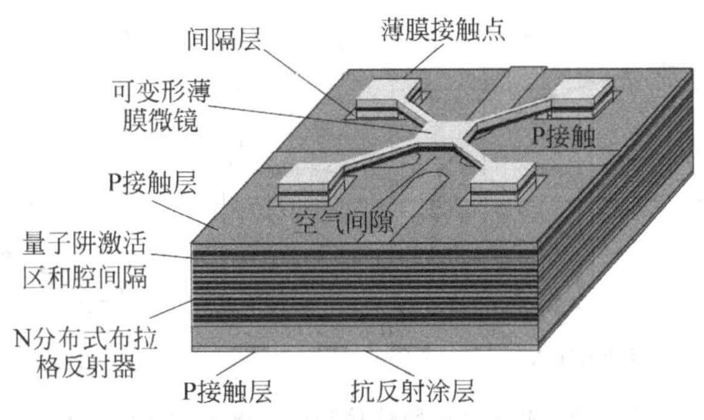

图 7-90　可调 VCSEL 结构示意图

配层上的 120 nm 厚的金反射面和电极，以及 GaAs 1/4 波长层。薄膜的中间反射器由 4 个弹性支承梁固定在衬底上，与衬底的间隙在 $3\lambda_0/4$ 左右，薄膜电极与衬底上的 p 型层构成平板电容，可以通过静电力调整该空气间隙，实现对震荡波长 30～40 nm 的调整。薄膜、空气间隙和空气-半导体-谐振腔的界面构成两个分布式的可调相移上微镜，总体反射率超过 99%。二极管的驱动电流从内腔的 4 个 p 型接触点馈入，横向电流通过氧化 AlAs 电流隔离层限制。薄膜微镜层采用选择性刻蚀中心反射器下面的 $Al_{0.15}Ga_{0.85}As$ 牺牲层实现悬空。

图 7-91 为 VCSEL 主要制造流程。首先利用分子束外延 MBE 沉积薄膜层，然后沉积背面的抗反射涂层并制造欧姆接触，沉积氮化硅机械结构层和氮化硅/二氧化硅介质层 DBR，刻蚀含高比例铝的电流限制层 AlGaAs，湿氧 AlGaAs 形成电流孔，如图 7-91(a)所示；刻蚀介质层 DBR 形成中心反射区，溅射并剥离形成 Ti/Au 粘附层，如图 7-91(b)所示；溅射并剥离 Au，形成微镜层，如图 7-91(c)所示；干法刻蚀氮化硅机械结构层，形成薄膜，向内刻蚀 AlGaAs 牺牲层，如图 7-91(d)所示；湿法刻蚀牺牲层形成腔内接触，溅射并剥离 Ti/Au 形成腔内接触点，如图 7-91(e)所示；光刻作为薄膜释放刻蚀时的掩膜，如图 7-91(f)所示；湿法刻蚀薄膜释放悬空结构，干法刻蚀去除光刻胶，如图 7-91(g)所示。

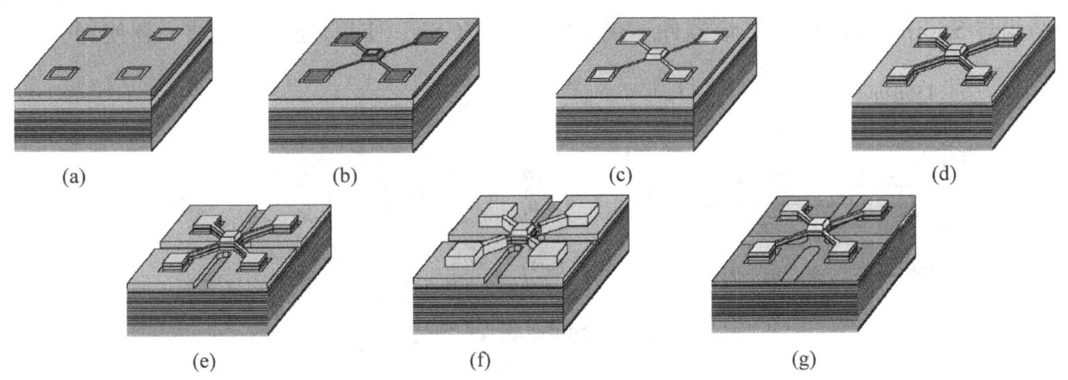

图 7-91　可调 VCSEL 制造流程

可调 VCSEL 的上层反射器为边长 16 μm 的正方形，有源区直径为 5 μm，阈值电压为 3～4 V，阈值电流为 0.3 mA，模式抑制比超过 20 dB，最大输出功率几百毫瓦。当驱动电压从 0～17 V 变化时，薄膜位移最大 0.25 μm，波长变化范围为 948～968 nm，波长切换时间为 2 μs，如图 7-92 所示。

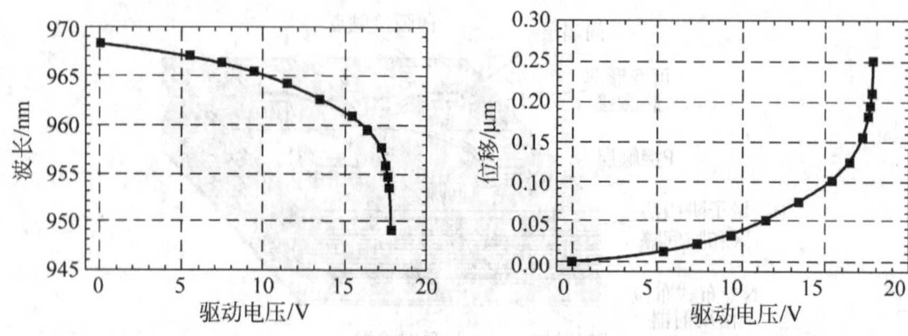

图 7-92 波长和薄膜位移随驱动电压的变化关系

可调光元件和模块的制造商 Bandwidth 9 基于 UC Berkeley 的研究成功研制了悬臂梁结构的可调 VCSEL[128]。与 4 梁支承的结构类似，悬臂梁结构的可调 VCSEL 使用悬臂梁来改变反射器与衬底的空气间隙，改变激光腔的长度，从而控制发射波长；不同点是悬臂梁结构的驱动电压更低，器件的制造比较困难，并且悬臂梁结构对机械震动和压力变化非常敏感。Bandwidth 9 在 InP 材料的 VCSEL 中使用了悬臂梁结构，而 VCSEL 是由 2 个 DBR 夹着 1 层有源结构组合而成。悬臂梁被集成到 DBR 之上，与衬底的空气间隙为 2.35 μm。将悬臂梁结构改变为双端固支结构可以实现更好的重复性和可靠性，具有更稳定的调节点，同时提高对外界震动的抵抗能力。VCSEL 的调整是通过在悬臂梁或双端固支梁与衬底之间组成的电容上施加的直流驱动电压实现的，可以控制梁的位置和空气间隙。最大直流驱动电压为 46 V，可调范围为 1565～1543 nm。连续波输出峰值功率为 1.3 mW。目前这种产品可用于背靠背探测以及 2.5 G 信号的 300 km 传输。

Coretek 公司(2000 年被 Nortel 收购)研制的 MEMS 可调 VCSEL[129]，其可调部分结构与图 7-90 类似，但是衬底不是整片的 InP，而是中心部分被刻蚀为通孔，DBR 位于该通孔位置，如图 7-93(a)所示。波长可调范围为 1510～1560 nm，步长间隔 50 nm。输出功率 7 mW，在 325 km 的传输中位错误率低于10^{-13}。图 7-93(b)为 GaAs 衬底的可调 VCSEL，其可调部分结构与 Stanford 结构类似，该器件不仅可以作为 VCSEL 使用，还作为光放大器使用[130]。

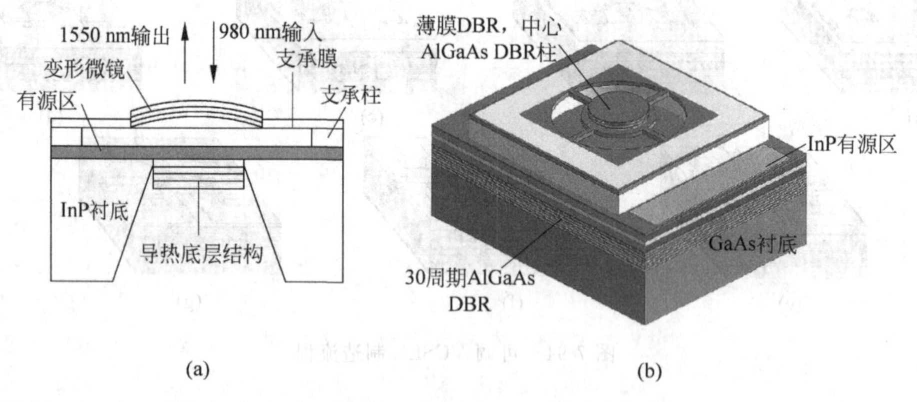

图 7-93 可调 VCSEL 结构

如基于光开关的光学交叉连接器、光学插分多路复用器，以及光调制器、光滤波器、可变衰减器、增益均衡器、调制器、波分复用解复用器、有源远程节点、有源平衡器、能量限制器、断路器、反射补偿器、可调激光器和可调光学探测器、光学连接器和对准器，以及用于光路分配和耦合的微透镜阵列等[131~134]。

参考文献

[1] KE Petersen. Silicon torsional scanning mirror. IBM J Res Develop, 1980, 24: 631-637,

[2] KE Peterson. Silicon as a mechanical material. IEEE Proc, 1982, 70: 420-457

[3] Y Lih, et al. Opportunities and challenges for MEMS in lightwave communications. IEEE JSTQE, 2002, 8(1): 163-172

[4] K Gustafsson, B Hok. Fiberoptic switching and multiplexing with a micromechanical mirror. In Transducers'87, 212-215

[5] H Schenk, et al. Micro-opto-electro-mechanical systems technology and its impact on photonic applications. J Microlith Microfab Microsyst, 2005, 4(4): 041501

[6] A Neukermans, et al. MEMS technology for optical networking applications. IEEE Comm Mag, 2001, 62-69

[7] J A Walker. The future of MEMS in telecommunications networks, JMM, 2000, 10(3): R1-7

[8] C Marxer, et al. Vertical mirrors fabricated by deep RIE for fiber optic switching applications. J MEMS, 1997, 6(3): 277-285

[9] J Zou, et al. Optical properties of surface micromachined mirrors with etch holes. J MEMS, 1999, 8: 506-513

[10] DM Marom, et al. Wavelength-selective 1×K switches using free-space optics and MEMS micromirrors: theory, design, and implementation. JLT, 2005, 23(4): 1620-1630

[11] FM White. Viscous fluid flow. 2nd ed, McGraw-Hill, New York, 1991

[12] H Urey. MEMS Scanners for display and imaging applications. SPIE, 2004, 5604: 218-229

[13] DL Dickensheets, GS Kino. Silicon-micromachined scanning confocal optical microscope. J MEMS, 1998, 7(1), 38-47

[14] O Degani, et al. Modeling the pull-in parameter of electrostatic actuators with a novel lumped two degrees of freedom pull-in model, Sens Actuators A, 2002, 97-98: 569-578

[15] J Chen, et al. Tilt-angle stabilization of electrostatically actuated micromechanical mirrors beyond the pull-in point. J MEMS, 2004, 13(6): 988-997

[16] Y Nemirovsky, et al. A methodology and model for the pull-in parameters of electrostatic actuators. J MEMS, 2001, 10(6): 601-615

[17] O Degani, et al. Pull-in study of an electrostatic torsion microactuator. J MEMS, 1998, 7: 373-379

[18] H Toshiyoshi, et al. Linearization of electrostatically actuated surface micromachined 2-D optical scanner. J MEMS, 2001, 10(2): 205-214

[19] J Buhler, et al. Electrostatic aluminum micromirrors using double-pass metallization. J MEMS, 1997, 6(2): 126-135

[20] Z Hao, et al. A design methodology for a bulk-micromachined two-dimensional electrostatic torsion micromirror. J MEMS, 2003, 12(5): 692-701

[21] J Juillard, M Cristescu. An inverse approach to the design of adaptive micro-mirrors. JMM, 2004, 14: 347-355

[22] F Pan, et al. Squeeze film damping effect on the dynamic response of a MEMS torsion mirror. JMM, 1998, 8: 200-208

[23] RRA Syms. Scaling laws for MEMS mirror-rotation optical cross connect switches. JLT, 20(7): 1084-

1184
[24] VA Aksyuk, et al. Beam-steering micromirrors for large optical cross-connects. JLT, 2003, 21(3): 634-642
[25] S Mechels, et al. 1D MEMS-based wavelength switching subsystem. IEEE Comm Mag, 2003, 41(3): 88-94
[26] PB Chu, et al. MEMS: The path to large optical crossconnects. IEEE Comm Mag, 2002, 40(3): 80-87
[27] JLA Yeh, et al. Integrated polysilicon and DRIE bulk silicon micromachining for an electrostatic torsional actuator. J MEMS, 1999, 8(4): 456-465
[28] S Blackstone, et al. SOI MEMS technologies for optical switching. In: IEEE MEMS, 2001, 35-36
[29] J Comtois, et al. Surfacemicromachined polysilicon MEMS for adaptive optics. Sens Actuators A, 1999, 78: 54-62
[30] EH Yang, DV Wiberg. A wafer-scale membrane transfer process for the fabrication of optical quality, large continuous membranes. J MEMS, 2003, 12(6): 804-815
[31] VA Aksyuk, et al. Stress-induced curvature engineering in surface-micromachined devices. SPIE, 1999, 3680: 984-993
[32] J Tsai, MC Wu. Gimbal-less MEMS two-axis optical scanner array with high fill-factor. J MEMS, 2005, 14(6): 1323-1328
[33] F Niklaus, et al. Arrays of monocrystalline silicon micromirrors fabricated using CMOS compatible transfer bonding. J MEMS, 2003, 12(4): 465-469
[34] U Srinivasan, et al. Fluidic self-assembly of micromirrors onto microactuators using capillary forces. IEEE JSTQE, 2002, 8(1): 4-11
[35] Y Uenishi, et al. Micro-opto-mechanical devices fabricated by anisotropic etching of (110) silicon. JMM, 1995, 5: 305-312
[36] WH Juan, et al. High-aspect-ratio Si vertical micromirror arrays for optical switching. J MEMS, 1998, 7(2): 207-213
[37] L Rosengren, et al. Micromachined optical planes and reflectors in silicon. Sens Actuators A, 1994, 41-42: 330-333
[38] P Helin, et al. Self-aligned micromachining process for large-scale, free-space optical cross-connects. JLT, 2000, 18 (12): 1785-1791
[39] S Lardelli, et al. Attenuation of a 850 nm laser beam by thin silicon laminas. JMM, 1993, 3(4): 229-231
[40] U Krishnamoorthy, et al. Self-aligned vertical electrostatic combdrives for micromirror actuation. J MEMS, 2003, 12(4): 458-464
[41] ET Carlen, et al. High-aspect ratio vertical comb-drive actuator with small self-aligned finger gaps. J MEMS, 2005, 14(5): 1144-1155
[42] S Blackstone, et al. SOI MEMS technologies for optical switching. In: IEEE MEMS, 2001
[43] W Noell, et al. Applications of SOI-Based Optical MEMS. IEEE JSTQE, 2002, 8(1): 148-154
[44] MR Dokmeci, et al. Bulk micromachined electrostatic beam steering micromirror array. In: IEEE MEMS, 2002, 15-16
[45] Nee JT, et al. Lightweight, optically flat micromirrors for fast beam steering. In: IEEE MEMS, 2000, 9-10
[46] A Jain, et al. A two-axis electrothermal micromirror for endoscopic optical coherence tomography. IEEE JSTQE, 2004, 10(3): 636-642
[47] JG Smits, et al. Microelectromechanical flexure PZT actuated optical scanner: static and resonance behavior. JMM 2005, 15: 1285-1293
[48] J Tsaur, et al. 2D micro scanner actuated by sol-gel derived double layered PZT. In: MEMS'02,

548-551

[49] PR Pattersona,et al. Scanning micromirrors: An overview. SPIE,2004,5604: 195-207

[50] SR Bhalotra,et al. Parallel-plate MEMS mirror design for large on-resonance displacement. In: IEEE MEMS'2000,93-94

[51] J Bühler,et al. Electrostatic aluminum micromirrors using double-pass metallization. J MEMS,1997,6: 126~134

[52] YB Gianchandani,et al. A bulk silicon dissolved wafer process for microelectromechanical devices. J MEMS,1992,1(2): 77-85

[53] RI Pratt,et al. Micromechanical structures for thin film characterization. in Transducers'91,205-208

[54] J Yeh,et al. Electrostatic model for an asymmetric combdrive. J MEMS,2000,9(1): 126-135

[55] JLA Yeh, et al. Integrated polysilicon and DRIE bulk silicon micromachining for an electrostatic torsional actuator. J MEMS,1999,8(4): 456-465

[56] H Xie,et al. A CMOS-MEMS mirror with curled-hinge comb drives,J MEMS,2003,12(4): 450-457

[57] R Miller,et al. Electromagnetic MEMS scanning mirrors. Opt Eng,1997,36(5): 1399-1407

[58] N Asada,et al. Silicon micro-optical scanner. Sens Actuators A,2000,83: 284-290

[59] DA Horsley,et al. Optical and mechanical performance of a novel magnetically actuated MEMS-based optical switch. J MEMS,2005,14(2): 274-284

[60] H Toshiyoshi, et al. Electromagnetic torsion mirrors for self-aligned fiber-optic crossconnectors by silicon micromachining. IEEE JSTQE,1999,5(1): 10-17

[61] J Bernstein, et al. Electromagnetically actuated mirror arrays for use in 3-D optical switching applications. J MEMS,2004,13(3): 526-535

[62] IJ Cho, et al. A Low-Voltage Two-Axis Electromagnetically actuated micromirror with bulk silicon mirror plates and torsion bars. In: MEMS'02,540-543

[63] A Tuantranont, et al. Phase-only micromirror array fabricated by standard CMOS process. Sens Actuators A,2001,89: 124-134

[64] MA Sinclair. High frequency resonant scanner using thermal actuation. In: MEMS'02,698-701

[65] DJ Bishop, et al. The Lucent LambdaRouter: MEMS eechnology of the future here today. IEEE Commun Mag,2002,40(3): 75-79

[66] L Eldada. Advances in telecom and datacom optical components. Opt Eng,2001,40(7): 1165-1178

[67] J Tsai, et al. Open-loop operation of MEMS-based 1×N wavelength-selective switch with long-term stability and repeatability. IEEE PTLett,2004,16(4): 1041-1043

[68] D Hah, et al. Low-voltage, large-scan angle MEMS analog micromirror arrays with hidden vertical comb-drive actuators. J MEMS,2004,13 (2): 279-289

[69] DS Greywall,et al. Monolithic fringe-field-activated crystalline silicon tilting-mirror devices. J MEMS, 2003,12(5): 702-707

[70] PD Dobbelaere,et al. Digital MEMS for optical switching. IEEE Comm Mag,2002,40(3): 88-95

[71] LY Lin,et al. Free-space micromachined optical switches for optical networking. IEEE JSTQE,1999, 5(1): 4-9

[72] LY Lin. et al. On theexpandability of free-space micromachined optical cross connects. JLT,2000, 18(4): 482

[73] H Toshiyoshi,et al. Electrostatic micro torsion mirrors for an optical switch matrix. J MEMS,1996, 5: 231-237

[74] T Yeow,et al. SOI-based 2-D MEMS L-switching matrix for optical networking. IEEE JSTQE,2003, 9(2): 603-613

[75] N Iyer, et al. A two-dimensional optical cross-connect with integrated waveguides and surface

micromachined crossbar switches. Sens Actuators A,2004,109: 231-241

[76] J Grade, et al. MEMS electrostatic actuators for optical switching applications. iolon, Inc. March 21,2001

[77] S Lee, et al. Free-space fiber-optic switches based on MEMS vertical torsion mirrors. JLT,1999,1(7): 7-13

[78] AS Dewa, et al. Development of a silicon two-axis micromirror for an optical cross-connect. In: Solid-State Sens Actuator Wksp,2000,93-96

[79] VA Aksyuk, et al. Lucent microstar micromirror array technology for large optical crossconnects. SPIE,2000,4178: 320-324

[80] T Yamamoto, et al. Development of a large-scale 3D MEMS optical switch module. NTT Tech Review, 2003,1(7): 37-42

[81] V Milanovic. Multilevel beam SOI-MEMS fabrication and applications. J MEMS,2004,1(13): 19-30

[82] S Kwon, et al. Vertical combdrive based 2-D gimbaled micromirrors with large static rotation by backside island isolation. IEEE JSTQE,2004,10(3): 498-504

[83] T Roessig, et al. Mirrors with integrated position sense electronics for optical-switching applications. Analog Dialog,2002,36 (4): 1-2

[84] V A Aksyuk, et al. 238×238 micromechanical optical cross connect, IEEE Photonics Tech. Lett., 2003,15: 587-589

[85] Y Kawajiri et al. 512 × 512 port 3D MEMS optical switch module with toroidal concave mirror, NTT Tech. Rev. ,2012,10: 1-7

[86] JE Ford, et al. Interference-Based Micromechanical Spectral Equalizers. IEEE JSTQE, 2004, 10(3): 579-588

[87] C Lee, et al. Development of electrothermal actuation based planar variable optical attenuators (VOAs). J Physics E,2006,34: 1026-1031

[88] RRA Syms, et al. Sliding-blade MEMS iris and variable optical attenuator. JMM,2004,14: 1700-1710

[89] BarberB, et al. A fiber connectorized MEMS variable optical attenuator. IEEE PTL, 1998, 10: 1262-1264

[90] C Lee, et al. 3-V driven pop-up micromirror for reflecting light toward out-of-plane direction for VOA applications, IEEE Photonics Technol. Lett. 2004,16: 1044-1046

[91] C Lee, et al. Feasibility study of self-assembly mechanism for variable optical attenuator, J. Micromech. Microeng. ,2005,15: 55-62

[92] C Marxer, et al. A variable optical attenuator based on silicon micromechanics. IEEE PTL, 1999, 11: 233-235

[93] C Chen, et al. Retro-reflection type MEMS VOA, IEEE Photonics Technol. Lett. ,2004,16: 2290-2292

[94] K Isamoto, et al. A 5-V operated MEMS variable optical attenuator by SOI bulk micromachining, IEEE J. Sel. Topics Quantum Electron. ,2004,10: 570-578

[95] JA Walker, et al. Fabrication of a mechanical antireflection switch for fiber-to-the-home systems. J MEMS,1996,5(1): 45-51

[96] J Ford, et al. Wavelength add/drop switching using tilting micromirrors. JLT,1999,17(5),904-911

[97] M Walker, et al. A tunable dispersion compensating MEMS all-pass filter. IEEE PTL,2000,12(6): 651-653

[98] DS Greywall, et al. Phenomenological model for gas-damping of micromechanical structures. Sens Actuators A,1999,72: 49-70

[99] LJ Hornbeck. Deformable-mirror spatial light modulators. SPIE,1989,1150: 86-102.

[100] PF Van Kessel, et al. A MEMS-based projection display. Proc IEEE,1998,86: 1687-1704

[101] N Savage. A revolutionary chip making technique? IEEE Spectrum, 2003, 40: 18

[102] S Singh-Gasson, et al. Maskless fabricaiton of light directed oligonucleotide microarrays using a digital micromirror array. Nature Biotech, 1999, 17: 974-978

[103] O Solgaard. Integrated semiconductor light modulators for fiber-optic and display applications. Ph. D. Thesis, Stanford University, 1992

[104] D T Ammand R. W. Corrigan, Optical performance of the grating light valve technology, SPIE, 1999, 3634: 71-78

[105] AP Lee, et al. Vertical-actuated electrostatic comb drive with in situ capacitive position correction for application in phase shifting diffraction interferometry. J MEMS, 2003, 12(6): 960-971

[106] CW Wong, et al. Analog tunable gratings driven by thin-film piezoelectric microelectromechanical actuators. Appl Opt, 2003, 42(4): 621-626

[107] V Milanovic et al. Gimbal-less monolithic silicon actuators for tip-tilt-piston micromirror applications. IEEE JSTQE, 2004, 10(3): 462-471

[108] V Milanovic, et al. Highly adaptable MEMS-based display with wide projection angle, IEEE MEMS, 2007, 143-146

[109] C H Ji, et al. Electromagnetic two-dimensional scanner using radial magnetic field, IEEE JMEMS, 2007, 16: 989-996

[110] H Urey, et al. MEMS sinusoidal raster correction scanner for SXGA displays, SPIE, 2003, 4985: 106-114

[111] A D Yalcinkaya, et al. Two-axis electromagnetic microscanner for high resolution displays, IEEE JMEMS, 2006, 15: 786-794

[112] Y Taii, et al. Electrostatically controlled transparent display pixels by PEN-film MEMS, IEEE Int. Conf. Opt. MEMS Appl., 2005, 13-14

[113] P-Y Madec, Overview of Deformable Mirror Technologies for Adaptive Optics and Astronomy, SPIE,

[114] MA Helmbrecht, et al. MEMS DM development at Iris AO, Inc, SPIE 7931, 793108, 2011

[115] S A Cornelissen et al. MEMS Deformable Mirrors for Astronomical Adaptive Optics, SPIE 7736, 77362D (2010)

[116] XM Zhang, et al. Polysilicon micromachined fiber-optical attenuator for DWDM applications. Sens Actuators A, 2003, 108: 28-35

[117] MJ Daneman, et al. Laser-to-fiber coupling module using a micromachined alig nment mirror. IEEE PTL, 1996, 8(3): 396-398

[118] RS Muller, KY Lau. Surface-micromachined microoptical elements and systems. IEEE Proc, 1998, 86(8): 1705-1790

[119] MH Kiang, et al. Electrostatic combdrive-actuated micromirrors for laser-beam scanning and positioning. J MEMS, 1998, 7(1): 27-37

[120] AQ Liu, et al. Micromachined wavelength tunable laser with an extended feedback model. IEEE JSTQE, 2002, 8(1): 73-79

[121] Lin LY, et al. Three-dimensional micro-Fresnel optical elements fabricated by micromachining technique. Electr Lett, 1994, 30: 448-449

[122] L Fan, et al. Self-assembled microactuated XYZ stages for optical scanning and alig nment. In: Transducers '97, 319-322

[123] X M Zhang, et al. Design and experiment of 3-dimensional micro-optical system for MEMS tunable lasers, in IEEE MEMS, 2006, 830-833

[124] A Q Liu, et al. A review of MEMS external-cavity tunable lasers, J. Micromech. Microeng. 2007, 17: R1-R13

[125] H Ukita, et al. A photomicrodynamic system with a mechanical resonator monolithically integrated with laser diodes on gallium arsenide, Science, 260 786-9, 1993

[126] JS Harris, Jr. Tunable long-wavelength vertical-cavity lasers: the engine of next generation optical networks? IEEE JSTQE, 2000, 6 (6): 1145-1160

[127] F Sugihwo, et al. Micromachined widely tunable vertical cavity laser diodes. J MEMS, 1998, 7: 48-55

[128] EC Vail, et al. High performance and novel effects of micromechanical tunable vertical-cavity lasers. IEEE JSTQE, 1997, 3: 691-697

[129] D Vakhshoori, et al. 2mW CW singlemode operation of a tunable 1550 nm vertical cavity surface emitting laser with 50 nm tuning range. Electron Lett, 1999, 35: 900-901

[130] GD Cole, et al. MEMS-tunable vertical-cavity SOAs. IEEE JSTQE, 2005, 41(3): 390-407

[131] JE Ford, et al. Dynamic spectral power equalization using micro-mechanics. IEEE PTL, 1998, 10: 1440-1442

[132] M Walker, et al. A tunable dispersion compensating MEMS all-pass filter. IEEE PTL, 2000: 12(6): 651-653

[133] AQ Liu, et al. Single-/multi-mode tunable lasers using MEMS mirror and grating. Sens Actuators A, 2003, 108: 49-54

[134] MC Wu. Micromachining for optical and optoelectronic systems. Proc IEEE, 1997, 85: 1833-1856

第8章 生物医学 MEMS

生物医学 MEMS(Biomedical MEMS 或 BioMEMS)是指利用 MEMS 技术制造的用于生物和医学领域的器件和系统。随着基础科学广泛深入地渗透到生命科学,以及先进的仪器设备和研究技术的出现,生命科学的研究已经深入到细胞内部,对极其细微的结构和化学物质进行研究,使生命科学成为 20 世纪发展最为迅速的科学,取得了许多突破性的进展。在以分子生物学、细胞生物学和神经生物学为前沿热点的生命科学领域,分子、细胞水平的生命科学研究,需要借助多种手段获得微观信息和在分子尺度操作控制细胞等生物体。MEMS 不但为微观生物医学的研究和发展提供强有力的工具,还极大地促进了各种先进的诊断和治疗仪器、药物开发和药物释放、微创伤手术等领域的发展。BioMEMS 已经成为 MEMS 的重要研究和应用领域,很多技术已在生物医学领域里得到了广泛的应用[1]。

BioMEMS 与芯片实验室(Lab-on-a-chip)和微全分析系统(Micro Total Analytical System)有很多交叉。一般包含结构和采用微加工技术实现的器件被认为是 BioMEMS 的范畴,芯片实验室是指实验室功能和过程在单芯片上的微型和集成化(一般也称为 Microfluidics,微流体,指体积在 $10^{-9}\sim10^{-18}$L 的流体),而微全分析系统更侧重化学分析,从定义上后两者都没有严格定义于生物应用。

因为 BioMEMS 是一个广义的定义,对 BioMEMS 的分类也有不同的标准。从应用的观点,可以将 BioMEMS 分为桌面应用、便携应用、可穿戴应用和可植入应用等方面,如图 8-1 所示。从功能的观点,可以将 BioMEMS 按照传感器、执行器以及微结构 3 个大方面进行分类。例如生物医学传感器包括 pH 值传感器、血糖浓度传感器等;执行器在生物医学领域可作为心脏起搏器、药物注入微泵等,利用生物体的能量还可以作为执行器的能量来源[2];微结构在生物医学领域也广泛应用,如药物释放微针、微流体管道、神经接口探针等。传感器、执行器、微结构的集成系统,能够完成复杂的生物医学功能[3]。例如可植入的微型药物释放系统,通过传感器监测人体的生理指标决定药物的释放量,并由执行器将存储在容器内的药物向体内释放。从生物医学的角度,BioMEMS 根据所完成的功能不同可以分为神经激励和记录[4,5](如神经探针)、医疗检测系统(如心脏监测传感器、葡萄糖传感器)、外科治疗修复器械(如手术器械、内窥镜、人工视网膜和假肢)、药物释放(如微针和药物释放器件)、药物筛选(如生化分析微系统)、生物学研究器件(如生物反应器)等。

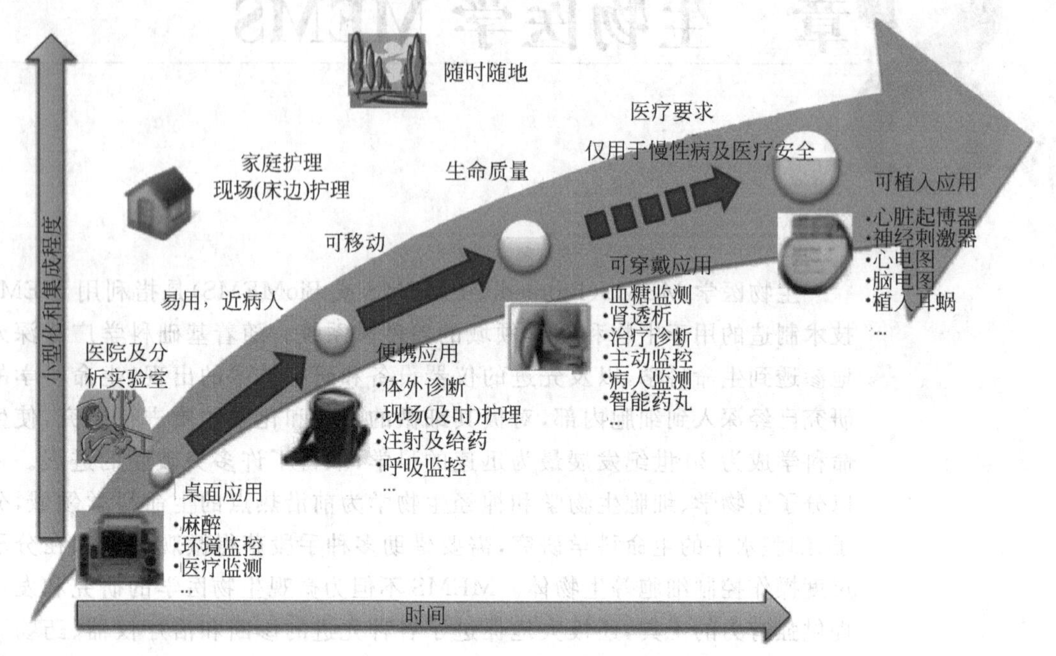

图 8-1　BioMEMS 应用领域的发展趋势

目前能够追溯的最早的 BioMEMS 器件是 1967 年 Carter 等人利用硬掩膜溅射钯实现的细胞附着结构。尽管早在 20 世纪 70 年代微型压力传感器就已经开始用于导管手术的一次性血压测量，但是直到 90 年代多种 MEMS 器件才广泛应用于生物医学领域。利用 MEMS 技术制造的可植入葡萄糖传感器能够从人体内部监测糖尿病人的生理状态，CardioMEMS 公司的可植入心血管无线微型传感器可测量动脉的压力。MicroCHIP 公司利用聚合物开发药物注入微芯片，能够向人体注入药物，使止痛剂、荷尔蒙以及类固醇等药物的给药方式发生革命性的变化。利用 MEMS 还能实现智能外科诊断和治疗器械，实现疾病的早期诊断、减少手术风险和时间、缩短病人康复时间、降低治疗费用。Cepheid 公司利用 MEMS 制造 DNA 测序仪，实现快速的基因测序；Verimetra 公司正在利用 MEMS 把现有手术器械转变成智能型手术器械，可用于包括手术、肿瘤、神经、牙科和胎儿心脏手术等在内的多种治疗场合。

随着全球人口老龄化的加剧和人们对居家医疗的需求，小型化、低成本、分析速度快的个人医疗和诊断器件将得到快速发展，BioMEMS 将成为未来 MEMS 的主要发展方向之一。MEMS 在生物医学领域的应用已经从早期的医院及实验室分析检测和治疗监护应用，向着便携式和可穿戴的方向发展，基于人体的生理指标监测包括血压、脉搏、心电、脑电和血糖等的可穿戴医疗器件发展迅速。同时，用于可植入的诊断、治疗和监控的 MEMS 产品也进入高速发展期。各种传感器广泛应用于临床诊断和治疗过程，如医学成像、内窥镜成像、生理指标检测、微创手术等，成为 BioMEMS 的重点方向。

材料的生物相容性是生物医学应用中极为重要的特性[6]。MEMS 使用的传统主流材料是硅及其化合物。尽管多数体材料在短期内未发现生物毒性，但是长期毒性尚不清楚；而薄膜材料的生物毒性也没有充分研究，特别是不同的沉积条件可能得到性质差别较大的薄膜。BioMEMS 还大量使用包括高聚物软材料和胶体在内的高分子材料，例如聚二甲基硅氧烷(PDMS)、聚碳酸酯、聚甲基丙烯酸甲酯(PMMA)，以及聚酰亚胺(Polyimide)等。多数高分子材料具有较好的生物相容性，不会对生物体的结构、功能产生影响，减少免疫排斥反应。有些高分子材料还具有生物可降解性，经过一定时间后被生物体吸收，更适合药物释放。高分子材料价格低廉、容易加工，可以作为一次性器件，减少了重复使用带来的交叉感染问题。高分子聚合物的缺点是难以与电路集成，有些高分子材料的硬度和强度较低。

8.1 药物释放

药物服用方式、高效和准确的体内药物输运是影响治疗效果的重要因素。药物都存在最优服用量区间，低于这个区间，药物治疗效果会降低，高于这个区间，药物会产生毒副作用。口服药物是使用最多的给药方法，具有简单、无侵入、自助、价格便宜等优点。然而，对于一些敏感的大分子药物，如缩氨酸、蛋白、基于 DNA 的药物等，由于胃部及肠道内酸性环境、酶的作用以及肝的过滤，药物的疗效会大幅度降低甚至彻底失去，因此口服不适合于以上几种药物。除口服外，肌肉和静脉注射也是常用的药物服用方法。但是注射需要专门的医护人员才能完成，不够方便；同时注射时会引起疼痛，并且针孔成为感染的隐患；更重要的是，对于需要长期服用药物的患者，如糖尿病患者，注射非常不利。无论口服还是注射，药物在体内的浓度曲线是脉动过程，图 8-2 所示[7]，理想的服药方法应该使药物浓度保持在最优区间内。

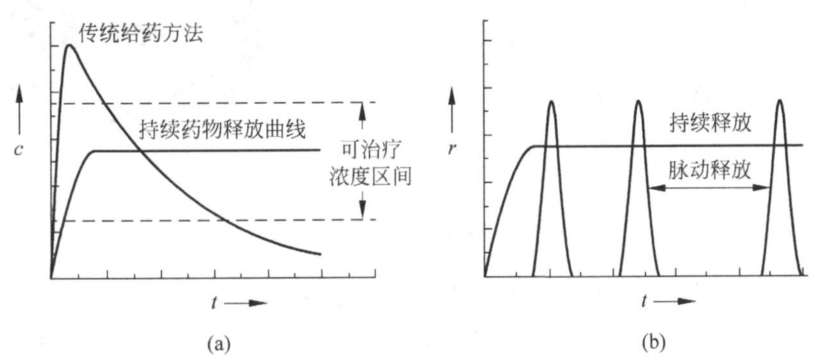

图 8-2　药物在体内的浓度变化

基于 MEMS 的药物释放方法可以分为以下几种[8~11]：用于特定部位的可控释放生物胶囊和微粒；皮下注射的微型针；可控释放的可植入微系统。可植入药物释放系统包括生理指标检测传感器、药物释放系统(药物容器、微泵)等。控制信号可以来源于外界的开环控制，或者来源于自调节或检测的闭环控制。闭环、自调节的药物释放是疾病治疗的理想方法，通过检测生理指标，例如压力、温度或其他生化指标，优化药物释放的时间、剂量，药物释放可以在病变区域进行，药物作用最为直接，以达到最佳的治疗效果并把药物的副作用和用药量降低到最小程度。典型的应用是治疗糖尿病的胰岛素注入，通过葡萄糖传感器实时监测体内葡萄糖浓度，控制药物释放系统在合适的时间释放合适的胰岛素，理想情况下胰岛素的释放量需要接近胰岛细胞产生的胰岛素的量。

8.1.1 生物胶囊和微粒

生物胶囊(Biocapsules)和微粒(Microparticals)是研究的比较广泛的新型药物释放方法。微胶囊利用半透膜将具有生物活性的物质或组织包装起来,使营养成分、水、氧、排泄物等能够双向通过半透膜,但是免疫细胞或抗体等能够破坏活性物质的成分不能通过半透膜,如图 8-3 所示[12]。例如对于胰岛的保护,半透膜允许葡萄糖、胰岛素和其他胰岛细胞的营养成分自由通过,但是阻挡大分子如抗体和补体成分的通过。这种方法使移植或者植入的生物体、药物免受受体免疫系统的排斥,避免了长期使用免疫抑制药物,对于器官移植、疾病治疗和药物释放具有重要意义。免疫隔离生物胶囊必须能够准确控制孔的尺寸,同时具有良好的稳定性、非生物降解性,以及生物兼容性。传统的生物胶囊是聚合物半透膜,但是这些材料对有机溶液的稳定性不足,同时机械强度差、孔尺寸的分散程度大,另外由于制造的限制,薄膜的厚度在 100 μm 以上,对自由通过的分子阻力较大。能够应用的细胞胶囊要求具有和药物释放相同的质量和安全水平,微封装材料和工艺必须具有彻底的生物兼容性,不能与细胞发生作用,也不能诱发人体的免疫反应,同时还要具有热稳定性和非生物降解性。

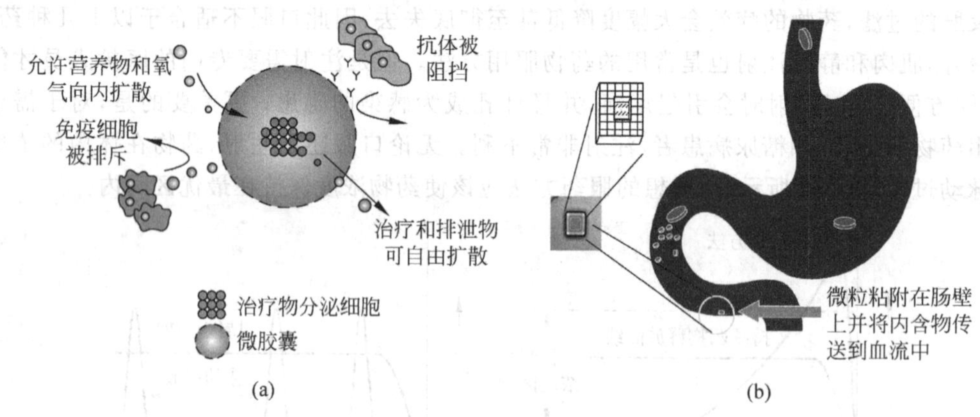

图 8-3 微胶囊和体内药物释放

微粒利用可生物降解的生物兼容材料作为微型容器,将药物包装在容器内实现持续或可控的药物释放。通过在生物胶囊和微粒表面结合配位体,还可以利用生物特异性亲和将其固定在特定的部位,实现指定位置的药物释放。利用微加工技术,可以实现用于药物封装的具有高度均匀的纳米孔的薄膜材料,以及特定部位释放的微粒。由于典型的胰岛素、葡萄糖、氧和 SiO_2 等分子直径在 3.5 nm 以下,微加工的多孔半透膜适合作为生物微胶囊和微粒的封装材料。

1. 免疫微胶囊

图 8-4 为采用微加工技术制造的纳米孔生物胶囊结构和剖面示意图[14],用于糖尿病治疗过程中移植胰岛细胞的免疫隔离。生物胶囊为硅制造,具有很好的机械和化学稳定性。微胶囊的结构由 2 个 KOH 各向异性刻蚀的硅杯相对结合而成,或者由 KOH 刻蚀硅衬底形成的硅杯和单独的覆盖薄膜构成。硅杯底部带有纳米量级的缝隙,允许直径小于 6 nm 的养分、水、氧和胰岛素自由通过,但是阻止直径大于 15 nm 的免疫分子通过。

图 8-5(a)和(b)分别为纳米缝隙和微胶囊的制造原理[14~16]。纳米缝隙利用牺牲层技术实

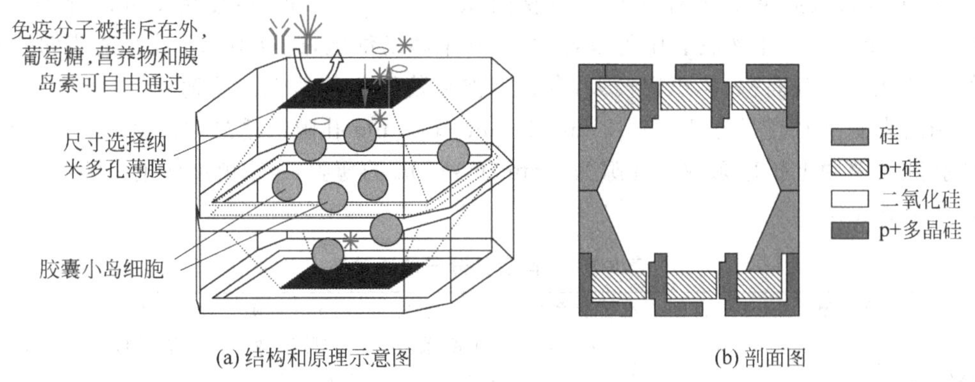

(a) 结构和原理示意图　(b) 剖面图

图 8-4　免疫胶囊结构示意图

现，如图 8-4(a)所示，其基本制造过程是用 SiO_2 牺牲层形成宽度为纳米量级的缝隙，然后去除薄膜下面的硅释放薄膜。图 8-4 所示的微胶囊制造工艺流程为：①对单晶硅进行浓硼注入，注入的厚度就是需要的硅杯底部薄膜的厚度，然后干法刻蚀圆形或方形盲孔；②对硅表面进行热氧，热氧的厚度就是所需要的缝隙的宽度，因此需要精确控制；③去除盲孔周边和底部部分 SiO_2，淀积多晶硅填充盲孔，刻蚀多晶硅使需要制造缝隙的位置去除多晶硅；④淀积高浓度的 PSG 作为掺杂源和保护层，高温退火，使多晶硅得到较高浓度的掺杂；⑤从背面 KOH 刻蚀形成硅杯，到硼掺杂的厚度时停止；HF 去除盲孔缝隙的 SiO_2，使盲孔缝隙成为通孔。

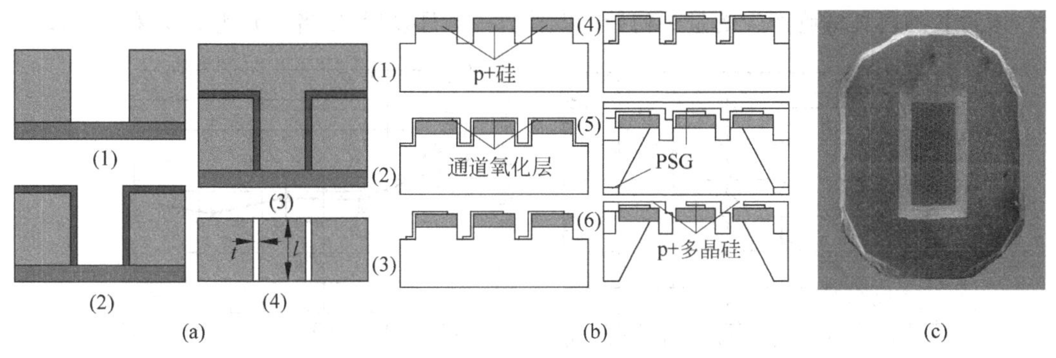

(a)　(b)　(c)

图 8-5　免疫胶囊制造流程

与直接刻蚀单晶硅形成薄膜不同，利用多晶硅作为薄膜也可以实现上述类似的结构。首先沉积氮化硅薄膜作为释放时的 KOH 刻蚀阻挡层，并沉积多晶硅薄膜作为多孔基底；用 SiO_2 作为掩膜层，在多晶硅上刻蚀通孔；在基底上热生长 1 层 SiO_2，使之沉积在包括基底多晶硅孔的侧壁在内的上表面上，然后沉积多晶硅，将基底多晶硅上刻蚀的孔填平；CMP 将第二次沉积的多晶硅去除，基底上表面的 SiO_2 也被去除；上下表面沉积氮化硅作为 KOH 释放薄膜的掩膜层，光刻并刻蚀下表面的氮化硅，KOH 从下表面释放薄膜；最后去除氮化硅掩膜层、氮化硅阻挡层，并去除基底多晶硅侧壁的 SiO_2，被去除的 SiO_2 留下的空间作为连通上下表面的通孔。因此，这层 SiO_2 的厚度决定了圆柱通孔的大小。通过精确控制 SiO_2 的厚度，孔隙变化可以控制在 0.5 nm 的范围内。最后，将此薄膜与带有井的 PMMA 键合即可。

图8-5(c)为微胶囊的硅杯照片。薄膜面积为3.5×2 mm,厚度为5 μm,平均密度为10 000孔/mm^2。每个生物胶囊中可以容纳4500个胰岛细胞,通过纳米多孔半透膜向外释放。这种结构的优点是表面积/体积比较大,有利于被封装细胞的活性。葡萄糖、牛血清和免疫球蛋白分别用来测量对直径为7 nm、13 nm、20 nm和49 nm孔隙的透过性。表8-1为不同分子在不同孔隙的薄膜上扩散系数。孔隙为7 nm和49 nm的薄膜,IgG免疫球蛋白的扩散系数相差超过一个数量级。

表8-1 不同直径分子的透过性

分子	分子量/Da	Stokes直径/nm	水扩散系数/cm^2/s	7 nm缝隙扩散系数	13 nm缝隙扩散系数	20 nm缝隙扩散系数	49 nm缝隙扩散系数
葡萄糖短期	180	0.37	6.14×10^{-6}	6.34×10^{-7}	2.06×10^{-6}	3.20×10^{-6}	4.24×10^{-6}
葡萄糖长期	180	0.37	6.14×10^{-6}	NA	1.98×10^{-6}	NA	3.18×10^{-6}
白蛋白	67 000	3.55	6.40×10^{-7}	2.10×10^{-8}	1.90×10^{-7}	3.09×10^{-7}	4.30×10^{-7}
免疫球蛋白	150 000	5.90	3.85×10^{-7}	1.33×10^{-10}	2.19×10^{-10}	NA	2.71×10^{-9}

图8-6所示为封装的胰岛细胞和包含20个胰岛细胞的微胶囊释放的胰岛素浓度随着时间变化的对比实验。在16.7 mM的葡萄糖的刺激下,10 min后开始释放胰岛素,这表明孔隙的尺寸适合胰岛素释放,并且葡萄糖和胰岛素可以自由出入半透膜,如图8-6(a)所示。长期实验表明,在几个星期后,自由植入胰岛细胞产生的胰岛素含量已经开始大幅度下降,而被封装的胰岛细胞仍将能够产生胰岛素。在2个星期以后,封装胰岛细胞产生胰岛素的量是初始的96%,未封装的胰岛细胞产生的量是初始的52%,一个月以后,二者分别为52%和14%。

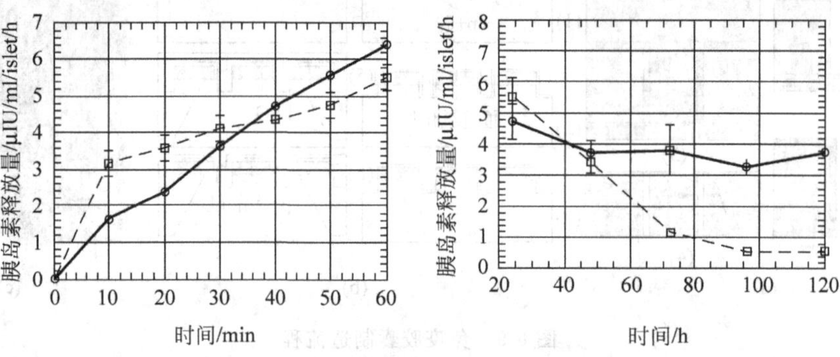

图8-6 微胶囊中胰岛素生存时间对比

2. 生物微粒

与微胶囊不同,生物微粒使用的材料一般是能够彻底生物降解的,以免药物全部释放后还需要取出微粒。微粒的难点之一是实现脉动的间歇式给药,实现这个功能的方法包括改变pH值、温度、施加超声、酶、光或者改变电、磁场等方法。目前,研究的重点之一是采用无外界触发的高分子材料药物脉动释放系统,例如压缩模注器件、微珠器件、电化学融解阳极薄膜,以及新型水凝胶等。

图8-7所示为基于体内阳极电化学反应溶解原理的药物释放微器件[17]。其基本制造过程为:双面淀积氮化硅薄膜,光刻胶掩膜使用RIE刻蚀一面的氮化硅薄膜,形成药池开口;氮化硅作为掩膜KOH刻蚀锥形药池到遇到氮化硅停止为止,使药池贯穿整个硅片厚度,小截面

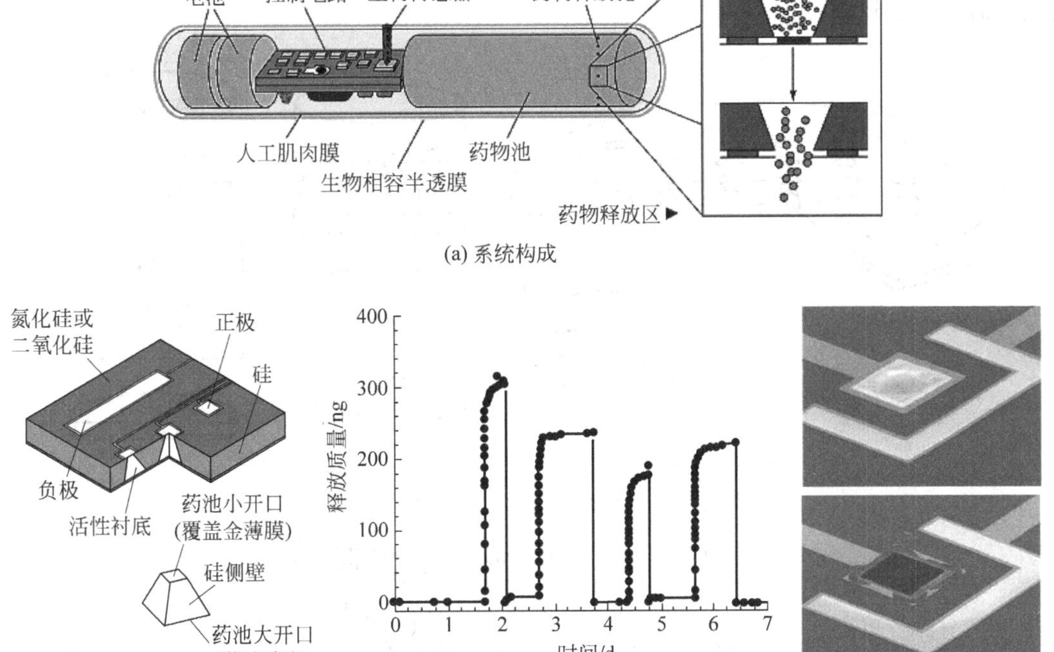

(b) 结构示意图 (c) 药物浓度曲线 (d) 药物释放前后的照片

图 8-7 Chiprx 公司的定时药物释放器件

上边长为几十至几百微米；在氮化硅表面溅射铬和金层并剥离，作为阳极氧化的电极；金电极上淀积 PECVD SiO_2 作为保护层，RIE 刻蚀 SiO_2 把阳极、阴极和引线接触点暴露出来；从开口一面使用 RIE 刻蚀去除药池小截面上覆盖的氮化硅和铬。通过控制药池的尺寸，可以很容易地将 1000 个药池集成在 17 mm 见方的面积内，每个药池容积 25nL。选用金作为药池覆盖薄膜使制造比较容易，同时金基本不受除控制电压以外的其他因素影响，另外金也是一种生物兼容材料。需要注意的是铬离子与金会形成电势，导致金溶解生成可溶性金铬络合物。将阳极电势控制在这个范围，可以使金产生电化学反应而溶解，低于这个电势金基本不会溶解，高于这个电势会产生金的氧化物成为钝化层，降低金的反应速度甚至使反应停止。在注入药物以后，药池的大截面用防水和生物兼容性材料密封。

药物释放时将器件置于磷酸盐缓冲液(电解液)中，饱和甘汞参考电极在金薄膜上施加 1.04 V 的正电压，在电压作用下，金薄膜表面发生阳极氧化电化学反应，金薄膜溶解，药物释放。图 8-7(d)所示为施加电压前后药池的情况。曲线所示为 4 个药池进行脉动释放时释放质量随时间变化的关系。可以在多个药池内装载不同药物，根据控制进行释放。

图 8-8(a)所示为生物降解高分子材料制造的药物释放芯片[18]。它采用非触发机理进行多次脉动药物释放，可以持续几个月。芯片的基底材料为聚-L-乳酸(PLLA)，药池薄膜为聚-乳酸共羟基乙酸(乙醇酸，PLGA)，前者的生物降解时间很长，并具有良好的生物相容性和降解性；后者中乳酸和羟基乙酸比例为 1∶1，其单体在体外生物组织中降解时间为几个星期到

几个月，在聚合体中不同的分子质量具有不同的降解时间。这种 PLLA 与 PLGA 的降解时间差确保药物是因为密封薄膜降解而释放；而不同分子质量的聚合体的降解时间差确保药物根据设计时间脉动释放。

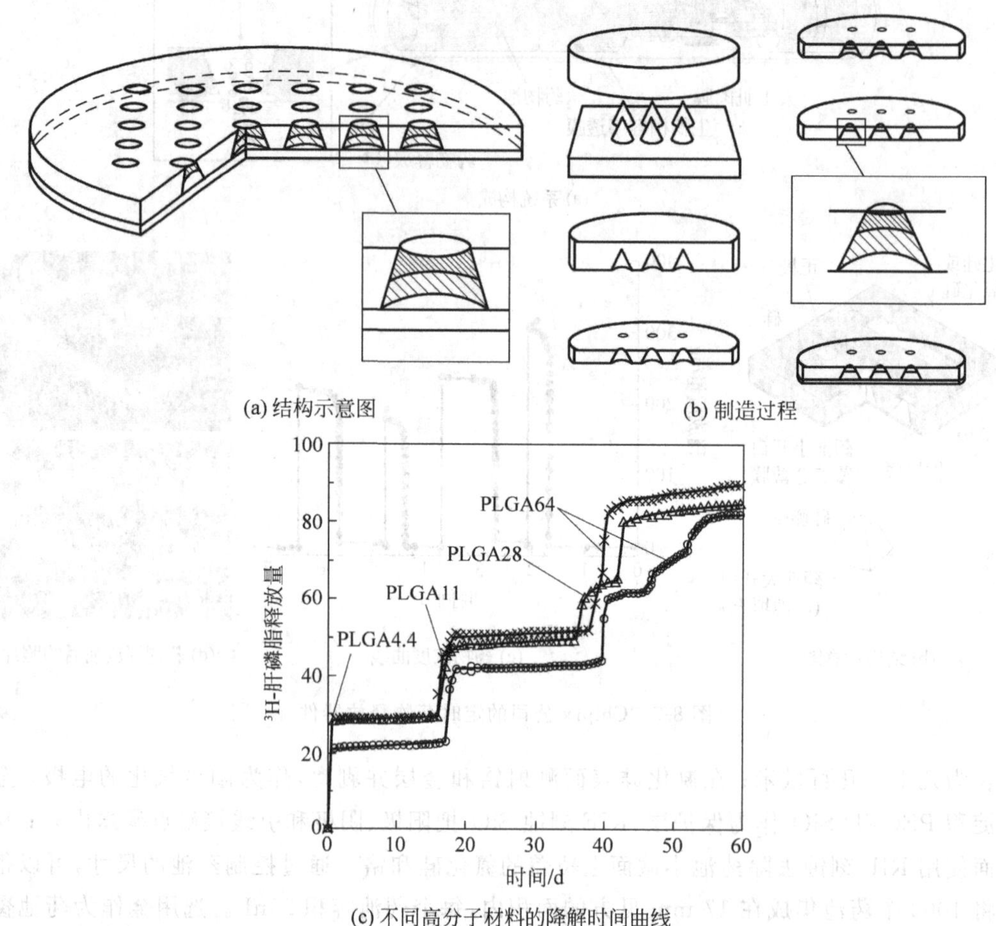

(a) 结构示意图 (b) 制造过程

(c) 不同高分子材料的降解时间曲线

图 8-8 高分子材料制造的定时药物释放器件

芯片的加工过程如图 8-8(b)所示，首先将 PLLA 粉末通过压缩模铸加工成扁圆柱形基底，然后在铝模具上压出锥形药池，去除部分厚度后使基底药池在上面也露出孔；采用 1,1,1,3,3,3-六氟-2-丙醇溶解聚乳酸和聚羟基乙酸，并采用微注射的方法制备薄膜。不同药池采用不同的材料和几何参数，装载完毕药物或者化学品后，利用遮蔽胶带密封背面。

图 8-8(c)所示为肝磷脂(肝素)在不同分子量的薄膜内经过薄膜降解后释放量的曲线，两条曲线表示两个器件。表 8-2 给出了葡聚糖、肝磷脂(肝素)等 4 种不同物质和组合在不同分子量的 PLGA 薄膜内的释放时间。这种方法能够很好地完成生物降解和脉动药物释放，并且不需要外界触发；改变药池体积和薄膜参数，可以控制药物释放的多少和释放时间间隔。

表 8-2　不同材料的释放时间

装载药物	温度/℃	薄膜材料释放时间/d				释放比例
		PLGA4.4	PLGA11	PLGA28	PLGA64	
^{14}C-葡聚糖	28～33	1±0	14±1	30±4	33±3	40 天 92%～99%
^{3}H-肝素	28～33	1±0	17±1	38±2	43±3	60 天 82%～89%
^{125}I-人体生长激素	28～33	1	6	17	25	
^{14}C-葡聚糖和^{3}H-肝素	28～33	1	14	32	37	54 天 92%
^{3}H-肝素	25	0.7±0.6	44±4	135±4		143 天 68%～77%

为了使微胶囊和微粒能够在体内的病变部位释放药物以达到最佳疗效和最小毒副作用，可以在微加工药物释放器件表面通过修饰"生物粘合剂"，使其通过特异性反应结合到指定的部位或者组织和细胞上。这些生物粘合剂不仅必须没有毒副作用，不能引起免疫反应，而且必须与上皮细胞的表面发生特异性结合，而不是与体内粘液相结合。植物凝血素是一种非常有发展前景的生物粘合剂，它最初发现在植物的一种凝血蛋白质种子中，能特异性地与细胞表面糖蛋白或糖脂的糖分子结合，某些植物凝血素能选择性地引起某些血型红细胞或恶性肿瘤细胞凝集，另一些可刺激淋巴细胞增殖。

图 8-9 为采用微加工技术制造的硅基药物释放微粒[19]，并采用植物凝血素作为"粘合剂"将微粒固定在特定的部位，图中所示为微粒上药池的 AFM 照片和 50 μm 的药池。主要加工过程如图 8-10 所示。热生长 1 μm SiO_2阻挡层，沉积 PECVD 多晶硅作为牺牲层，LTO 生长 2 μm SiO_2器件层，如图 8-10(a)所示；涂胶光刻形成井，如图 8-10(b)所示；RIE 刻蚀药池，2 μm LTO SiO_2不刻穿，如图 8-10(c)所示；涂厚胶光刻，形成分离各个药池的区域，如图 8-10(d)所示；光刻胶作掩膜，RIE 刻蚀 SiO_2，把 LTO SiO_2刻穿，如图 8-10(e)所示；最后在 KOH 中刻蚀牺牲层多晶硅，释放微粒，如图 8-10(f)所示。

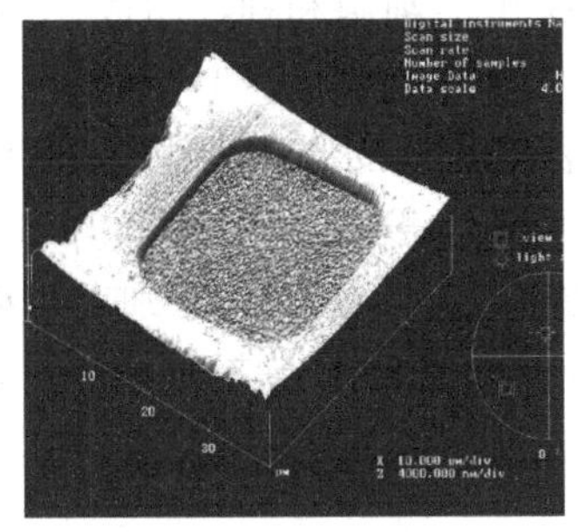

(a) 药池的AFM照片

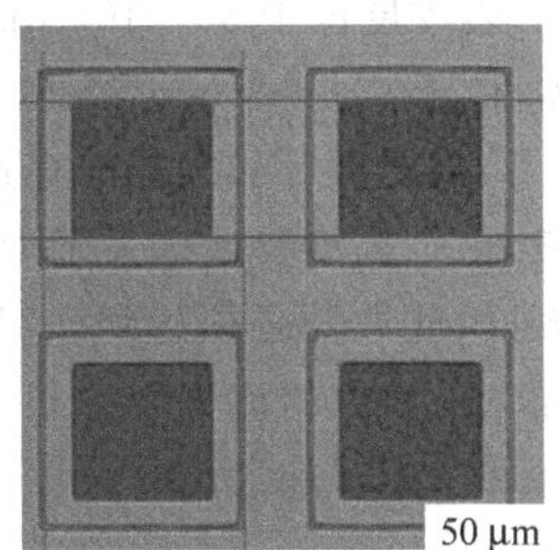

(b) SEM照片

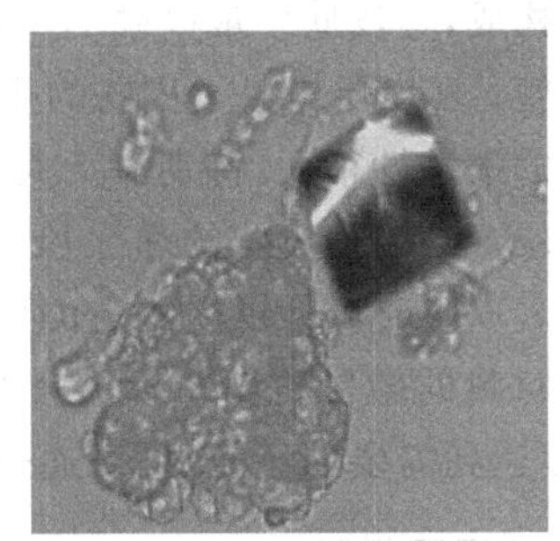

(c) 释放后的情况

图 8-9　采用微加工技术制造的硅基药物释放微粒

表面修饰植物凝血素的过程如下：通过羟基化作用将胺基固定在硅表面，进行硅烷化；将抗生物素蛋白、碳二酰亚胺和羟基硫琥珀酰亚胺形成反应层，反应层与固定在硅表面的胺基结合将抗生物素蛋白固定在硅上；将生物素改性的植物凝血素通过生物素蛋白与生物素之间的强作用固定在硅表面。实际上，由于生物素蛋白与生物素之间的作用，多种物质都可以通过这种方式固定到器件表面。采用同样的方法，可以使用 PMMA 制造药物释放微粒[20]。

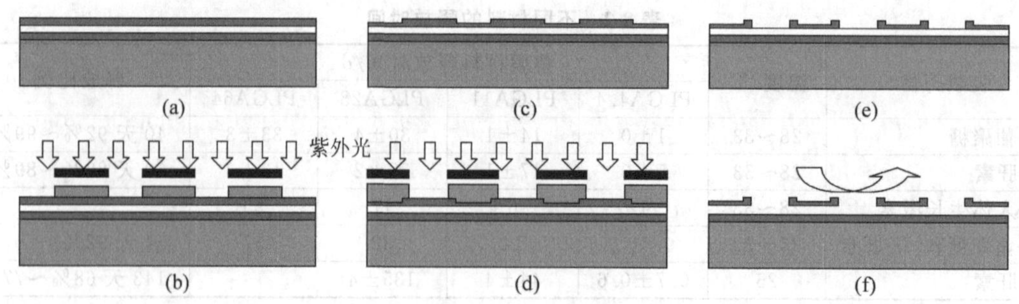

图 8-10 药物释放结构制造流程

8.1.2 微针

皮下药物释放(透皮给药)是一种可以部分控制并且比较方便的给药方式,它克服了口服药物中消化道对药物的降解作用,并减轻了静脉及肌肉注射引起的疼痛和不便。实现皮下药物释放的方法是使用MEMS技术制造的微针阵列。微针的概念出现在20世纪70年代,但是直到1993年才出现了实心微针[21],到1998年实现了第一个皮下药物释放的空心微针[22]。微针可以分为平面微针和垂直微针。平面微针的针管与硅衬底平行,垂直微针的针管与衬底垂直。早期的微针结构多为平面式,这是因为平面微针的制造只需要表面工艺,容易实现;而垂直微针需要三维加工工艺,深度方向刻蚀超过200 μm,难度很大。微针还可以分为实心微针和空心微针。实心微针通过提高皮肤的渗透性,实现基于扩散效应的无侵入性皮下药物释放,如大分子、蛋白等。空心微针可以直接向体内注射液体或生物分子,实现基于对流效应的无疼痛药物释放。

人体皮肤从外至内分别是角质层、表皮层和真皮层。角质层位于表面10～20 μm,由死亡组织构成,是皮肤中最坚硬的一层;表皮层位于50～100 μm,是由活细胞和神经组成,但是没有血管;真皮层构成了皮肤的主体,位于0.6～3 mm深处,包含活细胞、血管和神经。由于角质层的透过性很低,特别对于大分子,因此微针必须能够穿透表皮达到皮肤深度100 μm深的作用位置。因为皮肤的弹性和褶皱,微针高度要远远大于100 μm,一般在200～1000 μm。针头刺入皮肤时微针承受一定的弯矩,因此微针必须达到一定的强度,以免折断,特别对于硅等脆性材料的微针。微针管道直径很小,管道的流体阻力很大,因此需要重点考虑针管流体阻力,以达到需要的流速,可以通过阵列的方式加大药物流量。

1. 平面微针

第一个基于MEMS技术的微针出现在1993年[21],采用表面工艺制造。如图8-11所示,对衬底进行浓硼注入,然后在注入区上表面淀积PSG牺牲层,刻蚀PSG牺牲层为针管内部的形状,淀积氮化硅包围PSG作为针管材料,刻蚀去除PSG后形成空心的针管。用类似的方法,采用SOI衬底的平面微针可以实现更加锋利的微针[23]。

图8-12为采用DRIE体微加工技术和键合相结合的多晶硅微针[24]。这种技术利用2块光刻版制造微针的上下两个部分,一个为DRIE刻蚀的长槽,作为微针的3个面;另一个为KOH刻蚀的锥形硅杯,形成微针的另一个面,最后将两者生长SiO_2后在氮气环境和1000℃条件下键合。用LPCVD在键合好的模具中沉积多晶硅,当多晶硅厚度达到12 μm左右时停止沉积,这时模具上部和键合形成的腔体内都会沉积一层多晶硅,并且腔体内部的多晶硅生长在

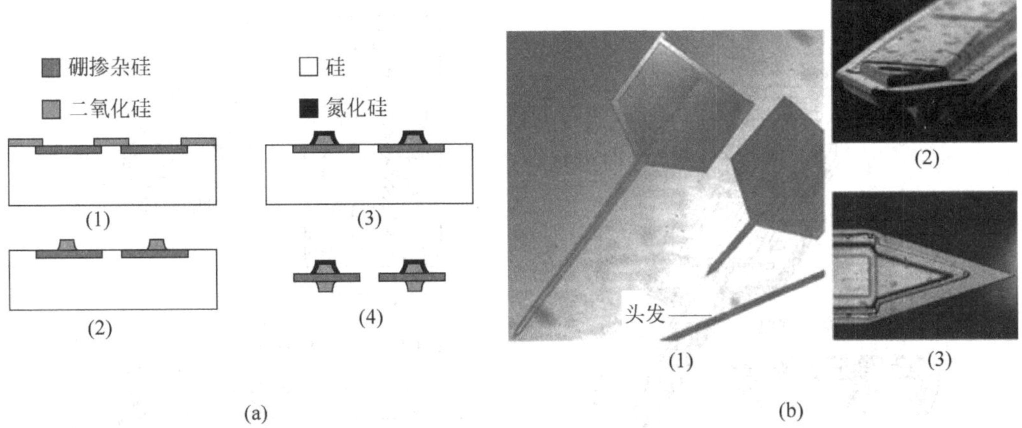

图 8-11 牺牲层技术制造的平面微针

腔体的壁上，形成与腔体相同剖面形状的多晶硅腔体。利用 RIE 将模具上部的多晶硅去除，并利用 HF 溶解键合的 SiO_2，使上下层硅片分离，则多晶硅腔体就构成了平面微针。利用这种方法，微针可以和微流体器件结合[25]。

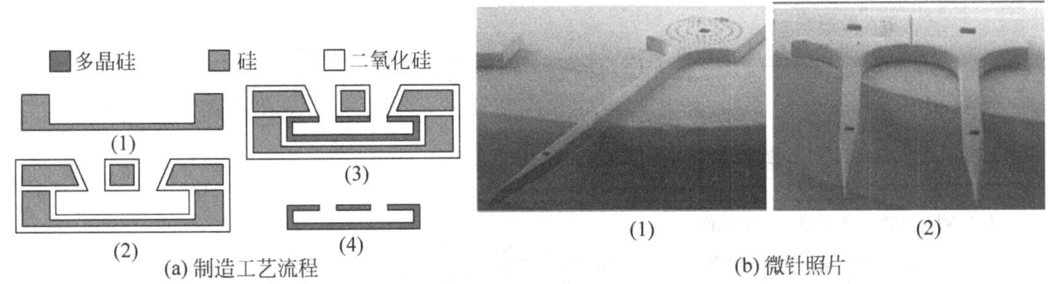

图 8-12 体加工工艺制造的平面微针

利用浓硼掺杂和体硅刻蚀的方法，Michigan 大学实现了集成了流体功能和神经电极的单晶硅微针，并已经广泛应用于神经学研究中。图 8-13 所示为微针结构示意图，它包括平行 3 孔微针，集成 CMOS 电路、记录和激励电极、聚合物管道等，可以用来进行药物释放和神经记录与激励。

微针的制造过程如图 8-14 所示。(1)首先生长 SiO_2 阻挡层，刻蚀后窗口为微针上壁尺寸；(2)扩散硼形成薄的掺杂层，用 RIE 刻蚀缝隙后，用 EDP 进行各向异性刻蚀，形成楔形硅杯；(3)进行高浓度硼扩散，形成高浓度掺杂的微针外形；(4)使用 LPCVD 生长 SiO_2，由于 SiO_2 生长会发生在 RIE 刻蚀的缝隙的横向，因此当缝隙宽度小于 10 μm 时很容易被 SiO_2 密封，形成微针管道；(5)沉积绝缘层、电极等；(6)最后在 EDP 中释放微针，由于重掺杂硼的单晶硅在 EDP 中几乎不刻蚀，因此外部硅被去除，使微针得到释放。图 8-15 所示为微针的 SEM 照片。微针管道的典型直径为 10 μm，长度为 4 mm，在 14.65 kPa 压力驱动下水在管道中的流速为 1.3 mm/s，1 s 实现流量 100 pL。利用这种技术制造的微针，已经成功实现了向人体大脑组织注入化学刺激物。

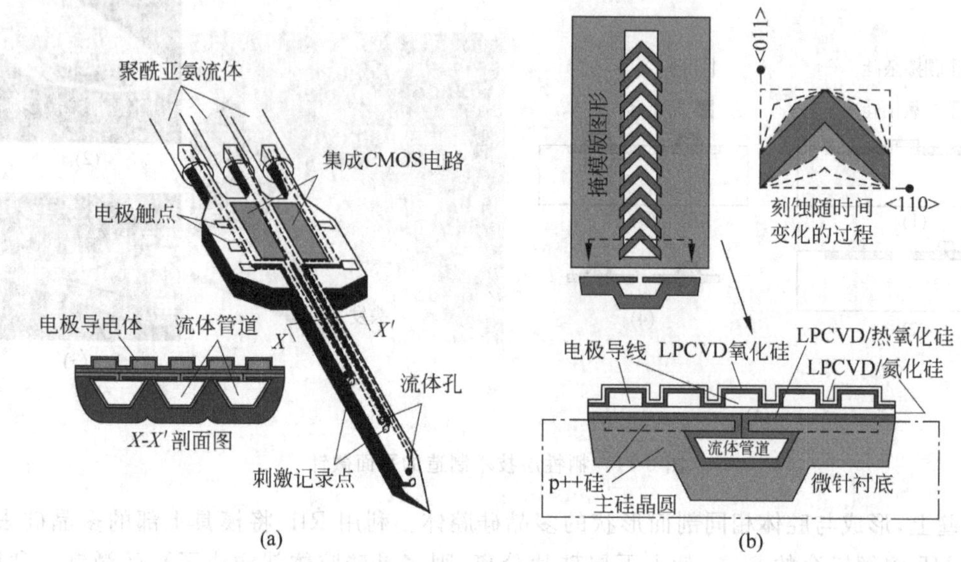

图 8-13 体加工工艺制造平面微针结构

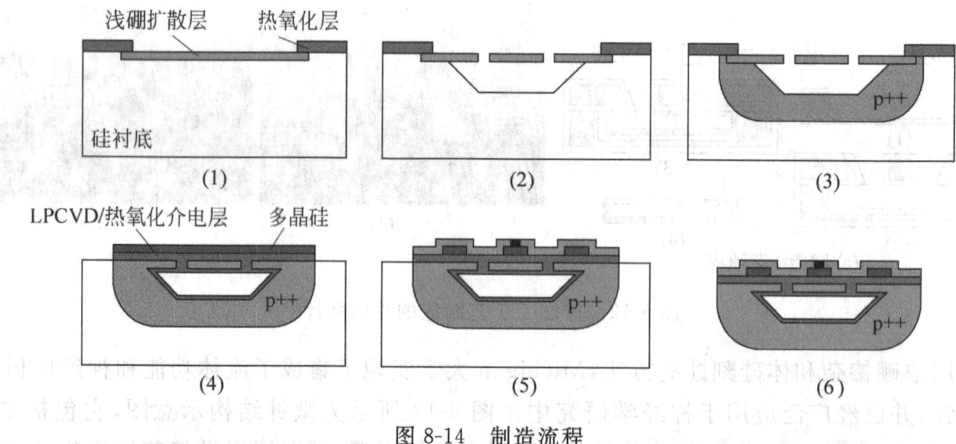

图 8-14 制造流程

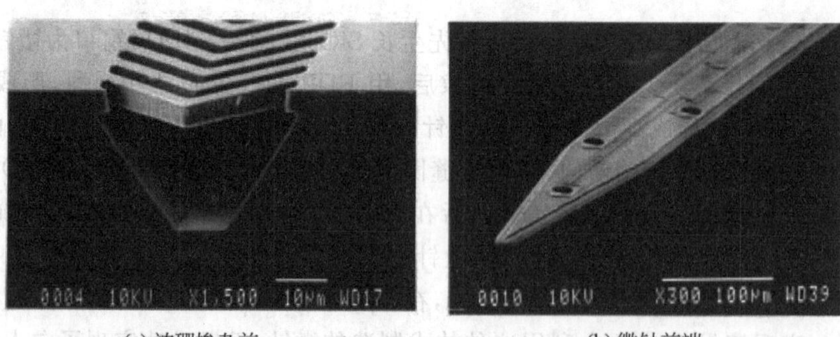

(a) 浓硼掺杂前 (b) 微针前端

图 8-15 微针的 SEM 照片

与上述方法类似，可以采用 DRIE 的方法加工微针针管[26]，如图 8-16(a)所示。图 8-16(b)所有左侧的图表示图图 8-16(a)的 A-A'截面视图，所有右侧的图表示图图 8-16(a)的 B-B'截面视图。首先使用 SiO_2 作为掩膜，使用 DRIE 刻蚀深槽；深槽完成后，使用热氧 SiO_2 或者 LPCVD 氮化硅将深槽侧壁保护起来，使用 RIE 刻蚀深槽底部。由于 RIE 刻蚀的各向同性，RIE 刻蚀在深槽底部形成一个直径大于槽宽的半圆。然后 LPCVD 多晶硅，由于沉积的多晶硅会横行生长，深槽上部由 DRIE 刻蚀并且较窄的部分被密封形成针管，如图图 8-16(b)-(1)所示。然后正面 DRIE 深刻蚀，定义微针形状，如图图 8-16(b)-(2)所示。最后从背面 DRIE 刻蚀衬底，形成微针。

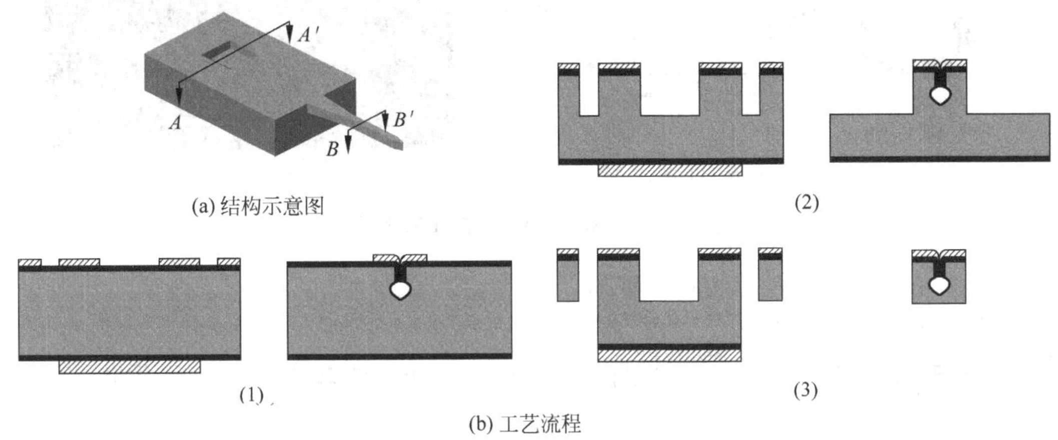

图 8-16　体加工微针结构和工艺流程

除了硅及其化合物外，金属也被用来制作平面微针阵列[27]。如图 8-17 所示，首先使用厚胶作为掩膜在衬底上选择性电镀金属钯，形成针腔的底壁；然后利用厚胶制作针孔腔体的形状，并在表面溅射种子层钯；再利用电镀技术在种子层上电镀钯，形成微针的其他 3 个壁，在丙酮中去除针孔内的牺牲层厚胶，即可形成微针。这种方法适合于多种金属技术作为微针的材料，如金、铜、镍等。利用这种技术[28]，图 8-17 所示的微针阵列可以实现多管道输入和多孔输出，流体压力从 30 kPa 上升到 100 kPa 时，流速从 0.2 μL/s 增加到 1.2 μL/s。

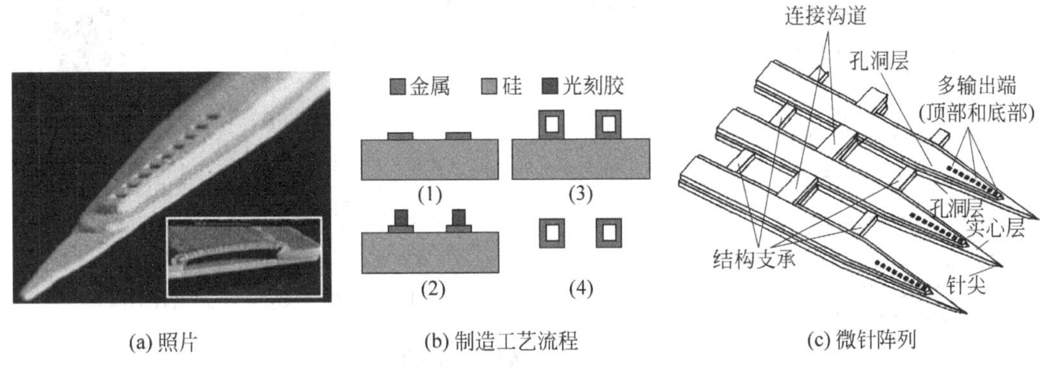

图 8-17　金属微针 SEM 照片、制造流程和阵列结构

除注射以外，微针还可以用来进行血液抽取，用来分析血糖浓度、监测身体状况等[29]。图 8-18 所示为一个血液抽取系统，包括 SiO_2 锯齿状微针和血液槽等[30,31]。主要制造过程包

括刻蚀一个带有锯齿的微针半边，再经过键合以后形成血液容器槽和微针对另半边。如图 8-19 所示，锯齿的刻蚀利用了 KOH 体硅刻蚀形成的锥形连接起来而成，与另一片带有氧化层的硅片键合，通过 DRIE 刻蚀去除硅，使锯齿与第二个硅片的氧化层组成锯齿微针。尽管只需要 2 块光刻版，但是整个过程比较复杂，涉及 KOH 刻蚀、键合、DRIE 刻蚀等工艺。

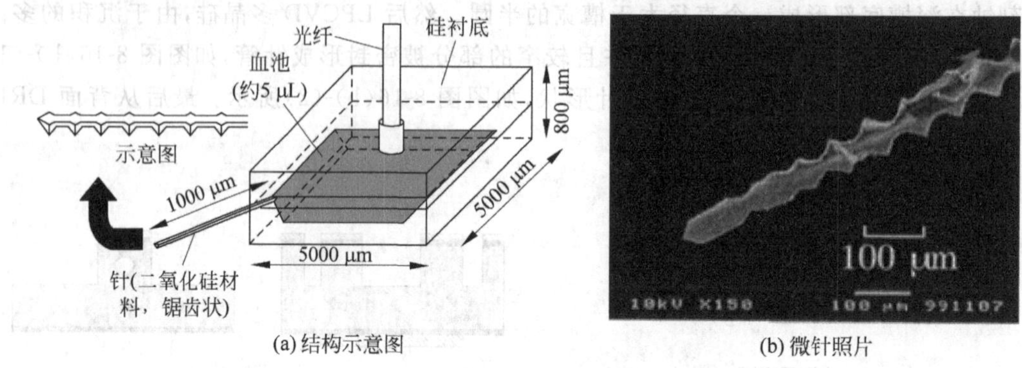

图 8-18 锯齿微针结构和 SEM 照片

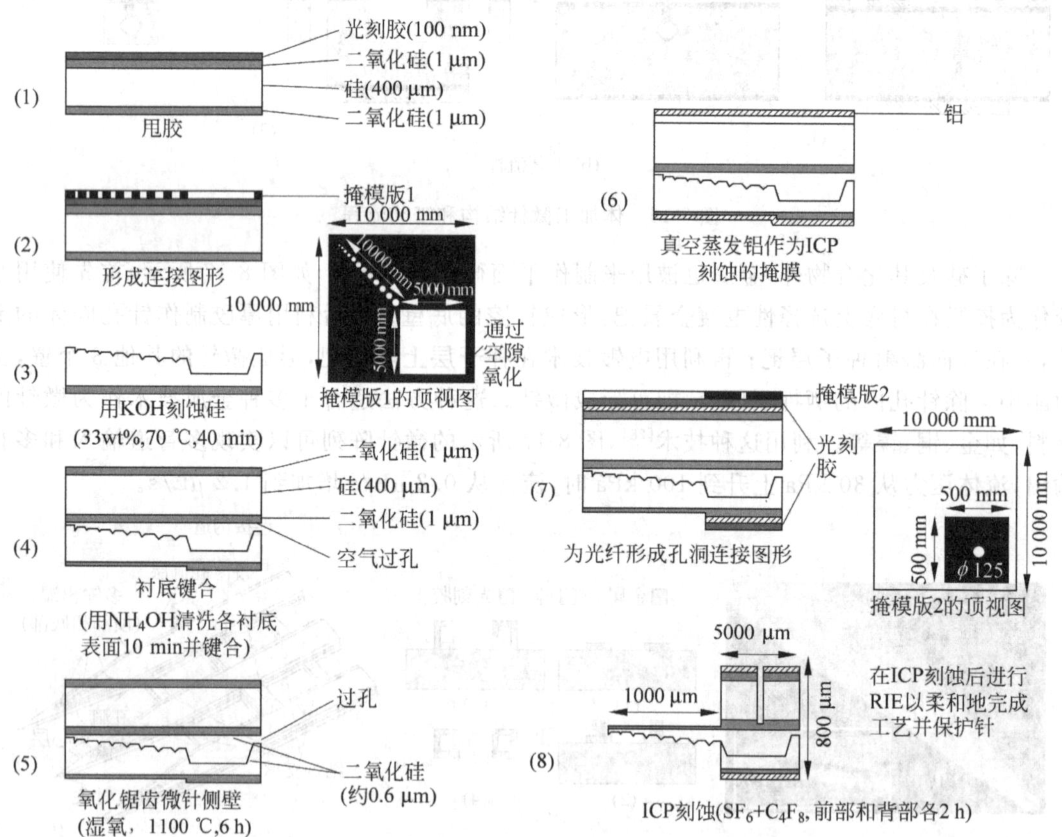

图 8-19 锯齿微针制造过程

平面微针的长度可以达到 1～6 mm，远远超过垂直微针的水平，而垂直微针即使为 400 μm，其刻蚀时间也非常长；另外，利用表面工艺容易实现空心的水平微针。但是水平微针的强度较低，只能制造一维阵列，密度较小，限制了使用范围和性能。

2. 垂直微针

图 8-20 所示为采用 DRIE 深刻蚀技术制造的硅基实心微针。这种锥形微针高度约为 150 μm,结构强度很高,易于刺穿皮肤角质层,但是由于皮肤褶皱等原因,这个高度并不会刺深层组织的神经,因此既能够形成穿透角质层的通道,又不会引起疼痛。这种高密度的实心微针阵列采用低温 DRIE 的"黑硅"现象制造,只需一块掩模版。刻蚀气体为 20 sccm(标况立方厘米每分钟)的 SF_6 和 15 sccm 的 O_2,刻蚀压力为 20 Pa,功率为 150 W。这种气体比例使 DRIE 刻蚀具有一定的横向刻蚀速度,从而在金属镍掩膜下形成锥形实心微针。通过调整两种气体的比例,可以获得不同的锥度。实心微针用来增加表皮的渗透性。经过微针阵列刺破的生物体外的皮肤,其渗透性可以大大提高。分别刺入 10 s 和刺入 1 h 再移走微针后,皮肤透过性分别提高 10 000 倍和 25 000 倍,而皮肤上留下的针孔直径只有 1 μm。微针刺入后皮肤电阻降低了 50 倍,相当于传统 30 号"大"针头刺入时的效果。

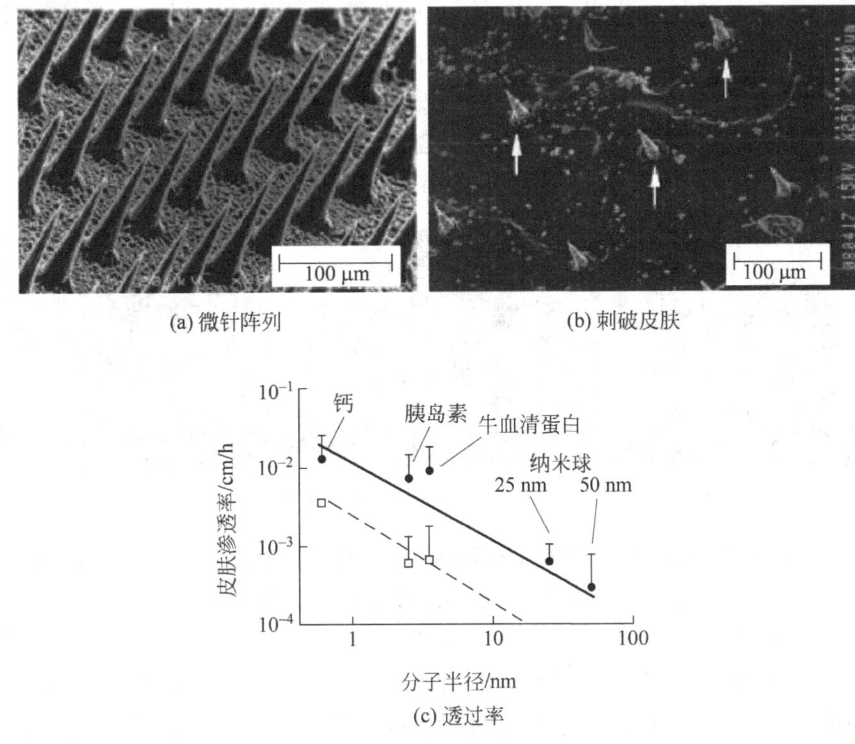

(a) 微针阵列　(b) 刺破皮肤

(c) 透过率

图 8-20　垂直微针阵列

图 8-21 为采用硅各向异性刻蚀技术制造的微针[32]。针高度为 400 μm,底部为 250 μm,针孔最宽处为 70 μm。制造工艺基本过程如图 8-22 所示。首先在(100)硅片正面使用 DRIE 技术刻蚀针孔的内腔和外部沟槽,由于内腔尺寸比外部沟槽尺寸大,因此在 RIE Lag 作用下刻蚀速度快。然后在背面同样使用 DRIE 刻蚀形成通孔,构成针孔; LPCVD 生长氮化硅薄膜,并利用 RIE 将正面的氮化硅去除; 利用 KOH 刻蚀正面,由于 KOH 刻蚀所产生的(111)晶面与上表面成 54.74°,因此构成针尖的倾斜面。最后用湿法刻蚀去除氮化硅薄膜即可。

图 8-23 所示为十字形的空心垂直微针,其主要制造基于 3 次干法刻蚀[33],如图 8-24(a)所示:(1)先 DRIE 各向异性刻蚀,再 RIE 各向同性刻蚀;(2)先 RIE 各向同性刻蚀,再 DRIE 各

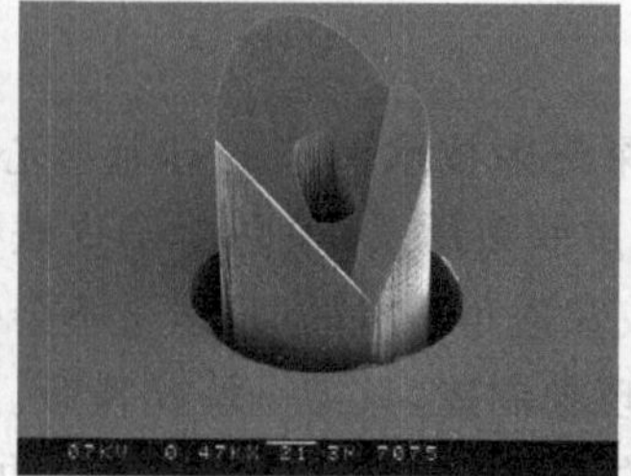
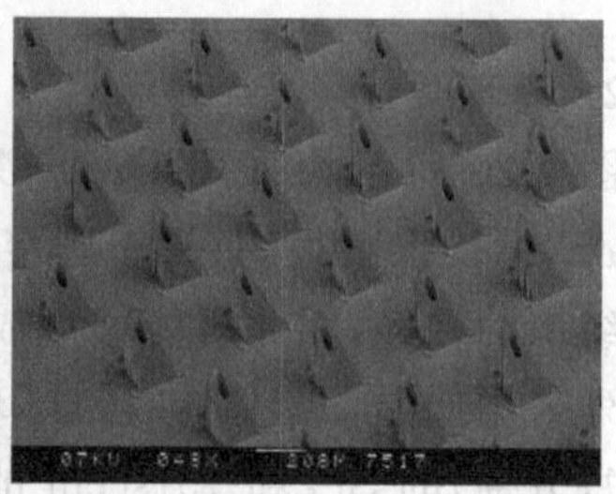

图 8-21 KOH 与 DRIE 联合制造的微针和阵列

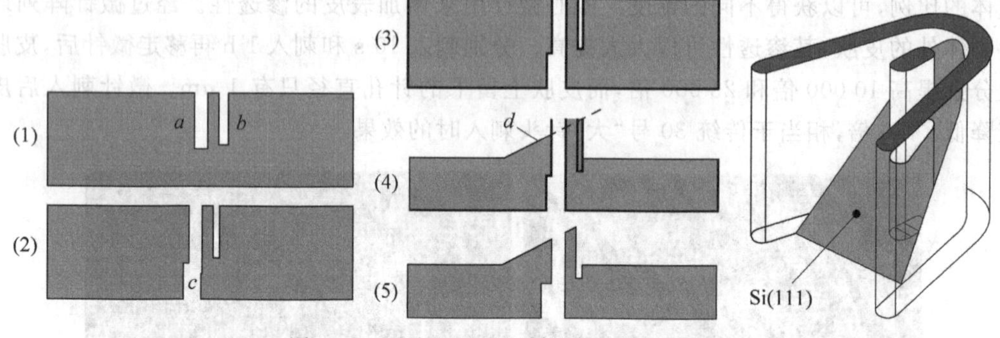

图 8-22 干法和湿法深刻蚀制造微针流程

图 8-23 十字形微针、阵列及刺破铝薄膜的 SEM 照片

向异性刻蚀；(3)将两者结合起来，分别在硅衬底正反面进行刻蚀。主要工艺过程如图 8-24(b)所示：(1)以 SiO_2作为掩膜；(2)在硅片背面 DRIE 刻蚀圆形深孔；(3)湿法热氧化，在正面形成“十”字形掩膜，其直径大于背面孔的直径；正面使用 RIE 各向同性刻蚀，形成十字下面的钻蚀，如图中的十字形虚线；(4)DRIE 刻蚀，形成突出的“十”字形实心针管；(5)继续正面各向同性 RIE 刻蚀形成针尖，由于此时各方向刻蚀速度相同，因此图(4)形成的针管形状得以保持，并且十字边缘也变得锐利，当十字的顶部掩膜彻底被钻蚀后，刻蚀停止；根据需要还可以进行一次 DRIE。(6)去除 SiO_2 掩膜。这种结构微针的优点是不会带走皮肤而使皮肤形成空洞。

图 8-25 所示的垂直微针采用硅衬底一面 DRIE 刻蚀深孔作为针孔，另一面采用各向同性刻蚀形成针尖。由于图中各向同性刻蚀的掩膜为圆形而不是前面方法的十字形，因此针管刻蚀后为锥形。由于各向同性刻蚀特点决定，这种微针的缺点是高宽比较小。类似的方法可以利用光刻和 KOH 刻蚀的平顶锥形微针，将质粒 DNA 注入小白鼠体内[34]，这种长度为 50～200 μm 的微针刺破小白鼠皮肤后引起的荧光素酶强度提高是普通局部滴旋法的 2800 倍，表明对药物进入体内有极大的促进作用。

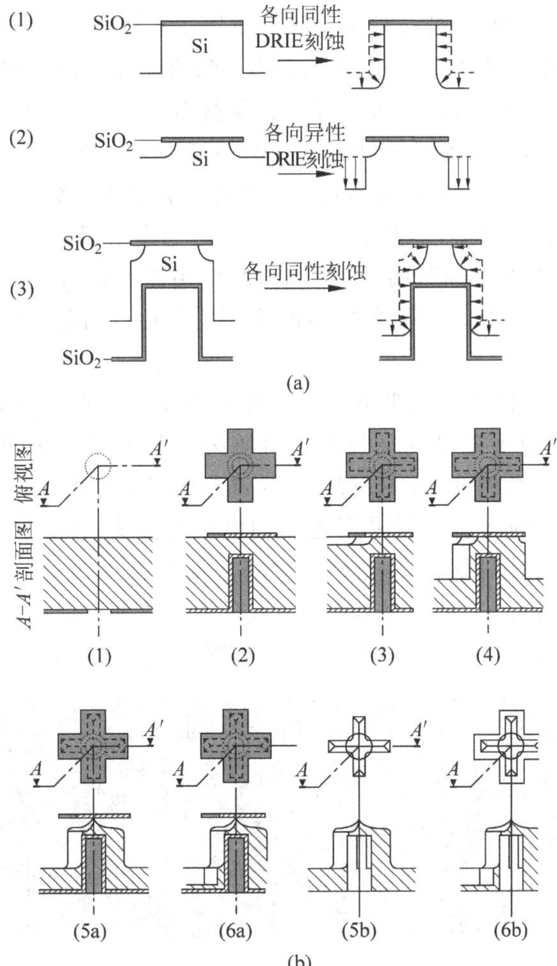

图 8-24　十字形微针制造流程

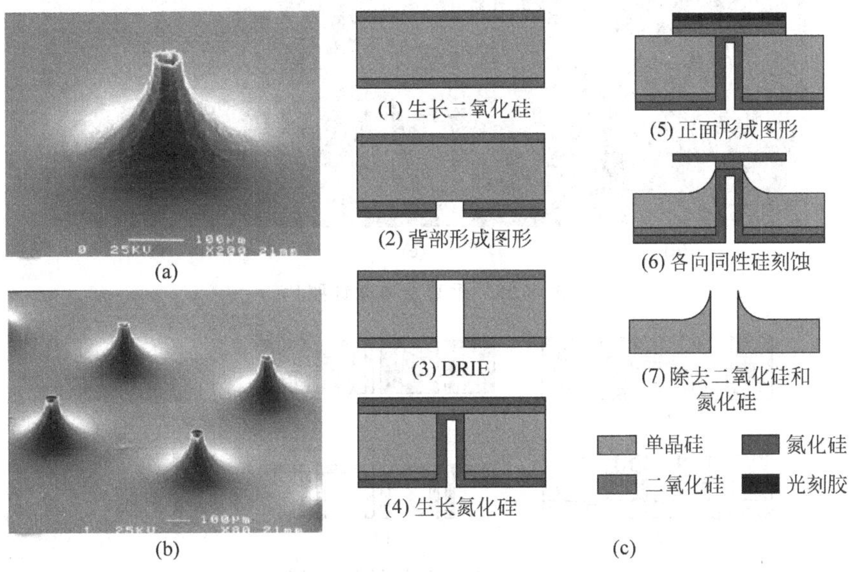

图 8-25　锥形垂直微针和制造流程

除了利用硅，金属、玻璃和高分子材料也被广泛用于实心和空心微针的制造。硅空心微针一般采用DRIE刻穿硅片形成针孔，周围再用DRIE刻蚀针管；而金属空心微针首先制造硅或者高分子模具，然后在模具上电镀镍、金或其他金属材料。金属微针制造简单，并且比硅具有更好的弹性，在使用中不容易折断。长度为500 μm的锥形金属微针，在9 mm^{2}的阵列中包括400个微针，针头直径为10 μm，刺入人体表皮后渗透性提高1个数量级以上。利用微针给患有糖尿病的无毛兔注入胰岛素后，其血糖浓度在5 h内稳定下降了70%。许多生物医学研究需要向细胞内注入分子以观察细胞的功能和响应，使用微针向细胞内注入染色素的研究表明，微针阵列下面85%以上的细胞颜色发生改变，并且90%细胞仍然处于活跃状态并能够繁殖。

图8-26所示为几种垂直微针的照片，其中图8-26(a)为26号常规皮下注射金属针头，图8-26(b)为相同放大倍数下硅基皮下注射微针阵列，图8-26(c)为更高放大倍数的微针阵列，图8-26(d)为柱形金属微针阵列，图8-26(e)为锥形金属微针阵列，图8-26(f)为微针刺透表皮的情况。垂直金属微针的制造过程采用光刻和电镀的方法，仅需要一块掩模版，如图8-27所示：(1)沉积SU-8厚膜光刻胶；(2)光刻形成高深宽比的井；(3)在表面淀积金属种子层；(4)通过电镀形成空心微针。这种包含400个针头的微针阵列可以在10 N的外力作用下进入表皮。利用这种微针阵列，可以皮下递送大分子，如钙黄绿素、胰岛素以及牛血清蛋白。

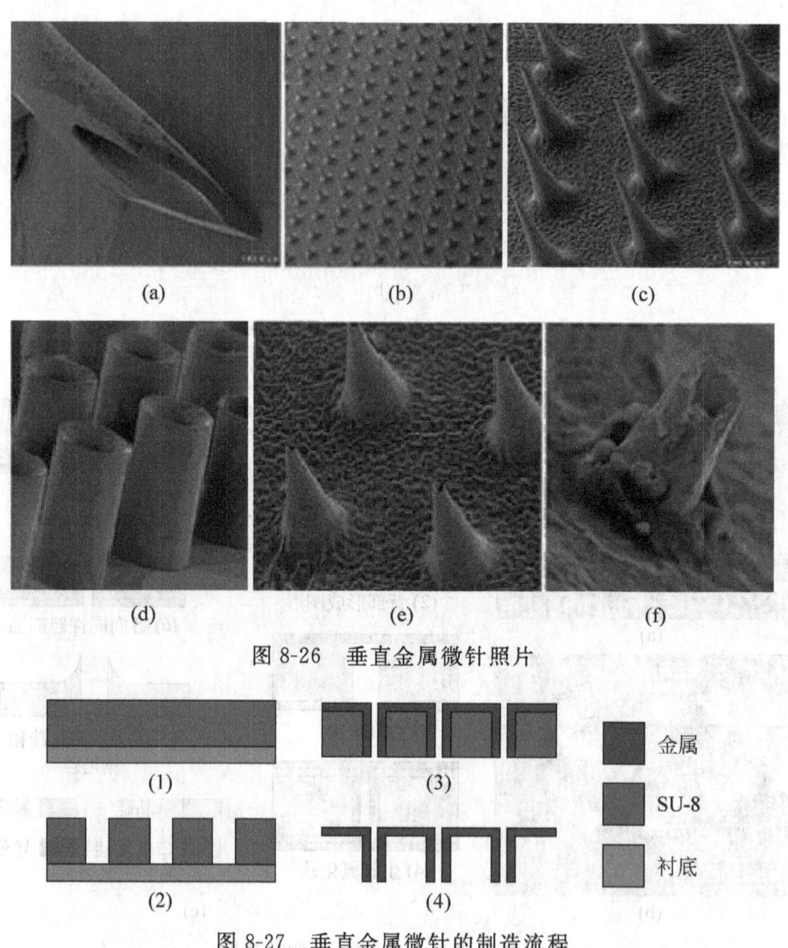

图8-26 垂直金属微针照片

图8-27 垂直金属微针的制造流程

图 8-28 所示为采用 SU-8 模具和电镀金属制造金属微针的过程示意图[35]：(1)采用两次涂胶和两次曝光制作 SU-8 微针，每层 SU-8 厚度为 200 μm。(2)由于光刻胶层厚度和负胶的特性，透过第一次 SU-8 曝光区域的进行第二次曝光 SU-8 时会形成锥形圆柱。(3)得到 SU-8 模具以后，依次进行溅射种子层。(4)电镀金属，形成以 SU-8 锥形圆柱为模具的金属层。(5)用 SU-8 对电镀面进行平面化。(6)抛光将 SU-8 锥形金属层顶部的金属去除。(7)去除光刻胶形成针管。(8)去除上下 SU-8，得到金属微针。图 8-29 所示的 SEM 照片分别为微针阵列的顶端和背面照片。

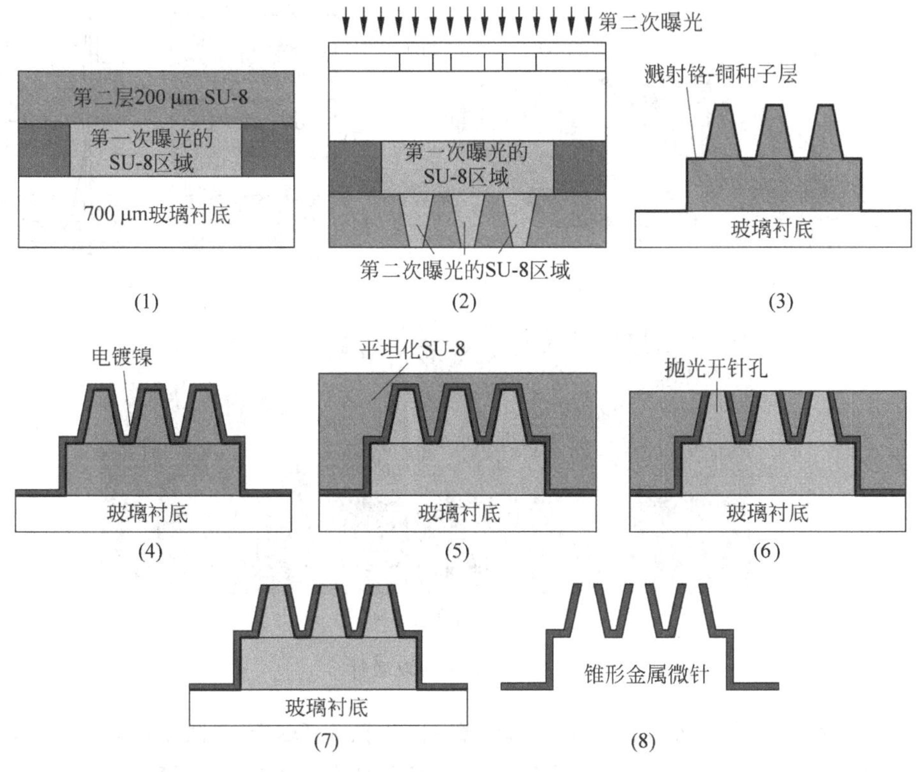

图 8-28　SU-8 模具和金属沉积制造金属微针的过程

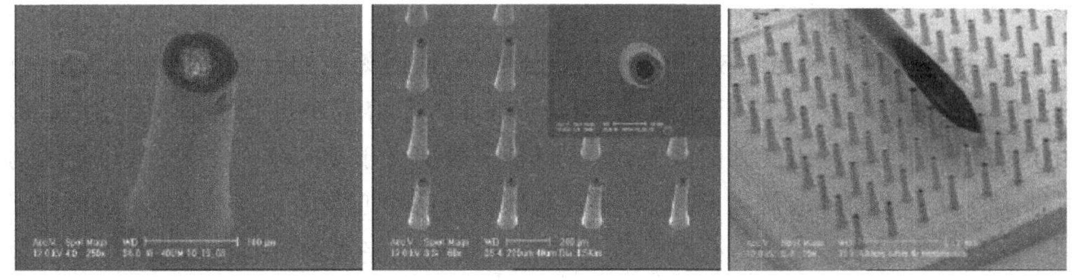

图 8-29　SU-8 和电镀制造的垂直微针及阵列

除了电镀，金属微针还可以采用激光切割[36]和腐蚀[37]的方法制造垂直微针。玻璃微针的制造一般采用传统的玻璃拉丝技术[38]等。由于微针为一次性可抛弃型，因此批量生产时需要低成本。目前微针的发展主要面向空心(对药物具有更好的控制)、使用高分子材料(成本低、生物相容)、微模铸或者电镀技术(工艺简单、降低成本)。

微针除了进行药物注射以外，在生物医学领域还有多种用途，例如基因分析、液体抽取[39~41]、组织探测等[42]。图 8-30 所示为抽取生物体液的皮下微针[40]。微针为空心结构，高度为 250～350 μm，组成的阵列间距为 300 μm，可以用来抽取非生物液体(如甘油、乙醇、水等)和生物体液(如间质流体、血液等)。图 8-30(a)所示为微针阵列的正面和背面结构示意图，微针阵列为硅基底制造，在基底的正面，微流体通道和储液池在硅基底背面，通过背面与 Pyrex 玻璃键合后使玻璃盖住微流体通道形成密封。微针抽取的液体通过对应在硅基底储液池的玻璃开口从反面抽出。

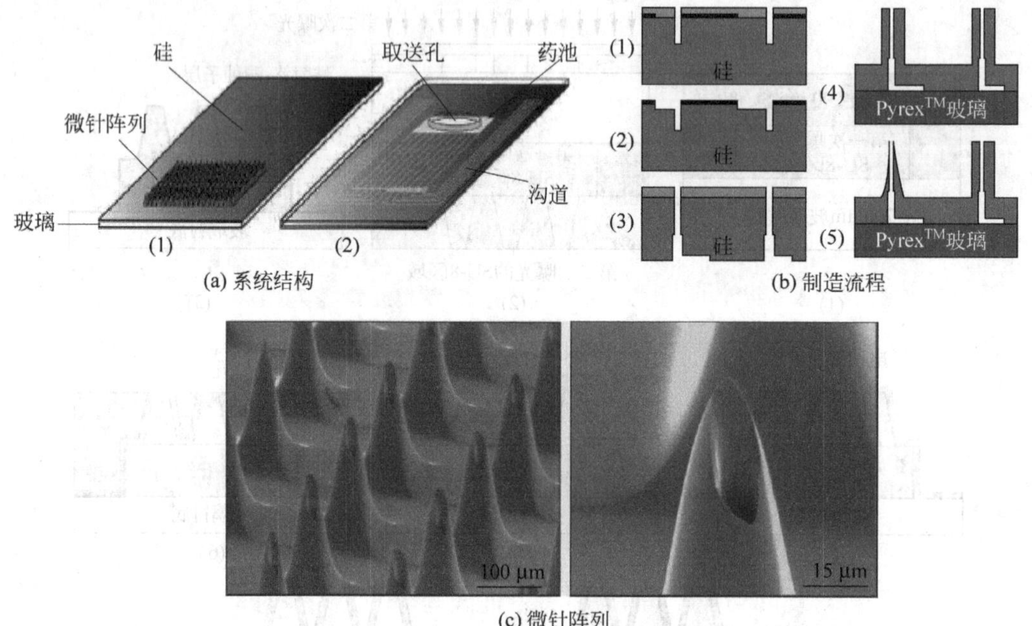

图 8-30　血液抽取微针

图 8-30(b)所示为微针阵列的制造过程示意图，针孔为 DRIE 刻蚀制造，针管外部在键合后利用 HNA 各向同性刻蚀而成。不同深度的 DRIE 刻蚀采用两级掩膜。(1)在硅衬底溅射一层铝，刻蚀铝形成针管和药物容器的窗口；涂厚光刻胶，形成除针管所在位置以外其他位置的掩膜，采用 DRIE 刻蚀针管；(2)去除光刻胶后用铝作掩膜，刻蚀药物池；(3)在硅衬底背面涂厚胶，对应针管位置去除光刻胶，利用 DRIE 刻蚀，使两面刻蚀的针管可以连通；(4)将刻蚀好的硅衬底与耐热玻璃 7740 进行阳极键合；(5)在 HNA 溶液中进行各向同性刻蚀，形成针尖。由于 DRIE 刻蚀深宽比能力的限制，针管直径一般要大于 20 μm。图 8-30(c)所示为加工后的微针阵列及单个微针的放大照片，可见针孔与针管的中心没有完全重合，而是形成了两个偏心圆。这是因为 DRIE 刻蚀针孔与针管外围是两次光刻完成的，因此光刻的对准误差导致了偏心的形成。微针阵列对液体抽取有很好的效果，在微针接触到非生物流体和生物体液的源头时，毛细现象立刻将液体抽取进入微针和与之联通道微流体通道中，例如通过微针阵列与生物体表皮摩擦即可进行体液抽取，而不会在生物体表面产生伤痕。

3. 微针的设计

由于微针的结构相对特殊，加之所使用的材料多为脆性的硅及其衍生材料，因此微针的设计需要仔细的力学分析，以解决以下 3 个方面的问题：①微针在刺入皮肤时受到弯矩的作用而可能导致的折断以及轴向力引起的失稳[25,35,43]；②由于微针管道直径很小，液体流动时的流体力学问题[28,40]；③根据微针的特点确定刺入皮肤所需要的外力[26,44]。微针的力学特性除了与材料有关外，直接决定于微针的形状和几何参数。当微针的形状和参数设计合理时，才容易刺入皮肤；相反，当刺入皮肤时需要过大的外力，会导致微针折断。为了研究微针尺寸和形状对刺入力的影响，需要在把一根微针刺入皮肤的时候测量微针的阻力和位移，同时测量皮肤电阻以检测微针刺入的情况。研究微针折断时，将微针按向一个刚性表面，直到微针折断为止。

图 8-31(a)～(d)分别为中微针的俯视图[26]。对于不同的形状，微针在径向外力作用下发生折断、刺入皮肤的力，以及轴向力作用下失稳的力的大小都不同。图 8-32 所示为不同形状的针尖在失稳时的外力、刺入和折断时的情况。微针针尖越尖锐，需要的刺入力就越小，但是抵抗折断的能力也越低。

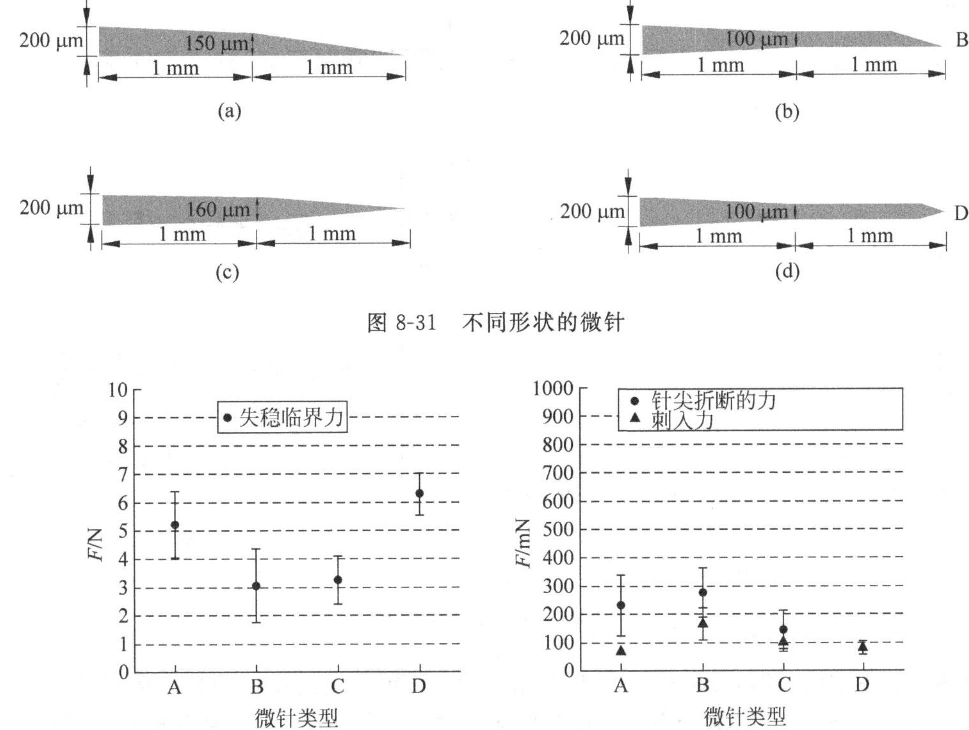

图 8-31　不同形状的微针

图 8-32　微针失稳时的临界外力、刺入力与针尖折断的力

图 8-33 所示为微针的力学特性与结构的关系[43]。图 8-33(a)为金属微针失稳时轴向力与微针长度的关系，随着长度的增加，失稳时轴向外力下降，因此在满足使用条件的情况下微针应尽可能短。图 8-33(b)为微针刺入外力与刺入时间的关系，峰值代表刺入的时刻，峰值大小随微针长度的关系如图 8-33(c)所示。可以看出，刺入力随着长度增加而小幅度增加，动态测量的刺入力随时间的变化关系类似于物体从静止到运动过程中的摩擦力的变化。图 8-33(d)为 1000 μm 长的微针针管内的压力下降随着流速的关系。

对于形状较为规则的微针，可以通过微针与皮肤的等效接触面积计算界面面积，然后建立刺入皮肤所需的外力以及断裂时外力的大小与微针参数之间的力学模型[44]。实验表明，微针的刺入力为 0.1～3 N,几乎与微针的截面积成正比。刺入力与针管的厚度没有明显关系,空心微针的刺入力与相同针尖半径的实心微针相同,这表明皮肤不会进入针管。折断微针的力需要 0.5～6 N,当针管厚度增加时,发生折断时的外力迅速增加;当针管角度增加时,折断力仅小幅度增加;但是折断力与针尖半径没有明显关系。断裂力与刺入力的比值可以看作安全裕度,当它大于1时,微针才能够刺入皮肤,否则在进入皮肤以前已经发生断裂。微针的安全裕度必须超过1,甚至超过10。针尖半径越小,安全裕度越大。

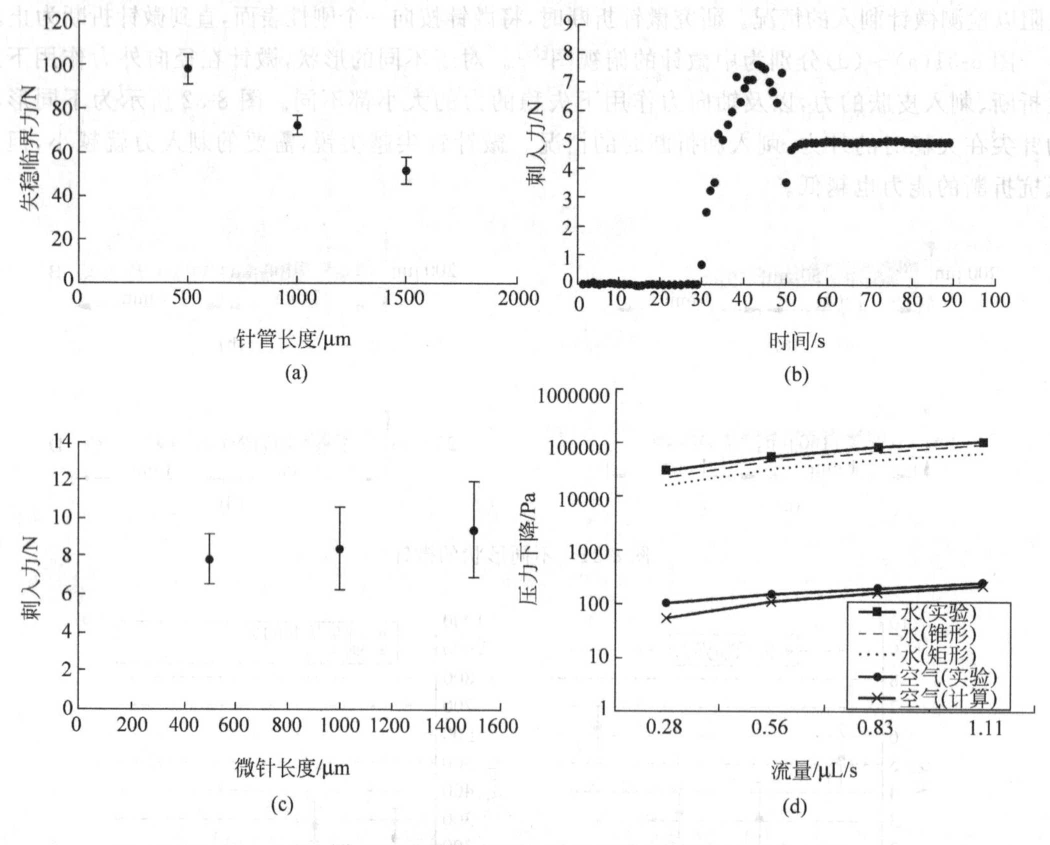

图 8-33 微针力学性能与长度的关系

流体在针管中流动时,流体阻力需要考虑圆管内泊肃叶流的粘性剪力和惯性,因此针管长度上总的压力下降 Δp 是层流摩擦(即泊肃叶流)引起的压力下降 Δp_R 和使流体加速的压力下降 Δp_B 的和[33,45]

$$\Delta p = \Delta p_R + \Delta p_B = \frac{8\eta L}{\pi R^4}\Phi + C_B\frac{\rho}{\pi^2 R^4}\Phi^2 \tag{8-1}$$

其中 η 为流体粘度,Φ 为流速,R 和 L 分别为针管半径和长度,C_B 为常数(本例中为1.2)。

空心微针失稳的临界压力为[35]:

$$P_{cr} = \frac{\pi^2 E}{2L^3}\int_0^L \sum_{i=0}^{n} k_i z^i \cos^2\left(\frac{\pi z}{2L}\right)dz \tag{8-2}$$

其中 $\sum_{i=0} k_i z^i = I(z)$, $I(z)$为在坐标 z 处的惯性矩,k_i 是与空心锥柱截面积有关的常数。当空心锥柱的截面面积矩可以表示为 z 的多项式函数时,公式(8-2)可以应用于该空心锥柱计算临

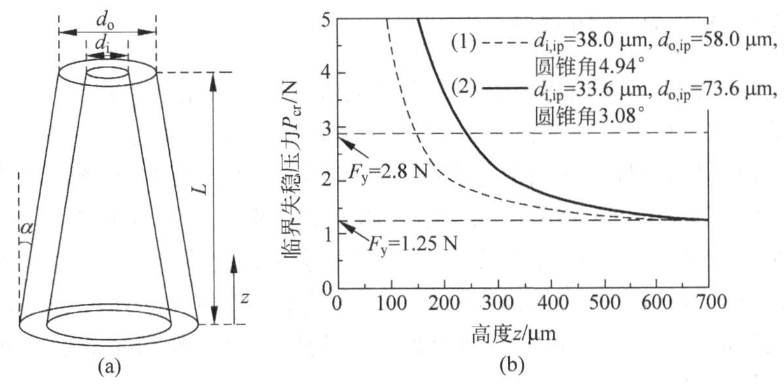

图 8-34 锥形微针和失稳与高度关系

界失稳压力。对于图 8-34 所示的规则空心锥柱，其惯性矩可以表示为

$$I(z)=\frac{\pi}{64}[(d_o^4-d_i^4)+8(L-z)(d_o^3-d_i^3)\tan\alpha$$
$$+24(L-z)^2(d_o^2-d_i^2)\tan\alpha^2+32(L-z)^3(d_o-d_i)\tan\alpha^3] \tag{8-3}$$

于是一端固支一端自由的空心锥柱，临界失稳压力为

$$P_{cr}=\frac{E}{80\pi L^2}\left[\frac{5\pi^4}{16}(d_o^4-d_i^4)+L(5\pi^2+1.25\pi^4)(d_o^3-d_i^3)\tan\alpha\right.$$
$$\left.L^2(15\pi^2+2.5\pi^4)(d_o^2-d_i^2)\tan\alpha^2+L^3(-120+30\pi^2+2.5\pi^4)(d_o-d_i)\tan\alpha^3\right] \tag{8-4}$$

上式不仅可以用于空心微针，简化后可以用于实心微针。

例如对于高 400 μm、锥形角 3.08°、壁厚 20 μm、内径 33.6 μm 的电镀镍微针，根据弹性模量 23.1 GPa 可以计算得到临界失稳压力为 1.8 N。根据屈服强度 830 MPa 可以计算引起材料屈服的最小轴向外力为 2.8 N。因此微针在达到材料强度失效以前，首先发生了失稳。对于 200 μm 高、锥形角 4.94°、壁厚 10 μm、内径 38 μm 的电镀镍微针，临界失稳的外力为 2.25 N，而屈服强度对应的外力为 1.25 N，可见微针首先达到材料强度。图 8-34(b)所示为两种微针屈服强度对应的外力和临近失稳时的外力随着高度变化的关系。一般情况下，微针都是阵列结构，因此最后总体强度和失稳决定的外力都需要扩大阵列中的微针数。

从上面的计算可以知道，对于不同结构的微针，决定最大作用力的可能是强度，也可能是失稳。然而，尽管微针在工作过程中受到的垂直力或者偏心力很小，但是由于微针的高宽比很大，也会造成比较严重的弯曲。多数情况下，引起微针失效的不是轴向压力引起的强度极限或者失稳，而是弯曲引起的强度失效。当偏心力 P 作用在微针上时，针尖的最大弯曲位移为

$$\delta_{max}=e[\sec\sqrt{P_{max}L/(EI)}-1)] \tag{8-5}$$

其中 e 是外力的偏心距离。假设微针为菱形，作用在针尖的剪力 V 引起的位移为

$$\delta_{max}=\frac{V_{max}L^3}{3EI} \tag{8-6}$$

尽管式(8-6)是根据菱形得到的结果，但是将该式中惯性矩改为圆形或者方形截面的惯性矩，也可以应用于圆形或者方形截面的微针。通过比较式(8-5)和式(8-6)，可以计算出最大允许偏心和最大偏心力。

8.1.3 可植入主动药物释放

可植入主动药物释放微系统适合于需要每天或者每周多次给药治疗的情况，例如糖尿病。可植入药物释放系统包括生理检测传感器、药物容器、微泵、微流体通道、微阀等部分，以此实现药物的闭环控制释放，即根据体内的生理指标决定是否释放药物以及释放量，使药物的作用效果最大、副作用最小。将药物释放微系统植入体内或者埋在皮下，可以降低由于注射次数过多而导致感染的可能性。由于系统体积很小，一般不会导致疼痛或伤口；将可植入药物释放系统植入病变部位，可以最大程度地提高药物的治疗效率。要进行体内可植入的药物释放，需要有能够保存药物的片上容器。由于目前尚无法进行药物补给，使用完毕后需要从体内取出，这是可植入微系统的缺点。

闭环控制是可植入药物释放微系统的重点。常用的方法是利用生物传感器测量生理指标，然后控制药物释放；另外，也可以用体内标志性的化学物质控制封装材料的反应实现释放，但是可用种类很少。传感器是基于MEMS的可调节药物释放系统的核心元件之一，它测量人体的生化指标，例如葡萄糖(或血糖)浓度、pH值、血液分析物、组织压力，以及其他体液等。微泵是药物释放系统的动力来源和重要组成部分。目前已经有多种原理的微泵出现，包括电渗透、压电微泵、气动微泵、表面应力微泵等多种类型。由于传感器测量生理指标得到的是电信号，根据电信号进行释放一般需要电动力微泵驱动；或者采用电化学反应溶解覆盖药物池的薄膜。利用胶体实现的微阀和微泵可以将胶体对环境敏感产生的变形用作微泵的驱动力，克服了普通微泵需要能源的缺点。

图8-35所示为水驱动的药物释放系统[46]。系统利用密封溶液的浓度作为控制药物释放的标准，包含两部分：下部带有渗透驱动装置的执行器和上部由PDMS构成的药物容器及流体通道。由于渗透执行器中半透膜内外溶液的浓度差，水从外部溶液中经过半透膜渗入到内腔。因为上部的不透水薄膜的刚度远小于半透膜的刚度(小100倍)，不透水薄膜在压力作用下向上变形，推动药物容器内的药物经过传输管道从药物出口释放。图8-36所示为可植入微系统的制造过程。(1)对100 μm厚的SU-8光刻形成药物传输管道。(2)在管道末端滴入一滴SU-8形成大小1 mm的半圈。(3)利用SU-8作为模具，模铸PDMS形成上半部分。(4)由于PDMS的透气性，上层用聚脂薄膜密封。不透水薄膜为氯乙烯和丙烯腈的共聚物。(5)用类似的方法制造带有渗透执行器的下半部分。利用苯乙烯-橡胶-苯乙烯的共聚物(Karton)夹在上下两部分中间作为变形的薄膜。为了增加键合强度，键合面双面用等离子体处理。(6)将PDMS层上半部分与带有执行器的下半部分键合。

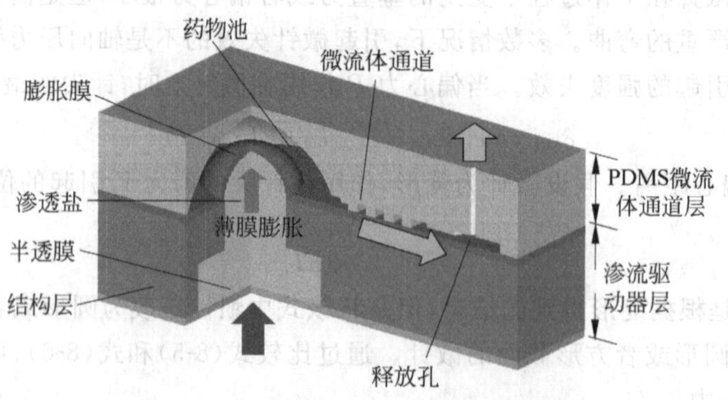

图8-35 扩散泵可植入微系统示意图

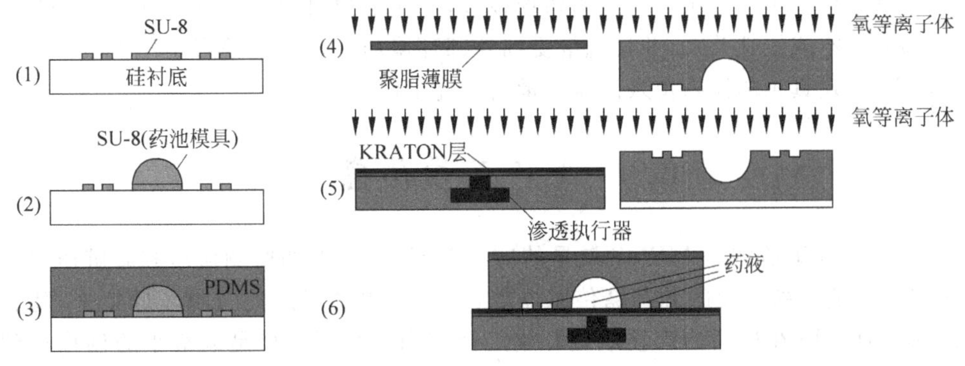

图 8-36 扩散泵可植入药物释放微系统的制造过程

图 8-37 所示分别为 SU-8 模具、可植入微系统剖面和外形照片，以及药物释放量随时间变化的关系。这种释放方法的优点是药物的释放量可以连续调节，类似模拟信号；而溶解药物池覆盖膜的方法只能脉动式调节，类似数字信号。图 8-35 所示的可植入微系统的药物释放体积与时间近似成线性关系。由于药物输运管道截面高度只有 100 μm，长度很大，液体流经管道引起的压力下降很大，因此管道的参数成为影响药物释放速度的重要因素。

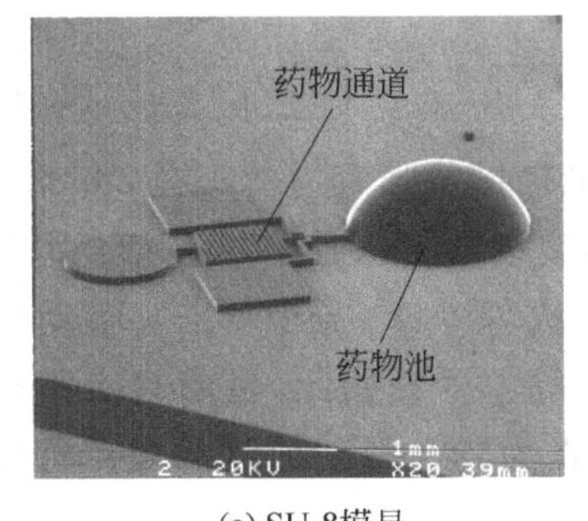

(a) SU-8模具

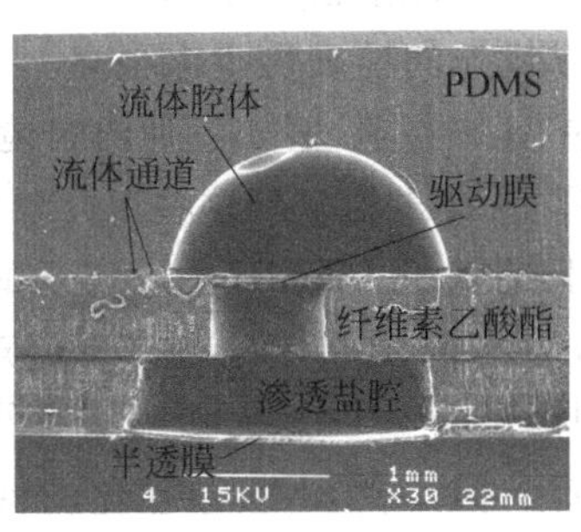

(b) 器件剖面图

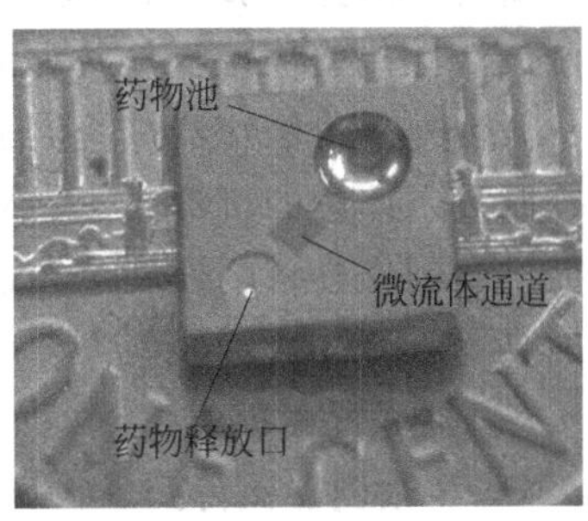

(c) 器件照片

图 8-37 扩散泵器件

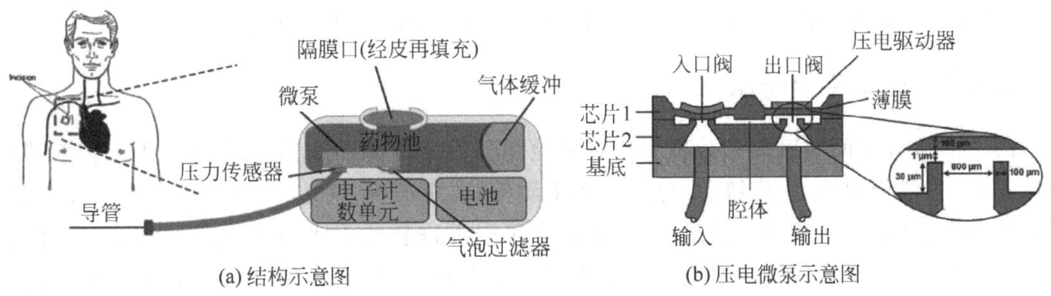

(a) 结构示意图

(b) 压电微泵示意图

图 8-38 蠕动泵可植入药物释放系统

体内可植入的药物释放多采用渗透压差或气压差的扩散微泵释放药物，其优点是不需要电源驱动，可以大大缓解可植入系统能量供给的问题，但是依靠渗透压的微波在输出流量和灵活性方面有显著的缺点。图 8-38 为利用压电驱动的蠕动微泵实现的可植入给药系统[47]。通过电压驱动的压电薄膜材料的变形改变腔体内的压力而形成与外部环境的压差，从而推动药物输出。这种结构特别适合于低剂量的药物释放,每次输出可以在10～200 nL之间调整,输出与驱动频率基本成线性关系,并且流量受到外部环境压力(背压)的影响不大。由于结构复杂、材料多样,实现真正的体内植入尚需大量的研究工作。

8.2 生物医学传感器

疾病诊断和健康监测是MEMS最早的应用领域之一,例如监测血压和心脏压力的微型压力传感器、测量血糖浓度的葡萄糖传感器等,都已经得到了广泛应用。近年来,随着微创外科的发展,MEMS在疾病治疗领域也开始广泛应用。微创外科是以最小的创伤达到外科手术目的的新兴学科,以病人治疗后心理和生理上最大限度地康复作为外科治疗的终极目标。微创外科从手术路径、器械和操作上把对人体的侵袭降到最低,符合对机体造成的局部和全身创伤尽量小、内环境保持尽量稳定、手术切口尽量小、炎症反应尽量轻、疤痕尽量少的原则。

在微创伤外科手术中,医生不直接面对患病部位、不直接操作手术器械,而是通过显示器上的图像观察,通过计算机在体外远距离控制深入病人体内的器械。医生无法通过触觉等进行判断,甚至连辨别组织都非常困难,因此微创伤手术难度很大。由于体内空间的限制,手术器械灵活性差、自由度小,这对手术操作的准确性要求很高。

微创外科对医疗器械提出了更高的要求,例如各种内窥镜、导管、手术工具,以及体外计算机控制进入体内的机器人等。MEMS技术为实现这些医疗器械提供了强有力的工具,将极大地促进微创伤外科的发展[48,49]。目前基于MEMS技术实现的微创外科医疗器械包括:用于体内器官检查的内窥镜[50,52]、压力与触觉传感器[53,54]、超声成像[55,56]、导管[57,58]、微动平台[59]、机器人手术器械[60,61]、微型镊子[62,63]以及人造器官[64,65]等。尽管如此,目前只有很少的MEMS微创器械得到了临床应用,但是MEMS微型化的特点为其在微创外科的应用带来了巨大的发展潜力。

从测量对象上看,BioMEMS领域应用的传感器也可以分为压力传感器、应力传感器、生化传感器、图像传感器等几类,多数传感器的敏感机理和基本结构与常规传感器没有本质不同,但是需要针对BioMEMS的特殊需求如形状、体积、功耗等进行改进。

8.2.1 医学平台传感器

医学平台应用面向医院和分析实验室的检测和治疗,包括传统手术和微创手术辅助器械、治疗器械、成像传感器、内窥镜、生化分析和检测等,要求准确、快速,有些应用根据具体情况还需要体积小、抗电磁干扰等。通过MEMS技术可以促进新的手术技术的产生,促进现有技术向着低风险、实时反馈的方向发展。用于手术的MEMS器件包括钳状骨针(Forcep)、清创器等器械,以及手术平台所使用的血流、压力、温度、氧气和生化指标监测传感器等。另外,为了帮助医生获得更多的信息,以便能够准确地进行手术操作,安装在机器人前端或者手术器械前端的MEMS压力传感器、触觉传感器、视觉传感器等,能够在进入病人体内后获得感观甚至模仿触觉信息,极大地帮助医生的手术过程。

测量局部血压或者体内压力的压力传感器是最早应用于外科学的传感器。早期的压力测量采用填充盐溶液的导管,将体内压力传递到导管末端,再由体外的压力传感器进行测量。由于排除导管内的气泡以及压力的衰减，这种方法测量精度较低。将压力传感器固定在导管的前端，深入体内进行测量能够获得更高的精度，是目前广泛采用的方法。深入体内的压力传感器多为压阻或者光纤传感器，例如采用表面微加工技术制造的多晶硅压阻传感器[54]，压力测量芯片只有 100 μm×150 μm×300 μm，深入体内便于测量局部压力。采用微加工技术实现的光纤传感器适合体内的压力测量[66]，这是因为光纤信号传输方便，并且可以克服电磁干扰。微加工制造的膜片与光纤相互固定，光纤输入的信号照射到膜片后，如果外界压力变化使膜片发生了变形，就改变了反射回光纤的光信号，从而测量局部压力。这种原理类似于压力调制 Fabry-Perot 腔的反射距离并用分光计检测的压力传感器。

由于间接使用二维的显示器取代直接三维视觉、用计算机体外控制体内器械，微创伤手术在视觉和操作上都是间接的，医生在手术过程中难以获得触觉反馈。微创伤机器人反馈利用微型传感器测量反馈力，帮助医生实现触觉反馈[59]。触觉传感器一般采用压阻测量方式，传感器一般制造在硅、聚酰亚胺或其他衬底上，然后粘接在机器人手术器械前端[67]。这种方法制造简单，但是粘接限制了传感器的精度、尺寸以及传感器的位置。把机器人手术器械作为传感器的衬底将传感器直接制造在器械上，可以提高传感器的灵敏度并降低由于胶引入的蠕变误差。

医生在对某一组织实施手术或者切除时，必须知道这是什么组织，因此识别体内的不同组织，例如脂肪、肌肉、血管或者神经组织等对于手术是极其重要的。根据不同组织切割过程中的阻力不同，在手术刀等器械表面制造应力传感器，能够根据应力识别所操作的组织，并能够根据周围的压力辅助分辨该组织的环境和位置。采用电极阵列可以用来测量组织的阻抗，也能够分辨不同的组织特性。不同组织具有不同的密度，因此根据组织的密度也可以识别不同的组织。压电超声传感器与换能器组成的阵列能够实现超声成像，是一种有效的测量组织方法[55,56]。压电超声成像的发生源一般采用 PZT 或者 ZnO 换能器，以便实现较高的转换和输出效率；而测量可以采用更加灵敏的高分子压电材料 PVDF。这种集成了多种传感器的机器人手术器械可以实时提供反馈信息，帮助医生判断组织和周围的情况。

8.2.2 个人及可穿戴传感器

近年来，面向个人应用的便携和可穿戴医疗系统得到了快速发展。如图 8-39 所示，可穿戴医疗系统通过穿着、携带或贴附在人体的多种物理和化学传感器，为人体提供短期或长期的生理指标和环境指标的监测，例如呼吸成分、心率、血压、血氧浓度、血糖浓度、心电和脑电、环境温湿度、姿态、化学气体等；同时，很多应用还要求能够测量环境指标[68]。可穿戴系统是集 MEMS 与传感器技术、无线通信技术和网络技术于一体的综合系统。通过对个人生理指标的监测，可穿戴传感器可以广泛应用于远程医疗监护、康复及辅助治疗、运动及生理能力开发、姿态及危险监测、疾病早期诊断以及环境监测等多个领域。

面向个人应用的需求，决定了传感器具有成本低、体积小、功耗低、功能多的特点，而对于可穿戴应用，能够进行弯折的柔性传感器是实现功能的理想选择。实现柔性的方法主要包括有机聚合物基底器件和超薄硅器件。较薄的有机聚合物多为柔性材料，如厚度为几十微米至几百微米的 Kapton 聚酰亚胺薄膜具有良好的柔性和可弯折性，将生物电极制造在 Kapton 衬底上，能够获得良好的柔性器件，更容易贴附在曲面的人体表面。对于硅器件，当厚度小于 50 μm 以后也具有一定的柔性，特别是随着厚度的降低，如果能够消除硅衬底减薄所产生的残

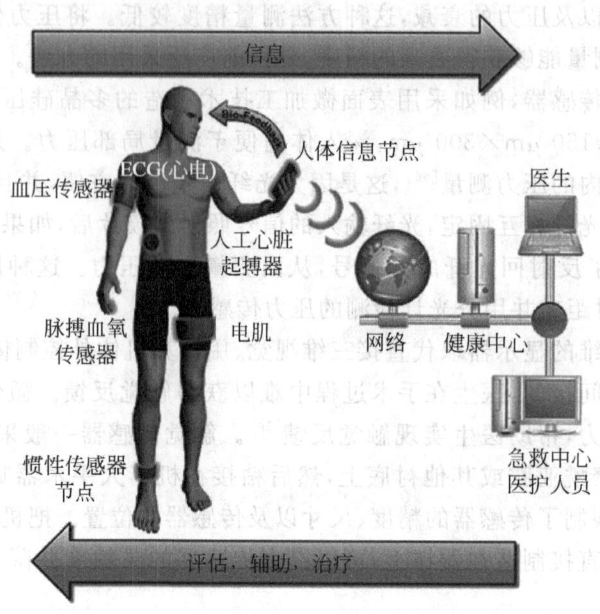

图 8-39 可穿戴生物传感器及远程医疗示意图

余应力，超薄的硅器件也具有良好的柔性。将硅器件与有机聚合物基底层合，就可以实现柔性的硅传感器。

表 8-3 所示为通过可穿戴系统由位于体表的传感器能够检测的主要生理信号[68]，其中包括心电图(ECG)、血压、体温、呼吸频率、氧饱和度、心率、汗液及皮肤电导率、心音、血糖浓度、

表 8-3 生理信号及检测传感器

生理参数	描　述	典型值	传感器
心电图(ECG)	心脏电活性，连续波形表明心脏收缩和舒张	频率：0.5～100 Hz，幅值：0.25～1 mV	皮肤/胸部电极
肌电图(EMG)	骨骼肌电活性	频率：10～3 kHz，幅值：50 μV～1 mV	皮肤电极
脑电图(EEG)	自发脑电活性和其他脑电势	频率：0.5～100 Hz，幅值：1～100 μV	头皮电极
血压	心脏收缩压和舒张压，血液循环施加在血管(动脉)侧壁的压力	收缩压：60～200 mmHg，舒张压：50～110 mmHg	臂带式测量
心率	心脏跳动速率	40～220/min	测量心脏周期的频率
心音	心脏音质		胸部麦克风
体温	人体产生和排出热量的能力	32～40℃	温度探针或皮肤贴
皮肤电导率	汗腺功能和活跃度	0～100 kΩ	皮肤电反应(GSR)
呼吸频率	呼吸速率	2～50/min 或 0.1～10 Hz	压电或压阻传感器
血氧饱和度	血液中运载氧气的含量	0～100%	脉冲血氧计
血糖浓度	血液中葡萄糖数量	0.8～1.2 g/L	血糖试纸
身体姿态	身体动作和平衡情况		加速度、陀螺、磁

肌电图、脑电图以及身体运动和平衡姿态等。主要的生物电信号，如皮肤阻抗、心电图、肌电图和脑电图需要使用体表贴附的电极或探针，而血压、姿态、心音和呼吸速率等需要力学量传感器。目前世界范围内多家大学和企业正在开发的可穿戴个人医疗产品[68]，测量内容几乎包含了各种生理参数，但是绝大多数测量参数少于 5 个，其中以 ECG、呼吸和人体活动姿态为主。另外，几乎都采用无线通信的方式将采集的信号输入个人手机或者 PDA。主要应用包括帕金森症的诊断与检测、心脏病监测、康复治疗检测以及危险环境下和老年人及患者等高风险人群监测等。

图 8-40 所示为几种典型的可穿戴个人医疗器件和产品。图 8-40(a)为腕带式电子血压计，与传统的水银血压计采用科式听音法测量不同，电子血压计大多采用示波法，即通过测量血液流动时对血管壁产生的振动来判断血管壁内的血压与袖带内的控制压强是否相同。在袖带放气过程中，当袖带内的压强与血管压强相同时，振动最强，通过高精度的压力传感器测量振动的最大值并测量袖带内对应时刻的压强，就可以测量血压。图 8-40(b)为 Adam 开发的穿戴式的胰岛素注入泵，泵体末端的导管通过一个针头插入糖尿病患者腹部皮下脂肪中，利用预先存储的胰岛素注入剂量参数控制泵体间歇性地向体内注入胰岛素。更进一步，注射微泵的控制可以依靠埋入皮下的血糖浓度传感器进行控制，即根据生理指标实时控制血糖浓度。图 8-40(c)所示为瑞士联邦工学院开发的腕式心脏病人生理参数监测仪，能够提供血压、脉搏、氧饱和浓度、体温和 2 通道 ECG 的监测信号，为远程监护和处理提供实时生理参数检测指标。

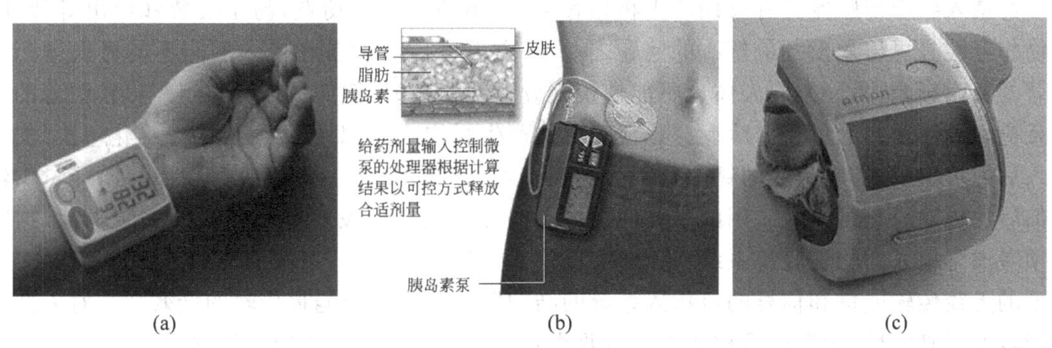

图 8-40　典型的可穿戴个人医疗器件和产品

8.2.3　可植入传感器

植入应用主要用于人体短期或长期的生理指标测量、慢性疾病治疗甚至病变器官的替换等功能。短期植入主要包括胃肠胶囊、眼压测量以及心脏和血管压力测量传感器等，长期可植入包括心脏起搏器、心脏压力传感器、体内生化传感器、心脏除颤器、血糖检测和胰岛素释放、脑电测量和激励、胃液刺激器、人工耳蜗和人工视网膜等应用，如图 8-41 所示。

主要的可植入传感器包括压力传感器、加速度传感器、麦克风、图像传感器、流量传感器、应力传感器、力传感器等。压力传感器是可植入应用种类最多的传感器，可以用于眼压测量(9～21 mmHg)[69]、颅内压测量(2～20 mmHg)[70～72]、椎间盘压力[73]、冠状动脉血压(9～15 cmHg)[74]、心力衰竭[75,76]、高血压及心律失常[77]、泌尿系统膀胱压力测量(0～15 mmHg)[78]等疾病的诊断、监测和辅助治疗。常见的压力传感器植入方式是采用导管，压力传感器至于导管前端，将导管插入体内后进行原位压力测量。对于长期或永久可植入压力传感器，需要通过

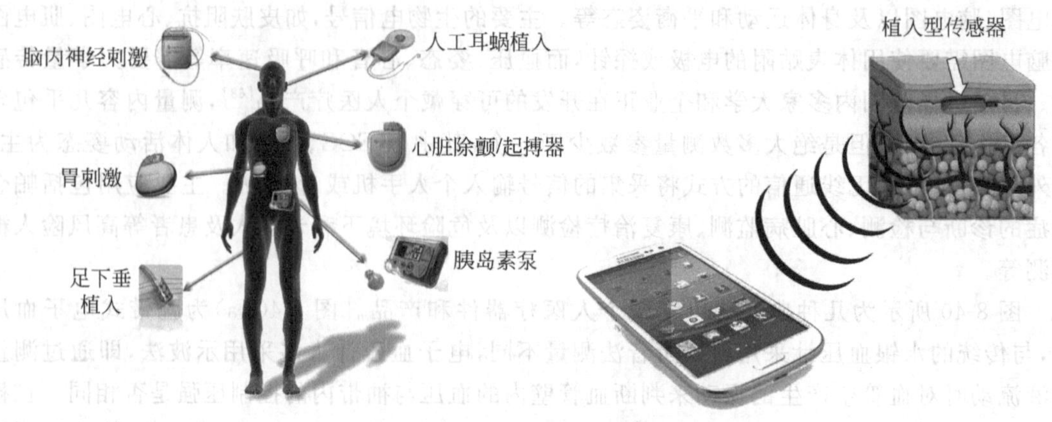

图 8-41 主要的人体可植入应用

导管或手术方式将压力传感器固定在特定的位置。加速度传感器目前主要的可植入应用是心脏起搏器[79],通过加速度传感器测量人体的运动,调整起搏速率。流量传感器可以用来测量血液的流速,进而监测高血压或调整心脏起搏器的频率[80]。将压力、温度、超声成像、触觉和流量等多种传感器集成或组装在导管前端进行植入,可以实现微创手术的多参数测量及视觉和触觉模拟、疾病的综合诊断,以及治疗过程及效果的综合评估[81]。

可植入要求传感器具有长期的生物相容性、极小的体积和功耗,易于安装和取出等特性。生物相容性是可植入设备最核心的问题之一,一方面可植入设备在植入期间不能对人体产生显著的负面影响,另一方面人体也不能使植入设备功能丧失,例如植入导致组织损伤引起的炎症反应和异体引起的免疫排斥反应都会对人体产生影响,而葡萄糖传感器的纤维化包覆、支架植入后的再狭窄、心脏瓣膜的钙化等都会导致植入器件的失效。除生物相容性以外,能量供给及信号的传输也是可植入应用的主要问题。有些可植入应用没有足够的空间安装电池,这时必须考虑可植入的能量收集系统或无线能量输入,以维持可植入系统的正常工作。图 8-42 为典型的无线传输能量和信号的可植入系统的结构图。由于无线能量传输的低效率和对人体长期影响的不确定性,近期内可植入的能量收集系统将成为可植入应用的优选方案。

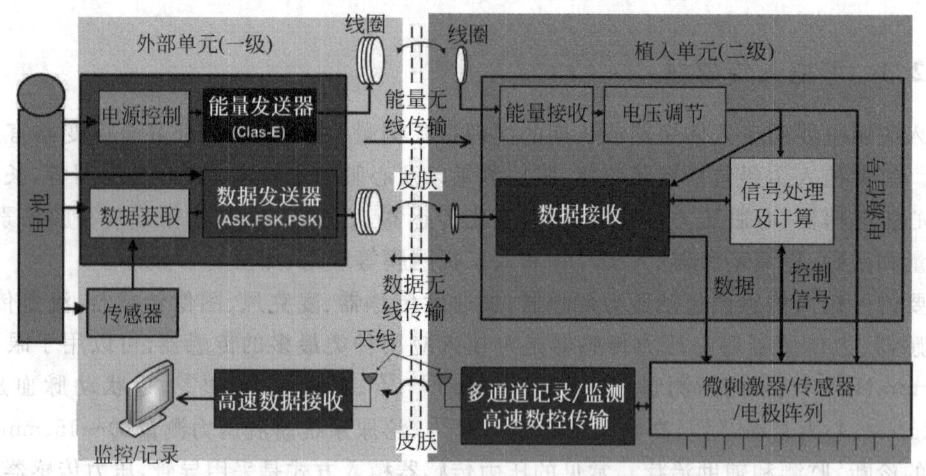

图 8-42 典型无线传输能量和信号的可植入传感器系统结构

图 8-43 为几种可植入器件和产品。图 8-43(a)为慕尼黑工业大学开发的可植入式氧浓度传感器，用于连续监测肿瘤系统的生长。通过监测周围组织的氧浓度可以判断肿瘤的生长速度，通过无线通信将信息传出体外，帮助医生和病人采取合适的措施。实际上，进一步集成酸度传感器、温度传感器和药物释放泵，能够实现对肿瘤靶位精确的药物释放。图 8-43(b)为 CardioMEMS 开发的长期可植入血压监测传感器 Champion HF。该传感器通过测量肺动脉血压监测心力衰竭和肺动脉高压，通过测量主动脉压力监测腹部主动脉瘤和胸动脉瘤，通过测量脑动脉压力监测高血压。这种可植入压力传感器将心力衰竭病人在 6 个月内的入院率降低了 28%，15 个月内的入院率降低了 37%。尽管临床试验效果显著，但是这个世界上首个永久可植入的无线心力衰竭监护系统并未通过美国 FDA 的认证，主要原因是无线系统的影响和长期免疫反应。图 8-43(c)所示为 Purdue 大学开发的可植入无线压力传感器。这种传感器采用体外的低频声波(如 Rap 音乐)驱动植入的悬臂梁式 PZT 压电能量收集器产生谐振，在体内收集振动能量转换为电能。PZT 能量收集器频率为 200～500 Hz，可植入系统全长 2 cm，用于动脉瘤影响的血管内压或膀胱内尿压的监测，控制尿道括约肌解决中风和瘫痪患者的尿失禁。

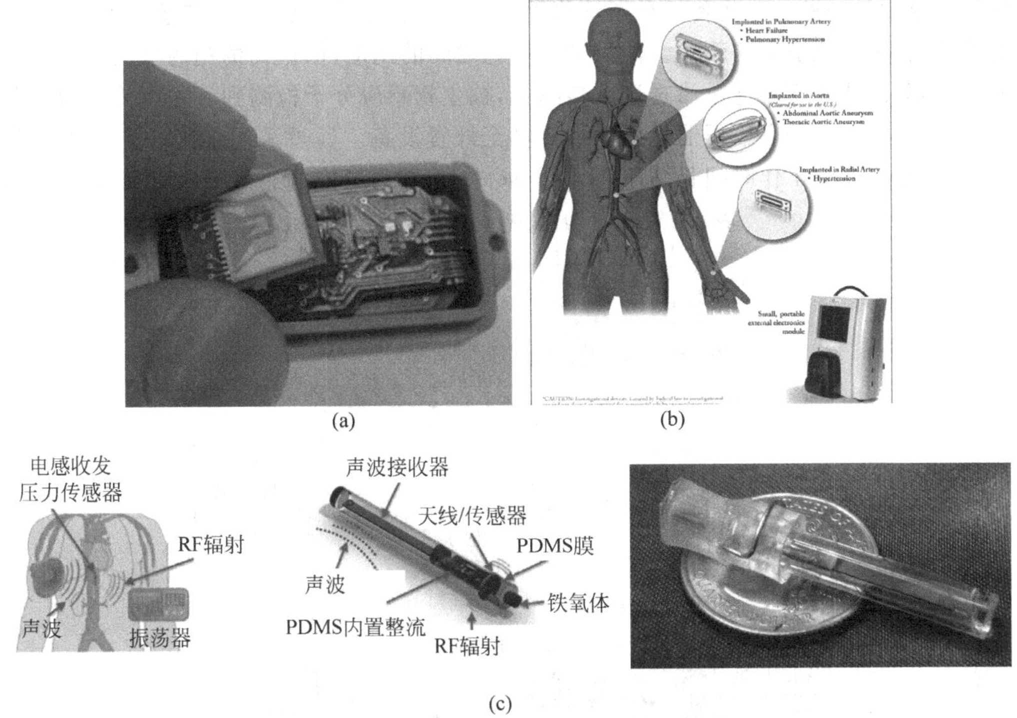

(a)　(b)

(c)

图 8-43　可植入器件和产品

近年来，胶囊式胃肠镜(内窥镜)是短期可植入应用的重要发展方向。将图像传感器、数据采集与存储，以及电源集成，可以将胃肠镜作为胶囊形式吞服，使胶囊在胃肠中特定的位置进行医学成像，是诊断胃肠疾病、气管和支气管、妇科疾病、心血管疾病以及整形手术辅助的有效手段。2011 年 Medigus 和 TowerJazz 合作，利用 0.18 μm CMOS 工艺和 TSV 工艺实现了尺寸只有 0.66 mm 的世界上最小的可抛弃型内窥镜图像传感器，像素规模 45 000，如图 8-44 所示。

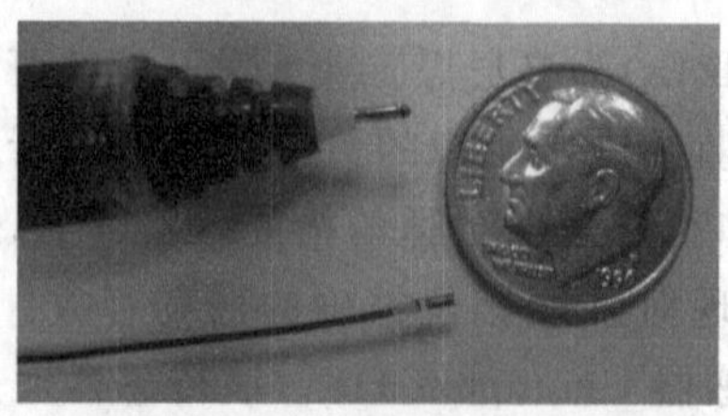

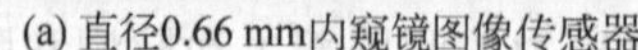

(a) 直径0.66 mm内窥镜图像传感器

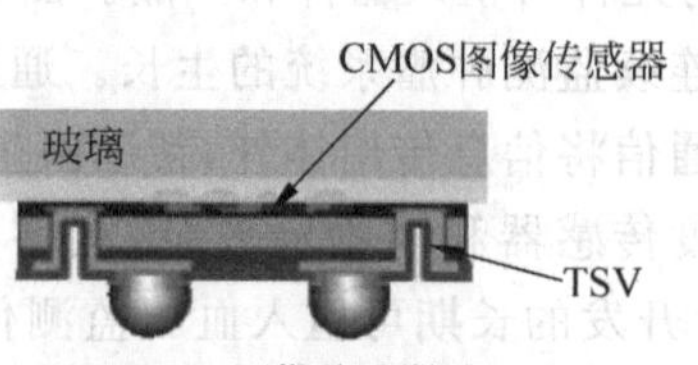

(b) CMOS图像传感器及TSV

图 8-44　胶囊内窥镜

随着世界范围内人口老龄化的加重和饮食习惯的变化,目前世界上约8%的人口患有糖尿病。长期血糖浓度异常对生理系统特别是眼、肾、心脏、血管、神经系统会产生慢性损害或功能障碍,从而降低患者寿命,甚至由于突然的血糖浓度失控导致猝死。因此,连续的血糖浓度监控(例如Ⅰ型糖尿病每天监测至少5次)对于控制病情、指导用药并防止猝死具有极为重要的意义。在目前的可植入传感器中,用于血糖监测的传感器占据了多数。

图8-45为Glusense开发的可长期植入型血糖传感器。该传感器严格来说并非MEMS产品,它是基于荧光共振能量转移原理:根据生物传感分子的状态,制造荧光效果,散播两种可能性颜色中的一种。生物传感分子能将葡萄糖锚定在某处,根据生物传感状态(有葡萄糖或没有葡萄糖)来变化散播的颜色。两种散播颜色之间的比例,依据葡萄糖的浓度而定。传感器中有一片膜,能让葡萄糖通过渗透进入传感器,被生物感应分子检测到。之后传感器的电光部分对荧光进行测量,测量数据通过射频被传输至外置设备。通过采用细胞法更新传感器内的活性物质,传感器的工作时间长达一年。Glusense正在为糖尿病患者开发一种微型、长期、可

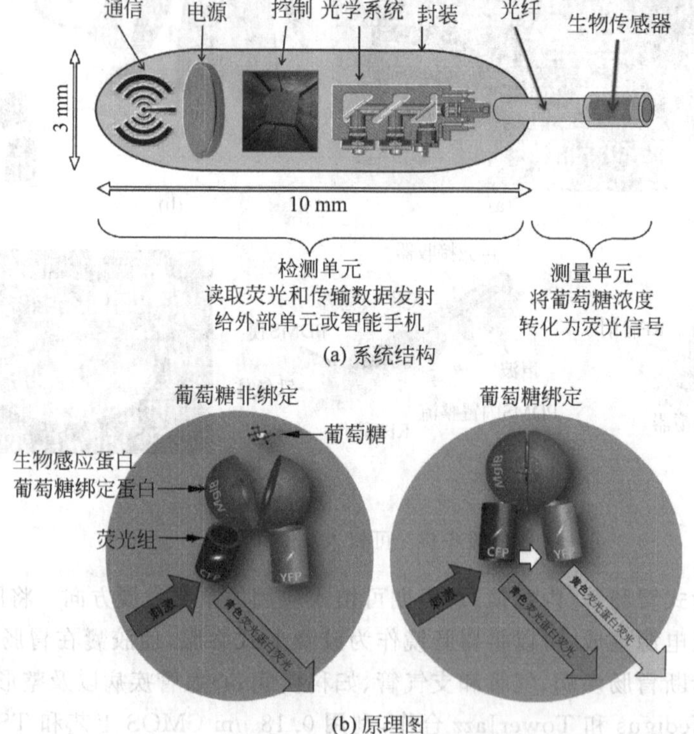

图 8-45　Glusense开发的植入式血糖传感器

植入人体内的持续动态血糖监控(CGM)系统。该系统包括一个植入皮肤下的微型传感器,该传感器能传输测量数据至一个外置设备,例如将数据直接传输至智能手机上。德国 ZMDI 和 Senseonics 合作也开发了类似原理的植入式血糖监测系统。

可植入技术的一个重要应用是实现用于治疗失明的可植入人工视网膜。视网膜是位于眼球后侧内壁的一层透明薄膜,由色素上皮层和视网膜感觉层组成,如图 8-46(a)和(b)所示。根据可植入系统的功能和植入位置,可以将人工视网膜分为视网膜下植入和视网膜外植入两类,如图 8-46(c)所示。视网膜下植入是将人工视网膜植入到视网膜神经感觉上皮和色素上皮之间,代替感光细胞感受光照,将人工视网膜输出的电信号利用人体视网膜本身的编码和解码机制转化成视觉。芝加哥大学、图宾根大学等是这一方向的主要研究机构。视网膜外植入是将人工视网膜紧贴于视网膜外表面,用眼外传来的信号直接刺激神经细胞,相当于完全替换了镜头和感光器件。这一领域的主要研究者有德国波恩大学、美国霍普金斯大学、麻省理工学院、哈佛大学、南加州大学,以及 Second Sight Medical Products 公司等。

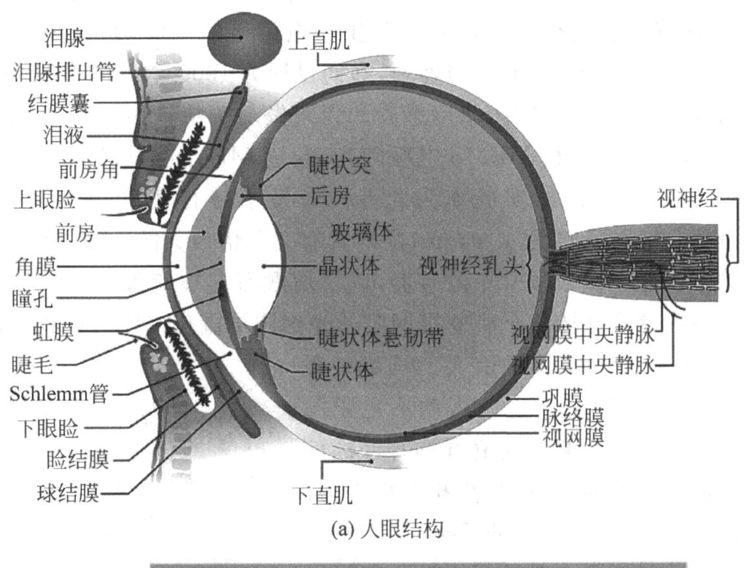

(a) 人眼结构

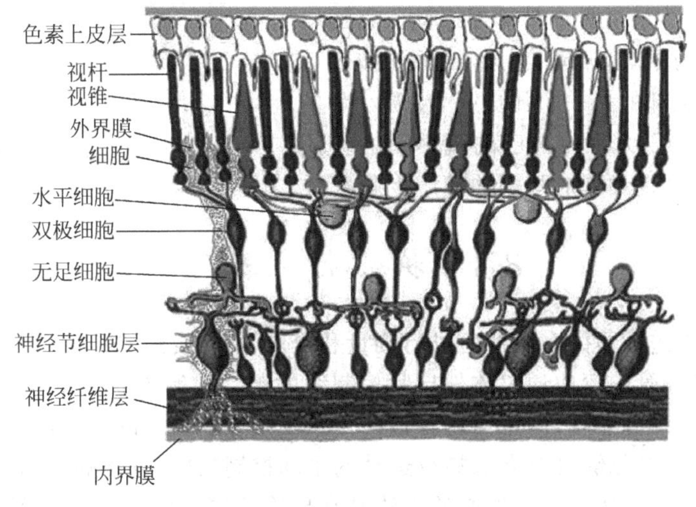

(b) 视网膜细胞构成

图 8-46 可植入人工视网膜

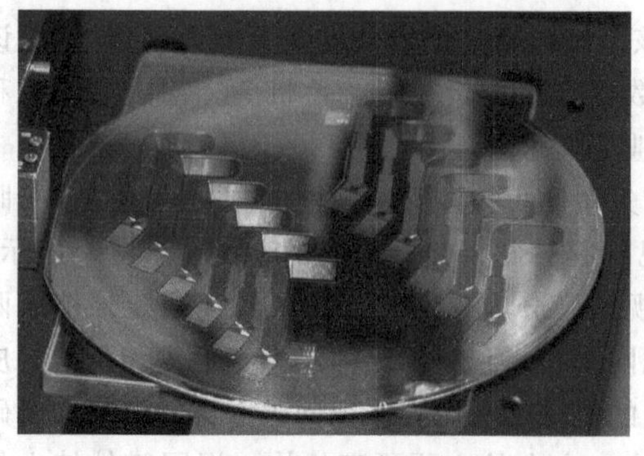
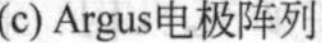

(c) Argus电极阵列

(d) Telescope结构

图 8-46 (续)

美国 FDA 批准了 Second Sight Medical Products 公司的 Argus 和 VisionCare 公司的 Telescope 可植入人工视网膜产品。Argus 和 Telescope 均为柔性基底材料,用于治疗黄斑变性等视神经完好但感光细胞受损无法产生视觉生物电信号的病症,如图 8-46(d)和(e)所示。Argus 为包含 60～200 个 MEMS 电极的阵列,远期目标为 1000 个电极阵列,可以基本达到视觉恢复的效果。利用外置眼镜中的图像传感器和无线发射系统产生图像的无线信号,由眼内植入的天线接收无线信号传递给 MEMS 电极阵列,通过 MEMS 电极阵列刺激神经细胞向大脑传送图像电信号。Sandia 国家实验室为此专门开发了带有 TSV 的信号处理电路芯片。Telescope 直径为 3.6 mm、长度为 4.4 mm,由内置有 2.5 倍放大的 PMMA 广角光学系统、透明的 PMMA 基底和蓝色的 PMMA 光调节器,以及熔融石英玻璃外壳构成。Telescope 不含电路,植入眼球后将图像信息转移至病变视网膜感光细胞周围仍旧完好的视网膜细胞上。

可植入应用的另一个重要领域是人工耳蜗。很多听障患者是由于鼓膜和小骨产生的振动不足以激励听觉神经而导致的,通过对激励前庭耳蜗神经的信号进行放大,可以使鼓膜衰退型听障患者恢复听力。图 8-47 所示为 Envoy Medical 开发的 Esteem 可植入人工耳蜗示意图[83,84],采用听小骨传导振动。将压电换能器连接到砧骨的前端,振动信号经由系统放大后传输到连接在镫骨顶部的另一个压电头,使听小骨的运动转换为内淋巴的压力。内淋巴的流体压力作用在颅骨基膜上,刺激纤毛细胞对耳蜗神经产生刺激。

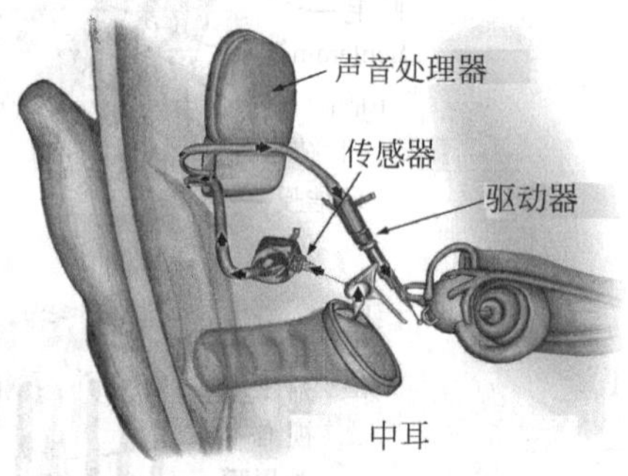

图 8-47 Esteem 可植入人工耳蜗

8.3 执 行 器

柔性的导管可以进入体内多数器官进行测量和操作,例如食道、胃、十二指肠、结肠以及尿道和肾等,这些柔性导管的弯曲通过体外拉紧控制线的被动控制方式实现。尽管导管可以通过血管达到人体内大部分器官,但是当血管走向比较复杂或者器官的形状比较复杂的时候,例如 S 形的结肠,需要导管能够具有类似蛇行运动的主动控制功能,以便顺利通过复杂的血管或者弯曲进入复杂的器官。实现主动控制的方法是在导管前端固定微型执行器,通过微型执行器的运动,在体外控制导管的前端弯曲、扭转或者前后运动。体内微执行器主要采用 TiNi 形状记忆合金，这种合金能够在加热到临界温度点以上时回复(收缩)到制造以前的形状，而加热很容易利用电流控制来实现[85]。

图 8-48 所示为利用形状记忆合金实现的具有弯曲、扭转和前后运动功能的主动控制导管。导管边缘固定一个形状记忆合金片，当通过电流加热时回复到记忆的形状，使导管产生弯曲。为了精确控制弯曲程度，利用 MEMS 技术在 12 μm 厚的聚酰亚氨衬底上制造的加热器、温度传感器和电路，可以实现精确的反馈控制。将 3 个形状记忆合金驱动器沿着 120°夹角固定在导管壁上，通过组合可以实现多方向的弯曲控制。一般形状记忆合金控制的导管的伸长有限，难以弯曲形成较小的曲率半径。

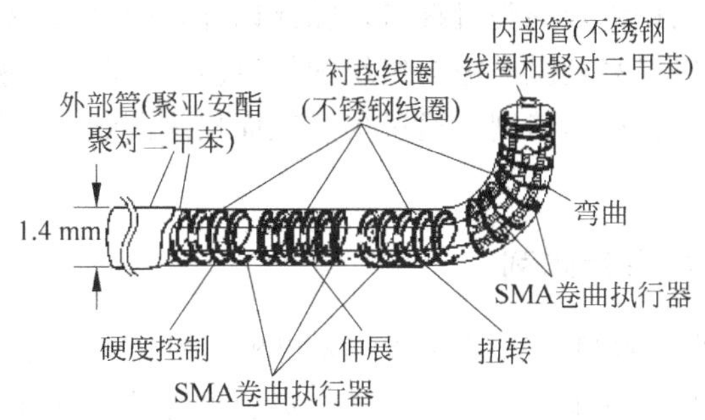

图 8-48　利用形状记忆合金实现的具有弯曲、扭转和前后运动功能的主动控制导管

图 8-49 为 Purdue 大学开发的肿瘤辅助治疗用的氧气发生器。氧气发生器采用电极对结构，将水电解后产生氧气，可以提高乏氧肿瘤的化学和放射治疗效果。放射治疗需要放射素与体内的氧反应生成过氧化物的自由基而改变被照射肿瘤细胞的成分或结构，而多种肿瘤细胞如胰腺癌和宫颈癌等在快速生长过程中经常会出现氧供应不足而导致的局部乏氧现象，氧含量的降低使得放射治疗难以产生理想的效果。通过体内植入的氧发生器，可以提高肿瘤部位的氧含量，从而提高放射治疗的效果。

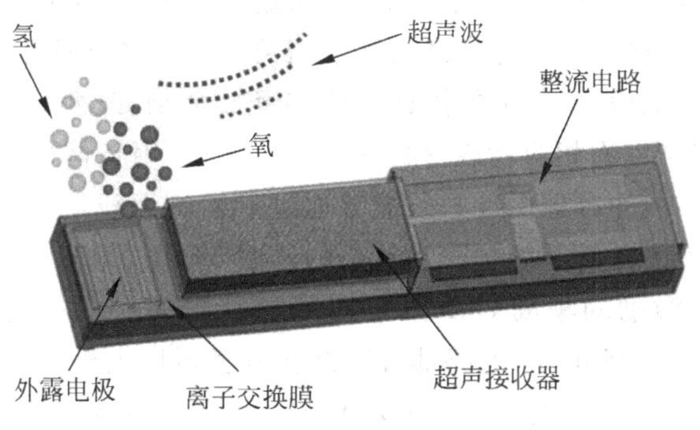

图 8-49　氧气发生器

8.4　神经微电极与探针

在神经生物学中，测量神经细胞传导的生物电或者用外界电信号刺激神经，是了解和控制神经以及进行神经系统修复治疗的重要手段。利用 MEMS 技术可以实现与神经生物学研究

对象尺度相匹配的微电极,适合作为神经刺激和测量的工具,具有空间分辨率高、重量轻、性能高的优点。

可植入微电极的目的是记录和感知人体神经系统电信号,以研究疾病的机理、提高治疗效果、监测临床和医学参数。由于人体神经电信号是控制人体生理行为、传导生理信号的主要手段,因此神经电极在可植入应用中占有重要地位。微电极通常是在刚性或柔性衬底表面,通过电镀等实现的二维导体阵列,常用的电极材料包括铂、金、铱、氧化铱、银、TiNi或碳等,具有良好的导电性和长期生物相容性。

目前主流的电极包括密西根探针和犹他电极阵列,前者用于大规模记录神经元组件和网络分析,后者用于瘫痪等疾病治疗的脑机接口。除此以外,神经电极还可以用于螺旋形可植入人工视网膜和人工耳蜗,以提高刺激电极与组织的接触质量;将微电极与柔性基底结合,促进了近年来可穿戴医疗器件的发展,特别是通过皮肤表面接触测量心电信号、皮肤温度和电导率等参数[86,87]。

8.4.1 高密度神经探针阵列

神经探针可以实现神经的刺激和记录[4,5],大规模探针阵列更加有助于了解复杂的神经网络的信息处理过程。早在20世纪50年代,微电极就开始应用于中枢神经系统信号的记录和处理,并且逐渐认识到单个神经元的工作情况。1965年,Stanford大学的Moll提出了利用光刻和硅刻蚀技术制造神经探针的设想[88],并由Michigan大学的Angell等于1969年实现了这一想法[89]。尽管当时的微加工技术还难以实现精细和大批量生成的神经探针,随着MEMS技术的快速发展,它已经成为神经探针的主要实现方法,促进了神经学的研究。目前植入体内的神经探针已经被广泛应用于深度听觉障碍的治疗,在人工视网膜[90,91]和人工耳蜗[92]的实现、癫痫症病人的动作控制[93],以及帕金森综合征[94]的治疗领域也取得了显著的进展。

图8-50所示为典型的神经探针结构,由微加工制造的针尖、针干、尾部和电极组成。每个针尖上有多个电极,实现神经刺激和记录功能,电极通过针干的连接电路和位于尾部的信号处理电路和外部电路接口连接。由于针尖锋利针干细长,高密度的探针阵列能够穿透组织,由针尖的电极刺激,记录神经电信号,复杂的探针还能够释放药物,改变局部的生化环境参数。电极一般是化学性质稳定且生物相容性较好的Pt和Au[95]。用于体外的神经探针可以连接有线的外部电路,而植入体内的神经探针必须能够通过双向的无线信号对探针提供能量和信号输入输出。因此,可植入的探针系统是非常复杂的。图8-50(c)和(d)所示为Michigan大学开发的用于脑神经刺激与激励的集成CMOS电路的探针阵列[96]。探针阵列为微加工技术制造,集成了控制和测量CMOS电路,电路部分制造在p型衬底上外延的n型层上,采用标准p阱CMOS工艺制造。8通道输入输出,能够实现激励和测量功能。探针间距为400 μm,阵列可以扩展为三维,用于中枢神经系统疾病的诊断和修复治疗。

探针可以采用多种材料制造,例如硅、蓝宝石、玻璃和聚合物等,其中硅是应用最为广泛的材料。早期的制造方法利用各向异性刻蚀和浓硼自停止等技术,20世纪90年代后期开始DRIE得到了广泛的应用。浓硼自停止和KOH或TMAH刻蚀使非掺杂的硅衬底可以刻蚀去除,实现较薄的微针厚度,如图8-51所示。浓硼扩散后的掺杂曲线有助于实现光滑圆角的截面形状。因此,浓硼自停止和湿法衬底刻蚀相结合的方法在制造神经探针方面得到了广泛应用;但是由于横行扩散的影响,采用扩散硼自停止的方法制造的探针宽度较大,难以实现高

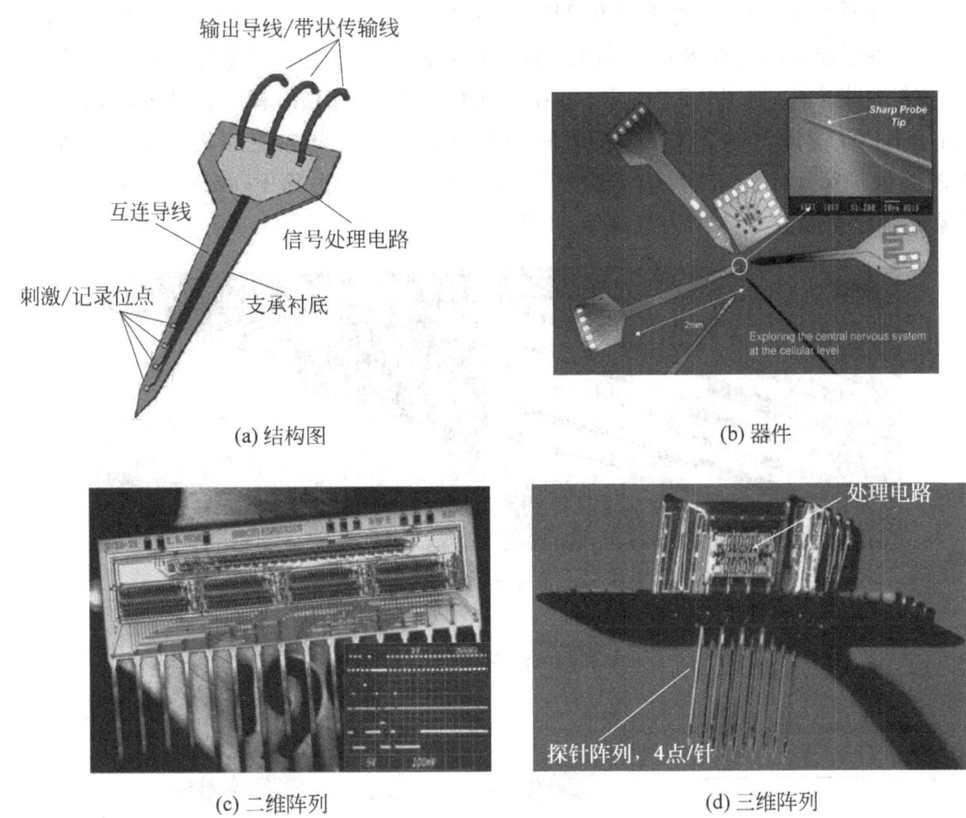

(a) 结构图 (b) 器件

(c) 二维阵列 (d) 三维阵列

图 8-50 神经探针

密度的阵列。DRIE 刻蚀能够实现较大的深宽比，可以将探针宽度缩小的 5 μm，适合制造高密度高深宽比的神经探针。除此以外，SOI 衬底也被用于制造神经探针，埋层 SiO_2 在背面 DRIE 刻蚀中作为停止层，容易实现探针的悬空释放[97]。

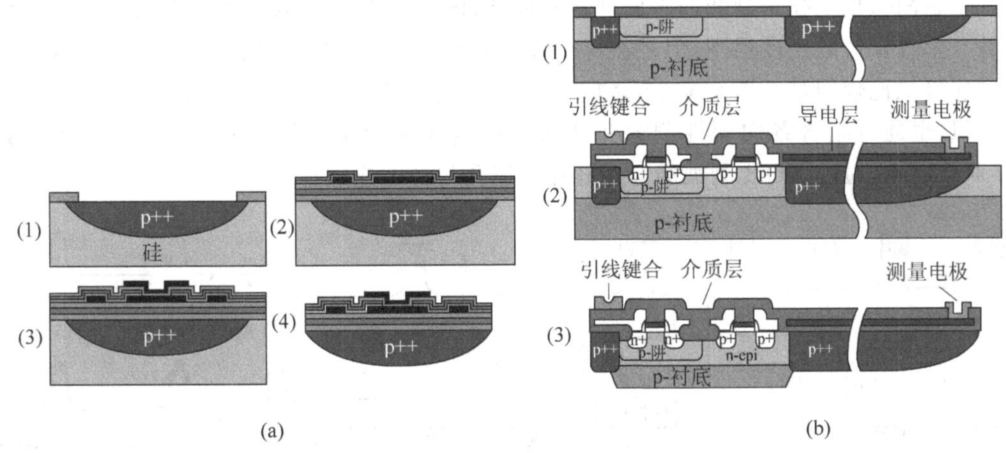

(a) (b)

图 8-51 硼掺杂湿法刻蚀的基本制造流程

图 8-52 为 UIUC 开发的高密度探针阵列[98]。探针的前部截面宽 15 μm、高 6 μm、长 250 μm，失稳时的临界压力为 8 mN。图 8-53 为 UIUC 高密度阵列的制造流程。双面热氧化

1 μm 厚的 SiO_2 作为 KOH 刻蚀的掩膜,HF 背面刻蚀 SiO_2 开口,如图 8-52(b)所示;正面淀积粘附层 Cr 和种子层 Cu,涂覆 8 μm 厚的光刻胶并曝光形成电镀探针主体的模具,电镀 6 μm 厚的镍作为探针电极主体,如图 8-52(c)所示;在 KOH 中刻蚀背面硅,释放探针电极,如图 8-52(d)所示;由于 KOH 缓慢刻蚀铜和镍,长时间的 KOH 刻蚀需要在正面用透明腊保护,并覆盖 PDMS,能够保护长达 10 h,刻蚀完毕后腊用丙酮去除,手工去除 PDMS;最后用聚对二甲苯作为绝缘材料覆盖探针主体作为绝缘层,如图 8-53(e)~(g)。

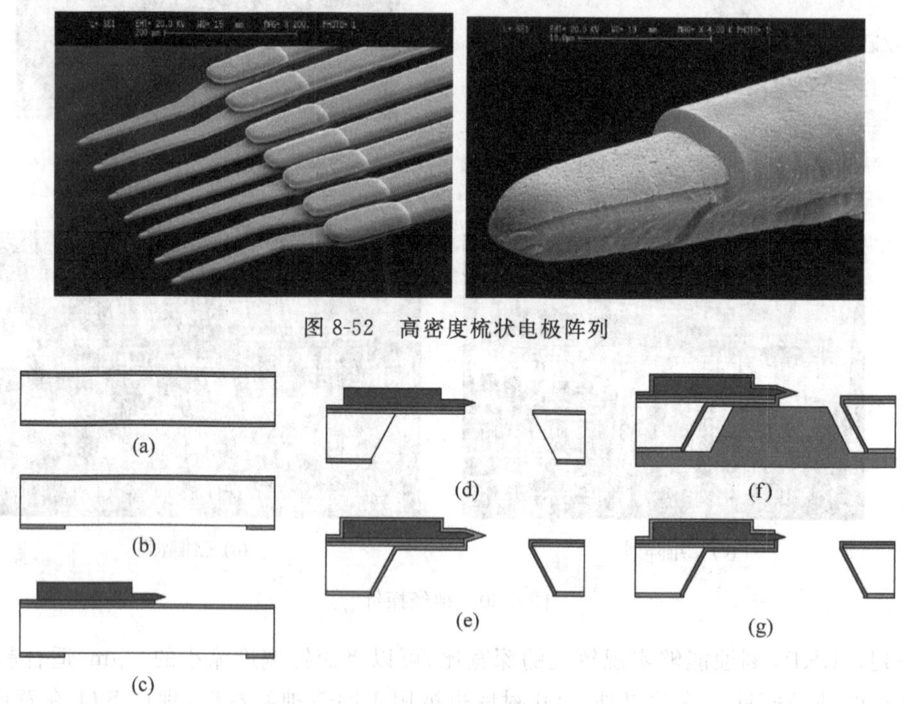

图 8-52 高密度梳状电极阵列

(a) (b) (c) (d) (e) (f) (g)

图 8-53 高密度微针阵列的制造方法

除了表面微加工技术制造的平面神经探针外,体微加工技术也可以实现高密度的垂直神经探针。垂直探针的密度很高,但是在每个针尖上制造多个电极比较困难,另外电极与外部电信号的连接也比较困难。图 8-54 所示为神经探针的制造过程[99]。与图 8-24 的十字形微针的制造类似,也通过结合各向同性刻蚀和各向异性刻蚀分别实现针尖和针体。电极为 Ag 和 AgCl 双层组成,通过 KOH 刻蚀的穿透硅片的通孔与外部连通。

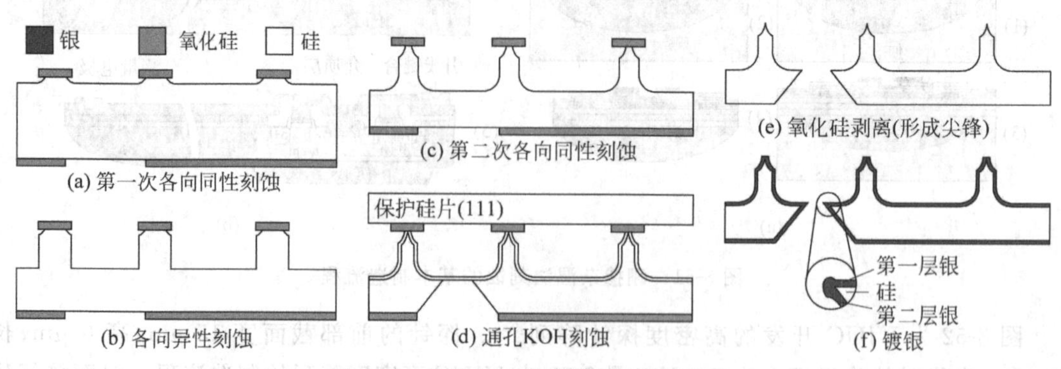

图 8-54 体微加工技术制造的神经探针

高密度电极阵列还可以作为体外神经细胞培养和测量器件[100]。这种电极阵列不需要插入体内,而是通过提供一定的生理条件在电极表面培养神经细胞,在神经细胞的生长过程中监测神经化学和神经电学反应。利用硅片上的电极还可以实现对单个神经细胞的刺激,并由神经细胞和硅器件共同组成神经硅芯片,研究神经细胞的反应和电学贡献[101]。

8.4.2 无线接口可植入神经探针

数据和能量的无线传输是决定可植入微系统能否实现的重要功能。采用有线方式传输信号和能量的可植入探针容易引起感染、失效,并且给病人带来痛苦。无线传输利用天线实现电磁波的发送和接收,向植入体内的系统无线传输能量和数据。无线传输必须能够穿透组织,距离应满足神经探针的使用要求,一般在厘米量级。由于神经探针采集大量数据,无线系统的数据传输速率一般要求 1～2 Mb/s。

近距离线圈耦合是实现可植入无线系统的有效方法,结构图如图 8-55 所示。目前实现耦合的方式多为线圈天线,传输距离达到厘米量级;由于体内系统尺寸的限制,线圈的小型化和高效率是解决无线传输的关键[102]。目前已实现的无线传输可植入微系统包括耳蜗和功能神经刺激等。

神经探针系统包括多个探针,每个探针上有多个测量点,所有测量信号共有一个无线系统。测量的神经信号输入电路,经过 A/D 转换后以数字信号的形式发射[103]。稳压模块是无线系统中最重要的模块之一,需要能够在低功耗前提下实现 8 位以上的输出稳定度。图 8-55

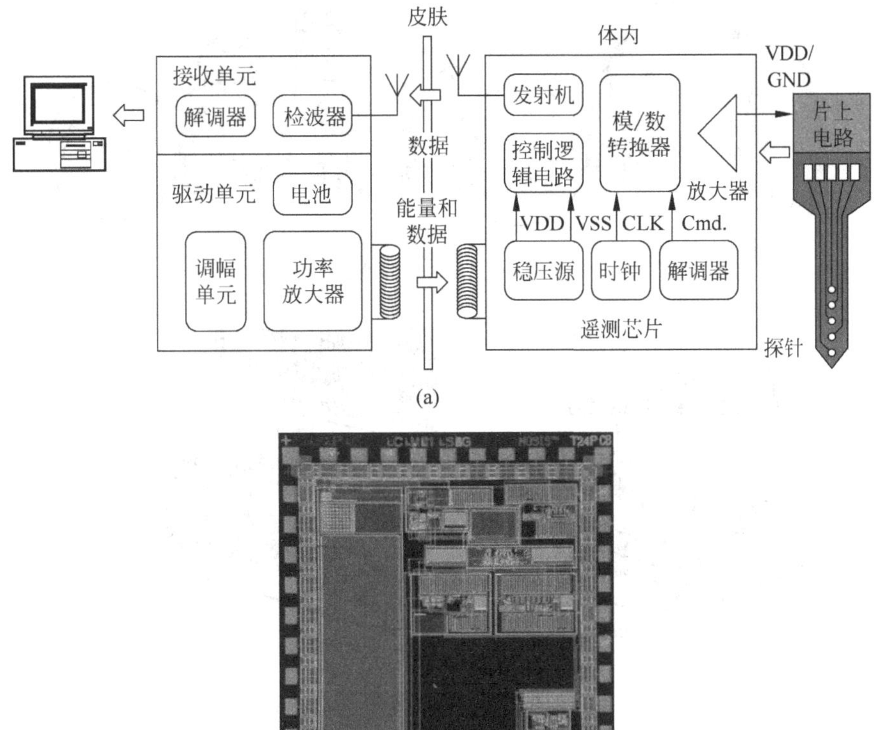

图 8-55　电感耦合的无线可植入神经探针结构框图和集成芯片

所示为Michigan大学开发的可植入的集成无线传输系统[104],采用0.8 μm的CMOS工艺制造。稳压器的稳压能力为3 mV/V;当传输距离为1 cm时,载波频率为49 MHz,数据传输速度为1.6 Mb/s,功率为1.69 mW。

8.5 组织工程

1993年Langer和Vacanti将组织工程(Tissue Engineering)定义为[105]"一个应用工程原理和生物科学的多学科交叉领域,研究和开发用于组织和器件替换及再生的生物替代体"。其目的是利用合成或者活性单元在适当的结构和环境中增强、替换或者恢复人体组织的功能,从而解决器官移植中器官大量短缺的问题。基本过程是将细胞置于合适的支架中,诱导其按照希望的结构生长成需要的组织。现在组织工程能够生成具有活性的骨骼、皮肤、软骨、膀胱和血管等,目前正在研究人造肺、肝脏和肌肉组织,包括心肌以及基于骨骼和软骨的更复杂的结构。图8-56所示为人工肺结构,包括3个微流体通道,其中中间的通道为表面覆盖有内皮组织或上皮组织的多孔薄膜,两层的通道连接至真空,激励中间通道的多孔薄膜伸缩。薄膜收缩时触发胸腔压力下降,使肺泡舒张;薄膜伸张时胸腔压力上升,使肺泡收缩,以此过程模拟Lung-on-a-chip。

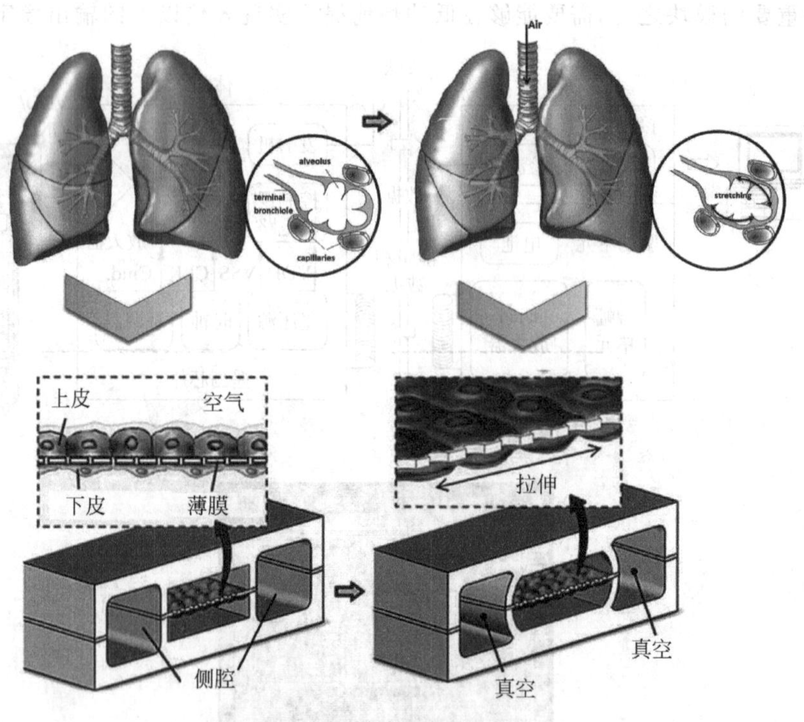

图8-56 人工肺结构

然而,创建组织甚至器官是非常困难的,它需要深入理解生物学机理,同时需要能够操作和控制细胞的能力。组织工程的难点之一是使细胞按照需要的顺序生长为三维活性结构作为细胞培养的支架。当结构较大时,稳定的氧和营养物质的供给非常困难。解决的方法之一是利用微纳加工技术在创建组织或器官的时候供血系统整个嵌入,因此微流体系统将成为组织工程中另一个非常重要的领域。

8.5.1 支架制备

组织工程的核心问题之一是利用生物材料制备支架(scaffold),从而将细胞种群接种在支架上进行培养。理想情况下,生物材料制成的支架应用具有良好可控的微结构(包括孔径和孔隙度)、可重复性、生物兼容性,以及热和生物稳定性。

支架需要良好的微结构,以便在相当长的时间内维持细胞的形态、分化及功能,并能够复制体内的形状和尺寸比例,帮助维持体内细胞的显型。组织工程多使用多孔或者网格聚合物基质,使细胞能够在其基质内部生长,并为组织再生提供结构支撑。硅微加工技术为支架制造提供了有力的工具。微加工技术早期使用硬的无机材料,1986 年 Brunette 使用聚合物材料复制硅片上的沟槽,有机材料开始引入。目前聚合物材料已经开始广泛地用作生物领域的微加工材料,多种不同的方法都已经被应用于制造聚合物微结构,这为组织工程的发展提供了崭新的基底制备方法。

利用硅作为模具,可以通过复制模注技术实现组织工程支架[106]。模具加工采用 DRIE 刻蚀的硅衬底,利用光刻胶作为掩膜进行深刻蚀,如图 8-57 所示;然后在硅模具上浇注聚合物,例如 PDMS 或者 PLGA(poly DL-lactide-co-glycolide),分离模具后得到聚合物的基底;最后用氧等离子处理浇注的 PLGA 基底和平板,将二者键合后得到密封的管道和培养基。实际上,当键合两个从同一个模具上模铸出来的聚合物时,可以形成圆形管道,但是需要解决对准的问题。

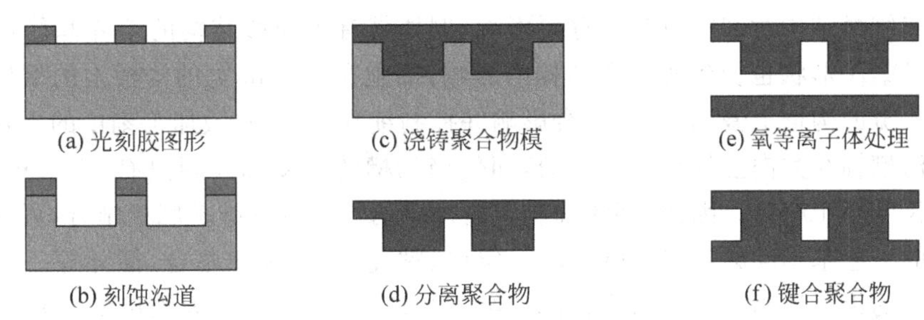

图 8-57 高分子材料的键合

图 8-58(a)为采用上述硅深刻蚀方法加工的模具[106],图 8-58(b)为复制模铸后得到的 PLGA 培养基。对培养基进行通入流体消毒、通入细胞吸附分子,如聚 L 赖氨酸、胶原质、明胶后,对培养基管道内注入 1×10^7 细胞/毫升的血管内皮细胞进行培养。图 8-58(c)和(d)分别给出了培养 90 h 和 4 星期后的情况。可以看出,4 星期后细胞已经充满整个培养基的沟道,明显比 90 h 后的细胞多。利用细胞吸附分子修饰的 PLGA 比 PBS(缓冲磷酸盐)修饰的表现出更好的细胞吸附特性。

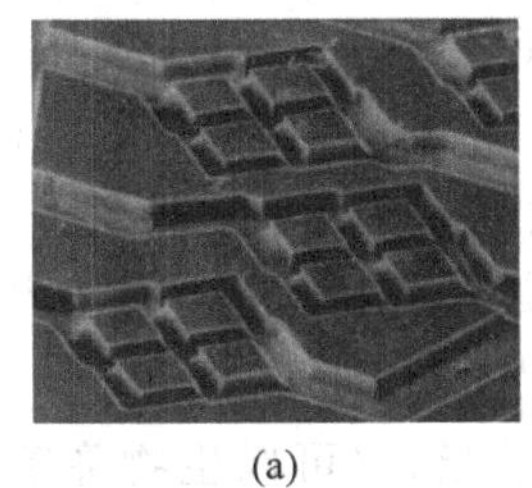
(a)

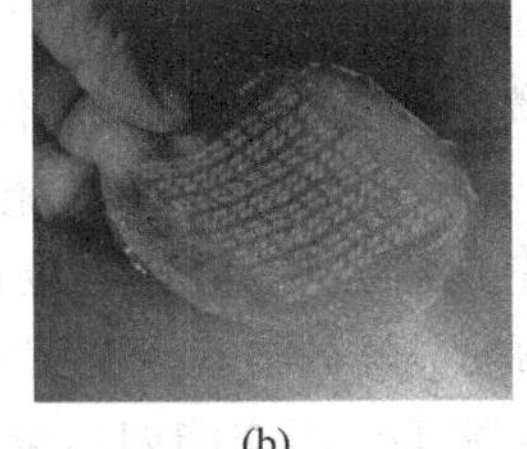
(b)

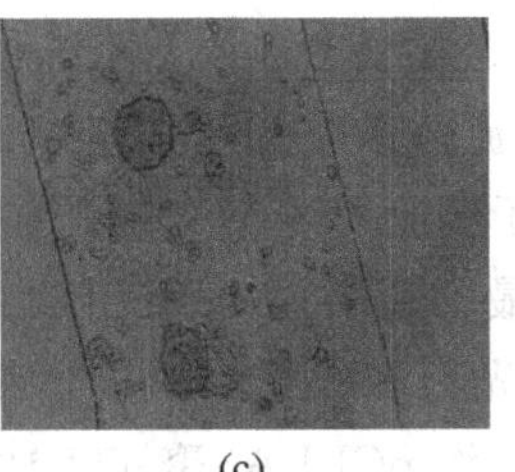
(c)

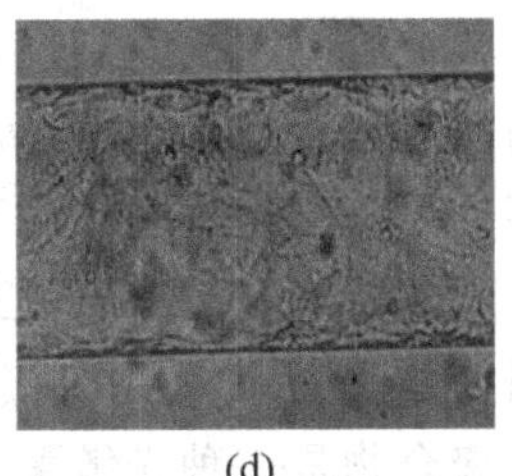
(d)

图 8-58 深刻蚀方法加工的模具和细胞培养

图 8-59(a)和(b)所示分别为钛氧陶瓷支架结构和照片[107]。首先用热氧的 SiO_2 作为掩膜使用 KOH 刻蚀培养井,然后利用陶瓷注模后者模压的方法实现钛氧陶瓷培养基。由于钛氧陶瓷粉在适当的温度下呈现塑胶性,因此在一定温度下,利用 KOH 刻蚀图形作为模具,即可得到与模具图形相同的钛氧陶瓷。图 8-59(c)为原理示意图,采用模压后的钛氧陶瓷,以及小鼠肝细胞在培养 24 h 后的状态。多数细胞聚集在盆底,只有个别细胞分布在边缘。钛氧陶瓷的优点是具有多孔特性,有利于养分、新陈代谢产物在细胞和培养基之间的交换;具有良好的生物兼容性和对细胞的无毒性;无须细胞外其他辅助蛋白就可以使细胞很好地聚集;加工比较简单。

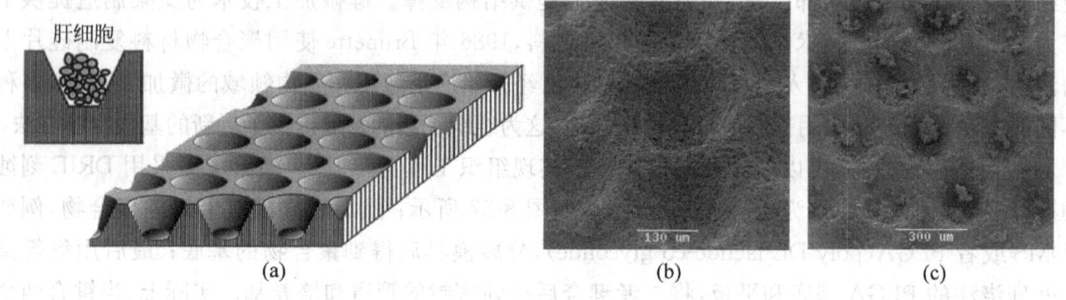

图 8-59 钛氧陶瓷支架和细胞培养照片

二维和三维微结构对细胞行为有重要影响,例如带有表面微结构的培养基能增强纤维原细胞的吸附,DNA 形状也受到表面微结构的影响,细胞在 10 μm 宽的沟槽上的繁殖速度比在 2 μm 和 5 μm 宽的沟槽上慢,表面形态会影响并控制细胞的移动,微加工刻蚀的平行沟槽能够控制细胞在沟槽轴线方向上的伸展和移动,即使当沟槽的深度和间距只有 500 nm(大约比哺乳细胞典型长度小 10 倍)。因此,将活细胞与微加工的二维或三维基底相结合,可以研究细胞在培养基中的一些基本问题,例如细胞移动、定向、粘连,以及组织整合、循环等。为特定组织设计的微加工的组织工程基底可以简化体外细胞的培养实验,同时为维持活性提供更接近生理特性的环境。

8.5.2 细胞培养

利用 MEMS 制造的细胞培养器可以控制微观环境,研究不同表面形貌、材质、养分等条件对细胞行为的影响[108]。对于有实际应用意义的组织工程,培养高密度的细胞是一项非常重要的内容。为了实现这个目标,需要保证连续、长期的养分和氧的供应,以及新陈代谢产物的输运。第一代生物反应器将含有养分的液体泵入并流经组装的组织。第二代用于生长血管和软骨的生物反应器使初生的组织经受压缩、剪力,甚至脉动培养液。这些应力可以大幅度提高这些血管、软骨和心肌的力学特性[109]。传统的细胞培养系统很难保证足够的养分和代谢产物的循环。与此相反,微流体系统却可以实现微米尺度可控通道,为保证养分和代谢产物的循环。尽管已经有多种用于细胞培养的二维的微流体器件[110],三维的微流体器件还比较少。

制造细胞培养器的最常用方法是采用软光刻的方法,材料也以高分子材料为主[111,112]。图 8-60 所示为采用直接光刻和软光刻形成生物反应器的流程示意图[113]。用于软光刻的弹性体聚合物是一种光敏聚合物 pCLLA,聚-己酸内酯-DL-丙交酯四丙烯酸脂,它可以生物降解,又同时具有聚合物的弹性体特点和可以像光刻胶一样曝光交联固化的特点。图 8-60(a)所示为使用直接曝光制备转移形状的过程，将光敏聚合物 pCLLA 弹性体涂覆在基底表面，采用掩模版和 UV 光曝光。由于涂覆 pCLLA 弹性体的厚度可以控制，因此能够比较好地控制结构的高度。图 8-60(b)为将压印与曝光相结合的方法，在基底涂覆光敏弹性体 pCLLA 后，将已经制备好的 PDMS 模具压在弹性体上，在 pCLLA 上就形成了与 PDMS 互补的形状。对整体进行曝光，由于 PDMS 是透明的，因此下面的光敏弹性体 pCLLA 在 UV 的作用下交联成型。这种方法可以在同一层聚合物上制备多台阶的结构。在利用 SU-8 的图形制作 PDMS 模具时，在曝光显影后的 SU-8 表面用 RIE 镀一层氟化碳，将有助于剥离 PDMS。

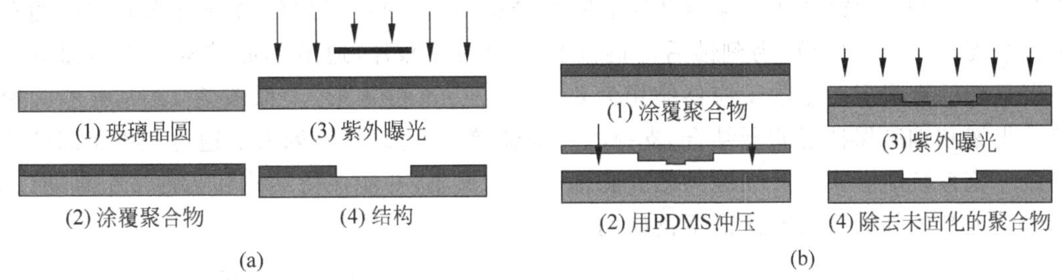

图 8-60　直接光刻与软光刻的对比

三维细胞培养结构能够比较真实地模拟细胞外基质环境，为细胞生长提供与体内的近似环境，并能够通过改变基质(如施加药物)研究细胞的行为，实现二维培养器无法实现的功能。由于微加工尺度的限制，三维细胞培养器一般需要使用常规微加工的键合技术，或者软光刻中的微模铸或热压技术[111]。常规微加工和键合结合能够实现硅和 SU-8 或者 PDMS 的键合，增加培养器在高度方向的尺度。图 8-61 所示为 DRIE 刻蚀的三维硅模具，以及利用热压实现的 PHBHHx 材料的细胞培养器。DRIE 刻蚀的微结构高度为 100 μm，KOH 刻蚀的模具深度为 200 μm，分别作为微腔和微凸起形状的细胞培养器的模具。

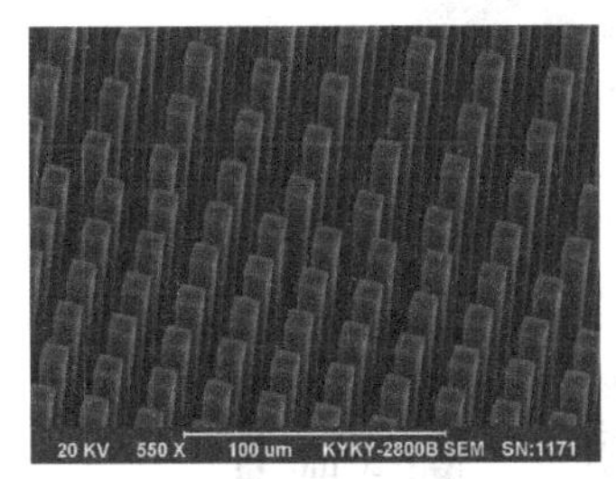

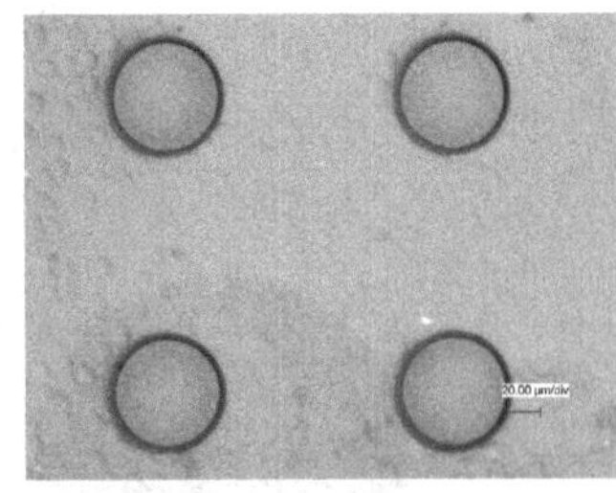

图 8-61　DRIE 制造的硅模具，模铸和热压形成的 PHBHHx 细胞培养器

8.5.3　细胞图形化和培养

目前，以体外组织工程方式得到的器官和组织的尺寸还非常有限，并且也没有良好的血液供应，这主要是因为氧在被消耗以前都扩散损失掉了。当组织或器官被植入生物体后，组织中的细胞会在几个小时内消耗掉所有氧，但是能够为植入器官传送氧和养分的血管需要几天的时间才能长成。因此解决植入系统的一个关键问题是如何保证氧和养分的供应。解决这个问题的一个有效方法是建造微流体系统，它能够使组织器官内充满均匀的体液供应系统，并模拟大尺度的生理特点(如总体流速)以及小尺度的特点(如毛细管中的流速)等[106]。因此，能够

近似血液在组织器官中流动行为的流体动力学模型在设计微加工流体器件的尺寸时非常重要,因为它可以模拟和优化掩模版上血管系统的尺寸。

肝实质细胞是肝脏中新陈代谢产物和生物合成过程的主要运输者,但是在体外培养时容易损坏特有的功能。目前已经有包括生物反应器在内的多种培养方法被用来尝试保持肝实质细胞的功能,但是这些方法还不能实现肝脏的所有功能。图8-62所示的支架和生物反应器能够在提供连续灌注液的情况下培养三维组织[114]。基本结构为腔体式,灌输液经过细胞培养区域时提供养分和氧,各向尺寸均在几百微米。支架的加工过程如图8-62(a)所示,利用光刻胶作为掩膜DRIE刻蚀硅加工穿透硅片的阵列结构,刻蚀时硅下层结合带有光刻胶层的石英作为刻蚀支撑。图8-62(b)为刻蚀后的硅片整体和局部照片,通道剖面结构可以是简单的圆形或者复杂的锯齿形。生物反应器体积为8 mm×3 mm的矩形,上面覆盖125 μm厚的聚碳酸酯。支架和细胞保持过滤器结合,支撑在反应器腔内,可以从阵列表面通过三维组织的连续灌输液。该系统能够实现肝细胞类似肝腺泡一样的聚集,并能保持结构和活性2个星期以上,为体内生理和体外病理研究提供了良好的平台。

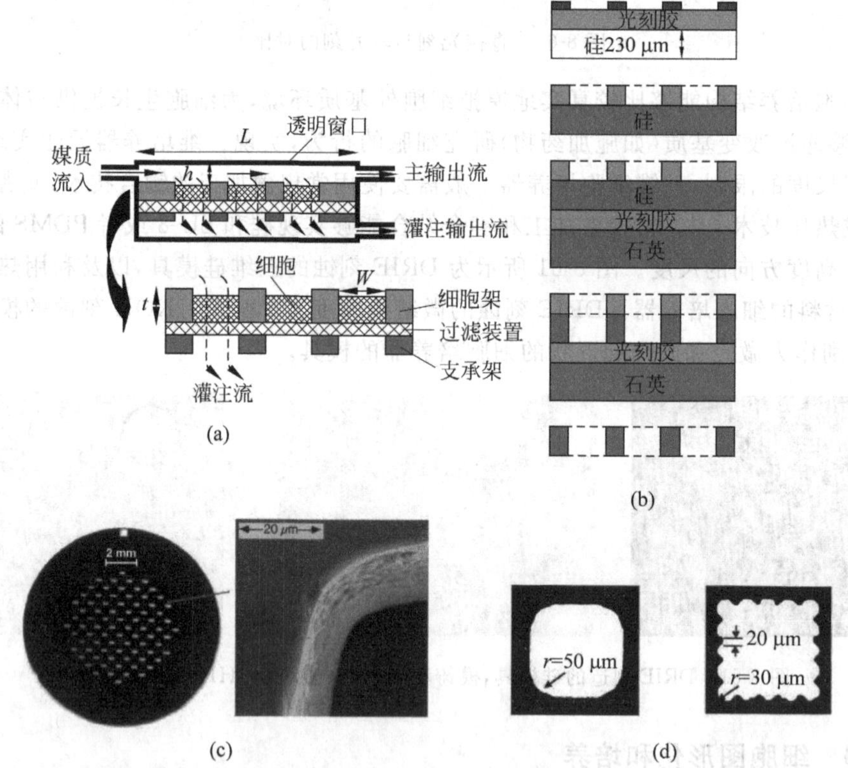

图8-62 连续灌注液的支架和生物反应器

在组织工程领域,研究的比较多的是开发支撑关节软骨再生的基板。保持软骨形成显型是在新软骨中基于细胞工程的基本问题。微成形技术已经被用来制造支架,特别对于软骨再生。一种微成形的多孔多聚糖支架能够提高软骨细胞培植的密度、吸附,以及生物合成[115]。基本结构为阵列式,单元边长为15~65 μm,隔离墙宽度为5~10 μm,深度为14~40 μm。母版为DRIE刻蚀的硅衬底,采用软光刻琼脂糖胶体复制母版图形。

控制神经细胞的位置和生长是开发细胞生物传感器和组织工程的基本内容。从体外神经细胞记录细胞外信号，实验电极阵列是目前常用的方法。这些器件利用玻璃或者硅衬底，用金或者铂、铟锡氧化物作为电极，可以同时记录多个生物组织产生的电信号。当一个神经细胞直接位于电极表面时，电极与细胞之间才能产生足够强的信号以进行记录，为了操作神经细胞的生长，可以通过光刻技术在器件基底上形成特定的引导结构，例如拓扑结构或者化学方法。多数在基底上生长神经细胞的过程都需要首先在基底上均匀涂覆聚赖氨酸，然后形成 L1-Fc 的图形。利用 PDMS 和软光刻，可以制造三维神经细胞培养器件[116]，制造过程如图 8-63 所示。母版采用两层 SU-8 制造，掩模版为 20000 dpi 的打印机输出。将 PDMS 浇铸到母版上，利用微接触印刷复制母版图形，最后移去母版得到 PDMS 培养器。连接神经突室和体细胞室的沟道高 3 μm，宽 10 μm，长 150 μm，共计 120 条，间距 50 μm。它限制神经细胞在沟道间通过，但是向外生长的神经突可以通过。

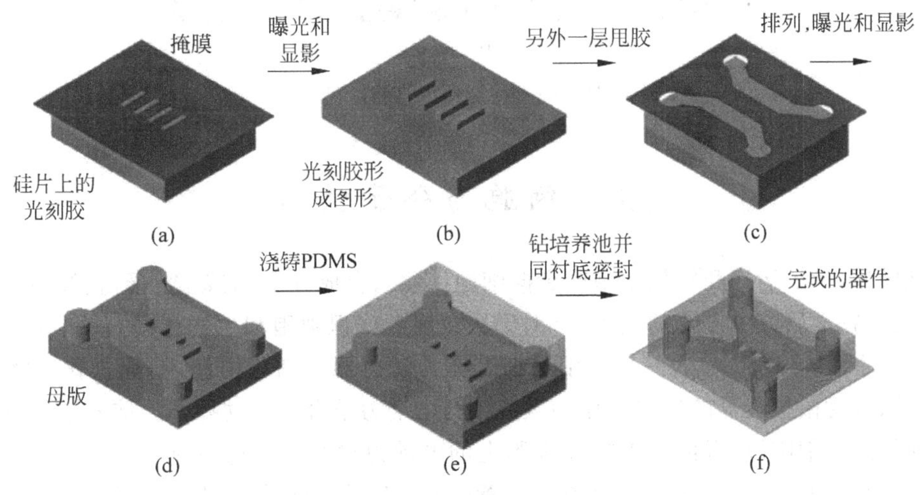

图 8-63 神经细胞培养器制造过程

图 8-64 所示为微加工器件培养的小鼠胚皮层神经细胞。图 8-64(a)为经过 4 天培养后神经细胞突从神经体细胞室伸展到神经突室的状态图，神经突的生长速度为每天 50～100 μm。图 8-64(b)为压差控制时(体室高于神经突室)在神经突室加入神经创伤剂，同一个区域的荧光照片。该图表明只有神经突起进入神经突室的神经细胞才能被染色标记。图 8-64(c)为采用微接触印刷在组织培养皿上形成的聚赖氨酸线，以及神经突沿着这些线生长并经过微通道的照片，它说明基底成形法，如微接触印刷、微毛细模铸等，可以与微加工技术一起控制神经细胞的吸附和神经突向外的生长方向。

除聚合物弹性体外，细胞在其他材料上的特性也得到了研究。利用微接触印刷技术，在金刚石表面形成层粘连蛋白(基板糖蛋白)网格，并培养神经细胞。结果发现[117]，原发神经细胞的神经突沿着基板糖蛋白有序生长，证明其有助于神经突的粘连和向外生长。

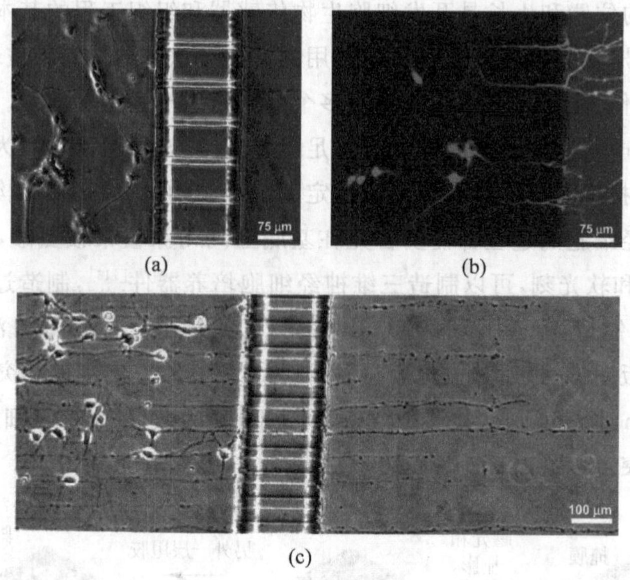

(a) (b) (c)

图 8-64 神经细胞培养过程

8.6 细胞与分子操作

细胞操作,例如运送和摆放细胞或者向细胞中注入合成分子、缩氨酸、蛋白、核酸等生物分子,是细胞生物学研究中重要的技术,有助于从微观上认识细胞和生物体的行为,并为细胞治疗提供技术手段[118,119]。注入一般利用毛细管作为注射器向细胞中注入,而操作和摆放细胞的方法可以分为微执行器的机械操作和微流体与电动力结合的电动操作。前者依靠微执行器提供的动作操作细胞,后者依靠施加在细胞上的电动力对细胞进行控制[120,121]。机械操作的优点是可以任意操作单个细胞的运动和位置,但是需要辅助的显微视觉系统,操作的效率较低。由于细胞的形态各异、细胞壁很薄,非常容易变形,操作过程中很容易破坏细胞壁使操作失效。电动力操作可以克服效率低和损坏细胞的缺点,但是难以任意操作细胞的位移和运动。常用的机械操作方法包括原子力显微镜 AFM 和微执行器,AFM 的缺点是能够控制的自由度较少,高度方向和水平移动距离有限,难以实现旋转。微执行器的缺点是难以在操作的同时进行观察,需要辅助观察设备。为了实现理想的操作,微执行器需要依靠运动平台实现多自由度、长距离、高分辨率的运动,并且需要操作臂具有较高的分辨率和操作自由度。

根据分子与细胞的运动方式,可以将操作分为推动、旋转、拉伸、压缩等几种方式。微执行器操作分子和细胞的方式有很多种,例如微夹持器(镊子)、微推板,以及磁力控制的推动器等[122]。夹持器是操作细胞的常用工具,由一个执行器和一个镊子组成,执行器控制镊子的动作,可以夹持细胞运送的不同位置。夹持器可以利用多种驱动形式,例如静电驱动、电热驱动、电磁驱动和压电驱动等。静电驱动不能在电解液和生理液中使用[123],压电驱动需要较高的驱动电压[124],电热驱动产生的高温容易导致气泡和蒸发[125,126](1.5~2 V 驱动电压就可能引起电解和气泡[127]),形状记忆合金能够重复工作次数很少[128,129],气动驱动结构难以集成[130,131]。尽管气动驱动、电热驱动的高分子结构[132]、吸附离子膨胀的高分子材料[133,134]能够在溶液中操作，但是这些方法驱动距离有限，并且一般只能实现面外的运动，难以实现细胞操作 5～40 μm 的面内运动。

图 8-65 所示为电热驱动的双膜片式执行器[135]。电热执行器的驱动臂是下层的铬和上层的 SU-8 层组成的双膜片结构，SU-8 的热膨胀系数高达 52×10^{-6}/℃（约为多晶硅材料的 18 倍），弹性模量约为 5 GPa，玻璃化转变温度超过 200℃，另外 SU-8 具有较好的生物相容性，适合作为 BioMEMS 中应用的微机械结构使用。当铬梁通过驱动电流时，其与 SU-8 热膨胀系数的差异引起驱动臂弯曲，只需要 1～2 V 的驱动电压就能够实现镊子的夹持或张开动作，驱动过程中平均温度升高仅为 10～32℃。尽管双膜片结构是上下分布的，但是由于 SU-8 的厚度是铬厚度的 67 倍，驱动时变形的方向仍旧是平行的面内方向。镊子的运动由后部的电热执行器实现。

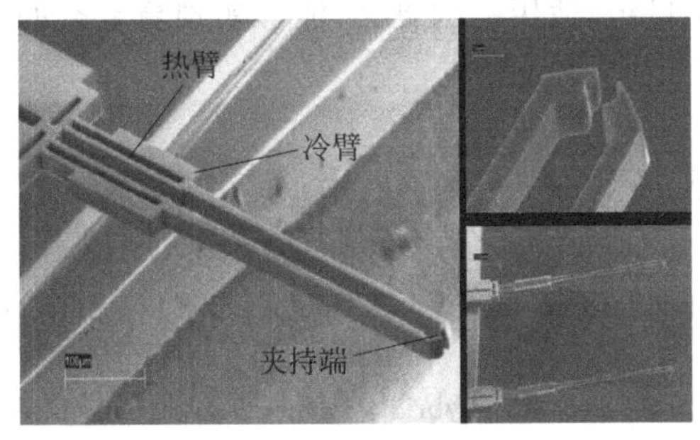

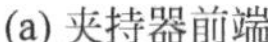
(a) 夹持器前端

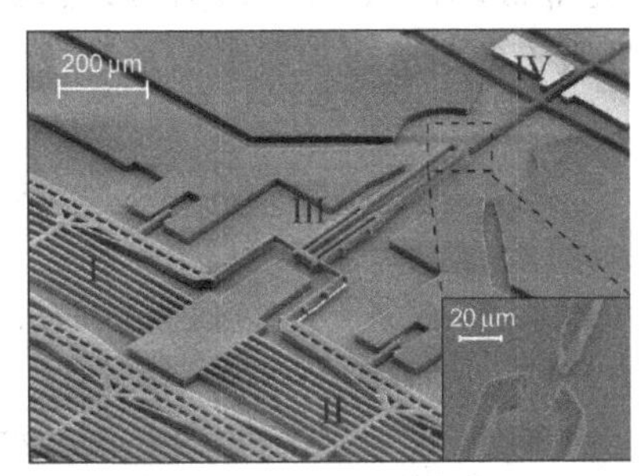

(b) 夹持器全貌

图 8-65 电热驱动的细胞夹持器

对细胞实现推动是另一种常用的操作模式，其中以原子力显微镜 AFM 和扫描近场光学显微镜（SNOM）的应用最为广泛。原子力显微镜同时具有视觉和操作功能，其锋利的针尖能够显示并操作极其微小的物体，并且能够测量操作过程中的反馈力，因此在细胞操作中也得到了广泛的应用[136～138]。在推动器的驱动方式中，磁（电磁）驱动非常适合细胞操作，这是因为较大的运动范围和无连线实现的较大的自由操作程度，图 8-66(a)所示为铁磁驱动原理示意图。图 8-66(b)和(c)所示为推动细胞运动的两种方式：平动和旋转。平动推动时推动器沿着衬底表面平行移动，推动细胞沿着相同的方向移动；旋转推动时推动器围绕转动轴旋转，与细胞的接触点产生位移，推动细胞运动。平动容易实现较大的移动距离，但是距离精度较低；旋转能够实现达 1 μm 的位置精度，但是推动距离很小。

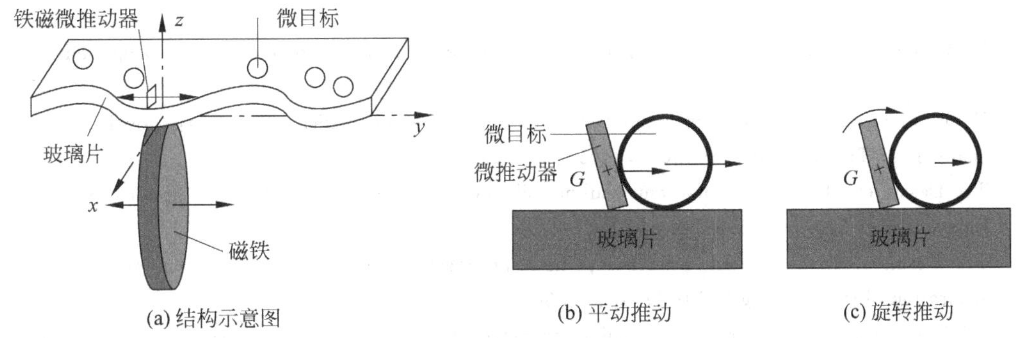

(a) 结构示意图　(b) 平动推动　(c) 旋转推动

图 8-66 铁磁推动器

DNA的操作对生物学研究具有重要意义，由于DNA是细长的链状结构，直径只有几个纳米，操作难度较大。通常DNA操作包括3个部分：DNA操作器、末端固定和测量所施加力的测量。目前常用的DNA操作的方法包括光学镊子[139]、磁性镊子[140,141]、柔性微针[142,143]、AFM[144]，以及介电电泳[145]等。

光学镊子是用光形成的镊子，利用单光束激光聚焦和光子动量转移所产生的辐射压强(反作用力)来操纵微米尺度的物质，如细菌、DNA等。光学镊子对粒子无损伤(实际上对细胞等生物分子会产生光子损伤)，具有非接触性、作用力均匀、定位精确(微米量级)、可选择特定个体，并可在生命状态下进行操作等特点，适用于细胞和亚细胞层次上活体的研究，如细胞或细胞器的捕获，分选与操纵，弯曲细胞骨架，克服布朗运动所引起的细菌旋转等。将DNA连到蛋白上，利用镊子操纵DNA，可以实现对蛋白的操纵[146]。磁性镊子将DNA与磁性微珠相结合，再利用磁力操纵磁性微珠，实现对DNA的操作。与光学镊子相比，磁性镊子不会产生光子损伤，是非破坏操纵，并且磁力可以达到pN量级，适用范围更大，能够实现更复杂的可控操纵。磁性镊子的制造通常需要微加工技术[147]。

参考文献

[1] ACR Grayson, et al. A BioMEMS review: MEMS technology for physiologically integrated devices. Proc IEEE, 2004, 92 (1): 6-21

[2] V Verma, et al. Micro-and nanofabrication processes for hybrid synthetic and biological system fabrication. IEEE Trans Adv Packaging, 2005, 28(4): 584-593

[3] T Velten, et al. Packaging of bio-MEMS: strategies, technologies, and applications. IEEE Trans Adv Packaging, 2005, 28(4): 533-546

[4] KL Drake, et al, Performance of planar multisite microprobes in recording extracellular single-unit intracortical activity, IEEE Trans Biomed Eng, 1988, 35: 719-732

[5] I Papautsky, et al. Micromachined pipette arrays. IEEE Trans Biomed Eng, 2000, 47(6): 812-819

[6] G Voskerician, et al. Biocompatibility and biofouling of MEMS drug delivery devices. Biomaterials 2003, 24: 1959-1967

[7] JT Santini Jr, et al. Microchips as controlled drug-delivery devices. Angew Chem Int Ed, 2000, 39: 2396-2407

[8] GM Steil, et al. Closed-loop insulin delivery-the path to physiological glucose control. Adv Drug Delivery Rev, 2004, 56: 125-144

[9] ACR Grayson, et al. Electronic MEMS for triggered delivery. Adv Drug Delivery Rev, 2004, 56: 173-184

[10] RS Zafar, et al. Integrated microsystems for controlled drug delivery. Adv Drug Delivery Rev, 2004, 56: 185-198

[11] L Leoni, et al. Micromachined biocapsules for cell-based sensing and delivery. Adv Drug Delivery Rev, 2004, 56: 211-229

[12] G Orive, et al. Cell microencapsulation technology for biomedical purposes: novel insights and challenges. Trends Pharm Sci, 2003, 24(5): 207-210

[13] TA Desai, et al. Nanoporous anti-fouling silicon membranes for biosensor applications. Biosens Bioelectronics 2000, 15: 453-462

[14] TA Desai. Microfabricated interfaces: new approaches in tissue engineering and biomolecular separation. Biomolec Eng 2000; 17(1): 23-36

[15] TA Desai, et al. Characterization of micromachined membranes for immunoisolation and bioseparation

applications. J Membr Sci 159(1-2) 1999,221-231

[16] TA Desai,et al. Nanopore technology for biomedical applications. Biomedical Microdev,1999,1(20): 11-40

[17] JT Santini Jr,et al. A controlled-release microchip. Nature,1999,397: 335-338

[18] ACR Grayson,et al. Multi-pulse drug delivery from a resorbable polymeric microchip device. Nat Mat, 2003,2: 767-772

[19] A Ahmed, et al. Bioadhesive microdevices with multiple reservoirs: a new platform for oral drug delivery. J Contr Release,2002,81(2): 291-306

[20] SL Tao,et al. Bioadhesive poly(methyl methacrylate) microdevices for controlled drug delivery. J Contr Release 2003,88: 215-228

[21] L Lin,et al. Silicon processed microneedles. Transducers'93,237-240

[22] MR Prausnitz. Microneedles for transdermal drug delivery. Adv Drug Del Rev,2004,56: 581- 587

[23] KS Lebouitz,et al. Microneedles and microlancets fabricated using SOI wafers and isotropic etching. in Proc Microstruct Microfab Systems Ⅳ,1998,145: 235-244

[24] NH Talbot, et al. Polymolding: two wafer polysilicon micromolding of closed-flow passages for microneedles and microfluidic devices. In: Transducers'98,265-268

[25] JD Zahn, et al. Microfabricated polysilicon microneedles for minimally invasive biomedical devices. Biomed Microdev,2000,2: 295-303

[26] SJ Paik, et al. In-plane single-crystal-silicon microneedles for minimally invasive microfluid systems. Sens Actuators A,2004,114: 276-284

[27] JD Brazzle,et al. Hollow metallic micromachined needles with multiple output ports. In SPIE,1999, 3877(35): 257-266

[28] S Chandrasekaran,et al. Surface micromachined metallic microneedles. J MEMS,2003,12(3): 281-288

[29] JD Zahn,et al. Microfabricated microdialysis microneedles for continuous medical monitoring. Proc 1st Intl IEEE-EMBS Conf Microtech Medicine Biology,2000,375-380

[30] K Oka,et al. Fabrication of a micro needle for a trace blood test. Sens Actuators,2002,478-485

[31] H Suzuki, et al. A disposable "intelligent mosquito" with a reversible sampling mechanism using the volume-phase transition of a gel. Sens Actuators B,2002,83: 53-59

[32] HJ Gardeniers, et al. Silicon micromachined hollow microneedles for transdermal liquid transport. J MEMS,2003,12(6): 855-862

[33] P Griss,G Stemme. Side-opened out-of-plane microneedles for microfluidic transdermal liquid transfer. J MEMS,2003,12(3): 296-301

[34] JA Mikszta, et al. Improved genetic immunization via micromechanical disruption of skin-barrier function and targeted epidermal delivery. Nat Med,2002,8: 415-419

[35] K Kim, et al. A tapered hollow metallic microneedle array using backside exposure of SU-8. JMM, 2004,14: 597-603

[36] W Martanto,et al. Transdermal delivery of insulin using microneedles in vivo. Pharm Research,2004, 21(6): 947-952

[37] JA Matriano,et al. Macroflux microprojection array patch technology: a new and efficient approach for intracutaneous immunization. Pham Res,2002,19: 63-70

[38] S Lee,et al. Microfluidic valve with cored glass microneedle for Microinjection. Lab Chip,2003,3: 164-167

[39] DV McAllister,et al. Microfabricated microneedles for gene and drug delivery. Annu Rev Biomed Eng, 2000,02: 289-313

[40] EV Mukerjee,et al. Microneedle array for transdermal biological fluid extraction and in situ analysis. Sens Actuators,2004,A 114: 267-275

[41] M Reed, et al. Microsystems for drug and gene delivery. IEEE Proc, 2004, 92(1): 56-75

[42] S Byun, et al. Barbed micro-spikes for micro-scale biopsy. JMM, 2005, 15 (6): 1279-1284

[43] S Chandrasekaran, A B Frazier. Characterization of surface micromachined metallic microneedles. J MEMS, 2003, 12(3): 289-295

[44] SP Davis, et al. Insertion of microneedles into skin: measurement and prediction of insertion force and needle fracture force. J Biomechanics, 2004, 37: 1155-1163

[45] M Richter, et al. Microchannels for applications in liquid dosing and flow-rate measurements. Sens Actuators A, 1997, 62

[46] Y-C Su, et al. Microelectromechanical Syst. 2004, 13: 75-82

[47] A Geipel, et al. Design of an implantable active microport system for patient specific drug release, Biomed Microdev. 2008, 10: 469-478

[48] Rebello KJ. Applications of MEMS in surgery. Proc IEEE. 2004, 92(1): 43-55

[49] Haga Y, et al. Biomedical microsystems for minimally invasive diagnosis and treatment. Proc IEEE, 2004, 92(1): 98-114

[50] T Xie, et al. Endoscopic optical coherence tomography with a micromachined mirror. in IEEE Conf Microtech Med Biology, 2002, 208-211

[51] H Takizawa, et al. Developmemt of a microfine active bending catheter equipped with MIF tactile sensors. in MEMS'99, 412-417

[52] J Zara, et al. Scanning mirror for optical coherence tomography using an electrostatic MEMS actuator. in IEEE Symp. Biomedical Imaging, 2002, 297-300

[53] M Tanimoto, et al. Micro force sensor for intravascular neurosurgery and in vivo experiment. in MEMS'98, 504-509

[54] E Kalvesten, et al. The first surface micromachined pressure sensor for cardiovascular pressure measurements. in MEMS'98, 574-579

[55] A Fleischman, et al. Focused high frequency ultrasonic transducers for minimally invasive imaging. in MEMS'02, 300-303

[56] X Chen, A Lal. Integrated pressure and flow sensor in silicon-based ultrasonic surgical actuator. in IEEE Ultrasonics Symp, 2001, 1373-1376

[57] JF Goosen, et al. Pressure, flow and oxygen saturation sensors on one chip for use in catheters. in MEMS'00, 537-540

[58] J Chang, et al. Intravascular micro active catheter for minimal invasive surgery. in IEEE Conf Microtech Med Biology, 2000, 243-246

[59] A Pedrocchi, et al. Perspectives on MEMS in bioengineering: a novel capacitive position microsensor. IEEE Trans Biomed Eng, 2000, 47: 8-11

[60] A Menciassi, et al. An instrumented probe for mechanical characterization of soft tissues. Biomed Microdev, 2001, 3(2): 149-156

[61] D Mathieson, et al. Design considerations for surgical microfluid actuators. Nanobiology, 1994, 3: 123-132

[62] W Aguilera, et al. Design and modeling of an active steerable end-effector. in SPIE, 2001, 4326: 490-498

[63] M Frecker, et al. Design of multifunctional compliant mechanisms for minimally invasive surgery. In: ASME Design Eng Tech Conf, 2001

[64] K Wise, et al. Fully-implantable auditory prostheses: Restoring hearing to the profoundly deaf. in IDEM'02, 499-502

[65] Meyer JU. Retina implant - a bioMEMS challenge. Sens Actuatros A, 2002, 97-8: 1-9

[66] O Tohyama, et al. A fiber-optic pressure microsensor for biomedical applications. Sens Actuators A, 1998,66: 150-154

[67] CY Li, et al. Polymer flip-chip bonding of pressure sensors on a flexible Kapton film for neonatal catheters. JMM 2005,15(9): 1729-1735

[68] A. Pantelopoulos, et al. A survey on wearable sensor-based systems for health monitoring and prognosis, IEEE Trans. System, Man, Cybernetics, Part C, 2010, 40: 1-12

[69] Mokwa W et al. Micro-transponder systems for medical applications IEEE Trans. Instrum. Meas. , 50, 1551-1555, 2001

[70] M Wenzel. 2004 Implantable telemetric pressure sensor system for long-term monitoring of therapeutic implants, Healthy Aims Dissemination Day

[71] RAM Receveur, et al. Microsystem technologies for implantable applications, J. Micromech. Microeng. 2007, 17: R50-R80

[72] A Ginggen et al. , A telemetric pressure sensor system for biomedical applications, IEEE Trans. Biomed Eng. , 2008, 55: 1374-1381

[73] D L Glos et al. , Implantable MEMS compressive stress sensors: Design, fabrication and calibration with application to the disc annulus, J. Biomech. , 2010, 43: 2244-2248

[74] JL Ritzema-Carter et al, Images in cardiovascular medicine. Dynamic myocardial ischemia caused by circumflex artery stenosis detected by a new implantable left atrial pressure monitoring device, Circulation, 2006, 113: 705-706

[75] R Milner, Remote pressure sensing for thoracic endografts, Endovasc. Today, 75-77, 2006

[76] W T Abraham et al. , Safety and accuracy of a wireless pulmonary artery pressure monitoring system in patients with heart failure, Amer. Heart J. , 2011, 161: 558-566

[77] U Schnakenberg, et al. Intravascular pressure monitoring system Sensors, Actuators A, 110, 61-67, 2004

[78] E Siwapornsathain, et al. A telemetry and sensor platform for ambulatory urodynamics, IEEE-EMBS, 283-287, 2002

[79] R Puers, et al. Telemetry system for the detection of hip prosthesis loosening by vibration analysis, Sensors Actuators A, 85, 42-47 2000

[80] MK Hong, et al. Can coronary flow parameters after stent placement predict restenosis? Cathet. Cardiovasc. Diagn. , 36, 278-280, 1995

[81] JFL Goosen, et al. Pressure, flow and oxygen saturation sensors on one chip for use in catheters, IEEE MEMS, 2000, 537-540

[82] P Lukowicz, AMON: A Wearable Medical Computer for High Risk Patients, 6th Intl Symp Wearable Computers, 2002, 133-134

[83] X A Mariezcurrena et al. , The esteem hearing implant by envoy medical, Acta Otorrinolaringol Esp, 59, Suppl 2008, 1: 33-34

[84] J Maurer, et al. The esteem system: A totally implantable hearing device, Adv. Otorhinolaryngol, 2010, 69: 59-71

[85] K Ikuta, et al. Shape memory alloy servo actuator system with electric resistance feedback and application for active endoscope. IEEE Int. Conf. Robotics Automation, 1988, 427-430

[86] D-H Kim, et al. Epidermal electronics, Science, 2011, 33 (6044): 838-843

[87] J Viventi, et al. A conformal, bio-interfaced class of silicon electronics for mapping cardiac electrophysiology, Sci. Translational Medicine, 2010, 2(24), 24ra22

[88] KD Wise, et al. Wireless implantable microsystems: High-density electronic interfaces to the nervous system. Proc IEEE, 2004, 92(1): 76-97

[89] KD Wise, et al. An integrated circuit approach to extracellular microelectrodes. IEEE Trans Biomed

Eng,1970,17: 238-247

[90] E Margalit,et al. Retinal prosthesis for the blind. Surv Ophthalmol,2002,47(4): 335-356

[91] T Stieglitz,et al. Microtechnical Interfaces to Neurons. Topics Current Chemistry,1998,194: 131-162

[92] T Bell,et al. A flexible micromachined electrode array for a cochlear prosthesis. Transducers '97,1315-1318

[93] MD Serruya,et al. Instant neural control of a movement signal. Nature,2002,416: 141-142

[94] P Limousin, et al. Electrical stimulation of the subthalamic nucleus in advanced Parkinson's disease. New England J Med,1998,339: 1105-1111

[95] C Beuret,et al. Microfabrication of Pt-tip microelectrodes. Sens Actuators B,2000,70: 51-56

[96] C Kim,KD Wise. A 64-site multishank CMOS low-profile neural stimulating probe. IEEE JSSC,1996, 31: 1230-1238

[97] KC Cheung,et al. Implantable multichannel electrode array based on SOI Technology. J MEMS,2003, 12(2): 179-184

[98] Xu C,et al. Design and fabrication of a high density metal microelectrode array for neural recording. Sens Actuators A,2002,96: 78-85

[99] P Griss,et al. Micromachined electrodes for biopotential measurements. J MEMS,2001,10 (1): 10-16

[100] T Strong,et al. A microelectrode array for real-time neurochemical and neuroelectrical recording in-vitro. Sens Actuators A,2001,91: 363-368

[101] G Zeck, et al. Noninvasive neuroelectronic interfacing with synaptically connected snail neurons immobilized on a semiconductor neurobiology. PNAS,2001,98(18): 10457-10462

[102] CR Neagu,et al. Characterization of a planar microcoil for implantable microsystems. Sens. Actuators A,1997,62: 599-611

[103] T Akin,et al. A wireless implantable multichannel digital neural recording system for a micromachined sieve electrode. IEEE JSSC,1998,109-118

[104] H Yu,K Najafi. Low-power interface circuits for bio-implantable Microsystems. In ISSCC 2003,

[105] R Langer,J Vacanti. Tissue engineering. Science,1993,260: 920-926

[106] J T Borenstein, et al. Microfabrication technology for vascularized tissue engineering. Biomed Microdev,2002,4(3): 167-175

[107] S Petronis,et al. Microstructuring ceramic scaffolds for hepatocyte cell culture. J Mater Sci: Mater in Med,2001,12: 523-528

[108] E Cukeiman,et al. Cell interactions with three-dimensional matrices. Curr Opin Cell Biol 2002,14: 633-639

[109] Grodzinsky,et al. Cartilage tissue remodeling in response to mechanical forces. Annu Rev Biomed Eng,2000,2: 691-713

[110] H Andersson,A van den Berg. Microfluidic devices for cellomics: a review. Sens Actuators B,2003, 92-93: 315-325

[111] Wang Z; et al. Fabrication of poly (3-hydroxybutyrate-co-3-hydroxyhexanoate) (PHBHHx) microstructures using soft lithography for scaffold applications. Biomaterials,2006,27(12): 2550-2557

[112] S Ostrovidov,et al. Membrane-based PDMS microbioreactor for perfused 3D primary rat hepatocyte cultures. Biomed Microdev 6: 4,2004,279-287

[113] E Leclerca,et al. Fabrication of microstructures in photosensitive biodegradable polymers for tissue engineering applications. Biomaterials 2004,25: 4683-4690

[114] MJ Powers,et al. A microfabricated array bioreactor for perfused 3D liver culture. Biotech Bioeng, 2002,78(3): 257-269

[115] CE Holy,et al. Use of a biomimetic strategy to engineer bone. J Biomed Mater Res.,65 A (4),

447-453

[116] AM Taylor, et al. Microfluidic multicompartment device for neuroscience research. Langmuir 2003, 19: 1551-1556

[117] CG Spechta, et al. Ordered growth of neurons on diamond. Biomaterials, 2004, 25: 4073-4078

[118] DE Smith, et al. The bacteriophage 29 portal motor can package DNA against a large internal force. Nature, 2001, 314: 748-752

[119] WS Ryu, et al. Torque generating units of the flagellar motor of Escherichia coli have a high duty ratio. Nature, 2000, 403: 444-447

[120] M Frenea, et al. Positioning living cells on a high-density electrode array by negative dielectrophoresis. Mat Sci Eng, 2003, 23: 597-603

[121] G Medoro, et al. A lab-on-a-chip for cell detection and manipulation. IEEE Sensors J, 2003, 3(3): 317-325

[122] WJ Li, N Xi. Novel micro gripping, probing, and sensing devices for single-cell surgery. In Conf IEEE EMBS, 2004, 2591-2594

[123] CJ Kim, et al. Silicon-processed overhanging microgripper. J MEMS, 1992, 1: 31-36

[124] MC Carrozza, et al. The development of a LIGA-microfabricated gripper for micromanipulation tasks. JMM, 1998, 8(2): 141-143

[125] PC Shiang, H Wensyang. An electro-thermally and laterally driven polysilicon microactuator. JMM, 1997, 7: 7-13

[126] WH Chu, et al. Microfabrication of tweezers with large gripping forces and a large range of motion. in Transducers'94, 107-110

[127] C Neagu, et al. The electrolysis of water: an actuation principle for MEMS with a big opportunity. Mechatronics, 2000, 10: 571-581

[128] M Kohl, et al. SMA microgripper with integrated antagonism. Sens Actuators A, 2000, 83(1-3): 208-213

[129] I Roch, et al. Fabrication and characterization of an SU-8 gripper actuated by a shape memory alloy thin film. JMM, 2003, 13: 330-336

[130] S Butefisch, et al. A new micro pneumatic actuator for micromechanical systems. in Transducers'01, 722-725

[131] Y Lu, CJ Kim. Micro-finger articulation by pneumatic parylene ballons. in Transducers'03, 276-279

[132] CH Yin, et al. A thermally actuated polymer micro robotic gripper for manipulation of biological cells. in Int Conf Robot Automation, 2003, 288-293

[133] W Jennifer, et al. MEMS-fabricated ICPF grippers for aqueous applications. in Transducers'03,

[134] EWH Jager, et al. Microfabricating conjugated polymer actuators. Science, 2000, 290, 1540-1545

[135] NS Chronis, et al. Electrothermally activated SU-8 microgripper for single cell manipulation in solution. J MEMS, 2005, 14(4): 857-863

[136] G Li, et al. Manipulation of living cells by atomic force microscopy. in IEEE/ASME Conf. Adv Intelligent Mechatr, 2003, 862-867

[137] B Hecht, et al. Scanning near-field optical microscopy with aperture probes: fundamentals and applications. J Chem Phy, 2000, 112(18): 7761-7774

[138] P Gorostiza, et al. Molecular handles for the mechanical manipulation of single-membrane proteins in living cells. IEEE Trans Nanobio, 2005, 4(4): 269-276

[139] TT Perkins, et al. Direct observation of tube-like motion of a single polymer chain. Science, 1994, 264: 819-822

[140] T Strick, et al. The elasticity of a single supercoiled DNA molecule. Science, 1996, 271: 1835-1837

[141] C Gosse, et al. Magnetic tweezers: micromanipulation and force measurement at the molecular level. Biophys J, 2002, 82: 3314-3329

[142] P Cluzel, et al. DNA: an extensible molecule. Science, 1996, 271: 792-794

[143] B Essevaz-Roulet, et al. Mechanical separation of the complementary strands of DNA. PNAS, 1997, 94: 11935-11940

[144] M Rief, et al. Sequence-dependent mechanics of single DNA molecules. Nat Struct Biol, 1999, 6: 346-349

[145] M Washizu, et al. Molecular surgery based on microsystems. in Transducers'97, 1997, 473-476

[146] S Marqusee, et al. Direct observation of the three-state folding of a single protein molecule. Science, 2005, 309: 2057-2060

[147] CH Chiou, et al. A micromachined DNA manipulation platform for the stretching and rotation of a single DNA molecule. JMM, 2005, 15: 109-117

第9章 微流体与芯片实验室

生化分析是现代生物学、化学和医学的基础。传统的生化分析在生化实验室的工作台上进行，对生化试样进行分离、混合、过滤、提纯、反应、检测等操作。芯片实验室(Lab-on-a-chip，LOC)是指通过微加工技术将传统的基于工作台上的生化实验室的功能集成在一个芯片上而形成的分析平台[1~3]，即在一个芯片上实现生化领域的样品制备、生化反应、分离检测等操作，用以完成生物或化学反应过程，并对产物进行分析。LOC 通过分析化学、MEMS、电子学、材料科学与生物学、医学和工程学等交叉来实现化学分析检测，即实现从试样处理到检测的整体微型化、自动化、集成化与便携化这一目标。LOC 的最终目标是生化分析设备的微型化与集成化，以此实现分析实验室的个人化与家用化。与 LOC 相近的概念是微流体系统(Microfluidics)和全微分析系统(Micro Total Analytical Systems，μ-TAS)，前者指能够处理流体的微型器件与系统，后者指微型生化分析检测系统。本书中并不严格区分 LOC 与 μ-TAS。本章介绍 LOC 的制造技术、微流体特性，以及 LOC 基本操作和应用等内容。

9.1 概　　述

9.1.1 LOC 的发展历史

将现代微加工技术用于制造微型分析仪器开始于 1979 年 Stanford 大学的 Terry 等在硅片上制造的小型气相色谱仪[4]。该色谱仪在芯片上集成制造注入器与玻璃毛细管，能够在秒的量级上完成简单化合物和混合物的分离。尽管性能还不能对当时传统的色谱技术构成威胁，但其结果表明，利用直径为微米量级、长度为米量级的微柱能够获得高性能的色谱。由于当时微型化和 MEMS 技术还不够普及，尽管这个微型色谱仪与现在的研究非常接近，但是当时并没有引起重视。1985 年，Unipath 公司推出了可以认为是第一个微流体器件的 ClearBlue 怀孕检测产品。

1990 年，瑞士 Ciba-Geigy 制药公司(现诺华)的 Manz 和 Widmer 发表了硅芯片上的微型液体色谱器件[5]，硅基微型化分析仪器才又开始出现。该色谱器件尺寸为 5×5 mm，硅片上集成了 1 个开管柱和热导计，并且连接片外的泵和阀实现高压液体层析。随后 Manz 提出了微型全分析系统

μTAS的概念[6],目的是利用微加工技术在芯片上实现“微”与“全”的分析系统,以实现试样处理、分析,以及检测和质量输运及控制。μTAS的出现为分析仪器的小型化和高性能提供了解决方案,使实现单芯片上的多成分检测成为可能,并使芯片实验室在1990～1993年进入复兴时期。微流体技术的迅速发展归因于在新药开发受限于色谱分析技术的低效率和高成本、人类基因组计划对DNA测序效率的强烈需求,以及美国DARPA支持的一系列旨在实现战场和反恐应用的现场可部署式生化探测微系统。

20世纪90年代中期,基于微阵列的生物芯片已进入实质性的商品开发阶段,而基于微流体的LOC也开始得到世界范围内的重视,并开始快速发展。瑞士Ciba-Geigy公司、加拿大Alberta大学、美国橡树岭国家实验室、加州大学Berkeley分校,以及PerSeptive Biosystems相继报道了集成电动力驱动、分离系统和微流体通道的片上分析系统[7~11]。1994年美国橡树岭国家实验室的Ramsey等在Manz的基础上改进了芯片毛细管电泳的进样方法,提高性能与实用性,引起了广泛的关注。同年,首届μ-TAS会议在荷兰Enchede举行,发表的研究成果极大地推动了微全分析系统研究在世界范围内的开展。1995年UC Berkeley分校的Mathies等人实现的高速DNA测序微流体芯片,使基于微流体的LOC的商业价值开始显现,促成了1995年首家微流体芯片公司Caliper Technologies的成立。Mathies等于1996年和1997年实现了聚合酶链式反应PCR与毛细管电泳集成芯片和多通道毛细管电泳DNA测序芯片,这种基于连续流的PCR芯片为微流体芯片在基因分析中的实际应用奠定了重要基础,也展示了LOC在生化分析领域的巨大应用前景。1999年,利用混合层流技术实现了细胞的筛选与分离,使利用微流体操作单细胞成为可能,为微流体技术在生化领域的应用奠定了又一个坚实基础。

在这一阶段,激光荧光技术开始应用于芯片上检测荧光素标记的氨基酸混合物[12]。除了分离生物试样外,面向生物分子和细胞的反应和操作应用开始出现,例如用于PCR扩增的微加工反应室[13],测量细胞新陈代谢的微加工通道[14],以及细胞计数器[15]等。经过几年的发展,包括芯片毛细管电泳、混合、化学反应、稀释等功能模块与毛细管电泳集成在一个芯片的单片集成系统开始出现[16~18],关于LOC的研究工作已经从基于芯片的分析扩展到反应室集成,各种混合、分离技术研究的更加深入,寡核苷酸、DNA、氨基酸,以及细胞的电场控制操作与分离都得到了实现。

在流动驱动和控制方面,由于微流体管道的宽度一般为10～200 μm,长度一般为1～10 m,流体阻力非常大,传统的集中力驱动非常困难。20世纪90年代初,电动力开始被应用到微流体操控中,并成为目前微流体分布力驱动的主要形式之一。基于电动力原理,Widmer、Manz和Harrison等人提出了芯片毛细管电泳的方法,在1991年实现了芯片毛细管电泳与流动注射分析[19,20],利用硅或玻璃衬底上微加工的微管道进行分离,通过电渗流驱动实现了无可动微泵的流体驱动,并实现整个毛细管微通道的流动;流体在管道连接和交叉处通过开关电压控制流动方向,无须使用微阀。这些结果表明电渗流能够取代微泵来驱动微流体,并且玻璃和硅可以实现电渗流驱动和电泳分离试样,为微分析系统的发展提供了崭新的方向。

在芯片制造领域,传统微加工技术和软光刻技术都得到了快速的发展。在微流体器件研究的初期,大多数微流体器件是制造在硅、玻璃或者石英衬底上[21]。1991年UC Berkeley和瑞典Uppsala大学分别利用热弹性聚合物PMMA和PDMS制造微流体器件。1993年哈佛大学的Whitesides明确提出了基于PDMS的软光刻技术,使LOC的制造不再全部依赖于硅基芯片,而采用高效、低成本的PDMS等生物相容性高分子材料,极大地推动了LOC技术的普及和发展。到20世纪90年代中后期,基于PDMS的微流体器件已经能够实现电泳分离功能[22,23]。由于软光刻技术具有很多突出的优点，目前利用软光刻制造 PDMS 和 PMMA 已经成为微流体器件的重要制造方法。

从 1998 年开始，芯片实验室进入了高速发展时期，LOC 已经从一个理想中的概念发展为最热门的科研领域之一，涉及物理、化学、表面科学、微加工技术、生物医学、分析仪器等多个学科领域。在微流体的物理化学研究方面，表面改性技术开始出现；在生化分析基本操作方面，各种试样加载、分离、混合、稀释、沉淀、过滤、输运等新技术和新器件不断涌现，极大地丰富了 μTAS 的内容。在应用方面，LOC 已经进入到化学分析、临床诊断、DNA 测序、药物开发等几乎所有化学分析和生物医学检测领域。多家从事相关研究和生产的公司在 20 世纪 90 年代末期迅速成立，传统的分析仪器和制药公司也大规模介入，世界范围内微流体和 LOC 的产品开发蓬勃开展。1999 年 Agilent 与 Caliper 联合研制的首台基于微流体芯片的分析仪器上市，并提供用于核酸及蛋白质分析的 5～6 种芯片。微流体芯片开发企业利用各自的技术优势抢先推出微流体分析仪器并大量申请专利保护，各科技强国在此领域的竞争异常激烈。

然而，LOC 的高速发展仍将持续相当长的时间。微加工技术仍有许多内容需要深入研究，例如制造微流体器件通常采用的聚合物材料和软光刻技术与硅基电子系统的集成问题仍旧没有解决。另外，LOC 的相关基础尚未成熟，与微流体相关的物理、力学、表面物理化学等问题研究尚不深入，远未达到人类对宏观流体的掌握水平，新原理和新器件还会不断涌现。同时，LOC 的重要应用之一的生物医学领域的持续和快速发展仍将为 LOC 提供更多的基础和广阔的舞台。尽管 LOC 的原理性验证原型已经实现，但是距离广泛应用尚有相当长的路要走，目前市场上尚没有真正实现了整个实验室功能彻底集成的 LOC 产品。

芯片实验室包含多个功能模块，其发展也是多样性的。例如，从以毛细管电泳分离为核心发展到液-液萃取、过滤、无膜扩散等多种分离手段；从以电渗流为主要液流驱动手段发展到流体动力、气压、离心力等多种手段；从以激光诱导荧光检测发展到电化学、质谱、化学发光等多种检测手段；从单纯分析检测发展为包括复杂试样前处理的高功能全分析系统；从成分分析工具发展到包括在线检测的微型化学反应与合成手段；从一般成分分析发展为单分子、单细胞分析等。

9.1.2　LOC 的特点

LOC 的典型特点是流体流动、功能全面与器件集成。微流体的流动管道和介质流动构成了 LOC 的主要特点，通过被处理目标的连续流动，将多个处理功能联系起来实现多过程和高效率。功能全面是 LOC 近年来的主要发展特点，通过在一个芯片上集成多种功能和多个器件，实现单芯片的试样预处理、分离、注入、混合、反应、检测等多功能，完成整个反应和检测过程。

与 LOC 相近的名词是生物芯片(Biochip)。狭义的生物芯片是指点阵式的微阵列芯片，包括基因芯片、蛋白芯片、细胞芯片、组织芯片等几种。生物芯片的基本原理是将大量生物大分子，如核酸片段、多肽分子、细胞等，以点阵方式固定于基片表面形成密集的二维分子阵列；根据生物特异性结合或反应特性，点阵上固定的生物分子与已标记的被检测物反应，通过电化学或荧光法等标志反应程度，再利用激光共聚焦扫描仪或摄像机等对反应信号的强度进行检测。生物芯片主要特点是高通量、微型化和自动化。基于核酸互补杂交原理的基因芯片是生物芯片中发展最成熟的产品，由于“基因芯片”被 Affymetrix 公司注册，因而其他厂家的同类产品通常称为 DNA 微阵列或 DNA 芯片。DNA 芯片能够高效大规模获取生物信息，对人类基因组计划起到了极大的促进作用。

LOC 与生物芯片之间虽有少量交叉但基本各自独立，所依托的基础学科与技术以及应用领域也不相同。图 9-1 所示为典型的 LOC 和生物芯片生物芯片主要以生物技术为基础，以亲

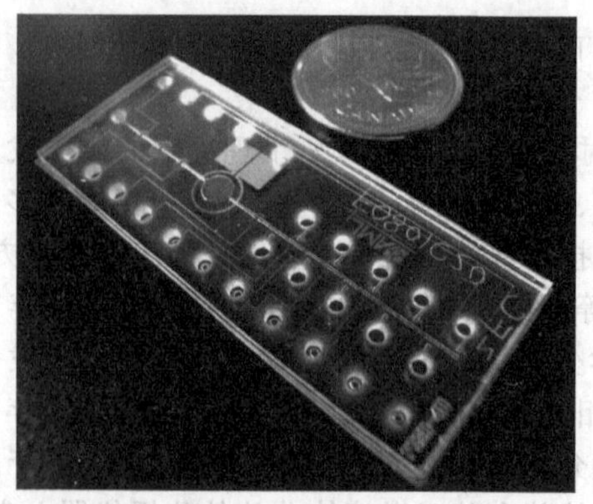

(a) 集成反应物混合、细胞腔体、加热器和蠕动泵的LOC芯片(Fish)

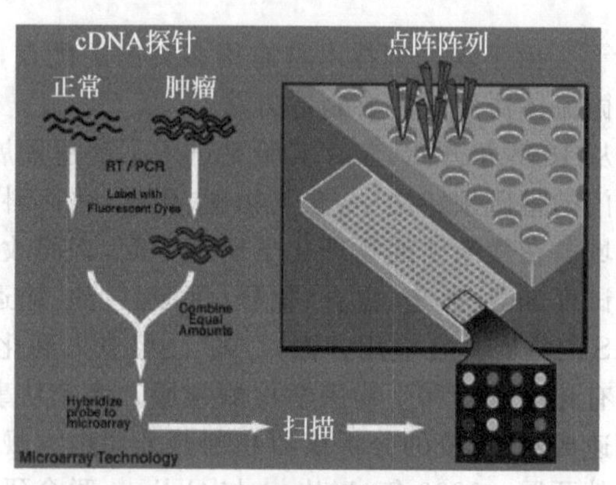

(b) 生物芯片

图 9-1 LOC与生物芯片

和结合技术为核心,以在芯片表面固定一系列可寻址的识别分子阵列为结构特征。生物芯片使用方便,测定快速,但一般一次性使用,并有很强的生物化学专用性。生物芯片前几年发展较快,已高度产业化,生产技术已趋于成熟。LOC主要以分析化学和分析生物化学为基础,以微加工技术为手段,以微流体管道网络为结构特征,把整个生化验室的功能集成到微芯片上,是在流体、MEMS、分析化学、生物等学科基础上发展起来的一门全新的交叉学科。推动LOC发展的动力是微型化带来的分析自动化、集成化、高速度、高通量,以及被分析试样消耗减少带来的低成本。LOC可以降低对分析人员的要求,能够满足现场应用,使生化分析和疾病诊断的个人化成为可能。图9-2所示为一种典型的连续流式PCR芯片,通过从人体的呼吸系统收集排泄物进行禽流感病毒的分析[24]。

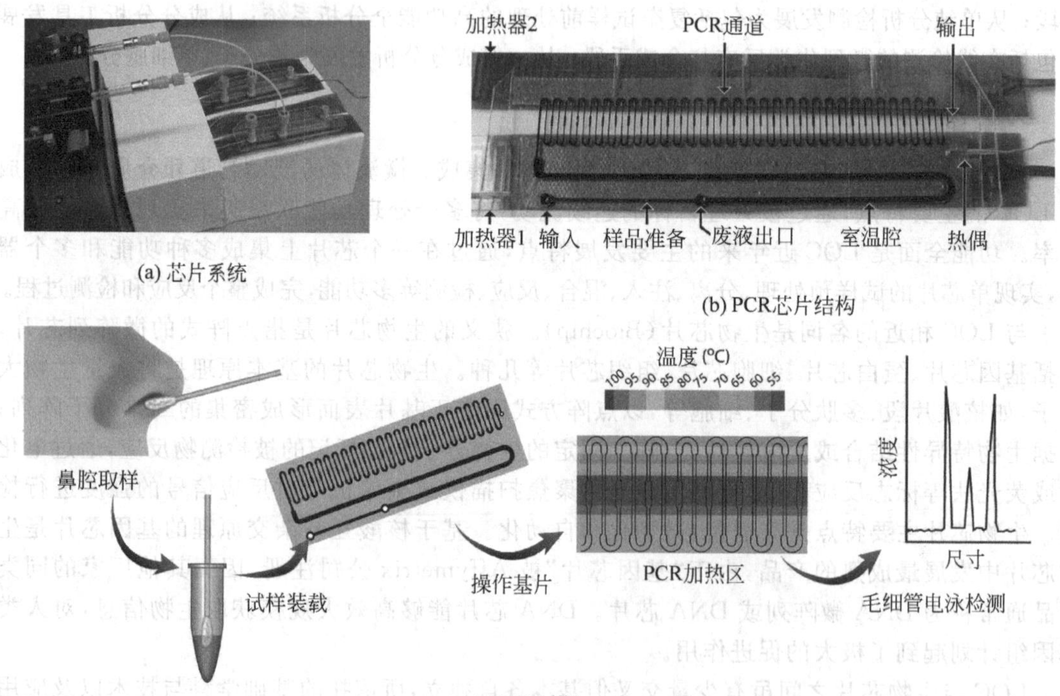

(a) 芯片系统

(b) PCR芯片结构

(c) PCR过程

图 9-2 典型流动式PCR微流体芯片

LOC 既是一个技术推动的领域，又是被技术限制的领域。LOC 实现的关键是微流体技术，即在微观尺寸下控制、操作和检测复杂流体的技术，这与宏观流体有很大的差别；除此以外，LOC 还涉及大量的微加工技术、表面物理化学、流体力学、分析化学、微尺度传热与质量输运等基础理论。与微电子技术不同，微流体不强调器件的小尺寸，它着重于构建微流体通道系统来实现各种复杂的微流体操纵与检测功能。尽管与微电子器件相比微流体器件的尺寸相当大，但实际上这个尺寸对于流体而言是非常小的。

9.1.3 微流体的特性

微流体是 LOC 的主要研究对象。在 LOC 中应用微流体有两方面的原因：LOC 的尺寸、功能以及流体管道的密度决定了管道和器件的尺度需要在微米尺度，其流体特性属于微流体范畴；微流体的很多特性有助于 LOC 上流体的操控和 LOC 功能的实现。微流体是指宽度(或高度)小于 1 mm、大于 1 μm 的管道中的流体。当管道大于 1 mm 时，流体特性与宏观流体相同，不可压缩和流固界面无滑流假设成立，可以用纳维-斯托克斯方程描述宏观流体的特性。在微观情况下，需要考虑滑流、热蠕变、粘度耗散、可压缩性、分子间作用力等微观特性，需要直接利用最基础的质量守恒、能量守恒、牛顿第二定律等对流体进行描述。当管道小于 1 μm 时，流体需要纳米尺度的特性才能描述，甚至连续性假设也不再成立。

微米尺度的流体表现出与宏观流体截然不同的特性。微流体的表面积体积比在 $10^6\ m^{-1}$ 量级，表面力上升为影响流体特性的主要因素，对质量输运、热传导、动量、能量等特性起到决定性作用。流体的表面自由能是表面张力的标志，毛细现象是表面张力的结果，当毛细管的直径进入微米量级时，由于毛细现象引起的液体流动距离是非常惊人的。微流体的表面积体积比与宏观情况下相比增加了几个数量级，因此微流体的热交换速度非常快，这使毛细管电泳的效率非常高，但是影响了电动流的效率。

微流体的第二个特性是低雷诺数引起的层流。由于微流体特征尺度很小，常规液体在微流体通道中的流动表现为层流，流体的特性由粘度控制，而宏观流体的特性由惯性和质量决定。微流体管道中的层流使两个并行流动的流体之间的混合不是依靠对流，而是依靠扩散实现的，扩散是微流体中液体混合的主要方式。扩散是指具有一定浓度的粒子在布朗运动的作用下，粒子在一定区域内随机运动，最终使得整个区域内的粒子平均浓度为常数。扩散距离 d 表示为

$$d = \sqrt{2Dt} \tag{9-1}$$

其中 t 为扩散时间，D 为扩散系数。由于扩散系数很小，宏观流体依靠扩散进行混合是非常慢的，例如血红蛋白在水中扩散 1 cm(扩散系数 $D=7\times10^{-7}$ cm/s)需要10^6 s(11.57 天)；而对于微流体系统，由于管道尺度在微米量级，扩散所需的时间明显减小，扩散效应非常突出，如血红蛋白扩散 10 μm 只需要 1 s。因此通过扩散，可以实现微流体的混合和分离。

微流体的第三个特性是容易受到微流体管道中气泡的影响。微流体管道中气泡的尺寸往往与管道相当，因此微流体中包含或者管道壁上附着的气泡都会对微流体的流动产生显著影响。当气泡浸没于微流体中时，由于表面张力产生的表面压差互相抵消，气泡不会产生影响液体流动的附加压力。由于气泡跟随液体流体，随着流动过程中压力的变化，气泡的体积随液体的流速发生变化。当气泡由于表面张力的作用附着于管壁时，会减小微流体通道的截面积、增加流动阻力。附着于管壁的气泡可能沿管壁移动或者破裂，引起不稳定流动。流体中的气泡

和管道壁附着的气泡在微流体流动过程中一般会同时出现，并且相互转化，引起流动规律的变化和不稳定的流动。因此，在微流体中经常需要利用真空等排除气泡的影响。

表 9-1 给出了微流体与宏观流体的主要差别。

表 9-1 微流体与宏观流体的比较

特点	宏观流体	微流体	特点	宏观流体	微流体
湍流	有	无	简单连接方式	有	无
小死区	变化	有	化学稳定材料	有	变化
气泡问题	无	有	功率	小	变化
高效流体泵	有	尚无	小体积	否	是
高效流体阀	有	尚无	表面积/体积比	小	大
高效气体泵	有	无	批量制造	是	是
高效气体阀	有	有			

9.2 软光刻技术

LOC 和微流体要求制造简单、成本低、生物相容性好的衬底材料，硅、石英、玻璃，以及多种高分子聚合物(包括硅基橡胶和塑料)等都在 LOC 中有广泛应用[25]。由于生物医学应用的特殊性，LOC 基底和密封层材料的化学、光学、电和机械特性必须完全满足生物化学系统的要求，例如生物相容性、稳定性、电动力驱动要求的性能等多个方面。软光刻技术是 20 世纪 90 年代中后期才发展起来的图形转移技术，由于能够制造复杂的微流体通道和流体控制器件(如微泵、微阀)，已经成为生物医学、微流体、微纳技术等领域重要的图形转移技术。表 9-2 列出了几种常用材料和相关加工方法。每种材料都有各自的优缺点，总体来说，在微流体中有机高分子材料应用越来越多。

表 9-2 常用材料和加工方法的对比

材料	优点	缺点
硅	具有化学惰性和热稳定性；加工工艺成熟，可使用光刻和蚀刻等微加工工艺进行加工及批量生产；良好的热特性，导热率高、热容量小、能够集成检测器件和电路，容易实现电阻加热器加热和温度传感器测量等功能	易碎、价格贵；不透光；电绝缘性能不够好；表面化学行为较复杂；长期生物相容性较差；薄膜材料承受电压的能力较低，为电泳等高电压操作带来困难
玻璃和石英	很好的电渗性质；优良的光学性质，有利于电动力驱动的 LOC 系统(毛细管电泳)和光学检测；可用化学方法表面改性；可用光刻和蚀刻进行加工；可以导电或绝缘；施加电位产生电渗流，有利于毛细管电泳	难以得到高深宽比的通道，微通道的截面形状比较单一；加工成本较高；键合难度较大，难以复合安装在其他功能器件上
有机聚合物	成本低、种类多；透光；可用化学方法表面改性；易于加工，可使用软光刻的方法廉价大量生产；一般耐用且化学惰性，无毒	不耐高温；导热系数低；表面改性的方法待进一步研究

9.2.1　软光刻与高分子聚合物

软光刻的基本过程如图 9-3 所示。首先制造母版(Master),然后将母版图形通过模铸(Molding)复制到弹性体上形成弹性体印章(Elastomeric Stamp),最后利用微接触印刷等方法以弹性体印章为模版进行图形转移。传统光刻过程中向硅片上转移的图形位于玻璃或石英等硬掩模版上,称为硬光刻;采用软光刻方法重复转移图形时,图形位于弹性的聚合物印章或模具上,相当于传统光刻中的掩模版,因此被称为软光刻。

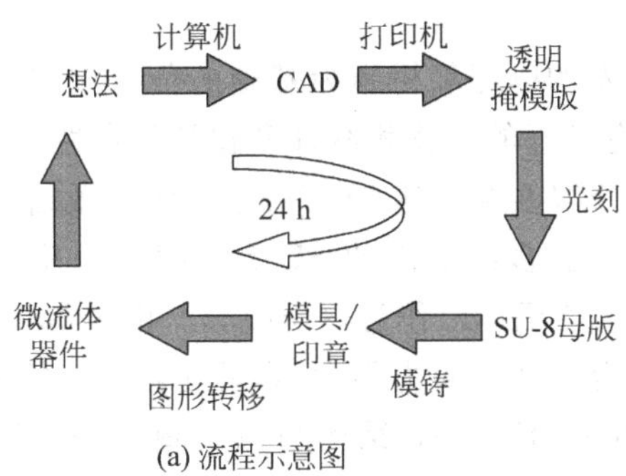

(a) 流程示意图

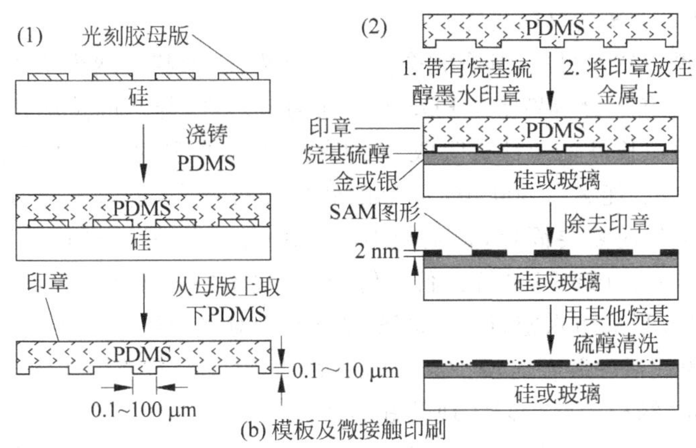

(b) 模板及微接触印刷

图 9-3　软光刻基本流程

软光刻法具有灵活、成本低、分辨率高等优点,可以处理高分子、有机物等材料,并且由于能够制造三维图形,甚至不需要超净间。当微流体器件的尺寸大于 20 μm 时,只需要一台高精度打印机即可完成制作母版所需的光刻版,使一个新设计在 24 h 以内就可以实现。常用的软光刻方法包括微接触印刷、微模铸等,在微流体通道中常用模铸的方法。通过将多层弹性聚合物键合或者粘接,可以实现复杂的流体结构和可动部件,这种方法被称为多层软光刻[26]。软光刻也有一些缺点,它基本上是一种“去除工艺”,另外由于材料的限制,使用一层弹性聚合物很难实现主动器件或者可动部件。

目前 LOC 和软光刻中使用最多的材料是高分子聚合物,如聚二甲基硅氧烷(PDMS)、聚甲基丙酸烯甲酯(PMMA)、聚碳酸酯(PC)、聚酰亚胺(PI)、聚苯乙烯(PS)、聚对苯二亚甲基乙烯(PET)、SU-8,以及特富龙等。这些材料热容大,通道横截面小,能够有效散热,可以使用超过 2 kV/cm 的高电压,多数都表现出一定的电渗流特性。在自然通风的情况下,从通道中心到通道壁形成 2～4℃的成辐射状的温度梯度,如果使用制冷装置,温度梯度可小于 1℃。这些材料生物相容性好、抗化学腐蚀、表面改性容易,通过改变表面的润湿特性可以减少生物分子(如蛋白质)在表面的吸附。另外,这些材料成本低、具有透光性,有利于光学检验[27,28]。这些优点使聚合物和塑料基底的毛细管电泳和色谱器件应用广泛。

微流体器件使用的 PMMA 和 PC 聚合物的分子量约为 100 000。PMMA 表面为疏水性,具有良好的透光性,从紫外至近红外波段内透光率达 95%以上。PC 为透明、白色或黑色,表面呈疏水性。这两种材料可利用氧等离子体进行表面处理,使其表面与水的接触角降至 30°左右而成为亲水性材料。

EPON SU-8 是 IBM 开发的以环氧树脂为基础的负光刻胶,广泛应用于紫外光刻制造高深宽比结构[29,30]。SU-8 具有良好的生物相容性和化学稳定性,在固化后可以承受 34 MPa 的应力,弹性模量约 5 GPa,热分解温度高达 380℃,适合作为微结构的材料,并且仅通过光刻就可形成高深宽比的微流体结构。多次旋涂的 SU-8 厚度可达几百微米至毫米量级,可作为电镀和 PDMS 浇铸的母模使用,甚至可以作为热压模具。由于与衬底之间热膨胀系数不同以及聚合时的体积收缩,SU-8 聚合后残余应力很大,容易使被加工的微结构损坏,尤其大面积曝光时,残余应力可能造成衬底翘曲,使 SU-8 结构与衬底剥离,甚至固化后结构产生裂纹。为了实现较大的厚度,旋涂 SU-8 时需要很低的转速,由于 SU-8 的粘度较大,影响了厚度的均匀性,并在衬底边缘造成剥离的鸟嘴现象。

PDMS 为无色透明软性材料,具有完全生物兼容性、微米甚至纳米量级的复制保真性、无毒、低成本、易于制造和键合等特点。PDMS 表面为疏水性,与水的接触角为 94°。大部分聚合物高分子材料对短波长可见光都有吸收,在使用光激发检测时产生背景荧光,但 PDMS 产生的背景荧光比塑料低,能透过 300 nm 以上的紫外和可见光,折射率低,适合流体系统中的光学检测。PDMS 使用时需要固化,将主剂中添加硬化剂后,置于烘箱中固化。PDMS 可以与 SiO_2、玻璃以及另一个 PDMS 进行共价键键合,实现良好的接触和密封;通过与光滑表面的聚苯乙烯接触,可以形成防水密封。PDMS 键合前要对表面进行氧等离子体或者紫外光照射[33]处理,以增强表面活性并暂时增加亲水性。由于 PDMS 的弹性性质,将玻璃、硅、PDMS 等薄片覆盖在 PDMS 结构上就可以实现较好的密封[31,32]。

聚酰亚胺(Polyimide)是一种分子主链中含有酰亚胺环状结构(CO-NH)的环链有机高分子聚合物,具有良好的化学稳定性、热稳定性、绝缘性和机械性质,绝缘性能接近 SiO_2,具有比 SiO_2 和氮化硅更好的平坦化性能,因此被应用于集成电路保护涂层。PI 对硅片、铝、铜和玻璃等材料具有很好的粘附性能,比硅膜柔软,能得到较大的变形。可采用旋转涂法制备,多层旋涂可获得几十微米的厚度。PI 具有优异的耐腐蚀、耐高温、耐辐射性能,能抗有机溶剂的浸蚀和特殊光线的照射,可长期工作在 250℃环境下,耐 400℃高温。PI 的这些优点使其在 MEMS 中可用于耐腐蚀性、耐高温的保护膜和钝化膜;绝缘性能可用于做牺牲层和多层间绝缘层;耐辐射可用于做特殊光线的遮挡膜,如 α 射线遮挡膜等;平坦化性能可用于做平坦化材料和剥离材料等。MEMS 中应用的 PI 包括光敏和非光敏两种,光敏 PI 可以直接利用光刻制造微结构,交联固化后具有良好的绝热和力学性质;非光敏 PI 一般采用等氧离子进行刻蚀。涂覆 PI 前需要利用等离子体对被涂覆表面进行预处理,以增加表面活性,提高附着程度。如果表面活性较差或者不清洁,PI 会出现收缩和针孔现象。PI 固化可以在室温下、80℃、120℃、240℃分别加热 4 h～30 min。

塑料价格便宜，绝缘性好，可施加高电场实现高效电渗，成形容易，批量生产成本低，易获得高深宽比的微结构，经紫外、激光和化学处理后还可以改变电渗流，具有广阔的应用前景[21,34,35]。塑料导热性差，热封接后微通道变形仍是没能很好解决的问题。虽然可以采用粘接方法，但粘接剂与基体材料不同，可能产生样品区带增宽，粘接剂又易堵塞微通道。

热固聚脂(TPE)，也称为非饱和聚脂。几乎所有加工 PDMS 的方法都可以加工 TPE，但是模铸是最合适的方法[36]。将母版表面覆盖亲水性极强的SnO_2，可以隔离 TPE 和硅之间的反应，简化脱模过程。固化以后 TPE 的硬度类似玻璃；TPE 的表面亲水性可以保持长达5 天，但是表面长期稳定性不如玻璃。TPE 对多数溶剂的抵抗能力介于玻璃和 PDMS 之间，一般用于水溶液或者低溶解能力的液体[37]。

9.2.2 软光刻母版和弹性印章

软光刻的主要步骤包括制造母版、利用母版制造弹性体印章、利用印章进行图形转移等基本过程。无论哪种软光刻技术，首先都需要制造弹性橡胶印章(或称为模具)，有些软光刻直接利用母版进行图形转移而不需要印章，以下除特殊说明外都使用印章进行图形转移。模具表面具有高低不同的图形，这种用来转移图形并带有凸凹图形的模具称为弹性体印章。利用印章或模具进行接触印刷、复制模铸、压印和热压等图形转移过程，形成衬底芯片上的结构，例如接触印刷的原理与普通盖印章的原理基本相同，因此软光刻需要具有弹性印章和制造弹性印章的“母版”。

1. 母版的制造

母版的制造过程就是实现所需要的微结构的过程，通常印章的制造是在母版上进行模铸，因此母版的图形与最终需要的图形刚好相反(互补)。母版的制造可以使用多种方法制造，如使用光刻、电子束光刻等方法直接利用光刻胶作为母版的结构；或者在光刻以后采用微加工方法制造硅或金属结构作为母版结构。无论哪种方法，在制造母版前均需要制造母版所用的掩模版。当软光刻需要实现的线条很细时，母版的掩模版可以采用普通光刻或者电子束直写等实现，这种方法的优点是图形小，但是制造时间长、成本高。当软光刻需要的结构尺寸超过20 μm 时，可以通过高精度打印机(分辨率大于 5000 dpi，例如 Linotype-Hell 公司的 Herkules 系列产品)打印胶片作为母版的曝光掩模版。这种方法的优点是成本低(比石英掩模版便宜200 倍)、制造时间短、可以制造大面积掩模版，但是由于打印机和柔性胶片的限制，最小尺寸比较大。通过光学微缩，打印在透明胶片上的图形可以被进一步缩小[38]，例如通过微缩照相可以实现 15 μm 的特征尺寸(线条宽度变化 1.5 μm)，而利用光学投射显微镜可以将特征尺寸减小到 1 μm。

简单的母版制造方法是使用 SU-8 进行光刻形成图形。由于 SU-8 光刻胶可以达到几百微米甚至几毫米的厚度，经过光刻以后的 SU-8 可以实现垂直的微结构，可以满足绝大多数使用情况的要求。SU-8 的特点是与衬底硅片结合牢固，并且 SU-8 结构本身机械强度较好，因此能够在后续工艺过程中保持完整性。SU-8 可以实现的特征尺寸较大，一般超过 10 μm，深宽比可以超过 15∶1。对于细小结构，可以使用其他的光刻技术，如电子束曝光等。除 SU-8 外，其他具有上述性质的光刻胶或者其他添加了光敏剂的有机高分子材料也可以进行光刻。

采用微加工技术也是制造母版的常用方法,例如刻蚀硅衬底或者电镀金属等。刻蚀衬底制造母版与SU-8光刻相比,其优点是可以制造多种截面形状的微结构,例如通过KOH刻蚀的倒梯形截面、利用DRIE刻蚀的垂直截面,以及利用HNA刻蚀的各向同性圆弧截面等;而利用SU-8光刻只能形成垂直截面的结构。这些不同截面结构在研究微流体、生物细胞培养、组织工程中是需要的。利用刻蚀的缺点是增加了工艺步骤和成本。利用金属电镀,可以制造金属母版。例如,在硅衬底上溅射种子层、光刻,然后通过电镀镍制备母版。

2. 弹性体印章

弹性体印章就是图形转移的模具,是带有凸凹图形的聚合物弹性体,一般通过模铸制造。在母版制造完毕后,经过一定的表面处理,在上面浇注液态的弹性体材料预聚物,常用的是PDMS,然后剥离母版形成弹性体模具,如图9-4所示。对母版进行表面处理的目的是降低界面自由能,使模铸后的PDMS更容易从母版上剥离开。当利用硅刻蚀的模具作为PDMS的母版时,直接将PDMS浇注到硅上在脱模时比较困难,可以在母版上沉积疏水的Teflon或者碳氟薄膜等作为脱模剂。前者可以通过旋涂的方法将液态的Teflon涂覆在母版表面,后者可以通过在Bosch模式的ICP中关闭刻蚀气体SF_6而只通入保护气体C_4F_8形成均匀的碳氟膜。

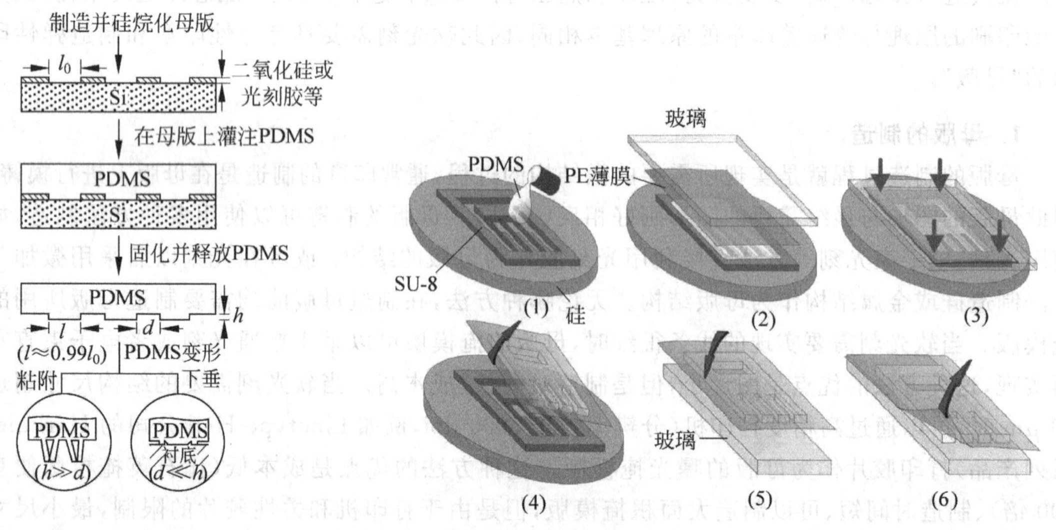

图9-4 浇铸制造PDMS模具

将PDMS主体(如Dow Corning公司的Sylgard 184)与硬化剂以10∶1比例均匀混合形成预聚物,并与脱模剂(如Silicone VVF-201)以3∶1比例混合,旋涂在母版上,预聚物会填充满母版上的图案,在预聚物上形成与母版互补的形状。母版周围与玻璃容器之间注入无脱模剂的PDMS,放入真空10 min,使PDMS混合和交联过程中产生的气泡完全去除。接着将带有PDMS的母版加热,例如130℃下保温15 min或如80℃下保温1 h,使之固化,最后将PDMS从母版上脱模。从母版上剥离PDMS聚合物弹性体即可形成软光刻的印章(模具)。制备好的印章和模具可以多次重复地采用印刷、模铸等方式复制。两片PDMS的键合可以在500 Pa的压力和100℃下保持20 min实现。

PDMS 具有突出的优点，非常适合在软光刻技术中作为模具使用。①PDMS 的弹性模量约为 1 MPa，可以容易地变形，具有弹性，能够与衬底表面形成共形接触，利用复制模铸可以制造尺寸为几十纳米的结构；同时，PDSM 的弹性使释放和取下 PDMS 模具非常容易，即使是复杂脆弱的结构。②PDMS 的界面自由能非常低（2.16×10^{-2} J/m^2），并且具有化学惰性，因此需要模铸的聚合物材料不会与 PDMS 形成不可逆的结合或与 PDMS 反应；PDMS 化学性能稳定，可以多次重复使用达上百次，持续时间超过几个月而没有明显的变化；PDMS 性能均匀、各向同性、不导电，并且对于波长大于 300 nm 的光波是透明的，因此可以利用 UV 对预聚物进行交联固化。③PDMS 加工方便，固化以前为液态，无毒，可以进行旋转涂胶和模铸、毛细吸附等。④PDMS 容易进行表面改性，可以通过等离子体进行表面改性，将疏水性改变为亲水性[39]。除沉积碳氟膜以外，将氧等离子体处理过的 PDMS 接触三氯硅烷（R-$SiCl_3$）可以在 PDMS 表面引入 R-基团，也可以降低界面自由能并使后续的剥离容易。氧等离子体处理的 PDMS 表面会产生负静电，可以用来在毛细管电源的生化分离中产生电渗流。

PDMS 的也存在一些缺点[36]。由于 PDMS 是弹性材料，因此重力、毛细力、黏附等因素会引起高深宽比 PDMS 微结构的粘连或者坍塌，如图 9-4 所示。当突出的微结构的高宽比（h/l）很大时（$h\gg l$），微结构的机械强度和稳定性较差，容易在液体的作用下出现相互粘连，一般当深宽比在 0.2～2 之间时，能够保证微结构的稳定。当微结构相互粘连后，可以用 1％的十二烷基磺酸钠（SDS）冲洗并用庚烷浸泡来恢复结构。当槽结构的深宽比很小时（$d\gg h$），凹槽的平面由于弹性变形容易塌陷与衬底接触。一般当 $d>20\ h$ 时，容易发生塌陷；可以通过增加一些支撑柱的方法降低整体的深宽比。PDMS 在固化后会产生大约 1％的收缩，并且由于 PDMS 的变形和扭曲，在多层对准中难以实现优于 1 μm 的对准精度。PDMS 固化后是疏水性材料，容易吸附和溶解微流体管道中的疏水分子，例如蛋白等生物分子。PDMS 容易吸附非极性溶液如甲苯和己烷而膨胀，因此 PDMS 不适合于水解溶液。尽管利用氧等离子体或紫外光照射可以将 PDMS 表面改性为亲水性，但是这种亲水特性不是长期稳定的，在经过一段时间以后（几个小时或者更长），其表面又会回到疏水性。PDMS 的透气性对细胞培养非常有利，但是对于某些应用是有害的。另外，PDMS 图形转移的缺陷比率高于传统光刻。

9.2.3　软光刻图形复制

图形复制是指将 PDMS 模具上的图形向衬底或者功能材料转移的过程。图形复制技术大体可以分为微接触印刷（Micro Contact Printing）、微模铸（Molding）和压印（Imprinting）3 大类型。微接触印刷的模具上，只有突出的图形部分与衬底接触实现图形转移，而凹陷的部分不与衬底接触，原理与普通铅字印刷基本相同。微模铸包括复制模铸、毛细管微模铸、溶剂辅助微模铸、微转移铸模等几种，利用液态预聚物填充模具与衬底的间隙，形成与 PDMS 模具互补的图形，类似于传统的铸造技术。压印包括常温压印（Imprinting）和热压（Hot Embossing），利用外部压力将模具压入加热软化的聚合物，使聚合物形成与模具互补的形状，类似于传统的锻压成型技术。

1. 微接触印刷

微接触印刷是一种形成自组装单层膜（SAM，如烷烃硫醇）图形的有效方法，可以在衬底表面形成亚微米分辨率的不同尾端构成的 SAM 图形，基本过程如图 9-5 所示。首先将 PDMS 印章吸附含有需要“印刷”分子的溶液（墨水），如烷烃硫醇的乙醇溶液，在氮气流中干燥

1 min,溶液挥发后烷烃硫醇沉积到印章表面;将 PDMS 印章与衬底的金或者银表面接触10～30 s,PDMS 印章上突出部位的分子与金表面形成 SAM 结合在金表面,将 PDMS 印章的图形转移到金表面。形成第一层 SAM 图形后,可以将带有 SAM 的衬底在含有另一种 SAM 分子的溶液中冲洗,使第一次暴露在 SAM 外的区域能够生长第二种 SAM。微接触印刷在研究生物过程,如细胞吸附和细胞培养等有广泛应用。

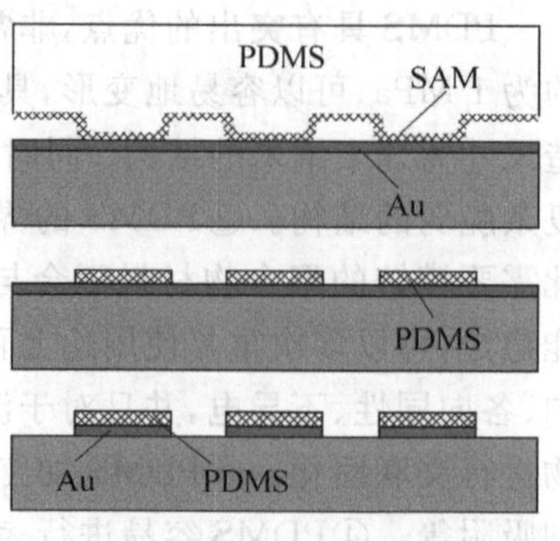

图 9-5 微接触印刷原理

微接触印刷的优点是简单方便,一旦完成印章,即可以通过多次简单重复获得多个图形转移结果。微接触印刷可以进行大面积的图形转移,但是对接触过程提出了更高的要求。微接触印刷只适合于有限的一些衬底表面,一般用于特征尺寸为 1 μm 情况下的图形转移,经过特殊处理后,最小特征尺寸可达 35 nm[40]。微接触印刷属于增加型的工艺步骤,即完成图形转移是通过在衬底上添加物质实现的,其关键是印章与衬底形成良好的吻合接触。微接触印刷的主要缺点是只能进行二维图形转移,如果需要实现三维图形,需要以微接触印刷得到的图形作为掩膜,进一步进行金属电镀或者刻蚀。

在金或银表面生成的烷烃硫醇 SAM 是高度有序的单层膜。金在生物医学领域是常用的电极材料,具有稳定、生物相容等特点;银比金更容易刻蚀,同时银表面形成的烷烃硫醇 SAM 的缺陷要少于金表面 SAM 的缺陷。带有 SAM 图形的表面,可以在 SAM 的掩膜保护下进行选择性湿刻蚀,或者用作模板控制材料的特性等。烷烃硫醇的分子式机构为可以有不同的硫化物 $R(CH_2)_nX$,其中 R 是尾端连接点分子(硫化物),X 是头端分子,一般为 CH_3 或 COOH。自组装的特性取决于 R 和 n,而 SAM 的性能取决于 X,它可以是亲水或者疏水。例如,精氨酸-甘氨酸-天门冬氨酸盐组成的缩氨酸可以用来提高细胞的吸附特性。即使不是自组装分子,仍旧可以使用微接触印刷进行图形化,例如多熔素等。但是由于烷烃硫醇的疏水性阻碍了这些分子均匀平铺在衬底表面,因此非自组装分子的图形精度要差于 SAM 分子。

图 9-6(a)～(d)所示为银表面形成的十六烷硫醇的 SAM 作为掩膜,利用六氰合铁Ⅱ酸钾的水溶液进行选择性刻蚀以后的结果。SAM 区域在刻蚀中几乎没有损伤,而暴露的银薄膜区域被刻蚀。这种控制形状和尺寸刻蚀金属的特性,对于制造生物传感器的电极和其他电化学器件具有重要意义。图 9-6(a)～(d)为银衬底,图 9-6(e)和(f)分别为金和铜衬底。图中白色亮区域为金属,黑色暗区域为金属被刻蚀后暴露的硅/SiO_2。传统 IC 和微加工技术难以对曲面进行光刻和图形转移,微接触印刷是通过共形接触实现图形转移的,因此可以实现对曲面的图形复制。图 9-6(a)和(b)为圆形印章滚动印刷,图 9-6(c)～(f)为平面印章印刷。

利用 SAM 作为掩膜刻蚀衬底的金属薄膜后,可以利用金属薄膜作为掩膜进一步刻蚀衬底的硅和 SiO_2等材料。图 9-6(g)和(h)为十六烷硫醇 SAM 作为掩膜,湿法刻蚀 SAM 未覆盖区的银薄膜,然后利用刻蚀的银薄膜作为掩膜,KOH 刻蚀(100)晶向的硅的结果[41]。一般 SAM 不能抵抗 RIE 刻蚀的恶劣环境,不能作为 RIE 刻蚀的掩膜[37],但是 SAM 可以作为多种湿法刻蚀的掩膜材料,如表 9-3 所示。SAM 表面存在针孔缺陷,例如在 50 nm 厚的金上的 SAM 的缺陷约为 1000 个/mm^2,50 nm 厚的银表面的 SAM 的缺陷约为 10 个/mm^2,可以用于除 IC 制造以外的其他领域,如 MEMS 器件的制造。

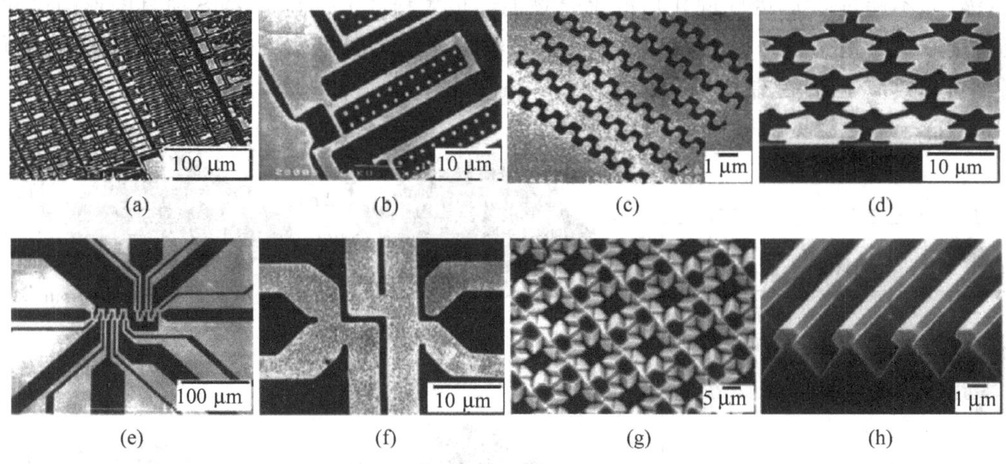

图 9-6 微接触印刷转移的图形

通过控制 SAM 中聚甲基链的长度，SAM 的厚度可以控制在 0.1 nm 的精度。通过有机合成可以在 SAM 尾端结合不同的功能基团，如碳氟化物、酸、酯、氨基、胺、醇、腈、醚等多种，因此微接触印刷能够在单一表面生产带有不同尾端基团的分子形成的 SAM 图形，以此控制表面不同区域的润湿、成核或沉积不同材料等。

表 9-3 常用刻蚀剂

金属	SAM	刻蚀剂(pH 值)	金属	SAM	刻蚀剂(pH 值)
Au	RS^-	$K_2S_2O_3/K_3[Fe(CN)_6]/K_4[Fe(CN)_6]$(14)	Cu	RS^-	$FeCl_3/HCl$(1)
		KCN/O_2(14)			$FeCl_3/NH_4Cl$(6)
		$CS(NH_2)_2/H_2O_2$(1)			H_2O_2/HCl(1)
Ag	RS^-	$Fe(NO_3)_3$(6)	GaAs	RS^-	$FeCl_3/HNO_3$(1)
		$K_2S_2O_3/K_3[Fe(CN)_6]/K_4[Fe(CN)_6]$(7)	Pd	RS^-	$FeCl_3/HNO_3$(1)
		$NH_4OH/K_3[Fe(CN)_6]/K_4[Fe(CN)_6]$(12)	Al	RPO_3^{2-}	$FeCl_3/HNO_3$(1)
		NH_4OH/H_2O_2(12)	* Si/SiO_2	$RSiO_{3/2}$	HF/NH_4F(2)
		NH_4OH/O_2(12)	* 玻璃	$RSiO_{3/2}$	HF/NH_4F(2)
		KCN/O_2(14)	*：指印刷 $RSiCl_3R(OCH_3)_3$ 获得 SAM		

2. 复制模铸

微模铸(Replica Molding)是将模具表面浇注预聚物，然后通过 UV 照射或者加热使预聚物固化，形成图形复制。微模铸的基本过程如图 9-7(a)所示，首先利用等离子体处理 PDMS 模具表面，将 PDMS 模具放置在容器中，将预聚物浇注到 PDMS 表面，可以得到较厚的聚合物；然后通过 UV 或者加热使预聚物固化形成聚合物；最后从 PDMS 上将聚合物剥离。复制模铸可以复制模具印章上的所有信息，包括形状、拓扑、结构等，形成与印章相反(互补)的图形。PDMS 具有弹性并且表面能很低，有利于揭膜。通常情况下，预聚物在固化以后其尺寸变化(缩小)不超过3%,因此固化后的聚合物能够很大程度上保持PDMS模具图形的尺寸,其保真程度取决于范德华力、润湿状态等,如预聚物填充模具的能力。这些物理范畴的相互作用都属于短程效应,因此复制模铸可以实现30 nm的图形。

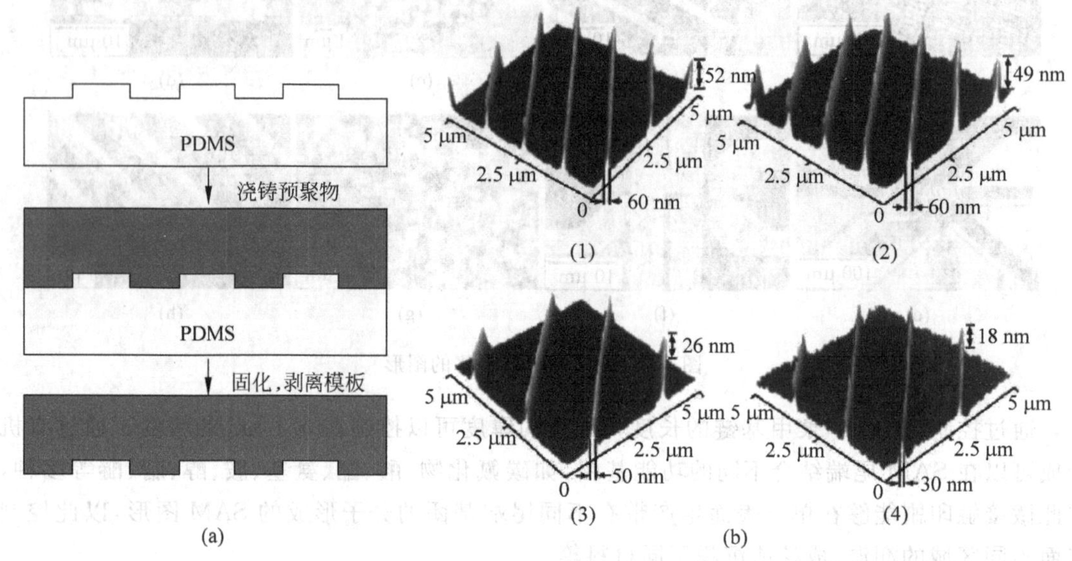

图 9-7 微模铸的基本过程和加工的纳米结构

复制模铸的优点包括:能够在单步工艺内实现三维图形转移,能够简单、可靠地从模具上忠实地复制出宽度高度和均在纳米尺度的复杂结构,宽度和高度的分辨率分别小于25 nm和5 nm[42],但是复制模铸会在表面产生一层聚合物薄膜。图9-7(b)所示为利用微模铸加工的纳米结构,图9-7(b)的(1)为母版上52 nm高的金结构,图9-7(b)的(1)为利用PDMS印章复制出的PU模铸结构,二者差别仅有几nm,说明复制模铸可以高度保真地复制图形。

复制模铸也可以对曲面进行图形转移。由于PDMS模具具有弹性,在PDMS模具上浇铸PU预聚物时,给PDMS施加一定的压力,适当地弯曲PDMS模具,可以减小PDMS模具上图形的尺寸,能够获得比PDMS图形小的结构。图9-7(b)的(3)和(4)分别为母版和弯曲模铸得到的结构,可以从50 nm宽的模具获得30 nm宽的结构。在浇铸过程中,从PDMS模具背面抽真空,使PDMS模具薄膜向下凹,可以实现曲面结构,这种方法可以加工多种光学器件。

3. 微转移模铸

微转移模铸(Microtransfer Molding)的加工过程如图9-8所示。在PDMS模具上浇注预聚物,利用刀片或者氮气气流等将凸出PDMS模具表面的预聚物清除;将带有预聚物的PDMS模具翻转后放置在支承板上,如玻璃板等;经过UV或者加热固化PDMS后将模具去除,在支承板上形成了与PDMS图形互补的聚合物图形。支承板上的聚合物图形均为凸出的结构,在两个凸出结构之间存在着一层厚度约100 nm的聚合物薄膜,这是去除PDMS模具表面多余的预聚物时的残留。如果后续工艺过程需要利用微转移模铸的图形进行掩膜刻蚀,必须首先用O_2等离子RIE刻蚀去除这层多余的薄膜。目前微转移模铸可以复制100 nm特征尺寸的结构。

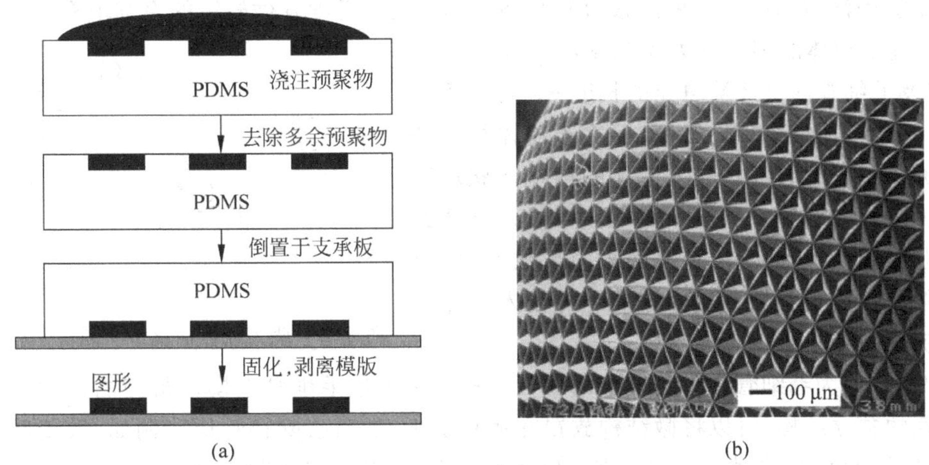

图 9-8　微转移模铸过程和加工的结构

微转移模铸可以加工多种聚合物，利用 PDMS 模具上不同高度的结构，微转移模铸可以制造相互连接并具有不同高度的结构；微转移模铸还可以在非平面上进行图形转移，这对制造三维结构非常有利。但是微转移模铸会在表面产生一层聚合物薄膜。图 9-8 所示为微转移模铸加工的结构[43]。微圆顶形结构表面制造的微结构，金字塔结构的边长为 100 μm，通过拉伸 PDMS 模具表面浇铸 PU 实现。

4. 毛细管微模铸

毛细管微模铸(Micromolding in Capillaries)能够在平面和曲面表面进行复杂结构图形转移，其基本过程如图 9-9(a)所示。将 PDMS 模具与衬底形成共形接触，在 PDMS 周围滴入预聚物，预聚物在毛细作用下被吸入模具的空腔部分，固化后剥离模具，得到与模具互补的图形。尽管毛细吸入液体需要数小时，但是这种方法对于加工高深宽比结构非常有效。许多材料都可以进行毛细管微模铸，其中大多数都是不含有溶剂的高分子预聚物，例如光敏或热固化剂的预聚物、陶瓷前驱体、结构和功能聚合物、聚合物微珠、胶体、无机盐、溶胶凝胶材料等[37]。目前毛细微模铸最小分辨率可以达到 1 μm。图 9-9(b)所示为毛细管微模铸形成的 PU 结构[44]。

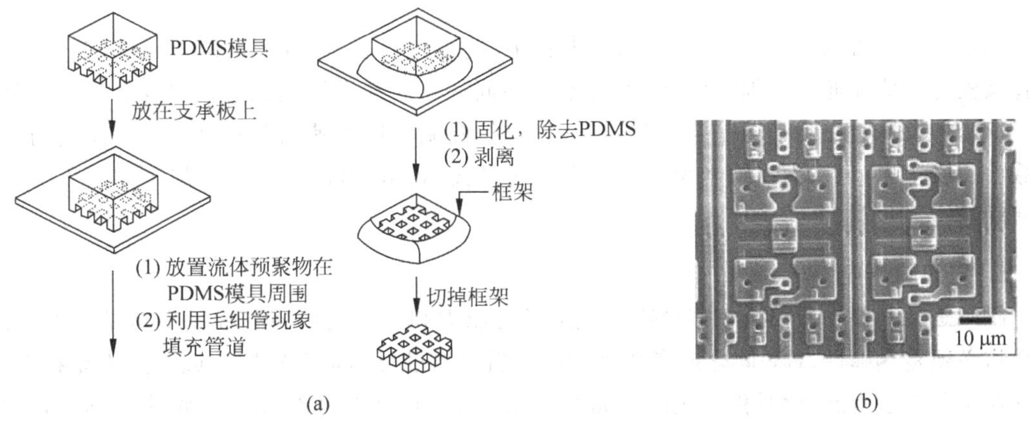

图 9-9　毛细管微模铸和所加工的结构

毛细管中液体两端存在表面张力差驱动液体流动。毛细管微模铸的毛细填充速度由下面的原因决定：液体的表面张力 γ 和粘度 η、毛细管半径 R，以及毛细管内已经被填充的长度 z。毛细管填充速度正比于毛细管的截面积、反比于流体粘度和已经填充的毛细管长度。吸入流体的前端形状取决于截面的表面自由能。如图 9-10 所示，吸入流体的前端形状随着液体-气体之间表面张力系数 γ_{SV} 的增加和接触角余弦的增加(接触角减小)，吸入流体前端的滑流现象变得严重[44]。

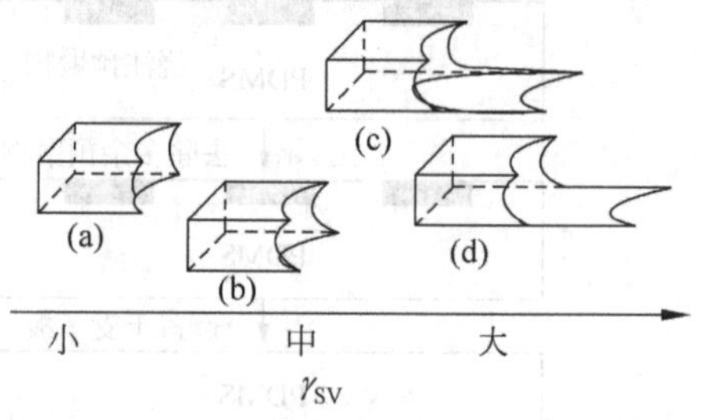

图 9-10　吸入流体前端形状随着 γ_{SV} 的变化

图 9-11(a)为毛细管微模铸制造的曲面结构。为了使毛细管微模铸得到的结构能够成为脱离衬底的独立结构，可以将微结构放置在牺牲层上，然后去除牺牲层。例如，采用硅衬底上的 SiO_2 作为牺牲层，将微结构制造在 SiO_2 表面，然后利用 HF 去除表面的 SiO_2，得到分立的微结构。衬底表面的毛细管微模铸不仅能够使用单个的 PDMS 模具，还可以使用两个对置的 PDMS 形成的空腔作为模具，实现双层结构。图 9-11(b)所示为两个 PDMS 模具形成的腔体进行毛细管微模铸 PU 的原理和微结构[44]，两侧的微结构不同。两个 PDMS 模具中间用垫圈(双面胶带)隔离开，使空腔达到需要的厚度。毛细管微模铸不仅能够将聚合物结构制造在刚性支承板上，还可以将聚合物微结构制造在柔性支承层上，如透明胶带莎纶(二氯乙烯共聚纤维)双面制造 PU 微结构，这种结构可以弯曲变形。

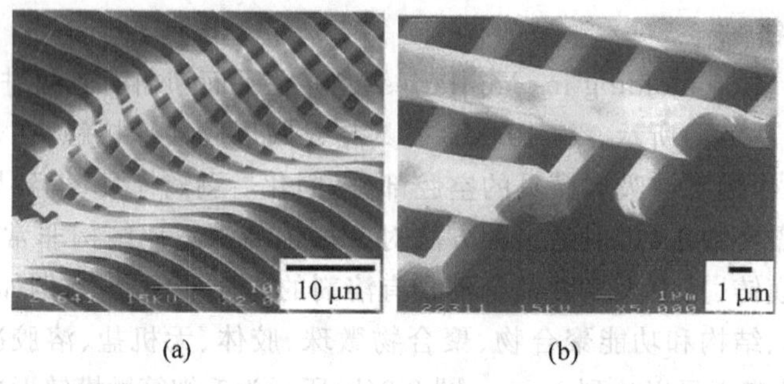

图 9-11　毛细管微模铸制造的曲面结构

毛细管微模铸的过程非常简单、图形失真小、适用材料多、可以形成准三维结构。但是毛细管微模铸需要连通的毛细管网络，因此不能在同一个表面上制造独立的结构；毛细管吸附在 1 cm 左右的速度较快，但是当吸附长度过大时，吸附时间迅速增加；由于吸附速度与毛细管截面积成正比，当截面在纳米尺度时吸附时间过长、效率太低，因此这种加工方法不适合于小截面结构。

5. 压印与热压

压印是指利用硬质模具在聚合物衬底上通过压力和机械变形转移和制造微结构的方法。聚合物必须是热弹性、UV 固化或者热固化的材料。当聚合物是 UV 固化或者热固化材料，聚合物在压印时是液态，此时称为压印。如图 9-12(a)所示，加工过程为：(1)将液态预聚物均匀涂覆在衬底表面；(2)将模具放置在衬底上，施加一定的外力；(3)通过 UV 或者加热使预聚物固化，移去模具。一般情况下，即使压印过程的外加压力很大，在模具的图形凸出区域下方仍旧会存在聚合物的薄膜，去除这些薄膜的方法可以使用干刻蚀。当聚合物在衬底表面为非浸润状态时，模具的凸出区域下方可能没有薄膜存在。

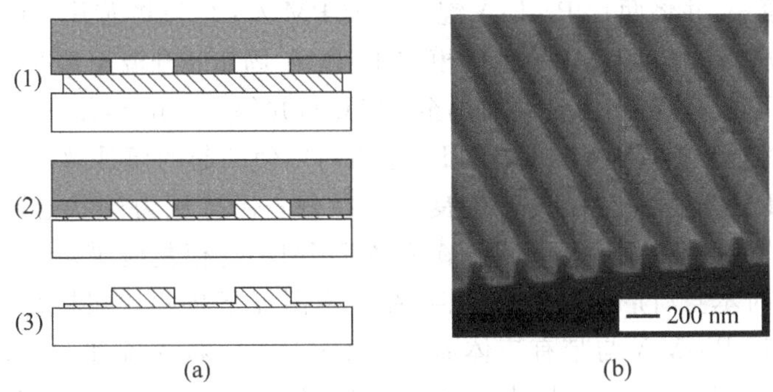

图 9-12 压印原理和结构

由于压印所采用的模具是刚性的，因此压印可以实现较小的结构尺寸和较深的结构，目前压印可以实现的最小特征尺寸为 10 nm[45]。一般情况下，从刚性模具上把压印固化后的聚合物层剥离下来不是十分容易[45]，往往会导致聚合物层损坏，甚至损坏模具。

当聚合物为热弹性材料时，例如 PMMA，需要加热使聚合物软化，此时称为热压。热压是一种广泛使用的简单、经济、高产量的图形转移方法。图 9-13 所示为热压设备、硅模具和 PMMA 热压制造的微结构[46]，图中槽的宽度为 1 μm。首先加温使热弹性聚合物升温到玻璃化转变温度以上，使聚合物软化，然后利用一定的压力使模具压入软化的聚合物，固化后去除模具，即得到与模具相反(互补)的图形。热模压可以加工特征尺寸在微米量级甚至纳米尺度的图形[47,48]。例如，光盘制造就利用了这种方法，使用镍母版热模压聚碳酸酯或者使用熔融的石英母版热模压光敏聚合物。

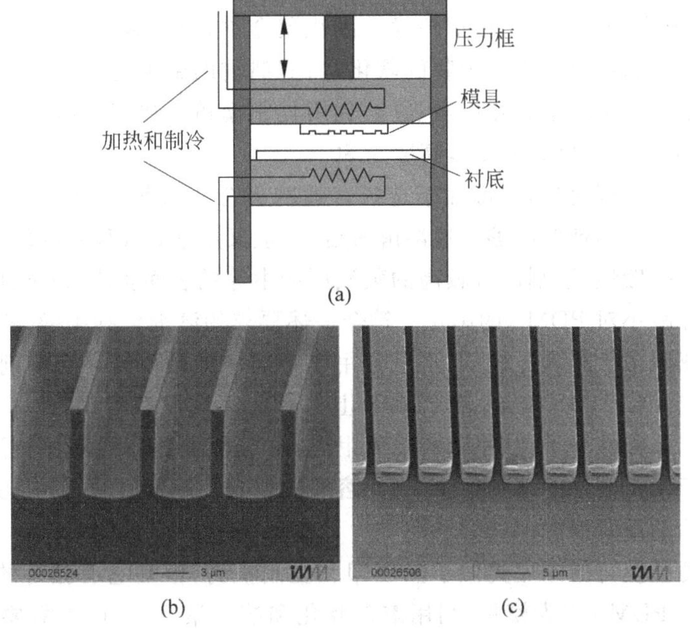

图 9-13 热压原理和结构

PMMA和PC微流体芯片常用热压方法制造，表9-4为热压条件。PMMA热压的母版可以利用石英或者硅通过刻蚀制造。热压制造PMMA微流体管道后，将带有样品注入孔的PMMA作为上板覆盖，并将两片PMMA键合完成PMMA微流体芯片。PMMA的热压过程为：先施加一定的压力(如0.1 MPa)将母模与PMMA固定；升温至高分子材料的软化温度(如对于PMMA可以7℃/min由室温加热至135℃)，并保持5 min，使高分子均匀软化；将压力增至合适的程度(对于PMMA为1.5 MPa左右)，以使凸起的模具微结构嵌入高分子材料，并保持10 min使高分子材料与模具产生良好的接触；保持压力的状态下，以一定速率(如PMMA约为11℃/min)将温度降至室温，最后将PMMA与模具脱膜。热压键合利用高分子表面于微熔融状态时本身所产生的物理粘性，在适当温度下将两片塑料直接进行接合。热压键合过程为：将上板PMMA与带有流体通道的PMMA下板先施加0.1 MPa的压力固定；将温度升至92℃后维持5 min；将压力加至4 MPa，维持10 min；将温度降至室温后取出。

表9-4 PMMA及PC的性质和热压参数

材料	密度 /10^3 kg/m^3	玻璃态转变温度 /℃	弹性模量 /MPa	热压温度 /℃	退模温度 /℃	压力 /MPa	持续时间 /min
PMMA	1.17～1.20	106	3100～3300	120～140	95	1.3～1.5	5～10
PC	1.20	150	2000～2400	160～175	135	1.3～1.5	5～10

6. 溶剂辅助微模铸

溶剂辅助微模铸(Solvent-Assisted Micromolding)利用了热压印和复制模铸的特点，可以在聚合物衬底表面生成准三维微结构，或者修饰和改变聚合物的表面形态，其制造过程如图9-14(a)所示，首先将PDMS模具用溶解被加工聚合物的溶剂润湿，然后将PDMS模具与被加工聚合物薄膜相接触。由于溶剂的作用，聚合物薄膜表面被溶解，成为含有溶剂和聚合物的液态形式。由于PDMS模具与聚合物薄膜共形接触，因此溶解后的聚合物填充进入PDMS模具的腔体部分，形成模铸。加热使溶剂挥发并固化聚合物，得到微结构。在热压印中，聚合物被加热到玻璃化转变温度以实现聚合物的软化，而溶剂辅助微模铸则是依靠溶剂将聚合物表面溶解软化。在聚合物被溶解软化以后，继续利用复制模铸形成微结构。目前溶剂辅助微模铸能够实现的最小结构为横向60 nm，高度为50 nm。

溶剂辅助微模铸实现简单，关键在于选择合适的聚合物溶剂，以及使PDMS模具与聚合物薄膜实现共形接触。溶剂要能够快速溶解聚合物，但又不能使PDMS吸水膨胀变形或影响后续的共形接触。一般地，溶剂应有较高的蒸汽压和中等的表面张力，以便能够使模铸后剩余的溶剂快速蒸发并减小对PDMS的影响。符合上述要求的溶剂包括甲醇、乙醇、丙酮等，乙烯乙二醇和二甲基亚砜由于蒸汽压较低，不适合用作溶剂辅助微模铸。当溶剂的表面张力较大时，溶剂不能完全润湿PDMS模具，使PDMS上的有些区域没有溶剂，此时需要对PDMS表面进行改性修饰。非极性分子，如甲苯和二氯甲烷，由于会使PDMS膨胀变形，不能用于溶剂辅助微模铸。由于模具润湿的溶剂很少，因此溶解的聚合物厚度有限，使共形接触成为影响溶剂辅助微模铸成功的重要因素。

尽管溶剂辅助微模铸的原理类似于热压印和复制模铸，但是它有独特的优点：溶剂辅助微模铸使用弹性的PDMS作为模具，利用溶剂软化和溶剂聚合物，而不需要加热和其他特殊设备，微模铸速度快、面积大，远远优于毛细微模铸，并且不限于制造连通的结构；溶剂辅助微

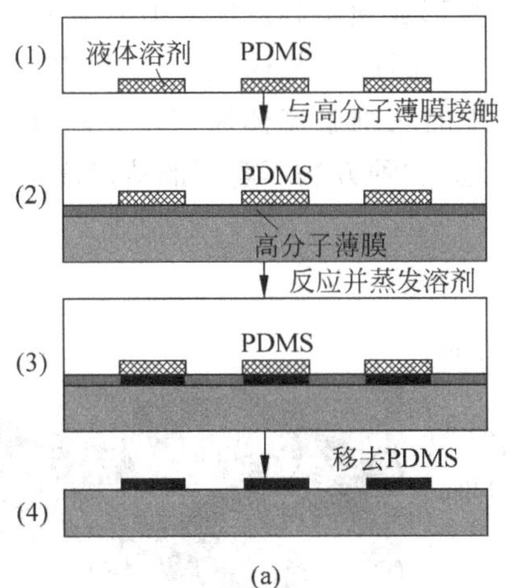

(a)

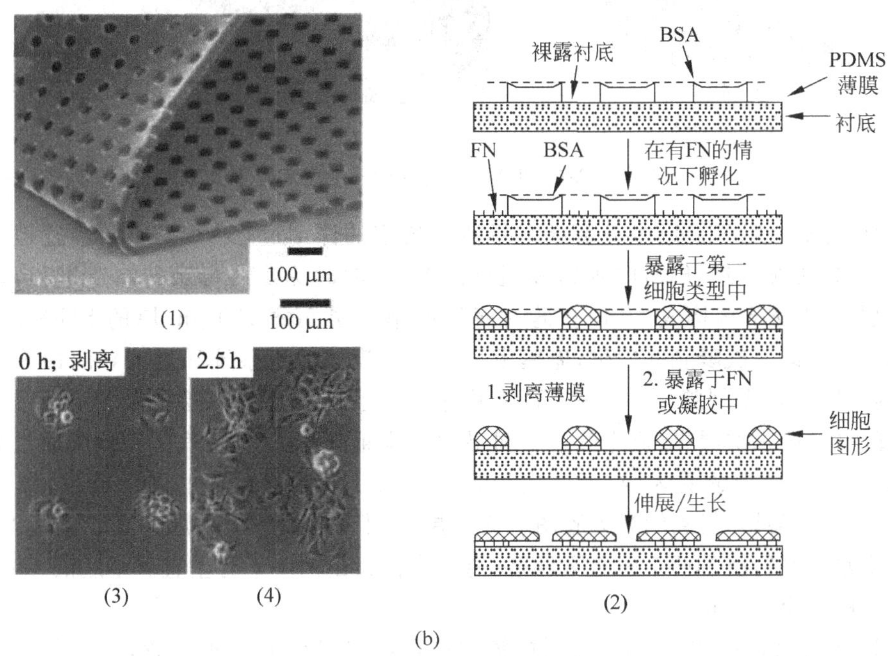

(b)

图 9-14　溶剂辅助微模铸原理和结构

模铸适用于多种聚合物和预聚物，唯一的限制在于溶剂的选择。

9.2.4　软光刻制造微流体管道

利用 PDMS 容易键合的特点，软光刻技术和 PDMS 的多层键合可以实现复杂的三维微流体管道[49,50]，每层结构可以方便地用软光刻制造单独加工，经过层合以后形成三维微流体结构。图 9-15 所示为用 PDMS 实现复杂三维微流体通道的流体管道，其基本思想是用 3 层 PDMS，中间为模铸的微通道系统，上下两层 PDMS 平板分别构成顶层微通道上表面和底层微通道的下表面，同时对中间层起支撑作用。图 9-15(a)所示为顶层 PDMS 母版和底层光刻胶母版，以及由此模铸得到的微流体通道结构示意图。两个母版都没有上大下小的结构，因此能够在模铸后脱模。但是两层母版都不能形成顶层微流体通道的上表面和底层微流体通道的下表面,因此需要上下两个平板 PDMS 与中间层一起构成“三明治”结构,形成微通道的上下表面。图 9-15(b)所示为利用 PDMS 加工的三维微流体通道填充高分子固化后的照片,反映了流体通道的内部结构。由于对准的问题,这种方法不容易制造尺度很小的微流体通道。

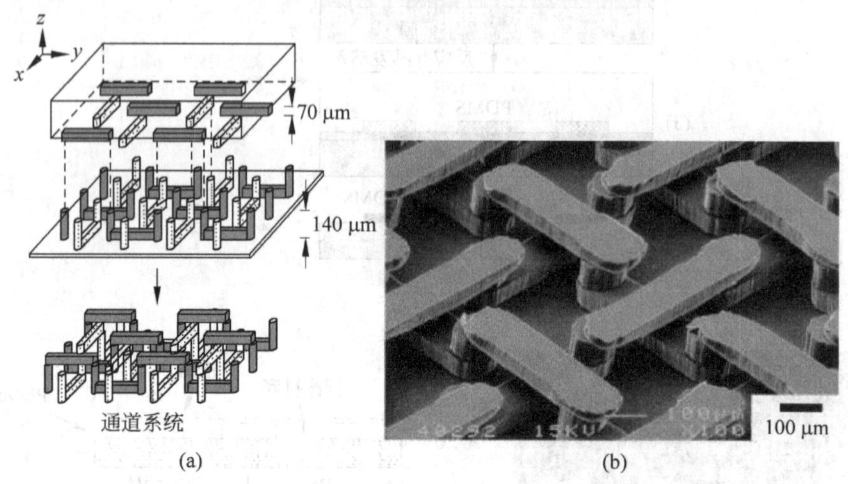

图 9-15 多层 PDMS 工艺制造三维微流体管道

图 9-16 所示为用 PDMS 实现复杂三维流体通道的详细过程[50],主要制造过程分为底层母版制造、顶层母版制造、PMDS 模铸和组合。图 9-16(a)为底层母版的制造过程,母版由硅衬底和两层光刻胶结构构成。(1)在硅衬底旋涂第一层 50～150 μm 厚的 SU-8 负胶,前烘 5～15 min。(2)第一次曝光并后烘,掩模版上底层的流体通道系统和对准导向槽为透明区域(这些结构对应的负光刻胶发生交联,显影后保留),然后旋涂第二层厚度为 50～150 μm 的 SU-8 负胶。(3)第二次曝光,掩模版上中间层微流体通道系统(包括底层和顶层通道系统的连接系统)和对准路径为透明区域,第二次曝光对准第一层曝光区域的图形。(4)曝光并后烘 10～20 min。(5)显影,得到的光刻胶图形为两层不同高度的凸出图形。底层母版上,对准导向槽是两个水平平行槽和两个垂直平行槽,每一个槽又由两个平行垂直硅基底的“墙”组成,如图中最外侧的 4 个短结构。

图 9-16(b)为利用两次光刻和复制模铸制造顶层 PDMS 母版的过程,首先制造硅衬底的光刻结构作为预母版(Premaster),然后从预母版通过复制模铸 PDMS 得到 PDMS 母版。(1)用两次光刻在硅衬底的 SU-8 光刻胶层上形成凹陷的图形制造预母版,为了使顶层 PDMS 母版的图形凸出于表面,预母版上的图形必须是凹陷的,对应 SU-8 曝光掩模版上的不透明区域。其中浅结构包括顶层的微流体通道系统,深度只达到两层光刻胶厚度(100～300 μm)的一半;深结构除了对准导向槽外不包括任何微流体通道,深度贯穿两层光刻胶直到硅基底表面。(2)预母版上浇注 PDMS 预聚物,并硬化。(3)PDMS 从预母版上分离,形成带有两层图形的 PDMS 母版,图形凸出 PDMS 表面并与光刻胶图形互补。顶层母版的导向槽的布置位置与底层母版相对应,也是两个水平、两个垂直的方式,但顶层母版的导向槽只有一个“墙”组成,而底层母版上的导向槽为两个“墙”,使得顶层母版的导向槽刚好可以插入底层母版的导向槽,形成配合结构,通过水平和垂直两个方向的导向槽对两个母版的相对位置进行定位。

图 9-16(c)所示为“薄膜三明治”法制造中间包含微流体通道主体的 PDMS 层的过程。

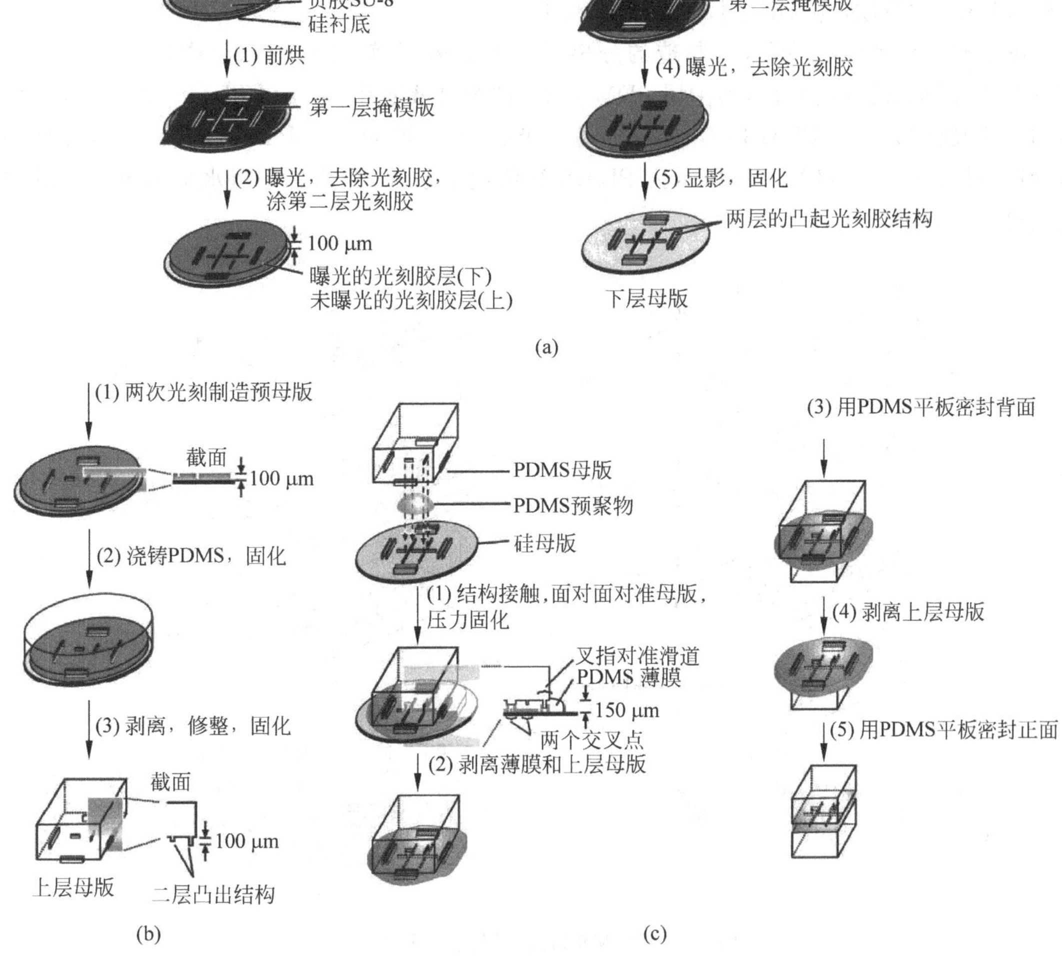

图 9-16 复杂三维结构流体通道制造过程

(1)顶层 PDMS 母版面朝下与底层 SU-8 母版对放，中间加进一滴 PDMS，顶层母版在预聚物上滑动，直到顶层母版的对准导向槽插入到底层母版的对准导向槽中，使两个母版的流体通道对准。向顶层母版施加一定的压力使预聚物不会渗入到顶层母版和底层母版相接触的位置(否则此位置的 PDMS 薄膜会割断微流体通道)，硬化 PDMS。由于顶层母版和底层母版上的图形都是凸出于各自表面的，两个母版组合模铸中间层 PDMS 时，中间 PDMS 上没有凸出于其表面的结构，因此不会出现无法“拔模”的情况。(2)从下层母版上分离 PDMS 薄膜和上层母版，使 PDMS 薄膜仍旧在上层母版上。(3)等离子体处理 PDMS 薄膜的下表面和一个 PDMS 薄板，然后叠在一起，使 PDMS 薄板支承中间层微流体通道所在的 PDMS 薄膜。(4)分离顶层母版和 PDMS 薄膜。(5)PDMS 薄膜的上表面用一个 PDMS 薄板密封，形成通道系统。

封闭微通道不仅需要形成可靠的通孔结构，还要保证微通道内没有凸出物。软光刻加工的结构一般为开放式结构，因此用 PDMS 盖板键合是制造密封结构简单有效的方法。将 PDMS 旋涂到玻璃片上形成几微米厚的薄层，固化后将 PDMS 用氧等离子体处理，提高其亲水性,将处理后的 PDMS 与带有微槽的 PDMS 对接粘合。这种方法不仅简单,而且可以将密封盖玻片分离后对微通道进行清洗等处理;但是当微通道所占的芯片比例较大时,容易失败;另外,PDMS 比较软,容易阻塞尺寸较大的微通道。

图 9-17 所示为多层 PDMS 制造的分离系统微流体管道。图 9-17(a)中(1)所示为 4 层 PDMS 器件组成的分离系统,第①层 PDMS 只有两个进液通孔,第④层 PDMS 为衬底,不含有结构,第②层和第③层 PDMS 构成多层通道系统。(2)所示为 4 层 PDMS 组装后形成的微流体管道结构。图 9-17(b)中(1)所示为 PDMS 流体通道系统,包括了一组水平的流体通道,制造在第③层 PDMS 上。

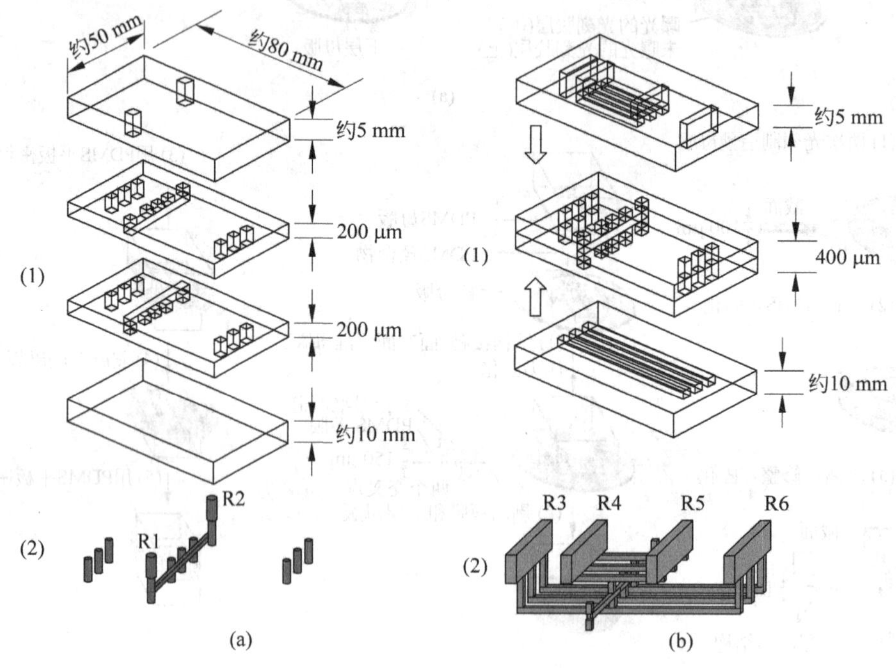

图 9-17 PDMS 制造多层流体通道过程

有机物牺牲层技术可以与软光刻技术相结合,实现纳米尺度的微流体通道[51]。与加工过程中的热解聚碳酸酯作为牺牲层的工艺类似,不同的是在聚碳酸酯上沉积的 SiO_2 曝光转移图形过程中使用了纳米压印技术,因此可以使管道宽度进入纳米尺度。

利用微通道中两种不同的液体以层流方式流动的特点,可以实现在微通道内部的微加工[52]。层流时相邻的两种液体的质量交换只依靠扩散而不依靠于湍流。当并行流动的液体可以发生相互反应时,随着层流距离和时间的延伸,两个液体的界面会形成与微通道平行的反应产物。由于反应过程是在微流体器件内部沿着微通道的方向自对准进行的,因此不需要外界对准操作。图 9-18(a)为两种水溶液用不同颜色进行染色后层流的情况,在 7 cm 长的锯齿形管道中混合依赖扩散;图 9-18(b)为水和金的腐蚀液并行层流,因为微通道的底面为金层,因此金腐蚀液流过的地方金被去除(显示白色),可见在出口处仍是层流。图 9-18(b)和(c)所示为在微流体管道内沉积 3 个不同电极的方法。首先在微流体通道下方沉积一个金沉积;其次从 3 个进液口同时输入水/金刻蚀剂/水,由于层流的作用,金刻蚀剂保持在并行流体的中间,因此只有对应中间位置的金沉积被去除;最后从两侧两个进液口分别输入银盐和还原剂,在层流的界面上银被还原沉积到中心线上，形成参考电极。

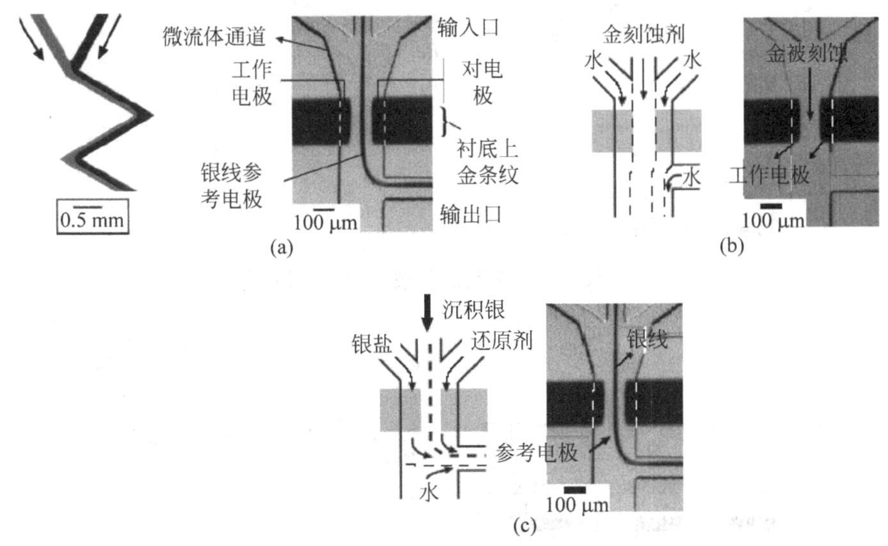

图 9-18 两相层流沉积金属

9.3 微流体的驱动与输运

微流体流动过程中粘度阻力很大，使机械微泵驱动细长微管道内的流体很困难。机械微泵对很多含有生物分子的流不够友好，往往会因为机械微泵的处理而使生物分子破坏或变性；另外，机械微泵中包含微型可动部件，制造过程复杂、价格昂贵，在微流体管道驱动中应用逐渐减少。

9.3.1 机械驱动

1. 蠕动微泵

图 9-19 所示为利用表面微加工制造的蠕动微泵[53]。微泵的腔体和膜片采用高分子聚合物材料聚对二甲苯制造，中间埋藏有平板电极，利用静电力驱动。这种基于高分子材料的微泵不仅容易实现表面微加工的结构，而且其柔性材料容易实现腔体的完全密封，从而实现更高的驱动效率。整个微泵利用了 4 层聚对二甲苯，光刻胶和溅射的硅作为牺牲层材料，铬和金作为电极材料。

图 9-20 是类似的无阀蠕动微泵[54]，采用 PDMS 材料制造微泵的腔体，Cu/Cr 作为加热电极形成电热驱动器。微泵在 2 Hz 频率下的最大流量为 0.36 μL/s，驱动电压为20 V，在两侧静态压力 5 cm 水柱时流量波动为 17%。两层 PDMS 结构采用键合的方法结合。

图 9-21 所示为利用多层软光刻制造的微流体驱动蠕动泵[26]。一个流体通道上方有多个(图中为 3 个)控制通道，当流体通道中充满液体后，对控制通道施加压力，流体通道变形后会将对应的液体挤向出口，依次对多个控制通道施加压力，流体通道则持续脉动输出，形成蠕动泵的功能。作为微泵时，最大驱动速度可以达到 75 Hz，超过这个速度，每一个控制通道与流

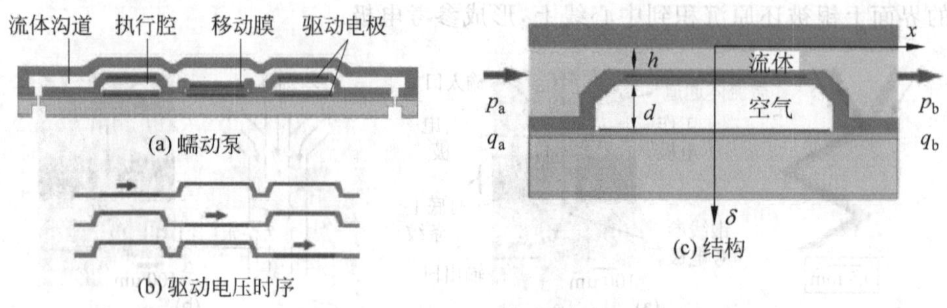

图 9-19　聚对二甲苯制造的蠕动微泵结构和模型

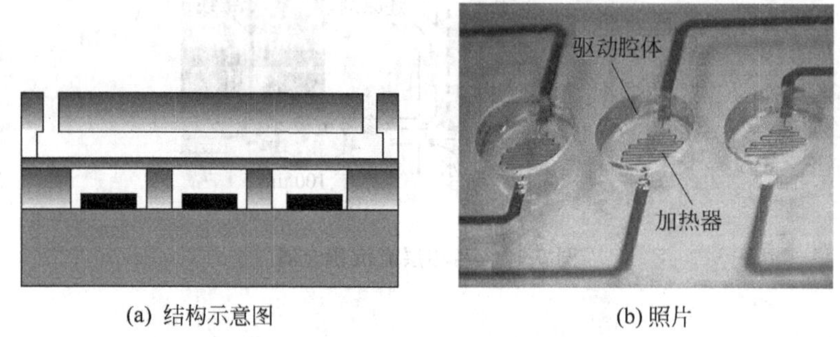

图 9-20　PDMS 蠕动微泵

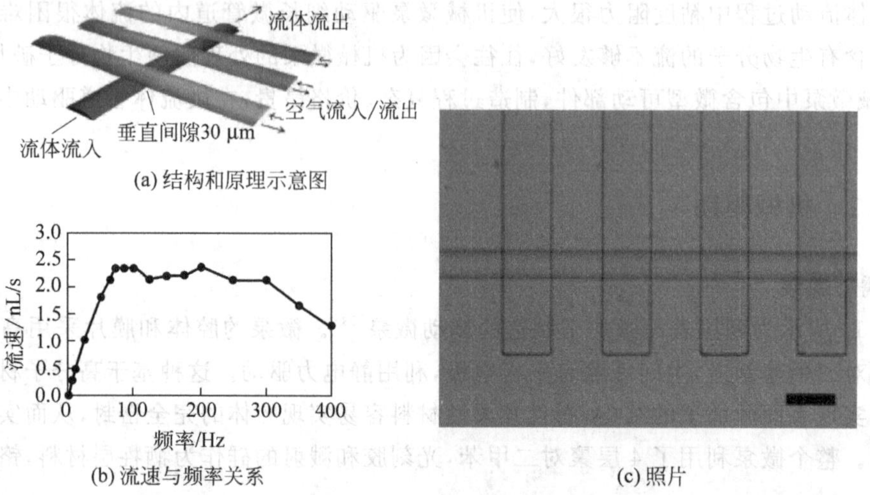

图 9-21　PDMS 流体通道蠕动微泵

体通道组成的微阀无法完全开启或者闭合；当控制频率达到 200 Hz 时，流体速度达到一个稳定的速度；当控制频率超过 300 Hz 时，流速有轻度下降。实验表明，含有大肠杆菌的溶液在经过微泵后，大肠杆菌的成活率仍保持在 94%。

2. 离心驱动

基于圆盘旋转离心力的驱动和控制是驱动微流体的有效方法之一。在塑料圆片上利用软光刻复制模铸的方法制造宽度和深度分别为 5 μm～0.5 mm 和 16 μm～3 mm 的 PDMS 的微流体通道[55]，并在 PDMS 上粘贴 PMMA 薄膜作为流体通道的密封。溶液在圆盘中心加载，当圆盘以 60～3000 rpm 的转速旋转时，流体被离心力输运到径向的微流体通道系统中。这种方法只需要一个简单的马达，驱动过程对流体的化学性质基本不敏感，在很大范围内的离子浓度和 pH 值都适用。对混有气泡的流体也同样适用，驱动的过程会将气泡从液体中驱散，并且离心力驱动适用通道宽度范围很大，可以实现大流量控制。

图 9-22 为基于离心力的驱动系统[55]，流量范围从 5 nL/s～0.1 mL/s，并包含了一系列控制液体流向的主动和被动阀，集成了驱动泵、流向控制、过滤、混合、加热和检测等多功能，可以进行酶分析。图 9-22(a)所示为液体在离心力系统中的运动。圆盘包含两个液池，它们之间用微通道连接。影响流速的重要参数如图中所示，r_0 和 r_1 是流体的内圈直径和外圈直径，H 是供液池的液体高度，d_H 是水力直径，L 是微流体通道的长度，ω 是选择角速度。如图 9-22(b)所示，首先向容器池 R1、R2 和 R3 中加载酶、抑制剂和基质，酶和抑制剂被输运到毛细管阀 V1。增加旋转速度使溶液冲破毛细管阀 V1，使两种溶液的混合达到最大化，混合后的溶液被驱动到一个宽 100 μm 的折线微通道内进行扩散混合。同时，基质被输运到 C2 微通道中，使酶与抑制剂混合后的溶液与基质在另一对毛细管阀 V2 处相遇。进一步增加旋转速度，混合流体与基质突破阀门进入另一段折线形微流体通道 C3，于是在流动中通过扩散使酶和基质发生反应。最后反应物进入透明区域 R4，降低旋转速度，采用 LED 对 48 个独立的 R4 进行测量。

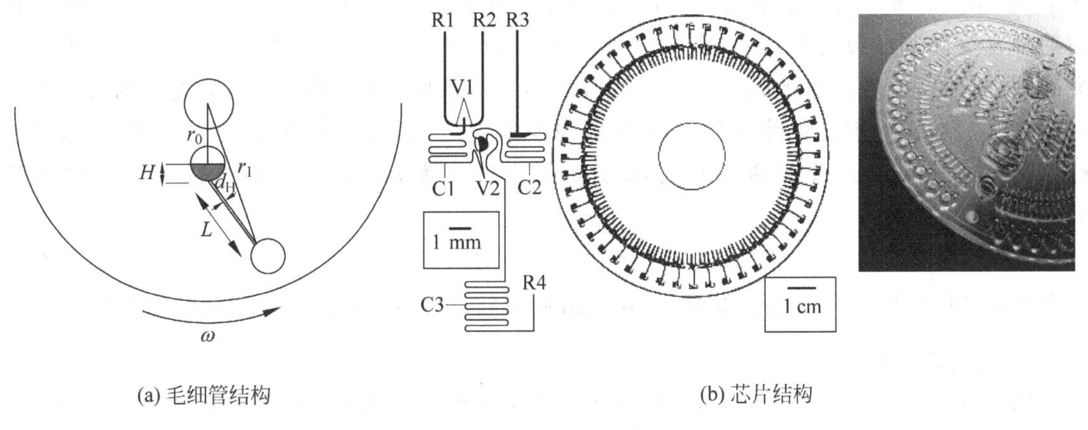

(a) 毛细管结构　　(b) 芯片结构

图 9-22　离心驱动

在离心力驱动中，液体的流速 U 和流量 Q 分别为

$$\begin{aligned} U &= d_H^2 \rho \omega^2 \bar{r} \Delta r / (32 \eta L) \\ Q &= UA = A d_H^2 \rho \omega^2 \bar{r} \Delta r / (32 \eta L) \end{aligned} \tag{9-2}$$

其中 A 是流体通道的截面积，d_H 是水力直径(4 倍的截面面积除以微通道周长)，L 是微流体通道的长度，ω 是选择角速度，$\bar{r}$ 是流体与 CD 中心的平均距离，Δr 是流体在离心力的作用下径向长度，η 为流体粘度。

图 9-23 所示为毛细管突破阀。图 9-23(a)为被动式毛细管突破阀的俯视图，由于表面张力的作用，毛细管中的液体在毛细管与反应室或大的流体管道相接的中断处被束缚住而不会流出毛细管；当圆盘的旋转速度增加后，由于离心力的作用，毛细管中的液体逐渐向管口外聚集形成凸出在管口外的液滴。当转速增加到临界值时(液滴也增加到临界值)，再增加转速后

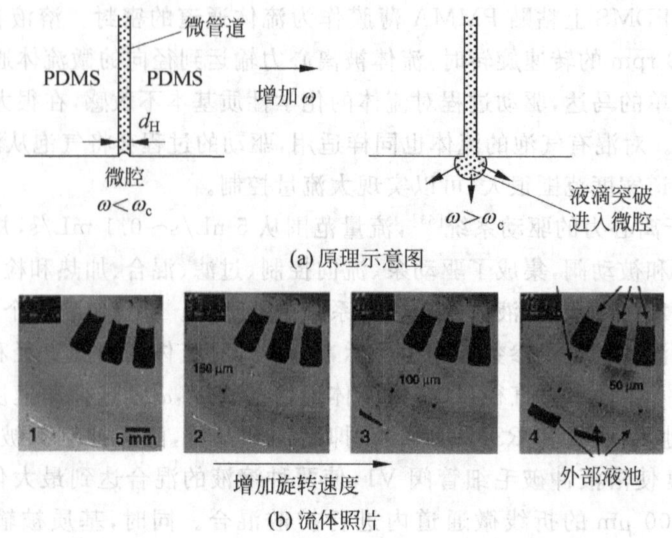

图 9-23 毛细管突破阀

液滴的表面张力无法抵抗离心力时,液体开始从毛细管向外流动。图 9-23(b)所示为 3 个毛细管突破阀工作过程的俯视图照片,从左到右其毛细管的直径分别为 150 μm、100 μm 和 50 μm。第 1 张照片为静止的情况,第 2 张照片为转速是 10 rpm/s 的情况,此时 150 μm 直径的毛细管突破阀已经打开,第 3 张照片是转速 20 rpm/s 的情况,此时 100 μm 直径的毛细管突破阀也打开,当转速增加到 30 rpm/s 时,如第 4 张照片所示,最后 50 μm 直径的突破阀也开始打开。启动毛细管突破阀的转速由多种因素决定,如表面粗糙度、尺寸、结构等,理论计算是非常复杂的。考虑到离心力和表面张力的平衡,下式简单地描述了频率的决定因素[55]:

$$\rho\omega_c^2\bar{r}\Delta r = a(4\gamma/d_H)+b \tag{9-3}$$

其中 γ 是液体表面张力,b 是经验常数,由液滴的形状、管道粗糙度、管道的润湿能力等决定。

3. 热气动驱动

热气动驱动的基本原理是利用密封气体在受热体积发生膨胀后推动流体流动[56]。图 9-24 所示为利用热气动驱动产生分立流体液滴的硅玻璃键合器件[56]。该器件包括计量分立液滴体积(长 L_d)的流体通道,需要输运的距离为 L。进液口和放气口分别用来引入液体和排除产生的空气。空气收集室(体积 V_0)通过分割通道连接流体通道,流体通道中某些区域和空气收集室处理为疏水,以控制其中流体的流动。电阻加热器和温度探测器在空气室的底部,控制空气的加热过程。分立液滴产生过程如图 9-24(b)所示:首先将液体注入进液口,液体在表面张力作用下进入亲水区域,并停止在疏水区域;注入液体过程中,空气被收集在空气室,对空气加热,增加内部压力,当空气室压力超过阈值时,分立的液滴被从疏水区域驱动运动。进一步加热空气使空气室内的空气持续膨胀,驱动分立液滴长距离运动;持续对空气室加热,液滴会一直向远处运动,当空气膨胀体积达到 V_m 时,液滴被驱动超过分离通道,空气压力被分离通道释放,液滴不再运动。对 100 nL 的空气加热几十度后能产生 7.5 kN/m^2 的压力,在 300×30 μm 的微流体通道中,当加热速度达到 6℃/s 时,流速可以达到 20 nL/s。

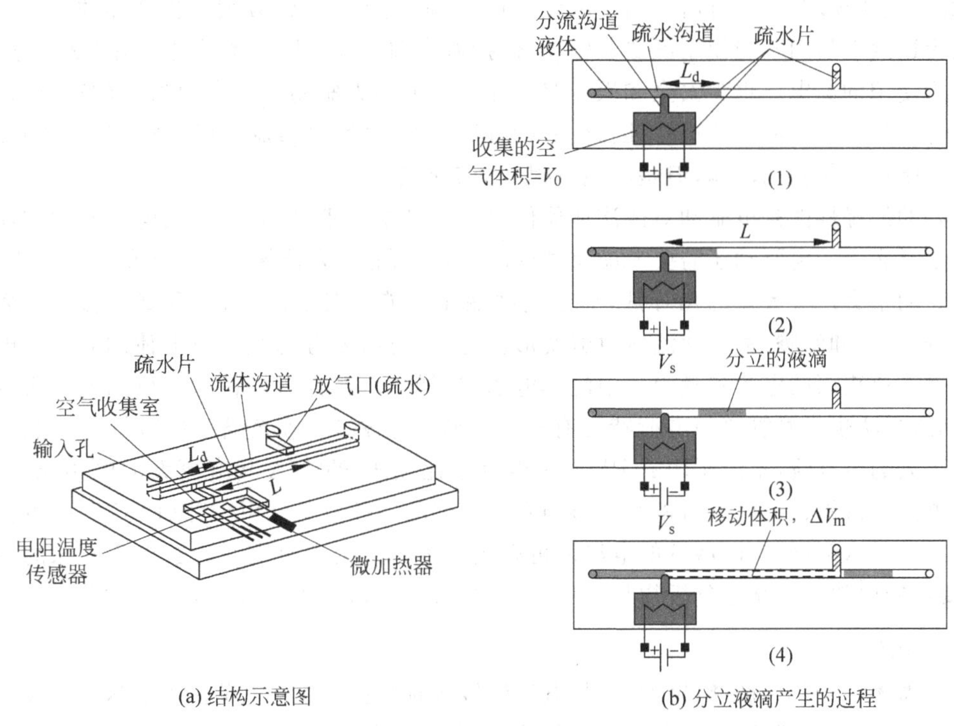

图 9-24　热气动驱动产生分立流体液滴的硅玻璃键合器件

9.3.2　电动力驱动

为了克服机械微泵的缺点，基于分布式作用力的电动力驱动在 LOC 中广泛应用[57]。实际上，电动力驱动流体器件已经不是传统意义上的微泵，但是由于所实现的功能与微泵相同，仍将其称为微泵。利用电驱动流体，对流体或者粒子的性能有特定的要求，不同的电驱动原理往往只适用于部分情况。电驱动器件制造简单，容易实现，能够驱动流体中不同特性的粒子，实现流体中粒子的分离等，具有机械微泵没有的功能。

电流体动力(Electrohydrodynamic，EHD)微泵利用静电力与介电流体中离子的相互作用进行驱动，所产生的驱动力不是压差，而是作用在特定质点(如离子)上的电引力。当流体位于电场中时，流体中的离子受到电场力的作用，由此产生的单位体积的力为

$$\boldsymbol{F}_e = q\boldsymbol{E} + \boldsymbol{P} \cdot \nabla \boldsymbol{E} - \frac{1}{2}\boldsymbol{E}^2\ \nabla \varepsilon + \frac{1}{2}\ \nabla\left[\rho \boldsymbol{E}^2\ (\partial\varepsilon/\partial\rho)_T\right] \tag{9-4}$$

其中 $\boldsymbol{E}$ 是电场强度，q 是电荷密度，ε 是流体的介电常数，ρ 是流体密度，T 是流体温度，$\boldsymbol{P}$ 是极化矢量。等式右边第 1 项是哥伦布力，第 3 项和第 4 项分别是介电力和电致伸缩力，利用不同的项对应的电驱动力，可以实现对带电离子的驱动，并由流体的粘度引起流体流动。

电动力驱动的主要优点包括：利用带电毛细管通道壁产生的电渗流驱动流体，只需要电源和电极等即可完成流体的方向控制；在电泳中，电动力可以实现根据分子尺寸和电荷的筛选，在化学分析中比较有利；产生电渗流的微流体通道($<100\ \mu$m)可以很容易地在多种材料上实现，如玻璃、石英、聚合物等。另外，电流体驱动没有活动部件，结构简单，微加工工艺要求不高，价格较低。电动力驱动也有一些缺点：驱动特性受液体介质性质和物理化学性质的影

响,对介电性能要求较为苛刻,如离子浓度、pH 值等,应用局限性较大。当液体的离子浓度很高时因为过度发热而不能使用电渗流驱动,包括血液和尿等生物流体无法利用这种方法驱动;电驱动所使用的高电压也为安全和操作带来不便;电动力驱动需要微通道中的连续流体,但是气泡等会阻止驱动的持续进行,因此必须清除气泡;尽管电渗流可以在很窄(<100 μm)的微通道中驱动小体积的液体,但是不能以很高的流速工作(>1 μL/s)。

良好的绝缘性能是电驱动对微流体器件材料的基本要求,以确保驱动电压施加在流体管道而不是衬底上。电驱动还需要考虑焦耳热的问题,衬底需要选择高导热率的材料。例如,在电渗流驱动中会产生大量的焦耳热,如果这些热量不能及时散出,温度升高会影响分离的效率、使溶液气化和沸腾,甚至使流体通道变形。另外,还需要考虑微管道电荷的问题。电渗流是依靠微管道表面的电荷和微管道中流体电场实现的,而聚合物材料的电荷和电荷密度差异很大,制造方法也对微管道的电荷特性有很大影响[27]。例如,激光烧蚀的微管道比热压微管道具有更大的电渗流,室温压印的 PMMA 微管道比热压 PMMA 具有更大的电渗流,这些都与制造方法对微管道表面电荷密度的影响有关。聚乙二醇对苯二甲酸酯(PEGT)的电荷和电渗流可以用碱水解调整,PDMS 的电渗流可以用等离子体处理改变。为了提高电泳的分离效率,需要抑制电渗流并减小分析物与管道壁的相互作用,如玻璃表面涂覆聚乙烯醇[58]。

1. 电渗流

许多固体(如石英、玻璃、聚酯等)与电解液接触时会获得表面电荷。形成这种自发电荷的原因包括:固体表面吸附电解液中的净离子,固体表面的离子进入电解液,以及固体表面基团的离子化作用。在微流体电动力器件中,最主要的原因是固体表面发生的离子化作用。另外,介质表面也可能会存在一些带电基团,如滤纸表面通常有羧基,琼脂可能会含有硫酸基,而玻璃表面通常有 Si-OH 基团等。对于石英和玻璃,当 pH 值大于 4 时,表面 $SiOH^-$ 的离子化使玻璃表面带负电。固体-液体界面表面净电荷的密度与局部的 pH 值有关,实际使用中当 pH 值大于 9 时获得到电渗流迁移率最大。离子化的过程可以表示为

$$\mathrm{SiOH} \rightleftharpoons \mathrm{Si}^+ + \mathrm{OH}^-$$

固体-液体界面上产生的表面电荷引起的电场,会排斥表面附近的电解液中的同性电荷,吸引异性电荷,于是自发表面电荷在固体表面的电解液中产生了一个电双层。电双层中有可移动、与固体表面电荷极性相反的离子,如图 9-25 所示。产生电双层的原因是由于电解液中靠近固体表面的薄层和固体的费米能级不同,因而相互接触后,它们之间发生电子转移,在界面两边聚积起符号相反的电荷。电解液薄层内的净电荷不是中性的,而是比远离固体表面的电解液内部的电荷密度高,因此产生了带电的流体。电双层类似充电的平板电容器,因此可以利用电容的能量计算电双层的静电能。电双层吸引能的数值接近范德华力的吸引能,但是范德华力是短程力,而电双层吸引力却是长程力,受薄膜与基底间距离变化的影响较小。当基底表面吸附有气体,或者薄膜与基底的距离略微变大时,化学键力和范德华力迅速减小,电双层吸引力成为非常重要的一种力。

石英、玻璃等基底上刻蚀的沟道,在 pH 值区间在 4~9 时,通常都会使表面的 Si-OH 离子化而产生电双层。电双层的特征厚度就是 Debye 德拜壳层的长度 λ_D

$$\lambda_D = \sqrt{\frac{\varepsilon k T}{e^2 \sum_i z_i n_{\infty,i}}} \tag{9-5}$$

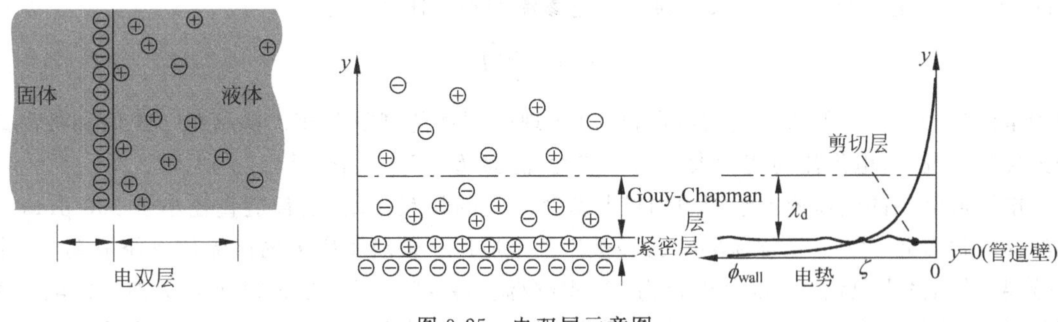

图 9-25 电双层示意图

其中 ε 是流体的介电常数，T 为温度，z_i 和 $n_{\infty,i}$ 分别是离子 i 价键数和密度，k 是波耳兹曼常数，e 是电荷电量。

当在电解液中施加平行于固体表面的电场时，电荷在电场的作用下运动，由于流体粘度的作用，带电流体产生流动，如图 9-26 所示。尽管管道截面上不同位置的速度不同，流体流动会使所有的粒子（带电和不带电）向同一个方向运动，形成电渗流（Electro-osmosis）。影响电渗流的参数包括：施加的驱动电压和电场、产生流动的结构的截面积、与流体接触的固体表面的电荷密度，以及流体中的离子密度和 pH 值。在半径和长度分别为 a 和 l 的圆柱形的毛细管中形成电渗流，流速与轴向电场 E_z 的关系为

$$Q=\frac{\pi a^4}{8\mu l}\Delta p-\frac{\pi a^2\varepsilon\zeta E_z}{\mu}f\left(\frac{a}{\lambda_D}\right) \tag{9-6}$$

其中 μ 是流体粘度，Δp 是毛细管两端的压差，ε 是流体的介电常数，zeta 电势 ζ 是生成的反极性离子运动区的电势降。最大理论流速和压差分别为

$$Q_{\max}=-\frac{\pi a^2\varepsilon\zeta E_z}{\mu}f\left(\frac{a}{\lambda_D}\right),\quad \Delta p_{\max}=\frac{8\varepsilon\zeta E_z l}{a^2}f\left(\frac{a}{\lambda_D}\right) \tag{9-7}$$

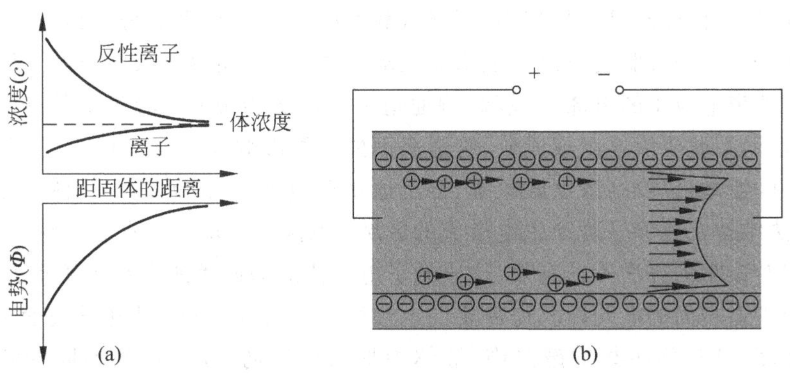

图 9-26 电场作用和速度分布

对于具有对称单一电解液的圆形管道，并且 zeta 电势小于 kT/e 的情况，$f(a/\lambda_D)$ 可以表示为

$$f(a/\lambda_D)=1-\frac{2}{a/\lambda_D}\frac{I_1(a/\lambda_D)}{I_0(a/\lambda_D)} \tag{9-8}$$

其中 I_0 和 I_1 分别为第一类贝塞尔函数的 0 阶和 1 阶项，是由德拜长度与管道半径可比时电双层的效应引起的。在电双层很薄 $a/\lambda_D\gg 1$ 时，$f(a/\lambda_D)$ 单调趋向于 1；当管道半径小于电双

层时,$f(a/\lambda_D)$趋向于$(a/\lambda_D)^2/8$。通道内电渗流的平均速度 v 为[59]

$$v=\frac{\varepsilon_0\varepsilon_r\zeta}{4\pi\mu}E \tag{9-9}$$

利用电渗流和微流体低雷诺数的特点,可以实现电驱动的高效分离。除极低 pH 值和极高离子强度的情况下,电渗流的速度大于电泳速度,能够超过 5 cm/min[25]。

电渗流驱动的流体依赖于管道内壁与流体之间的相互作用,当管道直径小于 100 μm 时,电渗流非常有效[60,61]。电渗流驱动已经被广泛地应用于玻璃基底上的微流体系统驱动[62]、电泳分离[60,62],片上色谱[63],以及聚合物 PDMS 微流体系统[64,65]。图 9-27 所示为典型的电渗流芯片,微流体管道连接样品池和废液池,电极设置在样品池和废液池内。在电极上施加驱动电压,依靠电渗流产生流动,流速随着电压的升高线性增加。

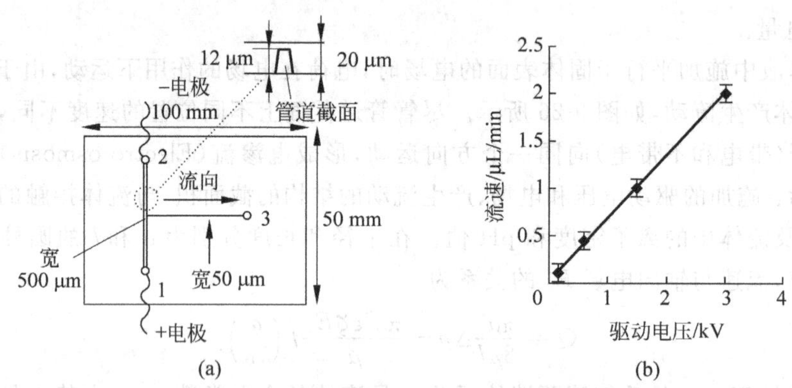

图 9-27　典型电渗流驱动芯片以及流速和电压的关系

电渗流驱动的优点是器件结构和制造简单,不需要可动部件,容易在微管道中应用;电渗流驱动为稳定流速,可以驱动的流量一般为几 μL/min。电渗流的流速梯度比较小,流速沿管道高度分布均匀,液体流动呈扁平流型,可降低和消除驱动过程中的分散效应,是进行塞状试样输运和试样分离的理想驱动方法。电渗流驱动的主要缺点是需要 50～5000 V/cm 高电场;电渗过程伴随着带电粒子的电泳,可能影响通道内溶液的组成;电渗流对管壁材料和被驱动流动的性质敏感,因此受流体组成成分、管道表面处理等影响较大,例如对于非导电性液体,或者导电性极强的液体,以及高浓度酸碱等,都不适用于电渗流,因为这些液体产生的电流太大或者太小,无法维持在能够显著产生电渗流的区域;电渗流要求流体在管道中连续,因此当管道中存在气泡时该驱动方法不再有效,这限制了电渗流成为通用的微流体驱动方法。

为了改变管道表面的电荷以获得需要的电渗流速度分布,可以对管道表面材料改性以控制电渗流的速度[66,67],例如共价键修饰、液体中加入添加剂,以及选用不同的管道材料组合等。当矩形通道的上下表面具有不同的 zeta 电势并且通道的宽度远大于高度时,能够在二维剪切流体中获得线性流速分布[62]。为了使通道的上下表面具有不同的特性,采用玻璃作为上表面并与 PDMS 键合,经过氧等离子体处理后,玻璃的 zeta 电势基本没有变化,而 PDMS 表面的 zeta 电势大幅度增加,使 PDMS 表面的电渗流速度超过玻璃表面。这种方法不需要外界压力,可以实现电渗流的流速梯度分布,加上一般情况下电渗流比电泳速度快,并且可以连续驱动,为高通量的应用提供了可能。

不同的衬底材料对电渗流驱动有很大影响。图 9-28 所示为电渗流在不同材料的微流体通道中的荧光照片[68]。不同材料流体通道中电渗流驱动的弥散程度不同，熔融的石英玻璃通道的弥散程度最小，PDMS 接近石英，而 PMMA 和混合型通道引起的弥散较大。尽管电渗流对不同材料的弥散程度不同，但是它们都明显好于压力驱动的情况。

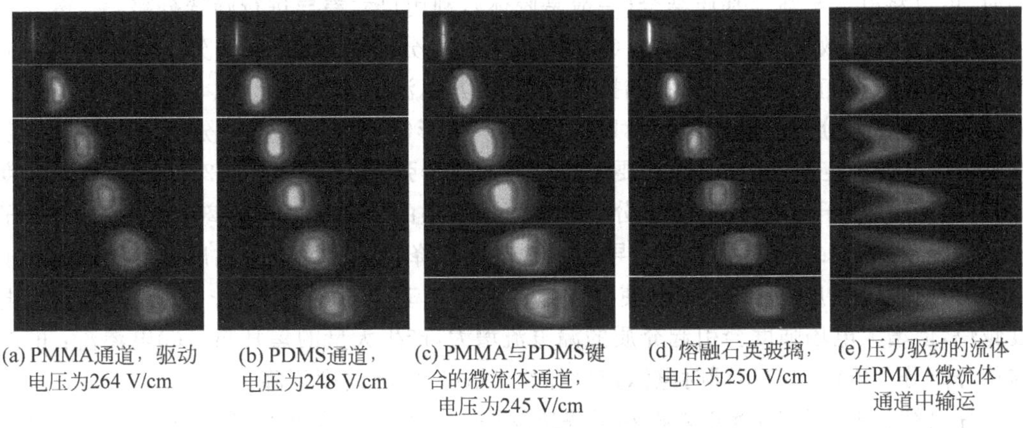

(a) PMMA通道，驱动电压为264 V/cm　(b) PDMS通道，电压为248 V/cm　(c) PMMA与PDMS键合的微流体通道，电压为245 V/cm　(d) 熔融石英玻璃，电压为250 V/cm　(e) 压力驱动的流体在PMMA微流体通道中输运

图 9-28　电渗流在不同材料的微流体通道中的荧光照片

2. 电泳

电泳(Electrophoresis)是指介质中带电粒子在电场作用下发生定向运动的现象。许多重要的生物分子，如氨基酸、多肽、蛋白质、核苷酸、核酸等都具有可电离基团，它们在某个特定的 pH 值下可以带正电或负电，在电场的作用下，这些带电分子会向着与其所带电荷极性相反的电极方向移动。电泳利用在电场的作用下，由于待分离样品中各种分子带电性质以及分子本身大小、形状等性质的差异，使带电分子产生不同的迁移速度，从而对样品进行驱动、分离、鉴定或提纯。图 9-29 为两种不同粒子产生电泳的情况，带电粒子的直径远小于电解液的德拜长度，微球直径远大于电解液的德拜长度。

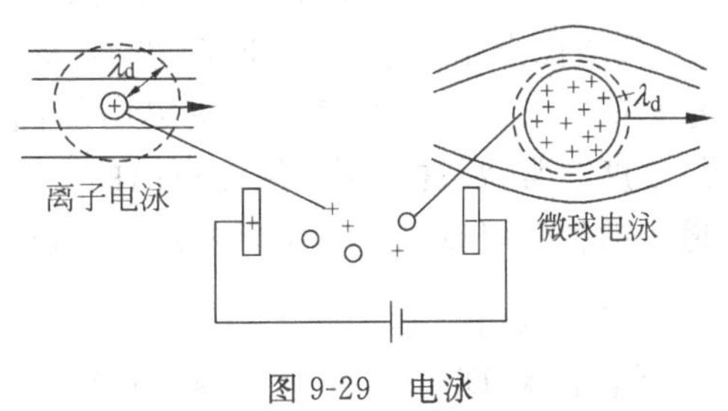

图 9-29　电泳

离子或者大分子的电泳可以描述为粒子受到的静电力和液体粘度引起的阻力之间的平衡。因此，粒子的电泳迁移率(速度与电场强度的比值)是粒子尺寸(或分子量)的函数，并正比于化合键的数目。电泳的迁移率 u 可以表示为

$$u=\frac{qE}{3\pi\mu d}\ (d\ll\lambda_d) \tag{9-10}$$

其中 q 是分子的全部电量，d 是粒子的斯托克斯直径(粒子的等效阻力直径)。对于直径大得多的粒子，如直径为 100 nm～1 mm 的聚苯乙烯小球或单细胞组织，电泳迁移率是表面电荷引起的静电力、电双层的静电力，以及与粒子运动和离子云运动有关的粘性阻力，是这三者的函数。

对于粒子直径远大于德拜长度的情况，粒子表面附近的离子云可以用平板电双层近似，因此粒子电泳速度可以简化为

$$u=\frac{\varepsilon\zeta E}{\mu}\ (d\gg\lambda_d) \tag{9-11}$$

其中 d 是粒子的特征尺寸,ζ 是 zeta 电势。

电泳是驱动带电粒子的简单方法,通过速度的不同可以实现分离。利用电泳迁移率的不同,可以将电解液中的不同粒子区分开来;或者当粒子的电泳迁移率基本相同而粒子的尺寸不同时,可以将电泳与筛选基质结合(一般是胶体),利用尺寸差异进行筛选分离。

影响电泳分离效果的因素很多。①待分离生物大分子所带的电荷、分子大小和性质:分子带的电荷量越大、直径越小、形状越接近球形,则其电泳迁移速度越快。②缓冲液的 pH 值:影响待分离生物大分子的解离程度,对带电性质产生影响。为了保持待分离分子的电荷以及缓冲液 pH 值的稳定性,缓冲液通常要保持一定的离子强度,一般在 0.02~0.2。离子强度过低,缓冲能力差,离子强度过高,会在分子周围形成较强的带相反电荷的离子扩散层,与分子的移动方向相反,它们之间的静电引力导致电泳速度下降。③缓冲液的粘度:粘度影响分子运动的阻力,对电泳速度产生影响,也使分子拖动液体运动。④电场强度:电场强度越大,电泳速度越快,但增大电场强度会引起介质的漏电流增大,产生大量的焦耳热。⑤电渗流:电渗方向与待分离分子电泳方向相同时电泳速度加快;相反,电泳速度下降。

芯片毛细管电泳(CE)近年来得到了快速发展[69]。它将均匀的溶液加入到高深宽比的微型管道中完成电泳。不同分子所带电荷性质、多少不同,分子形状和大小各异,因此在一定电解质及 pH 值的缓冲液中受到沿着毛细管长度方向的电场作用时,液体中带电粒子以一定速度向着极性相反的电极方向运动,从而形成电泳。电泳迁移速度可用下式表示

$$u = \eta E \tag{9-12}$$

其中 E 为电场强度($E=V/L$,V 为电压,L 为毛细管总长度),η 为电泳淌度(带电粒子在毛细管中定向移动的速度与所在位置电场强度的比值)。

CE 的优点是高效、反应时间快、分析物消耗量少,特别对于临床分析中,分析样本复杂、数量和浓度有限,CE 则表现出更突出的优点。由于毛细管尺寸小,表面积体积比很大,因此散热速度非常快,这有利于施加更高的电压,以获得更好的分离结果和速度。当分离完成后,管道中的物质可以用于原位分析或者可以注入到下游的检测部分进行检测。

3. 介电电泳

介电电泳(Dielectrophoresis,DEP)是指可极化的微粒在非均匀电场中被极化并且受到电场力的作用,如图 9-30 所示。介电粒子在电场中会被电场极化而产生偶极子,即原本相互重合的正电中心和负电中心产生了位移。偶极子的大小和方向取决于施加电场的频率和强度、介电粒子的特性以及介质的性质。当电场是均匀时,电场对极化粒子产生的偶极子的静电作用大小相等方向相反,因此极化粒子不产生运动,除非粒子本身带有净电荷。如果电场在空间上是不均匀的,极化的偶极子受到电场静电力的作用不同,粒子不再平衡,会产生运动。力的方向决定于电场的空间变化,粒子的运动方向朝着电场强度增加最快的方向,即电场梯度方向,而与电场的极性无关[70]。

与电泳只能驱动带电粒子不同,介电电泳既可以驱动带电粒子,也可以驱动不带电粒子。均匀球形介质微粒在交变电场中受到的平均 DEP 力可以由下式表示

$$\langle \boldsymbol{F}_{\mathrm{DEP}} \rangle = \pi a^3 \varepsilon_{\mathrm{m}} \mathrm{Re}\,(f_{\mathrm{CM}})\, \nabla \,|\, \boldsymbol{E}^2 \,| \tag{9-13}$$

其中 a 指粒子的半径,ε_{m} 是粒子所处流体的介电常数,$\boldsymbol{E}$ 是指交变电场的峰值,f_{CM} 是 Clausius-Mossotti 因子(CM 因子),描述粒子在流体介质中极化的程度和与电场的相对相位,由下式给出

$$f_{CM}=\frac{(\varepsilon_p^*-\varepsilon_m^*)}{(\varepsilon_p^*+2\varepsilon_m^*)} \tag{9-14}$$

$\varepsilon^*=\varepsilon-j\sigma/\omega$ 是复介电常数，σ 是电导率，ε 是实介电常数，ω 是交变电场的角频率。下标 p 和 m 分别指代粒子和流体介质。

DEP 力主要依赖于电场梯度，为了实现需要的电场梯度，必须采用微型电极或者大电势差。通常，实际应用中都采用微加工制造的微型电极。图 9-30 所示为产生 DEP 的不同方式[70]。图 9-30(b)中的上图为非均匀静电场，在粒子空间存在着幅值梯度；下图为交流电场，尽管电场强度的幅值相同，但是在空间上存在着相位梯度，被称为行波 DEP。电场为交流时，粒子受到的力还和电场频率有关。在溶液上施加非均匀电场，溶液中的悬浮粒子和溶液本身都被极化，粒子受到的 DEP 力的方向由 CM 因子的实部决定。当 CM 因子的实部为正时，粒子极化强度大于周围的介质，偶极子受到的电场力的合力方向与电场梯度方向相同，粒子向着高电场强度的区域运动，称为正介电电泳；当 CM 因子的实部为负时，粒子的极化强度低于周围的介质，偶极子受到的电场力的合力方向与电场梯度方向相反，粒子向着低电场强度区域运动，称为负介电电泳。正介电电泳使粒子吸附到电极上，可能导致粒子被破坏；负介电电泳使粒子远离电极，不会破坏活性细胞。由于运动方向与电场强度有关，因此 DC 或者 AC 均可实现介电电泳。

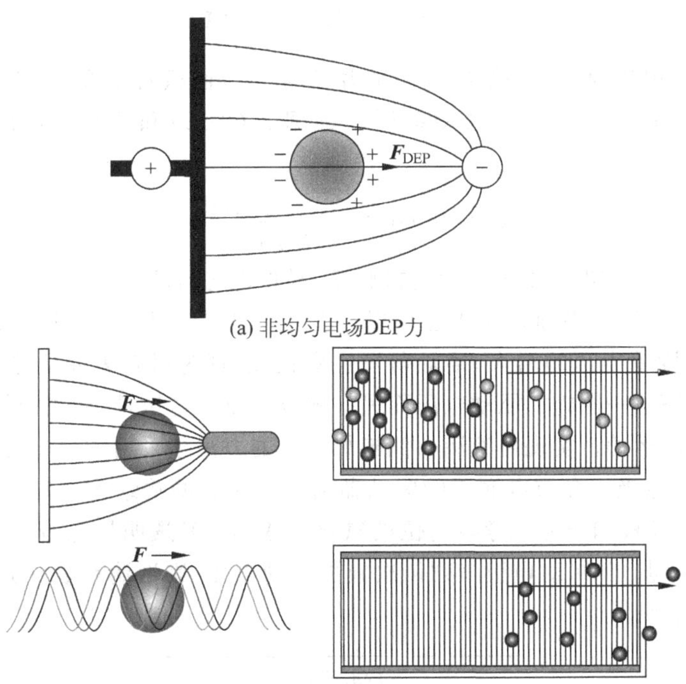

图 9-30　DEP 产生和驱动原理

4. 电润湿驱动

电润湿(Electrowetting)驱动本质上是电场改变表面张力，利用表面张力差进行驱动。电润湿驱动包括电润湿和介质电润湿，介质电润湿是一种适合微流体驱动的方式。图 9-31 所示为电场改变润湿特性原理，包括与流体液滴接触的绝缘介质层以及介质层下的电极。电润湿基于液体-固体-气体三相界面中液体-固体界面的表面张力 γ_{SL} 的改变来驱动液滴。润湿性或接触角的改变主要是由液体-固体界面间的表面张力 γ_{SL} 引起的。忽略重力的影响,在未加驱动电压的初始状态下,液滴在疏水介质层表面的三相接触角 θ_0 由 Young 方程表示[71]

$$\cos\theta_0 = \frac{\gamma_{SG} - \gamma_{SL}}{\gamma_{LG}} \tag{9-15}$$

其中 γ_{SG}、γ_{SL} 和 γ_{LG} 分别是固体-气体、固体-液体、液体-气体之间的表面张力。

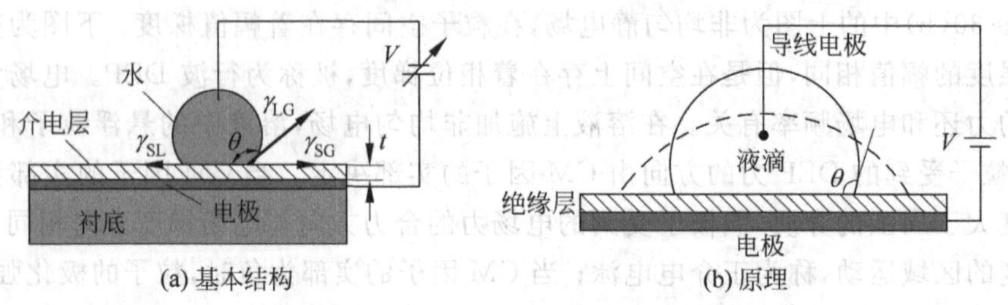

图 9-31　电场改变润湿特性

通过电极对流体液滴施加电场后,液滴的表面张力发生变化,表现为接触角的变化。表面张力的变化可以用 Lippmann 方程描述

$$\gamma_{SL}(V) = \gamma_{SL}\big|_{V=0} - \frac{1}{2}CV^2 \tag{9-16}$$

其中 $\gamma_{SL}\big|_{V=0}$ 是驱动电压为 0 时的初始表面张力,C 是单位面积的介质层电容,V 是驱动电压。

接触角变化和驱动电压之间的关系可以根据式(9-15)和式(9-16)得到的 Lippmann-Young 方程表示

$$\cos\theta_V = \cos\theta_0 + \frac{1}{2}\frac{1}{\gamma_{LG}}\frac{\varepsilon_0\varepsilon_r}{t}V^2 \tag{9-17}$$

其中 θ_0 和 θ_V 分别是未加电和加电之后的接触角,是加电之后液体-气体之间的界面张力。

从式(9-16)可以看出,施加驱动电压可以改变表面张力;从式(9-17)可以看出,接触角是所加电压的函数,随着电压的增大,接触角发生变化,表现为材料表面从疏水性变为亲水性。因此,如果只对液滴的一侧施加驱动电压而另一侧没有驱动电压,则液滴两侧具有不同的表面张力,从而推动液滴运动。实现对液滴一侧施加电压的方法是采用分立电极,并且液滴大小能够同时骑跨 2 个下电极。介质电润湿的驱动器通常采用三明治结构,如图 9-32 所示,它以带有微电极阵列的下极板和作为参考零电位的氧化铟锡(ITO)透明导电玻璃上极板构成,液滴被夹在上下极板之间。如果对电极阵列依次施加驱动电压,则液滴在表面张力的驱动下沿着施加电压的电极输运。

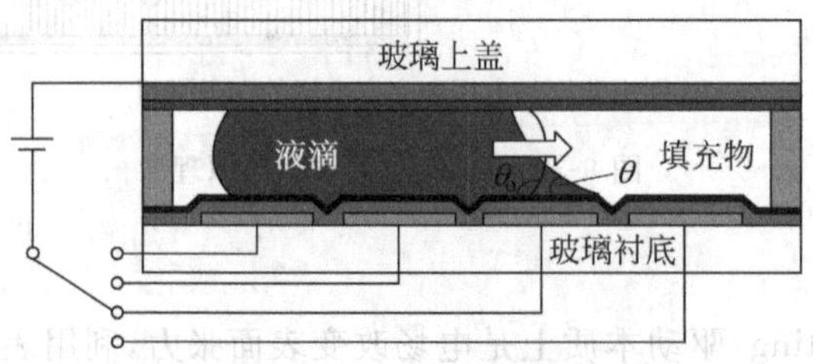

图 9-32　介质电润湿驱动器件结构

底层电极可以采用金属或重掺杂的多晶硅，介质层材料一般采用 SiO_2 或氮化硅，当电极为金属时，介质层只能采用低温沉积，薄膜质量一般，耐受电压的能力有限。采用高介电常数的材料，如铁电材料，可以增加电容提高表面张力的变化程度，进而提高驱动力，但是薄膜的沉积有较大困难。为了增加驱动效率，一般需要在介质层表面沉积一层材料与液滴构成为疏水性组合，施加电场后变为亲水性，尽量提高表面张力和接触角的变化程度。常用的疏水层材料是杜邦公司的 Teflon AF 1600，它疏水性好、化学性质稳定，并且接触角迟滞效应低，但是价格昂贵、击穿电压较低、薄膜均匀性较差。可以采用 ICP 刻蚀设备只通入 C_4F_8 气体沉积的碳氟聚合物薄膜，厚度为 20～50 nm。但是这种聚合物失效很快，沉积后必须尽快使用。

由 Young-Lippman 方程可知，接触角变化和外加电势有关，外加电势越大，接触角变化越大；而角度变化越大，液滴驱动越容易。但是当外加电势增加到一定值时，接触角的变化（反映表面张力变化）达到饱和，再增加电压，接触角也不再变化，这种现象称为接触角饱和。尽管接触角饱和的原因目前尚不完全清楚，但可以肯定的是不能通过无限制地增加驱动电压来增加表面张力和接触角的变化。

介质电润湿近年来得到了广泛的研究，已经实现了基于分立液滴的数字式微流体系统，将液滴的产生、输运、分割和混合等基本操作集成在一块芯片上[72,74]。介质电润湿的优点是电驱动，可以处理分立液滴，并且能够实现多种基本操作；主要缺点是液滴容易被电解，另外很多生物分子容易吸附在疏水介质表面，降低了驱动效率、浪费分析试剂，甚至使输运无法实现，限制了应用范围。

5. 电流体动力驱动

介电流体中存在有空间电荷时，利用电场对自由电荷的作用力，即式(9-4)中的哥伦布力 qE 项，可以实现对流体的驱动。流体的非均匀性、电解，以及直接电荷注入能够在介电流体中制造空间电荷，利用这 3 种方法的 EHD 微泵分别被称为感应、传导和注入 EHD 微泵。

在感应 EHD 微泵中，电场作用在非均匀流体上，使流体产生感应电荷，例如将与流体流动方向垂直分量的电场作用在流体上。图 9-33 所示为感应式行波电流体动力微泵。电极阵列感应在两种流体的界面感应出镜像电荷，通过顺序给电极施加行波电压，电场的轴向分量能够驱动流体流动[75]。例如，驱动硅油时，在 40 V 电压作用下能够产生 2 μL/min 的流量。

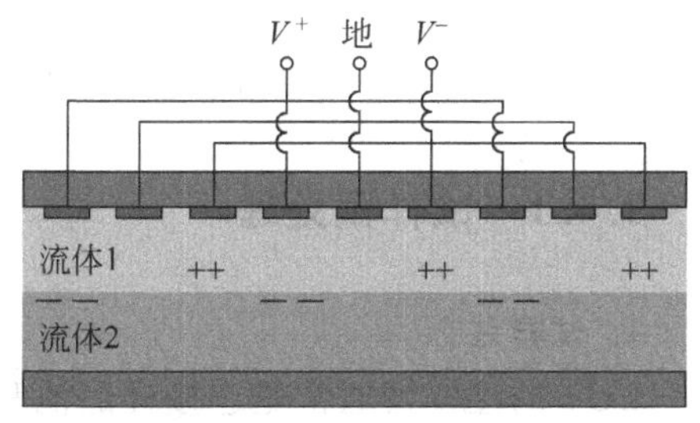

图 9-33　感应行波电流体动力微泵

在介电流体中，当电极浸入在流体中并且在电极间施加较弱的电场（远小于 100 kV/cm）时，电场引起电极-流体界面上可电离的基团电离。作用在电解的离子上的哥伦布力通过流体产生传导。这种传导式的 EHD 依赖于与双极传导有关的离子拖曳力[76]，但是目前还没有实现基于该原理的微泵。

注入式的 EHD 微泵利用了注入进流体的离子形成空间电荷。对于特定的具有尖锐形状与介电流体接触的电极，当较高的电场强度（>100 kV/cm）使金属电极和流体界面的离子进入流体内部，于是哥伦布力作用在注入的电荷上，驱动电荷运动，并由粘性产生流体的流动[77]。例如，电流体动力微泵的电极为阵列结构，间距 350 μm，电压 600 V，驱动乙醇的流速为 14 mL/min，压差为 2.5 kPa；当电压降低到 120 V 时，驱动异丙醇的压差迅速降低到 290 Pa[77]；

采用多对电极,在驱动电压100 V时驱动乙醇的压差为300 Pa,流速为40 μL/min[78]。可见,器件的驱动电压过高,应用并不方便。

9.4 LOC与微流体的基本操作

通常生化分析包括试样处理(准备)、生化反应、检测3个主要步骤,其中试样处理是最困难的过程,特别对于全血液等包括多种化学成分和生物粒子复杂的混合物,试样处理较为复杂,需要将血液中的各个成分分离开来。微流体芯片的出现为试样处理提供了有利的工具,能够实现过滤、细胞溶解、预富集、分离、混合等多种功能,甚至集成生化反应和检测。图9-34为分子诊断检测DNA的一般性过程,包括样品前处理、DNA放大、利用电泳等对DNA分离以及DNA测量定序。样品前处理又包含细胞采样、细胞分离和细胞溶解,即从细胞中溶解出DNA和RNA。DNA放大一般依靠聚合酶链式反应(PCR)实现,DNA测序一般利用毛细管电泳分离后采用荧光等方法实现。以上流程都可以使用微流体系统实现,但是主要应用包括CE和PCR。

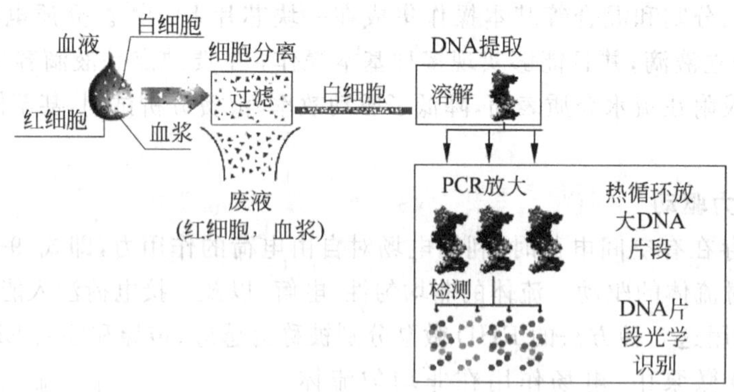

图9-34　DNA操作过程,阴影区域表示PCR过程

9.4.1 试样预处理

1. 试样注入

LOC的注样器通常是连接样品池和废液池的通道与分离通道正交形成的十字交叉口,如图9-35所示。当在竖直的管道两端施加驱动电压,电渗流驱动试样流体沿着竖直管道流动,将电压切换为水平管道,水平管道内缓冲液的流动推动交叉处的试样进入水平管道,如图9-35(a)所示。除十字形外,注样器还有T形、双T形和三T形注入器[79],如图9-35(b)所示。双T形注样器由样品到废液的两条通道(从分离通道处分割)错开而形成较大的注样区,从而加大进样量。这些试样注入器可以实现不同体积的试样注入,因此降低了对试样预富集的要求,当试样的DNA浓度高时,用小的试样液柱进行分析,当试样浓度低时,用大的试样液柱,以保证DNA总体数量的一致。在毛细管电泳和试样分离前对DNA的聚焦和浓缩增加了检测DNA痕量浓度的能力[80]。

图9-36所示为多T形注样器注样过程的数值仿真和实验过程的荧光照片。样品在交叉处被水平缓冲液截断,并被推动进入分离通道。随着施加驱动电压的废液管道的数量的增加,

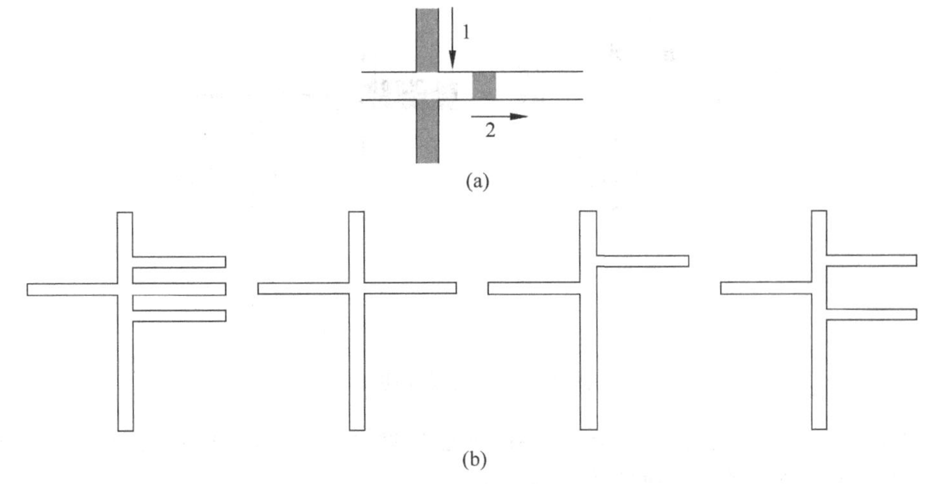

图 9-35　多交叉注样器

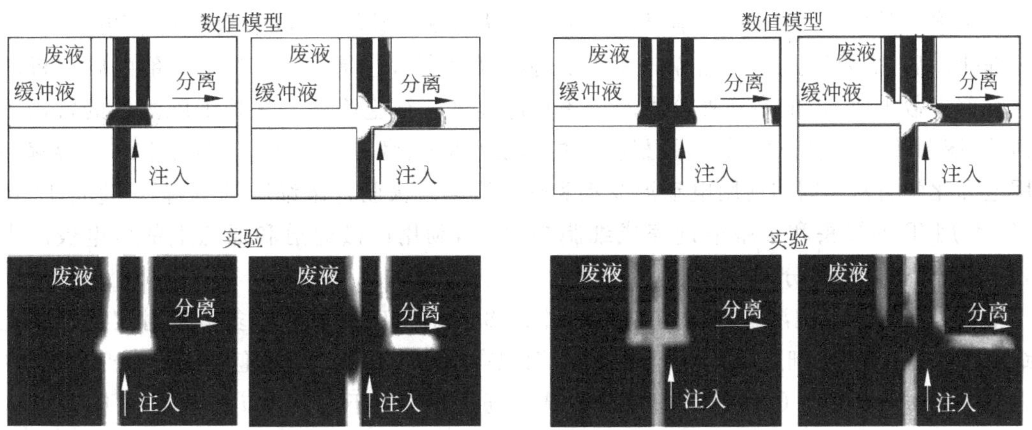

图 9-36　注样过程仿真和实验照片

进样柱的长度增加，以此控制样品注入量。样品到达注样通道和分离通道交叉口后，由于样品扩散会产生一定的峰展宽，这对精确控制注样量是不利的。

毛细管 DNA 分析要求试样注入具有较高的精度和较好的重复性。毛细管电泳器件包括两个基本部分：形成 DNA 试样液柱的试样注入部分和分离 DNA 试样的毛细管分离区域。采用电动聚焦方法可以改变试样液柱尺寸和形状，实现精确的进样控制。图 9-37(a)所示为电动力流控制 DNA 试样和分离介质尺寸的微流体网络图，图 9-37(b)为进样过程示意图[81]。高电压施加在试样储液池 1，废液池 6 接地，电渗流驱动试样从储液池沿着水平毛细管流动。为了控制 DNA 试样的体积，在 2 和 3 之间施加电压，驱动缓冲液挤压水平管道的试样形成层流，试样液柱的体积随着所施加电压的大小而改变。DNA 试样的液柱在第一个交叉点形成，流经第二个交叉点时，在 4 和 5 之间施加驱动电压，4 内的缓冲液向下流动，推动交叉处的试样柱进入分离通道。试样液柱的尺寸和体积可以根据调整而变化，可以注入恒定体积的 DNA 试样。

玻璃芯片的试样注入系统通常采用刻蚀和键合制造[79]。微流体通道位于下层玻璃衬底

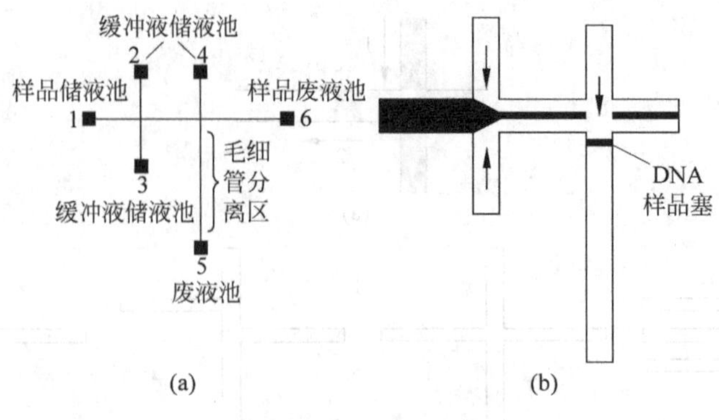

图 9-37 电动聚焦注样

上,采用湿法刻蚀制造,上层玻璃上有注样孔,两层玻璃键合后形成密封的流体通道。这种方法也是玻璃衬底上制造微流体通道的基本方法。

2. 细胞溶解

细胞溶解是指利用物理、化学、机械、酶等方法将细胞破坏,获取细胞内成分的过程。细胞分选捕获以后,需要通过细胞溶解来获得细胞内部物质,这是进行 DNA 或蛋白质分析的基础。目前多数 LOC 还依靠片外分离的设备和过程进行细胞溶解。片外细胞溶解的常用方法包括酶(溶菌酶)、化学分解剂,以及机械力的方法(超声、微流研磨等)。芯片上细胞溶解一般采用电和化学方法:例如利用电动流驱动和热循环实现大肠杆菌细胞的溶解,并进行 PCR 放大[82],利用 T 形接头和细胞溶剂完成细胞溶解[17],利用硅微通道和通道上的多电极产生电场,对细胞进行电穿透分解[83]。

电场是芯片上细胞溶解的常用方法。图 9-38 所示为硅微加工的多电极对实现电穿孔溶解细胞的示意图[83]。细胞膜是电介质膜,当细胞在电场作用下时,细胞膜内外会产生电势差。当电势差超过临界值时(约 1 V),细胞膜变成了通透膜。对于直径为 a 的圆形细胞,细胞膜内外的电势差可以表示为

$$\Delta\phi = 1.5aE\cos\theta \tag{9-18}$$

其中 E 是电场强度,θ 是细胞膜上一点的法线方向与该点电力线方向的夹角。目前电穿孔的原理尚不十分清楚,一般认为是电场在细胞膜内外产生极性相反的电荷,如图 9-38(a)所示,这些电荷在电场的作用下对细胞膜产生压力,使细胞膜变薄。当电场超过临界值时,细胞膜被穿透。细胞膜穿透可以是可逆或不可逆过程,取决于施加电场的强度和持续时间。当电穿透过程不可逆时,即成为溶解。

图 9-38(b)所示为微加工的细胞溶解池结构,它包括了多个电极对和介电材料,其制造过程如图 9-38(c)所示。首先在硅衬底上热生长 500 nm 的 SiO_2,然后刻蚀 SiO_2 形成电极下面绝缘层的形状;溅射 Cr 和 Au 并进行剥离,形成电极形状;旋涂聚对二甲苯并固化,形成 4 μm 厚的介电层,用来保护电极和防止液体引起的短路;最后键合玻璃成为封闭的腔体。

图 9-39 所示为利用强电场梯度溶解细胞的基本原理和微加工芯片[84]。带电的高分子(如 DNA),在极低频率下具有强烈的长度相关的介电响应,因此利用尖锐的绝缘层产生的大电场梯度可以选择性地溶解细胞并捕获染色质。细胞溶解是依靠去离子水和带有渗透压的细胞(大肠杆菌,原核细胞)的快速扩散混合实现的。如图 9-39(a)所示利用流体压力将大肠杆菌

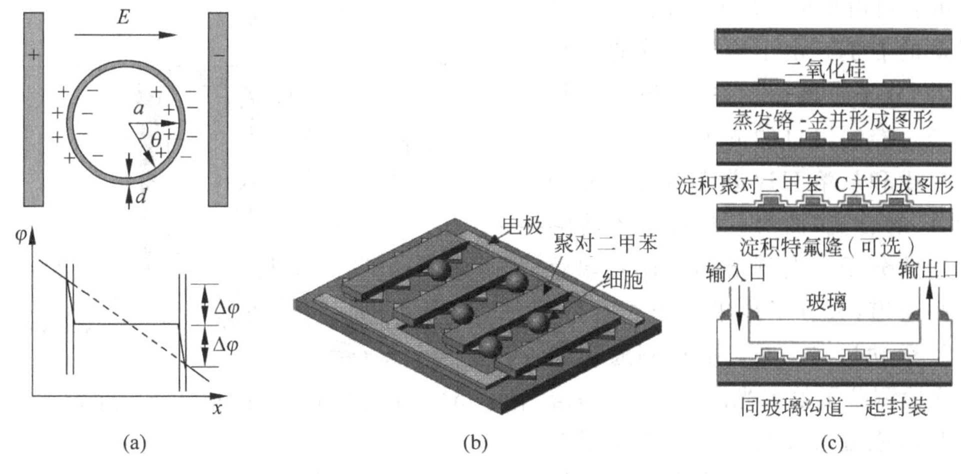

(a)　(b)　(c)

图 9-38　细胞溶解

细胞从 T 形接头的右端输运进入微通道，去离子水从 T 形接头下端进入微通道，在 T 形接头处，细胞被渗压震动溶解，染色体从细胞质中分离出来，最后利用介电电泳捕获染色体。如图 9-39(b)所示为介电电泳原理的俯视图。图 9-39(c)所示的荧光照片为细胞被渗透振动溶解过程，微流体通道的侧壁用白线标出。去壁菌细胞(部分脱去坚固细胞壁后形成的细菌、酵母菌和真菌的细胞；细胞壁可使细胞形成球状有膜包围，其完整性取决于介质为等渗或高渗)从右端输入，去离子水从下端输入，可以看出图 9-39(c)-(4)中细胞已经溶解。图中(1)～(4)的过程时间为 1 s。

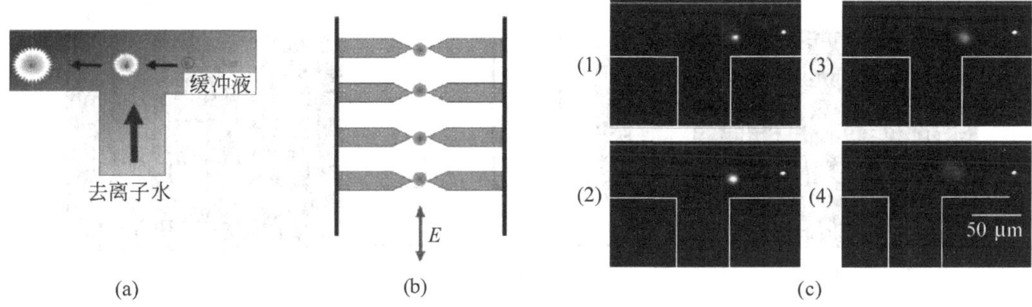

(a)　(b)　(c)

图 9-39　强电场梯度溶解细胞基本原理

利用化学溶剂和微流体管道是实现细胞溶解的另一种常用方法，即在微流体管道中将带有细胞的溶液和带有溶解剂的溶液相互混合。能溶解红细胞的溶解剂有几种，例如阴离子洗涤剂十二烷基磺酸钠(SDS)，能够在细胞在芯片流动的过程中完成对细胞的溶解[17]，但 SDS 会改变电渗流的速度。

图 9-40 所示为利用压力驱动的 T 形接头构成的细胞分解、细胞内成分提取器件[85]。器件包括 3 个流体入口和两个流体出口，以及两个中心流体通道(溶解通道和检测通道)。从两个不同的入口将细胞溶液和化学溶解剂注入溶解通道，在通道中两种流体只通过扩散发生混合。由于细胞较大扩散很慢，因此细胞保持在左侧流动；溶解剂较小快速横向扩散进入细胞流动区域。溶解剂渗透通过细胞膜进入细胞后使细胞内的成分脱离细胞。这些胞内成分在所

有方向可以自由扩散,其中一部分进入了溶解通道的右侧。由于胞内成分的尺寸有差异,小分子扩散速度快,扩散距离超过大分子。控制出口的流束是所有剩下的细胞片段和从溶解通道流出的大分子(如DNA)的合流,而所有扩散进入溶解通道右侧的分子在遇到溶解通道底端后进入检测通道,大分子聚集在中线附近,而小分子运动远离中线。从检测通道的右侧注入检测分子如荧光团基质,于是溶解后的胞内成分形成的流体与荧光团流体在检测通道内相互扩散,使荧光团基质与胞内的酶如β-牛乳糖反应发出荧光,从而检测荧光强度可以实现检测。通过控制流体通道的尺寸和流速,可以调整流体在通道内的平均驻留时间,从而可以调整器件适合不同的细胞成分。

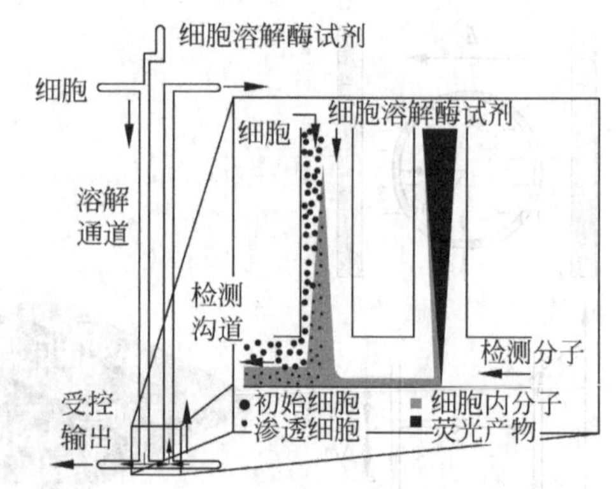

图 9-40 T形接头构成的细胞溶解、细胞内成分提取器件

将大肠杆菌细胞溶液注入溶解通道,将溶解剂细菌蛋白提取剂(BPER)也注入溶解通道,图9-41所示为溶解细胞和分离蛋白质的荧光照片。如图9-41(a)的荧光照片所示,检测通道内的试卤灵发生酶化反应,生成荧光;在图9-41(b)中,细胞(暗色)都在溶解通道的左侧并通过控制出口流出,而没有进入右侧的检测通道;图9-41(c)为经过双波段带通滤光器以后的荧光照片,表明细胞从左侧控制出口流出,右侧检测通道出现了分离的β-牛乳糖产生的试卤灵。DNA标记为浅色,BPER作为溶解剂。

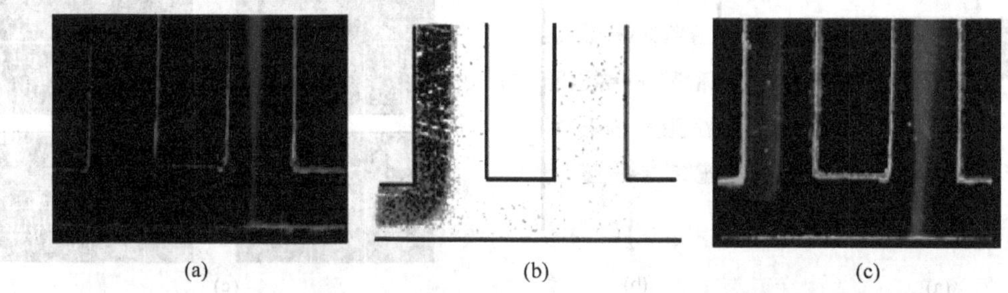

图 9-41 溶解细胞和分离蛋白质的荧光照片

图9-42所示为利用SDS和双T形管道进行细胞溶解的过程[17],所有溶液依靠电渗流驱动,细胞溶解反应依靠共聚焦显微镜测量细胞的散射光确定。在缓冲液中加入细胞,在试样池S中加入3 mM的SDS,两个试样池上都施加150 V电压,样品废弃物池SW接地,在双T区域形成一个稳定的细胞和SDS混合物流,该混合物流越过死角进入试样废弃物池。图9-42(a)所示为细胞从左边进入,SDS从上边进入。图9-42(b)中两个细胞1和4已经开始和SDS溶解剂反应,由于SDS没有扩散到整个流体通道的宽度,因此贴近通道壁的细胞2和3没有发生反应。图9-42(c)中细胞1的残余部分已经被输运出视场,其他3个细胞正在被溶解。从图9-42(a)~(c)的时间为0.3 s。

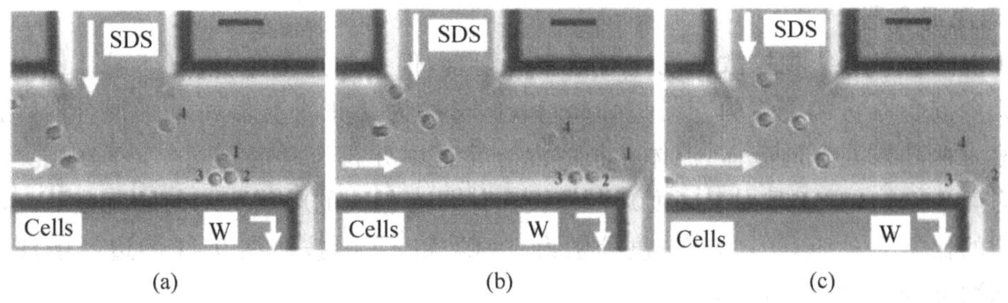

图 9-42　双 T 形管道细胞溶解过程

3. 试样收集提取

在 DNA 分析中,需要从溶解的细胞中提取 DNA,以进行后续的放大检测等过程。DNA 提取是分析过程自动化的重要步骤,也是 LOC 集成度的重要衡量标准。化学方法提取 DNA 利用溶菌酶和其他脂肪分解或蛋白分解酶,经与细胞反应后分解细胞获得 DNA,其他提取 DNA 的方法还包括聚乙烯醇磁性微粒[86]等多种。在传统生化分析中,DNA 提取可以使用多种化学、沉淀、柱析和离心等方法,但是对于 LOC,由于溶液的粘度很高(如全血液),使传统的离心和沉淀等方法比较困难。

采用 PMMA 制造的折线形微流体通道,将加工好的带有通道的 PMMA 与另外的 PMMA 键合形成密封的流体通道系统。微芯片中的液体试样在双向往复运动台的作用下在流体通道内流动,试样中的 DNA 与微粒结合,在提取完成后,将结合有 DNA 的微粒用水冲洗,即可获得提取的 DNA 试样。利用这种固定微粒和使试样往复运动的方法,DNA 的提取效率可以大幅度提高。当试样溶液中没有血清时,DNA 的提取效率是自由微粒提取效率的 3 倍;当试样溶液中有血清时,提取效率是自由微粒提取效率的 88 倍。随着试样溶液中细胞(大肠杆菌)浓度的降低,前者的提取效率是后者的 1 倍(每 25 μL 试样中有10^6～10^8 个大肠杆菌)、10～100 倍(每 25 μL 试样中有10^4～10^6 个大肠杆菌)和 100～1000 倍(每 25 μL 试样中有10^3～10^4 个大肠杆菌)。因此这种方法非常适合于低样品浓度的情况。DNA 微粒提取过程中微粒流动过大,导致微粒容易消耗,并且效率很低,特别是不同成分组合在溶液中时。通过在流体通道中固定微粒,并使液体流动起来,可以大幅度提高提取效率[86]。

9.4.2　混合

快速均匀的微流体混合是实现 LOC 的关键之一。通常微流体处于层流状态、雷诺数较小,即使两个并行流动的液体也不会出现对流混合的情况,混合大多依赖于扩散完成。扩散是分子在周围环境中随机热运动产生的,对流是流体质量运动产生的输运现象。尽管微流体的扩散距离已经远远小于宏观流体,但是扩散混合速度仍旧比对流混合速度低,混合速度很慢。混合器可以分为无源混合器和有源混合器。无源混合器是指混合过程不需要外界能量源,只依靠扩散或混沌对流完成混合,包括层流、注入、混沌对流和液滴混合等几种;有源混合器是利用外部能量产生干扰,加速混合过程,包括压力扰动、电流体动力、介电电泳、电动力、磁流体动力、声和热等方式[87]。这些方式在本质上都是扩散混合,有源器件只是降低扩散距离增加混合速度。

1. 无源混合器

无源混合器只能依靠扩散或混沌对流实现混合,但是制造简单、实现容易。图 9-43 所示为并行无源混合器的常用结构。图 9-43(a)和(b)分别为 T 形混合器和 Y 形混合器,两个输入端分别输入两种要混合的流体,流体在长的混合管道中并行流动时通过扩散实现混合。当混合管道为扁平结构(宽度远大于高度)时,假设流体具有相同的粘度和均匀的流速 U,溶液中溶剂与溶质的比例为 $r:(1-r)$,其浓度分别为 $c=C_0$ 和 $c=0$,按照图 9-44 的边界条件,微管道中无量纲浓度分布 $c^*=c/C_0$ 为

$$c^*(x^*,y^*)=r+\frac{2}{\pi}\sum_{n=1}^{\infty}\frac{\sin(nr\pi)}{n}\cos(n\pi y^*)\exp\left(-\frac{2n^2\pi^2x^*}{P_e+\sqrt{P_e^2+4n^2\pi^2}}\right) \quad (9\text{-}19)$$

其中 $x^*=x/W$ 和 $y^*=y/W$ 为无量纲坐标,$P_e=UW/D$ 是佩克莱数(Peclet),表示对流和扩散引起的质量输运之比,D 为扩散系数。将式(9-19)的结果推广,即可得到图 9-44 所示的 T 形混合器的浓度分布。

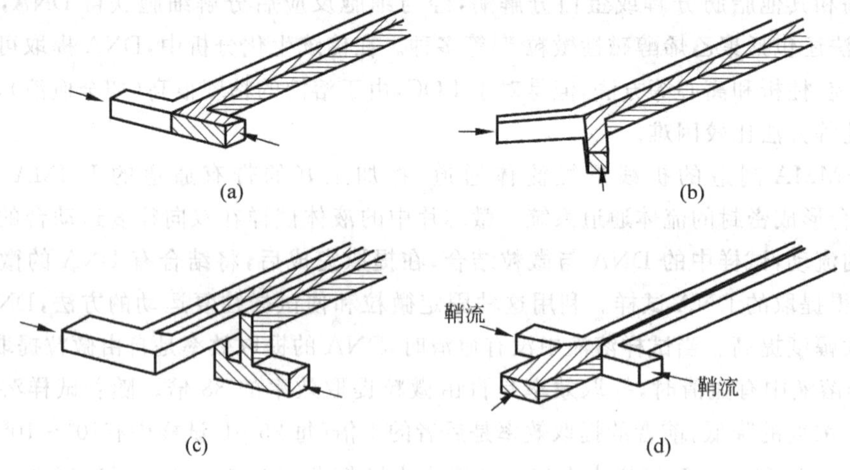

图 9-43 并行层流扩散混合

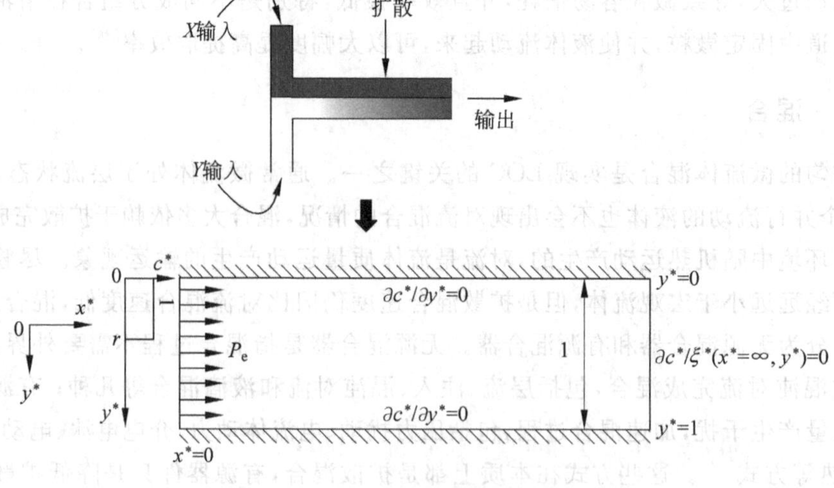

图 9-44 T 形混合器的浓度分布

由于 T 形混合器完全依靠扩散实现混合，需要较长的混合管道。为了加速微流体的混合，可以利用多种原理和微加工技术，提高扩散的速度或降低扩散距离。这些方法包括：①将流体分割为薄层，减小扩散距离[88~90]；②使流体流经蜿蜒折线通道，利用跑道效应改变层流的浓度分布[91,92]；③使用微结构或微喷嘴强迫产生横向流动；④电动力方法[93,94]；⑤再循环[55,95]等。

由于扩散时间正比于扩散距离的平方，因此将一束流体分割成多束，可以降低扩散距离，从而有效降低扩散时间。将两种需要混合的流体分别分割为 n 束，再两两间隔将这 $2n$ 束流体合并，则扩散距离被减小到 $1/n$，因此扩散时间降低 n^2 倍，能够大幅度降低扩散时间。实际上，混合前将一个流体分割为 n 个流体时要流经一定的管道长度，需要额外的时间，因此并非分割的层数越多，总体时间越短。

图 9-45 所示为混合器的结构图和混合过程的荧光照片[89]。混合器芯片为玻璃/硅/玻璃的三明治结构，硅的正反面都加工有分割通道，并通过通孔连接起来，玻璃上没有图形，仅作为密封使用。两个入口分别通入需要混合的液体，经过 16 份分割后进行混合，最后再汇聚。这种混合方法的能够在 15 ms 的时间内完成 95%的混合，流速为 50 μL/min。

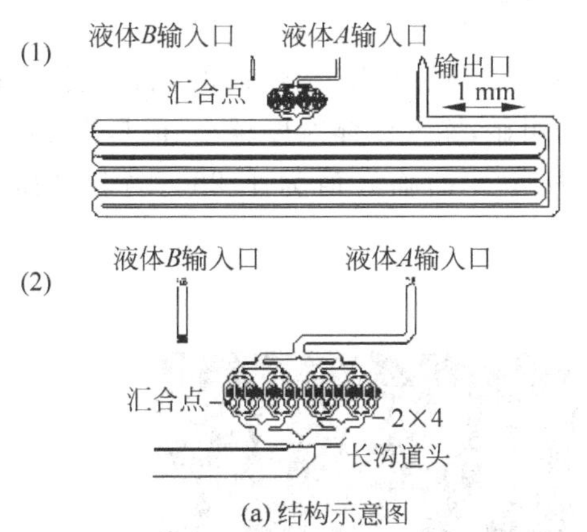

(a) 结构示意图

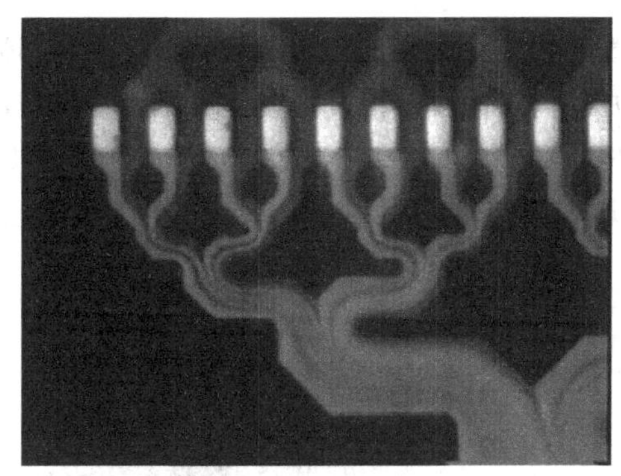
(b) 荧光照片

图 9-45　分割混合器

图 9-46 所示为利用软光刻技术制造的“圣诞树”结构的混合器，用来产生浓度梯度[96]。利用几个输入口输入液体，不同浓度的液体在折线通道中流动时依靠扩散形成不同浓度的分布。图 9-46(a)所示为微流体通道结构示意图，3 个输入口输入的液体经过多次混合和分离后汇聚在一起；图 9-46(b)为硫氰酸酯荧光剂发出的荧光照片，照片的色度代表浓度变化；图 9-46(c)为计算的荧光强度。利用同样的方法，可以形成蛋白质的浓度变化(蛋白质对微流体通道测壁吸附)[97]、SAM 的电化学脱附[98]，以及缩氨酸耦合的 SAM 光化学激活等[99]。

实现微流体加速混合的方法之一是流体动力聚焦实现鞘流[90]，如图 9-43(d)所示。这种方法的基本原理是在输入流体通道两侧对称加入两个垂直通道，形成一个十字形交叉，利用两侧的通道注入一定压力的流体挤压需要输入的流体。输入流体在水压的作用下在较宽的微流体通道中被压缩到宽度只有 10～50 nm，再进入混合后，由于宽度大幅度减小，扩散距离下降。尽管对于一定总量的混合液体，压缩使进入混合区域的流量降低，但是由此引起的时间增加远小于扩散距离下降带来的时间减少，因此总体混合时间降低。图 9-47 所示为流体动力聚焦系统工作时的荧光照片。该系统在硅基底上加工,所有流体通道均为 10 μm 宽、10 μm 深。输入流体的驱动压力为 350 Pa,经过压缩后,输入流体的宽度锐减,并在经过压缩点后维持该宽度流动。

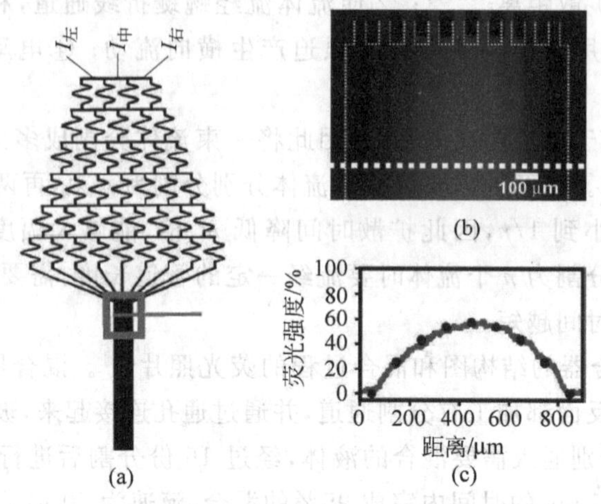

图 9-46 "圣诞树"混合器

微流体的压缩宽度与施加在侧向压缩流体上的驱动压力(P_s)和输入的混合流体上的驱动压力(P_i)的比值 α 相关。α 越大,流体聚焦效果越明显,输入流体宽度越小,但是当 α 超过临界值时,输入流体被侧向压缩流体夹断,图 9-47 所示 α 的临界值为 1.28。当驱动压力为 2800 Pa,α 为 1.25 时,在 20 μs 左右混合基本完成。

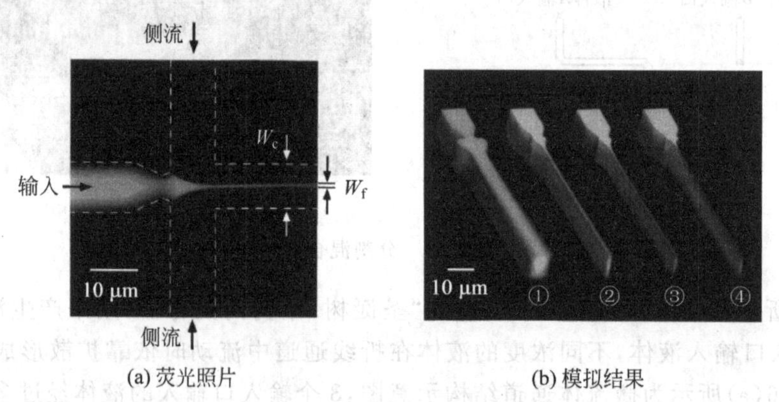

图 9-47 流体动力聚焦

2. 混沌对流混合

混沌对流混合利用管道结构形成带有涡旋的混沌流动,降低扩散距离。由于通常对流平行于运动的主方向即管道的长度方向,无法实现横行混合。通过改变管道形状或施加外部驱动力,实现流体的分割、拉长、折叠或截断等,可以显著提高混合速度。

图 9-48(a)~(c)所示为在高雷诺数(Re>100)时实现混沌对流的常用方法,如改变管道侧壁、在管道中设置障碍物,以及使用平面锯齿形管道等。这些非对称的结构在低雷诺数(Re<10)时难以产生有效的涡流和涡旋,但是在高雷诺数时效果较为明显。这种结构的流动计算是非常复杂的,一般需要依靠计算流体力学软件获得数值解。

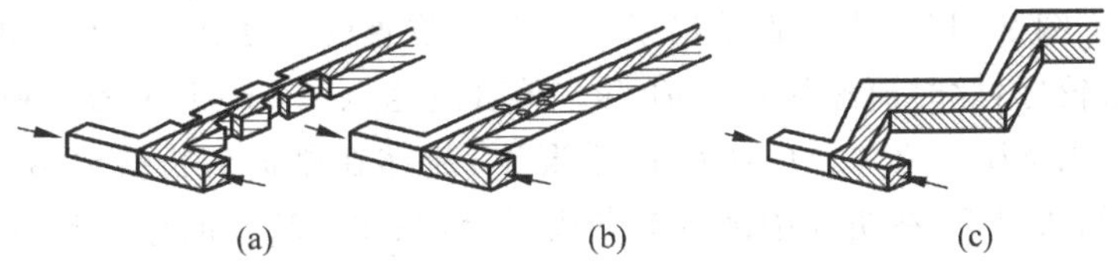

图 9-48　高雷诺数时平面混沌对流的产生方法

图 9-49 所示为中等雷诺数时，采用平面、二维和三维管道的混合效果比较。左图为计算流体力学得到的有限元结果，右图为荧光照片。三维管道可以显著提高混合效果，平面二维管道的混合效果比三维管道差[91,100]。图 9-50 所示为中等雷诺数时（$10<Re<100$），用来产生混沌对流的常用结构。图 9-50(a)为 C 形管道组成的平面结构，其他均为三维结构。

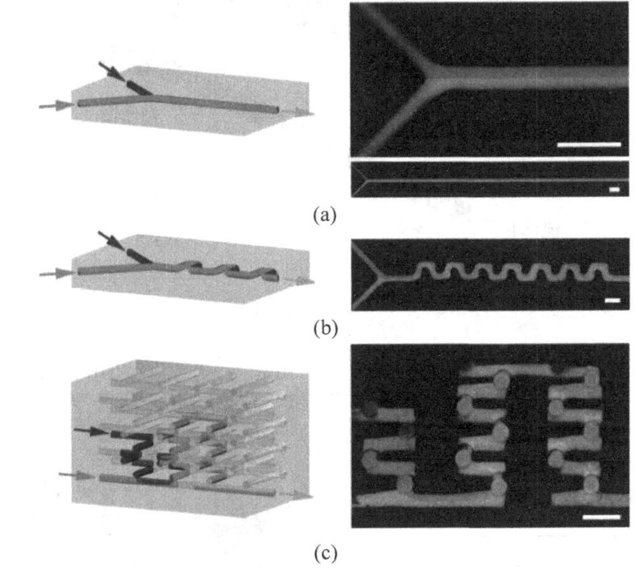

图 9-49　三维流体管道混合

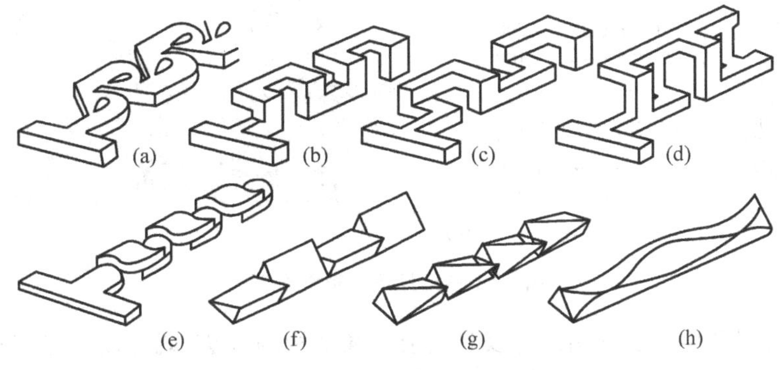

图 9-50　中等雷诺数时的混沌对流产生方法

图 9-51 为三维蛇形管道混合的浓度分布。图 9-51(a)所示分别为 3 条微流体通道，从下至上依次为平面直通道、二维折线、三维折线；图 9-51(b)所示为混合过程的浓度分布随位置和时间的变化关系，混合流体分别为染色剂和纯水，用不同位置的灰度与输入口处的灰度的比

值表征混合效果。图 9-51(b)中分别给出了箭头对应位置的灰度比值,在输出端,灰度已经比较均匀,混合效果较好,此时流速为 0.1 μL/s。随着流速从 0.01 μL/s 增加到 0.4 μL/s,雷诺数增加,但混合效果下降。在 0.01 μL/s 的情况下,流体在刚进入折线通道时就已经开始混合,在 0.4 μL/s 的情况下,在折线中部没有彻底混合,在输出端仍旧存在较高的浓度带。

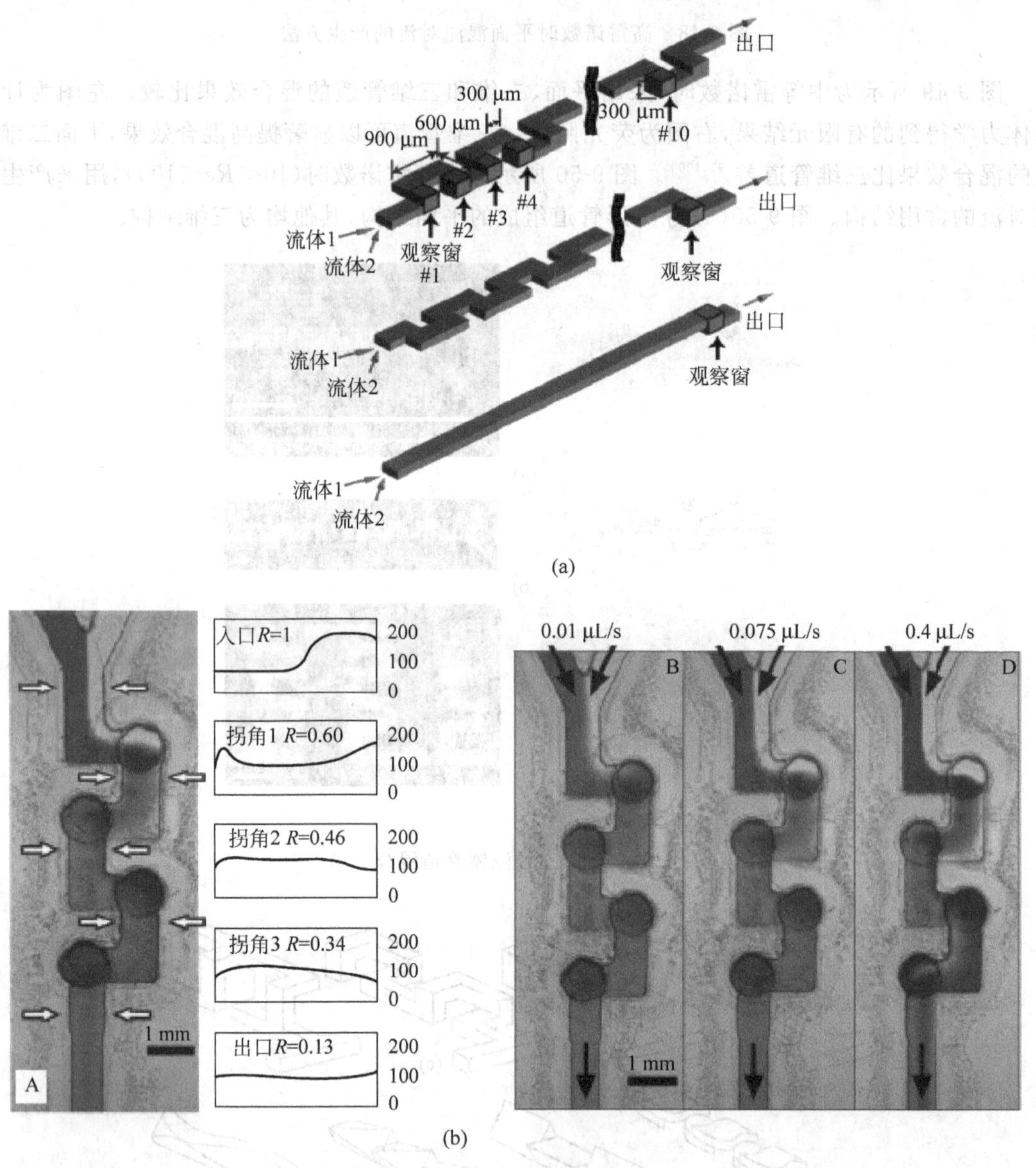

图 9-51 三维蛇形管道混合器

组合式混合器利用多次分割混合以及复杂三维结构的方法,既可以获得多种不同浓度的混合流体,又可以通过分隔减小扩散距离而加快混合过程[92]。基本原理是将要混合的 2 种流体分割成多个更细的流体间隔并行流动,由于相互间隔后扩散距离降低,混合速度提高。图 9-52 所示为 4×4 的组合式混合器的结构,图中的分配器只将一个输入流体分隔为 4 个相等的流体束,稀释器可以将输入的一种流体与另一种(如水)进行混合稀释。左边的染色剂 Y_3

和稀释剂 Y_0 进入第一个稀释器，被稀释后进入由 4 个分配器组成的阵列，每个分配器产生 4 束相同浓度的微流体输出。这 16 束微流体可以分为 4 组，从左至右的顺序依次为 4 束 Y_3、4 束 Y_2、4 束 Y_1 和 4 束 Y_0；右边的染色剂 B_3 和稀释剂 B_0 输入第一个分配器，输出为 4 组未混合的染色剂和稀释剂，继续输入 4 个稀释器组成的阵列，每个稀释器的输出为 4 种不同浓度的混合液，并且这 4 个稀释器的输出均相同，这 16 束微流体分为 4 组，每组从左至右的顺序均为 B_3-B_2-B_1-B_0。最后，将左边和右边的各 16 束微流体输入合成阵列，使每个阵列中位置相同的两束微流体进行混合，即 Y_3+B_3，Y_3+B_2，Y_3+B_1，Y_3+B_0，Y_2+B_3，Y_2+B_2，Y_2+B_1，Y_2+B_0，Y_1+B_3，Y_1+B_2，Y_1+B_1，Y_1+B_0，Y_0+B_3，Y_0+B_2，Y_0+B_1 和 Y_0+B_0，于是得到16 种完全不同浓度的微流体。混合器采用聚乙烯对苯二酸酯加工，为多层叠合的激光加工的聚酯薄膜。流体系统中未集成泵和阀，因此混合比例依靠流体网络和每个输入口的流速控制。图 9-52 为混合器的立体结构示意图及有限元法计算的流体浓度示意图，其中微流体管道宽 800 μm、高 100 μm，在流速为 0.1 μL/s 时的雷诺数为 0.125，可见经过折线通道后，流体混合较为充分的。

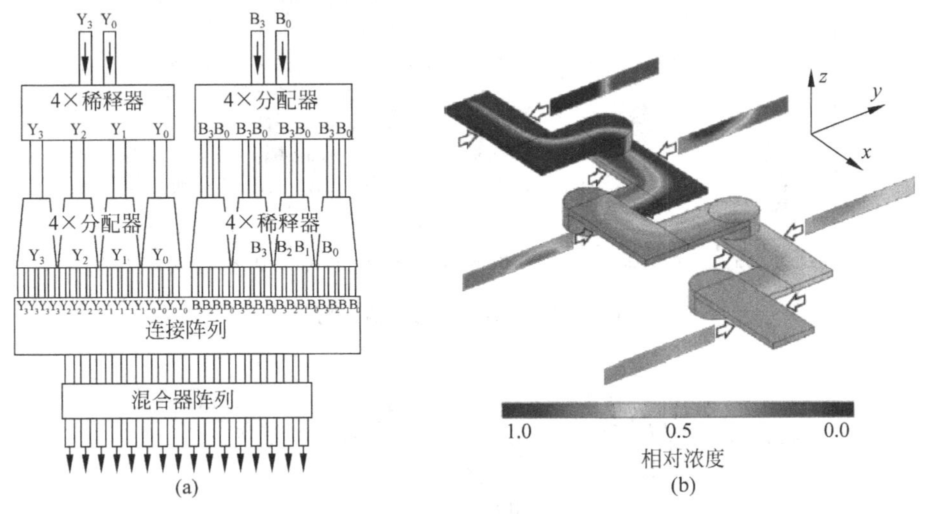

图 9-52 组合式混合器

图 9-53 所示分别为混合器和稀释器的结构。图中流体沿箭头方向自上而下流动。不同的灰度代表不同的流体通道层（Ⅰ～Ⅳ），浓度表示中 Y_3 和 B_3 为最高浓度，Y_0 和 B_0 为纯水。图 9-53(a)中，Y_{15} 为 Y_3 和 Y_0 的 1∶1 混合溶液，它们在折线混合器中混合，以增加混合接触时间；图 9-53(b)中 Y_1 溶液在一个小的折线混合器中混合；图 9-53(c)为混合后，每一束流体被分隔为两部分（只示出了 Y_1），第一个分隔通道为垂直的以便使分隔后的两束流体能够在顶层和底层平面上流动；图 9-53(d)，另一个序列被分为 4 路，位于不同的平面内；图 9-53(e)，利用 4 个相同的稀释器对上述 4 路流体稀释，每一个折线混合器只占据 2 层，例如Ⅰ～Ⅱ，或者Ⅲ～Ⅳ，因此俯视图中会出现重叠；图 9-53(f)，Y 系列流体从Ⅰ和Ⅳ层进入合成阵列，B 系列流体从Ⅱ和Ⅲ层进入混合阵列，合成后的流体经过另一个折线混合器阵列，在离开组合混合器后基本均匀。

图 9-54(a)～(f)所示为低雷诺数（$Re<10$）时产生混沌对流的方法。图 9-54(a)～(c)分别为斜肋、斜槽和人字形槽，图 9-54(d)～(f)为电动力混合，仅在表面实现图形改变表面状态[101]。图 9-54(g)为利用轴向压力输运流体时强迫产生横向流动的混合方法[102]。基本原理

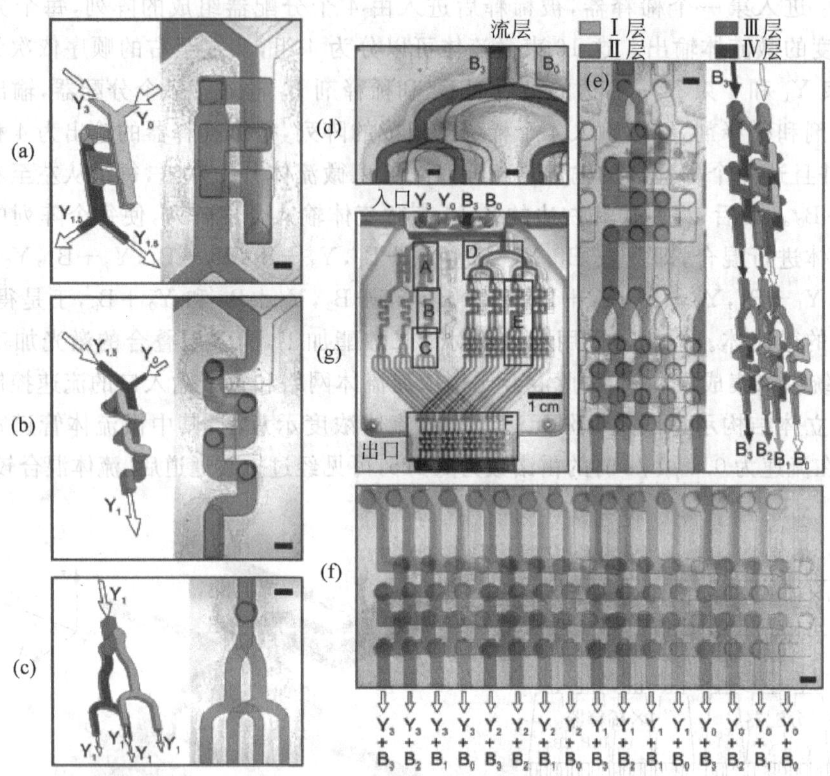

图 9-53　混合器和稀释器结构

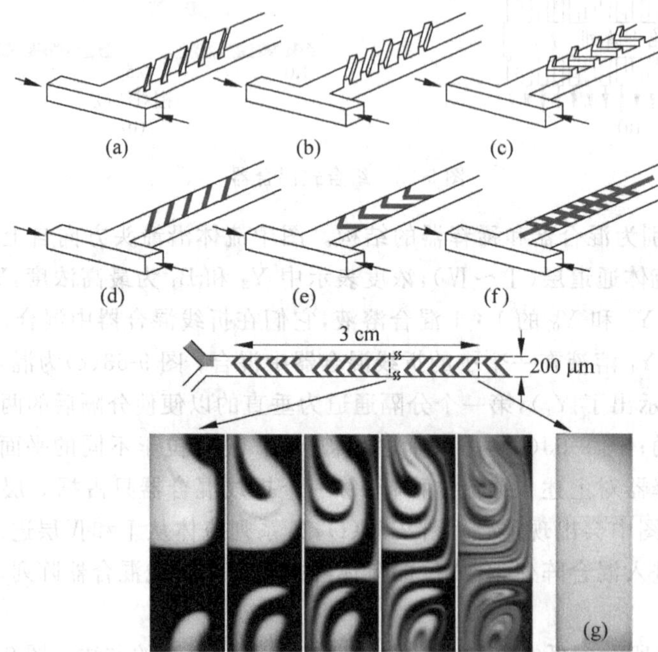

图 9-54　低雷诺数时的混沌对流产生方法

是在微流体通道的底部设置一系列与轴向夹角的横槽，类似于枪膛里面的来复线，为低雷诺数的流体制造各向异性的阻力。在平行于来复线槽的延伸方向，流体阻力较小，而垂直于该方向流体阻力很大。因此，轴向的压力梯度能够在带有横槽的底面产生平均的横向流量，并在流动到通道顶部时回流，形成了螺旋形流动。为了提高混合的效率，可以在流体通道底面制造更加复杂的非对称人字形沟槽形成混合器，以便产生局部旋转和伸展的流动，形成紊流。该图所示为截面流动示意图和经过 1 个循环后，流体混合的荧光照片。周期性改变人字形沟槽的重心组成的混合器，每组有 5 个人字形沟槽，在流经 5 个沟槽(同一组)时，已经产生了较复杂的横向流动；经过 15 个沟槽(3 组)时，混合已经基本完成。调整沟槽的形状和尺寸、位置、角度，可以控制流动的特性。

3. 有源混合器

仅依靠扩散实现的微流体混合的速度较慢，特别是当流体中含有蛋白、细菌或血细胞等大分子时，要求较长的混合时间和混合通道，增加了集成芯片的面积。通过外部动力驱动微流体充分混合，能够提高混合速度。外部驱动方式包括气动驱动[103,104]、压力干扰[105,106]、超声和压电驱动[107,108]、磁驱动[109,110]、电流体动力[111]以及电动力驱动[112,113]。集成微机械结构的方法增加了制造的难度，而电驱动器件容易制造和集成。

图 9-55 所示为几种有源混合器的实现方法。图 9-55(a)为利用 DRIE 制造的平面泵控制的串连间隔混合方法，两种液体间隔输入 T 形混合器，增大了扩散接触面积。图 9-55(b)利用多个输入脉冲实现压力干扰，混合效果与压力频率和输入脉冲压力有关。图 9-55(c)为磁力驱动加速搅拌，利用外部磁场驱动微流体管道中的微磁珠或者微搅拌器制造涡流扰动。图 9-55(d)～(g)所示均为采用电力驱动的有源混合器。图 9-55(d)利用电流体动力制造扰动，改变电极的电压和频率，对管道内的流体施加脉冲力。图 9-55(e)为利用介电电泳 DEP 力实现混合，由于 DEP 力可以驱动粒子向着电极或远离电极运动，因此 DEP 可以实现混沌对流。图 9-55(f)和(g)为电动力流动产生压力变化，压力驱动的流体在混合腔或混合管道内产生不稳定的流动。

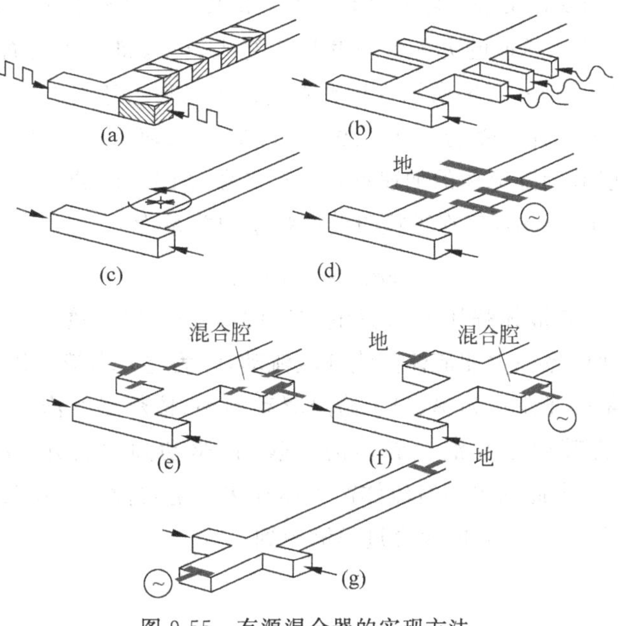

图 9-55　有源混合器的实现方法

图 9-56(a)所示为基于电渗流的电动力混合器结构[113]。混合器的微流体通道为 PDMS 制造,在流体通道的混合区域埋置非对称电极。对电极施加交变电场时产生电渗流,在沿着流体通道方向施加的驱动电场驱动流体流动。如图 9-56(b)所示,当不同电极区域施加的产生电渗流的交变电场不同时,相邻区域的 ζ 电势从无电压时的 ζ_0 变成 $+|\zeta_1|$ 和 $-|\zeta_2|$。在 $+|\zeta_1|$ 区域,过剩的阴离子被吸引到电双层区,并在附近积累,于是 ζ 电势变化和外部电场引起的流动相互作用,在局部引起流动,从而实现混合。当相邻的 ζ 电势绝对值不同时产生的电渗流不同,在驱动电场的作用下流动产生压差,进一步增加混合的效果。

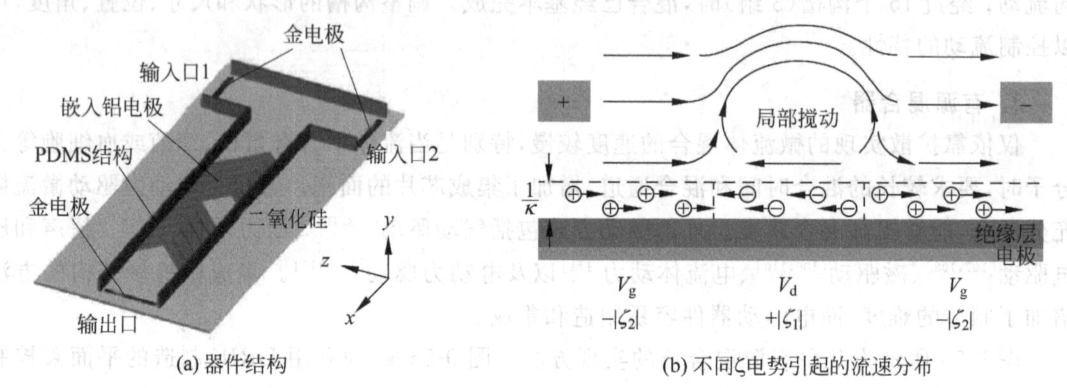

图 9-56 电动力混合器

利用复合结构,即片上的微流体通道和分立的气动与液动微泵,可以实现高效的液体混合,尽管这种方法在需要片上切换流体方向等复杂系统情况下能力有限。图 9-57 所示为气动驱动的复合微流体计量和混合系统[55]。片上流体通道如图 9-57(a)中第(1)图所示,左边为流体通道,右边为接通分立气动设备的气动通道,中间用微毛细管连接起来。图 9-57(a)中第(2)图所示为定位操作的示意图,从气动通道利用气动泵抽空流体通道内的气体,流体空气界面可以准确地定位在与毛细管接头处。图 9-57(a)中第(3)图所示为计量操作,当完成图 9-57(a)第 2 图所示的定位后,从流体通道的另一处空气接口注入,可以将流体切断,留下的液柱体积由流体通道的尺寸决定。图 9-57(b)所示为运动液滴的再循环示意图。

空穴微流混合是另一种高效的混合方法[114],其基本原理是利用气泡作为执行器,在声场的驱动下气泡振动,引起周围流体的加速混合。声场驱动的气泡的特性主要由气泡的谐振特性决定,对于几 kHz 频率范围,气泡半径与谐振频率的关系为

$$2\pi af = \sqrt{3\gamma P_0/\rho} \tag{9-20}$$

其中 a 是气泡半径,P_0 是液体静压力,ρ 是液体密度,γ 是气体比热。气泡在声场的驱动下振动时,气泡和流体界面的摩擦力使流体围绕气泡流动,称为空穴微流作用。对于给定直径的气泡,空穴作用的强弱依赖于驱动频率,对于给定驱动频率,依赖于气泡直径。驱动气泡谐振一般使用压电执行器,将其固定在混合腔体的外表面,驱动频率为几 kHz,驱动电压一般为 10 V,功耗仅为几 mW,由此几乎不对流体产生焦耳热。空穴微流作用具有强烈的混合效果,能够只依靠扩散将需要几个小时的混合过程缩短到 6 s。

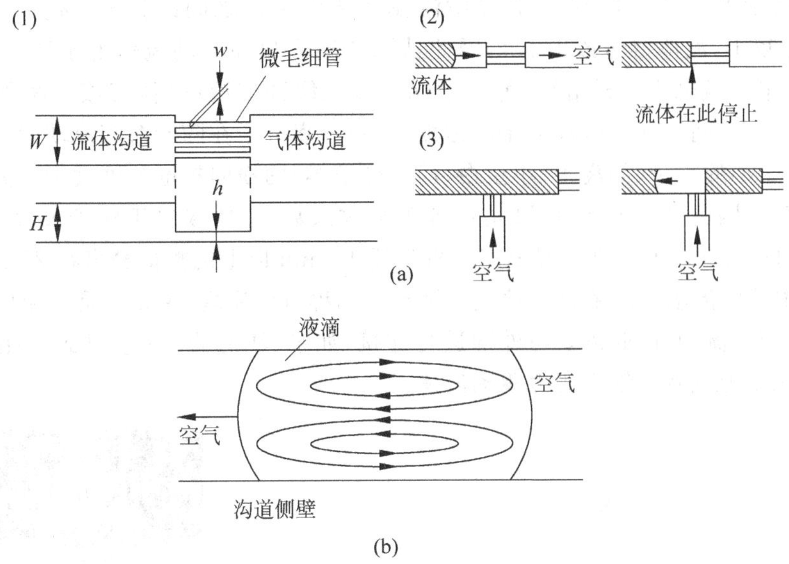

图 9-57 气动驱动的复合微流体计量和混合

9.4.3 分离

分离是生化分析中最重要的操作之一。传统的分离方法包括毛细管电泳和色谱法(也称层析法),目前都已经在微流体芯片上实现。利用微流体层流的特点,可以直接通过扩散实现微流体的分离。

1. 管道分离

微流体在管道中处于层流状态,几层流体可以在一个管道中并行流动,即使易于混合的两种或多种液体在一个通道中并行流动也没有湍流发生,只有扩散,因此能够实现基于层流扩散的分离。尽管扩散速度一般很慢,但是微流体管道的尺度一般在 100 μm 左右,因此扩散的时间比宏观情况要快很多。将扩散距离控制得很小,可以保证基于扩散控制的分离速度。例如头孢拉定抗生素在室温下水溶液中的扩散速度是 14.3 μm/s,在 100 μm 的流体通道中通过扩散仅需 10 s 就能实现可控的浓度梯度和完全的分子平衡,而不需要任何主动控制或混合器件;含有细胞的轻度稀释的全血液在 100 μm 深的通道中沉淀 1 min,能够产生 50 μm 厚的一层轻度稀释血浆。表 9-5 所示为几种生化分子的扩散系数通常分子越小,扩散系数越大。

表 9-5 几种生化分子的扩散系数

分　子	分子量(道尔顿)	扩散系数/($\times 10^{-6}$ cm^2/s)	t/s(扩散 100 μm)
苯妥英	252	5.8	8.6
荧光素	376	4.3	11.6
荧光素-维生素 H	831	3.4	14.7
生物胞素	975	3.2	15.6
牛血清	66 000	0.63	79.4
免疫球蛋白	150 000	0.43	116.3

图 9-58 所示的分离器件利用 T 形微流体管道中层流之间的扩散,称为 T-Sensor[115]。T-Sensor 尺寸较小,流体雷诺数小于 1,因此从两个输入口注入的流体处于层流状态。从 T-Sensor 的一个输入端输入试样溶液,另一个端口输入缓冲溶液(受体溶液),两种溶液在交叉口汇合后,由于二者间存在被分离分子的浓度差,被分离分子在随着溶液流动的同时扩散进入受体溶液。由于小的粒子(如离子、小蛋白、药物分子等)的横向扩散速度大于大分子(如细胞)的横向扩散速度,因此 T-Sensor 可以实现基于扩散系数(主要取决于粒子尺寸)的分离和过滤[116]。利用 T-Sensor,可以将常规免疫分析需要 10 min 以上的扩散分离在 25 s 内完成[117]。在 T-Sensor 中液体流动可以依靠主动式和被动式两种方法实现,主动式是指流体在外部驱动装置的作用下产生流动,因此需要与外部进行连接,如泵、注射器等;被动式是指T-Sensor 独立使用,仅依靠重力或者毛细作用力驱动液体。

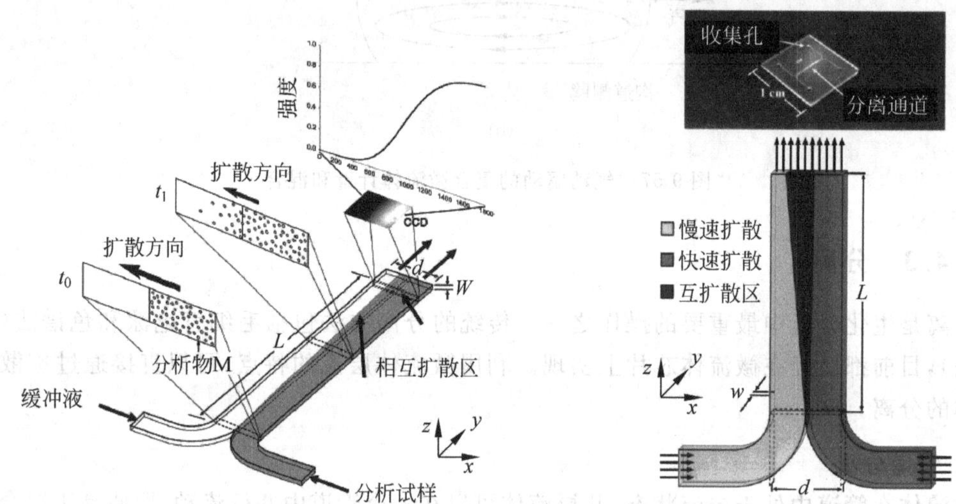

图 9-58　T-sensor 分离示意图

根据式(9-1),扩散时间正比于扩散距离的平方、反比于扩散系数。扩散系数

$$D = \frac{K_B T}{6\pi\eta R} \tag{9-21}$$

其中 K_B 为波耳兹曼常数,T 是绝对温度,η 是流体的粘度,R 是分子的半径。溶液粘度越大、分子半径越大,扩散系数越小,扩散需要的时间越长。

T 形管道的输入端必须具有一定的长度,以保证从输入端进入的流体速度达到均匀后才进入分离通道。对于圆形管道,流速达到 99% 均匀时,输入端的长度应为

$$L_e = D(0.379e^{-0.148Re} + 0.055Re + 0.26) \tag{9-22}$$

其中 Re 是流体的雷诺数。式(9-22)也可以用于矩形管道的估算。

假设流体管道内粘度均匀,粒子(或溶质)的浓度 $c(x,t)$ 可以用一维质量守恒方程描述:

$$\frac{\partial c}{\partial t} = D\frac{\partial^2 c}{\partial x^2} \tag{9-23}$$

其中 c 是粒子浓度,D 是扩散系数,x 表示横向扩散方向的坐标。边界条件满足在 x 方向的边界上对空间的导数为 0,初始条件为给定的浓度 $f(x)$,即

$$\frac{\partial c}{\partial c}(0,t) = \frac{\partial c}{\partial x}(L,t) = 0,\quad c(x,0) = f(x) \tag{9-24}$$

根据式(9-23)和式(9-24)得到解析解为

$$c(x,t)=\frac{a_0}{2}+\sum_{n=1}^{\infty}a_n\exp[-Dt\ (n\pi/L)^2]\cos\frac{n\pi x}{L} \tag{9-25}$$

其中系数 a_n 可以从给定的初始浓度分布得到

$$a_n=\frac{2}{L}\int_0^L f(x)\cos\frac{n\pi x}{L}\mathrm{d}x \tag{9-26}$$

实际使用时级数取足够多的项(一般 $n<50$),以减小初始分布的非连续点的 Gibbs 现象。

实际上,由于试样溶液和受体溶液的粘度不同,并且其粘度和流速随着扩散的进行在不断变化,因此式(9-25)不再成立。当管道的宽度远大于管道高度时,根据流速正比于压差反比于粘度,即 $u\propto\Delta P/\mu$ 可知,如果两种流体的压差相同,流速之比为

$$\frac{u_A}{u_B}=\frac{\mu_A}{\mu_B}=\mu_R \tag{9-27}$$

流体的体积流量比 $Q_R=Q_B/Q_A$ 对它们的分界线,即占据管道截面积的比例也有影响

$$\frac{S_A}{S_A+S_B}=\frac{1}{2}\left(1+\frac{\mu_R-Q_R}{\mu_R+Q_R}\right) \tag{9-28}$$

当两种溶液的粘度和体积流量均相等时,它们在管道中的分界线位于管道的中间。由于 T-Sensor 的输入端输入粘度不同但体积流速相同的流体时,两个流束在分离管道的分界线并不是管道的中心线,而是偏向粘度小的流体,即粘度大的流体占据了更多的管道截面,流速更慢。由于受体溶液吸收了扩散的粒子后粘度增加,随着流动和扩散的进行,分离管道内并行层流的试样溶液和受体溶液的粘度和速度都随时间变化,速度轮廓线也随时间变化。式(9-28)可以用来测量流体的粘度。

对于稳态流动的流体,质量守恒要求管道内所有流体界面的质量通量(单位: g/s)都相等,因此管道任意截面的质量通量是所有流束的质量通量之和

$$\dot{m}=\sum_{i=1}^{n}\dot{m}_i=\sum_{i=1}^{n}c_iQ_i \tag{9-29}$$

其中 c 和 Q 分别表示粒子的浓度和流体的体积流量,单位分别为 g/L 和 L/s,i 表示第 i 种粒子,n 是流体总数。通常 T-Sensor 只有两种流体,当试样中粒子的浓度为 c_s,体积流量为 Q_s 时,如果受体溶剂的浓度为 0,则通过两种液体界面的粒子的质量通量为 $\dot{m}=c_sQ_s$。第 i 个流体的相对质量通量为

$$\frac{\dot{m}_i}{\dot{m}}=\frac{c_iQ_i}{c_sQ_s} \tag{9-30}$$

因此,在分离管道的末端,受体溶液中粒子的质量通量为

$$\frac{\dot{m}_B}{\dot{m}}=\frac{c_{B2}Q_B}{c_{A1}Q_A} \tag{9-31}$$

其中下标 A 和 B 分别表示试样溶液和受体溶液,1 和 2 分别表示入口和出口位置。

例如,荧光素从血液中向受体溶液扩散,假设血液粘度和体积流量分别是受体溶液粘度和体积流量的 3 倍和 1/2,即 $\mu_R=3$,$Q_R=2$,根据式(9-28),血液占据管道的 60%,受体溶液占据 40%。出口处的粒子浓度计算非常复杂,一般需要借助计算流体力学软件进行数值计算。本例中数值计算的结果为:入口处试样中血液浓度 $c_{\text{blood}}/c_s=1$,数值计算得到出口处受体溶液中荧光素平均浓度 $c_{\text{acceptor}}/c_s=0.32$,出口处试样中血液浓度 $c_{\text{blood}}/c_s=0.36$,即试样中血液浓度

从入口处的100%变为出口处的36%。

与T-Sensor类似的是H形过滤器(H-Filter),它是俯视图为H形结构的能够进行分离的微流体通道[118]。它由两条或者更多的平行流体通道组成,平行微流体通道之间由垂直的短通道连接,形成H形结构,如图9-59所示。H形过滤器可以用来从试样中析取混合物,例如用来从全血液中析取血清或者脲,而不需要使用过滤器或者离心装置等。H形过滤器也分为主动型和被动型。图9-59(b)所示为被动式H形过滤器。将荧光剂和深色葡聚糖试样注入右上方的储液池R2,将接收试剂注入左上方的储液池R1。两种液体在主通道C1中产生并行的层流。体积较小的成分通过扩散进入受体液体中,然后两个并行流动的液体分别进入两个不同的储液池,左下方的储液池R3为被析取成分荧光素的试样;右下方的储液池R4为去除了被析取物荧光素后的试样,其荧光素的浓度下降为原始试样浓度的30%,而其他大分子如葡聚糖的浓度维持不变。H形过滤器可以在17 min内完成100 μL溶液的分离。

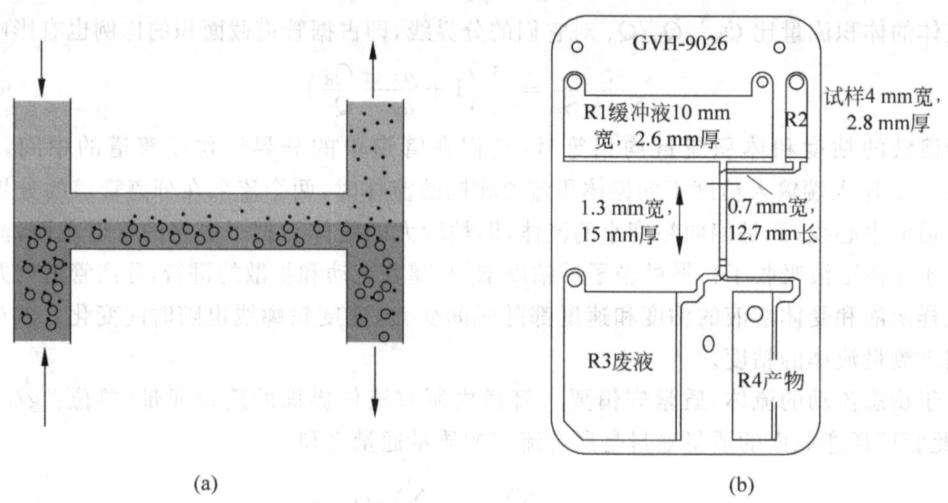

图9-59 H形过滤器

2. 毛细管电泳

电泳是电解质中带电粒子在电场力作用下,以不同的速度向电荷相反方向迁移的现象。传统电泳技术由于受到焦耳热的限制,只能在低电场强度下操作,分离时间长,效率低。毛细管电泳是指离子或带电粒子以毛细管为分离室,以高压直流电场为驱动力,依据样品中各组分之间淌度和分配行为上的差异而实现分离的液相分离分析技术。由于毛细管内径小,表面积与体积比大,具有良好的散热性,允许施加高电场(超过400 V/cm)进行电泳,因此能够在短时间内完成分离,效率高、速度快,这是毛细管电泳和传统电泳的区别。毛细管电泳具有适应性广,检测限低,进样量小,溶剂消耗少,自动化程度高等优点,已广泛应用于蛋白质、氨基酸、无机离子、有机化合物、药物的分离分析。

毛细管电泳芯片是最早的LOC芯片,也是目前LOC实现分离的主要方法,目前为止多数LOC的研究工作集中在集成CE分离系统上。早期的芯片采用玻璃和石英制造,随后多种高分子聚合物和软光刻得到了广泛的应用,例如PDMS所实现的分离速度和分辨率与玻璃毛细管相当。通常用于毛细管电泳的微流体通道长度为50~70 cm,宽度为50~200 μm、深度为10~50 μm。在电场强度一定时,分离微通道尺寸越小电阻越大,相应的分离电流越小,产生的焦耳热就越小，因而可施加高电场实现快速分离。而且分离通道截面尺寸愈小，则表面与体积比越大，散热效果越好，所以分离微通道截面尺寸越小越好。由于多边形截面微通道比圆形有更大的周长与截面积比，因而散热效果比圆形好[119]。同时，分离通道的截面尺寸增大，缓冲溶液的径向热梯度增大，将产生样品的区带增宽而使分离度下降。因此，从提高分离效率和分离度的角度考虑，采用较小尺寸多边形截面的分离微通道较好。

毛细管电泳只要有一个高压电源、一根毛细管、一个检测器和两个缓冲溶液瓶。毛细管的两端分别浸在含有电解质的储液槽中，管内充满同样的电解质，其中一端与检测器相连。当样品引入后施加电压，样品中各组分向检测器方向移动，如图 9-60 所示。毛细管内壁表面的双电层在电压作用下形成电渗流，使管内液体沿毛细管壁整体均匀移动，携带不同电性的分子向负极移动，中性分子也随着电渗流一起移动。毛细管电泳中，各组分向检测器方向移动，溶质的迁移时间为

$$t_{\mathrm{m}} = \frac{L_{\mathrm{t}}^{2}}{UV} \tag{9-32}$$

其中溶质总流速 $U=U_{\mathrm{e}}/U_{\mathrm{eo}}$ 为电泳速度 U_{e} 与电渗流速度 U_{eo} 的比值，V 是施加的电压，L_{t} 是试样从入口到检测器的有效电泳长度。在毛细管长度一定、某时刻电压相同的情况下，迁移时间决定于电泳速度 U_{e} 和电渗流速度 U_{eo}，而两者均随组分的不同荷质比而异，因此电泳可以实现基于荷质比差异的分离。

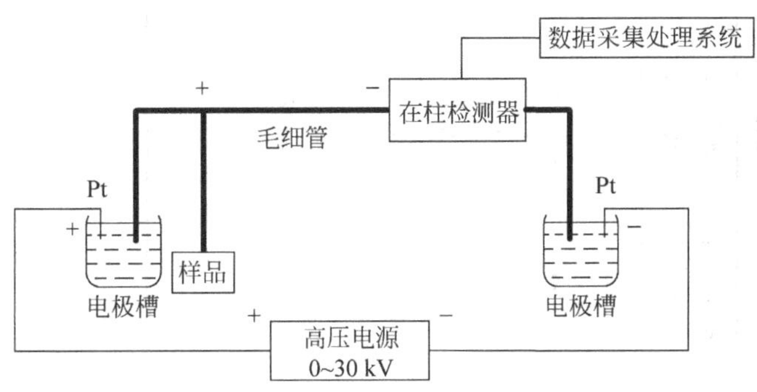

图 9-60　普通毛细管电泳示意图

毛细管区带电泳也称为自由溶液毛细管电泳，是毛细管电泳中最简单、应用最广泛的形式，可以采用多种材料制造，如表 9-6 所示。分离原理是基于分析物表面电荷密度的差异引起的离子电泳迁移率的差异，以不同的速度在电解质中移动实现分离。毛细管区带电泳一般采用磷酸盐或硼酸盐缓冲液，决定电泳速度和迁移时间的参数包括缓冲液浓度、pH 值、电场强度、温度、毛细管有效长度、电泳淌度。

毛细管电泳用于对带电物质分离分析，中性物质的淌度差为零，无法实现分离。毛细管电泳可检测多种样品，如血清、血浆、尿样、脑脊液、红细胞、体液、组织及其实验动物活体实验；且可分离分析多种组分，如核酸/核苷酸、蛋白质/多肽/氨基酸、糖类/糖蛋白、酶、药物、碱氨基酸、微量元素、小的生物活性分子等的快速分析，以及 DNA 序列分析和 DNA 合成中产物纯度测定等[120]。带正电荷的组份沿毛细管壁形成有机双层向负极移动，带负电荷的组分被分配至毛细管近中区域，在电场作用下向正极移动。与此同时，缓冲液的电渗流向负极移动，其作用超过电泳，最终导致带正电荷、中性电荷、负电荷的组份依次通过检测器。若不在电解质溶

表 9-6 电泳芯片常用材料

材料	稳定性	电渗流 $/10^{-4}cm^2/Vs$	介电常数 /kV/mm	分离电场 /V/cm	热导率 /W/mK	软化温度 /℃	透光率 波长/nm：%	热膨胀系数 $/10^{-6}/K$	成型	键合
硅	一般	—	11.7	—	157	—	—	2.6	较难	较难
玻璃	好	pH>9，9.5	3.7～16.5	2500	0.7～1.1	500～820	400～760：89～92	0.5～15	较难	较难
石英	好	5	—	—	1.4	>1000	—	0.4	难	难
有机玻璃	较好	1.2	18～20	>400	0.2	105	287～800：>92	70～90	易	较易
聚碳酸脂	较好	0.7	18～22	>600	0.19	145	400～760：86～90	50～70	易	较易
聚苯乙烯	较好	1.8	20～28	—	0.13	95	400～760：88～92	80	易	较易
聚丙烯	较好	—	20～30	—	0.2	150	400～800：40～70	60～100	易	较易
聚乙烯	较好	—	18～27	—	0.4	85～125	400～800：50～70	120～180	易	较易
硅橡胶	较好	1.0	16～20	1000	0.2	−120	400～800：>70	35	易	易

液中加入电渗流改性剂,电渗流的方向通常与阳离子的迁移方向相同,可直接分离金属阳离子。分离金属离子主要是利用毛细管电泳原理,并使其与特定络合剂作用进行检测,包括 Co^{2+}、Ni^{2+}、Cu^{2+}、Fe^{2+}、Fe^{3+}、Mn^{2+}、Al^{3+}、Cr^{3+}、Pb^{2+}、Zn^{2+}、Hg^{2+} 及 Cd^{2+} 的络合物,使用 540 nm 绿色发光二极管、荧光络合剂、米诺化学发光等进行检测[21,121]。

毛细管胶束电动色谱(MECC)[121]是在 CZE 基础上在缓冲液中加入离子型表面活性剂作为胶束剂,溶质在水相和胶束相中的分配系数不同,在电场作用下,溶液的电渗流和胶束的电泳使胶束和水相有不同的迁移速度,同时待分离物质在水相和胶束相中被多次分配,在电渗流和这种分配过程的双重作用下得以分离。MECC 是电泳技术与色谱法的结合,适合同时分离分析中性和带电的化合物,可用于氨基酸、肽类、小分子物质、手性物质、药物样品及体液样品的分析,并在金属分离中得到广泛应用。

图 9-61 所示为加拿大 Alberta 大学发明的典型的十字形毛细管电泳芯片,流体通过电渗流驱动,芯片可以完成进样和毛细管电泳分离。图 9-62 所示为改进的毛细管电泳芯片,分别由瑞士 Ciba-Geigy 制药公司和美国橡树岭国家实验室发明,前者利用不同的管道交叉位置可以实现不同量的进样,后者利用折线管道增加分离管道长度。折线管道可以在有限的范围内增加分离长度,但是折线会使试样峰值展宽。

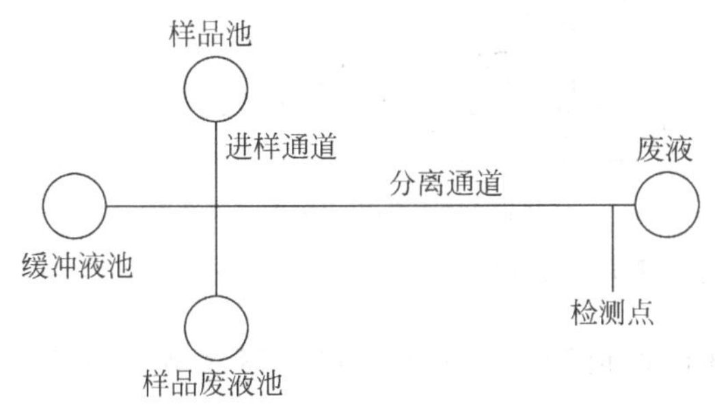

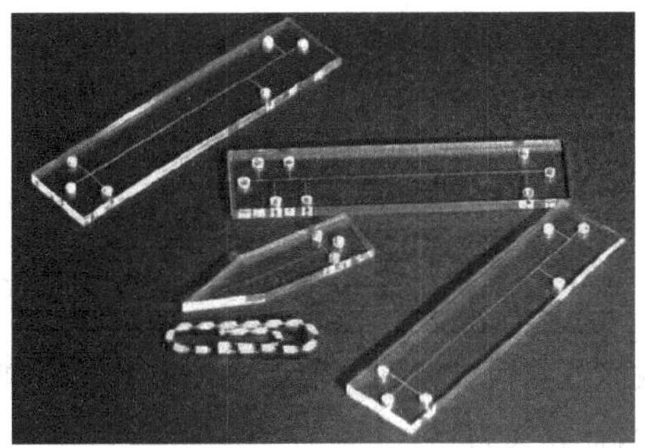

图 9-61　典型的电泳芯片

毛细管等速电泳(CITP)采用先导电解质和后继电解质,构成不连续缓冲体系,基于溶质的电泳淌度差异进行分离,常用于离子型物质(如有机酸),并因适用较大内径的毛细管,但空间分辨率较差。毛细管等电聚焦电泳(CIEF)用于具兼性离子的样品(蛋白质、肽类),等电点仅差 0.001 可分离的物质。毛细管凝胶电泳(CGE)依据大分子物质的分子量大小进行分离,主要用于蛋白质、核苷酸片段的分离。此外,还有毛细管电色谱(CEC)及非水毛细管电泳(CNACE),用于水溶性差的物质和水中难进行反应的分析。目前 CZE 和 MECC 用得较多。

微流体管道一般具有规则的截面形状,如矩形或梯形。在分离和混合等许多应用中,需要较长的管道或者复杂的蛇行管道,以便提高分离或者混合效率,并降低芯片总体尺寸。在分离微通道中,样品流动经过蛇形或折线形的弯曲位置后会产生附加的扩散,造成区带增宽,该现象称几何分散(或跑道效应,弯道效应)。在混合中,由于微流体的层流特点,需要增加弯曲数量以便降低扩散距离,实现更好的混合效果。跑道效应不仅降低了分离的理论塔板数,而且还抵消了长分离通道的优点。

产生弯道效应的原因有两个:微通道在弯曲处路程长度不同,因此位置不同的流体流经的长度不同,产生相对位置变化;在电压一定的情况下,短路程上的电场强度大,造成微通道

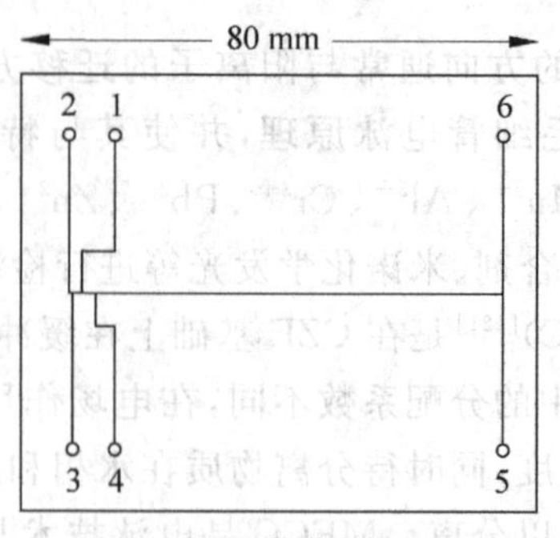

(a) 两种进样量

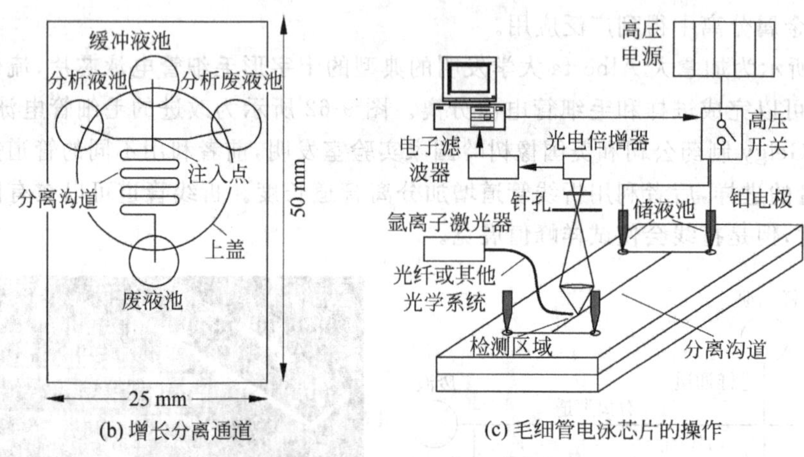

(b) 增长分离通道　　(c) 毛细管电泳芯片的操作

图 9-62　改进毛细管电泳芯片

横截面各点速度差别。两者的综合作用使弯曲微通道产生附加的样品区带展宽 σ，如图 9-63 所示，计算式为[122]

$$\sigma^2 = \frac{1}{24}\left\{2\theta w\left[1-\exp\left(-\frac{w^2 v_c r_c}{2D\theta\ (r_c + w/2)^2}\right)\right]\right\}^2 \tag{9-33}$$

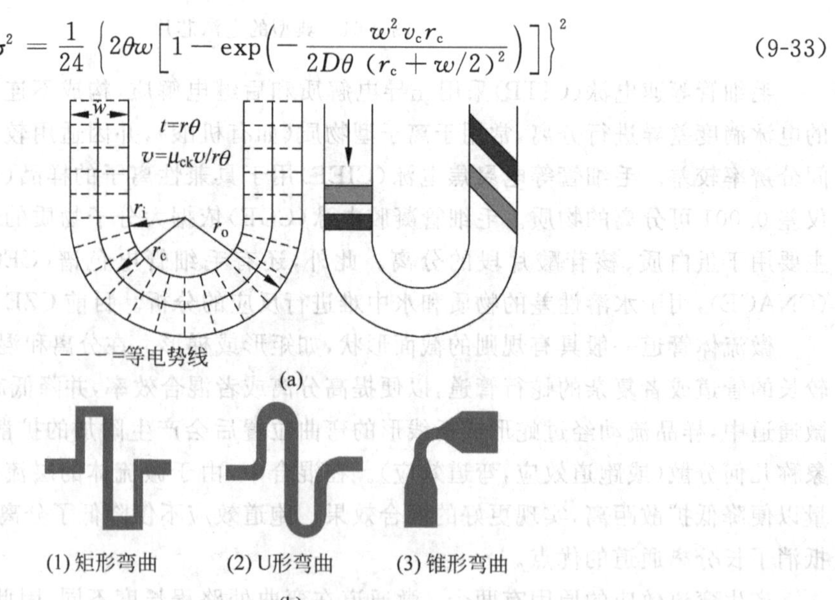

图 9-63　弯道效应和抑制方法

式中 θ 为从弯曲微通道起始到终止处的半径转角，w 为(弯曲)微通道的宽度，v_c 为样品进入弯曲前的速度，r_c 为弯曲微通道中心线的曲率半径，D 为样品的扩散系数。

由式(9-33)可知，减小弯曲处区带增宽的方法如图 9-69(b)所示，包括：(1)减小微通道的宽度 w，或微通道弯曲处紧缩[123]或采用锥形弯曲[124]，这是最有效的方法，但是在电泳分离时过窄的微通道可能产生较大的电场强度及焦耳热；(2)增大弯曲微通道的曲率半径 r_c，如选择 U 形弯曲而不选择矩形弯曲及做成螺旋形微通道[122]或波纹形微通道[125]，而锥形弯曲比 U 形弯曲具有更高的分离效率[123]；(3)两个成对且方向相反的弯曲；(4)减小缓冲溶液的粘度以减小迁移速度或增大扩散系数等。由于混合的要求与分离刚好相反，所有有利于分离的措施都不利于混合的。

在假设流体进入弯曲前具有均匀的流速以及弯曲产生的区带增宽远小于扩散产生的前提下，最小弯曲曲率半径为[126]

$$r_{\min} \geqslant \frac{P_e + 5L^*}{10\theta}\left[\sqrt{1+\frac{20P_e(5\theta^2 P_e - 3L^*)}{3(P_e + 5L^*)^2}} - 1\right] \tag{9-34}$$

式中 $P_e = v_c\omega/D$，$L^* = L_d/\omega$ 为归一化的简单微通道直段长度，L_d 是折线管道中直线部分的长度，θ 为弯道的角度。如果弯曲部分的曲率半径大于 $r_{\min}$，则由于弯曲产生的区带增宽远小于扩散产生的区带增宽，因此在分离中可以忽略。相反，在混合中为了尽量增加混合效果，需要曲率半径小于 $r_{\min}$。最小曲率半径 $r_{\min}$ 随着 P_e 的增大而增大，对于 DNA 等大分子，P_e 一般在几百到数千，此时应取较大的曲率半径；对于小分子，P_e 一般在几十到数百，此时可取较小的曲率半径。最小曲率半径 $r_{\min}$ 随 L_d 的增大而减小，例如当 $\theta=\pi$，$P_e=500$，$L_d=10$ mm 时，$r_{\min}$ 约为 10 mm。即此时如果弯曲微通道的曲率半径大于等于 10 mm，则由弯曲产生的区带增宽与扩散产生的区带增宽相比较小，可以忽略。

对于直分离微通道，在保证分离度和分离效率的情况下，可由下式估算有效分离通道长 L[127]：

$$L \geqslant nH \tag{9-35}$$

式中 N 为电泳理论塔板数，H 为电泳理论塔板高。

进样微通道长及进样宽度，上进样通道与下进样通道中心的距离称进样宽度 T_d。由于双 T 形进样结构具有进样量易于控制，进样量准确及可有效地减小进样歧视等优点，大大改善了电泳芯片的分离效果。双 T 形进样宽度 T_d 一般为 100～250 μm，样量一般在 0.1～0.5 nL，比普通电泳仪的进样量小 10～20 倍。T_d 与电泳分离度和检测信号强度有关[128]。T_d 增大则进样量增大，相应的检测信号增强，但分离度下降，所以 T_d 应根据对分离度和检测信号强度的要求选取。当样品电导率与背景介质电导率基本相同时，在保证分离度的条件下，进样宽 T_d 可由下式估算

$$T_d < \frac{(\mu_a - \mu_b)}{\mu_b}L \tag{9-36}$$

其中 μ_a 和 μ_b 分别为两种分离试样的有效淌度。进样微通道长度没有特殊要求一般均取得较短。

集成毛细管电泳是在玻璃、石英、硅片或塑料由微流体通道组成毛细管电泳柱、进样系统和检测器，实现样品进样、反应、分离、检测等功能，具有多功能、快速、高通量和低消耗等特点[129]。简单的毛细管电泳芯片如图 9-61 所示，采用 PMMA 热压制造。毛细管芯片上微流体

通道的直径一般为25～100 μm,需要的分析试样很少。芯片包括水平的分离微通道和垂直的进样微通道,分别连接样品池、样品废液池、缓冲液池和废液池,这些液池都连接有电极。进行电泳分析时,首先在样品池和样品废液池之间施加电压,样品池中的样品在电渗流的作用下向样品废液池流动,当样品经过微通道的十字交叉时,将电压切换到缓冲液池和废液池,利用电渗流将位于十字交叉处的样品驱动沿着分离通道向废液池输运。最后在样品流经检测点时可以利用荧光、电化学或质谱等方法检测,其中前二者可以实现芯片集成。

为了提高分离效率和实现高通量,出现了多通道的毛细管电泳芯片,即在一个芯片上制造多个毛细管,从而对多种分离同时操作,例如塔形的12通道毛细管[130]、网格状的96通道毛细管[131]、圆形的96通道[132],以及384通道毛细管[133]等,图9-64所示分别为12、96和384通道毛细管电泳芯片。12个通道及2个用于光学校准的通道分布在50 mm×75 mm的玻璃芯片上,分离通道长60 mm,间距90 μm,可以在160 s内并行分析12种不同的样品。48通道的玻璃电泳芯片包括96个样品池,每2个样品池共用1个分离通道,4个样品池共用1个废液池,将储液池减少到127个。由于在每一个分离通道内可以连续分离2种不同的样品,芯片能够在8 min内分离96种样品。具有96通道电泳芯片96个通道呈辐射状分布在直径10 cm的芯片上,通过折线型通道,分离长度可达160 mm,适合分离DNA长链结构。

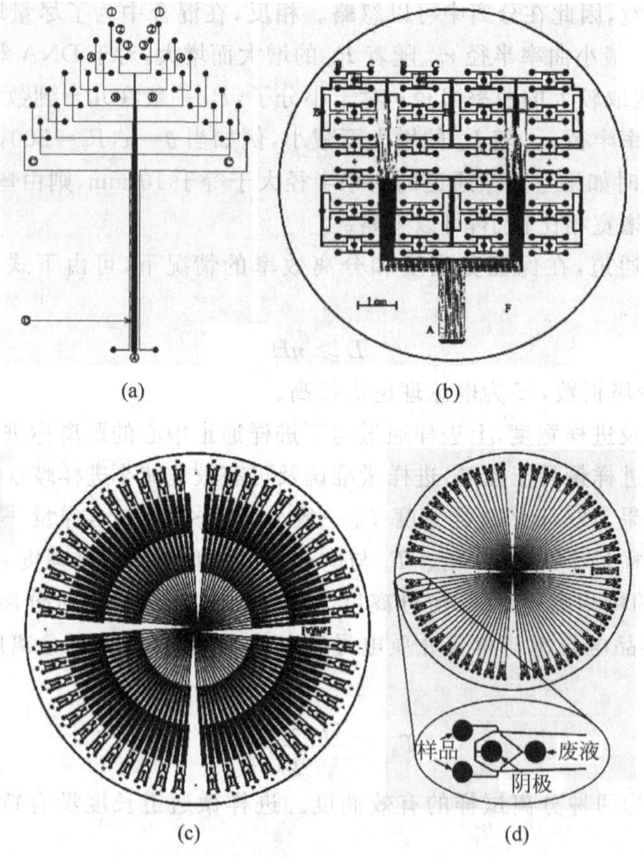

(a)　(b)　(c)　(d)

图9-64　多通道毛细管电泳芯片

通道形状对样品带扩散有显著的影响[134],分离通道中的拐弯会降低分离效果,采用成对的U形拐弯可以减小对分离效果的影响。为了同时分析大量样品,需要片上多分离通道[130]。

多分离通道受到基片尺寸、分离通道长度、检测方法等限制，并且所有通道需要具有相似的几何形状，而且从阳极到阴极和从注样区到检测区有相等的距离。微流控芯片较小的注样塞、较短的分离通道使快速分离成为可能，避免了因扩散而引起的明显的峰展宽。如果选择性一定，并且除扩散以外的其他因素对峰展宽的影响可以忽略时，由于分离度与分离路径的平方根成正比，因而可以使用较短的分离通道[135]。分离通道的长度决定着完全分离所能够允许的样品塞的最大长度。当样品带的电导等于背景电解质时，完全分离化合物 A 和 B 所需通道长度 $L_{t\min}$ 为

$$L_{t\min} = L_s\mu_B/(\mu_A - \mu_B) \tag{9-37}$$

其中 L_s 是样品塞长度，μ_A 和 μ_B 是化合物 A 和 B 的迁移速率。为了在一定长度分离通道中获得满意的分离效果，样品塞长度不能超过 L_s。分离通道的长度是一个很关键的参数，它基本上决定了电动分离的分离效率和分离能力，特别是在使用的电场强度受到限制的情况下。在有限的区域内增加分离通道长度的最简便的方法就是把直通道变为弯曲的通道，然而在弯曲点附近，迁移的样品因拐弯内侧和外侧的迁移距离不同而发生扩散，使带展宽，带展宽取决于通道的几何形状和所分析化合物的扩散系数，可以用横向扩散时间与纵向迁移时间比例的一维模型描述由拐弯引起的扩散的程度。在 5 mm 长的通道上设计两个直角拐角没有引起明显的区带展宽，可以在不超过 1 cm^2 的区域刻制出 50 cm 长的弯曲毛细管通道。

图 9-65 所示为利用电动力驱动和 T 接头控制细胞运动的器件[17]。器件为玻璃，流体通道采用微加工技术制造，深度为 15 μm 或 30 μm，盖玻片上带有钻好的孔作为液体出入通道，与基底键合作为密封结构。图中两个流体通道系统为双 T 形结构，能够形成不同形状的流体柱。在不同的储液池之间施加电压，可以控制流体在流体通道相交处按照预先设计的方向运动。输运的细胞为 5 μm 直径的圆形面包酵母菌、长度为 2 μm 的大肠杆菌和直径 8 μm、厚度 2 μm 的红细胞，这些细胞带负电，因此可以在电场作用下依靠电泳向阳极迁移。在未镀电极的玻璃芯片上，溶剂因为电渗流的速度大于细胞电泳的速度，因此细胞的净速度在接近生物体 pH 的情况下是朝向阴极的。

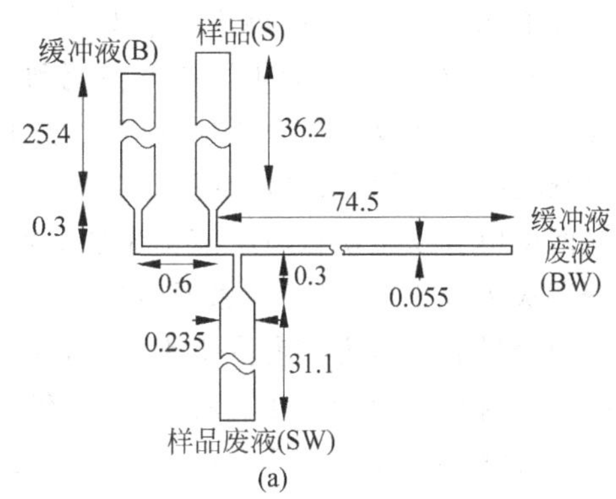

(a)

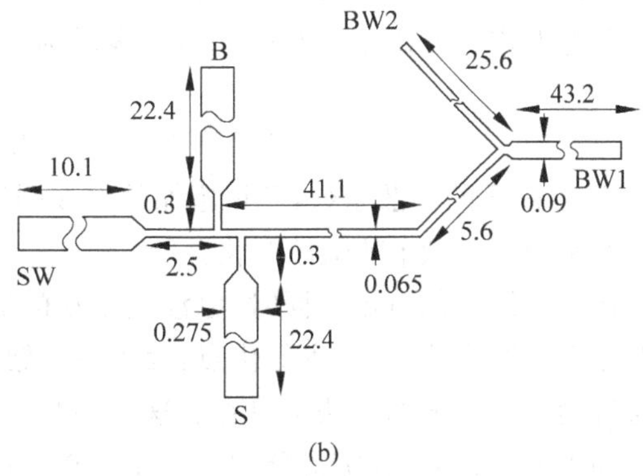

(b)

图 9-65　电动力驱动和 T 形接头控制细胞运动的器件

由于电渗流沿着电力线的方向，在试样和试样废弃物池之间施加电场，可以使细胞越过双 T 接头处的死角，形成沿着主流体通道的液柱。如图 9-66(a)所示，在 100 V 电场的作用下(双 T 接头区域为 60 V/cm)，酵母菌细胞以 0.18～0.2 mm/s 的速度从上向下运动。当在稳定状态下在双 T 交叉点处形成细胞液柱后，将电压施加在缓冲液池和缓冲液废弃物池之间，可以将细胞液柱注入到主流体通道中。图 9-66(b)所示为 6 个细胞

按照此操作方法的运动照片。图 9-66(c)为大肠杆菌在 Y 形接头的细胞控制照片，将负极分别接在 Y 形接头的不同分支上(水平分支接地)，另一个分支悬空，可以控制接头中细胞沿着不同分支流动。

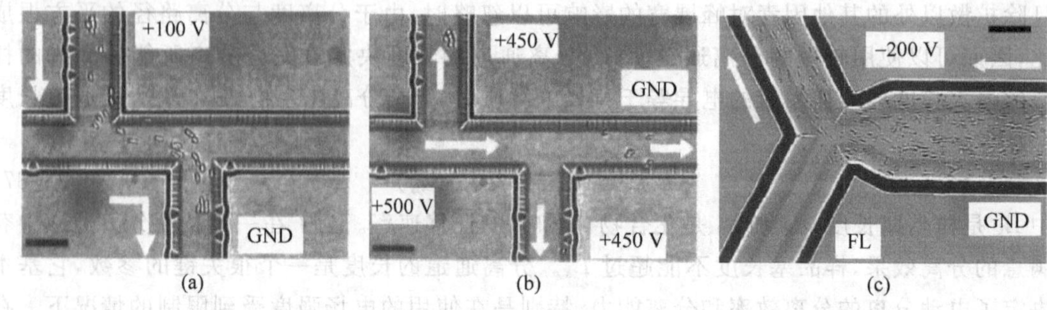

图 9-66 细胞流动

等电聚焦(Isoelectric Focusing，IEF)电泳也依赖于电场驱动带电粒子，但是是根据两性物质等电点的不同而进行分离的，等电点定义为粒子没有净电荷时的 pH 值。为了实现等电聚焦，向凝胶中加入两性电解质，在两个电极之间建立起 pH 值的梯度，并使酸性区域(pH<7)靠近阳极，碱性区域(pH>7)靠近阴极。等电聚焦的分离原理是两性物质在电泳过程中会被集中在与其等电点相等的 pH 区域内，从而得到分离，等电聚焦电泳是分离两性物质如蛋白质的理想方法。在实现(毛细管)IEF 时，将微通道充满含有蛋白质/缩氨酸等被分离物以及两性电介质的溶液，微通道的两端分别浸入酸性缓冲液(阳极电解液)和碱性缓冲液(阴极电解液)中，当施加外电场时，微通道中形成了 pH 梯度，被分离物分子向 pH 值等于它们等电点的位置迁移，并失去净电荷。通常聚焦区域需要流动，以进行检测。

使聚焦区域流动可以有不同的方法，如化学流动和流体动力学流动。实现化学流动的方法是，用碱性溶液替代两性电介质(阳极驱动)，或者用酸性溶液替代阴极电解液(阴极驱动)，以及向两性电介质或阴极电解液中添加两性离子。在阴极驱动中，开始聚集在等电点的被分离物分子被施以正电荷，向着微通道的阴极迁移，在通道末端可以进行检测。流体动力流动可以通过向管道施加压力或者真空来实现，在这个过程中需要保持电场。流体动力驱动是唯一能保持持续流速的驱动方法，因此可以提供保留时间与被分离物等电点之间的线性关系。但是这两种方法都需要在微通道或毛细管中镀膜，以减少被分离蛋白质在管道上的吸附，这会增加微流体系统的制造难度和成本。

等电聚焦的分辨率 $\Delta(pl)_{\min}$ 可以表示为[136]

$$\Delta(pl)_{\min}=3\sqrt{\frac{D}{E}\left[\frac{\mathrm{dpH}}{\mathrm{d}x}\Big/\left(-\frac{\mathrm{d}\mu}{\mathrm{dpH}}\right)\right]} \tag{9-38}$$

其中 D 为粒子的扩散系数，E 是施加的电场强度，$\mathrm{dpH}/\mathrm{d}x$ 表示 pH 值的梯度，$\mathrm{d}\mu/\mathrm{dpH}$ 为蛋白质迁移率随着溶液 pH 值的变化。

在对流体施加电场的同时，电渗流驱动的流动会同时发生，即使使用其他的流动方式。因为电渗流具有高速、低成本等优点，为了克服镀膜微通道或镀膜毛细管带来的复杂性，利用聚焦与流动一步完成的方法可以克服这个困难[137]。该方法在碱石灰玻璃上用光刻和各向同性刻蚀加工的毛细管，长宽深分别为 7 cm、200 μm 和 10 μm，Cy5 标记的缩氨酸可以在 30 s 内完成聚焦，最高分析通量可达 30～40。

IEF 可以在玻璃[137]和高聚物[69,138]基底上实现。等电聚焦可以用来处理多种生物试样[136]，特别是处理蛋白质和缩氨酸，如牛血红素蛋白和牛血清蛋白。IEF 分离蛋白质不仅可以达到很高的分辨率(0.005 pH 单位)，而且可以实现低密度的分离[136]。

3. 色谱法

色谱法(Chromatography)又称层析法，它利用各物质在两相中具有不同的分配系数，当两相作相对运动时，这些物质在两相中进行多次反复分配实现分离。色谱法的基本特点是需要两个相：固定相和流动相。当携带样品混合物的流动相流过固定不动的固定相时，与固定相发生作用，由于各组分在性质和结构上的差异，以及与固定相相互作用的类型、强弱的不同，因此在相同推动力的作用下，不同组分在固定相中滞留的时间长短不同，从而从固定相中流出的顺序也不同，使不同组分得到分离。这些组分按顺序进入检测器，产生色谱峰信号，根据出峰位置可以确定组分，峰面积可以确定浓度。

高效液相色谱(HPLC)是以液体作为流动相，并采用颗粒极细的高效固定相的柱色谱分离技术。它是在传统液相色谱的基础上，辅以高效固定相、高压泵和高灵敏度检测器及计算机技术，实现液相色谱分析的高效、高速、高灵敏和自动化。它对样品的适用性广，不受分析对象挥发性和热稳定性的限制，适于分离分析沸点高、热稳定性差、分子量大的许多有机物和一些无机物。但是 HPLC 的固定相的分离效率、检测器的检测范围、灵敏度以及对于气体和易挥发物质的分析方面目前还不如固相色谱。色谱除了直接分离分析蛋白外，常与质谱联用，为蛋白质组的分离、分析和鉴定提供有力的工具。

色谱柱的柱效率可以用理论塔板数 n 表示

$$n = R\left(\frac{t_R}{W_{1/2}}\right)^2 \tag{9-39}$$

其中 R 是正态分布常数，介于 $2.8\sigma \sim 3\sigma$ 之间，一般取 5.54，t_R 为分离峰的保留时间，$W_{1/2}$ 是半峰宽度。测定理论塔板数 n 是在一定的色谱条件下(即一定的色谱柱，一定的柱温、流速下)注入某一测试样品，记录色谱图，测定色谱峰的半高峰宽(或峰宽)和进样点到色谱峰极大点的距离，二者的单位要一致。出峰时间短，半峰宽度小，灵敏度就高。

描述混合物综合分离能力的指标称为分离度，又称作分辨率，定义为 2 倍的峰顶距离除以两峰宽之和：

$$R = \frac{2(t_{r2} - t_{r1})}{W_1 + W_2} \tag{9-40}$$

当 $R=1$ 时，两峰的面积有 5% 的重叠，即两峰分开的程度为 95%。当 $R=1.5$ 时，分离程度可达到 99.7%，可视为达到基线分离。

毛细管电色谱是高效液相色谱和毛细管电泳的结合，采用电渗流推动流动相，不仅克服了高效液相色谱中用压力驱动流体流速不均匀引起的峰扩展，而且柱内无压降，使峰扩展只与溶质扩散系数有关，因而使毛细管电色谱的理论塔板数远远高于高效液相色谱；同时，由于引入了高效液相色谱的固定相，使毛细管电色谱具备了高效液相色谱固定相所具有的高选择性，使它不仅能分离带电物质，也能分离中性化合物。

毛细管电泳和高效液相色谱同是液相分离技术，在很大程度上可以互为补充，但是无论从效率、速度、样品用量和成本来说，毛细管电泳都更具有一定优势，因此色谱法在 LOC 中的应用远没有毛细管电泳广泛。毛细管电泳的柱效更高、速度更快，同时它几乎不消耗溶剂，而样品用量仅为HPLC几百分之一。HPCE没有泵输运系统,因此成本相对要低,通过改变操作模式和缓冲液的成分,毛细管电泳有很大的选择性,可以根据不同的分子性质(如大小、电荷数、手征性、疏水性等)对极广泛的对象进行有效的分离。相比之下,为达到类似目的,HPLC要消耗许多价格昂贵的柱子和溶剂。

芯片上实现的色谱法一般采用开管[139]或者胶束相[94],寻找合适的固定相材料是电色谱芯片的重要发展方向,以便产生分离固定相、抑制电渗流、提高选择性。这些材料主要是连续的聚合物,如聚丙烯酰胺、甲基丙烯酸酯、苯乙烯-二乙烯基苯类聚合物,以及硅酸盐等。这些材料需要在微管道内通过加热或者光照等方法将单体转变为聚合。实现固定相的另一种方法是微加工的结构,如图9-67所示[140]。组成固定相的是并列单体支承结构(COMOSS),是由刻蚀实现的尺寸为5 μm×5 μm、高10 μm的矩形柱体,间隙为宽1.5 μm、深10 μm的缝隙,流动相从间隙过滤。

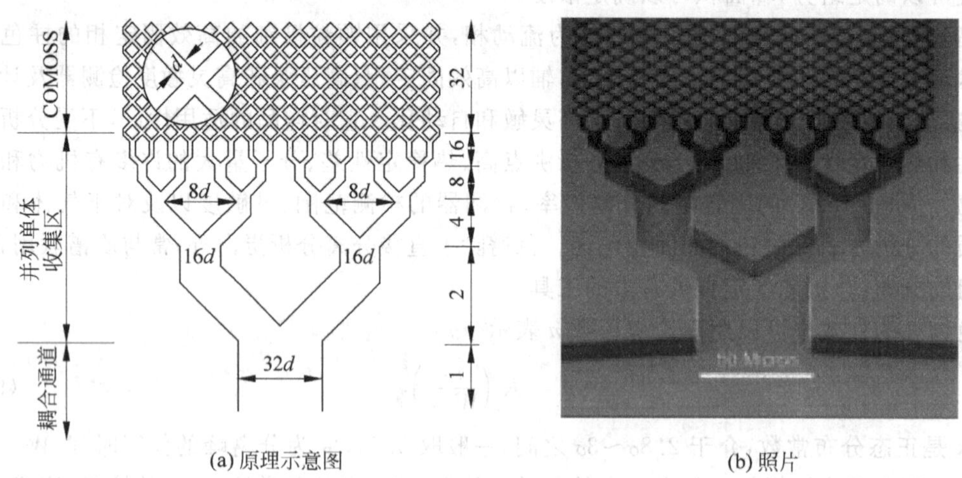

(a) 原理示意图 (b) 照片

图9-67 输入分流器

4. DNA分离

将DNA片段从限制性内切酶中分离出来是分子生物学研究中的重要过程。基于DNA尺度进行分离的DNA芯片分离技术需要在微通道中填充筛分基质,因此基于芯片的DNA分离系统与传统的凝胶电泳几乎一样,并具有更高的分辨能力和更快的速度。然而,随着微通道尺度的降低,向微通道中输入粘性的筛分基质比较困难。当微加工器件的尺寸与分子扩散长度相仿时,渐进增加的布朗运动可以用来分离不同扩散系数的分子;当微结构尺寸与分子尺寸相仿或者更小时,熵开始决定分子和器件之间的相互作用[141]。目前芯片DNA分离系统的方法包括:熵捕获[141,142],微加工的非对称阻挡物阵列[143,144],以及微米和纳米微柱阵列[145]等。

熵捕获的方法如图9-68(a)所示[141,142],这种熵捕获通过限制微通道中DNA分子的迁移率,使迁移率与DNA的长度相关,大尺寸的DNA具有更大的迁移率。微加工制造的微通道中交替出现深浅区域,深区域作为分子筛,其通道深度大于DNA分子的螺旋半径,DNA分子可以形成球形平衡形状;在浅区域,因为DNA分子半径远大于浅区的深度,经过浅区入口处的DNA分子被截获。如果DNA分子要通过浅区,必须经过变形。当电泳输运的DNA分子交替经过深区和浅区时，DNA 分子的形态会周期性改变，这种周期性的形态改变消耗熵自由能。当 DNA 分子被暂时截获在浅区的入口处时，DNA 分子逃离截获时只有与浅区狭缝相接触的部分起到决定性作用。长 DNA 分子与浅区接触面积大，具有更大的逃离努力频率，单位时间内逃离的概率更大，因此大分子被截获时间较短，整体迁移率较高。图 9-68(a)中(1)和图(2)所示分别为微通道剖面图和俯视图，被截获的 DNA 分子逃脱的概率正比于 DNA 分子在浅区入口处占据狭缝的宽度(图中 w_a 和 w_b)，大分子由于覆盖了更宽的狭缝，因此逃脱的概率更大；图 9-68(a)中(3)为系统结构。

图 9-68(b)所示的微通道在浅区的深度为 90 nm，在深区的深度为 2.7 μm，深浅区域交替的周期为 10 μm，DNA 储液池的浓度为 0.3μg/ml。图 9-68(b)中(1)为 T2(164 kbp，千碱基对)和 T7(37.9kbp)的 DNA 混合物在第一个熵屏障处的荧光照片，DNA 分子通过施加 7.7 V/cm 的电压收集；图 9-68(b)中(2)为 DNA 带在施加 35.6 V/cm 的电压后立即开始迁移；图 9-68(b)中(3)为启动和数据分析的示意图，DNA 到达微通道的另一端通过检测。

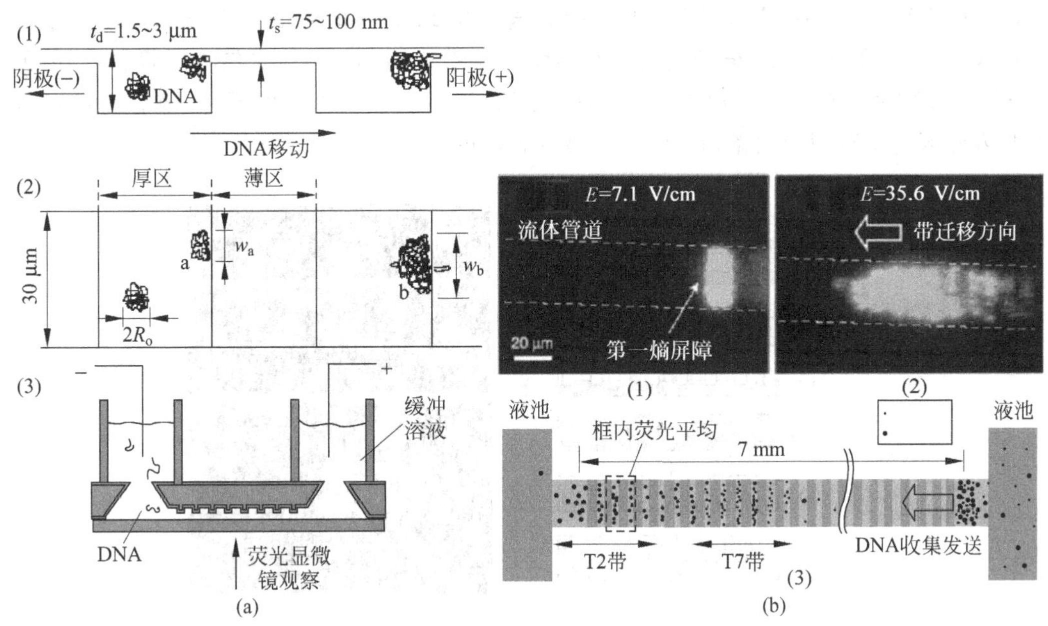

图 9-68　熵捕获和分离示意图

图 9-69 所示为熵回缩技术分离长 DNA 分子的纳流体器件，可以实现对不同长度的分子进行分离[141]。其分离的基本原理是：在收集阶段，施加一个低电压(电场)使各种不同长度的分子聚集在纳米柱区域交界处；在驱动阶段，施加一个方波临界电压，电压将短分子整个拖进纳米柱区域，而长分子只有一部分长度能够进入柱型区域；在回缩阶段，施加一个小于收集阶段的电压，那些骑跨在柱区边界的大分子被从柱区彻底拉出来，而那些已经完全进入柱区的短分子的质心却没有位移，因此仍旧位于柱区内。驱动时间可以逐渐增加，以使需要通过的长分子能够逐渐通过。

加工采用电子束光刻与牺牲层技术相结合，如图 9-70 所示。(1)沉积氮化硅支撑层和多晶硅牺牲层；(2)涂光刻胶，电子束光刻；(3)用 RIE 刻蚀牺牲层多晶硅，并适量刻蚀支撑层的氮化硅，使用光刻胶作为掩膜层；(4)在牺牲层多晶硅上再沉积氮化硅，刻蚀牺牲层释放孔；

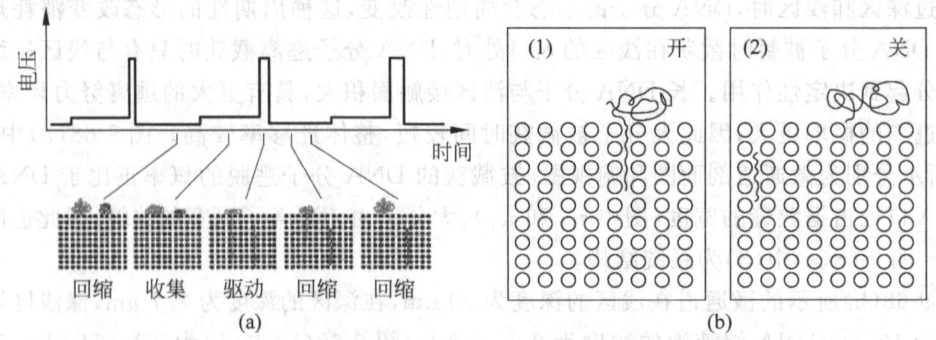

图 9-69 熵回缩分离长 DNA 分子的纳流体器件原理

(5)使用 TMAH 释放牺牲层的多晶硅;(6)沉积低温 SiO_2,使其将释放孔重新密封。图 9-70(b)所示为分离结果的荧光照片。分离的 DNA 为大肠杆菌噬菌体 DNA 的 T7 分子(39 kbp)和 T2 分子(167 kbp)的混合物。驱动电压为 2 s 持续时间的 5 V/cm 时 T7 分子可以完全进入柱区,而更长的 T2 分子则骑跨在界面上。图 9-70(b)(1)为聚集阶段后照片,白色代表 DAN 混合物聚集在微柱区边界;图 9-70(b)(2)为驱动和反弹后的照片,部分白色点区域为被吸入柱区的 T2,而上面条白点线型为被反弹回的 T2。

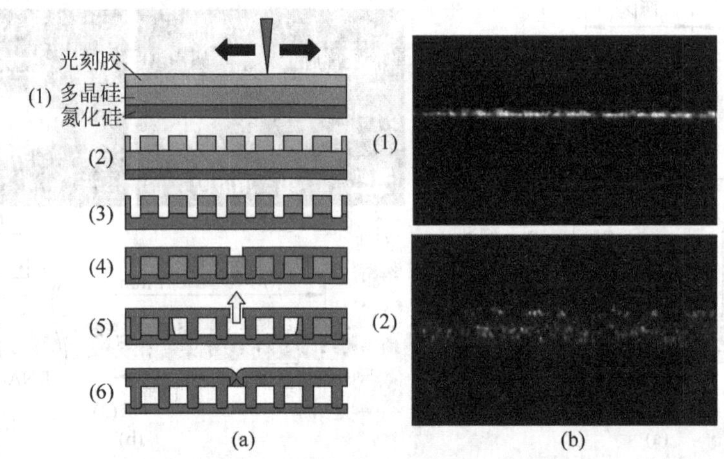

图 9-70 熵回缩分离器件的制造和荧光照片

图 9-71(a)所示为一种根据 DNA 尺寸进行分离的方法,这种方法和下面依靠布朗运动的差别进行分离的方法称为布朗棘齿法,这种方法不仅可以传输 DNA,还可以用来根据 DNA 的尺寸进行分离[146]。(1)当施加电场时,所有带负电的粒子都被吸附到正电极上;(2)当电场被撤销时,粒子开始布朗运动,沿着随机方向离开电极,尺寸小的粒子扩散系数大,因此同样的时间其平均扩散距离大于尺寸大的粒子;(3)当一定时间后再施加电场时,有些小粒子向右迁移的距离已经大于电极间距 r,即已经达到了相邻的负电极的右侧,因此电场接通后这些粒子会被吸附到与该负电极相邻的右侧的正电极上,而那些大粒子又被吸附到原正电极,形成了部分分离。重复这个过程,可以使更多的粒子进行分离;(4)为电场的时序示意图。图 9-71(b)给出了理论模型的说明图。

通过微加工技术实现的微型器件可以加速分离速度和简化分离过程。然而,当通过流体

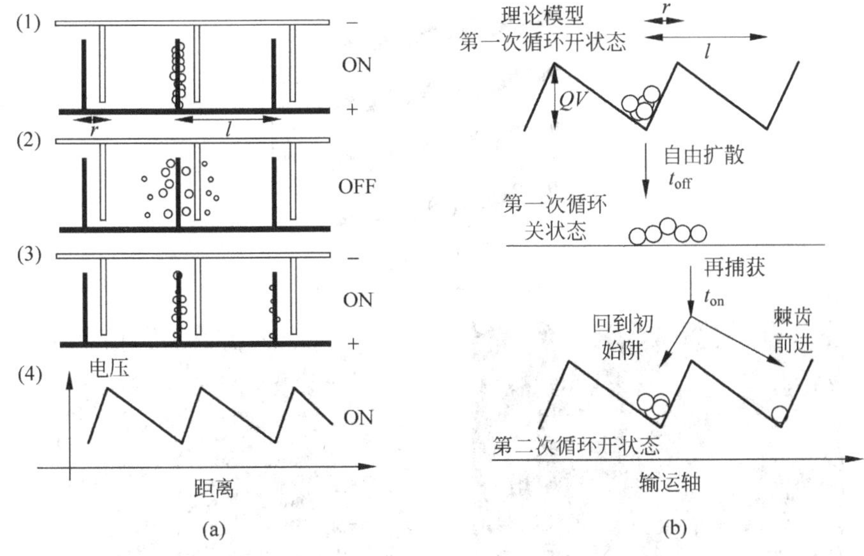

图 9-71 布朗棘齿分离法：理论模型

或者外加电场使 DNA 产生运动时，光滑通道中各种不同尺寸的 DNA 的迁移速度相同，这给分离带来了很大的困难。传统的分离方法使用筛选介质如凝胶或者聚合物溶液来改变 DNA 的迁移率。当 DNA 分子迁移的同时会产生扩散，而扩散速率是和分子尺寸相关的[143]。因此，利用规则的非对称的阻挡物改变分子的布朗运动，使不同尺寸的分子以不同的运动轨迹通过器件。

图 9-72(a)和(b)所示的规则阻挡结构的 DNA 分离器件，阻挡结构的尺寸为 6 μm×1.5 μm。由于 DNA 分子在电场作用下向下方的运动速度相同，而横向扩散的速度不同，通过阻挡结构的放大，小分子扩散经过的横向距离更远，因此在不同位置收集到的 DNA 尺寸不同。图 9-72(c)所示为 15 kbp 和 35 kbp 的 DNA 分子在 1.4 V/cm 的垂直电场作用下通过 14 层阻挡物结构时的轨迹。这种方法可以持续进行分离，从一个进口引入的多种分子的混合物，在经过电场后被输运到不同的位置。如果在分离过程中不使用粘性筛选介质，这种方法可以提高自动化程度。另外，还可以用于蛋白质、胶体微粒、细胞等，只需要调整阻挡物的尺寸、流动速度和溶剂。器件采用表面加工工艺制造。

微米尺度的微柱可以分离几百个碱基对的 DNA 大分子，纳米尺度的微柱可以在更短的时间内分离小分子，同时只需要使用 DC 电场。图 9-73 是采用电子束光刻和刻蚀相结合在石英基底上加工的直径在纳米尺度的高深宽比微柱阵列，用作大于几千 kbp 的大 DNA 片段的筛选基质。微柱的直径为(200～500 nm)、高度为(500～5000 nm)，间距是根据需要筛选的 DNA 片段优化，以便能够分离 1～38 kbp 的 DNA 片段与两种大的 DNA 片段：λDNA(48.5 kbp)和 T4 DNA(165.6 kbp)。传统的凝胶电泳和毛细管电泳分离这种混合物是比较困难的。

磁性自组装基质是一种分离长链 DNA 的方法[147]，基本工作原理如图 9-74 所示。在微流体通道内形成磁性自组装微柱阵列，如Fe_2O_3，这些微柱对带有 DNA 的流体具有阻碍作用，使短链 DNA 比长链 DNA 的迁移速度快，因此可以用来分离 DNA 分子。器件的基本制造过程是用 PDMS 制造微流体器件，然后让带有磁性粒子(直径在几十至几百纳米)的乳液流经微通道，停止通入流体后在基底下方施加大约 10 mT 的磁场，磁性粒子自组织为准六角形柱体。微

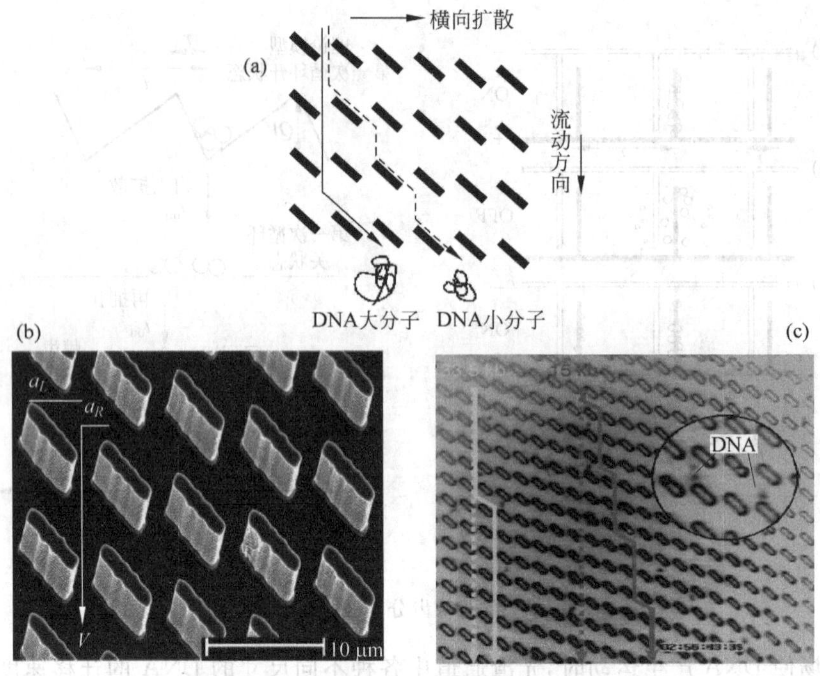

图 9-72 阻挡层分离

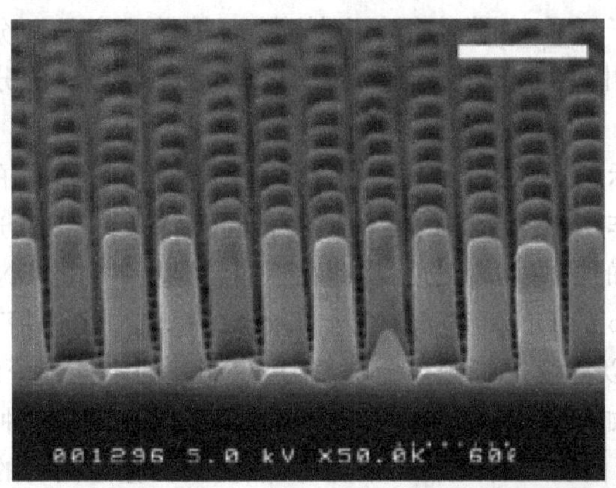

(a) 微柱阵列

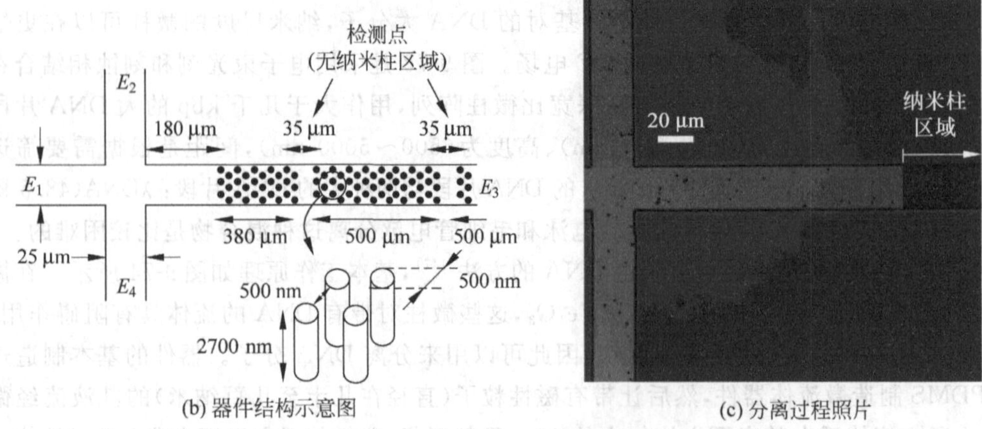

(b) 器件结构示意图

(c) 分离过程照片

图 9-73 纳米柱 DNA 分离器件

柱的间距和孔径可以通过调整磁性粒子的浓度和流体通道上下侧壁的距离来控制。这种方法分离效果较好，能够在 30 min 内过滤 λDNA，分辨率长度值达到或优于熵捕获法。控制孔径在 1～100 μm 之间变化，适合于很宽范围的 DNA 分子分离。这种方法的好处是不需要在流体通道内光刻就可以实现纳米尺度的微柱，大大简化了器件的制造过程。

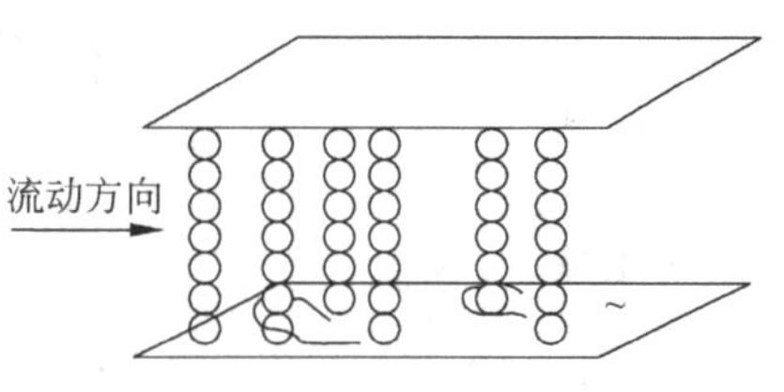

图 9-74 磁性自组装基质分离长链 DNA

5. 细胞分离

人体血细胞包括红细胞、白细胞和血小板。这 3 种细胞都来自骨髓内的同一个前体细胞(或前驱细胞)，称为造血干细胞。红细胞是循环系统最基础的组成成分，尺寸大概为 7.8 μm，形状类似两面凹的盘子，浓度约为 5×10^{12}/L，约占 45%的血液体积。白细胞与免疫系统一起完成免疫功能，浓度只有红细胞的千分之一。白细胞一般可以分为 3 种：粒性白细胞、单核白细胞和淋巴细胞。粒性白细胞直径为 12～15 μm，浓度约为 5×10^{9}/L，是白细胞的主体；单核白细胞的浓度约为 4×10^{8}/L，直径为 15～18 μm；淋巴细胞的浓度为 3×10^{9}/L，比红细胞稍大。血小板的浓度为 $3\sim4\times10^{11}$/L，主要防止血液凝固。

细胞分离可以根据细胞的机械性能、介电特性，以及与附着不同标记的特定抗体相结合等特性实现[148]。荧光激活细胞筛选提供能够从组织或者细胞悬液中隔离并分离相同的细胞。将样品中特定的细胞标记抗体和荧光染色剂，细胞被精细的流体以单个队列的形式运送经过检测激光束，根据检测的荧光产生 1 个带有正电荷或者负电荷的液滴，包围每个细胞。最后液滴在强电场的作用下运动到指定的收集位置，完成对标记细胞和未标记细胞的分离和收集。同样利用强磁场对带电粒子的作用，也可以实现上述的分离与收集。用微型磁珠取代带电液体特异性地标记细胞，可以实现细胞磁性活化细胞分离。让结合磁珠的细胞混合物通过位于磁场中的分选柱，分选柱中的基质形成高梯度磁场，被磁性标记的细胞滞留在柱内，未被标记的细胞则流出。当去除磁场后，滞留柱内的磁性标记细胞就可以被洗脱出来，从而将标记和未标记的细胞分离。除了用于细胞分离，磁性分离技术还可用于 DNA、RNA 和蛋白质等生物分子的分离过程。磁珠的直径约 50 nm，表面涂着的多聚糖能提供与抗体附着的功能基团。由于磁珠远小于白细胞，因此它们附着到白细胞上对白细胞的功能和活性等几乎没有任何影响。

利用磁性金属线产生的磁场梯度也可以分离细胞[149]。当结合有抗体和磁珠的细胞在流体动力驱动下流经磁线时，细胞在较大的磁场梯度和流动动力的共同作用下产生新的合成运动方向，图 9-75(a)所示。图 9-75(b)为芯片结构示意图，包括进液口、出液口、微通道、反应室等。磁线与进液口夹角 45°，宽 10 μm、厚 0.2 μm、间距 25 μm。首先用光刻形成上述器件的图形，刻蚀图形形成 16 μm 深的结构；然后光刻磁线的图形，沉积金属 Co-Cr-Ta 合金薄膜并剥离形成磁线；最后沉积 1 层 0.2 μm 的 SiO_2作为保护层。在场强为 0.0045 T 时，磁场梯度达到 1300 T/m，每个在磁线以上 4 μm 的磁珠可以受到 1.5×10^{-13} N 的水平作用力。由于磁珠远远小于细胞，因此一个细胞上可能附着有上千个磁珠，使水平力大幅度增加。图 9-75(c)为进入中部反应室的微通道和磁线照片，磁线与进液流体呈 45°角，中间的圆点为放置盖玻片塌陷的支承柱。这种方法的优点是可以完全在一个芯片上实现，并且可以进行二维分离。

多种生物颗粒，如细胞、细菌、蛋白以及 DNA 等都可以被极化，并且极化特性和本身的生

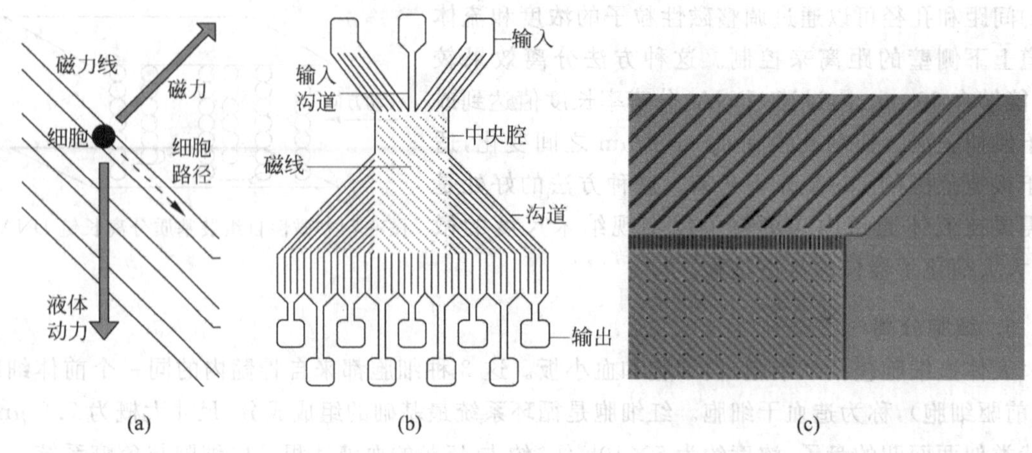

图 9-75　磁性金属线细胞分离

物化学性质有密切的关系，因此 DEP 力与生物颗粒有关，不仅可以驱动粒子运动，还可以用作分离。由于 DEP 所需要的电极可以用光刻技术非常容易地实现，很多情况下甚至不需要增加工序，并且 DEP 驱动电压较低，因此 DEP 适合作为分离和选择生物颗粒的工具，特别是物理特性不同的粒子，例如细胞和其他类似粒子，DEP 可以非侵害性地利用粒子的物理特性如细胞的导电性来分离这些粒子。通过外力或 DEP 产生的粒子运动使粒子通过有差别的场，DEP 可以把不同的粒子通过有差别的场力收集到一起。目前 DEP 已经可以用来操纵和分离各种细胞(包括红细胞，癌细胞以及干细胞)[150]、原生物(微小隐孢子虫)[151]、细菌(包括枯草杆菌，小球菌，大肠杆菌)[152]、病毒(如纯疱疹Ⅰ型病毒)[153]，以及 DNA 等生物大分子[154]。理论上 DEP 适用于直径从纳米到毫米量级的粒子，包括细胞、病毒、乳胶粒子等。

图 9-76(a)所示为高效的 DEP 细胞分离器件[155]。不同类型的细胞以及处于不同的生理状态的细胞表现出明显不同的介电特性，因此可以用 DEP 进行分离。器件包括两个区域，左半部分是细胞聚集区，有上下两个电极阵列；右半部分是细胞分离区，只有一个底部的电极阵列。在细胞聚集区，选择适当的交流电压频率，使上下两个电极阵列产生排斥细胞的负 DEP 力，推动运动方向和高度各异的细胞在聚集区的出口处集中到微管道中央，并以同样的高度和基本水平的速度进入细胞分离区域。细胞分离区只有管道底部的电极产生电场，对细胞产生吸引的正 DEP 力，使细胞作类似抛物运动。由于水平速度基本都等于流体运动速度，而竖直方向的合力由 DEP 力、浮力和重力决定，DEP 升力由细胞极化特性、流体介电特性、外加电场特性，以及管道叉指电极参数决定；重力和浮力与细胞尺寸、密度、流体物理特性有关。因此不同种类的细胞在竖直方向的合力各不相同，下落时间和最终落在管道底部的位置不同，从而达到分离的效果。分离完成后去除 DEP 的驱动电压，被吸附的粒子被释放到分离区中间，随着流体输出。利用这种方法可以分离培养乳癌细胞 MDA-435 和普通血细胞，分离效率达到 99%[156]。当不同的被分离物的差别较小时，可以重复几次流动分离以提高分离效率。图 9-76(b)为计算得到的叉指电极结构的 DEP 器件中电场平方的梯度，根据式(9-13)，由于该梯度正比于 DEP 力，因此标志 DEP 力的相对大小，可见在电极边界处 DEP 力最大，随高度增加而迅速下降。图 9-76(c)为流体中粒子在 DEP 力作用下的下落轨迹。粒子在远离电极表面时的轨迹为近似抛物线形，在接近电极时向着电极运动，并最终被吸附在电极上。

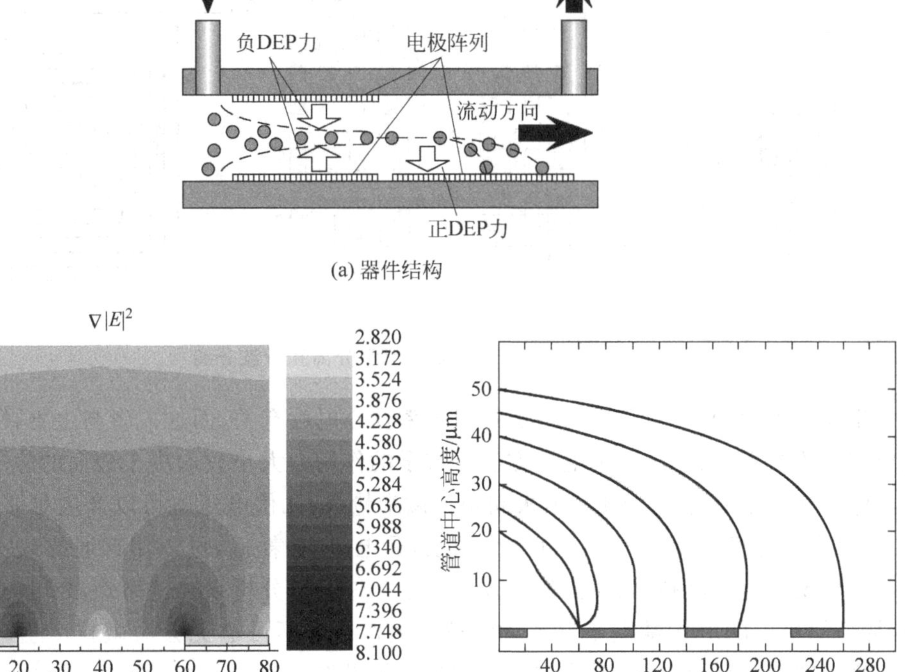

图 9-76 DEP 分离示意图

图 9-77(a)所示为利用叉指电极和双端口流体进出口的台阶式流动分离,它对于分离细菌、酵母菌和植物细胞非常有效。(1)粒子从输入端口进入阵列的中间区域,然后撤去流体并施加电场,使粒子群按照预先设定的方式通过正 DEP 和负 DEP 被收集起来,受正负 DEP 力的粒子分别用阴影线和渐变实心黑色表示。(2)受负 DEP 力作用的粒子被限制非常弱,当再次通入流体时这些粒子被输运到下一个电极间隙。(3)去掉电场,受正 DEP 力的粒子被释放,然后从反向通入流体,将受正 DEP 力的粒子向入口方向输运。重复上述步骤,两种粒子被分离并分别被输运到入口和出口处。尽管速度较慢,但是经过几次重复后其分离效率可以接近 100%。理论上,这种方法可以分离多种粒子,当收集到的粒子群中含有两种粒子时,通过选择合适的频率继续对这两种粒子进行分离。与前面 DEP 分离时尽量避免出现负 DEP 和静止的粒子不同,这种方法刚好利用了静止进行分离。

行波 DEP 是目前在 LOC 中研究的较多 DEP 分离方式,它能够在粒子上施加与电极平面平行的力,可以驱动粒子通过长距离,并转向电极的不同区域进行收集。行波 DEP 一般也采用平行叉指电极,并将相位差设置为 90°。图 9-77(b)所示为行波 DEP 的一种实施方案,该方案中电极不再采用平行叉指电极,而采用 4 个螺旋电极,所有电极相互环绕,构成类似连续电极阵列。每个电极接入的电压具有相同的幅值和频率,但是相位依次落后 90°。当接入电压后,粒子由于极化后的极性不同,会朝着电极中心或者外部运动,从而实现分离。行波电极可以用来分离生物粒子,如红血球细胞和石松粉,以及根据尺寸分离酵母菌细胞,在电场频率稍高的情况下,还可以分离活细胞和死细胞[70,57]。

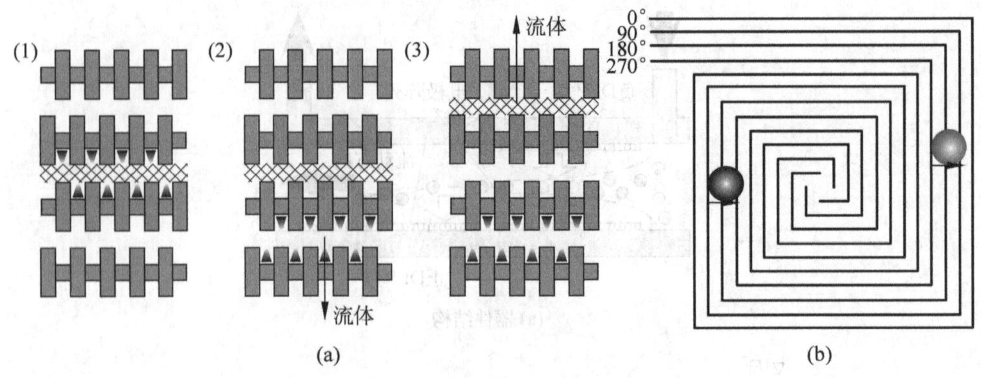

图 9-77 台阶式流动分离和行波分离

生物粒子的DEP力和生物粒子的电导率及介电性有关，而这二者与生物颗粒的生物化学性质有直接关系，相比于传统电泳方法对粒子的作用力大小只取决于表面的静电荷的大小，介电电泳的分离效率更高。DEP电极间距在微米量级，几伏电压就可以产生足够操纵微粒的电场，而且由于电极本身和溶液之间有介质层，漏电小，功耗低，可以用普通的数字电路来控制，有利于实现集信号控制、微粒操作以及检测于一体的微分析系统。另外，介电电泳不需要预处理，操作简单。DEP的缺点是电场对微粒产生作用力不可避免会对微粒产生一些影响，如电场过高时细胞膜会被击穿，无法进行细胞分离等操作。

6. 蛋白质分离

抗体可以用来检测或者识别不同的细胞类型，它是免疫球蛋白的一种，形态呈Y形。人体产生抗体以抵抗外来的侵害。抗体只能和与其匹配形成抗体结合位的分子相结合。尽管抗体中氨基酸的序列极化都相同，但是Y形分子的每个末端却是一个变化的区域，正是这些末端形成了抗体的结合部位，同时它们的变化和不同决定了它们可以与什么发生特异性结合，抗体可以识别两个只有单个氨基酸不同的聚缩氨酸。抗体可以和小的荧光分子相结合，如异硫氰酸荧光素或者罗丹明，通过这些荧光分子可以检测抗体。荧光素分子可以和抗体簇结合，抗体簇可以用来选择性地将荧光素分子或者磁珠结合到某种白细胞上，然后用细胞计量技术将白细胞隔离。图9-78(a)所示为带有标记的抗体与细胞膜附着的过程。

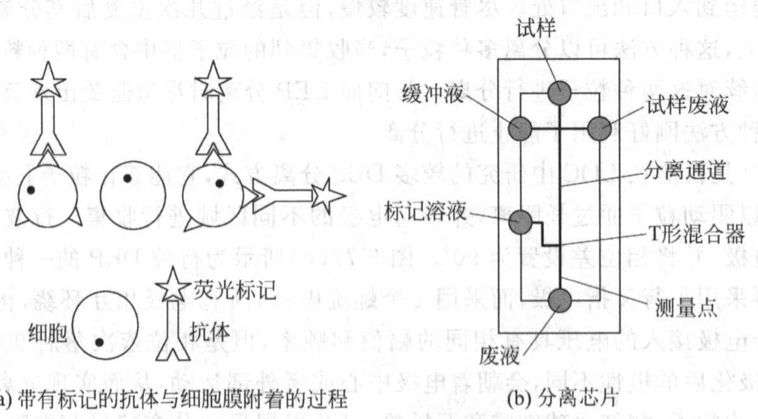

图 9-78 蛋白质分离

蛋白的标记过程可以通过分离柱后引入标记流体混合实现，图 9-78(b)所示为典型的分离柱后标记微流体芯片。T 形交叉点的上方为分离管道，下方为柱后标记反应器。由于标记蛋白和未标记蛋白的迁移率明显不同，标记反应区间内会出现带展宽现象，为了保证标记效率并抑制带展宽，标记物必须与蛋白尽快反应。利用非共价键柱后标记实现的蛋白电泳分离芯片具有较快的反应速度，从而抑制带展宽[158]。

9.4.4　DNA 放大——PCR

PCR 扩增微量 DNA 是分子生物学和医学诊断的基本操作之一。PCR 扩增过程是利用酶和 DNA 的特性对 DNA 进行大量复制的过程，主要由高温变性、低温退火和适温延伸 3 个步骤反复的热循环构成。①变性过程：模板 DNA 加热至约 95℃并保持一段时间，模板双链 DNA 或经 PCR 扩增形成的双链 DNA 解离为两个单链 DNA，以便与引物结合，为下轮反应做准备。②退火过程：模板 DNA 经加热变性成单链后，温度降至约 55℃，两条人工合成的寡核苷酸引物与互补的模板 DNA 单链配对结合，于是两个单链 DNA 变成了两个部分双链 DNA。③延伸过程：温度升高至约 72℃，在 TaqDNA 聚合酶的作用下，以单核苷酸为原料，靶序列为模板，按碱基配对复制原理，将部分双链 DNA 合成为完整的双链 DNA。逆转录酶 PCR 用来扩增 RNA，首先 RNA 被逆转录酶变成 DNA，然后再利用 PCR 进行扩增。这样，重复变性、退火、延伸 3 过程完成一次扩增，DNA 数量增加 1 倍，多次循环过程中以 2^n 的速度对试样中的 DNA 进行扩增。经过 25～30 个循环，理论上可使基因扩增10^9 倍以上，实际上一般可达10^6～10^7 倍，得到足够的 DNA 后才能做其他的分析操作。PCR 过程虽然简单，但很烦琐，虽然自动化的商品化仪器可缩短操作时间，但仪器体积大价格昂贵。

利用微流体芯片可以实现 PCR 扩增[159]。在微流体系统中有两种方式实现 PCR 的温度控制，对样品快速加温、快速冷却，实现温度循环；或者设置 3 个温区，使样品流经 3 个温区的过程中实现温度控制。后者最快 90 s 后即可得到扩增的 DNA 试样，不但仪器体积缩小，减少了试样和试剂消耗，还提高了扩增速度。PCR 芯片还同时提供了与 DNA 测序芯片集成的可能性。温度及加温度时间的最佳参数，可由直交表的变异数分析得到[160,161]。在微流体芯片上实现的 PCR 可以采用不同的加温室，如硅[162,163]、玻璃[164,165]和陶瓷[166]。硅基加温室法用铂制造的薄膜作为加热器以及温度传感器，与密封玻璃以阳极键合密封。升温速率可达 15℃/s、冷却速率可达 10℃ /s，温度控制精度在±0.5℃以内，样品容量可以小至 1 mL。玻璃加温室以玻璃为基材、ITO 玻璃为透明加热电极、以 PDMS 为加温室，其中 PDMS 先以微射出成形方式制作，再以 SU-8 作为材质做玻璃-PDMS 键合或密封。陶瓷加温室用低温共烧法陶瓷作为衬底和微流体通道，以 Ag-Pd 厚膜作为加热器，表面粘着温度传感器。

第一个微加工技术实现代 PCR 芯片出现于 1993 年[13]，采用多晶硅加热器，上部用玻璃盖板密封，可以将模板 DNA 浓度低至 2000 Copy/μL 的 DNA 进行放大，工作体积为 1 μL。随后利用光刻和软光刻技术制造的玻璃[35,167]、硅[168,169]、熔融石英[170]，以及聚合物[171,172]等基底的单独的 PCR 芯片大量出现。由于 PCR 试样体积很小，为了防止蒸发，PCR 芯片一般都采用密封结构。例如采用硅玻璃阳极键合工艺，或者将玻璃片盖在硅流体结构上形成密封。利用硅玻璃阳极键合实现的带有 48 个 PCR 反应室的硅芯片，PCR 试样用量可以减少到 0.5 μL[173]。玻璃键合的优点是可以通过玻璃对反应室进行光学检测。

图 9-79 为微流体 PCR 芯片结构，图中 A、B、C 三个温区分别实现变性、退火和延伸过程，

由加热器和温度传感器形成闭环控制，将温度保持在需要的恒定值。连接输入和输出端的微流体管道多次流经这3个温区，每流经1次完成1个扩增放大过程，DNA数量增加1倍。试样流经温区的时间由微流体管道的长度和试样的流动速度决定，当某一温区内需要保持温度时间较长时，通过折线管道实现。由于PCR扩增过程对温度的稳定性和时间要求较高，因此芯片的温度和流动速度需要精确控制。通常PCR的热过程是依靠电阻加热的方法提供高温的，但是也有设计利用了非接触的方法以及将包含DNA的流体连续通过不同的区域[174]。

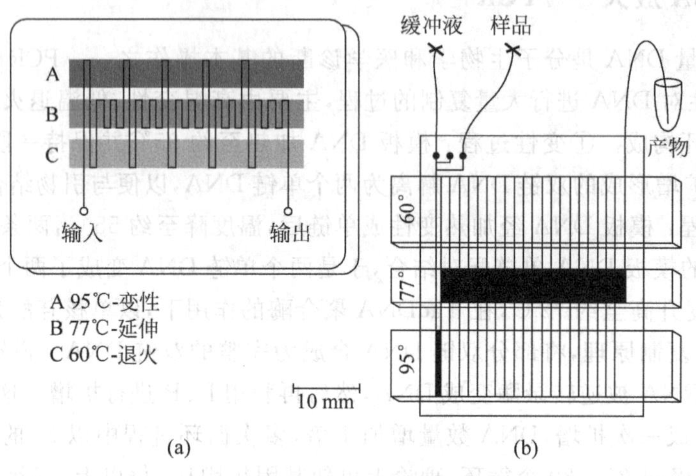

图9-79　PCR芯片示意图

尽管微量体积可以为PCR带来很多优点，PCR反应室的体积不能太小，否则反应室会阻止PCR的进行。因此寻找PCR能够进行的最小反应室体积是一项重要的工作。图9-80所示为采用TMAH自停止刻蚀技术加工的锥形PCR的反应室[175]，体积从1.3 pL～32 μL，检测采用荧光染色法。当PCR反应室大于85 pL时，PCR前后荧光发光强度有明显变化，说明PCR的有效体积需要85 pL以上。

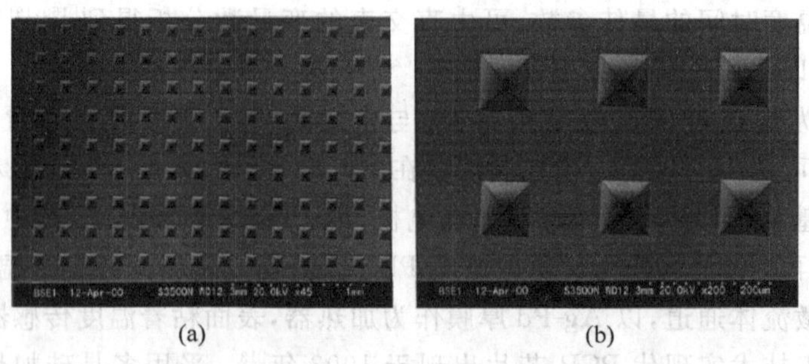

图9-80　TMAH刻蚀的pL的PCR反应室

图9-81所示为ST开发的PCR芯片结构示意图和照片。该PCR芯片包括加热、温度测量与控制、PCR以及检测等集成的功能，芯片尺寸14 mm×25 mm，12条通道，通道尺寸为30 μm×200 μm，全部流体体积为2.5 μL。DNA的PCR放大过程在掩埋的硅通道中完成，通过加热器和温度传感器对温度进行控制；检测采用电化学聚合的方法在金电极上固定吡咯修饰的生物分子作为探针，通过在金电极上施加电压使吡咯基团共聚合反应形成聚吡咯固定在金电极上，与被测DNA发生特异性反应，通过荧光等方法进行测量。探针分子可以根据被测

对象选定,如磷脂酶 2A 等。

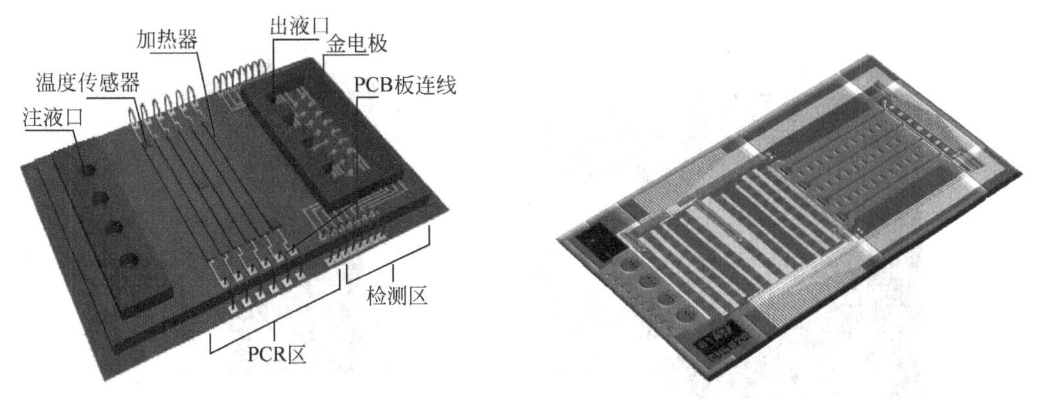

图 9-81　ST 开发的 PCR 芯片

9.4.5　集成试样处理系统

基于微流体的集成生化分析系统多采用芯片作为一次性分析载体,并利用小型检测仪器进行测量。芯片提供几乎所有的生化反应功能,包括试样预处理、分离、输运、反应等,检测仪器提供荧光或电化学测量。目前 Caliper、Agilent、Hitachi、Cepheid、Micronics、Nanochip 以及 Orchid Biosciences 等公司都有相关产品,主要进行基因分析、药物开发,以及复杂生物体液全血液的分析。

典型微流体芯片的面积约为几平方厘米,微流体通道尺寸为宽 25～100 μm,深 10～50 μm,长度为 1～5 cm。总体积较一般电泳毛细管小 1 个数量级左右,尺寸仍然远大于载体分子的平均自由程。因此连续介质定理成立,连续方程可用,电渗和电泳淌度与尺寸无关。但是由于尺寸微细,表面积体积比增加,雷诺数变小,包括表面张力、粘性力、传热等在内的表面作用增强,边缘效应增大,三维效应变得不可忽略。随着微加工技术的发展,已出现了深度 80 nm 的深亚微米甚至纳米级通道,这种情况下电泳淌度与横截面尺寸有关。由于双电层电荷的重叠,电渗减少,因此将影响给予液体的动量,大分子的形状和大分子的淌度也将受到非平面流速矢量场的影响。

图 9-82(a)所示为 Micronics 公司的塑料基底的一次性微流体平台 ORCA[176]。芯片尺寸为信用卡大小,流体通道的典型尺寸是宽 100～3000 μm、深 50～400 μm、长度几毫米范围内。每层结构为不同类型、不同厚度、不同结构的塑料薄片,厚度一般为 10 μm 至几百微米,多层之间通过粘接剂或者热键合构成三维微流体系统。芯片包括了多种微流体器件,如 H-过滤器、T-传感器、混合器、反应器、微阀等,集成了从试样准备到生化分析的多种功能,能够分析复杂的生物流体,如全血液。

试样预处理包括很多内容,如试样注入、细胞溶解,甚至可以将分离、富集、混合等功能都视为预处理,因此很多芯片只集成了预处理功能。图 9-82(b)所示为 Nanochip 公司生产的微流体试样预处理模块,可以作为标准功能单元插入分析仪器。

图 9-83 为 Cepheid 公司的试样处理芯片盒,用来为 DNA 测序提供 PCR 前的试样自动预处理功能[177]。驱动采用起动泵,将 90 μL 全血液通过过滤器,分离出白细胞,将剩余的红细胞和血浆等输入废液池,用缓冲液清洗收集的白细胞,将 200 μL 洗脱缓冲液泵入过滤区,替换清

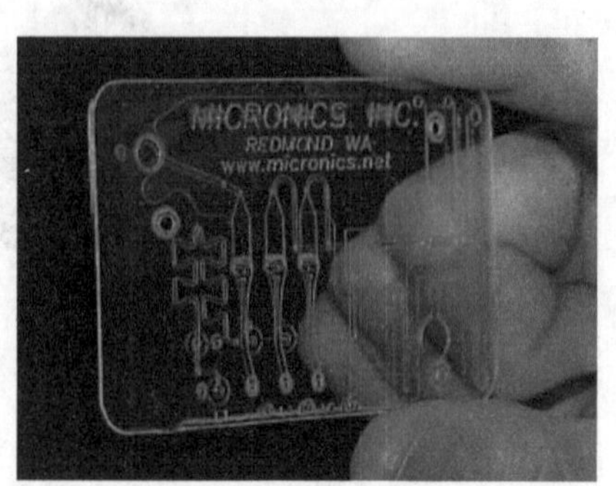

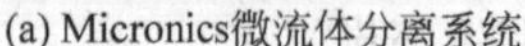
(a) Micronics微流体分离系统

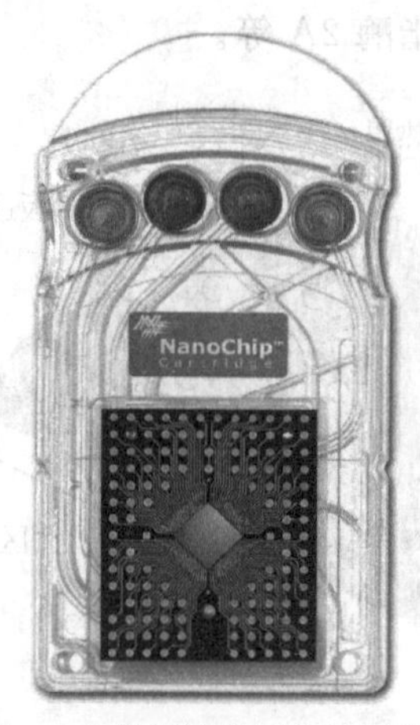

(b) Nanochip的微流体试样预处理模块

图 9-82 预处理芯片

洗缓冲液。对过滤器上的白细胞施加 5 s 的超声使之破裂，然后在过滤区通入缓冲液，将 150 μL 白细胞溶解后的溶液推入到洗涤室。一部分白细胞溶解液被手工收集进行分离纯化，以获得纯的染色体 DNA。另外 9 μL 白细胞溶解液和 211 μL PCR 混合剂共同注入清洗室，以完成后续的自动混合、热循环和 PCR。

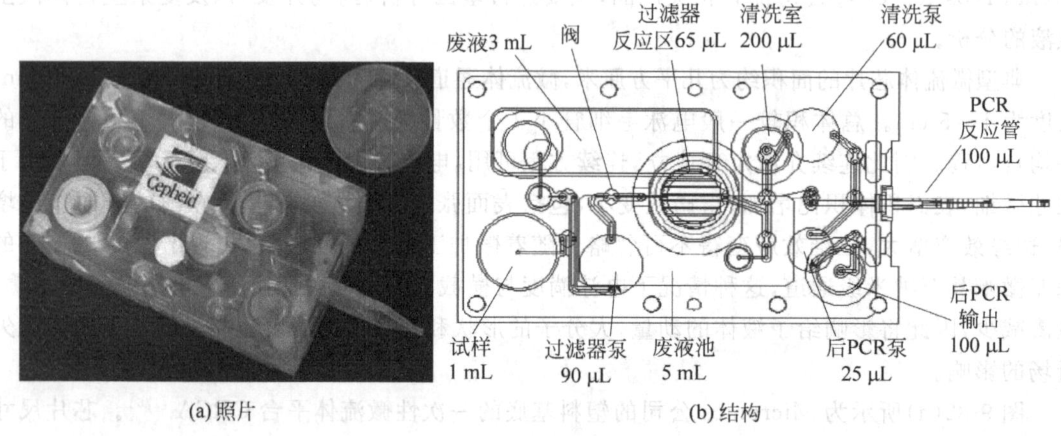

(a) 照片 (b) 结构

图 9-83 Cepheid 的试样处理芯片盒

9.5 检测技术

微型生化反应和分析系统一般都需要最终检测，将生物化学信息转换为电学或者光学信号。通过降低分析试样的用量，LOC 能够大幅度降低分析成本。但是由于微全分析系统分析试样用量微小，而且流体通道表面积体积比的增大也增加了表面吸附作用，因此用于 LOC 的检测方法必须具有更高的灵敏度[178]。不同的检测方法具有不同的灵敏度，当分离通道截面尺寸较小时可采用激光诱导荧光检测，分离通道截面尺寸较大时可采用非相干检测。由于 LOC 的用途不同，其检测技术也各不相同，例如针对 DNA 分析、蛋白质检测、免疫分析等不同应用,都有各自的检测方法。一般地说,LOC 检测技术有两个发展方向,一是提高检测方法的灵敏度和特异性;二是实现完全芯片集成。

9.5.1 光学检测

常用的光学检测方法包括荧光检测、紫外吸收检测、化学发光检测等。紫外和可见光检测已经在商品仪器中普遍使用,二极管阵列在 HPLC 中比较普及,在毛细管电泳中也普遍应用。

1. 光学检测方法

激光诱导荧光检测(LIF)是 LOC 中常用的检测方法,具有极高的灵敏度,适用于微量检测,甚至可以达到分子水平[179,180]。尽管大多数被测对象都不是荧光发光体,但是可以通过将荧光剂与被测粒子结合实现荧光。生化相关以及氨基酸的信息可以从荧光标记中得到,DNA 也容易进行荧光标记,已经在很多产品上得到了应用。然而,荧光检测需要染色和复杂的外围检测系统,因此集成的 LIF 检测方法是光学检测的重要发展方向之一[181]。

某些具有特殊结构的化合物受到波长较短的紫外光或者激光照射后,能发出波长比紫外光或者激光长的光线,一般在可见光范围内,称为荧光。紫外光或者激光为激发光,产生的荧光为发射光。荧光检测器是一种测量荧光强度的光电探测器,如光电二极管、CCD、光电倍增管和雪崩光电二极管。在检测条件固定时,荧光强度与样品浓度呈线性关系[182,183]。将 LIF 用于毛细管电泳的分离物检测时,激光器发出的激光经过透镜的会聚,照射在毛细管电泳芯片的固定位置。毛细管中的流体流经这个光斑位置时,携带的荧光物质受到激光的激发产生荧光。荧光信号被主物镜收集,经过滤色后由光电倍增管把接收的荧光信号转变为电信号,输出到后续显示和记录设备。荧光检测法直接测量荧光强度,而紫外吸收法测量的是吸光度,一般荧光检测的灵敏度高于紫外检测。

激光诱导荧光检测只能利用少数几个波段,常用的是氩离子激光器产生的 488 nm 波长。一般来说,基于共焦检测的激光诱导荧光检测能够检测约为 10 pM 的标记的分子浓度,而通过抑制背景噪声能够实现 1 pM 浓度荧光剂的检测[184]。对于纳升体积的试样,这种检测能力对应着能够检测的分子在几百到几千,因此这种检测能力能够满足高灵敏度的要求,如 DNA 测序、基因表达检测等。

尽管激光诱导荧光检测的灵敏度很高,但是需要较为烦琐的柱前和柱后荧光衍生过程,并且整个系统体积大、难以集成。利用 635 nm 的红光激光器取代 488 nm 的短波长激光器,可以将系统体积大幅度缩小[185]。采用体积远远小于氩激光器的激光二极管作为光源,更适合微型化的要求,但是只有红外和红光半导体激光器容易实现,限制了在荧光测量中的应用。为了实现微型化和集成,在牺牲一定灵敏度的情况下,可以使用蓝光发射二极管和硅光电二极管作为光源和检测器件代替激光光源和光电倍增管。

紫外吸收检测通用性好,是广泛使用的一种检测方法。检测原理是用氘灯或激光作为光源,通过波长选择器、光电转换器、滤波器等器件检测被测样品的紫外吸收峰。在此方法中,吸收光路长度受到毛细管内径和微通道的有限光路长度的约束,限制了检测灵敏度。因此,扩展吸收光路长度是提高检测灵敏度的关键。如使用 U 形检测池,则可使吸光检测的灵敏度大大提高,能够检测到 6 μM 的荧光性化合物[186],甚至达到$10^{-7}\sim6.5\times10^{-8}$ mol/L。

电化学发光检测是一种对电极施加一定的电压进行电化学发光反应,通过测量发光反应的光谱强度来测定物质含量的一种痕量分析方法。反应产物之间或与体系中某种组分发生化学发光反应,可广泛应用于草酸、有机胺、葡萄糖、蛋白质、核酸、药物、抗氧剂等生化物质的分析测定。化学发光法检测的主要优点包括:高灵敏度,甚至可以检测单分子,与 LIF 的灵敏度相当;信号在很大的范围内为线性输出,处理电路容易实现;不需要光源,实现简单,容易集成[187~189]等。化学发光检测可以在玻璃或 PDMS 衬底上实现,玻璃透光度好,但是成本高、管道尺寸有限;PDMS 也具有良好的透光度,并且流体管道尺寸小、制造灵活度高。高灵敏度、小型化、集成化是化学发光法检测的重要发展方向。

2. 集成光器件

非集成的光学检测在 LOC 中应用广泛,主要将发光二极管 LED 和光电检测器等光学器件与微流体器件组装而成[190]。非集成的缺点是体积大、光的传输距离长,噪声大。光检测器件与微流体管道的集成是光学检测的重要发展方向。集成光器件包括有源器件和无源器件,前者如光源和检测器,后者如平面波导、微镜和滤光器等。目前主要的集成目标是光源和检测器等有源器件。光电器件多利用Ⅲ-Ⅴ族化合物制造,也有个别利用 CMOS[191]或氢化无定型硅[192]等方法实现。

荧光检测可以利用硅光电二极管作为光源。图 9-84 为一种集成光电二极管和改进的浅结结构剖面图[193]。通过浅 PIN n+二极管结构,可以提高测量灵敏度。改进的 n+/n 检测器的结深为 50 nm(砷,n+)或 600 nm(磷,n),耗尽区的深度从 10 μm 降低到 1.5 μm。大多数空穴产生区比 n+区深,因此由于复合引起的损失很小。另外,由于 n+区的掺杂梯度将空穴向耗尽区推移,增加了与硅和二氧化硅界面的距离,收集效率也得到提高。

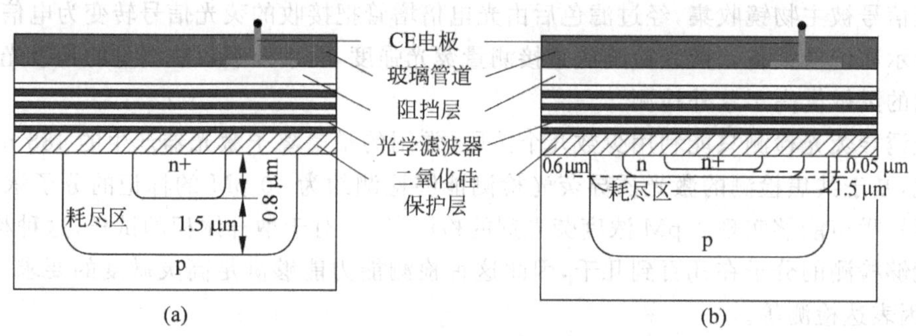

图 9-84 集成光电二极管截面图

器件采用多芯片制造,加热器、温度传感器和光探测器制造在硅衬底上,微流体通道制造在玻璃芯片上,将玻璃芯片粘在硅衬底上,探测器距离微流体通道非常近,有助于提高测量灵敏度。图 9-85 所示光探测器的制造流程图。

图 9-86(a)所示为 GaN 半导体 LED、CdS 滤光器和硅光电二极管示意图[194],所有器件位于同一个芯片上,但是采用不同的工艺制造,可以检测玻璃/PDMS 微流体通道。由于器件的平面结构,微流体通道和玻璃堆叠在光学器件上方,二者距离很近,系统尺寸较小,并且微流体芯片可以一次使用,而光学器件多次使用。图 9-86(b)为利用 CMOS 和牺牲层横向刻蚀制造的集成 LED、硅光电探测器和微流体通道[195]。LED 是一个反熔丝,是由双层多晶硅电极夹着的 8 nm 的 SiO_2 组成的电容,当 LED 上施加足够高的电压使其击穿短路后导通。反熔丝工作在反向击穿区时发出白光。LED 的下方是微流体芯片,衬底是带有光电探测器的硅衬底。这种组合结构的制造难度很大。

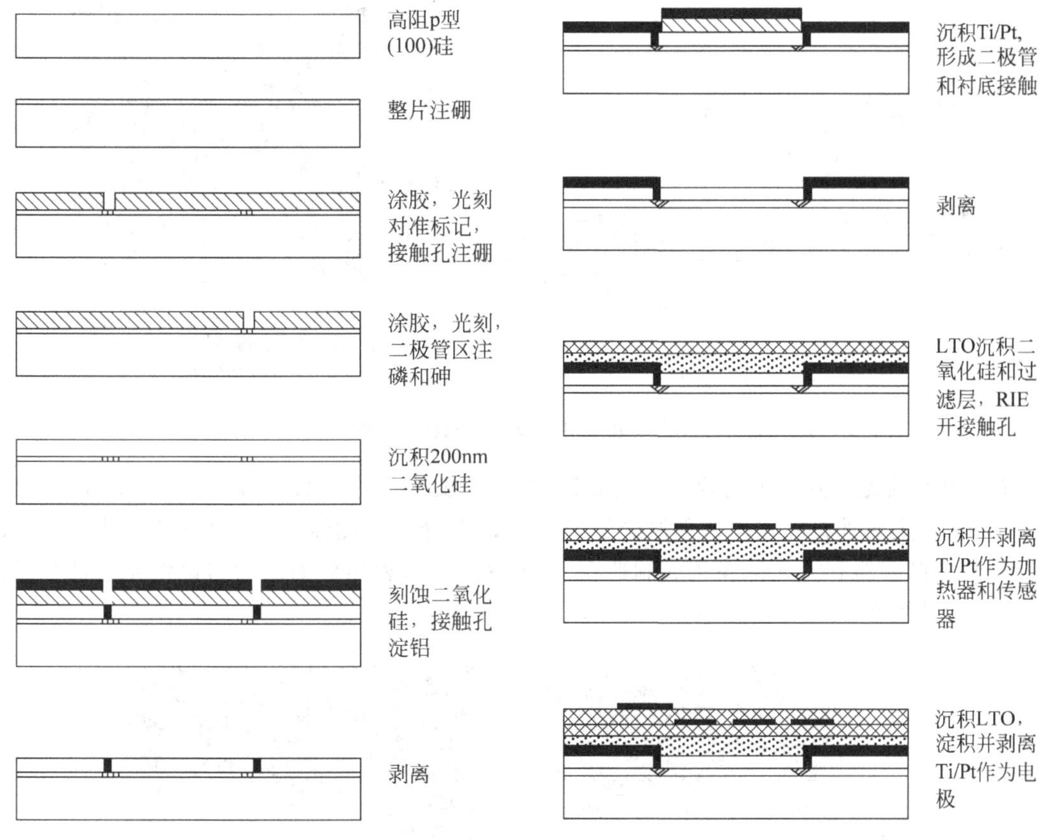

图 9-85 光探测器的制造流程

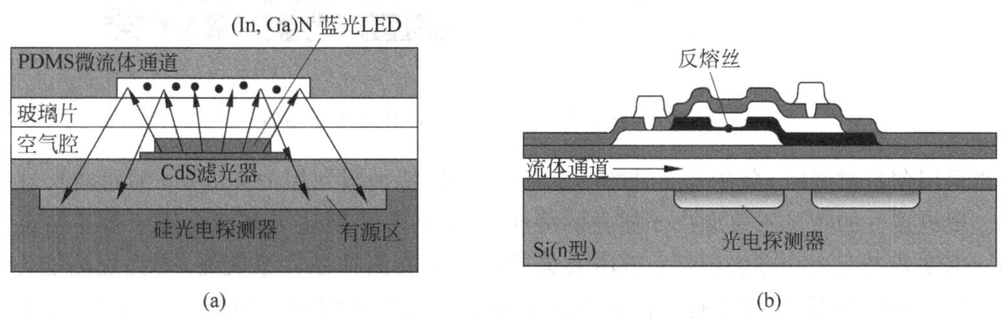

图 9-86 GaN 发光二极管；发光二极管反熔丝

图 9-87 所示为集成硅光电二极管检测器的荧光检测毛细电泳芯片[196]，微流体管道采用聚对二甲苯制造。片上集成光电二极管和薄膜干涉滤波器，能够测量分子的荧光，尽管增加了制造的复杂程度，但是省去了光学器件和对准程序，简化了使用过程。利用 CVD 沉积的 SiO_2[197] 或者插入微流体管道的光纤[186]，可以实现集成微流体器件和波导，其中波导用来传递激励光并收集荧光信号。当采用埋入方式集成波导时，微流体芯片可以采用 PDMS 制造。

有机发光二极管(OLED)是近年来在显示领域快速发展的发光技术。由于 OLED 只需要 2 个电极激发有机材料就可以发光，并且 OLED 可以实现集成的具有低压可控光谱特性的光源阵列；加之 OLED 采用有机材料作为衬底，适合与聚合物微流体芯片集成[198,199]。

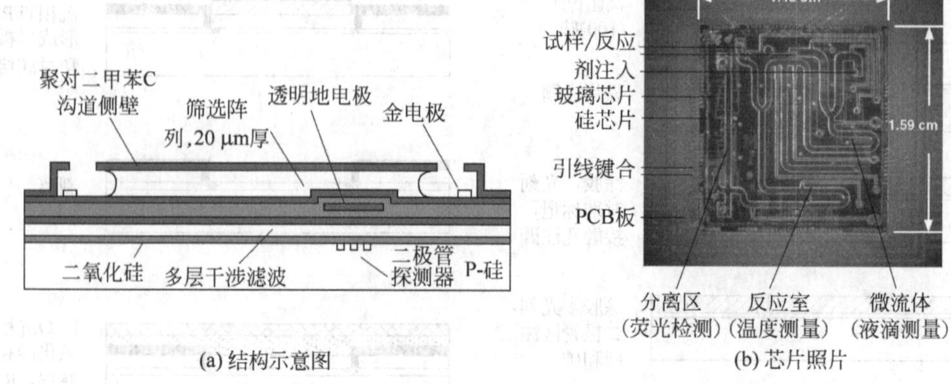

(a) 结构示意图 (b) 芯片照片

图 9-87 集成硅光电二极管探测器的 DNA 芯片

全集成的荧光检测除了需要光学测量器件,还需要光发生器件。除了常用的光电二极管外,图 9-88 为集成垂直腔表面发射激光器(VCSEL)和光电探测器[200]。VCSEL 波长 733 nm,与 PIN 光电探测器和滤光薄膜集成制造在 GaAs 衬底上,利用分离的微透镜将光器件与微流体器件耦合为完整的荧光检测器。

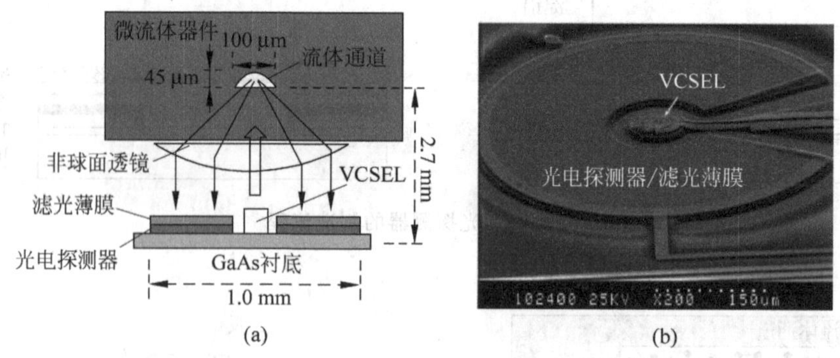

(a) (b)

图 9-88 集成 VCSEL 激光发生器和光电探测器

当采用塑料衬底时,会在检测时的产生背景荧光,特别当使用的 488 nm 的短波长进行激发时。塑料器件的荧光不仅取决于塑料的特性,还受到芯片制造工艺以及用于盖片粘合剂的影响。抑制背景荧光的方法包括:适用共焦落射荧光检测抑制背景荧光,增强检测能力;使用大数值孔径的物镜,当将小孔定位在图像平面时,收集的光线可以抑制背景荧光;使用红外或者近红外吸收荧光也可以抑制背景荧光。

9.5.2 电化学检测

电化学检测是通过电极将生化反应产生的信号直接转换为电信号,是实现完全芯片集成最简单的方法[201~206]。根据检测原理的不同,电化学检测可分为电位法、电导法和电流(安培)法[207,208]。这些方法可以实现较高的检测灵敏度,接近 LIF 的水平,可以测量无机离子、有机离子、蛋白质、氨基酸、DNA、神经传递素等吸光系数小的被分析物。电化学检测一般只需要检测电极和测量电路,背景电流小,电极多为平面结构,易于与微流体管道集成。图 9-89 所示为在流体管道内制造电极的方法。

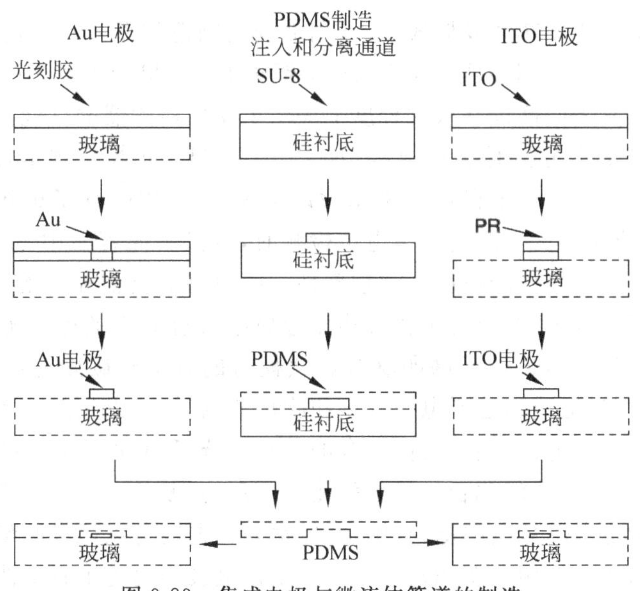

图 9-89 集成电极与微流体管道的制造

由于毛细管电泳中驱动微流体的电压比电化学反应产生的电压高几个数量级，驱动电压的微小干扰都会对检测产生巨大的影响，降低测量灵敏度，因此消除或减小分离高压对检测系统的干扰非常重要。根据分隔高压的方式不同，电化学检测可分为柱端检测、柱内检测和离柱检测 3 种。柱端检测将工作电极置于距离分离管道出口数 10 μm 处；柱内检测将工作电极直接置于分离通道内，利用该法的主要难点在于电极与分离通道的准确定位；离柱检测将微通道分成分离和检测两部分，在分离电压到达检测部分前，用去耦合器将分离电压接地，电泳电流不经过检测部分，以实现分离电场的实质性隔离。

1. 电流法

电流法（安培法）的基本原理是在工作电极上施加恒定电压，使工作电极上被测物发生氧化还原反应，电流输出正比于被分析物的浓度，通过测量电流获取相关信息。由于测量简单，检测限也很低（可达 nmol/L），是目前与毛细管电泳集成最多的检测方法[202,203]。电流输出正比于工作电极表面发生氧化或还原反应的被分析物的摩尔数，工作电极表面产生的电流 i_t 可用法拉第定律表示

$$i_t = \frac{dQ}{dt} = nF\frac{dN}{dt} \tag{9-41}$$

其中 Q 是电极表面电荷，N 是被氧化或还原的被分析物的摩尔数，F 是法拉第常数（96 485 C/mol）。由于试样分离的耦合电流的影响，电流检测中同时存在分离电流和检测电流，前者一般是 μA 量级而后者一般都在 nA 甚至 pA 量级，这给电流检测带来很大的困难，检测过程中需要消除分离电流对检测的干扰。另外，由于分离电流的存在，待测物质的半波电位正移，检测电位相应提高。目前的研究表明，完全消除这种影响是十分困难的。

电流法受到被测物是否具有电活性的限制，而设计过程主要是针对不同的电活性物质设计性能优良的工作电极。首次将电化学检测电极与玻璃芯片电泳结合出现在 1998 年[9]，检测儿茶酚、DNA 片段及 PCR 产物。衬底包括玻璃[206,209]和 PDMS[205,210]等，而检测的物质除上述外，还包括多巴胺、氮氧化物、高胱氨酸、坏血酸、碳水化合物和硝基芳族炸药化合物等。电

化学检测与毛细管电泳集成芯片发展较快，利用玻璃上制造的深 8 μm、宽 56 μm 并涂覆聚丙烯酰胺抑制电渗流的微管道，可以实现全血液中的锂离子浓度检测极限 0.4×10^{-3} mol/L[211]。

工作电极材料及其表面修饰在很大程度上决定了安培检测器的性能。目前在微芯片电化学检测中使用较多的工作电极是金属电极(如 Pt、Au、Pd、Cu 等)、碳电极(碳纤维、碳糊、碳粉、玻璃炭)和化学修饰电极。电极可以采用喷镀金膜[204]、溅射 Cr/Au 电极、电化学沉积[212]等方法制造，但是金或铂等贵金属电极恒电位检测时，电极表面容易中毒，脉冲安培检测可活化电极表面，减少毒化，提高检测灵敏度和重现性。碳电极的优点是不容易污染和中毒、较低的过电势和较小的背景噪声，对于有机化合物比金属电极有更大的电压范围。芯片集成的碳电极多使用碳纤维、碳粉等，通过丝网印刷或者微模铸的方法将碳粉等沉积在衬底上形成电极。电化学检测中，通过适当地选择电极材料和施加的电压，可以实现选择性测量。电化学测量还可以使用化学修饰的电极，利用表面结合的催化剂降低氧化还原过程的过电势。当施加的电势较低时，可以控制很少的化合物发生氧化还原反应，从而增加测量选择性和灵敏度，例如钴酞菁修饰的碳粉电极测量硫醇基，碳纳米管/铜复合电极可以提高测量的灵敏度。

柱端检测是安培法中使用最多的检测方式。工作电极距离毛细管电泳分离通道末端几十微米的位置，如图 9-90(a)和(b)所示，这个距离降低了分离电压对工作电极的影响。由于分离电压在测量池内接地，剩余的分离电压使测量电极的电势产生平移，因此需要对给定的被分析物用伏安图确定合适的检测电势。通常柱端检测方法产生较大的背景电流，灵敏度一般在 10～100 nM 的水平，没有其他方法高。由于分离管道末端与检测电极的距离，被分析物在这段距离内的扩散会降低分离效率，如图 9-91 所示。当工作电极离分离管道过近时，分离电压的波动会引起检测噪声，使灵敏度降低，甚至损坏测量电路。

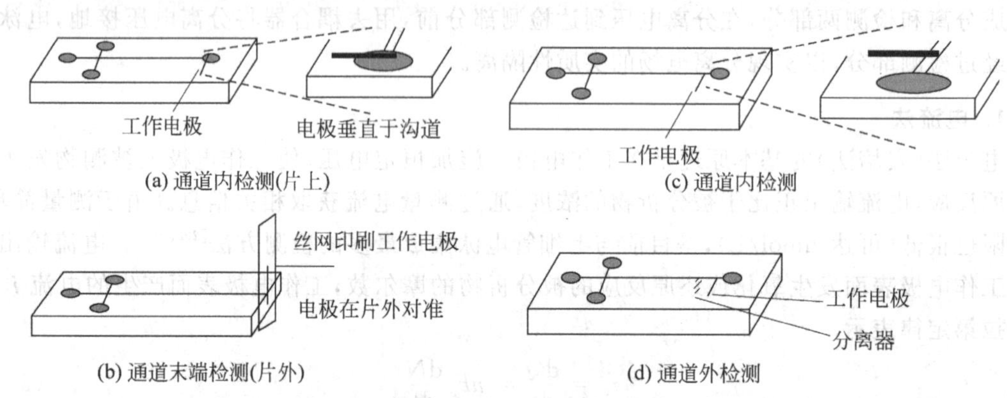

图 9-90 电极位置和对准方式

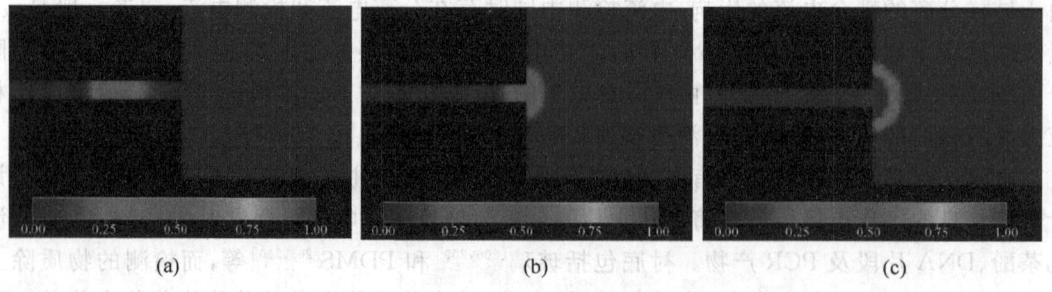

图 9-91 样品离开分离管道后的扩散

利用软光刻在分离通道末端制造垂直于分离管道的 PDMS 窄槽，将金属细线放置在窄槽内，可以提高电极与分离通道的对准精度[213]，如图 9-92 所示。利用鞘流对离开分离管道末端的被分析物挤压，可以在分离管道与测量电极距离 250 μm 远的情况下实现有效的测量，这样通过增加检测电极与分离通道的距离减小分离电压的影响[214]。参考电极与工作电极的间距小于分离管道直径时，电化学检测可以获得较好的性能[215]。由于样品在离开分离管道和进入测量池后，扩散为圆环形，因此采用弧形电极可以提高测量灵敏度[216]。在单芯片上同时进行电导和电流测量，可以同时测量离子和电活化粒子，扩大被分析物的范围[217]。

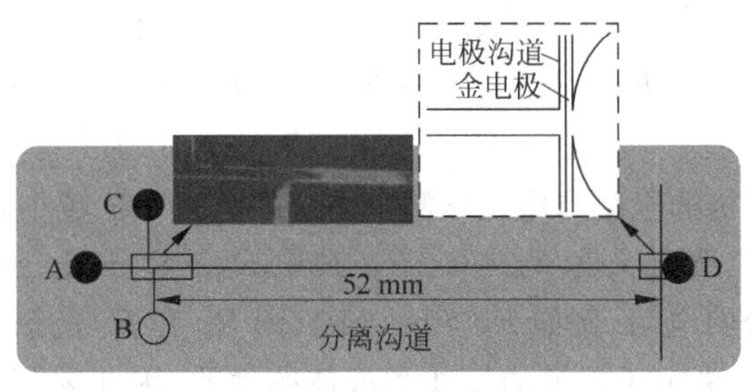

图 9-92 线电极对准方法

由于被分析物在分离管道内没有展宽，因此将电极直接放置在分离管道内靠近末端的位置构成柱内检测，使被分析物流过电极表面时发生氧化还原反应，可以消除柱端检测的缺点，如图 9-90(c)所示。柱内安培检测不仅能够测量氧化还原反应，还可以测量非氧化还原反应的离子，即测量极化流体和胶体界面的离子转移反应形成的电流[218]。图 9-93 所示芯片采用 UV 准分子激光烧蚀聚乙烯对苯二酸酯(PET)制造，将注入、分离和安培检测集成于同一芯片。测量器件为离子敏安培胶体传感器，称为离子电极，由包括一层惰性聚合物的复合聚合物薄膜构成，惰性聚合物层上打孔，并覆盖一层聚氯乙稀-酸硝基苯基辛基醚(PVC-NPOE)电解质胶体。这种胶体-液体界面和安培检测相结合，可以实现离子测量。离子电极制造在分离毛细管内，驱动毛细管电泳的高压源悬空，并通过光电转换模块与处理电路隔离，以降低分离电压对测量的影响。

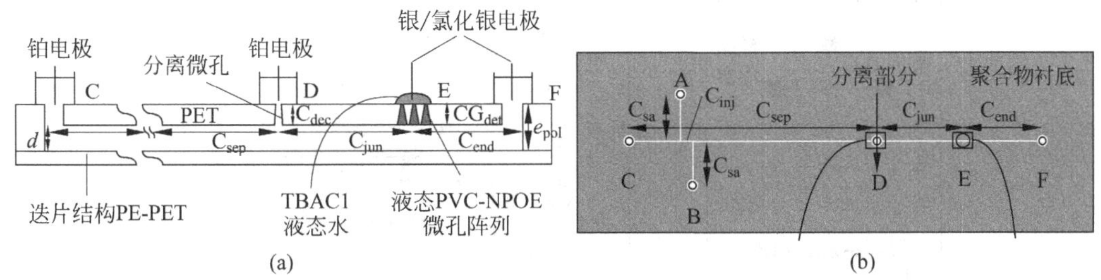

图 9-93 离子选择电极和毛细管电泳芯片

微流体管道由一条主管道组成，包括进样部分 C_{inj}、分离部分 C_{sep}、检测器连接部分 C_{jun} 和末端 C_{end}；垂直孔垂直于芯片表面，包括去耦合孔 C_{dec} 和离子电极的界面孔 CG_{det}。图 9-94 为整个芯片系统的等效电路模型，电阻与管道的对应关系为：$R_1 \to C_{sep}$，$R_2 \to C_{dec}$，$R_3 \to C_{jun}$，$R_4 \to C_{end}$，$R_6 \to CG_{det}$，R_5 表示悬空的高压源对地的电阻。ΔU_1 是驱动毛细管电泳的高压源的电压，ΔU_2 是检测电压 ΔU_{CE}，$I_1 = I_{CE}$ 是毛细管电泳电流，I_2 是漏电流，I_3 是流经电化学检测回路的电流。

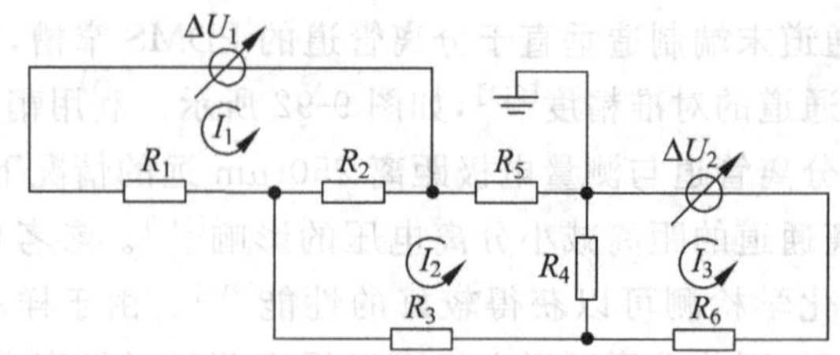

图 9-94 毛细管电泳和电化学测量芯片等效电路模型；模型方程

$$\begin{bmatrix} R_1+R_2 & -R_2 & 0 \\ -R_2 & R_2+R_3+R_4+R_5 & -R_4 \\ - & -R_4 & R_4+R_6 \end{bmatrix}\begin{bmatrix} I_1 \\ I_2 \\ I_3 \end{bmatrix}=\begin{bmatrix} \Delta U_1 \\ 0 \\ \Delta U_2 \end{bmatrix}$$

柱内检测时，当去耦合结构的电阻与电化学测量系统的电阻之比越小，电化学检测从毛细管电泳的去耦合越好。这个比例定义为 $R_r=R_2/R_d$，其中 $R_d=R_3+R_4+R_5$ 是检测系统的电阻。如果 R_5 远大于管道部分的电阻，例如 $R_5>10^4$ MΩ，则 R_3 和 R_4 的影响可以忽略。由于流体管道的电阻 $R_i=\rho_i L_i/A_i$，决定于管道的尺寸和液体的性质，因此采用浮动高压源可以使管道尺寸不受去耦合需要达到的电阻值的限制，能够实现更小的 R_r，即更好的去耦合效果。这种方法的可以隔离 140 μA 的电泳电流，使分离时间少于 20 min。

消除展宽影响还可以采用离柱检测，其电极放置位置与柱内检测类似，但是需要在分离电压和安培检测电极之间加入去耦合器(隔离电极)，如图 9-90(d)所示。去耦合器有效地将分离电压旁路至地，在末端形成一段没有电泳的区域，被分析物在该区段内仍旧被流体推动经过工作电极。去耦合器可以有多种方法，例如涂覆有醋酸纤维素的薄膜的微孔，可以隔离最大 60 μA 的电泳电流，噪声约 1 pA，碳电极检测多巴胺的极限 25 nM[219]。利用微加工技术可以实现 Au、Pt 和 Pd 电极的去耦合器，电极制造在玻璃片上，与 PDMS 上的微流体管道键合[209,220]。Pt 电极去耦合器的效果远好于 Au 电极，这是因为 Pt 电极的偏移电流仅为 0.05 pA，并且 Pt 族金属可以吸附电泳过程中产生的氢气泡。图 9-95 所示为在玻璃芯片上制造的全集成 Pd 电极，作为去耦合电极和工作电极能够更好地吸附氢气泡[221]。

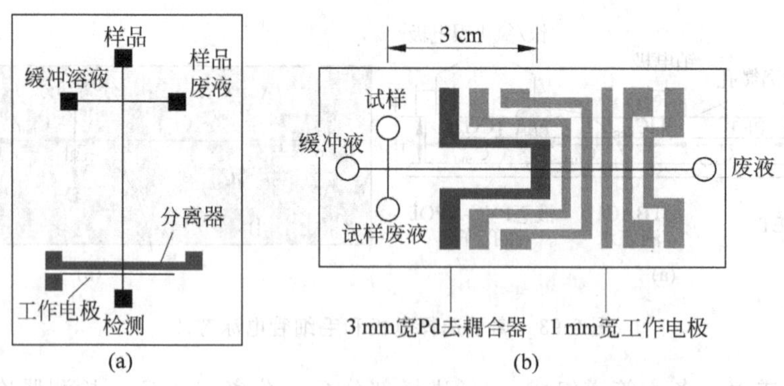

图 9-95 集成去耦合电极

2. 电导法

电导检测基于测量电极间由于离子化合物的电荷迁移引起的电导率随时间变化，即比较本体溶液的电导率和被测区域电导率的变化。电导测量需要两个电极，根据电极与待测溶液接触与否，电导法可分为接触式电导检测和非接触式电导检测。前者测量电极和所接触溶液之间的电流，后者通过外部电极与电解质溶液之间的电容耦合测定分析物介电常数的变化。电导测量是一种通用的电化学检测方法，是检测小离子较好的方法，特别是无机离子。

测量时在两个电极间施加交流电压，在被测区域电解液中的离子被电压输运，引起溶液的电导率变化。电导率 L 与被测物的浓度的关系为

$$L = \frac{A}{d}\sum(\lambda_i c_i) \tag{9-42}$$

其中 A 是电极面积，d 是电极间距，c_i 和 λ_i 分别是离子 i 的浓度和摩尔电导率。用于试样分离的电解质溶液对电导率测量有较大影响。如果电解质的电导率很高，会引起很高的本底信号，干扰测量。因此，背景电解质溶液的电导率应该在不影响灵敏度的情况下，尽量与被分析物的电导率相差较大[178,222]。

图 9-96 所示为典型的电导率测量与毛细管电泳集成的方法。图 9-97(a)为采用这种方式的毛细管电泳与电导测量集成芯片的微流体管道和电极布置[223,224]。芯片采用激光钻孔和热压 PMMA 制造，分离管道在衬底上，电极制造在盖板上。CS 为注入区，C-ITP 为等速电泳区，C-ZE 为毛细管区域电泳区，D-ZE 为 Pt 电导传感器。平行于流动方向的小电极具有更高的测量灵敏度，但是垂直于流动方向的电极更容易实现对准，如图 9-97(b)和(c)所示。

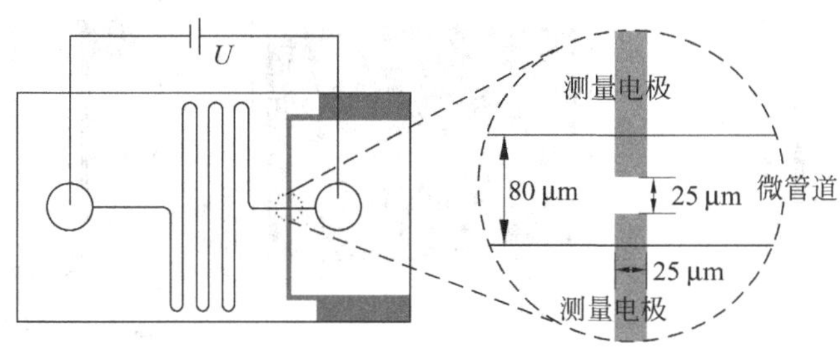

图 9-96　典型电导测量与毛细管电泳集成

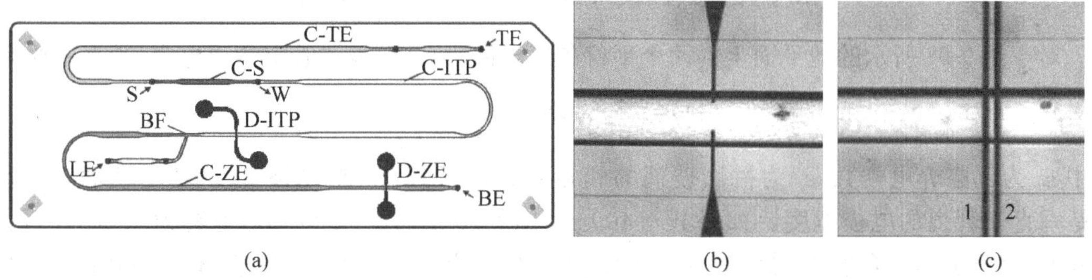

图 9-97　电导测量毛细管电泳微流体管道和电极布置方式

为了提高测量灵敏度，接触式电导检测一般采用柱内检测的方式。电极一般采用光刻和喷镀的方法，将薄膜铂电极制作在微芯片基片上制成接触式电导检测器。检测对象包括金属离子、氨基酸、肽、蛋白质和 DNA 片段等。微型薄膜金属电极的不稳定性是目前电极集成的难题之一，故一般用铂丝来进行电接触，将铂丝从外部探入敞开的缓冲池中，但是液流将影响分离组分迁移速度的重现性。

非接触式电导检测(高频电导检测)采用电容耦合的方式，电极与待测溶液隔离，有效地消除了分离电场对检测干扰和电极中毒的问题，本底噪声大幅度降低，灵敏度高，电极寿命长，电

极材料可多种多样,不需要参比电极,易于芯片集成,故检测器结构简单,易于定位,适用于较窄的电泳通道。由于电极与待测溶液隔离,检测回路容抗很大,需在两电极间施以高频电压,因此也叫高频电导法。该检测方式检出限受制于背景的波动情况,要求电极尽量与通道靠近,增加了制作难度。非接触式电导法的检测对象包括金属离子、氨基酸、有机酸、多肽和DNA片段等。

为了实现较高的耦合效率,非接触电导测量电极必须尽量靠近流体管道。图9-98所示为集成了毛细管电泳和非接触电导测量结构、集总参数模型和芯片结构[223,225]。集总参数模型中,R_{el}和C_{el}为测量电极对应区域的电解质溶液的电阻和电容,C_{dl}为管道侧壁电双层的电容,C_w为测量电极与管道侧壁间的电容,C_s为寄生杂散电容。芯片采用玻璃衬底,在制造分离流体管道的同时制造凹陷结构,检测电极Pt沉积在凹陷部位,垂直于分离管道,距离为15~20 μm。为了减小两个测量电极之间的串扰,在测量电极前增加了两个屏蔽电极。芯片测量钾离子的极限为18 μM。

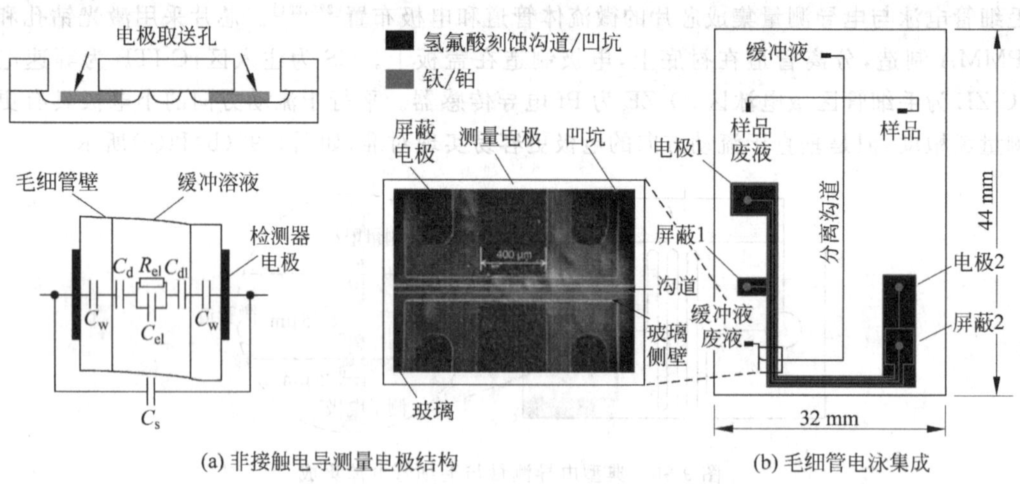

图9-98 非接触电导测量电极和毛细管电泳集成

对于图9-98所示的地平面上的两个平行条形导体,一个电极与管道构成电容,其大小约为

$$C=\frac{\pi\varepsilon_0\varepsilon_r W}{\ln[\pi d/(L+t)+1]}$$

其中ε_0为真空介电常数,ε_r为衬底玻璃的和相对介电常数,W是电极宽度,d是玻璃墙厚度,L是垂直于管道的电极宽度。如果$W=400\ \mu$m,$d=10\ \mu$m,$L=500\ \mu$m,电容为1.65 pF,两个电极与溶液构成串联电容,总电容为0.825 pF。如果交流电压为10 V,频率为100 kHz,电容峰值为5.2 μA。

3. 电势法

电势法也称伏安法,测量介于两种不同活度的离子溶液中间的薄膜产生的电势差。当被分析溶液流经离子选择电极的离子选择性薄膜时,由于外部溶液活度和内部电极活度不同,引起外部溶液和电极之间产生电势差,通过与参考电极的固定电势比较测量该电势差。离子选择电极测量常用两个参比电极,分别放置在不同的溶液中,两种溶液被离子选择薄膜隔离。离子选择薄膜通常包括亲脂性的离子载体,是一种为离子穿越薄膜提供运输载体的有机化合物。离子选择薄膜对特定的离子敏感,使薄膜电势E正比于试样中离子浓度的对数

$$E = E^0 + \frac{RT}{F}\ln\left(\sum K_i^{\text{pot}} \cdot \sqrt[z_i]{c_i}\right) \tag{9-43}$$

其中，E^0 是常数，R 是气体常数，T 是温度，F 是法拉第常数，K_i^{pot} 是粒子 i 的选择性系数，$\sqrt[z_i]{c_i}$ 是电荷为 z 的粒子 i 的浓度。

图 9-99 所示为电势法测量芯片的原理和结构。A 为 U 形通道内部溶液的输入端，B 为输出端；C 为试样管道的输入端，E 为输出端；D 为 U 形管道和测量管道的接合点，放置与测量溶液接触的离子选择电极薄膜；参比电极为 Ag/AgCl 电极，微电极可以利用微加工制造。电势法测量难以实现多种分析物的检测。由于离子选择电极必须对一种以上的离子为半透性质，而不能对本地缓冲液有过大的透过性，因此电势测量的应用受到限制。目前电势法测量芯片已有报道[226]，但是尚未有集成毛细管电泳的集成芯片。与其他电化学测量方法不同，电势法测量时信号不随着电极尺寸的减小而降低。

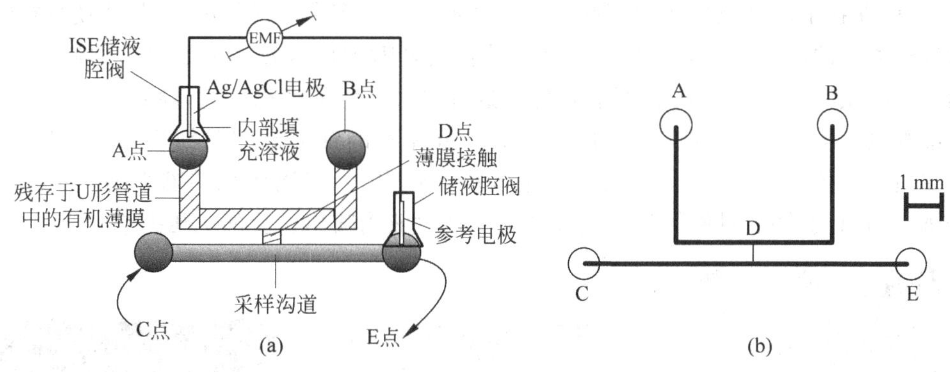

图 9-99　电势法测量芯片原理和结构

9.5.3　质谱检测

质谱检测的基本原理是样品分子离子化后，根据不同离子间质荷比(m/e)的差异分离并确定分子量。质谱分析系统由离子源、质量分析器和检测器 3 个部分组成。质量分析器是质谱的核心元件，决定着质谱的准确度、灵敏度和分辨率等。质谱是分析化学中最为强大的工具之一，它能够分离、检测和鉴别多种化合物，特别是蛋白等生物大分子。质谱检测的优点是灵敏度和准确度高，能从复杂的样本中定性、定量分析蛋白质，尤其是基质辅助激光解吸附离子化和电喷雾离子化，能够在$10^{-15} \sim 10^{-18}$ mol 的水平检测分子量高达几十万的生物大分子；质谱检测的缺点是设备庞大价格昂贵，难以与 LOC 集成。

基质辅助激光解吸附飞行时间质谱(MALDI-TOF MS)是质谱分析的典型代表。MALDI 的基本原理是将分析物分散在基质分子中并形成晶体，当激光照射晶体时，基质分子吸收激光能量与样品解吸附，基质样品之间发生电荷转移使样品分子电离。由激光产生的离子经过加速电场获得动能后进入高真空无电场管道飞行。质量较轻的离子飞行速度快，较早到达检测器；较重的离子飞行速度慢，较晚到达检测器。离子的飞行时间与质荷比的平方根成正比，通过检测飞行时间来测定离子的质荷比。电喷离子化质谱(ESI-MS)通过电场使芯片输出端的试样电离后进入质谱仪。ESI 的特点是产生高电荷离子而不是碎片离子，所形成的多电荷离子可以直接用来准确地确定多肽与蛋白质的分子量。

尽管质谱本身能够提供一定的分离作用,但是对于复杂的分析物,很多干扰因素容易引起信号抑制和背景化学噪声,通过其他分离技术可以有效地去除干扰,形成分立的试样峰值。因此,质谱检测与毛细管电泳和色谱这两种分离方法联合使用,能够大幅度提高检测通量[227,228]。由于微流体芯片能够借助毛细管电泳和色谱实现芯片分离功能,而基质辅助激光解吸附离子化方法和电喷离子化都可以在芯片上实现,因此可以将分离和离子化过程在芯片上完成,将离子化后的被分析分子输入到质谱仪,实现分离和离子化功能的微流体芯片与质谱联用[229,230]。

ESI-MS与毛细管电泳芯片结合是最近质谱分析的发展方向之一,即把毛细管芯片的输出流体通道与质谱仪的进样口对准。图9-100所示为热压制造的PMMA毛细管电泳芯片,并利用硅片锯制造尖端。电喷离子化包括直接芯片末端电喷[231]和毛细管电喷[232]。芯片末端直接喷雾是指在芯片管道末端出口处施加高电压,利用高电场使管道流出的液体雾化成细小的带电液滴,并在干燥气流的作用下崩解为大量带一个或多个电荷的离子,最终使分析物离子化并以带电离子的形式进入质谱仪。芯片末端直接电喷的优点是不需要复杂的制造,可以测量连续试样的质谱;但是由于芯片端口平直,这种方法产生的液滴较大,导致带展宽和试样稀释。毛细管电喷类似毛细管电泳结构,直径10 μm左右的锥形末端毛细管伸出芯片边缘,毛细管末端喷出液体,形成极其微小的液滴进入质谱仪[233]。液滴体积的缩小提高了测量灵敏度和分辨率,并且能够通过液体接头或金电极实现对液滴喷出位置的电压控制。

(a)

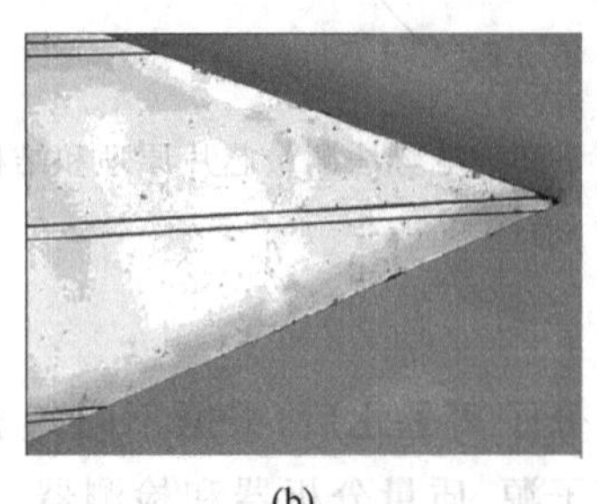

(b)

(c)

图9-100 与质谱联用的毛细管电泳芯片尖端

9.6 LOC的应用

作为微型生化分析系统,LOC可以替代传统的实验室检测,广泛用于所有需要生化分析的领域,如生物医学研究[234]、免疫分析[117]、药物开发[235~237]、临床诊断[74,120]、环境检测、反恐等[238]。

9.6.1 细胞生物学及干细胞工程

干细胞工程是指利用胚胎干细胞自我更新、高度增殖和多向分化能力及其增殖分化的高度有序性,结合现代生物医学及工程学技术,通过体外培养干细胞、诱导干细胞定向分化或利用转基因技术处理干细胞以改变其特性的方法,实现细胞治疗及组织或器官的修复与替代。

干细胞工程可用于培育不同的人体细胞、组织或器官，成为移植器官的新来源，治疗包括神经损伤、心脏病、肝脏病等各种疾病，被 1999 年美国《科学》杂志评选为当年世界 10 大科技成果第一名。干细胞的分化与很多因素有关，包括生化影响因素、流体剪切应力、细胞及细胞间质相互作用、细胞相互作用，以及胚胎形成及组织等。利用微流体技术，可以控制和优化上述影响因素，获得最佳的干细胞培养和生长条件。例如，通过微流体器件实现浓度梯度，研究氧等因素的影响、流体剪切力测量、细胞及细胞间质作用因素评估等[239,243]。

微流体器件是进行细胞培养、分析、操作与检测的重要工具[17]。在同一个种群中的细胞，即使给予相同的外界条件，它们也会表现出各自不相同的特性，如大小、形态、对外界刺激的反应等。传统流体细胞计数(Flow Cytometry)或显微镜观察等方法，可以在单个细胞的水平上测量一个细胞种群的某些因素的分布特性，如浓度、大小、形状、DNA 容量等，但是不能连续跟踪特定细胞的动态特性。

图 9-101 所示为单细胞培养和动态跟踪器件[244]，采用 SU-8 制造，由一个微流体通道将细胞培养室和细胞分析室连接起来，通过光学镊子动态调整两个室的细胞平衡，可以对单个细胞进行动态研究。图 9-101(a)为单个细胞培养室和分析室的照片，图(b)为图(a)中的 A-A'剖面图。利用这个结构作为单元，可以组成分析细胞培养和分裂繁殖过程的器件，如图 9-102 所示。

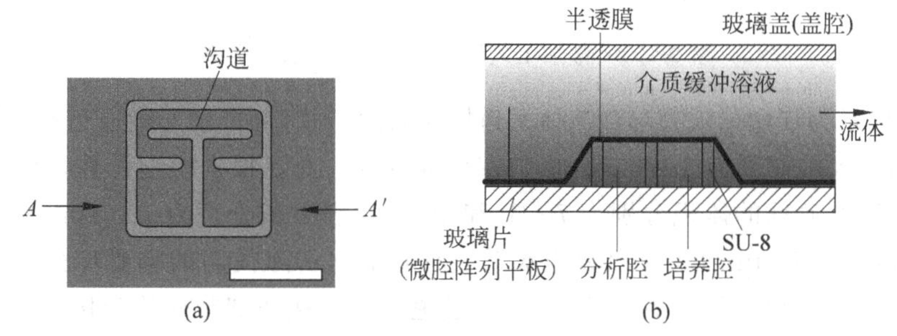

图 9-101　单细胞培养和动态跟踪器件

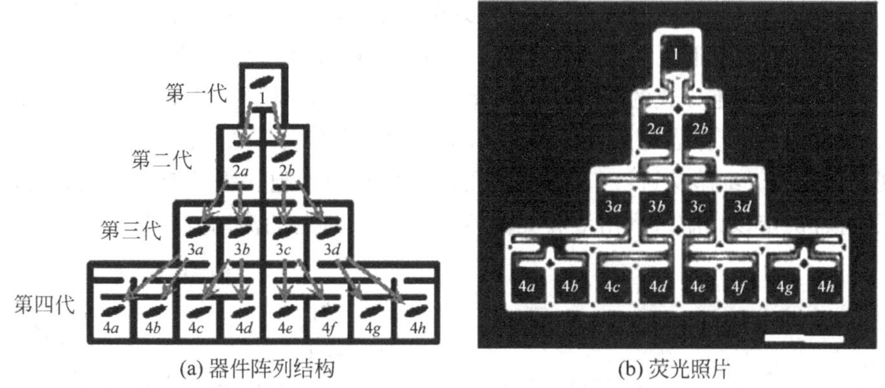

图 9-102　细胞培养和分裂繁殖器件

人体的红血球从骨髓中产生时尺寸就不相同，分析大量的单个红血球的表面积和体积可以提供非常有用的信息，例如红血球生成动力学过程、衰老，以及诊断和治疗多种感染和肿瘤。利用微加工阵列实现的人体红血球微通道分析器可以实现单个红血球表面积和体积的测量[245]。如图 9-103(a)所示,阵列包含 300 行微通道(图中只显示局部),总体尺寸为 10 mm×5 mm,多数平行微通道的宽度为 6 μm,因此红血球可以比较容易地通过图中 A 区。在 B 区,微通道为楔形,当细胞流入后被捕获并停留在微通道内。红血球停留的位置取决于它的表面积/体积比,以及整体尺寸。具有大的表面积/体积比的细胞在楔形通道内被挤压拉长,因此占有较长的区域。通过测量细胞在楔型通道内被捕获的位置,可以计算得到细胞的表面积和体积。图 9-103(b)所示为软光刻在弹性体硅烷上复制模铸后制造的楔形微流体通道,流体的流入速度为 1 nL/s。

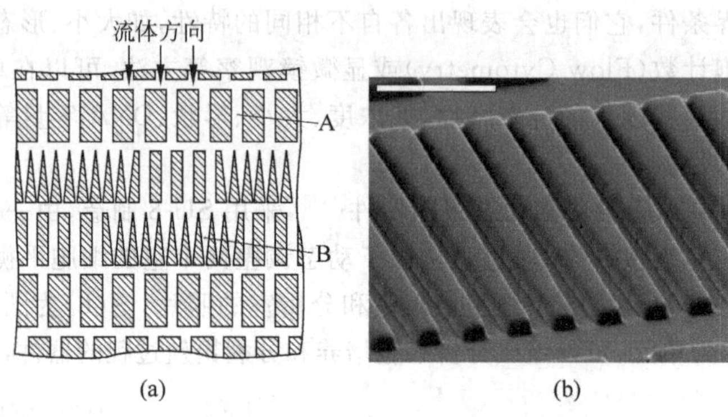

图 9-103 微加工人体红血球微通道分析阵列

图 9-104 所示为红血球被楔形微流体通道捕获后的照片,每个楔形微通道的长度为 80 μm,深度为 3.4 μm,入口宽度为 3.44 μm,出口宽度为 0.95 μm。根据模型计算,可以得到实验所采用的两种不同红血球的体积分别为 70 fL 和 100 fL,表面积分别为 120 μm^2 和 138 μm^2。

细胞分选(Cell Sorting)是在单细胞水平上研究细胞新陈代谢的重要步骤。理想情况下,单细胞的分析应该在细胞分选后立即进行,以避免样品损耗和细胞性质变化。因此,单细胞分析需要将细胞分选和后续分析手段集成于一体的多功能集成式的分析芯片。利用多层软光刻技术[26],蠕动泵和切换开关能够集成于芯片上,完成较为复杂的流体控制。因此,利用软光刻技术和已开发的蠕动泵、开关等器件,可以实现细胞分选[246]。这种方法克服了电动力分选对缓冲液不兼容、根据离子消耗频繁调整电压、压力不平衡以及蒸发等缺点。

图 9-105 所示为细胞分选的工作原理示意图。分选器由两层 PDMS 键合而成,上层为气动控制通道,下层为分选流体通道,上层通道在气动作用下变形使下层与之垂直的流体通道密封或开启,实现流体控制。细胞从进液口加载,使用蠕动泵驱动细胞和缓冲液进入竖直的流体通道,根据细胞的特性决定该细胞进入溶液收集池还是废液池,细胞的流动方向是依靠控制层实现的。

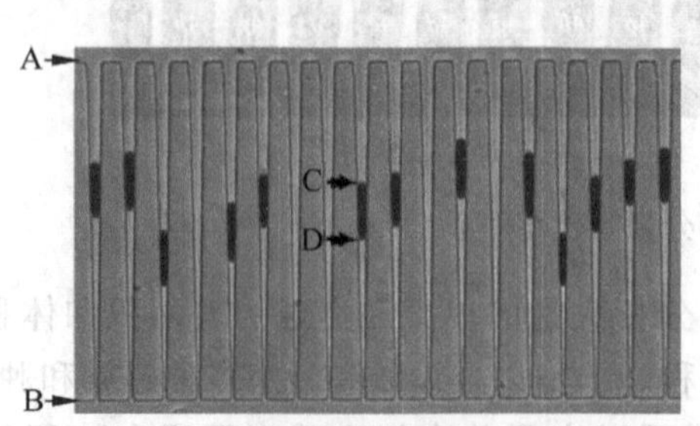

图 9-104 红血球被楔形微流体通道捕获

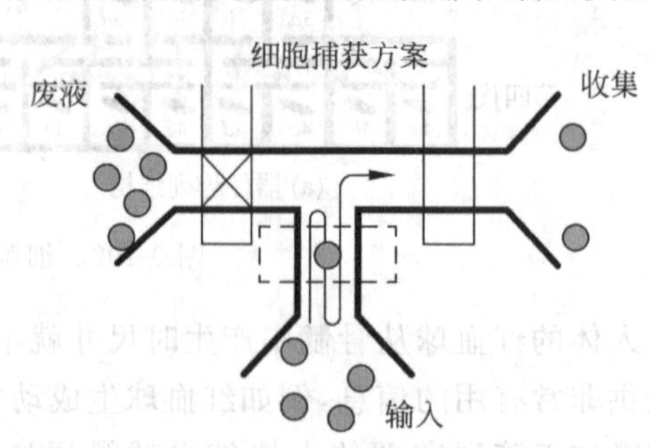

图 9-105 细胞分选器的工作原理

图 9-106 所示为细胞分选器的结构示意图[148]。图 9-106(a)是气动控制层的流体微管道分布,这些管道连通气泵以实现充气或放气,完成对下层流体通道阀的开关控制;图 9-106(b)是下层流体通道,试样注入和分选后的收集等都在该层完成;图 9-106(c)所示为两层键合后的示意图,微阀 1、2、3 作为蠕动泵,微阀 4 和 5 作为分选时的开关控制细胞进入收集池还是废液池;图 9-106(d)所示为集成器件的照片。

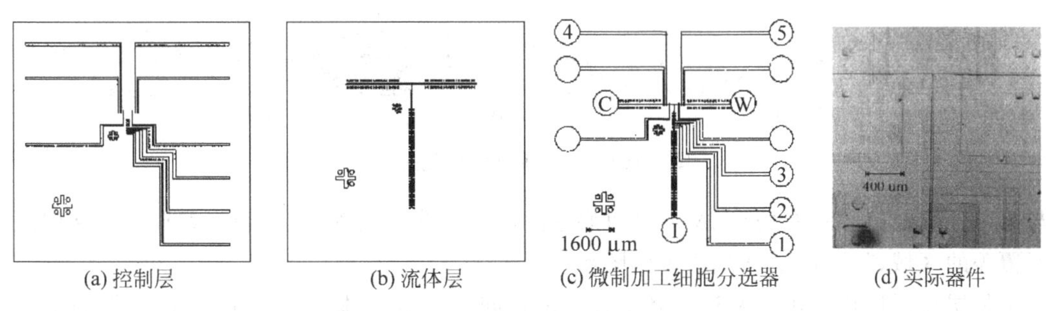

(a) 控制层 (b) 流体层 (c) 微制加工细胞分选器 (d) 实际器件

图 9-106 细胞分选器的结构

微加工技术可以在基底表面生成细胞图形,这种细胞图形对生物传感器、组织工程和细胞生物学的研究非常重要。将生物配位体放在基底指定的位置,是生物医学分析、组合筛选、生物传感器等的关键技术:基于活性细胞的生物传感器,要求准确地定位敏感细胞的位置,以便检测细胞状态;对于基于细胞的筛选,细胞被反复接触,以检测外界干扰引起的反应;对于组织工程,需要将细胞放在指定的位置以得到需要的组织结构;在细胞生物学研究中,控制固定在基底表面的细胞的尺寸、形状,以及基底的化学性质和表面形态,对于理解细胞材料之间的作用行为具有重要意义。

目前用于细胞图形的方法主要包括光刻技术、软光刻技术、激光光刻、激光气相沉积、三维印刷等[246],但是使用最多的是光刻技术和软光刻技术。光刻技术在 20 世纪 80 年代就已经被应用于形成细胞图形,例如采用光刻蚀预吸附在硅或者玻璃基底的蛋白、在紫外光转移图形的硫醇基硅氧烷薄膜上固定蛋白,以及利用共价键将蛋白连接在光敏感的基团上等。

图 9-107 所示为在硬质硼硅玻璃基底上利用光刻技术形成细胞图形的流程。(1)在基底表面涂正胶,(2)光刻、显影,形成掩膜图形;(3)依次在光刻胶上涂覆氨基乙烯氨丙基三甲基氧硅烷、戊二醛和蛋白质;(4)利用超声和丙酮去除掩膜光刻胶后,光刻显影区域留下了蛋白层;(5)用 70%的乙醇杀菌,然后把基底在无血清介质中用带有细胞 A 的悬浮液培养;(6)清洗后,在有蛋白的区域,细胞固定在硼硅玻璃表面,形成细胞/基底图形;(7)把基底放在血清介质中用细胞 B 的悬浮液培养,使未固定细胞 A 的区域吸附细胞 B。这种方法利用表面氨基硅烷修饰技术和光刻掩膜技术,使两种不同的细胞共同培养成为可能,对组织工程的应用具有一定的意义。

软光刻技术不仅可以处理弹性聚合物,也可以直接用来形成蛋白或细胞的图形。常用的形成蛋白细胞图形的软光刻技术包括以下几种:微接触印刷、微流体管道图形,以及层流图形。微接触印刷采用浮雕式的弹性体压印模板在基底上直接印刷[247],弹性体压印模板上凸凹变化的图形就可以转移到基底上。例如,利用 PDMS 模具将自组装分子(如烷烃硫醇)印刷到衬底的金或者银薄膜上,形成自组装分子膜的图形,烷烃硫醇的尾基可以吸附细胞。将带有 SAM 图形的衬底表面暴露在另外一种烷烃硫醇分子下,这种烷烃硫醇的尾基不吸附细胞,形

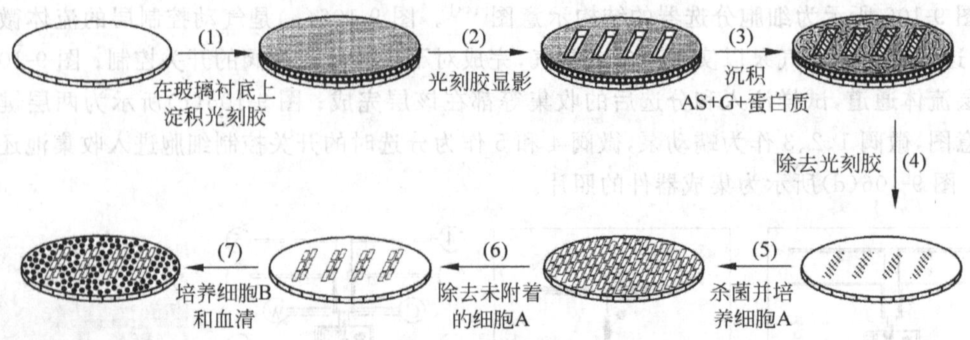

图 9-107 光刻细胞图形化过程

成与第一种烷烃硫醇互补的 SAM。将衬底在细胞培养液中培养,使细胞附着在第一种烷烃硫醇所覆盖的区域,就形成了细胞或蛋白图形。

多相层流图形化利用了两种或者多种流体在同一个微流体通道中流动时,如果满足层流的条件,流体之间不会产生由湍流引起的混合,只存在不同流体界面之间的扩散产生的混合。因为细胞是大分子,而大分子的扩散系数和扩散速度都远小于小分子,因此细胞不会扩散到相邻的流体中,只会沿着原在流体流动,这就在一个流体通道内形成不同溶液相互平行流动的现象,从而实现独特的细胞和环境的图形化方法。多相层流刻蚀和图形化在制造细胞微环境方面是有力的工具,同时,可以研究细胞外多种刺激对细胞行为的影响,例如基底的表面形态、基底的分子结构、相邻细胞的性质和位置,以及周围流体环境的组成等。这些方法对于研究微流体系统的分析和细胞传感器非常有用。

图 9-108 所示为利用层流形成细胞图形的示意图和照片。图 9-108(a)和图 9-108(b)分别为微流体通道的截面图和俯视图,微流体通道由 3 个流入微通道和一个合成流出微通道组成,通道高约 55 μm,宽度为 75~300 μm。通过出口施加适当的吸力,加速微流体的流动速度。图 9-108(c)为微流体的荧光照片,FITC(异硫氰酸荧光素)染色的血清蛋白(BSA)分别从第 1 通道和第 3 通道流入,中间通道为未染色的 BSA,流体的 Re 小于 1。3 个微流体汇合后没有发生湍流引起的混合,而是并行流动。对于小分子入蔗糖(分子量为 342,扩散系数 $D\approx 5\times 10^{-6}\ cm^2/s$),在微流体通道中流过 1 cm 后扩散距离约为 10 μm;而对于大分子如 BSA(扩散

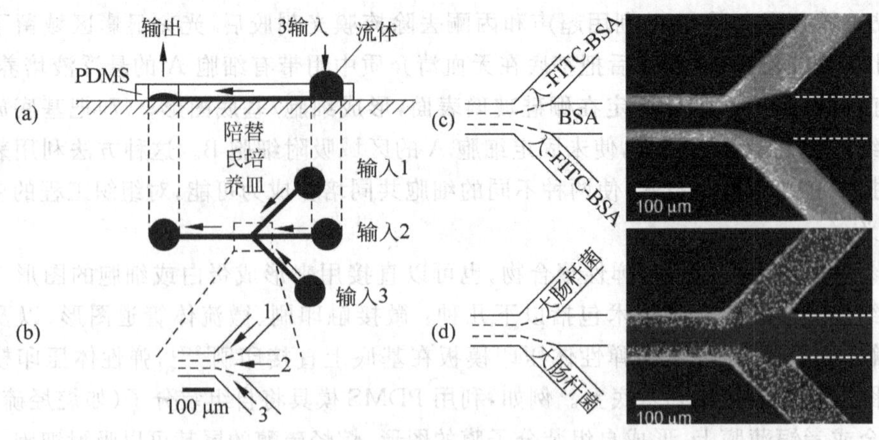

图 9-108 微管道层流图形化原理

系数 $D \approx 6 \times 10^{-7}\ cm^2/m$)，流过 1 cm 后扩散距离约为 0.6 μm。对于细胞等直径大于 0.5 μm 的分子，扩散速度大概比 BSA 慢 100 倍。图 9-108(d)为形成 BSA 蛋白图形的流体通道内流过 E. coli 细胞(用荧光核酸染色剂染色)的悬浮液后的荧光照片。带有 BSA 的区域附着了细胞，而没有 BSA 的区域没有附着。

9.6.2 微流体 DNA 芯片

将试样处理、PCR、检测等功能集成并用于 DNA 测序是微分析系统最典型的应用[248,249]。尽管完全的单芯片集成困难很大，特别是检测器件的集成，但是目前的研究成果表明单芯片集成是完全可行的。

图 9-109 所示为集成细胞溶解、多路 PCR 放大和电泳分析功能的 DNA 芯片。微芯片采用玻璃基底，微流体通道为 BHF 刻蚀，宽度 40 μm、深度 10 μm，通过键合盖玻片形成密封的流体通道。整个微芯片在细胞溶解和 PCR 的过程中都经过热循环，然后通过筛选介质根据溶解物的尺寸对溶解物进行分离。图 9-109(b)为利用标记物对 PCR 产物分级的芯片示意图。尽管该 DNA 芯片集成了 3 个功能，但是很多操作依旧需要片外完成。

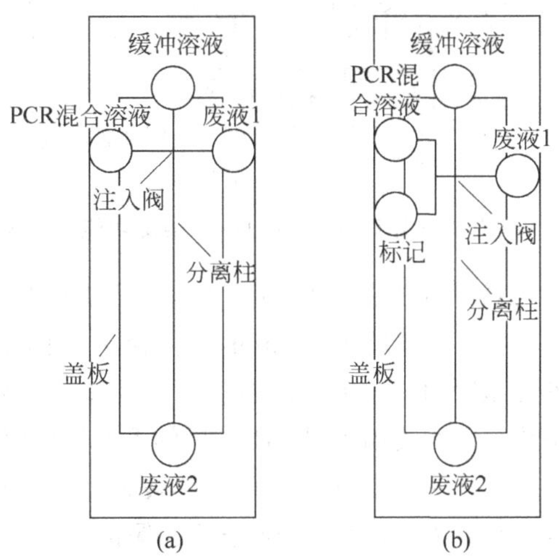

图 9-109 细胞溶解、多路 PCR 放大和电泳集成的微流体 DNA 芯片

将 DNA 分析所需要的所有功能集成在一个芯片上一直是 DNA 芯片发展的一个重要目标，一个真正的集成 DNA 芯片需要完成试样准备、混合、化学反应以及检测等功能，集成包括微流体混合器、微泵、微阀、微流体通道、微反应室、加热器、DNA 检测传感器等在内的器件。

第一个集试样处理、PCR 反应，以及 DNA 杂交等功能于一体的高度集成芯片出现于 2000 年[250]，如图 9-110 所示。它可以从毫升溶液中萃取出 DNA 并进行预富集、进行毫升量级的化学放大、系列酶反应、试样计量、混合以及 DNA 杂交等，但是集成芯片的总面积小于信用卡，并可以实现 10 种反应物的操作，可以检测血浆样品中少到 500 copy 的 RNA，实现 HIV 基因组的检测。该芯片采用数控加工聚碳酸酯制造，微流体和反应室的深度范围为 0.25～1.5 mm，长度为 0.25～10 mm，气动控制孔直径为 0.4 mm。图 9-110(a)所示为芯片俯视图照片，图中标示出各个不同部位的代号；图 9-110(b)所示为微流体功能、PCR 和反应检测等功能，以及功能对应的流体通道部位代号。

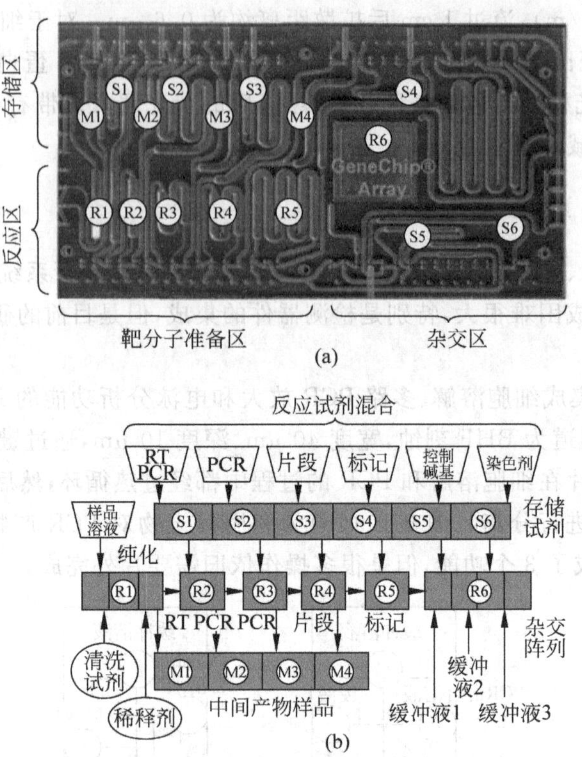

图 9-110 具有试样处理、PCR 和 DNA 杂交功能的微流体芯片

图 9-111 所示为利用数控技术制造的树脂玻璃 DNA 分析模块[251]，模块中安装有可以更换的硅玻璃 PCR 微芯片和一个树脂玻璃单元，该单元包括上下两个树脂玻璃块，夹在一层乙烯薄片和加热器之间。硅玻璃键合的 PCR 由微加工技术制造，能够完成血液试样准备、PCR、DNA 微阵列分析等。流体驱动为外接动力，PCR 以后的 DNA 利用毛细管电泳检测。这种结构尽管不是一次集成制造的，而是由几个分离的功能模块芯片组装在一个模块内，但是这种结构只需要在每次使用后替换 PCR 芯片，而其他部分可以保留。

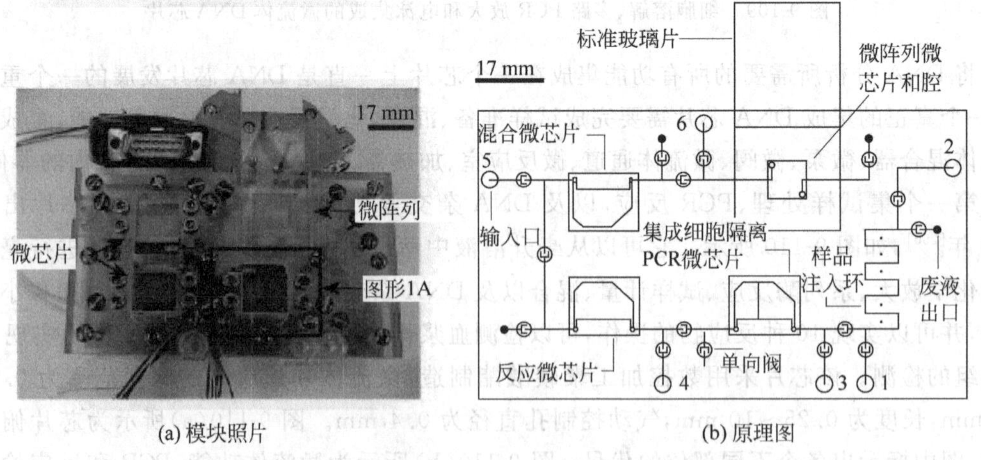

图 9-111 可更换的 DNA 分析微流体模块

最近，一个更强功能的 DNA 芯片集成了微流体混合器、泵、阀、微流体通道、反应室、加热器，以及 DNA 阵列传感器等器件，能够完成从样品细胞捕获、细胞预富集和纯化、细胞溶解、PCR、DNA 杂交，到电化学检测等 DNA 分析所需要的功能[252]。该芯片为完全独立式，不需要外界的压力源、流体储存、机械泵、阀等操作流体的设备，因此消除了样品污染并大大简化了操作过程，能够从大概几毫升全血液样品中检测致病细菌，并能利用稀释的血液直接进行单核苷的多态性分析。

如图 9-112 所示，该微流体 DNA 芯片包括 1 个聚碳酸酯塑料芯片、1 个印刷线路板和 1 个 Motorola 微阵列芯片 eSensor。塑料芯片包括 1 个为免疫磁性分离捕获细胞的混合单元、1 个细胞预富集/纯化/溶解/PCR 单元，以及 1 个 DNA 阵列反应室。反应室中一部分可以执行多个功能，因此降低了芯片的复杂程度，例如用来捕获和预富集目标细胞的反应室也用作接下来的细胞溶解和 PCR。eSensor 是 1 个分立的 PCB 基底，带有 4×4 的金电极阵列，在金电极上固定有自组装的 DNA 寡核苷酸，可以电化学检测杂交的目标 DNA。塑料芯片的尺寸为 60×100×2 mm，微流体通道的深度为 300 μm～1.2 mm，宽度为 1～5 mm，采用数控加工制造，然后用 500 μm 的 PC 薄片键合密封。在电化学泵室内插入 0.5 mm 直径的 Pt 电极，注入 20 μL 浓度为 5 M 的 NaCl 溶液形成电化学泵。两个直径为 15 mm 的压电陶瓷片作为声学混合器，粘接在样品存储室的外部和微阵列检测室的外部。微阀采用石蜡制造，首先加热塑料芯片到 90℃，高于石蜡的熔点。固体石蜡（熔点 70℃）放在塑料芯片的石蜡入口内，石蜡熔化后在毛细作用下被吸入微流体通道，然后将塑料芯片停止加热，并封住塑料芯片的石蜡入口。然后将塑料芯片与 PCB 版粘接，另外将 eSensor 微阵列芯片粘接在塑料芯片的检测槽内，完成整个芯片的制造过程。

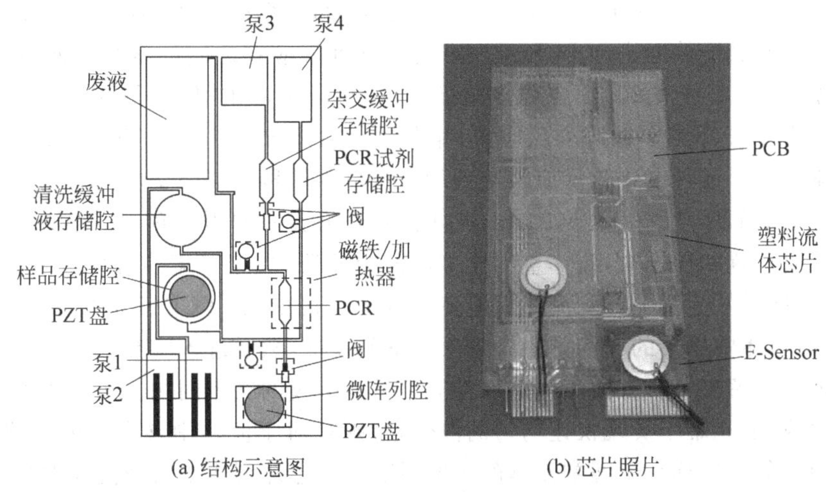

(a) 结构示意图　(b) 芯片照片

图 9-112 全功能微流体 DNA 芯片

检测时，将生物试样（如血液）和含有免疫磁性捕获微粒的溶液加入试样存储室，其他溶液（如清洗缓冲液、PCR 反应物和杂交缓冲液）分别加入相应的反应室中。然后将 DNA 芯片放入仪器中，仪器提供电源、PCR 热循环、DNA 电化学信号读出系统和用来捕获磁性微粒的磁单元。塑料芯片上的 PCR 反应室被夹在加热器和 1 个永久磁铁中间。片上试样准备从混合和培植存储在试样存储室的细胞开始，以确保目标细胞可以从血液中用免疫磁性捕获微粒捕获。然后混合物被驱动通过 PCR 反应室,在这里细胞磁性微粒和细菌结合而使细胞被永磁体捕获和预富集。PCR 反应物被注入 PCR 反应室,所有连接在 PCR 反应室的常开阀被关闭,热细胞分解和 PCR 完成。当 PCR 完成后,关闭的微阀打开,使杂交缓冲液和 PCR 产物被输运进入检测室,在声强的辅助下目标和 DNA 杂交反应混合开始。检测杂交反应产生的电化学信号在片上完成检测并被仪器记录,该信号由信号检测物的氧化还原反应产生,该检测物能够与结合在固定的检测物上的目标 DNA 发生杂交反应。

检测致病细菌时,将 1 mL 的柠檬酸化的兔全血液(含有 1 千至 1 百万个大肠杆菌 K12)滴入试样存储室,然后将 10 mL 的生物素化的多克隆兔抗大肠杆菌 K12 抗体和 20 μL 链霉抗生物素蛋白标记的微粒加入试样存储室。在 20 min 空穴微流技术的混合后,形成微粒-抗体-K12 细胞复合体。混合以后,血液试样混合物被电化学泵(图中泵 1)以 0.1 mL/min 的流速输入 PCR 反应室,在 PCR 反应室微粒-抗体-细胞的复合体被磁性收集。未被收集的试样流入废弃物池,然后 1 mL 清洗缓冲液在泵 2 的压力下以 0.1 mL/min 的流速被驱动流过 PCR 反应室,来清洗被收集的复合体。

经过细胞的预富集和纯化,纯化的微粒-抗体-细胞复合体被从血液试样中分离出来并收集在 PCR 反应室。向 PCR 反应室中通入 PCR 反应物,并关闭所有石蜡微阀,进行热细胞溶解和 2 种引物非对称的 PCR,以此来放大大肠杆菌 K12 特有基因片段,并在有微粒的情况下获得单链 DNA 扩增子载体。一对 K12 的特异性引物用来放大 221 bp 大肠杆菌 K12 的特异基因(MG1655)片段,正向引物为 5′AAC GGC CAT CAA CAT CGA ATA CAT 3′,反向引物为 5′ GGC GTT ATC CCC AGT TTT TAG TGA 3′。PCR 反应物包括多种成分,PCR 过程中首先的变性温度为 94℃保持 4 min,然后的循环过程为 94℃保持 45 s,55℃保持 45 s,72℃保持 45 s,最后一个 72℃保持 3 min。PCR 结束后,将两个分别控制 PCR 反应室与杂交缓冲液存储室之间微流体通道和 PCR 反应室与微阵列反应室之间的微流体通道的石蜡阀打开,PCR 产物与杂交缓冲液 20 μL 被泵 3 输运到 eSensor 所在的微阵列反应室,杂交缓冲液含有多种成分。在 35℃下培养微阵列反应室,并在 0 min、15 min、30 min 和 1 h 测量 eSensor 微阵列的电化学信号。通过电化学反应收集到的交流电压信号对应杂交反应[253]。

由于流体通道的尺寸都大于 500 μm,流体体积在微升和毫升之间,雷诺数在 10 以上,因此当芯片在垂直放置和操作时,流体重力比表面张力显著,决定了流体特性。因此,流体可以利用重力驱动,同时气泡都上升到流体反应室的顶部。例如,在 PCR 反应室流体从反应室的底部进入,所有流体中携带的气泡都上升到反应室的顶部,然后进入废弃物室,使 PCR 反应室没有任何气泡。这解决了所有微流体器件都需要重点解决的气泡问题。通常微流体的混合只能依靠扩散完成,因此难于实现快速均匀的混合,特别是对于流体中含有大分子的情况,因为大分子的扩散系数要远远小于通常流体的扩散系数。该芯片利用空穴微流技术实现流体的快速混合。将流体中充入气泡,在外界 PZT 执行器的作用下气泡振动,于是气泡-流体截面的摩擦力增加了流体在气泡周围的循环,因此可以大大提高混合速度。

该芯片采用了石蜡微阀,这种微阀不使用传统微阀的多层膜结构,因此制造简单,成本低,非常适合一次性芯片使用。石蜡微阀的密封泄漏量为零,开启时间与加热速度和管道直径有关,一般在 10 s 左右。如图 9-113 所示,在石蜡熔化后吸入微流体通道,凝固后阻断流体通道成为密封断面。需要开启时,在微阀区域加热,使石蜡熔化,于是在压力作用下石蜡被推入宽的流体通道区域,于是微阀打开。图 9-113(a)和(b)所示为微流体关-开的过程,图 9-113(d)~(f)

所示为控制微流体区域关-开-关的过程。

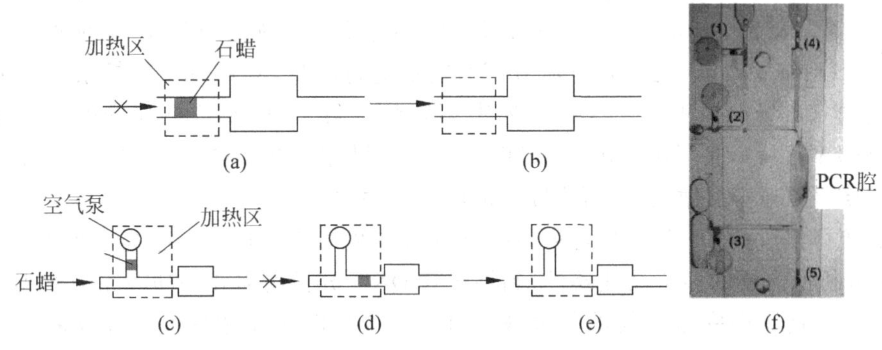

图 9-113 加热石蜡控制的开关微阀

该芯片采用两种简单的压力驱动微泵：热气动空气泵(图 9-113(f)中泵(4))用来驱动大毫升体积的流体，电化学泵(图 9-113(f)中泵(1)～(3))用来驱动毫升体积的流体。热气动空气泵对密封在空气室内的气体加热(如电阻加热)，使空气膨胀，从而推动流体运动。后者依靠盐溶液中的两个铂电极之间的水在直流作用下电解时产生的气体来推动液体流动。这两种泵都不需要使用可动部件和薄膜，因此制造非常简单。热气动空气泵在泵体体积 50 μL 的情况下可以推动 60 μL 的流体，消耗功率小于 0.5 W。

这种芯片完成 DNA 分析的时间大概为 3.5 h，其中试样准备和操作为 50 min，PCR 放大 90 min，微泵和微阀驱动流体输运 10 min，最后杂交 60 min。电化学检测具有很多优点，例如可以多路 DNA 分析，可以处理复杂、混合试样(如 PCR 产物包括变性的血液)。尽管电化学检测的灵敏度还没有光学方法高，但是已经达到一般应用的水平。使用微升量级的血液试样(大约 10 000 个白细胞)可以进行基因分析，因此在临床应用中前景广阔。表 9-7 为几种 DNA 芯片的比较。

表 9-7 几种集成 DNA 芯片的比较

试样准备	生化反应	检测	制造方法	文献
无	片上加热器加热进行链位移放大	电泳	玻璃和硅片键合	[254]
无	商品化的热循环加热器实现多路 PCR	电泳	微加工技术	[82]
从 1 mL 血清试样中分离纯化 RNA	逆转录 PCR，nested PCR，脱氧核糖核酸酶片段、去磷，转移酶标记	基因芯片杂交	传统数控加工技术	[250]
从 3 μL 全血液中分离白血球	加热制冷器实现的热循环 PCR	DNA 阵列	数控加工制造树脂玻璃模块，微加工制造的硅玻璃键合芯片	[251]
1 mL 全血液中分离致病菌基因片段	加热实现热循环 PCR	DNA 阵列、电化学	传统数控加工	[252]

DNA 分离一般使用毛细管电泳。由于凝胶电泳稳定性不佳，且分离速度较慢，凝胶材质是其中的一个重要因故，代替性凝胶可由 poly-Si 孔质组成[255]。毛细管电泳是目前常用的方

法,根据使用电源不同,分成直流电泳法以及交流电泳法,直流电压 300~1000 V,交流电压约 5 V。直流电泳的毛细管包括硅沟道毛细管[256]、玻璃或石英毛细管[257]、塑料毛细管[258]、金属毛细管法[259]等。交流电泳的毛细管包括硅沟道毛细管法[260]、硅基 PDMS 毛细管[261],以及玻璃基的 PDMS 毛细管[262]。毛细管电泳分离后需要进行测量,测量方法包括紫外光测量[263]、微电流测量[264]、磁场共振测量[244],以及 β 射线测量[265]等。对 DNA 测序的另一种方法是使用微阵列(DNA 芯片),它不用电泳来对 DNA 测序,而是由 4×4 或 8×8 等已知所有 DNA 原码(ACG. T)组合,与样品做杂交,再推断样品的长链序列[266]。

基于微流体集成的 DNA 芯片是目前生化分析和微加工领域的一个重要研究方向,从分立的 DNA 分析所需要的多个功能器件,到将所有 DNA 分析所需要的功能完全集成,DNA 芯片正在从单一功能走向完全功能的集成体。自从毛细管电泳在芯片上实现以来[266],微流体集成的 LOC 就在众多方面显示出巨大的优势,并在集成等领域已经解决了分析通量低的问题[131]、功能复杂程度问题[250,167]、集成的问题[267]、片上试样准备的问题[172,251],以及低成本制造和集成的问题。

在初期,研究主要集中在复杂流体通道网络实现多功能的分析方面,并不将泵、阀、检测器等集成在芯片上[250,268]。另外的一个研究方向是将所有的功能都集成在一个芯片上,实现便携式结构[254]。随后,大量的研究开始尝试利用传感器微加工或者软光刻的方法将阀[269]、泵[270]等器件集成在芯片上。尽管将 PCR 与毛细管电泳集成已经得到了验证,但是将试样处理、PCR、毛细管电泳以及 DNA 阵列分析集成的报道却比较少[250,251]。

全功能集成的 DNA 芯片需要解决很多技术问题,例如试样处理、PCR 反应、DNA 检测等。在试样处理领域,尽管分离、混合、纯化、输运等多种功能都可以在微加工的芯片上实现,但是将所有功能集成仍就是一个巨大的挑战,特别是对于不同生物性质的液体试样,对它们进行处理是目前阻碍全部功能集成的最重要的因素;在 PCR 反应领域,目前已经有时分和空分方法可以实现温度过程或者温度区域的精确控制,但是将 PCR 与试样处理过程和电泳分离相集成仍旧需要解决技术问题;在检测领域,目前常用的质谱、荧光等检测方法仍旧难于集成,整体集成需要考虑电化学、集成光电器件,以及其他可以检测 DNA 的方法。

毛细管电泳芯片最早出现在 1993 年[266],目前仍受到重视;将 PCR 与分离的毛细管电泳相结合出现在 1996 年。这种结合可以解决手工操作两个步骤低效率的问题。芯片采用两个相同的带有 KOH 刻蚀硅杯的硅片通过聚压酰胺作为中间层键合而成,加热为 LPCVD 沉积的多晶硅电阻;Teflon 绝缘热电偶,毛细管电泳芯片为带有分离微通道的硅片与玻璃键合而成。PCR 芯片与毛细管电泳不是集成的,而是通过一个短塑料管将叠放的 PCR 芯片与毛细管电泳芯片连接。15 min 可完成 30 次 PCR 循环,随后在 2 min 内完成电泳分离分析,总分析时间少于 20 min。

第一个 PCR-CE 集成芯片出现在 1998 年[82],该芯片集成了细胞溶胞、多元 PCR 扩增以及 CE 分离分析功能。将整个芯片置于普通热循环仪中进行扩增。尽管电泳分离可在 3 min 内完成,但是由于采用传统热循环方法,PCR 扩增需要的时间较长,在效率和灵敏度方面都没有比传统的 PCR 方法有明显的优势。他们还采用类似装置完成了多个样品的同时 PCR 扩增和电泳分离分析[271]。第一个利用电池的便携式 PCR 仪出现于 1998 年[169],它包括了一个微型化的硅微加工的反应室构成的热循环系统和一个实时荧光检测系统,因此没有采用毛细管电泳,这种结构大大增加了反应室的密度,从而提高了分析通量。

首个高效的 PCR-CE 集成的 DNA 分析系统出现于 2000 年[272]。采用微制造技术在直径为 100 mm 的玻璃片上制作出 8 个集成单元，每个单元由乳胶阀、疏水孔、PCR 反应池和 CE 分离系统组成。玻璃片上有宽 100 μm、深 42 μm 的通道。玻片打孔后与另一个玻璃片热键合，构成一个密闭的 PCR-CE 体系。在芯片背面集成电阻加热器和 T 形热电偶，对 PCR 循环进行温度控制和测量。系统集取样、PCR 扩增和 CE 分离分析于一体。PCR 反应池的容积仅 0.28 μL，大大节省了生物样品的消耗；氮气冷却速度达到 10℃/s，缩短了 PCR 扩增时间，20 次循环仅需 10 min；扩增前反应池中平均仅 5～6 个模板分子，扩增后信噪比约为 7∶1，由此推算每个反应池中只需 2 个起始 DNA 模板分子即可产生 3∶1 的信噪比。

利用湿法刻蚀在玻璃片上制作的集 DNA 浓缩、PCR 扩增、CE 分离分析于一体的 PCR 微芯片系统[172]。产物的数量是试管式 PCR 的 70%～100%，PCR 每个循环的扩增效率平均为 58%。该芯片采用双珀耳帖加热元件进行导热/辐射热循环 PCR，更加方便、可靠、快速的热循环性能，消除了解链温度下微小温度过冲所引起的样品蒸发，减少了因沉浸控制元件发生 PCR 反应交叉污染的可能，简化了热循环程序，不需要密封反应池，避免了密封胶和热诱导流体对 PCR 的抑制。采用多孔性、半渗透性聚硅酸盐薄膜对 PCR 产物进行浓缩，电泳信号增强，减少了循环次数(仅需 10 次 PCR 循环)，缩短了分析时间。通过标记 DNA 可测定未知扩增产物片段的长度或验证已知扩增产物的长度。

DNA 芯片检测通常可以使用电泳或者阵列，因此检测方法包括光学、电化学、微阵列等多种。采用光学检测的优点在于灵敏度很高，但是光学检测微阵列的效率很低，并且光学设备难以实现集成；电化学检测尽管不能达到光学检测的灵敏度，但是电化学检测只依赖于电极，因此可以集成在芯片上[273]。光学方法包括发光和荧光等。例如文献[274]中利用在模板上使聚酯发生聚合反应制造毛细管电泳微芯片，可以将蓝光发光二极管埋入聚酯中接近反应室或者被测区域附近，利用同样埋入的光纤对发射光进行接收。尽管这种方法将发光二极管和光纤都集成到芯片上，但是后续的光学信号分析部分仍旧无法集成。

图 9-114 所示为单片集成的 DNA 芯片系统[254]。该系统集成了除检测激光光源和数据处理电路以外的所有器件，能够实现试样加载、输运、电泳分离和检测等功能，包括纳升溶液注入器、试样混合和定位系统、温度控制反应室、电泳分离系统和荧光检测器，可以计量水性反应试剂和含 DNA 的溶液、混合反应溶液、放大或者分解 DNA 形成分立片段、温度控制 PCR 反应过程，以及分离和检测反应产物，展示了一个较为完整的 LOC 系统的原型。整个芯片除激励源、压力源和控制电路外均采用微加工技术制造，基底材料为玻璃和硅。与传统实验室相比，LOC 具有很多突出的优点：分析过程高效率、高通量，大大提高复杂分析过程的速度；能够实现分析检测过程的全程自动化，使分析过程更简单快捷；可以直接操作生物单元，如蛋白质、基因、细胞、核糖体、线粒体等，并实现单细胞分析；分析物样品用量与产生的废弃物极少(纳升到微升水平)，大大降低了分析成本；降低了环境污染；芯片可以大批量生产，成本低，可一次性使用；简化操作过程，使传统的实验室分析过程可以在实验室外进行。

首先在硅衬底上制造硅光敏二极管探测器。在 p 型 200 Ω·cm 硅衬底的整个表面上注入硼，选择性注入磷和硼，分别形成衬底接触和二极管引线。热生长 200 nm 的 SiO_2 作为绝缘隔离层和激活二极管。由氧化钛和 SiO_2 薄膜轮流沉积组成的 1/4 波长干涉过滤器沉积在二极管上面，使 515 nm 的荧光可以传播，同时阻挡 500 nm 以下的激励光。温度控制用的金属加热器和温度传感器被安置在两层气相沉积的塑料(p-二甲苯)隔离层之间。电泳所需的电极

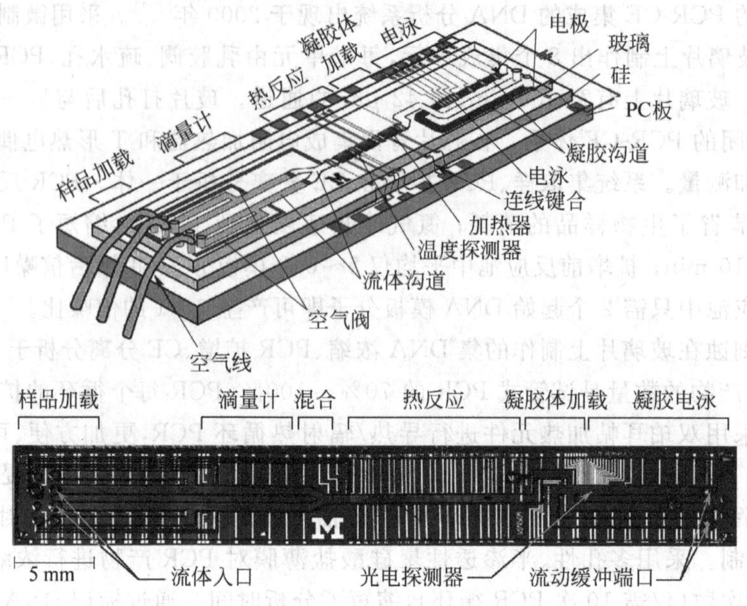

图 9-114 单片集成 DNA 芯片

由 Pt 制造,沉积在需要的位置。最后,把刻蚀有 500 μm 宽 50 μm 深流体通道的玻璃基底与硅键合,形成整个芯片系统。最后完成的芯片尺寸为 47 mm 长、5 mm 宽、1 mm 高,通过引线键合与印刷线路板封装在一起。在电泳阶段前在原位形成聚丙烯酰胺凝胶。

芯片的一个重要功能是能够利用疏水补片和注入空气精确计量流体体积。用吸管将含有 DNA 的溶液和反应液体分别滴到两个流体通道入口处,毛细效应将溶液吸入流体通道,但是通道内刚刚超过通气孔的疏水补片阻挡试样前进。从通气孔施加压力,将纳升液滴精密分割,液滴的体积等于通气孔与疏水补片之间的距离乘以通道截面面积。增加通气孔的压力,可以驱动向前流动,并在微通道结合处相遇、混合,向热反应区域移动。当合并后的试样通过第三通气孔时,驱动试样运动的压力从第三个通气孔被释放,因此试样自动停止在反应区。微加工的加热器和温度传感器用于对反应室进行精确时间的精确控温。

芯片另一个重要功能是用荧光检测器件检测根据尺寸分离的 DNA。当反应结束后,试样在压力的驱动下被运送到凝胶电泳通道的入口处,该导电试样液滴的存在可以通过凝胶系统的导电率进行确定。接着 DNA 在小于 10 kV/cm 的电场作用下,被电动力输运到凝胶进行分离。当荧光标记的 DNA 迁移通过凝胶,分立的蓝色发光二极管发光激发荧光标记发光,集成的光敏二极管探测器检测荧光信号。二极管探测器的输出表示 DNA 反应产物的迁移时间。

芯片除了集成众多的分析功能于一体所带来的好处外,集成提高了单个器件的性能。例如,荧光检测的光敏二极管探测器对 DNA 带迁移非常敏感,灵敏度可以达到 10 ng/μL,这得益于滤波器对低波长的阻挡和荧光团发射范围内几乎 100%的传输。另外,二极管探测器与被测试样的距离被减小至约 6 μm,大大提高了对荧光信号的接收效率。试样注入系统为精确计量 nL 量级的试样提供了很好的解决方法,其中的关键是形成疏水区域或疏水补片。这个疏水补片是利用铝掩模版上让硅烷反应后形成的,去掉掩模版后,疏水表面得以保留。这种技术能够分割和驱动小于 1 nL 的试样。反应室的下层加热系统可以将温度控制在 0.1℃的精度,并且很容易地实现 10℃/s 的温度变化梯度。

图 9-115 为 Micronics 开发的血细胞计数芯片和 DNA 分析芯片。芯片采用塑料制造,一次性使用,芯片上完成流体试样预处理,microFlow™仪器控制芯片并提供反应所需的化学试剂[275]。血细胞计数器的分析试样为 30 μL 体液,如全血液、唾液或尿液,利用手指按压芯片上的微泵将试样推入芯片,microFlow™仪器上气动泵驱动流体在管道内流动。芯片集成流量传感器,测量试样的流速和体积,片上实现细胞溶解、试样与反应物混合,最后进入测量室利用激光测量。试样用量很少,反应废弃物均收集在芯片上。DNA 分析芯片实现多系统的单片核酸分析,分析试样为 50～100 μL 体液,如唾液,分类后的细胞在芯片上被溶解,释放出核酸,附着在芯片上集成的石英薄膜上。然后利用有机反应剂清除污染物,包括蛋白和残余的盐;水解洗提缓冲液加入芯片,从石英薄膜上释放核酸,纯化的核酸被输运到下一个微室,完成片上 PCR 扩增。芯片功能包括破坏细胞、附着 RNA、清晰细胞碎片、薄膜染色、RNA 复原等多种功能。

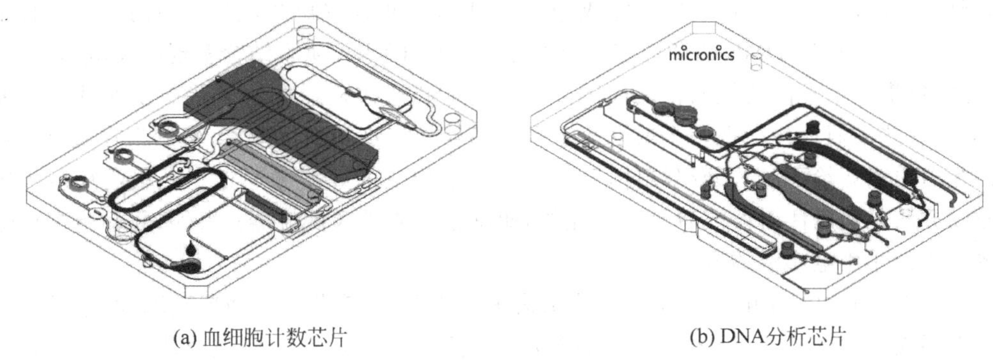

(a) 血细胞计数芯片　　(b) DNA分析芯片

图 9-115　Micronics 公司血细胞计数器芯片和 DNA 分析芯片

Motoral 公司开发的 DNA 测序仪集成了微空穴混合器、石蜡微阀、PCR 室等,能够实现从体液分离目标细胞、细胞溶解、DNA 提取、纯化、PCR 放大,以及 DNA 测序等全部功能[276]。这些功能分别制造在多个芯片上,降低了制造难度。

9.6.3 蛋白质分析

由于每种蛋白的质量和氨基酸构成都不同,在给定的 pH 值溶液中都有典型的质量电荷比,这构成了毛细管分离蛋白混合物的基础。蛋白质通常有结构能够与其他蛋白或者衬底相互作用,在疏水表面或者熔融石英衬底上容易发生吸附,因此毛细管电泳器件通常需要对表面进行聚合物处理,例如 PMMA,来降低电渗流效应并减轻蛋白质在衬底表面的吸附。由于每种蛋白质的氨基酸序列不同,蛋白质被酶水解后产生的肽片段序列也各不相同,肽混合物质量数具有特征性,称为指纹图谱。将获取的指纹图谱在蛋白质数据库中检索,寻找具有相似的蛋白质就可以初步完成蛋白质的确认。

微流体技术在蛋白质研究中有着举足轻重的作用。蛋白质芯片完成的功能与 DNA 芯片类似,除了不需要进行 PCR 以外,包括输运、细胞分离、蛋白质提取、检测等[277]在内的几乎所有的功能都可以在芯片上实现。目前已经实现了基于微芯片的 SDS-聚丙烯酰胺凝胶电泳[278]和 IEF[279],这是两种重要的蛋白质分离工具。同时,它们也代表了双向电泳技术在芯片上的成功应用。无论蛋白质芯片是否包含集成的酶反应器,都可以实现与电喷雾液相色谱质谱检测的结合[232,280]。作为芯片处理和质谱之间的连接桥梁,集成的喷雾喷嘴可以用微加工的方法实现[281]。

杂交反应后的芯片上各个反应点的荧光位置、荧光强弱经过芯片扫描仪和相关软件可以进行分析,将荧光信号转换成数据,即可以获得有关的生物信息。基于芯片的蛋白质分析系统需要完成多个功能,其中包括试样预处理、在微通道和反应器之间输运流体和分子,以及最后的检测等。蛋白质在进行分析以前需要在微器件上进行水解分解,分解后的蛋白质再进行分离和检测。水解分解的原理是将蛋白质输运经过酶反应器,在酶反应器固定的胰蛋白酶(水解酶类,促使肽链分裂,作用部位为精氨酸或赖氨酸羧基。此酶以酶原形式由胰释出,在小肠中转化为活性形式)的作用发生分解。最后收集酶反应器输出的缩氨酸进行质谱分析以识别缩氨酸的种类和蛋白质的组成。例如在玻璃、硅、PDMS基底上制造的酶反应器可以分解蛋白[282,283]。例如,利用多孔硅衬底制造的酶反应器,可以在34 h内分三个步骤完成酶在基底的固定,蛋白质分解可以在3 min以内完成,并使用基质辅助激光解析电离飞行时间质谱技术进行测量和表征。采用PDMS的微通道与富胰蛋白酶的PVDF薄膜结合实现酶反应器[283]。

因此,负责多个不同功能器件之间的连接微通道和流体输运方法是蛋白质芯片中重要的组成部分,这些微通道包括把一个或两个上游分离器件连接到酶反应器,然后把在酶反应器中分解的蛋白质输运给下游的分离器件,最后进入质谱检测的连接微通道。一般酶反应器中应用的驱动方法是利用注射器或者泵产生流体,驱动蛋白质进入反应器;另外,驱动蛋白质进行水解的方法是采用电渗流的方法。

图9-116所示为利用电渗流驱动芯片结构示意图[282]。该芯片由两层玻璃片键合而成,反应室在上层玻璃片的尺寸为980 μm宽、12.7 mm长、240 μm深,下层玻璃片上反应室长宽相等,但是深度18 μm。在下层玻璃片上,流体通道为108 μm宽、18 μm深、4 mm长。在反应室和流体通道预处理后,分别从出液口和进液口加载分解缓冲液和蛋白质试样。然后在进液口施加1 kV的电压,出液口接地,于是电场方向沿着反应室的长度方法。电渗流驱动蛋白质试样经过反应室水解后,利用毛细管电泳分离出液口收集的缩氨酸,最后采用MALDI-TOF进行测量。

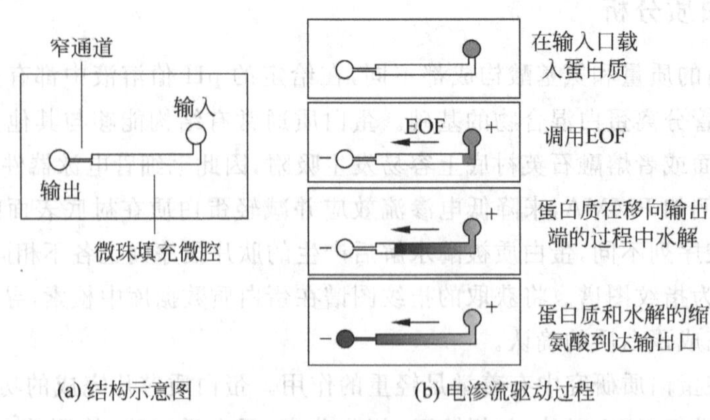

图9-116 电渗流驱动芯片

参考文献

[1] MJ Felton. Lab on a chip: Poised on the brink. Anal Chem,2003,505A-508A

[2] JW Hong,et al. Integrated nanoliter systems,Nat Biotech,2003,21(10): 1179-1183

[3] T Vilkner,et al. Micro total analysis systems. Recent developments,Anal Chem,76,3373-3386

[4] SC Terry,et al. A gas chromatographic air analyzer fabricated on a silicon wafer. IEEE Trans Electron Dev,1979,ED-26: 1880-1886

[5] A Manz,et al. Design of an open-tubular column liquid chromatograph using silicon chip technology. Sens Actuators 1990,B1: 249-255

[6] A Manz,et al. Miniaturized total chemical-analysis systems-a novel concept for chemical sensing. Sens Actuators 1990,B1: 244-248

[7] Z Fan,et al. Micromachining of capillary electrophoresis injectors and separators on glass chips and evaluation of flow at capillary intersections. Anal Chem,1994,66: 177-184

[8] DJ Harrison, et al. Micromachining a miniaturized capillary electrophoresis-based chemical analysis system on a chip. Science,1993,261: 895-897

[9] AT Woolley, et al. Capillary electrophoresis chips with intergrated electrochemical detection, Anal Chem,1998,70: 684-688

[10] K Seiler, et al. Electroosmotic pumping and valveless control of fluid flow within a manifold of capillaries on a glass chip. Anal Chem,1994,66; 3485-3491

[11] SC Jacobson,et al. Integrated microdevice for DNA restriction fragment analysis. Anal Chem,1996,68: 720-723

[12] K Seiler,et al. Planar glass chips for capillary electrophoresis: repetitive sample injection,quantitation, and separation efficiency. Anal Chem,1993,65: 1481-1488

[13] MA Northrup,et al. DNA amplification with a microfabricated reaction chamber. In: Transducers'93, 924-926

[14] L Bousse,et al. Micormachined mulitchannel systems for the measurement of cellular metabolism. In: Transducers'93,916-919

[15] D Sobek,et al. A microfabricated flow chamber for optical measurements in fluids. MEMS'93,219-224

[16] AG Hadd,et al. Microchip device for performing enzyme assays. Anal Chem,1997,69: 3407-3412

[17] PC Li, et al. Transport, manipulation, and reaction of biological cells on-chip using electrokinetic effects. Anal Chem,1997,69: 1564-1568

[18] CS Effenhauser, et al. Integrated chip-based capillary electrophoresis. Electrophoresis 1997, 18: 2203-2213

[19] D J Harrison,et al. Capillary electrophoresis and sample injection systems integrated on a planar glass chip. Anal Chem,1992,64(17): 1926-1932

[20] BH van der Schoot, et al. A silicon integrated miniature chemical analysis system, Sens. Actuators, 1992,B6: 57-60

[21] SC Jacobson,et al. Fused quartz substrates for microchip electrophoresis,Anal Chem,1995,67: 2059-2063

[22] DC Duffy, et al. Rapid prototyping of microfluidic systems in poly(dimethylsiloxane). Anal Chem, 1998,70: 4974-4984

[23] SA Soper,et al. Polymeric microelectromechanical systems. Anal Chem,2000,72,642 A-651

[24] M Wanunu, et al. Microfluidic chip for molecular amplification of influenza A RNA in human respiratory specimens,PLoS ONE,2012,7: e33176

[25] T McGreedy. Fabrication techniques and materials commonly used for the production of microreactors

and micro total analytical systems. Trends Anal Chem,2000,19: 396-401

[26] MA Unger,et al. Monolithic microfabricated valves and pumps by multilayer soft lithography. Science, 2000,288: 113-116

[27] H Becker,et al. Polymer microfluidic devices. Talanta 2002,56: 267-287

[28] U Bilitewski,et al. Biochemical analysis with microfluidic systems. Anal Bioanal Chem,2003,377: 556-569

[29] H Lorenz,et al. SU-8: a low-cost negative resist for MEMS,JMM 7,1997,12: 1-127

[30] J Zhang, et al. Polymerization optimization of SU-8 photoresist and its applications in microfluidic systems and MEMS. JMM,2001,11: 20-26

[31] E Kim,et al. Polymer microstructures formed by moulding in capillaries. Nature,1995,376,581

[32] W Budach, et al. Planar waveguides as high performance sensing platforms for fluorescence-based multiplexed oligonucleotide hybridization assays. Anal Chem. ,1999,71: 3347

[33] Y Berdichevsky,et al. UV/ozone modification of poly(dimethylsiloxane) microfluidic channels. Sens Actuators B,2004,97 (2-3): 402-408

[34] T Boone,et al. Plastic advances microfluidic devices. Anal Chem,2002,74: 78A-86A

[35] R Lenigk,et al. Plastic biochannel hybridization devices: a new concept for microfluidic DNA arrays. Anal Biochem,2002,311: 40-49

[36] GS Fiorini,et al. Rapid prototyping of thermoset polyester microfluidic devices. Anal Chem,2004,76: 4697-4704

[37] Y Xia,et al. Soft lithography. Angew Chem Int Ed,1998,37: 550-575

[38] T Deng,et al. Prototyping of masks,masters,and stamps/molds for soft lithography using an office printer and photographic reduction. Anal Chem,2000,72: 3176-3180

[39] J Lahiri,et al. Patterning ligangs on reactive SAMS by microcontact printing. Langmuir,1999,15: 2055-2060

[40] HA Biebuyck,et al. Lithography beyond light: Microcontact printing with monolayer resists. IBM J Res Dev,1997,41: 159-170

[41] Y Xia,et al. Shadowed sputtering of gold on V-shaped microtrenches etched in silicon and applications in microfabrication. Adv Mater,1996,8: 765-768

[42] Y Xia,et al. Replica molding using polymeric materials: A practical step toward nanomanufacturing. 1997. Adv. Mater. 9: 147-49

[43] Y Xia,et al. Soft lithography. Annu Rev Mater Sci,1998. 28: 153-184

[44] E Kim, et al. Imbibition and flow of wetting liquids in noncircular capillaries. Phys Chem B,1997, 101(6): 855-863

[45] M Geissler, Y Xia. Patterning: principles and some newdevelopments. Adv Mat, 2004, 16(15): 1249-1260

[46] H Becker,et al. Polymer microfabrication methods for microfluidic analytical applications. Electrophoresis, 2000,21: 12-26

[47] SY Chou,et al. Imprint lithography with 25-nanometer resolution. Science 1996,272: 85-87

[48] BD Terris,et al. Nanoscale replication for scanning probe data storage. APL,1996,69: 4262-4264

[49] O Hofmann, et al. Modular approach to fabrication of three-dimensional microchannel systems in PDMS-application to sheath flow microchips. Lab Chip,2001,1: 108-114

[50] JR Anderson, et al. Fabrication of topologically complex three-dimensional microfluidic systems in PDMS by rapid prototyping. Anal Chem,2000,72: 3158-3164

[51] W Li,et al. Sacrificial polymers for nanofluidic channels in biological applications. Nanotech,2003,14: 578-583

[52] PJ Kenis, et al. Microfabrication inside capillaries using multiphase laminar flow patterning. Science, 1999,285: 83-85

[53] J Xie, et al. Surface micromachined electrostatically actuated micro peristaltic pump. Lab Chip, 2004, 4: 495-501

[54] OC Jeong, et al. Fabrication of a peristaltic PDMS micropump. Sens Actuators A, 2005, 123-124: 453-458

[55] DC Duffy, et al. Microfabricated centrifugal microfluidic systems: characterization and multiple enzymatic assays. Anal Chem, 1999, 71: 4669-4678

[56] K Handique, et al. On-Chip Thermopneumatic pressure for discrete drop pumping. Anal Chem, 2001, 73: 1831-1838

[57] L Bousse, et al. Electrokinetically controlled microfluidic analysis systems. Annu Rev Biophys Biomol Struct, 2000, 29: 155-181

[58] D Belder, et al. Surface modification in microchip electrophoresis. Electrophoresis 2003, 24: 3595-3606

[59] M Madou. MEMS Handbook. CRC Press, 2nd ed, 2002

[60] A Manz, et al. Electroosmotic pumping and electrophoretic separations for miniaturized chemical-analysis systems. JMM, 1994, 4: 257-265

[61] CH Chen, et al. A planar electroosmotic micropump. J MEMS, 2002, 11(6): 672-683

[62] J Zheng, et al. Manipulation of single DNA molecules via lateral focusing in a PDMS/glass microchannel. J Phys Chem B, 2004, 108: 10357-10362

[63] SC Jacobson, et al. Open-channel electrochromatography on a microchip. Anal Chem, 1994, 66: 2369-2373

[64] X Ren, et al. Electroosmotic properties of microfluidic channels composed of poly(dimethylsiloxane). J Chromatogr, B, 2001, 762: 117-125

[65] PK Dasgupta, et al. Auxiliary electroosmotic pumping in capillary electrophoresis. Anal Chem, 1994, 66: 3060-3065

[66] XB Wang, et al. Cell separation by dielectrophoretic field flow-fractionation. Anal Chem, 2000, 72: 832-839

[67] XC Huang, et al. DNA sequencing using capillary array electrophoresis. Anal Chem, 1992, 64 (18): 2149-2155

[68] D Ross, et al. Imaging of electroosmotic flow in plastic microchannels. Anal Chem, 2001, 73: 2509-2515

[69] J Xu, et al. Room-temperature imprinting method for plastic microchannel fabrication. Anal Chem, 2000, 72: 1930-1933

[70] MP Hughes. Strategies for dielectrophoretic separation in laboratory-on-a-chip systems, Electrophoresis 2002, 23: 2569-2582

[71] HJ Verheijen, Prins MW. Reversible Electrowetting and Trapping of Charge: Model and Experiments. Langmuir, 1999, 15: 6616-6620

[72] MG Pollack, et al. Electrowetting-based actuation of droplets for integrated microfluidics. Lab Chip, 2002, 2(1): 96-101

[73] P Paik, et al. Rapid droplet mixers for digital microfluidic systems. Lab Chip, 2003, 3: 253-259

[74] V Srinivasan, et al. An integrated digital microfluidic lab-on-a-chip for clinical diagnostics on human physiological fluids, Lab Chip, 2004, 4: 310-315

[75] G Fuhr, et al. Traveling wave-driven microfabricated electrohydrodynamic pumps for liquids. JMM 4, 1994, 217-226

[76] S Jeong, et al. Experimental study of electrohydrodynamic pumping through conduction phenomenon. J Electrost, 2002, 56: 123-133

[77] A Richter, et al. A micromachined electrohydrodynamic (EHD) pump. Sens. Actuators, 1991, A 29: 159-168

[78] S H Ahn, et al. Fabrication and experiment of a planar micro ion drag pump. Sens. Actuators, 1998, A 70: 1-5

[79] L Fu, et al. Electrokinetic injection techniques in microfluidic chips. Anal Chem, 2002, 74: 5084-5091

[80] S Chen, et al. Automated instrumentation for comprehensive isotachophoresis-capillary zone electrophoresis. Anal Chem, 2000, 72: 816-820

[81] R Yang, et al. Variable-volume-injection methods using electrokinetic focusing on microfluidic chips. J Sep Sci, 2002, 25: 996-1010

[82] LC Waters, et al. Microchip device for cell Lysis, multiplex PCR amplification, and electrophoretic sizing. Anal Chem, 1998, 70: 158-162

[83] SW Lee, YC Tai. A micro cell lysis device, Sens. Actuators, A 1999, 73: 74-79

[84] C Prinz, et al. Bacterial chromosome extraction and isolation. Lab Chip, 2002, 2: 207-212

[85] EA Schilling, et al. Cell lysis and protein extraction in a microfluidic device with detection by a fluorogenic enzyme assay. Anal Chem, 2002, 74(8): 1798-1804

[86] YC Chung, et al. Microfluidic chip for high efficiency DNA extraction. Lab Chip, 2004, 4: 141-147

[87] NT Nguyen, Z Wu. Micromixers—a review. JMM, 2005, 15: R1-R16

[88] N Schwesinger, et al. A modulator microfluid system with an integrated micromixer. JMM, 1996, 6 (1): 99-102

[89] FG Bessoth, et al. Microstructure for efficient continuous flow mixing. Anal Commun, 1999, 36: 213-215

[90] JB Knight, et al. Hydrodynamic focusing on a silicon chip: mixing nanoliters in microseconds. Phys Rev Lett, 1998, 80(17): 3863-3866

[91] RH Liu, et al. Passive Mixing in a Three-Dimensional serpentine microchannel. J MEMS, 2000, 9: 190-197

[92] C Neils, et al. Combinatorial mixing of microfluidic streams. Lab Chip, 2004, 4: 342-350

[93] SC Jacobson, et al. Microfluidic devices for electrokinetically driven parallel and serial mixing. Anal Chem, 1999, 71(20): 4455-4459

[94] JP Kutter, et al. Integrated microchip device with electrokinetically controlled solvent mixing for isocratic and gradient elution in micellar electrokinetic chromatography. Anal Chem, 1997, 69 (24): 5165-5171

[95] RGH Lammertink, et al. Recirculation of nanoliter volumes within microfluidic channels. Anal Chem, 2004, 76: 3018-3022

[96] SK Dertinger, et al. Generarion of gradients having complex shapes using microfluidic networkds. Anal Chem, 2001, 73: 1240-1246

[97] I Caelen, et al. Formation of gradients of proteins on surfaces with microfluidic networks. Langmuir, 2000, 16: 9125-9130

[98] RH Terrill, et al. Dynamic monolayer gradients: active spatiotemporal control of alkanethiol coatings on thin gold films. J Am Chem Soc, 2000, 122: 988-989

[99] CB Herbert, et al, Micropatterning gradients and controlling surface densities of photoactivatable biomolecules on self-assembled monolayers of oligo(ethylene glycol) alkanethiolates. Chem Biol, 1997, 4: 731-737

[100] D Therriault, et al. Chaotic mixing in three-dimensional microvascular networks fabricated by direct-write assembly. Nat Mater, 2003, 2: 265-271

[101] E Biddiss, et al. Heterogeneous surface charge enhanced micromixing for electrokinetic flows. Anal

Chem,2004,76: 3208-3213
[102] AD Stroock,et al. Controlling flows in microchannels with patterned surface charge and topography. Acc Chem Res,2003,36: 597-604
[103] J Evans,et al. Planar laminar mixer. in: MEMS'97,96-101
[104] JH Tsai,et al. Active microfluidic mixer and gas bubble filter driven by thermal bubble micropump. Sens Actuators A,2002,97-98: 665-671
[105] J Voldman,et al. An integrated liquid mixer/valve. J MEMS,2000,9: 295-302
[106] AA Deshmukh, et al. Characterization of a micro-mixing pumping and valving system. in: Transducers'01,950-953
[107] X Zhu,et al. Microfluidic motion generation with acoustic waves. Sens Actuators A, 1998, 66: 355-360
[108] Z Yang,et al. Ultrasonic micromixer for microfluidic systems. Sens Actuators A,2001,93: 266-272
[109] H Suzuki,et al. A magnetic force driven chaotic micro-mixer. in: MEMS'02,40-43
[110] LH Lu,et al. A magnetic microstirrer and array for microfluidic mixing. J MEMS,2002,11: 462-469
[111] AO Moctar,et al. Electro-hydrodynamic micro-fluidic mixer. Lab Chip,2003,3: 273-280
[112] MH Oddy,et al. Electrokinetic instability micromixing. Anal Chem,2001,73: 5822-5832
[113] HY Wu,et al. A novel electrokinetic micromixer. Sens Actuators A,2005,118: 107-115
[114] RH Liu,et al. Bubble-induced acoustic micromixing. Lab Chip,2002,2: 151-157
[115] AE Kamholz,et al. Quantitative analysis of molecular interaction in a microfluidic channel: T-sensor. Anal Chem,1999,71: 5340-5347
[116] A Hatch,et al. Diffusion-based analysis of molecular interactions in microfluidic devices. Proc IEEE, 2004,92(1): 126-139
[117] A Hatch,et al. A rapid diffusion immunoassay in a T-sensor. Nat Biotechnol,2001,19 (5): 461-465
[118] BH Weigl,et al. Microfluidic diffusion-based separation and detection. Science,1999,283: 346-347
[119] D Ross, et al. Temperature measurement in microfluidic systems using a temperature- dependent fluorescent dye. Anal Chem,2001,73: 4117-4123
[120] JP Landers. Molecular diagnostics on electrophoretic microchips. Anal Chem,2003,75: 2919-2927
[121] BF Liu,et al. Chemiluminescence detection for a microchip capillary electrophoresis system fabricated in poly(dimethylsiloxane). Anal Chem,2003,75: 36-41
[122] CT Culbertson, et al. Microchip devices for high efficiency separations. Anal Chem, 2000, 72: 5814-5819
[123] JI Molho,et al. Optimization of turn geometries for microchip electrophoresis. Anal Chem,2001,73: 1350-1360
[124] BM Paegel, et al. Turn geometry for minimizing band broadening in microfabricated capillary electrophoresis channels. Anal Chem,2000,72: 3030-3037
[125] D Dutta,et al. A low dispersion geometry for microchip separation devices. Anal Chem,2002,74: 1007-1016
[126] SK Griffiths,et al. Design and analysis of folded channels for chip-based separations. Anal Chem, 2002,74: 2960-2967
[127] SC Jacobson,et al. Microchip structures for submillisecond electrophoresis. Anal Chem,1998,70: 3476-3480
[128] R Bharadwaj,et al. Design and optimization of on-chip capillary electrophoresis. Electrophoresis, 2002,23: 2729-2744
[129] RM McCormick,et al. Microchannel electrophoretic separations of DNA in injection-molded plastic substrates. Anal Chem,1997,69(14): 2626-2630

[130] AT Woolley, et al. Highspeed DNA genptyping using microfabricated capillary arry electrophoresis chips. Anal Chem, 1997, 69: 2181-2186
[131] PC Simpson, et al. High-throughput genetic analysis using microfabricated 96-sample capillary array electrophoresis microplates. PNAS, 1998, 95: 2256-2261
[132] BM Paegel, et al. High throughput DNA sequencing with a microfabricated 96-lane capillary array electrophoresis bioprocessor. PNAS, 2002, 99(2): 574-579
[133] CA Emrich, et al. Microfabricated 384-lane capillary array electrophoresis bioanalyzer for ultrahigh-throughput genetic analysis. Anal Chem, 2002, 74: 5076-5083
[134] LM Fu, et al. Analysis of geometry effects on band spreading of microchip electrophoresis. Electrophoresis, 2002, 23: 602-612
[135] D Schmalzing, et al. DNA sequencing on microfabricated electrophoretic devices. Anal Chem, 1998, 70: 2303-2310
[136] Y Li, et al. Dynamic analyte introduction and focusing in plastic microfluidic devices for proteomic analysis. Electrophoresis, 2003, 24 (1-2): 193-199
[137] Hofmann, et al. Adaptation of capillary isoelectric focusing to microchannels on a glass chip. Anal Chem, 1999, 71: 678-686
[138] J Wen, et al. Microfabricated isoelectric focusing device for direct electrospray ionization-mass spectrometry. Electrophoresis, 2000, 21: 191-197
[139] JP Kutter, et al. Solvent-programmed microchip open-channel electrochromatographt. Anal Chem, 1998, 70: 3291-3297
[140] B He, et al. Fabrication of nanocolumns for liquid chromatography. Anal Chem, 1998, 70: 3790-3797
[141] M Cabodi, et al. Entropic recoil separation of long DNA molecules. Anal Chem, 2002, 74: 5169-5174
[142] J Han, et al. Separation of long DNA Molecules in a microfabricated entropic trap array. Science, 288 (5468) 1026-1029
[143] CF Chou, et al. Sorting by diffusion: An asymmetric obstacle course for continuous molecular separation. PNAS, 1999, 96 (24): 62-65
[144] M Cabodi, et al. Continuous separation of biomolecules by the laterally asymmetric diffusion array with out-of-plane sample injection. Electrophoresis, 2002, 23: 3496-3503
[145] LR Huang, et al. A DNA prism for high-speed continuous fractionation of large DNA molecules. Nat Biotech, 2002, 20 (10): 1048-1051
[146] JS Bader, RW Hammond, et al. DNA transport by a micromachined brownian ratchet device. PNAS, 1999, 96: 13165-13169
[147] PS Doyle, et al. Self-assembled magnetic matrices for DNA separation chips. Science, 2002, 295 (5563): 2237-2339
[148] AY Fu, et al. An Integrated microfabricated cell sorter, Anal Chem, 2002, 74: 2451-2457
[149] M Berger, et al. Design of a microfabricated magnetic cell separator. Electrophoresis 2001, 22: 3883-3892
[150] XB Wang, et al. Dielectrophoretic manipulation of cells with spiral electrodes. Biophys J, 1997, 72: 1887-1899
[151] GP Archer, et al. Rapid differentiation of untreated, autoclaved and ozone-treated cryptosporidium parvum oocysts using dielectrophoresis. Microbios, 1993, 73: 165-172
[152] GH Markx, et al. Dielectrophoretic separation of bacteria using a conductivity gradient. J Biotechnol, 1996, 51: 175-180
[153] MP Hughes, et al. Manipulation of herpes simplex virus type 1 by dielectrophoresis. Biochim Biophys Acta, 1998, 1425: 119-126

[154] CL Asbury, et al. Trapping of DNA by dielectrophoresis. Electrophoresis, 2002, 23: 2658-2666

[155] D Holmes, et al. Microdevices for dielectrophoretic flow-through cell separation. IEEE Eng Med Biology Mag, 2003, 22(6): 85-90

[156] J Yang, et al. Cell separation on microfabricated electrodes using dielectrophoretic/ravitational field-flow fractionation. Anal Chem, 1999; 71(5): 911-918

[157] S Fiedler, et al. Dielectrophoretic sorting of particles and cells in a microsystem. Anal Chem, 1998, 70(9): 1909-1915

[158] Y Liu, et al. Electrophoretic separation of proteins on a microchip with noncovalent, postcolumn labeling. Anal Chem, 2000, 72: 4608-4613

[159] JO Tegenfeldt, et al. Micro-and nanofluidics for DNA analysis, Anal Bioanal Chem, 2004, 378: 1678-1692

[160] M Nakatsugawa, et al. Design of a PCR protocol for improving reliability of PCR in DNA. Evolutionary Comp, 2002, 1: 91-96

[161] MN Slyadnev, et al. DNA melting analysis on a microchip after PCR amplification. Intl Microproc Nanotech Conf, 2001, 194

[162] O Bruckman, et al. A MEMS DNA replicator and sample manipulator. Circuit System, 2000, 1: 232-235

[163] AM Chaudhari, et al. Transient liquid crystal thermometry of microfabricated PCR vessel array. J MEMS, 1998, 7(4): 345-355

[164] JM Hong, et al. PDMS (polydimethyliloxane)-glass hybrid microchip for gene amplification. Microtech Med Bio Int Conf, 2000, 407-410

[165] T Fukuba, et al. Microfabricated flow-through PCR device for underwater microbiological study. Underwater Tech, 2002, 101-105

[166] DJ Sadler, et al. Thermal management of bioMEMS. Thermal Thermomech Phenom Elect Syst, 2002, 1025-1032

[167] YJ Liu, et al. DNA amplification and hybridization assays in integrated plastic monolithic devices. Anal Chem, 2002, 74: 3063-3070

[168] MA Burns, et al. Microfabricated structures for integrated DNA analysis. PNAS, 1996, 93: 5556-5561

[169] MA Northrup, et al. A miniature analytical instrument for nucleic acids based on micromachined silicon reaction chambers. Anal Chem, 1998, 70: 918-922

[170] NY Zhang, et al. Automated and integrated system for high-throughput DNA genotyping directly from blood. Anal Chem, 1999, 71: 1138-1145

[171] BC Giordano, et al. Polymerase chain reaction in polymeric microchips: DNA amplification in less than 240 seconds. Anal Biochem, 2001, 291: 124-132

[172] J Khandurina, et al. Integrated system for rapid PCR-based DNA analysis in microfluidic devices. Anal Chem, 2000, 72: 2995-3000

[173] TB Taylor, et al. Optimization of the performance of the polymerase chain reaction in silicon-based microstructures. Nucleic Acids Res, 1997, 25 (15): 3164-3168

[174] MU Kopp, et al. Chemical amplification: continuous-flow PCR on a chip. Science, 1998, 280(5366): 1046-1048

[175] H Nagai, et al. Development of A Microchamber array for picoliter PCR. Anal Chem, 2001, 73: 1043-1047

[176] H Weigl, et al. Design and rapid prototyping of thin-film laminate-based microfluidic devices. Biomed Microdev, 2001, 3(4): 267-274

[177] MT Taylor, et al. Simulation of microfluidic pumping in a genomic DNA blood-processing cassette. JMM 13, 2003, 201-208

[178] MA Schwarz, et al. Recent developments in detection methods for microfabricated analytical devices. Lab Chip, 1, 2001, 1-6

[179] BB Haab, et al. Single-molecule detection of DNA separations in microfabricated capillary electrophoresis chips employing focused molecular streams. Anal Chem, 1999, 71(22): 5137-5145

[180] M Tokeshi, et al. Determination of subyoctomole amounts of nonfluorescent molecules using a thermal lens microscope: subsingle-molecule Ddetermination. Anal Chem, 2001, 73: 2112-2116

[181] E Verpoorte. Chip vision—optics for microchips. Lab Chip, 2003, 3: 42N-52N

[182] GB Lee, et al. Microfabriacted plastic chips by hot embossing methods and their application for DNA separation and detection. Sens Actuators B, 2001, 75: 142-148

[183] CS Effenhauser, et al. Glass chip forhigh-speedcapillary electrophoresis separations with submicrometer plate height. Anal Chem, 1993, 65: 2637-2642

[184] G Ocvirk, et al. Optimization of confocal epifluorescence microscopy for microchip-based miniaturized total analysis systems. Analyst, 1998, 123: 1429-1434

[185] GF Jiang, et al. Red diode laser induced fluorescence detection with a confocal microscope on a microchip for capillary electrophoresis. Biosens Bioelectron, 2000, 14: 861-869

[186] Z Liang, et al. Microfabrication of a planar absorbance and fluorescence cell for integrated capillary electrophoresis devices. Anal Chem, 1996, 68: 1040-1046

[187] BJ Cheek, et al. Chemiluminescence detection for hybridization assays on the flow-thru chip, a three-dimensional microchannel biochip. Anal Chem, 2001, 73: 5777-5783

[188] BF Liu, et al. Chemiluminescence eetection for a microchip capillary electrophoresis system fabricated in poly(dimethylsiloxane). Anal Chem, 2003, 75: 36-41

[189] XJ Huang, et al. Capillary electrophoresis system with flow injection sample introduction and chemiluminescence detection on a chip platform. Analyst, 2001, 126: 281-284

[190] PK Dasgupta, et al. Light emitting diode-based detectors Absorbance, fluorescence and spectroelectrochemical measurements in a planar flow-through cell. Anal Chim Acta, 2003, 500: 337-364

[191] K Misiakos, et al. A monolithic silicon optoelectronic transducer as a real-time affinity biosensor. Anal Chem, 2004, 76: 1366-1373

[192] T Kamei, et al. Integrated hydrogenated amorphous Si photodiode detector for microfluidic bioanalytical devices. Anal Chem, 2003, 75: 5300-5305

[193] V Namasivayam, et al. Advances in on-chip photodetection for applications in miniaturized genetic analysis systems. JMM, 2004, 14: 81-90

[194] JA Chediak, et al. Heterogeneous integration of CdS filters with GaN LEDs for fluorescence detection microsystems. Sens Actuators A, 2004, 111: 1-7

[195] P LeMinh, et al. Novel integration of a microchannel with a silicon light emitting diode antifuse. JMM, 2003, 13: 425-429

[196] JR Webster, et al. Monolithic capillary electrophoresis device with integrated fluorescence detector. Anal Chem, 2001, 73: 1622-1626

[197] J Hubner, et al. Integrated optical measurement system for fluorescence spectroscopy in microfluidic channels. Rev Sci Instrum, 2001, 72: 229-233

[198] KB Mogensen, et al. Recent developments in detection for microfluidic systems. Electrophoresis 2004, 25: 3498-3512

[199] JB Edel, et al. Thin-film polymer light emitting diodes as integrated excitation sources for microscale

capillary electrophoresis. Lab Chip，2004，4：136-140

[200] E Thrush，et al. Monolithically integrated semiconductor fluorescence sensor for microfluidic applications. Sens Actuators B，2005，105：393-399

[201] C Backhouse，et al. DNA sequencing in a monolithic microchannel device. Electrophoresis，2000，21(1)：150-156

[202] WR Vandaveer，et al. Recent developments in amperometric detection for microchip capillary electrophoresis. Electrophoresis，2002，23(21)：3667-3677

[203] WR Vandaveer，et al. Recent developments in electrochemical detection for microchip capillary electrophoresis. Electrophoresis，2004，25(21-22)：3528-3549

[204] J Wang，et al. Integrated electrophoresis chips/amperometric detection with sputtered gold working electrodes. Anal Chem，1999，71 (17)：3901-3904

[205] U Backofen，et al. A chip-based electrophoresis system with electrochemical detection and hydrodynamic injection. Anal Chem，2002，74 (16)：4054-4059

[206] RP Baldwin，et al，Fully integrated on-chip electrochemical detection for capillary electrophoresis in a microfabricated device. Anal Chem，2002，74(15)：3690-3697

[207] E Bakker，et al. Electrochemical sensors. Anal Chem，2002，74：2781-2800

[208] E Bakker. Electrochemical Sensors. Anal Chem，2004，76：3285-3298

[209] CC Wu，et al. Three-electrode electrochemical detector and platinum film decoupler integrated with a capillary electrophoresis microchip for amperometricdetection. Anal Chem，2003，75(4)：947-952

[210] YH Dou，et al. A dynamically modified microfluidic poly(dimethylsiloxane) chip with electrochemical detection for biological analysis. Electrophoresis，2002，23(20)：3558-3566

[211] EX Vrouwe，et al. Direct measurement of lithium in whole blood using microchip capillary electrophoresis with integrated conductivity detection. Electrophoresis 2004，25：1660-1667

[212] A Hilmi，et al. Electrochemical detectors prepared by electroless deposition for microfabricated electrophoresis chips. Anal Chem，2000，72：4677-4682

[213] Y Liu，et al. Simple and sensitive electrode design for microchip electrophoresis/electrochemistry. Anal Chem，2004，76：1513-1517

[214] P Ertl，et al. Capillary electrophoresis chips with a sheath-flow supported electrochemical detection system. Anal Chem，2004，76：3749-3755

[215] O Klett，et al. Elimination of high-voltage field effects in end column electrochemical detection in capillary electrophoresis by use of on-chip microband electrodes. Anal Chem，2001，73(8)：1909-1915

[216] RS Keynton，et al. Design and development of microfabricated capillary electrophoresis devices with electrochemical detection. Anal Chim Acta，2004，507：95-105

[217] J Wang，et al. Dual conductivity/amperometric detection system for microchip capillary electrophoresis. Anal Chem，2002，74(23)：5919-5923

[218] F Bianchi，et al. Ionode detection and capillary electrophoresis integrated on a polymer micro-chip. J Electroanal Chem，2002，523：40-48

[219] DM Osbourn，et al. On-column electrochemical detection for microchip capillary electrophoresis. Anal Chem，2003，75：2710-2714

[220] D Chen，et al. Palladiumfilm decoupler for amperometric detection in electrophoresis chips. Anal Chem，2001，73：758-762

[221] NA Lacher，et al. Development of a microfabricated palladium decoupler/electrochemical detector for microchip capillary electrophoresis using a hybrid glass/poly(dimethylsiloxane) device. Anal Chem，2004，76：2482-2491

[222] HD Willauer，et al. Analysis of inorganic and small organic ions with the capillary electrophoresis

microchip. Electrophoresis,2003,24 (12-13): 2193-2207

[223] M Masar,et al. Determination of free sulfite in wine by zone electrophoresis with isotachophoresis sample pretreatment on a column-coupling chip. J Chromatography A,2004,1026: 31-39

[224] RM Guijt,et al. New approaches for fabrication of microfluidic capillary electrophoresis devices with on-chip conductivity detection. Electrophoresis,2001,22: 235-241

[225] J Lichtenberg,et al. A microchip electrophoresis system with integrated in-plane electrodes for contactless conductivity detection. Electrophoresis,2002,23: 3769-3780

[226] R Ferrigno,et al. Potentiometric titrations in a poly(dimethylsiloxane)-based microfluidic device. Anal Chem,2004,76: 2273-2280

[227] RD Oleschuk,et al. Analytical microdevices for mass spectrometry. Trends anal chem,2000,19: 379-388

[228] WC Sung,et al. Chip-based microfluidic devices coupled with electrospray ionization-mass spectrometry. Electrophoresis 2005,26: 1783-1791

[229] J Kameoka,et al. A polymeric microfluidic chip for CE/MS determination of small molecules. Anal Chem,2001,73(9): 1935-1941

[230] H Yin,et al. Microfluidic chip for peptide analysis with an integrated HPLC column, sample enrichment column,and nanoelectrospray tip. Anal Chem,2005,77: 527-533

[231] RS Ramsey,et al. Generating electrospray from microchip devices using electroosmotic pumping. Anal Chem,1997,69: 1174-1178

[232] D Figeys,et al. A microfabricated device for rapid protein identification by microelectrospray ion trap mass spectrometry. Anal Chem,1997,69: 3153-3160

[233] SL Gac,et al. An open design microfabricated Nib-like nanoelectrospray emitter tip on a conducting silicon substrate for the application of the ionization voltage. J Am Soc Mass Spectrom,2006,17: 75-80

[234] SC Jakeway,et al. Miniaturized total analysis systems for biological analysis. Fres J Anal Chem,2000,366: 525-539

[235] PS Dittrich,et al. Lab-on-a-chip: microfluidics in drug discovery. Nat Reviews,2006,5: 210-218

[236] BH Weigl,et al. Lab-on-a-chip for drug development. Adv Drug Delivery Rev,2003,55: 349-377

[237] K Huikko,et al. Introduction to micro-analytical systems bioanalytical and pharmaceutical applications. Europ J Pharm Sci,2003,20: 149-171

[238] SR Wallenborg, et al. Separation and detection of explosives on a microchip using micellar electrokinetic chromatography and indirect laser-induced fluorescence. Anal Chem, 2000, 72: 1872-1878

[239] YC Toh,et al. Advancing stem cell research with microtechnologies: opportunities and challenges. Integrative Biology 2010,2: 305-325

[240] WT Fung,et al. ,Microfluidic platform for controlling the differentiation of embryoid bodies. Lab on a Chip 2009,259: 1-5

[241] YS Torisawa,et al. Efficient formation of uniform-sized embryoid bodies using a compartmentalized microchannel device. Lab on a Chip,2007,7: 770-776

[242] CJ Flaim, et al. An extracellular matrix microarray for probing cellular differentiation. Nature Methods,2005,2: 119-125

[243] PJ Lee, et al. Microfluidic application-specific integrated device for monitoring direct cell-cell communication via gap junctions between individual cell pairs. Applied Physics Letters 86 (2005): 223902

[244] Y Wakamoto,et al. Analysis of single-cell differences by use of an on-chip microculture system and

optical trapping. Fres J Anal Chem,2001,371: 276-281

[245] SC Gifford, et al. Parallel Microchannel-based measurements of iIndividual erythrocyte areas and volumes. Biophy J,2003,84: 623-633

[246] RS Kane,et al. Patterning proteins and cells using soft lithography. Biomaterials 1999,20: 2363-2376

[247] M Mrksich,et al. Using Microcontact printing to pattern the attachment of mammalian cells to self-assembled monolayers of alkanethiolates on transparent films of gold and silver. Exp Cell Res. 1997, 235: 305-313

[248] D Erickson,et al. Integrated microfluidic devices. Anal Chim Acta,2004,507: 11-26

[249] CW Kan, et al. DNA sequencing and genotyping in miniaturized electrophoresis systems. Electrophoresis 2004,25: 3564-3588

[250] RC Anderson,et al. A minature integtrated device for automated multistep genetic assays. Nucleic Acids Res. ,2000,28(12): e60

[251] PK Yuen, et al. Microchip module for blood sample preparation and nucleic acid amplification reactions. Gen Res,2001,11(3): 405-412

[252] RH Liu, et al. Self-Contained, fully integrated biochip for sample preparation, polymerase chain reaction amplification,and DNA microarray detection. Anal Chem,2004,76: 1824-1831

[253] DH Farkas. Bioelectronic DNA chips for the clinical laboratory. Clin Chem,2001,47: 1871-1872

[254] MA Burns,et al. An integrated nanoliter DNA analysis device,Science,282: 484-487

[255] CD Furlong, et al. A microfabricated device for the study of the sieving effect in protein electrophoresis. IEEE Conf. Engineering medicine biology,1996: 248-249

[256] VL Spiering,et al. Novel microstructures and technologies applied in chemical analysis techniques. Transducers'97: 511-514

[257] DJ Harrison,et al. Chemical analysis and electrophoresis systems integrated on glass and silicon chips. Transducers'92: 110-113

[258] S Bohm,et al. A plastic micropump constructed with conventional techniques and materials. Sens Actuators,A 1999,77: 223-228

[259] JL Hunt-Holmes, et al. Integrated microchannel with metallic and polymeric channel sections. Transducers'97: 519-522

[260] M Frenea,et al. Design of biochip microelectrode arrays for cell arrangement. IEEE-EMBS Special topic conf microtech med biology,2002: 140-143

[261] F Fernandez-Morales, et al. Design and simulation of a dielectrophoretic-based microsystem for bioparticle handling,IEEE-EMBS Conference microtechnologies in medicine & biology,2000: 429-433

[262] H Sano,et al. Dielectrophoretic chromatography with cross-flow injection,MEMS'02: 11-14

[263] AK Tong,et al. Combinatorial fluorescence energy transfer tags; new molecular tools for genomics applications. IEEE J Quant Electronic,2002,38(2): 110-121

[264] P Selvaganapathy,et al. In-line electrochemical detection for capillary electrophoresis. MEMS'01: 451-454

[265] JE Lees,et al. Autoradiography of high-energy radionuclides using a microchannel plate detector. IEEE Trans Nuclear Sci,2002,49(1): 153-155

[266] J Hodgson,Gene sequencing's industrial revolution. IEEE spectrum,Nov 2000: 36-42

[267] T Thorsen,et al. Microfluidic large-scale integration. Science,288,Oct. 18,2002: 580-584

[268] J Cheng,et al. Preparation and hybridization analysis of DNA/RNA from E-coli on microfabricated bioelectronic chips,Nat. Biotech. 1998,16 (6): 541-546

[269] DJ Beebe, et al. Functional hydrogel structures for autonomous flow control inside microfluidic channels. Nature,2000,404: 588-590

[270] JM Dodson,et al. Fluidics cube for biosensor miniaturization. Anal Chem,2001,73: 3776-3780

[271] LC Water,et al. Multiple sample PCR amplification and electrophoretic analysis on a microchip. Anal Chem,1998,70: 5172-5176

[272] ET Lagally,et al. Single-molecule DNA amplification and analysis in an integrated microfluidic device. Anal Chem,2001,73: 565-570

[273] TMH Lee,et al. Microfabricated PCR-electrochemical device for simultaneous DNA amplification and detection. Lab Chip,2003,3: 100-105

[274] K Uchiyama,et al. Polyester microchannel chip for electrophoresis-incorporation of a blue LED as light source. Fres J Anal Chem,2001,371: 209-211

[275] M Kokoris,et al. Rare cancer cell analyzer for whole blood applications: Automated nucleic acid puriWcation in a microfuidic disposable card. Methods,2005,37: 114-119

[276] RH Liu,et al. Development of integrated microfluidic system for genetic analysis. JM3 2003,2(4): 340-355

[277] N Lion,et al. Microfluidic systems in proteomics. Electrophoresis 2003,24: 3533-3562

[278] L Bousse,et al. Protein sizing on a microchip. Anal Chem,2001,73: 1207-1212

[279] JS Rossier,et al. Microchannel networks for electrophoretic separations. Electrophoresis,1999,20: 727-731

[280] ZJ Meng,et al. Interfacing a polymer-based micromachined device to a nanoelectrospray ionization Fourier transform ion cyclotron resonance mass spectrometer. Anal Chem,2001,73: 1286-1291

[281] L Licklider,et al. A micromachined chip-based electrospray source for mass spectrometry. Anal. Chem,2000,72: 367-375

[282] LJ Jin,et al. A microchip-based proteolytic digestion system driven by electroosmotic pumping. Lab Chip,2003,3: 11-18

[283] J Gao,et al. Integrated microfluidic system enabling protein digestion,peptide separation,and protein identification. Anal Chem,2001,73 (11): 2648-2655